UNTERSUCHUNGEN ÜBER
ENZYME

ZWEITER BAND

UNTERSUCHUNGEN ÜBER ENZYME

VON

RICHARD WILLSTÄTTER

IN GEMEINSCHAFT MIT

WOLFGANG GRASSMANN · HEINRICH KRAUT · RICHARD KUHN
ERNST WALDSCHMIDT-LEITZ

UND MIT

O. AMBROS · E. BAMANN · E. BAUER · E. BERNER · W. CSÁNYI (HALDEN) · W. DEUTSCH
W. DUISBERG · S. DUÑAITURRIA · H. DYCKERHOFF · F. EICHHORN · O. ERBACHER
W. FREMERY · G. E. v. GRUNDHERR · W. HAAG · A. HARTENECK · F. HAUROWITZ
H. HEISS · A. R. F. HESSE · H. KUMAGAWA · G. KÜNSTNER · O. LIND · K. LINDERSTRÖM-LANG · K. LOBINGER · CH. D. LOWRY JR. · A. MADINAVEITIA · F. MEMMEN · G. OPPENHEIMER · H. PERSIEL · W. PETROU · A. POLLINGER · F. RACKE · K. RIEHMANN †
H. RUBENBAUER · A. SCHÄFFNER · K. SCHNEIDER · G. SCHUDEL † · H. SOBOTKA
W. STEIBELT · A. STOLL · J. WALDSCHMIDT-GRASER · W. WASSERMANN · H. WEBER
E. WENZEL

MIT 183 ABBILDUNGEN

ZWEITER BAND

BERLIN
VERLAG VON JULIUS SPRINGER
1928

ISBN 978-3-642-47325-8 ISBN 978-3-642-47792-8 (eBook)
DOI 10.1007/978-3-642-47792-8

Softcover reprint of the hardcover 1st edition 1928

INHALTSVERZEICHNIS.

Erster Band.

Zweiter Band.

Anhang.

Nachtrag zum Abschnitt IX.

Nachtrag zum Abschnitt III.

Nachtrag zum Abschnitt IX.

Verzeichnisse.

Abschnitt VII.

ÜBER MALTASE; ÜBER LACTASE; ÜBER GÄRUNG.

Zeitschrift für physiologische Chemie **110**, S. 232 [1920].

61. ÜBER MALTASELÖSUNGEN AUS HEFE.

Von RICHARD WILLSTÄTTER, GERTRUD OPPENHEIMER und WERNER STEIBELT.

(Mitteilung aus dem Chemischen Laboratorium der Bayerischen Akademie der Wissenschaften in München.)

Mit 1 Abbildung.

(Der Redaktion zugegangen am 28. Juni 1920.)

Zur Isolierung der Maltase aus Hefe ist es nach den Angaben aller Forscher, die über das Enzym gearbeitet haben, nötig, die Hefe zuerst zu trocknen und dann mit Wasser zu behandeln. Diese Methode, Lösungen der Maltase darzustellen, ist von C. J. LINTNER[1], von E. FISCHER[2], von A. CROFT HILL[3] angegeben worden. Zwischen Saccharase und Maltase wird allgemein ein Unterschied angenommen: die Saccharase gewinnt man aus abgepreßter Bierhefe durch Ausziehen mit Wasser unter Zusatz z. B. von Toluol, die Maltase stets nach vorangegangener sorgfältiger Trocknung. Freilich ist es bekannt, daß von lebender Hefe auch Saccharase nicht abgegeben wird, aber sie diffundiert leicht aus der Zelle nach der Abtötung der Hefe durch das antiseptische Mittel. Daß unter denselben Bedingungen kein auf Maltose wirkender Auszug entsteht, wird auf die Schwerlöslichkeit der Maltase[4] oder darauf zurückgeführt, daß dieses Enzym vielleicht an Protoplasmabestandteile **[233]** fest gebunden vorkommt oder daß bei unversehrter Zellhülle seine Diffusion nach außen gehindert ist[1]).

Der Unterschied zwischen Saccharase und Maltase dürfte indessen darauf beruhen, daß in der Hefe nach ihrer Abtötung z. B. durch Chloroform oder Toluol durch enzymatische Vorgänge Bildung von Säure eintritt, durch welche die Maltase zerstört wird, etwa in dem Maße, wie sie in wäßrige Lösung übergeht. Jedenfalls gelingt es uns, aus frischer Bierhefe starke Maltaselösungen durch Behandlung mit Wasser unter Zusatz von Toluol bei Zimmertemperatur darzustellen, wenn man die auftretende

[1] Zeitschr. f. ges. Brauwesen 1892, S. 106; C. J. LINTNER und E. KRÖBER, Ber. d. D. chem. Ges. Bd. 28, S. 1050 [1895].

[2] Ber. d. D. chem. Ges. Bd. 27, S. 3479 [1894]; Bd. 28, S. 1429 [1895]; Diese Zeitschr. Bd. 26, S. 60, und zwar S. 74 [1898].

[3] Journ. Chem. Soc. Bd. 73, S. 634 [1898] und 83, 578 [1903].

[4] C. J. LINTNER, Zeitschr. f. d. ges. Brauwesen 1894, S. 414; C. J. LINTNER und E. KRÖBER, Ber. d. D. chem. Ges. Bd. 28, S. 1050, 1053 [1895].

[1]) E. FISCHER, Diese Zeitschr. Bd. 26, S. 60, und zwar S. 75 [1898].

Säure mit Ammoniak neutralisiert. Natürlich gibt auch getrocknete Hefe nach diesem Verfahren der Neutralextraktion mindestens ebenso wirksame Lösungen als nach den Angaben der Literatur. Diese Maltaselösungen aus Bierhefe enthalten wie alle in der Literatur auch Saccharase; die Aufgabe, beide Enzyme zu trennen, ist noch zu lösen.

Hinsichtlich der Wirksamkeit sollen die Maltaselösungen nach dem Vorbild der von C. O'SULLIVAN und F.W.v.TOMPSON[2] sowie von H.v. EULER und seinen Mitarbeitern[3] gegebenen Saccharasedefinition gekennzeichnet werden. Die Hefen und die Maltaselösungen werden durch die Zeit in Minuten bestimmt, die 1 g getrocknete Hefe oder die dieser Menge entsprechende Enzymlösung braucht, um bei 30° 2,5 g Maltose (Hydrat) zur Hälfte zu hydrolysieren, wenn diese mit 30 mg $Na_2HPO_4 \cdot 2H_2O$ und 22,5 mg KH_2PO_4 in 50 ccm enthalten sind.

Proportionalität von Enzymmenge und Umsatz.

Für die Saccharasewirkung, die dem Gesetz der monomolaren Reaktion folgt, besteht auch zwischen Enzymkonzentration und Reaktionsgeschwindigkeit Proportionalität, die experimentell [234] von O'SULLIVAN und TOMPSON[1]), dann von C. S. HUDSON[2]) und neuerdings in einem Bereich der Enzymmengen von 1:40 von H. V. EULER und O. SVANBERG[3]) bestätigt wurde. Wie die Reaktion der Maltase nicht mit demselben Zeitgesetz in Übereinstimmung gebracht werden konnte, so war es auch fraglich, ob für sie jene Proportionalitätsbeziehung gilt. CH. PHILOCHE[4]) hat sie allerdings schon bei Takamaltase mit Enzymmengen von 1:5 bestätigt gesehen, und bei Hefemaltase haben L. MICHAELIS und P. RONA[5]) mit Fermentmengen, die im Verhältnis von 3:2:1½:1 standen, approximativ gezeigt, daß die Zeiten gleichen Umsatzes sich umgekehrt wie die Fermentmengen verhalten. Wegen der Wichtigkeit für die Analyse der Maltasepräparate wurde die Proportionalität nun mit Ausdehnung des Bereiches genauer geprüft.

Die Hydrolyse der Maltose verfolgten wir mit der polarimetrischen Methode, die uns hier genauer schien als die Bestimmung auf Grund des Reduktionsvermögens. Die Maltoselösung wurde mit wechselnden Mengen der neutralen Hefeauszüge versetzt unter Einstellung der nach L. MICHAELIS und P. RONA[6]) optimalen spurenweise saueren Reaktion ($p_H = 6{,}1$ bis 6,8); wir fanden dementsprechend am günstigsten einen Gehalt von einem Zehntel Phosphatmischung, die aus gleichen Teilen 0,90proz.

---

[2] Journ. Chem. Soc. Bd. 57, S. 834, und zwar S. 866 [1890].

[3] H. v. EULER, E. LINDBERG und K. MELANDER, Diese Zeitschr. Bd. 69, S. 152, 157 [1910]; H. v. EULER und S. KULLBERG, Diese Zeitschr. Bd. 73, S. 335 [1911]; H. v. EULER und O. SVANBERG, Diese Zeitschr. Bd. 107, S. 269 [1919].

[1]) Journ. Chem. Soc. Bd. 57, S. 834, und zwar S. 847 [1890].

[2]) Journ. Am. Chem. Soc. Bd. 30, S. 1564, und zwar S. 1574 [1908].

[3]) Diese Zeitschr. Bd. 107, S. 269, und zwar S. 275 [1919].

[4]) Journ. chim. phys. Bd. 6, S. 213, 355 [1908].

[5]) Biochem. Zeitschr. Bd. 57, S. 70, und zwar S. 78 [1913].

[6]) Biochem. Zeitschr. Bd. 57, S. 70 [1913] und L. MICHAELIS, Die Wasserstoffionenkonzentration, Berlin 1914 (J. Springer), S. 71.

KH_2PO_4- und 1,20proz. $Na_2HPO_4 \cdot 2H_2O$-Lösung bestand. Die 10proz. Lösungen von wasserhaltiger Maltose wurden mit einem Gehalt von 20% dieses Puffers bei 30° im Meßkolben bereitet und die erforderlichen Proben von 25 ccm mit Enzymlösung und Wasser von derselben Temperatur aufs doppelte Volumen gebracht. Bei Beendigung der Versuche entnahmen wir 25 ccm der 30° warmen Versuchslösung und trugen sie unter Berücksichtigung der Auslaufzeit in 5 ccm 2n-Soda ein. [235] Die Anfangsdrehung der Versuchslösung nach dem Verdünnen mit jener Sodamenge betrug 10,80°, die Enddrehung bei vollkommener Spaltung würde 4,40° betragen.

Tabelle 1. Enzymkonzentration und Umsatz.
(5proz. Maltoselösung; 30°.)

Enzymmenge ccm in 50	Zeit (Minuten)	Drehungsabnahme (°)	Maltosespaltung (%)
5	120	3,03	47,3
10	60	3,03	47,3
2,5	240	2,70	42,3
10	60	2,61	40,9
2	150	2,19	34,2
5	60	2,20	34,4
10	30	2,21	34,5
2,5	180	2,24	35,0
15	30	2,14	33,5

Im Bereich von 1:5 oder 6 hat sich genaue Proportionalität von Enzymmenge und Umsatz ergeben.

Der zeitliche Verlauf.

Während nach PHILOCHE[1] bei der Maltosespaltung durch Takaenzym die Konstante der monomolaren Reaktion mit fortschreitender Zeit ansteigt, wird der entgegengesetzte Gang bei Hefemaltase in den Arbeiten von LINTNER und KRÖBER und von E. F. ARMSTRONG[2] beobachtet; auch in einer eingehenden Untersuchung von R. O. HERZOG[3] ist keine einfache Beziehung zwischen Zeit und Umsatz zutage getreten. In unseren Versuchen, die wir vornahmen, um nach dem Vorbild von O'SULLIVAN und TOMPSON jeweils beobachtete Maltosespaltungen auf den nämlichen Grad der Spaltung beziehen zu können, war der [236] Gang von k aus $\frac{1}{t} \ln \frac{a}{a-x}$ merkwürdig verschieden. In den beiden Versuchen der Tab. 2 und der Abbildung (S. 237) fiel $10^4 k$ bis auf etwa ein Viertel, nämlich von 213 auf 46 im Bereich von 20 bis 75% Spaltung und von 213 auf 68 bei 20 bis 64% Spaltung. In zwei andern Versuchsreihen sank hingegen die Konstante nur auf etwa den halben Wert, nämlich zwischen 28 und 69% Maltosehydrolyse von 220 auf 100 und zwischen 20 und 56% Spaltung von 144 auf 69. Diese Abweichungen werden wohl durch hemmend wirkende Beimischungen bedingt sein.

[1] l. c. [2] Proc. Roy. Soc. Bd. 73, S. 500, 516, 526 [1904].
[3] In C. OPPENHEIMER, Die Fermente, IV. Aufl., Bd. II, S. 987 (Leipzig 1914).

Tabelle 2. Zeitlicher Verlauf der Maltasewirkung.
(30°; 5proz. Maltose.)

Zeit (Minuten)	1. Versuch (9 ccm Enzymlösung A in 100)		2. Versuch (10 ccm Enzymlösung B in 100)	
	Drehungsabnahme	Umsatz (%)	Drehungsabnahme	Umsatz (%)
10	1,23	19,2	1,23	19,2
20	1,72	26,9	1,72	26,9
30	2,16	33,8	2,05	32,0
40	2,41	37,7	2,35	36,8
60	2,81	44,0	2,80	43,7
80	3,13	49,0	—	—
90	—	—	3,34	52,2
100	3,41	53,2	—	—
120	—	—	3,76	58,8
150	3,92	61,2	4,09	64,0
200	4,25	66,4	—	—
300	4,78	75,0	—	—

Darstellung von Maltaselösungen.

Da bei der Herstellung von Maltaselösungen die beiden Vorgänge: Diffusion des Enzyms aus der Hefezelle und seine Zerstörung durch zugleich entstehende Säure einander entgegenwirken, so ist die Schädigung entweder durch Alkalizusatz in dem Maße der Säureproduktion oder durch ein im [237] Überschuß zugefügtes unlösliches Neutralisationsmittel zu vermeiden.

88 g gewaschene und abgepreßte untergärige Hefe der Löwenbrauerei in München wurden unter Zusatz von Toluol mit 132 ccm Wasser (entsprechend 20 g Trockenhefe + 200 ccm Wasser) angeschüttelt. Die Flüssigkeit reagierte zunächst neutral, mitunter 50 Minuten lang, manchmal ist schon nach 5 bis 6 Minuten die Reaktion deutlich sauer. Bei den verschiedenen Hefeproben sind erheblich differierende Alkalimengen erforderlich und auch etwas verschiedene Mengen je nach der Weise und Häufigkeit des Neutralisierens. Am besten ist es, häufig neutrale Reaktion auf Lackmus durch vorsichtigen Zusatz von verdünntem Ammoniak herzustellen, was bei einer Extraktionsdauer von 6 Stunden z.B.

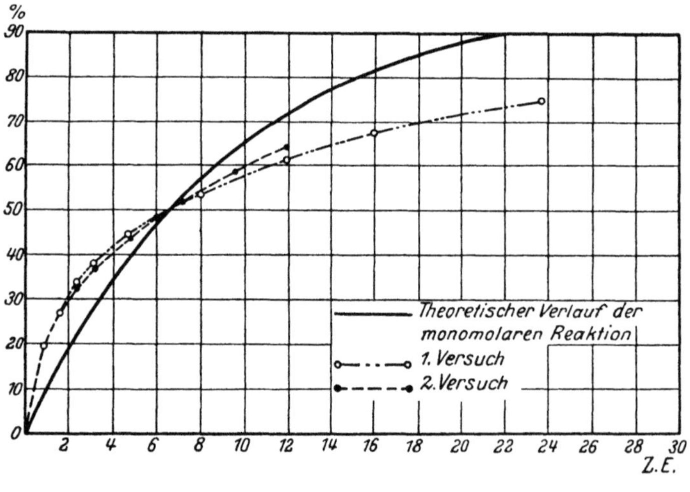

nach	6	20	55	130	180	360	Minuten
	0,6	0,3	12,6	10,5	3,6	4,9	ccm 1proz. Ammoniak,

also im ganzen 32,5, in einem andern Beispiel 41,8 ccm erforderte. Bei längerer Dauer der Extraktion genügte es, weiter zunächst alle 2 bis 3 Stunden, dann mit größeren Pausen die immer geringere Säureproduktion unschädlich zu machen; in den folgenden

18 Stunden waren z. B. noch 5,8 ccm erforderlich, in weiteren 2 Tagen z. B. je 1 ccm 1 proz. [238] Ammoniak. Bequemer und annähernd ebenso günstig ist es, die Flüssigkeit durch Zusatz von Magnesiumcarbonat oder dgl. konstant bei fast neutraler Reaktion zu erhalten. Dagegen entstehen viel schwächere Enzymlösungen, wenn man die Hefe unter anfänglichem Zusatz bestimmter Mengen von Alkali extrahiert, wie CROFT HILL bei Verarbeitung getrockneter Hefen vorschreibt; z. B. lieferten 88 g Hefe unter den angegebenen Bedingungen in $6^1/_2$ Stunden eine Lösung, die 16,2 % Maltosespaltung ergab, gegenüber 3,9 % Spaltung bei analoger Extraktion mit 132 ccm 0,1 proz. Natronlauge.

Die abfiltrierten Maltaselösungen, worin p_H nach der Indicatorenmethode von S. P. L. SÖRENSEN[1] = 6,6 gefunden wurde, blieben beim Stehen neutral; die Zeitwerte betrugen in den ersten Versuchen (Nr. 1 bis 4 der Tab. 3) nach 6 Stunden Extraktion 260 bis 120, nach anderthalb Tagen etwa 50 Minuten, in späteren Versuchen, nachdem das Neutralisationsverfahren ausgearbeitet war, z. B. in Nr. 5, nach eintägiger Extraktion 20 Minuten.

Tabelle 3. Zeitwerte der Maltaselösungen aus Frischhefe.

Nr.	Extraktionsdauer (Stunden)	1 proz. NH_3 f. 88 g Hefe (ccm)	Drehungsabnahme (°)	Maltosespaltung (%)	Zeitwert (Minuten)
1	$1^1/_2$	23,3	0,16	2,5	1950
	19	34,8	2,10	32,8	78
2	6	37,4	1,18	18,5	260
	30	42,6	2,49	38,9	53
3	6	41,8	1,16	18,2	260
	30	47,3	2,40	37,6	57
4	6	32,5	1,80 in 30 Minuten	28,2 in 30 Minuten	123
			2,37 in 60 Minuten	37,0 in 60 Minuten	131
	32	38,3	2,71	42,3	44
5	6	37,8	1,90	29,7	95
	24	41,8	3,82	59,7	20
	48	41,8	4,05	63,1	17
	72	41,8	4,05	63,0	17

[239] Eine solche Maltaselösung (Beispiel 5 der Tab. 3) aus einer den Zeitverhältnissen gemäß nicht besonders günstigen Frischhefe verglichen wir mit den von CROFT HILL beschriebenen besten Lösungen der Literatur aus getrockneter Hefe. Unter den analytischen Bedingungen von HILL bewirkte 1 ccm unserer Enzymlösung mit 20 ccm 2 proz. Maltose bei 30° in 40 Minuten 69,5 % Spaltung gegenüber 29 % bei CROFT HILL[1]).

Um Maltase aus getrockneter Hefe zu bereiten, ist es unnötig, die Hefe, wie HILL angegeben hat, durch stufenweises längeres Erhitzen bis auf 100° oder durch Aufbewahren im Vakuum über Schwefelsäure[2]) vorzubereiten. Lufttrockene Hefe gibt

[1] Biochem. Zeitschrift Bd. 21, S. 131 [1909].
[1]) Journ. Chem. Soc. Bd. 73, S. 634, 636 [1898].
[2]) Journ. Chem. Soc. Bd. 73, S. 634, 636 [1898] und Bd 83, S 578, 581 [1903].

dieselbe Ausbeute. 20 g Trockenhefe werden mit 200 ccm Wasser und mit Toluol angeschüttelt; die Flüssigkeit reagiert sauer, und in diesem Fall wird zur Neutralisation sofort ein bedeutender Teil der überhaupt erforderlichen Alkalimenge verbraucht, z. B. war zur neutralen Reaktion auf Lackmus hinzuzufügen:

nach	0	2	5	9	25	Stunden
	16,0	1,2	1,9	2,4	1,6	ccm 1 proz. Ammoniak.

Die Maltaselösung wird am besten nach etwa eintägigem Stehen abfiltriert; die Zeitwerte einiger Darstellungen aus Trockenhefe verzeichnet die Tab. 4.

Mit derselben Hefeprobe und einer Extraktionsdauer von 2 Tagen haben wir mit 0,1 proz. Natronlauge nach CROFT HILL und nach dem Neutralisationsverfahren Vergleichsversuche ausgeführt und die Wirkungswerte der verschiedenen Maltaselösungen unter den Bedingungen von HILL übereinstimmend gefunden.

Die Extrakte zeigen öfters beim Stehen, indem ein Niederschlag sich absetzt, einen kleinen Zuwachs an Wirksamkeit. Im übrigen erwiesen sich viele solche auf Lackmus neutrale toluolhaltige Lösungen tagelang fast unverändert haltbar, was

[240] Tabelle 4. Neutralauszüge von Maltase aus Trockenhefe.

Nr.	Extraktions-dauer (Stunden)	1 proz. NH_3 für 20 g Hefe (ccm)	Drehungsabnahme (°)		Maltosespaltung (%)		Zeitwert (Minuten)
			in 30 Min.	in 60 Min.	in 30 Min.	in 60 Min.	
1	18	23,6	2,41	—	37,7	—	55
	48	27,6	2,20	—	34,4	—	77
2	6	17,6	—	2,83	—	44,3	78
	22	21,2	—	3,14	—	49,0	62
	29	21,2	—	3,19	—	49,8	60
3	2	17,5	—	2,37	—	36,9	121
	5	19,4	—	3,04	—	47,5	66
	9	21,8	—	3,04	—	47,5	66
	25	23,4	—	2,87	—	44,9	77
4	1	18,6	1,61	—	25,1	—	140
	19	23,2	2,22	—	34,6	—	77
5	15	24,2	2 42	—	37,8	—	55
6	5	—	2,05	—	32,0	—	82

zahlenmäßig am Beispiel einer durch 18 stündiges Extrahieren hergestellten Maltase lösung gezeigt werden soll.

7	Stunden aufbewahrt;	Drehungsabnahme	2,41°;	Maltosespaltung	37,6 %.
55	,,	,,	2,31°;	,,	36,0 %,
79	,,	,,	2,20°;	,,	34,5 %,
103	,,	,,	2,10°;	,,	32,8 %.

Die Lösungen werden von Kaolin geschwächt. Es wird also, wie L. MICHAELIS und P. RONA[1] gefunden haben, „Maltase von Kaolin sehr merklich adsorbiert", aber die Maltase scheint im Adsorbat nicht haltbar zu sein.

[1] Biochem. Zeitschr. Bd. 57, S. 70, und zwar S. 82 [1913].

Zeitschrift für physiologische Chemie 111, S. 157 [1920].

62. BESTIMMUNG DER MALTASE IN DER HEFE.

Von RICHARD WILLSTÄTTER und WERNER STEIBELT.

Zweite Mitteilung über Maltase.

(Aus dem Chemischen Laboratorium der Bayerischen Akademie der Wissenschaften in München.)

(Der Redaktion zugegangen am 25. September 1920.)

I. Maltasewirkung frischer Hefe bei Gegenwart von Chloroform (Experiment von Morris).

Entgegen der älteren Anschauung, daß die Maltose von Hefe direkt vergoren werde, zeigten C. J. LINTNER[1] und E. FISCHER[2], daß die Hefe auch diesen Zucker zunächst durch ein Enzym spaltet, indem sie aus getrockneter Hefe wäßrige Auszüge darstellten, welche Maltose in Glucose umwandelten. Die Verschiedenheit des die Maltose spaltenden Enzyms vom Invertin sollte sich daraus ergeben, daß beim Auslaugen frischer Hefe mit Wasser (auch bei Anwendung von Betäubungsmitteln) immer nur das Enzym in Lösung geht, das den Rohrzucker spaltet. Es gelingt aber doch, wie wir vor kurzem mitgeteilt haben[3], ebenso wie Saccharase auch Maltase aus frischer Hefe auszuziehen, wenn man durch Neutralisieren der entstehenden Säure die Zerstörung des empfindlichen Enzyms verhütet. Die Maltase ist nach E. FISCHER[4] schon in der normalen Hefe enthalten, sie wird [158] nicht erst beim Trocknen gebildet. E. FISCHER[1]) hatte anfangs beobachtet, daß feuchte, unversehrte Hefe imstande sei, bei Gegenwart von Chloroform α-Methylglucosid und Maltose zu spalten. Dagegen hat G. H. MORRIS[2]) mitgeteilt, daß durch frische Hefe, sowohl Frohberghefe wie auch Brauereihefe, bei Anwesenheit von Chloroform keine Spur Traubenzucker aus Maltose erzeugt werde. E. FISCHER[3]) wiederholte darauf die Versuche bei Gegenwart anästhesierender Mittel und fand bestätigt, daß frische Hefen, Reinkulturen von Frohberg- und

---

[1] Zeitschr. f. ges. Brauwesen 1892, S. 106; C. J. LINTNER und E. KRÖBER, Ber. d. Deutsch. chem. Ges. Bd. 28, S. 1050 [1895].

[2] Ber. d. Deutsch. chem. Ges. Bd. 27, S. 2985 und S. 3479 [1894].

[3] R. WILLSTÄTTER, GERTR. OPPENHEIMER und W. STEIBELT, Diese Zeitschr. Bd. 110, S. 232 [1920].

[4] Ber. d. Deutsch. chem. Ges. Bd. 28, S. 1429, 1437 [1895]; Diese Zeitschr. Bd. 26, S. 60, und zwar S. 75 [1898].

[1]) Ber. d. Deutsch. chem. Ges. Bd. 27, S. 3479 [1894].

[2]) Proc. Chem. Soc. 1895, S. 46.

[3]) Ber. d. Deutsch. chem. Ges. Bd. 28, S. 1429 [1895].

Saazhefe, in wäßriger, mit Chloroform gesättigter Lösung auf Maltose keine Wirkung ausüben. Bei Anwendung anderer anästhesierender Mittel, wie Toluol und Thymol, gelang es indessen E. FISCHER, reichliche Malzzuckerspaltung (in 40 Stunden bei 33°) zu erzielen und dadurch die Annahme zu bestätigen, daß das Enzym schon in der lebenden Hefe existiert. H. v. EULER und S. KULLBERG[4] bestätigten diese Ergebnisse und bemerkten dazu: „Immerhin wird schon durch Zusatz von Toluol die Maltosespaltung der lebenden Hefe sehr stark herabgedrückt."

Die Differenz zwischen dem Verhalten der Hefe bei Anwesenheit von Chloroform und von Toluol ist unerklärt geblieben. Es erscheint uns aber als eine Vorbedingung, um Methoden für die Bestimmung des Maltasegehaltes von Hefen zu schaffen, daß diese Verhältnisse aufgeklärt werden, von denen E. FISCHER[5] sagt: „In der Tat sind die Erscheinungen sehr verwickelt, wenn die Hefe bei Gegenwart von Chloroform mit der Maltoselösung in Berührung bleibt."

Nachdem wir erkannt hatten, daß zwischen Saccharase und Maltase in bezug auf ihre Exosmose aus frischer Hefe in Wasser kein wesentlicher Unterschied besteht, lag es nahe anzunehmen, daß die Verhältnisse bei der Maltosespaltung durch Hefe nur deshalb so kompliziert erscheinen, weil man weder der Empfindlichkeit der Maltase gegen Säuren noch [159] der Abhängigkeit ihrer Wirkung von der Reaktion des Mediums genügend Rechnung getragen hat. In beiden Beziehungen lehrten die Untersuchungen von L. MICHAELIS und P. RONA[1]) „Die Wirkungsbedingungen der Maltase aus Bierhefe" kennen. Und doch ist die Erkenntnis S. P. L. SÖRENSENS[2]) von der Wichtigkeit des Säuregrades für die enzymatischen Vorgänge nicht in ihrer vollen Tragweite diesem Gebiete zugute gekommen. Unsere Versuche liefern einen kleinen Beitrag zur Arbeit von SÖRENSEN über die Bedeutung der Wasserstoffionenkonzentration bei biologischen Prozessen. Dabei handelt es sich nicht um die Einstellung einer günstigen Wasserstoffzahl in der wäßrigen Zuckerlösung; das Störende ist hier die Erzeugung und die Wirkung von Säure in der Hefezelle selbst.

Der Versuch von MORRIS täuscht. Bei der Abtötung der Hefe durch Chloroform setzt die Produktion von Säure in der Hefezelle ein und schafft in dieser ein für die Spaltung der Maltose ungünstiges Milieu. Der Unterschied zwischen Chloroform und Toluol beruht einfach darauf, daß die Säurebildung der Hefe bei Gegenwart von Toluol eine langsamere ist (siehe Abschnitt III). Wird aber das Experiment mit Chloroform bei Gegenwart geeigneter Puffer ausgeführt, so erfolgt reichliche Maltosespaltung. Der Puffergehalt der Zuckerlösung, den wir für Maltaselösungen am günstigsten gefunden hatten, ergibt in diesem Fall noch keine guten Resultate. Die in der wäßrigen Lösung eingestellte Reaktion erstreckt sich nicht ohne weiteres auf den Ort der Enzymwirkung. Durch reichlicheren Zusatz des Phosphatgemisches

[4] Diese Zeitschr. Bd. 73, S. 85, 92 [1911].
[5] Ber. d. Deutsch. chem. Ges. Bd. 28, S. 1434 [1895].
[1]) Biochem. Zeitschr. Bd. 57, S. 70 [1913]; Bd. 58, S. 148 [1913].
[2]) Biochem. Zeitschr. Bd. 7, S. 45 [1907]; Bd. 21, S. 131 [1909]; Bd. 22, S. 352 [1909]; Ergebnisse der Physiologie, herausgeg. von ASHER und SPIRO, Bd. 12, S. 393 [1912].

und noch weiter durch Anwendung einer etwas stärker alkalischen Phosphatmischung wird der Versuch so verbessert, daß die Hefe bei Gegenwart von Chloroform starke Maltosespaltung bewirkt.

Diese Ergebnisse deuten schon an, daß das Ausbleiben der Maltosespaltung unter den Versuchsbedingungen von [160] MORRIS, FISCHER, V. EULER nicht auf Zerstörung der Maltase durch die von der Hefe gebildete Säure beruht, sondern auf zu hohem Säuregrade am Reaktionsorte. Die Maltase ist viel mehr als andere Enzyme auf einen engen Bereich von Wasserstoffionenkonzentrationen angewiesen und dieser wird bei der Säureproduktion der Hefe überschritten, während das optimale $[H^{\cdot}]$-Gebiet des Invertins nicht dadurch gestört wird. Als L. MICHAELIS und P. RONA[1] das Wirkungsoptimum der Maltase bestimmten, fanden sie, daß zu beiden Seiten desselben ein rapider Abfall der Wirkung eintritt.

Bei Gegenwart von 0,5 ccm Chloroform wurde von 2,2 g frischer Löwenbräuhefe in 100 ccm 5proz. Maltosehydratlösung bei 30°, wenn kein Puffer zugegen war, in 400 Minuten keine Maltosespaltung bewirkt (beobachtet nach Abstoppen mit $^1/_5$ Volumen 2n-Sodalösung bei 15° α_D = 10,78°; Drehungsabnahme 0,02°).

Als die Flüssigkeit die gewöhnliche Menge Puffer, nämlich 10 ccm eines hälftigen Gemisches 1,20proz. $Na_2HPO_4 2H_2O$- und 0,90proz. KH_2PO_4-Lösung enthielt, wurden in 30 Minuten 2,0%, in 90 Minuten 8,3% Maltose gespalten (beobachtet 10,67° bzw. 10,27°; Drehungsabnahme 0,13° bzw. 0,53°).

Bei Verdoppelung dieser Puffermenge betrug die Spaltung in 30 Minuten 3,5% (beobachtet 10,58°; Drehungsabnahme 0,22°);

bei 20facher Puffermenge und Herabsetzung der Chloroformmenge auf ein Fünftel in 60 Minuten 7,8% (beobachtet 10,30°; Drehungsabnahme 0,50°). Aber bei Anwendung der 10fachen Menge Puffer und Einstellung des Mischungsverhältnisses der Phosphate auf p_H = 7,0 (6 ccm sekundäres und 4 ccm primäres Phosphat) in 30 Minuten 14,1%, in 90 Minuten 36,0% (beobachtet 9,90° bzw. 8,50°; Drehungsabnahme 0,90° bzw. 2,30°);

bei ebenfalls 10facher Puffermenge und dem Mischungsverhältnis 7 : 3 entsprechend p_H = 7,2 in 30 Minuten 23,1%, in 90 Minuten 40,6% (beobachtet 9,32° bzw. 8,20°; Drehungsabnahme 1,48° bzw. 2,60°).

II. Maltaselösungen aus frischer und aus getrockneter Hefe.

Daß die Hefe bei Gegenwart von Chloroform die Maltose nicht spaltet, weil in der Zelle zu große Säurekonzentration auftritt, wird vollends dadurch bewiesen, daß es auch ohne Neutralisation gelingt, aus Frischhefe bei Anwesenheit von Chloroform — wie übrigens auch von Toluol — Maltaselösungen herzustellen. Wäre in der Hefe gemäß dem Experiment von [161] MORRIS die Maltase vernichtet, so könnte sie natürlich nicht später im wäßrigen Auszug reichlich gefunden werden.

Die Säure wird aus der Zelle langsam an das umgebende Wasser abgegeben, in das auch Maltase übergeht. Ein solcher Auszug erwies sich zunächst als unwirksam gegen Malzzucker, auch auf Zusatz der üblichen Puffermenge.

Nach 5stündigem Extrahieren von 1 Teil Frischhefe mit $1^1/_2$ Teilen Wasser bewirkten 10 ccm Extrakt in 50 ccm Versuchsflüssigkeit, enthaltend 2,5 g Maltosehydrat und normale Puffermenge, bei 30° in 30 Minuten keine Spaltung (beobachtet 10,80°, Drehungsabnahme 0°).

Dennoch liegen in solchen Auszügen Maltaselösungen vor, die aber zu sauer sind. Werden sie neutralisiert und dann mit dem Puffer versetzt, so wirken sie auf Maltose.

[1] Biochem. Zeitschr. Bd. 57, S. 70 [1913].

In demselben Versuch wie oben wurde ein Teil des Extrakts nach dem Filtrieren mit Ammoniak neutralisiert. Dann ergab die Prüfung unter gleichen Umständen wie zuvor eine deutliche Drehungsabnahme (beobachtet 10,73°, Drehungsabnahme 0,07°).

In einem andern Versuch wurde nach 24stündigem Ausziehen der Hefe mit Chloroformwasser abfiltriert und mit Ammoniak neutralisiert. Dann ergab die Prüfung mit derselben Extraktmenge bei gleichem Pufferzusatz in 50 Minuten eine Spaltung von 37,5 % (beobachtet 8,40°, Abnahme 2,40°).

Allerdings enthält die Flüssigkeit nur einen Teil derjenigen Ausbeute, die unser Neutralisationsverfahren[1] unter sonst gleichen Umständen liefert.

Hefeauszug von 15 Stunden ohne Neutralisieren; nach dem Filtrieren neutralisiert; 10 ccm (entspr. 75 bis 81 g Trockenhefe) mit der gewöhnlichen Puffermenge versetzt und in 50 ccm unter Versuchsbedingungen wie oben bei 30° geprüft. In 50 Minuten betrug die Spaltung der Maltose 45,3 % (beobachtet 7,90°, Abnahme 2,90°), woraus sich gemäß unserer empirischen Kurve[2] für den Extrakt der Zeitwert 58 Minuten berechnet.

Hefeauszug von 24 Stunden unter Neutralisieren gleichzeitig aus der gleichen Hefe; 10 ccm (entspr. 100 bis 116 g Trockenhefe) ergaben in 20 Minuten 39,8° Maltosespaltung (beobachtet 8,25°, Abnahme 2,55°); Zeitwert 29 Minuten.

Der ohne Neutralisieren dargestellte Hefeauszug enthielt also 50% von der Maltase des Neutralextraktes. Und das Verhältnis ist bei den hier gewählten Zeiten das günstigste. Nach weiteren 9 Stunden Extrahieren ohne Neutralisation ergab sich in 40 Minuten nur 37,5 % Maltosespaltung (beobachtet 8,40°, Abnahme 2,40°), daher Zeitwert 73 Minuten.

[162] Beim Ausziehen getrockneter Hefe mit Wasser ohne Neutralisieren stört die auftretende Säure viel weniger als bei frischer. Denn sie geht rasch in die wäßrige Flüssigkeit über und wird dadurch sehr verdünnt. So erklärt es sich, daß es beim Verarbeiten von Trockenhefe unwichtig ist, den entstehenden Auszug zu neutralisieren oder ihn, wie CROFT HILL[1)] vorschreibt, mit 0,1proz. Natronlauge zu bereiten.

Zwei Auszüge wurden aus gleichen Mengen derselben Trockenhefe dargestellt, a) mit Toluolwasser, b) unter Neutralisieren; 10 ccm Extrakt a bewirkten in 30 Minuten 46,5 % Maltosespaltung (beobachtet 7,82°, Abnahme 2,98°), Zeitwert 36 Minuten. 10 ccm Extrakt b, die infolge der Volumvermehrung beim Neutralisieren nur 9,1 ccm des Auszugs a entsprachen, ergaben in 30 Minuten 48,4 % Maltosespaltung (beobachtet 7,70°, Abnahme 3,10°), Zeitwert 30 Minuten.

Vergleicht man die bei der Verarbeitung frischer und trockener Hefe auftretende Säure, so findet man nach der Indicatorenmethode von SÖRENSEN die Wasserstoffzahl nicht erheblich verschieden (beobachtet etwa 6,2) und die Säuremenge zwar bei der Frischhefe größer, aber nicht viel größer als bei Trockenhefe.

88 g frische Hefe erforderten in 24 Stunden zur Neutralisation 27,2 ccm 1proz. Ammoniak, 20 g Trockenhefe (aus 88 g derselben frischen Hefe erhalten) erforderten 21,0 ccm 1proz. Ammoniak.

Da beim Ausziehen trockener Hefe mit Wasser fast ebensoviel Maltase gefunden wird wie nach dem Neutralisationsverfahren, so ist nicht die in der Lösung vorhandene Säure in dem Maße der Maltase schädlich, wie man nach dem Vergleich der wäßrigen Extrakte frischer Hefe mit und ohne Neutralisieren erwarten sollte. Daher ist die Differenz zwischen den bei Gegenwart antiseptischer Mittel erhaltenen Auszügen frischer Hefe mit und ohne Neutralisieren darauf zurückzuführen, daß die in der Zelle auftretende Säure daselbst nicht allein, was im ersten Abschnitt betont wurde, hem-

---

[1] Diese Zeitschr. Bd. 110, S. 236 [1920]. [2] Diese Zeitschr. Bd. 110, S. 237 [1920].

[1)] Journ. Chem. Soc. Bd. 73, S. 634 [1898].

mend, sondern außerdem auch zerstörend wirkt. Allerdings muß erwähnt werden, daß die nicht neutralisierten Auszüge aus trockener Hefe viel haltbarer sind als die aus frischer Hefe. Sie sind reicher an Begleitstoffen, die schützend wirken.
[163] Das Neutralisationsverfahren zur Gewinnung von Maltase aus Frischhefe wird daher noch verbessert, wenn man durch Verflüssigung der Hefe mittels Chloroform beschleunigte Bildung und Abwanderung der Säure herbeiführt und dann nach Neutralisieren der entstandenen und unter zeitweiligem Neutralisieren der weiter auftretenden Säure die Maltaselösungen fertigstellt. Über die Extrakte, die mit Verflüssigung und Neutralisieren gewonnen werden, soll eine folgende Arbeit genauere Angaben mitteilen.

III. Bestimmung in frischer Hefe.

Die Wirkung der frischen Hefe auf Maltose bei Gegenwart abtötender Mittel gibt noch kein Maß für ihren Maltasegehalt. Fürs erste sind die Maltasezeitwerte, die sich für die Hefe bei verschiedenen Pufferzusätzen und bei einem bestimmten Pufferzusatz für verschiedene Versuchsdauer ergeben, nicht durchwegs konstant (s. die Tabelle). Das Optimum wird bei diesen Versuchen mit Chloroform gefunden beim Zehnfachen der in der Zeitwertdefinition vorgeschlagenen Puffermenge unter Verschiebung des Mischungsverhältnisses der Phosphate auf $p_H = 7{,}2$. Dafür sind in 50 ccm Versuchsflüssigkeit erforderlich:

420 mg $Na_2HPO_4 \cdot 2\,H_2O$
(d. i. 7,0 ccm einer 6,0proz. Lösung von $Na_2HPO_4 \cdot 2\,H_2O$),
135 mg KH_2PO_4 (d. i. 3,0 ccm einer 4,5proz. Lösung von KH_2PO_4).

Die enzymatische Wirkung der Hefe ist unter diesen Umständen ferner von dem abtötenden Mittel, z. B. Chloroform oder Toluol, in merkwürdigem Maße abhängig, wie die in der folgenden Tabelle angeführten Versuche (Nr. 4, 5, 6) zeigen. Für den Vergleich sind von den Versuchen mit Toluol besonders diejenigen heranzuziehen, bei denen der dafür optimale Pufferzusatz, nämlich die Phosphatmischung der Zeitwertdefinition, aber in 10facher Menge, angewandte wurde.

Bei Gegenwart von Toluol sind die Werte der Maltosespaltung im allgemeinen niedriger als mit Chloroform. Es kommt aber vor, daß in kurzer Versuchsdauer der Zeitwert [165] der Hefe bei Anwendung von Toluol günstiger ausfällt als mit Chloroform und daß sich erst bei längerer Versuchszeit das Verhältnis umkehrt. Die Säureabgabe ist bei der Einwirkung von Chloroform auf den Hefepilz eine raschere, und es scheint dann leichter zu sein, mit Pufferzusatz nach einiger Zeit eine geeignete und gleichbleibende Wasserstoffionenkonzentration in der Zelle für die Dauer einzustellen als bei der langsamen Säureproduktion der Hefe bei Gegenwart von Toluol. Hier genügt der zu Anfang günstige Puffer bei längerer Versuchsdauer nicht mehr für die Säure am Reaktionsorte. Wenn man in dem Wasser, worin die Hefe aufgeschlämmt ist, die aus ihr herausdiffundierende Säure mit Ammoniak titriert, so findet man bei der raschen Einwirkung des Chloroforms auf die Hefe in dem umgebenden

[164] Maltasewirkung der frischen Hefe mit Chloroform und Toluol unter Anwendung von Puffern.

1,1 g Hefe auf 50 ccm Versuchsflüssigkeit; 5 proz. Maltose; 30°.

Nr.	Abtötendes Mittel (0,25 ccm auf 50 ccm Flüssigkeit)	Puffer: ccm sekundäres Phosphat	Puffer: ccm primäres Phosphat	Versuchszeit (Minuten)	Drehungsabnahme (°)	Maltosespaltung (%)	Zeitwert (Minuten)
1	Chloroform	7	3	80	1,67	26,1	87
		9	1	80	1,35	21,1	130
2	Chloroform	6	4	30	0,80	14,1	83
				90	2,30	36,0	48
	Chloroform	7	3	30	1,48	23,1	42
				90	2,60	40,6	36
3	Chloroform	7	3	30	1,65	25,7	33
				80	2,50	39,0	36
	Chloroform	7	3	30	1,50	23,5	39
				80	2,50	39,0	36
	Chloroform	14	6	30	1,50	23,5	39
				80	2,45	38,3	37
4	Toluol	5	5	80	0,55	8,6	—
	Toluol	6	4	80	0,55	8,6	—
	Chloroform	7	3	80	1,30	20,3	140
5	Toluol	5	5	60	1,25	19,5	120
	Toluol	7	3	60	0,55	8,6	—
	Chloroform	7	3	60	1,75	27,4	59
6	Toluol	5	5	30	0,30	4,7	—
				100	0,90	14,0	280
				165	1,25	19,5	320
	Chloroform	7	3	30	0,10	1,6	—
				100	0,95	14,8	260
				165	1,75	27,3	160

Wasser frühzeitig einen großen Teil der überhaupt entstehenden Säure; die Endwerte aber sind mit Chloroform und Toluol ähnlich, sogar bei letzterem höher.

Je 55 g frische Hefe wurden mit je 500 ccm Wasser und 8 ccm Chloroform bzw. Toluol angeschüttelt. Nach 30 Minuten wiesen Proben der mit Klärerde filtrierten Lösungen, nach der Indicatorenmethode mittels Methylrot geprüft, $p_H = 6{,}3$ auf, zwei weitere nach 6 Stunden entnommene Proben ebenfalls übereinstimmend $p_H = 6{,}0$. Zur Neutralisation verbrauchten aber nach 60 Minuten je 80% der Versuchsflüssigkeit mit Chloroform 5,4 ccm, derjenigen mit Toluol nur 0,5 ccm 1 proz. Ammoniak.

In einem anderen Versuch (mit je 88 g Hefe und 132 ccm Wasser unter Zusatz von 5 ccm Chloroform bzw. Toluol) waren zur Neutralisation erforderlich bei Chloroform nach 20 Minuten bereits 11,2, nach 30 Minuten weitere 3,0, nach 45 Minuten + 4,2, nach 80 Minuten + 1,6, im ganzen 20,0 ccm 1 proz. Ammoniak. Weitere Säure wurde nicht mehr gebildet. Bei Toluol wurden nach 50 Minuten erst 1,7 ccm, nach 65 Minuten weitere 2,1, nach 80 Minuten + 1,0 ccm 1 proz. Ammoniak verbraucht, der 20. ccm aber erst am Ende der vierten Stunde. Nach 7 Stunden war die Produktion von Säure nach Verbrauch von 23,8 ccm 1 proz. Ammoniak beendet.

Das Ziel dieser Versuche mit frischer Hefe war die quantitative Bestimmung ihrer Maltasewirkung nach dem Vorbild der Saccharasebestimmung von H. VON EULER und seinen Schülern[1]. Diese Absicht wird mit der bisherigen [166] Versuchsanordnung,

[1] H. v. EULER und S. KULLBERG, Diese Zeitschr. Bd. 71, S. 14, und zwar S. 20 [1911] und Bd. 73, S. 85, und zwar S. 93 [1911]. — H. v. EULER und O. SVANBERG, Diese Zeitschr. Bd. 105, S. 187, und zwar S. 194 [1919] und Bd. 106, S. 201, und zwar S. 214 [1919].

nämlich mit der von MORRIS und von E. FISCHER, nicht erreicht auch bei Anwendung eines Puffers, der viel stärker alkalisch ist als der Wirkungsbereich der Maltase. Die Bedingungen für die enzymatische Reaktion sollten gleichmäßiger sein, das Eindringen des Puffers zur Einstellung des günstigen Milieus am Reaktionsorte verbessert werden. Eine entscheidende Verbesserung besteht darin, daß man zuerst rasche Verflüssigung der Hefe bewirkt, die Säurebildung und Säureabgabe der Hefe also auf einen kurzen Zeitraum zusammendrängt, und dann erst verdünnt, neutralisiert und den Phosphatpuffer hinzufügt. Vom Experiment E. FISCHERS, das bei Gegenwart von Toluol die Reaktion der frischen Hefe auf Malzzucker erzielte, unterscheidet sich das Verfahren, das zur quantitativen Bestimmung dieser Hefewirkung dient, in drei Punkten: rasche Verflüssigung der Hefe, Neutralisation der gebildeten Säure, Einstellung der für die Maltase günstigen Wasserstoffzahl im Sinne von SÖRENSEN und MICHAELIS.

Unter den abtötenden Mitteln ist Toluol wegen seiner zu langsamen Wirkung unanwendbar. Chloroform ist nicht das günstigste, weil das Ergebnis zu stark von seiner Menge abhängt und die optimale Menge sehr niedrig liegt, so daß leicht Differenzen vorkommen können. Am geeignetsten ist Essigester. Auch hier ist ein Einfluß der Menge auf die Maltasewirkung deutlich, aber er ist nicht so groß. Dieser Einfluß der zu großen Menge organischer Lösungsmittel besteht in einer Erschwerung des Stoffaustausches zwischen der wäßrigen Lösung und der Hefezelle, die zwar nicht mehr unversehrt ist, in der aber die Maltase noch verankert ist.

Einfluß der Chloroformmenge.

11 g Hefe wurden durch Verrühren mit 2,5 ccm Chloroform in 10 Minuten verflüssigt; nach der Neutralisation bewirkten 10% davon in 50 ccm 2,5proz. Maltosehydratlösung bei Gegenwart der in der Zeitwertdefiniton vorgeschriebenen Puffermenge bei 30° in 120 Minuten 41,4% Maltosespaltung (Drehungsabnahme 2,65°, Zeitwert 47 Minuten), jedoch unter sonst gleichen Bedingungen nur 30,5% Spaltung (Drehungsabnahme 1,95°, Zeitwert 92 Minuten), wenn während der Maltosespaltung weitere 0,5 ccm Chloroform zugegen waren.

[167] Je 11 g Hefe wurden a) mit 2,5, b) mit 5,0 und c) ebenfalls mit 5,0 ccm Chloroform verflüssigt. Nach der Neutralisation bewirkten dann je 20% der drei Aufschlämmungen, von denen a) und b) bei Gegenwart der normalen, c) aber bei Gegenwart der fünffachen Puffermenge zur Wirkung gelangten, in 100 ccm Versuchsflüssigkeit

a) in 40 Minuten 23,4%, in 110 Minuten 38,2% Maltosespaltung (Drehungsabnahme: 1,50° bzw. 2,45°, Zeitwert 54 Minuten bzw. 51 Minuten),
b) in 40 Minuten 13,3%, in 110 Minuten 23,9% Spaltung (Drehungsabnahme: 0,85° bzw. 1,53°, Zeitwert 115 Minuten bzw. 144 Minuten),
c) in 40 Minuten 17,2%, in 110 Minuten 27,8% Spaltung (Drehungsabnahme: 1,10° bzw. 1,78°, Zeitwert 89 Minuten bzw. 102 Minuten).

Alle folgenden Versuche sind ausgeführt unter Zusatz der normalen Phosphatmischung in doppelter Menge (d. h. 60 mg $Na_2HPO_4 \cdot 2\,H_2O$ und 45 mg KH_2PO_4 in 50 ccm Versuchsflüssigkeit).

Je 11 g Hefe wurden a) mit 0,5, b) mit 1,0 und c) mit 2,0 ccm Chloroform verflüssigt. Je 10% der neutralisierten Hefeemulsionen bewirkten dann in 50 ccm Flüssigkeit in 50 Minuten: a) 33,2%, b) 30,9% und c) 21,8% Maltosespaltung (Drehungsabnahme: a) 2,13°, b) 1,98°, c) 1,40°; Zeitwert: a) 32 Minuten, b) 37 Minuten, c) 77 Minuten).

Einfluß der Menge von Essigester.

Nach der Verflüssigung mit 1, 2 und 3 ccm Essigester bewirkten je 10% von je 11 g Hefe in 50 ccm Versuchsflüssigkeit in 40 Minuten: 27,8%, 26,2% und 25,7% Spaltung (Drehungsabnahme: 1,78°, 1,68°, 1,65°; Zeitwert: 38 Minuten, 42 Minuten, 44 Minuten).

Bei Verwendung von 0,5, 1 und 2 ccm Essigester auf je 11 g Hefe bewirkten gleiche Hefemengen in 60 Minuten 20,0%, 32,4% und 31,3% Maltosespaltung (Drehungsabnahme: 1,28°, 2,08° und 2,00°; Zeitwert 111 Minuten, 40 Minuten und 43 Minuten) und in 95 Minuten —, 39,0% und 37,5% Spaltung (Drehungsabnahme: —, 2,50° und 2,40°; Zeitwert: —, 42 Minuten, 46 Minuten).

Vergleich der Maltasewirkung mit Chloroform und Essigester.

Zwei Proben von je 11 g der gleichen Hefe wurden mit 0,5 ccm Chloroform bzw. 1 ccm Essigester verflüssigt und neutralisiert. Je 20% dieser Mengen bewirkten in 100 ccm Versuchsflüssigkeit im Chloroformversuch in 61 Minuten 34,7%, in 114 Minuten 46,8% Spaltung (Drehungsabnahme: 2,22° bzw. 3,00°), woraus sich der Zeitwert zu 35 bzw. 33 berechnet, und im Versuch mit Essigester in 61 Minuten 35,9%, in 114 Minuten 46,8% Spaltung (Drehungsabnahme 2,30° bzw. 3,00°), Zeitwert aus beiden Beobachtungen 33.

Für zwei Proben einer anderen Hefe, die ebenfalls mit 0,5 ccm Chloroform bzw. 1 ccm Essigester verflüssigt wurden, von denen aber während der Spaltungsreaktion die doppelten Mengen wie bisher, entsprechend 4,4 g Hefe auf 100 ccm Versuchsflüssigkeit, zur Anwendung kamen, betrug die **[168]** Maltosespaltung nach 61 Minuten im Chloroformversuch 37,3%, im Versuch mit Essigester 36,9% (Drehungsabnahme 2,39° bzw. 2,36°; Zeitwert 60 Minuten bzw. 62 Minuten).

Aus diesen Versuchen ergibt sich für die Maltasebestimmung folgendes Verfahren:

11 g[1] Hefe werden im Becherglas mit 1 ccm Essigester versetzt und mit einem Glasstab 4 bis 6 Minuten lang verrieben, bis die Verflüssigung vollständig geworden. Darauf wird die Hefe mit 20 ccm Wasser durchgerührt und alsbald tropfenweise mit $^{n}/_{10}$ Ammoniak unter stetigem Rühren bis zur neutralen Reaktion versetzt, die man durch Tüpfeln auf hellblaues Lackmuspapier mit Vergleichsproben von destilliertem Wasser feststellt; erforderlich waren 7 bis 9 ccm. Man wartet 10 Minuten und vervollständigt, wenn es nötig ist, die Neutralisation, wozu nochmals bis 1,5 ccm $^{n}/_{10}$-Ammoniak erforderlich sein können. Die Hefesuspension wird nun in einen 50 ccm-Meßkolben übergeführt, der knapp dafür ausreicht. Zum Versuche entnehmen wir nach sorgfältigem Umschütteln mit der Pipette 20 ccm, zweckmäßig nicht mehr, die mit 5,0 g wasserhaltiger Maltose und dem Puffer[2] (120 mg $Na_2HPO_4 \cdot 2\,H_2O$ + 90 mg KH_2PO_4) ohne weiteren Zusatz eines antiseptischen Mittels auf 100 ccm gebracht werden. Messungen werden in zwei Intervallen ausgeführt, und zwar so, daß eine der Beobachtungen möglichst in die Nähe von 50% Maltosespaltung führt, z. B. mit 40 und 80 Minuten Versuchszeit.

Beispiel: Hefe der Löwenbrauerei in München, 28. VII. 20. Die Maltosespaltung mit den Proben von $^{2}/_{5}$ aus 11 g ergab bei 30° in 60 Minuten 2,73° Drehungsabnahme entsprechend 42,6% Maltosespaltung und dem Minutenwert 43, in 86 Minuten 3,20° Drehungsabnahme entsprechend 50,0% Spaltung und dem Minutenwert 43.

Auf Grund dieser Bestimmung in der frischen Hefe wird man die Ausbeute an Maltase bei der Verarbeitung frischer **[169]** und trockener Hefe verfolgen. Die wenigen bisherigen Beobachtungen, die nur die Bedeutung von Beispielen haben, zeigen, daß

[1] Diese Menge, die 2,5 g Trockenhefe entspricht, ist so gewählt, daß das Ergebnis durch Division mit 2 auf die in der Zeitwertdefinition vorgeschriebene Menge (1 g) Trockenhefe zurückgeführt wird.

[2] Für die Hefe ist die Maltase-Zeitwertdefinition (Diese Zeitschr. Bd. 110, S. 238) dahin abgeändert, daß die angegebene Puffermenge verdoppelt ist.

sich der größte Teil der Maltase aus der frischen Hefe gewinnen läßt. Es kommt auch vor, daß der Extrakt mehr Maltase als die Frischhefe enthält, aber darauf soll erst eingegangen werden, wenn größeres Versuchsmaterial vorliegt.

Frische Hefe der Löwenbrauerei (15. VII.) ergab den Zeitwert 33, der nach dem Neutralisationsverfahren in 24 Stunden gewonnene Auszug den Zeitwert 38 Minuten entsprechend 87% Ausbeute.

Frische Hefe der Löwenbrauerei (23. VII.) ergab den Zeitwert 63, der unter Neutralisieren in 24 Stunden bereitete Auszug den Zeitwert 54 Minuten entsprechend 117% Ausbeute.

Die Bestimmungsmethode wird ferner anzuwenden sein, um die Hefe der Brennereien und Brauereien hinsichtlich ihrer maltosespaltenden Kraft quantitativ zu prüfen, während man bisher nur ihre rohrzuckerspaltende Wirkung aus zahlreichen Angaben namentlich von EULER und seinen Mitarbeitern kannte. Um die Wirkung der Hefe auf die beiden Biosen zu vergleichen, ist es nötig, das Invertin in diesem besonderen Falle mit einem anderen Maße als dem von C. O'SULLIVAN und F. W. TOMPSON[1] und von EULER[2] angegebenen zu messen. Anstatt die Saccharase durch die Zeit in Minuten zu definieren, die 0,05 g Präparat brauchen, um bei 15,5° 4 g Rohrzucker in 25 ccm Lösung zu 75,75% zu spalten, bestimmen wir mit der 10fachen Menge von trockener Hefe oder Präparat (0,5 g in 25 ccm) bei 30° mit einer Lösung von nur 1,1875 g Rohrzucker (entsprechend 1,25 g Maltosehydrat) die Zeit in Minuten bis zur Spaltung von 50%. Diese Angabe soll als „Vergleichszeitwert" für Saccharase bezeichnet werden. Für den Vergleich wirkt also ein und dieselbe Menge Hefe in dem nämlichen Volumen Lösung bei gleicher Temperatur auf gleiche Mengen Malzzucker und Rohrzucker ein, nur mit der [170] Besonderheit, daß für Maltase $p_H = 6{,}8$, für Saccharase $p_H = 4{,}5$ eingestellt wird. Einen solchen Vergleich haben H. v. EULER und S. KULLBERG[1]) in vorläufiger Weise angestellt und die relative Reaktionsgeschwindigkeit in 8proz. Zuckerlösung für Maltase = 1 (bis 2) und für Bierhefeinvertin = 170 angegeben.

Wir fanden mit einer Münchener Brauereihefe, daß für die Spaltung der Maltose 18mal mehr Zeit erforderlich war wie für die des Rohrzuckers. Und in einem unter Neutralisation dargestellten wäßrigen Auszug der frischen Brauereihefe betrug das Verhältnis zwischen Maltose- und Saccharosespaltung 1:30.

Beispiele: 1. Hefe der Löwenbrauerei, 13. VII. a) Maltasebestimmung. Mit 2,2 g Hefe in 100 ccm in 60 Minuten 2,40° Drehungsabnahme entsprechend 37,5% Spaltung und dem Zeitwert 29 Minuten.

b) Saccharasebestimmung. Angewandt 0,55 g Hefe mit 4,75 g Rohrzucker unter Zusatz von 2 ccm 20proz. NaH_2PO_4-Lösung in 100 ccm. Nach 30 Minuten betrug

---

[1] Journ. Chem. Soc. Bd. 57, S. 834, und zwar S. 866 [1890].

[2] H. v. EULER, E. LINDBERG und K. MELANDER, Diese Zeitschr. Bd. 69, S. 152, 157 [1910]; H. v. EULER und S. KULLBERG, Diese Zeitschr. Bd. 73, S. 335 [1911]; H. v. EULER und O. SVANBERG, Diese Zeitschr. Bd. 107, S. 269 [1919].

[1]) Diese Zeitschr. Bd. 73, S. 85, und zwar S. 96 [1911].

die Drehungsabnahme 3,76° entsprechend 54,8% Spaltung. Saccharasevergleichszeitwert 1,62 Minuten.

2. Auszug aus der Hefe der Löwenbrauerei vom 15. VII. nach dem Neutralisationsverfahren. (Volumvermehrung beim Neutralisieren 14,7%.)

a) Maltasebestimmung. Mit 20 ccm Extrakt in 100 ccm wurden in 18 Minuten 2,15° Drehungsabnahme entsprechend 33,6% Maltosespaltung gefunden. Zeitwert 39 Minuten.

b) Saccharasebestimmung. Mit 1,25 ccm Extrakt in 100 ccm wurden in 25 Minuten 3,51° Drehungsabnahme entsprechend 51,2% Rohrzuckerspaltung gefunden. Saccharasevergleichswert 1,30 Minuten.

Zeitschrift für physiologische Chemie 115, S. 211 [1921].

63. ÜBER DIE GÄRWIRKUNG MALTASEARMER HEFEN.

Von RICHARD WILLSTÄTTER und WERNER STEIBELT.

Vierte Mitteilung über Maltase*.

(Aus dem chemischen Laboratorium der Bayerischen Akademie der Wissenschaften in München.)

Mit 8 Abbildungen.

(Der Redaktion zugegangen am 3. Mai 1921.)

I. Gehalt von ober- und untergärigen Hefen an Invertin und Maltase.

Zur Verschiedenheit von Invertin und Maltase.

Als EMIL FISCHER[1] kurze Zeit nach C. J. LINTNER[2] die Hydrolyse der Maltose durch Hefeauszüge beobachtete, betrachtete er sie zunächst als eine Wirkung des Invertins. Für die Annahme eines spezifischen, auf Maltose wirkenden Enzyms entschied sich FISCHER[3] etwas später hauptsächlich auf Grund des Umstands, „daß beim Auslaugen der frischen Hefe mit Wasser . . . nur das Enzym in Lösung geht, welches den Rohrzucker spaltet". Dieses Argument für die Verschiedenheit von Invertin und Maltase ist hinfällig geworden. Es gelingt auch aus ungetrockneter Hefe, z. B. bei Anwesenheit von Chloroform oder Toluol, Maltaselösungen herzustellen[4]. Diese Auszüge sind zu stark sauer, als daß sie ohne weiteres die Maltasewirkung entfalten könnten. Aber [212] sie spalten die Maltose, wenn sie neutralisiert und mit dem geeigneten Puffer entsprechend $p_H = 6{,}8$ versetzt werden.

Auch die Verschiedenheit der optimalen Wassertsoffionenkonzentration für Invertin und Maltase, die L. MICHAELIS und P. RONA[1]) festgestellt haben, ließe sich mit

---

* *Die III. Abhandlung dieser Reihe „Über die Verschiedenheit von Maltase und α-Glucosidase" ist in den Abschnitt VIII eingereiht (Nr. 75).*

[1] Ber. d. deutsch. chem. Ges. Bd. 27, S. 2985 [1894]; Bd. 27, S. 3479 [1894] und Bd. 28, S. 1429 [1895].

[2] Zeitschr. f. ges. Brauwesen 1892, S. 106; C. J. LINTNER und E. KRÖBER, Ber. d. deutsch. chem. Ges. Bd. 28, S. 1050 [1895].

[3] Ber. d. deutsch. chem. Ges. Bd. 27, S. 3479 [1894].

[4] R. WILLSTÄTTER, G. OPPENHEIMER und W. STEIBELT, Diese Zeitschr. Bd. 110, S. 232 [1920]; R. WILLSTÄTTER und W. STEIBELT, Diese Zeitschr. Bd. 111, S. 157 [1920], und zwar S. 160.

[1]) Biochem. Zeitschr. Bd. 57, S. 70 [1913].

der Vorstellung gut in Einklang bringen, daß ein und dasselbe Enzym unter verschiedenen Reaktionsverhältnissen die beiden Biosen angreife. Dagegen ist die ungleiche Beständigkeit von Invertin und Maltase, sei es gegen Säure[2] oder beim Fällen der Präparate mit Alkohol[3], nicht wohl vom Standpunkt ihrer Identität zu verstehen.

Die Verschiedenheit von Saccharase und Maltase wird durch das weit differierende Verhältnis, in dem die beiden Enzyme in verschiedenen Hefen auftreten, außer Zweifel gestellt. Diesen Gedanken hat schon E. FISCHER[4] in seiner zusammenfassenden Abhandlung „Bedeutung der Stereochemie für die Physiologie" angedeutet, indem er von einzelnen Hefearten sprach, welche Invertin enthalten, in denen aber das maltosespaltende Enzym fehlt und umgekehrt (Saccharomyces Marxianus maltasehaltig, Schizosaccharomyces octosporus invertinhaltig[5]). Wenn es sich freilich nur um vereinzelte Hefearten handelt, ist diese Schlußfolgerung nicht einwandfrei, wie ja FISCHER auch die ganz analoge Folgerung der Verschiedenheit von Maltase und α-Glucosidase ablehnte. Es wird aber im folgenden gezeigt, daß auch in den gewöhnlichen Hefen der Gehalt an Invertin und Maltase nicht Hand in Hand geht.

Die Ausbildung spezifischer Hefeenzyme zur Hydrolyse der einzelnen zusammengesetzten Zucker kann mit verschiedenen Vorstellungen erklärt werden. Es ist möglich, daß die Saccharase, Maltase, α-Glucosidase, Lactase, Melibiase, Raffinase [213] und viele andere nebeneinander existieren und in getrennten Enzymmolekülen bestehen. Dann werden diese Enzyme sich aus derselben Grundsubstanz zusammensetzen, die ähnliche, aber nicht identische wirksame Gruppen trägt, Schlüssel mit gleichartigen Griffen und verschiedenen Bärten.

Es ist andererseits auch möglich, daß an ein und derselben Grundsubstanz, an deren Molekül die für die einzelnen Enzymreaktionen erforderlichen, von einander verschiedenen wirksamen Gruppen ausgebildet werden, mehrere von diesen auftreten, einzeln oder in größerer Zahl ausgebildet werden, einzeln oder in größerer Zahl der Zerstörung anheimfallen. Das einfachste Modell für diese Vorstellung ist ein Doppelschlüssel, aus einem Griff bestehend, der an jedem Ende einen Bart trägt. Jeder von diesen Bärten kann wachsen, verkümmern, zerstört werden; ebenso kann der Grundkörper zahlreiche Bärte tragen.

Maltasearme Brennereihefen.

In diesem Abschnitt unserer Arbeit prüfen wir die Invertin- und Maltasegehalte verschiedener Brauerei- und Brennereihefen. Eine Absicht, die wir in dieser Untersuchung verfolgen, ist die Prüfung, ob in der Praxis die Hefen ausgewählt worden sind,

---

[2] L. MICHAELIS und P. RONA, a. a. O.

[3] F. RÖHMANN, Ber. d. deutsch. chem. Ges. Bd. 27, S. 3251 [1894].

[4] Diese Zeitschr. Bd. 26, S. 60 [1898], und zwar S. 73.

[5] E. FISCHER und P. LINDNER, Ber. der deutsch. chem. Ges. Bd. 28, S. 984 [1895].

welche mit den zuckerspaltenden Enzymen ausgerüstet sind, die sie nach der herrschenden Theorie für die ihnen zukommende Aufgabe brauchen. Darauf ergibt sich die Antwort, daß unsere Brauereien mit Hefen von geeigneter enzymatischer Ausrüstung arbeiten, daß aber unsere im großen Maßstab angewandten Brennereihefen einen merkwürdigen Mangel an dem Enzym aufweisen, das für sie nach der bisherigen Anschauung unentbehrlich sein sollte. Alle, die Brauerei- und Brennereihefen, führen einen außerordentlichen Ballast von unnötigen Enzymen mit.

Um die Wirkung der Hefen auf Saccharose und auf Maltose zu vergleichen, bestimmen wir beide Reaktionen mit demselben Maße und nur mit dem Unterschiede, daß für Saccharase $p_H = 4{,}5$, für Maltase $p_H = 6{,}8$ eingestellt wird[1]. Die **[214]** Invertinwirkung wird hier also nicht mit dem von C. O'Sullivan und F. W. Tompson und von H. v. Euler eingeführten Zeitwert[1]) gekennzeichnet, der sich auf die Hydrolyse von 25 ccm 16proz. Rohrzuckerlösung durch 0,05 g Hefe bei 15,5° bezieht, sondern sie wird unter den Bedingungen der Maltosespaltung mit dem „Vergleichszeitwert" gemessen, d. i. durch die Hydrolyse von 25 ccm 4,75proz. Rohrzuckerlösung mittels 0,5 g trockener Hefe bei 30°.

Aus mehreren Messungen zu verschiedenen Zeitpunkten ergeben sich etwas differierende Zahlen der Invertin-Vergleichszeitwerte, was darauf beruhen dürfte, daß der Verlauf der Rohrzuckerinversion unter diesen Bedingungen weniger genau als bei 15,5° der von O'Sullivan und Tompson aufgestellten logarithmischen Kurve entspricht.

Die zur Analyse dienenden untergärigen Brauereihefen verdankten wir den Betrieben der Aktienbrauerei zum Löwenbräu, der Brauerei zum Spaten, der Brauerei G. Pschorr (Pschorrbräu) und des Hofbräuhauses. Außerdem zogen wir eine Reinkultur von Frohberg-Unterhefe zum Vergleich heran, die uns durch die Freundlichkeit des Herrn Privatdozenten Dr. H. Lüers, Direktors der wissenschaftlichen Station für Brauerei in München, zur Verfügung stand.

Eine Weinhefe (Aßmannshäuser) verdankten wir gleichfalls Herrn Direktor Dr. Lüers.

Eine obergärige Weißbierhefe entstammte dem Weißbier-Bräuhaus im Tal (Schneider und Sohn).

Von den obergärigen Hefen der Brennereien haben wir zumeist die Rasse M untersucht, die gegenwärtig vom Institut für Gärungsgewerbe in Berlin N, Seestraße 13, allein vertrieben wird, und damit die Brennereiheferassen II und XII verglichen, die uns die Hefezuchtanstalt des Instituts freundlichst zur Verfügung gestellt hat. Eine dem Handel entnommene Kopenhagener Brennereihefe verdanken wir der Gefälligkeit des Herrn Prof. Dr. Alfred Jörgensen. Eine Wiener Hefe wurde als „garantiert reine Spiritus-Preßhefe" **[215]** bezogen aus der Spiritus- und Preßhefen-

[1] Diese Zeitschr. Bd. 111, S. 157 [1920], und zwar S. 169.

[1]) S. die Zitate, Diese Zeitschr. Bd. 111, S. 169 [1920] (*Abh. 62*).

fabrik Stadlau Wolfrum A.-G. Die obergärige Hefe der Münchner Bäckereien war „reine Branntweinhefe" der Sinner A.-G. in Karlsruhe-Grünwinkel.

In verschiedenen Brauereihefen bewegte sich der Quotient

$$\frac{\text{Zeitwert für Maltase}}{\text{Zeitwert für Invertin}}$$

in engen Grenzen und betrug ungefähr 20. Nur eine Probe der Hefe aus dem Spatenbräu, die auffallend arm an Maltase war, ergab eine bedeutende Abweichung. Allein in anderen Hefeproben desselben Betriebes war, wie sich in der voranstehenden Arbeit über Maltase und α-Glucosidase zeigte, der Maltasegehalt normal, so daß auch der Quotient dem gewöhnlichen Verhältnis entsprochen haben wird.

Die Brauereihefen wiesen einander ähnliche Zeitwerte für Invertin auf, die sich zwischen 1 und 3 bewegen. Auch den Invertingehalt mehrerer deutscher Brennereihefen fanden wir ähnlich, vielfach niedriger bei der österreichischen, weit günstiger bei der dänischen Brennereihefe, die mit dem Vergleichszeitwert 0,52 für Invertin an der Spitze aller untersuchten Hefen stand. Sie müßte ein treffliches Ausgangsmaterial für Invertindarstellung sein.

Viel bedeutender sind aber die Differenzen im Maltasegehalt (Zeitwerte 13400 bis 29) und daraus ergeben sich die größten Ausschläge für den Quotienten.

Die enzymreiche dänische Spiritushefe enthält 3 bis 5 mal weniger Maltase (Zeitwert 160) als eine Münchner Brauereihefe (Zeitwert 29 bis 52). Der dänischen steht die Berliner Brennereiheferasse XII im Maltasegehalt nahe, viel ärmer an Maltase ist die Rasse II (Zeitwert 740) und wieder vielfach ärmer als diese aufgegebenen Rassen sind die Brennereihefe M, die Preßhefe von Sinner und die Stadlauer Spiritushefe.

Diese drei Hefen, von denen allerdings nur die Hefe M genau bezeichnet ist, sind entsprechend den Zeitwerten 3000 bis 13000 entweder äußerst arm an Maltase oder sogar frei von Maltase. Die Maltasewirkung ist nämlich gewiß noch zu

[216] Tabelle 1. Invertin- und Maltasewirkung verschiedener Hefen[1].

Hefe (Trockengewicht in Proz.)	Invertin			Maltase			Quotient der Zeitwerte
	Versuchszeit	Drehungsabnahme	Zeitwert	Versuchszeit	Drehungsabnahme	Zeitwert	
Löwenbräu 13. VII. 20 (22,7)	30	3,76	1,62	30	2,40	29	17,9
Löwenbräu 1. XII. 20 (22,7)	20	2,11	2,30	32	2,35	32,5	14,4
	40	3,48	2,23	65	3,20	32,5	
Hofbräu 3. XII. 20 (24,2)	20	2,21	2,33	40	2,16	52	22,7
	35	3,58	2,16	96	3,20	51	
Spatenbräu 6. XII. 20 (23,7)	20	2,84	1,69	60	1,40	195	Anfangsw. 145
	40	4,80	1,49	180	2,86	125	

[1] Die Versuche sind bei Invertin mit 0,55 g feuchter Hefe und bei Maltase mit 4,4 g feuchter Hefe in 100 ccm Flüssigkeit ausgeführt.

Tabelle 1. (Fortsetzung.)

Hefe (Trockengewicht in Proz.)	Invertin			Maltase			Quotient der Zeitwerte
	Versuchs-zeit	Drehungs-abnahme	Zeitwert	Versuchs-zeit	Drehungs-abnahme	Zeitwert	
Pschorrbräu 7. XII. 20 (25,2)	20 40	3,26 5,29	1,49 1,29	60	3,40	29	20,9
Frohberg-Unterhefe, Reinkultur 4. II. 21 (23,6)	30	3,32	2,04	90	2,92	58	28,5
Weißbräu Tal 13. XII. 20 (24,0)	21 30	1,71 2,42	3,30 3,15	40 80	1,95 2,65	65 66	20,4
Weinhefe Aßmannsh. 4. II. 21 [217] (27,0)	30	3,56	2,08	90 160	1,43 2,09	320 250	Anfangsw. 194
Brennereihefe M 23. XII. 20 (24,3)	40	2,10	4,96	160	0,25	3 500	> 700
Brennereihefe M 12. I. 21 (24,5)	22 39	1,66 2,71	3,66 3,61	450	1,00	2 600	> 700
Brennereihefe M 26. I. 21 (22,2)	39	3,21	2,60	210	0,08	13 400	> 5000
Brennereihefe M 7. III. 21 (22,8)	—	—	—	340 1740	0,25 1,08	8 100 8 100	—
Brennereihefe Rasse II 12. II. 21 (34,2)	25 60	1,86 3,80	5,05 4,89	150	1,34	740	150
Brennereihefe Rasse XII 26. II. 21 (25,0)	27	4,44	1,22	100 150	1,71 2,48	230 150	Anfangsw. 290
Spiritushefe Stadlau 25. II. 21 (30,3)	55	1,54	12,2	100 400	0,14 0,24	4 400 12 400	400 bis 1000
Branntweinhefe Sinner 3. III. 21 (28,0)	45	3,51	3,34	103	0,24	3 000	> 900
Brennereihefe Kopenhagen 21. II. 21 (21,6)	14	4,58	0,52	77 204	1,65 2,62	160 160	320

[218] hoch gefunden worden. In den üblichen Bestimmungszeiten war gar keine Maltasewirkung zu beobachten. Daher mußten die Beobachtungen auf viel größere Zeiten, als der Bestimmungsmethode entspricht, ausgedehnt werden. Auch dann fiel der Umsatz noch in den allerersten Teil der Reaktionskurve und schritt nicht weiter. Und in eben diesen Hefen erwies sich das Zymasesystem derart widerstandsfähig, daß auch durch den bei der Bestimmung üblichen Zusatz von Essigester die Gärung nicht ausgeschaltet

werden konnte. Es empfiehlt sich, in solchen Fällen die Essigestermenge zu verdoppeln, auf 2 ccm für 11 g Hefe. Dann wird die Gärung wenigstens so weit unterdrückt, daß keine sichtbare Kohlensäureentwicklung mehr erfolgt.

Die in diesen Fällen angegebenen geringfügigen Maltasewirkungen sind also mindestens zum Teil nur scheinbare, von der Maltosegärung vorgetäuscht. Übrigens ist es für die in den nächsten Abschnitten gezogenen Schlußfolgerungen ohne Belang, ob diese maltosevergärenden Hefen frei oder fast frei von Maltase sind.

II. Geschwindigkeit der Vergärung von Maltose.

Die Literatur über Gärung ist zu arm an quantitativen Angaben, die den Verlauf der Vergärung verschiedener Zucker durch verschiedene Hefen vergleichen. Die vorliegenden quantitativen Beobachtungen betreffen teils, wie viele der wichtigen Messungen von A. SLATOR[1], die Anfangsgeschwindigkeit der Gärung, teils den Betrag der im ganzen entwickelten Kohlensäure, vielfach auch die willkürlich definierte Triebkraft und Gärkraft, aber zu wenig den zeitlichen Verlauf der Gärung der einzelnen Zucker, der zur Kennzeichnung der Hefen geeignet wäre. Von verhältnismäßig untergeordneter Bedeutung ist es dabei, welchen analytischen Weg man zur Kohlensäurebestimmung wählt, ob Wägung, Volummessung, maßanalytische Bestimmung, Druckmessung, interferometrische oder kalorimetrische Messung.

Die öfters angewandte Beobachtung im SCHRÖTTER- oder [219]EINHORN-Saccharometer ist ungenau und kann irreführen. Z. B. zeigte die Brennereihefe M (12. Jan.) ohne oder mit Nährlösung in 5proz. Maltoselösung in 24 Stunden keine CO_2-Entwicklung. Eine andere Probe (26. Jan.) gab ohne Nährlösung in 20 Stunden 0 ccm CO_2, mit Nährlösung in 7 Stunden 0,2 ccm, während in derselben Zeit aus Saccharose 4,2 ccm entbunden wurden. Bei der quantitativen Bestimmung wird sich im folgenden ein ganz anderes Bild für das Gärvermögen dieser Hefen ergeben. Einer der Fehler bei der Beobachtung im Gärröhrchen, aber nicht nur in diesem, besteht in der Anwendung von Zuckerlösungen, die nicht zuvor mit Kohlensäure gesättigt sind. Der Beginn einer Gärung entzieht sich dadurch der Beobachtung. Und bei sehr schwacher Gärung kann infolge der Diffusion von Kohlensäure aus der Lösung im offenen Schenkel sogar der ganze Verlauf unmerkbar werden.

Um die Hefe durch quantitative Angaben über ihr Gärvermögen zu kennzeichnen, sind zum Vergleich geeignete Bedingungen aufzustellen. Für den in dieser Arbeit begonnenen Vergleich zwischen Spaltungsvermögen und Gärvermögen der Hefen gegenüber verschiedenen Zuckern ist es von Nutzen, aus den Ergebnissen eines Gärversuches eine Zahl hervorzuheben, die dem „Zeitwert" der Hefe für Saccharase und Maltase analog ist und die als „Halbgärzeit" bezeichnet werden soll. Halbgärzeit für eine bestimmte Temperatur ist die Zeit, in der durch Vergärung unter gewissen Bedingungen die Hälfte der theoretisch möglichen Kohlensäuremenge entbunden wird. Die Halbgärzeit ist also durch die entwickelte Kohlensäure bestimmt,

[1] Journ. Chem. Soc. Bd. 89, S. 128 [1906] und Bd. 93, S. 217 [1908].

nicht durch den verbrauchten Zucker. Die Menge des letzteren beträgt mehr als 50%. Bei vielen Versuchen, in denen die Restlösungen nach Auffangen von 50% Kohlensäure untersucht wurden, war in ihnen merklich weniger als 50% des Zuckers vorhanden.

Die Bedingungen der Gärung sind: 20 ccm 5proz. Lösung von Glucose, von Maltosehydrat u. a., oder 4,75proz. von Rohrzucker; die 0,2 g trockener Hefe[1] entsprechende Menge [220] frischer Hefe; Sättigung der Lösung mit Kohlensäure bei der Versuchstemperatur; Anwendung von Nährstoffen; konstante Temperatur; gelindes Schütteln des Gärgefäßes.

Die Halbgärmenge der Kohlensäure beträgt bei Zimmertemperatur (20°) und 720 mm Druck: 144 ccm[1]).

Um die Zeiten der halben Hydrolyse und der halben Vergärung zu vergleichen, braucht man nur den Zeitwert der Hefe, z. B. für Maltase, der sich auf 1 g trockene Hefe in 50 ccm 5proz. Maltoselösung bezieht, mit 2 zu multiplizieren, was erlaubt ist, da die Zeiten gleicher Maltosespaltung sich umgekehrt wie die Fermentmengen verhalten.

Als Nährstoffe verwenden wir auf 0,2 g wasserfreier Hefe:

0,25 g KH_2PO_4
0,2 g Acetamid oder 0,25 g Pepton
0,025 g $MgSO_4 \cdot 7\,H_2O$ und
0,01 g $CaSO_4 \cdot 2\,H_2O$.

Für gewisse Vergleiche wird man dafür Sorge tragen müssen, daß die Hefen auch unter vergleichbaren Bedingungen zur Untersuchung angewandt werden, soweit als möglich in ähnlichem physiologischem Zustand, nämlich nach gleicher Vorbehandlung, Ernährung, Lagerung. Die Vermehrung der Hefe im Gärversuch, die manchmal zu berücksichtigen sein wird, konnte bei den nachfolgenden Versuchen außer Betracht bleiben.

Das ständige, gelinde Schütteln des Gärkölbchens führten wir erst im Laufe unserer Versuche ein, es fehlte in den ersten nachstehenden Gärproben. Wenn man es unterläßt, wird die Gärgeschwindigkeit, wenigstens bei rascher Gärung, durch den Diffusionsvorgang limitiert, indem die Verarmung an Kohlehydrat in der die Hefe umgebenden Schicht, namentlich wenn sich die Hefe durch Absitzen von der Lösung absperrt, eine Verzögerung der Gärung bewirkt.

Als Beispiel sei die Vergärung von Maltose bei 30° durch Bierhefe ohne und mit Schütteln angeführt. Im ersten Fall betrug die Halbgärzeit 112, im zweiten 80 Minuten. Bei [221] Gärversuchen mit Schütteln wird, wie Abb. 1 zeigt, die Beziehung zwischen Zeit und Gärung annähernd durch eine Gerade ausgedrückt bis zur Entbindung von 80% der Kohlensäure, dann tritt scharfe Verlangsamung ein.

---

[1] Einige der ersten Versuche sind mit der halben Hefemenge ausgeführt.

[1]) Auf diese Bedingungen beziehen sich alle folgenden Volumenangaben.

Stunden	1/2	1	1 1/2	2	3	17
Ohne Schütteln ccm	30	75	119	151	195	247 (= 86%)
Mit Schütteln ccm	53	111	160	204	239	246 (= 86%).

Das Schütteln bewirken wir mit einem Exzenter, den eine Wasserturbine oder ein kleiner Motor bewegt[1].

Die Kohlensäurebestimmung führen wir volumetrisch aus, indem wir aus kleinen Gasometern Quecksilber[2] verdrängen und in Meßzylinder abfließen lassen.

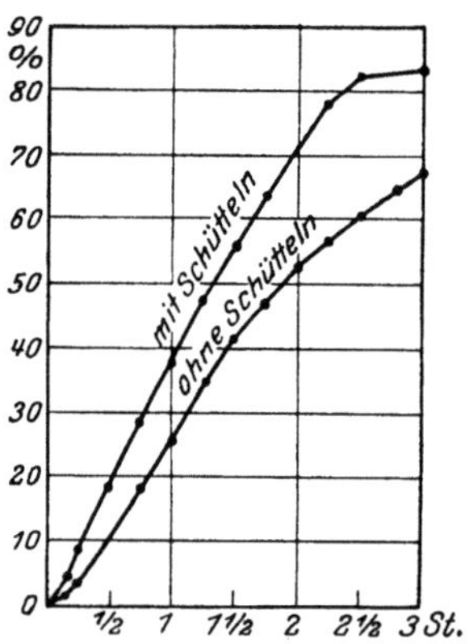

Abb. 1. Einfluß des Schüttelns.

Der Gasometer (Abb. 2) besteht in einer umgedrehten, mit einem Gummistopfen durch Drahtligatur verschlossenen Saugflasche A. Sie ist durch einen Druckschlauch mit dem beweglichen Glasrohr B verbunden, von dem ein nach unten umgebogenes Ablaufrohr abgezweigt ist. Durch den Gummistopfen ist das mit einem Glashahn versehene Rohr C bis ganz oben in den möglichst vollständig mit Quecksilber gefüllten Gasometer eingeführt. Das obere Ende der Glasröhre muß zur Seite, links in der Abbildung, gebogen sein, damit, wenn einmal Quecksilber hineingelangt, dieses durch Neigen des Apparates durch den Hahn abgelassen werden kann. Der Apparat wird durch B mit Quecksilber gefüllt; er wird, während der Hahnstopfen entfernt ist, mit dem Gärkolben verbunden. Der Druck ändert sich beim Auffangen der Kohlensäure [**222**] beträchtliche Zeit nur wenig, später wird er durch Neigen des beweglichen Rohres B ausgeglichen.

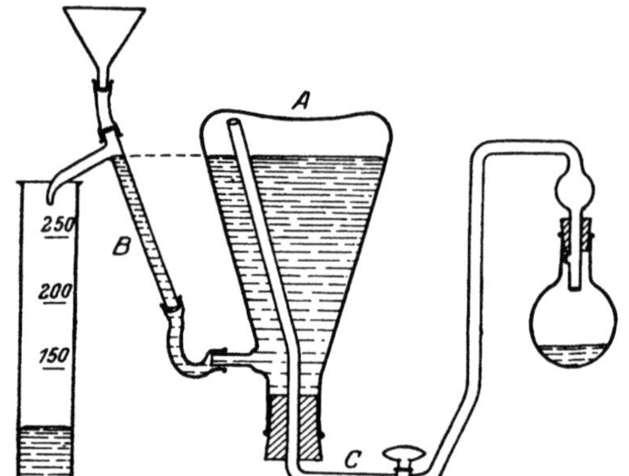

Abb. 2.

Die Brennereihefen M und II bei 18°.

Brennereihefe M (26. I. 21), 0,1 g trocken, mit Saccharose und Maltose, 18°, ohne Schütteln.

Im Maltoseversuch traten in den ersten 5 Stunden nur Spuren CO_2 auf, die Halbgärzeit betrug 33 Stunden, doppelt soviel als für Saccharose.

Vergleich der Anfangsstadien (siehe Abb. 3).

Minuten	80	300	450	575	710	850	1000
Saccharose	2	25	50	70	93	112	**145** ccm
Maltose	—	—	1	4	8	16	30 ccm

[1] Ähnlich wie bei Hydrierungen mit Platinmohr, siehe z. B. R. WILLSTÄTTER und E. SONNENFELD, Ber. d. deutsch. chem. Ges. Bd. 46, S. 2952, und zwar S. 2955 [1913].

[2] Auffangen über Wasser mit einer Schicht von Erdöl (M. HAYDUCK, Prüfung der Preßhefe auf Gärkraft, Zeitschr. f. Spiritusindustrie 1882, S. 226) ist nicht genau genug, da beide Flüssigkeiten Kohlensäure absorbieren.

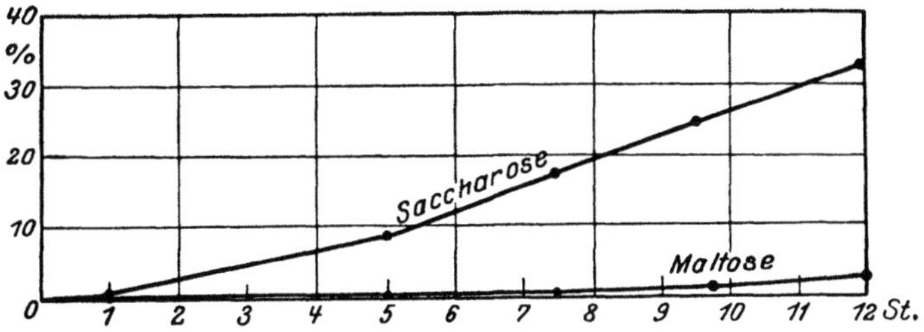

Abb. 3. Gärung durch Hefe M, 1. Abschnitt (18°).

[223] Maltosegärung bis zum Halbwert (Abb. 4).

Stunden	$7^1/_2$	12	14	25	28	33
ccm	<1	8	16	74	98	**143**

Die angewandte Hefe hätte nach ihrem scheinbaren Maltasezeitwert (13400) bei 30° in 33 Stunden nur 6% Maltose hydrolysiert, während in derselben Zeit unter den ungünstigeren Bedingungen bei 18° 50% vergoren wurden.

Brennereihefe II (12. II. 21), 0,2 g trocken, mit Saccharose und Maltose, 18°, ohne Schütteln.

Die Wirkung auf Rohrzucker ist ähnlich, das Verhalten gegen Maltose ein anderes als bei M. Die Gärung setzt viel rascher ein, der Halbgärzeitwert ist aber nicht viel günstiger, da die Gärkurve gleichmäßiger ansteigt (Abb. 5).

Minuten	145	240	335	420	590	975
Saccharose	17	38	73	108	**145**	205 ccm
Maltose	4	9	23	45	83	**144** ccm

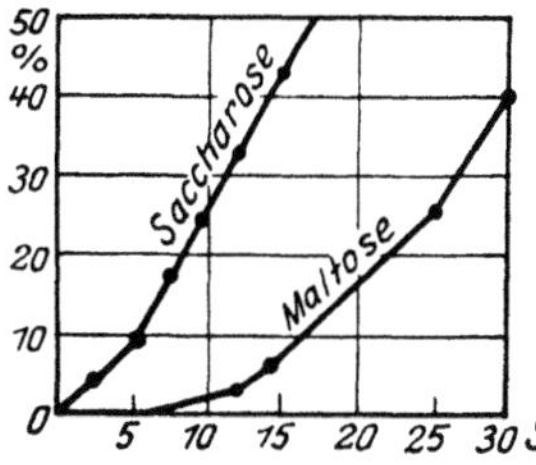

Abb. 4. Gärung durch Hefe M (18°).

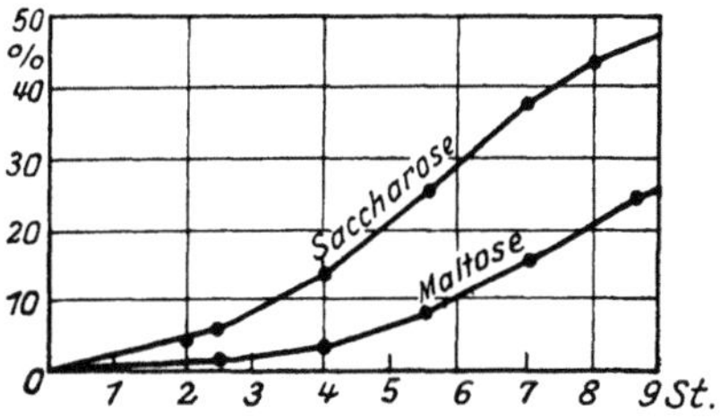

Abb. 5. Gärung durch Hefe II (18°).

Die Hefe II ist zwar maltasearm, aber sicher maltasehaltig. Ihr Maltasezeitwert (740) konnte zuverlässig bestimmt werden; die Gärung hat dabei keine Rolle gespielt und die Hydrolyse ist nicht wie bei den maltaseärmsten Hefen stehen geblieben.

Die Hälfte der Maltose wäre bei 30° und optimalem p_H in $24^1/_2$ Stunden hydrolysiert worden, während bei 18° ihre Vergärung 16 Stunden erforderte.

[224] Brauereihefe und Brennereihefen, bei 30°.

Hefe M (26. I.), 0,1 g trocken, mit Saccharose und Maltose, 30°, ohne Schütteln (Abb. 6).

Minuten	30	90	160	270	380	450	600	780
Saccharose	3	22	54	104	**148**	161	183	220 ccm
Maltose	<1	<2	3	16	39	58	98	**143** ccm

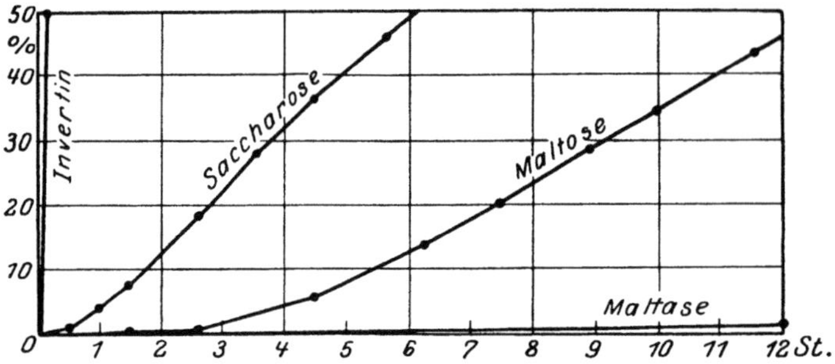

Abb. 6. Hydrolyse und Gärung von Saccharose und Maltose durch Hefe M (30°).

Unter gleichen Bedingungen erfordert die Hydrolyse von 50% Rohrzucker 10 Minuten, die Vergärung 6 Stunden, die Hydrolyse von 50% Maltose 900 Stunden, die Vergärung 13 Stunden.

Hefe II (12. II.), 0,2 g trocken, mit Saccharose und Maltose, 30°, ohne Schütteln (Abb. 7).

Minuten	30	60	90	120	150	180	360	615
Saccharose	3,5	15	29	44	58	77	**150**	222 ccm
Maltose	1	6,5	14	25	36	46	94	**142** ccm

Für den Rohrzucker ist das Verhältnis zwischen Hydrolysen- und Gärzeit dasselbe wie im letzten Beispiel; für 50% der Maltose würde die Hydrolyse $2^1/_2$mal soviel Zeit erfordern als diese Vergärung. Während die Hefen M und II bei 18° den Rohrzucker gleich rasch vergären, wirkt bei 30° die Rasse II langsamer, der Temperaturkoeffizient der Gärung ist hier ungünstiger, daher erfordert die Vergärung von 50% Rohrzucker durch die doppelte Menge Hefe II dieselbe Zeit wie durch M. [225] Bei der Maltose ist in Anbetracht des langsamen Gärungsanfangs nicht zu erwarten, daß die doppelte Hefe in der halben Zeit vergärt. In der Tat ist die Maltosevergärung durch Hefe II bei 30° im Vergleich zur Wirkung bei 18° und zu der von M ungünstig.

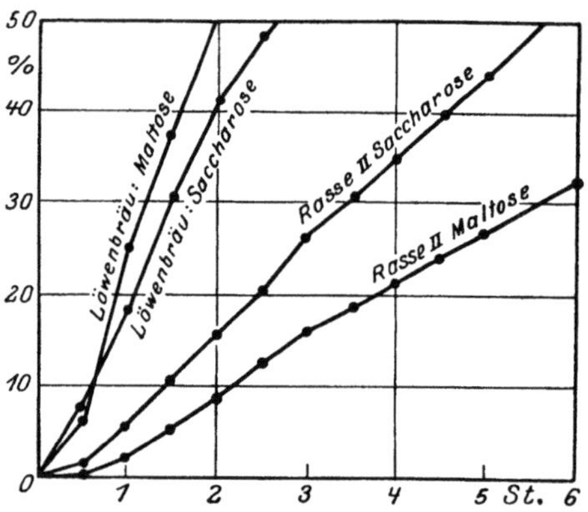

Abb. 7. Vergleich der Gärung durch Brennereihefe II und Bierhefe.

Aus diesen Gärversuchen, in denen die Bedingungen noch nicht die günstigsten und nicht wie im folgenden Abschnitt gleichmäßig waren, sollen keine weitgehenden Schlüsse gezogen werden; die Beispiele dürften aber schon die Verschiedenheit der Hefen bei der Vergärung der beiden Zucker kennzeichnen. Die Hefe II erscheint als verhältnismäßig ungünstig für Gärung in der Wärme.

Löwenbräuhefe (18. II.), 0,2 g trocken, 30°, ohne Schütteln (Abb. 7).

Minuten	30	60	90	120	150	180	270	24 Stunden
Saccharose	22	54	88	118	139	**156**	200	260 ccm (= 90%)
Maltose	19	70	108	**142**	167	187	224	258 ccm (= 90%)

Die Maltose wird durch die Bierhefe rascher vergoren als Rohrzucker, dieser doppelt so rasch als durch Rasse II. Unter gleichen Bedingungen erfordert die Hydrolyse von 50% Saccharose ungefähr 5 Minuten, die Vergärung $2^1/_2$ Stunden; **[226]** die Hydrolyse der halben Maltose 1 Stunde, die Vergärung ohne Schütteln 2 Stunden, mit Schütteln 80 Minuten.

Brauereihefe und Brennereihefen bei 30° unter Schütteln.

Unter den endgiltigen Bedingungen der Halbgärbestimmung wurde die Maltosegärung durch Brauereihefe und durch die uns zugänglichen Brennereihefen verglichen, also durch Hefen von hohem, niedrigem und spurenweisem Maltasegehalt (Tabelle 2 und Abb. 8). Die Halbgärzeiten liegen weit auseinander. Die Löwenbräuhefe erforderte 80 Minuten, die Brennereihefen 3fache bis 15fache Zeit. Wenn von der Bierhefe der Malzzucker zur Hefe vergoren ist, hat die Gärung bei den die Maltase entbehrenden Hefen noch nicht begonnen. Wenn die Bierhefe über 80% vergoren hat, erreicht die Gärung bei der Preßhefe von Sinner 2%, bei der österreichischen Spiritushefe 1%. Wenn die Rasse XII 80 ccm Kohlensäure entwickelt hat, ist aus der Gärung mit Hefe M erst 1 ccm entbunden.

Tabelle 2.
Bestimmung der Halbgärzeiten von Bier- und Brennereihefen für Maltose bei 30°.

Stunden	Löwenbräuhefe ccm	Brennereihefe XII ccm	Dänische Brennereihefe ccm	Brennereihefe M 7. III. ccm	Sinnerhefe ccm	Wiener Hefe ccm
$^1/_2$	53	13	15	—	—	—
1	111	35	27	—	—	—
2	204	80	61	1	1	> 1
3	238	129	97	28	6	3
4	—	169	132	51	11	8
6	—	215	196	97	33	18

Die folgende Zusammenstellung vergleicht die Zeiten der halben Gärung und der halben Hydrolyse. Bei den maltasehaltigen, aber maltasearmen Hefen (Rasse XII und dänische Hefe) kommen die Halbgärzeiten den Zeiten der halben Hydrolyse nahe.

[227]

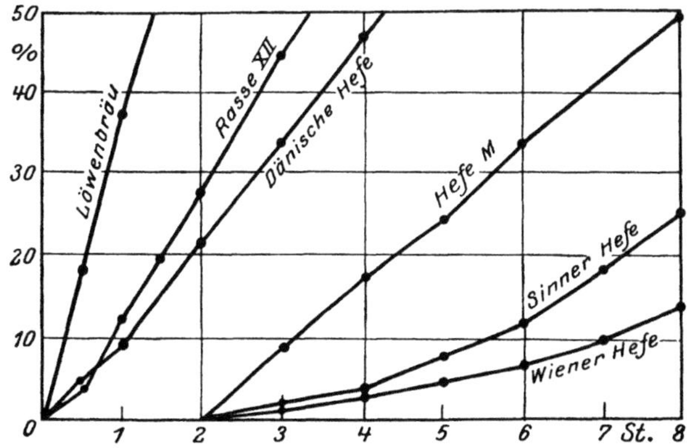

Abb. 8. Bestimmung der Halbgärzeit für Maltose bei 30°.

	Löwenbräuhefe	Brennereihefe XII	Dänische Brennereihefe	Brennereihefe M	Wiener Hefe
Halbe Hydrolyse	60	Anfangsw. 760 Endw. 300	320	16000	25000 Minuten
Halbe Gärung	80	204	254	486	1200 Minuten

III. Direkte und indirekte Maltosegärung.

Für Maltose und andere Polysaccharide außer Rohrzucker nahm man früher direkte Vergärbarkeit an. Die Untersuchungen von E. FISCHER und P. LINDNER[1] haben indessen zu der Anschauung[2] geführt, „daß jeder Mikroorganismus, welcher ein Polysaccharid zu vergären vermag, auch ein die Spaltung dieses Polysaccharids auslösendes Enzym enthält, und daß die Vergärung immer erst indirekt — d. h. nach primär erfolgter Zerlegung in gärfähige Monosaccharide — erfolgt". Diese **[228]** Annahme wird als bewiesen betrachtet[1]). Für die Maltose spricht sie E. F. ARMSTRONG[2]) folgendermaßen aus: „Maltose is fermented only by those yeasts which contain maltase, and then not until inversion has been brought about by the enzyme."

Aus den oben stehenden Beobachtungen ergibt sich, daß die Maltase auch ohne vorangehende Hydrolyse vergärbar ist. Ebenso läßt sich, wie in einer demnächst zu veröffentlichenden Untersuchung von R. WILLSTÄTTER und GERTRUD OPPENHEIMER gefunden wurde, Milchzucker direkt vergären.

Bei der Beobachtung des zeitlichen Verlaufs der Maltosegärung begegnen wir dreierlei Fällen. Durch Münchner Brauereihefe wird die Maltose rascher oder gleich rasch wie Rohrzucker vergoren, die 50proz. Hydrolyse der Maltose verläuft hier etwas rascher als die Gärung. Die maltasearmen, aber sicher maltasehaltigen Brennereihefen, die Hefen II und XII des Berliner Instituts für Gärungsgewerbe und die dänische Hefe, bewirken hingegen Halbgärung der Maltose etwas rascher als die halbe Hydrolyse. Die praktisch maltasefreien Brennereihefen endlich, nämlich die Berliner Hefe M und zwei dem Handel entnommene, vergären die Maltose in Zeiten, in denen die Hydrolyse gar keine Rolle spielt.

Durch diesen Vergleich der Gär- und Hydrolysengeschwindigkeit wird bewiesen, daß gewisse Hefen, und zwar für die Vergärung der Maltose im großen Maßstab angewandte, die Maltose ausschließlich direkt vergären.

Während bei den praktisch maltasefreien Hefen die Vergärung auffallend langsam einsetzt, ist bei den Brennereihefen mit niedrigem Maltasegehalt der Gärbeginn rasch und der zeitliche Verlauf gleichmäßiger. Die Beobachtungen sprechen dafür, daß hier die Spaltung des Zuckers durch die Maltase, **[229]** also die indirekte Gärung,

[1] Ber. d. Deutsch. chem. Ges. Bd. 28, S. 984 u. 3034 [1895]; E. FISCHER, Diese Zeitschr. Bd. 26, S. 60 [1898], und zwar S. 72.

[2] V. MEYER und P. JACOBSON, Lehrbuch der organischen Chemie, 2. Auflage, Bd. I, 2. Teil [1913], S. 1001.

[1]) Auch quantitative Beobachtungen an maltasearmen Hefen ließen sich bisher damit in Einklang bringen, vgl. A. SLATOR (a. a. O.) und besonders H. EULER und G. LUNDEQUIST, Diese Zeitschr. Bd. 72, S. 97 [1911].

[2]) The simple Carbohydrates and the Glucosides, 3. Ed., London 1919, S. 102.

der direkten zu Hilfe kommt. Direkte Gärung ist auch bei diesen Hefen nach dem Verhältnis der Geschwindigkeiten von Spaltung und Gärung anzunehmen.

Selbst bei der maltasereichsten, Maltose sehr rasch vergärenden Bierhefe, läßt die Geschwindigkeitsmessung darauf schließen, daß direkte Vergärung der Maltose neben der indirekten erfolgt. Während nämlich bei dem halben Umsatz die Hydrolyse noch der Gärung etwas vorauseilt, kehrt sich dieses Verhältnis bei weiterem Fortgang der Gärung bald um. Die Gärgeschwindigkeit wird bis über 80% Vergärung annähernd durch eine Gerade ausgedrückt, die Kurve der Hydrolyse fällt aber stark ab. Die Gärung wird also nicht durch die Hydrolyse limitiert.

	Hydrolyse	Gärung
50%	60	80 Min.
80%	250	140 Min.

Voraussetzung dieser Betrachtungen ist die Zuverlässigkeit unserer Maltasebestimmung. Während Invertin nach einem großen Beobachtungsmaterial sicher bestimmt werden kann, ist die Maltasebestimmung dadurch rückständig geblieben, daß die Bildung von Säure beim Abtöten der Hefe und die geeignete Wasserstoffionenkonzentration nicht berücksichtigt wurde. Nach dem analytischen Verfahren, das auf der raschen Verflüssigung der Hefe durch Essigester, Neutralisation der entstehenden Säure und Einstellung der für die Maltase optimalen Wasserstoffzahl beruht, wird die Bestimmung der Maltase mit der nämlichen Sicherheit und Genauigkeit ausführbar, wie die des Invertins.

Ob nicht bei den maltasearmen Hefen vielleicht doch in der Maltasebestimmung eine Unsicherheit enthalten ist, prüfen wir durch Untersuchung der Hefe nach Vergärung der Maltose, ferner durch Maltasebestimmung in getrockneten Hefen und in ihren Auszügen.

[230] Die maltasearmen Hefen könnten eine Vorstufe, ein Zymogen der Maltase, enthalten und daraus im Laufe der Gärung Maltase bilden. Allein auch am Ende der Gärung war der Maltasegehalt nicht größer.

Die Hefe M (12. I.) bewirkte unter den Bedingungen der Maltasebestimmung (0,5 g Hefe [Trockengewicht], 50 ccm) in 450 Minuten Drehungsabnahme von 1,00° entsprechend 15,6% Spaltung und einem Zeitwert von 2600. Nachdem 2 g feuchte Hefe 5 g Maltose in 24 Stunden zu über 90% vergoren hatten, wurde die Hefe abgesaugt, gewaschen und in der üblichen Weise wieder bestimmt. Nun betrug die Drehungsabnahme (0,45 g trockene Hefe, 50 ccm) in 100 Minuten 0,20° entsprechend 3,1% Spaltung und einem Zeitwert von 3300.

Die Stadlauer Preßhefe (25. II.) bewirkte (0,6 g trockene Hefe, 50 ccm) in 400 Minuten eine Drehungsabnahme von 0,24°, entsprechend 3,9% Spaltung und einem Zeitwert von 12400. Wir ließen durch 0,88 g feuchte Hefe 1 g Maltose in 21 Stunden zu 73% vergären und wiederholten mit der zurückgewonnenen Hefe die Maltasebestimmung. In 170 Minuten betrug die Drehungsabnahme (0,24 g, 50 ccm) 0,06°, entsprechend 1% Spaltung und einem Zeitwert von 10000.

In lufttrockenem Zustand prüften wir die Hefe M (vom 26. I.), deren Zeitwert 13400 betrug. Die feingemahlene Hefe rief bei Gegenwart von Toluol in 15 Stunden und 20 Minuten (1 g, 50 ccm) Drehungsabnahme von 1,52° hervor, entsprechend einer scheinbaren Spaltung von 23,7% und einem Zeitwert von auch nur 7000, der aber durch Gärung vorgetäuscht war. Denn die Bestimmung mit Fehlingscher Lösung bewies, daß kein Zuwachs an reduzierendem Zucker eingetreten, sondern daß ungefähr 19% Maltose vergoren waren, während sich aus der Drehungsabnahme bei der Maltasebestimmung ein Verlust von 14% Maltose berechnen würde.

Aus dieser Trockenhefe gewannen wir nach dem Neutralisationsverfahren einen Auszug; zwei Maltasebestimmungen ergaben in 46 Stunden 1,00 und in 38 Stunden 0,94° Drehungsabnahme entsprechend 15,6 und 14,7 % Spaltung und Zeitwerten von 13800 und 12100. In den beiden Fällen bestätigte die Zuckerbestimmung (gef. durch Reduktion 16 und 15 % Spaltung), daß wirklich Maltosespaltung, nicht wieder nur Vergärung eingetreten war.

Bei der Maltosegärung durch die Maltase entbehrenden Hefen ist weder unter der Voraussetzung, daß indirekte noch daß direkte Vergärung erfolgte, das Auftreten von Glucose in der gärenden Lösung zu erwarten. In der Tat ist auch keine Glucose in den Restlösungen bei unterbrochener Gärung aufgefunden worden. Es hat sich gezeigt, daß viel [231] Gärungszwischenprodukt darin vorkommt, dessen Natur mit der Hefe und den Gärbedingungen zu variieren scheint.

Bei einer Gärung mit der österr. Preßhefe wurden 73 % der theoretischen Kohlensäuremenge aufgefangen. Dann enthielt die Restlösung anstatt etwas mehr als 20 % der Maltose nach der polarimetrischen Bestimmung nur noch 3,2, nach der Bestimmung mit Kupferlösung 4,9 % Maltose. Die letztere Zahl ist wohl durch reduzierend wirkendes Zwischenprodukt erhöht. Berechnete man die polarimetrische und die Reduktionsbestimmung auf Glucose, so würde sich 7,8 % (polarimetrisch) und 2,6 % (durch Reduktion) ergeben, viel zu weit differierende Werte.

Bei einer Maltasebestimmung mit dieser Wiener Hefe trat trotz der Anwesenheit von Essigester deutliche Gärung ein. Nach der polarimetrischen Bestimmung waren nach 17 Stunden noch 49 % der Maltose übrig, nach der Analyse mit Fehlingscher Lösung nur 42 %.

Bei einer unterbrochenen Gärung mit der Hefe M war dagegen das Reduktionsvermögen der Gärungsrestlösung erheblich größer als der polarimetrische Wert. Nach Auffangen von 44 % des theoretischen Kohlendioxyds entsprach das Drehungsvermögen der Restlösung einem Gehalt von nur 39,4 (statt über 50) % Maltose. Würde man den Restzucker nach dem Drehungsvermögen als Glucose berechnen, so käme man zu 97 % des zur Gärung angewandten Malzzuckers in Form von Glucose. Die Analyse der Restlösung mit Fehlingschem Reagens stimmte für einen Gehalt von 50 % Maltose; der zu hohe Wert dürfte durch reduzierend wirkendes Gärungszwischenprodukt zu erklären sein.

IV. Zur enzymatischen Eigenart der Hefen.

Die maltasefreien oder praktisch maltasefreien Hefe, mit denen wir uns befaßten, haben in den Brennereien große Bedeutung erlangt. Wenn man ihren enzymatischen Wert analysiert, ist es schwer begreiflich, welchen Umständen sie die angenommene Überlegenheit verdanken mögen.

Die Brennereihefe M des Berliner Instituts für Gärungsgewerbe wird in Märcker-Delbrücks Handbuch der Spiritusfabrikation[1] neben den Rassen II und XII zu den besten Zuchten gezählt. Sie wird als eine sog. „Mischhefe“ bezeichnet, „d. h. als Aussaat für ihre Gewinnung im großen dient in der Hefenzuchtanstalt ein Gemisch von 5 im Laboratorium in Reinkultur gezüchteten Heferassen, von denen jede bei näherem Studium wertvolle Eigenschaften gezeigt hat“.

[232] Nach G. ELLRODT[1]) ist die Hefe M eine von W. HENNEBERG aus 5 Rassen zusammengestellte Mischung, worin Rasse II, die von P. LINDNER aus der Betriebshefe der Brennerei zu Gronowo rein gezüchtet wurde, und Rasse XII, die MATTHES rein gezüchtet hat, enthalten sind.

---

[1] 9. Auflage, Berlin 1908, S. 578.

[1]) „Spiritusfabrikation“ in R. O. HERZOG, Chem. Technologie der organischen Verbindungen, Heidelberg 1912, S. 312.

Die wesentliche Verschiedenheit der Hefe M im Maltasegehalt gegenüber den Rassen II und XII ist mit dieser Angabe schwer in Einklang zu bringen. Es scheint, daß die Rassen II und XII in der Mischung unterdrückt worden sind.

In W. HENNEBERGS „Gärungsbakteriologisches Praktikum"[2] ist nur angegeben, daß die Hefe M aus 5 verschiedenen, sehr gärkräftigen Rassen bestehe, ohne daß die Komponenten genannt werden.

Der Vergleich der untergärigen Bierhefe, z. B. aus dem Löwenbräu in München, mit den untersuchten obergärigen spricht nicht zugunsten der ausgewählten Brennereihefen, deren enzymatischer Apparat zu ärmlich erscheint. In bezug auf Gärwirkung und Vollständigkeit der Vergärung auch bei Gegenwart von Alkohol ist die Bierhefe jenen Oberhefen überlegen.

Wir verglichen den Einfluß eines Gehalts von 10 Vol.-% Alkohol auf die Vergärung von Maltose durch Löwenbräuhefe und durch die Heferasse II. Die Gärwirkung der Brennereihefe war viel stärker gehemmt.

Löwenbräuhefe (0,88 g feucht = 0,2 g trocken) mit Nährstoffen; 20 ccm 5 proz. Maltose, enthaltend 2 ccm Alkohol. 30°.

Stunden	ohne Alkohol ccm	mit Alkohol ccm
$1^1/_4$	90	18
$18^2/_3$	240	126
40	—	132

[233] Brennereihefe II (0,88 g feucht = 0,3 g trocken) mit Nährstoffen; 20 ccm 5proz. Maltose, enthaltend 2 ccm Alkohol. 30°.

Stunden	ohne Alkohol ccm	mit Alkohol ccm
$1^1/_4$	18	1
$18^2/_3$	225	22
40	—	32

Für die Systematik der Hefen hat schon E. CHR. HANSEN[1]) nachdrücklich das Verhalten gegen die verschiedenen Zuckerarten herangezogen, also den Gehalt des Pilzes an bestimmten zuckerspaltenden Enzymen. Als systematisches Prinzip schien dieser Gesichtspunkt ungeeignet zu sein, als DUBOURG[2]) angab, daß invertinfreie Hefe beim Gewöhnen an Rohrzucker Invertin bilde, und daß Galaktose nicht vergärende Hefe durch Anpassung zum Vergären dieses Zuckers gebracht werden könne. Indessen hat eine sorgfältige Nachprüfung von A. KLÖCKNER[3]) diese von DUCLAUX[4])

[2] Berlin 1909, S. 413.

[1]) „Über das Verhalten der Alkoholgärungspilze zu den Zuckerarten", Meddelelser fra Carlsberg Laboratoriet, Bd. 2, Heft 5, S. 220 [1888] und Gesammelte theoretische Abhandlungen über Gärungsorganismen von E. CHR. HANSEN, Jena 1911, S. 226.

[2]) Compt. rend. Bd. 128, S. 440 [1899].

[3]) Compt. rend. d. Trav. du Laboratoire de Carlsberg, Bd. V, S. 58 [1903]; über Gewöhnung an Galaktose siehe P. LINDNER in H. EULER und P. LINDNER, Chemie der Hefe und der alkoholischen Gärung, Leipzig 1915, S. 29, und besonders das Kapitel „Hervorrufung einer latenten Enzymwirkung" in H. v. EULER, Chemie der Enzyme, 2. Auflage, 1920, S. 293.

[4]) Traité de microbiologie, Bd. III [1900].

betonten Angaben über Gewöhnung an Rohrzucker widerlegt und bestätigt, daß die Bildung bestimmter zuckerspaltender Fermente eines der beständigen Artmerkmale darstellt.

Der Gehalt an gewissen nicht allgemein verbreiteten Enzymen dürfte charakteristischer und vermutlich konstanter sein als die Eigentümlichkeit, ober- oder untergärig aufzutreten.

Damit die Pilzarten und Rassen durch ihren Gehalt an zuckerspaltenden und zuckervergärenden Enzymen erfolgreicher und vollkommener als bisher charakterisiert werden können, [234] ist es notwendig und anzustreben, die Analyse der Enzyme, vor allem ihre quantitative Bestimmung im Pilze selbst weiter auszubilden.

Die Zahl der Polysaccharid hydrolysierenden Enzyme ist, wie die voranstehenden Abhandlungen ergeben haben, größer als man annahm. Ein Ergebnis der vorliegenden Arbeit ist es, daß auch die Anzahl der Zymasen beträchtlich größer ist als man annahm, da zusammengesetzte Zucker ohne vorangehende Hydrolyse durch die Wirkung ganz spezifischer Zymasen vergoren werden. Da es maltasefreie Saccharomycesarten gibt, die Maltose nicht vergären können (wie Saccharomyces Marxianus HANSEN, und S. exiguus HANSEN), und solche, die doch Maltose vergären, so ist der Unterschied im Fehlen oder Vorhandensein der spezifischen Maltose-zymase zu suchen.

Zeitschrift für physiologische Chemie **118**, S. 168 [1922].

64. ÜBER LACTASEGEHALT UND GÄRVERMÖGEN VON MILCHZUCKERHEFEN.

Von Richard Willstätter und Gertrud Oppenheimer.

(Mitteilung aus dem Chemischen Laboratorium der Bayerischen Akademie der Wissenschaften in München.)

Mit 3 Abbildungen im Text.

(Der Redaktion zugegangen am 4. Oktober 1921.)

Um Enzympräparate aus Hefe genauer zu beurteilen, ist es nötig, die quantitative Analyse der kohlehydratspaltenden Enzyme zu vervollständigen. Wird diese Analyse, wie es für Saccharase seit langem gelungen ist, in jedem einzelnen Fall noch einen Schritt weitergeführt, nämlich die Bestimmung der enzymatischen Leistungen im Pilz selbst ausgeführt, dann ist die Möglichkeit vorbereitet, die Arten und Rassen der Hefen vollkommener als bisher durch ihren Gehalt an zuckerspaltenden und vergärenden Enzymen zu kennzeichnen. Für die einzelnen enzymatischen Komponenten des eigentlichen Zymasesystems ist man freilich noch sehr weit von diesem Ziel entfernt. Die enzymatische Einrichtung der Hefe für Gärung läßt sich vorläufig nur als ein Ganzes durch die Messung des Gärverlaufes beobachten. Aber auch dieser kleine Teil der für die Zymase zu lösenden analytischen Aufgabe wird zur Charakterisierung der Hefen viel beitragen.

Eine Studie über die quantitativen Beziehungen zwischen kohlehydratspaltenden und vergärenden Enzymen hat vor kurzem zu dem Ergebnis geführt [1], daß gewisse Hefen, die in großem Maßstab für die Malzzuckervergärung angewandt werden, wenig [169] oder keine Maltase und reichlich Maltose unmittelbar vergärende Zymase enthalten. Die vorliegende Untersuchung behandelt nun die Frage, ob analog auch der Milchzucker von gewissen Hefen direkt vergoren wird.

Über die Kinetik der Hefelactase war noch zu wenig bekannt. Das Enzym wirkt optimal in neutralem Medium. Der zeitliche Verlauf der Milchzuckerspaltung weicht vom Gesetz der monomolekularen Reaktion stark ab und entspricht ganz der Maltose- und α-Glucosidhydrolyse durch die Hefenenzyme. Die Kefirlactase ist von der Emulsinlactase verschieden. Dies wurde schon von H. E. Armstrong, E. F. Armstrong und

[1] R. Willstätter und W. Steibelt, Diese Zs. Bd. 115, S. 211 [1921] (*Abh. 63*).

E. HORTON[1] wahrscheinlich gemacht durch den Nachweis, daß Kefirlactase durch Galaktose, Mandellactase durch Glucose gehemmt wird. Der Vergleich beider Lactasen hinsichtlich der Reaktionskinetik bestätigt ihre Verschiedenheit; denn in einer vor kurzem in dieser Zeitschrift veröffentlichten Arbeit* von R. WILLSTÄTTER und W. CSÁNYI „Zur Kenntnis des Emulsins" ist die Mandellactase durch die optimale Wasserstoffzahl 4,2 bis 4,6 und durch den genau monomolekularen Verlauf ihrer hydrolytischen Wirkung gekennzeichnet worden.

In zahlreichen Kulturen dreier Milchzuckerhefen haben wir die Lactasewirkung quantitativ bestimmt. Sie differiert gemäß den Lactasezeitwerten 3000 bis 7 in sehr weiten Grenzen, ähnlich wie die Maltasezeitwerte von Brennereihefen. Überraschend finden wir die bei anderen Hefen noch nicht beobachteten großen Schwankungen bei annähernd gleichartig und fast zu gleicher Zeit gezüchteten Kulturen derselben Milchzuckerhefe; eher erklärlich sind die Differenzen, die beim Verändern der Nahrung auftreten. Auch das Gärvermögen für Lactose, Glucose und Galaktose ist auffallend ungleich. Die Milchzuckergärung durch Hefe von bekanntem Lactasewert weist keine Parallele, überhaupt gar keine Beziehung auf zwischen dem Gehalt der Hefe an kohlehydratspaltendem Enzym und an Zymasen.

Es ist kaum zu bezweifeln, daß in manchen Fällen der [170] Gärung von Milchzucker seine Spaltung vorangeht. Aber gewisser ist es, daß der Milchzucker ohne Spaltung vergoren werden kann. Es kommt vor, daß Lactose rascher gärt als das entsprechende Gemisch von Glucose und Galaktose, und es kommt vor, daß die Lactosegärung viel rascher verläuft als ihre Hydrolyse durch die nämliche Hefe unter optimalen Verhältnissen. Unterbricht man die Lactosegärung an einem früheren oder späteren Punkt, so trifft man in der Zuckerrestlösung keine Monose an, auch nicht im Versuch mit lactasereicher Hefe, während es ein leichtes ist, bei der Gärung des Rohrzuckers schon bald seine beiden Komponenten in der Zuckerlösung zu finden.

Bestimmungsmethode.

Die Wirkung der Lactase soll entsprechend derjenigen von Maltase und α-Methylglucosidase durch den Zeitwert in Minuten gemessen werden, welche 1 g trockene Hefe oder die dieser Menge entsprechende Enzymlösung brauchen würde, um bei 30° und optimalem p_H in 50 ccm Lösung 2,5 g Lactose (Hydrat) zu hydrolysieren. Als günstige Wasserstoffzahl wird mit Vorbehalt ungefähr 7 angenommen. Sie wird mit 10 ccm Phosphatpuffer nach SÖRENSEN im Verhältnis von 3,8 prim.: 6,2 sek. Salz eingestellt. Es schien zweckmäßig zu sein, eine große Puffermenge anzuwenden, z. B. $^1/_3$-molares Phosphat, d. i. 360 mg $Na_2HPO_4 \cdot 2H_2O + 175$ mg KH_2PO_4.

Für alle Versuche diente wasserhaltiger Milchzucker von $[\alpha]_D = +52{,}53°$[1]). Seine Reinheit wurde durch jodometrische Bestimmung nach WILLSTÄTTER und SCHUDEL bestätigt, die wie für Glucose auch für Lactose und Maltose anwendbar ist.

[1] Proc. Roy. Soc., Ser. B, Bd. 80, S. 321 [1908]. * *Abh. 77.*

[1]) Übereinstimmend mit E. v. LIPPMANN, Die Chemie der Zuckerarten, 3. Aufl., S. 1528.

0,1500 g Lactose erforderten 8,31 ccm n/10-Jod; gef. 0,1496 g.
0,0750 g „ „ 4,16 ccm n/10-Jod; gef. 0,0749 g.

Da die jodometrische Analyse durch die stickstoffhaltigen Verbindungen in den Lactaselösungen unanwendbar gemacht wird und die polarimetrische Bestimmung geringe Ausschläge gibt, analysieren wir die Gemische von Lactose und ihren [171] Komponenten in allen Fällen mit der Kupfermethode unter den Bedingungen von BERTRAND[1]. Unter den Verhältnissen der enzymatischen Lactosespaltung ermittelten wir Kupferwerte von 10 zu 10% Spaltung, indem wir 5proz. Lösungen der Lactose (wasserhaltig) und der äquimolekularen Gemische von Glucose und Galaktose in den verschiedenen Verhältnissen aus Büretten in 25-ccm-Kolben einfließen ließen, woraus nach Erwärmen auf 30° 5 ccm entnommen und auf 100 ccm aufgefüllt wurden. Zur Bestimmung dienten 20 ccm. Der Bestimmungsfehler überschreitet nicht ±0,05 ccm Permanganat, aber dieser Differenz entspricht schon ein Unterschied von ±2,5% Lactosespaltung.

Tabelle 1. Kupferzahlen der Gemische von Lactose und Glucose + Galaktose.

Lactose ccm	Glucose + Galaktose ccm	Perm. (0,160 n) ccm	Kupfer mg	Kupfermittelwert mg
1,0	0	6,10; 6,15	62,1; 62,6	62,35
0,9	0,1	6,30; 6,35	64,1; 64,6	64,35
0,8	0,2	6,60; 6,65	67,2; 67,7	67,45
0,7	0,3	6,90; 6,90	70,2; 70,2	70,2
0,6	0,4	7,15; 7,15	72,8; 72,8	72,8
0,5	0,5	7,45; 7,50	75,8; 76,3	76,15
0,4	0,6	7,65; 7,70	77,9; 78,4	78,15
0,3	0,7	8,09; 8,09	82,3; 82,3	82,3
0,2	0,8	8,38; 8,38	85,3; 85,3	85,3
0	1,0	9,00; 9,00	91,6; 91,6	91,6

Die Versuche mit Lactase wurden demgemäß so angesetzt, daß wir die 10proz. Lösungen von Lactose (25 ccm) mit 10 ccm 1/3mol. Phosphatmischung, mit Enzym und Wasser auf 50 ccm brachten und die Reaktion bei 30° stattfinden ließen. Proben von 5 ccm wurden entnommen und zum [172] Abbrechen der Enzymreaktion in mit 5 ccm 2n-Soda beschickte Meßkolben eingetragen, um ein Fünftel zur Kupferbestimmung anzuwenden. Der Sodazusatz ist ohne Einfluß auf die Permanganatmengen.

Das p_H-Optimum prüften wir bisher nur mit verflüssigter Hefe, noch nicht mit Lactaselösungen, da die schwierig wachsenden Kulturen uns nur in geringen Mengen zur Verfügung standen und da sie oft enzymarm waren. Die Hefen wurden unter den Bedingungen der Maltasebestimmung von WILLSTÄTTER und STEIBELT angewandt, nämlich mit abtötenden Lösungsmitteln verrieben, worauf man die entstandene Säure vorsichtig mit 1proz. Ammoniak neutralisierte. Eine Unsicherheit in diesen Ver-

[1] BERTRAND und THOMAS, Guide de chimie biolog., II. Aufl., S. 85 [1913]; ABDERHALDEN, Handb. d. biochem. Arbeitsmeth., I. Aufl., II. Bd., S. 181.

suchen bestand darin, daß die Hefen und zwar besonders die lactasearmen große Widerstandsfähigkeit hinsichtlich ihres Gärvermögens zeigten. Es kam öfters vor, daß auch nach der Verflüssigung durch das Zellgift die Gärwirkung auf Milchzucker noch bedeutend und anhaltend war. Damit hängt vielleicht auch die scheinbar ungleiche Geschwindigkeit der Lactosespaltung bei Anwendung verschiedener abtötender Mittel zusammen.

Vergleich neutraler und spurenweise saurer Reaktion. 1,5 g S. fragilis von 25 % Trockengehalt wurden mit Chloroform verflüssigt. Bei $p_H = 6,5$ betrug in 6 Stunden die Spaltung (75,9 mg Cu) 49 %, entsprechend dem Zeitwert 68, bei $p_H = 7$ erreichte sie denselben Grad (75,9 mg Cu) in 5 Stunden gemäß dem Zeitwert 52.

Neutrale und spurenweise alkalische Reaktion. Eine andere Kultur (1 g, 25 % Trockengewicht) derselben Hefe und zwar unsere lactasereichste von S. fragilis wurde teils mit Chloroform, teils mit Essigester verflüssigt.

$p_H = 7$. Versuch mit Chloroform.
Nach 2 Stunden 75,3 mg Cu, entsprechend 47 % Spaltung und Zeitwert 17.

Versuch mit Essigester.
Nach 2 Stunden 71,4 mg Cu, entsprechend 35 % Spaltung und Zeitwert 26.

$p_H = 7,3$. Versuch mit Chloroform.
Nach 2 Stunden 74,3 mg Cu, entsprechend 44 % Spaltung und Zeitwert 20.

Versuch mit Essigester.
Nach 2 Stunden 70,4 mg Cu, entsprechend 31 % Spaltung und Zeitwert 38.

[173] Hiernach scheint neutrale Reaktion etwas günstiger zu sein als schwach saure und als spurenweise alkalische.

Proportionalität von Reaktionsgeschwindigkeit und Enzymmenge ist in den von E. F. ARMSTRONG[1] veröffentlichten Versuchen nicht erreicht worden. Wir fanden gleichfalls bei Versuchen mit wenig Lactase und sehr langer Dauer zu geringen Umsatz, offenbar deshalb, weil das empfindliche Enzym verdarb. Indessen fanden wir im engeren Bereich (1:2) genau bestätigt, daß die Zeiten gleichen Umsatzes sich umgekehrt wie die Enzymmengen verhalten[2]. Dafür war die Lactaselösung aus S. fragilis durch Verflüssigung, Neutralisieren und Verreiben mit Sand dargestellt; 5 ccm (Zeitwert 520) entsprechen 0,23 g trockener Hefe.

5 ccm Enzym bewirkten in 4 Stunden in 50 ccm 14 % Spaltung; gef. 65,4 mg Cu.
10 ccm Enzym bewirkten in 2 Stunden in 50 ccm 14 % Spaltung; gef. 65,4 mg Cu.

In ihrem zeitlichen Verlauf entspricht die Lactasewirkung weitgehend den vor kurzem untersuchten[3] Reaktionen der Hefemaltase und α-Methylglucosidase. Diese drei in neutralem und spurenweise saurem Gebiet optimal verlaufenden Hydrolysen zeigen einen vom Gesetz der monomolekularen Reaktion stark abweichenden Verlauf.

---

[1] Proc. Roy. Soc. Bd. 73, S. 500 [1904].
[2] Bei der Bestimmung der Lactasezeitwerte waren wir öfters genötigt, mit zu kleinen Hefemengen zu arbeiten und die Berechnung unter Voraussetzung einer in weiteren Grenzen geltenden Proportionalität auszuführen.
[3] Diese Zs. Bd. 110, S. 232 [1920] und Bd. 115, S. 199 [1921] (*Abh. 61 und 76*).

Die Geschwindigkeitskonstante fällt[4] mit fortschreitender Reaktion regelmäßig und bedeutend ab. Die Tab. 2 stellt einen Versuch dar mit Lactoselösung vom Zeitwert 75 aus S. fragilis, einer Kultur vom Zeitwert 60; [174] die Lactose wurde in ihrer 5proz. Lösung während 9 Stunden zu 87% gespalten. Dieses Beispiel liegt der Reaktionskurve (Abb. 1) zugrunde, mittels deren aus den beobachteten Milchzuckerspaltungen die Zeiten der 50proz. Hydrolyse abgeleitet wurden.

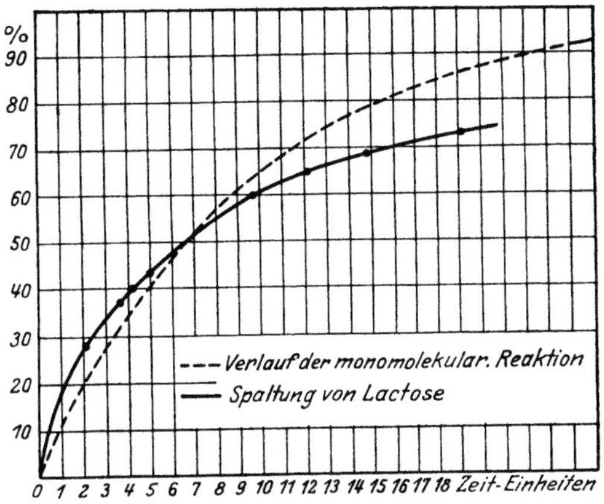

Abb. 1. Zeitlicher Verlauf der Lactosespaltung.

Tabelle 2. Zeitlicher Verlauf der Lactosespaltung. (30°, $p_H = 7$; 5proz. Lactose; Lactase dargestellt aus 0,8 g S. fragilis.)

Zeit Minuten	Cu mg	Spaltung %	$\frac{10^5}{t} \lg \frac{a}{a-x}$
0	62,4	0	
30	69,4	28	476
52	71,9	37	386
60	72,6	40	370
70	73,9	43	349
80	75,2	47	345
90	75,8	49	325
110	77,1	55	315
135	78,8	62	311
172	80,3	65	265
210	81,8	69	243
270	83,3	73,5	214
390	85,8	84	204
550	87,3	87,5	182

[175]

Lactasegehalte der Hefen.

Lactase hat zuerst M. W. BEIJERINCK[1]) in Kefir- und in Käsehefe nachzuweisen versucht, aber seine Beweisführung hat keine Anerkennung gefunden. Seine beiden Hefen, Saccharomyces Kefir und S. Tyrocola werden übrigens von A. JÖRGENSEN[2]) zu den Nichtsaccharomyceten gezählt, wie man auch die schon früher beschriebenen Milchzuckerhefen von E. DUCLEAUX[3]) und von L. ADAMETZ[4]) als Torulaarten auffaßt.

[4] Zu diesem Ergebnis ist schon 1906 H. P. BARENDRECHT (Zs. phys. Chem. Bd. 54, S. 367 [1906]) hinsichtlich der Kinetik von Kefirlactase gekommen; unsere Reaktionsbedingungen sind den seinigen ähnlich, nur ist bei BARENDRECHT die angewandte Hefemenge nicht bestimmt.

[1]) Zbl. f. Bakteriologie und Parasitenkunde Bd. 6, S. 44 [1889].

[2]) Die Mikroorganismen der Gärungsindustrie. 5. Aufl., Berlin 1909, S. 406.

[3]) Ann. Inst. Pasteur Bd. 1, S. 573 [1887] und Bd. 3, S. 201 [1889].

[4]) Zbl. f. Bakt. u. Parasitenk. Bd. 5, S. 116 [1889].

Den Nachweis von Lactase hat zuerst EMIL FISCHER[5] mittels der Osazonmethode erbracht. Er stellte aus Kefirkörnern, am besten nach späteren Angaben aus frisch von der Molkerei bezogenen und gewaschenen, durch zweitägige Einwirkung von Toluolwasser bei 20 bis 23° eine Enzymlösung dar, die bei 30 bis 35° in 20 Stunden eine reichliche Menge Milchzucker spaltete. Diesen Versuch wiederholte FISCHER, wobei aber nur ziemlich schwache Wirkung zu beobachten war, mit dem wäßrigen Auszug einer aus der Berliner Versuchs- und Lehrbrauerei stammenden reinen Milchzuckerhefe, die zuvor lufttrocken mit Glaspulver sorgfältig zerrieben werden mußte. Viel wirksamer war bei Gegenwart von Chloroform die Milchzuckerhefe selbst. Die Autolyse der Hefe hat also nur geringe Lactaseausbeute geliefert. Weitere Anhaltspunkte über Ausbeuten an gelöster Lactase und Angaben über Lactasegehalte von Hefen scheint die Literatur nicht aufzuweisen.

[176] Kefir in frischem Zustand war für uns unzugänglich. Kefirkörner des Handels erwiesen sich als verdorben. Aus dem Orient bezogen wir ein besseres Material, dessen Alter aber auch zweifelhaft war. Diese Kefirkörner bewirkten wohl Milchzuckergärung, aber sie lieferten uns, nach den Angaben der Literatur mit Wasser bei Gegenwart von Toluol behandelt, in mehreren Versuchen gar keine Lactase in Lösung.

Für unsere Lactasebestimmungen kamen daher nur frische Reinkulturen von Milchzuckerhefen in Betracht. Für die meisten Versuche diente der im Laboratorium von A. JÖRGENSEN entdeckte, zu den echten Saccharomyceten zählende S. fragilis JÖRGENSEN[1]) und zwar eine Reinkultur, die von Herrn Dr. F. OEHLKERS, Assistent des gärungsphysiologischen Laboratoriums der Akademie für Landwirtschaft in Weihenstephan, aus dem Laboratorium von Prof. JÖRGENSEN in Kopenhagen bezogen und in Hefewasser mit Lactosezusatz weiter gezüchtet war. Von Herrn Dr. OEHLKERS, dem wir für seine freundliche Unterstützung zu Dank verpflichtet sind, erhielten wir von Zeit zu Zeit Reinkulturen des Pilzes, auf Watte geimpft, die wir mit wiederholt sterilisiertem und filtriertem Hefedekokt unter Zusatz von 7 bis 10% Lactose bei 26° weiterzüchteten. In günstigen Fällen betrug die Ausbeute in 14 Tagen in 3 Kolben von etwa 3 l Inhalt zusammen 8 bis 20 g. Sie war manchmal etwas besser, wenn statt der Hefeabkochung sterilisierte Bierwürze unter Zusatz von Milchzucker angewandt wurde, aber die so gezogene Hefe scheint ärmer an Lactase zu sein.

Ferner untersuchten wir zwei Milchzuckerhefen, die das Berliner Institut für Gärungsgewerbe zur Verfügung stellte, bezeichnet Sp. 60a und Sp. 102. Aus den Agarkulturen wurde die Hefe in der wissenschaftlichen Station für Brauerei weitergezüchtet, deren Direktor, Herr Prof. Dr. LÜERS, uns in dankenswerter Weise untersützt hat.

---

[5] Chem. Ber. Bd. 27, S. 2985 [1894] und Bd. 27, S. 3479 [1894]; E. FISCHER und E. F. ARMSTRONG, Chem. Ber. Bd. 35, S. 3144 [1902]; E. FISCHER und G. ZEMPLÉN, Ann. d. Chem. Bd. 372, S. 254 [1910]. Die besten Angaben für Kefirlactase sind in der letzten Arbeit veröffentlicht. Eine etwas abweichende Vorschrift zu ihrer Darstellung gibt E. F. ARMSTRONG, Proc. Roy. Soc. Bd. 73, S. 500 [1904]. Ferner finden sich bemerkenswerte Angaben über Züchtung von Kefirhefe in Molken und Darstellung einer Lactaselösung bei H. P. BARENDRECHT, Zs. physik. Chem. Bd. 54, S. 367 [1906].

[1]) A. JÖRGENSEN, Die Mikroorganismen in der Gärungsindustrie, S. 377.

Als Kulturflüssigkeit diente teils anorganische Nährlösung mit Zusatz von Pepton [177] und Zucker, teils kalt bereiteter Malzauszug oder, anscheinend am günstigsten, eine Mischung beider mit Zusatz von 10% Milchzucker. Die beiden Hefen wuchsen sehr langsam, im besten Fall betrug die Ausbeute in 2 Wochen 2,5 bis 3 g.

In frischer Hefe läßt sich Saccharase ganz ebenso wie in wäßriger Lösung quantitativ bestimmen, dabei bedingt es keinen erheblichen Unterschied, ob man mit Zellgiften die Gärung ausschließt oder nicht, sie macht sich in der kurzen Zeit und bei der niederen Temperatur der Bestimmung nicht störend bemerkbar. Dagegen läßt sich Lactase ebenso wenig wie Maltase ohne besondere Maßnahmen in frischer Hefe oder in abgetöteter bestimmen. Die Methode der Maltasebestimmung in Hefe von WILLSTÄTTER und STEIBELT[1], die auf rascher Verflüssigung der Hefe mit abtötenden Mitteln, Neutralisieren der auftretenden Säure und Einstellen der günstigen Wasserstoffzahl beruht, ließ sich auf Lactase übertragen und gab Werte, die nach der Erfahrung als wahrscheinlich anzusehen sind.

Wird die Hefe mit dem abtötenden Mittel sorgfältig verrieben, so tritt im allgemeinen keine Gärung mehr ein, aber Ausnahmen kamen vor, sogar nach zweitägiger Einwirkung von Chloroform und Toluol. Darauf muß man sorgfältig achten. Wenn bei maltasefreien oder maltasearmen Hefen die Gärwirkung manchmal hartnäckig andauert, so wird das Vorhandensein einer kleinen Maltasemenge oder ein Plus von Maltase vorgetäuscht. Bei der Lactase wird durch Gärung der Zeitwert im entgegengesetzten Sinne entstellt, so daß er zu niedrig ausfällt. Es wäre am besten, die Analyse so zu vervollkommnen, daß nach der Zeitwertbestimmung die Hydrolyse bis zum Ende weitergeführt würde, wobei ein Zuckerverlust durch Gärung nicht unbemerkt bliebe.

Die Bestimmung wurde wie für Maltase ausgeführt. 1 g frische Hefe von bestimmtem Trockengewicht (besser ein Mehrfaches davon) verreiben wir in einem Bechergläschen mit dem Glasstab mit 3 bis 4, selten etwas mehr Tropfen Chloroform 4 bis 5 Minuten lang, bis die Verflüssigung vollkommen ist. Die [178] Hefe wird mit 5 ccm Wasser verdünnt und mit 1proz. Ammoniak neutralisiert, wovon meist einige Zehntel bis zu 1 ccm erforderlich sind. Dann spült man die Hefe quantitativ mit Lactose und Puffer in ein Meßkölbchen.

Die Lactasezeitwerte unserer Hefen, die auf der folgenden Seite in der Tab. 3 zusammengestellt sind, bewegen sich ähnlich wie die Maltasezeitwerte der früher untersuchten in weiten Grenzen. Die günstigsten Kulturen des S. fragilis und der Berliner Milchzuckerhefe 60a übertreffen in den Lactasezeitwerten von ungefähr 10 bis 20 die Maltosespaltung der besten bisher analysierten Brauerei- und Brennereihefen. Aber die Lactasewerte sind merkwürdig schwankend. Sie hängen vom physiologischen Zustand der Hefe in einer noch nicht zu erklärenden Weise ab, wahrscheinlich haben die Kulturbedingungen, namentlich die Nahrung Einfluß darauf. Es wird durch die quantitative Analyse der enzymatischen Leistungen künftig möglich sein, diese Beziehungen zu untersuchen.

[1] Diese Zs. Bd. 111, S. 157 [1920].

Lactaselösungen.

Nach älteren Angaben soll frische, d. h. nicht getrocknete Hefe zwar Invertin, aber nicht Maltase und Lactase an Wasser abgeben. „Es gilt indessen für alle diese Enzyme, daß sie nicht nur von der lebenden, sondern auch von der abgetöteten, aber noch unversehrten Hefezelle zurückgehalten werden. In allen Fällen bildet für sie die Zellmembran eine schützende Schicht. Sie muß entweder mechanisch, viel schwerer als angenommen wurde, oder durch enzymatischen Abbau zerstört werden." Wie nach diesem Ergebnis einer Untersuchung von R. WILLSTÄTTER und F. RACKE[1] die früheren Anschauungen hinsichtlich der Exosmose des Invertins zu korrigieren sind, so ist andererseits auch die Angabe nicht stichhaltig, daß Lactase und Maltase im Gegensatz zum Invertin nur nach Trocknung der Hefe mit Wasser ausgezogen werden. Für die Maltase ist bereits vor kurzem nachgewiesen worden, daß sie aus Hefe ohne ihre Trocknung herausgelöst werden kann, wenn die auftretende

[179] Tabelle 3. Zeitwerte einiger Milchzuckerhefen.

Nr.	Datum	Hefe	Nährlösung	Menge g	Trokkengehalt %	Versuchszeit Min.	Cu mg	Spaltung %	Lactasezeitwert
1	1921 11. III.	S. fragilis	Hefedekokt	0,75	25	300 420	75,9 78,9	49 62	52 50
2	10. V.	,,	,,	0,5	25	120	75,3	47	17
3	5. VII.	,,	,,	1,0	30	240	77,3	55	60
4	17. VI.	,,	Bierwürze	0,25	28	3930 5700	65,6 66,4	14 17	2880 2700
5	22. VI.	Dieselbe Probe,	vom Gären zurückgewonnen	0,25	28	4410	64,4	13	2880
6	1. VII.	S. fragilis	Bierwürze	0,5	29	3900	69,9	29,5	1560
7	11. VII.	,,	,,	1,0	29	285	68,9	24,5	300
8	18. VII.	,,	,	0,8	33	1440	72,4	39	620
9	6. V.	Berlin Sp. 60a	anorg. Nährlös. mit Pepton	0,25	30	45 120	69,3 77,4	27 56	11 7
10	24. V.	,, ,, 60a	kalter Malzauszug	0,25	25	120 240 480	67,7 70,8 77,3	21,5 33 55	35 34 25
11	25. VII.	,, ,, 60a	anorg. Nährlös. + Malzauszug	1,0	25	45	71,4	35	25
12	27. VII.	,, ,, 102	anorg. Nährlös. + Malzauszug	1,0	26	120	70,4	31	60

[180] Säure neutralisiert wird. Die früheren negativen Beobachtungen sind auf die in der abgetöteten Zelle entstehende Säure zurückzuführen, auf die zerstörende Wirkung, die sie auf die empfindlichen Enzyme ausübt, und auf die hemmende Wirkung, die den Nachweis der doch in Lösung vorhandenen, aber nur in neutralem Medium gut wirkenden Enzyme verhindert.

Für die Lactase gilt das Nämliche wie für Maltase. EMIL FISCHERS[1]) Angaben für das Verhalten reiner Milchzuckerhefe lauten: „Weder die frische, noch die an der

[1] II. Abhandlung, Liebigs Ann. der Chem. (im Druck).

[1]) Chem. Ber. Bd. 27, S. 3479 [1894], und zwar S. 3481.

Luft getrocknete Hefe gab an Wasser von 30° im Laufe von 20 Stunden das Milchzuckerenzym ab, wohl aber fand dies statt, als die lufttrockene Hefe mit Glaspulver sorgfältig verrieben war."

Es ist unerläßlich, die Auflösung der Enzyme aus den Pilzen mit quantitativen Analysen zu verfolgen. Man erkennt erst dann die Hindernisse, die zu überwinden sind, um Verfahren auszuarbeiten, die einigermaßen gleichmäßige Resultate geben. Dies gilt besonders dann, wenn die Beschaffenheit, der Enzymgehalt und die Widerstandsfähigkeit des Pilzes von Rasse zu Rasse und dann noch von Kultur zu Kultur wechselt, und es gilt besonders für die empfindlichen Enzyme, zu denen die Lactase zählt. Während bei der Invertindarstellung die Enzymausbeute im Extrakt + Heferückstand gewöhnlich gleich, unter Umständen sogar erheblich größer als im Ausgangsmaterial ist, pflegt die Bestimmung der Lactase in den Hefeauszügen + Rückständen Verluste anzuzeigen.

Um ohne Trocknung aus der Hefe Lactase zu isolieren, wurde die Hefe, nämlich 5 g S. fragilis (vom Zeitwert 300) in frischem Zustand durch Verreiben während etwa 10 Minuten mit 1 ccm Chloroform verflüssigt, dann mit 7 ccm Wasser verdünnt und vorsichtig mit 1proz. Ammoniak (1,1 ccm) neutralisiert. Im Laufe von 6 Stunden war die Flüssigkeit wieder merklich sauer, sie verbrauchte noch 0,3 ccm Ammoniak, dann entstand keine Säure mehr. Nach einem Tage, besser nach zwei bis drei Tagen, filtrierten wir die Lactaselösung ab; die Ausbeute, recht schwankend bei verschiedenen Versuchen, [181] betrug beispielsweise 39 (nach einem Tag) und 77% (nach drei Tagen).

Es ist mühsamer und nicht ergiebiger, die enzymatische Freilegung zu ersetzen durch weitgehende Zerstörung der Zellstruktur des Pilzes[1]. So verarbeiteten wir dieselbe Kultur von S. fragilis nach der gleichen Art und Weise der Verflüssigung und Neutralisation durch zweistündiges Verreiben mit etwas Kieselgur und viel Seesand (5 g Hefe, 1,5 g Gur, 20 g Sand). Dann schüttelten wir die Masse 30 Minuten lang mit Wasser (25 ccm) an und fanden im Filtrat eine Ausbeute von 58% der Hefelactase.

	Lösung, entsprechend g Hefe	Versuchszeit Min.	Cu mg	Spaltung %	Zeitwert
Nach 1 Tag	0,54	270	67,4	20	780
Nach $2^1/_2$ Tagen. . . .	0,70	180	69,4	28	390
2 Stunden zerrieben . .	0,46	120	65,4	14	520

In einem Beispiel der Darstellung von Lactase aus luftgetrockneter Hefe ohne Zerkleinerung und ohne Toluolzusatz verarbeiteten wir 2 g getrockneten S. fragilis vom Zeitwert 60 mit 20 ccm Wasser unter sorgfältigem Neutralisieren (Tüpfeln auf Lackmus) der entstehenden Säure mit 1proz. Ammoniak. Dafür waren sogleich 0,4 ccm, nach 2 Stunden wieder 0,6, nach 6 weitere 0,6, nach im ganzen 22 Stunden noch 0,2 ccm erforderlich. Nach einem Tage trennten wir die Lactaselösung (16 ccm, entsprechend 1,6 g Hefe) mit der Zentrifuge ab und fanden in ihr 81% der theoretischen Enzymmenge. Diese Lösung hat für die Bestimmung der Zeitkurve gedient.

[1] Vgl. dazu R. Willstätter und F. Racke, Liebigs Ann. der Chem. Bd. 425, S. 1 [1920/21], und zwar S. 38.

Lösung aus 0,8 g trockener Hefe, Versuchszeit z. B. 90 Minuten, Cu 75,8 mg, Spaltung 49 %, Zeitwert 75.

Lactosegärung.

Die Gärwirkungen der Milchzuckerhefen bieten bei quantitativer Beobachtung ihres Verlaufs große Unregelmäßigkeiten, [182] die sich nur so verstehen lassen, daß die enzymatische Ausrüstung dieser Hefen in hohem Maße veränderlich ist. Die Verschiedenheiten des Gärverlaufs treten bei vergleichenden Versuchen mit Lactose, mit Gemischen von Glucose und Galaktose und mit den einzelnen Hexosen, am einfachsten mit der Glucose, zutage. Sie lassen sich erklären, wenn man annimmt, daß Lactase und die den Traubenzucker vergärende Zymase und eine direkt die Lactose vergärende Lactozymase ganz unabhängig voneinander, jede in ihrer wirksamen Menge veränderlich, nebeneinander in der Hefe auftreten. Man kann daher auch nur zu gleicher Zeit mit der nämlichen Hefeprobe ausgeführte Gärversuche mit den verschiedenen Zuckern zum Vergleich benützen, Versuche mit verschiedenen Kulturen vervollständigen nur das Bild von der veränderlichen Zusammensetzung des beteiligten Enzymgemisches.

Die Gärversuche wurden zumeist unter den von WILLSTÄTTER und STEIBELT[1] in der Arbeit über das Gärvermögen maltasearmer Hefen angegebenen Bedingungen untersucht (20 ccm 5 proz. Lösung von Lactosehydrat, Glucose u. a., die 0,2 g trockener Hefe entsprechende Menge frischer Hefe, konstante Temperatur, gewöhnlich 30°, gelindes Schütteln, das nur bei den ersten Versuchen noch nicht durchgeführt wurde; Anwendung von Nährstoffen unterblieb öfters). Aus den Beobachtungen werden die „Halbgärzeiten" hervorgehoben. Um die Zeiten der halben Vergärung und der halben Hydrolyse zu vergleichen, ist der Lactasezeitwert, der sich auf 1 g Hefe in 50 ccm 5 proz. Lactoselösung bezieht, mit 2 zu multiplizieren, da im Gärversuch nur 0,5 g Hefe in 50 ccm wirken.

Milchzuckerhefe kam zur Beobachtung (Versuch I, Abb. 2), die Lactose viel rascher zu vergären vermag (Halbgärzeit 250) als das äquivalente Gemisch von Glucose und Galaktose (Halbgärzeit 860). SolcheHefe wird viel Lactozymase enthalten und Milchzucker direkt vergoren haben. Bei diesem Versuch mit dem Gemisch trat, als annähernd 40 % desselben vergoren waren, eine auffallende Verlangsamung ein (wir [183] beobachteten fast eine Stunde lang keine Kohlensäureblase), und dann wieder Ansteigen der Gärung zu einer gleichmäßigen Geschwindigkeit. Diese Unterbrechung rührt von der Umstellung der Hefe von der Glucosever-

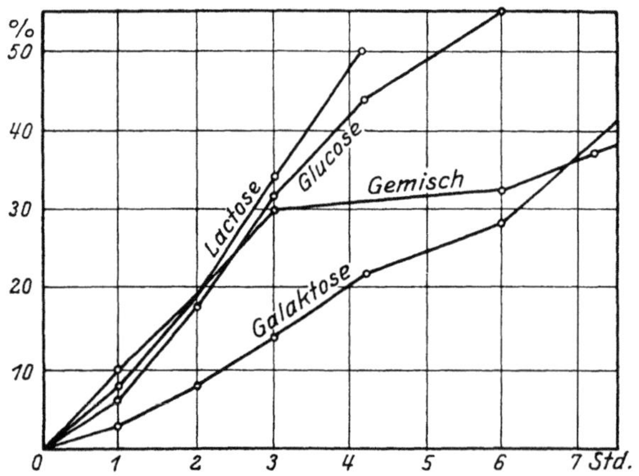

Abb. 2. Gärung der Lactose und ihrer Komponenten (gute Lactosegärung).

[1] Diese Zs. Bd. 115, S. 211 [1921], S. 218.

gärung auf die Galaktose her (s. auch Abb. 3 und Versuch III, wo die Gärkurve des Gemisches von Glucose + Galaktose aus einer steileren ersten und nach einem Knick-

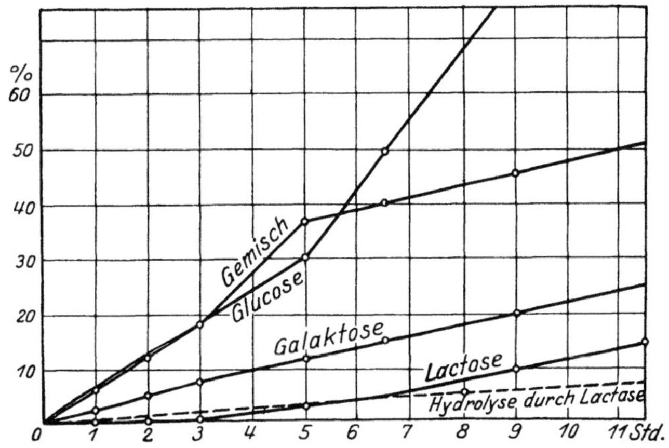

Abb. 3. Gärung der Lactose und ihrer Komponenten und Lactosespaltung (schlechte Lactosegärung).

punkt flacheren zweiten Hälfte [184] besteht). Als dieselbe Hefe, nämlich die gewöhnte, ein zweites Mal unter den gleichen Bedingungen auf das Gemisch (Versuch Ib) einwirkte, war der Verlauf ein anderer, ebenso rasch wie mit Lactose; die Verlangsamung trat nun erst nach Vergärung von mehr als 60% des Gemisches ein. Dieselbe Hefe, die frische Kultur, wurde auch unter gleichen Bedingungen mit Glucose und mit Galaktose geprüft und gab natürlich für erstere eine günstigere Halbgärzeit. Galaktose gärt dementsprechend anfangs langsamer als Glucose + Galaktose, hat aber kürzere Halbgärzeit als das Gemisch, weil die Umstellung des Zymasesystems früher bei reiner Galaktose einsetzt als im Gemisch.

Versuch I. (14. II.) Mit S. fragilis (0,2 g trocken) bei 30° ohne Schütteln.

Minuten	60	120	180	250	300	440	600	860	
Lactose	24	56	98	**144**	173	216	—	—	ccm
Glucose + Galaktose	29	56	86	89	94	106	129	**144**	,,
Glucose	21	52	92	127	**159**	195	—	—	,,
Galaktose	7	23	40	63	81	111	**147**	210	,,

Versuch Ib. (15. II.) Mit frischer Hefe für Lactose, mit der an Glucose + Galaktose gewöhnten Hefe des Versuchs I für das Gemisch.

Minuten	30	60	140	170	210	240	270	300	335	380	
Lactose	6	16	65	93	119	139	**151**	169	185	195	ccm
Glucose + Galaktose	8	28	70	103	128	**143**	150	154	161	187	,,

Auch der entgegengesetzte Fall kam vor. Kulturen von S. fragilis (Versuch II) vermochten den Milchzucker nur langsamer zu vergären (Halbgärzeit 540) als den Traubenzucker und als das Gemisch von Traubenzucker und Galaktose (Halbgärzeit 390), obwohl die Hefe zymatisch gut ausgerüstet war.

Versuch II. (21. II.) Mit S. fragilis (0,2 g trocken) bei Zimmertemperatur.

Minuten	60	120	180	240	390	480	540	720
Lactose	11	24	37	54	100	128	**145**	200 ccm
Glucose + Galaktose	17	31	57	83	**142**	159	168	200 ,,

Dasselbe Ergebnis — viel Zymase, wenig Lactozymase — fanden wir bei einer anderen Kultur von S. fragilis, mit der vergleichsweise Lactose, Glucose, Galaktose und Gemisch beider [185] vergoren wurde (Versuch III, Abb. 3). Die Halbgärzeit für Lactose (1740) war viel größer als die für Glucose (390), Glucose + Galaktose (690) und sogar größer als die für Galaktose (1290). Dennoch war die Halbgärzeit für Lactose viel kürzer als die Zeit der halben Hydrolyse unter den günstigsten Bedingungen.

Versuch III. (21. VI.) Mit S. fragilis vom Zeitwert 2880 (0,2 g trocken) bei 30° unter Schütteln.

Minuten	60	120	180	300	390	540	690	1290	1740
Lactose a)	0	0	0	7	13	26	41	97	**144** ccm
,, b)	0	0	3	16	23	34	50	120	152 ,,
Glucose + Galaktose	17	33	51	105	112	133	**142**	176	— ,,
Glucose	18	37	52	85	**140**	187	226	—	— ,,
Galaktose	7	14	20	31	40	55	74	**142**	— ,,

Andererseits beobachteten wir bei der höchst lactasereichen Berliner Hefe (Sp. 60a vom Zeitwert 7 bis 11, also Zeit der halben Hydrolyse unter den Gärbedingungen 14 bis 22) äußerst langsamen Verlauf (Versuch IV) der Lactosegärung, übrigens auch der Glucosegärung.

Versuch IV. (7. V.) Mit Berliner Hefe 60a vom Zeitwert 7 bis 11 (0,2 g trocken) bei 30°.

Minuten	120	210	240	340	450	545	750	930	1230
Lactose	18	33	37	54	70	89	118	**144**	195 ccm
Glucose	10	16	19	27	40	55	80	104	**144** ,,

Zwischen Lactasegehalt und Geschwindigkeit der Lactosegärung gibt es gar keine Beziehungen.

Bei der Maltose war auf Vergärung ohne Spaltung daraus geschlossen worden, daß praktisch maltasefreie Hefen diesen Zucker vergären. Für die Frage, ob Lactose ebenfalls direkt vergoren werden kann, ist die Entscheidung durch den Vergleich von Hydrolyse und Gärung bei lactasearmen Hefen zu suchen. Unter vielen Kulturen von S. fragilis wurde nur eine auffallend lactasearme, nämlich vom Zeitwert 2880 erhalten (21. V., Beispiel des Vers. III und der Abb. 3). Der niedrige Lactasewert war in diesem Fall konstant, auch nach der Verwendung der Hefe für die Gärung fanden wir ihn genau bestätigt. Ein ähnliches wie das hier zu beschreibende [186] Verhältnis zwischen Hydrolysen- und Gärungszeit wurde allerdings auch bei einer anderen Kultur (20. V.) von S. fragilis gefunden, aber da hier vor und nach der Gärung der Lactasewert ungleich ausfiel, eignet sich das Beispiel nicht für unsere Schlußfolgerung. Im Versuch mit der lactasearmen Hefe eilt die Gärung weit der nicht unter denselben, sondern sogar unter optimalen Bedingungen ermittelten Hydrolyse voraus, so daß die 50proz. Hydrolyse dreimal mehr Zeit, die 75proz. Hydrolyse siebenmal mehr Zeit erfordert als die entsprechende Vergärung:

%	Hydrolyse		Gärung		
	a	b	a	b	
25	1 400	1 500	1010	1010	Minuten
50	5 520	5 760	1740	1680	,,
75	16 500	18 480	2460	—	,,

In anderen Beispielen ist die unter optimalen Bedingungen bestimmte Geschwindigkeit der Hydrolyse ausreichend und manchmal weit größer als für die indirekte Vergärung erforderlich wäre. Aber unter den Bedingungen der Gärung erfolgt die Spaltung des Milchzuckers durchaus nicht in der Zeit, die nach Abtötung der Hefe, Neutralisation und nach Pufferzusatz ermittelt wird. Es ist überhaupt noch nicht vorgekommen, daß unter den Bedingungen der Gärung Lactasewirkung nachgewiesen wurde. Wir haben 9 Versuche der Milchzuckervergärung nach Entbindung von 25 bis 57% der theoretischen CO_2-Menge unterbrochen und den übrig gebliebenen Zucker untersucht. Der Quotient aus Reduktionswirkung und Drehungsvermögen würde nicht entscheiden lassen, ob mehr Lactose oder Galaktose übrig geblieben ist, aber der in vielen Fällen ermittelte Wert stimmt nur unter der Voraussetzung, daß Lactose übrig geblieben ist, annähernd für die noch zu erwartende Zuckermenge, während unter der Annahme, daß Galaktose vorläge, ein Verlust von über 40% derselben eingetreten sein müßte. Einfacher und beweisend ist die Prüfung des Restzuckers mit Phenylhydrazin. Dafür wurde die Gärung nach der Entwicklung von 25 bis 60% des [187] theoretischen CO_2 abgebrochen, die Flüssigkeit mit der Zentrifuge von der Hefe getrennt, noch filtriert und mit Phenylhydrazinchlorhydrat und Natriumacetat im Wasserbad erwärmt. Glucose und Galaktose werden bekanntlich unter diesen Bedingungen mit Sicherheit durch die in der Wärme ausfallenden Osazone nachgewiesen. In keinem Fall trat Abscheidung von Osazon ein. Auch entwickelte eine solche Zuckerrestlösung mit gewöhnlicher Hefe 16 Stunden lang kein CO_2.

Beispiel: Gärversuch mit Hefe 60a vom Zeitwert 34. Nach Entwicklung von 44% des theoretischen CO_2 abgetrennt. In der Restlösung ($l = 2$) $\alpha_D = 2{,}45°$, hiernach 50% der Lactose noch vorhanden. In 2 ccm Restlösung ergab die Zuckerbestimmung 59 mg Cu, entsprechend 45 mg Lactosehydrat; hiernach noch vorhanden 47% der Lactose. Keine Osazonabscheidung in der Wärme.

In der lebenden, gärenden Hefe wirkt die Lactase nicht wie in der abgetöteten. Entweder ist die Lactase noch gar nicht in dem von uns quantitativ bestimmten Betrage in der lebenden Hefe vorhanden, entsteht erst nach der Vergiftung aus einem Zymogen, oder wahrscheinlicher, die Lactose findet in der lebenden Hefezelle nicht die Bedingungen, unter denen sie der enzymatischen Hydrolyse so unterliegt wie unter den für die quantitative Bestimmung ausgewählten.

Wenn bei der lactasereichen zymasearmen Hefe im Gärversuch die Lactose zunächst der Hydrolyse anheimfiele, so würden ihre Komponenten aus der Hefezelle wieder in die Zuckerlösung hinaus diffundieren. Solches tritt wirklich ein bei Rohrzuckervergärung durch Hefe von gewöhnlichem Invertingehalt. Es ist bekannt, daß die Inversion der Gärung vorauseilt. In den Rohrzuckerrestlösungen fanden wir in einem Falle überwiegend, in den andern Fällen ausschließlich Monosen, immer mehr Fructose als Glucose.

1. Beispiel: Vergärung von 20 ccm 9,5proz. Rohrzuckerlösung mit 2 g 20proz. Löwenbräuhefe. Nach Entbindung von 16,6% des theoretischen CO_2 ergab die Bertrand-Bestimmung in 0,5 ccm 71,4 mg Cu, entsprechend 36,5 mg Invertzucker; α_D der Restlösung ($l = 2$) — 3,88°. Die Flüssigkeit enthielt noch 78,9% des angewandten, hydrolysierten Zuckers, bestehend aus 35% Glucose und 44% Fructose.

[188] 2. Beispiel: Gärversuch mit 20 ccm 4,75proz. Rohrzuckerlösung und 1 g Hefe. Nach Entbindung von 53% des möglichen CO_2 ergab die Bestimmung mit 2 ccm Restlösung 73,4 mg Cu, entsprechend 37,6 mg Invertzucker; $\alpha_D = -1,96°$ ($l = 2$). Die Flüssigkeit enthielt noch 39% des angewandten, hydrolysierten Zuckers, bestehend aus 10,4% Glucose und 28,6% Fructose.

Wie in diesen Fällen müßte man bei den lactasereichen Hefen Monose in den Gärungsrestlösungen auffinden, wenn die Lactase bei der Gärung funktionieren würde und zwar müßte sich so wie die Fructose aus dem Rohrzucker oder noch mehr die Galaktose in der Restlösung anreichern.

Zeitschrift für physiologische Chemie 151, S. 242 [1926].

65. ZUR KENNTNIS DER HEFEMALTASE.

Von RICHARD WILLSTÄTTER und EUGEN BAMANN.

Sechste Mitteilung[1]*.

(Aus dem Chemischen Laboratorium der Bayerischen Akademie der Wissenschaften in München.)

Mit 6 Abbildungen im Text.

(Der Redaktion zugegangen am 29. Oktober 1925.)

I. Abhängigkeit der Maltasewirkung von der Wasserstoffzahl.

Den Einfluß der Wasserstoffzahl auf die Wirkung der Maltase haben L. MICHAELIS und P. RONA[2] eingehend untersucht und R. WILLSTÄTTER und W. STEIBELT[3] in einigen Versuchen geprüft. Danach soll die Wirkung optimal sein bei $p_H = 6{,}1$ bis 6,8 und bei $p_H = 7{,}26$ schwächer als bei $p_H = 5{,}85$ (nach Abb. 5 der Abhandlung von MICHAELIS und RONA, vgl. nachstehende Abb. 1), bei $p_H = 7{,}5$ geringer als bei $p_H = 5{,}38$ (Abb. 2 von MICHAELIS und RONA).

Unsere Bestimmungen (Tab. 1 und Abb. 2 und 3) ergaben ein ganz anderes Bild. Das Optimum liegt bei sehr schwach saurer bis ganz schwach alkalischer Reaktion, nämlich $p_H = 6{,}75$ bis 7,25, [243] jedoch ist $p_H = 6{,}1$ schon erheblich ungünstiger als neutrale Reaktion und 7,5 viel günstiger als 6,1.

Tabelle 1. p_H-Abhängigkeit der Hefemaltase.
(Unter den Bedingungen der Zeitwertbestimmung nach WILLSTÄTTER, OPPENHEIMER und STEIBELT, indessen mit 100 ccm Bestimmungslösung; 30°.)

Nr.	p_H	Reaktionszeit Minuten			Drehungsabnahme °			Spaltung %		
1. Enzymlösung:										
I	6,8	40,3	91,5	137,3	2,80	3,94	4,47	43,8	61,6	70,0
II	7,5	46,0	92,5	139,0	3,09	3,85	4,39	48,3	60,3	68,6
2. Enzymlösung:										
I	5,5	60,8	109,1	212,5	0,53	0,70	0,96	8,3	10,9	15,0
II	6,1	62,0	114,3	213,5	1,70	2,15	2,87	26,6	33,6	44,9
III	6,8	59,0	106,1	211,3	2,01	2,60	3,48	31,4	40,7	54,5
IV	7,5	62,6	108,4	212,7	2,05	2,61	3,35	32,0	40,8	52,4
V	8,3	63,0	112,7	213,5	0,43	0,45	0,50	6,7	7,0	7,8

[1] Die früheren Mitteilungen: Diese Zs. Bd. 110, S. 232 [1920]; Bd. 111, S. 157 [1920]; Bd. 115, S. 199 u. S. 211 [1921]; Bd. 134, S. 224 [1923/24].

* *Die fünfte Mitteilung über Maltase („Über die relative Spezifität der Hefemaltase") ist in den Abschnitt VIII eingereiht (Nr. 86).*

[2] Biochem. Zs. Bd. 57, S. 70 [1913]; Bd. 58, S. 148 [1913/14]; L. MICHAELIS, Die Wasserstoffionenkonzentration, Berlin 1914, S. 71.

[3] Diese Zs. Bd. 115, S. 199, und zwar S. 202 [1921] (*Abh. 76 im VIII. Abschnitt*).

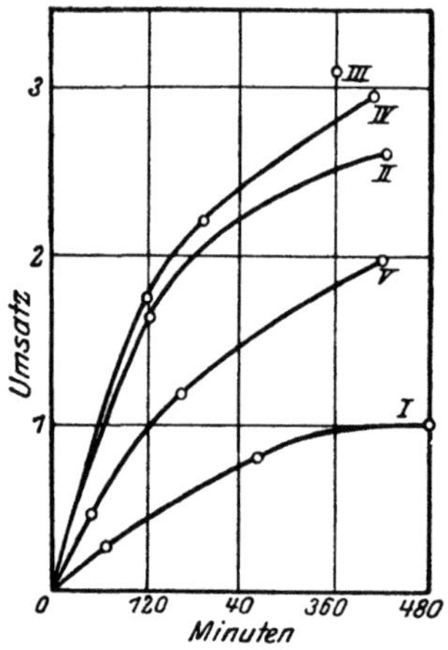

Abb. 1. Abb. 5 der Abhandlung von MICHAELIS und RONA, „Die Wirkungsbedingungen der Maltase aus Bierhefe I."

Elektrometrisch gemessenes p_H für

I = 5,41 II = 5,85 III = 6,64 IV = 6,57 V = 7,26.

[244]

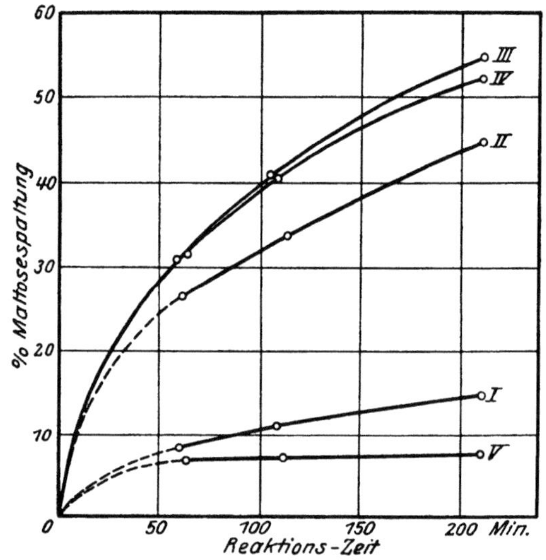

Abb. 2. Maltasewirkung bei verschiedenen p_H. (Versuch Nr. 2 der Tab. 1.)

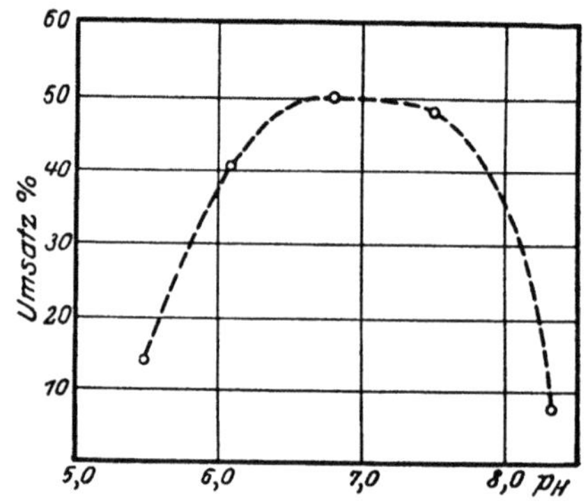

Abb. 3. p_H-Abhängigkeit der Maltase. (Versuch Nr. 2 der Tab. 1.) (Die Umsätze in der Zeit der Halbspaltung bei p_H = 6,8.)

Es war von Wichtigkeit, reichliche Puffermengen anzuwenden, da die Hefeautolysate während der Malzzuckerspaltung infolge proteolytischer Vorgänge saurer werden[1]. Für Versuch 1 der Tab. 1 diente ein durch Verflüssigung der Hefe mit [245] Essigester und Verdünnen mit dem $2^1/_2$fachen Gewicht Wasser gewonnenes Autolysat, für Versuch 2 eine nach dem Verfahren der fraktionierten Autolyse gewonnene Maltaselösung. Für jeden Ansatz wurden 10 ccm Enzymlösung, entsprechend

[1] In den obenerwähnten Versuchen von WILLSTÄTTER und STEIBELT mag die Puffermenge unzureichend gewesen sein.

1 g Trockenhefe, mit 5 g Phosphatmischung nach SÖRENSEN auf 100 ccm Bestimmungslösung angewandt. p_H, nach der Indicatorenmethode bestimmt, blieb während des Versuchs konstant. Die einzelnen Vergleichsbestimmungen bei verschiedenen p_H müssen gleichzeitig angesetzt werden, da die Maltasewerte der Autolysate sich beim Stehen ändern.

II. Kinetik der enzymatischen Maltosespaltung.

Gemäß den früheren Abhandlungen dieser Reihe ist die Kinetik der Maltasewirkung zwischen einzelnen Hefen und von Substrat zu Substrat (α-Glucoside) verschieden. Dazu kommt nach unseren Versuchen, daß die Kinetik der Wirkung von Maltase auf Maltose, die allein hier behandelt werden soll, auch in außerordentlichem Maße vom Reinheitsgrad des Enzyms abhängt.

Hefen und Autolysate folgten in allen von uns untersuchten Fällen (zwischen 30 und 60% der Maltosehydrolyse) genau der Zeit-Umsatzkurve, die WILLSTÄTTER, OPPENHEIMER und STEIBELT in der ersten Mitteilung (Abbildung S. 237, 1. Vers.) angegeben haben und die vom monomolekularen Reaktionsverlauf abweicht. Dieses traf zu bei 5 Proben von Bierhefen, die durch Zellgifte, in einer Versuchsreihe mit Essigester, in einer anderen mit Diammonphosphat, abgetötet und verflüssigt wurden, und für die daraus gewonnenen Autolysate. Diese ließen wir sowohl ganz frisch wie auch nach tagelangem Altern bei 0°, wobei die enzymatische Wirkung stark zunahm, auf Maltose einwirken und zwar entweder unter den Bedingungen der Zeitwertbestimmung bei 30° oder bei 15°. In die mit einem gealterten Autolysat bei 15° (Tab. 2) abgeleitete Zeit-Umsatzkurve fügen sich, wie die Abb. 4 zeigt, die Bestimmungen eines Versuchs mit frischem Autolysat bei 30° und diejenigen mit durch Phosphat verflüssigter Hefe (Tab. 2) genau ein.

[246] Tabelle 2.

Zeitlicher Verlauf der Maltosespaltung.

a) Mit gealtertem Autolysat bei 15° (Halbspaltungszeit bei 30°: 60,8).

b) Mit Hefe, verflüssigt durch Diammonphosphat, bei 30°.

a) Versuch mit Autolysat: (25 ccm Autolysat, entsprechend 2,5 g Trockenhefe, auf 250 ccm Maltoselösung)				b) Versuch mit Hefe: (2,5 g Trockenhefe auf 250 ccm Maltoselösung)			
Reaktionszeit Minuten	Drehungsabnahme °	Spaltung %	Halbspaltungszeit ber. n. d. I. Mitteil. (Halbspaltungszeit ber. n. d. Kurve d. I. Mitteil., Vers. 1)	Reaktionszeit Minuten	Drehungsabnahme °	Spaltung %	Zeitw. ber. n. d. I. Mitteil. (Zeitw. ber. n. d. Kurve d. I. Mitteil., Vers. 1)
43	1,14	17,8	174	9,5	1,00	15,6	38,5
65	1,50	23,4	175	19,5	1,50	23,4	44,5
98	1,85	28,9	169	29,5	1,95	30,5	45,6
125	2,16	33,8	170	39,5	2,40	37,5	38,2
185	2,49	38,9	172	54,5	2,73	42,7	38,5
247	2,85	44,6	168	69,5	3,08	48,2	38,0
305	3,07	48,0	170	100,0	3,50	54,8	38,3
462	3,58	55,9	170	141,5	4,05	63,2	37,5
1037	4,62	72,1	170	177,5	4,45	69,5	35,0

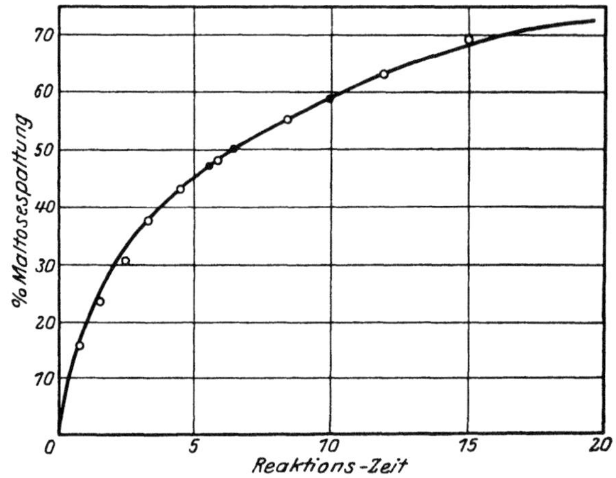

Abb. 4. Zeitlicher Verlauf der Maltosespaltung durch Hefe und Hefeautolysat.

(Die Kurve ist aus dem Versuch a der Tab. 2 abgeleitet unter Umrechnung der Beobachtungszeiten wie in Mitteil. III, S. 203, Fußnote; die mit o bezeichneten Punkte beziehen sich auf den Versuch b der Tab. 2 mit Hefe, durch Diammonphosphat verflüssigt, die mit • bezeichneten auf ein Beispiel mit frischem Autolysat bei 30°.)

[247] Der mit Hefe und Autolysat beobachteten Kinetik folgt die Maltase nicht mehr im Zustande ihrer Adsorbate an Tonerde und der daraus gewonnenen Elutionen. Aus der Zeit-Umsatzkurve der Abb. 4 ergaben sich dann für auf einander folgende Beobachtungszeiten Halbspaltungszeiten, die stark ansteigen, die also im Verlauf der Spaltung ungünstiger werden. Die Erscheinung beruht nicht etwa auf Zerstörung des in höherem Reinheitsgrade empfindlicheren Enzyms. Dieses ist vielmehr in der Zuckerlösung vollkommen geschützt. Man findet nämlich ebenso genau wie mit Autolysaten auch noch mit den aus Tonerdeadsorbaten gewonnenen Elutionen von Maltase (Tab. 3), deren enzymatischer Reinheitsgrad bedeutend gesteigert ist, für gleichen Spaltungsgrad das Produkt aus Enzymmenge und Reaktionszeit konstant.

Tabelle 3. Proportionalität von Enzymkonzentration und Reaktionsgeschwindigkeit. In Versuchen mit Maltase, gereinigt durch Adsorption und Elution.

Enzymmenge, ccm in 100 ccm Maltoselösung	Reaktionszeit Minuten	Drehungsabnahme °	Maltosespaltung %
	40	1,15	17,9
5	100	1,76	27,5
	350	3,01	47,1
	8	1,15	17,9
25	20	1,75	27,4
	70	3,02	47,2

Schon durch Eintragen von Tonerde in eine rohe Maltaselösung wird die Änderung des zeitlichen Verlaufs der Maltasewirkung herbeigeführt. Ein Beispiel (Tab. 4 und Abb. 5) dafür gibt ein Autolysat, das mit einer zur Adsorption von 50 bis 60% genügenden Menge Tonerde *C* versetzt wurde.

[248] Tabelle 4. Änderung der Kinetik einer Maltaselösung auf Zusatz von Tonerde.

Vers. A mit 10 ccm Autol., entspr. 1 g Trockenh., in 100 ccm Maltoselös.				Vers. B nach Zusatz von 0,066 g Al_2O_3			
Reaktionszeit Minuten	Drehungsabnahme °	Spaltung %	Halbspaltungszeit nach Kurve Abb. 4	Reaktionszeit Minuten	Drehungsabnahme °	Spaltung %	Halbspaltungszeit nach Kurve Abb. 4
29,0	2,36	36,9	28,6	29,0	2,23	34,9	33,7
58,3	3,15	49,3	29,5	58,3	2,97	46,4	36,0
130,0	4,40	69,0	28,5	130,0	3,30	51,6	60,0

Die gesamte Maltase, von der nur ein Teil an Tonerde adsorbiert ist, folgt einem anderen Zeitgesetz und demselben gehorchen auch die Elutionen aus Tonerde und zwar drei verschiedene, in dieser und der nachfolgenden Arbeit geprüfte Beispiele. Die Erscheinung ist derart, wie wenn die Maltase von einem ihrer Hemmung durch entstehende Glucose entgegenwirkenden Stoff befreit worden wäre. In der Abb. 6 wird eine [249] Zeit-Umsatzkurve dargestellt, die den Reaktionsverlauf im oben erwähnten Versuche mit tonerdehaltiger Maltaselösung und den mit einer Elution beobachteten zusammenfaßt.

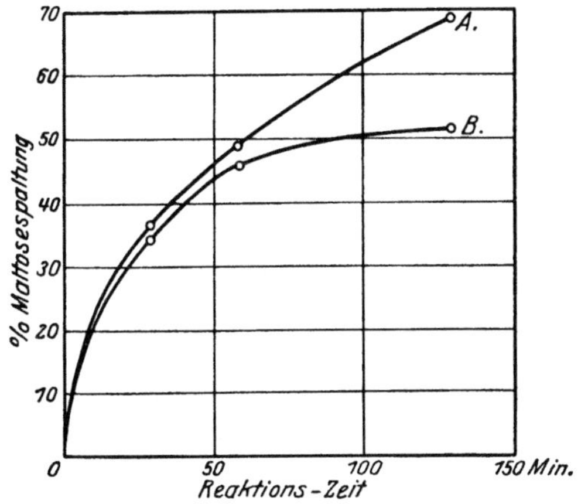

Abb. 5. Verlauf der Maltosespaltung.
A. mit Autolysat,
B. mit Autolysat und Tonerde.

Die Fälle, in denen die Maltosespaltung nach der zweiten Kurve des zeitlichen Verlaufs erfolgte, waren zahlreich. Allein die Filtration gealterter Autolysate genügte, eine Änderung der Kinetik zu bewirken, z. B. eine Annäherung von der ersten zur zweiten Kurve, während eine Änderung der Kinetik im entgegengesetzten Sinn beim Stehen der Filtrate in 4 bis 6 Stunden eintrat.

Versuch mit filtriertem Autolysat:

Halbspaltungszeit berechnet			
nach der I. Kurve		nach der II. Kurve	
24,7	28,1	31,3	30,0

Versuch mit demselben Autolysat nach mehreren Stunden:

Halbspaltungszeit berechnet			
nach der I. Kurve		nach der II. Kurve	
24,0	23,9	29,8	19,2

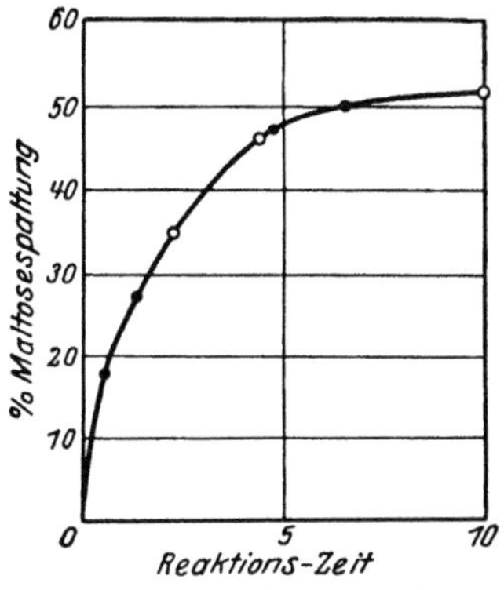

Abb. 6. Zweite Zeit-Umsatzkurve der Maltosespaltung, beobachtet:
a) mit Autolysat und Tonerde (bezeichnet ∘),
b) mit Elution aus Tonerdeadsorbat (bezeichnet •).

Bei einem frisch dargestellten Hefeautolysat änderte sich dagegen beim Filtrieren der zeitliche Verlauf der Maltasewirkung nicht.

[250] Das Verhalten der Tonerdeadsorbate ist gar nicht einheitlich. Es sind mehrere Maltaseadsorbate untersucht worden, die genau oder annähernd gemäß der zweiten Kinetik reagierten, während einige andere Beispiele des zeitlichen Verlaufs von beiden Kurven abwichen. Ebenso

ungleichmäßig und verwickelt ist das Verhalten der durch Adsorption eines geringeren oder größeren Anteils gewonnenen Maltaserestlösungen, wovon die Tab. 5 einige Beispiele verzeichnet. Sie gehorchen zum Teile weder der ersten noch der zweiten Kinetik und sie fügen sich auch nicht etwa einem und demselben weiteren Zeitgesetze.

Tabelle 5. Zeitlicher Verlauf, nach teilweiser Adsorption der Maltase mit Restlösung beobachtet. (Die Bestimmungen wurden mit 100 ccm Maltoselösung ausgeführt.)

Nr.		Reaktionszeit Minuten	Drehungsabnahme °	Spaltung %	Halbspaltungszeit berechnet für 50 ccm nach der I. Kurve	nach der II. Kurve
1	Nach Ads. von $^2/_3$ durch Tonerde *C*	52,8	1,37	21,4	151	220
		124	1,80	28,2	211	275
2	Nach Ads. von $> ^8/_{10}$ durch Tonerde *C*	34,7	1,13	17,7	132	208
		67,4	1,59	24,8	150	202
3	Nach Ads. von $> ^8/_{10}$ durch Tonerde *C*	60	0,92	14,4	332	577
		103	1,08	16,9	433	705
4	Nach Ads. von $> ^1/_2$ durch kurz gealterte Tonerde	45	1,50	23,4	109	154
		80,8	1,80	28,2	140	180
5	Nach Ads. von $^1/_4$ durch Tonerdegel v. d. F. AlO_2H	56	2,20	34,4	64	81,5
		77	2,58	40,4	63,7	79,5

Maße der Maltase.

Die Bestimmung der enzymatischen Wirksamkeit und der Vergleich der Enzymmengen, der für die Beobachtung der Adsorptionserscheinungen und für ihre Anwendungen von Wichtigkeit ist, bietet bei der Maltase größere Schwierigkeiten [251] als bei der Saccharase. Änderungen der enzymatischen Aktivität kommen bei Saccharase selten vor. Wie WILLSTÄTTER und SCHNEIDER in der zwölften Abhandlung über Invertin bemerken, ist in unserer Reihe von Untersuchungen kein derartiger Fall beobachtet worden, während allerdings vor kurzem H. v. EULER und K. JOSEPHSON[1] auf Grund von Versuchen von H. v. EULER und I. LINDSTÅL über Beispiele des Überganges von Saccharase beim Erwärmen aus einem inaktiven Zustand in einen aktiven berichten. Unterschiede in der Reaktionskinetik treten beim Invertin allerdings auf[2], allein sie sind nicht so bedeutend, daß die Analyse dadurch häufig und wesentlich gestört worden wäre. Es ist freilich möglich, daß manche in den präparativen Arbeiten vorgekommenen Verluste an Invertin nur scheinbare waren, bedingt durch Änderungen in der Kinetik.

Bei der Maltase treten diese Erscheinungen in den Vordergrund. Im folgenden wird gezeigt, daß in allen Hefeauszügen, wenn sie nur vorsichtig genug aufbewahrt

[1] Diese Zs. Bd. 145, S. 130, und zwar S. 135 [1925].

[2] Vgl. z. B.: R. WILLSTÄTTER, J. GRASER und R. KUHN, Diese Zs. Bd. 123, S. 1, und zwar S. 63 [1922], und vollständiger bei R. KUHN in „Die Fermente und ihre Wirkungen" von C. OPPENHEIMER Bd. 1, S. 261 [1925].

werden, die Maltasewirksamkeit ansteigt. Es ist also zwar möglich, die Maltasewerte zu bestimmen, aber nur scheinbare Enzymmengen. Ein zweiter Umstand, wodurch der Vergleich der Maltasemengen gestört und vereitelt wird, ist die Veränderlichkeit der Kinetik des Enzyms.

Die enzymatische Wirksamkeit der Maltase wird nach dem Vorbild des Invertins durch den Zeitwert gemäß der Bestimmung von WILLSTÄTTER, OPPENHEIMER und STEIBELT ausgedrückt oder besser im Sinne des Vorschlages von WILLSTÄTTER und KUHN [3] durch das Reziproke, das der enzymatischen Konzentration direkt proportional ist. Nach R. WILLSTÄTTER, R. KUHN und H. SOBOTKA [4] ist als Maltasewert [252] (M.W.) das 1000fache des reziproken Maltasezeitwertes bezeichnet worden. Eine Bierhefe (Löwenbräuhefe R d 1/IV) wies z. B. den Maltasezeitwert 34 auf, daher Maltasewert 29,4.

Maltaseeinheit und zwar scheinbare[1]), die mit M.-[e]. bezeichnet werden soll, sei die Enzymmenge in 1 g Trockensubstanz vom Zeitwert 1, also die Enzymmenge, welche 2,5 g Maltosehydrat in 50 ccm Lösung bei $p_H = 6,8$ und bei 30° zu 50% in 1 Minute spaltet.

M.W. ist die im 1000fachen der unserer Bestimmung zugrunde liegenden Menge enthaltene Anzahl von Einheiten, also die Anzahl in 1 kg Trockenhefe.

Der Ausdruck M.-[e]. ist zweckmäßig noch durch Angabe der Kinetik zu ergänzen, die der Berechnung zugrunde liegt; [e_1], [e_2] sind nach den Zeit-Umsatz-kurven von Abb. 4 und Abb. 6 bezeichnet.

Wenn diese Maße des Enzyms bei den in der nachstehenden Mitteilung beschriebenen Versuchen der Trennung von Maltase und Saccharase angewendet werden, so ist es kaum zu entbehren, die beiden Enzyme mit gleichartigen Maßen zu bestimmen. Aus dem Vergleichszeitwert des Invertins, der unter ähnlichen Bedingungen wie der Maltasezeitwert bestimmt wird[2]), leitet sich die Saccharase-Vergleichseinheit ab, (S.V.E.), das ist die Enzymmenge, die 2,375 g Rohrzucker in 50 ccm bei 30° und bei $p_H = 4,3$ zu 50% in 1 Minute spaltet.

1 M.-[e_1]. ist in etwa 30 bis 40 g Trockenbierhefe vom Maltasezeitwert 30 bis 40 oder vom Maltasewert 33 bis 25 enthalten, 1 S.-V.E. (entsprechend 0,12 S.E.), z. B. in 2 g Trockenhefe vom Invertin-Vergleichszeitwert 2 (entsprechend Zeitwert 333).

[253] III. Bestimmung der Maltase in der Hefe.

Die Bestimmung, ja sogar der Nachweis der Maltase in der Hefe hat früher so große Schwierigkeiten geboten, daß E. FISCHER[1]] und andere Forscher zu der Ansicht

[3] Chem. Ber. Bd. 56, S. 909 [1922] (*Abh. 6*).

[4] Diese Zs. Bd. 134, S. 224, und zwar S. 226 [1923/24] (*Abh. 86*).

[1]) Analog der scheinbaren Butyraseeinheit von Magenlipase, B.-[e]., nach R. WILLSTÄTTER, F. HAUROWITZ und F. MEMMEN, Diese Zs. Bd. 140, S. 203, und zwar S. 208 [1924], und der scheinbaren Trypsinmenge, T.-[e], nach R. WILLSTÄTTER und H. PERSIEL, Diese Zs. Bd. 142, S. 245, und zwar S. 251 [1924/25].

[2]) R. WILLSTÄTTER und W. STEIBELT, Diese Zs. Bd. 111, S. 157, und zwar S. 169 [1920]; R. WILLSTÄTTER, J. GRASER und R. KUHN, Diese Zs. Bd. 123, S. 1, und zwar S. 23 [1922] (*Abh. 62 und 48*).

[1]] Chem. Ber. Bd. 28, S. 1429 [1895].

kamen, Hefe wirke bei Gegenwart von Chloroform auf Malzzucker nicht ein. Die besonderen Verhältnisse, die hier obwalten und die Unterschiede zwischen den Wirkungen von Maltase und Saccharase bedingen, sind in den ersten Mitteilungen dieser Reihe einigermaßen klargelegt worden.

Ohne Anwendung von Zellgift kann die einsetzende Gärung die Bestimmung von Saccharase und Maltase stören. Bei Anwesenheit von Gift tritt in der Hefezelle saure Reaktion auf; dadurch entsteht ein für die Saccharase (optimales $p_H = 4{,}5$) günstiges, für die Maltase (optimales p_H = neutrale Reaktion) ungünstiges Medium. Die Analyse der Maltase von WILLSTÄTTER und STEIBELT ist daher auf rasche Abtötung der Hefe mit Essigester und Neutralisation der entstehenden Säure gegründet. Die Bestimmung des Maltasewertes der Hefe war die Vorbedingung für den Nachweis der direkten Maltosevergärung und sie bildet weiterhin die Voraussetzung für vergleichende Beobachtungen über die Freilegung von Saccharase und Maltase (Abschn. V).

Diese Maltasebestimmung in der Hefe unterzogen vor kurzem H. v. EULER und K. JOSEPHSON[2] in einer eingehenden Erörterung über die Frage der direkten Malzzuckergärung folgender Kritik: „Es liegt kein zwingender Beweis vor, daß es nach der Methode von WILLSTÄTTER und STEIBELT gelingt, die Gesamtheit der katalysierenden Gruppen, welche die Maltosehydrolyse in der Hefe bewirken, unabhängig von der Gärung überhaupt zur Wirkung zu bringen."

Um den Nachweis der direkten Biosegärung zu vervollkommnen, haben wir daher die für die Bestimmung der Maltase maßgebenden Umstände genauer nachgeprüft. Das analytische Verfahren der zweiten Mitteilung hat sich dabei [254] vollkommen bestätigen und noch sicherer gestalten lassen. Es wurden weitere Bestimmungsweisen geschaffen, deren Ergebnisse mit denen der ersten übereinstimmen und diese stützen. Die Methode, deren Genauigkeit ausreichend ist, wird vollends durch den Nachweis gesichert, daß eine Biose durch lebende Hefe bei Abwesenheit von Gift mit derselben Geschwindigkeit hydrolysiert wird, wie bei Anwesenheit eines allmählich wirkenden Zellgiftes oder nach vollständiger Abtötung. Auch ist es gelungen (vgl. Abschn. V), genau so viel Maltase in Lösung überzuführen als die Analyse der Hefe ergeben hat.

Wenn man versucht, nach dem bekannten Vorbild der Bestimmung von Invertin in frischer Hefe die Maltase zu ermitteln, indem man die Gärung durch Zusatz von etwas Toluol zur Maltoselösung unterdrückt, so findet man im allgemeinen zu niedrige Werte. Man muß (vgl. Mitteil. II, S. 163 u. f.) die Puffermenge vermehren, damit die im Hefekörper bei der Vergiftung auftretende Säure unschädlich gemacht wird. Dann nähern sich die Werte (Tab. 6) dem nach dem Verflüssigungsverfahren gefundenen, aber sie bleiben schwankend, schlecht reproduzierbar.

Es ist also besser, daß man die Abtötung des Pilzes und die Säureabscheidung „auf einen kurzen Zeitraum zusammendrängt". Die Verflüssigung mit Essigester

[2] Diese Zs. Bd. 120, S. 42 [1922], und zwar S. 56.

erfolgt am raschesten, viel rascher als mit Toluol und Chloroform. Bei kurzer Einwirkung wird aber der Zymasekomplex nicht zerstört, Gärung während der Bestimmung also nicht ausgeschaltet. Die Bedingungen der Analyse sollen deshalb dahin ergänzt werden, daß man immer zur Bestimmungslösung Toluol zufügt, 5 bis 6 Tropfen auf 100 ccm, ähnlich wie schon WILLSTÄTTER und STEIBELT[1] speziell bei maltasearmen Hefen einen weiteren Zusatz von Gift zur Bestimmungslösung nötig fanden.

Die Verflüssigungszeit darf nicht zu kurz sein, da sonst die bei der Abtötung einsetzende Säurebildung in der Hefezelle noch weiter andauert und der Puffer, wenn

[255] Tabelle 6.

Maltasezeitwerte nach dem Verfahren der Invertinbestimmung, aber mit größeren Puffermengen. (Die Bestimmungen wurden mit 100 ccm Maltoselösung ausgeführt.)

Angewandte Hefe	Phosphatpuffer (g) v. p_H = 6,8	Zellgift	Reakt.-Zeit Minuten	Drehungsabnahme °	Spaltung %	Zeitwert
Rc 20/V v. Zeitw. 41	0,21	Toluol	103,7 198,5	2,50 3,55	39,1 55,5	99,8 82,5
und zwar 1,1 g	0,21	Tol. + Essigest.	105,0 165,5	3,05 3,75	47,7 58,7	64,3 59,4
	0,5	Toluol	91,5 140,0	2,98 3,65	46,6 57,0	59,6 53,9
	1,0	,,	107,0 164,0	3,63 4,33	56,8 67,6	41,5 41,8
	1,0	,,	91,0 142,8	3,25 4,00	50,9 62,5	47,5 43,7
	5,0	,,	89,2 137,6	3,06 3,75	47,8 58,7	54,1 49,2
	1,0 (Diammonphosph.)	,,	88,3 136,8	3,15 3,80	49,2 59,4	49,9 46,5
Rd 1/II v. Zeitw. 51	1,0	Toluol	107,8 174,0	3,04 3,85	47,5 60,1	59,9 53,2
und zwar 1,0 g	2,0	,,	105,9 172,5	3,12 3,90	48,8 60,9	55,1 51,0
	3,0	,,	103,9 169,6	3,14 3,90	49,0 60,9	53,5 50,8
	5,0	,,	61,8 173,2	1,90 3,80	29,8 59,4	94,5 54,5

seine Menge [256] nicht erheblich vermehrt wird, nicht rasch genug das günstige p_H einstellt. Ist die Verflüssigung unvollständig, so sieht man unter dem Mikroskop noch unversehrte Hefezellen neben den anderen, deren Struktur zerstört und deren Plasma an die Wand gedrängt ist, deren Vakuolen entleert und glanzlos sind. Während die Vorschrift Behandlung mit Essigester für die Dauer von 4 bis 6 Minuten anrät, halten wir es für vorsichtiger, die Verflüssigung 10 bis 15 Minuten dauern zu lassen, dann zu verdünnen und mit Ammoniak zu neutralisieren. Bei einer Einwirkung von 10 Minuten bis über 1 Stunde finden wir den Maltasewert konstant. Bei zu langer Dauer, z. B. 4 Stunden Einwirkung des Essigesters vor dem Beginn des Neutralisierens (Nr. 12 der Tab. 7), leidet die Maltase allmählich durch die gebildete Säure. Die angegebene Puffermenge, 0,12 g $Na_2HPO_4 \cdot 2HO_2$ + 0,09 g KH_2PO_4 für den Ansatz von 100 ccm Maltoselösung, erscheint uns als etwas zu knapp. Es ist ratsam, 1 g Phosphatmischung für 100 ccm Bestimmungslösung anzuwenden; die Wasserstoffzahl bleibt dann optimal bis zum Ende der Analyse trotz der proteolytischen Vorgänge.

Bestimmung mit Hilfe von Diammonphosphat. Die Hefe läßt sich sehr gut allein mit Diammonphosphat abtöten und verflüssigen. Im mikroskopischen

[1] Vierte Mitteilung, Diese Zs. Bd. 115, S. 218 [1921].

Bilde erscheinen Zellwände und Plasma der Hefe wenig angegriffen, die Vakuolen zu einer oder zweien gesammelt und durch Aufspringen der Zellhäute entleert. Die Randformen der Hefezellen und ihrer Hohlräume treten scharf hervor. Durch das Phosphat entsteht ohne weiteres, wenn die Menge nicht übertrieben groß gewählt wird, eine für die Maltase optimale Wasserstoffionenkonzentration, nicht über 7,3; um der Einheitlichkeit der Bedingungen willen wurde auch dann noch der Puffer zur Maltose zugefügt.

Man verreibt etwa 10 g abgepreßte Hefe, deren Trockengewicht nicht unter 25% betragen darf, das ist die 2,5 g Trockensubstanz entsprechende Menge, mit 1 g feingepulvertem Diammonphosphat bis zur vollständigen Verflüssigung, die in 8 bis 10 Minuten erreicht ist. Dann verdünnt man mit Wasser auf 50 ccm und trägt je 20 ccm Suspension in die Maltoselösung ein. Die Tab. 7 zeigt in den Versuchen Nr. 3 bis 8 und [257] 14 bis 17, in denen das Ammonphosphat 5 Minuten bis 22 Stunden einwirkte, Zeitwerte von 39,8 bis 43,5, die untereinander und mit dem nach dem Essigesterverfahren gefundenen übereinstimmen. Wird aber die Menge Diammonphosphat auf 20% gesteigert, so beginnt die Maltase in einigen Stunden zu leiden, der Zeitwert fällt ungenau aus.

In den Versuchen 18 bis 21 der Tab. 7 wurde statt des Diammonphosphats die Phosphatmischung von $p_H = 6,8$ angewandt, ebenfalls mit genauer Übereinstimmung der Zeitwerte.

Bestimmung nach Verflüssigung mit Natriumchlorid. Eine weitere Art der Abtötung, wie die mit Phosphat nur durch osmotische Vorgänge bewirkt, besteht im Vermischen der Hefe mit gepulvertem Kochsalz. Mit 10% vom Gewicht der Frischhefe erfolgte in meist weniger als 10 Minuten vollständige Verflüssigung unter Säurebildung, so daß 10 ccm 1proz. Ammoniaks für 10 g Frischhefe erforderlich waren. Nach Einwirkung von 10 bis 30 Minuten wurde der Hefebrei verdünnt und neutralisiert. Die Versuche Nr. 22, 23 und 29 der Tab. 7 ergaben denselben Zeitwert wie mit Essigester oder Phosphat.

Vergleich abgetöteter mit lebender Hefe. Die Schlußfolgerung aus der Maltasebestimmung in abgetöteter auf den Maltasewert der lebenden Hefe wird durch den Vergleich mit der Saccharasewirkung bestätigt. Es hat sich in sehr zahlreichen Versuchen ergeben, daß verflüssigte Hefe ebensoviel rohrzuckerspaltende Wirkung ausübt wie frische Hefe unter den üblichen Bedingungen der Invertinbestimmung, also in toluolhaltiger Rohrzuckerlösung; das die Gärung unterdrückende Toluol tötet langsam die Hefe ab und mit der enzymatischen Aktivität der Hefe während dieser langsamen Zellgiftwirkung stimmt wiederum genau überein die Wirksamkeit der lebenden Hefe unter günstigen Gärbedingungen, bei Ausschluß eines schädigenden Agens. Die Zuverlässigkeit der Invertinbestimmung in Hefe konnten schon H. v. EULER und R. BLIX[1] mit der Erfahrung begründen: „Mit der gleichen Menge ein und der-

[1] Diese Zs. Bd. 105, S. 83 [1919], und zwar S. 88.

[258]

Tabelle 7.

Bestimmung der Maltase unter Abtötung mit Essigester oder Phosphat oder Natriumchlorid. (Die Bestimmungen wurden mit 100 ccm Maltoselösung ausgeführt.)

Nr.	Hefe	Verflüssigung Art	Verflüssigung Dauer	Reakt.-Zeit Minuten		Drehungsabnahme °		Spaltung %		Zeitwert	
1	Rc 20/V; 1,0 g	Essigester	30 Min.	98,3	161,5	3,43	4,08	53,6	63,8	41,4	41,0
2	,, ,,	,,	30 ,,	98,0	161,8	3,40	4,00	53,1	62,6	42,0	40,5
3	,, ,,	Diammonphosph. 10 %	5 ,,	90,0	140,0	3,26	3,85	51,0	60,0	42,5	43,0
4	,, ,,	,,	15 ,,	82,5	132,0	3,20	3,75	50,0	58,7	41,2	42,5
5	,, ,,	,,	30 ,,	88,3	133,6	3,23	3,74	50,6	58,4	42,0	43,5
6	,, ,,	,,	1 Std.	97,0	151,8	3,36	3,99	52,5	62,3	42,0	42,5
7	,, ,,	,,	3 ,,	62,0		2,87		44,8		40,2	
8	,, ,,	,,	17 ,,	95,0	159,8	3,35	4,17	52,2	65,0	41,5	40,5
9	,, ,,	Phosphatmisch. $p_H = 6,8$	30 Min.	86,2	131,5	3,27	3,86	51,1	60,3	40,6	40,0
10	,, 1,1 g	Essigester	10 ,,	90,8		3,43		53,6		41,0	
11	,, ,,	,,	30 ,,	85,2		3,30		51,5		42,3	
12	,, ,,	,,	4 Std.	79,6	148,5	3,10	3,94	48,5	61,6	45,8	46,2
13	,, ,,	,,	22 ,,	98,0	148,9	2,85	3,30	44,5	51,6	71,5	73,7
14	,, ,,	Diammonphosph. 10 %	10 Min.	89,5		3,44		53,7		40,7	
15	,, ,,	,,	30 ,,	85,0		3,35		52,3		40,5	
16	,, ,,	,,	4 Std.	79,0		3,32		51,8		40,5	
17	,, ,,	,,	22 ,,	96,5		3,55		55,5		39,8	
18	,, ,,	Phosphatmisch. $p_H = 6,8$	10 Min.	89,4		3,44		53,7		40,7	
19	,, ,,	,,	30 ,,	85,0		3,35		52,3		40,5	
20	,, ,,	,,	4 Std.	81,3		3,36		52,5		39,5	
21	,, ,,	,,	22 ,,	95,5		3,50		54,7		40,7	
22	,, ,,	Kochsalz 10 %	10 Min.	107,9	171,8	3,60	4,39	56,3	68,5	42,0	42,2
23	,, ,,	,,	30 ,,	85,5	114,0	3,36	3,79	52,6	59,2	40,2	40,1
24	Rc 18/II; 1,0 g	Diammonphosph. 10 %	2 bis 3 Min.	90,1		3,38		52,8		38,4	
25	,, ,,	,,	1 Std.	32,0	90,0	2,15	3,38	33,6	52,8	38,8	38,5
26	,, ,,	,, 20 %	3 ,,	31,8	92,8	1,98	3,30	30,9	51,6	45,5	43,2
27	Rd 1/III; 0,9 g	Essigester	10 Min.	81,0	133,0	3,02	3,59	47,1	56,2	42,5	42,6
28	,, ,,	Diammonphosph. 10 %	10 ,,	81,1	130,0	3,00	3,59	46,8	56,2	42,3	42,5
29	,, ,,	Kochsalz 10 %	10 ,,	83,0	128,0	3,01	3,60	47,1	56,2	42,3	42,7

selben Hefe wird nämlich . . . die gleiche [259] Invertasewirkung erzielt, unabhängig davon, ob die Zellen durch Trocknen entwässert wurden . . . oder durch Toluol bzw. Chloroform an Zuwachs und Gärtätigkeit gehemmt wurden, oder ob die Hefe frisch zur Anwendung kam." Vergleichende Versuche von R. Willstätter und F. Racke[1] mit lebender und mit feinzerriebener Hefe sprachen zugunsten dieses Satzes. Schon bei gewöhnlicher Bierhefe ist im Vergleich zu der starken Invertinwirkung die Gärung so langsam und geringfügig, daß durch Wegbleiben des Zellgiftes kein erheblicher Fehler entsteht. Vollends erlauben die saccharasereichsten Hefen, die in der neunten Abhandlung über Invertin beschrieben sind, mit aller Genauigkeit den Vergleich der Invertinwirkung von lebender Hefe bei Abwesenheit und bei Gegenwart eines Zellgiftes auszuführen, denn hier kommt die Gärung neben der Spaltung gar nicht in Betracht (Halbgärzeit z. B. $2^1/_2$ Stunden, Halbspaltungszeit für Rohrzucker unter Gärbedingungen 15 Sekunden). Die Versuche mit und ohne Toluolzusatz (Tab. 8), für deren

[1] Ann. d. Chem. Bd. 125, S. 1 [1920/21], und zwar S. 12.

Ausführung wir Herrn GERHARD KÜNSTNER zu Dank verpflichtet sind, ergaben vollkommene Übereinstimmung.

Tabelle 8.
Bestimmung des Invertins in invertinreicher Hefe mit und ohne Zellgift.
(Bedingungen der Vergleichszeitwertbestimmung.)

Nr.	Versuchs-bedingungen	mg Trockenhefe angew. f. 25 ccm Lösung	Reaktions-zeit Minuten	Drehungs-abnahme °	Spaltung %	Zeit für 50 proz. Spaltung	Zeitwert
1a	ohne Toluol	6,70	13,0	4,52	66,0	9,0	20,2
1b	mit ,,	6,70	14,5	4,79	70,0	9,0	20,2
2a	ohne ,,	7,22	8,7	2,17	31,6	15,2	36,6
2b	mit ,,	7,22	8,3	2,07	30,2	15,4	37,0
3a	ohne ,,	8,15	14,4	3,59	52,4	13,7	37,0
3b	mit ,,	8,15	14,2	3,55	51,8	13,6	36,8
4a	ohne ,,	10,10	6,9	3,07	44,8	7,9	26,5
4b	mit ,,	10,10	7,0	3,07	44,8	8,0	26,8

[260] Hefen von den Zeitwerten 20 bis etwa 500 sind für die Invertinbestimmung ohne Vergiftung geeignet. Invertinarme Hefen, z. B. Brennereihefen vom Zeitwert 1000, erfordern Gegenwart von Toluol, weil sonst die einsetzende Gärung mit der Zeit ansteigende Invertinwirkung vortäuscht. Invertinärmste Hefen, zu denen wir in der elften Arbeit über Invertin gelangten, lassen sich, wie dort gezeigt wurde, nicht mehr in der üblichen Weise analysieren; man muß sie wie für die Maltasebestimmung zuerst durch Zellgift abtöten, wahrscheinlich, weil die noch vorhandene geringe Enzymmenge für den Zucker nicht mehr genügend zugänglich ist.

Die Beobachtungen der elften Arbeit über Invertin scheinen auch auf das Verhalten der Maltase in der Hefe Licht zu werfen. Die untersuchten Hefen sind durchwegs maltasearm. Um die verwickelten Verhältnisse zu erklären, die früher den Nachweis und die Bestimmung der Maltase in frischer Hefe vereitelten, scheint die Berücksichtigung ungeeigneter Acidität in der absterbenden Zelle nicht zu genügen. Der Vergleich mit invertinärmsten Hefen kann zur Klärung der Erscheinung beitragen. In diesen ist das noch übrige Invertin weder für Säuren, noch Alkalien, noch für Rohrzucker leicht erreichbar. Es ist möglich, daß die Maltase, deren Rolle für die Gärung eine ganz unwichtige ist, für den in die Zelle eintretenden Zucker erst durch die starken Veränderungen bei der Abtötung genügend zugänglich gemacht wird.

Beispiel: Bierhefe, durch 2stündige Einwirkung von 0,15 n-H_2SO_4 invertinarm gemacht.

a) Bestimmung des Invertins nach dem üblichen Verfahren: Reakt.-Zeit: 61 Minuten, Drehungsabnahme: 0°.

b) Verflüssigung mit Essigester, Best. u. Zus. von Toluol unter Bed. d. Vergleichszeitw. (angew. 1,17 g Trockenhefe auf 100 ccm Zuckerlösung).

Reaktions-Zeit Minuten	Drehungs-abnahme °	Spaltung %	Halbspaltungs-zeit
64,4	1,37	20,0	196
126,0	2,44	35,6	192
247,0	4,24	61,9	191

Zeitwert: 18700.

[261] IV. Direkte Vergärung der Maltose.

Die vierte[1] Mitteilung dieser Reihe handelt davon, daß die Hefe M, einige Zeit die einzige vom Berliner Institut für Gärungsgewerbe vertriebene Brennereihefe, und zwei aus der Industrie bezogene obergärige Hefen (Branntweinhefen der Sinner A.-G. und der Spiritusfabrik Stadlau bei Wien) keine Maltase oder nur Spuren davon enthalten. Merkwürdigerweise fehlt diesen Hefen der Praxis eben dasjenige Enzym, dessen Anwesenheit und Funktion nach der allgemein angenommenen Anschauung die Vorbedingung für die Vergärung des Malzzuckers sein sollte. Übrigens fielen so wichtige Hefen der Praxis auch durch ihre verhältnismäßig geringe Gärleistung auf. Die Gärungsindustrien sollten aus diesen analytischen Versuchen die Anregung entnehmen, die enzymatischen Leistungen und die Gärleistungen ihrer Heferassen quantitativ zu beobachten und neben der mikroskopischen Kontrolle bei der Auswahl und Reinzucht zu berücksichtigen.

Der Stellungnahme von H. v. EULER und K. JOSEPHSON[2] zur Frage der direkten Maltosegärung verdanken wir die Veranlassung, das Beweismaterial der vierten Mitteilung zu vervollkommnen. Zu diesem Zwecke geschah es, daß die Zuverlässigkeit und Genauigkeit der Maltasebestimmung im vorigen Abschnitt nachgeprüft und überzeugender gestaltet wurde. Die früheren Beobachtungen mit praktisch maltasefreien Hefen lassen sich auch durch den Nachweis ergänzen, daß unsere gewöhnlichen Bierhefen ebenfalls imstande sind, Maltose ohne vorangehende Hydrolyse durch die Wirkung einer besonderen Komponente ihres Zymasekomplexes zu vergären.

Eine Brennereihefe von noch unbekanntem Maltasegehalt, reine Branntweinhefe der Zuckerraffinerie Frankenthal, Fabrik Regensburg, war in der elften Arbeit über Invertin das Material für Invertinverminderung in der lebenden Hefe. Diese Regensburger Hefe (Vers. 1 der Tab. 9) enthält Maltase nur [263] spurenweise, die

[262] Tabelle 9. Versuche mit maltasearmen Hefen.

Nr.	Hefe bzw. Autolysat	Vorbehandlung	Invertinzeitwert	Maltasebestimmung (in 100 ccm Maltoselösung)			
				Reakt.-Zeit Min.	Drehungsabnahme °	Spaltung %	Zeitwert bzw. Halbspaltungszeit
1	Regensb. Branntw.-Hefe	ohne	920	30	0	0	—
				1125,5	0,25	3,9	50000
				2340	0,35	5,5	53000
2	,, ,,	2 Std. mit 0,15 n-H_2SO_4	19000	1128	0,30	4,7	40000
				2340	0,37	5,8	50000
3	,, ,,	1 Std. mit 0,05 n-NaOH	25000	1127,5	0,26	4,1	50000
				2340	0,36	5,6	53000
4	Löwenbräuhefe Rd 1/III	ohne	366	69	2,93	45,9	42
5	,, ,,	2 Std. mit 0,15 n-H_2SO_4	3000	223,5	0,68	10,6	1880
				1050	1,55	24,3	2360
6	Autol. aus Reg. Branntw.-Hefe (angew. 20 ccm entsprech. 2 g Trockenhefe)			590	0,23	3,6	40000
		2 Tage Aufbew. bei 0°		327	0,15	2,3	45000
		5 ,, ,, ,, 0°		121	0,02	0,3	—

[1] Diese Zs. Bd. 115, S. 211 [1921]. [2] Diese Zs. Bd. 120, S. 42 [1922], und zwar S. 54.

Halbspaltungszeit für Maltose beträgt für die Hefemenge des Gäransatzes 100000 Minuten (am Ende der Halbgärung bestimmt 60000), die Halbgärzeit unter denselben Bedingungen 242 Minuten.

Gärversuch:	30	60	90	120	150	180	210	242 Minuten
	7,0	15,5	24,3	39,0	63,0	89,5	116,0	144,0 ccm CO_2.

Auch hier gilt, daß die Maltose in Zeiten vergoren wird, in denen die Hydrolyse gar keine Rolle spielt. Die Genauigkeit der Maltasebestimmung ist dabei belanglos. Ein nach dem im Abschnitt V beschriebenen Verfahren gewonnenes Autolysat dieser Hefe enthielt (Vers. 6 der Tab. 9) keine Maltase und bildete auch keine bei 3- bis 5tägigem Aufbewahren bei 0°.

Mehrstündige Behandlung mit 0,15n-Schwefelsäure oder 0,05n-Natronlauge änderte den spurenweisen Maltasegehalt nicht.

Wird Bierhefe nach dem Verfahren der Invertinverminderung von WILLSTÄTTER und LOWRY 2 Stunden mit 0,15n-Schwefelsäure behandelt, wobei der Invertinzeitwert von 366 zu 3000 ansteigt, so verschlechtert sich zugleich der Maltasegehalt (Vers. 5 der Tab. 9) entsprechend den Zeitwerten 42 und etwa 2000 (gef. 1880 und 2360). Diesem Werte entspräche eine Halbspaltungszeit für die Hefemenge des Gäransatzes von etwa 4000 (3760 und 4720) Minuten gegenüber einer Halbgärzeit von 167 Minuten.

Gärversuch:	30	60	90	120	150	167 Minuten
	23,8	47,4	72,4	99,4	127,0	144,0 ccm CO_2.

Es ist indessen zu berücksichtigen, daß während der Gärung eine Neubildung von Maltase wie von Saccharase erfolgt. Am Ende der Halbgärzeit wies die Hefe wieder einen Maltasegehalt entsprechend dem Zeitwert 106 auf. Wenn man nun den am Ende erreichten Maltasegehalt dem Vergleich der Zeiten für Hydrolyse und Gärung zugrunde legt, das ist die für unsere Betrachtung ungünstigste Annahme, so steht der Halbgärzeit von 167 Minuten eine Halbspaltungszeit von **[264]** 212 Minuten gegenüber. Besser würden die Zeiten der $^1/_8$-Gärung und -Spaltung verglichen. Denn es ist noch unberücksichtigt, daß die Maltase im Gärversuch infolge der Wegschaffung des hemmend wirkenden Spaltungsproduktes Glucose stärker wirken kann, als die Maltasebestimmung anzeigt.

V. Bildung von Enzymlösungen aus der Hefe[1].

Unsere Anschauungen über die Bildung von Lösungen der Enzyme, z. B. der Maltase aus der Hefe, hat sich in den letzten Jahren wesentlich geändert. Es gab Schwierigkeiten, Maltase aus der frischen Hefe „auszulaugen". C. J. LINTNER und E. KRÖBER[2] führten Unterschiede zwischen Saccharase und Maltase auf verhältnismäßige Schwerlöslichkeit der Maltase zurück. Und E. FISCHER[3] erklärte seinen

[1] Fortsetzung d. Abschn. A, I u. IV u. VII der ersten Abh. über Invertin, Ann. d. Chem. Bd. 425, S. 1 [1920/21].
[2] Chem. Ber. Bd. 28, S. 1050 [1895].
[3] Chem. Ber. Bd. 27, S. 3479 [1894] und diese Zs. Bd. 26, S. 60 [1898], und zwar S. 75.

Befund, daß „beim Auslaugen der Frischhefe mit Wasser" „nur das Enzym in Lösung geht, welches den Rohrzucker spaltet", mit der Annahme, daß die Diffusion aus der unversehrten Zelle nach außen bei der Maltase gehindert, bei der Saccharase nicht gehindert sei. Auch A. CROFT HILL[4] gibt an, die Maltase „does not leave the cells until they have been thoroughly dried".

Die Auflösung von Enzymen aus der Hefe, eingehend untersucht in unserer ersten Abhandlung über Invertin, beruht auf den während und nach der Abtötung der Zelle eintretenden enzymatischen Vorgängen der Freilegung. Die Kunst der Darstellung von Enzymlösungen höherer Reinheitsgrade besteht darin, die Freilegung eines Enzyms von den gesamten Vorgängen der Hefeautolyse soweit als möglich zu trennen. So gelingt es, wie in unserer Schlußarbeit (XII) über Invertin berichtet wird, Hefeautolysate darzustellen, die 150mal reinere [265] Invertinlösungen sind, als die in der ersten Abhandlung beschriebenen.

Im folgenden wird die Darstellung der Maltaselösungen so verbessert, daß man aus Frischhefe in 3 bis 8 Stunden 95 bis 100% des in der Hefe nachgewiesenen Enzyms in wäßrige Lösungen von Zeitwerten 12 bis 2, also Maltasewerten 83 bis 500 überführt. Noch vor kurzem konnten die Versuche über Isolierung der Maltase den Eindruck[1]) hervorrufen, daß „die Maltase sehr schwer aus der Hefe abtrennbar" sei. Die vergleichende Auflösung von Saccharase und Maltase hat nun zu dem überraschenden Ergebnis geführt, daß die Maltase sogar rascher als die Saccharase freigelegt und in Lösung übergeführt wird.

Es gelang zum ersten Male ohne vorangegangene Trocknung, aus Hefe Maltaselösungen darzustellen nach dem „Neutralisationsverfahren" der ersten Mitteilung über Maltase; mit Wasser verdünnt, wurde die Hefe der Wirkung eines Zellgiftes (Toluol) ausgesetzt und die allmählich produzierte Säure von Zeit zu Zeit mit verdünntem Ammoniak neutralisiert. Das Verfahren wird nun dadurch verbessert, daß wir wie zum Zweck der Enzymbestimmung in der Hefe ohne Verdünnen mit Wasser die Einwirkung des Zellgiftes, am besten Essigester, vornehmen, um einige Zeit nach vollständiger Verflüssigung zu verdünnen, in einem Male zu neutralisieren und die Freilegung des Enzyms in einem Tag oder noch kürzerer Zeit bei Zimmertemperatur vor sich gehen zu lassen. Die Bedingungen der Bestimmung in der Hefe selbst, wobei die Maltase noch zum allergrößten Teile in der Zelle zur Wirkung gebracht wird, sind also für die Entbindung der Maltase aus der Zelle die geeignetsten.

Es ist ein geringfügig erscheinender Umstand, ob die mit Wasser verdünnte Hefe der Einwirkung von Essigester u. dgl. unterliegt oder ob das Gift zuerst einige Minuten lang auf die unverdünnte, immerhin 75% Wasser enthaltende Hefe einwirkt. Aber dieser kleine Unterschied ist von großer Tragweite für den Verlauf des enzymatischen Protoplasmaabbaues, [267] wovon die Freilegung eines zuckerspaltenden Enzyms ein Teilvorgang ist. Man war geneigt anzunehmen, da es vorsichtiger und

[4] Journ. Chem. Soc. Bd. 73, S. 634 [1898], und zwar S. 635.

[1]) H. v. EULER und K. JOSEPHSON, Diese Zs. Bd. 120, S. 42 [1922], und zwar S. 56.

[266] Tabelle 10.

Vergleich der Freilegung von Maltase und Saccharase aus frischer Hefe nach Abtötung in unverdünntem Zustande. (Löwenbräuhefe Rd 1/III; Invertinzeitwert 366, Maltasezeitwert 41.)

Nr.	Verflüssigung und Art der Autolyse	Dauer der Autolyse Stdn.	Maltase: M.-[e_1]. in 1 g angew. Trockenhefe	Maltase: M.-[e_1]. in der 1 g Trockenhefe entspr. Menge Enzymlösung	Maltase: Ausbeute %	Saccharase: S.V.E. in 1 g angew. Trockenhefe	Saccharase: S.V.E. in der 1 g Trockenhefe entspr. Menge Enzymlösung	Saccharase: Ausbeute %
1	Hefe vom Trockengewicht 20,8 %; mit Essigester bei 23°, gebrochen	5	0,0244	0,0133	54,6	0,4550	0,1330	29,3
		17	,,	0,0191	78,1	,,	0,3460	76,0
		24	,,	0,0189	77,4	,,	0,4250	93,5
2	Hefe vom Trockengewicht 22,7 %; mit Essigester bei 23°, ungebrochen	20	,,	0,0238	97,9	,,	0,3120	68,5
3	Hefe vom Trockengewicht 26,6 %; mit Essigester bei 23°, ungebrochen	5	,,	0,0115	47,1	,,	0,1160	25,6
		8½	,,	0,0191	78,1	,,	0,2000	43,9
		22	,,	0,0250	102,5	,,	0,4640	102,0
4	Hefe vom Trockengewicht 24,1 %; mit Diammonphosphat bei 23°, ungebrochen	5½	,,	0,0118	48,3	,,	0,1700	37,4
		8½	,,	0,0175	71,8	,,	0,2090	45,9
		22	,,	0,0226	92,6	,,	0,2540	55,9
5	Hefe vom Trockengewicht 26,6 %; mit Diammonphosphat bei 23°, ungebrochen	5	,,	0,0191	78,1	,,	0,1095	24,1
		8½	,,	0,0229	94,0	,,	0,1890	41,5
		22	,,	0,0246	101,0	,,	0,4530	99,6
6	wie 5	3	,,	0,0232	95,2	,,	0,1820	40,0
		4	,,	—	—	,,	0,3070	67,5
		5	,,	0,0265	108,5	,,	0,4300	94,4

schonender ist, die Frischhefe, verdünnt mit dem gleichen oder doppelten Gewicht Wasser (also wasserfreie Hefe mit etwa 10 Teilen Wasser), der langsamen Einwirkung von Toluol, Chloroform oder Essigester auszusetzen, daß unter solchen Bedingungen besonders reine Enzymlösungen entstehen. Es hat sich aber in dieser Arbeit und besonders in den gleichzeitig ausgeführten letzten Untersuchungen über Invertin (X. und XII.) gezeigt, daß die Freilegung und Auflösung der Saccharase und der Maltase und der Proteasen viel selektiver und dabei verlustlos verläuft, wenn durch den kräftigen Eingriff der Abtötung unverdünnter Hefe unter Verflüssigung und Abtrennung des Verflüssigungssaftes die Exosmose der Enzyme eingeleitet wird. Bei den ein wenig älteren Verfahren, Invertinlösungen darzustellen, geht mit der Saccharase und Maltase das halbe Gewicht der Hefe infolge autolytischer Vorgänge in Lösung. Nach unseren neuen Methoden, wobei als wesentliche Verbesserung die Fraktionierung während der Autolyse hinzukommt, werden die Enzyme quantitativ in wäßrige Lösung übergeführt zusammen mit $^1/_{20}$ bis zu $^1/_{10}$ der Hefemasse. Aus diesem Vergleich folgt, daß beim langsamen Vergiften verdünnter Hefe weitgehender enzymatischer Abbau des ganzen Hefeinhaltes stattfindet, daß sich dagegen bei energischer Abtötung der unverdünnten Hefe und darauffolgendem Verdünnen und Abtrennen des Verflüssigungssaftes vorwiegend die gesuchten Enzymkomplexe vom Zellinhalt ablösen und mit verhältnismäßig wenig Ballast in wäßrige Lösung übertreten.

Die Zusammensetzung der aus unverdünnt abgetöteter und aus verdünnter, langsam vergifteter Hefe bereiteten Enzymlösungen ist, auch abgesehen vom Reinheitsgrade, wesentlich verschieden (vgl. Abh. XII über Invertin). Die einen weisen natürliche Komplexe der Enzyme in mehr geschontem, dem ursprünglichen näher verwandten Zustande auf, während die andere Art von Lösungen, die älteren, namentlich nach den proteolytischen Vorgängen der Alterung, weitgehend verwandelte Enzymaggregate enthalten.

[268] Die Vorgänge der Freilegung einzelner Enzyme lassen sich nun klarer verfolgen und quantitativ vergleichen. Die Auflösung der Maltase und der Saccharase wird verglichen in den Versuchen der Tab. 10, die nach dem Verfahren der Hefeabtötung ausgeführt sind, teils durch Vergiftung mit Essigester, teils durch osmotische Zerstörung mittels Diammonphosphats. Es sind beispielsweise nach diesem zweiten Verfahren (Vers. 6) in 3 Stunden 95% Maltase neben 40% der Saccharase, in einem anderen Beispiel (Vers. 5) 94% Maltase zugleich mit 41% Saccharase in Lösung übergeführt worden. Nach Abtötung mit Essigester erfolgte im Vers. 3 der Tabelle die Auflösung von 78% Maltase in $8^1/_2$ Stunden, während zugleich nur 44% Saccharase in Lösung gingen.

Darstellung mit Hilfe von Essigester. Die scharf abgepreßte Hefe verrührt man mit Hilfe eines dicken Glasstabes in einer Pulverflasche mit Essigester (10 ccm auf 100 g Frischhefe) bis zur Verflüssigung, die in etwa 5 bis 10 Minuten vollständig wird. Die dünnbreiige Masse bleibt dann noch eine Zeitlang stehen, etwa $^1/_2$ Stunde, während deren Säurebildung erfolgt und wieder nachläßt. Darauf verdünnen wir mit Wasser und stellen mit verdünntem Ammoniak neutrale Reaktion auf Lackmus her. Die Analyse herausgenommener Proben zeigt die zweckmäßige Dauer der Autolyse an. Bei höchstens eintägigem Stehen gehen 95 bis 100% der Maltase in Lösung, in zu langer Versuchsdauer bei Zimmertemperatur kann die Ausbeute zurückgehen.

Um Maltaselösungen von noch höheren Reinheitsgraden zu gewinnen, empfiehlt es sich, wie für Invertin beschrieben, kurze Zeit nach dem Verdünnen mit Wasser durch Zentrifugieren die bei der Hefeverflüssigung und kurz danach ausgetretenen Stoffe abzutrennen und die wieder mit Wasser und Essigester angesetzte Hefemasse einen Tag der Autolyse zu überlassen.

Darstellung mit Hilfe von Diammonphosphat. Der Verlauf der Freilegung hängt vom Wassergehalt der Hefe ab; 21proz. Hefe ist zu feucht, scharf abgepreßte, die 25 bis 27% Trockensubstanz enthält, ist sehr geeignet. Die Gewinnung [269] der Maltase und Saccharase ist so noch einfacher, man braucht nur die Frischhefe mit 10% ihres Gewichtes an feinst gepulvertem Phosphat bis zur Verflüssigung zu verrühren und nach etwa 1 Stunde mit Wasser, dem 10fachen auf Trockenhefe berechnet, zu verdünnen, wobei das Neutralisieren wegfällt. Gewöhnlich ist die Maltase in 5 bis 8 Stunden quantitativ in Lösung übergeführt.

VI. Zunahme der Maltasewirkung in den Autolysaten.

Für Arbeiten mit Maltaselösungen ist es von entscheidendem Nutzen, daß die Lösungen dauernd bei 0° (nicht nur im Eisschrank) aufbewahrt werden. Schon in der ersten Mitteilung dieser Reihe sind merkwürdige Beobachtungen über Zunahme von Maltasewerten der Autolysate gemacht worden, aber die Aktivitätssteigerung und die Inaktivierung des Enzyms überdeckten sich. Die Maltase ist viel weniger beständig als die Saccharase. In den Autolysaten, die als Ausgangsmaterial für Invertin dienten, verschwand die Maltase beim Altern bei 30° stets schon in 1 Tag, beim Stehen bei Zimmertemperatur oft in einigen Tagen. Dagegen waren bei 0° unsere Maltaselösungen mehr als 1 Woche ganz haltbar. So läßt sich nun in allen Fällen, beginnend am 2. oder 3. Tage, bedeutende Erhöhung der Maltasewirkung beobachten, und zwar ohne eine Änderung des zeitlichen Verlaufs der Einwirkung auf Maltose.

Wie die Tab. 11 zeigt, stieg die Aktivität der Enzymlösungen von 0,0278, 0,0301 und 0,0290 scheinbaren Maltaseeinheiten auf 0,0425, 0,0488 und 0,0485 M.-[e]. an, also bis um 67%. Diese am Invertin von uns nie beobachtete Erscheinung kommt vielleicht dadurch zustande, daß ein mit der Maltase vergesellschafteter reaktionshemmender Begleitstoff verändert oder abgeschieden wird. Diese Annahme gibt einem Einwand recht, den vor einigen Jahren A. KIESEL[1] ganz allgemein, glücklicherweise zu allgemein, gegen die quantitative Vergleichbarkeit verschiedener Objekte in bezug auf ihren Fermentgehalt geäußert hat.

[270] Tabelle 11.

Gang der Maltasewirkung in den bei 0° aufbewahrten Autolysaten.
(10 ccm Autolysat, entspr. 1 g angew Hefetrockensubstanz, auf 100 ccm Maltoselösung einwirkend.)

Autolysat Nr.	Alter Tage	Reaktionszeit Minuten			Drehungsabnahme °			Spaltung %			Gehalt an Maltase M.-[e_1].	Gehalt an Maltase Aktivitätszunahme %
I	0	70,7			3,17			49,5			**0,0278**	
	3	29,0	58,3	130,0	2,36	3,15	4,40	36,9	49,3	69,0	0,0345	24,0
	6	34,7	87,0	159,2	2,74	3,86	4,68	42,8	60,4	73,0	0,0395	42,0
	9	50,0			3,28			51,3			0,0425	53,0
	12	40,0			2,87			44,8			0,0385	
II	0	59,0	104,2		2,99	3,78		46,6	59,1		**0,0294**	
	1	47,6	95,5		2,94	3,89		45,9	60,9		0,0350	19,0
	4	40,0	65,5		2,86	3,43		44,7	53,5		0,0377	28,0
	7	80,0			3,35			52,3			0,0277	
III	0	51,9			2,88			45,0			**0,0301**	
	2	40,2			3,17			49,5			0,0488	62,0
	6	7,5	20,0		1,24	2,02		19,4	31,6		0,0385	
IV	0	56,5			2,95			46,1			**0,0290**	
	2	67,0			3,22			50,2			0,0298	3,0
	3	53,0	67,8	78,6	3,28	3,65	3,90	51,3	57,0	61,0	0,0416	44,0
	4	65,7			3,80			59,3			0,0485	67,0
	7	63,0	83,7		3,21	3,65		50,1	57,0		0,0329	
	9	60,0			2,89			45,1			0,0262	
	11	37,0	70,0	115,0	2,00	2,68	3,30	31,2	41,9	51,6	0,0187	
	18	214,5			0,73			11,4			0,0006	

[1] Diese Zs. Bd. 118, S. 284 [1921/22].

Neben dem Enzymzuwachs bemerkt man in den Autolysaten, wie schon in der ersten Mitteilung erwähnt, beim Stehen die Bildung eines geringen, sehr feinen Niederschlags. Dieser vermag aber, der klaren Flüssigkeit zugesetzt, nicht etwa eine Hemmung der Maltosespaltung zu bewirken. Eine andere Möglichkeit für das Zustandekommen der Aktivitätszunahme wäre die Neubildung von Enzym aus einer Vorstufe. Mit dieser Hypothese steht indessen schlecht in Einklang, daß die Maltasemenge bei

[271] Tabelle 12. Haltbarkeit der Maltase bei verschiedenen p_H und Temperaturen.

Nr.	Maltaselösung		Aufbewahrung		M.-[e₁]. in 10 ccm	Aktivitätsverlust
	Darstellung	M.-[e₁]. in 10 ccm, entspr. 1 g Trockenhefe	Bedingungen	Dauer (Stdn.)		%
1	mit Essigester bei 23°, ungebrochen	0,0189	in der Dialyse	96	0	vollständig
2	mit Essigester bei 23°, ungebrochen	,,	p_H = 6,8; bei 23°	96	0	,,
3a	mit Essigester bei 23°, ungebrochen	,,	,, 6,8; ,, 8°	96	0,0149	21,0
3b	mit Essigester bei 23°, ungebrochen	,,	,, 6,8; ,, 8°	120	0,0142	24,8
3c	mit Essigester bei 23°, ungebrochen	,,	,, 6,8; ,, 8°	144	0,0113	40,0
4	mit Essigester bei 23°, ungebrochen	0,0238	,, 5,5; ,, 23°	44	0	vollständig
5a	mit Essigester bei 23°, ungebrochen	,,	,, 6,3; ,, 23°	44	0,00266	88,8
5b	mit Essigester bei 23°, ungebrochen	,,	,, 6,3; ,, 23°	64	0	vollständig
6a	mit Essigester bei 23°, ungebrochen	,,	,, 6,8; ,, 23°	44	0,0160	32,8
6b	mit Essigester bei 23°, ungebrochen	,,	,, 6,8; ,, 23°	64	0,0116	51,2
7a	mit Essigester bei 23°, gebrochen	0,0118	,, 7,5; ,, 23°	48	0,00725	38,5
7b	mit Essigester bei 23°, gebrochen	,,	,, 7,5; ,, 23°	100	0,00107	90,5
8	mit Essigester bei 23°, ungebrochen	0,0238	,, 8,3; ,, 23°	44	0	vollständig
9	mit Diammonphosphat bei 23°, ungebrochen	0,0264	,, 6,8; ,, 1°	24	0,0264	0
10	mit Diammonphosphat bei 23°, ungebrochen	0,0259	,, 4,5; ,, 1°	$2^1/_2$	0,0242	6,0
11	mit Diammonphosphat bei 23°, ungebrochen	,,	,, 8,3; ,, 1°	$2^1/_2$	0,0241	7,0

der Auflösung aus der Hefe [272] anscheinend konstant bleibt und daß die Hefe unter Bedingungen sehr reichlicher Saccharasebildung, nämlich bei Gärführung mit niedriger Zuckerkonzentration, in nur geringem Maße ihren Maltasegehalt vermehrt.

Aus der Tabelle ist ferner zu ersehen, daß nach Verlauf von etwa 8 Tagen die Maltasewirkung zu sinken beginnt. Auch dabei tritt keine Änderung der Kinetik ein.

Dieser Gang der Aktivität ist an Maltaselösungen bei dem günstigen p_H beobachtet worden. Wie schon L. MICHAELIS und P. RONA[1] gefunden haben, ist die Maltase in sauerer und alkalischer Lösung viel leichter zersetzlich (vgl. die Tab. 12). Für die Isolierung des Enzyms ist es jedoch wichtig, die Tonerdeadsorbate, die Gemische von Maltase und Saccharase enthalten, zur Elution mit saueren und alkalischen Mitteln, nämlich mit primärem und sekundärem Phosphat zu behandeln. Wenn man bei einer Temperatur von wenig über 0° arbeitet, dann wird, wie aus den Versuchen 10 und 11 der Tab. 12 ersichtlich, sowohl ein p_H von 4,5 wie von 8,3 einige Stunden lang mit Verlusten von nur etwa 7% ertragen. Durch Erniedrigung der Temperatur auf 0° und Abkürzung der Operationen läßt sich auch dieser Verlust vermeiden.

[1] Biochem. Zs. Bd. 57, S. 70 [1913], und zwar S. 77.

Zeitschrift für physiologische Chemie **151**, S. 273 [1926].

66. TRENNUNG VON MALTASE UND SACCHARASE.

Von RICHARD WILLSTÄTTER und EUGEN BAMANN.

Siebente Mitteilung über Maltase.

(Aus dem Chemischen Laboratorium der Bayerischen Akademie der Wissenschaften in München.)

(Der Redaktion zugegangen am 29. Oktober 1925.)

Einleitung.

Es ist die Aufgabe dieser Arbeit, die Adsorptionsmethode für die Fraktionierung von Enzymgemischen weiter zu entwickeln. Das erste von uns untersuchte Beispiel[1] der Trennung von Enzymen betraf das Gemisch von drei Pankreasenzymen, die auf so verschiedene Substrate wie Fette, Proteine und Stärke eingestellt sind. Es gelang mit Hilfe von Tonerde, die Lipase, wie es schien, auf Grund ihrer mehr ausgeprägten sauren Eigenschaften, von Trypsin und Amylase zu trennen, während sich Trypsin, anscheinend gemäß seiner basischen Eigenschaften, von der Amylase scheiden ließ. Die einander viel näherstehenden biosenspaltenden Enzyme werden geringere Unterschiede im Adsorptionsverhalten zeigen. Man wird feinere Methoden aufsuchen müssen, um ihre bei der vorsichtigen Autolyse der Hefe entstehenden Gemische zu fraktionieren. Ähnliche Aufgaben stellt die Untersuchung der proteolytischen Enzyme. E. WALDSCHMIDT-LEITZ und A. HARTENECK lösen in einer demnächst erscheinenden Arbeit das Gemisch der **[274]** pankreatischen Proteasen, Trypsin und Erepsin, in die Komponenten auf und auf andere Weise trennen in einer zu veröffentlichenden Untersuchung R. WILLSTÄTTER und W. GRASSMANN die Hefeproteasen, ebenfalls tryptisches und ereptisches Enzym.

Die experimentelle Methode eilt der theoretischen Erklärung voraus. Die auf L. MICHAELIS[1]) zurückgehende einfache Anschauung, nach der die Adsorbentien vermöge ihrer sauren oder basischen Eigenschaften auf die Enzyme oder richtiger auf die Enzymkomplexe von entgegengesetzter elektrochemischer Natur wirken sollen, ist, wie sich im folgenden zeigen wird, nicht mehr genügend, die beobachteten Unterschiede zu erklären. In dem Aluminiumhydroxyd von der Formel AlO_2H, das weder mit 38proz. Salzsäure noch mit 4proz. Natronlauge merklich zu reagieren vermag,

[1] R. WILLSTÄTTER und E. WALDSCHMIDT-LEITZ, Diese Zs. Bd. 125, S. 132 [1922/23] (*Abh. 89*).

[1]) Biochem. Zs. Bd. 7, S. 488 [1907/08]; L. MICHAELIS und M. EHRENREICH, Biochem. Zs. Bd. 10, S. 283 [1908].

finden wir ein so ausgeprochen selektives Adsorbens, daß nicht die saueren oder basischen Eigenschaften dieser Tonerde, sondern noch nicht genau definierte Affinitätsverhältnisse für die Adsorptionswirkungen bestimmend sein müssen.

Im Zusammenhang mit unseren Arbeiten über die Isolierung von Enzymen und zu ihrer Unterstützung haben wir eine Reihe von Hydrogelen zu untersuchen begonnen. Unterschiede der chemischen Konstitution und des Reaktionsverhaltens sollten beispielsweise in den Aluminiumhydroxyden aufgesucht und der Adsorptionsmethode dienstbar gemacht werden. Diese Absicht wird durch die Darstellung einer größeren Reihe von Tonerde-gelen gefördert, die R. WILLSTÄTTER, H. KRAUT und O. ERBACHER demnächst in einer siebenten Arbeit* „Über Hydrate und Hydrogele" beschreiben werden. Das frisch gefällte, so rasch als möglich ausgewaschene Hydrogel $Al(OH)_3$ und dasselbe nach eintägigem oder mehrtägigem Altern wird genauer unterschieden von dem für Adsorptionszwecke gewöhnlich verwendeten länger gealterten Tonerdegel. Zu diesen Sorten kommt ein bei 250° durch [275] Einwirkung von Ammoniak auf $Al(OH)_3$ gewonnenes Tonerdegel von der Formel AlO_2H, das sich als ein sehr nützliches Adsorbens erweist.

Das kurz gealterte Tonerdegel $Al(OH)_3$ ist in seiner auswählenden Adsorptionswirkung auf Gemische von Maltase und Saccharase dem ganz frischen Gel weit überlegen und es wird seinerseits erheblich übertroffen vom Gel der Formel AlO_2H. Die neuen Hydrogele vermögen zum Unterschied von den gewöhnlichen Tonerdesorten die Maltase reichlich, aber die Saccharase nur spärlich aus den Autolysaten zu adsorsieren. Manche Hefeautolysate liefern so schon in einem Vorgang Adsorbate und daraus mit Diammonphosphat Elutionen von enzymatisch einheitlicher Maltase, während zugleich die Lösungen der Saccharase mit geringem Verlust von ihrem Gehalt an Maltase befreit werden.

Die auswählende Adsorption wird ergänzt durch eine Methode der auswählenden Elution aus den Enzymadsorbaten. Aus den Tonerdeadsorbaten werden Maltase wie Saccharase durch schwach alkalisches Phosphat eluiert, auch noch durch Phosphatmischung von $p_H = 6{,}8$, aber von primärem Alkaliphosphat wird die Saccharase fast allein eluiert und zwar vollständig, während der größte Teil der Maltase enzymatisch einheitlich im Adsorbat zurückbleibt und daraus gewonnen werden kann.

Für die Kenntnis der Adsorbentien ergibt sich aus diesen Beobachtungen, daß sie auf Grund der Adsorptionsversuche mit einzelnen Enzymen unvollständig oder unrichtig beschrieben werden. Man prüfte z. B. ein Tonerdegel mit Invertin, mit Lipase oder mit Amylase usw. So wäre das Gel AlO_2H nach seinem Verhalten gegen Invertin und andere Enzyme als ein unbrauchbares Adsorbens zu bezeichnen. Eine genauere Kenntnis gewährt die Prüfung mit Enzymgemischen, wie den Hefecarbohydrasen, den beiden Pankreasproteasen oder den beiden Hefeproteasen. Man gewinnt für die Adsorptionsmethode bessere Reagentien, für die Erklärung der Adsorptionserscheinungen vollkommeneres Beobachtungsmaterial.

* *Abh. 22.*

[276]

Experimenteller Teil.

Vergleich des Adsorptionsverhaltens von Maltase und Saccharase.

Das Material für die Adsorptionsversuche bestand in zwei Arten von Gemischen der Maltase und Saccharase. Die Enzymlösungen aus gewöhnlicher Bierhefe enthielten auf 1 M.-[e]. nach beendeter Freilegung beider Enzyme etwa das 18fache an Saccharase, mit analogem Maße, also Vergleichseinheiten, gemessen. In einem Autolysat aus der durch Gärführung bei niedriger Zuckerkonzentration gewonnenen invertinreichen Hefe trafen hingegen auf 1 M.-[e]. 666 S.V.E. Die Autolyse wurde nach vollständiger Freilegung des Invertins, nach 30 Stunden, abgebrochen.

1. Enzymlösungen aus 100 g Hefetrockensubst. enth. 2,78 M.-[e]. und 53,5 S.V.E.; 2,94 M.-[e]. und 66,0 S.V.E.; 3,01 M.-[e]. und 51,9 S.V.E.; 2,90 M.-[e]. und 31,6 S.V.E.
2. Enzymlösung aus 100 g invertinreich gemachter Trockenhefe v. Inv.-Zeitw. 17,4 enth. 1,44 M.-[e]. und 960 S.V.E.

Die Maltase enthaltenden Lösungen waren ununterbrochen auf 0° gehalten und alle Operationen, wie Adsorption, Trennung von Restlösung und Adsorbat in einer rasch auslaufenden Zentrifuge, Auswaschen des Adsorbates und Untersuchung der Restlösung sind so genau wie möglich bei 0° ausgeführt worden.

Unter den angewandten Adsorbentien sind drei neue einer demnächst zu veröffentlichenden Untersuchung von WILLSTÄTTER, KRAUT und ERBACHER entnommen:

1. Tonerdegel $Al(OH)_3$, aufs rascheste dargestellt, so daß das Auswaschen in der Zentrifuge in 2 Stunden nach der Fällung beendet war; die Verwendung geschah 3 bis höchstens 4 Stunden nach Beginn der Ausfällung.
2. Dasselbe nach Alterung von einem Tag oder einigen Tagen.
3. Tonerdegel AlO_2H.

Die Mehrzahl der quantitativen Analysen, die den Angaben über Adsorptionsverhalten und über Trennung der Enzyme zugrunde liegen, haben infolge der Veränderlichkeit der Reaktionskinetik nur die Bedeutung von Schätzungen oder von qualitativen Beobachtungen. Die Maltasemengen M.-[e_1]. [277] der Ausgangslösungen, die stets der 1. Zeit-Umsatzkurve der sechsten Mitteilung (Abb. 4) folgten, und die Maltasemengen M.-[e_2]. der aus den Adsorbaten gewonnenen Elutionen, deren Kinetik der 2. Kurve (Abb. 6 der sechsten Mitteilung) zu folgen pflegte, sind nicht ohne weiteres vergleichbar. Noch weniger geeignet für Mengenvergleich sind die Maltasewirkungen der meisten Adsorptionsrestlösungen und Adsorbate, weil diese die Maltosespaltung mit von Fall zu Fall verschiedenem zeitlichem Verlauf bewirkten. Genaue quantitative Angaben sind daher im allgemeinen nur dann zu verzeichnen, wenn es sich um das Vorhandensein von 100 oder 0% Maltase handelte. Immerhin ist auch da, wo aus der Wirkung nicht auf Mengen des Enzyms geschlossen werden darf, das Adsorptionsverhalten des Enzymgemisches gegen verschiedene Adsorbentien genügend vergleichbar, da die Maltosespaltung in etwa demselben Bereiche zwischen 15 und 30% Hydrolyse mit gleichen Mengen der Adsorptionsrestlösungen ermittelt wurde; die Invertinbestimmung begegnete keiner Schwierigkeit.

Kaolin. L. MICHAELIS und P. RONA[1] haben schon in ihren Untersuchungen über die Wirkungsbedingungen der Maltase beobachtet, daß im Gegensatz zum Invertin die Maltase durch Kaolin sehr merklich adsorbiert werde. Nach unseren Versuchen (Tab. 1) mit vollständig ausgewaschenem salzsäurebehandeltem Kaolin wird aus den Autolysaten, deren großer Hefegummigehalt die Adsorption stört, Maltase viel reichlicher als Saccharase adsorbiert, z. B. schätzungsweise mehr als $^9/_{10}$ von ersterer zugleich mit $^3/_{10}$ der letzteren. Wurden die Adsorbate sofort bei 0° untersucht, so fanden sich darin in einem Falle noch etwa 14, in einem anderen etwa 20% der adsorbierten Maltasemenge. Diese Zerstörung der Maltase im Kaolinadsorbate hatten schon WILLSTÄTTER, OPPENHEIMER und STEIBELT[2] beobachtet. In den verschiedenen Tonerdeadsorbaten ist dagegen die Haltbarkeit des Enzyms bemerkenswert.

[278]

Tabelle 1.
Kaolinadsorption von Maltase und Saccharase aus Gemischen.
(Die Bestimmungen wurden mit 100 ccm Maltoselösung ausgeführt.)

Nr.	Autolysat	Enzymmenge in angew. 10 ccm		Reaktion der Lösung	Angew. Adsorbens	Bestimmung der Restlösung				Adsorbierte Maltase schätzungsweise	Adsorbierte Saccharase
		M.-[e₁].	S.V.E.			Angew.	Reaktionszeit	Drehungsabnahme	Spaltung		
					g	ccm	Min.	°	%		%
1	II	0,0335	0,6600	neutr.	9,12	40 v. 56,2	65,0	1,00	15,6	$^9/_{10}$	12,0
2	IV	0,0290	0,3160	,,	1,00	20 ,, 35	160,0	3,50	54,6	$< ^1/_{20}$	0,8
3	IV	0,0290	0,3160	,,	1,52	20 ,, 35	97,0	2,80	43,8	$^1/_{10}$	6,6
4	IV	0,0290	0,3160	,,	13,80	40 ,, 78	78,5	0,45	7,0	nahezu ganz	29,4
5	IV	0,0292	0,3160	$^n/_{20}$-essigs.	6,90	20 ,, 122	165,8	0,01	—	vollst.	28,3

Tonerde. Alle Gele von Aluminiumhydroxyd adsorbieren verhältnismäßig mehr Maltase als Saccharase. Am wenigsten geeignet für eine Trennung war eines der üblichen Präparate von lange gealtertem Aluminiumhydroxyd *C*. Dieses nahm aus zwei Autolysaten (Vers. 2 und 11 der Tab. 2) schätzungsweise neben $^2/_3$ bis $^4/_5$ der Maltase 7 bis 12% der Saccharase auf. Die Enzymlösungen verhielten sich übrigens sehr ungleich; bei den Autolysaten I und II waren alle Unterschiede zwischen beiden Enzymen größer als bei IV.

Das Verhalten der vier verschiedenen Tonerdegele ist nach den Versuchen der Tab. 2 so abgestuft, daß die Bevorzugung der Maltase ansteigt von lange gealterter Tonerde *C* zum frisch dargestellten Gel $Al(OH)_3$, weiter zum nämlichen aber kurz gealterten Gel und noch mehr zum Gel von der Formel AlO_2H. Der Adsorptionswert dieses Tonerdegels für Maltase beträgt nur etwa $^1/_5$ von dem der gewöhnlichen Tonerde *C*, aber Invertin wird von AlO_2H aus den Autolysaten mit mindestens 25mal schlechterem Adsorptionswert aufgenommen, als von gewöhnlicher Tonerde.

Das Gel AlO_2H wurde mit Invertin allein geprüft.

[1] Biochem. Zs. Bd. 57, S. 70 [1913], und zwar S. 82.
[2] Diese Zs. Bd. 110, S. 232 [1920], und zwar S. 240.

[279] Hydrogel AlO_2H:
Ads. von Invertin (durch Kaolin gereinigt, S.W. 2,5). Angew. 0,10 S.E. in 5 ccm, 0,032 und 0,059 g Adsorbens, 13 und 19% adsorbiert, A.W. 0,37 und 0,32.
Aus derselben Enzymlösung ads. ein Präparat von Tonerde *C* bei gleichen Adsorptionsgraden mit A.W. 44 bis 32.
Adsorption von reinerem Invertin (S.W. 5,3).
Angew. 0,02 S.E. in 10 ccm, 0,179 g Adsorbens, 33% adsorbiert, A.W. nur 0,038.

Nach diesen ungemein niedrigen Adsorptionswerten würde dieses Tonerdegel als ein sehr schlechtes Adsorbens anzusprechen sein. Das wäre nicht überraschend, da seine Bildung bei 250° erfolgt. Der angeführte Vergleich (Vers. 6 und 10 der Tab. 2) zeigt aber, daß es ein durch selektive Wirkung ausgezeichnetes Adsorbens ist.

Vergleichende Versuche mit einigen anderen Metallhydroxyden (Tab. 3) boten keinen Vorteil gegenüber Tonerde. α-Zinnsäure, ein gealtertes Präparat, das keine Folgerung auf die Adsorptionseigenschaften der verschiedenen Stannihydroxyde erlaubt, zeigt keine auswählende Adsorption. Zinkhydroxyd adsorbiert die Maltase etwas günstiger selektiv als alte Tonerde *C*; sowohl Maltase als Saccharase verderben sofort an diesem Adsorbate. Ferrihydroxyd, ein altes Präparat, war viel geeigneter als alte Tonerde *C*, ebenso günstig wie frisch gefällte Tonerde.

Trennung von Maltase und Saccharase durch auswählende Adsorption.

Befreiung der Saccharase von der Maltase.

Die Invertinlösungen werden mit Hilfe derjenigen Aluminiumhydroxyde, die bei der Adsorption Maltase vorziehen, vollständig von Maltase befreit, ohne daß sich das Produkt ihrer Inaktivierung der Saccharase beimischt. Das geeignetste Ausgangsmaterial ist natürlich die Enzymlösung aus invertinreicher Hefe, in der auf 1 M.-[e_1]. etwa 15- bis 30mal mehr Saccharase trifft als in gewöhnlichen Hefeautolysaten.

Beispiel: 10 ccm Autolysat aus Hefe vom Invertinzeitwert 17,4 (aus 1,0 g Hefetrockensubstanz dargestellt) enthielten 0,0144 M.-[e_1]. neben 9,6 S.V.E. In die kalte Enzymlösung [282] trugen wir die ebenfalls auf 0° gekühlte Suspension des kurz gealterten Tonerdegels (entspr. 0,20 g Al_2O_3) ein und trennten nach Durchschütteln durch Zentrifugieren die Restlösung vom Adsorbat ab, das einmal mit Eiswasser in der Zentrifuge ausgewaschen wurde. Von dieser Restlösung (40,0 ccm) bewirkten 10 ccm in $4^1/_2$ Stunden nur eine Drehungsabnahme der Maltose von 0,13° (geschätzter Gehalt nur 0,00002 M.-[e_1].), sie war also so gut wie frei von Maltase. Ihr Gehalt an Saccharase belief sich noch auf 7,86 S.V.E., also 81,9% der angewandten Menge.

Bei der Wiederholung des Versuches erfolgte die Adsorption mit demselben Tonerdegel in zwei Anteilen. Zuerst entfernte das Hydroxyd entsprechend 0,10 g Al_2O_3 mit nur 2,6% der Saccharase schätzungsweise etwas mehr als $^3/_4$ der Maltase, in einem zweiten Male das Gel entsprechend 0,059 g Al_2O_3 den ganzen Rest der Maltase mit noch 15,0% der Saccharase.

[280] Tabelle 2. Adsorption von Maltase und Saccharase durch verschiedene

Nr.	Autolysat	Enzymmenge in angew. 10 ccm		Reaktion	Adsorbens
		M.-[e_1].	S.V.E.		
1	I	0,0416	0,5350	neutral	Tonerde *C*
2	I	0,0426	0,5350	dgl.	dgl.
3	I	0,0385	0,5350	dgl.	kurz gealterte Tonerde
4	I	0,0416	0,5350	dgl	Tonerdegel v. d. F. AlO_2H
5	I	0,0426	0,5359	dgl.	dgl.
6	I	0,0426	0,5350	dgl.	dgl.
7	II	0,0380	0,6600	dgl.	Tonerde *C*
8	II	0,0338	0,6600	u. Zus. v. 0,1 g Phosph. $p_H = 6,8$	dgl.
9	II	0,0377	0,6600	neutral	kurz gealterte Tonerde
10	II	0,0377	0,6600	dgl.	Tonerdegel v. d. F. AlO_2H
11	III	0,0490	0,5190	dgl.	Tonerde *C*
12	III	0,0490	0,5190	u. Zus. v. 0,1 g KH_2PO_4	dgl.
13	III	0,0490	0,5190	neutral	kurz gealterte Tonerde
14	IV	0,0299	0,3160	dgl.	Tonerde *C*
15	IV	0,0299	0,3160	dgl.	dgl.
16	IV (8 Tage gealtert)	0,0262	0,3160	dgl.	dgl.
17	IV	0,0299	0,3160	$^n/_{20}$ -essigsauer	dgl.
18	IV	0,0299	0,3160	dgl.	dgl.
19	IV	0,0299	0,3160	schwach ammoniakalisch	dgl.
20	IV	0,0329	0,3160	neutral	frisch gefällte Tonerde
21	IV	0,0329	0,3160	dgl.	dgl.
22	IV	0,0329	0,3160	dgl.	dgl.
23	IV	0,0262	0,3160	dgl.	kurz gealterte Tonerde
24	IV	0,0222	0,3160	dgl.	dgl.
25	IV	0,0329	0,3160	dgl.	Tonerdegel v. d. F. AlO_2H
26	IV	0,0311	0,3160	dgl.	dgl.
27	IV	0,0189	0,3160	dgl.	dgl.
28	V	0,0144	9,6000	dgl.	kurz gealterte Tonerde
29	V	0,0144	9,6000	dgl.	dgl.

Tabelle 3. Adsorption von Maltase und Saccharase durch einige

1	IV	0,0485	0,3160	neutral	α-Zinnsäure
2	IV	0,0262	0,3160	dgl.	Zinkhydroxyd
3	IV	0,0188	0,3160	dgl.	dgl.
4	IV	0,0188	0,3160	dgl.	dgl.
5	IV	0,0419	0,3160	dgl.	Eisenhydroxyd

Befreiung der Maltase von Saccharase.

Die Abtrennung der Saccharase aus dem Hefeautolysat II wurde mit dem Gel von der Formel AlO_2H ausgeführt, indem wir auf 10 ccm Autolysat die Tonerde entsprechend 0,64 g Al_2O_3 einwirken ließen. Das mit Wasser von 0° ausgewaschene Adsorbat enthielt so wenig Saccharase, daß $^1/_3$ davon bei der Bestimmung in 115 Minuten nur 0,20° Drehungsabnahme entsprechend 2,9% Spaltung, bewirkte; wäre 1% der Saccharase adsorbiert worden, so hätte die Drehungsabnahme 0,22° entsprechend 3,2% Spaltung betragen. Die Restlösung enthielt noch ungefähr $^1/_3$ der angewandten Maltase, die Hauptmenge wurde im Tonerdeadsorbat nachgewiesen; $^2/_3$ desselben bewirkten in 58 Minuten 1,92° Drehungsabnahme, entsprechend 30% Maltosespaltung.

[281] Aluminiumhydroxyde. (Die Bestimmungen wurden mit 100 ccm Maltoselös. ausgeführt.)

Angewandte Menge g	Maltasebestimmung mit der Restlösung: Angewandte ccm	Reakt.-Zeit Min.	Drehungs-abnahme °	Spaltung %	Adsorbierte Maltase schätzungsweise	Adsorbierte Saccharase %
0,1040 Al_2O_3	20 von 30	38,5	1,63	25,5	> 1/2	4,5
0,1560 ,,	20 ,, 33	72	1,70	26,6	7/10	7,0
0,0995 ,,	20 ,, 31	71,5	1,65	25,8	7/10	0,3
0,3200 ,,	20 ,, 40	56 77	2,20 2,58	34,4 40,4	1/4	0
0,6400 ,,	10 ,, 33	80	1,40	21,8	> 6/10	0
1,2800 ,,	10 ,, 50	112	1,00	15,6	8/10	0
0,1560 ,,	20 ,, 33	52,8	1,37 1,80	21,4 28,2	7/10	7,8
0,1560 ,,	20 ,, 37,5	57,5	1,80	28,2	4/10	4,5
0,0955 ,,	20 ,, 31,5	67,7	1,73	27,1	7/10	0,5
0,6400 ,,	10 ,, 37	110	1,50	23,4	> 6/10	0
0,1560 ,,	20 ,, 30	57,6	1,39	21,7	8/10	12,5
0,1560 ,,	20 ,, 31	49,5	2,02	31,6	1/2	7,0
0,1500 ,,	20 ,, 35	60	0,95	14,8	9/10	4,8
0,0467 ,,	10 ,, 15	62	2,46	38,4	1/10	12,9
0,1600 ,,	20 ,, 35	60 103	0,92 1,08	14,4 16,9	> 8/10	32,5
0,0800 ,,	20 ,, 26,5	63,8	1,55	24,2	2/3	27,2
0,0234 ,,	20 ,, 25	91	2,80	43,7	1/3	13,2
0,0938 ,,	20 ,, 35,5	73,7	1,20 1,45	18,8 22,6	> 8/10	35,8
0,1600 ,,	30 ,, 45,5	106,3	1,90	29,6	7/10	23,8
0,0661 ,,	15 ,, 25	57,5	1,81	28,3	1/2	2,6
0,1322 ,,	20 ,, 31	65,5	1,08	16,9	8/10	9,8
0,1990 ,,	20 ,, 35	158,5	1,00	15,6	> 9/10	50,2
0,0661 ,,	20 ,, 26	45 80,8	1,50 1,80	23,4 28,2	> 1/2	1,3
0,0995 ,,	20 ,, 32	76	0,85	13,3	> 8/10	6,0
0,1600 ,,	20 ,, 40	69,8	2,05	32,1	1/3	2,1
0,3200 ,,	20 ,, 48	80,5	1,44	22,5	6/10	2,6
0,4800 ,,	10 ,, 33,5	148	0,80	12,5	8/10	3,7
0,2000 ,,	10 ,, 40	94,5 270	0,05 0,13	0,7 2,0	vollständig	18,1
0,1000 ,,	10 ,, 35	75	0,48	7,5	8/10	2,6 } I. Ads.
0,0590 ,,	20 ,, 50	55	0,01	0,1	vollständig	15,0 } II. Ads.

Metallhydroxyde. (Die Bestimmungen wurden mit 100 ccm Maltoselösung ausgeführt.)

0,32 SnO_2	20 von 30	91	2,80	43,8	1/2	45,4
0,12 ZnO	20 ,, 27	64,3	2,50	39,1	1/10	3,4
0,36 ,,	20 ,, 38	61	0,95	14,8	7/10	13,7
0,96 ,,	40 ,, 65	55,2	0	0	vollständig	61,0
0,32 Fe_2O_3	20 ,, 46	79,1	1,30	20,3	8/10	8,2

Bei der Wiederholung mit demselben Tonerdegel und dem Autolysat I (0,0416 M.-[e_1].) adsorbierten wir die Maltase in drei Anteilen, das erste Adsorbat (0,32 g Al_2O_3) sollte nach der Analyse der Restlösung, die noch genau dem ersten Zeit-Umsatz-Gesetze folgte, 25 % der Maltase enthalten. Die daraus mit 26 ccm 1 % Diammonphosphat bei 0° gewonnene Elution [283] folgte der zweiten Kinetik und ergab den Gehalt von 0,009 M.-[e_2].

20 von 40 ccm Restlösung bewirkten in 56 bzw. 77 Minuten 2,20 bzw. 2,58° Drehungsabn., entspr. 34,4 bzw. 40,4 % Maltosespaltung; ber. 0,0312 M.-[e_1].

20 von 26 ccm Elution bewirkten in 49,5 Minuten 1,60° Drehungsabn., entspr. 25 % Maltosespaltung; ber. 0,009 M.-[e_2].

In dem zweiten Adsorptionsversuch mit der doppelten Menge Aluminiumhydroxyd enthielt die Restlösung anscheinend noch 1/3, in dem dritten mit 1,28 g Al_2O_3 noch

$^1/_5$ der angewandten Maltase. Auch diese drei Adsorbate enthielten neben der Maltase keine Saccharase oder nur Spuren. Auch nach der Adsorption mit der größten Tonerdemenge zeigte die Restlösung noch unverminderte Invertinwirkung. Vom dritten Adsorbate bewirkte $^1/_3$ in 84 Minuten Drehungsabnahme der Rohrzuckerlösung von 0,17°, entsprechend 2,5% Spaltung. In einer Reihe von Versuchen, die schon in der Tab. 2 berücksichtigt sind (Nr. 3, 9 und 13), geschah die Trennung der beiden Enzyme durch Adsorption mit wenige Tage gealtertem Aluminiumhydroxyd. In zwei Beispielen trafen in den Adsorbaten auf schätzungsweise $^2/_3$ der angewandten Maltase 0,3 bis 0,5% der angewandten Saccharase, nämlich 0,0016 und 0,0033 S.V.E. Im dritten Versuch wurde der größte Teil der Maltase adsorbiert zusammen mit 0,025 S.V.E., d. i. gegen 5%. In diesen Fällen läßt sich die Enzymtrennung vervollständigen durch die im nächsten Abschnitt beschriebene fraktionierte Elution.

Trennung von Maltase und Saccharase durch auswählende Elution.

Beide Enzyme werden aus den Adsorbaten etwa gleichmäßig (Tab. 4) durch Phosphatgemisch von $p_H = 6{,}8$ eluiert, indessen weniger leicht als durch Diammonphosphat, so daß mehr Eluens und längere Zeit erforderlich ist. Die Elution wird zur Schonung der Maltase bei 0° vorgenommen, sie verläuft bei dieser Temperatur viel langsamer als bei gewöhnlicher. Einen großen Unterschied ergibt die Anwendung von [284] primärem Phosphat. Wie die Versuche Nr. 2b und 3b der Tab. 4 erweisen, läßt sich dadurch die Saccharase auch bei 0° eluieren, während die Hauptmenge der Maltase im Adsorbat zurückbleibt, so daß sie nachher durch Diammonphosphat frei von Saccharase eluiert werden kann.

Mit den für die Elutionsversuche angewandten Enzymmengen M.-[e₁]. sind die aus den Adsorbaten eluierten Mengen nur einigermaßen annähernd vergleichbar, da die Maltaseelutionen der zweiten Kinetik (Abb. 6 der sechsten Mitteilung) zu folgen

Tabelle 4. Elution von Saccharase und Maltase aus Tonerdeadsorbaten. (Die Bestimmungen wurden mit 100 ccm Maltoselösung ausgeführt.)

Nr.	Geh. der angew. Adsorb. an		Elution	Maltasebest. mit der Elution				Eluiert		
	M.-[e_1]	S.V.E.		Angew. ccm	Reakt.-Zeit Min.	Dreh.-Abn. °	Spaltung %	Maltase: in M.-[e_2]	Maltase: im Verh. zur ang. Menge ungefähr	Saccharase: in Proz. d. angew. Menge
1a	0,0156	0,3120	0,5 g Phosph. $p_H = 6{,}8$; $^1/_2$ Std.	20 v. 25,5	71,9	1,80	28,1	0,00775	ca. $^3/_4$	69,6
1b	0,0156	0,3120	1,0 g Phosph. $p_H = 6.8$; $^1/_2$ Std.	20 ,, 33,5	70,0	1,80	28,1	0,0104	fast vollst.	72,2
1c	0,0156	0,3120	0,5 g Phosph. $p_H = 6{,}8$; 3 Std.	20 ,, 26,5	51,1	1,77	27,7	0,0108	fast vollst.	75,5
2a	0,0104	0,2130	2,0 g Phosph. $p_H = 6{,}8$; 4 Std.	20 ,, 32,5	48,5	1,65	25,7	0,0122	vollst.	83,8
2b	0,0104	0,2130	0,3 g KH_2PO_4; 1 Std.	20 ,, 26,0	57,2	0,45	7,0	0,000613	$< ^1/_{10}$	80,5
3a	0,0111	0,2300	0,5 g $(NH_4)_2HPO_4$; 50 Min.	20 ,, 30,0	51	1,84	28,7	0,0135	vollst.	77,0
3b	0,0111	0,2300	0,5 g KH_2PO_4; 50 Min.	20 ,, 30,0	51	0,32	0,5	0,000613	$< ^1/_{10}$	77,0

pflegten. Das Mengenverhältnis von M.-[e_1]. und M.-[e_2]., nämlich 1 M.-[e_1]. = 0,685 M.-[e_2]., läßt sich nach dem in der Abb. 5 der vorigen Mitteilung dargestellten Vergleiche zwischen beiden Zeit-Umsatz-Beziehungen schätzen.

[285] Beispiel mit invertinreichem Adsorbat.

Mit Tonerde *C* (0,1665 g Al_2O_3) wurde durch vollständige Adsorption der Maltase und annähernd vollständige der Saccharase ein Adsorbat dargestellt, das 0,230 S.V.E. und etwa 0,0111 M.-[e_1]. enthielt. Zu zweimaliger Elution dienten je 0,5 g Kaliummonophosphat. Die erste Elution (50 Minuten bei 0°) enthielt 0,177 S.V.E., also 77%, die zweite (3 Stunden bei 0°) 0,0394 S.V.E., also 17,1% Saccharase. An Maltase wiesen die beiden Elutionen nur 0,000613 und 0,00023 [e_2]. auf. Zum dritten Male wurde die Tonerde, wieder bei 0°, 30 Minuten lang mit 0,5 g Diammonphosphat behandelt. Die gewonnene Elution enthielt keine bestimmbare Invertinmenge, dagegen 0,00605 M.-[e_2]., d. i. nach der oben angegebenen Mengenbeziehung zwischen [e_1]. und [e_2]. reichlich $^3/_4$ des angewandten Enzyms.

Beispiel mit invertinarmem Adsorbat.

Die beschriebene Trennung läßt sich dadurch erleichtern, daß man durch Anwendung einer mehr auswählend adsorbierenden Tonerdesorte, nämlich kurz gealterter Tonerde, ein Adsorbat als Ausgangsmaterial benützt, das neben ungefähr 0,0430 M.-[e_1]. nur wenig Invertin, und zwar 0,0208 S.V.E. enthält. In einmaliger Elution während $1^1/_4$ Stunden bei 0° durch 0,5 g primäres Phosphat wurde der Tonerde die ganze Menge Saccharase entzogen (gef. in der Elution 0,0210 S.V.E.), von nur 0,00067 M.-[e_2]. begleitet. Darauffolgende Einwirkung von 0,5 g Diammonphosphat bei 0° während 30 Minuten lieferte eine Elution, worin sich 0,0529 M.-[e_2]., d. i. scheinbar mehr als 100% der angewandten Menge befanden.

Um die auswählende Elution umgekehrt zur Befreiung der Saccharase von Maltase anzuwenden, bieten die Autolysate aus invertinreicher Hefe das beste Ausgangsmaterial. Die mit gewöhnlicher Tonerde daraus gewonnenen Adsorbate enthalten Saccharase und Maltase in einem für die Elution der reinen Saccharase mit primärem Phosphat sehr günstigen Verhältnis.

Zeitschrift für physiologische Chemie **152**, S. 202 [1926].

67. ÜBER DIREKTE MALTOSEGÄRUNG DURCH MALTASEREICHE HEFE.

Von RICHARD WILLSTÄTTER und EUGEN BAMANN.

Achte Mitteilung über Maltase.

(Aus dem Chemischen Laboratorium der Bayerischen Akademie der Wissenschaften in München.)

Mit 2 Abbildungen im Text.

(Der Redaktion zugegangen am 2. Dezember 1925.)

Einleitung.

Die Methode der Versuche von R. WILLSTÄTTER und CH. D. LOWRY[1] über direkte Vergärung von Rohrzucker besteht in der Herabsetzung des Invertingehaltes der Hefe durch chemische Eingriffe und im Vergleich der Gärung und Spaltung mit invertinärmsten Hefen bei stark saurer Reaktion. Bei $p_H = 2$ wird die Gärgeschwindigkeit auf $^2/_3$ bis $^1/_2$, die Invertinwirkung aber z. B. auf $^1/_{10}$ herabgesetzt. Für die Methode, den Verlauf der Gärung und Spaltung einer Biose in saurer Lösung zu vergleichen, ist die Maltose ein geeigneteres Substrat. Die Erscheinung ist in diesem Fall viel schöner als beim Rohrzucker. Denn eben in schwach saurer Lösung, in der Saccharase optimal wirkt, nämlich bei p_H = etwa 4,5, ist die Maltase, deren Reaktionsoptimum in der Nähe des Neutralpunktes liegt, schon vollkommen ausgeschaltet. Während unter diesen Verhältnissen Hefen und Maltaselösungen keine hydrolysierende Wirkung auf Malzzucker ausüben, erfolgt die Gärung mit voller Geschwindigkeit. Es zeigt sich sogar in **[203]** Übereinstimmung mit einer vor kurzem erschienenen Untersuchung von E. HÄGGLUND und A. M. AUGUSTSON[1]), daß die Gärung der Maltose bei saurer Reaktion und zwar in einem engen Bereich um p_H = etwa 5 mit der größten Geschwindigkeit stattfindet. Wenn bei dieser Acidität 50 % Maltose unter den Versuchsbedingungen von WILLSTÄTTER und STEIBELT[2]) vergoren sind, so erreicht im Vergleichsversuche bei $p_H = 6{,}4$ die Gärung nur beispielsweise 32,5 %. Für die maltasereichen Hefen bedeutet also die Einstellung der günstigsten ($p_H = 4{,}5$) Gärbedingungen für Malzzucker zugleich die vollständige Ausschaltung des biosespaltenden Enzyms.

---

[1] XI. Abhandlung über Invertin, Diese Zs. Bd. 150, S. 287 [1925] (*Abh. 56*).

[1]) Biochem. Zs. Bd. 155, S. 334 [1925].

[2]) Diese Zs. Bd. 115, S. 211, und zwar S. 219 u. 220 [1921] (*Abh. 63*).

Nicht nur die maltasearmen Brennereihefen, auf welche die Untersuchung von WILLSTÄTTER und STEIBELT[3] aufmerksam gemacht, auch die maltasereichen Bierhefen sind imstande, die Biose direkt, d. h. ohne vorangehende Hydrolyse, zu vergären.

Experimenteller Teil.

I. Maltasewirkung in sauerem Bereich.

Die Saccharasewirkung ist bekanntlich in sauerem Gebiete optimal und zwar bei p_H = etwa 4,6, in stärker sauerem[4] wird sie herabgesetzt, so daß bei p_H = 2,0 die Zeit der halben Rohrzuckerspaltung 6- bis 14 mal größer wird. Die Maltase[5] hingegen wirkt bei neutraler Reaktion optimal, nämlich zwischen p_H = 6,75 und 7,25, und schon eine Acidität von p_H = 5,5 genügte, um den Umsatz in der Zeit, die bei p_H = 6,8 für die Halbspaltung erforderlich ist, auf ungefähr $^1/_4$ herabzusetzen. Diese Angaben bezogen sich auf Autolysate von Brauereihefen. Wir vergleichen nun bei sauerer Reaktion die Geschwindigkeit der Maltosespaltung durch solche Enzymlösungen und durch

[204] Tabelle 1.

p_H-Abhängigkeit der Maltasewirkung von Hefen (bei Gegenwart von Zellgift). (Unter den Bed. der Zeitwertbest. nach WILLSTÄTTER, OPPENHEIMER und STEIBELT, indessen in Vers. 2 mit 1 g Hefetrockengew. auf 100 ccm Bestimmungslös., in Vers. 3 und 4 mit 0,5 g auf 100 ccm.)

Angewandt: 1. Brauereihefe Rs 11/III vom Maltasezeitwert 70
2. „ Rp 4/VII „ „ 30
3. „ Rc 1/VII „ „ 35.

Nr.		p_H	Reaktionszeit Min.			Drehungsabnahme °			Spaltung %		
1	Maltaselösung aus Hefe Rs . .	6,8	31	62	—	1,44	2,03	—	22,5	31,7	—
		5,5	62	168	—	0,58	0,85	—	9,1	13,3	—
		4,5	31	62	168	0,03	0,03	0,03	0,47	0,47	0,47
2	Hefe Rs, verflüssigt	6,8	30,5	62	98	1,55	2,21	2,75	24,2	34,6	43,0
		5,5	62	98	168	0,58	0,70	0,92	9,1	10,9	14,4
		4,5	30	62	168	0,03	0,03	0,03	0,47	0,47	0,47
		3,5	30	62	168	0,03	0,03	0,03	0,47	0,47	0,47
3	Hefe Rs, ohne Verfl., unter Zus. v. Tol. zur Maltoselösung . .	4,5	30	144	—	0,05	0,05	—	0,78	0,78	—
4	Hefe Rp, verflüssigt	6,8	15	30	99	1,10	1,70	2,93	17,2	26,6	45,8
		5,5	15	30	192	0,30	0,45	0,80	4,7	7,0	12,5
5	Hefe Rc, verflüssigt	6,8	45	85	—	1,92	2,57	—	30,0	40,2	—
		5,7	45	85	193	0,47	0,72	1,13	7,3	11,3	17,6

[205] die Hefen selbst (Tab. 1) und finden dabei Übereinstimmung in der Abhängigkeit der Reaktionsgeschwindigkeit von der Acidität. Für die Versuche dienten drei verschiedene Proben der maltasereichen Hefen der Löwenbrauerei in München, mit denen wir die Bestimmung unmittelbar nach der Vergiftung mit Essigester ausführten. Die Zeit-Umsatzkurve bei p_H = 5,5 verläuft so flach, daß für die

3 Über die Gärwirkung maltasearmer Hefen, Diese Zs. Bd. 115, S. 211 [1921].

4 Vgl. R. WILLSTÄTTER und CH. D. LOWRY, XI. Abh. über Invertin, Diese Zs. Bd. 150, S. 287 [1925].

5 R. WILLSTÄTTER und E. BAMANN, VI. Mitteil. über Maltase, Diese Zs. (im Druck).

Halbspaltung außerordentlich große Zeiten erforderlich sind. In noch stärker saurem Gebiete wird die Maltase ganz unwirksam. Schon bei $p_H = 4,5$ kommt die Spaltung des Malzzuckers zum Stillstand.

Daß an der starken Abnahme der Maltasewirkung in saurer Lösung nicht Enzymzerstörung schuld trägt, sondern nur die für diese Enzymwirkung ungünstige Acidität, geht aus folgendem Versuch hervor. Wir ließen die verflüssigte Hefe (Probe Rc der Tab. 1 und zwar 1 g Hefetrockengewicht auf 100 ccm Bestimmungslösung) 15 Minuten lang bei $p_H = 4,5$ auf die Maltoselösung einwirken. Die Spaltung betrug anstatt der bei $p_H = 6,8$ gefundenen 25,3% nur 1,7% (Drehungsabnahme 0,11°). Darauf stellten wir durch Zusatz von Dinatriumphosphat wieder optimale Reaktion ein und fanden in weiteren 56 und 75 Minuten 45,4 und 51,5% Spaltung (entsprechend den Drehungsabnahmen von 2,90 und 3,30°) wie im Versuche mit von Anfang an richtiger Acidität der Lösung.

II. Vergleich der Maltasebestimmung und der Maltasewirkung im Gärversuche.

Man darf für genauen Vergleich die Maltasewirkung unter den Bedingungen der Bestimmung und unter den Verhältnissen der Gärung nicht gleich setzen. Denn im Gärversuche wird die entstehende Glucose weggeschafft, während sie im Bestimmungsversuche bei Anwesenheit von Zellgift in wachsender Konzentration auftritt und die Maltasewirkung hemmt. Beobachtungen über diese Hemmung durch Glucose haben schon E. F. ARMSTRONG[1], R. O. HERZOG[2] und R. KUHN[3] mitgeteilt. **[206]** Einige nachfolgende Versuche mit Brauereihefen sollen den Einfluß der Glucose in saurer und neutraler Lösung vergleichen.

Die Malzzuckerhydrolyse durch Hefe entsprechend 0,5 g Trockengewicht wurde mit 100 ccm 5proz. Bestimmungslösung, andererseits unter Zusatz der äquimolekularen Glucosemenge verfolgt.

Versuch mit Löwenbräuhefe Rp 4/VII.

$p_H = 6,8$.

a) Ohne Glucose.

15 Minuten:	Drehungsabnahme	1,10°	Spaltung	17,2%
30 ,,	,,	1,70	,,	26,6
99 ,,	,,	2,93	,,	45,8

b) Mit Glucose.

15 Minuten:	Drehungsabnahme	0,42°	Spaltung	6,57%
30 ,,	,,	0,64	,,	10,0
195 ,,	,,	1,70	,,	26,6

In der Zeit der 50proz. Spaltung der Maltose werden unter dem Einfluß der zugefügten Glucose nur 23% hydrolysiert.

---

[1] Proc. Roy. Soc. Bd. 73, S. 516 [1904].
[2] IV. Auflage von C. OPPENHEIMER, Die Fermente, Bd. II, S. 988 [1913].
[3] Diese Zs. Bd. 127, S. 234, und zwar S. 239 [1923].

$p_H = 5,5$.

a) Ohne Glucose.

15	Minuten:	Drehungsabnahme	0,30°	Spaltung	4,69 %
30	,,	,,	0,45	,,	7,05
192	,,	,,	0,80	,,	12,5

b) Mit Glucose.

15	Minuten:	Drehungsabnahme	0°	Spaltung	—
30	,,	,,	0,02°	,,	—
192	,,	,,	0,21	,,	3,28 %

In der Zeit der 50proz. Spaltung der Maltose bei optimalem p_H (6,8) werden bei $p_H = 5,5$ ohne Glucose 12 %, mit Glucose 3 % hydrolysiert.

Versuch mit Löwenbräuhefe Rc 1/VII.

$p_H = 6,8$.

a) Ohne Glucose.

45	Minuten:	Drehungsabnahme	1,92°	Spaltung	30,0 %
85	,,	,,	2,57	,,	40,2

b) Mit Glucose.

45	Minuten:	Drehungsabnahme	0,75°	Spaltung	11,7 %
85	,,	,,	1,13	,,	17,6
193	,,	,,	1,89	,,	29,6

[207] In der Zeit der Halbspaltung werden unter der Wirkung der zugefügten Glucose nur 24 % Maltose hydrolysiert.

$p_H = 5,7$.

a) Ohne Glucose.

45	Minuten:	Drehungsabnahme	0,47°	Spaltung	7,35 %
85	,,	,,	0,72	,,	11,3
193	,,	,,	1,13	,,	17,6

b) Mit Glucose.

45	Minuten:	Drehungsabnahme	0,03°	Spaltung	—
85	,,	,,	0,22	,,	3,44 %
193	,,	,,	0,39	,,	6,1

In der Zeit der Halbspaltung bei optimalem p_H werden bei $p_H = 5,7$ ohne Glucose 15 %, mit Glucose 5 % Maltose hydrolysiert.

Die Maltasewirkung bei Beseitigung der Glucose durch Gärung wird demnach größer sein, als der Maltasezeitwert der Hefe anzeigt. Dieser Umstand ist in der Untersuchung von R. WILLSTÄTTER und W. STEIBELT[1] nicht berücksichtigt, wenn anschließend an den sicheren Nachweis der direkten Malzzuckergärung durch maltasearme Hefen auch über die Möglichkeit der direkten Biosegärung durch maltasereiche Bierhefen Betrachtungen angestellt werden. Danach „läßt die Geschwindigkeitsmessung darauf schließen, daß direkte Vergärung der Maltose neben der indirekten erfolgt. Während nämlich bei dem halben Umsatz die Hydrolyse noch der Gärung etwas vorauseilt, kehrt sich dieses Verhältnis bei weiterem Fortgang der Gärung bald um.“ Auch in den Versuchen von R. WILLSTÄTTER und CH. D. LOWRY[2] über Vergärung des Rohrzuckers in saurer Lösung durch invertinärmste Hefen wird die In-

[1] Diese Zs. Bd. 115, S. 211, und zwar S. 299 [1921].
[2] XI. Abh. über Invertin, Diese Zs. Bd. 150, S. 287 [1925].

vertinwirkung im Gärversuche gleich geachtet der im Bestimmungsversuche, also unter Bedingungen der Anhäufung von Invertzucker. Es könnte aber auch hier derselbe Fall vorliegen, daß die Inversion im Gärversuch die berechnete überträfe. Die Schlußfolgerung von WILLSTÄTTER und LOWRY wird allerdings durch Berücksichtigung der möglichen [208] Hemmung bei der Invertinbestimmung wenig beeinträchtigt, da schon in den ersten Zeitabschnitten von Gärung und Spaltung, wenn also der mögliche Einfluß der Monosen noch gering ist, das Vorauseilen der Gärung gegenüber der Spaltung vorkommt.

III. Geschwindigkeit der Maltosegärung bei verschiedenen Aciditäten.

Den Gärverlauf beobachteten wir volumetrisch unter den in der vierten Mitteilung für die Bestimmung der Halbgärzeit vorgeschlagenen Bedingungen (30°, 20 ccm 5proz. Maltoselösung, Hefe entspr. 0,2 g Trockengew.). Die Menge der Kohlensäure wurde aber, wie bei H. v. EULER und K. JOSEPHSON[1], in Büretten über CO_2-gesättigtem Wasser von konstanter Temperatur gemessen. Aus dem vorgeschriebenen Gemisch der Nährstoffe blieb das Monokaliumphosphat weg, da der Puffer genug Phosphat enthielt. Für die p_H-Einstellung war Citrat-Phosphatpuffer am geeignetsten. Er bestand in jedem Gärversuche aus 5 ccm $^m/_3$-Monokaliumphosphat und 5 ccm $^m/_3$-Citronensäure; diese 10 ccm Gemisch von $p_H = 2,5$ wurden mit $^n/_3$-Natronlauge zur gewünschten Acidität eingestellt. Mit Oxalat-Phosphatpuffer, der weniger geeignet ist, fanden wir recht ähnliche Werte. Auch ergaben zum Vergleich beobachtete Vergärungen von Glucose und Saccharose (Tab. 2 und 3) durch Brauerei- und durch Brennereihefen bei verschiedener Acidität, eingestellt mit Citrat-Phosphat- und Oxalat-Phosphatpuffer, übereinstimmend mit den Befunden von H. v. EULER und S. HEINTZE[2] sowie H. v. EULER und K. MYRBÄCK[3], welche die Acidität mit Mineralsäure herstellten, ein sehr breites Maximum der Gärgeschwindigkeit, das sich von etwa $p_H = 3$ bis in die Nähe des Neutralpunktes erstreckt.

[209]

Tabelle 2.

Abhängigkeit der Glucosegärung vom p_H; Brauereihefe (Löwenbräu Rs 11/III). Die Saccharosegärung verlief ebenso wie die Glucosegärung. (Citrat-Phosphatpuffer; p_H vor und nach dem Gärversuch gemessen.)

Gärdauer (Min.)	$p_H = 2.5$	3,5	4,5	5,5	6,5 → 6,4
	ccm CO_2:				
30	24	26	26	25	24
60	62	67	67	65	64
90	103	112	112	111	110
120	145	157	157	156	156
Halbgärzeit . . . . in Min.	**119**	**111**	**111**	**112**	**112**
extrapol. Indukt. . . . . . . in Min.	16	17	17	18	19
reduz. Halbgärzeit . . . . in Min.	**103**	**94**	**94**	**94**	**93**

[1] Diese Zs. Bd. 120, S. 42 [1922]. [2] Diese Zs. Bd. 108, S. 165 [1919].
[3] Diese Zs. Bd. 131, S. 179 [1923].

Tabelle 3.
Abhängigkeit der Glucose- und Saccharosegärung vom p_H; Brennereihefe Regensburg. (p_H vor und nach dem Gärversuch gemessen.)

Gärdauer (Min.)	Saccharosegärung; Citrat-Phosphatpuffer			Glucosegärung; Oxalat-Phosphatpuffer		
	p_H = 2,5	4,5	6,5 → 6,4	1,5 → 1.8	4,5	6,5 → 5,8
	ccm CO_2:					
30	17	15	12	3,0	20	18
60	45	43	39	7,2	52	51
90	79	77	73	11,0	91	91
120	115	115	113	15,1	131	131
150	154	154	153	19,8	169	169
250	—	—	—	38,8	—	—
Halbgärzeit . . . . in Min.	**141**	**141**	**143**	—	**130**	**130**
extrapol. Indukt. . . . . . . in Min.	31	33	37	—	22	23
reduz. Halbgärzeit . . . . in Min.	**110**	**108**	**106**	—	**108**	**107**

Versuche mit maltasereicher Bierhefe.

Die Gärung der Maltose durch Löwenbräuhefen verläuft, wie die Versuche der nachfolgenden Tab. 4 ergaben, optimal [210] in einem engen Bereiche von $p_H = 4{,}5$ bis 5,5. Zum Unterschied von der Glucose- und Saccharosegärung ist die Geschwindigkeit bei $p_H < 4$ und > 6 geringer, und zwar beträchtlich geringer bei der ganz schwach sauren Reaktion, die für die Glucose- und Saccharosegärung noch optimal ist.

Die Induktionszeiten sind bei günstigem p_H äußerst gering, sie sind größer bei stärker und besonders bei schwächer saurer Reaktion. Aus der Abb. 1 ergeben sich

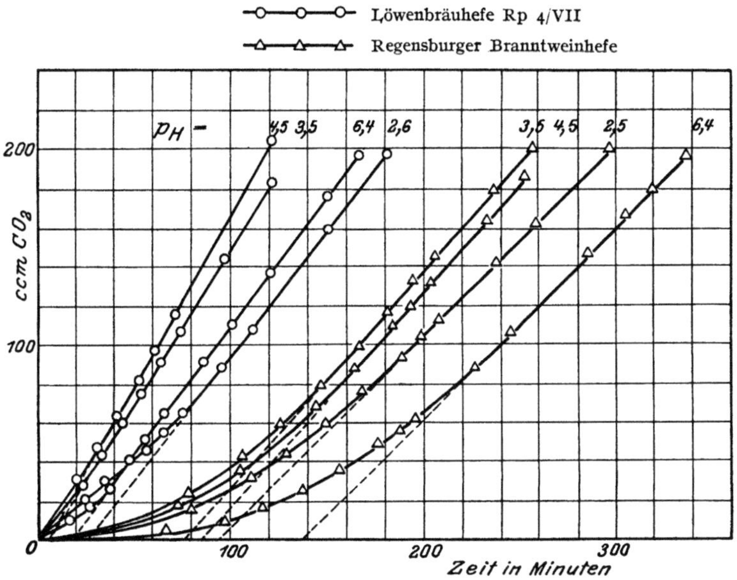

Abb. 1. Maltosegärung durch Bier- und Branntweinhefen bei verschiedenen Aciditäten. (Citrat—Phosphatpuffer.)

die Induktionsperioden, indem an die Gärkurve an ihrem steilsten Abschnitt eine Tangente gelegt wird. Der Abszissenabschnitt von der Nullzeit bis zum Fußpunkt der Tangente stellt die extrapolierte Induktionsperiode dar. Die Unterschiede im

Gärverlauf erscheinen zwar vermindert, bleiben aber dem Sinne nach bestehen, wenn von den Halbgärzeiten die Induktionsperioden abgezogen werden. Wir berechnen die „reduzierten Halbgärzeiten" wie in der aus unserem Laboratorium hervorgegangenen

[211] Tabelle 4.

p_H-Abhängigkeit der Maltosegärung durch Bierhefe (Löwenbräuhefe Rp 4/VII). Die Gärversuche mit Hefe Rs 11/III ergaben übereinstimmende Werte. (p_H vor und nach dem Gärversuch gemessen.)

Gärdauer (Minuten)	Citrat-phosphat	Oxalat-phosphat	Citrat-phoshat	Citrat-phosphat	Citrat-phosphat	Oxalat-phosphat	Citrat-phosphat	Oxalat-phosphat
	p_H = 2,5 → 2,6	2,5 → 3,0	3,5	4,5	5,5	5,5 → 4,8	6,5 → 6,4	6,5 → 6,2
	ccm CO_2:							
30	25	29	39	44	47	43	20	18
60	51	69	86	98	103	108	58	66
90	83	102	134	150	152	153	98	104
120	120	140	184	204	202	199	137	145
150	159	181	—	—	—	—	176	185
180	198	213	—	—	—	—	—	—
Halbgärzeit (in Minuten)	**138**	**123**	**96**	**86**	**85**	**84**	**125**	**119**
extrapol. Indukt. (in Minuten)	26	—	7	7	6	—	17	—
reduz. Halbgärzeit (in Minuten)	**112**	—	**89**	**79**	**79**	—	**108**	—

[212] Untersuchung von H. SOBOTKA[1] „Zur Kenntnis der Trockenhefe" mittels jener Tangente. Übereinstimmend wird sie experimentell ermittelt als das 5fache der Zeit-

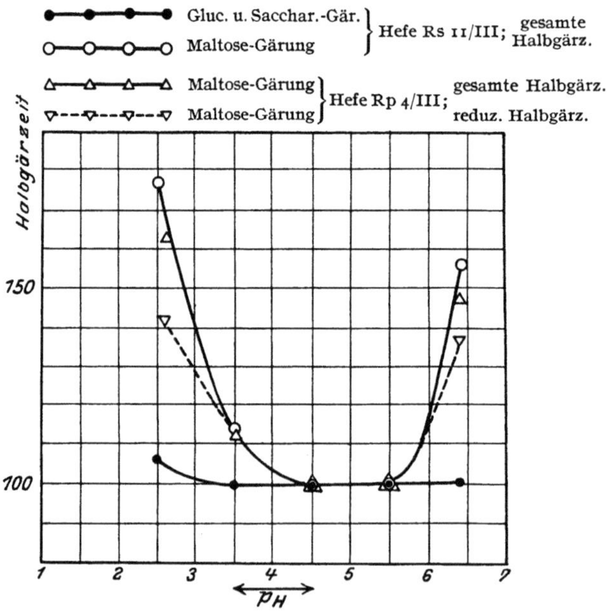

Abb. 2. p_H-Abhängigkeit der Halbgärzeiten von Bierhefen. (Verhältniszahlen mit dem Optimum = 100.)

dauer, welche die Hefe zur Vergärung von 10% der Substrat-Anfangskonzentration benötigt, wenn die CO_2-Entwicklung am lebhaftesten ist, oder etwa gleich dem 5fachen

[1] Inaug.-Diss., München 1922, und Diese Zs. Bd. 134, S. 1 [1923/24] (*Abh. 71*).

der Gärzeit zwischen der Abgabe von 40 und 50% Kohlensäure. Die gesamten und die reduzierten Halbgärzeiten bei wechselndem p_H werden in der Abb. 2 dargestellt neben der so wesentlich davon verschiedenen p_H-Abhängigkeit der Glucose- und Saccharosegärung.

Versuche mit maltasearmer Brennereihefe.

Die „garantiert reine Branntweinhefe der Zuckerraffinerie Frankenthal, Fabrik Regensburg" war in allen untersuchten [214] Proben praktisch frei von Maltase.

[213] Tabelle 5.

p_H-Abhängigkeit der Maltosegärung durch Branntweinhefe.

(p_H vor und nach dem Gärversuch gemessen.)

Gärdauer (Minuten)	Citrat-Phosphat	Oxalat-Phosphat	Citrat-Phosphat	Citrat-Phosphat	Citrat-Phosphat	Oxalat-Phosphat	Citrat-Phosphat	Oxalat-Phosphat
	p_H = 2,5	2,5 → 2,9	3,5	4,5	5,5 → 4,6	5,5 → 4,5	6,5 → 6,4	6,5 → 5,8
	ccm CO_2:							
30	5	4	6	5	5	5	2	2
60	10	9	15	12	8	12	4	4
90	20	17	30	27	26	25	8	8
120	39	33	55	49	47	44	18	22
150	60	57	84	75	73	68	32	41
180	86	88	115	105	103	96	51	67
210	114	122	150	139	134	127	74	95
240	144	157	183	172	162	150	102	124
270	173	191	—	204	202	199	131	156
300	201	—	—	—	—	—	160	185
330	—	—	—	—	—	—	190	—
Halbgärzeit (in Minuten)	**240**	**229**	**206**	**215**	**221**	**225**	**283**	**257**
extrapol. Indukt. (in Minuten)	94	—	78	87	90	—	137	—
reduz. Halbgärzeit (in Minuten)	**146**	—	**128**	**128**	**131**	—	**146**	—

Sie verhält sich bei der Gärung des Malzzuckers (Tab. 5 und Abb. 1) im wesentlichen übereinstimmend mit der Bierhefe. Sie zeigt nur einen charakteristischen Unterschied: das Optimum der Gärung liegt in noch stärker sauerem Gebiete, bei p_H = etwa 3,5. Die Halbgärzeit bei $p_H = 2{,}5$ liegt zwischen den bei 4,5 und 6,5 gefundenen Werten, während bei der Bierhefe $p_H = 2{,}5$ ungünstiger als 6,5 ist. Auch für die Rohrzuckergärung (vgl. Tab. 3) erstreckt sich das Optimum weiter in das saure Gebiet als bei Bierhefe; $p_H = 2{,}5$ ist nämlich noch optimal. Die untersuchte Branntweinhefe ist also besonders angepaßt für die Gärung in saurem Gebiet.

Die Induktionsperioden sind durchwegs weit größer als bei maltasereichen Hefen. Die reduzierten Halbgärzeiten ergeben geringere Unterschiede, aber gleichen Sinn der p_H-Abhängigkeit.

Diese Untersuchung hat Herr Privatdozent Dr. RICHARD KUHN durch wertvolle Ratschläge gefördert; wir sprechen ihm dafür unseren aufrichtigen Dank aus.

Zeitschrift für physiologische Chemie 123, S. 164 [1922].

68. VERGLEICH VON α- UND β-GLUCOSE IN DER GÄRUNG.

Von RICHARD WILLSTÄTTER und HARRY SOBOTKA.

(Mitteilung aus dem Chemischen Laboratorium der Bayerischen Akademie der Wissenschaften in München.)

(Der Redaktion zugegangen am 11. August 1922.)

Das verschiedene biochemische Verhalten der α- und β-Glucoside ist eine bekannte und nach allen Richtungen untersuchte Erscheinung. Es ist aber noch nie ein Unterschied im biochemischen Verhalten der zugrunde liegenden beiden Glucosen festgestellt worden. Auf einen solchen wurden wir bei Versuchen aufmerksam gemacht, in denen das optische Drehungsvermögen einer teilweise vergorenen Glucoselösung nachträgliche Zunahme erfuhr, nachdem die Gärung zum Stillstand gebracht war.

In der Absicht, den Effekt zu vergrößern, wurde die Gärung beschleunigt. Es gelang, durch Anwendung von verhältnismäßig viel Hefe, nämlich von 1 Teil abgepreßter guter Brauereihefe auf 2 Teile 5- bis 10proz. Glucoselösung bei 30° unter ständigem Schütteln 30% der theoretischen CO_2-Menge in etwa 10 Minuten zu entbinden, mit der doppelten Hefemenge sogar 50%. Außerdem war es nötig, die erste polarimetrische Ablesung möglichst schnell nach der Unterbrechung der Gärung auszuführen, um die Störung des Gleichgewichtes zwischen α- und β-Glucose in ihrem ursprünglichen Ausmaße kennen zu lernen. Es war möglich, die erforderlichen Operationen — Durchschütteln mit Chloroform, Abzentrifugieren der Hefe, Klären und Filtrieren, all dies tunlichst unter [165] Kühlung — auf 10 Minuten zusammenzudrängen. Das optische Drehungsvermögen im Zeitpunkte der Sistierung läßt sich aus der ersten Ablesung mit Hilfe der folgenden rechnerisch oder graphisch extrapolieren.

20 g Hefe wurden mit CO_2-gesättigtem Wasser (40 ccm) aufgeschlämmt, auf 30° vorgewärmt und dann mit 3 bis 5,6 g Glucose versetzt. Hierauf wurde das Gärkölbchen mit dem Quecksilbergasometer[1] verbunden und geschüttelt, bis nach Ablauf von T Minuten der gewünschte Bruchteil des Kohlendioxyds entwichen war. Nun wurde geöffnet, die Hefe mit Chloroform abgetötet und die Lösung nach dem Klären und zwar um t_1, t_2 ... Minuten später abgelesen.

[1] R. WILLSTÄTTER und W. STEIBELT, Diese Zs. Bd. 115, S. 211, und zwar S. 222 [1921].

Tabelle 1. Ansteigen des Drehungsvermögens in Gärungsrestlösungen.

Nr.	Glucose g	Proz. CO_2 in *T* Min.	Polarimetrische Bestimmungen				
			Anfangswert extrapoliert	nach t_1	t_2	t_3	Endwert $t\,\infty$
1	3	33 % in 15 Min.	3,03°	3,11° 20 Min.	3,19° 40 Min.	3,27° 80 Min.	3,38°
2	3	30 % in 14 Min.	3,25°	3,32° 13 Min.	3,39° 26 Min.	3,64° 30 + 10 Min.	3,68
3	5,6	40 % in 31 Min.	5,47°	5,67° 24 Min.	—	5,98° 24 + 60 Min.	5,98
4	4	30 % in 18 Min.	4,92°	5,01° 12 Min.	—	—	5,51

In den Versuchen Nr. 2 und 3 wurde nach 30 bzw. 24 Minuten 1 Tropfen starken Alkalis zugegeben; hierdurch konnte die Einstellung des Gleichgewichtes in kurzer Zeit (10 bzw. 60 Minuten) erzielt werden.

Das Ansteigen des Drehungsvermögens vom Zeitpunkt der beendeten Gärung bis zur Einstellung des Gleichgewichtes betrug etwa 10% des Gleichgewichtswertes. Wenn man aus diesem die Glucosekonzentrationen, die wir übrigens in einer Anzahl [166] Bertrandbestimmungen bestätigt fanden, unter Annahme von $[\alpha]_D = 52^1/_2{}^\circ$ berechnet, ergibt sich für die frische Gärungsrestlösung $[\alpha]_D$ bis herunter zu 46,3°. Daraus läßt sich das Verhältnis zwischen α- und β-Glucose in ihr berechnen, das in Prozenten der Endkonzentration (A_{100}, B_{100}) und der Anfangskonzentration (A, B) angegeben wird. Die Anfangskonzentrationen gemäß dem Gleichgewichtsverhältnis 36,8% für α- und 63,2% für β-Glucose, vermindert um die Endwerte A und B, ergeben die vergorenen Anteile von α und β in Prozenten der angewandten Glucose (A', B').

Bezieht man die vergorenen Mengen von α und β auf die anfangs vorhandenen, so erhält man $n = \frac{36{,}8 - A}{36{,}8} : \frac{63{,}2 - B}{63{,}2}$ oder $\frac{A'}{36{,}8} : \frac{B'}{63{,}2}$; n nähert sich dem Wert 1 mit dem Fortschreiten der Gärung, also mit dem rascheren Verschwinden der α-Form, wie es aus der nach dem Vergärungsgrade angeordneten Tab. 2 ersichtlich ist.

Einen besseren Einblick in den Vorgang als dieses Verhältnis der vergorenen Mengen gestattet der Quotient aus den beiden Gärungsgeschwindigkeiten, der in der folgenden Abhandlung abgeleitet wird. Dieser Quotient k zeigt in vorliegendem Falle keine Konstanz, wie aus der Tab. 2 zu ersehen ist. In diese sind außer den Versuchen der vorigen Tabelle noch zwei weitere Beispiele aufgenommen (Nr. 5 mit 2 g Glucose, 13% CO_2 in 5 Minuten; Nr. 6 mit 2 g Glucose, 30% CO_2 in 11 Minuten).

Die k-Werte der Tab. 2 lassen erkennen, daß auch zu Beginn der Gärung die β-Form zwar dreimal langsamer, aber immerhin merklich gärt. Bis der Traubenzucker zur Hälfte vergoren ist, sinkt das Verhältnis der Geschwindigkeiten in unseren Versuchen von 3 auf $1^1/_2$. Dieser Abfall von k im Verlaufe der Gärung, der ein rasches Abnehmen der überwiegenden Fähigkeit, α-Glucose zu vergären, bedeutet, läßt eine schnelle Anpassung an die β-Form annehmen. Daß diese der Hefe zunächst nicht ebenso taugt, mag zusammenhängen mit der Einstellung der Hefe auf die Reihe der α-Glucoside und [167] auf die α-glucosidische Natur der Maltose, des gewohnten Substrates. Die Gärung der Maltose fügt sich nicht einfach der Annahme, daß diese

Tabelle 2. Verhältnis der vergorenen Anteile und der Gärungsgeschwindigkeiten von α- und β-Glucose.

Nr.	Restliche Glucose (%)	[α]D	$\left.\begin{matrix}A_{100}\\B_{100}\end{matrix}\right\}$ 100%	$\left.\begin{matrix}A\\B\end{matrix}\right\}$ p%	$\left.\begin{matrix}A'\\B'\end{matrix}\right\}$ 100-p%	n	k
5	85,8	48,4°	32,3	27,7	9,1	3,06	3,37
			67,7	58,1	5,1		
4	72,8	46,8°	30,5	22,2	14,6	1,99	2,27
			69,5	50,6	12,6		
2	64,7	46,3°	30,0	19,3	17,5	1,68	1,95
			70,0	45,4	17,8		
6	60,7	46,5°	30,2	18,3	18,5	1,53	1,74
			69,8	42,4	20,8		
1	59,6	47,0°	30,8	18,2	18,6	1,46	1,65
			69,2	41,2	22,0		
3	56,5	48,0°	31,9	18,0	18,8	1,30	1,44
			68,1	38,5	24,7		

Biose zunächst durch Maltase gespalten werde, wobei übrigens auch überwiegend α-Glucose auftritt, sondern es wird nach den Beobachtungen von R. WILLSTÄTTER und W. STEIBELT[1] direkte Gärung der Maltose von maltasearmen Hefen bewirkt und kommt auch bei maltasereichen Hefen in Betracht. In der Maltoseformel[2]

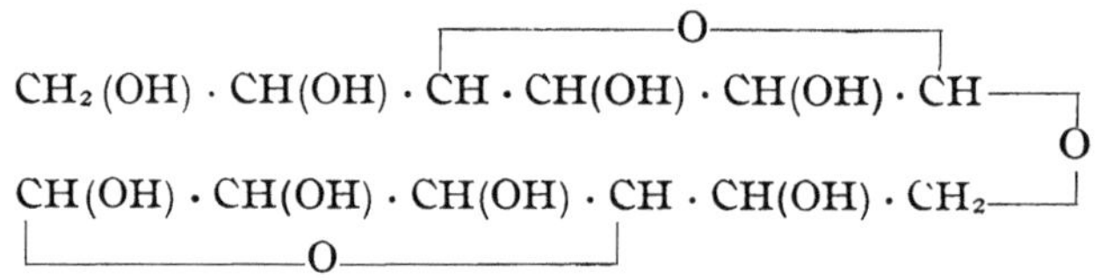

ist die glucosidische α-Glucose mit der primären Alkoholgruppe der aldehydischen Glucose verbunden. Wie aus den [168] Erörterungen von H. V. EULER und K. JOSEPHSON[1]) hervorgeht, ist es wohl möglich, daß die Gärung, bevor die Glucosidbindung gelöst wird, an dem glucosidisch gebundenen Glucosemolekül angreift, nicht am Kohlenstoffatom 1 (in der Formel fettgedruckt), sondern an einer anderen Stelle dieses α-Glucoserestes.

Aus dem Verhalten von α- und β-Glucose im Gemisch darf nun nicht gefolgert werden, daß β-Glucose auch für sich allein langsamer gäre als α-Glucose oder Gleichgewichtsglucose, die auch genügend α-Form enthält. Dies zeigt der folgende Vergleich, für den wir 10 g frische Löwenbräuhefe auf je 10 ccm der 10proz. Lösungen bei ununterbrochenem Schütteln zur Einwirkung brachten. Das Auflösen der beiden festen Formen und das Aufschlämmen in allen drei Fällen beanspruchte je 30 bis 50 Sekunden. Die β-Glucose war nach R. BEHREND[2]) dargestellt und von dem anhaftenden Pyridin

[1] a. a. O.

[2] W. N. HAWORTH und G. C. LEITCH, The Constitution of the Disaccharides. Part III. Jl. Chem. Soc. Bd. 115, S. 809 [1919].

[1]) Diese Zs. Bd. 120, S. 42, und zwar S. 58 [1922].

[2]) Liebigs Ann. der Chem. Bd. 353, S. 106f. [1907].

durch 1 stündiges vorsichtiges Erhitzen auf 110° befreit worden. Nach dieser Behandlung wurde das spezifische Drehungsvermögen 4 Minuten nach dem Auflösen zu 20,9° gefunden und $[\alpha]_D = 19{,}8°$ ermittelt.

Temperatur = 31°; CO_2 aus 1 g Hexose, bei 22° und 717 mm gemessen, 291 ccm.

Minuten	2	4	6	8	10	12	14	Halbe Gärung
α-Form	12	33	64	97	132	160	186 ccm	11 Minuten
Gleichgew.	14	36	67	113	145	180	202 ccm	10 Minuten
β-Form	14	31	62	97	131	169	188 ccm	10 3/4 Minuten

Alle drei Glucosen gären also gleich schnell, ohne daß bei einer Vergärung von 50% in 11 Minuten eine Isomerisation in ausschlaggebendem Maße möglich wäre. Diese geht nämlich 10 mal langsamer von statten, z. B. wurden in unserem Versuch in 6 Minuten 20% Zucker vergoren, während die Umlagerung unter den nämlichen Bedingungen in dieser Zeit kaum 2% erfaßt; 20% α-Form finden wir aus reiner β-Glucose erst [169] in 62 Minuten gebildet. Auch das schwach sauere Milieu bei der Gärung wirkt darauf nicht beschleunigend. Die Einstellung des Gleichgewichtes wird nämlich durch Hydroxylionen 40000 mal stärker beschleunigt als durch Wasserstoffionen, so daß bei schwach saurer Reaktion (p_H = ca. 3,6) die Geschwindigkeit der Mutarotation ein Minimum erreicht[1].

[1] C. S. HUDSON, Catalysis by acids and bases of the mutarotation of glucose, Jl. Amer. Soc. Bd. 29, S. 1571 [1907]; H. v. EULER und A. HEDELIUS, Biochem. Zs. Bd. 107, S. 150 [1920].

Zeitschrift für physiologische Chemie **123**, S. 170 [1922].

69. ÜBER AUSWÄHLENDE GÄRUNG VON ZUCKERGEMISCHEN.

Von RICHARD WILLSTÄTTER und HARRY SOBOTKA.

(Mitteilung aus dem Chemischen Laboratorium der Bayerischen Akademie der Wissenschaften in München.)

Mit 1 Abbildung im Text.

(Der Redaktion zugegangen am 11. August 1922.)

Theoretisches über auswählende Gärung.

Aus den Arbeiten von A. SLATOR[1] über die Gärung von Zuckergemischen geht hervor, daß nur ein Teil des Gärungsmechanismus für die einzelnen Zuckerarten spezifisch ist[2]. Während bei den verschiedenen Zymohexosen bereits Identität der Zerfallsprodukte mit 3 Kohlenstoffatomen zu erwarten ist, was z. B. für Galaktose von M. TOMITA[3] bestätigt wurde, gibt es in den ersten Stadien der Gärung Fälle ausgeprägter Spezifität. Diese kann in der Geschwindigkeit der Gärung einzelner Zucker nicht immer zum Ausdruck gelangen, weil eine spätere, mehreren Zuckern gemeinsame Teilreaktion als langsamste die Rolle eines „limitierenden Faktors" ausübt und für die verschiedenen Substrate gleiche Umsatzgeschwindigkeit bewirkt. Vergärt man dagegen ein Gemisch zweier Zymohexosen, so tritt, und zwar selbst bei den isomeren d-Glucosen, der Fall [171] ein, daß ein Zucker gegenüber dem anderen bevorzugt wird, daß also eine auswählende Gärung erfolgt.

Aus der Analyse des Restzuckers bei unterbrochener Gärung eines Zuckergemisches läßt sich der Quotient

$$\frac{\text{Vergorener Bruchteil des vorgezogenen Zuckers}}{\text{Vergorener Bruchteil des zurückgesetzten Zuckers}}$$

berechnen. Die Gärgeschwindigkeit ist bekanntlich nur von der Hefekonzentration, nicht aber von der Zuckerkonzentration abhängig. Wenn nun bei der Gärung eines Gemisches der in der Zeiteinheit vergorene Betrag in konstantem Verhältnis, also auch unabhängig von den Partialkonzentrationen auf die beiden Komponenten

---

[1] Studies in fermentation, Jl. Chem. Soc. Bd. 89, S. 128 [1906]; Bd. 93, S. 217 [1908].

[2] Zit. n. A. HARDEN, „Alcoholic fermentation", 2. Aufl., S. 124, London 1914.

[3] Über die Umsetzung der Galaktose nach der zweiten Vergärungsform, Biochem. Zs. Bd. 121, S. 164 [1921].

entfiele, so bliebe dieser Quotient bis zum Verschwinden der schneller gärenden Form konstant. Dieser Zustand würde in der Abbildung durch 2 Gerade zur Anschauung

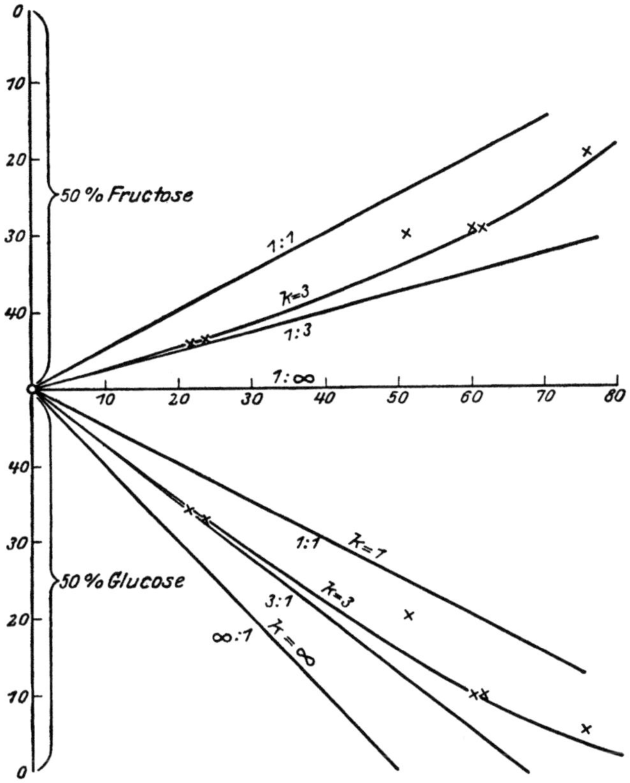

[172] kommen, die in dem Punkt 0 entsprängen und deren untere, abwärts gerichtete, zwischen den beiden eingezeichneten Geraden verliefe, welche die Grenzfälle 1:1 und ∞:1 darstellen (z. B. Gerade 3:1 der Abbildung). Eine solche Annahme ist indessen wenig wahrscheinlich.

Es seien zum Vergleich in einen Behälter 2 Arten von Kugeln eingefüllt, 60 schwerere und 60 leichtere, die durch Schütteln ständig vermischt werden. Aus einer Öffnung sollen 6 Kugeln/Sek. herausfallen und die Verteilung auf die beiden Arten stehe in linearer Abhängigkeit von den Partialkonzentrationen. Die Wahrscheinlichkeit für das Herausfallen einer schwereren Kugel betrage $^2/_3$; es werden also zunächst immer 4 schwere und 2 leichte ausgeworfen. Hierdurch verschieben sich die Anteile in dem Behälter zuungunsten der schwereren Kugeln, so daß nach 10 Sekunden nur noch 20 schwere neben 40 leichten Kugeln vorhanden sind. Infolgedessen vermindert sich die Wahrscheinlichkeit herauszufallen für die schwereren Kugeln; es werden jetzt gleich viele Kugeln, 3 und 3, von jeder Sorte herausfallen. Dadurch verschlechtert sich das Verhältnis weiter zuungunsten der schwereren Kugeln usw.

Für die auswählende Gärung ergeben sich bei Anwendung der Infinitesimalrechnung folgende Ausdrücke:

A. $x = y + z$

x	y	z
Gesamtkonzentration	Konz. d. schnellgärenden Form	Konz. d. langsamgärenden Form

B. $\left(-\frac{dy}{dt}\right) + \left(-\frac{dz}{dt}\right) = -\frac{dx}{dt}$ (konstante Gärgeschwindigkeit).

C. $-\frac{dy}{dt}:-\frac{dz}{dt} = ky:z$, wobei k das Verhältnis der beiden Gärgeschwindigkeiten zu einander bedeutet. Aus Gleichung C. folgt

D. $\frac{dy}{y} = k \cdot \frac{dz}{z}$; hieraus durch Integration:

E. $k \cdot \ln z = \ln y + C$; die unbekannte Integrationskonstante C eliminiert man:

E'. $k(\ln z_0 - \ln z) = \ln y_0 - \ln y$. Die aus

F. $k = \frac{\ln y_0 - \ln y}{\ln z_0 - \ln z}$ berechneten Werte für k bedeuten das Verhältnis der Umsatzgeschwindigkeiten.

„k" zeigte bei dem in der vorhergehenden Abhandlung untersuchten Gemisch keine Konstanz. Es wurde deshalb auch die Annahme rechnerisch geprüft, daß die auswählende Reaktion nicht monomolekular, sondern bi- oder trimolekular in bezug auf das Substrat erfolgt. Auch die auf diesen Grundlagen berechneten Werte für „k" zeigten in dem Falle der beiden Glucosen raschen Abfall im Verlauf der Gärung.

[173] In der Abbildung sind die Schaulinien für $k = \infty$, $k = 3$ und $k = 1$ ausgezogen. Im ersten Falle würde zuerst die eine Form linear verschwinden und erst dann begänne die lineare Gärung der anderen Form. Im letzten Falle verteilt sich der verschwindende Zucker in gleicher Menge auf beide. Für die dazwischen liegenden Fälle gehört zu jedem k eine Kurve, von denen die für $k = 3$ eingezeichnet ist. Das Diagramm verändert sich nicht prinzipiell, wenn die Anfangskonzentrationen der beiden Hexosen von einander verschieden sind.

Auswählende Gärung von Invertzucker.

Die in der vorhergehenden Abhandlung zum erstenmal für Gleichgewichtsglucose beschriebene Erscheinung der auswählenden Gärung ist für den Fall von Invertzucker schon A. P. DUBRUNFAUT[1] bekannt gewesen. Die Glucose wird vorgezogen, was viel später W. L. HIEPE[2] für die verschiedensten Hefen bestätigte. Nur Saccharomyces exiguus und eine von U. GAYON und E. DUBOURG[3] beschriebene Weinhefe zeigten ein umgekehrtes Verhalten. Auch andere Mikroorganismen ziehen vielen Angaben zufolge Glucose vor.

Hingegen wird die Gärung der einzelnen Zucker d-Glucose und d-Fructose meist als gleich schnell beschrieben, was wir sowohl bei unter- wie obergäriger Hefe oft und genau bestätigt fanden.

Bei den isomeren d-Glucosen war die Beobachtung der auswählenden Gärung nur bei besonders beschleunigter Ausführung des Prozesses möglich, denn infolge der raschen Einstellung des Gleichgewichts zwischen beiden Zuckern können bei langsamer Gärung nur die mit 1:1 bezeichneten Kurven zur Beobachtung gelangen. Die bei einer Schnellgärung zum Vorschein kommende Abweichung klingt bereits im Verlauf von 1 bis 3 Stunden nach der Unterbrechung ab.

---

[1] C. R. Bd. 25, S. 307 [1847].

[2] Jl. Fed. Inst. Brew. Bd. 1, S. 288 [1895]; Chem. Zbl. 1897, I, 1241.

[3] C. R. Bd. 110, S. 865 [1890].

Die auswählende Vergärung des Invertzuckers, auf welche [174] die theoretisch abgeleitete Formel angewandt werden soll, ist für die quantitative Verfolgung geeigneter. Die oben erwähnten Schwierigkeiten fallen hier fort, es besteht kein Unterschied zwischen den Restlösungen rascher und langsamer Gärung. Von dem Versuchsmaterial sollen in der Tabelle nur die Ergebnisse angeführt werden; sie wurden durch Kombination der polarimetrischen und reduktometrischen Bestimmungen gewonnen [1].

Tabelle. Unterbrochene Gärung von Invertzucker, bzw. Saccharose [2].

Nr.	Hexose	g Hefe (Tr-Geh.)	CO_2 %	$[\alpha]_D$ (% Fructose)	Restlicher Zucker % Glucose Fructose	Vergorener Zucker % Glucose Fructose	n	k
1	1 g	0,5 (20 %)	33	—51,8° (73,1)	10,4 28,2 und 1,6 Sacch.	38,8 21,0	1,85	**2,83**
2			50	—62,0° (80,3)	4,9 19,7	45,1 30,3	1,49	(2,44)
3	2 g	2 (20 %)	16,6	—26,6° (55,6)	34,7 44,1	15,3 5,9	2,59	**2,90**
4			25	—28,4° (56,8)	33,0 43,6	17,0 6,4	2,81	**3,04**
5	1 g	1 (21 %)	43	—53,7° (74,5)	10,0 29,1	40,0 20,9	1,91	**2,97**
							Mittel a. 4 Vers.	**2,94**
6 [3]	2 g	6 (35,8 %)	45	—34,5° (61,0)	19,1 29,9	30,9 20,1	1,54	1,89

[175] Die Tabelle weist für die oben eingeführte Konstante k gute Übereinstimmung auf; diese wird auch in der Abbildung anschaulich, in der die beobachteten Werte auf die Kurve für $k = 3$ fallen.

Wenn wir diese Erscheinung der auswählenden Gärung zu erklären suchen, so ist zu berücksichtigen, daß Glucose, Fructose und ihr Gemisch mit gleichen Geschwindigkeiten gären. Da nun aus den Versuchen hervorgeht, daß die Hefe das Gemisch von Glucose und Fructose doch auswählend vergärt, so ist es wahrscheinlich, daß im Verlaufe der Gärung eine Teilreaktion langsam genug erfolgt, um auch von Fructose allein erreicht zu werden. Der Vorgang, der die Größe von k bedingt, wird also wohl jener Reaktion vorausgehen, deren Geschwindigkeit gleichbedeutend mit der zu beobachtenden Gärungsgeschwindigkeit ist.

Analoge Betrachtungen gelten für die auswählende Gärung der beiden d-Glucosen.

[1] Vgl. R. WILLSTÄTTER und G. OPPENHEIMER, Diese Zs. Bd. 118, S. 168, und zwar 187 und 188 [1922] (*Abh. 64*).

[2] Die Inversion eilt der Gärung so schnell voraus, daß durch Anwendung der Biose kein Unterschied bewirkt wird.

[3] Fructosegewöhnung. In Versuch Nr. 6 wurde eine auf Fructose gezüchtete Hefe verwendet. Frische Löwenbräuhefe — wie in den übrigen Versuchen — wurde innerhalb 4 Tagen im 10fachen Volumen von sterilisiertem Hefenwasser 3mal mit je 80 % ihres Gewichts (im ganzen mit mehr als dem 10fachen ihres Trockengewichts) an Fructose versetzt. Mit der durch Abzentrifugieren wiedergewonnenen Hefe fanden wir den Geschwindigkeitsquotienten „k“ sichtlich zugunsten der Fructosegärung verschoben.

Zeitschrift für physiologische Chemie 123, S. 176 [1922].

70. ÜBER AUSWÄHLENDE GÄRUNG MIT GALAKTOSEGEWÖHNTEN HEFEN.

Von RICHARD WILLSTÄTTER und HARRY SOBOTKA.

(Mitteilung aus dem Chemischen Laboratorium der Bayerischen Akademie der Wissenschaften in München.)

(Der Redaktion zugegangen am 11. August 1922.)

In der Literatur[1] finden sich zahlreiche Angaben, daß die meisten Hefen, die unvermögend sind, Galaktose zu vergären, durch Züchtung in Lösungen dieses Substrates die Fähigkeit der Galaktosevergärung erlangen. Das Verhältnis der Gärfähigkeit für Galaktose zu jener für Glucose kann durch den Quotienten aus den Halbgärzeiten[2] oder durch das reziproke Verhältnis der entwickelten CO_2-Mengen im Zeitpunkte halber Gärung von Glucose ausgedrückt werden. Diese Verhältnisse erreichen im Verlaufe der Gewöhnung den Wert 1:1 und können ihn bei manchen Hefen zugunsten der Galaktose überschreiten. A. SLATOR erreichte ein Verhältnis von 155:100 für die Anfangsgärgeschwindigkeit, d. i. etwa 65:100 für das Verhältnis der Halbgärzeiten, A. HARDEN und R. V. NORRIS ein solches von 84:100. In unseren Versuchen sank die Halbgärzeit für Galaktose bis auf 75/100 des Wertes für [177] Glucose; freilich war zugleich die absolute Gärkraft der Hefe zurückgegangen.

Durch diese „Übergewöhnungen" wird die Annahme EULERS[1]) in Frage gestellt, daß bei der Galaktosegewöhnung eine „Galaktase" entstehe, welche die Galaktose erst in Glucose, Enolglucose oder ein ähnliches eng mit Glucose verwandtes Produkt verwandle. Gegen eine solche „indirekte" Galaktosegärung dürfte auch — im Sinne der Hardenschen Phosphattheorie — die Untersuchung des von HARDEN und NORRIS beschriebenen Galaktosephosphorsäureesters sprechen.

---

[1] E. F. ARMSTRONG, Proc. R. Soc. Bd. 76, S. 600 (B) [1905]. Chem. Zbl. 1905, II, 1807. A. SLATOR, Journ. Chem. Soc. Bd. 89, S. 128 [1906], Bd. 93, S. 217 [1908]. A. HARDEN und R. V. NORRIS, Proc. R. Soc. Bd. 82, S. 645 (B) [1910]. H. v. EULER und D. JOHANSSON, Diese Zs. Bd. 78, S. 246 [1912]. H. v. EULER, J. LAURIN und A. PETERSSEN, Biochem. Zs. Bd. 114, S. 277 [1921]. R. WILLSTÄTTER und W. STEIBELT, Diese Zs. Bd. 115, S. 211, und zwar 233 [1921] u. a. m.

[2] R. WILLSTÄTTER und W. STEIBELT, a. a. O., und zwar S. 219 (*Abh. 63*).

[1]) H. v. EULER, Chemie der Enzyme. München und Wiesbaden 1920, 2. Aufl. I. Teil, S. 293f.

Daß die Vergärungen von Glucose und Galaktose parallele Prozesse sind, die erst in einem späteren Stadium der Gärung[2] zusammenfallen, geht am besten aus Gärungsversuchen mit Zuckergemischen hervor, die wir analog den Versuchen der beiden vorhergehenden Abhandlungen angestellt haben. Sie ergaben, daß sich das Verhältnis der Gärgeschwindigkeiten im Gemisch wesentlich zugunsten schnellerer Glucosegärung von dem Geschwindigkeitsverhältnis der Einzelgärungen unterscheidet. Das Verhältnis der vergorenen Zuckermengen unterliegt hier zwei einander entgegengerichteten Einflüssen. Einerseits verschiebt sich dieses Verhältnis parallel der Anreicherung der langsamer verschwindenden Substanz zu deren Gunsten, wenn der Quotient der beiden Gärgeschwindigkeiten (k) konstant ist[3]. Entgegen wirkt andererseits die Regeneration des Glucosegärvermögens infolge der Gegenwart dieses Zuckers. Dieser Einfluß konnte nicht genau bestimmt werden. Er kann sich aber keinesfalls so schnell geltend machen, daß er das Verhältnis 80:100 in ein Verhältnis umkehrt, welches durch $k = 1000:100$ ausgedrückt wäre.

Der Erscheinung, daß eine an Galaktose gut gewöhnte Hefe Galaktose allein schneller als Glucose allein vergärt, in einem Gemisch beider Zucker dagegen die Glucose vorzieht, genügt folgendes kinetisches Schema:

[178]

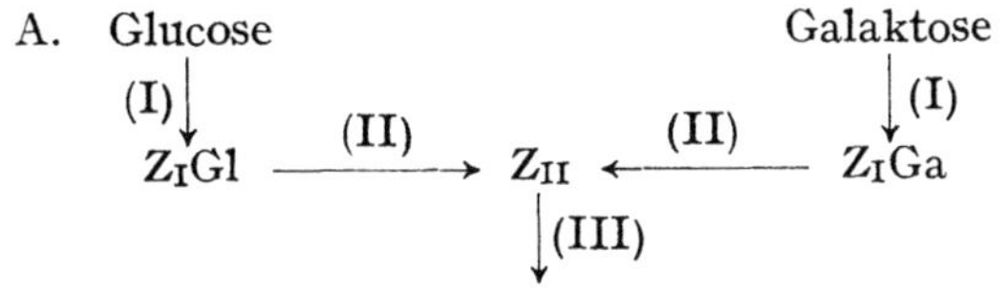

1. Bei den Einzelgärungen seien die Reaktionen (I) die kontrollierenden, die langsamsten Reaktionen. Durch die Anpassung ist die Hefe in den Stand gesetzt worden, diese Reaktion mit Galaktose schneller als mit Glucose vorzunehmen; infolgedessen raschere Galaktosegärung.

2. Im Gemisch befinden sich beide Substrate in nur halb so großer Einzelkonzentration. Dadurch ist die in doppelter Konzentration zu bewältigende Reaktion (III) zur limitierenden geworden, und sie hängt von der Konzentration des gemeinsamen Zwischenproduktes Z_{II} ab. Dieses entsteht aus den Zwischenkörpern Z_IGl und Z_IGa mit verschiedener, für das Glucosederivat größerer Geschwindigkeit. Die Glucose wird also schneller gären, wenn auch die mit (I) bezeichneten Vorgänge im Galaktosesystem rascher erfolgen. Dieser Art läßt sich die Umkehrung jenes Verhältnisses erklären, während Schema B die Möglichkeit, daß Galaktose schneller als Glucose vergoren wird, und die beiden Schemata B und C, welche H. v. EULERS Auffassung wiedergeben, den obigen Effekt unerklärt lassen.

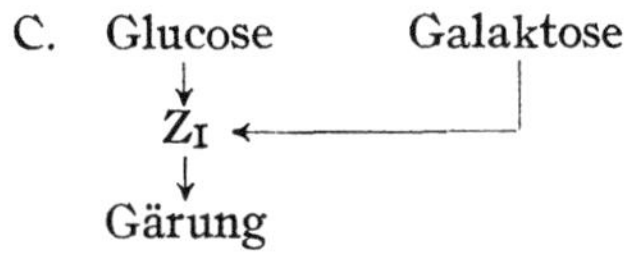

Experimentelles.

Für unsere Versuche diente Unterhefe aus der Münchener Löwenbrauerei sowie obergärige Hefe der Sinner A. G. in Grünwinkel bei Karlsruhe. Als Gewöhnungslösung diente ein Hefendekokt, welches vor und nach dem Galaktosezusatz sterilisiert wurde. Die Kulturen standen bei ca. 25°.

[2] Vgl. M. TOMITA, Biochem. Zs. Bd. 121, S. 164 [1921].

[3] Siehe die (*voranstehende*) Abh. „Über auswählende Gärung von Zuckergemischen".

1. Einzelgärungen wurden nach den Bedingungen der Halbgärzeitdefinition ausgeführt. Die aufeinanderfolgenden Stufen einer Gewöhnungsreihe mit Brauereihefe führten zu überlegenem Galaktosegärungsvermögen, wie aus der Tab. 1 hervorgeht.

Das Verhältnis der Gärgeschwindigkeiten bleibt während der Gärung nicht gleich. Zu Anfang wächst es zugunsten [179] der Glucosegärung infolge der erwähnten

Tabelle 1. Galaktosegewöhnung von Löwenbräuhefe.

Hefe	Halbgärzeit für Galaktose (in Minuten)	Halbgärzeit für Glucose (in Minuten)	Verhältnis der Halbgärzeiten Gal. : Gluc.	Verhältnis der CO_2-Vol. bei Glucosehalbgärzeit Gluc. : Gal.
Löwenbräu	∞	150—200	—	—
Gal. I	650	235	280 : 100	300 : 100
Gal. II	400	295	135 : 100	140 : 100
Gal. III	600	485	125 : 100	120 : 100
Gal. IV	720	860	80 : 100	—
Gal. V	ca. 930	ca. 1230	75 : 100	—

Tabelle 2. Unterbrochene Gärung von Glucose-Galaktose-Gemisch.

Hefe	Dauer	CO_2	Gärungsrestlösung			Vergoren Gluc. Gal.	n	k
			Bertr. best.	$[\alpha]_D$	Gluc. Gal.			
	Min.	%	%		%	%		
Gal. III	185	27	59,5	72,3°	16,9 42,6	33,1 7,4	4,47	6,77
Gal. III	305	50	27,0	95,3° [1]	—	—	—	—
Gal. IV	900	89	12,0	83,4° [1]	—	—	—	—
Gal. V	720	46	45,6	76,8°	5,5 40,1	44,5 9,9	4,49	10,00
Sinner Gal. gew.	390	30	56,9	73,7°	13,3 43,6	36,7 6,4	5,73	9,66

Regeneration. Im ersten Drittel der Glucosegärung erreicht es sein Maximum und fällt dann erst nach dem zweiten Drittel, sobald sie hinter dem linearen Verlauf zurückzubleiben beginnt, allmählich ab. [180] Die in der Tabelle angeführten beiden Ausdrücke geben ein gutes Bild des durchschnittlichen Verhältnisses der beiden Geschwindigkeiten.

2. Gemischgärungen. Mit den galaktosegewöhnten Hefen der angeführten Versuchsreihe und mit einer obergärigen Hefe, die in den Einzelgärungen ungefähr das Verhältnis 300:100 erreichte, sind die in der Tab. 2 zusammengestellten Gärungen von Glucose-Galaktose-Gemischen (0,5 g Glucose + 0,5 g Galaktose) ausgeführt worden. Im Zeitpunkte der Halbgärung war die Glucose aufgebraucht. Unterbrach man die Gärung früher, so ergaben sich für den Geschwindigkeitsquotienten k trotz Übergewöhnung der Hefe Werte entsprechend 6- bis 10fach überwiegendem Glucosegärvermögen.

[1] Für höhere Vergärungsgrade überschreiten die $[\alpha]_D$-Werte den Wert 80,2° für reine Galaktose. Man wird hier neben Anreicherung dieses Zuckers das Entstehen stärker rechts drehender, nicht oder weniger reduzierender Neben- oder Zwischenprodukte anzunehmen haben.

Zeitschrift für physiologische Chemie 134, S. 1 [1924].

71. ZUR KENNTNIS DER TROCKENHEFE.

Von HARRY SOBOTKA*.

(Mitteilung aus dem Chemischen Laboratorium der Bayerischen Akademie der Wissenschaften in München.)

Mit 2 Abbildungen im Text

(Der Redaktion zugegangen am 20. November 1923.)

Die Untersuchung der Vergärung von Zuckerlösungen durch Trockenhefe verspricht dank ihrer scheinbaren Mittelstellung zwischen Zellgärung und zellfreier Gärung zur Aufklärung des Mechanismus alkoholischer Gärungen beizutragen. Die folgenden Versuche sollen die quantitativen Verhältnisse bei der Gärung mit Trockenhefe kennen lehren; ferner haben sie den Zusammenhang von Stärke und Verlauf dieser Gärung mit den Bedingungen zum Gegenstand, unter welchen die Trocknung stattfand. Deren Extreme, zwischen die zahlreiche Abstufungen eingeschaltet wurden, bildete einerseits langsame Trocknung bei normaler Temperatur, andererseits Behandlung mit einem so scharfen Trockenmittel wie Aceton oder Einspritzung in einen heißen Luftstrom.

Gärungen mit Trockenhefe bieten ein typisches Bild: Nach Ablauf einer mehr oder minder scharf ausgeprägten Induktionsperiode beginnt die Kohlendioxydentwicklung, sie steigt bis zu einem Maximum pro Zeiteinheit, welches sie bis zum Verschwinden der Hauptmenge des Zuckers beibehält. Als nächstliegende Erklärung bietet sich die Annahme, daß die trockenen Zellen in der Zuckerlösung erst allmählich ihre Gärkraft wieder gewinnen.

[2] E. ABDERHALDEN[1], der Trockenhefegärungen mit noch längeren Induktionszeiten beschreibt, als hier beobachtet werden konnten, führt diese Erscheinung auf das Aufleben und in Erweiterung dieser Erklärung auf das Sprossen der überlebenden Zellen zurück.

Aus den Gärungskurven lassen sich für jede Trockenhefe graphisch zwei Daten gewinnen: die Dauer der Induktion und die definitive Gärgeschwindigkeit.

* *Auszug aus der unter meiner Leitung ausgeführten Inauguraldissertation, München 1922.*

[1] E. ABDERHALDEN und A. FODOR, Fermentforschung Bd. 5, S. 138, und zwar S. 147 [1921/22].

Dieser doppelten Mannigfaltigkeit an charakterisierenden Daten entsprechen zwei nicht voneinander abhängige Eigenschaften der Trockenhefen.

Die Gärgeschwindigkeit, verglichen mit der Gärgeschwindigkeit derselben Hefe in frischem Zustand, gibt die Zymaseausbeute an und wird weiterhin zum Vergleich mit dem Betrage freier Zymase dienen können, den der Macerationssaft aus derselben Trockenhefe enthält. Der Quotient der Gärkraft getrockneter und frischer Hefe ist ferner gleich dem Prozentsatz lebender Zellen in dem untersuchten Präparat, die allenfalls neugebildeten Zellen inbegriffen, unter der Annahme, daß erstens bloß die lebenden Zellen den Zucker angreifen und daß zweitens die einzelne Zelle die gleiche Gärkraft wie vor der Wasserentziehung wiedererlangt; dabei wird vorausgesetzt, daß innerhalb der untersuchten Konzentration die Gärkraft proportional der Anzahl lebender Zellen ist; dies wurde in einem Kontrollversuch für die fraglichen Konzentrationen lebender und getrockneter Hefe bestätigt.

Bei der langsamen Trocknung einer Brauereihefe behielt z. B. nur ein Zehntel der Zellen seine Gärkraft, die widerstandsfähigere Bäckereihefe blieb dagegen zu einem guten Dritteil unzerstört. In dem warmen Luftstrom des Faust-Heimschen Apparates konnte ein Viertel der Zellen von Unterhefe konserviert werden und durch Zerstäubung in eine geheizte Kammer oder durch die plötzliche Wasserentziehung durch Aceton wurde bei verschiedenen Hefeproben ein Fünftel bis über ein Drittel des Pilzes in gärfähigem Zustand fixiert.

[3] Wie tiefgreifend jedoch die einzelne Zelle durch die Trocknung verändert ist, wird durch die Dauer der Induktion angegeben. Jene Zellen, die nicht irreversibler Zerstörung anheimfielen, benötigen je nach der Intensität der Trocknung verschiedene Zeiten, um nach Quellung der Membran auch in ihrem plasmatischen Innern jenen Mindestbetrag von Feuchtigkeit aufzunehmen, der ihr Zymasesystem wieder in Funktion treten läßt. Die Wiederaufnahme des Wassers erfolgt bei den langsam getrockneten Hefen im allgemeinen schnell, langsam aber bei jenen, deren Zellmembran durch plötzliche und intensive Trocknung, vielleicht bei Acetonhefen speziell durch chemische Einwirkung, besonders schwer quellbar geworden ist. Die untersuchte Bäckereihefe war der Feuchtigkeit in jedem Fall schwerer zugänglich als die ebenso behandelte Brauereihefe; dieses Verhalten hat in der dickeren, schon ursprünglich widerstandsfähigeren Membran der Bäckereihefe seinen Grund.

Für die Dauer der Induktion ist nächst der Methode der Trocknung und dem Typus der Hefe auch die Hefekonzentration des Gärversuches wichtig. Nicht nur, daß mit der Hefekonzentration die Anzahl der lebenden Zellen und damit die Gärkraft wächst — auch die Konzentration der lebensunfähigen Zellen steigt und erreicht Beträge, bei denen bereits Maceration[1] auftritt und den überlebenden Zellen organische Substanz zur Ernährung und zur Fortpflanzung darbietet. In diesen Fällen mag auch eine zellfreie Saftgärung nebenher laufen, worauf weiter unten anläßlich der Wirkung von Narkoticis zurückzukommen sein wird.

Es scheint übrigens, ebenso wie beim Verhalten kleiner Mengen Frischhefe gegen Zuckerlösungen, einen Schwellenwert für die Hefekonzentration zu geben, unterhalb dessen der Zuckerverbrauch nicht der Gärung, sondern nur der Substanzvermehrung des Pilzes zugute kommt.

[1] A. v. LEBEDEFF, Ann. Inst. Past. Bd. 25, S. 682, Tab. I und Bd. 26, S. 8 [1912]. — Auch Acetonhefe gibt mit der 3fachen, ja auch noch mit der 7fachen Menge Wasser einen gärfähigen Macerationssaft.

Je feiner die Hefe bei der Trocknung verteilt war und je einheitlicher infolgedessen ihr Trocknungsgrad ist, desto schärfer wird die Induktionsperiode gegen die Gärung absetzen. Wenn die Zellen eines Präparates in verschiedenem Grade ihrer Vitalität beraubt sind, so wird diese auch in entsprechender Weise wiedergewonnen, so daß bei Betrachtung der [4] Gesamtheit der Hefezellen die Gärkraft ohne deutliche Ruhepause allmählich bis zu einem Höchstwert anwächst.

Wenn die ausgegorene Lösung rechtzeitig von neuem mit Zucker versetzt wird, so beginnt die Gärung sofort, allerdings ist dabei der schädliche Einfluß des bereits vorhandenen Alkohols zu berücksichtigen. Wenn man zwischen dem Verschwinden der ersten und dem Zufügen der zweiten Zuckerdosis der Hefe Zeit gibt, zu degenerieren, so muß sich erst von neuem lebende Hefe über das erwähnte Minimum hinaus entwickeln, so daß eine abermalige Induktion auftritt. Inkubation der Trockenhefe in einer Zuckerlösung veranlaßte eine Verkürzung der Induktionsdauer bei der folgenden Gärbestimmung der abfiltrierten Hefe [1].

Auch Vorquellung in Wasser verkürzt nach ABDERHALDEN[2] die Induktion bei der Gärung von hinzugefügtem Zucker. Trennt man jedoch die Hefe von dem dabei verwendeten Wasser und führt sie in eine Zuckerlösung über, so erzielt man keinen Erfolg, da der Hefe durch diese Vorbehandlung ein großer Teil des Koenzyms entzogen wird [3].

Um das Schicksal des Kohlehydrates während der Inkubation bzw. während der Induktionsperiode kennen zu lernen, wurden Gärungen mit einer lang und scharf induzierenden Trockenhefe angesetzt und in verschiedenen Zeitpunkten unterbrochen. Die Analyse der Restlösung gab größere Abweichungen im Zuckergehalt zwischen der polarimetrischen und reduktometrischen Methode, als man bei Gärungen mit Frischhefe zu finden pflegt. Diese Differenzen gehen auf das Austreten linksdrehender Substanzen aus der Hefe zurück [4]. In welchem Maße beide analytischen Methoden durch Reaktion zwischen Kohlehydrat und Eiweiß [5] verfälscht werden, ist eine ungeklärte Frage, mit der es sich in dem Spezialfall der Trockenhefe [5] nicht anders als sonst verhalten dürfte. Die Ergebnisse dieser Unterbrechungsversuche waren infolge der erwähnten Fehlerquellen nicht einheitlich.

Trotzdem lassen sie erkennen, daß zu Anfang der Induktion im Gärgut Ruhe herrscht. Hierauf beginnt der Zucker zu verschwinden, ohne daß sogleich Kohlendioxyd entwickelt wird. Die Gasentwicklung beginnt meist erst nach einiger Zeit und erreicht um so geringere Beträge, je später sie einsetzt.

Verschwinden von analytisch nachweisbarem Zucker ohne äquivalente Entbindung von CO_2 findet bei jeder Gärung statt. Während aber nach unveröffentlichten Versuchen dieses „Zuckerdefizit" bei frischen Hefen selten 15% der ursprünglichen

---

[1] Vgl. ABDERHALDEN, a. a. O. S. 146, Versuch 7.

[2] Vgl. ebenda S. 145.

[3] Vgl. H. v. EULER und K. MYRBÄCK, Diese Zs. Bd. 117, S. 28 [1921] und H. v. EULER und S. KARLSSON, ebenda Bd. 123, S. 90 [1922].

[4] R. O. HERZOG und O. SALADIN, Diese Zs. Bd. 73, S. 263, und zwar S. 265 [1911].

[5] N. N. IWANOFF, Biochem. Zs. Bd. 120, S. 1, und zwar S. 51 [1921]; S. KOSTYTSCHEW und W. BRILLIANT, Diese Zs. Bd. 127, S. 224 [1923].

Substratkonzentration erreicht, wird diese Zahl bei Trockenhefegärungen oft überschritten. Da der verschwindende Zucker offenbar dem inneren Stoffwechsel der Zelle dient, so kann der Mehrverbrauch bei den Trockenhefen hinreichend mit deren besonderen Bedürfnissen, der Ergänzung des oft sehr geringen Glykogengehaltes, insbesondere aber mit dem Substanzbedarf zum Aufbau der von ABDERHALDEN festgestellten sprossenden Tochterzellen erklärt werden.

Das Anwachsen des Zuckerdefizits bis 50% bei Vergrößerung (Verdreifachung) der Trockenhefekonzentration zeigt deutlich, daß es sich um einen Kohlehydratverbrauch des Pilzes handelt, nicht um ein bloß zeitweiliges Verschwinden des Zuckers infolge eines abnormalen Gärungsmechanismus.

Die Auffassung, daß die Gärung der Trockenhefe nicht prinzipiell von der Gärung frischer Hefe verschieden ist, wurde durch eine Reihe weiterer Versuche unterstützt: Wenn Trockenhefe auf die am Ende des exp. Teils geschilderte Art und Weise zerrieben wurde, so daß unter dem Mikroskop nur mehr vereinzelte Zellen in unzerstörtem Zustand erkennbar waren, so wies diese Trockenhefe eine viel schlechtere Gärkraft und eine viel längere Induktion als die unzerriebene Hefe auf, ein Resultat, das nicht durch die Gärung mittelst freier Zymase erklärt werden kann. Ein freies Enzym müßte im Gegenteil durch die Zerreißung der Zellen für das Substrat zugänglicher geworden sein.

[6] Gegen die Gärwirkung freier Zymase in Trockenpräparaten spricht schließlich gerade die oftmals dafür angeführte Wirkung der Narkotica. In ihrem Verhalten diesen gegenüber steht die Trockenhefe neben der lebenden Hefe, während die freie Zymase des Macerationssaftes große Konzentrationen von Toluol usw. verträgt. Die häufig angegebenen graduellen Unterschiede in der Empfindlichkeit zwischen frischer und getrockneter Hefe beruhen darauf, daß die letztere wegen ihrer geringeren Gärkraft und infolge ihres etwa 4mal so großen Trockengehaltes stets in größeren Konzentrationen angesetzt wird. Da nun alle Zellen, nicht nur die gärfähigen, ihren Anteil an Narkoticum aufnehmen, so wirkt nur der dem Bruchteil an lebenden Zellen proportionale Prozentsatz des Anästheticums der Gärung entgegen, der überwiegende Teil wird von den ohnedies gärungsunfähigen* Zellen adsorbiert bzw. festgehalten. Die Menge des Zellgiftes muß also nicht nach der zu unterdrückenden Gärkraft, sondern nach der bei den Trockenhefegärungen viel größeren Konzentration an Hefetrockensubstanz bemessen werden.

Unter dieser Annahme reicht das auch bei lebender Hefe notwendige Minimum aus. Die Konzentrationen des Antisepticums werden aber meist viel zu niedrig gewählt. Wenn E. BUCHNER[1] oder neuerdings F. HAYDUCK und H. HAEHN[2] sowie letzterer und H. SCHIFFERDECKER 0,2 ccm bzw. 15 Tropfen Toluol auf 2 g Trockenhefe anwenden, so entspricht dies 0,05 ccm Toluol auf 2 g Frischhefe bzw. 0,2 ccm auf 8 g Frischhefe, Bedingungen, unter denen Gärung stattfindet; ein Vergleich mit

* *Im Original steht wohl infolge Druckfehlers „gärungsfähigen“.*

[1] Die Zymasegärung, München 1903, S. 271.

[2] Biochem. Zs. Bd. 128, S. 568, und zwar S. 574 [1922]; Bd. 138, S. 209 [1923].

0,2 ccm Toluol auf 1 g lebende Hefe, also gleich viel Toluol auf den 8. oder 10. Teil Trockensubstanz ist irreführend. Auch 5 ccm thymolgesättigtes Wasser auf 25 ccm und 1 g Trockenhefe[3] sind unzureichend.

Es gelang mir stets, Gärung von Trockenhefe, die in einem Parallelversuch erwiesen wurde, durch Zusatz von 1 ccm Toluol [7] pro Gramm Trockenhefe in 20 ccm zu verhindern oder auf die anfängliche Entwicklung von wenigen Prozenten der theoretisch zu erwartenden Kohlensäuremenge zu beschränken.

Eine andere Ursache für Trockenhefegärung in Gegenwart von Zellgiften kann die durch zu große Hefekonzentration ermöglichte Maceration sein, die durch Antiseptica nicht hintangehalten wird (vgl. S. 3, 1. Absatz des Kleingedruckten). Der entstehende Saft beginnt allmählich den Zucker zu vergären, z. B. ergab Acetonhefe bei längerer Inkubation mit der 3fachen und 6,6fachen Wassermenge einen, wenn auch schwachen Lebedewsaft. Wenn man Saft und Rückstand beisammen läßt und dann Zucker hinzufügt, so setzt sich der Gärungsverlauf deutlich aus zwei Komponenten zusammen: einer Saftgärung von ähnlicher Stärke wie in dem Versuch ohne den Rückstand und einer Acetonhefegärung mit ähnlicher Induktionsdauer wie sonst und darauffolgendem steilen Gärungsanstieg.

Vergleicht man das Verhalten der Zymase mit dem der anderen in der Trockenhefe latenten Enzyme, so zeigt sich, daß die Zymase und die der Autolyse dienenden Enzyme nicht sofort in Wirksamkeit treten, sobald die Zelle mit Wasser in Berührung tritt. Die verwickelte Zusammenarbeit dieser Enzymgruppen verlangt einen gewissen Lebensgrad der Zellen, die einfachen biosespaltenden Enzyme und die Carboxylase wirken dagegen, sowie ihnen ihr Substrat zugeführt wird, ohne Abhängigkeit von dem Zustande der übrigen Zellbestandteile. Von den Macerationsenzymen unterscheidet sich die Zymase dadurch, daß sie nicht nur Quellung, sondern auch Ernährung der Zelle fordert, und besonders dadurch, daß ihre Wirkung durch Toluol und ähnliches aufgehoben wird. Diese Empfindlichkeit ist der durch Quellung regenerierten Trockenhefe mit der frischen Hefe gemeinsam und weist auf die Verankerung des Enzyms im Plasma in beiden Fällen hin[1]).

Ein weiteres Argument dafür, daß die Zymase in der Trockenhefe nicht freiliegt, ist der Umstand, daß sie sich nicht [8] ohne weiteres aus jeder Trockenhefe auswaschen läßt, sondern nur aus manchen nach LEBEDEWS Verfahren extrahiert werden kann, nämlich aus jenen Hefen, welche den zur Loslösung des Zymasekomplexes erforderlichen Enzymapparat besitzen.

Die zu einfache Buchnersche Annahme einer freien Zymase in der lebenden Zelle, die nach Zerreißung derselben einfach in Lösung geht, ist heute allseits verlassen und die von R. WILLSTÄTTER ausgesprochene Erkenntnis, daß das Invertin, welches man früher für löslich hielt, erst enzymatisch freigelegt werden muß[1]], legt einen

[3] H. v. EULER und S. KULLBERG, Diese Zs. Bd. 73, S. 92 [1911].

[1]) Vgl. EULER, Chemie der Enzyme, 2. Aufl. 1921, I, S. 164: „Gegen Antiseptica sind die Hefenenzyme in dem Maße unempfindlich, als sie vom lebenden Plasma befreit sind."

[1]] R. WILLSTÄTTER und F. RACKE, Liebigs Ann. der Chem. Bd. 427, S. 111 [1921/22].

Analogieschluß für die Zymase nahe. Während aber das Invertin trotz seiner Bindung an das tote Plasma gewisser Trockenhefen wirkt, ist die Zymase infolge ihrer verwickelten Zusammensetzung in ihren Bedingungen wählerischer. Nur einzelne ihrer Komponenten, z. B. die Phosphatese, falls man diese als Bestandteil des Gärsystems gelten lassen will, sind gleich der Saccharase schon in dem latenten Lebenszustand der ausgetrockneten Zelle wirksam.

Wenn H. v. EULER und B. AF UGGLAS[2] schreiben:

„... die Zymase ist in der lebenden Hefezelle als Komplex ganz oder teilweise an das Protoplasma gebunden; wird die vitale Tätigkeit der Zelle dauernd oder zeitweilig aufgehoben, so wird auch die gärungserregende Gruppe des Protoplasmas, also die an das Protoplasma gebundene Zymase, inaktiviert; wirksam bleibt nur derjenige Teil des Gärungsenzyms, welcher frei ist, oder bei der Entwässerung im Vakuum oder durch Alkohol freigemacht wird. . ."

—, so entspricht die erste Möglichkeit dieser Alternative der Wirklichkeit: Die Zymase ist ganz an das Plasma gebunden. Die gezwungene Annahme eines gleichzeitigen zwiefältigen Zustandes der Zymase in der Zelle erscheint als ein Kompromiß zwischen der neueren Erkenntnis und der veralteten Buchnerschen Theorie.

Was den Nachsatz über die Freimachung des Gärungsenzyms bei der Entwässerung betrifft, so wird diese von EULER [9] auch an anderer Stelle geäußerte Anschauung[1]) häufig in der Literatur angetroffen. Es ist jedoch schwer vorstellbar, daß die Zymase innerhalb der kurzen Zeitspanne, während deren die plötzliche Fixierung der Zelle bei den angewandten scharfen Methoden (Aceton, Krauseapparat) eintritt, vom Plasma abgelöst wird. Aber auch bei der langsam verlaufenden Trocknung nach A. v. LEBEDEW ereignen sich nur Vorgänge vorbereitender Natur. Sie dienen bloß der Konservierung der freilegenden[2]) Enzyme, sind aber nicht imstande, den Zymasekomplex abzuspalten. Erst die enzymatischen Reaktionen während der Maceration bzw. während des Preßverfahrens sind so tiefgreifend, daß die Zymase vom Protoplasten, ohne dessen Vitalität sie nicht die nötigen Wirkungsbedingungen erhält, getrennt wird und dann, unempfindlich gegen Narkotica, als freie Zymase bezeichnet werden kann. Es ist unzweifelhaft, daß diese freie Zymase aus jenen Bestandteilen des Plasmas stammt, die in der lebenden Zelle den gesamten zymatischen Komplex gebunden enthalten.

Vor allem unter Hinweis auf die geringere Empfindlichkeit gegen Narkotica wird die Gärung mittels Trockenhefe gleich der Gärung mittels der aus ihr bereiteten Macerationssäfte freier Zymase zugeschrieben. Diese Auffassung muß nach den vorliegenden Betrachtungen und Versuchen ebenso wie nach den erwähnten ABDERHALDENschen Untersuchungen als irrig bezeichnet werden. Der Ausdruck „freie Zymase"

[2] Diese Zs. Bd. 70, S. 279 [1911]; vgl. EULER, Chemie der Enzyme, 2. Aufl., I, S. 164, München 1920.

[1]) H. v. EULER und K. MYRBÄCK, Diese Zs. Bd. 117, S. 27 [1921]: „. . . Ferner ist früher darauf aufmerksam gemacht worden, daß die Gärwirkung von Hefepräparaten, in welchen lebende Zellen keine Rolle spielen, sehr klein ist im Vergleich zur Gärwirkung der normalen Hefezellen. Es ist betont worden, daß die Gärkraft der Trockenhefen zu der Annahme zwingt, daß bei der Trocknung ebenso wie beim Auspressen von Gärsaft ein beträchtlicher Teil der Zymase vom Protoplasma getrennt wird, weshalb offenbar Trockenhefe durch Toluol oder Chloroform erheblich weniger beeinflußt wird als frische Hefe. . ."

[2]) R. WILLSTÄTTER und F. RACKE, a. a. O.

sollte auf die zellfreien Säfte beschränkt werden und man muß letzterem Forscher darin beistimmen, daß „die Leistung der Trockenhefe ausschließlich auf lebende Zellen zurückzuführen ist."

[10] Das Zymasesystem innerhalb der Zelle wirkt, sei es mechanisch oder chemisch an das Plasma gebunden und zwar derart gebunden, daß seine einzelnen Komponenten an jener Stelle des Zellkörpers verankert und lokalisiert sind, wo das Milieu — Acidität, Lage der adsorptionsfähigen Gruppen des Plasmas usw. — ihnen speziell günstig und durch die osmotischen Verhältnisse der Umsatz der Zwischenprodukte, wie in einem Betrieb mit Arbeitsteilung, passend organisiert ist[1]. Werden diese organischen Zusammenhänge durch gewaltsame Eingriffe zerstört, so wäre die Wirkung selbst dann auf einen Bruchteil reduziert, wenn alle Enzymkomponenten in unbeschädigtem Zustande in ursprünglicher Menge vorhanden wären, wie dies in einem idealen Macerationssaft der Fall sein müßte, der dennoch nie die Menge frischer Hefe, aus welcher er gemacht wurde, ersetzen können wird. Bei der Trockenhefe ist diese geordnete Funktion der organisierten Zymase durch den Wassermangel lahmgelegt und sicherlich ein gewisser Teil des Enzymbestandes irreversibel zerstört. Da der Zellinhalt aber im trockenen Zustand fixiert ist, kann es nicht einmal zu einer zwar geschwächten und ungeordneten, aber wenigstens freien Kooperation der Teilenzyme kommen. Deshalb kann Trockenhefe als solche nicht gären.

Experimenteller Teil.

Hefetrocknung.

Um die Gärungen verschiedener Trockenhefen, deren Unterschiede und deren Gemeinsamkeiten kennen zu lernen, verglich ich eine Brauerei- mit einer Bäckereihefe und variierte die Bedingungen der Trocknung in weitgehendem Maße. Es gelangte Unterhefe von der Münchener Löwenbrauerei zur Verwendung, ferner käufliche Bäckerhefe von Sinner A.-G. in Grünwinkel b. Karlsruhe, sowie ein „Florylin" genanntes Trockenpräparat.

[11] Die untersuchten Trockenhefen wurden nach den folgenden Methoden dargestellt:

Die Hefen Nr. 3, 3a, 4 und 6 wurden in etwa 5 mm hoher Schicht auf poröser Unterlage (Filtrierpapier; vgl. F. Hayduck und O. Bulle[1]) ausgebreitet, 3 und 3a bei Zimmertemperatur, 4 und 6 bei einer Temperatur von 30 bis 35°. Die Trocknung erforderte 48 bis 72 Stunden. Die Temperatur der Trocknung scheint für die Gärkraft der Trockenhefe nicht so wesentlich zu sein, wie sie es für die Gärkraft der aus den Trockenhefen bereiteten Macerationssäfte ist.

Die Hefen Nr. 5 und 5a wurden im Faust-Heimschen Apparat 6 Stunden lang einem lebhaften Luftstrom von 28 bis 35° ausgesetzt. Die Trocknung war nicht sehr

[1] Eine ähnliche Anschauung äußerten kürzlich H. Haehn und H. Schifferdecker, a. a. O. S. 264.

[1]) Wochenschr. f. Brauerei Bd. 29, S. 489 [1912].

radikal, so daß die Hefe nach einigen Wochen einen säuerlichen, verdorbenen Geruch aufwies. Bei manchen Acetonhefen wiederholte sich diese Erscheinung.

Die Hefen Nr. 7 und 8 konnten dank dem freundlichen Entgegenkommen der Versuchsanstalt der Krause A.-G. in München unter der Leitung von Dr. SIEGENS nach dem Krauseverfahren getrocknet werden[2]. Bei einem Versuch wurden beispielshalber 3 kg Hefe von 30% Trockengehalt mit Wasser auf 18 l verdünnt, diese 5proz. Lösung wurde im Verlauf von etwa 4 Stunden in die durchschnittlich 50grädige Luft der Trockenkammer zerstäubt.

Zur Darstellung von Nr. 9 wurden 500 g Frischhefe innerhalb 20 Minuten mit 4 l Aceton versetzt, so daß dessen Konzentration bei der Vermischung mit dem Zellsaft erst allmählich wuchs. Das hellgelbe Produkt wurde abgenutscht, mit Äther gewaschen und in dünner Schicht auf Filtrierpapier getrocknet. Die Dauer der Acetonbehandlung erwies sich als irrelevant.

Nr. 9a. Um noch milder zu verfahren, wurde die Hefe vor dem sukzessiven Acetonzusatz mit Wasser auf das Doppelte verdünnt und so leichter durchmischbar gemacht.

Weniger schonungsvoll als diese beiden Darstellungsweisen [12] ist die Vorschrift von R. ALBERT, E. BUCHNER und R. RAPP[1]), nach welcher die Trockenhefe Nr. 10 dargestellt wurdn. Die Hefe wurde sofort in den 6- bis 10fachen Überschuß von Aceton eingetragen. Die Gärung mit Hefe 9 und 9a weist keinen erheblichen Unterschied auf, dagegen ist die Differenz zwischen 10 und 9 deutlich wahrnehmbar.

Nr. 11, „Florylin", wird nach dem Olhaverschen[2]) oder einem ähnlichen technisch gebräuchlichen Verfahren hergestellt. Das Präparat war 7 Jahre alt.

Mangelhafte Zerteilung der Frischhefe führt bei den langsameren Trockenmethoden (Nr. 3 bis 6) zur Knollenbildung. Innerhalb einer schnell getrockneten Kruste entstehen autolytische Herde, da das eingeschlossene Wasser nicht abziehen kann, und so bildet sich ein heterogenes, zum Teil enzymatisch „angeätztes" Produkt; durch Absieben der größeren Knollen kann dies einigermaßen gutgemacht werden.

Um eine feine Verteilung der Hefe zu erreichen, wurde versucht, die Hefe, wie es H. P. BARENDRECHT[3]) empfiehlt, mit Kieselgur zu verdünnen (Nr. 3a und 5a). Diese Behandlung zeitigte keinen einheitlichen Erfolg. Allzu feine Verteilung der Hefe, wie sie beim Krauseverfahren erzielt wird, beeinträchtigt die Haltbarkeit, da die große Oberfläche Oxydation und Feuchtigkeitsaufnahme begünstigt.

Gärbestimmung.

Der Verlauf der Gärung wurde volumetrisch nach den Angaben von R. WILLSTÄTTER und W. STEIBELT[4]) beobachtet. Die Gärkölbchen wurden in einer mittels Wasserturbine betriebenen Schüttelvorrichtung in einem Thermostaten von $30 \pm {}^1/_2{}^\circ$ befestigt. Gummischlauch wurde im Vakuum mit geschmolzenem Paraffin imprägniert. Mit einem möglichst kurzen Stück davon wurde das Gärkölbchen und das Queck-

[2] Zs. f. angew. Chem. Bd. 35, S. 533 [1922].
[1]) Chem. Ber. Bd. 35, S. 2376 [1902]. [2]) D. R. P. 257176.
[3]) Zs. physikal. Chem. Bd. 49, S. 465 [1904].
[4]) Diese Zs. Bd. 115, S. 211, und zwar S. 222 [1921] (*Abh. 63*).

silbergasometer verbunden. Dessen Überlaufvorrichtung war [13] durch ein Gewinde genau auf den Quecksilberspiegel des Hauptgefäßes einstellbar, so daß die Ablesungen auf $\pm {}^{1}/_{2}$ ccm genau waren.

Das theoretisch mögliche Volumen CO_2 wurde jeweils aus Druck und Temperatur berechnet und schwankte in engen Grenzen um einen Mittelwert von 290 ccm aus 1 g Hexose. Die von WILLSTÄTTER und STEIBELT gegebene Definition der ,,Halbgärzeit''[1] wurde dem vorliegenden Thema durch Verfünffachung der angewandten Hefentrockensubstanz von 0,2 g auf 1,0 g angepaßt. Diese Menge Trockenhefe wird mit 1 g Zucker in 20 ccm CO_2-gesättigten Wassers zur Reaktion gebracht.

Um diesen Gäransatz zu den quantitativen Angaben der Literatur über Trockenhefegärung in Beziehung zu setzen, sei folgendes angeführt: Bei den von E. BUCHNER[2] am häufigsten angewandten Proportionen — 4 g Trockenhefe, 8 g Rohrzucker, 20 ccm H_2O — ist die hohe Zuckerkonzentration der Gärung abträglich[3]. Es kann bei diesem Ansatz nie zu einer vollständigen Vergärung des Substrates kommen und so begnügt sich dieser Autor mit der Angabe des Gesamtumsatzes nach 1, 2, 3 . . . Tagen; es erscheint indessen vorteilhafter, Enzymmengen mittels der Umsatzgeschwindigkeit, nicht mittels des Gesamtumsatzes zu messen[4]. Überdies sind große Hefenkonzentrationen nicht geboten, da sie bereits die Maceration begünstigen; dieser Effekt nimmt mit der Hefenkonzentration schnell zu, wie A. v. LEBEDEW für die Ansätze 1:6 bis 1:2,5 zeigt. Dieser schwer kontrollierbare Einfluß bleibt am besten dadurch ausgeschaltet, daß man nie mehr als 10% Hefe anwendet.

Zur technischen Triebkraftbestimmung[5], die allerdings, wie der Name aussagt, kein Maß der Gärung allein bringen will, [14] sei bemerkt, daß zu kleine Hefemengen infolge ihrer starken Vermehrung die Hefekonzentration zu einem inkonstanten Faktor machen. Immerhin ergibt diese Bestimmung ein besseres Fermentmaß als die Buchnersche, indem sie den Umsatz in einem enger begrenzten Zeitraum (2 bis 6 Stunden) zur Grundlage hat.

Am besten sind die Versuchsansätze von H. v. EULER[1]) und von E. ABDERHALDEN[2]) mit den vorliegenden vergleichbar. Die kontinuierliche Beobachtung in diesen Serien gestattet auch die Konstruktion von Gärungskurven und die Interpolation von Induktionsperioden. Hierdurch wird die hier vorgeschlagene doppelte Charakterisierung von Trockenhefen ermöglicht.

[1] a. a. O. S. 219.

[2] E. u. H. BUCHNER und M. HAHN, Die Zymasegärung, München 1903; vgl. auch F. HAYDUCK und H. HAEHN, Biochem. Zs. Bd. 128, S. 568 [1922].

[3] Vgl. A. SLATOR, Journ. Chem. Soc. Bd. 89, S. 128 [1906].

[4] A. v. LEBEDEW, Ann. Inst. Past. Bd. 26, S. 8, und zwar S. 13 [1912].

[5] Nach F. HAYDUCK und M. BULLE, Wochenschr. f. Brauerei Bd. 29, S. 489 [1912]: (ebenso wie der Buchnersche Ansatz zum Vergleich auf 20 ccm umgerechnet) 0,2 g Trockenhefe gegen 2 g Zucker.

[1]) H. v. EULER und S. KULLBERG, Diese Zs. Bd. 73, S. 92 [1911]: 0,25 und 1,0 g Trockenhefe; 1 und 2 g Zucker. — H. v. EULER und K. MYRBÄCK, Diese Zs. Bd. 117, S. 27 [1921]: 0,1 bis 0,8 g Trockenhefe, 0,8 g Zucker.

[2]) E. ABDERHALDEN und A. FODOR, Fermentforschung Bd. 5, S. 138, und zwar S. 147 [1921]: 0,4 und 0,8 g Trockenhefe gegen 0,8 und 1,6 g Zucker (alles auf 20 ccm bezogen).

Um eine Gärung frischer Hefe mit einer nach der veränderten Halbgärzeitsdefinition angesetzten Trockenhefegärung in Beziehung zu bringen, mußte die sonst angewandte Menge von 1,00 g lebender Hefe von 20 bis 30% Trockengehalt ungefähr vervierfacht werden. Zwischen diesen Konzentrationen ist die Gärkraft der Fermentmenge noch proportional, wie der folgende „Brücken"versuch zeigt:

Löwenbräuhefe ($26^1/_2$% Trockengehalt) 1 g Glucose, 20 ccm, 30°.

Hefe frisch	Trocken-substanz	Minuten						
		5	15	25	30	40	50	150
0,76 g	0,20 g	7	16	24	29	38	46	**145** ccm CO_2
3,78 g	1,00 g	24	70	120	**147**	197	230	234 ccm CO_2

Halbgärzeit 150 Minuten, für die fünffache Konzentration der Trockenhefedefinition 30 Minuten = $^1/_5$ hiervon.

Als Substrat gelangte stets Glucose zur Verwendung, um die enzymatische Reaktion möglichst einfach zu gestalten.

Der Gärungsverlauf.

Wenn man die Kohlensäureentbindung bei einer Trockenhefegärung graphisch darstellt, so erkennt man, wie unzureichend [15] die Angabe der Halbgärzeit wäre. Nun folgt auf die Dauer der Induktionsperiode nicht bei allen Hefen so unmittelbar ein linearer Gärungsanstieg, daß man beide Daten ohne weiteres beobachten und vergleichen könnte. Dagegen erwies es sich als durchführbar und als geeignet, die Kurven graphisch zu extrapolieren, indem an die Gärungskurve in ihrem steilsten Abschnitt eine Tangente gelegt wird. Deren Neigung ist ein Maß der maximalen Gärgeschwindigkeit. Der Abszissenabschnitt von $t = 0$ bis zum Fußpunkt dieser Tangente auf der Abszissenachse gibt die extrapolierte Induktionsperiode. Unter Verzicht auf eine graphische Darstellung mag man als gutes Maß der endgiltigen Gärgeschwindigkeit das Fünffache jener Zeitdauer verwenden, welche die Hefe zur Vergärung von 10% der Anfangskonzentration des Substrats benötigt, sobald die Gasentwicklung am lebhaftesten ist. Die Gesamthalbgärzeit, verringert um diese reduzierte Halbgärzeit, ergibt übereinstimmend mit der graphischen Methode die extrapolierte Induktionsperiode.

Für die zahlreichen Gärungen, die mit den oben beschriebenen und mit ähnlichen Präparaten angestellt wurden, geben die folgenden Tabellen und Diagramme charakteristische Beispiele. Außer den Daten der volumetrischen Beobachtung finden sich für jeden Versuch 1. die extrapolierte Induktionsdauer, 2. die reduzierte Halbgärzeit, 3. die Summe dieser beiden: die Gesamthalbgärzeit, und 4. die Ausbeute in Prozenten, berechnet aus dem Quotienten $\frac{\text{reduzierte Halbgärzeit}}{\text{Halbgärzeit der Frischhefe}}$.

Tabelle 1. Gärung mit frischer Hefe.

	1. Löwenbrauereihefe	2. Sinnerhefe
CO_2 in ccm nach 15 Minuten	70	28
30 ,,	**147**	70
50 ,,	230	**145**
150 ,,	235	230
Halbgärzeit	30 Minuten	50 Minuten — 10 Minuten extrapol. Induktion 40 Minuten reduz. Halbgärzeit

[16] Tab. 1 gibt normal verlaufene Gärungen der beiden Ausgangsmaterialien für diesen Vergleich. Die Bäckereihefe ist infolge der zweitägigen Lagerung ein wenig erschöpft und erreicht erst nach einer kurzen Induktion von 10 Minuten ihre volle Gärkraft.

Tabelle 2. Trockenhefegärungen.

	Nr. 3	3a	4	5	5a	6
Hefe	Löwenbrauereihefe					Sinnerhefe
Trocknung	20°	20° (Kieselg.)	35°	Faust-H.	Faust-H. (Kieselg.)	35°
ccm entwickeltes CO_2 nach 100 Minuten	18	24	40	28	26	4
200 ,,	57	64	104	72	68	22
250 ,,	79	91	132	111	93	53
300 ,,	102	122	160	168	128	85
350 ,,	123	150	175	212	166	120
400 ,,	142	175	191	221	202	167
460 ,,	—	—	—	—	—	244
520 ,,	220	212	256	236	228	255
extrapol. Induktion (in Minuten)	80	110	25	155	130	260
reduzierte Halbgärzeit (in Minuten)	330	230	250	125	190	115
Gesamt-Halbgärzeit (in Minuten)	410	340	275	280	320	375
Ausbeute	9 %	12 %	12 %	24 %	16 %	35 %

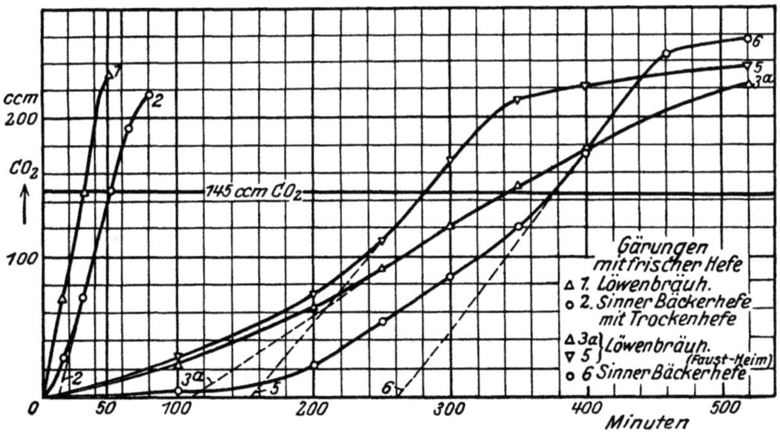

Abb. 1.

[17] Die Gärungen der Tab. 2 sind in Abb. 1 zum Teil graphisch wiedergegeben. Die punktierten Linien dienen der Extrapolation der Induktionsperiode. Die Abweichung der tatsächlichen Gärungskurve von dieser Geraden wechselt aus den früher angeführten Gründen. Die getrocknete Bäckereihefe Nr. 6 ist mit der Brauereihefe Nr. 4 vergleichbar.

Tabelle 3. Weitere Trockenhefegärungen.

Stunden	Nr. 7 Löwenbräu (Krause)	Stunden	8 Sinner (Krause)	9 Löwenbrauereihefe (milde Acetonbehandlung)	9a Löwenbrauereihefe (milde Acetonbehandlung)
CO_2 in ccm nach		5	7	3	15
4	36	8	—	5	24
		15	—	34	55
4½	54	17	24	59	79
		18	—	98	—
5	105	19	—	149	150
		20	45	188	209
5½	157	22	80	208	—
		24	135	—	—
8	235	28	192	—	—
extrapol. Induktion (in Minuten)	240	—	1160	970	990
reduzierte Halbgärzeit (in Minuten)	85	—	310	170	150
Gesamt-Halbgärzeit (in Minuten)	325	—	1470	1140	1140
Ausbeute	35 %	—	13 %	18 %	20 %

Die Hefen mit längerer Induktion sind in die Tab. 3 und 4 und in die Abb. 2 aufgenommen. Auch hier entspricht einer Bäckereihefe (Nr. 8) eine auf die gleiche Weise getrocknete Brauereihefe (Nr. 7), jedoch war die letztere im Krauseapparat keiner so hohen Temperatur ausgesetzt gewesen und zeigt darum besonders gute Gärkraft und relativ kurze Induktionsdauer.

Für die beiden Hefen der Tab. 4 wurde wegen ihrer vielstündigen Induktion der Verlauf der Gärung in den ersten [18] 25 Stunden nach Ansatz des Versuches

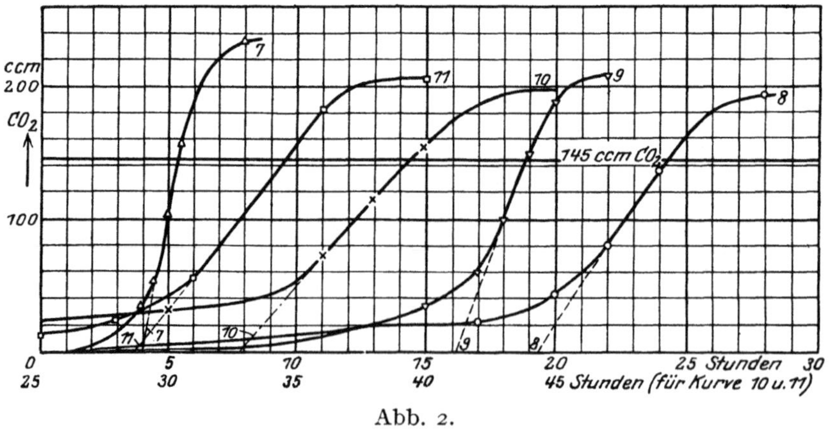

Abb. 2.

in der Abbildung nicht wiedergegeben. Die Kurvenäste wurden um die entsprechende Strecke der Abszisse nach links verschoben und sind auf die untere Zeitskala der Abb. 2 zu beziehen.

Tabelle 4. Trockenpräparate mit langer Induktionsdauer.

Nr. Hefe	10 Acetonhefe nach ALBERT und BUCHNER	11 „Florylin"
CO_2 in ccm nach 5 Std.	4	2
25 ,,	—	15
28 ,,	—	24
30 ,,	31	44
31 ,,	—	56
35 ,,	53	159
36 ,,	73	183
38 ,,	115	—
40 ,,	155	206
45 ,,	198	—
extrapol. Induktion (in Minuten)	1970	1710
reduzierte Halbgärzeit (in Minuten)	400	360
Gesamt-Halbgärzeit (in Minuten)	2370	2070
Ausbeute	8 %	?

[19] Unterbrechungsversuche.

Bei Gärungsversuchen, in denen der Zucker des Gärgutes analysiert werden sollte, wurde gleichzeitig mit der Gärprobe ein etwa 5facher Ansatz gleicher Konzentration in den Schüttelthermostaten gebracht. In den gegebenen Zeitpunkten wurden aliquote

Tabelle 5.

Hefe	Dauer in Stunden	CO_2		Zuckergehalt		Zucker-defizit
		ccm	%	α_D (l = 2 dcm)	%	%
1. Nr. 10	0	0	0	5,30°	100	0
	8	0	0	5,30°	100	0
	21	85	29	{ 1,65°	31	40
				{ Bertr.	29	42
	∞*	226	78	Bertr.	0	22
2. ,, 9a	17	26	9	4,76°	90	1
	24	69	21	3,97°	76	3
	40	107	37	0,79°	15	48
	41,5	140	49	—	—	—
	∞*	233	80	0	0	20
3. ,, 9 (3fache Hefekonz.)	14,5	63	22	Bertr.	61	17
	{ 44	130	45	{ — 2,0°	?	—
	{ ∞*			{ Bertr.	5	50
4. ebenso (23°)	14,5	28	10	—	—	—
	{ 44	90	31	{ — 0,87°	?	—
	{ ∞*			{ Bertr.	21	48

* ∞ = konstanter Endwert.

Volumina entnommen, zur Sistierung der Gärung von der Hefe abfiltriert, schnell geklärt und darauf reduktometrisch nach BERTRAND und polarimetrisch analysiert. In den letzten 2 Versuchen der Tab. 5 kam die dreifache Hefemenge zur Anwendung, in den ersten beiden die normalen Konzentrationen, je 1 g Trockenhefe und Glucose auf 20 ccm Wasser. Alle Versuche außer dem letzten bei 30°.

Aus den CO_2-Mengen der 3. und 4. Spalte und dem Zuckergehalt der Restlösungen (5. und 6. Spalte) errechnet sich das „Zuckerdefizit". Während in den ersten beiden Versuchen nur 20 bzw. 22% endgültig der alkoholischen [20] Vergärung entzogen bleiben, wächst bei Vergrößerung der Hefekonzentration dieser Betrag bis auf 50% — Zuckermengen, die in beiden Fällen $^1/_5$ bis $^1/_6$ der vorhandenen Hefetrockensubstanz ausmachen. Durch heftiges Schütteln wurde die Möglichkeit ausgeschaltet, daß dieser Effekt durch CO_2-Retention vorgetäuscht würde. Auch eine Alkalisierung des Gärgutes, welche Kohlensäure verschwinden ließe, kommt nicht in Betracht. Es bleibt also nur die eingangs gemachte Annahme übrig, daß die Trockenhefe in noch größerem Umfang als die frische Hefe einen Teil des dargebotenen Kohlehydrates als Aufbausubstanz verwendet und ihn der Gärung entzieht.

Induktion und Hefekonzentration.

Aus dem folgenden Versuch ergibt sich, entsprechend den im theoretischen Teil gezogenen Schlüssen, daß die Dauer der Induktion von der Hefekonzentration abhängt.

	Hefe	Glucose	ccm CO_2 nach 2	3	18,5	42,5 Std.
1.	1 g	1 g	0	0	10	169
2.	2	1	5	12	76	187
3.	3	1	23	43	156	177
4.	1	0,5	0	0	5	72
	ber. f. 1 g Gluc.)		....	....	(10)	(144)

Und zwar wird durch die Steigerung der Hefekonzentration die Induktionsperiode verkürzt; es kommt schneller zur Bildung der erforderlichen Menge gärfähiger Zellen.

Daß hierfür weder die Zuckerkonzentration noch deren Verhältnis zur Hefenmenge von Bedeutung ist, und daß es bloß auf die absolute Konzentration der Hefe ankommt, zeigt der 4. Versuch der wiedergegebenen Serie. Die lange Induktion entspricht dem 1. Versuch, der mit der gleichen Hefenkonzentration gemacht wurde, nicht dem 2., mit dem der 4. Versuch im Verhältnis Hefe : Zucker (2 : 1) übereinstimmt.

Inkubation.

1 g Hefe Nr. 4 wurde zur Gärung angesetzt, jedoch nach 3 Stunden abzentrifugiert. Der erhaltene Bodensatz wurde quantitativ in eine frische Zuckerlösung gebracht. Als Kontrolle wurde eine normale Gärung mit derselben Hefensorte angesetzt.

[21] CO_2-Entwicklung in ccm

nach	9,5	17	18,7	33 Std.
Inkubierte Hefe . .	96	174	195	225
Kontrollversuch . .	60	108	132	232

Dieser Versuch zeigt, welchen Vorsprung die Hefe durch Vorbehandlung mit Zuckerlösung gewinnt.

Zerreibung.

Getrocknete Löwenbräuhefe vom Typus der Hefe Nr. 4 wurde 2 Stunden lang mit der 5fachen Menge Seesand im Mörser zerrieben, so daß im Mikroskop nur mehr vereinzelt Zellen im unzerstörtem Zustand erkennbar waren. Die Gärung dieser zerriebenen Hefe wurde mit einer Gärung derselben Hefe in unzerriebenem Zustand (unter Zusatz der entsprechenden Menge Seesand) verglichen. Die beschädigte Hefe erreichte infolge ihres viel geringeren Gehaltes an lebensfähigen Zellen erst nach einer Zeit Gärkraft, während der die normale Trockenhefe bereits allen dargebotenen Zucker vergoren hatte.

Beispiel: 1 g Hefe, 5 g Seesand, 20 ccm 5proz. Glucoselösung.

ccm CO_2 nach	14	16,5	21 Stunden
zerrieben	74	130	235
unzerrieben	223	—	—

Meinem verehrten Lehrer, Herrn Geheimrat Prof. R. WILLSTÄTTER, in dessen Laboratorium diese Arbeit im Herbst 1921 ausgeführt wurde[1], danke ich für das Interesse und die Förderung, die er mir bei diesen Versuchen angedeihen ließ.

[1] Dissertation, München 1922.

Zeitschrift für physiologische Chemie 145, S. 91 [1925].

72. BEMERKUNGEN ZUR KENNTNIS DER TROCKENHEFE.

Von HARRY SOBOTKA.

(Der Redaktion zugegangen am 2. April 1925.)

In einer kürzlich erschienenen Arbeit „Zur Kenntnis der Trockenhefe, II"[1] erinnert H. v. EULER daran, daß er zuerst 1911 den Gedanken der vollkommenen oder teilweisen Bindung der Zymase an das Protoplasma der lebenden Hefe ausgesprochen hat. Dies sollte in einer Arbeit „Zur Kenntnis der Trockenhefe"[2], auf die EULER anspielt, nicht bestritten werden.

Dagegen glaube ich den Nachweis für die enger umschriebene Annahme erbracht zu haben, daß die Zymase wirklich ganz und nicht nur partiell mit dem Plasma verbunden ist und daß sie erst bei der Darstellung zellfreier Säfte, nicht aber bereits bei der Wasserentziehung, enzymatisch freigelegt und löslich gemacht wird.

Wenn man auf den Gehalt der lebenden Zelle an freier Zymase aus der Gärkraft des Buchnersaftes schließen wollte[3], müßte man konsequenterweise e minore auch Säfte von großer Gärkraft z. B. den durch die folgenden Zahlen charakterisierten Saft mit der ursprünglichen Anwesenheit freien Enzyms erklären, dessen Menge 1 % der gesamten Zymase weit übersteigt und kaum als unbeträchtlich bezeichnet werden kann.

[92] Gärung von je 1 g Glucose bei 30°.
A. 1 g Hefe (0,23 g Trockengewicht) in 20 ccm; B. 20 ccm Saft, entsprechend 6,67 g Trockenhefe.

Minuten		20	30	45	60	70	115	Halbgärzeit
ccm CO_2	A.	—	37	—	—	89	**145**	115 Minuten
	B.	0	25	70	112	**140**	240	70—20 (Induktion) = 50 Min.

Zymaseausbeute des Saftes bezogen auf frische Hefe

$$\frac{115 \times 0{,}23}{50 \times 6{,}67} = 7{,}9\,\%\,.$$

Schon BUCHNER hat angesichts der steigenden Zymaseausbeuten bei wiederholter Extraktion des Preßkuchens die Möglichkeit ins Auge gefaßt, „daß nicht alle in den Hefezellen befindliche Zymase sich dort in gelöster Form im wäßrigen Zellsaft vorfindet, sondern vielleicht erst infolge des Wasserzusatzes in Lösung geht"[1]). Leider führte der Versuch einer ähnlichen fraktionierten Gewinnung größerer Zymaseausbeuten aus Lebedewmacerationen nicht zum Ziel, da hier jenes die Zymase „freilegende" Enzym scheinbar vollkommen in Lösung ist und darum bereits zugleich mit dem ersten Saftanteil abgetrennt wird.

Dessenungeachtet bestehen die übrigen experimentellen Gründe fort, auf denen nicht nur der Zweifel an der Existenz freier Zymase in der Zelle, sondern auch die

[1] H. v. EULER und G. WESTLING, Diese Zs. Bd. 140, S. 164 bis 176 [1924].
[2] H. SOBOTKA, Diese Zs. Bd. 134, S. 1 bis 21 [1923/24].
[3] H. v. EULER und G. WESTLING, a. a. O., S. 166.
[1]) „Die Zymasegärung" 1903, S. 88 bis 92.

Auffassung fußt, daß kein prinzipieller Unterschied zwischen der Gärung frischer und getrockneter Hefe besteht. Abgesehen von den Erfahrungen mit der Induktionsdauer der verschiedenartig getrockneten Hefen, sei auf das aufschlußreiche Verhalten zerriebener Trockenhefe hingewiesen, deren Gärkraft durch die Zerstörung der Zellen eindeutig geschädigt wird[2]. Daß die Trockenhefe bei der Quellung nicht in allen Fällen mit der Wiederaufnahme ihres Stoffwechsels ihre Fortpflanzungsfähigkeit sogleich in experimentell wahrnehmbarem Umfange wieder ausübt, ist kein [93] Widerspruch zu den Erfahrungen der Biologie an lebenden Zellen.

Um eine mißverständlichen Deutung meiner Ausführungen über die Wirkung von Zellgiften auf trockene Hefezellen[1]) zu vermeiden, sei bemerkt, daß der direkte Vergleich der hemmenden Wirkung gleicher Mengen Narkoticum, z. B. Phenol[2]) auf 1 g Trockenhefe und auf 1 g oder 0,25 g Frischhefe (von einem durchschnittlichen Trockengehalt von 25%) unstatthaft erscheint, worauf schon seinerzeit hingewiesen wurde. EULER bemerkt mit Recht auf S. 169 der erwähnten Arbeit, daß die Trockenhefezellen wohl nicht durch „kleinere Permeabilität der äußeren Schicht" geschützt sind. Wenn man nun annimmt, daß das Narkoticum seine Wirkung durch Sorption an oder Reaktion mit den Zellbestandteilen ausübt, so muß man EULER beistimmen, daß der zu erwartende „Unterschied in der Verteilung des Phenols zwischen Zellen und Lösung kaum zu einer höheren Giftkonzentration in der Trockenhefe führen" kann, wohl aber unter sonst gleichen Bedingungen angesichts der viel größeren Trockensubstanzmenge in seinen Versuchen zu einer viel geringeren Giftkonzentration und darum zu schwächerer Gärungshemmung. Ein Blick auf die Eulerschen Zahlen zeigt bei Anwendung von

0,02 g Phenol auf 1 g Trockenhefe eine durchschnittliche Hemmung um etwa 1/4,
0,05 g „ „ 1 g Trockenhefe eine solche von 60 bzw. 20 und 3%,
0,05 g „ „ 1 g frische Hefe (etwa 0,25 g Trockensubstanz) um etwa 4/5,
0,05 g „ „ 0,25 g frische Hefe (etwa 0,0625 g Trockensubstanz) um 5/6 gegenüber den entsprechenden Kontrollversuchen.

Diese graduellen Unterschiede der hemmenden Wirkung sind leicht und hinreichend mit den von 2 bis 80% der Trockensubstanz wechselnden Phenolmengen erklärbar.

Daß auch bei den Versuchen, die alkoholische Gärung durch Zusatz von Formiat zu beschleunigen, die Trockenhefe zurückzustehen [94] scheint[1]], mag seinen Grund ebenfalls darin haben, daß 1 g frischer Hefe mit 2 g getrockneter verglichen wird. Auch in dieser Versuchsserie wird, bei Annahme einer gleichmäßigen Verteilung des Formiates auf die Zellen, der lebenden Zelle etwa die 8fache Menge des Reagens dargeboten.

M. E. lassen sich aus solchen Zahlen keine Schlüsse auf die geringere Empfindlichkeit des Gärvermögens von Trockenhefe gegen verschiedene Reagenzien und somit auf die Verschiedenartigkeit ihres zymatischen Systems ziehen.

New York, den 17. März 1925.

---

[2] H. SOBOTKA, a. a. O. 2, und zwar S. 5 u. 21.
[1]) A. a. O., S. 6. [2]) H. v. EULER und G. WESTLING, a. a. O., und zwar S. 167 bis 169.
[1]] A. a. O., S. 173f.

Berichte der Deutschen Chemischen Gesellschaft **57**, S. 1852 [1924].

73. EINFLUSS DER ACIDITÄT BEI EINWIRKUNG VON HEFE-AUSZÜGEN AUF KONZ. TRAUBENZUCKERLÖSUNGEN.

Von RICHARD KUHN und GEORG ERNST V. GRUNDHERR.

(Aus dem Chemischen Laboratorium der Bayerischen Akademie der Wissenschaften in München.)

(Eingegangen am 8. September 1924.)

Das synthetische Wirkungsvermögen der Enzyme ist von A. CROFT HILL [1] am Beispiel der Einwirkung von Hefe-Auszügen auf Glucose entdeckt worden. Die Natur des gebildeten Disaccharids ist aber noch umstritten. Ursprünglich glaubte CROFT HILL, daß das Reaktionsprodukt Malzzucker sei. Wir halten seine diesbezügliche Schlußfolgerung nicht nur mit Rücksicht auf die Isolierung von Maltosazon, sondern auch im Hinblick auf die Übereinstimmung der Reduktions- und Drehungswerte, die sich von Glucose einerseits, von Maltose andererseits ausgehend ergeben, für überzeugend. Nach O. EMMERLING [2] soll dagegen kein Malzzucker, sondern Isomaltose gebildet werden, und in einer späteren Mitteilung spricht sich A. CROFT HILL [3] für die gleichzeitige Entstehung zweier Disaccharide, Maltose und Revertose, aus.

Wir haben die Versuche CROFT HILLS von neuem in Angriff genommen in der Absicht, die präparative Methodik durch Berücksichtigung der von R. WILLSTÄTTER [4] bei der Darstellung von Maltase-Lösungen aus Frisch-Hefe gemachten Erfahrungen zu verbessern und unsere Kenntnisse in kinetischer Hinsicht durch Berücksichtigung der Wasserstoffzahl im Sinne von S. P. L. SOERENSEN [5] zu vertiefen.

Zur Lösung der eingangs erwähnten Widersprüche glauben wir durch die Feststellung beitragen zu können, daß bei wechselnder Acidität zwei Maxima für die Geschwindigkeit der Reduktionsabnahmen zu beobachten sind. Mit Auszügen aus Löwenbräu- und Sinner-Hefe fanden wir ein Maximum zwischen p_H 4 und p_H 6, gefolgt von einem Minimum bei p_H 6,5 bis 6,8 und einem zweiten Optimum bei p_H 7,3 bis 7,5 (Abb. 1). Die starke p_H-Abhängigkeit der Reduktionsabnahmen macht es verständlich, daß die von früheren Forschern benützten Hefe-Auszüge, die gegen Lackmus neutral reagierten, bald das eine, bald das andere Disaccharid in über-

[1] Soc. **73**, 634 [1898]. [2] B. **34**, 600, 3810 [1901]. [3] Soc. **83**, 578 [1903].
[4] R. WILLSTÄTTER, G. OPPENHEIMER und W. STEIBELT, H. **110**, 232 [1920] (*Abh. 61*).
[5] Bio. Z. **21**, 131, 279 [1909].

wiegender Menge geliefert haben. Denn nach unserer Überzeugung handelt es sich um die Wirkungen mindestens zweier verschiedener Fermente, welche die Bildung verschiedener Reaktionsprodukte bewirken. Für die Unabhängigkeit beider Wirkungen scheint uns vor allem das Verhalten einer von der Zuckerraffinerie Frankenthal bezogenen Betriebshefe zu sprechen. Die aus ihr bereiteten Auszüge lassen nur ein p_H-Optimum, und zwar in der Nähe von p_H 5, erkennen. Die in spurenweise alkalischer Lösung am besten wirkende Enzymkomponente scheint dieser Hefe abzugehen (Abb. 2).

Die Ausbeuten an Disaccharid sind nicht nur von Hefe zu Hefe ungemein verschieden, sondern sie hängen auch von der Konzentration der angewandten Glucoselösungen in hohem Maße ab. In der Nähe von p_H 5 verläuft die Synthese in 40proz. Lösung am schnellsten.

[1853]

Beschreibung der Versuche.

I. Ausführung der Versuche.

Die Hefe-Auszüge wurden in der Regel aus gewaschener, abgepreßter Frisch-Hefe mit der 5fachen Menge Wasser, dem 5% Toluol zugesetzt wurden, unter sorgfältigem Neutralisieren mit 2proz. Ammoniak bereitet. Die Extraktionsdauer betrug jeweils 24 Stunden. Die Konzentrationsangaben bei den folgenden Versuchen bedeuten g Traubenzucker (KAHLBAUM, ger.) auf 100 ccm Hefe-Auszug + Phosphat-Gemisch. Die p_H-Werte wurden colorimetrisch geschätzt.

Beispiel für einen 40proz. Ansatz mit Grünwinkler Verbandshefe (Sinner A.-G.) bei $p_H = 7,4$: 40 g Glucose, 40 ccm Wasser, 40 ccm 20proz. Hefe-Auszug, 5 ccm $^m/_{15}$-prim.-Kaliumphosphat, 15 ccm $^m/_{15}$-sek.-Natriumphosphat, 10 ccm Toluol.

Zur Bestimmung der Reduktionsabnahmen bedienen wir uns des Hypojodit-Verfahrens von R. WILLSTÄTTER und G. SCHUDEL[1].

Dem Reaktionsgemisch werden Proben von 5 ccm entnommen und mit 5 ccm gesättigter Sublimat-Lösung (gelegentlich 10 ccm 10proz. Kaolin-Suspension) und 10 ccm Wasser versetzt. Man filtriert in 100-ccm-Meßkölbchen und benutzt 5 ccm bzw. die etwa 0,1 g Traubenzucker enthaltende Menge der Lösung zur Messung des Jodverbrauchs. Die Genauigkeit des Verfahrens beträgt, wenn man für 100proz. Überschuß des Oxydationsmittels sorgt und die zur Neutralisation der zugesetzten Phosphate nötige Alkalimenge beachtet, $\pm$ 0,05 ccm $^n/_{10}$-Jod, entsprechend $\pm$ 0,5% des gesamten Reduktionsvermögens.

Im angeführten Beispiel wurden unmittelbar nach Ansatz des Versuches 12,55 ccm, nach 10tägigem Stehen bei Zimmertemperatur 11,91 ccm $^n/_{10}$-Jod verbraucht. Daraus berechnet sich eine Abnahme der Aldehydgruppen um 5,1%, was einer Disaccharid-Synthese von 10,2% entspricht. Die Anwesenheit des Phosphats scheint auf die Reduktionsabnahmen ohne Einfluß zu sein. Bei übereinstimmender Wasserstoffzahl ($p_H = 4,8$ bis 5,0) erhält man mit verd. Essigsäure und mit prim. Kaliumphosphat in gleichen Zeiten nahezu gleiche Abnahmen des Reduktionsvermögens. Durch 4stündige Hydrolyse mit 0,5 n-Schwefelsäure im Dampfbade läßt sich der Anfangswert des Jodverbrauches wieder erreichen:

5 ccm eines 20fach verdünnten, 8 Tage alten Ansatzes mit Sinner-Hefe (40% Glucose) verbrauchten 8,68 ccm, nach der Hydrolyse 9,20 ccm $^n/_{10}$-Jod, während der Reduktionswert zu Beginn des Versuches 9,23 ccm derselben Jod-Lösung entsprach.

[1] B. 51, 780 [1918].

II. Einfluß der Acidität und der Zuckerkonzentration.

Sinner- und Löwenbräuhefe gaben bei 8- bzw. 7tägiger Versuchsdauer (20 bis 25°) die in Abb. 1 dargestellten Reduktionsabnahmen. $p_H = 2,5$ wurde mit einem Gemisch von prim. Phosphat und freier Phosphorsäure, p_H 3,9 mit verd. Essigsäure, p_H 4,5 mit prim., p_H 8,5 mit sek. Phosphat eingestellt. Die bei $p_H = 4$ bis 5 und bei $p_H = 7,3$ beobachteten Reduktionsabnahmen verhalten sich in beiden Fällen annähernd wie 7:5. Dieses Verhältnis gilt jedoch nicht allgemein. Ein Neutralautolysat einer 4 Jahre alten getrockneten Probe von Löwenbräu-Hefe lieferte uns bei 24stündiger Einwirkung auf 50proz. Glucose-Lösungen bei $p_H = 6,5$ 9,5 % Synthese, $p_H = 6,8$ 0,0 % Synthese, $p_H = 7,1$ 0,7 % Synthese.

Zu dem mit einem Auszug aus Frankenthaler Hefe ausgeführten Versuch der Abb. 2 dienten die nämlichen Phosphat-Gemische; $p_H = 5$ bezieht sich auf verd. Essigsäure.

[1854]

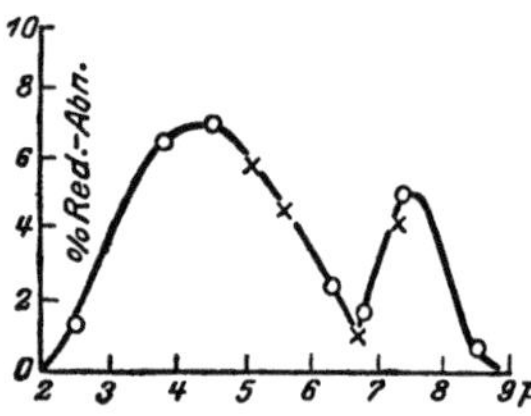

Abb. 1.

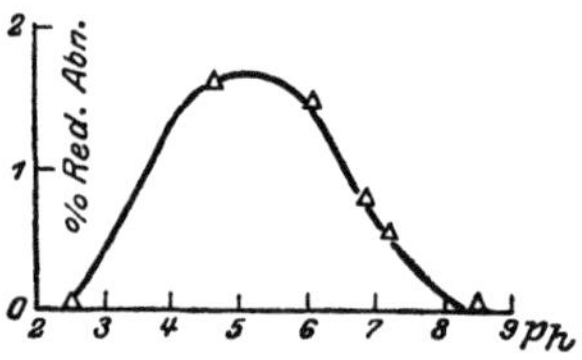

Abb. 2.

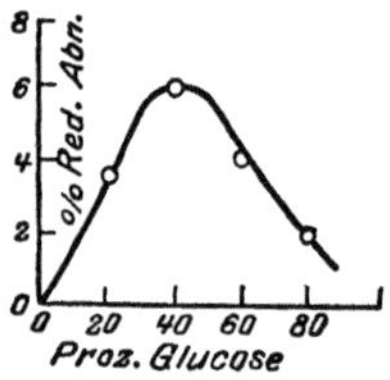

Abb. 3.

Nicht nur in bezug auf die Geschwindigkeit der Synthese, sondern auch in bezug auf das Ausmaß derselben bestehen zwischen den einzelnen Hefen bedeutende Unterschiede. Den von A. CROFT HILL angegebenen Endwert von 15 % erreichten wir wiederholt schon nach 8tägiger Versuchsdauer (verschiedene Lieferungen von Sinner- und Löwenbräu-Hefe). Eine Münchener Bäckerhefe unbekannter Herkunft bewirkte sogar in 24 Stunden Reduktionsabnahmen, die 23,1 und 22,8 % Disaccharid-Bildung entsprachen. Die aus den Angaben O. EMMERLINGS berechenbaren Synthesen von bis weit über 40 % haben wir nicht erreicht.

Der Einfluß der Zucker-Konzentration, wie er in Abb. 3 dargestellt ist, bezieht sich nicht auf Gleichgewichtswerte. In 40proz. Lösung ist vor allem die Geschwindigkeit der Synthese am größten. Wie die nachstehende Tabelle zeigt, sind die Reduktionsabnahmen in 20- und 80proz. Lösung den Einwirkungsdauern noch annähernd proportional, während sie in 40proz. Lösung zwischen dem 3. und 6. Tage nur noch von 5,6 auf 6,4 % ansteigen.

	Reduktionsabnahme	
Glucose	nach 3 Tagen	nach 6 Tagen
20 %	1,9 %	3,5 %
40 %	5,6 %	6,4 %
60 %	1,8 %	3,1 %
80 %	1,3 %	2,7 %

Berichte der Deutschen Chemischen Gesellschaft 56, S. 2283 [1923].

74. ZUR KENNTNIS DES TRICHLOR- UND TRIBROM-ÄTHYLALKOHOLS*.

Von RICHARD WILLSTÄTTER und WALTHER DUISBERG.

(Aus dem Chemischen Laboratorium der Bayerischen Akademie der Wissenschaften in München.)

(Eingegangen am 11. September 1923.)

Furfurol und Chloralhydrat sind die ersten Beispiele gewesen, an denen C. J. LINTNER, H. J. VON LIEBIG und H. LÜERS [1] die Methode der phytochemischen Reduktion entdeckt haben, die seitdem in den Händen von C. NEUBERG [2] und seinen Schülern zu großer und vielseitiger Bedeutung gelangt ist. Diese moderne, feine Methode der Reduktion von Carbonylverbindungen ist eigentlich die älteste Reduktionsmethode der organischen Chemie; ist sie doch das Verfahren für die Reduktion von Indigoblau in der Jahrtausende alten Gärküpe.

Bei Versuchen mit dieser Methode, um den noch wenig untersuchten Trichloralkohol anzuwenden und den noch unbekannten Tribrom-alkohol darzustellen, begegneten wir der Aufgabe, die Gärung, ohne welche die Hefe das Bromal nicht zu reduzieren vermag, im Gang zu halten bei Gegenwart eines so ausgesprochenen Hefegiftes, wie es der gebromte Aldehyd ist. Diese Schwierigkeit ist so behoben worden, daß wir den Tribromalkohol in bedeutender Ausbeute gewannen. Allerdings leidet diese infolge einer Nebenerscheinung; die Reduktion geht nämlich weiter, auch Dibrom-alkohol tritt in nennenswerter Menge auf, möglicherweise auch Monobromalkohol, den wir indessen nicht isoliert haben.

Reduktion von Bromal.

Die Bierhefe ist gegen die Bromverbindungen so empfindlich, daß es nötig ist und doch nicht genügt, Bromal in den Gäransatz sehr langsam einzuführen. Die

* *Der Tribrom-äthylalkohol ist in Erwartung starker narkotischer Wirkung aufgesucht worden. Herr Privatdoz. Dr. F. Eichholtz in Elberfeld (D. Med. Wochenschr. 53, 710 [1927] erkannte in ihm ein besonders für rectale Anwendung geeignetes Narkosemittel. Es ist unter den Bezeichnungen „E 107“ und „Avertin“ zur Anwendung gelangt.*

[1] C. J. LINTNER und H. J. v. LIEBIG, H. 72, 449 [1911]; C. J. LINTNER und H. LÜERS, H. 88, 122 [1913].

[2] C. NEUBERG und J. KERB, B. 46, 2225 [1913] und zahlreiche Abhandlungen aus den folgenden Jahren in der Biochem. Zeitschrift.

Reduktion gelang nur dann, wenn die Konzentration von Bromalhydrat mitsamt dem entstehenden gebromten Alkohol unter 0,2% gehalten war.

Die Lösung von 6 kg Zucker in 95 l Wasser brachten wir mit 2 kg abgepreßter untergäriger Hefe in lebhafte Gärung; sobald sie in Gang gekommen, ließen wir unter gelindem Rühren während 10 Stunden das Bromal gleichmäßig eintropfen, nämlich 120 g Bromalhydrat, gelöst in kohlensäurehaltigem Wasser (5 l), worin die Verbindung weniger leicht zersetzlich ist als in reinem Wasser. Am zweiten Tage, als die Gärung anfing, träger zu werden, wurde **[2284]** sie durch Zusatz von einem weiteren kg Zucker belebt. So gelang es, die Hefe 4 Tage in gutem Vergären zu halten. Nach einigen weiteren Tagen wurde unter Zusatz von Kieselgur die Hefe abgesaugt und der Filterrückstand mit Äther gut ausgewaschen, andererseits das Filtrat 3mal mit Äther ausgeschüttelt. Die mit Wasser zur Beseitigung von Bromalhydrat oftmals gewaschene Ätherlösung hinterließ beim Abdampfen, gegen Ende im Vakuum, einen Rückstand, den man am besten nur bis zum Übergehen der ersten sofort krystallisierten Anteile von Tribrom-äthylalkohol unter vermindertem Druck destillierte. Der beim Erkalten erstarrende Rückstand ergab beim Umkrystallisieren aus Petroläther eine Ausbeute von 33,6 g Tribromalkohol (29,5% vom angewandten Bromal).

Der Vorlauf der fraktionierten Destillation (bis gegen 90° unter 11 mm) enthielt Dibrom-äthylalkohol, dem in den ersten Anteilen Monobrom-äthylalkohol beigemischt zu sein schien, während er in den höher siedenden (von etwa 78° an) mit viel Tribrom-alkohol vermischt war. Die fraktionierte Destillation im Vakuum lieferte den Dibrom-alkohol genügend einheitlich zur Identifizierung, aber (gemäß den gefundenen Werten) nicht analysenrein.

0,1699 g Sbst. (1. Darst.): 0,0815 g CO_2, 0,0332 g H_2O. — 0,1650 g Sbst. (2. Darst.): 0,2997 g AgBr.

$C_2H_4OBr_2$. Ber. C 11,78, H 1,96, Br 78,41. Gef. C 13,09, H 2,18, Br 77,30.

Den Dibrom-äthylalkohol hat E. DEMOLE[3] als dicke, zuckersüß schmeckende Flüssigkeit vom Siedepunkt 179 bis 181° und $d_0 = 2,35$ beschrieben. Das vorliegende Präparat destillierte bei 70 bis 72° (unter 10 bis 11 mm), besitzt $d_0^4 = 2,33$ und ist in heißem Wasser mäßig, in kaltem schwer löslich.

Sein Urethan bildet Prismen vom Schmp. 90 bis 91°, die in Äther und in heißem Wasser leicht, in kaltem nur zu etwa 0,6% löslich sind.

0,1708 g Sbst.: 0,2628 g AgBr. — $C_3H_5O_2NBr_2$. Ber. Br 64,75. Gef. Br 65,48.

Tribrom-äthylalkohol, $CBr_3 \cdot CH_2 \cdot OH$.

Der Tribrom-alkohol krystallisiert in Prismen vom Schmp. 80° und siedet unter 10 bis 11 mm bei 92 bis 94°. Er ist in Alkohol und Äther sehr leicht, in Benzol leicht, in Petroläther warm leicht, kalt schwer löslich, in Wasser in der Kälte sehr schwer, in der Hitze mäßig löslich. Beim Erwärmen mit Natronlauge wird er unter Entbindung von Kohlenoxyd zersetzt.

[3] B. **9**, 45 [1876], und zwar S. 50.

0,1753 g Sbst.: 0,0557 g CO_2, 0,0244 g H_2O. — 0,1782 g Sbst.: 0,0568 g CO_2, 0,0196 g H_2O. — 0,1419 g Sbst.: 0,2873 g ABr. — 0,1441 g Sbst.: 0,2880 g AgBr.

$C_2H_3OBr_3$. Ber. C 8,49, H 1,06, Br 84,79. Gef. C 8,67, 8,70, H 1,56, 1,23, Br 86,16, 85,05.

Das Tribrom-urethan, aus dem Alkohol mit Harnstoffchlorid gewonnen, bildet Prismen vom Schmp. 86 bis 87°, die in Alkohol und Äther sehr leicht, in kaltem Wasser mäßig löslich sind.

3,774 mg Sbst.: 0,156 ccm N (27°, 757 mm).

$C_3H_4O_2NBr_3$. Ber. N 4,30. Gef. N 4,68.

Zur Darstellung des Trichlor-äthylalkohols.

Da es uns gelang, bei der Reduktion des Chlorals nach dem Verfahren von C. J. Lintner und H. Lüers die Ausbeute auf 70% zu steigern, so beruht die Bildung des Trichlor-alkohols nicht auf Disproportionierung des angewandten Aldehyds, sondern auf Wasserstoff-Übertragung [2285] aus dem Zuckerzerfall, wie es C. Neuberg[4] schon aus den hohen Ausbeuten bei phytochemischen Reduktionen, aus der Bildung optisch-aktiver Alkohole und aus dem Gelingen der gleichartigen Reduktion von Ketonen gefolgert hat.

Der Gäransatz bestand aus 600 g Zucker in 5 l Wasser mit 100 g (abgepreßter) Bierhefe; dazu ließen wir die Lösung von 120 g Dinatriumphosphat und, als die Gärung lebhaft war, 40 g Chloralhydrat in $^1/_2$ l Wasser während $^3/_4$ Stunden eintropfen. Es dauerte 4 Tage, bis die Gärung bei gewöhnlicher Temperatur zum Stillstand kam, zu gleicher Zeit war das Chloral aus der Lösung vollständig verschwunden. Wir prüfen darauf[5], indem wir 10 ccm der Flüssigkeit mit 2 ccm verd. Natronlauge versetzen und durch eine rasche Wasserdampf-Destillation das aus vorhandenem Chloral gebildete Chloroform übertreiben. Das Destillat wird mit einigen Tropfen 3proz. Resorcinlösung auf 50° erwärmt und mit 2 ccm Natronlauge versetzt (Probe von Schwarz[6]). Man sieht in einer Reihe solcher Proben im Verlaufe der Reduktion die Rotfärbung an Intensität abnehmen.

Nach der Gärung trennt man von der Hefe ab und isoliert aus der mit Kieselgur geklärten Lösung den Trichlor-alkohol, der in Wasser beträchtlich löslich ist, durch Aussalzen und erschöpfendes Ausäthern.

Die p-Nitrobenzoylverbindung entsteht bei Einwirkung des Säurechlorids auf die wäßrige Lösung von Trichlor-alkohol, wobei durch vorsichtige Zugabe von 10proz. Natronlauge unter Schütteln die Reaktion schwach alkalisch gehalten wird. Prismen, domatisch begrenzt, vom Schmp. 71°, sehr leicht löslich in Äther und Benzol, mäßig in Alkohol.

0,1468 g Sbst.: 0,2156 g AgCl. — 0,1614 g Sbst.: 0,2340 g AgCl. — 0,1794 g Sbst.: 7,8 ccm N (13,5°, 710,5 mm).

$C_9H_6O_4NCl_3$. Ber. N 4,69, Cl 35,68. Gef. N 4,84, Cl 36,33, 35,87.

p-Amino-benzoesäure-trichloräthylester. Die Reduktion der Nitroverbindung mit Schwefelwasserstoff und anderen Mitteln führt leicht zum Äthylester der Amino-benzoesäure. Die Chloratome werden geschont, wenn die Reduktion mit der berechneten Menge Ammoniumsulfid in alkoholischer Lösung langsam, nämlich bei 25 bis 27°, ausgeführt wird. Der Trichlor-ester, sehr leicht löslich in Äther und Alkohol, mäßig löslich in Petroläther, krystallisiert in feinen,

---

[4] C. Neuberg und F. F. Nord, B. **52**, 2237 [1919], und zwar besonders S. 2241.

[5] Vgl. die Aufsuchung von Chloralhydrat in Leichenteilen nach H. Wefers Bettink und W. P. H. van den Driessen Mareeuw, C. **1906**, I, 1906.

[6] Fr. **27**, 668 [1888].

seidenglänzenden Nädelchen vom Schmp. 87°. Er zeigt keine bemerkenswerten physiologischen Eigenschaften, seine anästhesierende Wirkung ist sehr gering.

0,1799 g Sbst.: 8,7 ccm N (17°, 710 mm). — 0,1464 g Sbst.: 0,2333 g AgCl.

$C_9H_8O_2NCl_3$. Ber. N 5,22, Cl 39,65. Gef. N 5,30, Cl 39,42.

Carbamidsäure-trichloräthylester entsteht aus äquivalenten Mengen von Harnstoffchlorid[7] und Trichlor-alkohol in trockenem Äther und krystallisiert in Nadeln vom Schmp. 64 bis 65°.

0,1797 g Sbst.: 12,25 ccm N (23°, 720 mm). — 0,1662 g Sbst.: 0,3700 g AgCl.

$C_3H_4O_2NCl_3$. Ber. N 7,29, Cl 55,28. Gef. N 7,39, Cl 55,07.

[2286] Das Trichlor-urethan ist in etwa 100 Tln.* kalten Wassers löslich, leicht in heißem, in Alkohol, Äther und Chloroform sehr leicht, in Benzol leicht, in Petroläther sehr schwer löslich.

Nach der pharmakologischen und klinischen Prüfung[8], für die wir Herrn Geheimrat Prof. W. STRAUB und Herrn Prof. A. HAUPTMANN zu Dank verpflichtet sind, hat sich das Trichlor-urethan als ein gutes und harmloses Schlafmittel** erwiesen, bei dem die wirksamen und die toxischen Dosen weit auseinander liegen.

---

[7] Mit überschüssigem Harnstoffchlorid wird der Allophansäure-trichloräthylester gebildet, der in Prismen von rhombischem Habitus krystallisiert; Schmp. 182 bis 183°. Er ist in kaltem Wasser und in Äther schwer, in Alkohol leicht, in Essigester kalt schwer, warm leicht löslich.

3,700 mg Sbst.: 0,387 ccm N (25°, 747 mm). — 4,058 mg Sbst.: 7,37 mg AgCl.

$C_4H_5O_3N_2Cl_3$. Ber. N 11,89, Cl 45,22. Gef. N 11,75, Cl 44,92.

* *Im Original steht infolge Druckfehlers; „in etwa 10 Tln.“.*

[8] R. WILLSTÄTTER, W. STRAUB und A. HAUPTMANN, Münchn. med. Wochenschr. **69**, 1651 [1922]; C. **1923**, I, 1196.

** *Es ist unter dem Namen „Voluntal“ als Hypnoticum eingeführt worden.*

Abschnitt VIII.

ÜBER SPEZIFITÄT DER ENZYME, BESONDERS DER CARBOHYDRASEN; ÜBER EMULSIN.

Zeitschrift für physiologische Chemie **115**, S. 180 [1921].

75. ÜBER DIE SPEZIFISCHE NATUR VON SACCHARASE UND RAFFINASE.

Von RICHARD WILLSTÄTTER und RICHARD KUHN.

(Mitteilung aus dem Chemischen Laboratorium der Bayerischen Akademie der Wissenschaften in München.)

(Mit 1 Abbildung.)

(Der Redaktion zugegangen am 29. April 1921.)

Bei der Darstellung von Hefeauszügen und von Invertin sollte eine der ersten Aufgaben die Kennzeichnung der Lösungen und Präparate in enzymatischer Hinsicht sein, also die Untersuchung, welches Schicksal die zuckerspaltenden Enzyme der Hefe neben der Saccharase bei der Bildung von Lösungen, von Adsorbaten, von Elutionen haben und welche von diesen Enzymen in dem sog. Invertin noch enthalten sind. Diese bisher unbeantwortete Frage hängt mit einer zweiten ungelösten Frage eng zusammen. Es ist unbestimmt, welche enzymatischen Wirkungen dem Rohrzucker hydrolysierenden Enzym sonst noch zukommen und welche Fructosidspaltungen anderen spezifischen Hefeenzymen zuzuschreiben sind. Da Invertin namentlich für Raffinose starkes Spaltungsvermögen zeigt, nach E. BOURQUELOT und M. BRIDEL[1] mehr als für Gentianose, Stachyose u. a., so untersuchen wir fürs erste, ob Raffinose von Saccharase selbst oder von einem spezifischen Enzym hydrolysiert wird.

Es wird bisher zumeist angenommen, daß die Hydrolyse von Raffinose und Saccharose von demselben Enzym bewirkt [181] werde; E. FISCHER[1]), A. BAU[2]), E. BOURQUELOT[3]), H. E. ARMSTRONG[4]), C. S. HUDSON[5]) vertraten diese Auffassung. Sie

[1] Compt. rend. Bd. 152, S. 1060 [1911].

[1]) E. FISCHER und W. NIEBEL, Sitzungsber. d. preuß. Akad. 1896, S. 73; E. FISCHER, Diese Zeitschr. Bd. 26, S. 60 [1898].

[2]) Wochenschr. f. Brauerei Bd. 17, S. 698 [1900].

[3]) Journ. Pharm. et Chim. (6) Bd. 16, S. 578 [1902]; E. BOURQUELOT und M. BRIDEL, Compt. rend. Bd. 149, S. 361 [1909] und Bd. 152, S. 1080 [1911].

[4]) H. E. ARMSTRONG und W. H. GLOVER, Proc. Roy. Soc., B, Bd. 80, S. 312 [1908]; siehe auch E. F. ARMSTRONG, The simple Carbohydrates and the Glucosides, 3. Aufl., London 1919, S. 111.

[5]) Journ. Am. Chem. Soc. Bd. 36, S. 1566 [1914]; C. S. HUDSON und T. S. HARDING, Journ. Am. Chem. Soc. Bd. 37, S. 2193 [1915].

gründet sich darauf, daß die Saccharose ein Bestandteil des Raffinosemoleküls ist. Damit lassen sich aber Beobachtungen über tierisches Invertin nur unter der Voraussetzung in Einklang bringen, daß es verschiedene Invertine gibt. Nach W. PAUTZ und J. VOGEL[6] und E. FISCHER und W. NIEBEL[7] wird durch den Dünndarm des Hundes und des Pferdes die Raffinose nicht gespalten. „Das Rohrzucker spaltende Enzym des Dünndarms ist also" — nach E. FISCHER und W. NIEBEL — „zweifellos mit dem Invertin der Hefe nicht identisch." Für diese Folgerung entfällt die Stütze, wenn sich die Hydrolyse von Rohrzucker und Raffinose auf verschiedene Enzyme zurückführen läßt.

Es genügt aber nicht, mit E. FISCHER in verschiedenen Organismen verschiedene Invertine und verschiedene Maltasen anzunehmen, auch mit dem Vorkommen verschiedener Hefeinvertine und verschiedener Raffinasen in Hefen müßte man rechnen. P. LINDNER[8] hat nämlich gefunden, daß Monilia candida Hansen und eine gewisse Hefe (Nr. 602 aus Danziger Jopenbier) Rohrzucker vergärt, Raffinose aber unversehrt läßt, daß andererseits Schizosaccharomyces octosporus Beijerinck und Hefe Nr. 37 (aus einem sizilianischen Traubenmost) Raffinose, aber nicht Rohrzucker vergärt. [182] Zu anderen Anschauungen kam H. BIERRY[1]) in seinen Untersuchungen über die zuckerspaltenden Enzyme wirbelloser Tiere. Er nimmt neben dem Rohrzucker spaltenden Invertin ein auf alle d-Fructoside, also auf Stachyose, Gentianose, Raffinose und auch auf Rohrzucker wirkendes Enzym, die Lävulopolyase, an. Es soll sich nicht um ein besonderes Ferment, sondern „um eine Species derselben Gattung Invertin" handeln, „weil in allen Fällen, wo wir einen auf die genannten Polyosen aktiven Verdauungssaft angetroffen haben, derselbe auch Saccharose zu invertieren vermochte." Diese Anschauung wird indessen den Angaben P. LINDNERS über Schizosaccharomyces octosporus und Hefe Nr. 370 nicht gerecht und läßt auch die Mitteilung von L. MARINO und G. FIORENTINO[2]) unberücksichtigt, daß von den Enzymen des Malzes Raffinose ganz abgebaut (also über Melibiose hinweg), Rohrzucker aber nicht angegriffen wird.

Um die Wirkung des Invertins auf die beiden Zucker zu vergleichen, ermitteln wir Vergleichszeitwerte für Saccharase und Raffinase unter den Bedingungen der Maltasebestimmung von R. WILLSTÄTTER und W. STEIBELT[3]). Dieselbe Enzymmenge im nämlichen Volumen Lösung wirkt bei 30° auf äquivalente Mengen der Zucker ein, mit der Besonderheit, daß für jede einzelne Hydrolyse die optimale Wasserstoffzahl eingestellt wird. Für die Raffinosespaltung finden wir das Wirkungsoptimum wie für die Rohrzuckerhydrolyse bei $p_H = 4$ bis 5. Eine Anzahl von Invertinpräparaten, deren Reinheitsgrade z. B. durch die Zeitwerte 4,8 bis 0,86 nach C. O'SULLIVAN und

[6] Zeitschr. f. Biologie Bd. 32, S. 304 [1895].
[7] Sitzungsber. d. preuß. Akad. 1896, S. 73.
[8] Wochenschr. f. Brauerei Bd. 17, S. 713 [1900].
[1]) Compt. rend. Bd. 148, S. 949 [1909]; Biochem. Zeitschr. Bd. 44, S. 415, 426, 446 [1912].
[2]) Gazz. chim. ital. Bd. 36, II, S. 395, und zwar S. 409 [1906].
[3]) Diese Zeitschr. Bd. 111, S. 157, und zwar S. 169 [1920] (*Abh. 62*).

F. W. TOMPSON und nach H. v. EULER ausgedrückt werden, ergeben für den Quotienten

$$\frac{\text{Zeitwert für Raffinase}}{\text{Zeitwert für Saccharase}}$$

genau übereinstimmende Werte, nämlich 11,3. Daraus folgt, daß Saccharase und Raffinase, wenn es sich um zwei Enzyme [183] handelt, in den Löslichkeitsverhältnissen, in der Beständigkeit und im Verhalten gegen Adsorptionsmittel die größte Ähnlichkeit zeigen und keine Handhabe zu irgend einer Fraktionierung bieten. Es steht damit wesentlich anders bei den übrigen zuckerspaltenden Enzymen. Zum Beispiel verschwindet Maltase aus neutralen Hefeauszügen nach einiger Zeit durch Zersetzung, während Melibiase dem Invertin durch eine große Reihe von Operationen zu folgen vermag und manchmal noch in Invertinpräparaten von hoher Reinheit enthalten ist.

Das Verhältnis der beiden enzymatischen Hydrolysen ist schon früher von H. E. ARMSTRONG und W. H. GLOVER[1] bestimmt worden. Ihre Arbeit, die eine andere Absicht verfolgt als die vorliegende Untersuchung, bringt nicht einen Vergleich der Wirkungsquotienten mit verschiedenem enzymatischen Material; sondern H. E. ARMSTRONG und GLOVER ließen nur eine nicht näher bestimmte Invertinlösung, noch ohne Berücksichtigung der Wasserstoffionenkonzentration, auf die beiden Zucker einwirken, um aus dem Verhältnis der Reaktionsgeschwindigkeiten wie aus der verschieden raschen Spaltung der Zucker durch Mineralsäuren Schlußfolgerungen auf die sterischen Verhältnisse im Zuckermolekül zu ziehen, von denen seine Hydrolyse abhängt. ARMSTRONG und GLOVER fanden mit käuflicher Raffinose das Verhältnis 1:3,8, mit gereinigter 1:5,4 für die Zeiten 50proz. Hydrolyse von Rohrzucker und Raffinose.

Mit den Zeitwertquotienten der Invertinpräparate vergleichen wir das Verhältnis der beiden enzymatischen Wirksamkeiten an Hefen selbst, und zwar an melibiasefreien, also obergärigen Hefen, da durch einen Gehalt an Melibiase die Bestimmung gestört würde. Zwei Brennereihefen, die in ihrem Enzymgehalt weit differieren, eine dänische und eine österreichische, gaben fast den gleichen Quotienten, nämlich 5,1 und 5,4, also Werte, die sich vom Wirkungsverhältnis der Präparate wesentlich unterscheiden. Daraus allein wäre schon zu schließen, daß trotz der Übereinstimmung von Präparat zu Präparat Saccharase und Raffinase verschiedene Enzyme sind.

[184] Dies ergibt sich noch deutlicher beim Vergleich verschiedener Hefen, also nach derselben Methode, mit der R. WILLSTÄTTER und W. STEIBELT in einer voranstehenden Arbeit die Nichtidentität von Maltase und α-Glucosidase nachgewiesen haben. Die reine Brennereihefe Rasse XII des Berliner Institutes für Gärungsgewerbe gab z. B. den Quotienten 12,3, in ihr ist also, auf dieselbe Menge Saccharase bezogen, fast 2,5 mal weniger Raffinase enthalten als in den schon angeführten Oberhefen.

---

[1] Proc. Roy. Soc., Ser. B, Bd. 80, S. 312 [1908].

Die Spaltung des Rohrzuckers und der Raffinose ist also spezifischen Enzymen zuzuschreiben. Es wäre noch möglich, daß der Rohrzucker nicht durch Saccharase allein, sondern außerdem noch durch Raffinase hydrolysiert würde, also von einer Lävulopolyase im Sinne von BIERRY, allein das Vorkommen von Hefen, die Raffinose, aber nicht Rohrzucker vergären, macht diese Anschauung sehr unwahrscheinlich.

Da unsere besten Invertinpräparate (z. B. das Präparat Nr. 2 der Tab. 4 vom Zeitwert 0,86) auch andere höhere Zucker, z. B. Stachyose spalten, so wird durch vergleichende Bestimmungen der Wirkungsquotienten, z. B. der Raffinase und Stachyase, zu entscheiden sein, ob die Hydrolyse der höheren Fructoside ein spezifisches Enzym für jeden einzelnen Fall erfordert.

Die Kennzeichnung einer Hefe in enzymatischer Hinsicht ist durch die Vergleichszeitwerte ihrer wichtigsten enzymatischen Fähigkeiten gegeben, z. B.:

Zeitwert für:		Maltase	α-Glucosidase	Saccharase	Raffinase
Dänische Oberhefe	(21. II. 21)	162	252	0,52	2,65
Berl. Hefe XII	(26. II. 21)	227	225	1,26	15,6
Berl. Hefe M	(26. I. 21)	13400	∞	2,62	19,7

Das Verhältnis dieser Zeitwerte erlaubt natürlich keine Schlußfolgerung auf das Verhältnis der Mengen der entsprechenden Enzyme. Aber da die Enzyme, wie aus den bekannten Reaktionsgeschwindigkeiten hervorgeht, in weit höherem Maße [185] spezifische Reagentien für den Polyosenabbau sind als die Mineralsäuren, so werden keine so großen Unterschiede zwischen Menge und Wirkung auf verschiedene Zucker vorkommen wie bei den Säuren. Nach den Untersuchungen von E. F. ARMSTRONG und R. J. CALDWELL[1] über „The sucroclastic action of acids as contrasted with that of enzymes" wird die relative Leichtigkeit, mit der die Spaltung durch Säuren erfolgt, durch folgende Zahlen ausgedrückt:

1 für Lactose, 1,27 für Maltose, 0,17 für α-Methylglucosid, 1240 für Rohrzucker, 1040 für Raffinose.

Gleichen hydrolytischen Wirkungen auf die einzelnen Zucker werden nicht entfernt so verschiedene Konzentrationen der Enzyme wie der Mineralsäuren entsprechen.

Bestimmungsmethode.

Die Spaltung der Raffinose in Melibiose und Fructose verfolgen wir polarimetrisch. Gemäß den für die Bestimmung von Invertin und Maltase aufgestellten Bedingungen wird als Zeitwert die Anzahl Minuten ermittelt, welche 0,5 g Trockengewicht von Hefe oder Enzympräparat brauchen würden, um bei 30° und optimalem p_H in 25 ccm 2,061 g $C_{18}H_{32}O_{16} \cdot 5\,H_2O$ zu 50% zu spalten. Die vollständige Hydrolyse liefert 2,5proz. Fructoselösung. Die günstige Wasserstoffzahl (= 4,5) wird durch Zusatz von 1 ccm 20proz. NaH_2PO_4-Lösung eingestellt.

[1] Proc. Roy. Soc., Ser. B, Bd. 73, S. 526 [1904] und Bd. 74, S. 195 [1905].

Die Raffinose hatte uns teils Herr Prof. Dr. EDM. O. VON LIPPMANN in Halle a. S. und teils die Direktion der Zuckerraffinerie Hildesheim in freundlichster Weise zur Verfügung gestellt. Das Präparat gab in 8proz. Lösung übereinstimmend mit den Angaben der Literatur $[\alpha]_D^{20} = +104{,}4°$. Im 2-dm-Rohr beträgt die Anfangsdrehung der Bestimmungslösung (nach Verdünnen wie im Versuche mit $^1/_4$ Vol. 2n-Sodalösung[2]) 13,71°, nach der Spaltung in Melibiose + Fructose **[186]** 7,18°. Bei Verwendung von untergärigen Hefen und von Enzympräparaten aus ihnen kann die Melibiose der weiteren Hydrolyse durch die von E. FISCHER und P. LINDNER[1]) sowie von A. BAU[2]) entdeckte Melibiase anheimfallen; für die vollkommene Aufspaltung in Fructose, Glucose und Galaktose berechnet sich der Endwert der Drehung auf +1,70°.

Ein melibiasefreies Invertinpräparat vom Zeitwert 4 diente zur Bestimmung der geeigneten Wasserstoffionenkonzentration. Die folgende Tab. 1 zeigt, daß ein breites Gebiet von p_H 4 bis 5 optimal ist und daß der günstigste Punkt mit dem Optimum der Saccharasewirkung[3]) praktisch zusammenfällt.

L. MICHAELIS und H. DAVIDSOHN[4]) haben in ihrer exakten Untersuchung über „Die Wirkung der Wasserstoffionen auf das Invertin" angenommen, „daß bei jeder der optimalen Wasserstoffzahl nicht entsprechenden Acidität nur ein Bruchteil des vorhandenen Ferments in wirksamer Form zugegen ist".

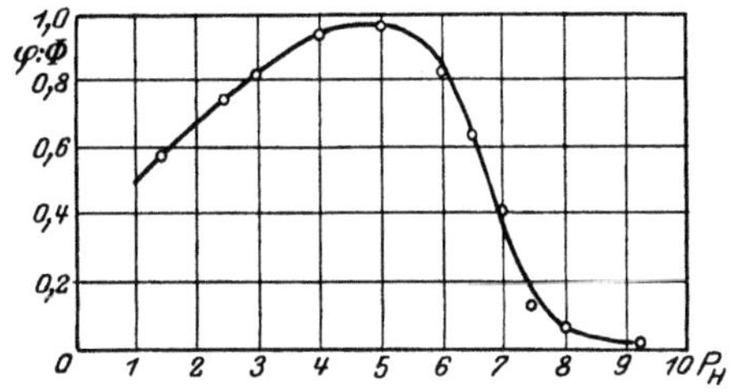

Die Kurve, welche diesen Bruchteil ($\varphi:\Phi$) als Funktion von $-\log[H^{\cdot}]$ darstellt, wird neuerdings von L. MICHAELIS und M. ROTHSTEIN[5]) als Dissoziationsrestkurve einer Säure **[187]** betrachtet, die aus Invertin + 1 Mol. Saccharose besteht. Es wäre daher eine andere Abhängigkeit der Raffinosespaltung vom p_H sogar für den Fall zu erwarten, daß sie durch Saccharase selbst bewirkt wird, da ja die Dissoziationskonstanten der Verbindungen aus ein und demselben Enzym mit verschiedenen Substraten ungleich sein sollten. Die nebenstehende Abbildung zeigt, daß der logarithmische Parameter unserer Kurve etwa —6,8 beträgt, nahezu übereinstimmend mit den genauen Messungen von MICHAELIS, der für Saccharase —6,7 fand. Dagegen ist der langsame Abstieg der Kurve im stärker sauren Gebiet auffallend.

---

[2] Ebenso wurde die Bestimmungslösung für Saccharase zum Sistieren mit $^1/_4$ Vol. Soda versetzt; da in der voranstehenden Arbeit von WILLSTÄTTER und STEIBELT mit $^1/_5$ Vol. Soda verdünnt wurde, sind die Drehungsabnahmen in den beiden Arbeiten nicht übereinstimmend.

[1]) Wochenschr. f. Brauerei Bd. 12, S. 959 [1895]; dieses Enzym hat allerdings E. FISCHER als identisch mit Maltase betrachtet (Diese Zeitschr. Bd. 26, S. 60, und zwar S. 80 [1898]).

[2]) Wochenschr. f. Brauerei Bd. 12, S. 1062 [1895] und Bd. 20, S. 560 u. 575 [1903]; Chemikerzeitg. Bd. 19, S. 1873 [1895].

[3]) S. P. L. SÖRENSEN, Biochem. Zeitschr. Bd. 21, S. 131, und zwar S. 256 [1909]; L. MICHAELIS und H. DAVIDSOHN, Biochem. Zeitschr. Bd. 35, S. 386 [1911].

[4]) Biochem. Zeitschr. Bd. 35, S. 386 [1911].

[5]) Biochem. Zeitschr. Bd. 110, S. 217 [1920].

Tabelle 1.
Wirkungsoptimum der Raffinase. (30°; Puffer: Sörensensche Standardlösungen.)

Puffer (2,5 ccm auf 25)	p_H (angenähert)	nach 90 Minuten Drehungsabnahme °	nach 90 Minuten Spaltung %	nach 120 Minuten Drehungsabnahme °	nach 120 Minuten Spaltung %
2,2 ccm 0,1 mol. Na-citrat + 7,8 ccm 0,1 n-HCl .	1,5	3,09	47,5	3,69	56,6
3,5 ccm 0,1 mol. Na-citrat + 6,5 ccm 0,1 n-HCl .	2,5	3,64	55,8	4,17	64,0
4,0 ccm 0,1 mol. Na-citrat + 6,0 ccm 0,1 n-HCl .	3,0	3,84	58,9	4,46	68,4
5,6 ccm 0,1 mol. Na-citrat + 4,4 ccm 0,1 n-HCl .	4,0	4,13	63,3	4,71	72,2
10 ccm n/5 Na-acetat + 5 ccm n/5 Essigsäure . . .	5,0	4,18	64,1	4,83	74,0
1,2 ccm 1/15 mol. Na_2HPO_4+8,8 ccm 1/15 mol. KH_2PO_4	6,0	3,83	58,7	—	—
3 ccm 1/15 mol. Na_2HPO_4 + 7 ccm 1/15 mol. KH_2PO_4 .	6,5	3,29	50,5	3,91	60,0
6,2 ccm 1/15 mol. Na_2HPO_4+3,8 ccm 1/15 mol. KH_2PO_4	7,0	2,41	37,0	2,92	44,8
8,5 ccm 1/15 mol. Na_2HPO_4+1,5 ccm 1/15 mol. KH_2PO_4	7,5	0,94	14,4	1,26	19,4
9,4 ccm 1/15 mol. Na_2HPO_4+0,6 ccm 1/15 mol. KH_2PO_4	8,0	0,61	9,4	0,88	13,5
10 ccm 1 % NH_3 + 0,3145 g NH_4Cl	9,2	—	—	0,07	(1,0)

[188] Auch in den anderen Voraussetzungen der Bestimmung gleichen sich Raffinase und Saccharase. Proportionalität von Reaktionsgeschwindigkeit und Enzymmenge trifft für die Spaltung der Raffinose in demselben Bereich von 1:40 zu wie nach H. v. EULER und O. SVANBERG[1] für die Rohrzuckerinversion.

Versuch 1. Die Enzymlösung war ein Auszug aus dänischer Brennereihefe, die wir mit 2 Teilen Wasser unter Zusatz von Toluol 4½ Tage der Autolyse überließen. Das Filtrat wurde nach dem Klären mit Kaolin aufs Vierfache verdünnt. Es war frei von Melibiase, denn die Bestimmungslösung zeigte nach 18stündiger Wirkung bei 30° $\alpha = 7{,}32°$, nach 28 Stunden $\alpha = 7{,}22°$.

Versuch 2. Angewandt wurde die 0,1 proz. Lösung eines Invertinpräparates (vom Zeitwert 4, Nr. 5 der Tab. 4) aus untergäriger Bierhefe (Löwenbräu München), das nach dem Adsorptionsverfahren von R. WILLSTÄTTER und F. RACKE gewonnen war. Das Präparat schien nichts mehr von der Melibiase der angewandten Hefe zu enthalten. Die Bestimmungslösung besaß nämlich bei $p_H = 4{,}5$ nach 24 Stunden $\alpha = 7{,}35°$ und nach 30 Stunden $\alpha = 7{,}23°$, in einer anderen Probe bei $p_H = 6{,}5$ nach 25 Stunden $\alpha = 7{,}23°$.

Tabelle 2. Enzymkonzentration und Umsatz.

Nr.	Enzymmenge (ccm in 25)	Zeit Min.	Drehungsabnahme °	Spaltung %	Zeit Min.	Drehungsabnahme °	Spaltung %
1	0,25	400	1,62	24,8	600	2,28	34,9
	0,5	200	1,67	25,6	300	2,33	35,7
	1,0	100	1,67	25,6	150	2,37	36,3
	2,5	40	1,71	26,2	60	2,41	36,9
	5,0	20	1,71	26,2	30	2,41	36,9
	10,0	10	1,70	26,0	15	2,38	36,5
2	2,5	60	3,21	49,2	90	3,89	59,6
	5,0	30	3,15	48,3	45	3,86	59,2
	7,5	20	3,11	47,7	30	3,90	59,8

[1] Diese Zeitschr. Bd. 107, S. 269, und zwar S. 275 [1919].

[189] Die Kinetik der Raffinasewirkung haben schon H. E. ARMSTRONG und W. H. GLOVER[1] untersucht und gefunden, daß die Spaltung der Raffinose durch eine Invertinlösung aus Oberhefe wie durch Säuren monomolekular verläuft. Dieses Ergebnis bestätigt sich auch unter den Bedingungen unserer Bestimmung, wie sich aus der Tab. 3 ergibt. Von den beiden Versuchen, die wir mit den schon für die Tab. 2 verwendeten Enzymlösungen vornahmen, stimmt der mit Raffinaselösung aus Brennereihefe ausgeführte (Nr. 1) für streng monomolekularen Verlauf zwischen 30 und 60% Spaltung. Daher benützt man für Oberhefen und Lösungen daraus zur Umrechnung des jeweils beobachteten Spaltungsgrades auf 50% Hydrolyse die theoretische Kurve. Bei Versuch 2 mit Invertinpräparat fiel k. 10^5 zwischen 30 und 70% Spaltung von 381 auf 344, vielleicht infolge langsamer Zersetzung von Enzym, dessen Empfindlichkeit mit dem höheren Reinheitsgrad zugenommen hatte. Die aus Versuch 2 abgeleitete Kurve liegt den Bestimmungen der Präparate zugrunde.

Tabelle 3. Kinetik der Raffinasewirkung. (30°.)

Zeit Min.	1. Versuch			2. Versuch		
	Drehung °	Spaltung %	$\frac{10^5}{t}\log_{10}\frac{a}{a-x}$	Drehung °	Spaltung %	$\frac{10^5}{t}\log_{10}\frac{a}{a-x}$
0	13,71	0,0	—	13,71	0,0	—
10	13,26	6,9	310	13,13	8,9	404
20	12,76	14,5	340	12,50	18,5	445
30	12,30	21,6	352	12,12	24,4	404
45	11,67	31,3	362	11,58	32,6	381
60	11,14	39,4	362	11,07	40,5	376
80	10,55	48,4	359	10,50	49,2	367
110	9,80	60,0	362	9,83	59,4	356
150	—	—	—	9,17	69,5	344
160	9,00	72,1	346	—	—	—
200	—	—	—	8,65	77,5	324
220	8,35	82,1	340	—	—	—
260	—	—	—	8,10	85,9	327
∞	7,18	100,0	—	7,18	100,0	—

[190] Verhältnis zwischen Saccharase- und Raffinasewirkung von Invertinpräparaten.

Für die Prüfung des Verhältnisses zwischen Rohrzucker- und Raffinosespaltung standen einige Invertinpräparate zur Verfügung, die in Arbeiten von R. WILLSTÄTTER mit F. RACKE und mit J. GRASER auf verschiedenen Wegen gewonnen waren.

Das 1. Beispiel der Tab. 4 ist ein Präparat vom Zeitwert 4,8, das durch Adsorption mit Aluminiumhydroxyd gereinigt war; ein Jahr nach der Darstellung untersucht, erwies es sich als frei von Melibiase. Es ergab den Quotienten 11,2, genau denselben fanden wir in dem zweiten Beispiel der Tabelle, nämlich dem gleichen Präparat, das eine weitere Reinigung durch Adsorption mit Kaolin (vgl. R. WILLSTÄTTER und F. RACKE, 1. Abh.[1]) Abschnitt C, III, 1. Beispiel) auf den Zeitwert 0,86 gebracht

[1] Proc. Roy. Soc., Ser. B, Bd. 80, S. 312, und zwar S. 317 [1908].
[1]) Ann. d. Chem. (im Druck) (*Abh. 45*).

hatte. Auch die anderen Invertinpräparate, soweit sie frei von Melibiase waren, führten zu genau dem gleichen Quotienten, so das 3. Beispiel der Tabelle, ein analog dargestelltes Invertin, dessen Zeitwert 0,7 bei einer weiteren Behandlung mit Uranacetat (WILLSTÄTTER und RACKE, I. Abh., Abschn. B, VIII) infolge teilweiser Zersetzung auf 1,96 zurückgegangen war, ferner zwei durch die beiden Adsorptionsverfahren gereinigte, und zwar von Frl. J. GRASER frisch dargestellte Präparate, eines von sehr geringem Melibiasegehalt und dem Zeitwert 1 (Nr. 4) und ein melibiasefreies vom Zeitwert 4 (Nr. 5). Das Beispiel 7 der Tabelle ist ein melibiasehaltiges Präparat vom ungünstigen Zeitwert 12,5, das nur durch Aluminiumhydroxyd gereinigt war.

Mit diesen Präparaten ähnlicher Darstellungen werden noch zwei auf ganz andere Weise gewonnene Invertinpräparate verglichen. Das Beispiel 8 der Tabelle, ein schwach melibiasehaltiges Invertin vom Zeitwert 2,3 (aus einer Lösung vom Zeitwert 0,98 durch Eindunsten erhalten), stammte aus einem bei neutraler Reaktion (WILLSTÄTTER und RACKE, Abschn. A, IX, 2) gewonnenen Hefeauszug und war nach einem später zu beschreibenden Verfahren durch Fällung mit Bleiacetat und [191] Adsorption mit Aluminiumhydroxyd gewonnen. Endlich das Beispiel 9 war von WILLSTÄTTER und RACKE (II. Abh., B, II) durch fraktionierten enzymatischen Abbau der Hefe dargestellt; es verdankte den Zeitwert 1,4 der Adsorption mit Tonerde, Kaolin und nochmals Tonerde. Es wies einen sehr deutlichen Gehalt an Melibiase auf, der den niedrigeren Quotienten 9,3 der Raffinase- und Saccharasewirkung erklärt.

Es ist bemerkenswert, wie konstant bei einer langen Reihe verschiedenartig ausgeführter Operationen, welche die Möglichkeit einer Fraktionierung bieten, das Verhältnis der beiden enzymatischen Wirkungen bleibt. Bei der Entfernung der Eiweißkörper aus wäßrig-acetoniger Lösung, die nicht ohne Verlust von Enzym stattzufinden pflegt, bei der Adsorption mit verschiedenen Mitteln, bei der Elution aus den Adsorbaten, beim Fällen mit organischen Lösungsmitteln, bei den öfters unter beträchtlichem Enzymverlust ausgeführten Vornahmen der Dialyse und des Eindampfens ist keine Anreicherung einer Enzymkomponente eingetreten. Die bei der Zerlegung der Tonerde- und Kaolinadsorbate angewandten Reagentien, wie Ammoniak, Natriumcarbonat, sekundäre Phosphate, wirken freilich unspezifisch als alkalische Mittel. Eher erschien als spezifisch die von R. WILLSTÄTTER und F. RACKE (Abh. I, Abschn. B, VIII, 3) beschriebene Zerlegung des Invertinadsorbates an Aluminiumhydroxyd durch Rohrzucker. Wir prüften deshalb, ob sich dabei eine Verschiebung des Quotienten der beiden Zeitwerte erzielen läßt.

1. Versuch. Vom Präparat 5 der Tabelle wurden 38 mg aufgelöst und mit einer zur Adsorption nicht ausreichenden Menge Aluminiumhydroxyd aufgenommen. Das mittels der Zentrifuge abgetrennte und gewaschene Adsorbat brachten wir zur Bestimmung auf 50 ccm.

a) Saccharasewirkung. 2 ccm Adsorbat in 50 ccm Bestimmungslösung bewirkten in 26 Minuten 2,78° Drehungsabnahme. Daher Zeit der halben Hydrolyse 31,3 Minuten.
b) Raffinasewirkung. 10 ccm Suspension bewirkten in 50 ccm Raffinoselösung in $63^1/_2$ Minuten 3,06° Drehungsabnahme. Daher halbe Hydrolyse nach 70 Minuten.

[192] Tabelle 4.

Quotienten der Raffinase- und Saccharasezeitwerte von Invertinpräparaten.
(30°; Enzymmengen für Rohrzucker- und für Raffinosespaltung im Verhältnis 1:5.)

Nr.	Präparat	Wirkung auf	Versuchszeit Min.	Drehungsabnahme °	Spaltung %	Zeit der halben Hydrolyse Min.	Quotient
1	Präp. nur durch $Al(OH)_3$ gerein.,	Rohrz.	60	3,55	54	54,5	11,2
	Zeitw. 4,8; frei von Melibiase	Raffin.	111	3,08	47	121,5	
2	Dass. Präp., weiter d. Kaolinads. ge-	Rohrz.	32	4,17	63,5	23,5	11,2
	rein., Zeitw. 0,86, frei von Melibiase	,,	44,5	5,12	78	22	
		Raffin.	60	3,63	55,5	51	
		,,	71,5	4,01	61,5	50,5	
3	Ebenso gerein., dann mit Uranac.	Rohrz.	28,5	2,33	35,5	43,5	11,4
	behandelt, Zeitw. 1,96	,,	50	3,64	55,5	44	
		Raffin.	58	2,22	34	101	
		,,	108	3,46	53	99	
4	Gerein. durch d. Ads.-Verf., Zeitw. 1,	Rohrz.	47,5	5,04	77	24	11,4
	sehr schwach melibiasehaltig	Raffin.	70	3,81	58,5	54,5	
5	Gerein. nach den Ads.-Verf., Zeitw. 4,	Rohrz.	30	2,80	42,5	36	11,3
	frei von Melibiase	,,	48,5	4,07	62	36,5	
		Raffin.	60	2,64	40,5	81	
		,,	110	3,88	59,5	82,5	
6	Gerein. nach den Ads.-Verf.,	Rohrz.	32	2,29	35	50	10,3
	Zeitw. 1,8	,,	52,5	3,50	53,5	48,5	
		Raffin.	52	2,04	31	102	
		,,	96	3,15	48,5	101,5	
7	Nur durch $Al(OH)_3$ gerein. Präp.	Rohrz.	35	2,89	44	41	9,8
	vom Zeitwert 12,5, melibiasehaltig	,,	50	3,84	58,5	41	
		Raffin.	40	1,99	30,5	80	
		,,	65,5	2,79	43	81	
8	Gerein. mit Bleiac. u. durch $Al(OH)_3$,	Rohrz.	22	2,77	42	27	10,6
	Zeitw. 2,3, wenig Melibiase enthaltend	Raffin.	65,5	3,56	54,5	57,5	
9	Präp. aus frakt. enzym. Hefeabbau,	Rohrz.	26,5	3,75	57	22,5	9,3
	durch Ads.-Verf. gerein., Zeitw. 1,4,	Raffin.	59	3,98	61	42	
	melibiasehaltig						

[193] Die übrige Adsorbatsuspension (38 ccm) spülten wir in einen 100-ccm-Kolben, versetzten sie mit 50 ccm 32proz. Rohrzuckerlösung und füllten zur Marke auf. Nach 30 Minuten zentrifugierte man die gebildete Elution ab und unterwarf nach zweimaligem Waschen mit Wasser den Rückstand, auf 35 ccm gebracht, wieder beiden Bestimmungen. Er wies von Saccharase noch 22, von Raffinase ebenfalls 22% auf.

a) Saccharasewirkung. 5 ccm Suspension in 50 ccm bewirkten in $151^1/_2$ Minuten 5,80° Drehungsabnahme. Zeit der halben Hydrolyse 52,2 Minuten.

b) Raffinasewirkung. 20 ccm Suspension in 50 ccm bewirkten in 166 Minuten 3,54° Drehungsabnahme. Halbe Hydrolyse 148 Minuten.

Der Quotient der Saccharase- und Raffinasezeitwerte war im Adsorbat 1:11,2, im rückständigen Aluminiumhydroxyd nach der Rohrzuckerelution 1:11,3.

2. Versuch. Aus Kopenhagener Brennereihefe wurde durch rasche Autolyse bei Gegenwart von Toluol in $4^1/_2$ Tagen eine Invertinlösung erhalten, die man zur Klärung mit 10% Kaolin behandelte. Das Filtrat ergab den Quotienten der Wirkungswerte

1:5,3. Aus der Lösung adsorbierten wir mit einer nicht ganz ausreichenden Menge Aluminiumhydroxyd das Enzym, um das Adsorbat wie beim 1. Versuch mit Rohrzucker zu eluieren.

Bestimmung des Adsorbates.

a) Saccharasewirkung. 2 ccm Adsorbatsuspension in 50 ccm Rohrzuckerlösung bewirkten in 22 Minuten 2,36° Drehungsabnahme, in 46 Minuten 4,20°. Zeit der halben Hydrolyse 33 und 33 Minuten.
b) Raffinasewirkung. 5 ccm Adsorbat in 50 ccm Raffinoselösung bewirkten in 38 Minuten 1,95° Drehungsabnahme, in 57 Minuten 2,74°. Halbe Hydrolyse 73,5 und 72,5 Minuten.

Nach dem Eluieren analysierten wir wieder die noch enzymhaltige Tonerde.

a) Saccharasewirkung. 5 ccm Suspension in 50 ccm bewirkten in 35 und 47½ Minuten 2,77° und 3,60° Drehungsabnahme. Zeit der halben Hydrolyse 43 und 42 Minuten.
b) Raffinasewirkung. 20 ccm Suspension in 50 ccm bewirkten in 54 und 68 Minuten 3,31° und 3,86° Drehungsabnahme. Halbe Hydrolyse 53 und 53 Minuten.

[194] Im Adsorbat waren Saccharase und Raffinase anfangs mit dem Zeitwertquotienten 1:5,5 enthalten, nach dem Eluieren enthielt das Aluminiumhydroxyd noch 41½% der Saccharase und 45½% der Raffinase entsprechend dem Quotienten 1:5,0. Es ist also eine schwerlich über die Bestimmungsfehler hinausgehende kleine Verschiebung, kaum eine geringe Anreicherung (10%) der Raffinase erfolgt.

Auch bei der Bildung von Invertinlösungen durch Autolyse der Hefe gehen Saccharase und Raffinase ohne Änderung des Zeitwertquotienten in Lösung. Der Melibiasegehalt der untergärigen Hefe, von der unsere Invertinpräparate herstammen, hindert den Vergleich von Hefe und Präparaten hinsichtlich der Raffinosespaltung. Deshalb vergleichen wir in einer melibiasefreien Hefe, der dänischen Brennereihefe, und in der aus ihr gebildeten Autolysenflüssigkeit den Quotienten der beiden Enzymwirkungen.

Die Hefe wird im folgenden Abschnitt durch die Invertin- und Raffinasezeitwerte 0,52 und 2,65, also den Quotienten 5,1 gekennzeichnet. Die in 2 Tagen gebildete Autolysenflüssigkeit, mit Kaolin geklärt, ergab bei einer Enzymausbeute von etwa 3% für die Raffinase- und Invertinzeitwerte den Quotienten 5,5. Der in 4½ Tagen gewonnene Hefeauszug enthielt nach dem Klären mit Kaolin 20% vom Enzym und entsprach dem Quotienten 5,3 der Raffinase- und Saccharasezeitwerte.

80 g Hefe mit 160 g Wasser unter Toluolzusatz autolysiert.

Auszug nach 2½ Tagen.

a) Saccharasebestimmung. 2 ccm bewirkten in 50 ccm in 78 Minuten 3,45° Drehungsabnahme; Zeit der halben Hydrolyse 73,5 Minuten.
b) Raffinasebestimmung. 10 ccm bewirkten in 78 Minuten 3,21° Drehungsabnahme; Zeit der halben Hydrolyse 80,5 Minuten.

Auszug nach 4½ Tagen.

a) Saccharasebestimmung. 0,25 ccm bewirkten in 50 ccm in 79 Minuten 3,08° Drehungsabnahme; Zeit der halben Hydrolyse 85,5 Minuten.
b) Raffinasebestimmung. 1,25 ccm bewirkten in 60 Minuten 2,41° Drehungsabnahme; Zeit der halben Hydrolyse 91 Minuten.

Die Werte, deren Fehler etwas größer sein können wie oben, differieren so wenig untereinander und vom Quotienten [195] der Hefe selbst, daß von einer Verschiebung des Verhältnisses nicht gesprochen werden kann.

Saccharase- und Raffinasewirkung einiger obergäriger Hefen.

An einigen Brennereihefen, die in der nachfolgenden Abhandlung von R. WILLSTÄTTER und W. STEIBELT auf den Gehalt an Maltase und α-Glucosidase geprüft und in einer weiteren hinsichtlich des Gärvermögens untersucht werden, vergleichen wir die Wirkung auf Rohrzucker und Raffinose. Die Hefen weisen große Unterschiede auch im Gehalt an den hier in Betracht kommenden Enzymen auf. Die dänische Brennereihefe, die wir der Gefälligkeit des Herrn Prof. A. JÖRGENSEN verdanken, ist an Invertin 24-, an Raffinase 25mal reicher als die Stadlauer Spiritushefe. Im Quotienten der beiden Enzymwirkungen stimmen aber die enzymreichste und enzymärmste der untersuchten Hefen gut überein. Dagegen differieren sie und ihre Auszüge wie auch die Adsorbate daraus von den beschriebenen Invertinpräparaten derart, daß die Spaltung der beiden Zucker nicht auf ein und dasselbe Enzym zurückgeführt werden kann. Eine entscheidende Bestätigung für dieses Ergebnis wird beim Vergleich weiterer Heferassen (Tab. 5) gewonnen, der zu sicheren Ausschlägen im Quotienten

$$\frac{\text{Zeitwert für Raffinase}}{\text{Zeitwert für Saccharase}}$$

führt. Vor allem kommt die reine Brennereihefenrasse XII des Berliner Instituts für Gärungsgewerbe in Betracht, die 2,4mal weniger Invertin und fast 6mal weniger Raffinase als die Kopenhagener Oberhefe enthält. Der Quotient der Zeitwerte wird hier fast $2^1/_2$mal ungünstiger für Raffinase als bei der dänischen Hefe. Bei der Rasse II des Berliner Instituts hingegen finden wir den Quotienten wieder gleich (5,1, mit Auszug aus Trockenhefe bestimmt) wie bei der Kopenhagener Hefe.

Tabelle 5.

[196] Quotienten der Raffinase- und Saccharasezeitwerte obergäriger Hefen.

Nr.	Hefe (Trockengewicht %)	Wirkung auf	g Frischhefe in 25 ccm	Versuchszeit Min.	Drehungsabnahme °	Spaltung %	Vergleichszeitwert	Quotient
1	Brennereihefe Kopenhagen 21. II. 21	Rohrz.	0,05	20	2,82	43	0,52	5,1
	(21,6)	,,	0,25	35,5	4,38	66,5		
		Raffin.		41,5	4,51	69	2,65	
2	Spiritushefe Stadlau 25. II. 21 (30,3)	Rohrz.	0,125	60	1,48	22,5	12,1	5,4
		Raffin.	0,375	95	1,31	20	65	
3	Brennereihefe Rasse XII 26. II. 21	Rohrz.	0,125	30	4,25	65	1,26	12,3
	(25,0)	,,		43	5,28	80,5		
		Raffin.	0,375	52	2,31	35,5	15,6	
4	Brennereihefe M 26. I. 21 (22,2)	Rohrz.	0,125	31	2,30	35	2,62	
		,,		43	3,08	47		7,5
		Raffin.	0,375	39,5	1,31	20	19,7	6,5
		,,		60	2,21	34	16,9	
5	Branntweinhefe Sinner 3. III. 21	Rohrz.	0,125	34,5	2,50	38	3,36	
	(28,0)	,,		49	3,36	51		7,8
		Raffin.	0,375	56	1,71	26	26,3	7,0
		,,		83	2,63	40,5	23,5	

Eine Nebenerscheinung, die bei einigen Raffinasebestimmungen der Tabelle auffällt, ist das Sinken der Zeitwerte während der Bestimmungsdauer. Gleiches ist öfters bei Maltase und im voranstehenden auch bei α-Glucosidase beobachtet worden. Wie in jenen Fällen dürfte die Verbesserung der Raffinasezeitwerte als Enzymbildung im Laufe der Versuche zu deuten sein. Noch deutlicher zeigt sich diese Erscheinung im folgenden Versuch, in dem die Zeitwerte sehr genau bestimmt sind, da die beobachteten Spaltungen in den mittleren Teil der Reaktionskurve fallen.
[197] Hefe von Sinner. Nach $52^1/_2$, 85, 110 Minuten betrug die Spaltung 34, 50, 61% entsprechend Zeiten halber Hydrolyse von 91, 85 und 78 Minuten. Das Sinken des Zeitwerts entspricht einem Zuwachs an Enzym von 15%.

Die Zeitwertbestimmung wurde stets unter Toluolzusatz in kurzen Zeiten ausgeführt. Bei der Einwirkung der lebenden Hefe auf Raffinose im langdauernden Gärversuch sind die Bedingungen für die Raffinasebildung günstiger. Wir beobachteten unter diesen Umständen ein fast gleiches Ansteigen von Raffinase und Invertin. Hier ist daran zu erinnern, daß H. v. EULER [1] und seine Mitarbeiter im Laufe ausgedehnter Studien über Enzymbildung z. B. bei der Hefezüchtung in asparaginhaltiger Rohrzuckerlösung nicht sowohl einem spezifischen Invertinzuwachs als einer allgemeinen Erhöhung der vitalen Prozesse, einer allgemeinen Enzymbildung freilich mit sehr ungleicher prozentischer Zunahme der betreffenden Enzymwirkungen begegneten [2].

Für unseren Versuch diente die Brennereihefe von Sinner. Beim Vergären von Rohrzucker unter Zusatz von Pepton war bei ihr keine Enzymvermehrung eingetreten. Mit 5 g der Hefe (Nr. 5 der Tabelle) ließen wir 1 l 10proz. Raffinoselösung unter Zusatz von 1 g Pepton bei 25° 36 Stunden gären; ein Teil der Fructose blieb übrig. Die Hefe wurde mit der Zentrifuge abgetrennt und nach sorgfältigem Waschen zu einem Trockengehalt von 28,2% abgepreßt. Für die Bestimmung brachten wir 2 g der Hefe unter Zusatz von etwas Toluol auf 50 ccm.

a) Saccharasebestimmung. 5 ccm bewirkten in 50 ccm Rohrzuckerlösung in 54 Minuten 3,91° Drehungsabnahme entsprechend 43,5 Minuten Zeit für halbe Hydrolyse.

b) Raffinasebestimmung. 15 ccm bewirkten in 50 ccm in 71 Minuten 2,53° und in 98 Minuten 3,39° Drehungsabnahme. Daher Zeit der halben Hydrolyse 101 und $92^1/_2$ Minuten.

[198] Der Zeitwert für Raffinase war von 26,3 bzw. 23,5 verbessert zu 17,1 und 15,6, der Vergleichszeitwert der Saccharase 2,45 anstatt 3,36. Der Quotient der Enzymwirksamkeiten betrug nach der Zunahme 7,0 und 6,4 statt der Anfangswerte 7,8 bis 7,0.

[1] Chemie der Enzyme, 2. Aufl., München und Wiesbaden 1920, 10. Kap., S. 284

[2] H. v. EULER und H. MEYER, Diese Zeitschr. Bd. 79, S. 274 [1912], und zwar S. 298.

Zeitschrift für physiologische Chemie 115, S. 199 [1921].

76. ÜBER DIE VERSCHIEDENHEIT VON MALTASE UND α-GLUCOSIDASE.

Von RICHARD WILLSTÄTTER und WERNER STEIBELT.

(Dritte Mitteilung[1] über Maltase.)

(Aus dem Chemischen Laboratorium der Bayerischen Akademie der Wissenschaften in München.)

(Mit 1 Abbildung.)

(Der Redaktion zugegangen am 29. April 1921.)

Nach EMIL FISCHER[2] wird α-Methylglucosid ebenso wie Maltose durch Hefe gespalten. Diese Wirkung schrieb FISCHER anfangs dem Invertin, dann der Hefemaltase zu, die er aus dem Pilze nach vorangehendem Trocknen auszulaugen vermochte. Das Glucosid ließ sich bei Gegenwart von Chloroform auch durch frische Hefe spalten, während es unter gleichen Bedingungen, also mit frischer Hefe bei Anwesenheit von Chloroform, nicht gelang, die Hydrolyse der Maltose herbeizuführen. Abgesehen von diesem Phänomen, das sehr kompliziert zu sein schien, „zeigen Maltose und α-Methylglucosid gegenüber den Enzymen der Hefe völlige Übereinstimmung". Es zeigte sich freilich bald[3], daß es andere maltosespaltende Stoffe gibt, die das α-Methylglucosid nicht verändern, daß nämlich das Serum von Pferde- oder Rinderblut auf das Glucosid gar nicht einwirkt, während es bekanntlich die Maltose leicht spaltet. Dieser Befund wäre mit der Vorstellung gut zu erklären, daß [200] Maltose und α-Methylglucosid auch von der Hefe mittels zweier verschiedener Enzyme hydrolysiert werden. E. FISCHER[1)] gab indessen der anderen Annahme den Vorzug, „daß ein und dasselbe Enzym der Hefe, die Maltase, sowohl die α-Methylglucoside als auch die Melibiose und verschiedene als Dextrine bezeichnete, kompliziertere Kohlehydrate angreifen kann. Die Erfahrung, daß einzelne Hefen nur die Maltose, aber nicht die Melibiose spalten, oder daß es Maltasen gibt, wie z. B. im Blut der Säugetiere, welche die α-Glucoside unberührt lassen, ist kein triftiger Grund dagegen". Während aber

[1] Die ersten Mitteilungen: Diese Zeitschr. Bd. 110, S. 232 [1920] und Bd. 111, S. 157 [1920].

[2] Ber. d. deutsch. chem. Ges. Bd. 26, S. 2400 [1893]; Bd. 27, S. 2478 u. 2985 u. 3479 [1894]; Bd. 28, S. 1429 [1895].

[3] E. FISCHER und W. NIEBEL, Sitzungsber. d. Preuß. Akad. d. Wiss. 1896, S. 73; E. FISCHER, Unters. über Kohlehydrate und Fermente, Berlin 1909, S. 868.

[1)] Diese Zeitschr. Bd. 26, S. 60 [1898], und zwar S. 80.

nach der Ansicht von E. FISCHER[2] die Entscheidung dieser Frage noch unsicher bleibt, „solange man nicht imstande ist, die Enzyme als einheitliche chemische Individuen zu charakterisieren", wird seitdem in der Literatur die Identität oft mit Bestimmtheit angenommen[3]. Dennoch ist diese Annahme nicht zutreffend und sie läßt sich widerlegen, ohne daß man es unternimmt, eines der beiden Enzyme „im reinen Zustand zu isolieren".

Das Verhalten der Hefe bei Gegenwart von Chloroform gegen Maltose beruht wahrscheinlich darauf[4], daß beim Abtöten der Hefe durch Chloroform die Produktion von Säure in der Hefezelle einsetzt und in ihr ein für die Wirkung der Maltase ungünstiges Milieu schafft. Das Ausbleiben der Maltosehydrolyse unter den Versuchsbedingungen von E. FISCHER ist weniger auf Zerstörung der Maltase durch die von der Hefe gebildete Säure, als auf zu hohen Säuregrad am Reaktionsort zurückzuführen. Wenn unter gleichen Bedingungen die Spaltung von α-Methylglucosid erfolgt, so ist wohl anzunehmen, daß diese Hydrolyse toleranter gegen Veränderung der Reaktionsbedingungen ist und von einem anderen Enzym bewirkt wird.

Daß Maltase und Glucosidase wirklich zwei verschiedene [201] Enzyme sind, folgt daraus, daß die enzymatische Wirkung der Hefe auf die Substrate, ausgedrückt durch die Zeitwerte der Hefe für Maltase und α-Glucosidase, kein konstantes Verhältnis aufweist. Den Quotienten

$$\frac{\text{Zeitwert für } \alpha\text{-Glucosidase}}{\text{Zeitwert für Maltase}}$$

finden wir beispielsweise bei verschiedenen Brauereihefen zwischen 7,7 und 0,9 schwankend, noch tiefer fällt er bei Brennereihefe. Auch bei einer einzigen Hefeprobe ist dieses Verhältnis leicht veränderlich. Beim Ruhen der Hefe bei niedriger Temperatur wächst bald der Gehalt an Maltase, bald an Glucosidase, so daß bei 1- bis 3tägigem Lagern der Quotient z. B. von 5,9 in 3,3 oder von 3,0 in 5,9 übergeht. Endlich verschiebt sich das Verhältnis der beiden Zeitwerte bei der Darstellung von Hefeauszügen durch Autolyse. Hefe, die den Zeitwertquotienten 5,9 aufwies, lieferte eine Enzymlösung mit dem Verhältnis 2,9 der beiden enzymatischen Wirksamkeiten.

Aus der Verschiedenheit der Maltose und α-Glucosid spaltenden Enzyme ist zu folgern, daß die Hefe für die Hydrolyse zusammengesetzter Zucker eine größere Zahl besonderer Enzyme ausbildet als man bisher annahm.

Quantitative Bestimmung der α-Glucosidase.

Die Wirkung der Hefe und der Hefeauszüge auf Methylglucosid soll gleich derjenigen auf Maltose[1]) durch die Zeit in Minuten bestimmt werden, die 1 g trockene

[2] Ber. d. deutsch. chem. Ges. Bd. 28, S. 1429 [1895], und zwar S. 1438.

[3] Vgl. z. B. E. F. ARMSTRONG, The simple carbohydrates and the glucosides, 3. Aufl., London 1919, S. 103 (auch S. 11 u. 120): „In view of the behaviour of maltose towards maltase, it is considered to be a glukose-α-glucoside, since it is only α-glucosides which are hydrolysed by maltase."

[4] R. WILSTÄTTER und W. STEIBELT, Diese Zeitschr. Bd. 111, S. 157 [1920].

[1]) Diese Zeitschr. Bd. 110, S. 233, und Bd. 111 S. 168.

Hefe oder die dieser Menge entsprechende Enzymlösung braucht, um bei 30° 1,347 g α-Methylglucosid (entsprechend 1,25 g abzuspaltender Glucose) zur Hälfte zu hydrolysieren, wenn diese in 50 ccm zusammen mit 60 mg $Na_2HPO_4 \cdot 2\,H_2O$ und 45 mg KH_2PO_4 enthalten sind (d. i. bei $p_H = 6{,}8$).

Die Hydrolyse des Glucosids verfolgen wir polarimetrisch, was mit der gleichen Genauigkeit wie nach der Reduktionsmethode ausführbar ist. Die Glucosidlösung besitzt nach dem Verdünnen mit 20% 2n-Sodalösung, wie es im Versuch zur Sistierung der Spaltung und zur Beendigung der Multirotation **[202]** geschieht, entsprechend $[\alpha]_D = +158°$ den Anfangswinkel $+7{,}10°$, nach vollkommener Spaltung $+2{,}20°$.

Das Optimum der Wirkung von Hefeauszügen auf α-Methylglucosid liegt nach P. Rona und L. Michaelis[1] bei $p_H = 5{,}8$ bis 6,6, und zwar schien 6,2 den allergünstigsten Punkt darzustellen. Da Michaelis und Rona[2] für die Maltosespaltung den Bereich von p_H 6,1 bis 6,8 optimal gefunden hatten, mit 6,6 als allergünstigstem Punkt, so schien diese Differenz zwar für eine Verschiedenheit beider Fermente zu sprechen, doch waren die Unterschiede in der Wirksamkeit innerhalb des ganzen angegebenen Gebietes nicht groß genug, um sichere Schlüsse zu gestatten.

Wir ließen beim Glucosid die Spaltung wie bei Maltose mit spurenweise saurer Reaktion von $p_H = 6{,}8$ verlaufen, da wir weder für Maltase- noch Glucosidasewirkung zwischen 6,0 und 6,8 über die Fehlergrenze hinausgehende Unterschiede beobachten konnten (Tab. 1). Auf beginnend alkalischem Gebiet erwies sich die Wirkung abgeschwächt, aber weniger als in den Versuchen von Michaelis und Rona. Die Wasserstoffzahl wurde durch verschiedene Mischungsverhältnisse des Phosphatpuffers nach S. P. L. Sörensen[3] variiert.

Tabelle 1. Spaltung von Maltose und α-Methylglucosid bei p_H 6,0 bis 7,8.

p_H	Maltase		α-Glucosidase	
	Maltose-spaltung	Zeitwert des Hefeauszugs	Glucosid-spaltung	Zeitwert des Hefeauszugs
6,0	43,0	86	32,7	142
6,4	42,8	87	33,3	137
6,8	42,7	87	32,7	142
6,8			28,2	280
7,2	41,4	93	24,5	340
7,8	40,3	99	24,5	340

[203] Die Bestimmung der Glucosidasewirkung setzt voraus, daß die Beziehung zwischen Reaktionsdauer und Umsatz bekannt ist, und daß für einen gewissen Umsatz das Produkt aus Enzymmenge und Zeitdauer konstant gefunden wird. Im Bereiche von 1:10 trifft es genau zu, daß die Zeiten gleichen Umsatzes sich umgekehrt wie die Fermentmengen verhalten.

[1] Biochem. Zeitschr. Bd. 58, S. 148 [1913] und L. Michaelis, Die Wasserstoffionenkonzentration, Berlin 1914, S. 71.

[2] Biochem. Zeitschr. Bd. 57, S. 70 [1913].

[3] Biochem. Zeitschr. Bd. 21, S. 131 [1909] und Bd. 22, S. 352 [1909].

1 ccm Enzym	in	50 ccm	bewirkten in	800	Minuten	1,57°	Drehungsabn.	entspr.	32,0%	Spaltung,
2 „	„	50 „	„	400	„	1,57°	„	„	32,0%	„
5 „	„	50 „	„	160	„	1,54°	„	„	31,4%	„
10 „	„	50 „	„	80	„	1,54°	„	„	31,4%	„

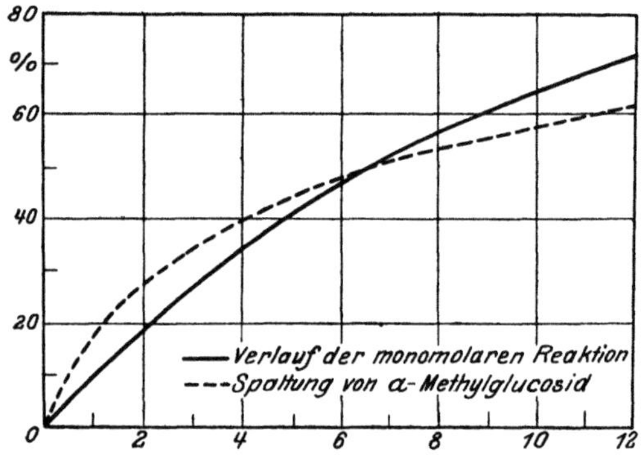

Hinsichtlich des zeitlichen Verlaufs der α-Glucosidasewirkung begegnen wir sehr ähnlichen Verhältnissen wie bei der Maltosespaltung. Abweichend von der Inversion des Rohrzuckers fällt im Verlauf der Hydrolyse des Glucosids k aus $1/t \cdot l_n a/a - x$ stark ab. Um aus der jeweils beobachteten Glucosidspaltung die der 50proz. Spaltung entsprechende Zeit zu ermitteln, dient uns die aus dem Beispiel der Tab. 2 und zwei weiteren Versuchen abgeleitete Reaktionskurve[1].

[204]

Tabelle 2.

Zeitlicher Verlauf der α-Glucosidasewirkung. (30°; 2,694proz. Glucosidlösung.)

Zeit Min.	Drehungsabn. °	Umsatz %
10	0,37	7,6
20	0,60	12,3
40	1,00	20,4
60	1,31	26,7
100	1,76	35,9
160	2,25	45,9
240	2,60	53,1
340	2,95	60,2

Auf dieser Grundlage geschieht die Bestimmung der Glucosidase auch in den Hefen nach dem Verfahren der Maltasebestimmung, das auf rascher Verflüssigung der Hefe durch Essigester, Neutralisation der entstehenden Säure mit Ammoniak und Einstellung der für die Enzymreaktion günstigen Wasserstoffzahl beruht. Bei vielen Hefen von normalem Enzymgehalt entspricht der Verlauf der Glucosidspaltung der ermittelten Reaktionskurve.

Hefe der Löwenbrauerei München, 1. XII. 1920.

Nach 83 Minuten Drehungsabn. 1,29°, Spaltung 26,3%, Zeitwert 145.
„ 130 „ „ 1,65°, „ 33,7%, „ 145.

Bei Hefen, die auf α-Methylglucosid schwach wirken, wird wie bei maltasearmen mitunter eine Abweichung in dem Sinne gefunden, daß sich der Zeitwert bei längerer Versuchsdauer günstiger als bei kurzer ergibt.

[1] Für jeden der drei Versuche wurde durch Interpolation aus den nächsten vor und nach 50% gelegenen Beobachtungspunkten die Zeit (200, 340, 326 Minuten) für 50% Spaltung ermittelt und gleich 6,52 gesetzt, dem Zeitwert der theoretischen Kurve bei 50%. Daraus ergibt sich das Verhältnis, in dem die Beobachtungszeiten der einzelnen Versuche umzurechnen sind.

Hefe der Spatenbrauerei München, 6. XII. 1920.

Nach	120 Minuten	Drehungsabn.	1,52°,	Spaltung	31,0 %,	Zeitwert	165.
,,	180 ,,	,,	2,05°,	,,	41,8 %,	,,	140.

Kopenhagener Brennereihefe, 24. II. 1921.

Nach	154 Minuten	Drehungsabn.	1,30°,	Spaltung	26,5 %,	Zeitwert	250.
,,	408 ,,	,,	2,54°,	,,	51,8 %,	,,	175.

Diese Erscheinung führen wir auf Enzymzuwachs zurück, auf postmortale Neubildung des Enzyms im Laufe der langen [205] Bestimmungsdauer[1]. In solchen Fällen werden für eine Hefe zwei Zeitwerte verzeichnet: ein durch Extrapolieren für den Zeitpunkt des Bestimmungsanfanges abgeleiteter und ein für das Ende der Bestimmungsdauer gefundener. Für die beiden erwähnten Hefen sind diese Zeitwertpaare:

Hefe der Spatenbrauerei: 210 und 140 für Glucosidspaltung, 230 und 125 für Maltosespaltung,
Kopenhagener Hefe: 300 und 175 für Glucosidspaltung, 165 und 155 für Maltosespaltung.

Verhältnis zwischen Maltose- und Glucosidspaltung.

Für den Vergleich der Wirkungen auf Maltose und Methylglucosid haben wir eine Anzahl von Brauereihefen in ganz frischem Zustand untersucht und von Brennereihefen, die nach dem Eintreffen der Postsendungen oder kurzem Aufbewahren im Eisraum zur Bestimmung dienten. Die Brennereihefen sind in der nachstehenden Abhandlung* über maltasearme Hefen genauer besprochen. Die Brauereihefen entstammten den Betrieben, nur die Frohberg-Unterhefe ist eine Reinkultur, für deren Überlassung wir Herrn Privatdoz. Dr. LÜERS, Direktor der Wissenschaftlichen Station für Brauerei in München, zu bestem Dank verpflichtet sind. Auch die Weinhefe, Assmannshäuser, verdanken wir der Freundlichkeit des Herrn Direktor Dr. LÜERS.

Hefeproben von 11 g wurden verflüssigt, neutralisiert und mit Wasser auf 50 ccm aufgefüllt. Von den Suspensionen verwendeten wir je 10 oder 20 ccm einerseits zur Maltase-, andererseits zur Glucosidspaltung. Die Zeiträume für die beiden Reaktionen waren gewöhnlich verschieden, da die Maltosespaltung rascher verlief.

Von Quotienten der Maltase- und Glucosidase-Zeitwerte werden in allen Fällen die Anfangswerte und in den Fällen, wo die Maltase- und Glucosidasebestimmungen nach gleicher Gesamtdauer vorliegen, auch die Endwerte angeführt. Die [206] meisten Unterhefen zeigen in ihrem Spaltungsvermögen für Methylglucosid nahe Übereinstimmung. Viel größer sind die Schwankungen im Gehalt an Maltase, woran die Unterhefen verhältnismäßig reich sind. Die Quotienten der beiden Enzymwirkungen liegen bei den Brauereihefen, wie die Tab. 3 zeigt, zwischen 7,7 und 0,9. Die untersuchten Oberhefen sind an beiden Enzymen sehr arm, ohne daß wie bei den Brauereihefen eines derselben wesentlich überwiegt; der Quotient fällt bis 0,7.

---

[1] Diese Erscheinung wird von WILLSTÄTTER und RACKE in einer Abhandlung über Invertin, die in den Ann. d. Chem. erscheinen wird, genauer behandelt (*siehe auch S. 789*).

* *Abschn. VII, Abh. 63.*

Tabelle 3. Maltase- und Glucosidasewirkung verschiedener Hefen.

Hefe (Trockengewicht in %)	Maltase			Glucosidase			Quotient der Zeitwerte
	Versuchszeit	Drehungsabn.	Zeitwert	Versuchszeit	Drehungsabn.	Zeitwert	
Löwenbräu 1. XII. 20 (22,7)	32	2,35	32,5	83	1,29	145	4,5
	65	3,20	32,5	130	1,65	145	
Hofbräu 3. XII. 20 (24,2)	40	2,16	52	100	1,32	175	3,4
	96	3,20	51	150	1,88	175	
Spatenbräu 6. XII. 20 (23,7)	60	1,40	195	120	1,52	165	Anfangsw. 0,9
	180	2,86	125	180	2,05	140	Endwert 1,1
Pschorrbräu 7. XII. 20 (25,2)	60	3,40	29	120	1,50	175	Anfangsw. 7,7
				180	2,00	155	
Frohberg Unterh. Reink. 4. II. 21 (23,6)	90	2,92	58	90	0,82	280	Anfangsw. 5,5
				140	1,22	260	
Weißbräu Tal (13. XII. 20 (24,0)	40	1,95	65	80	1,20	165	2,5
	80	2,65	66	190	1,95	165	
Weinhefe Assmannsh. 4. II. 21 (27,0)	90	1,43	320	90	0,40	1000	Anfangsw. 2,5
[207]	160	2,09	250	160	0,70	800	Endwert 3,2
Brennereihefe M 23. XII. 20 (24,3)	160	0,25	3500	160	0,24	2400	0,7
Brennereihefe M 12. I. 21 (24,5)	450	1,00	2600	450	0,75	1800	0,7
Brennereihefe Rasse II 12. II. 21 (34,2)	150	1,34	740	280	1,25	760	1,0
Brennereihefe Rasse XII 26. II. 21 (25,0)	100	1,71	230	100	1,13	230	Anfangsw. 0,8
	150	2,48	150	150	1,62	195	Endwert 1,3
Brennereihefe Kopenhagen 21. II. 21 (21,6)	77	1,65	160	154	1,30	250	Anfangsw. 1,8
	204	2,62	155	408	2,54	175	Endwert 1,1

Da sogar nach dem Abtöten der Hefe eine Neubildung der kohlehydratspaltenden Enzyme angenommen werden muß, ist es nicht überraschend, daß in der ruhenden Frischhefe Enzymbildung erfolgt. Abnahme von Maltase oder α-Glucosidase wurde nie beobachtet. Aber große Verschiebung in dem Verhältnis der Maltase- und Glucosidasezeitwerte trat bei manchen Brauereihefen während ein- oder mehrtägigem Aufbewahren im Kühlraum ein. Dabei war keine Regelmäßigkeit zu erkennen. Einmal erfolgte großer Zuwachs an Maltase, sogar Verdoppelung des Maltasegehalts

[208] Tabelle 4. Verschiebung der Zeitwertquotienten beim Lagern der Hefen.

Hefe (Trockengewicht in %)	Maltase			Glucosidase			Quotient der Zeitwerte
	Versuchszeit	Drehungsabn.	Zeitwert	Versuchszeit	Drehungsabn.	Zeitwert	
Löwenbräu 14. XII. 20 (22,7) frisch	40	2,80	28	120	1,53	155	Anfangsw. 5,9
	80	3,72	28	210	2,10	150	
nach 3 Tagen	60	3,40	26	120	2,10	86	3,3
Spatenbräu 15. XII. 20 (23,3) frisch	40	2,34	42	120	1,80	115	Anfangsw. 2,9
	80	3,17	40	210	2,44	105	
nach 3 Tagen	60	2,92	37	90	1,95	73	2,0
Spatenbräu 17. XII. 20 (23,2) frisch	40	2,08	52	80	1,20	150	Anfangsw. 3,0
	80	2,90	50	180	2,00	140	
nach 3 Tagen	50	3,12	26	100	1,37	155	5,9
				130	1,60	155	

in 24 Stunden, während die Glucosidase konstant blieb[1]. In anderen Fällen blieb der Maltasegehalt ungefähr konstant und die Wirkung auf Methylglucosid erfuhr bedeutende Verstärkung. Diese Beobachtungen (Tab. 4) stimmen wie der Vergleich der verschiedenen Hefen nicht zu einem engen Zusammenhang von Maltase und α-Methylglucosidase.

Veränderung des Quotienten der Enzyme beim Auflösen.

Die Auflösung der kohlehydratspaltenden Enzyme aus der Hefe ist kein einfacher Lösungsvorgang. Dieselben werden, wie in zwei Abhandlungen über Invertin, die sich im Druck befinden, von R. WILLSTÄTTER und F. RACKE gezeigt wird, erst durch einen enzymatischen Abbauvorgang freigelegt und in Lösung übergeführt. Die Verschiedenheit der Maltase und der α-Glucosidase zeigt sich nun auch darin, daß die beiden [209] Enzyme beim Ausziehen der Hefe nicht in gleichem Maße in Lösung gehen, also nicht mit demselben Quotienten der Zeitwerte in den Hefeextrakten wirken, wie in den Hefen selbst (Tab. 5). Die Verschiebung kann, was für unsere Schlußfolgerung belanglos ist, auch auf ungleicher Beständigkeit der Enzyme in der Lösung beruhen.

Zwei Brauereihefen lieferten Enzymlösungen unter verhältnismäßiger Anreicherung der α-Glucosidase. Bei einer Brennereihefe trat eine Verschiebung im entgegengesetzten Sinne ein, aber da in diesem Falle die Hefe im getrockneten Zustand verarbeitet wurde, kann schon beim Liegen und Entwässern durch Zunahme der Maltase, die wirklich zu beobachten war, die Verschiebung vorbereitet worden sein.

Tabelle 5. Verschiebung der Zeitwertquotienten beim Extrahieren der Hefen.

Hefe (Trockengewicht in %)	Maltase			Glucosidase			Quotient der Zeitwerte
	Versuchszeit	Drehungsabn.	Zeitwert	Versuchszeit	Drehungsabn.	Zeitwert	
Löwenbräu 14. XII. 20 (22,7) Hefe	80	3,72	28	210	2,10	150	Anfangsw. 5,9
Extrakt	30	2,80	41	80	1,75	160	3,9
Spatenbräu 17. XII. 20 (23,2) Hefe	50	3,12	26	130	1,60	155	Anfangsw. 5,9
Extrakt	60	2,73	87	100	1,54	255	2,9
Rasse XII 26. II. 21 (25,0) Hefe	100	1,71	230	100	1,13	225	Anfangsw. 0,8
	150	2,48	150	150	1,62	195	Endwert 1,3
Extrakt aus Trockenhefe	100	2,08	265	100	1,20	390	1,5
	156	2,58	260	150	1,55	390	

Die Enzymlösungen gewannen wir durch rasche Autolyse bei neutraler Reaktion.

200 g Hefe werden in einer Pulverflasche mit 10 ccm [210] Chloroform verrieben. Die Verflüssigung und die Produktion von Säure trat rasch ein und war in einer Viertelstunde ziemlich beendet. Darauf verdünnten wir mit 200 ccm Wasser und neutrali-

[1] Auch in einem zweiten Fall wurde eine solche Zunahme der Maltase festgestellt, während hier die Bestimmung der Glucosidase für die aufbewahrte Hefe fehlt.

Spatenbräuhefe 6. XII. 20: In 60 Minuten Drehungsabn. der Maltoselösung 1,40°, Maltasezeitwert 195. Dieselbe Hefe, 3 Tage aufbewahrt: In 60 Minuten Drehungsabn. der Maltoselösung 2,35°, Maltasezeitwert 64.

sierten mit 1proz. Ammoniak, wovon beispielsweise 40 bis 70 ccm erforderlich waren. Zur Autolyse wurde die Wassermenge noch etwas vermehrt, so daß auf 1 Teil Hefe $1^1/_2$ Teile Wasser trafen; die weitere Säurebildung war nicht mehr erheblich. Nach 24 bis 48 Stunden filtrierten wir den Auszug ab. Die Ausbeute an Maltase und α-Glucosidase in diesen Hefeauszügen war zwar sehr gut, mitunter über die Mengen in der Hefe weit hinausgehend, aber leider sind die Enzyme darin wenig haltbar, weniger als in den durch Autolyse mit Toluol gebildeten.

Beispiel: Hefe der Löwenbrauerei vom Maltasezeitwert 39 lieferte in 24 Stunden einen Auszug, dessen Zeitwert, auf die Hefe bezogen, 25 war, entsprechend 160% Ausbeute. Diese Hefe gab bei der Autolyse mit Toluol in 2 Tagen nur einen Auszug vom Zeitwert 38, also mit 100% Ausbeute.

Zeitschrift für physiologische Chemie 117, S. 172 [1921].

77. ZUR KENNTNIS DES EMULSINS.

Von RICHARD WILLSTÄTTER und WILHELM CSÁNYI *.

(Aus dem Chemischen Laboratorium der Bayerischen Akademie der Wissenschaften in München.)

(Mit 2 Abbildungen.)

(Der Redaktion zugegangen am 15. September 1921.)

In den Angaben der Literatur über die Darstellung des Emulsins fehlt die quantitative Prüfung der enzymatischen Leistung und in den zahlreichen Untersuchungen über die Emulsinwirkungen fehlt noch oft die Berücksichtigung und Einstellung der geeigneten Wasserstoffionenkonzentration im Sinne von S. P. L. SÖRENSEN. Daher ist es bisher nicht bekannt, in welcher Ausbeute ein Präparat von Emulsin aus den Mandeln gewonnen werden kann und welche enzymatische Konzentration es im Vergleiche zur Pflanzensubstanz erreicht. In dieser Beziehung versuchen wir nach dem Vorbild der Untersuchung[1] über Peroxydase einen Beitrag zur Kenntnis des Emulsins zu geben. „Die zuverlässige Bestimmungsmethode bildete eine Voraussetzung der präparativen Arbeit. Denn der leitende Gedanke war die analytische Kontrolle der präparativen Methode nach zwei Richtungen: hinsichtlich der Ausbeute im Verhältnis zum angewandten Pflanzenmaterial und in bezug auf den Wirkungswert der Präparate."

Die übliche Isolierung des Emulsins aus Mandeln mit Wasser oder verdünnter Essigsäure ist ungeeignet, da das Emulsin anscheinend durch Adsorptionswirkung in der [173] Pflanzensubstanz festgelegt ist und an Wasser nur schwer abgegeben wird. Bei der Einwirkung von sehr verdünntem Ammoniak lassen sich hingegen die Enzyme in ihrer ganzen Menge freilegen und man gewinnt das Emulsin aus den ammoniakalischen Auszügen in viel größerer Ausbeute und höherem Reinheitsgrad.

Für die quantitative Bestimmung des Emulsins eignet sich von seinen Wirkungen die Hydrolyse des Amygdalins, die auch bisher allgemein zur Schätzung gedient hat. Sie wird durch andere Maße ergänzt, die sich auf die Spaltung von Prunasin, dem Monoglucosid des Benzaldehydcyanhydrins, von β-Methylglucosid, von Lactose und von Raffinose beziehen. Gegen α-Methylglucosid vermochten wir, übereinstimmend

* *Herr Dr. Csányi hat später den Namen „Halden" angenommen.*

[1] R. WILLSTÄTTER und A. STOLL, Liebigs Ann. d. Chem. Bd. 416, S. 21 [1917/18] (*Abh. 35*).

mit älteren Forschern, unter verschiedenen Bedingungen der Acidität keine Wirkung zu finden.

Als Zeitwerte der Emulsinwirkungen werden die Beträge von Minuten bestimmt, welche 1 mg Emulsin oder emulsinhaltiges Pflanzenmaterial brauchen würde, um 50% der theoretischen Monosemenge aus äquivalenten Mengen der genannten Substrate unter gleichen Bedingungen abzuspalten, indessen in jeder Reaktion bei der für sie günstigsten Wasserstoffionenkonzentration. Das p_H-Optimum liegt für die Amygdalinhydrolyse am nächsten dem Neutralpunkt, für die Lactose- und Raffinosespaltung am weitesten im sauren Gebiet. Beispielsweise wird eines unserer Emulsinpräparate, das freilich durch 6 Monate langes Aufbewahren schon eine starke Einbuße an Wirksamkeit erlitten hatte, gekennzeichnet durch die Zeitwerte 18 für Amygdalinspaltung (10 in frischem Zustand), 11 für Prunasin-, 12200 für β-Methylglucosid-, 26400 für Lactose-, und 140000 für Raffinosehydrolyse.

Die verschiedenen Wirkungen des Emulsins pflegt man damit zu erklären, daß es ein Gemisch mehrerer Enzyme sei. Schon die Zerlegung des Amygdalins ist wahrscheinlich auf die kombinierte Wirkung verschiedener Enzyme zurückzuführen, nämlich nach den Untersuchungen von H. E. ARMSTRONG, E. F. ARMSTRONG und E. HORTON[1] auf das [174] Eingreifen der Amygdalase, die von dem Diglucosid das erste Glucosemolekül abtrennt, und der Prunase, die das Monoglucosid des Mandelsäurenitrils abbaut, das von EMIL FISCHER zuerst aus Amygdalin mit sogenannter Hefemaltase dargestellt und von H. E. ARMSTRONG, E. F. ARMSTRONG und E. HORTON Prunasin genannt wurde. Es ist diesen Forschern gelungen, in den Blättern von Prunus Laurocerasus das Enzym (Prunase) aufzufinden, das Amygdalin nicht anzugreifen vermag, aber aus dem Cyanhydrinmonoglucosid Glucose abspaltet.

Weniger gut gestützt scheint uns bisher die Erklärung der Nebenwirkungen des Emulsins zu sein, der Hydrolyse anderer Glucoside und zusammengesetzter Zucker. E. BOURQUELOT und H. HÉRISSEY[1]) haben zuerst die Milchzuckerspaltung des Emulsins auf eine beigemengte Lactase zurückgeführt, weil die Kefirlactase nicht auf Amygdalin wirkt und weil umgekehrt Emulsin[2]) vorkommt (in Prunus Laurocerasus, Aspergillus niger, Polyporus sulfureus Fr.), das den Milchzucker nicht anzugreifen vermag. Die Verschiedenheit von Emulsinlactase und Kefirlactase ist durch eine Arbeit von H. E. ARMSTRONG, E. F. ARMSTRONG und E. HORTON[3]) noch wahrscheinlicher geworden, die eine Hemmung der ersteren durch Glucose, der Hefelactase durch Galaktose beobachteten. Dennoch wäre es möglich, daß dem Emulsin neben seiner hauptsächlichen Funktion auch weniger ausgeprägte Wirkungen auf andere Polyosen zukämen.

---

[1] Proc. Roy. Soc., Ser. B, Bd. 85, S. 359 [1912]. Vgl. auch R. J. CALDWELL und ST. L. COURTAULD, Proc. Roy. Soc. Bd. 79, S. 350 [1907].

[1]) Soc. Biol. Bd. 55, S. 219 [1903].

[2]) Diese Angabe verliert ihre Beweiskraft, wenn man berücksichtigt, daß in diesen Fällen gar nicht das amygdalinspaltende Enzym, sondern z. B. bei Prunus Laurocerasus nur die Prunase vorlag.

[3]) Proc. Roy. Soc., Ser. B, Bd. 80, S. 321 [1908].

Eine auf Anregung von C. NEUBERG und in seinem Laboratorium ausgeführte Untersuchung von K. OHTA[4] behandelte die Reinigung des Emulsins von Eiweiß, zugleich aber auch von den begleitenden Enzymen, denen die von C. NEUBERG[5] entdeckte Spaltung der Raffinose, ferner die [175] Hydrolyse von β-Methylglucosid und Lactose eigen ist. K. OHTA hat durch Einwirkung von Pankreasferment auf Emulsin gewiß erreicht, Eiweißstoffe daraus zu beseitigen. Aber OHTAS gereinigte Präparate, deren Wirkung auf Amygdalin er als „außerordentlich kräftig" bezeichnet, sind seinen zahlenmäßigen Angaben zufolge so schwach, über tausendmal schwächer[1]) als eines unserer Emulsinpräparate, daß es recht ungewiß ist, ob unter seinen Bedingungen der Prüfung die Wirkung auf Raffinose, β-Methylglucosid und Lactose überhaupt noch bestimmt werden kann.

Die Natur des Emulsins läßt sich klarer erkennen mittels der Methode der Zeitwertquotienten, die vor kurzem in Untersuchungen[2]) über Hefeenzyme eingeführt wurde, um über die Spezifität der kohlehydratabbauenden Enzyme, z. B. über die Verschiedenheit der α-Methylglucosidase von Maltase, der Raffinase von Saccharase zu entscheiden. Die Quotienten der β-Methylglucosid-, Lactose- und Raffinosespaltung zur Amygdalinspaltung, der Lactose- zur Prunasin-, der β-Glucosid- zur Prunasinspaltung und andere Zeitwertverhältnisse werden in süßen und bitteren Mandeln und Aprikosenkernen und in den daraus gewonnenen Präparaten verglichen. Keines der Zeitwertverhältnisse weist einen konstanten Wert auf. Die Schwankungen der Quotienten sind so bedeutend, daß die Emulsinreaktionen als von einander unabhängige Enzymwirkungen und die Emulsinpräparate als veränderliche Gemische sehr zahlreicher glucosid- und polyosenabbauender Enzyme erkannt werden.

[176] Bestimmungsmethode.

Als Maße für die Wirkungen des Emulsins dienen uns die Zeitwerte der 50proz. Spaltung von Amygdalin, Prunasin, β-Methylglucosid, Lactose und Raffinose und zwar die Anzahl Minuten, welche 1 mg Emulsinpräparat oder enzymhaltige Pflanzensubstanz brauchen würde, um bei 30,0° und optimalem p_H 50% der theoretischen Monosemenge abzuspalten in 20 ccm Lösung aus 0,1000 g Amygdalin (3 H_2O enthaltend) bzw. der äquivalenten Menge von 0,05765 g Prunasin, 0,0793 g β-Methylglucosid (mit $^1/_2$ H_2O), 0,07034 g Lactose (mit 1 H_2O), 0,2320 g Raffinose (mit 5 H_2O). Unter theoretischer Menge werden verstanden 2 Mole Glucose aus Amygdalin, 1 Mol Glucose aus Prunasin, β-Methylglucosid, Lactose, 1 Mol Galaktose aus Raffinose.

[4] Biochem. Zs. Bd. 58, S. 328 [1914]. [5] Biochem. Zs. Bd. 3, S. 535 [1907].

[1]) Während 1 mg unserer frischen Präparate in 10 bis 20 Minuten (Temperatur 30°) aus 1proz. Amygdalinlösung die Hälfte der theoretischen Glucosemenge freizulegen vermag, benötigen 10 mg des von OHTA gereinigten Emulsins 24 Stunden zu ca. 26% Spaltung, sogar bei der Temperatur von 37°; nach unserer Zeitwertdefinition hat das Ohtasche Präparat, von welchem 1 mg 14400 Minuten zu 26,3% Spaltung braucht, also 17:7,2mal länger zu 50%, bei günstigerer Temperatur aber weniger günstigem p_H den Minutenwert 34000.

[2]) R. WILLSTÄTTER und W. STEIBELT, Diese Zs. Bd. 115, S. 199 [1921] und R. WILLSTÄTTER und R. KUHN, Diese Zs. Bd. 115, S. 180 [1921].

Die optimale Wasserstoffzahl ist, wie im folgenden gezeigt wird, für die Hydrolyse des Amygdalins $p_H = 6$, für Prunasin und β-Methylglucosid 4,9, für Lactose 4,7 und für Raffinose 4,1. Sie wird in allen Fällen mit Acetatgemisch nach L. MICHAELIS[1] eingestellt.

Die Bestimmung der abgespaltenen Hexose mußte sowohl bei den Glucosiden wie bei den zusammengesetzten Zuckern mittels der Reduktionsmethode ausgeführt werden. Ihre Anwendung wird bei den Oxynitrilglucosiden durch die Gegenwart von Blausäure etwas kompliziert. Während K. OHTA[2] ohne Rücksicht auf die Blausäure die abgespaltene Glucose nach PAVY-KUMAGAWA-SUTO bestimmte, hatten R. J. CALDWELL und ST. L. COURTAULD[3] schon früher erkannt, daß dieses analytische Verfahren bei der Bestimmung des Amygdalins versagt, da der Endpunkt durch auftretende Grünfärbung verschleiert wird. Ausführliche Angaben über die Bestimmung enthält die Untersuchung von H. E. ARMSTRONG, E. F. ARMSTRONG und E. HORTON[4]. Die Emulsinwirkung wird mit einem Tropfen Schwefelsäure sistiert, diese mit Kaliumcarbonat [177] neutralisiert und die Flüssigkeit eine halbe Stunde mit Wasserdampf destilliert, ehe die Glucose nach dem modifizierten Allihnverfahren von BROWN, MORRIS und MILLAR bestimmt wurde. Ob unter diesen Bedingungen die Blausäure vollständig entfernt wird, ist nicht ersichtlich. Nach der veröffentlichten Kurve scheint die Spaltung nur zu etwa 80% des theoretischen Glucosegehaltes geführt zu haben.

Wir zogen es vor, aus der schwefelsauren Flüssigkeit, 1 bis 2 ccm 10proz. Schwefelsäure auf 20 ccm enthaltend, die Blausäure mit Wasserdampf abzutrennen, was in 30 Minuten vollständig gelang. Es zeigte sich, daß unter diesen Bedingungen der Dampfdestillation das Amygdalin keine meßbare Hydrolyse erleidet. Die Glucose- bzw. Galaktosebestimmung führten wir stets nach G. SONNTAG[1]) und G. BERTRAND[2]) aus. Der größte Fehler[3]) betrug 1%, er blieb innerhalb der Fehlergrenzen der übrigen Vornahmen, z. B. der Dosierung des Enzyms.

Auf diese Weise wurde die abgespaltene Glucose des Amygdalins in ihrer ganzen Menge gefunden, z. B. aus 0,1 g Amygdalin mit 2 mg eines mittelmäßigen Emulsinpräparates bei 30° in 5 Stunden 99% der theoretischen Glucosemenge.

·Ausführung. Im Jenaer Rundkolben von $^1/_2$ l Inhalt werden 10 ccm 1,0proz. Amygdalinlösung mit etwas Toluol, mit 2 bis 4 ccm Pufferlösung ($^n/_{10}$-Acetatgemisch im Verhältnis 20 Natrium-ac.:1 Essigsäure) und so viel Wasser versetzt, daß mit der hinzuzufügenden Enzymlösung das Volumen auf 20,0 ccm kommt, und im Thermostaten

[1] Die Wasserstoffionenkonzentration, Berlin 1914, S. 189.
[2] Biochem. Zs. Bd. 58, S. 329, und zwar S. 335 [1914].
[3] Journ. chem. Soc. Bd. 91, S. 666 [1907].
[4] Proc. Roy. Soc., Ser. B, Bd. 80, S. 321 [1918].
[1]) Arbeiten a. d. Kaiserl. Gesundheitsamt Bd. 19, S. 447 [1903].
[2]) Bull. Soc. Chim. (3) Bd. 35, S. 1285 [1906].
[3]) Wenn auch nicht bezweifelt werden soll, daß die Bestimmung nach LING und RENDLE (A. R. LING und TH. RENDLE, Analyst Bd. 30, S. 182 [1905]; A. R. LING und G. C. JONES, Analyst Bd. 33, S. 160 [1908]), noch genauer ist, so finden wir doch die Kritik von W. A. DAVIS und A. J. DAISH (Journ. of Agricult. Science Bd. 5, S. 437, und zwar S. 445 und 468 [1912/13]) übertrieben scharf, welche die Analyse nach BERTRAND „regard as only roughly approximate".

auf 30,0° vorgewärmt. Die Enzymlösung, 1 bis 5 ccm, enthaltend $^1/_2$ bis 5 mg Emulsin, oder die Suspension der Pflanzensubstanz, z. B. von 10 mg Pulver entölter Mandeln, lassen wir unter Umschwenken einlaufen und [178] beginnen die Zeitmessung in der Mitte der Einflußdauer. Eine Vergleichsprobe zur Bestimmung der Eigenreduktion des Emulsins, die übrigens gering, oft ganz unerheblich ist, oder des Pflanzenmaterials wird daneben in gleicher Weise, nur ohne Amygdalin angesetzt. Nach der Reaktionsdauer, gewöhnlich 30 bis 60 Minuten, schalten wir die Emulsinwirkung durch Zusatz von höchstens 2 ccm 10proz. Schwefelsäure aus. Dann wird die Flüssigkeit 30 Minuten lang der Dampfdestillation unterworfen und zwar so, daß das Volumen tunlichst unverändert bleibt, und die Bestimmung nach BERTRAND ausgeführt.

Beispiel. Angewandt wurde ein mit Essigsäure angesäuerter ammoniakalischer Extrakt aus entölten bitteren Mandeln (aus 20 g 500 ccm) und davon zur Messung verwendet 0,2 ccm (nämlich 1 ccm der fünffach verdünnten Lösung) entsprechend 8 mg Mandelpulver. Einwirkung auf 0,1 g Amygdalin während 60 Minuten. Nach BERTRAND wurden verbraucht 6,6 ccm 0,156 n-Permanganatlösung. Daraus ergaben sich 33,4 mg Glucose, d. i. 47,5% Spaltung. Für diesen Spaltungsgrad würde 1 mg nach der Proportionalität zwischen Geschwindigkeit und Enzymmenge 480 Minuten erfordern. Aus der Reaktionskurve der Amygdalinspaltung (Abb. 2) ergibt sich zum Spaltungsgrad von 47,5 der zugehörige Abszissenpunkt 15,6, also zum Abszissenpunkt 17 der 50proz. Spaltung die Zeit von 523 Minuten. Dies ist der Zeitwert der aus 1 mg entölter Mandeln gewonnenen Emulsinlösung.

Ebenso wurden die entölten Mandeln selbst analysiert, nämlich aufgeschlämmte 8 mg, indem wir 0,4 g anteigten, auf 100 ccm auffüllten und davon 2 ccm zur Bestimmung anwandten. Perm. (0,152 n) gef. 4,4 ccm entsprechend 21,28 mg Glucose und $30^1/_4$% Spaltung. Daraus Zeitwert 480. Die Emulsinausbeute unseres Beispiels im Extrakte betrug 480:523 = 92%.

Zur Bestimmung der Emulsinausbeute wenden wir ähnlich wie beim Invertin nach R. WILLSTÄTTER und F. RACKE (Ann. d. Chem., im Druck) einen Menge-Zeit-Quotienten an, der Enzymmenge proportional, additiv, nämlich den Quotienten des in irgendeiner Form vorliegenden emulsinhaltigen Materials [179] (mg) und seiner Wirkungszeit. Z. B. lieferten 20 g Mandeln vom Zeitwert 480 (M:Z = 41,7) 0,55 g Emulsin vom Zeitwert 18 (M:Z = 30,6); Ausbeute 73,5%.

Die Bestimmung der übrigen quantitativ weit geringeren Wirkungen des Emulsins wird mit viel mehr Enzym ausgeführt, z. B. mit der 20- bis 100fachen Menge (50 bis 250 mg Emulsin oder 500 mg Pulver von Mandeln), und mit viel größerer Zeitdauer, z. B. 6 bis 40 Stunden. Auch wird die Puffermenge hier vermehrt, gewöhnlich auf 5 ccm n-Acetatmischung. Die Mengen der Substrate sind äquivalent, nämlich

10 ccm 0,7930proz. Lösung von β-Methylglucosid (wasserhaltig),

10 ccm 0,7034proz. Lösung von Lactosehydrat,

10 ccm 2,320proz. Lösung von Raffinose (wasserhaltig), die mit Puffer und Enzym auf 20 ccm gebracht werden.

Nur im Fall der Raffinose war auch ohne Enzym die Hydrolyse des Substrates bei der in Betracht kommenden Wasserstoffionenkonzentration von $p_H = 4{,}1$ und der langen Dauer schon beträchtlich. Daher sind hier zwei Vergleichsproben zur Korrektur der Kupferwerte nötig, die eine mit äquivalenter Raffinoselösung und dem nämlichen Puffer wie im Versuch, die andere mit der Emulsinlösung + Puffer.

Die enzymatische Reaktion unterbrachen wir in diesen Fällen, wo keine Dampfdestillation nötig war, durch Zufügen der alkalischen Seignettesalzlösung.

Bei der Lactose ist die Spaltung nicht so einfach zu verfolgen wie bei den übrigen Substraten, da ja die Lactose selbst Reduktionsvermögen besitzt und zwar etwa 7/10 von der Reduktionswirkung nach Hydrolyse. Es war am einfachsten, der Bestimmung den Verbrauch von Permanganat nach BERTRAND zugrunde zu legen, den wir z. B. für

0%	Spaltung	von	0,07034 g	Lactosehydrat	=	8,50 ccm
50%	,,	,,	0,07034 g	,,	=	10,30 ccm
100%	,,	,,	0,07034 g	,,	=	12,10 ccm

Permanganat (0,154 n) ermittelten. Genauere Angaben über die Analyse des Gemisches aus Lactose und ihrer Komponenten enthält eine nachfolgende Arbeit* von R. WILLSTÄTTER und G. OPPENHEIMER. [180] Mit den Spaltungsäquivalenten der Permanganatzahlen war es möglich, die aus den gefundenen Permanganatwerten abgeleitete Reaktionskurve für Prozente gespaltener Lactose zu eichen. Diese Umwertung vereinfacht sich dadurch, daß die Reaktionskurve sich als genau logarithmisch erweist.

Optimale Wasserstoffionenkonzentrationen.

Die meisten Untersuchungen über Emulsin sind noch ohne Berücksichtigung der Reaktion des Mediums ausgeführt worden. Schon 1909 haben C. S. HUDSON und H. S. PAINE[1] für die Salicinhydrolyse mit Emulsin schwach saure Reaktion (5/1000 n-HCl) als optimal erkannt[2], allerdings ohne Anwendung von Puffern. Unter Verwendung von Puffern im Sinne von SÖRENSEN untersuchte E. VULQUIN[3] die Wirkung von Emulsin auf Amygdalin und Salicin und fand optimale Wirkung auf Amygdalin bei $p_H = 5{,}4$ bis 5,7, auf Salicin bei 4,4. Zu derselben Zeit aber gaben G. BERTRAND und A. COMPTON[4] an, die Amygdalinspaltung verlaufe optimal in schwach alkalischem Medium, und an diese Beobachtung knüpfen G. BERTRAND und A. COMPTON[5] in einer vor kurzem erschienenen Arbeit an, in der sie beim Altern des Emulsins eine Verschiebung des Wirkungsoptimums vom schwach alkalischen in saures Gebiet finden. Das Emulsin dieser Autoren dürfte frisch reicher, das von VULQUIN ärmer an Amygdalase gewesen sein als unsere Präparate; beim Altern des Emulsins von BERTRAND und COMPTON scheint vorwiegend Amygdalase zerstört worden zu sein.

* *Abh. 64.* [1] Jl. Am. Chem. Soc. Bd. 31, S. 1242 [1909].

[2] Nach S. J. M. AULD (Jl. Chem. Soc. Bd. 93, S. 1251 [1908]) sollte für die Amygdalinspaltung neutrales Medium am günstigsten sein.

[3] Soc. Biol. Bd. 70, S. 270 u. 763 [1911].

[4] C. R. Bd. 153, S. 360 [1911].

[5] Bull. Soc. chim. France (4), Bd. 29, S. 229 [1921].

Für die Spaltung von Prunasin, ferner von Lactose und Raffinose durch Emulsin enthält die Literatur keine Angaben über die Abhängigkeit von der Reaktion des Mediums; hinsichtlich der Lactosespaltung werden gewisse Ergebnisse von [181] H. E. Armstrong, E. F. Armstrong und E. Horton[1] durch diesen Mangel beeinträchtigt. Für die Spaltung der β-Glucoside hat Emil Fischer[2] in seiner letzten Arbeit über den „Einfluß der Struktur der β-Glucoside auf die Wirkung des Emulsins" „die für das Emulsin als günstig bekannte Konzentration von etwa 10^{-5}" benützt.

Amygdalin. Phosphat- und Acetatpuffer wirken übereinstimmend.

12,5 mg Mandelpulver ergaben mit 0,1 g Amygdalin in 60 Minuten

bei p_H 6 mit Phosphatmischung 60,3% Spaltung,
„ p_H 6 „ Acetatmischung 60,7% „

Die Abhängigkeit der Amygdalinspaltung vom p_H ermittelten wir mit 2 mg Emulsin vom Zeitwert 31 bei 1 stündiger Einwirkung auf 0,1 g Amygdalin (Tab. 1): Optimum zwischen 5 und 6,5, in saurer Lösung von $p_H = 3$ (wie $^n/_{1000}$-HCl) wirkungslos, in spurenweise alkalischer Lösung ($p_H = 9$, Borat + Salzsäure) schwache Wirkung.

Tabelle 1. Amygdalinspaltung bei verschiedenen Wasserstoffzahlen.

p_H	Permanganat 0,156 n ccm	Spaltung %	$\frac{10^2}{t} \log \frac{a}{a-x}$	$\frac{\varphi}{\Phi}$
3	0	0	—	—
4	8,5	62	42,0	0,40
5	11,5	87	88,6	0,85
6	12,0	91	104,6	1,00
7	10,1	75	60,2	0,58
8	5,2	37	20,1	0,19
9	1,5	10	4,6	0,04

Für das Gebiet von $p_H = 5$ bis 6,5 wurden zwischenliegende Aciditäten in einer zweiten Versuchsreihe (Tab. 2) unter Anwendung von 1 mg Emulsin geprüft und das Optimum genauer bei $p_H = 6$ gefunden.

[182] Tabelle 2. Amygdalinspaltung zwischen p_H 5 und 6,5.

Puffer Mischungszahlen	p_H	Permanganat 0,156 n ccm	Spaltung %
5 Natriumacetat 4 Essigsäure	5,0	8,5	62,3
0,4 sek. Phosphat 9,6 prim. „ . .	5,5	8,6	63,1
1,2 sek. Phosphat 8,8 prim. „ . .	6,0	9,8	72,5
2,0 sek. Phosphat 8,0 prim. „ . .	6,25	9,0	66,25
3,0 sek. Phosphat 7,0 prim. „ . .	6,5	8,8	65,0

[1] A. a. O. [2] Diese Zs. Bd. 107, S. 176 [1919].

Die Abb. 1 zeigt die Abhängigkeit der Emulsinwirkungen auf Amygdalin, Lactose und Raffinose von der Acidität und zwar so, daß gemäß der Annahme von L. MICHAELIS und H. DAVIDSOHN [1], wonach „bei jeder der optimalen Wasserstoffzahl

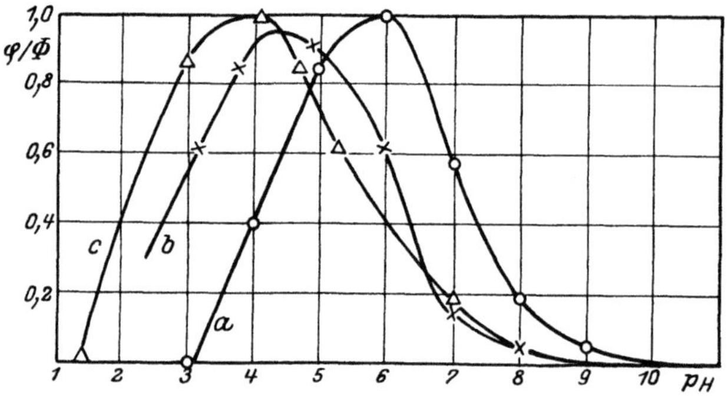

Abb. 1. p_H-Wirkungskurve des Emulsins.
Spaltung a von Amygdalin, b von Lactose, c von Raffinose.

nicht entsprechenden Acidität nur ein Bruchteil des vorhandenen Ferments in wirksamer Form zugegen ist", dieser [183] Bruchteil (φ/Φ) in seiner Abhängigkeit vom Wasserstoffexponenten dargestellt wird.

Prunasin. Für die Prunasewirkung des Emulsins liegt nach einigen orientierenden Versuchen das Optimum bei etwas größerer Acidität, nämlich bei p_H = ungefähr 4,4.

60 mg Prunasin mit 1 mg Emulsin in 30 Minuten.

$p_H = 6,0$	Permanganat gef.	5,3 ccm	Spaltung	74 %
$p_H = 4,9$	,, ,,	5,9 ccm	,,	83 %
$p_H = 4,1$	,, ,,	5,7 ccm	,,	80 %

β-Methylglucosid. Für dieses Substrat ist Emulsin einerseits bei $p_H = 3$ wirkungslos, andererseits bei neutraler Reaktion schon sehr schwach wirkend. Die optimale Zone liegt von $p_H = 4,7$ bis 5,1.

In einer Versuchsreihe (Tab. 3) ließen wir 10 mg Emulsin vom Zeitwert 54 für Amygdalin und 10800 in bezug auf β-Methylglucosid auf 80 mg Glucosid 13 Stunden bei 30° einwirken. Für Nr. 1 diente Glykokoll + Salzsäure, für 2 und 3 Citrat + Salzsäure, für 4 und 5 Phosphatmischung als Puffer.

Tabelle 3. Hydrolyse von β-Methylglucosid zwischen $p_H = 3$ und 8.

Nr.	p_H	Permanganat 0,154 n ccm
1	3,0	0
2	4,0	6,6
3	4,5	7,8
4	7,0	0,3
5	8,0	0

[1] Biochem. Zs. Bd. 35, S. 386 [1911].

Die zweite Versuchsreihe (Tab. 4) erstreckte sich nur auf das Gebiet der günstigsten Glucosidasewirkung; von demselben Emulsinpräparat wurden 40 mg 6 Stunden bei Gegenwart von Acetatpuffer zur Einwirkung gebracht.

[184] Tabelle 4. β-Glucosidasewirkung bei günstigem p_H.

Na-Acetat-essigsäure Mischzahlen	p_H	Permanganat 0,154 n ccm	Spaltung %
1/4	4,1	7,5	53,6
1/2	4,4	8,1	58,1
2/1	5,0	8,4	60,4
4/1	5,3	8,0	57,3
8/1	5,6	7,5	53,6

Lactose. Die Emulsinwirkung ist auch hier bei neutraler Reaktion schwach, dagegen noch bedeutend bei $p_H = 3$; darin erinnert die Lactase an die Mandelraffinase, die bei dieser Acidität noch beinahe optimal wirkt. Das Optimum der Lactosespaltung liegt scharf bei 4,2 bis 4,6. Die in der Tabelle 5 mitgeteilte Versuchsreihe ist mit 100 mg Emulsin vom Zeitwert 93 für Amygdalin, 111000 für Lactose ausgeführt; 70 mg Lactose, 30°, 16 Stunden. Die Puffer waren Acetatmischungen, nur bei $p_H = 1$ und 8 Phosphate.

Tabelle 5. Abhängigkeit der Lactosespaltung von der Wasserstoffzahl.

p_H	Permanganat 0,154 n ccm	Spaltung %	$\frac{10^3}{t} \log \frac{a}{a-x}$	$\frac{\varphi}{\Phi}$
3,2	9,6	30	9,7	0,62
3,8	9,9	39	13,4	0,85
4,4	10,1	44	15,7	1,00
4,9	10,0	41	14,3	0,91
6,0	9,6	30	9,7	0,62
7,0	8,8	8,5	2,3	0,145
8,0	8,6	2,5	0,7	0,045

Raffinose. Die Wirkungskurve des Mandelenzyms für Raffinosespaltung steigt von $p_H = 3$ zum Optimum an, das bei 4,1 liegt, und fällt gegen $p_H = 4,7$ hin steil ab. Die Kurve verläuft bei dieser Galaktoraffinase anders als bei der [185] Fructoraffinase der Hefe[1], der Abfall im stärker sauren Gebiet wie auch gegen den Neutralpunkt hin ist nämlich viel steiler.

In der Versuchsreihe der Tab. 6 wirkten 100 mg Emulsin vom Zeitwert 93 für Amygdalin, 142000 für Raffinose bei 30° 40 Stunden auf 200 mg Raffinose. Die Puffer waren Acetatgemische, nur bei $p_H = 1,5$ und 3 war Glykokoll + Salzsäure angewandt. Der Anstieg der Kurve im günstigen Gebiet wurde durch ergänzende Bestimmungen mit Acetatpuffer nachgeprüft.

[1] R. Willstätter und R. Kuhn, Diese Zs. Bd. 115, S. 180, und zwar S. 186 [1921].

Tabelle 6. Abhängigkeit der Emulsin-raffinase von der Wasserstoffzahl.

p_H	Permanganat 0,154 n ccm	Spaltung %	$\frac{10^3}{t} \log \frac{a}{a-x}$	$\frac{\varphi}{\Phi}$
1,5	0,3	2,0	0,23	0,01
3,0	10,5	80,5	17,75	0,87
4,1	11,0	84,6	20,30	1,00
4,7	10,4	79,6	17,25	0,85
5,3	9,0	68,5	12,55	0,62
7,0	4,0	29,3	3,78	0,19

Reaktionsgeschwindigkeit und Enzymmenge.

Von den Wirkungen des Emulsins legen wir die Amygdalinspaltung im allgemeinen der Ermittlung der Enzymausbeute in Lösungen und Präparaten und der Bestimmung des Reinheitsgrades, d. h. der Enzymkonzentration in den Präparaten zugrunde. Die quantitative Bestimmung der Zeitwerte setzt aber voraus, daß für einen gegebenen Umsatz das Produkt aus Enzymmenge und Reaktionszeit konstant ist. Bei der Spaltung des Amygdalins erwies es sich nun in allen Fällen in dem praktisch in Betracht kommenden Bereich und darüber hinaus als [186] zutreffend[1], daß sich die Zeiten gleichen Umsatzes umgekehrt wie die Enzymmengen verhalten.

Auch die Hydrolyse des β-Methylglucosids, der Lactose und der Raffinose prüften wir in dieser Beziehung, zumeist im Bereich von 1:10, und fanden, wie die Tab. 7 zeigt, die Proportionalität von Reaktionsgeschwindigkeit und Enzymmenge erfüllt.

Tabelle 7. Enzymkonzentration und Umsatz.

Substrat	Emulsin mg	Zeit	Permanganat ccm	Spaltung %
Amygdalin . .	0,5	60 Min.	5,62	40,10
1. Versuch . .	1,0	30 ,,	5,65	40,37
Amygdalin . .	0,5	120 ,,	8,5	62,27
2. Versuch . .	1,0	60 ,,	8,3	60,70
	5,0	12 ,,	8,5	62,27
β-Methylglucosid	10	15 Std.	6,05	42,65
1. Versuch . .	50	3 ,,	6,15	43,35
β-Methylglucosid	100	2 ,,	5,35	37,6
2. Versuch . .	200	1 ,,	5,30	37,5
Lactose	20	80 ,,	10,2	47
	40	40 ,,	10,2	47
	100	16 ,,	10,1	44
	200	8 ,,	10,0	42
Raffinose . . .	20	65 ,,	4,3	32,0
	200	6¹/₂ ,,	4,2	31,0

Da diese Nebenwirkungen des Emulsins, die Spaltungen der zusammengesetzten Zucker, vergleichsweise sehr schwach sind, so wäre es von Wert, in diesen Fällen die

[1] S. J. M. AULD (Jl. Chem. Soc. Bd. 93, S. 1251 [1908]) war zu dem Ergebnis gekommen, daß lediglich bei geringer Emulsinkonzentration die Geschwindigkeit der Hydrolyse von Amygdalin proportional der Enzymmenge sei. Vgl. auch H. E. ARMSTRONG, E. F. ARMSTRONG und E. HORTON, Proc. Roy. Soc., Ser. B, Bd. 80, S. 321 [1908]. Diese Einschränkung fanden wir indessen nicht bestätigt.

Prüfung der Proportionalität auf einen viel größeren Bereich auszudehnen, was aber durch das Erfordernis sehr großer Enzymmengen und sehr langer Versuchszeiten erschwert wird. Aus den [187] Beobachtungen der Hydrolyse, die z. B. mit 100 bis 500 mg Enzympräparat ausgeführt sind, werden Zeitwerte abgeleitet, die sich gemäß der Definition auf die Wirkung von 1 mg beziehen. Es läßt sich nicht vermeiden, daß durch diese Umrechnung, welche die strenge Proportionalitätsbeziehung voraussetzt, die Zeitwerte für die schwachen Emulsinwirkungen ungenau werden. Ohnedies sind diese nur viel weniger genau zu bestimmen als die Hauptwirkungen des Emulsins, weil in den erforderlichen langen Bestimmungszeiten die Reduktionswirkung in den Kontrollproben (z. B. bei der Analyse der Mandeln in den Suspensionen der Pflanzensubstanz) einen ansehnlichen Bruchteil im Vergleich zur Bestimmungslösung ausmacht.

Zur Kinetik der Emulsinwirkungen.

Über die Kinetik der Wirkungen von Emulsin auf β-Methylglucosid, Lactose[1] und Raffinose finden sich keine Aufschlüsse in der Literatur. Unsere Beobachtungen über den zeitlichen Verlauf dieser Reaktionen, die in den Tab. 8, 9 und 10 verzeichnet sind, lassen erkennen, daß sich diese Hydrolysen dem Gesetz der monomolekularen Reaktion fügen.

Tabelle 8.

Zeitlicher Verlauf der β-Methylglucosidspaltung. (0,8proz. Glucosidlösung, 100 mg Emulsin, $p_H = 4{,}4$; 30°.)

Zeit Stunden	Permanganat 0,154 n ccm	Spaltung %	$\frac{10^4}{t} \ln \frac{a}{a-x}$
2	1,2	7,1	370
16	6,8	48,35	410
19	8,0	57,45	450
23	8,6	62,0	420
26	9,0	65,4	410
41	11,0	81,0	400
48	11,4	84,2	380

[188] Tabelle 9.

Verlauf der Lactosespaltung. (0,7proz. Lösung, 500 mg Emulsin, $p_H = 4{,}4$; 30°.)

Zeit Stunden	Permanganat 0,154 n ccm	Spaltung %	$\frac{10^4}{t} \ln \frac{a}{a-x}$
4	9,1	15	410
7	9,4	24	390
21	10,5	55	380
24	10,7	61	390
30	11,0	69,5	396
46	11,55	85	410

[1] Die Versuche von H. E. ARMSTRONG, E. F. ARMSTRONG und E. HORTON behandelten noch ohne Einstellung günstiger Acidität den Einfluß des Verhältnisses zwischen der Menge von Mandellactase und der Lactosemenge, ohne zu einem brauchbaren Ausdruck für die Reaktionsgeschwindigkeit zu gelangen.

Tabelle 10. Verlauf der Raffinosespaltung. (2,3proz. Lösung, 1 g Emulsin, $p_H = 4,2$; 30°.)

Zeit Stunden	Permanganat 0,154 n ccm	Spaltung %	$\frac{10^4}{t} \ln \frac{a}{a-x}$
1	0,5	3,5	351
2½	1,15	8,5	355
6	2,5	18,0	330
9	3,5	25,6	328
22½	7,3	55,2	350
26	8,0	60,5	356
30½	8,7	66,0	352

Demnach stimmen die Enzyme des Emulsins, welche die Lactose, Raffinose und das β-Methylglucosid spalten, in ihrer Kinetik mit der Saccharase und Raffinase aus Hefe überein, also diejenigen Mandelenzyme und diejenigen Hefeenzyme, deren Wirkungsoptimum in ausgesprochen saurem Gebiete liegt. Auch für die Spaltung des Salicins durch Emulsin gilt das nämliche; diese ebenfalls in saurem Medium am besten erfolgende Hydrolyse zeigt nach C. S. HUDSON und H. S. PAINE[1] den Verlauf einer monomolekularen Reaktion.

Anders steht es um den zeitlichen Verlauf der Amygdalinspaltung, der in der Tab. 11 und in der [189] Reaktionskurve, Abb. 2, dargestellt wird, mittels deren wir aus den jeweils beobachteten Spaltungsgraden die der 50proz. Spaltung entsprechenden Zeiten ermitteln. Hier fällt die Geschwindigkeitskonstante im Verlaufe der Hydrolyse ab. Mit dieser Emulsinreaktion verhält es sich indessen nicht ganz so wie mit den Hydrolysen der Maltose und des α-Methylglucosids durch Hefeenzyme, die einen vom monomolekularen Gesetz noch mehr abweichenden Verlauf nehmen. Aber eine gewisse Analogie besteht auch hier in der Kinetik der Enzyme, die bei ähnlicher Wasserstoffionenkonzentration optimal wirken, nämlich bei spurenweise sauerer und bei schwach saurer Reaktion.

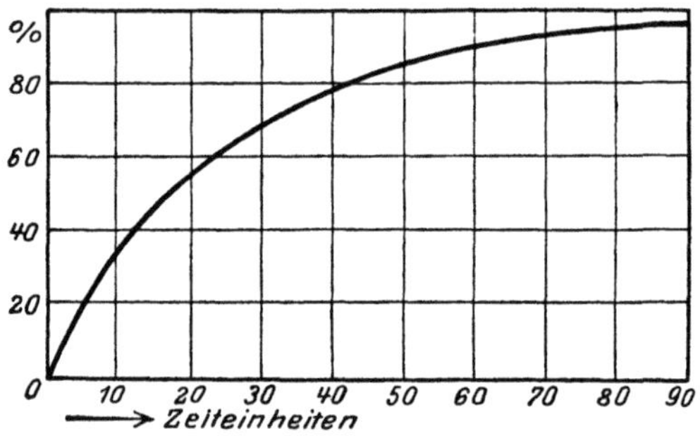

Abb. 2. Zeitlicher Verlauf der Amygdalin-Glucose-Spaltung ($p_H = 6$; 30°).

Tabelle 11.
Kinetik der Amygdalinhydrolyse. (1proz. Lösung; 2,5 mg Emulsin. $p_H = 6$; 30°.)

Zeit Minuten	Permanganat 0,156 n ccm	Spaltung %	$\frac{10^5}{t} \ln \frac{a}{a-x}$
12	1,0	6,68	575
24	1,57	10,95	483
40	2,10	14,50	492
60	3,15	22,03	414
90	4,50	31,84	425
120	5,50	39,24	415
180	7,15	51,75	404
1200	12,65	96,00	257

[1] Jl. Am. Chem. Soc. Bd. 31, S. 1242 [1909].

Hinsichtlich der Abspaltung von Glucose aus Amygdalin ist zu berücksichtigen, daß es sich nicht um eine einfache [190] Reaktion handelt, sondern um kombinierte Amygdalase- und Prunasewirkung und daß die für die gesamte Glucosebildung günstigsten Bedingungen ($p_H = 6$) für jede der beiden enzymatischen Teilreaktionen, besonders die der Prunase, nicht optimal sind.

Auch frühere Autoren[1] kamen hinsichtlich der Kinetik der Amygdalinhydrolyse zu Abweichungen vom monomolekularen Verlauf; diese älteren Untersuchungen können aber für den Zweck der Zeitwertbestimmung nicht herangezogen werden, da sie nicht bei günstigster Acidität und nicht in genau definiertem Medium vorgenommen sind.

Darstellung des Emulsins.

Emulsin wird bisher durch Ausziehen von Mandeln mit Wasser gewonnen und zwar ein unbekannter Bruchteil der vorhandenen Enzymmenge; unbekannt ist auch die Erhöhung der Enzymkonzentration von den Mandeln zum Präparat.

Die ältesten Vorschriften für die Darstellung von F. WÖHLER und J. LIEBIG[2] und von P. ROBIQUET[3] werden, nur geringfügig modifiziert, noch allgemein benützt. Nach E. BOURQUELOT[4] und H. HÉRISSEY[5] werden süße Mandeln enthäutet, zerstoßen und mit der doppelten Menge von mit Chloroform halbgesättigtem Wasser 24 Stunden maceriert. Nach dem Kolieren wird der Auszug durch Ansäuern mit etwas Essigsäure vom Eiweiß („Casein") befreit und mit dem 4fachen Volumen Alkohol gefällt. Nach H. E. ARMSTRONG, E. F. ARMSTRONG und E. HORTON[6] verwendet man süße oder bittere Mandeln, die in Brei verwandelt, durch Pressen (freilich unvollkommen) entölt und 24 bis 48 Stunden mit dem Doppelten oder [191] Dreifachen an Toluolwasser ausgezogen werden, am besten bei 10 bis 20°. Aus dem Filtrat wird wieder mit ein wenig Essigsäure Albuminoid beseitigt, ehe es mit nur dem gleichen Volumen Alkohol gefällt wird. Das Ausziehen des Emulsins nimmt man auch mit verdünnter Essigsäure vor, um die durch sie koagulierbaren Proteine fernzuhalten; z. B. sollen nach D. H. WESTER[1]) die zerkleinerten, aber nicht entölten Mandeln mit nur dem gleichen Gewicht 1proz. Essigsäure maceriert werden.

Um mit Wasser oder Essigsäure einen einigermaßen beträchtlichen Anteil des Emulsins zu gewinnen, ist aber viel mehr Lösungsmittel nötig. Mit der fünffachen Menge 1proz. Essigsäure vermochten wir durch 24stündiges Macerieren z. B. 29,

---

[1] Vgl. S. J. M. AULD (a. a. O.), der die Spaltung des Amygdalins durch Blausäurebestimmung gemessen hat, und H. E. ARMSTRONG, E. F. ARMSTRONG und E. HORTON (a. a. O.), die den Verlauf der Hydrolyse sowohl durch Bestimmung der Glucose wie der Blausäure verfolgten.

[2] Liebigs Ann. der Chem. Bd. 22, S. 1 [1837].

[3] Jl. Pharm. et Chim. (2) Bd. 24, S. 326 [1838]; vgl. Liebigs Ann. der Chem. Bd. 28, S. 289 [1838].

[4] Arch. d. Pharmazie Bd. 245, S 172 [1907].

[5] Thèse, Paris 1899.

[6] Proc. Roy. Soc., Ser. B, Bd. 80, S. 321, und zwar S. 324 [1908].

[1]) Anleitung zur Darstellung phytochem. Übungspräparate, Berlin 1913, S. 120.

mit dieser Menge Essigsäure-Natriumacetatgemisch von $p_H = 6$ z. B. 32% des Emulsins der Mandeln in Lösung zu bringen, wenn diese gänzlich entölt waren.

Der Reinheitsgrad der Emulsinpräparate läßt sich steigern, wenn sie nach dem Trocknen in Wasser aufgelöst, wobei unlöslich gewordenes Protein mit einem nur geringen Gehalt an Emulsin zurückbleibt, und nochmals mit Alkohol gefällt werden. Mit dieser Reinigung und bei Anwendung der größeren Lösungsmittelmengen erhielten wir z. B. aus 18,7 g entölten, bitteren Mandeln 0,3 g umgeschiedenes Emulsin vom Zeitwert 31,4, entsprechend 22% Ausbeute.

Die unbefriedigende Ausbeute wird dadurch verschuldet, daß das Emulsin von der Pflanzensubstanz an Wasser oder Essigsäure zu schwierig abgegeben wird. Es scheint in ihr durch Adsorption festgelegt zu sein. Beim Behandeln mit sehr verdünntem Ammoniak gelingt es aber, das Emulsin freizulegen und in guter Ausbeute zu isolieren. Zugleich wird dabei das Verhältnis zwischen den Enzymen und den Begleitstoffen verbessert, der Reinheitsgrad der Präparate schon vor dem Umscheiden günstiger. Die Alkalimenge, die von der Pflanzensubstanz bis zum Eintritt alkalischer Reaktion aufgenommen wird, ist so bedeutend, daß man die Mandeln zweckmäßig mit dem $2^1/_2$fachen von $^n/_{10}$-Ammoniak behandelt. Die praktische [192] Ausbeute (ungerechnet die in den Mandelrückständen hinterbleibenden Anteile der Enzymlösung) in den ammoniakalischen Auszügen läßt sich erst nach dem Ansäuern mit Essigsäure durch die Zeitwertmessung bestimmen. Sie betrug nach dem Ausfällen von Eiweiß in einigen Versuchen 85, 90, 82 und 88%.

Die Mandeln werden zunächst in trockenes, ölfreies Pulver verwandelt. Um sie zu enthäuten, erwärmt man sie eine Viertelstunde in Wasser von 60 bis 70°. Man trocknet sie oberflächlich an der Luft, zerkleinert sie in der Mandelmühle und entzieht ihnen in der hydraulischen Presse die Hauptmenge des Öls. Darauf werden sie mit dem Dreifachen an Äther in einer Flasche extrahiert, nach dem Absaugen in der Walzenmühle gemahlen und nochmals mit der doppelten Menge Äther ausgezogen, abgesaugt und nachgewaschen. Das in einem warmen Luftstrom getrocknete Material wird in einer Siebmühle aufs feinste gemahlen. An Pulver, das für die Bestimmungen im Vakuumexsiccator zu trocknen ist, erhält man etwa ein Drittel vom Gewicht der Mandeln. Beim Aufbewahren nimmt es an enzymatischer Wirkung ab, z. B. in einem halben Jahre um 10%.

Verschiedene Proben von ölfreiem Pulver aus süßen wie aus bitteren Mandeln ergaben ziemlich übereinstimmende Zeitwerte für Amygdalinspaltung: 425, 480 und 500.

100 g Mandelpulver verrühren wir in einer Flasche mit 250 ccm $^n/_{10}$-Ammoniak und schütteln nach Verdünnen mit weiteren 100 ccm Wasser 5 Stunden lang mit der Maschine. Den ammoniakalischen Auszug trennt man am besten mittels der Zentrifuge von den Rückständen, um diese sogleich in den Zentrifugengläsern wieder mit 100 ccm Wasser unter Zusatz von 10 ccm $^n/_{10}$-Ammoniak anzurühren, von neuem zu zentrifugieren und ebenso einen dritten Auszug zu bereiten, abermals, falls die alkalische

Reaktion verschwunden ist, unter Zusatz einiger Kubikzentimeter Ammoniak. Die vereinigten Auszüge, etwa $^1/_2$ l, enthalten 60% der Trockensubstanz der Mandeln. Einen großen Teil der Eiweißstoffe, etwa 8% vom Pflanzenmaterial, fällen wir, wie üblich, mit verdünnter Essigsäure (300 ccm $^n/_{10}$ oder 60 ccm $^n/_2$) aus; der Niederschlag enthält 5 bis 8% vom Emulsin.

[193] Das Filtrat gibt schon mit wenig 95proz. Alkohol (30% seines Volumens) eine Fällung, die hauptsächlich aus Eiweiß und Gummi besteht, aber auch ca. 20% der Enzyme einschließt. Trennt man diese Fraktion ab, so wird das Rohprodukt des Emulsins reiner. Aber da für das Präparat doch eine Umfällung erforderlich ist, bewährt es sich nicht, die etwas verlustbringende fraktionierte Fällung vorzunehmen. Daher fällen wir die Lösung mit der 4fachen Menge Sprit und isolieren mittels der Zentrifuge den rein weißen Niederschlag, der mit absolutem Alkohol und Äther gewaschen wird.

In der essigsauren Lösung, auch in 30% Alkohol enthaltender, ist das Emulsin praktisch beständig. Gegenwart von Alkohol hemmt die Amygdalinspaltung deutlich, 10% Alkohol in der Reaktionsflüssigkeit erniedrigt die Wirkung um etwa ein Viertel.

Das Rohprodukt betrug exsiccatortrocken 2,5 bis 3,5 g, beispielsweise vom Zeitwert 25, 22, 18, 16, was Ausbeuten von etwa 60 bis 75% der Theorie entspricht.

Durch die Fällung und Trocknung ist ein Teil des noch beigemengten Proteins unlöslich geworden. Daher läßt sich der Reinheitsgrad leicht durch Umscheiden verbessern. Das feine Pulver teigt man mit wenig Wasser in der Reibschale an und spült es mit dem Dreißigfachen von Wasser in die Zentrifugengläser über, in denen die Lösung geklärt wird. Darauf fällt man das Emulsin zum zweiten Male mit Alkohol, wenn es für die Ausflockung nötig ist unter Zusatz einer Spur Calciumchlorid. Diese Reinigung ließ sich fast ohne Verlust ausführen, die umgefällten Präparate wiesen Zeitwerte von 10 bis 18 auf.

Während ein Handelspräparat, für das wir z. B. den Zeitwert 130 ermittelten, gut haltbar ist, fanden wir die guten Emulsinpräparate schlecht haltbar, namentlich die durch Umscheiden gereinigten hochwertigen Präparate. Ein Rohprodukt vom Zeitwert 22 hielt sich über einen Monat unverändert, aber in 0,05proz. Lösung (toluolhaltig) verschlechterte es sich zum Zeitwert 42,5. Bei einem umgefällten Präparat verschlechterte sich der Zeitwert 18 in $3^1/_2$ Monaten zu 25, in [194] weiteren $2^1/_2$ Monaten zu 54; ein anderes Präparat erlitt Einbuße an Wirksamkeit, entsprechend den Zeitwerten 10:18.

Die Emulsinpräparate sind in Wasser klar löslich, hellbräunlich bei großer Konzentration. Die Lösung wird durch Salzsäure gefällt. Das Emulsin zeigt auch nach langem Erwärmen mit Wasser keine reduzierende Wirkung auf Fehlingsche Lösung, während dies nach C. Neuberg und F. Marx[1] bei Handelspräparaten gefunden wird. Dagegen tritt noch bei langdauerndem Erwärmen mit verdünnter Säure etwas Reduktionswirkung auf. Man findet stets noch schwache Millon- und Biuretreaktion und Xanthoproteinreaktion. Ein Präparat vom Zeitwert 18 zeigte $[\alpha]_D = -60°$.

[1] Biochem. Zs. Bd. 3, S. 535, und zwar S. 538 [1907].

Quotienten der Emulsinwirkungen in Mandeln und Präparaten.

In einigen Beispielen von Zeitwertbestimmungen, nämlich für die Emulsinwirkungen auf Amygdalin, Prunasin, β-Methylglucosid, Lactose und Raffinose, beginnen wir die enzymatische Analyse der als Ausgangsstoffe für Emulsin in Betracht kommenden bitteren und süßen Mandeln und Aprikosenkerne (Tab. 12 und 14) und die enzymatische Beschreibung von Emulsinpräparaten (Tab. 13 und 15). Diese Analyse muß ausgestaltet und in größerem Maßstab, nämlich mit zahlreicheren Proben fortgesetzt und auf eine größere Zahl von Substraten ausgedehnt werden. Sie ergibt zunächst das Verhältnis der verschiedenen enzymatischen Wirkungen in Pflanzenstoffen und Präparaten. Damit ist zwar das Verhältnis der Mengen der entsprechenden Enzyme nicht gegeben, aber da die Enzyme in so hohem Maße spezifische Reagenzien für den Abbau von Polyosen und Glucosiden sind, so ist es wahrscheinlich, daß gleichen hydrolytischen Wirkungen auch ähnliche oder vergleichbare Konzentrationen der Enzyme entsprechen.

Die quantitative Untersuchung der Mandeln wird darüber Aufschluß geben, welche Ausgangsstoffe für die einzelnen Komponenten des unter dem Namen Emulsin bekannten Gemisches besonders geeignet sind. Nach dem vorliegenden noch spärlichen Material erscheinen z. B. die Aprikosenkerne für die [195] Galaktoraffinase als ein günstigeres Material wie Mandeln (Zeitwert 300000 statt 600000).

Ein Hauptzweck der Analyse war, zu prüfen, ob für jeden einzelnen Fall der Hydrolyse ein spezifisches Enzym hervorgebracht wird. Wenn einem Enzym die Fähigkeit zukommt, mehrere Substrate, wie Zucker oder Glucoside zu spalten, so werden sich gleiche Zeitwertquotienten dafür ergeben bei verschiedenen Ernten oder Proben desselben pflanzlichen Ausgangsmaterials oder bei verschiedenen pflanzlichen Ausgangsstoffen oder beim Vergleich von frischem und gealtertem Pflanzenmaterial oder beim Vergleich des Pflanzenmaterials und der daraus gewonnenen Präparate oder bei Präparaten nach gewissen Fraktionierungen, Präparaten von verschiedenem Reinheitsgrad, Präparaten von ungleichem Alter.

Für dieses Ziel der Untersuchung war es daher unerheblich, ob das Pflanzenmaterial und ob das Emulsinpräparat frisch oder gealtert zur Analyse diente. Die enzymatische Wirksamkeit nahm beim Aufbewahren der trockenen Mandelpulver und der Emulsinpräparate ab, die untersuchten Emulsinproben waren in bezug auf den Zeitwert der Amygdalinspaltung von 10, 18 und 41 auf 18, 54 und 93 zurückgegangen. Aber da das Altern wie die Isolierung und Reinigung eine Gelegenheit zur Verschiebung des Zeitwertverhältnisses bietet, so sind die Produkte von verminderter Wirksamkeit nicht weniger geeignet für unsere Schlußfolgerungen wie frische.

Für die Übereinstimmung irgendwelcher Zeitwertverhältnisse haben sich bisher keine Anhaltspunkte ergeben.

Beim Vergleich von bitteren Mandeln und einem Handelspräparat von Emulsin erscheint die Übereinstimmung des Quotienten von β-Methylglucosid- und Amygdalinspaltung, auch von Raffinose- zu Amygdalinspaltung bemerkenswert, aber das Verhältnis zwischen Lactose- und Amygdalinspaltung ist hier weit abweichend. Gerade dieses Verhältnis ist bei unseren Emulsinpräparaten ähnlich wie im Ausgangsmaterial, dagegen das Verhältnis von β-Glucosid- zur Amygdalinspaltung schwankend, das Verhältnis Raffinose- zu Amygdalinhydrolyse von dem entsprechenden Zeitwertquotienten der Mandeln weit abweichend.

[196] Das Verhältnis der Lactase zur Prunase ist veränderlich, nämlich 577 bei Aprikosenkernen, 3740 in einem Handelspräparat von Emulsin, das Verhältnis zwischen β-Methylglucosidase und Prunase ist gleichfalls veränderlich, 1110 in einem, 277 in einem zweiten von unseren Emulsinpräparaten. Zwischen Lactase und Prunase, zwischen β-Glucosidase und Prunase besteht also kein Zusammenhang. Die von C. NEUBERG[1] im Emulsin entdeckte Raffinase hat zu den Amygdalin spaltenden Enzymen, überhaupt zu den anderen Enzymen des Emulsins keine Beziehung, denn der Quotient aus Raffinosespaltung und anderen Spaltungen differiert stark, das Verhältnis zwischen Raffinose- und Amygdalinhydrolyse wurde bei bitteren Mandeln = 1220, bei süßen = 342 gefunden.

Auch aus den Zeitwertverhältnissen zwischen Prunasin- und Amygdalinspaltung sind noch keine einfachen Schlußfolgerungen zu ziehen. Das Substrat Prunasin entsteht durch Amygdalasewirkung; die Prunase hängt daher in der Erlangung ihres Substrates vom Umsatz der Amygdalase ab. Für die Wirkung der Prunase sind die günstigsten Bedingungen der Gesamtamygdalinspaltung nicht optimal. Der Quotient Prunasin- zu Amygdalinspaltung stimmt in drei von uns dargestellten Emulsinpräparaten (0,6, 0,7, 0,6) nahezu überein, aber der abweichende Quotient 0,93 bei einem käuflichen Emulsin zeigt, daß auch zwischen diesen Zeitwerten kein festes Verhältnis besteht. Für jedes Emulsin mit einem Quotienten, der von 0,6 bis 0,7 abweicht, sollte das optimale p_H besonders bestimmt werden; da dies nicht geschehen ist, sind hier die Zeitwerte für Amygdalinspaltung und die daraus abgeleiteten Quotienten erheblich ungenau.

Es bleibt zu untersuchen, wieweit für die Spaltung der miteinander näher verwandten Phenolglucoside wie Salicin, Helicin, Coniferin, Arbutin u. a. die Zeitwertverhältnisse verschieden sind, und es wird sich daraus ergeben, wie weitgehend die Spezifität der glucosidspaltenden Enzyme der Pflanzensamen ist.

Bei allen bis jetzt untersuchten Emulsinreaktionen handelt es sich um Wirkungen von Enzymen, die voneinander unabhängig und in veränderlichen Verhältnissen gemengt auftreten.

[197] Bestimmungen zur Tabelle 12.

Für die Analyse dienten die Pulver von Mandeln, die wie zur Emulsindarstellung vollkommen entölt und getrocknet waren.

1. Amygdalinspaltung. Bittere Mandeln, ältere Probe. 10 mg während 41 Minuten, Perm. 0,154 n, 6,0 ccm, Spaltung 43,32%, entspr. Zeitwert 528.

Bittere Mandeln, frische Probe. 10 mg in 30 Minuten, Perm. 4,45 ccm, Spaltung 35,1%, entspr. Zeitwert 500.

---

[1] Biochem. Zs. Bd. 3, S. 519 [1907].

Süße Mandeln, 1 Jahr alt. 10 mg in 40 Minuten, Perm. 0,154 n, 3,0 ccm, Spaltung 20,6 %, entspr. Zeitwert 1237 (gegen 500 in frischem Zustand).

Aprikosenkerne. 10 mg in 30 Minuten, Perm. 0,157 n, 2,3 ccm, Spaltung 16 %. — 10 mg in 65 Minuten, Perm. 4,5 ccm, Spaltung 32 %. — Zeitwerte 1200 und 1250.

2. Prunasinspaltung. Aprikosenkerne. 10 mg in 60 Minuten, Perm. 0,154 n, 3,0 ccm. — Spaltung 41,23 %, entspr. Zeitwert 766.

3. β-Methylglucosidspaltung. Bittere Mandeln, ältere Probe. 250 mg in 1380 Minuten, Perm. 0,154 n, 7,0 ccm, Spaltung 49,75 %, entspr. Zeitwert 345000.

Bittere Mandeln. Frische Probe. 250 mg in 1440 Minuten, Perm. 7,3 ccm, Spaltung 52 %, entspr. Zeitwert 339000.

Süße Mandeln. 1 Jahr alt. 250 mg in 1020 Minuten, Perm. 5,7 ccm, Spaltung 40,1 %, entspr. Zeitwert 332000.

4. Lactosespaltung. Bittere Mandeln, frische Probe. 125 mg in 1380 Minuten, Perm. 0,154 n, 9,0 ccm, Spaltung 14 %, entspr. Zeitwert 860000.

Aprikosenkerne. 125 mg in 1770 Minuten, Perm. 0,154 n, 9,5 ccm, Spaltung 28 %, entspr. Zeitwert 442000.

5. Raffinosespaltung. Bittere Mandeln, ältere Probe. 250 mg in 1290 Minuten, Perm. 3,8 ccm, Spaltung 27,9 %, entspr. Zeitwert 645000.

Bittere Mandeln. Frische Probe. 250 mg in 1440 Minuten, Perm. 0,154 n, 4,4 ccm, Spaltung 32,4 %, entspr. Zeitwert 610000.

Süße Mandeln, 1 Jahr alt. 250 mg in 1020 Minuten, Perm. 0,154 n, 4,5 ccm, Spaltung 33,1 %, entspr. Zeitwert 423000.

Aprikosenkerne. 125 mg in 1770 Minuten, Perm. 5,2 ccm, Spaltung 38,5 %, entspr. Zeitwert 308000.

Bestimmungen zur Tabelle 13.

1. Amygdalinspaltung. Präparat Nr. 1; 0,8 mg in 30 Minuten, Perm. 0,154 n, 8,15 ccm, Spaltung 58,5 %, entspr. Zeitwert 18.

Präp. Nr. 2. 1,0 mg in 31 Minuten, Perm. 4,8 ccm, Spaltung 33,6 %, entspr. Zeitwert 54.

Präp. Nr. 3. 1,0 mg in 40 Minuten, Perm. 3,8 ccm, Spaltung 26,3 %, entspr. Zeitwert 93.

Handelspräp. 4,0 mg in 30 Minuten, Perm. 0,154 n, 6,4 ccm, Spaltung 45,3 %, entspr. Zeitwert 140.

[198] 2. Prunasinspaltung. Präp. Nr. 1. 1,0 mg in 24 Minuten, Perm. 0,154 n., 5,5 ccm, Spaltung 77,4 %, entspr. Zeitwert 11.

Präp. Nr. 2. 2,0 mg in 21 Minuten, Perm. 3,8 ccm, Spaltung 52,6 %, entspr. Zeitwert 39.

Präp. Nr. 3. 2,0 mg in 38 Minuten, Perm. 4,4 ccm, Spaltung 61,2 %, entspr. Zeitwert 56.

Handelspräp. 4,0 mg in 30 Minuten, Perm. 3,4 ccm, Spaltung 47 %, entspr. Zeitwert 130.

3. β-Methylglucosidspaltung. Präp. Nr. 1. 4,0 mg in 2340 Minuten, Perm. 5,7 ccm, Spaltung 40,1 %, entspr Zeitwert 12200

Präp. Nr. 2 40 mg in 360 Minuten, Perm. 8,4 ccm, Spaltung 60,4 %, entspr. Zeitwert 10800.

Präp. Nr. 3 20 mg in 300 Minuten, Perm. 2,25 ccm, Spaltung 15,7 %, entspr. Zeitwert 22600.

Handelspräp. 200 mg in 900 Minuten, Perm. 10,2 ccm, Spaltung 74,6 %, entspr. Zeitwert 90000.

4. Lactosespaltung. Präp. Nr. 1. 36 mg in 1500 Minuten, Perm. 0,154 n, 11,28 ccm, Spaltung 77 %, entspr. Zeitwert 26400.

Präp. Nr. 2. 100 mg in 1440 Minuten, Perm. 11,2 ccm, Spaltung 75 %, entspr. Zeitwert 75000.

Präp. Nr. 3. 100 mg in 960 Minuten, Perm. 10,1 ccm, Spaltung 44 %, entspr. Zeitwert 111000.

Handelspräp. 300 mg in 360 Minuten, Perm. 9,1 ccm, Spaltung 15 %, entspr. Zeitwert 486000.

5. Raffinosespaltung. Präp. Nr. 1. 20 mg in 2700 Minuten, Perm. 3,1 ccm, Spaltung 22,6 %, entspr. Zeitwert 140000.

Präp. Nr. 3. 200 mg in 390 Minuten, Perm. 0,154 n, 4,2 ccm, Spaltung 30,9 %, entspr. Zeitwert 142000.

Handelspräp. 200 mg in 1380 Minuten, Perm. 8,9 ccm, Spaltung 68 %, entspr. Zeitwert 170000.

Tabelle 12. Enzymatische Analyse verschiedener Mandeln.

Nr.	Zeitwert für	Bittere Mandeln		Süße Mandeln	Aprikosenkerne
		Ältere Probe (5 Mon.)	Frische Probe		
1	Amygdalinspaltung. . . .	528	500	1240	1200, 1250
2	Prunasinspaltung	—	—	—	770
3	β-Methylglucosidspaltung .	345000	339000	332000	—
4	Lactosespaltung	—	860000	—	442000
5	Raffinosespaltung	645000	610000	423000	308000

[199] Tabelle 13. Verschiedene Wirkungen von Emulsinpräparaten.

Nr.	Zeitwert für	Präp. Nr. 1. Zeitw. f. Amygdalin frisch 10; 6 Mon. alt	Präp. Nr. 2. Zeitw. f. Amygdalin frisch 18; 5 Mon. alt	Präp. Nr. 3. Zeitw. f. Amygdalin frisch 41; 7 Mon. alt	Handels-präparat
1	Amygdalinspaltung . . .	18	54	93	140
2	Prunasinspaltung	11	39	56	130
3	β-Methylglucosidspaltung.	12200	10800	22600	90000
4	Lactosespaltung.	26400	75000	111000	486000
5	Raffinosespaltung	140000	—	142000	170000

Tabelle 14. Zeitwertquotienten verschiedener Mandeln.

Nr.	Quotient	Bittere Mandeln		Süße Mandeln	Aprikosenkerne
		Ältere Probe	Frische Probe		
1	β-Glucosidspaltung: Amygdalinspaltung	653	680	268	—
2	Lactosespaltung: Amygdalinspaltung	—	1720	—	360
3	Raffinosespaltung: Amygdalinspaltung	1220	1220	342	250
4	Prunasinspaltung: Amygdalinspaltung	—	—	—	0,62
5	Lactosespaltung: β-Glucosidspaltung	—	2,5	—	—
6	Raffinosespaltung: Lactosespaltung	—	0,7	—	0,7
7	Lactosespaltung: Prunasinspaltung	—	—	—	577

[200] Tabelle 15. Zeitwertquotienten verschiedener Emulsinpräparate.

Nr.	Quotient	Präp. Nr. 1	Präp. Nr. 2	Präp. Nr. 3	Handelspräparat
1	β-Glucosidspaltung: Amygdalinspaltung	680	200	243	643
2	Lactosespaltung: Amygdalinspaltung	1470	1390	1200	3480
3	Raffinosespaltung: Amygdalinspaltung	7800	—	1530	1230
4	Prunasinspaltung: Amygdalinspaltung	0,6	0,7	0,6	0,9
5	Lactosespaltung: β-Glucosidspaltung	2,2	7	4,9	5,4
6	Raffinosespaltung: Lactosespaltung	5,3	—	1,3	0,35
7	Lactosespaltung: Prunasinspaltung	2400	1920	1980	3740
8	β-Glucosidspaltung: Prunasinspaltung	1110	277	404	692

Zeitschrift für physiologische Chemie **121**, S. 183 [1922].

78. ZUR KENNTNIS DES EMULSINS.

Von RICHARD WILLSTÄTTER und GERTRUD OPPENHEIMER.

(Zweite Abhandlung.)

(Mitteilung aus dem Chemischen Laboratorium der Bayerischen Akademie der Wissenschaften in München.)

(Der Redaktion zugegangen am 12. Mai 1922.)

In ihrer vor kurzem veröffentlichten Arbeit untersuchten R. WILLSTÄTTER und W. CSÁNYI[1] emulsinhaltige Samen und Emulsinpräparate in der Absicht, durch quantitative Bestimmung verschiedener Zucker- und Glucosidspaltungen zu prüfen, ob für jeden einzelnen Fall der Hydrolyse ein spezifisches Enzym existiert. Besitzt eine Komponente des Emulsin genannten Enzymgemisches die Fähigkeit, mehrere Substrate zu spalten, so wird sich nach der in einigen Untersuchungen[2] über Hefeenzyme eingeführten Methode der Zeitwertquotienten ein konstantes Verhältnis dafür ergeben bei verschiedenen pflanzlichen Ausgangsstoffen, ferner beim Vergleich von frischem Pflanzenmaterial mit gealtertem oder mit den daraus gewonnenen Präparaten. Die Bestimmung der Zeitwerte für die Wirkungen von Emulsin auf Amygdalin, Prunasin, Lactose, Raffinose und β-Methylglucosid haben keine Anhaltspunkte für die Übereinstimmung irgendwelcher Zeitwertquotienten ergeben. Es scheint sich also bei den in der ersten Abhandlung untersuchten Emulsinreaktionen um Wirkungen von Enzymen **[184]** zu handeln, die voneinander unabhängig und in veränderlichen Verhältnissen gemischt auftreten.

Im folgenden wird zur Prüfung der Enzymspezifität die quantitative Analyse der emulsinhaltigen Samen und zwar von Prunus amygdalus und domestica auf einige β-Phenolglucoside ausgedehnt, nämlich auf Phenylglucosid selbst, Salicin, Helicin und Arbutin. Dabei hat sich in 8 Proben von emulsinhaltigen Samen und Emulsinpräparaten genaue Konstanz der Zeitwertquotienten für die Hydrolyse von

---

[1] Diese Zs. Bd. 117, S. 172 [1921].

[2] R. WILLSTÄTTER und W. STEIBELT, Diese Zs. Bd. 115, S. 199 [1921], R. WILLSTÄTTER und R. KUHN, Diese Zs. Bd. 115, S. 180 [1921].

Phenylglucosid, Salicin und Helicin ergeben. Wenn man die Zeitwerte auf Helicin, das am schnellsten gespalten wird, bezieht, kommt zwar durch das Fallen der nach dem Gesetz der monomolekularen Reaktion berechneten Konstante der Helicinspaltung eine kleine Ungenauigkeit in diese Quotienten, aber sie stimmen doch in allen Fällen innerhalb der Fehlergrenzen überein. Es hat sich also kein Anhaltspunkt dafür finden lassen, daß es verschiedene Enzyme sind, die auf diese drei aromatischen Glucoside, die Derivate des Phenols selbst, des Salicylalkohols und Salicylaldehyds wirken.

Dadurch wird zum ersten Mal durch quantitative Beobachtung für ein zuckerspaltendes Enzym wahrscheinlich gemacht, daß es verschiedene Substrate anzugreifen vermag. Für eine solche Schlußfolgerung erscheint das experimentelle Material, wie es die Tab. 4 zusammenstellt, noch knapp; es ist daher beabsichtigt, den Vergleich dieser Zeitwerte auf einen viel größeren Bereich auszudehnen, um die Folgerung nachzuprüfen.

Es ist der Methode eigentümlich, daß sie, so lange nicht sehr ausgedehntes analytisches Material vorliegt, nur endgültige Ergebnisse liefert, wenn stark differierende Zeitwertverhältnisse zutage treten. Viele derartige Angaben, aus denen sich auf Spezifität der Arbutinase, Amygdalase, Prunase wie früher der Galaktoraffinase und der Emulsinlactase schließen läßt, werden im folgenden mitgeteilt. Besonders bemerkenswert ist das Ergebnis, daß β-Methyl- und β-Phenylglucosidase nichts miteinander gemein zu haben scheinen. Die Quotienten ihrer Zeitwerte sind nämlich entschieden und weit differierend, z. B. beträgt der [185] Quotient Zeitwert für Methylglucosidspaltung: Zeitwert für Phenylglucosidspaltung bei einer Probe von bitteren Mandeln 6,2, bei einer anderen 9,5 und bei Zwetschgenkernen 56. Die untersuchten Kerne von Prunus domestica waren nämlich außerordentlich arm an β-Methylglucosidase, etwa 6mal ärmer als die damit verglichenen bitteren Mandeln.

β-Phenylglucosidase, Helicinase und Salicinase sind als identisch anzusprechen, die erste dieser Bezeichnungen genügt daher. Ehe ein derartiger Fall bekannt war, hatten R. Willstätter und R. Kuhn[1] sowie R. Willstätter und W. Csányi[2] angenommen: „da die Enzyme in so hohem Maße spezifische Reagenzien für den Abbau von Polyosen und Glucosiden sind, so ist es wahrscheinlich, daß gleichen hydrolytischen Wirkungen auch ähnliche oder vergleichbare Konzentrationen von Enzymen entsprechen.“ Dies war ausgesprochen für verschiedene Enzyme, die auf vergleichbare Substrate wirken. Es zeigt sich jetzt, daß nicht dasselbe gilt für ein Enzym, das verschiedene Substrate spaltet. Es ist in sehr ungleichem Maße für diese Spaltungen geeignet. Die Phenylglucosidase erscheint viel mehr spezifisch für Helicin als für Phenylglucosid, denn die 50proz. Spaltung des letzteren erfordert 50mal mehr Zeit. Der Gedanke, daß die Enzyme in hohem Maße spezifische Reagenzien für den Abbau ihrer Substrate seien, erleidet hierdurch eine gewisse Einschränkung.

[1] a. a. O. S. 185. [2] a. a. O. S. 194.

Bestimmungsmethoden.

Als Maße für die Wirkungen des Emulsins bestimmten WILLSTÄTTER und CSÁNYI die Zeiten, die 1 mg Emulsinpräparat oder emulsinhaltige Pflanzensubstanz braucht, um aus 0,1000 g wasserhaltigem Amygdalin in 20 ccm bei 30° und optimalem p_H die Hälfte der theoretischen Monosemenge abzuspalten. Von den meisten anderen Substraten wurden diejenigen Mengen der Zeitwertbestimmung zugrunde gelegt, die gleich viel Monose liefern, also die äquimolekulare Menge Lactose und die doppeltmolekulare Menge Raffinose oder [186] β-Methylglucosid. Nur von Prunasin war wegen Materialmangels die äquimolekulare Menge eingesetzt, obwohl sie nur halb soviel Glucose liefert.

In der vorliegenden Arbeit trafen wir nur in bezug auf die Substratkonzentrationen für die Zeitwerte zwei Änderungen. Es erschien uns richtiger, für den Vergleich der enzymatischen Wirkungen, der hier allein beabsichtigt war, durchwegs mit äquimolekularen Mengen der Substrate die 50proz. Spaltung anzugeben. Und um die Genauigkeit der Bestimmung bei den Monoglucosiden zu erhöhen, war es dann zweckmäßig, die Amygdalinmenge in 20 ccm zu verdoppeln.

Die Lösungen der Substrate enthielten also in 20 ccm:

0,2000 g Amygdalin (mit 3 H_2O), Mol.-Gew. 511,3
0,1155 g Prunasin, Mol.-Gew. 295,1
0,0794 g β-Methylglucosid (mit $^1/_2$ H_2O), Mol.-Gew. 203,1
0,1164 g Helicin (mit $^3/_4$ H_2O), Mol.-Gew. 297,6
0,1119 g Salicin, Mol.-Gew. 286,1
0,1002 g β-Phenylglucosid, Mol.-Gew. 256,1
0,1064 g Arbutin, Mol.-Gew. 272,1.

Die Hydrolyse dieser Glucoside bestimmten wir, genauer als es polarimetrisch möglich wäre, nach der Reduktionsmethode, und zwar nach BERTRAND, und entfernten wie früher die aus den Glucosiden Prunasin und Amygdalin abgespaltene Blausäure durch Destillation mit Wasserdampf.

Da das bei der Spaltung des Arbutins entstehende Hydrochinon Fehlingsche Lösung auch selbst reduziert, war für die Verhältnisse der enzymatischen Spaltung eine Tabelle (S. 5) der Kupferwerte von Glucose + Hydrochinon zu ermitteln. Dazu stellten wir die für die verschiedenen Spaltungsgrade berechneten Gemische von Arbutin, Hydrochinon und Glucose her aus einer 0,532proz. Arbutinlösung einerseits und der Lösung von 0,2151 g Hydrochinon + 0,3521 g Glucose andererseits.

Ebenso muß auch beim Helicin, obwohl sein Spaltprodukt Salicylaldehyd nicht oder nur spurenweise reduzierend wirkt, eine Tabelle für die Kupferwerte bei verschiedenen Spaltungsgraden aufgestellt werden, da das Helicin Fehlingsche Lösung beim Kochen reduziert, wodurch unter unseren Bedingungen eine Spaltung von über 13% vorgetäuscht wird. Die [187] erforderlichen Gemische stellten wir her aus einer 0,582proz. Lösung von Helicin und einer solchen von 0,2508% Salicylaldehyd- und 0,3521% Glucosegehalt.

Tabelle 1.
Kupferzahlen des Gemisches von Glucose + Hydrochinon neben Arbutin.

Spaltung %	Arbutinlösung ccm	Lösung von Glucose + Hydrochinon ccm	Kupfer mg 1.	Kupfer mg 2.	Mittelwert
0	10	0	—	—	—
10	9	1	13,6	13,1	13,35
20	8	2	26,7	26,7	26,70
30	7	3	40,9	40,9	40,90
40	6	4	55,5	55,0	55,25
50	5	5	66,1	65,5	65,80
60	4	6	81,7	82,2	81,95
70	3	7	95,3	94,8	95,05
80	2	8	109,6	109,4	109,50

Tabelle 2.
Kupferzahlen des Gemisches von Glucose + Salicylaldehyd neben Helicin.

Spaltung %	Helicinlösung ccm	Lösung von Glucose + Salicylaldehyd ccm	Kupfer mg 1.	Kupfer mg 2.	Mittelwert
0	20	0	19,2	19,4	19,3
10	18	2	30,9	31,4	31,2
20	16	4	41,7	42,0	41,9
30	14	6	52,6	53,9	53,3
40	12	8	64,7	65,3	65,0
50	10	10	75,9	76,5	76,2
60	8	12	86,4	88,0	87,2
70	6	14	97,0	97,9	97,5
80	4	16	106,1	107,2	106,6
90	2	18	122,1	119,2	120,6
100	0	20	131,4	130,0	130,7

Wegen der größeren Reduktionswirkung dient bei der Spaltung des Arbutins nur die in 10 ccm enthaltene Menge zur Analyse oder es werden 0,1330 g Arbutin im [188] 25 ccm-Meßkolben mit Enzym und 2 bis 5 ccm-Puffer angesetzt. Man unterbricht die Spaltung durch Entnahme von 10 ccm des Gemisches und Eintragen in 20 ccm alkalische Seignettesalzlösung und bringt die Flüssigkeit mit 10 ccm Wasser auf die für die Kupfermethode vorgeschriebene Verdünnung. Ebenso wurde das Reaktionsprodukt aus 0,2 g Amygdalin geteilt, indem wir 10 ccm entnahmen und in einen Rundkolben mit 2 ccm 10proz. Schwefelsäure einfließen ließen. Nach dem Entfernen der Blausäure mit Wasserdampf brachte man das Volumen auf 20 ccm.

Die Spaltung der anderen Glucoside bestimmen wir mit je 10 ccm 1,164proz. Lösung von Helicin, 1,119proz. von Salicin, 1,002proz. von Phenylglucosid und 0,7945proz. von Methylglucosid, die man im 250 ccm-Rundkolben mit 2 bis 5 ccm Puffer und so viel Wasser versetzte, daß das Volumen zusammen mit der Emulsinlösung 20 ccm betrug. Das Abstoppen geschah durch Zufügen der alkalischen Seignettesalzlösung.

Optimale Acidität.

Die günstigste Wasserstoffzahl wurde in allen Fällen mit Acetatgemischen nach L. Michaelis eingestellt.

Für die Spaltung von SALICIN ist die geeignete Acidität, $p_H = 4{,}4$, schon von E. VULQUIN[1] bestimmt und von uns bestätigt gefunden worden, wie auch B. HELFERICH[2] die Analyse bei $p_H = 4{,}7$ ausführt.

p_H	mg Cu	% Spaltung
4,0	83,1	61,3
4,4	84,2	62,2
4,7	83,7	61,7

Für die Hydrolyse von β-Methylglucosid und von Prunasin haben WILLSTÄTTER und CSÁNYI $p_H = 4{,}4$, von Amygdalin = 6,0 als Optimum bestimmt. Noch unbekannt war die günstige Acidität für die Helicin-, Arbutin- und Phenylglucosidspaltung.

Helicin. Aus Versuchen von 15 Minuten Dauer mit [189] Emulsin (1,6 mg) der bitteren Mandeln ergab sich das Optimum von $p_H = 5{,}3$.

p_H	mg Cu	% Spaltung
4,7	65,3	40,0
5,0	66,8	41,1
5,3	71,6	45,5
5,6	65,5	40,1
5,9	64,5	39,3

Arbutin. Vorversuche zeigten, daß das Optimum zwischen $p_H = 4$ und 5 liegt. In dem engeren Bereich von $p_H = 3{,}8$ bis 4,4 wurden 3 Versuche mit je 4 mg Präparat in 530 Minuten Einwirkungsdauer gemacht. Optimum: $p_H = 4{,}1$.

p_H	mg Cu	% Spaltung
3,8	43,3	31,7
4,1	43,9	32,1
4,4	41,2	30,2

β-Phenylglucosid. In dem Bereich $p_H = 4$ bis 5,3 sind die Unterschiede der Phenylglucosidspaltung sehr klein. 20 mg Präparat spalten in 45 Minuten 31,7 bis 32,4%, bei $p_H = 6$ werden 23,9% gespalten. Als geeigneter Wasserstoffexponent wird 5 gewählt.

Zur Kinetik der Emulsinwirkungen.

Nach WILLSTÄTTER und CSÁNYI folgen die Wirkungen des Emulsins auf Raffinose und Lactose, ferner auf β-Methylglucosid dem Gesetz der monomolekularen Reaktion. Für die Hydrolyse des Salicins ist der nämliche Verlauf von C. S. HUDSON und H. S. PAINE[1]) sowie vor kurzem von B. HELFERICH[2]) beobachtet worden. Dasselbe Gesetz beherrscht auch die Spaltungen von Arbutin und β-Phenylglucosid (Tab. 3), deren Optima etwa zwischen 4 und 5 liegen. Hier bestätigt sich die in der ersten Abhandlung ausgesprochene Erfahrung, daß diejenigen Enzymwirkungen des Emulsins, die in ausgesprochen saurem Gebiet optimal verlaufen, sich dem monomolekularen Gesetz fügen. [190] Auf Helicin ist diese Regel nicht anwendbar. Der Abfall des Wertes $\frac{1}{t} \lg \frac{a}{a-x}$ deutet auf eine Hemmung durch den abgespaltenen Salicylaldehyd

[1] Soc. Biol. Bd. 70, S. 270, 763 [1911]. [2] Diese Zs. Bd. 117, S. 159 [1921].
[1]) J. Am. Soc. Bd. 31, S. 1242 [1909]. [2]) A. a. O., S. 162.

Tabelle 3.
Zeitlicher Verlauf der Salicin-, Arbutin-, Phenylglucosid- und Helicinspaltung.

Substrat	Zeit Min.	Cu mg	Spaltung %	$\frac{10^4}{t} \lg \frac{a}{a-x}$
Salicin	20	27,2	19,2	462,9
	35	43,4	30,9	458,4
	55	62,5	45,3	476,3
	76	78,4	57,6	490,3
	100	91,7	68,0	494,8
Arbutin. . . .	40	39,8	29,2	374,9
	65	56,5	41,9	362,6
	95	76,6	57,0	385,8
	125	88,7	64,8	362,6
	175	101,9	77,6	371,0
Phenylglucosid	45	27,7	19,5	209,3
	135	64,3	46,8	203,0
	180	81,7	60,0	221,0
	225	93,6	69,6	225,3
Helicin	5	28,0	7,0	27,3
	12	35,8	13,6	23,0
	22	42,0	18,5	17,5
	36	54,9	29,2	18,1
	56	68,1	40,3	17,4
	80	80,7	51,0	16,8
	120	94,7	63,2	15,7
	200	111,9	79,7	15,0

hin. Die Helicinhydrolyse wurde daher mit der aus den Bestimmungen der Tab. 3 abgeleiteten empirischen Kurve berechnet, die Spaltungen der anderen Glucoside (außer Amygdalin) mit der logarithmischen Kurve, auch die von Prunasin.

[191] Zeitwerte der Emulsinwirkungen.

Die vergleichende Untersuchung, deren Ergebnisse in der nachfolgenden Tab. 4 zusammengestellt sind, erstreckte sich auf drei verschiedene Pflanzensamen, nämlich mehrere Darstellungen der entölten Pulver von bitteren und süßen Mandeln und von Zwetschgenkernen (Prunus domestica), ferner auf Emulsin selbst, auf käufliches und auf einige nach dem Verfahren der ersten Arbeit dargestellte Präparate aus bitteren und aus süßen Mandeln, und zwar Rohprodukte und aus wäßriger Lösung mit Alkohol umgeschiedene Präparate.

Von den geprüften Wirkungen des Emulsins auf einfache Glucoside erweist sich die auf Helicin, die R. Piria[1] zuerst beobachtet hat, als weitaus die stärkste. Die 50proz. Hydrolyse dieses Substrats durch einen der Pflanzensamen oder ein Emulsinpräparat erfordert $^1/_6$ der Zeit wie die Salicinspaltung, $^1/_{50}$ der Zeit wie die Phenylglucosidspaltung und in einem der Beispiele etwa $^1/_{500}$ der Zeit wie die Methylglucosidhydrolyse.

Nächst der β-Methylglucosidase ist die Arbutinase am schwächsten in den als Emulsin bezeichneten Enzymgemischen vertreten. Die Wirkungen auf die beiden

[1] Liebigs Ann. der Chem. Bd. 56, S. 35 [1845], und zwar S. 67.

Glucoside des Benzaldehydcyanhydrins ergeben ähnliche Zeitwerte wie die Helicinspaltung. Es kam vor, nämlich bei Zwetschgenkernen, daß die 50proz. Spaltung von Amygdalin und von Helicin etwa die gleiche Zeit beanspruchte, während von käuflichem Emulsin das Helicin doppelt so rasch als das Amygdalin gespalten wurde. Die Prunasinhydrolyse erforderte durchschnittlich die doppelte Zeit wie die des Helicins

Quotienten der Emulsinwirkungen.

Die Zeitwerte der verschiedenen Glucosidspaltungen beziehen wir auf den günstigsten Wert, den der Helicinspaltung. Der Quotient Salicinspaltung : Helicinspaltung betrug bei den 4 untersuchten Samen und den 4 Emulsinpräparaten ungefähr 5,5, die Schwankungen von 5,1 bis 5,9 liegen innerhalb der Fehlergrenzen. Ebenso konstant ist in allen Fällen das Verhältnis β-Phenylglucosid-: Helicinspaltung gefunden worden. Es [192] bewegte sich zwischen 48 und 52 und gab etwa den Durchschnitt 50. Die Reihe dieser Quotienten in der Tab. 5 liefert also kein Anzeichen dafür, daß

Tabelle 4.
Glucosidasen-Zeitwerte von Pflanzensamen und Emulsinpräparaten.

Nr.	Emulsinhaltiges Material	mg	Substrat	Versuchsdauer Min.	Cu mg	Spaltung %	Zeitwert
1	Bittere Mandeln, entölt.						
	Pulver, Darst. 1	10	Helicin	31	61,1	34,3	535
		25	Salicin	75	50,7	34,9	3025
		50	Phenylgl.	328	48,2	35,5	26700
		64	Arbutin	409	48,6	35,5	41000
		50	Methylgl.	1340	24,4	17,1	254000
		20	Prunasin	27	49,2	35,2	856
		20	Amygdalin	28	70,0	51,1	475
2	Bittere Mandeln, entölt.						
	Pulver, Darst. 2	10	Helicin	47	69,7	41,4	625
		25	Salicin	80	49,7	34,1	3300
		50	Phenylgl.	425	53,1	38,1	30400
		80	Arbutin	1055	76,5	56,5	69000
		100	Methylgl.	1765	65,3	47,5	189000
		20	Amygdalin	40	66,7	48,5	840
3	Süße Mandeln, entölt.						
	Pulver	50	Helicin	10	72,5	43,3	630
		40	Salicin	78	64,0	44,6	3650
		50	Phenylgl.	254	33,8	23,9	32000
		80	Arbutin	1005	70,0	52,6	74400
		100	Methylgl.	1369	50,4	36,1	210000
		50	Prunasin	15	72,5	53,0	685
		40	Amygdalin	19	69,0	50,4	750
4	Zwetschgenkerne, entölt.						
	Pulver	20	Helicin	12	60,6	34,0	420
		20	Salicin	80	54,1	37,3	2350
		20	Phenylgl.	1320	75,3	55,2	22000
		40	Arbutin	1320	44,9	32,8	92000
		100	Methylgl.	1515	12,9	9,0	1230000
		50	Prunasin	12	72,7	53,2	544
		24	Amygdalin	15	69,2	50,5	357

[193] Tabelle 4. (Fortsetzung.)

Nr.	Emulsinhaltiges Material	mg	Substrat	Versuchsdauer Min.	Cu mg	Spaltung %	Zeitwert
5	Emulsin, Rohprodukt						
	aus Nr. 1	1,6	Helicin	17	72,5	43,3	34,2
		4	Salicin	68	85,9	61,0	200
		20	Phenylgl.	58	53,6	38,6	1640
		32	Arbutin	53	42,7	31,9	3130
		1,6	Prunasin	29	57,6	41,5	60
		1,9	Amygdalin	18	66,5	48,4	36,5
6	Emulsin, umgef. Präp.						
	aus Nr. 2	1,6	Helicin	11	74,8	45,7	20,1
		4	Salicin	32	75,0	52,8	117
		20	Phenylgl.	60	74,5	54,5	1040
		16	Arbutin	165	64,1	48,4	2750
		20	Methylgl.	385	55,4	40,1	10300
		0,8	Prunasin	30	49,6	35,6	37,6
		2,56	Amygdalin	15	82,4	60,6	25,6
7	Emulsin, Lösg. v. Nr. 6						
	nach 3 Tage Stehen	1,6	Helicin	9	70	41,8	19,0
		4	Salicin	24	63,4	44,0	113
		20	Phenylgl.	50	68,5	49,9	1002
8	Emulsin, umgef. Präp.						
	aus Nr. 3	1,6	Helicin	9	52,1	26,7	34,9
		4	Salicin	35	54,8	37,9	203
		20	Phenylgl.	63	52,6	37,8	1825
		16	Arbutin	119	45,2	33,0	3260
		40	Methylgl.	228	38,2	27,0	19800
		1,6	Prunasin	30	55,5	40,0	64,5
		3,2	Amygdalin	12	61,6	44,7	45,3
9	Emulsin, käufl. Präp.						
	(E. Merck)	6	Helicin	20	72,7	43,5	150
		40	Salicin	20	69,5	48,7	760
		40	Phenylgl.	180	67,5	49,0	7350
		80	Arbutin	150	50,0	36,3	18300
		50	Methylgl.	1111	44,9	32,0	100000
		19,2	Amygdalin	14	75,8	55,4	220

es sich um verschiedene [194] Komponenten des Emulsingemisches handle, die auf die Substrate β-Phenylglucosid, Salicin und Helicin wirken.

Dies ist die einzige Regelmäßigkeit, durch welche sich die Beschreibung dieses Enzymgemisches vereinfacht. Sonst ergibt der Vergleich der Zeitwertquotienten (Tab. 5) keine Beziehungen, aus denen auf das Wirkungsvermögen eines und desselben Enzyms auf mehrere Substrate geschlossen werden könnte. Das Verhältnis der Arbutinspaltung zur Helicinspaltung ist zwar nicht eben stark schwankend, zwischen 77 und 219, aber die Ausschläge gehen doch weit über die Bestimmungsfehler hinaus. Auch die Hydrolyse von β-Methylglucosid ergab mit der von Helicin in vielen Fällen eindeutige wenn auch nur mäßige Ausschläge der Quotienten, die sich von 333 bis 570, nur bei dem käuflichen Präparat bis 670 bewegten. Aber in den Zwetschgenkernen fand sich ein Beispiel, in dem die Methylglucosidspaltung fast 3000 mal mehr Zeit als die des Helicins erforderte.

An dem Verhältnis der Zeitwerte für die Hydrolyse von Amygdalin und Prunasin, bezogen auf Helicin, oder an den bedeutend divergierenden Quotienten Prunasespaltung: Amygdalinspaltung bestätigt sich, daß Amygdalase und Prunase, wie in der ersten Abhandlung angedeutet worden, in differierenden Verhältnissen auftreten, ohne Zusammenhang miteinander und mit den anderen Emulsinkomponenten.

Tabelle 5.
Zeitwertquotienten der Emulsinwirkungen, bezogen auf Helicin.

Substrat	Bittere Mandeln Nr. 1	Bittere Mandeln Nr. 2	Süße Mandeln Nr. 3	Zwetschgen Nr. 4	Emulsin-Rohprod. Nr. 5	Emulsin, umgef. Präp. Nr. 6	Emulsin, umgef. Präp. Nr. 8	Emulsin, käufl. Präp. Nr. 9
Salicin . . .	5,7	5,3	5,8	5,6	5,8	5,8	5,8	5,1
Phenylglucosid	50	49	50	52	48	52	52	49
Prunasin . . .	1,6	—	1,08	1,30	1,75	1,88	1,85	—
Amygdalin . .	0,89	1,34	1,19	0,85	1,06	1,28	1,30	1,47
Arbutin. . . .	77	110	118	219	90	137	93	122
Methylglucosid	475	302	333	2930	—	512	570	670

Zeitschrift für physiologische Chemie 135, S. 12 [1924].

79. VERZUCKERUNG DER STÄRKE DURCH EMULSIN*.

Von RICHARD KUHN.

(Mitteilung aus dem Chemischen Laboratorium der Bayerischen Akademie der Wissenschaften in München.)

(Der Redaktion zugegangen am 16. Dezember 1923.)

In salicylsäurehaltigen, wäßrigen Mandelauszügen ist ein stärkespaltendes Ferment von H. WILL[1] vergebens gesucht worden[2]. Die neuere Angabe H. v. EULERS[3], daß in seinem Laboratorium mit Mandelemulsin in keinem Stadium des Stärkeabbaues Bildung von Cellobiose beobachtet werden konnte, geht offenbar auf eine Untersuchung von O. v. FRIEDRICH[4] zurück, dem die Aufspaltung eines bei der Oxalsäurehydrolyse gebildeten Disaccharids („Isomaltose") mit Emulsin gelang. Das Verhalten der Stärke selbst scheint nicht geprüft worden zu sein.

Aus den folgenden Versuchen geht hervor, daß sowohl aus bitteren wie aus süßen Mandeln isolierte Fermentpräparate lösliche Kartoffelstärke weitgehend verzuckern. Das Aciditätsoptimum der Hydrolyse liegt etwa bei $p_H = 5{,}5$. Die Inhaltssubstanz der Stärkekörner, die Amylose, ließ sich durch ein nach der Vorschrift von R. WILLSTÄTTER [13] und W. CSÁNYI[1]) gereinigtes Präparat quantitativ in Malzzucker verwandeln. Ob eine besondere Mandelamylase vorliegt, steht noch nicht fest. Die hier mitgeteilten Beobachtungen sind vielleicht geeignet, die teilweise β-glucosidische Natur der Stärke, auf die nach P. KARRER[2]) die Bildung von Lävoglucosan bei der trockenen Destillation des Polysaccharids[3]) deutet, auf neuem Wege wahrscheinlich zu machen[4]).

---

* *Vgl. die spätere Arbeit von R. Kuhn „Der Wirkungsmechanismus der Amylasen; ein Beitrag zum Konfigurationsproblem der Stärke", Ann. d. Chem. 443, 1 [1925] und Habilitationsschrift, Universität München, [1925].*

[1] In C. KRAUCH, Landw. Versuchsstation Bd. 23, S. 75; Jahresber. 1878, S. 1035flg.

[2] Die Anwendung verdünnter Säure ist nach R. WILLSTÄTTER und W. CSÁNYI, Diese Zs. Bd. 117, S. 172 [1921], für die Isolierung des Emulsins ungeeignet.

[3] Chemie der Enzyme, II. Teil, 1. Abschn., S. 270 [1922].

[4] Sv. Vet. Akad. Arkiv f. Kemi, Bd. 5, Nr. 2 [1913]; Chem. Zbl. 1914, I., S. 760.

[1]) A. a. O., und zwar S. 190flg.

[2]) Helv. chim. acta Bd. III, S. 258 [1920].

[3]) A. PICTET und J. SARASIN, ebenda Bd. 1, S. 87 [1918].

[4]) Für die hydrolytische Spaltung α-glucosidischer Bindungen durch Emulsinpräparate läßt sich nämlich, seitdem die β-Struktur des im Amygdalin enthaltenen Disaccharids erkannt ist (Chem. Ber. Bd. 56, S. 857 [1923]), kein Beispiel mehr anführen.

Experimenteller Teil.

Die Verzuckerung löslicher Stärke (C. A. F. KAHLBAUM) durch ein von derselben Firma bezogenes Emulsin verlief bei $p_H = 4,5$ im ersten Drittel des Umsatzes monomolekular.

25 ccm 2proz. Substrat + 1000 mg Emulsin + 5 ccm 1,45 mol. NaH_2PO_4 zu 50 ccm; 30°.

Zeit (Min.)	10 ccm reduzieren n/10-Jod (ccm)	Zunahme des Jodverbr. (ccm)	Spaltung (%)	$k \cdot 10^7$
0	5,64	0,00	—	—
2760	6,70	1,06	17,2	297
3900	7,70	2,06	32,4	299
∞	—	(6,17)	(100,0)	—

Ein Kontrollversuch ohne Emulsin ergab nach 3000 Minuten keine Zunahme des Reduktionsvermögens. Eine „Salzhydrolyse" der Stärke kommt bei den vorliegenden Versuchen, die unter reichlichem Toluolzusatz ausgeführt wurden, nicht in Frage.

Der zeitliche Verlauf der Hydrolyse durch ein aus süßen [14] Mandeln isoliertes, 160mal wirksameres Präparat, verzögerte sich stark, nachdem ein Viertel der theoretischen Maltosemenge gebildet war.

25 ccm 2proz. lösliche Stärke + 15 ccm „Citrat" ($p_H = 5,0$) + 200 mg Ferment[1] zu 50 ccm; 30°.

Zeit (Min.)	5 ccm verbr. n/10-Jodlösung (ccm)	Zunahme des Jodverbr. (ccm)	Spaltung (%)	$k \cdot 10^5$
0	0,60	—	—	—
60	1,00	0,40	13,0	101
90	1,19	0,59	19,2	102
120	1,35	0,75	24,4	102
181	1,58	0,98	31,8	92
420	2,10	1,50	48,7	69
1380	2,46	1,86	60,4	16

Im Parallelversuch mit gekochter Enzymlösung verbrauchten 5 ccm des Reaktionsgemisches nach 215 Minuten 0,58 ccm, nach 1420 Minuten 0,59 ccm n/10-Jod.

Bei wechselnder Wasserstoffzahl wurden mit dem nämlichen Emulsin in 2 Stunden folgende Reduktionszunahmen gemessen (Mittelwerte für je 2 Proben von 10 ccm):

m/60-Puffer	Citrat	Citrat	Citrat	Citrat	Citrat	Phosphor
p_H	3,8	4,4	5,0	5,6	6,2	6,8
Jodverbrauch . .	0,10	1,88	2,34	2,60	2,50	2,34

Bei Einwirkung eines anderen Enzympräparates (aus bitteren Mandeln) auf Amylose[2] entsprach das nach 2 bis 3 Tagen beobachtete Reduktionsvermögen der Bildung von 98% der Theorie eines Disaccharids.

[1] Präparat Nr. 3 der Tab. 4 von R. WILLSTÄTTER und G. OPPENHEIMER, Diese Zs. Bd. 121, S. 183 [1922], und zwar S. 192f.

[2] Über die Darstellung wird eine demnächst erscheinende Untersuchung über Amylasen berichten.

[15] 20 ccm Amyloselösung (185 mg Trockensubstanz) + 10 ccm $^{m}/_{15}$-Phosphat (p_H = 5,2) + 84,6 mg Emulsin[1] zu 50 ccm; 30°.

Zeit (Min.)	10 ccm reduzieren $^{n}/_{10}$-Jod (ccm)	Reduktions-Zunahme	Spaltung (%)
0	0,50	—	—
2460	2,65	2,15	94,4
4000	2,74	2,24	98,3
∞	—	(2,28)	(100,0)

Mit gekochter Emulsinlösung war nach 3200 Minuten keine Reduktionszunahme zu erkennen.

Zum Nachweis der Spaltprodukte wurden 150 ccm Amyloselösung (nicht elektrodialysiert; Trockengehalt = 1,32%) mit 10 ccm Acetatgemisch (p_H = 5,4), 200 mg Emulsin und 10 ccm Toluol bei Zimmertemperatur versetzt. Eine nach 20 Stunden entnommene Probe blieb auf Zusatz von Jodlösung farblos. Nach 60 Stunden wurde die Hälfte der klar gewordenen Lösung mit 6 g Natriumacetat aufgekocht, filtriert und mit 4 g Phenylhydrazinchlorhydrat im siedenden Wasserbade erhitzt, wobei keine Ausscheidung von Glucosazon zu beobachten war. Die beim Erkalten ausgeschiedenen citronengelben Nadeln zersetzten sich, nachdem sie zweimal aus Wasser umkrystallisiert worden waren, zwischen 189 und 190°.

101,3 mg des Osazons, in 4 ccm Pyridin + 6 ccm Alkohol gelöst, drehten im 2 dm-Rohr +1,50°, entsprechend $[\alpha]_D^{18,5}$ = 74° statt 75°.

Die zweite Hälfte wurde, mit Toluol überschichtet, durch Kollodium gegen 200 ccm Wasser dialysiert, dessen Drehung im 4 dm-Rohr (18,5°) + 1,67° (= 0,317% Maltosehydrat) betrug. Aus dem für 20 ccm bestimmten Jodverbrauch von 3,41 und 3,43 ccm berechnet sich in Übereinstimmung damit der Gehalt zu 0,308%.

---

[1] Präparat Nr. 5 der angeführten Tabelle von R. WILLSTÄTTER und G. OPPENHEIMER.

Zeitschrift für physiologische Chemie **125**, S. 1 [1923].

80. ÜBER SPEZIFITÄT DER ENZYME.

Von RICHARD WILLSTÄTTER und RICHARD KUHN.

I. Zur Theorie der Zeitwertquotienten.

Von RICHARD KUHN*.

(Mitteilung aus dem Chemischen Laboratorium der Bayerischen Akademie der Wissenschaften in München.)

Mit 1 Abbildung im Text.

(Der Redaktion zugegangen am 26. Oktober 1922.)

Als relatives Maß für die Menge eines Enzyms gelten die Geschwindigkeiten, mit denen unter gleichen äußeren Bedingungen der chemische Umsatz des Substrates vor sich geht. Die Reaktionsgeschwindigkeit wird gewöhnlich entweder durch den in gleichen Zeiten bewirkten Umsatz ausgedrückt, wenn man sich auf die Messung der Anfangsstadien der Reaktion beschränkt, wo Umsatz und Zeit einander direkt proportional sind, oder durch Ermittlung der für einen bestimmten Umsatz erforderlichen Zeit, den Zeitwert, wenn der zeitliche Verlauf, die Kinetik der Reaktion, für ein größeres Umsatzgebiet bekannt ist. Die Zeitwertmessung liegt sowohl den präparativ gerichteten Untersuchungen über Enzyme aus dem hiesigen Laboratorium zugrunde, als auch jenen Untersuchungen [1], die aus dem Verhältnis der **[2]** Umsatzgeschwindigkeiten von 2 Substraten durch Enzymlösungen und -präparate verschiedener Herkunft und verschiedenen Reinheitsgrades über die Spezifität der Enzyme zu entscheiden suchen. Die Zeitwerte wurden auf folgende Weise ermittelt:

Man wählt für die Versuche eine bestimmte Temperatur und Substratkonzentration. Dann bestimmt man die für die Enzymwirkung optimale $[H^{\cdot}]$, indem man ein und dieselbe Enzymmenge bei wechselnder Acidität auf das Substrat einwirken läßt und nachsieht, bei welcher $[H^{\cdot}]$ der Umsatz nach gleichen Zeiten am weitesten fortgeschritten ist. Sodann bestimmt man beim $[H^{\cdot}]$-Optimum die Beziehung zwischen

* *Diese und die folgende Untersuchung hat Herr R. Kuhn als mein Privatassistent ausgeführt (Inauguraldissertation, München, Nov. 1922), in der Zeit, als die in unseren verschiedenen Arbeiten beobachteten Differenzen der Zeitwertquotienten die Erkenntnis vorbereiteten, daß wechselnde Beimischungen von Hemmungskörpern und Aktivatoren die Schwankungen der Quotienten bedingen.*

[1] R. WILLSTÄTTER und W. STEIBELT, Diese Zs. Bd. 115, S. 199 [1921]; R. WILLSTÄTTER und R. KUHN, ebenda Bd. 115, S. 180 [1921]; R. WILLSTÄTTER und W. CSÁNYI, ebenda Bd. 117, S. 172 [1921]; R. WILLSTÄTTER und G. OPPENHEIMER, ebenda Bd. 121, S. 183 [1922] (*Abh. 76, 75, 77, 78*).

Enzymmenge und Reaktionsgeschwindigkeit und ermittelt den zeitlichen Verlauf der Reaktion, um aus den nach irgend welchen Zeiten beobachteten Spaltungsgraden diejenige Zeit berechnen zu können, nach der z. B. 50% des Substrates umgesetzt wären. Die so ermittelten Zeiten stellen die Zeitwerte dar. Die Beziehung

(1) $$\text{Enzymmenge} \times \text{Zeitwert} = c$$

hat sich für viele Enzymreaktionen in weiterem oder engerem Bereiche als gültig erwiesen, wenn es sich um verschiedene Mengen ein und derselben Enzymlösung handelt. Den Schlußfolgerungen, die aus Zeitwertmessungen gezogen wurden, liegt indessen die Annahme zugrunde, daß eine Beziehung nach Art der Gleichung (1) für ein Enzym nicht nur unabhängig von seiner Herkunft und seinem Reinheitsgrade überhaupt gilt, sondern, daß auch der numerische Wert von c immer derselbe ist, daß z. B. gleiche Invertin*mengen* immer die gleiche Inversionsgeschwindigkeit des Rohrzuckers bewirken, mag das Enzym im Hefepilz oder in einem Präparate von 1000mal höherer enzymatischer Konzentration enthalten sein. Diese Annahme stützt sich auf die Erfahrungstatsache von der Konstanz der Invertinwirkung[1]. Es zeigt sich jedoch bei ihrer eingehenden experimentellen Prüfung in der nachfolgenden Abhandlung, daß die mit dem Invertin im natürlichen Milieu [3] vergesellschafteten Begleitstoffe in gewissen Fällen wohl imstande sind, die Wirksamkeit des Enzyms zu beeinflussen. Diese Beobachtung scheint die in neuerer Zeit namentlich von A. KIESEL[1]) vertretene Auffassung zu bestätigen, daß der quantitative Vergleich verschiedener Objekte und Individuen in bezug auf Fermentgehalt unrichtig wird, „da wir nur auf Grund der fermentativen Wirkung eine Vorstellung über die Quantität des Fermentes bekommen, die Fermentwirkung aber von den Beimengungen höchst beeinflußt wird". Die folgenden Überlegungen gelten der Frage, ob und unter welchen Bedingungen es auch in diesem Falle möglich ist, aus den Wirkungen eines Fermentes auf die Fermentmenge zu schließen.

I. Der Zeitwert als Maß der Enzymmengen.

Den meisten Theorien der Katalyse ist die Vorstellung gemeinsam, daß für die Geschwindigkeit der katalysierten Reaktion, nach K.W. ROSENMUND und F. ZETZSCHE[2]) auch für die Richtung, in der die Reaktion verläuft, die Vereinigung des Katalysators mit den Reaktionsteilnehmern maßgebend ist und daß der analytisch nachweisbare Umsatz durch den Zerfall dieses Komplexes zustande kommt.

Die Reaktionsgeschwindigkeit hängt demgemäß ab:

1. von der Bildungsgeschwindigkeit,
2. von der Zusammensetzung und Konzentration,
3. von der Zerfallsgeschwindigkeit des Katalysator-Reaktoren-Komplexes.

---

[1] R. WILLSTÄTTER, J. GRASER und R. KUHN, Diese Zs. Bd. 123, S. 1 [1922], und zwar Kap. D.

[1]) Diese Zs. Bd. 118, S. 284 [1921/22].

[2]) Berichte der deutsch. Chem. Ges. Bd. 54, S. 425 [1921], und zwar S. 427. Diese Ansicht haben indes schon H. E. ARMSTRONG und E. F. ARMSTRONG mit besonderer Rücksicht auf die Enzyme vertreten. Proc. Royal Soc., B, Bd. 86, S. 561 [1913].

Einen zeitlich meßbaren Verlauf der Bindung eines Enzyms an sein Substrat glauben D. D. VAN SLYKE und A. G. CULLEN [3] am System Urease-Harnstoff beobachtet zu haben. Bei anderen Enzymreaktionen ist ein derartiger Effekt noch nicht beschrieben worden. Es scheinen sich namentlich die [4] kohlehydrat- und glucosidspaltenden Enzyme mit ihren Substraten äußerst rasch zu verbinden. Darum wollen wir den Einfluß von Verunreinigungen auf die Bildungsgeschwindigkeit des Enzym-Substrat-Komplexes vorerst außer Betracht lassen und den Einfluß von Aktivatoren und Hemmungskörpern auf Natur, Konzentration und Zerfallsgeschwindigkeit des Enzym-Substrat-Komplexes untersuchen. Es ist das Verdienst von L. MICHAELIS zuerst am Beispiel des Hefeinvertins die Aufklärung der verschiedenartigen Hemmungen einer Fermentreaktion angebahnt zu haben. Während z. B. nach L. MICHAELIS und M. L. MENTEN [1]) die Verlangsamung der Inversionsgeschwindigkeit durch Glucose auf einer Änderung der Konzentration der Saccharase-Saccharose-Verbindung beruht, indem die Hexose einen Teil des freien Enzyms mit Beschlag belegt und dadurch der Vereinigung mit dem Disaccharid entzieht, besteht der hemmende Einfluß von Glycerin nach L. MICHAELIS und H. PECHSTEIN [2]) in der Herabsetzung der Zerfallsgeschwindigkeit der Rohrzucker-Invertin-Verbindung.

In welcher Weise ist es nun denkbar, daß die Geschwindigkeit einer Enzymreaktion, die durch momentane Vereinigung des Enzyms mit dem Substrat eingeleitet wird und die sich durch den darauffolgenden Zerfall dieses Komplexes zu erkennen gibt, durch einen dritten Körper beeinflußt wird? Wenn einem Enzym die Fähigkeit zukommt, mit Hilfe derselben chemisch wirksamen Gruppen zwei oder mehrere Stoffe anzugreifen: in welchem Verhältnis wird die Umsatzgeschwindigkeit der Substrate beeinflußt werden? Ist es überhaupt möglich, die Frage nach der Spezifität der Enzyme durch Messung von Reaktionsgeschwindigkeiten zu beantworten?

Wir nehmen an, daß in den Lösungen eines Enzyms nur ein Körper K enthalten ist, der die nach dem Schema

$$E + S \rightleftharpoons (ES)\uparrow \tag{2}$$

verlaufende Vereinigung des Enzyms E mit dem Substrat S zum zerfallenden ($\uparrow$) Komplex (ES) und auch den Zerfall des letzteren zu beeinflussen vermag. Der durch $\rightleftharpoons$ angedeutete [5] Vorgang möge ein Adsorptions- oder Dissoziationsgleichgewicht bedeuten. Der Körper K soll imstande sein, nicht nur die aktiven Massen bzw. die aktiven Oberflächen von E, S und (ES) zu verändern, also in quantitativer Hinsicht den Verlauf der Reaktion (2) zu bestimmen, sondern er soll auch qualitativ die Zusammensetzung von E, S und (ES) beeinflussen können. Auch hier möge es sich um Adsorptions- bzw. Dissoziationsgleichgewichte (im Extremfall um feste chemische oder adsorptive Bindung) zwischen K und den Reaktionsteilnehmern handeln. Wir beschränken uns ferner auf Reaktionen, die unter Anwendung so geringer Mengen von Enzymmaterial verfolgt werden können, daß die in wechselndem Verhältnis vor-

[3] Jl. Biol. Chem. Bd. 19, S. 141 [1914].

[1]) Biochem. Zs. Bd. 49, S. 333 [1913]. [2]) Biochem. Zs. Bd. 60, S. 79 [1914].

kommenden anderen Verunreinigungen die Natur des Mediums[1] nicht merklich ändern. Dann wird bei konstanter h[2] und Temperatur die Geschwindigkeit der Reaktion durch die Zusammensetzung (Struktur) und Konzentration des labilen Komplexes gegeben sein.

Trügerisch werden die üblichen Zeitwertmessungen und Quotientenbestimmungen offenbar nur, wenn der Körper K in wechselndem Verhältnis in bezug auf E auftritt. Es kann sich dabei um einen bekannten Stoff handeln, dessen Konzentration in der Enzymlösung analytisch bestimmbar ist, der vielleicht vom Enzym getrennt werden kann, oder um eine noch unerkannte Beimischung, die, aus dem natürlichen Milieu stammend, im Laufe der Reinigungsoperationen abgetrennt wird, oder endlich um einen dem Enzym selbst nahestehenden Körper, der Adsorption und Elution, Fällung und Dialyse mit ihm durchmacht, der aber in verschiedenem Ausgangsmaterial in wechselnder Menge enthalten ist (vgl. die folgende Abhandlung, Kapitel II, Abschnitt 3).

Wir untersuchen, ob es möglich ist, den Körper K zu entdecken und den Mechanismus seiner Wirkung aufzuklären, [6] wenn wir z. B. mit jedem Enzymmaterial, auf dessen Enzymgehalt geschlossen werden soll, die Reaktionsgeschwindigkeit, ihre Abhängigkeit von der h (die Aktivitäts-p_H-Kurve) und der Substratkonzentration (die Aktivitäts-p_S-Kurve) experimentell bestimmen und miteinander vergleichen. Gelingt es so die Art und Weise aufzuklären, nach der K die Reaktionsgeschwindigkeiten ändert, so wollen wir untersuchen, ob die Schwankungen eines Zeitwertquotienten vielleicht im wechselnden Verhältnis von $K:E$ ihren Grund haben.

Als ausschlaggebender Faktor für die Beurteilung der Enzymspezifität hat sich namentlich die wechselnde Abhängigkeit der Reaktionsgeschwindigkeiten von der Substratkonzentration erwiesen und wir glauben an dieser Stelle die Wichtigkeit der Aktivitäts-p_S-Kurven betonen zu müssen. Während man sich nämlich seit den grundlegenden Arbeiten von S. P. L. Sörensen und L. Michaelis über die Bedeutung der Wasserstoffionenkonzentration für biologische Vorgänge klar geworden ist, während die Aktivitäts-p_H-Kurven der Enzyme eifrig bearbeitet und allgemein prozentisch gleiche Teile der Reaktionsgeschwindigkeiten verglichen werden (gewöhnlich die Maximalgeschwindigkeiten selbst durch Einstellung des h-Optimums), hat man willkürliche und wechselnde Bruchteile der Enzymmengen durch Vernachlässigung der Aktivitäts-p_S-Kurven miteinander verglichen. Dazu mögen folgende Gründe beigetragen haben:

Die optimale Wasserstoffzahl ist für die Mehrzahl der Enzyme leicht zu ermitteln und dank der Ausbildung der Puffergemische festzuhalten, während die optimale Substratkonzentration oft aus Gründen der Löslichkeit, Enzymzerstörung usw. nicht erreichbar ist. Sie stellt ferner kein ausgesprochenes Maximum dar, sondern ist ein Grenzwert, der sich nur aus Messungen bei anderen Konzentrationen extrapolieren läßt.

---

[1] Über die Bedeutung der Aktivitätskoeffizienten für die Theorie der Reaktionsgeschwindigkeiten vgl. J. N. Brönsted, Zs. f. physik. Chem. Bd. 102, S. 169 [1922].

[2] h = Wasserstoffionenkonzentration; vgl. L. Michaelis, Die Wasserstoffionenkonzentration, 2. Aufl., Teil I, S. 10 [1922].

Der Mechanismus der Wasserstoffionenwirkung bei enzymatischen Katalysen ist derzeit noch nicht so weit aufgeklärt, daß man ein allgemeines klares Bild davon gewinnen könnte. Die Gestalt der Geschwindigkeits-p_H-Kurven zu deuten, ist leicht, die Eigenschaften dieser Kurven zu verstehen, ist [7] schwierig. Im folgenden machen wir die Annahme, daß der Parameter dieser Kurven nicht allein durch die Konzentration der labilen Enzym-Substrat-Verbindung gegeben ist, um die Prüfung dieser Annahme an weiterem Versuchsmaterial vorzubereiten. Es hat sich nämlich gezeigt[1], daß im Falle des Invertins die Aktivitäts-p_H-Kurve nicht durch Änderung des aktiven Anteils des Enzyms oder des Rohrzuckers oder durch Dissoziation der Saccharase-Saccharose-Säure erklärt werden kann, daß sie vielmehr von der Natur der Rohrzucker-Invertin-Verbindung bedingt ist, deren Zerfallsgeschwindigkeit von der Acidität bestimmt wird.

Unter den gemachten Annahmen wird K nach einer oder gleichzeitig nach mehreren der nachstehenden Möglichkeiten die Reaktion (2) beschleunigen oder verzögern:

I. Gruppe. *K* reagiert mit dem freien Substrat.

1. *K* vernichtet die Reaktionsfähigkeit des Substrates.

$$S + K \rightleftharpoons (SK), \qquad S + E \rightleftharpoons (SE) \uparrow . \tag{3}$$

Für den gebundenen Anteil des Substrates gilt $(SK) \leqq K$. Beschränken wir uns auf Fälle, in denen $K \ll S$ ist, so kann sich K nicht geltend machen. $S - (SK)$ ist praktisch identisch mit S.

Lassen wir diese Einschränkung fallen, so verdient namentlich die Änderung der Reaktionsfähigkeit des Substrates durch Wasserstoffionen Beachtung, eine Möglichkeit, die H. v. EULER wiederholt betont hat, die auch für nicht enzymatische Katalysen von Wichtigkeit ist. Bei der Wasserstoffsuperoxyd-Platin-Katalyse hat schon G. BREDIG[2] die Salzbildung des Hydroperoxyds zur Erklärung des Einflusses der OH-Ionen auf die Reaktionsgeschwindigkeit herangezogen.

Die Entscheidung darüber, ob z. B. nur die Kationen oder Anionen eines amphoteren Substrates zur Reaktion mit dem Enzym befähigt sind, wird dann erbracht werden können, wenn [8] sich aus der Abhängigkeit der Reaktionsgeschwindigkeit von der Acidität und aus den Dissoziationskonstanten des Ampholyten die Abhängigkeit der Reaktionsgeschwindigkeit von der Konzentration des Substrates für konstantes p_H berechnen läßt, wo die Konzentration der Anionen und Kationen zur Gesamtkonzentration des Substrates in einem bestimmten Verhältnis steht. Aber auch für die Neutralsalze kommt eine Wechselwirkung mit dem Substrat in Betracht. L. MICHAELIS und H. PECHSTEIN[1]) nehmen z. B. bei der Leberkatalase eine Wechselwirkung der Salze mit den unelektrischen Fermentmolekülen an. Die H_2O_2-Katalyse

---

[1] Nachstehende Abhandlung, Kapitel II, Abschnitt 4.

[2] G. BREDIG und MÜLLER v. BERNECK, Zs. f. physik. Chem. Bd. 31, S. 258 [1899].

[1]) Biochem. Zs. Bd. 53, S. 320 [1913].

verläuft am schnellsten in möglichst verdünnten Elektrolytlösungen. (ES) ist labil, alle Salze (K) wirken hemmend. Es ist gut denkbar, daß dieser Effekt auf der Stabilisierung des H_2O_2 beruht, die außer durch Säuren und viele organische Stoffe auch durch Elektrolyte gelingt. Es steht zu erwarten, daß die Untersuchung derartiger Erscheinungen uns bei manchem Substrat über die Natur der Partialaffinitäten, durch deren Betätigung sich die Komplexe mit den Katalysatoren bilden, Aufschluß bringen wird.

Die Verschiebung der Aktivitäts-p_H-Kurve der Katalase bei steigendem Neutralsalzgehalt könnte dann verschiedene Ursachen haben: Entweder werden die eben besprochenen Affinitätsbeträge vom Elektrolyten abgesättigt, das Hydroperoxyd im Sinne von (3) in eine nicht mehr reaktionsfähige Stufe übergeführt, und die Wasserstoffionen sind an einem Dissoziationsgleichgewicht der labilen H_2O_2-Katalaseverbindung beteiligt, derart etwa, wie es L. MICHAELIS und M. ROTHSTEIN[2] bei der Saccharase-Saccharose-Säure annehmen, oder

2. Das Enzym reagiert mit dem gebundenen Substrat.

$$(4) \qquad S + K \rightleftharpoons (SK), \qquad E + S \rightleftharpoons (ES)\uparrow \quad \text{und} \quad E + (SK) \rightleftharpoons (ESK)\uparrow .$$

In diesem Fall werden mit steigendem Salzgehalt neben den (ES)-Teilchen immer mehr (ESK)-Teilchen gebildet werden, deren Zerfallsgeschwindigkeit von der Aktivität der Wasserstoffionen in anderer Weise abhängt oder deren [9] Säuredissoziationskonstante verschieden ist. Im allgemeinen wird K in dem nach (4) verlaufenden Prozeß sowohl aktivieren als hemmen können.

Kehren wir daher zur Betrachtung natürlicher Verunreinigungen zurück, so kann hier offenbar der Fall eintreten, von dem A. KIESEL[1] sagt: Es „können die anwesenden fremdartigen Körper der Tätigkeit des Ferments einer zum Angriff dargebotenen Substanz gegenüber hinderlich, einer anderen gegenüber aber ohne Einfluß oder sogar behilflich sein". Unter unserer Voraussetzung $K \ll S$ kann durch wechselnde Mengen des Hemmungskörpers K der Zeitwert der Reaktion (4) nicht geändert werden. Dies wird jedoch in hervorragendem Maße eintreten, wenn K als Aktivator fungiert. Dazu betrachten wir den Extremfall

$$(5) \qquad S + K \rightleftharpoons (SK), \qquad (SK) + E \rightleftharpoons (ESK)\uparrow ,$$

wobei (ES) entweder gar nicht gebildet wird oder stabil ist.

Als Beispiel untersuchen wir, ob die Speicheldiastase, deren Wirksamkeit an die Gegenwart von Chlornatrium oder von anderen Salzen gebunden ist, hierher gehören kann. Für wechselnde Mengen von NaCl müßte die Abhängigkeit vom p_H die gleiche sein, wenn wir mit dem Salzzusatz nicht so weit gehen, daß er sich wie bei Elektrolyten und Farbstoffindicatoren schon durch Änderung der Dissoziationskonstante (der Wasserstoffionenaktivität) bemerkbar macht. Für verschiedene

---

[2] Biochem. Zs. Bd. 110, S. 217 [1920].

[1] a. a. O.

$K(K_1, K_2, \ldots)$ also für verschiedene Neutralsalze wären dagegen die Parameter der Aktivitäts-p_H-Kurven verschieden, entsprechend der verschiedenen Natur der labilen Verbindungen (ESK_1), (ESK_2), ..., wie es L. MICHAELIS und H. PECHSTEIN[2] bei der Speicheldiastase tatsächlich beobachtet haben. Die durch eine bestimmte Enzymmenge bewirkten Umsatzgeschwindigkeiten müssen in hohem Maße vom Quotienten $K:E$ abhängen. Immerhin wäre es nicht schwierig, relative Mengen von Diastase zu bestimmen, da wir das Kochsalz durch Dialyse entfernen und nachher dosieren können. [10] Wir müßten nur in bezug auf die Stärke prozentisch gleiche Kochsalzmengen anwenden, um gleiche Aktivierungen zu erhalten. E. STARKENSTEIN[1]) hat jedoch gezeigt, daß die zur Aktivierung nötigen Salzmengen den angewandten Diastasemengen proportional sind. Für die an Amylasen beobachteten Aktivierungserscheinungen kommt also eine verschiedene Reaktionsfähigkeit von Cl-, NO_3-, usw. Stärke höchstens in untergeordnetem Maße in Betracht.

Ist der Aktivator K in (5) unbekannt und nicht abtrennbar, so wird man durch Zusatz überschüssigen Kochsaftes u. dgl. oder durch anderweite künstliche Aktivierung des Substrates, wenn diese nur genügend groß ist, die zur Messung des Enzymgehalts nötigen vergleichbaren Bedingungen herstellen können. Trifft auch das nicht zu, handelt es sich vielmehr um einen dem Enzym selbst nahestehenden empfindlichen Körper, so ist es nicht möglich, aus kinetischen Messungen Schlußfolgerungen auf die Konzentration von E zu ziehen, wenn das Verhältnis $K:E$ schwankt. Trotzdem ist es möglich, über die Spezifität dieses Ferments gegenüber zwei Substraten zu entscheiden. Denn die durch verschiedene K-Mengen aktivierten Beträge der Substrate S_1 und S_2 werden immer in demselben Verhältnis stehen und darum wird auch das Verhältnis der Reaktionsgeschwindigkeiten von $K:E$ unabhängig sein. Wenn sich — als Grenzfall von (5) — die Aktivierung nur auf eines der Substrate bezieht, so wird offenbar die Frage nach der spezifischen Natur von E bedeutungslos. Liegt dieser Grenzfall im Schema (4) vor (Beispiel KIESEL), so ist die Kenntnis der in verschiedenen Enzymlösungen vorhandenen Mengen K nötig, um den E-Gehalt bestimmen und über die Spezifität des Enzyms entscheiden zu können.

Für die hier besprochenen Möglichkeiten der „Substrataktivierung" fehlt es an genügend untersuchten Beispielen. Die bei weitem überwiegende Mehrzahl von Aktivatoren und Hemmungskörpern verschafft sich durch Wechselwirkung mit dem Enzym Geltung.

[11] II. Gruppe. K reagiert mit dem freien Enzym.

1. K bindet das Enzym zu einer unwirksamen Stufe.

$$E + K \underset{\mathrm{I}}{\rightleftharpoons} (EK), \qquad E + S \underset{\mathrm{II}}{\rightleftharpoons} (ES)\uparrow. \tag{6}$$

K ist ein Hemmungskörper, der einen Teil des aktiven Enzyms der Vereinigung mit dem Substrat entzieht. Die Abhängigkeit der Enzymwirkung vom p_H wird unberührt

[2] Biochem. Zs. Bd. 59, S. 77 [1914].

[1]) Biochem. Zs. Bd. 24, S. 210 [1910] und Bd. 47, S. 300 [1912].

bleiben, wenn durch die Wasserstoffionen nicht der labile Anteil, sondern die Labilität von (ES) bestimmt wird. Ein richtiges Bild von der Konzentration des Enzyms läßt sich durch Extrapolation der Zeitwerte für unendliche hohe Substratkonzentration erhalten. Die Gleichgewichte I und II sind dann so weit verschoben, daß sich K nicht mehr geltend machen kann, obwohl die Parameter der Aktivitäts-p_S-Kurven bei wechselndem $K:E$ differieren. Für den Fall eines Dissoziationsgleichgewichts beobachtet man anstatt der Konstanten K- des Gleichgewichts II die scheinbare Dissoziationskonstante $K_S\left(\frac{K}{K_K}+1\right)$, wenn K_S die Konzentration des Körpers K, K_K die Konstante des Gleichgewichts I bedeutet. Die Affinität zu einem zweiten Substrat S wird ganz entsprechend von $\frac{1}{K_S}$ auf $\frac{1}{K_S\left(\frac{K}{K_K}+1\right)}$ erniedrigt werden. Mit Rücksicht auf die in der folgenden Abhandlung beschriebenen Beobachtungen über den Einfluß natürlicher Begleitstoffe auf die Aktivität der Hefesaccharase wird dieser Fall im nächsten Kapitel noch ausführlicher behandelt.

2. Das Substrat reagiert mit dem gebundenen Enzym.

$$E + K \rightleftharpoons (EK), \qquad (EK) + S \rightleftharpoons (EKS)\uparrow, \tag{7}$$

(ES) wird nicht gebildet oder ist stabil. Hierher gehören zahlreiche Fermente vorwiegend tierischer Herkunft, für deren Wirksamkeit die Gegenwart gewisser Kationen oder Anionen nötig ist. Am Beispiel der Diastase haben wir schon im zweiten Absatz der I. Gruppe über die Beziehung der Reaktionsgeschwindigkeit zum Enzymgehalt in diesem Fall gesprochen. Auch über die Spezifität des Enzyms läßt sich unter den im letzten Absatz (II, 1) angeführten Gesichtspunkten [12] entscheiden. Hier erhebt sich die Frage: Soll man die Systeme (EK_1), (EK_2) usw. als besondere Enzyme bezeichnen oder genügt es zu verlangen, daß unter gleichen äußeren Bedingungen die Affinität eines Enzyms, sein Wirkungsvermögen, dasselbe sei?

Wir halten es für richtig, jedes derartige System in reaktionskinetischem Sinne als selbständiges Enzym zu behandeln, also z. B. von Chloriddiastase, Nitratdiastase usw. zu sprechen, wie es in der Literatur[1] bereits üblich ist. In präparativem Sinne haben wir es aber in Anbetracht der Reproduzierbarkeit der Aktivatorwirkung und der gleichmäßigen Ausführung der Analysen mit einem Enzym zu tun. Diese straffe Fassung des reaktionskinetischen Enzymbegriffs wird auch dann von Nutzen sein, wenn neben dem gebundenen Enzym auch das freie wirksam ist.

$$E + K \rightleftharpoons (EK),\ E + S \rightleftharpoons (ES)\uparrow \quad \text{und} \quad (EK) + S \rightleftharpoons (EKS)\uparrow. \tag{8}$$

K kann je nachdem aktivieren oder hemmen. Die Bestimmung der Pankreaslipase[2] bietet Beispiele dafür, wie weitgehend sich das variable Verhältnis zwischen Enzymgehalt und Geschwindigkeit der Fettspaltung durch künstliche Aktivierung

[1] L. MICHAELIS und H. PECHSTEIN, a. a. O.; H. v. EULER, Chemie der Enzyme, I, S. 35.
[2] R. WILLSTÄTTER, E. WALDSCHMIDT-LEITZ und F. MEMMEN, Diese Zs. (im Druck) (*Abh. 88*).

oder Hemmung ausgleichen läßt. Unter solchen Bedingungen wird auch das Verhältnis der Spaltungsgeschwindigkeiten verschiedener Fette von $K{:}E$ und von der Natur von K unabhängig sein, wovon der Mechanismus der K-Wirkung mit dem der zugesetzten Aktivatoren übereinstimmt. Sehr häufig wird bei einer mikroheterogenen Reaktion Aktivierung und Hemmung auf rein physikalischen Änderungen des Milieus an der Oberfläche der Kolloidteilchen beruhen, ohne daß diese Körper auf die Konfiguration der wirklichen Enzymgruppen von Einfluß wären. Wenn daher z. B. die Lipase in verschiedenen Vorkommnissen mit wechselnden Mengen von Körpern assoziiert ist, die mit ihren wirksamen Gruppen in Wechselwirkung stehen, dann gestattet eine gleichartige „physikalische" Aktivierung, auch wenn dadurch ein hohes Vielfaches der natürlichen Reaktionsgeschwindigkeit erzielt [13] wird, nicht, die Enzymmengen zu vergleichen und über die Spezifität des Fermentes zu entscheiden. Die Erfahrungen, von denen die folgende Mitteilung berichtet, machen es wahrscheinlich, daß solche Begleiter dem Enzym selbst nahe stehen, und sie zeigen den Weg, auf dem ihr Vorhandensein erkannt und trotz ihrer Gegenwart die analytische Bestimmung relativer Enzymmengen möglich ist.

III. Gruppe. K reagiert mit dem Enzym-Substrat-Komplex.

1. Durch den Hemmungskörper K wird die zerfallende Enzymsubstratverbindung in eine stabile Form übergeführt.

$$E + S \rightleftharpoons (ES)\uparrow, \qquad (ES)\uparrow + K \rightleftharpoons (ESK). \tag{9}$$

2. (ESK) ist labil.

$$E + S \rightleftharpoons (ES), \qquad (ES) + K \rightleftharpoons (ESK)\uparrow. \tag{10}$$

K ist Aktivator. Wenn auch (KS) zerfällt,

$$E + S \rightleftharpoons (ES)\uparrow \quad \text{und} \quad (ES)\uparrow + K \rightleftharpoons (ESK)\uparrow, \tag{11}$$

kann K sowohl hemmen als auch aktivieren. Diese Mechanismen dürften sich neben den in der I. und II. Gruppe diskutierten in der Regel nur in beschränktem Maße geltend machen.

Zusammenfassend heben wir hervor: Für die Reaktionsbeeinflussung enzymatischer Vorgänge gibt es einige typische Möglichkeiten, zwischen denen sich durch kinetische Messungen prinzipiell entscheiden läßt. Solange wir auf die Fermente nur aus ihren Wirkungen schließen können, muß es das Ziel sein, den Einfluß der natürlichen Fermentbegleiter zunächst in einfachen Fällen auf diese Typen zurückzuführen. Dann erst sind wir imstande, aus der Messung von Reaktionsgeschwindigkeiten ein exaktes Maß für die Enzymmengen abzuleiten und die spezifische Natur dieser Katalysatoren zu enthüllen.

II. Der Zeitwertquotient als Funktion der Substratkonzentration.

Enzymbindende Verunreinigungen machen sich bei der Ermittlung von Zeitwertquotienten dadurch geltend, daß der wirksame Anteil des Enzyms geändert wird und zwar verschieden stark, wenn die Affinität zu den Substraten verschieden [14] ist.

Das Ergebnis der Messungen muß dann das gleiche sein, als ob wir mit derselben Enzymlösung das Verhältnis der Reaktionsgeschwindigkeiten das eine Mal z. B. in 0,2n-, das andere Mal in 0,3n-Lösung bestimmt und miteinander verglichen hätten. Darum wollen wir jetzt die Abhängigkeit des Quotienten von der Substratkonzentration betrachten, unter der Annahme, daß die Vereinigung der Enzyme mit den Substraten durch das Massenwirkungsgesetz geregelt wird. Diese Annahme bedeutet einen Grenzfall[1] für eine mikroheterogene Katalyse, womit wir es ja bei den Enzymreaktionen zu tun haben. Aber die Erfahrung lehrt, daß dieser Grenzfall durchaus nicht selten ist. Hat sich doch bei Versuchen über die Abhängigkeit der Reaktionsgeschwindigkeit von der Substratkonzentration gezeigt, daß nicht nur die Rohrzuckerspaltung[2], die Hydrolyse von α-Methylglucosid durch Hefeauszüge[3], oder die von β-Glucosiden durch Emulsin[4], sondern sogar die Trypsinverdauung der Gelatine[5] vom Massenwirkungsgesetz beherrscht wird, wenn man die Annahme macht, daß die Umsatzgeschwindigkeit der Konzentration der vorhandenen Enzymsubstratverbindung proportional sei. Auf solche Systeme beziehen sich die folgenden Entwicklungen. Man möge dabei an zwei von einander völlig unabhängige Enzyme denken, auch wenn wir mit Rücksicht auf die späteren Anwendungen folgende Bezeichnungen einführen:

$[S]$ sei die Konzentration der Saccharose in freiem Zustand (praktisch übereinstimmend mit der Gesamtkonzentration des Rohrzuckers),

$\sum$ die gesamte molare Konzentration der Saccharase und

[15] σ die molare Konzentration des an Saccharose gebundenen Anteils des Enzyms, also auch gleich der Konzentration der Enzymsubstratverbindung.

Unter $[R]$, P und ϱ möge man analog die Raffinosekonzentration sowie die Konzentration der gesamten und gebundenen (aktiven) Raffinase verstehen.

Dann besagt das Massenwirkungsgesetz:

$$\frac{[S]\,(\sum - \sigma)}{\sigma} = K_S \quad \text{und} \quad \frac{[R]\,(P - \varrho)}{\varrho} = K_R\,, \tag{12}$$

woraus für die Konzentration der Saccharase-Saccharose-Verbindung und des Raffinase-Raffinose-Komplexes folgt:

$$\sigma = \sum \cdot \frac{[S]}{[S] + K_S} \quad \text{und} \quad \varrho = P \cdot \frac{[R]}{[R] + K_R}. \tag{13}$$

$\frac{\sigma}{\sum}$ als Funktion von $\log \frac{1}{[S]}$ und $\frac{\varrho}{P}$ als Funktion von $\log \frac{1}{[R]}$ stellen Dissoziationsrestkurven dar, deren Wendepunkte durch $-\log K_S$ und $-\log K_R$ festgelegt sind.

---

[1] Über die Anwendbarkeit des Massenwirkungsgesetzes vgl. die treffenden Ausführungen von L. MICHAELIS, Biochem. Zs. Bd. 115, S. 269 [1921] und Koll. Zs. Bd. 31, S. 246 [1922], und zwar S. 251.

[2] L. MICHAELIS und M. L. MENTEN, Biochem. Zs. Bd. 49, S. 333 [1913]; H. v. EULER und J. LAURIN, Diese Zs. Bd. 110, S. 55 [1920] und die nachstehende Abhandlung.

[3] P. RONA und L. MICHAELIS, Biochem. Zs. Bd. 58, S. 148 [1914].

[4] Nach unveröffentlichten Versuchen mit Frl. Dr. J. GRASER.

[5] J. H. NORTHROP (mitbearbeitet von F. JOHNSTON), Journ. Gen. Physiol. Bd. 4, S. 487 [1922].

Die Proportionalitätsfaktoren zwischen σ und ϱ und den experimentell bestimmbaren Anfangsgeschwindigkeiten der Rohrzucker- und Raffinosehydrolyse v_S und v_R werden im allgemeinen ungleich sein:

(14) $$v_S = C_S \cdot \frac{\sigma}{\Sigma}, \qquad v_R = C_R \cdot \frac{\varrho}{P}.$$

$C_S : C_R$ bedeutet dann das Verhältnis der Hydrolysengeschwindigkeiten des Di- und Trisaccharids, die durch ein und dieselbe Enzymmenge hervorgerufen werden, wenn jede Reaktion bei einer solchen Konzentration des Substrates gemessen wird, daß der an Zucker gebundene molare Anteil beider Enzyme in jedem Fall prozentisch gleich ist. Das wird im allgemeinen nur bei $[S] \neq [R]$ eintreten. Die Zeitwertquotienten werden aber immer in äquimolaren Lösungen der Substrate bestimmt. Darum stellt erst der für unendlich große Substratkonzentration extrapolierte Quotient der Anfangsgeschwindigkeiten das Verhältnis der Proportionalitätsfaktoren $C_S : C_R$ dar.

(15) $$\lim_{[S] = [R] = \infty} Q = C_S : C_R = Q_\infty .$$

[16] Aus (13) und (14) ergibt sich für den Quotienten bei beliebiger Substratkonzentration

$$Q_S = \frac{v_S}{v_R} = \frac{C_S}{C_R} \cdot \frac{\sigma \cdot P}{\Sigma \cdot \varrho} = \frac{C_S}{C_R} \cdot \frac{[S] \cdot ([R] + K_R)}{[R] \cdot ([S] + K_S)},$$

was wir in Anbetracht von $[S] = [R]$ mit Berücksichtigung von (15) auch schreiben können

(16) $$Q_S = Q_\infty \cdot \frac{[S] + K_R}{[S] + K_S}.$$

Wählen wir $\log \frac{1}{[S]}$ als unabhängige Variable x, dann stellt Q_S als Funktion von x eine Dissoziations- bzw. Dissoziationsrestkurve mit folgenden Eigenschaften dar:

(17) $$Q_S = Q_\infty \cdot \frac{e^{-x \ln 10} + K_R}{e^{-x \ln 10} + K_S},$$

(18) $$\frac{dQ_S}{dx} = Q_\infty \cdot \ln 10 \cdot \frac{K_R e^{-x \ln 10} - K_S e^{-x \ln 10}}{(e^{-x \ln 10} + K_S)^2},$$

(19) $$\frac{d^2 Q_S}{dx^2} = Q_\infty \cdot (\ln 10)^2 e^{-x \ln 10} \cdot \frac{(K_S - K_R)(K_S{}^2 - e^{-2x \ln 10})}{(e^{-x \ln 10} + K_S)^4}.$$

Aus (16) folgt

(20) $$\lim_{[S] = 0} Q_S = Q_0 = Q_\infty \cdot \frac{K_R}{K_S}.$$

Es läßt sich zeigen, daß (15) und (20) Asymptoten von (16) sind. Für die Abszisse des Wendepunktes der Quotientenkurve (17) ergibt sich aus (19) unter der Bedingung $K_S \neq K_R$

(21) $$K_Q = K_S,$$

während für die Ordinate Q_M aus (17), (20) und (21)

(22) $$Q_M = Q_\infty \frac{K_S + K_R}{2 K_S} = \frac{1}{2}(Q_0 + Q_\infty)$$

folgt. Für die Wendetangente ist die Neigung

$$\operatorname{tg}\alpha = \frac{Q_\infty}{4} \cdot \ln 10 \left(\frac{K_R}{K_S} - 1\right) = 0{,}575\,(Q_0 - Q_\infty) \tag{23}$$

charakteristisch, wie sich aus (18) mit Berücksichtigung von (20) und (21) ergibt. [17] Der Wendepunkt der Quotientenkurve ist also in jedem Fall dadurch ausgezeichnet, daß seine Abszisse mit dem Parameter derjenigen Enzymwirkung zusammenfällt, der die kleinste Dissoziationskonstante der Enzymsubstratverbindung zukommt. Greift dieses Enzym noch andere Substrate an, so soll die Hydrolyse desjenigen, zu dem es die größte Affinität besitzt, als Hauptwirkung des Enzyms von seinen Nebenwirkungen unterschieden werden, unabhängig von der Geschwindigkeit, mit der die Komplexe des Enzyms mit den verschiedenen Substraten zerfallen. Die Ordinate des Wendepunktes stellt immer das arithmetische Mittel der für unendlich kleine und unendlich große Substratkonzentration extrapolierten Geschwindigkeitsquotienten dar und ist daher im Gegensatz zur Abszisse durch den numerischen Wert der Nebenaffinitäten bedingt.

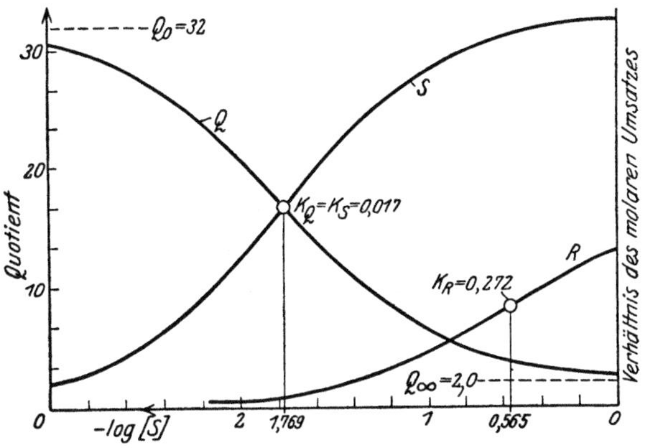

Abb. 1.

Abb. 1 zeigt die Lage der Quotientenkurve Q, die sich aus den Dissoziationsrestkurven S und R ergibt. Der Parameter der Hauptwirkung S beträgt 0,017, derjenige der Nebenwirkung R 0,272. Q_∞ hat den Wert 2,0. Die Ordinaten der Q-Kurve sind im Verhältnis 1:0,03 verkleinert gegenüber denjenigen [18] der S-Kurve, die ihrerseits im Vergleich mit dem Maßstabe der Abszisse im Verhältnis 2:1 vergrößert sind. Aus (20) folgt für die obere Asymptote der Q-Kurve $Q_0 = 32$. Durch die Wahl des Maßstabes ist erreicht, daß die Wendepunkte der S- und Q-Kurve nicht nur gleiche Abszisse, sondern auch gleiche Ordinate haben, da die Asymptoten von Q zum Wendepunkt von S sehr angenähert symmetrisch liegen. Setzt man noch $Q_0 - Q_\infty$ und den Maximalwert der S-Kurve gleich der Einheit der Abszisse, so schneiden sich die Wendetangenten von Q und S unter einem Winkel von 120°.

In besonderen Fällen kann die Quotientenkurve folgende Eigenschaften besitzen:

1.) $$K_S = K_R\,, \qquad Q_\infty = 1\,.$$

Die Dissoziationsrestkurven fallen zusammen. Die Q-Kurve ist eine zur x-Achse parallele Gerade im Abstand 1.

2.) $$K_S = K_R\,, \qquad Q_\infty \gtrless 1\,.$$

Die Dissoziationsrestkurven sind affin. $Q_0 = Q_M = Q_\infty = Q$. Die Q-Kurve ist eine zur x-Achse parallele Gerade im Abstand Q.

3.) $$K_S \gtrless K_R, \qquad Q_\infty = 1.$$

Die Dissoziationsrestkurven können durch Parallelverschiebung längs der Abszissenachse zur Deckung gebracht werden.

$$Q_0 = K_R : K_S, \qquad Q_M = \frac{K_R + K_S}{2 K_S}.$$

Der für $[S] = 0$ extrapolierte Geschwindigkeitsquotient stellt das Verhältnis der Dissoziationskonstanten dar.

4.) $$K_S < K_R, \qquad Q_\infty \gtrless 1$$

ist der oben behandelte allgemeine Fall. Ist $K_S > K_R$, so übernimmt K_R die Bedeutung des Hauptparameters.

Ist die Abhängigkeit der Hauptwirkung von der Substratkonzentration bekannt, so genügt wegen der ausgezeichneten Lage der Q-Kurve eine einzige Quotientenbestimmung, um das arithmetische Mittel aller denkbaren Quotienten zu finden, die für die betreffende Enzymlösung von den verdünntesten [19] bis zu den konzentriertesten Lösungen der Substrate möglich sind. Diese Quotientenbestimmung hat bei derjenigen Normalität der Substrate zu erfolgen, die für die Hälfte der maximalen Hauptwirkung charakteristisch ist. Das gilt allgemein für den Vergleich beliebiger Enzymwirkungen, z. B. für das Verhältnis der Geschwindigkeiten, mit denen ein Hefeauszug Rohrzucker und α-Methylglucosid spaltet. Wie weit sich der Quotient von diesem Mittelwert entfernen kann, wissen wir zunächst nicht. Wir wissen nur, daß er beim Übergang zu konzentrierteren Lösungen immer kleiner werden muß, um in verdünnteren ganz entsprechend zu wachsen. Je nachdem aber Fußpunkt, Mittelstück oder Scheitel der Dissoziationsrestkurven, die der Enzymwirkung mit der niedrigeren Affinität entsprechen, in das experimentell günstigste Gebiet fallen, wird es möglich sein, nach einer der folgenden Methoden den Gesamtverlauf der Q-Kurve mit größerer oder geringerer Genauigkeit aufzufinden:

1. Man bestimmt die einzelnen Parameter K_S und K_R. Dann genügt die genaue Kenntnis eines Quotienten bei beliebiger Konzentration, um das Verhältnis der Ordinaten der beiden Kurven festzustellen. Die Q-Kurve läßt sich durch Einsetzen von K_S, K_R und Q_∞ in (16) berechnen bzw. konstruieren.

2. Bei hochmolekularen und schwer löslichen Substraten, zu denen das Enzym nur geringe Affinität besitzt, wird nur der Fußpunkt der Dissoziationsrestkurve untersucht werden können. Ist Q_M bestimmbar und läßt sich der Quotient für unendlich kleine $[S]$ extrapolieren, so läßt sich die Q-Kurve konstruieren, da ihr Wendepunkt und eine Asymptote bekannt sind. Die zweite Asymptote muß zum Wendepunkt symmetrisch liegen. Oder man verfährt nach

3., indem man einige in der Nähe von Q_M gelegene Quotienten bestimmt und aus der so ermittelten Lage der Wendetangente nach (22) und (23) Q_0 und Q_∞ berechnet, woraus sich auch K_R ergibt.

4. Ist weder das Gebiet von K_R, noch das von K_S mit dem Substrat R erreichbar, so gelangt man bei Kenntnis von K_S [20] durch Kombination von je zwei (nicht zu nahe aneinanderliegenden) Quotienten auf folgendem Wege zum Ziel: Bei der Substratkonzentration S_a sei der Quotient Q_a, bei S_b Q_b bestimmt worden. Die Q-Kurve (Q als Funktion von S) ist dann:

$$Q = \frac{Q_a (S_a + K_S)(S - S_b) - Q_b (S_b + K_S)(S - S_a)}{(S_a + S_b)(S + K_S)}. \tag{24}$$

III. Der Zeitwertquotient als Maß der Enzymspezifität.

1. Artverschiedenheit der Fermente.

Nach den Ausführungen des I. Kapitels beruht die Bedeutung der Affinitätsmessung für die Quotientenmethode darauf, daß nicht nur in bezug auf die Wasserstoffionen-, sondern auch in bezug auf die Substratkonzentration gleiche Bruchteile der maximalen Reaktionsgeschwindigkeiten verglichen werden. Ob jedoch in verschiedenen Enzymlösungen gleichen Maximalgeschwindigkeiten auch gleiche Enzymmengen zugrunde liegen, läßt sich durch Affinitätsmessungen nicht entscheiden. Im II. Kapitel (Abschn. 4) der folgenden Mitteilung wird gezeigt, daß z. B. durch Wasserstoffionen nicht der aktive Anteil des Rohrzuckers, der Saccharase oder der Rohrzucker-Saccharaseverbindung, sondern vielmehr die Labilität der letzteren Verbindung bestimmt zu werden scheint. Es ist nämlich die Abhängigkeit des Gleichgewichts zwischen Enzym und Zucker von der h jedenfalls viel zu gering, als daß man durch Änderung desselben die Aktivitäts-h-Kurve des Invertins erklären könnte. Darum haben wir auch in den Enzymlösungen mit natürlichen Begleitern zu rechnen, die die Zerfallsgeschwindigkeit der Enzymsubstratverbindung, nicht aber ihre Konzentration zu ändern vermögen.

In solchen Fällen wird die Quotientenbestimmung durch Kontrollversuche zu ergänzen sein, die unter wechselseitigem Zusatz des eigenen und fremder Kochsäfte, Dialysate, Extrakte usf. anzustellen sind. Die Methode der arteigenen und artfremden Kochsäfte (vgl. Kap. II, Abschn. 6 und Kap. III, Abschn. 5 der nachstehenden Abhandlung) wird aber auch umgekehrt für die [21] Frage nach der Natur der enzymbindenden Verunreinigungen von Bedeutung sein.

Es wird mit ihrer Hilfe gelingen, auf indirektem Wege über die Artspezifität der Fermente zu entscheiden, also die Frage zu lösen, ob die wirksamen Gruppen derjenigen Katalysatoren, deren sich verschiedene Hefepilze oder Phanerogame und Kryptogame oder Pflanze und Tier z. B. für die Rohrzuckerhydrolyse bedienen, identisch sind oder nicht. Denn einer gewissen Konfiguration der chemisch aktiven Gruppen im Enzymmolekül entspricht zweifellos eine ganz bestimmte Affinität zum Substrat, und wir können untersuchen, ob die Affinitätsverschiedenheiten, ob Unterschiede der Kinetik und der Aktivitäts-p_H-Kurven, ob ein verschiedener Einfluß von Aktivatoren, Hemmungskörpern u. dgl. bloß durch Art und Menge der in jedem Falle vorhandenen Begleiter zu erklären sind. Um den Sinn dieser Methode, zu deren vollkommener Beherrschung noch Untersuchungen über Reversibilität und Reihenfolgephänomene ausstehen, zu erläutern, verweisen wir auf die in der folgenden Mitteilung (Kap. II, Abschn. 6) nachgewiesene Identität der in verschiedenen Heferassen enthaltenen Invertine von differierender Rohrzuckeraffinität.

Vielfach hat man Schlüsse über die Artverschiedenheit von Fermenten aus anderen Beobachtungen zu ziehen versucht. E. FISCHER und W. NIEBEL[1] deuteten z. B. die Tatsache, daß durch den Dünndarm des Hundes und des Pferdes Rohrzucker, nicht aber Raffinose gespalten wird, während die Hefe und ihre Auszüge sowohl das Di-, als auch das Trisaccharid zu hydrolysieren vermögen, durch die Annahme, daß das rohrzuckerspaltende Enzym des Dünndarms mit dem Invertin der Hefe nicht identisch sei. Auch die Beobachtung, daß das Serum von Pferde- und Rinderblut den Malzzucker leicht spaltet, ohne α-Methylglucosid zu verändern, während Maltose und α-Methylglucosid gegenüber den Enzymen der Hefe „völlige Übereinstimmung" zeigen, führte E. FISCHER zu [22] der Ansicht[1]), „daß ein und dasselbe Enzym der Hefe, die Maltase, sowohl die α-Methylglucoside, als auch die Melibiose und verschiedene als Dextrine bezeichnete, kompliziertere Kohlehydrate angreifen kann. Die Erfahrung, daß einzelne Hefen nur die Maltose, aber nicht die Melibiose spalten, oder daß es Maltasen gibt, wie z. B. im Blut der Säugetiere, welche die α-Glucoside unberührt lassen, ist kein triftiger Grund dagegen."

Wie R. WILLSTÄTTER und R. KUHN[2]) hervorheben, genügt es aber nach den mit der Methode der Zeitwertquotienten gewonnenen Erfahrungen nicht, „mit E. FISCHER in verschiedenen Organismen verschiedene Invertine und verschiedene Maltasen anzunehmen, auch mit dem Vorkommen verschiedener Hefeinvertine und verschiedener Raffinasen in Hefen müßte man rechnen." R. WILLSTÄTTER und seine Mitarbeiter haben sich jedoch in ihren S. 1 zitierten Untersuchungen nicht für die Annahme einer überaus weitgehenden Artspezifität der Enzyme entschieden. Die Befunde ließen sich gut mit der Vorstellung erklären, „daß Maltose und α-Methylglucosid auch von der Hefe mittels zweier verschiedener Enzyme hydrolysiert werden." Auch für die Verschiedenheit von tierischem und pflanzlichem Invertin „entfällt die Stütze, wenn sich die Hydrolyse von Rohrzucker und Raffinose auf verschiedene Enzyme zurückführen läßt." Gelingt es andererseits, die Rohrzucker- und Raffinosespaltung auf dasselbe Hefeenzym zurückzuführen, so ist damit auch die Verschiedenheit derjenigen Saccharasen erwiesen, die ohne Wirkung auf das Trisaccharid sind.

An dieser Stelle muß jedoch hervorgehoben werden, daß die niedrige Affinität verschiedener Invertine teilweise wenigstens durch Assoziation der Enzymteilchen mit gewissen Körpern derart zustande kommt, daß dadurch die Diffusion des Zuckers an die reaktionsfähigen Stellen des Katalysators herabgesetzt wird, und es wäre denkbar, daß schließlich nur noch das Substrat mit dem kleinsten Molekulargewicht bzw.

[1] Sitzungsber. d. preuß. Akad. d. Wissensch. 1896, S. 73; Untersuchungen über Kohlehydrate und Fermente, S. 868, und zwar S. 875 [1909].

[1]) Diese Zs. Bd. 26, S. 60, und zwar S. 80 [1898].

[2]) Diese Zs. Bd. 115, S. 180, und zwar S. 181 [1921] (*Abh.* 75).

Molekularvolumen hydrolysiert wird, daß z. B. ein [23] Invertin nur noch Rohrzucker spaltet, obwohl seine wirksamen Gruppen mit denen eines aus gewöhnlicher Hefe isolierten übereinstimmen und auch die Hydrolyse der Raffinose bewirken könnten. Aus demselben Grunde darf vielleicht das Experiment E. FISCHERS[1], der mit frischer, chloroformierter Hefe α-Methylglucosid, nicht aber Malzzucker zerlegen konnte, nicht im Sinne von R. WILLSTÄTTER und W. STEIBELT[2] als Beweis für die Verschiedenheit des Maltose und des α-Methylglucosid spaltenden Enzyms angesehen werden.

Die Affinitätsänderungen des Invertins bei der Hitzezerstörung (vgl. Kap. II, Abschn. 6 der folgenden Mitteilung) täuschen eine ungleiche Beständigkeit von Saccharase und Raffinase vor. In welchen Fällen die zahlreichen Literaturangaben über verschiedene Resistenz zweier Enzyme gegen Säuren, Alkalien, Temperatur, Gifte u. dgl. auf die Affinitätsänderungen eines Enzyms zurückgeführt werden können, läßt sich aus den angeführten Messungen nicht ersehen.

Obwohl E. FISCHER die Identität von Raffinase und Saccharase, von Maltase und α-Methylglucosidase annahm und die Verschiedenheit der tierischen und pflanzlichen Enzyme vermutete, betonte er in der III. Mitteilung über den „Einfluß der Konfiguration auf die Wirkung der Enzyme"[3] ausdrücklich, „daß der Beweis dafür fehlt und auch kaum geliefert werden kann, solange man nicht imstande ist, die Enzyme als einheitliche chemische Individuen zu charakterisieren." Wir halten eine Charakterisierung für möglich, noch ehe die Fermente einzeln in reinem Zustande isoliert sind, und zwar soll dazu die reproduzierbare und konstante Affinität dienen, die dem Enzym im identischen Milieu von Begleitstoffen unter gleichen äußeren Bedingungen gegenüber einem seiner Substrate zukommt.

[24] 2. Absolute und relative Spezifität.

Sind die Differenzen von Zeitwertquotienten durch ein wechselndes Mengenverhältnis zweier voneinander unabhängiger Enzyme zu erklären, dann müssen auch bei übereinstimmender Affinität des untersuchten Enzymmaterials verschiedene Quotienten vorkommen. Die Konstanz mindestens einer Enzymaffinität ist eine der wichtigsten Voraussetzungen für die Anwendbarkeit der Quotientenmethode, die den in üblicher Weise ermittelten Zeitwert als Maß der Enzymmenge betrachtet.

Um auch in anderen Fällen über die Spezifität der in der Natur für die Hydrolyse nahe verwandter Zuckerarten und Glucoside ausgebildeten Katalysatoren zu entscheiden, wird zu untersuchen sein, wie weit die beobachteten Schwankungen der Zeitwertquotienten durch Affinitätsunterschiede der Enzyme zu ihren Substraten bedingt sind, ob z. B. bei α- und β-Glucosidasen im Gegensatz zum Verhalten gewisser Hefesaccharasen auch beim Altern und Reinigen der Enzympräparate Affinitäts-

[1] Chem. Ber. Bd. 27, S. 3479 [1894]; Bd. 28, S. 1429 [1895]; E. FISCHER, Unters. üb. Kohleh. u. Ferm., S. 845, und zwar S. 846 und S. 850, und zwar S. 855ff. [1909].

[2] Diese Zs. Bd. 115, S. 199, und zwar S. 200 [1921] (*Abh. 76*).

[3] Chem. Ber. Bd. 28, S. 1429, und zwar S. 1438 [1895]; E. FISCHER, Unters. üb. Kohleh. u. Ferm., S. 850, und zwar S. 859 [1909].

änderungen vorkommen. In zwei Fällen können aber solche Schwankungen für das Verhältnis der Geschwindigkeiten, mit denen ein Enzym den Umsatz mehrerer Substrate bewirkt, ohne Belang sein:

1. Wenn die Dissoziationskonstanten der Enzym-Substratverbindungen übereinstimmen,

2. wenn die Dissoziationskonstanten zwar verschieden, aber so gering sind, daß die gewählte Substratkonzentration genügt, um den Einfluß enzymbindender Verunreinigungen unmeßbar klein zu machen, wenn also in bezug auf die Substratkonzentration die maximal mögliche Geschwindigkeit der Hydrolyse unter den Bedingungen der Zeitwertbestimmung praktisch erreicht ist.

Es scheint z. B. die von R. WILLSTÄTTER und G. OPPENHEIMER[1] für die Spaltung einiger aromatischer β-Glucoside durch verschiedene Pflanzensamen und Emulsinpräparate beschriebene Konstanz der Zeitwertquotienten in einer der eben angeführten Möglichkeiten ihren Grund zu haben (vgl. dazu Kapitel II, S. 18 unter 2). Hier wird „zum ersten Male durch quantitative Beobachtung für ein zuckerspaltendes Enzym [25] wahrscheinlich gemacht, daß es verschiedene Substrate anzugreifen vermag[1])."

Das Verhalten dieser β-Glucosidase gegenüber β-Phenylglucosid, Helicin und Salicin bezeichnen wir als „relative Spezifität". Die Ursache dieser Erscheinung liegt in der Identität der für die verschiedenen Reaktionen notwendigen und hinreichenden wirksamen Gruppen der Enzymteilchen. Ist die für die eine Reaktion genügende Konfiguration für die zweite Reaktion zwar ebenfalls notwendig aber nicht ausreichend[2]), so können wir diesen Unterschied durch Messung von Reaktionsgeschwindigkeiten nicht erkennen, wenn die größte Empfindlichkeit den gemeinsamen Gruppen eigen ist. Kommt andererseits der für die eine Hydrolyse überflüssigen Gruppe die geringste Beständigkeit zu, dann werden wir aus der verschiedenen Empfindlichkeit auf zwei von einander unabhängige „absolut spezifische" Enzyme schließen. Das wird namentlich dann der Fall sein, wenn die wirksamen Gruppen überhaupt nichts mit einander gemein haben, mögen sie nun an demselben oder an verschiedenen Kolloidteilchen ihren Sitz haben[3]).

Die Bezeichnung absolute und relative Spezifität entnehmen wir der Immunitätslehre, wo beide Erscheinungen auch als qualitative und quantitative Spezifität unterschieden werden[4]).

Um die relative Spezifität eines Katalysators zahlenmäßig zu definieren, haben wir das Verhältnis der Dissoziationskonstanten und das der Zerfallsgeschwindigkeiten der labilen Verbindungen anzugeben, die der Katalysator mit den verschiedenen

---

[1] Diese Zs. Bd. 121, S. 183 [1922] (*Abh. 78*).

[1]) a. a. O. S. 184.

[2]) Vgl. die Ansichten von H. BIERRY, C. R. Bd. 148, S. 949 [1909]; Biochem. Zs. Bd. 44, S. 415, 426, 446 [1912].

[3]) Vgl. das von R. WILLSTÄTTER und W. STEIBELT (diese Zs. Bd. 115, S. 211 [1921], und zwar S. 212f., *Abh. 63*) erweiterte Gleichnis von Schloß und Schlüssel.

[4]) Vgl. z. B. P. TH. MÜLLER, Vorlesungen über Infektion und Immunität, Jena 1917, S. 188ff.

Substraten bildet. Das Verhältnis der Reaktionsgeschwindigkeiten bei völliger Zurückdrängung der Dissoziation der zerfallenden Enzym-Substratverbindungen Q_∞ [vgl. Kapitel II, (15)] [26] gilt für äquimolare Mengen dieser Verbindungen und gibt das für die Nebenwirkung günstigste Verhältnis der Umsatzgeschwindigkeiten an, das mit einer gegebenen Katalysatormenge überhaupt erreichbar ist. Q_∞ soll als relative „Leistungsfähigkeit" des Enzyms bezeichnet werden. Das wechselnde Vereinigungsbestreben des Enzyms mit den einzelnen Substraten kommt darin nicht zum Ausdruck. Dazu ist die Messung der Affinitätskonstanten notwendig, durch deren größte wir die Hauptwirkung (vgl. Kap. II, S. 17) des Enzyms definieren. Zur Orientierung über die Nebenwirkungen genügt es, die Größe Q_M [Gleichung (22), Kap. II], die wir als „mittlere Spezifität" bezeichnen, z. B. an verschiedenem Invertinmaterial auf ihre Konstanz bei der Hydrolyse von Raffinose, Gentianose, Stachyose, Verbascose, Asparagose usw. zu prüfen. Im Gegensatz zur Leistungsfähigkeit, die nur durch Extrapolation zugänglich ist, läßt sich die mittlere Spezifität — soweit unsere Erfahrungen reichen — auch bei α- und β-Glucosidasen experimentell direkt ermitteln.

Indem man die Konstanz dieser Größen an Stelle der Konstanz der früheren Zeitwertquotienten als Beweis für den Zusammenhang zweier Enzymwirkungen betrachtet, eliminiert man den Einfluß enzymbindender Verunreinigungen auf das Verhältnis der Reaktionsgeschwindigkeiten. Voraussetzung ist, daß dem gebundenen Enzym keine katalytische Wirksamkeit mehr zukommt. Diese Voraussetzung wird z. B. in der folgenden Mitteilung für das Invertin durch die Konstanz von Leistungsfähigkeit und mittlerer Spezifität gegenüber dem Rohrzucker und seinem Galaktosid, der Raffinose, formel bestätigt gefunden. Aber es scheint kaum möglich, daß die Verunreinigungen der Saccharaselösungen sich neben dem in mehr als tausendfachem Überschuß vorhandenen Rohrzucker durch eine Konkurrenzreaktion im Sinne von (6) die nötige Geltung verschaffen, um die großen Affinitätsverschiedenheiten des Enzyms gegenüber der Saccharose zu erklären. Die Dissoziationskonstante der Verbindung, die diese Verunreinigung mit den wirksamen Gruppen der Saccharase eingeht, müßte etwa ebenso gering sein, wie ihre molare Konzentration in der Bestimmungslösung. [27] Auch weist die wechselnde Kinetik des Invertins und die Wirkung inaktivierter Enzymlösungen auf die Inversionsgeschwindigkeit darauf hin, daß im Sinne von (8) auch dem gebundenen Invertin die Fähigkeit der Zuckerhydrolyse noch zukommt. Theoretisch ist in diesem Falle eine exakte Proportionalität der Affinitätskonstanten nicht zu erwarten, und darum wollen wir die in der folgenden Mitteilung aus den angeführten Messungen der Dissoziationskonstanten sich ergebende Beziehung nur im Sinne einer auffallenden Parallelität, nicht einer strengen Proportionalität verstehen.

Unabhängig von diesen Vorstellungen über die Feinstruktur der wirksamen Gruppen ergibt die Konstanz der relativen Spezifität im Verein mit Gleichung (14):

$$\sum = c \cdot P.$$

In jeder Enzymlösung stehen demnach die molaren Konzentrationen der beiden Fermente unabhängig vom wechselnden Betrage der Zeitwertquotienten in einem konstanten Verhältnis zueinander.

Das wesentliche Kriterium für die Identität ist aber folgendes: Stimmen die Enzympräparate in ihrer Affinität zu dem einen Substrat überein, so muß dies auch dem zweiten gegenüber der Fall sein und es muß das Verhältnis der Reaktionsgeschwindigkeiten immer das gleiche sein. Ändert sich die eine Affinität, so tut es die zweite auch, und damit verschiebt sich der Zeitwertquotient. Durch welche Gesetzmäßigkeit die beiden Affinitätskonstanten dabei verknüpft bleiben, hängt vom Mechanismus der Fremdkörperwirkung ab.

Zeitschrift für physiologische Chemie 125, S. 28 [1923].

81. ÜBER SPEZIFITÄT DER ENZYME.

Von RICHARD WILLSTÄTTER und RICHARD KUHN.

II. Saccharase- und Raffinasewirkung des Invertins.

Von RICHARD KUHN.

(Mitteilung aus dem Chemischen Laboratorium der Bayerischen Akademie der Wissenschaften in München.)

Mit 18 Abbildungen im Text.

(Der Redaktion zugegangen am 6. September 1922.)

Inhaltsübersicht.

[29]

I. Einleitung.

Der Mechanismus der enzymatischen Rohrzuckerspaltung durch das in den üblichen Kulturhefen enthaltene Invertin ist in den letzten Jahren durch bedeutsame Untersuchungen von L. MICHAELIS weitgehend aufgeklärt worden. Die Inversionsgeschwindigkeiten, die durch eine bestimmte Enzymmenge in Rohrzuckerlösungen verschiedener Konzentration bewirkt werden, wurden von L. MICHAELIS und M. L. MENTEN[1] unter der Annahme gedeutet, daß zwischen Enzym und Substrat ein Gleich-

[1] Biochem. Zs. Bd. 49, S. 333 [1913].

gewicht bestehe, das durch das Massenwirkungsgesetz geregelt wird, und daß die Anfangsgeschwindigkeit des Umsatzes der Konzentration der undissoziierten Rohrzucker-Invertin-Verbindung proportional sei. Die Dissoziationskonstante der Saccharase-Saccharose-Verbindung wurde bei 25° und einer [H˙] von $3 \cdot 10^{-5}$ zu 0,016 bestimmt. Aus dem Einfluß von Fructose und Glucose auf die Inversionsgeschwindigkeit konnte ferner die Affinität des Enzyms zu den Spaltprodukten ermittelt und daraus eine Reaktionsgleichung der enzymatischen Rohrzuckerspaltung theoretisch abgeleitet werden, die mit den Ergebnissen kinetischer Messungen in bester Übereinstimmung stand. Die von L. MICHAELIS und H. DAVIDSOHN[2] untersuchte Wirkung der H˙-Ionen auf das Invertin kommt nach L. MICHAELIS und M. ROTHSTEIN[3] dadurch zustande, daß der Enzymsubstratkomplex eine Säure von der Dissoziationskonstante $2 \cdot 10^{-7}$ darstellt und daß nur der undissoziierte Anteil derselben in irreversibler Weise in Enzym + Glucose + Fructose zerfällt. Diese Ansichten lassen sich in folgendem Schema zusammenfassen:

$$\begin{array}{ccccc} \text{Invertin + Rohrzucker} & \rightleftharpoons & \text{(Invertin-Rohrzucker)} & \rightarrow & \text{Invertin + Glucose + Fructose} \\ & \text{I} & \upharpoonleft\downharpoonright \text{ II} & \text{III} & \\ & & \text{(Invertin-Rohrzucker)}^{-} + \text{H}^{\cdot} & & \end{array}$$

Es ist denkbar, daß die H˙-Wirkung darin besteht, daß durch Änderung der Reaktionsfähigkeit von Enzym oder Zucker [30] das Gleichgewicht I bei verschiedener h[1]) verschieden liegt und daß ein Gleichgewicht II überhaupt nicht existiert. In diesem Fall müßte jedoch der Parameter der Aktivitäts-p_H-Kurve in hohem Maße von der Rohrzuckerkonzentration abhängen[2]), während er tatsächlich davon unabhängig ist[3]). Daraus kann man schließen, daß das Gleichgewicht I, für das bisher nur Messungen bei optimaler h vorliegen, durch Aciditätsänderungen nicht beeinflußt wird. Im II. Kapitel der vorliegenden Abhandlung wird diese wichtige Schlußfolgerung direkt experimentell bestätigt. Der Einfluß der Wasserstoffionenkonzentration läßt sich also ebenso wie der Primärvorgang der Reaktion, die Vereinigung des Invertins mit dem Rohrzucker, gesondert experimentell untersuchen.

Mit einem Invertinpräparat aus schwedischer Brauereihefe (Minutenwert 5,1) haben H. v. EULER und J. LAURIN[4]) die Lage des Gleichgewichts I bei verschiedenen Temperaturen gemessen. Der Temperaturkoeffizient der Dissoziationskonstanten betrug nur etwa 1% per Grad, ihr Absolutwert bei 25° 0,026. Der bedeutende Unterschied gegenüber dem von MICHAELIS mit einer nicht näher charakterisierten Invertinlösung erhaltenen Wert 0,016 ist ungeklärt geblieben und scheint geeignet, die Ansicht derjenigen Forscher zu stützen, die auch im Falle des Invertins die Vereinigung von Enzym und Substrat als Adsorptionsvorgang auffassen. Denn die Oberfläche des kolloiden

[2] Biochem. Zs. Bd. 35, S. 386 [1911].
[3] Biochem. Zs. Bd. 110, S. 217 [1920].
[1]) h = Wasserstoffionenkonzentration, vgl. L. MICHAELIS, Die Wasserstoffionenkonzentration, II. Aufl. (Springer, Berlin), Teil I, S. 10 [1922].
[2]) L. MICHAELIS, Biochem. Zs. Bd. 60, S. 91 [1914].
[3]) L. MICHAELIS und M. ROTHSTEIN, a. a. O.
[4]) Diese Zs. Bd. 110, S. 55 [1920].

Enzymteilchens wird sich je nach Teilchengröße und Natur der Begleitstoffe, mit denen es assoziiert ist, leichter oder schwieriger mit dem Substrat sättigen. Das Invertin von MICHAELIS hätte schon in 0,016n-Rohrzuckerlösung die Hälfte seiner aktiven Oberfläche mit dem Disaccharid beladen, während dies beim Invertin der schwedischen Brauereihefen erst in 0,026n-Lösung der Fall ist. Die Konstanz dieser [31] Werte bei wechselnder *h* wäre kolloidchemisch dahin zu interpretieren, daß die Adsorptionsisothermen bei Änderung der Teilchengröße oder bei Umladung des Kolloids affine Adsorptionskurven im Sine von W. MECKLENBURG[1] bleiben.

Die Annahmen von MICHAELIS sind bis heute auch an anderen Enzymreaktionen einer eingehenderen Prüfung nicht unterzogen worden. Die entscheidende Frage, ob für ein Enzym überhaupt eine konstante Affinität zu seinem Substrat charakteristisch ist und wie weit dies zutrifft, ist unbeantwortet.

Die Fortschritte der präparativen Methodik, die es ermöglichen, Invertin frei von Eiweiß, Kohlehydrat und Phosphor, überhaupt frei von chemisch nachweisbaren Gruppen in mehr als 1500facher Konzentration gegenüber dem Ausgangsmaterial darzustellen[2], fordern einen Vergleich der Eigenschaften des Enzyms bei wechselndem Reinheitsgrad.

Im Abschnitt D der III. Mitteilung über Invertin suchten R. WILLSTÄTTER, J. GRASER und R. KUHN[3] die Grenzen für die Einflüsse der Begleitstoffe und der Verteilung auf die Eigenschaften des Invertins. Es wurde gezeigt, daß im Gegensatz zur Adsorptionsaffinität, Fällbarkeit, Temperaturempfindlichkeit, zum Verhalten im elektrischen Feld usw. die Wirksamkeit des Enzyms weder qualitativ noch quantitativ durch die mit ihm vergesellschafteten Stoffe beeinflußt wird. Diese Konstanz der Invertinwirkung, die sich aus zahllosen Messungen, mit denen die präparative Arbeit verfolgt wurde, ergab, führte zur Ansicht, daß die Wirkung des Invertins durch seine Masse stöchiometrisch gegeben sei.

Für viele Reinigungsoperationen ist jedoch der direkte Beweis für die Konstanz der Invertinwirkung noch nicht mit der nötigen Schärfe erbracht und er ist bei empfindlichen Präparaten von hoher Konzentration kaum mehr möglich. Auch muß berücksichtigt werden, daß die Analysen in [32] Rohrzuckerlösung von solcher Konzentration ausgeführt werden, daß das Invertin fast vollständig an den Zucker gebunden ist, so daß erst recht beträchtliche Änderungen der Affinität einen die Fehlergrenzen der Zeitwertbestimmung übersteigenden Ausschlag geben würden. Im zweiten Kapitel der vorliegenden Arbeit wird daher die Konstanz der Affinität des Invertins zum Rohrzucker in zweifacher Hinsicht geprüft: durch Vergleich von Invertin verschiedenen Reinheitsgrades und durch Vergleich des Invertins verschiedener Heferassen.

[1] Zs. physikal. Chem. Bd. 83, S. 609 [1913].

[2] R. WILLSTÄTTER und F. RACKE, Liebigs Ann. der Chem. Bd. 425, S. 1 [1920/21) und Bd. 427. S. 111 (1921/22); R. WILLSTÄTTER, JOH. GRASER und R. KUHN, diese Zs. Bd. 123, S. 1 [1922].

[3] A. a. O., S. 45.

Die Dissoziationskonstante der Saccharase-Saccharose-Verbindung eines Autolysats der Löwenbräuhefe wird mit daraus nach verschiedenen Verfahren dargestellten Präparaten vom Minutenwert 0,65 und 0,85 verglichen und übereinstimmend = 0,029 bei 30° gefunden.

Die Erfahrungstatsache von der Konstanz der Invertinwirkung bestätigend und zugleich vertiefend, erweist sich die Affinität zum Rohrzucker als völlig unabhängig von den wechselnden Adsorptionsaffinitäten, der Teilchengröße und der elektrischen Ladung, die dem Enzym als Kolloid zukommen.

Allein die Differenz zwischen dem von L. MICHAELIS einerseits, von H. v. EULER und uns andererseits bestimmten Wert der Dissoziationskonstanten läßt sich nicht etwa auf eine verschiedene Handhabung der Methodik zurückführen. Invertinlösungen und -präparate, die aus anderen Hefelieferungen der Löwenbrauerei dargestellt waren, ergaben 0,040, Invertinlösungen aus Brennereihefen z. B. 0,016 für die Dissoziationskonstante der Saccharase-Saccharose-Verbindung, also Unterschiede von 250% des kleinsten beobachteten Wertes.

Die Tatsache, daß scheinbar jede Hefe ihr eigenes Invertin mit charakteristischer und konstanter Affinität besitzt, führt zu der Frage, ob diese Erscheinung durch eine Verschiedenheit chemisch aktiver Gruppen bedingt ist und ob die Mannigfaltigkeit der gemessenen Affinitäten vielleicht im wechselnden Mengenverhältnis zweier einander nahestehender Invertine ihren Grund hat. Unsere Beobachtung, daß „arteigene" und „artfremde" Kochsäfte die Affinität des Invertins zum Rohrzucker [33] in gewissen Fällen herabzusetzen vermögen, ist aber besser durch Bindung des Enzyms an seine Zersetzungsprodukte zu deuten.

Die im zweiten Kapitel mitgeteilten Versuche machen es nötig, unsere Vorstellung über die Beziehung des Zeitwerts einer Enzymreaktion zur Enzymmenge zu revidieren. Für Invertin von niederer Affinität (z. B. Löwenbräu-invertin) scheint der Menge-Zeit-Quotient[1] ein völlig korrektes Maß der Enzymmengen darzustellen, wenn wir die präparative Arbeit vom Pilz durch alle Reinigungsoperationen hindurch bis zu den besten Präparaten verfolgen.

Wenn aber Präparaten von hoher Affinität (z. B. aus dänischer Brennereihefe) schon viel verdorbenes Enzym beigemischt ist, so können die Enzymmengen, auf die wir aus dem Zeitwert schließen, in allerdings geringer Weise gefälscht sein. Vom relativen Invertingehalt verschiedener Hefen und der aus verschiedenen Hefen gewonnenen Lösungen und Präparate gibt uns jedoch das Verhältnis der Zeitwerte ein unrichtiges Bild. Die Größe des Fehlers ist bestimmbar aus den Affinitäten der beiden Invertinwirkungen und der Konzentration der Rohrzuckerlösung, in der die Zeitwerte ermittelt wurden. Das Verhältnis der Enzymmengen wird in diesem Fall durch

[1] R. WILLSTÄTTER und F. RACKE, Liebigs Ann. der Chem. Bd. 425, S. 1 [1920/21], und zwar S. 8. Über die Ausführung der Zeitwertsbestimmung vgl ferner R. WILLSTÄTTER, J. GRASER und R. KUHN, diese Zs. Bd. 123, S. 1 [1922], und zwar S. 23f.

Vergleich gleicher Bruchteile der maximal möglichen Inversionsgeschwindigkeiten bestimmt.

Sucht man daher die Frage, wie weit die Hefe oder verschiedene Pflanzensamen für die Hydrolyse nahe verwandter Stoffe, wie α-Methyl- und α-Äthylglucosid, Saccharose und Raffinose oder β-Methyl- und β-Phenylglucosid absolut spezifische Katalysatoren zur Verfügung stellen, durch Bestimmung von Zeitwertquotienten[2] zu entscheiden, so muß die Abhängigkeit des Zeitwertquotienten von den Einzelaffinitäten der Enzyme [34] zu ihren Substraten und von der Substratkonzentration berücksichtigt werden.

Unter der Voraussetzung, daß bei bestimmter h und Temperatur die Geschwindigkeit einer Enzymreaktion durch Zusammensetzung und Konzentration der Enzymsubstratverbindung bzw. durch den adsorbierten Betrag des Substrats gegeben sei, wurden in der vorangehenden Abhandlung die Grundlagen einer allgemeinen Theorie der Enzymspezifität entwickelt, die es gestattet, durch Messung von Reaktionsgeschwindigkeiten zwischen absoluter und relativer Spezifität der Enzyme zu entscheiden.

Für den Fall eines Dissoziationsgleichgewichts zwischen Enzym und Substrat im Sinne von L. MICHAELIS wird, wenn einem Enzym neben seiner Hauptwirkung noch ein oder mehrere Nebenwirkungen zukommen, die Hauptaffinität zu den Nebenaffinitäten unabhängig vom numerischen Betrag der Einzelgröße in einem konstanten Verhältnis stehen, und es wird der molare Umsatz der einzelnen Substrate derselben Bedingung genügen, wenn gleiche Bruchteile der maximal möglichen Reaktionsgeschwindigkeiten miteinander verglichen werden. Eine Verschiedenheit des Zeitwertquotienten bei Konstanz mindestens einer Enzymaffinität spricht dagegen für die Existenz von zwei unabhängigen, in wechselndem Mengenverhältnis vorkommenden, verschieden beständigen, absolut spezifischen Enzymen.

An Hand dieser Theorie wird im dritten Kapitel die spezifische Natur von Saccharase und Raffinase an Invertinlösungen und -präparaten verschiedener Herkunft und Reinheit geprüft.

Die von R. WILLSTÄTTER und R. KUHN[1]) beobachteten Schwankungen des Quotienten $\frac{\text{Zeitwert für Raffinase}}{\text{Zeitwert für Saccharase}}$, die sich beim Vergleich verschiedener Hefen ergaben, sind nicht durch ein wechselndes Mengenverhältnis absolut spezifischer Hefenenzyme zu erklären.

Sie sind bedingt durch die wechselnde Affinität, die dem Invertin verschiedener Hefen gegenüber dem Di- und [35] Trisaccharid eigen ist. Das Verhältnis der Dissoziationskonstante der Saccharase-Saccharose-Verbindung K_S zur Dissoziationskon-

---

[2] R. WILLSTÄTTER und W. STEIBELT, Diese Zs. Bd. 115, S. 199 [1921]; R. WILLSTÄTTER und R. KUHN, ebenda, Bd. 115, S. 180 [1921]; R. WILLSTÄTTER und W. CSÁNYI, ebenda, Bd. 117, S. 172 [1921]; R. WILLSTÄTTER und G. OPPENHEIMER, ebenda, Bd. 121, S. 183 [1922].

[1]) A. a. O.

stanten der Raffinase-Raffinose-Verbindung K_R ist für alle untersuchten Invertine übereinstimmend:

$$K_S:K_R = 1:16.$$

Ebenso erweist sich das Verhältnis des molaren Umsatzes von Rohrzucker und Raffinose, den eine bestimmte Enzymmenge unter optimalen Bedingungen in gleichen Zeiten bewirken könnte, der für unendlich hohe Substratkonzentration extrapolierte Zeitwertquotient Q_∞ als konstant.

$$Q_\infty = 2{,}0.$$

Diese Zahlen liefern zum ersten Male ein Bild von der relativen Spezifität eines Enzyms zu zwei Substraten: Wenn wir die Rohrzucker-Invertin- und Raffinose-Invertin-Verbindung in reinem Zustand isolieren könnten und sie in solcher Konzentration in Wasser von 30° lösten, daß die Konzentration der undissoziierten Enzymsubstratverbindungen je 1 Mol pro Liter betrüge, so wäre neben dem Trisaccharid 4mal mehr freies Invertin in Lösung als neben dem Disaccharid. Für jedes in Melibiose + Fructose zerfallende Raffinosemolekül würden dann in der gleichen Zeit zwei Rohrzuckermoleküle in Glucose + Fructose gespalten.

Das Ergebnis der vorliegenden Untersuchung — die Identität von Saccharase und Raffinase — scheint bedeutungsvoll:

1. Für die Beurteilung der nach den Adsorptionsmethoden gewonnenen Enzympräparate, die sich chemisch einheitlicher darbieten, als es bisher angenommen wurde[1].

2. In teleologischer Hinsicht, indem auch in anderen Fällen ein nicht übermäßig reicher Schatz von Katalysatoren der Natur den Umsatz selten vorkommender und künstlich dargestellter Stoffe ermöglichen dürfte.

[36] II. Die Affinität des Hefeninvertins zum Rohrzucker.

1. Ausführung und Berechnung der Versuche.

Nach dem Vorgang von L. MICHAELIS haben wir die durch gleiche Enzymmengen bei wechselnder Rohrzuckerkonzentration bewirkten Inversionsgeschwindigkeiten gemessen und als Maß für die Konzentration der Saccharase-Saccharose-Verbindung betrachtet. Die Enzymmengen wurden so bemessen, daß z. B. in 0,1 n-Lösung nach $^1/_4$ Stunde 3 bis 10% des vorhandenen Zuckers in Glucose und Fructose gespalten waren. Bei dem großen Überschuß, in dem der Rohrzucker neben dem Enzym vorhanden ist, können die Resultate nicht von der für eine Versuchsreihe angewandten Enzymkonzentration abhängen. Im Bereich 1:3 haben H. v. EULER und J. LAURIN[1]) die Unabhängigkeit der Affinitätskonstante von der Enzymkonzentration geprüft und bestätigt gefunden. Im Gebiete von p_H 3,3 bis 5,5 sind nach denselben Autoren auch Änderungen der Acidität ohne Einfluß auf das Resultat (vgl. auch Abschn. 4

[1] R. WILLSTÄTTER und F. RACKE, Liebigs Ann. der Chem. Bd. 427, S. 111 [1921/22), und zwar S. 117.

[1]) Diese Zs. Bd. 110, S. 55 [1920].

dieses Kapitels). Die Inversionstemperatur von 30° war während jeder Versuchsreihe auf ±0,03° konstant. Als Puffer wurden je 2 ccm 20proz. NaH_2PO_4-Lösung auf 100 ccm Zuckerlösung angewandt, von der 4mal 20 ccm entnommen und in 5 ccm 2n-Sodalösung eingetragen wurden, die erste Probe nach 1,5, die letzte nach etwa 50 Minuten. Der Verlauf der Hydrolyse wurde nach Ausgleich der Temperatur und vollendeter Mutarotation der Glucose (30 bis 80 Minuten nach der Stoppung) durch Polarisation in weitlumigen 2dm-Röhren in einem Halbschattenapparat der Firma Schmidt & Haensch mit dreiteiligem Gesichtsfeld bestimmt. Bei sorgfältigem Aufschrauben der Deckgläschen war es möglich, aus dem Mittel von 6 bis 10 Ablesungen α_D-Differenzen von 0,003° zu schätzen, mit einem möglichen Fehler von ±0,005°. Die maximale Temperaturschwankung während der vier zu einem Versuch gehörigen Polarisationen war < 0,5°. Die für die Zeit $t = 0$ extrapolierte Anfangsdrehung α_0 liegt den Angaben über die [37] Normalität der Saccharoselösung, die im allgemeinen zwischen 0,1 und 0,01, in einigen Fällen zwischen 0,005 und 0,2 variiert wurde, zugrunde.

Die Normalität wurde unter Benutzung der Beziehung $n:\alpha_0 = 0{,}1387:5{,}05$ berechnet. Der Unterschied zwischen α_0 und dem ersten direkt beobachteten Drehungswinkel lag für die konzentriertesten Lösungen zwischen 0,02 und 0,03°. Um das relative Maß der Anfangsgeschwindigkeiten zu ermitteln, zogen wir — gleichfalls dem Vorschlag von MICHAELIS folgend — zwischen den auf Millimeterpapier (5 Minuten = 0,10° Drehungsabnahme = 10 mm) eingezeichneten Beobachtungspunkten mit freier Hand eine Kurve, die möglichst die für den zeitlichen Verlauf der Rohrzuckerspaltung charakteristische Gestalt hat und in bezug auf welche die einzelnen Punkte möglichst symmetrisch liegen. Dieses Verfahren scheint uns namentlich bei niederen Zuckerkonzentrationen richtiger als die durch Kombination von je zwei Messungen mögliche Berechnung des Mittelwertes für die Drehungsänderung pro Minute.

Da alle Schlußfolgerungen in hohem Maße von der Genauigkeit und Gleichmäßigkeit der Ausführung abhängen, teilen wir die Kurven am Ende der Abhandlung mit. Die auf diese Weise für 10 oder 15 Minuten interpolierten, auf 0,005° geschätzten Drehungsabnahmen stellen das relative Verhältnis der Anfangsgeschwindigkeiten dar. Die Dissoziationsrestkurven ermitteln wir daraus mit Rücksicht auf die Verhältnisse bei der Raffinasewirkung (vgl. das folgende Kapitel, 1. Abschnitt), um später nur gleichartig gewonnene Zahlen zu vergleichen, rechnerisch durch Probieren, welcher Parameter die Neigung der Kurve am besten wiedergibt. Da schon geringfügige Aktivitätsänderungen der Enzymlösung während einer Versuchsreihe sich stark geltend machen können, wurde insbesondere bei den verdünnten Lösungen hochaktiver Präparate darauf geachtet, daß die an 2 Tagen ausgeführten Bestimmungen sich nicht auf anschließende, sondern auf weit ineinandergreifende Zuckerkonzentrationen bezogen. Trotzdem beträgt der mögliche Fehler von K_S je nach der Größe der Drehungsabnahmen ±20 bis 30%. Der wahrscheinliche Fehler eines [38] aus 5 bis 8 Versuchen ermittelten K_S-Wertes dürfte ±5% betragen und ±10% nicht übersteigen.

2. Das Enzymmaterial.

Um die Affinitäten des Invertins verschiedener Herkunft und verschiedenen Reinheitsgrades zum Rohrzucker zu vergleichen, wurden folgende Invertinlösungen und -präparate in den Bereich der Untersuchung gezogen:

a) Ein nach dem Verfahren von R. WILLSTÄTTER und F. RACKE[1] aus Löwenbräuhefe bei saurer Reaktion gewonnenes Autolysat. Zeitwert bezogen auf Trockengewicht 180, $3^1/_2$ Monate alt, mit 10% Kaolin geklärt.

b) Eine aus diesem Autolysat nach der Kaolinmethode von R. WILLSTÄTTER und W. WASSERMANN[2] dargestellte hefegummifreie Invertinlösung vom Zeitwert 0,85 Minuten.

c) Das in der III. Mitteilung über Invertin beschriebene Präparat n_1.[3] Zeitwert = 0,64 Minuten, P-Gehalt = 0,006%.

d) Das ebenfalls durch Bleifällung isolierte Präparat q derselben Abhandlung[4] (Zeitwert = 0,26).

e) Das durch monomolekulare Kinetik ausgezeichnete Präparat l vom günstigsten bisher beobachteten Zeitwert 0,20 (in frischem Zustand).[5] Minutenwert zur Zeit des Versuches = 0,37, noch melibiasehaltig.[6]

f) Dänisches Invertin. Eine als „Fineste Pressegaer" bezeichnete Brennereihefe der Dansk Gaer-Central in Kopenhagen, die wir der gütigen Vermittlung des Herrn Prof. Dr. ALFRED JÖRGENSEN verdanken (November 1921), wurde, mit Wasser im Verhältnis 1:2 verdünnt, 5 Tage der Autolyse bei neutraler Reaktion[7] überlassen. Der vor Abtrennung der Heferückstände [39] mit Essigsäure angesäuerte Auszug, der besonders reichliche Mengen von Aminosäuren auskrystallisieren ließ, wurde nach 6 Monaten mit 10% eines elektroosmotisch gereinigten Kaolins geklärt. Er erwies sich als frei von Melibiase.

g) Ein völlig eiweißfreies Invertinpräparat aus amerikanischer Brauereihefe, das Herr L. WALLERSTEIN in New York dargestellt und in freundlichster Weise zur Verfügung gestellt hatte. Bei einem Saccharasezeitwert von 6,3 Minuten vermochte es auch noch Melibiose mit großer Leichtigkeit zu spalten.

h) Invertin der Rasse II und

i) Invertin der Rasse XII. Die beiden Brennereihefen trafen am 3. VI. 1922 vom Institut für Gärungsgewerbe, Berlin-N., Seestraße 13, in München ein. Die kaolingeklärten Autolysate (1 Teil Hefe + 2 Teile Wasser + Toluol, 6 bzw. 7 Tage) vermochten Melibiose nicht zu spalten.

---

[1] Ann. d. Ch. Bd. 425, S. 1 [1920/21), und zwar S. 27ff.
[2] IV. Mitteilung über Invertin, Diese Zs. Bd. 123, S. 181 [1922].
[3] Diese Zs. Bd. 123, S. 1 [1922], und zwar Tab. 7, S. 33.
[4] Ebenda Tab. 6, S. 27.
[5] Ebenda Tab. 8, S. 37.
[6] Vgl. R. WILLSTÄTTER und R. KUHN, diese Zs. Bd. 115, S. 180 [1921], und zwar S. 188.
[7] Unter Zusatz von Ammonphosphat, R. WILLSTÄTTER und R. RACKE, Ann. Bd. 425, S. 1 [1920/21], und zwar S. 30ff.

3. Unabhängigkeit der Affinität vom Reinheitsgrad.

Das eben beschriebene Autolysat *a* der Löwenbräuhefe weist die nämliche Abhängigkeit der Saccharasewirkung von der Rohrzuckerkonzentration auf wie das aus ihm gewonnene Präparat *b* von mehr als 200mal höherem Reinheitsgrad. Wie aus Tab. 1 und 2 hervorgeht, lassen sich beide Kurven am besten durch den Parameter $K_S = 0{,}029$ darstellen, also durch denselben Wert, den H. v. EULER und J. LAURIN bei der gleichen Temperatur ermittelt haben. Die erste Spalte der folgenden Tabellen enthält neben der extrapolierten Anfangsdrehung α_0 die daraus für Versuchsbeginn berechnete Zuckerkonzentration [*S*] in Mol pro Liter. Die in den zugehörigen Abb. 1a und 2a durch Pfeile hervorgehobenen Zeiten, auf die sich die Angabe der relativen Anfangsgeschwindigkeiten bezieht, sind am Kopfe der sechsten Spalte in Klammern beigefügt. In der 7. und 8. Spalte sind die auf die im 1. Abschnitt beschriebene Weise berechneten und gefundenen, mit 100 multiplizierten Werte des Dissoziationsrestes ϱ enthalten. Vorzeichen und Größe der Differenz Δ zwischen den theoretischen und beobachteten Werten ist aus der letzten Kolumne zu ersehen.

[40] Tabelle 1.

Extrakt aus Löwenbräuhefe.

(Invertin *a* des Abschnitts 2; 1 : 10 verdünnt. Inversionstemperatur: 30,00 ± 0,03°, Polarisation bei 21—22°. $K_S = 0{,}029$.)

α_0 [*S*]	−log [*S*]	Zeit (Min.)	Drehung (°)	Drehungsabnahme (°)	Relative Anf.-Geschw. (15 Min.)	100 ϱ ber.	100 ϱ gef.	Δ
4,98	0,86	15,5	4,745	0,235	22	82,5	81,5	— 1,0
(0,137)		26,5	4,59	0,39				
		37,5	4,445	0,535				
3,62	1,00	15,8	3,40	0,22	20,5	77,5	76,5	+ 1,0
(0,0995)		27,0	3,24	0,38				
		39,5	3,085	0,535				
2,46	1,17	14,0	2,285	0,175	19	70	70,5	+ 0,5
(0,0676)		27,5	2,105	0,355				
		41,5	1,96	0,50				
0,955	1,58	15,0	0,84	0,115	12,5	47,5	46,5	— 1,0
(0,0262)		26,0	0,73	0,225				
		39,8	0,62	0,335				
0,493	1,87	16,8	0,395	0,10	9	32	33	+ 1,0
(0,0136)		32,7	0,305	0,19				
0,368	2,00	15,2	0,30	0,068	7	26	26	± 0,0
(0,010)		29,7	0,245	0,123				
		46,4	0,198	0,17				
0,289	2,10	17,8	0,230	0,06	6	22	22	± 0,0
(0,0079)		31,8	0,180	0,11				
		40,8	0,15	0,14				

Dem durch einmalige Adsorption mit Kaolin aus stark verdünnter Lösung und Elution mit Ammoniak isolierten Präparat steht das im vorigen Abschnitt unter c) angeführte Invertin gegenüber, das den ähnlichen Reinheitsgrad erst nach vier Bleifällungen und einer Tonerdebehandlung erreicht hatte, jedoch im Gegensatz zu ersterem nicht nur von Kohlehydrat, sondern auch von Eiweiß und Phosphor frei war [1]. Trotzdem wird die [41] Abhängigkeit seiner Saccharasewirkung vom log der reziproken Saccharosekonzentration am besten durch denselben logarithmischen Parameter 1,54 wiedergegeben (Abb. 3b).

Tabelle 2.
Invertin vom Zeitwert 0,85 (*b* des Abschnitts 2).
Je 2 ccm der 50fach verdünnten Lösung. Inversionstemperatur: 29,92 ± 0,02°, Polarisation bei 20°. $K_S = 0{,}029$.

α_0 [S]	- log [S]	Zeit (Min.)	Drehung (°)	Drehungs-abnahme (°)	Relative Anf.-Geschw. (15 Min.)	100 ϱ ber.	100 ϱ gef.	Δ
5,36	0,83	10,5	5,21	0,15	21,5	83,5	83	— 0,5
(0,147)		26,8	4,985	0,375				
		44,5	4,75	0,61				
4,95	0,87	14,5	4,74	0,21	21,5	82,5	83	+ 0,5
(0,136)		28,0	4,55	0,40				
3,553	1,01	15,0	3,353	0,20	20	77	77	± 0,0
(0,0976)		34,7	3,12	0,433				
2,48	1,17	15,0	2,30	0,18	18	70	69,5	— 0,5
(0,0681)		30,8	2,105	0,375				
1,415	1,41	17,0	1,245	0,17	15	57,5	58	+ 0,5
(0,0389)		28,2	1,135	0,28				
		45,1	0,995	0,42				
0,982	1,57	13,5	0,860	0,122	12,5	48,5	48,5	± 0,0
(0,027)		27,6	0,755	0,227				
		39,5	0,685	0,297				
0,735	1,69	15,9	0,625	0,110	10,5	41	40,5	— 0,5
(0,0202)		30,4	0,515	0,22				
		49,0	0,415	0,32				
0,357	2,01	13,1	0,305	0,052	6	25,5	23	— 2,5
(0,0098)		33,3	0,24	0,117				

Im folgenden Kapitel (Abschn. 4) wird gezeigt, daß sich die Unabhängigkeit der Aktivitäts-[*S*]-Kurve vom Reinheitsgrad noch für viele andere Invertinlösungen aus Löwenbräuhefe auf indirektem Wege beweisen läßt. Die im Hefeauszug enthaltenen Begleiter des Invertins können demnach nicht — soweit es sich um Stoffe aus der Klasse der Proteine, um [42] Phosphorverbindungen und höhere Kohlehydrate handelt — durch Bindung der aktiven Gruppen des Enzyms seine Wirksamkeit beeinflussen. Und doch ist das Invertin aufs innigste assoziiert mit all diesen Körpern, von denen sein wechselndes Verhalten gegen Adsorptionsmittel, seine elektrische Ladung, seine Stabilität und vieles andere bestimmt wird.

Wenn das Enzym aus einem kolloiden Komplex besteht, dessen reaktionsfähige Gruppen rein chemisch wirken, so kann mit den im natürlichen Milieu vorkommenden Begleitstoffen nur der kolloide Komplex selbst verankert sein.

Man könnte einwenden, daß die von R. WILLSTÄTTER und W. WASSERMANN [1]) neuerdings gemachten Beobachtungen über die Leichtigkeit, mit der die Komplexe,

[1] III. Mitteilung über Invertin, Diese Zs. Bd. 123, S. 1 [1922], und zwar S. 38.
[1]) Diese Zs. Bd. 123, S. 181 [1922].

Tabelle 3.
Saccharasewirkung des Präparates *c*.
(Puffer: n/50-Standardacetat, $p_H = 4{,}63$. Inversion bei 30,00 ± 0,03°, Polarisation bei 19,5—21°. K_S = **0,029**.)

$\alpha_0[S]$	$-\log[S]$	Zeit (Min.)	Drehung (°)	Drehungsabnahme (°)	Relative Anf.-Geschw. (8 Min.)	100 ϱ ber.	100 ϱ gef.	Δ
7,255	0,70	14,0	6,72	0,535	30	87	87	± 0,0
(0,199)		22,1	6,45	0,805				
3,595	1,00	10,0	3,25	0,345	27,5	77,5	79,5	+ 2,0
(0,099)		18,0	2,99	0,605				
1,41	1,41	15,0	1,045	0,365	20	57	58	+ 1,0
(0,0388)		22,0	0,90	0,51				
		30,5	0,73	0,68				
0,685	1,72	15,1	0,45	0,235	13,5	39,5	39,5	± 0,0
(0,0189)		23,5	0,34	0,345				
		32,0	0,225	0,46				
0,290	2,10	14,2	0,16	0,13	7,5	21,5	21,5	± 0,0
(0,0080)		25,2	0,09	0,20				
		38,1	• 0,00	0,29				

die das Invertin mit den natürlichen Begleitern bildet, durch bloßes Verdünnen der
[43] Enzymlösungen gelockert werden, es wohl möglich erscheinen lassen, daß auch die aktiven Gruppen der Saccharase mit den Verunreinigungen zusammentreten, daß diese Bindung aber unter den Bedingungen, unter denen die Aktivität des Enzyms gemessen wird, zerfällt, und daß sich die niedere Affinität dieser Körper neben der des Rohrzuckers nicht Geltung verschaffen kann. Wir sind aber imstande, Invertinkomplexe[1] darzustellen (z. B. mit Eisenoxydhydrat, besser mit Aluminiumhydroxyd oder Kohle), die bei der Einwirkung des Rohrzuckers nicht im geringsten zerlegt werden. Da auch hier das Enzym seine Wirksamkeit quantitativ behält, werden wir zu der Anschauung geführt, daß die in der Wirkungssphäre des kolloiden Trägers sich abspielenden Vorgänge durch räumliche Trennung für die wirksamen Gruppen des Enzyms unbemerkt bleiben.

Darum kann die Wirksamkeit des Invertins von den Kolloideigenschaften des Gesamtteilchens, an dem die Rohrzuckerhydrolyse vor sich geht, nicht beeinflußt werden. „Das System von Kolloiden bestimmt nicht, wie das Invertin wirkt, sondern hat Einfluß darauf, ob es wirksam bleibt."[2] Der kolloide Träger ist die Stelle, an der die Begleiter verankert sind, hier geht das allgemeine Spiel der Oberflächenkräfte vor sich, abgeschirmt von der Stelle, wo die spezifischen Kräfte des Katalysators sich betätigen. Hierher gelangt der Rohrzucker, seine Spaltungsprodukte und einige andere Zuckerarten, hierher gelangen die Gifte. Ob da bestimmte chemische Gruppen oder spezifische Oberflächenkräfte ihren Sitz haben? Die Unabhängigkeit der Invertinwirkung vom Kolloidzustand der Teilchen, die Konstanz der Affinität zum Rohr-

[1] O. Meyerhof, Pflügers Arch. Bd. 157, S. 251 [1914], und zwar S. 271; L. Michaelis, Biochem. Zs. Bd. 115, S. 268 [1921], mitbearbeitet von T. Rothstein; J. M. Nelson und D. J. Hitchcock, Journ. Am. Chem. Soc. Bd. 43, S. 1956 [1921]; R. Willstätter und R. Kuhn, diese Zs. Bd. 116, S. 53 [1921].

[2] R. Willstätter, J. Graser und R. Kuhn, Diese Zs. Bd. 123, S. 1 [1922], und zwar S. 56.

zucker vermag darüber nicht zu entscheiden. Aber die Spezifität der Enzymwirkungen ist besser [44] mit Hilfe charakteristischer reaktionsfähiger Gruppen zu verstehen und jeder der folgenden Versuche zeigt, daß diese Wirkungen beim Invertin vom Massenwirkungsgesetz geregelt werden.

Die Adsorptionsisotherme ist am anderen, weniger interessanten Pol des Teilchens Herrscherin und es mag ihr Machtbereich bei vielen Enzymen auch für die Konzentrationsverhältnisse an den aktiven Gruppen entscheidend sein.

4. Unabhängigkeit von der Wasserstoffzahl.

Die Aktivitäts-p_H-Kurven der Enzyme sind von L. MICHAELIS unter der Annahme gedeutet worden, daß die Enzyme Elektrolyte sind und daß die Wirksamkeit entweder den Kationen, Anionen oder den undissozierten Fermentmolekülen zukommt. Um welche dieser Molekülgattungen es sich in jedem einzelnen Fall handelt und ob es möglich ist, dies durch Überführungsversuche im elektrischen Feld festzustellen[1], soll an dieser Stelle nicht besprochen werden.

Das Wesentliche der Theorie ist, daß die Wasserstoffionen das Dissoziationsgleichgewicht des Elektrolyten und damit die Konzentration der reaktionsfähigen Enzymmoleküle ändern. Demgegenüber hat H. v. EULER wiederholt[2] darauf hingewiesen, daß die Aktivitäts-p_H-Kurven auch durch Änderung der Reaktionsfähigkeit des Substrates erklärt werden können und daß Salzbildung sowie intramolekulare Umlagerung in vielen Fällen in Betracht gezogen werden muß.

Wie jedoch schon in der Einleitung bemerkt wurde, haben vor zwei Jahren L. MICHAELIS und M. ROTHSTEIN den Nachweis erbracht, daß die Abhängigkeit der Invertinwirkung vom p_H unabhängig ist von der Rohrzuckerkonzentration, bei der die Versuche ausgeführt werden, und sie zogen daraus den Schluß, daß nicht der wirksame Bruchteil des vorhandenen Fermentes, [45] sondern derjenige der Invertin-Rohrzucker-Verbindung geändert wird und sie haben die Elektrolytnatur dieser Verbindung zugeschrieben.

Unseres Erachtens geht aus den von MICHAELIS und ROTHSTEIN beschriebenen Versuchen allgemein hervor, daß das Wesen der h-Wirkung nicht in einer Änderung des Gleichgewichts zwischen Enzym und Zucker gesucht werden kann, daß demnach auch die Konzentration der reaktionsfähigen Moleküle des Rohrzuckers zur analytisch bestimmbaren Gesamtkonzentration unabhängig von der Wasserstoffzahl in einem konstanten Verhältnis stehen muß.

Wenn H. v. EULER[1]) mit Bezug auf das Invertin sagt: „Wir brauchen nur z. B. annehmen, daß die eine Komponente eine innere Umlagerung erfährt und daß die Form, welche sich mit der anderen Komponente verbindet, ihre maximale Konzentration bei

[1] III. Mitteilung über Invertin, S. 73ff.

[2] Chemie der Enzyme, 2. Aufl., I. Teil (Verlag J. F. Bergmann), S. 34; Vortrag a. d. Nord. Chemiker-Vers. am 2. Sept. 1920; Svensk Kemisk Tidskrift Bd. 33, S. 37, und zwar S. 39 [1921].

[1]) A. a. O.

der Acidität $p_H = 4$ bis 5 besitzt" und wenn er geltend macht[2], „daß sich die eingangs erwähnte Geschwindigkeits-p_H-Kurve berechnen läßt unter der Annahme, daß der Rohrzucker als Base, die Saccharase als Säure fungiert", so möge folgende Überlegung gestattet sein:

Wir vergleichen unter Hinweis auf die in der I. Mitteilung über Spezifität der Enzyme eingeführte Bezeichnungsweise die Saccharasewirkungen bei $p_H = 4{,}7$ und bei 6,7, wo durch dieselbe Enzymmenge in der gleichen Zeit nur halb soviel Rohrzuckermoleküle gespalten werden, unter der Voraussetzung, daß die Inversionsgeschwindigkeit der Konzentration der Invertin-Rohrzucker-Verbindung proportional ist und berechnen, welcher Bruchteil x der Rohrzuckermoleküle bei der $[H^{\cdot}] = 2 \cdot 10^{-7}$ wirksam ist. Es folgt

$$\frac{x \cdot [S]}{x[S] + K_S} = \frac{1}{2} \cdot \frac{[S]}{[S] + K_S},$$

und da nach MICHAELIS und ROTHSTEIN der Faktor $\frac{1}{2}$ [46] von $[S]$ unabhängig ist, so ergibt sich, daß der wirksame Bruchteil

$$x = \frac{K_S}{2K_S + [S]}$$

von der Zuckerkonzentration selbst abhängen müßte.

Eine ganz analoge Folgerung ergibt sich für den Bruchteil der wirksamen Fermentmoleküle, wenn man die Wirkung der Wasserstoffionen durch sie erklären will. Die Folgerungen sind unabhängig davon, ob die Anwendung des Massenwirkungsgesetzes berechtigt ist oder nicht. Nur der experimentell bestimmte Verlauf der Aktivitäts-p_H-Kurve und die Abhängigkeit der Inversionsgeschwindigkeiten von der Zuckerkonzentration kommt in Betracht. Die Differenz zwischen Experiment und Theorie ist fast um eine Zehnerpotenz größer als die Versuchsfehler.

Willkürlich und — wie jetzt gezeigt werden soll — unhaltbar scheint aber die Grundannahme, die sowohl L. MICHAELIS als auch H. v. EULER machen, daß durch die h Gleichgewichte verschoben werden und daß dabei die Reaktionsgeschwindigkeit der Konzentration der undissoziierten Invertin-Rohrzucker-Verbindung proportional bleibt.

Wir betrachten dazu das in der Einleitung wiedergegebene Schema und bezeichnen die Dissoziationsprodukte, die auf der unteren Seite des Gleichgewichtes II stehen, mit $\bar{\sigma}$ und H^+.

Dann gilt nach MICHAELIS

$$\frac{[S] \cdot (\sum - \sigma - \bar{\sigma})}{\sigma} \overset{\text{I}}{=} K_S \qquad \text{und} \qquad \frac{H^+ \cdot \bar{\sigma}}{\sigma} \overset{\text{II}}{=} 2 \cdot 10^{-7}.$$

Der Zahlenwert von K_S sei 0,03, die Wasserstoffionenkonzentration betrage $2 \cdot 10^{-7}$, so daß $\sigma = \bar{\sigma}$ ist. Nun tragen wir die gleiche Enzymmenge $\sum$ einmal in 0,03n-, das andere Mal in 0,21n-Rohrzuckerlösung ein.

---

[2] H. v. EULER und K. MYRBÄCK, Diese Zs. Bd. 120, S. 61 [1922], und zwar S. 62.

In der 0,03n-Lösung muß neben dem freien Enzym ($\sum - \sigma - \bar{\sigma}$) gleichviel undissoziierte zerfallende Saccharase-Saccharose-Verbindung und neben der letzteren wieder gleichviel $\bar{\sigma}$ vorhanden sein. Wir müssen $^1/_3$ der bei der gewählten Temperatur maximal möglichen Reaktionsgeschwindigkeit [47] erhalten. In der 0,21n-Lösung muß neben dem freien Enzym 7mal mehr σ und auch 7mal mehr $\bar{\sigma}$ enthalten sein. Die Anfangsgeschwindigkeit, die wir messen, beträgt $^7/_{15} = 46{,}7\,\%$ derjenigen, die wir bei optimaler h und Substratkonzentration erzielen können.

Tabelle 4.
Invertin *d*, Zeitwert = 0,26.
(Inversion bei 29,97 ± 0,03°, Polarisation bei 22°. p_H = 4,4—4,6. K_S = **0,040**.)

α_0 [S]	− log [S]	Zeit (Min.)	Drehung (°)	Drehungs-abnahme (°)	Relative Anf.-Geschw. (10 Min.)	100 ϱ ber.	100 ϱ gef.	Δ
5,028	0,86	12,0	4,74	0,288	23	77,5	77	— 0,5
(0,138)		26,5	4,43	0,598				
		47,5	3,995	1,05				
2,54	1,16	14,1	2,285	0,255	19	63,5	63,5	± 0,0
(0,070)		29,5	1,97	0,57				
		43,2	1,76	0,78				
2,042	1,26	14,6	1,795	0,247	17,5	58,5	58,5	± 0,0
(0,056)		34,3	1,44	0,602				
		52,1	1,195	0,847				
0,98	1,57	13,0	0,835	0,145	11,5	40,5	38,5	— 2,0
(0,027)		33,7	0,63	0,35				
		54,2	0,455	0,525				
0,51	1,85	16,5	0,385	0,125	8	26	27	+ 1,0
(0,014)		31,8	0,295	0,215				
		54,0	0,185	0,325				
0,345	2,02	14,7	0,260	0,085	6	19	20	+ 1,0
(0,0095)		34,1	0,185	0,16				
		56,7	0,145	0,20				

Wir wiederholen den Versuch bei $p_H = 4{,}7$ und finden in der 0,03n-Lösung 50%, in 0,21n-Lösung 87,5% der für unendlich große Substratkonzentration extrapolierten Anfangsgeschwindigkeit. Beim Übergang von der 0,03n- zur 0,21n-Rohrzuckerlösung müßte demnach der molare Umsatz bei $p_H = 4{,}7$ auf das $^7/_4$fache, bei $p_H = 6{,}7$ dagegen nur auf das $^7/_5$fache steigen, also um 75 bzw. 40%. Die Affinitätskonstante wäre in der Nähe des Neutralpunktes doppelt so [48] groß als bei optimaler Wasserstoffzahl, die Aktivitäts-log[S]-Kurve wäre um 0,3 Abszisseneinheiten nach links verschoben.

Die in Tab. 4 und 5 mitgeteilten Versuche widersprechen dieser Folgerung der Theorie von MICHAELIS und ROTHSTEIN. Mit einem der reinsten Invertinpräparate (*d* des Abschn. 2) haben wir die Abhängigkeit der Saccharasewirkung von der Rohrzuckerkonzentration bei $p_H = 4{,}4$ und 6,79 gemessen.

Unabhängig von der Acidität finden wir in genauer Übereinstimmung jedesmal in 0,040n-Saccharoselösung 50% der maximal möglichen Inversionsgeschwindigkeit.

Tabelle 5.
Invertin *d*, $2^1/_2$mal soviel Enzym wie in Tab. 4.
(Puffer: $^m/_{75}$ Standardphosphat. Inversion bei 30,02 ± 0,02°, Polarisation bei 23°. p_H = 6,79. **K = 0,040.**)

α_0 [S]	− log [S]	Zeit (Min.)	Drehung (°)	Drehungsabnahme (°)	Relative Anf.-Geschw. (10 Min.)	100 ϱ ber.	100 ϱ gef.	Δ
4,89 (0,134)	0,87	26,3	4,41	0,48	18	77	80	+ 3,0
		40,5	4,15	0,74				
		55,0	3,95	0,94				
2,40 (0,066)	1,18	17,0	2,17	0,23	14	62	62	± 0,0
		34,0	1,95	0,45				
		49,7	1,75	0,65				
1,51 (0,0415)	1,38	17,3	1,31	0,20	11,5	51	51	± 0,0
		35,1	1,12	0,39				
		50,0	0,975	0,535				
0,917 (0,0252)	1,60	16,0	0,78	0,137	9	39	40	+ 1,0
		33,8	0,64	0,277				
		48,7	0,55	0,367				
0,465 (0,0128)	1,89	14,8	0,38	0,085	5,5	42	24	± 0,0
		30,5	0,31	0,155				
		46,0	0,215	0,25				
0,267 (0,0073)	2,13	18,7	0,185	0,072	3,5	15,5	15,5	± 0,0
		32,8	0,15	0,117				
		48,5	0,100	0,167				

Ohne Hilfshypothese über Natur und Koexistenz der [49] Gleichgewichte muß aber auch die Aktivitäts-p_H-Kurve bei Wechsel der Rohrzuckerkonzentration ihre Lage ändern.

Die eben angestellten Überlegungen fordern, daß in 0,03n-Lösung bei einer $[H^{\cdot}] = 2 \cdot 10^{-7}$ 66,7%, in 0,21n-Lösung dagegen 53,4% der bei derselben [S] und bei $p_H = 4{,}7$ erreichbaren Umsatzgeschwindigkeit meßbar sind, wenn wir den Parameter der Aktivitätskurve als Dissoziationskonstante der Saccharase-Saccharose-Säure deuten. Das ist jedoch nicht der Fall.

Die Theorie der elektrolytischen Dissoziation der Fermente vermag auch in ihrer durch Michaelis und Rothstein modifizierten Fassung den Tatsachen der Invertinwirkung nicht gerecht zu werden. Indem wir das Wesentliche der Vorstellungen von L. Michaelis und von H. v. Euler übernehmen und miteinander vereinen, könnten wir durch gleichzeitige Änderung von Gleichgewicht und Reaktionsfähigkeit die Beobachtungen verstehen. Aber wir glauben nicht, daß man das einfache Bild, das die Versuche liefern, durch zufällige Kompensation in einem verwickelten Mechanismus erklären soll.

Wir schließen: Das Gleichgewicht zwischen Enzym und Zucker ist unabhängig von der Wasserstoffzahl. Die Wasserstoffionen bestimmen die Zerfallsgeschwindigkeit des Saccharase-Saccharose-Komplexes.

5. Das Invertin verschiedener Hefen.

Es ist auffallend, daß die lediglich aus verschiedenen Hefelieferungen der Löwenbrauerei dargestellten Invertinlösungen, mit denen in den zwei letzten Abschnitten die Versuche über Invarianz der Aktivitätskurve bei Änderung des Reinheitsgrades und der h ausgeführt wurden, nicht unerheblich differierende Werte für K_S geliefert haben, nämlich 0,029 und 0,040. Den letzteren Wert finden wir an dem aus Neutralautolysat gewonnenen Präparat e (l der III. Mitteilung über Invertin) bestätigt. Der logarithmische Parameter —1,40 (Abb. 6b) entspricht der niedersten bisher an Hefesaccharase gemessenen Affinitätskonstante zum Rohrzucker, nämlich 25.

[50]

Tabelle 6.
Invertin e, Zeitwert = 0,37.
(Inversion bei 30,03 ± 0,02°, Polarisation bei 18,5°. K_S = **0,040**.)

$\alpha_0[S]$	$-\log[S]$	Zeit (Min.)	Drehung (°)	Drehungs-abnahme (°)	Relative Anf.-Geschw. (12,5 Min.)	100 ϱ ber.	100 ϱ gef.	Δ
4,89	0,87	15,7	4,365	0,525	41	77	77	± 0,0
(0,1345)		33,0	3,75	1,14				
		50,5	3,31	1,58				
2,45	1,17	22,6	1,83	0,62	33	62,5	62	— 0,5
(0,0673)		34,3	1,52	0,93				
		54,0	1,065	1,385				
1,095	1,52	19,2	0,73	0,365	23	43	43	± 0,0
(0,0301)		41,7	0,34	0,755				
		63,4	0,07	1,025				
0,310	2,07	21,5	0,150	0,16	9,5	17,5	18	+ 0,5
(0,0085)		42,2	0,04	0,27				
		61,0	—0,035	0,345				

Tabelle 7.
Saccharasewirkung des amerikanischen Invertins.
(Inversion bei 30,00 ± 0,03°, Polarisation bei 22°. K_S = **0,020**.)

$\alpha_0[S]$	$-\log[S]$	Zeit (Min.)	Drehung (°)	Drehungs-abnahme (°)	Relative Anf.-Geschw. (10 Min.)	100 ϱ ber.	100 ϱ gef.	Δ
5,295	0,84	9,5	5,01	0,285	30,5	88	88	± 0,0
(0,1455)		20,3	4,665	0,630				
		29,7	4,383	0,912				
3,51	1,02	9,0	3,26	0,250	28,5	83	82	— 1,0
(0,0965)		18,7	2,955	0,555				
		30,2	2,65	0,86				
1,79	1,31	12,2	1,49	0,30	24,5	71	71	± 0,0
(0,0492)		24,0	1,20	0,59				
		37,1	0,88	0,91				
1,035	1,54	13,5	0,75	0,285	20,5	59	59	± 0,0
(0,0286)		27,5	0,46	0,565				
		40,7	0,31	0,725				
0,718	1,71	9,6	0,557	0,160	17,5	49,5	50,5	+ 1,0
(0,0197)		20,8	0,373	0,345				
		32,7	0,270	0,448				
0,180	2,31	12,5	0,100	0,080	6,5	20	19	— 1,0
(0,0050)		28,8	0,045	0,153				

[51] Gerade doppelt so groß ist die Affinität des unter g) beschriebenen amerikanischen Invertins (Tab. 7, Abb. 7a und 7b) und alle aus Brauereihefe dargestellten

Tabelle 8.

Saccharasewirkung des dänischen Invertins.

(Inversion bei 29,90 ± 0,05°, Polarisation bei 20°. K_S = 0,017.)

$\alpha_0[S]$	$-\log[S]$	Zeit (Min.)	Drehung (°)	Drehungsabnahme (°)	Relative Anf.-Geschw. (10 Min.)	100 ϱ ber.	100 ϱ gef.	Δ
7,16 (0,197)	0,71	16,1 28,5 44,5	6,815 6,54 6,17	0,345 0,62 0,99	21,5	92	91	— 1,0
5,047 (0,138)	0,86	17,2 31,3 43,8	4,69 4,375 4,12	0,357 0,672 0,927	21	89	89	± 0,0
2,47 (0,0678)	1.17	16,6 29,5 43,7	2,155 1,895 1,70	0,315 0,575 0,77	19	80	80,5	+ 0,5
1,518 (0,0417)	1,38	14,1 28,5 43,6	1,290 1,063 0,843	0,23 0,445 0,675	16,5	71	70	— 1,0
0,988 (0,0272)	1,57	16,3 32,1 41,5	0,76 0,55 0,425	0,228 0,438 0,563	14,5	61,5	61,5	± 0,0
0,530 (0,0145)	1,84	14,0 28,6 46,7	0,38 0,23 0,12	0,15 0,30 0,41	11	46	47	+ 1,0
0,355 (0,0098)	2,01	13,7 26,5 40,7	0,245 0,150 0,073	0,110 0,205 0,282	8,5	36,5	36	— 0,5
0,297 (0,0082)	2,09	10,0 30,7 45,5	0,227 0,145 0,105	0,070 0,152 0,192	7	32,5	29,5	— 3,0

Tabelle 9.

Invertin der Rasse II.

(Inversion bei 30,04 ± 0,03°, Polarisation bei 20—21°. K_S = 0,016.)

$\alpha_0[S]$	$-\log[S]$	Zeit (Min.)	Drehung (°)	Drehungsabnahme (°)	Relative Anf.-Geschw. (15 Min.)	100 ϱ ber.	100 ϱ gef.	Δ
5,355 (0,147)	0,83	16,0 37,0 49,3	5,03 4,57 4,30	0,325 0,785 1,055	31	90,5	89,5	— 1,0
3,55 (0,0976)	1,01	20,3 36,0 51,2	3,155 2,81 2,495	0,395 0,74 1,055	30	86	87	+ 1,0
1,80 (0,0495)	1,31	18,1 34,5 46,5	1,48 1,22 1,035	0,32 0,58 0,765	26,5	75,5	76,5	+ 1,0
1,11 (0,0305)	1,52	15,5 35,0 47,8	0,88 0,615 0,47	0,230 0,495 0,64	22,5	65,5	65,5	± 0,0
0,632 (0,0174)	1,76	17,0 30,5 43,5	0,44 0,30 0,19	0,19 0,33 0,44	17,5	52	50,5	— 1,5
0,220 (0,0061)	2,22	18,0 33,7 52,0	0,115 0,065 0,030	0,105 0,155 0,19	10	27,5	29	+ 1,5

Lösungen und Präparate werden in dieser Hinsicht durch das Invertin der Brennereihefen übertroffen. In naher Übereinstimmung mit dem von L. MICHAELIS und M. L. MENTEN[1] bei 25° ermittelten [52] Wert für die Dissoziationskonstante der Saccharase-Saccharose-Verbindung 0,016 fanden wir mit den unter f), h) und i) im Abschnitt 2 näher charakterisierten Auszügen aus dänischer Hefe sowie aus den Heferassen II und XII bei 30° $K_S = 0{,}017$, 0,016 und 0,016 (vgl. die Tab. 8, 9 und 10 mit den zugehörigen Abbildungen).

Wir möchten hervorheben, daß die Affinitätsbestimmung sich nicht zur Charakterisierung verschiedener Hefen verwerten läßt, wenn auch gewisse Eigentümlichkeiten, wie der Unterschied zwischen Brauerei- und Brennereihefen, auch in der Affinität des Invertins zum Rohrzucker zum Ausdruck zu kommen scheint. Die Schwankungen der K_S-Werte, die sich beim [53] Vergleich der Saccharasewirkung der aus verschiedenen Lieferungen derselben Hefe dargestellten Invertinlösungen und -präparate ergeben, sind nicht nur bei der dem technischen Betrieb entnommenen Hefe der Löwenbrauerei beobachtet worden. Wie im folgenden Kapitel (Abschn. 4) gezeigt wird, ist dies auch für verschiedene Aufzüchtungen der Reinkulturhefe Rasse XII der Fall.

Tabelle 10.
Invertin der Rasse XII.
(Inversion bei 30,05 ± 0,03°, Polarisation bei 21°. $K_S = 0{,}016$.)

$\alpha_0[S]$	$-\log[S]$	Zeit (Min.)	Drehung (°)	Drehungsabnahme (°)	Relative Anf.-Geschw. (12,5 Min.)	100 ϱ ber.	100 ϱ gef.	Δ
7,415 (0,2037)	0,69	13,5 27,0 46,2	7,195 7,00 6,74	0,22 0,415 0,675	20,5	92,5	91,5	— 1,0
3,618 (0,0995)	1,00	14,0 31,3 50,3	3,395 3,135 2,89	0,222 0,483 0,726	20	86	89,5	+ 3,5
1,815 (0,0498)	1,30	15,2 33,8 50,0	1,61 1,375 1,175	0,205 0,44 0,64	17	76	76	± 0,0
1,071 (0,0295)	1,53	13,0 26,2 45,7	0,93 0,82 0,655	0,14 0,25 0,415	13,5	64,5	60,5	— 4,0
0,747 (0,0205)	1,69	13,9 29,8 42,3	0,607 0,490 0,41	0,14 0,257 0,337	12,5	56	56	± 0,0
0,370 (0,0102)	1,99	14,7 28,1	0,270 0,225	0,100 0,145	9	39	40	+ 1,0

Der Tatsache von der Unabhängigkeit der Aktivitätskurve vom Reinheitsgrad steht die wechselnde Affinität des Invertins verschiedener Herkunft zum Rohrzucker gegenüber. Darum müssen wir den Grund hierfür entweder in einer Verschiedenheit des Invertins von Hefe zu Hefe oder aber in der Beimischung [54] wechselnder Mengen

[1] Biochem. Zs. Bd. 49, S. 333 [1013].

eines oder mehrerer dem Enzym selbst nahestehender Körper suchen, die, wie sie in der Natur gebildet wurden, das Invertin durch alle Reinigungsoperationen begleiten und die mit seinen wirksamen Gruppen in Wechselwirkung stehen. Was die erste Möglichkeit betrifft, so muß daran erinnert werden, daß die von R. MARC[1] ausgeführten Versuche über Adsorption löslicher Stärke an Bariumsulfat ein ähnliches Bild zeigen: Bei Alterung der Stärkelösungen bleiben die Adsorptionskurven affin, sie sind aber für verschiedene Stärkelösungen verschieden.

Wir schließen aus den Beobachtungen, von denen der 6. Abschnitt berichten wird, daß die Affinitätsunterschiede nicht durch derartige Verschiedenheiten der kolloiden Natur oder der reaktionsfähigen chemischen Gruppen des Invertins zu erklären sind, sondern, daß sie im wechselnden Mengenverhältnis von Körpern, die dem Enzym in konstitutioneller Hinsicht verwandt sein müssen, ihren Grund haben. Nach dieser Auffassung kommt dem Enzym selbst eine charakteristische und konstante Affinität zu seinem Substrat zu, deren numerischer Wert vorerst freilich noch unbekannt ist.

6. Wirkung arteigener und artfremder Kochsäfte.

Der Frage, ob die in einer Saccharaselösung enthaltenen Verunreinigungen das Enzym zu binden vermögen, haben schon H. v. EULER und J. LAURIN[2] ein Experiment gewidmet. Eine gereinigte Saccharaselösung aus schwedischer Brauereihefe ($K_S = 0{,}029$) wurde unter Zusatz der doppelten Menge derselben Lösung, die zuvor durch Erhitzen ihrer enzymatischen Kraft beraubt wurde, geprüft. Eine Änderung der Affinität wurde nicht beobachtet.

Wir haben ähnliche Versuche in Angriff genommen und glauben schon hier darüber berichten zu müssen, da wir durch sie über die Ursachen der wechselnden Affinität der Saccharase [55] zur Saccharose unterrichtet werden, wenn sie auch die Frage nach dem Mechanismus der Affinitätsänderungen noch nicht restlos beantworten.

Beruht die wechselnde Affinität auf der verschiedenen Kolloidnatur, die dem Enzym bei seiner Loslösung vom Protoplasma, bei seiner mechanischen oder enzymatischen Freilegung[1]) in jedem Falle gerade eigen ist und eigen bleibt, und wird dieser Zustand durch Erhitzen zerstört, so kann, da ja alle analytisch nachweisbaren Verunreinigungen für die Änderung der Affinität nicht in Betracht kommen, die Wirksamkeit des Invertins durch einen Kochsaft nicht beeinflußt werden.

Das ist auch nicht denkbar, wenn sich die Invertine von differierender Rohrzuckeraffinität durch die Konstitution der chemisch wirksamen Gruppen unterscheiden. Tatsächlich gelingt es aber, die Affinität gewisser Saccharasen durch Zusatz von Kochsäften zu ändern.

---

[1] Zs. physikal. Chem. Bd. 81, S. 641 [1912/13], und zwar S. 656, und W. MECKLENBURG, a. a. O., S. 623.

[2] A. a. O., S. 87.

[1]) R. WILLSTÄTTER und F. RACKE, Ann. d. Chem. Bd. 427, S. 111 [1921/22].

Die verwendeten Kochsäfte waren durch 15 Minuten langes Erhitzen der betreffenden Invertinlösungen über freier Flamme gewonnen, von koagulierten Proteinen durch Filtration befreit und auf Unwirksamkeit geprüft. Immer wurde so viel Saft verwendet, daß der M.Z.Q.[2] vor dem Erhitzen das 10fache von dem im späteren Versuch wirksamen betrug. Gemischt wurde der Kochsaft mit der pufferhaltigen Zuckerlösung, so daß das Enzym gleichzeitig auf beide traf.

Tab. 11 zeigt, daß die Saccharoseaffinität des Invertins *b* ($K_S = 0{,}029$, vgl. Tab. 2) trotz des großen Überschusses an Kochsaft, der durch Erhitzen des Neutralautolysats der dänischen Brennereihefe gewonnen wurde, ungeändert bleibt. Der artfremde Kochsaft, in dem das Invertin höhere Affinität zum Rohrzucker besaß ($K_S = 0{,}017$, vgl. Tab. 8), ist also ohne Einfluß.

Der umgekehrte Versuch, die Affinitätsbestimmung eines Invertins von hoher Affinität unter Zusatz eines Kochsaftes, in dem die Saccharase vor dem Erhitzen eine nur halb so [56] große Affinität zum Zucker aufgewiesen hatte, wurde mit dem Autolysat der Rasse XII (*i* des 2. Abschnittes, $K_S = 0{,}016$) und dem der Löwenbräuhefe (*a* des Abschnittes 2, $K_S = 0{,}029$) ausgeführt. Der Vergleich der Abb. 10b und 12b ergibt, daß sich die Aktivitäts-—log[S]-Kurve um 0,28 Abszisseneinheiten nach rechts verschoben hat. Die Affinitätskonstante ist von 62,5 auf 33 gefallen und stimmt innerhalb der Versuchsfehler mit derjenigen des Löwenbräuinvertins 34,5 überein.

Tabelle 11.
Invertin aus Löwenbräuhefe mit dänischem Kochsaft.
(Inversion bei 29,85 ± 0,05°, Polarisation bei 20°. $K_S = 0{,}029$.)

α_0[S]	−log[S]	Zeit (Min.)	Drehung (°)	Drehungsabnahme (°)	Relative Anfangs-Geschw. (15 Min.)	100 ϱ ber.	100 ϱ gef.	Δ
3,565 (0,098)	1,01	16,0 26,0 48,5	3,375 3,24 2,945	0,19 0,325 0,62	19	*77*	*77*	± 0,0
2,495 (0,0687)	1,16	16,5 30,0 47,8	2,305 2,17 1,94	0,19 0,325 0,555	17	70,5	69	— 1,5
1,48 (0,0407)	1,39	17,0 34,7 50,0	1,30 1,135 0,97	0,18 0,345 0,51	15	58,5	61	+ 2,5
0,720 (0,0198)	1,70	15,9 31,7 44,8	0,615 0,51 0,435	0,105 0,21 0,285	10	40,5	40,5	± 0,0
0,310 (0,0085)	2,07	16,1 26,5	0,255 0,24	0,055 0,07	5,5	22,5	22	— 0,5

Während nun arteigener Kochsaft die Saccharase von niederer Affinität (Autolysat *a*, $K_S = 0{,}029$) in Ergänzung des Befundes von H. v. EULER und J. LAURIN selbst bei 10fachem Überschuß nicht meßbar zu binden vermag (Verhältnis der In-

[2] M.Z.Q. = Menge-Zeit-Quotient. Vgl. R. WILLSTÄTTER und F. RACKE, Ann. d. Chem. Bd. 425, S. 1 [1920/21], und zwar S. 8.

versionsgeschwindigkeiten in 0,138n- und 0,0138n-Lösung = 9:22, mit Kochsaft = 9:22,5), wird der Parameter der Saccharasewirkung des dänischen Invertins 0,017
[57] nach Tab. 13 durch den arteigenen Kochsaft auf 0,030 erhöht.

Tabelle 12.
Invertin der Rasse XII mit Löwenbräukochsaft.
(Inversion bei 29,95 ± 0,03°, Polarisation bei 21°. K_S = **0,030.**)

α_0 [S]	-log [S]	Zeit (Min.)	Drehung (°)	Drehungs-abnahme (°)	Relative Anfangs-Geschw. (10 Min.)	100 ϱ ber.	100 ϱ gef.	Δ
4,945	0,87	14,0	4,695	0,250	18	82	82,5	+ 0,5
(0,136)		31,8	4,41	0,535				
		49,3	4,17	0,775				
2,425	1,17	13,2	2,215	0,21	15	69,5	69	— 0,5
(0,068)		26,3	2,025	0,40				
		46,5	1,80	0,625				
1,495	1,39	14,7	1,300	0,195	13	58	59,5	+ 1,5
(0,0411)		29,5	1,145	0,35				
		46,8	0,938	0,557				
0,992	1,57	15,8	0,83	0,162	10	47,5	46	— 1,5
(0,0272)		31,3	0,715	0,277				
		51,0	0,55	0,442				
0,493	1,87	17,8	0,378	0,115	7	31	32	+ 1,0
(0,0135)		33,0	0,300	0,193				
		54,3	0,225	0,268				
0,280	2,11	20,3	0,220	0,060	4	20,5	18,5	— 2,0
(0,0077)		37,7	0,190	0,09				

Wie die folgende kleine Zusammenstellung zeigt, führen die bisher gemessenen Affinitätsverringerungen des Invertins übereinstimmend zum Werte K_S = 0,029 ± 0,002, der selbst weder durch arteigenen noch durch artfremden Kochsaft geändert wird.

In der obersten Horizontalreihe sind die K_S-Werte derjenigen Invertinlösungen angegeben, aus denen die Kochsäfte bereitet wurden, in der ersten Vertikalreihe die ohne Kochsaft bestimmten Werte für die wirksame Saccharase:

	0,029	0,016
0,029	0,029	0,029
0,017	0,030	—
0,016	—	0,030

[58] Es hat den Anschein, als ob es ein besonders begünstigtes Invertin gäbe, dem die Affinitätskonstante 34 ± 2 gegenüber dem Rohrzucker zukommt. Man könnte diese Tatsache durch die Annahme erklären, daß den kochbeständigen Bestandteilen der Saccharaselösung eine hohe Affinität zum Enzym zukommt, daß aber auch die gebundene Saccharase enzymatisch wirksam ist.

In einer Invertinlösung von K_S = 0,03 müßte diese Stufe bereits dissoziationsfrei vorliegen.

Tabelle 13.
Dänisches Invertin mit dänischem Kochsaft.
(Inversion bei 29,88 ± 0,03°, Polarisation bei 22°. $K_S = 0{,}030$.)

α_0 [S]	-log [S]	Zeit (Min.)	Drehung (°)	Drehungs-abnahme (°)	Relative Anfangs-Geschw. (10 Min.)	100 ϱ ber.	100 ϱ gef.	Δ
5,015 (0,1377)	0,86	11,3 25,1 44,0	4,75 4,435 4,025	0,265 0,58 0,99	23,5	82	82	± 0,0
2,017 (0,0554)	1,26	12,3 22,6 36,3	1,79 1,585 1,32	0,227 0,432 0,697	18,5	65	65	± 0,0
1,018 (0,028)	1,55	13,5 27,5 41,0	0,83 0,67 0,505	0,188 0,348 0,513	14	48	49	+ 1,0
0,515 (0,0142)	1,85	12,3 27,7 44,2	0,41 0,33 0,245	0,105 0,185 0,27	9	32	31,5	— 0,5

Versuche mit wechselnder Saftkonzentration und mit Invertin von noch geringerer Affinität ($K_S = 0{,}04$) müssen zeigen, ob diese Auffassung berechtigt ist oder nicht.

Die Frage, ob neben dem freien Invertin ($K_S \lesseqqgtr 0{,}016$) auch das gebundene Rohrzucker zu spalten vermag, scheint auch durch exakten Vergleich der H-Ionenwirkung auf verschiedene Invertine prüfbar. Ist nur die freie Saccharase wirksam, so muß der Parameter der Aktivitäts-p_H-Kurve unabhängig von dem der Aktivitäts-pS-Kurve sein. Aber es [59] übersteigt vielleicht die Differenz zwischen den von L. MICHAELIS und M. ROTHSTEIN[1] einerseits, von L. MICHAELIS und H. DAVIDSOHN[2] und uns[3] andererseits bestimmten Zahlen die Fehlergrenzen einer exakten Methodik.

Unabhängig von diesen hypothetischen Vorstellungen über die Struktur der wirksamen Gruppen erweist sich die Konstanz der Invertinwirkung als Spezialfall für das Invertin der Löwenbräuhefe (allgemein für $K_S \geqq 0{,}029$). Bei höherer Affinität kann sie nicht zutreffen, da hier durch zunehmenden Gehalt an Zersetzungsprodukten die Affinität zum Rohrzucker erniedrigt werden muß, wofern das Bindungsvermögen der Säfte nicht erst durch Kochen zustande kommt.

Wir werden im folgenden Kapitel die Affinitätsdifferenzen durch Annahme wechselnder Mengen eines Hemmungskörpers deuten, der durch seine Affinität zu den aktiven Gruppen des Enzyms diese in eine unwirksame Stufe überführt.

Die Genauigkeit der Affinitätsmessung der Raffinase zur Raffinose (III. Kap., Abschn. 2) sowie die Genauigkeit der aus den Anfangsgeschwindigkeiten der Rohrzucker- und Raffinosehydrolyse gebildeten Quotienten (III. Kap., Abschn. 3) gestattet nämlich nicht, zwischen Wirksamkeit oder Unwirksamkeit des gebundenen Invertins zu entscheiden. Für das Verständnis der Kochsaftwirkungen scheint jedoch nur folgende Erklärung möglich:

[1] A. a. O.
[2] Biochem. Zs. Bd. 35, S. 386 [1911].
[3] R. WILLSTÄTTER, J. GRASER und R. KUHN, Diese Zs. Bd. 123, S. 1 [1922].

Die differierenden Affinitäten des Invertins zum Rohrzucker sind bedingt durch Assoziation des kolloiden Trägers mit unwirksamen, dem Enzym in chemischer Hinsicht nahestehenden Körpern. Diese Assoziationen bleiben für die wirksamen Gruppen nicht unbemerkt. Die analytisch bestimmbare Konzentration des Rohrzuckers in der Lösung steht dadurch zu derjenigen, die an den reaktionsfähigen Gruppen herrscht, in einem für die Hydrolyse ungünstigeren Verhältnis als ohne Kochsaft. Darum finden wir die Aktivitäts-pS-Kurve nach [60] rechts verschoben. Ist die Oberfläche des kolloiden Trägers mit einem derartigen Körper gesättigt, so kann weiterer Zusatz des Kochsaftes die Affinität nicht mehr verringern.

III. Die Affinität des Invertins zur Raffinose.

Da nach den Ergebnissen des II. Kapitels das Invertin verschiedener Hefen für die Rohrzuckerspaltung in ungleichem Maße geeignet ist, so scheint es nicht wunderlich, daß der Quotient Raffinasezeitwert : Saccharasezeitwert mit verschiedenem Enzymmaterial verschieden ausfällt. Wir untersuchen daher in diesem Kapitel, ob den verschiedenen Affinitäten der Saccharase zur Saccharose auch verschiedene Affinitäten der Raffinase zur Raffinose entsprechen und ob zwischen diesen Größen ein gesetzmäßiger Zusammenhang besteht.

1. Das untersuchte Konzentrationsgebiet.

Das Galaktosid des Rohrzuckers[1] wird vom Invertin der gewöhnlichen Kulturhefen langsamer als seine Muttersubstanz gespalten, und die Umsatzgeschwindigkeit nimmt noch in so konzentrierten Lösungen des Trisaccharids stark zu, wo die maximale Geschwindigkeit der Rohrzuckerhydrolyse fast erreicht ist, daß die Affinität der Raffinase zur Raffinose jedenfalls viel geringer ist als die der Saccharase zur Saccharose.

Auch das höhere Molekulargewicht und die geringere Löslichkeit sind für die Affinitätsmessung nicht günstig.

Wenn in 0,2n-Saccharoselösungen durch Veränderung der Natur des Lösungsmittels[2] Abweichungen vom Massenwirkungsgesetz zu beginnen scheinen, so ist das in Raffinoselösungen schon bei geringerer Konzentration zu erwarten. Aus diesem Grunde ist es nicht möglich, daß die experimentell bestimmbare maximale Reaktionsgeschwindigkeit der dissoziationsfreien Bindung des Enzyms an den Zucker entspricht. Sie wird [61] vielmehr eintreten, wenn die durch Viscositätserhöhung, Änderung des osmotischen Aktivitätskoeffizienten usw bedingten Erscheinungen die Konzentrationszunahme der Raffinase-Raffinose-Verbindung verhindern bzw. nach außen hin nicht mehr erkennen lassen. Man erhält in der Tat keine Dissoziationsrestkurve, wenn man die Anfangsgeschwindigkeiten der Raffinosespaltung als Funktion von $\log \frac{1}{[R]}$ aufträgt und die Maximalgeschwindigkeit als Maßstab der Ordinate wählt.

[1] Über die von der Direktion der Zuckerraffinerie Hildesheim in freundlichster Weise überlassene Raffinose vgl. diese Zs. Bd. 115, S. 180 [1921], und zwar S. 185.

[2] L. MICHAELIS und M. L. MENTEN, Biochem. Zs. Bd. 49, S. 333 [1914], und zwar S. 349.

Beurteilt man jedoch die Neigung der Kurve, die die experimentell gefundenen Punkte verbindet, so lassen sich alle Versuche bis zu etwa 10proz. Lösungen des Trisaccharids durch Dissoziationskurven darstellen. Da jedoch hier erst $^1/_3$ bis $^1/_2$ der theoretischen Maximalgeschwindigkeit erreicht wird, kann man die Affinität der Raffinase zur Raffinose nicht mit besonderer Genauigkeit ermitteln. Ziemlich willkürlich und dabei von nicht geringem Einfluß auf das Resultat ist es namentlich, welches Gewicht man den größten beobachteten Umsatzgeschwindigkeiten beimißt. Es zeigt sich nämlich, daß z. B. einmal (vgl. Tab. 16, S. 64) die Geschwindigkeit beim Übergang von 0,1- zu 0,2n-Lösung von 17 auf 25, ein andermal (Tab. 15, S. 63, Spalte 6) dagegen nur von 22 auf 25 steigt, obwohl wir aus den in verdünnteren Lösungen angestellten Versuchen eine sehr nahe übereinstimmende Affinität berechnen. Es scheint, daß die Anomalien in konzentrierten Lösungen nicht allein durch die Beschaffenheit

[62] Tabelle 14.

Raffinasewirkung des Invertins Rasse II.

(8mal mehr Enzym als in Tab. 9. Hydrolyse bei 30,05 ± 0,03°, Polarisation bei 20°. $K_R = 0{,}24$.)

a_0 [R]	− log [R]	Zeit (Min.)	Drehung (°)	Drehungs-abnahme (°)	Relative Anf.-Geschw. (10 Min.)	100 ϱ ber.	100 ϱ gef.	Δ
21,95 (0,222)	0,65	10,6	21,53	0,42	40,5	48,0	39,2	— 8,8
		20,1	21,14	0,81				
		36,8	20,49	1,46				
14,64 (0,148)	0,83	9,5	14,27	0,37	39,5	38,2	38,2	± 0,0
		18,5	13,98	0,66				
		33,5	13,49	1,15				
10,955 (0,111)	0,96	11,2	10,59	0,365	33	31,6	32,0	+ 0,4
		21,3	10,385	0,57				
		38,2	10,125	0,83				
7,31 (0,074)	1,13	11,2	7,04	0,27	24,5	23,6	23,7	+ 0,1
		20,0	6,84	0,47				
		36,8	6,48	0,83				
4,33 (0,0438)	1,36	22,0	4,005	0,325	16	15,5	15,5	± 0,0
		33,5	3,865	0,465				
		54,5	3,625	0,705				
3,92 (0,0397)	1,40	10,0	3,770	0,15	15	14,2	14,5	+ 0,3
		33,4	3,48	0,44				
		50,5	3,34	0,58				
2,11 (0,0214)	1,67	10,2	2,015	0,095	8,5	8,2	8,2	± 0,0
		24,5	1,93	0,18				
		45,0	1,79	0,32				
1,45 (0,0147)	1,83	10,7	1,385	0,065	6	5,8	5,8	± 0,0
		20,0	1,33	0,12				
		45,4	1,21	0,24				
1,01 (0,0102)	1,99	10,0	0,950	0,060	6	4,1	5,8	+ 1,7
		21,2	0,897	0,113				
		48,5	0,770	0,24				
0,85 (0,0086)	2,07	13,0	0,810	0,040	3,5	3,5	3,9	+ 0,4
		24,7	0,797	0,063				
		49,3	0,753	0,097				

des Milieus erklärt werden können. (Über eine Anomalie der Kinetik, die indes auf Versuchsfehlern beruhen dürfte, vgl. Abb. 14a).

Immerhin glauben wir, daß die von uns berechneten K_R-Werte auf ±30 bis 50% genau sind und daher nicht nur die Größenordnung der Affinität selbst, sondern auch die Richtung der Affinitätsänderungen richtig wiedergeben. Die äußeren Bedingungen, die zur Verfolgung der Raffinosehydrolyse einzuhalten sind[1], gleichen denen bei der Inversion des Rohrzuckers derart, daß wir bezüglich der Ausführung der folgenden Versuche auf das im II. Kapitel, Abschnitt 1 Gesagte verweisen. [63] Die Normalität der Raffinoselösungen wurde aus der für Versuchsbeginn extrapolierten Anfangsdrehung auf Grund der Beziehung $\alpha_0:[R] = 13{,}71:0{,}1387$ berechnet.

2. Raffinosespaltung durch verschiedene Invertine.

Das Invertin der Rasse II und das der Rasse XII stimmen nicht nur in bezug auf die Aktivitätskurve der Saccharasewirkung mit einander überein. Auch die Abhängigkeit der Raffinosespaltung vom log der reziproken $[R]$ läßt sich, wie die Abb. 14b und 15b zeigen, für beide am besten durch den nämlichen Parameter $-\log[R] = 0{,}62$

Tabelle 15.
Raffinasewirkung des Invertins Rasse XII.
(6,67mal mehr Enzym als in Tabelle 10. Hydrolyse bei 29,85 ± 0,03°, Polarisation bei 20°. $K_R = 0{,}24$.)

$\alpha_0\,[R]$	$-\log\,[R]$	Zeit (Min.)	Drehung (°)	Drehungsabnahme (°)	Relative Anf.-Geschw. (10 Min.)	100 ϱ ber.	100 ϱ gef.	Δ
20,745 (0,21)	0,68	9,5	20,515	0,23	24,5	46,7	37,3	— 9,4
		19,8	20,27	0,475				
		33,8	19,985	0,76				
11,917 (0,121)	0,92	12,8	11,645	0,272	22	33,5	33,5	± 0,0
		24,7	11,43	0,487				
		38,3	11,19	0,727				
5,925 (0,060)	1,22	10,7	5,785	0,14	13	20,0	19,8	— 0,2
		27,3	5,63	0,295				
2,96 (0,030)	1,52	14,8	2,86	0,10	7,5	11,1	11,4	+ 0,3
		25,0	2,79	0,17				
		46,2	2,705	0,255				
1,485 (0,015)	1,82	12,5	1,435	0,05	4	5,9	6,1	+ 0,2
		28,6	1,405	0,08				
		48,6	1,355	0,13				
0,712 (0,0072)	2,14	13,8	0,685	0,027	2	2,9	3,0	+ 0,1
		25,5	0,670	0,042				
		39,0	0,662	0,050				

darstellen, der die [64] beobachteten Werte bis zu 1/3 des theoretisch möglichen Umsatzes sehr genau wiedergibt.

Innerhalb der Fehlergrenzen stimmt auch die Raffinasewirkung des dänischen Invertins (Tab. 16) mit derjenigen der Berliner Brennereihefen überein, wobei selbst

[1] R. Willstätter und R. Kuhn, Diese Zs. Bd. 115, S. 180 [1921], und zwar S. 185ff.

Tabelle 16.
Raffinasewirkung des dänischen Invertins.
(Hydrolyse bei 30,04 ± 0,03°, Polarisation bei 23°. K_R = **0,27**.)

α_0 [R]	-log [R]	Zeit (Min.)	Drehung (°)	Drehungs-abnahme (°)	Relative Anf.-Geschw. (10 Min.)	100 ϱ ber.	100 ϱ gef.	Δ
30,11 (0,304)	0,52	12,3 20,0 32,0	29,72 29,50 29,11	0,39 0,61 1,00	31,5	53,0	53,0	± 0,0
20,00 (0,202)	0,69	12,5 22,5 34,5	19,685 19,445 19,16	0,315 0,555 0,84	25,5	42,8	42,8	± 0,0
10,04 (0,102)	0,99	15,0 32,5 50,0	9,78 9,56 9,41	0,26 0,48 0,63	17	27,4	28,6	+ 1,2
5,310 (0,0536)	1,27	14,0 26,1 49,5	5,178 5,12 4,995	0,132 0,190 0,315	9,5	16,5	16,0	— 0,5
1,710 (0,0173)	1,76	14,6 26,5 45,7	1,67 1,635 1,58	0,04 0,075 0,13	3,5	6,0	5,9	— 0,1

der in 0,3n-Lösung beobachtete Wert durch den logarithmischen Parameter 0,57 (Abb. 16b) gut wiedergegeben wird. Dagegen ist die Raffinoseaffinität des Löwenbräu-invertins *e* (Präparat *l* der III. Mitteilung über Invertin) entschieden geringer. Wir halten sogar den in Tab. 17 mitgeteilten Wert K_R = 0,66 noch für etwas zu klein, die Affinitätskonstante 1,5 demnach für zu groß, weil die in $^n/_4$-Lösung gefundene Geschwindigkeit die aus den anderen Versuchen für diese Konzentration berechnete ein wenig übertrifft.

Wir haben nämlich, um keine weitere Unsicherheit in die [65] Zahlen zu bringen,

Tabelle 17.
Raffinasewirkung des Invertins *e*, Zeitwert = 0,37.
(Hydrolyse bei 29,85 ± 0,03°, Polarisation bei 19°. K_R = **0,66**.)

α_0 [R]	- log [R]	Zeit (Min.)	Drehung (°)	Drehungs-abnahme (°)	Relative Anf.-Geschw. (16,7 Min.)	100 ϱ ber.	100 ϱ gef.	Δ
25,13 (0,254)	0,59	14,1 25,0 85,0	24,63 24,28 22,75	0,50 0,85 2,38	58	27,8	29,0	+ 1,2
10,055 (0,1018)	0,99	17,3 37,0 96,5	9,795 9,46 8,63	0,26 0,595 1,425	26	13,4	13,0	— 0,4
4,918 (0,0498)	1,30	16,2 34,7 100,0	4,785 4,63 4,15	0,132 0,288 0,768	13,5	7,0	6,7	— 0,3
2,005 (0,0203)	1,69	17,3 33,3 98,0	1,95 1,915 1,765	0,055 0,09 0,24	5,5	3,0	2,7	— 0,3
1,005 (0,0102)	1,99	23,3 44,5	0,955 0,905	0,050 0,100	4	1,5	2,0	+ 0,5

darauf verzichtet, für die mehr als 10proz. Lösungen eine Korrektur an den beobachteten Anfangsgeschwindigkeiten anzubringen, und haben den Parameter so gewählt, daß die Summe aller Fehlerquadrate möglichst gering wird.

3. Vergleich der Saccharase- und Raffinasewirkung.

Um zwischen relativer Spezifität des Invertins und absoluter Spezifität von Saccharase und Raffinase zu entscheiden, genügt es nun, nach der in der voranstehenden Abhandlung, Kapitel II unter 1 (S. 19), beschriebenen Methode, bei beliebiger Zuckerkonzentration die Hydrolysengeschwindigkeiten des Di- und Trisaccharids durch gleiche Enzymmengen zu messen, da die numerischen Werte der einzelnen Affinitäten K_S und K_R bekannt sind. Diesen Vergleich haben wir in 0,138n-Lösung ausgeführt, um mit dem früher[1] ermittelten [66] Zeitwertquotienten möglichst vergleichbare Zahlen zu erhalten. Berechnet wurde indes nicht die für 50proz. Umsatz jeweils nötige Zeit, sondern, um den Einfluß wechselnder Kinetik[1]) auszuschalten, das Verhältnis der für eine Versuchszeit von 10 Minuten graphisch interpolierten Drehungsabnahmen. Diese können direkt als Maß des relativen Umsatzes betrachtet werden, da in äquimolaren Lösungen der totalen Hydrolyse von Rohrzucker und Raffinose nahezu gleiche Drehungsabnahmen entsprechen. Die in Tab. 18 mitgeteilten Quotienten der Anfangsgeschwindigkeiten sind also mit der nämlichen Methodik gewonnen wie die Affinitätskonstanten, mit denen wir sie in Beziehung setzen werden. Sie weisen bei verschiedenem Invertinmaterial nicht so große Schwankungen auf wie die vor einem Jahr mitgeteilten Quotienten der Zeitwerte[2]). Ihre Extremwerte verhalten sich wie 1:1,7, während sie früher beim Invertin derselben Hefen das Verhältnis 1:2,4 erreichten. Das dürfte weniger darauf beruhen, daß seinerzeit die Bestimmungen mit der durch Toluol abgetöteten Hefe selbst, jetzt ausschließlich mit daraus gewonnenen Autolysaten und Präparaten ausgeführt wurden.

In weitaus den meisten Fällen dürften nämlich die von R. Willstätter und W. Steibelt[3]) sowie von R. Willstätter und R. Kuhn[4]) beobachteten Zunahmen der Reaktionsgeschwindigkeit bei Bestimmung von Maltase und α-Methylglucosidase oder von Saccharase und Raffinase in der Hefe nicht auf postmortale Neubildung von Enzym während des Versuchs zurückzuführen sein, sondern auf wechselnder Kinetik, die durch wechselnde Affinität des Enzyms zu Zucker und Glucosid sowie zu deren Spaltprodukten bedingt ist, beruhen.

Der Unterschied zwischen dem mit Invertinpräparaten der Löwenbräuhefe bestimmten Zeitwertquotienten 11,3 und dem Quotienten der Anfangsgeschwindigkeiten 8,0 bis 8,3 ist [68] hauptsächlich dadurch zu erklären, daß zur Berechnung des ersteren

[1] Diese Zs. Bd. 115, S. 180 [1921] (*Abh. 75*).
[1]) Vgl. ebenda Tab. 3, S. 189, und R. Willstätter, J. Graser und R. Kuhn, Diese Zs. Bd. 123, S. 1 [1922], und zwar S. 63ff.
[2]) R. Willstätter und R. Kuhn, a. a. O., S. 196.
[3]) Diese Zs. Bd. 115, S. 199 [1921], und zwar S. 204f. (*Abh. 76*).
[4]) A. a. O., S. 196f.

[67] Tabelle 18.

Geschwindigkeitsverhältnis der Rohrzucker- und Raffinosehydrolyse.

(0,138 n-Lösungen; Enzymmengen im Verhältnis 1 : 5.)

Nr.	Invertin aus	Wirkung auf	Zeit (Min.)	Drehung (°)	Drehungsabnahme (°)	Drehungsabnahme nach 10 Min. × 100	Quotient
c	Löwenbräuhefe Zeitwert = 0,64 Min.	Rohrz.	10,1	4,695	0,355	35	6,7
		,,	19,7	4,385	0,665		
		,,	30,0	4,07	0,98		
		Raffin.	9,7	13,455	0,255	26	
		,,	18,0	13,26	0,45		
		,,	32,3	13,04	0,67		
d	Löwenbräuhefe Zeitwert = 0,26 Min.	Rohrz.	11,0	4,77	0,28	24	8,0
		,,	22,8	4,54	0,51		
		,,	45,0	4,08	0,97		
		Raffin.	12,6	13,515	0,195	15	
		,,	28,5	13,33	0,38		
		,,	52,8	13,115	0,595		
e	Löwenbräuhefe Zeitwert = 0,37 Min.	Rohrz.	12,5	4,79	0,24	20	8,3
		,,	19,8	4,625	0,405		
		,,	35,0	4,34	0,69		
		Raffin.	12,3	13,56	0,15	12	
		,,	26,2	13,405	0,305		
		,,	42,3	13,255	0,455		
f	Kopenhagener Brennereihefe	Rohrz.	17,2	4,675	0,36	21	5,0
		,,	31,3	4,36	0,675		
		,,	43,8	4,105	0,93		
		Raffin.	13,8	13,395	0,285	21	
		,,	24,5	13,18	0,50		
		,,	35,3	12,95	0,73		
h	Rasse II	Rohrz.	12,5	4,795	0,255	30,5	4,8
		,,	22,4	4,58	0,47		
		,,	35,0	4,35	0,70		
		Raffin.	13,3	13,405	0,29	32	
		,,	25,5	13,155	0,54		
		,,	39,5	12,85	0,845		
i	Rasse XII	Rohrz.	10,5	4,875	0,17	16	5,0
		,,	22,5	4,695	0,35		
		,,	45,2	4,395	0,65		
		Raffin.	15,4	13,405	0,25	16	
		,,	25,1	13,25	0,405		
		,,	40,0	13,07	0,585		

der Saccharasezeitwert nach der von C. O. SULLIVAN und F. W. TOMPSON[1] für den zeitlichen Verlauf der enzymatischen Rohrzuckerspaltung mitgeteilten Kurve berechnet wurde, wobei die Reaktionskonstanten 1. Ordnung bei 50proz. Hydrolyse um etwa 15% größer sind als zu Beginn der Reaktion, die Raffinasezeitwerte dagegen nach einer an einem Invertinpräparat aus Löwenbräuhefe ermittelten Kinetik[2], der zufolge die für eine monomolekulare Reaktion berechneten Konstanten im selben Spaltungsbereich um 15% fallen. Es muß daher der Zeitwertquotient um etwa 30% größer sein als das Verhältnis der Geschwindigkeiten zu Reaktionsbeginn. Für die

[1] Jl. chem. Soc. Bd. 57, S. 834 [1890]. [2] A. a. O., S. 189.

Raffinasespaltung durch Oberhefen erwies sich dagegen die Kinetik als annähernd monomolekular, und der früher z. B. für die Kopenhagener Brennereihefe gefundene Quotient 5,1 bis 5,5 stimmt mit dem jetzt ermittelten Verhältnis der Anfangsgeschwindigkeiten 5,0 überein.

Als Beispiel für eine starke Quotientenverschiebung, die in einem geänderten Mengenverhältnis von Saccharase und Raffinase oder in einer Affinitätsveränderung ihren Grund haben muß, sei der mit Invertin der Rasse XII vom 26. II. 1921 bestimmte Zeitwertquotient 12,3 dem mit einer Lieferung vom 3. VI. 1922 ermittelten Verhältnis der Anfangsgeschwindigkeiten 5,0 gegenübergestellt.

In Tab. 19 wird die Dissoziationskonstante der Saccharase-Saccharose-Verbindung K_S mit der der Raffinase-Raffinose-Verbindung K_R und mit dem Quotienten der Umsatzgeschwindigkeiten in 0,138 n-Lösung verglichen. Für drei aus verschiedenen Brennereihefen gewonnene Autolysate und ein aus Unterhefe dargestelltes Invertinpräparat vom Zeitwert 0,37 und nur noch geringfügigem Gehalt an Melibiase erweist sich das Verhältnis der Dissoziationskonstanten, der Affinitätsquotient $K_R:K_S$, weit innerhalb der Fehlergrenzen als annähernd konstant. Aus den in der 5. Spalte mitgeteilten Zahlen ergibt [69] sich, daß die Affinität der Saccharase zum Rohrzucker und die der Raffinase zur Raffinose durch die natürlichen Begleiter des Invertins in fast gleicher Weise beeinflußt wird. Das wäre ja auch für den Fall zu erwarten, daß die Schwankungen der Zeitwertquotienten durch ein wechselndes Mengenverhältnis zweier einander äußerst ähnlicher Carbohydrasen der Hefe zustande kommen.

Tabelle 19.
Vergleich von Geschwindigkeitsquotient und Affinität verschiedener Invertine.

Invertin	Q (0,138-n)	K_S	K_R	$K_R:K_S$	Q_M	Q_∞
Berliner Rasse II	4,8	0,016	0,24	15	16	2,0
,, ,, XII	5,0	0,016	0,24	15	16	2,0
Dänische Brennereihefe . . .	5,0	0,017	0,27	16	16	1,9
Münchener Brauereihefe . . .	8,3	0,040	0,66	17	17	1,9

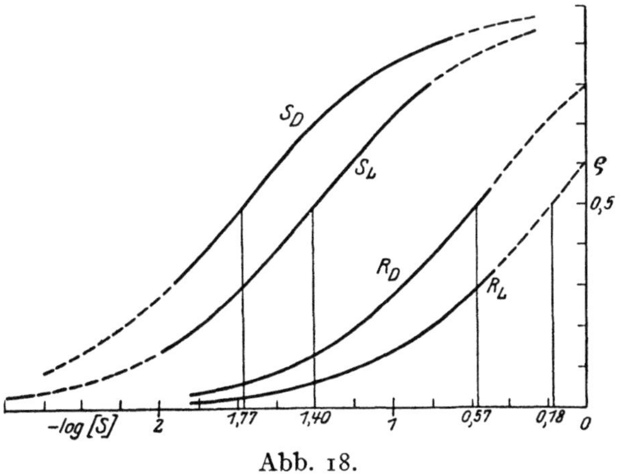

Abb. 18.

In Abb. 18 ist die Dissoziationsrestkurve S_D, durch welche die Abhängigkeit der Saccharasewirkung des dänischen Invertins vom log der reziproken Substratkonzentration am besten dargestellt werden kann, neben der für das Invertinpräparat *e* [70] aus Löwenbräuhefe ermittelten S_L gezeichnet. Der mehr als doppelt so großen Affinität der Oberhefensaccharase entspricht ein Abstand der S_D- und S_L-Kurve von 0,37 Abszisseneinheiten. Fast den gleichen, nämlich 0,39, finden wir zwischen den zugehörigen Raffinasekurven R_D und R_L, von denen nur der experimentell verifizierte Teil ausgezogen ist, während der weitere Verlauf der Dissoziationsrestkurven durch Striche angedeutet wird. Indem wir nun die Ordinaten der R-Kurven durch die in der 2. Spalte der Tab. 19 angeführten Quotienten zu den Ordinaten der S-Kurven ins richtige Verhältnis setzen[1], finden wir:

Wenn zwei Invertine in bezug auf die Affinität zum Rohrzucker übereinstimmen, so ist nicht nur ihre Affinität zur Raffinose gleichfalls übereinstimmend, sondern es ist auch das Verhältnis der Umsatzgeschwindigkeiten bei beliebiger Zuckerkonzentration identisch. Nur bei verschiedener Affinität des Enzyms ist auch das Geschwindigkeitsverhältnis verschieden. Messen wir jedoch in diesem Falle das Geschwindigkeitsverhältnis nicht in 0,138n-Lösungen des Di- und Trisaccharids, sondern z. B. bei solcher Konzentration, daß jeweils 50% der maximalen Saccharasewirkung erreicht sind, so erweist sich der auf diese Art ermittelte Quotient Q_M (6. Spalte der Tab. 19; über seine Berechnung vgl. vorstehende Abhandlung, II. Kapitel, (22) S. 16) unabhängig vom numerischen Betrag der einzelnen Affinitäten als konstant.

Die mittlere Spezifität des Hefeninvertins für die Hydrolyse von Rohrzucker und Raffinose ist 16, seine Leistungsfähigkeit beträgt etwa 2,0. Der in der letzten Spalte der Tab. 19 für unendlich hohe Substratkonzentration extrapolierte Quotient der Hydrolysengeschwindigkeiten Q_∞ [vgl. vorstehende Abhandlung, Kapitel II, (15) und (17) sowie Kapitel III, S. 25f.] besagt nämlich, daß in diesem für das Trisaccharid denkbar günstigsten Fall mit der gleichen Invertinmenge für jedes gespaltene Raffinosemolekül in derselben Zeit der Umsatz von nur 2 Rohrzuckermolekülen erzielt werden könnte.

[71] Mit Bezug auf die in der I. Abhandlung, Kapitel III, angestellten Überlegungen fassen wir den Inhalt der Tab. 19 dahin zusammen, daß das molare Verhältnis von Saccharase und Raffinase unabhängig vom wechselnden Betrag des Zeitwertquotienten für jedes Invertin dasselbe ist. Es besteht daher kein Grund gegen die Annahme, daß das in den üblichen Hefen enthaltene Invertin sowohl den Rohrzucker als auch die Raffinose zu spalten vermag.

4. Berechnung des Quotienten aus der Affinitätskonstante.

Da Saccharase- und Raffinasewirkung in einem gesetzmäßigen Zusammenhang stehen, ist es möglich, die Geschwindigkeit der Raffinosespaltung für jede beliebige, nicht mehr als 8- bis 10proz. Lösung des Trisaccharids im voraus zu berechnen, wenn

[1] Vgl. Abb. 1 der voranstehenden Abhandlung.

die Abhängigkeit der Saccharasewirkung des betreffenden Invertins von der Rohrzuckerkonzentration bekannt ist. Setzen wir den Affinitätsquotienten des Hefeinvertins $K_R:K_S = 15,5$, seine Leistungsfähigkeit für die Hydrolyse von Saccharose und Raffinose = 1,9, so finden wir für die in Tab. 20 angeführten Invertinlösungen und -präparate aus den in der 2. Spalte mitgeteilten Werten von K_S nach der in der I. Abhandlung, Kapitel II, abgeleiteten Gleichung (16) das Verhältnis der Umsatzgeschwindigkeiten von Rohrzucker und Raffinose in 0,138n-Lösung $Q_{\text{ber.}}$, neben dem in der 4. Spalte der experimentell bei dieser Konzentration gefundene Quotient $Q_{\text{gef.}}$ steht. Die Differenzen zwischen den beobachteten und berechneten Werten übersteigen nicht die Fehlergrenzen der Quotientenbestimmung. Nur bei dem aus amerikanischer Brauereihefe isolierten Invertinpräparat *g* dürfte sich infolge des Gehaltes an Melibiase die Differenz vielleicht noch erhöhen.

Wir sind daher berechtigt, umgekehrt die Konstanz des Quotienten

$$\frac{\text{Raffinasezeitwert}}{\text{Saccharasezeitwert}},$$

die sich bei Vergleich zahlreicher Invertinpräparate verschiedenen Reinheitsgrades[1] und beim Vergleich der Hefe mit [72] den daraus gewonnenen Autolysaten[1]) ergab, in Ergänzung von Kapitel II, Abschnitt 3, als Beweis für die Unabhängigkeit der Invertinaffinitäten vom Reinheitsgrad zu betrachten. Aus dem gleichen Grunde deuten wir die an der Brennereiheferasse XII beobachtete Quotientendifferenz (S. 68) als Affinitätsänderung des Invertins.

Tabelle 20.
Berechnung des Quotienten aus der Rohrzuckeraffinität des Invertins.

Invertin (vgl. Kapitel II, Abschnitt 2)	K_S	$Q_{\text{ber.}}$	$Q_{\text{gef.}}$	$Q_{\text{ber.}}-Q_{\text{gef.}}$
c aus Löwenbräuhefe	0,029	6,7	6,7	± 0,0
d ,, ,, ...	0,040	8,1	8,0	+ 0,1
e ,, ,, ...	0,040	8,1	8,3	— 0,2
f ,, Brennereihefe Kopenhagen . .	0,017	5,2	5,0	+ 0,2
g ,, amerikanischer Brauereihefe .	0,020	5,4	6,1	— 0,7
h ,, Rasse II	0,016	5,0	4,8	+ 0,2
i ,, Rasse XII	0,016	5,0	5,0	± 0,0

5. Versuch mit Kochsaft.

Durch Kochsäfte wird, wenn der Rohrzucker und sein β-Galaktosid durch dieselben wirksamen Gruppen des Invertins angegriffen werden, auch das Verhältnis ihrer Hydrolysengeschwindigkeiten in dem Sinne geändert werden, wie es der im II. Kapitel, Abschnitt 6, beschriebenen Affinitätsverminderung des Enzyms gegenüber der Saccharose allein entspricht. Für den folgenden Versuch diente das Autolysat *i* der Rasse XII ($K_S = 0,016$) und das durch Erhitzen inaktivierte Autolysat *a* der Löwenbräuhefe. Zur Hydrolyse der Raffinose wurde 6,67 mal mehr wirksames Enzym und 5 mal mehr Kochsaft verwendet als zur Rohrzuckerinversion.

[1] Diese Zs. Bd. 115, S. 180 [1921], und zwar S. 192.

[1]) Ebenda, S. 194.

Die Drehungsabnahmen nach 10 Minuten verhalten sich wie 16:16,5. Daraus ergibt sich der Quotient 6,5 (ber. 6,7), während er ohne Kochsaft (vgl. Tab. 18) 5,0 betrug.

[73] Saccharosespaltung:

Zeit (Min.)	Drehung (°)	Drehungsabnahme (°)
0,0	[4,90]	—
2,0	4,87	0,03
17,3	4,63	0,27
30,0	4,415	0,485
44,2	4,19	0,71

Raffinosespaltung:

Zeit (Min.)	Drehung (°)	Drehungsabnahme (°)
0,0	[13,57]	—
2,0	13,54	0,03
13,8	13,345	0,225
24,8	13,14	0,43
40,0	12,90	0,67

IV. Zur Kinetik der Invertinwirkungen.

Vor kurzem haben R. WILLSTÄTTER, J. GRASER und R. KUHN über Versuche[1] berichtet, die mit Invertinpräparaten hohen Reinheitsgrades angestellt wurden, um den zeitlichen Verlauf der enzymatischen Rohrzuckerinversion kennenzulernen. Die widersprechenden Angaben der Literatur über die Kinetik der Invertinwirkung ließen sich nicht auf Verunreinigungen zurückführen. Die Divergenzen der Beobachtungen an Hefeauszügen wiederholten sich beim gereinigten Invertin. Dabei wurde beobachtet, „daß die Invertinkinetik, die nach L. MICHAELIS und H. DAVIDSOHN[2] von der Wasserstoffzahl unabhängig sein soll, von dieser im Gegenteil stark beeinflußt wird."

„Es wird zu prüfen sein, ob die Affinitäten des Invertins zum Substrat und zu den Spaltungsprodukten von der Wasserstoffionenkonzentration wesentlich beeinflußt werden. Da aber auch bei konstantem p_H, nämlich bei optimalem, verschiedener Reaktionsverlauf vorkommt, so wird ferner zu untersuchen sein, was den Zustand des Invertins beeinflußt und ob der Fall vorkommt, daß die Summe der Affinitäten der Saccharase zu den beiden Spaltprodukten gleich der Affinität zur Saccharose ist."

Im II. Kapitel, Abschnitt 4, wurde gezeigt, daß die Wirkung der $H^{\cdot}$-Ionen auf das Invertin nicht auf eine Änderung der [74] Affinität des Enzyms oder des Rohrzuckers zurückgeführt werden kann und daß allgemein die Beteiligung von $H^{\cdot}$-Ionen an einem Dissoziationsgleichgewicht des Invertins, der Saccharose oder der Rohrzucker-Invertin-Verbindung nicht möglich scheint. Es wird sich bei der Untersuchung anderer Enzymreaktionen ergeben, ob beim Invertin-Saccharose-System zufällig zwei Gleichgewichte durch wechselnde h in solcher Weise verschoben werden, daß wir es weder an den Aktivitäts-$[H^{\cdot}]$-, noch an den Aktivitäts-$[S]$-Kurven bemerken können. Die Abhängigkeit der Invertinkinetik vom p_H müßte demnach in der Affinität der reduzierenden Spaltprodukte zum Invertin ihren Grund haben, die in der Nähe des

[1] Diese Zs. Bd. 123, S. 1 [1922], Kap. D, II, 2.
[2] Biochem. Zs. Bd. 35, S. 386 [1911].

Neutralpunktes doppelt so groß wäre, als bei der für die Zerfallsgeschwindigkeit der Saccharase-Saccharose-Verbindung optimalen h[1].

Die wechselnde Kinetik bei optimaler Wasserstoffzahl wird sich auf die Affinitätsverschiedenheiten des Invertins gegenüber dem Rohrzucker zurückführen lassen.

Obwohl der in der III. Mitteilung über Invertin überwiegend beobachtete Reaktionsverlauf durch die Gleichung von L. MICHAELIS und M. L. MENTEN weit besser dargestellt wird, als durch das vielfach geltend befundene Gesetz für eine monomolekulare Reaktion, ist doch überall ein leichtes Fallen der Konstanten zu bemerken. Am stärksten trat dies beim Präparat *l* ein (Tab. 13 der III. Mitteilung über Invertin), dem die geringste Affinität zum Rohrzucker zukommt. Mit Invertin der Rasse XII, das die höchste bisher gemessene Saccharoseaffinität besitzt, findet man[2] dagegen die nach MICHAELIS berechneten Konstanten ansteigend. Das ist nur möglich, wenn die natürlichen Begleiter des Invertins die Affinität zum Rohrzucker stärker vermindern, als zu den Spaltprodukten. Die auf S. 59f. gegebene Erklärung für die Wirkung arteigener und artfremder [75] Kochsäfte läßt diese Erscheinung voraussehen. Bei Verringerung der Affinität wird das Verhältnis zwischen den an die reaktionsfähigen Gruppen gelangenden und den in Lösung befindlichen Zuckermolekülen für die Hexosen günstiger bleiben als für das Disaccharid. Dasselbe gilt dann für das Verhältnis, in dem Saccharose und Raffinose an die aktiven Gruppen gelangen. Die im 2. Abschnitt des III. Kapitels mitgeteilten Zahlen deuten in der Tat darauf hin, daß mit wachsendem K_S auch der Affinitätsquotient $K_R : K_S$ zunimmt. Diese Zunahme liegt jedoch innerhalb der Fehlergrenzen der direkten K_R-Bestimmung. Da ein und dasselbe Enzym die Hydrolyse von Rohrzucker und Raffinose bewirkt, wird sich die Affinität des Invertins zum Trisaccharid jetzt auch auf indirektem Wege bestimmen lassen, z. B. aus der Verlangsamung der Rohrzucker- und Raffinosehydrolyse durch das gemeinsame Spaltprodukt Fructose.

---

[1] Die Abhängigkeit der Invertinkinetik vom p_H konnte jedoch nur mit weitgehend gereinigten Enzymlösungen reproduziert werden. Mit Hefeautolysaten erhält man mitunter noch bei $p_H > 7$ ansteigende Reaktionskonstanten 1. Ordnung.

[2] Die Versuche werden in einer späteren Mitteilung bekanntgegeben.

[76]

V. Abbildungen.

Extrakt aus Löwenbräuhefe
(vgl. Tab. 1, S. 40).

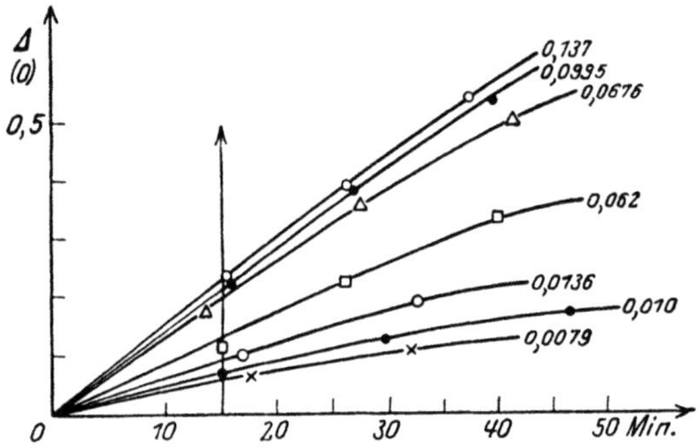

Abb. 1a.

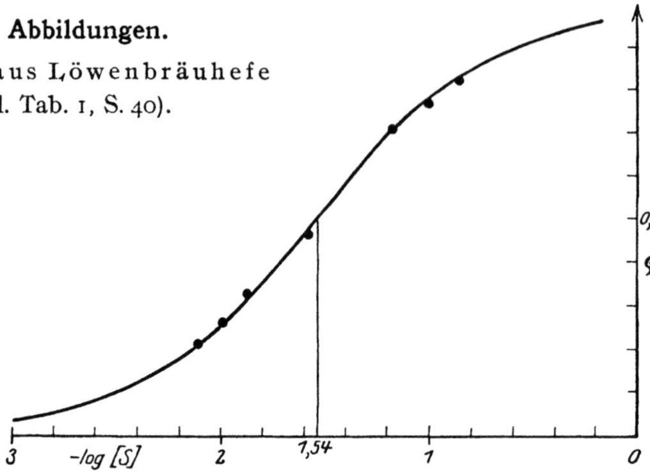

Abb. 1b.

$K_S = 0{,}029$.

[77]

Invertin vom Zeitwert 0,85 (vgl. Tab. 2, S. 41).

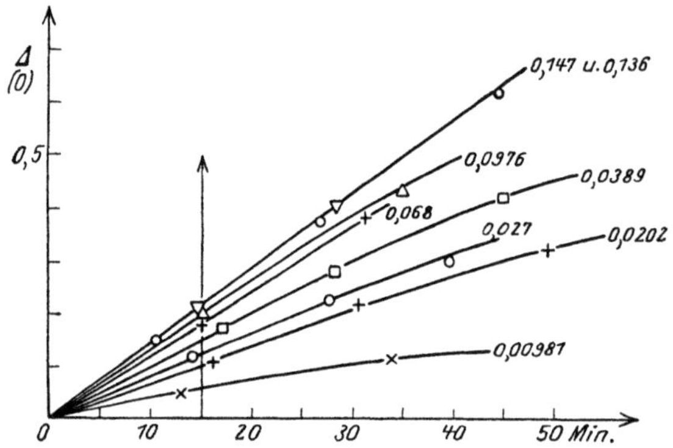

Abb. 2a.

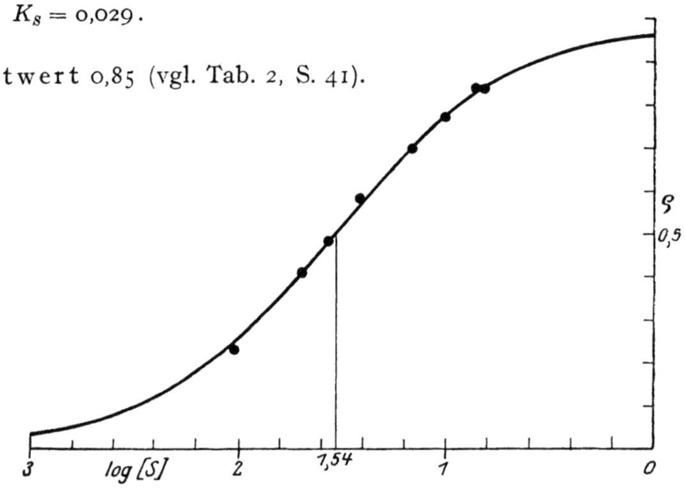

Abb. 2b.

$K_S = 0{,}029$.

[78]

Invertin vom Zeitwert 0,64 (vgl. Tab. 3, S. 42).

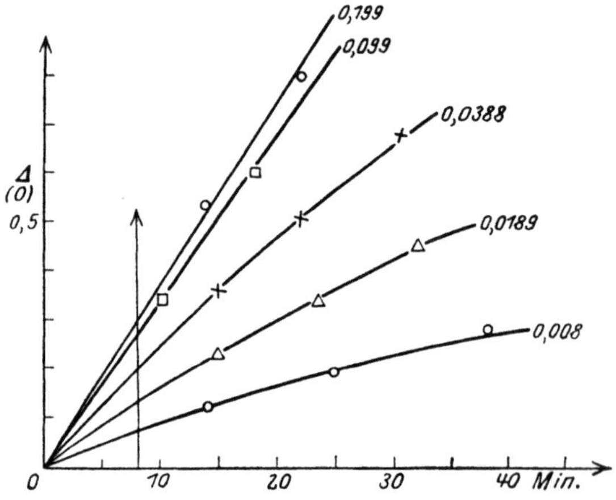

Abb. 3a.

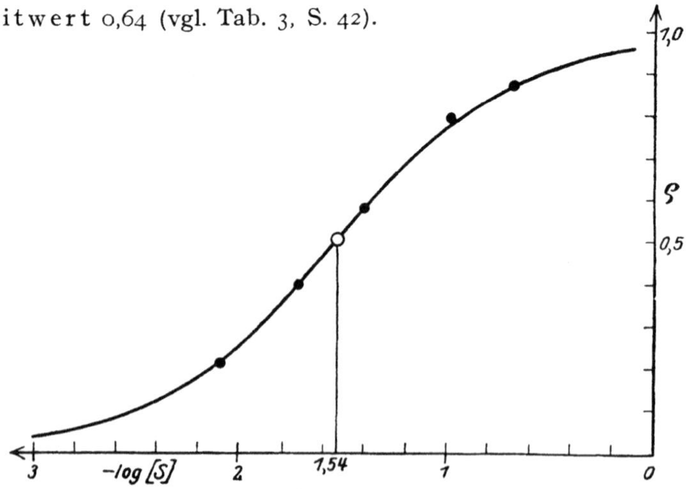

Abb. 3b.

$K_S = 0{,}029$.

[79]

Invertin *d*, **Zeitwert** 0,26,
$p_H = 4,4—4,6$ (vgl. Tab. 4, S. 47).

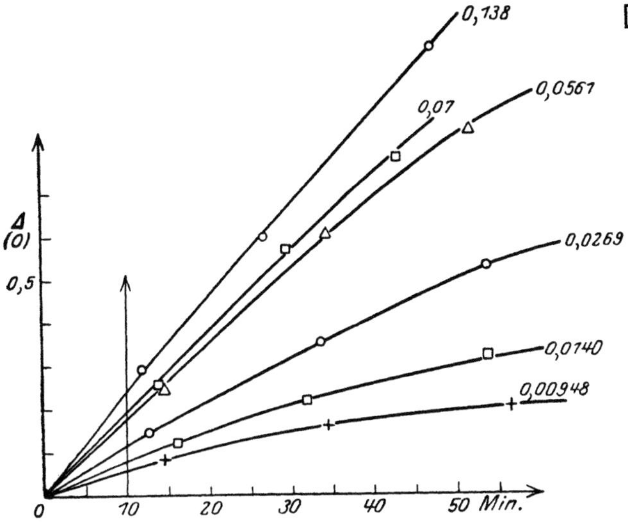

Abb. 4a.

$K_S = 0,040$.

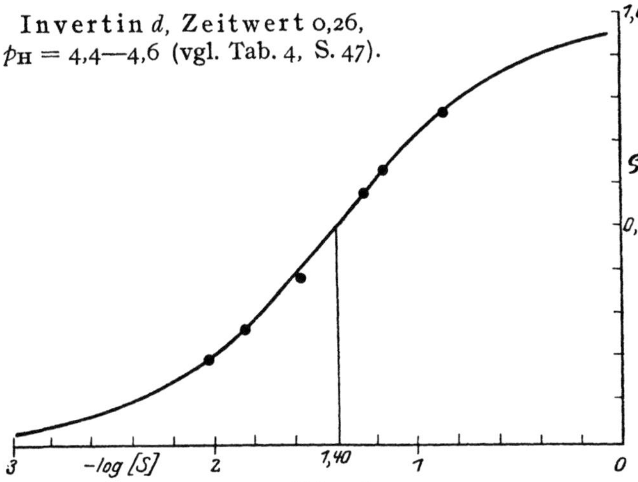

Abb. 4b.

[80]

Invertin *d*,
Zeitwert 0,26, $p_H = 6,79$
(vgl. Tab. 5, S. 48).

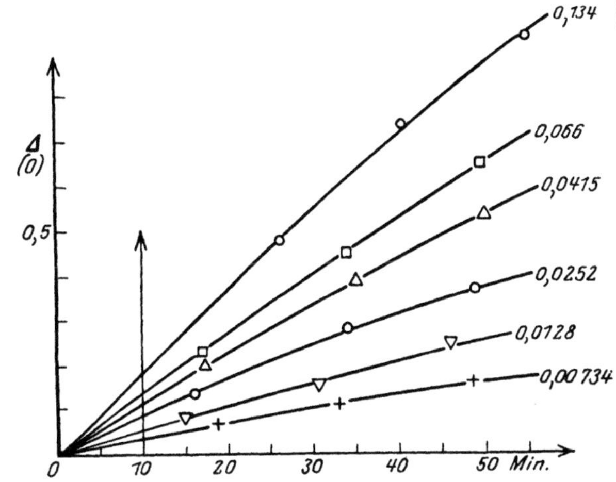

Abb. 5a.

$K_S = 0,040$.

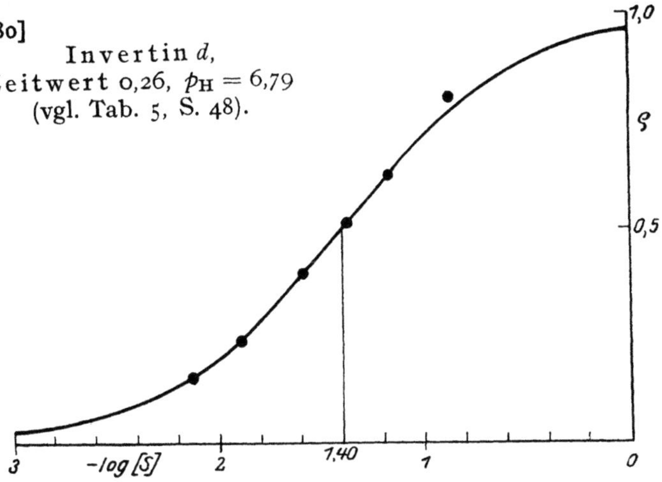

Abb. 5b.

[81]

Invertin *e*,
Zeitwert 0,37
(vgl. Tab. 6, S. 50).

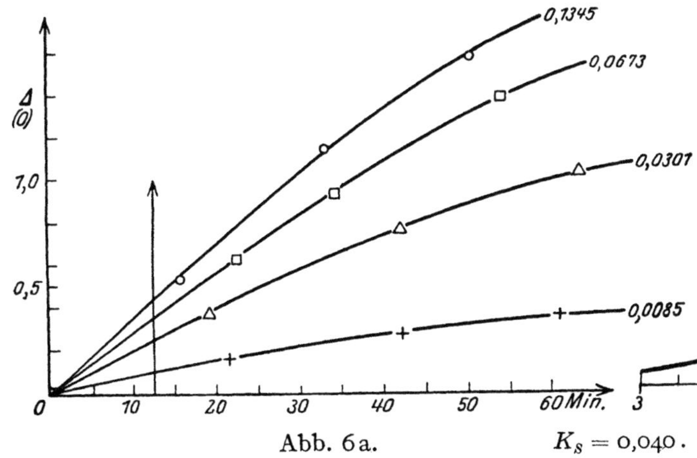

Abb. 6a.

$K_S = 0,040$.

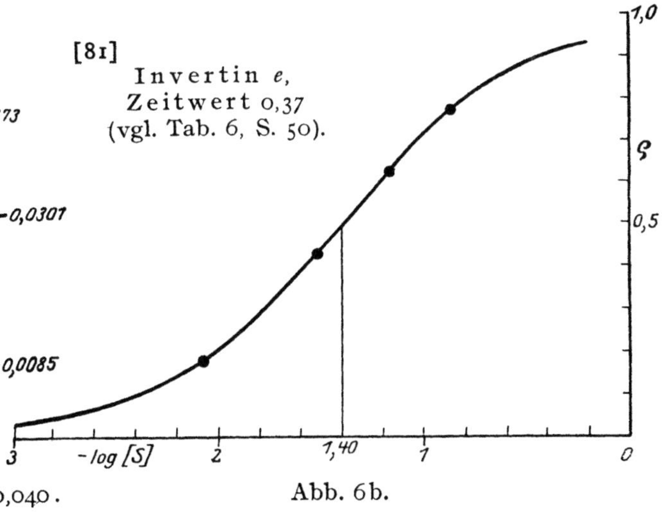

Abb. 6b.

[82]

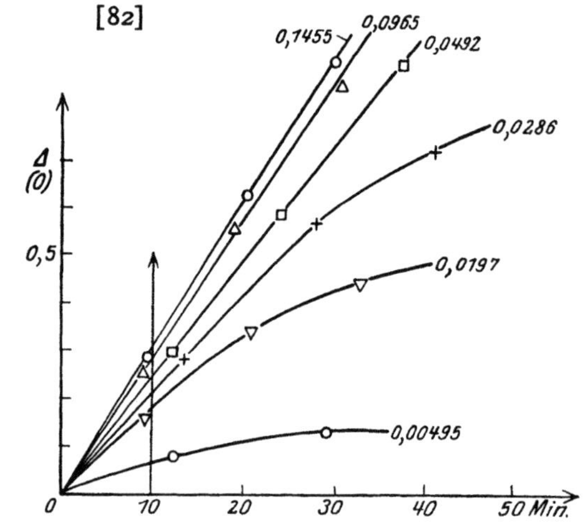

Abb. 7a.

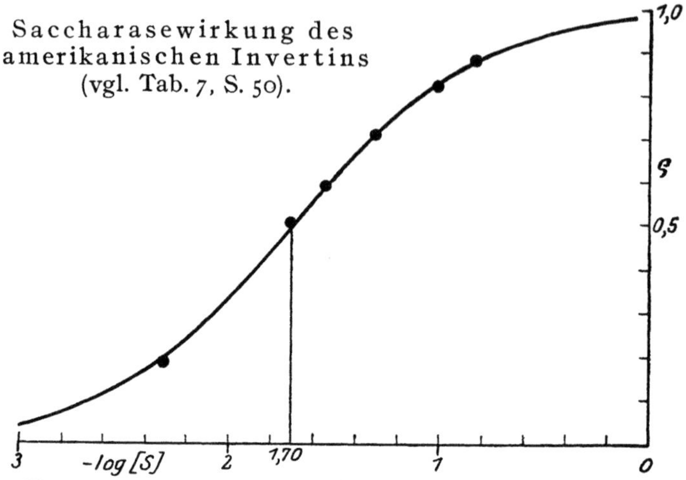

K_S = 0,020. Abb. 7b.

[83]

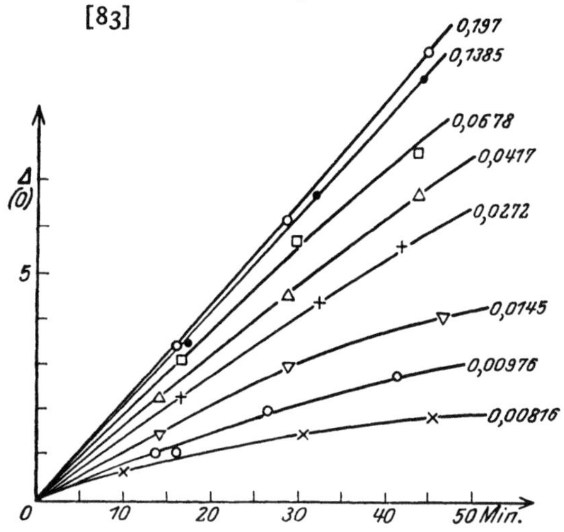

Abb. 8a.

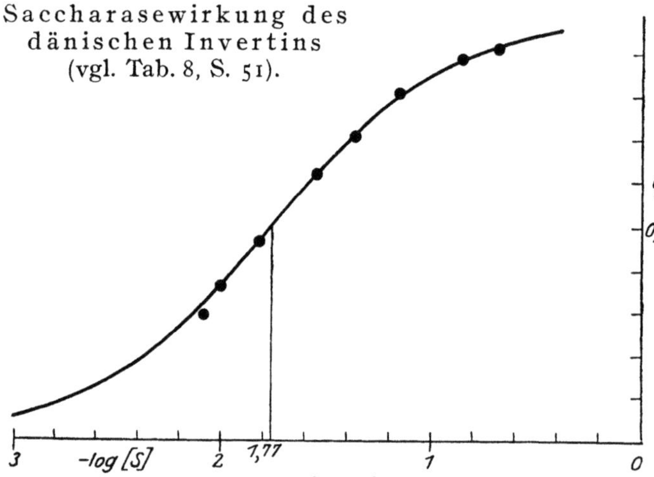

K_S = 0,017. Abb. 8b.

[84]

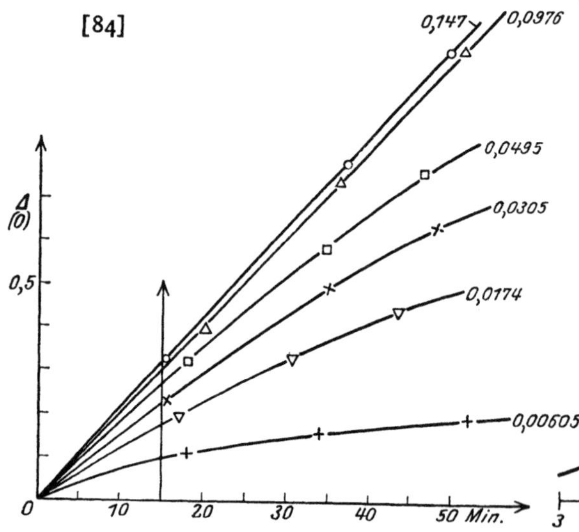

Abb. 9a.

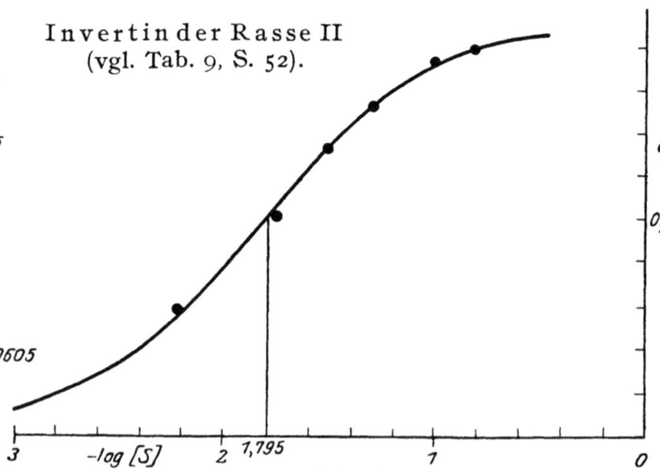

K_S = 0,016. Abb. 9b.

[85] Invertin der Rasse XII (vgl. Tab. 10, S. 53).

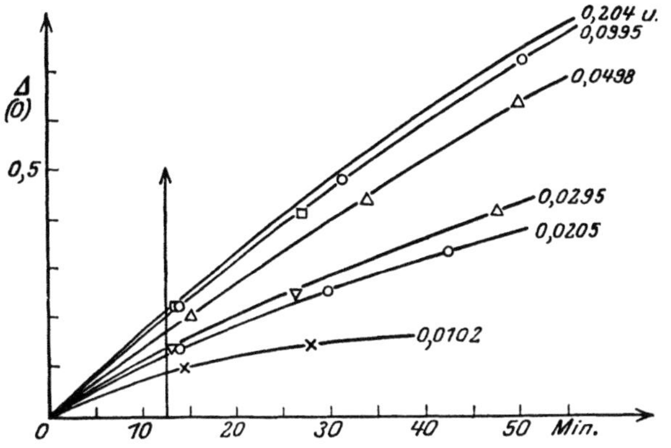

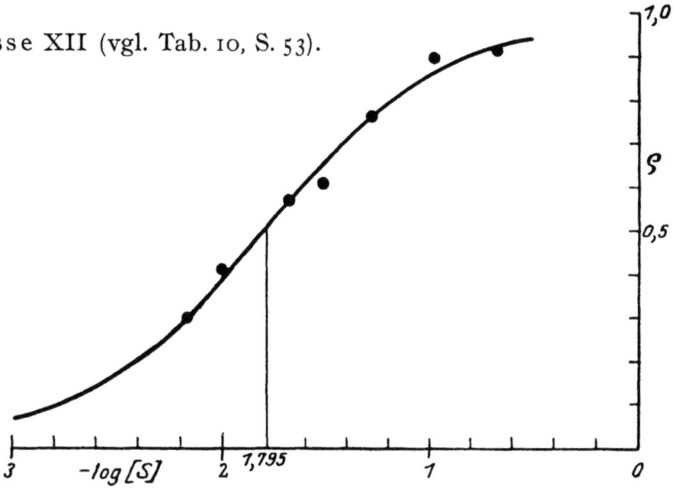

Abb. 10a. $K_S = 0{,}016$. Abb. 10b.

[86] Invertin aus Löwenbräuhefe mit dänischem Kochsaft (vgl. Tab. 11, S. 56).

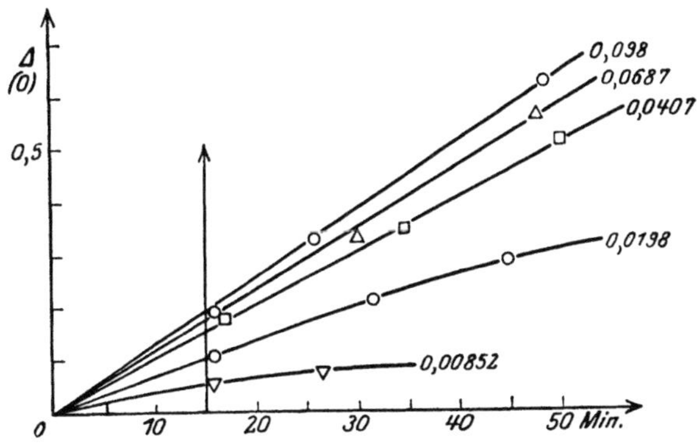

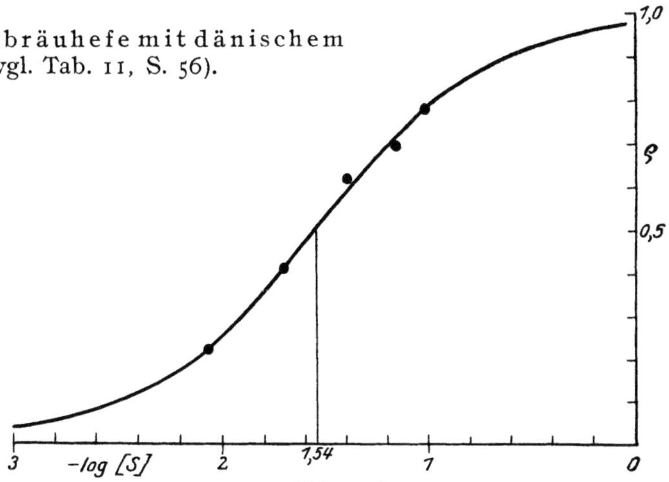

Abb. 11a. $K_S = 0{,}029$. Abb. 11b.

[87] Invertin der Rasse XII mit Löwenbräukochsaft (vgl. Tab. 12, S. 57).

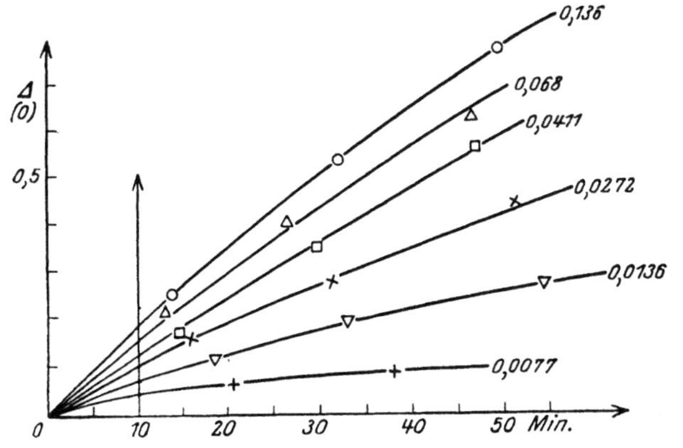

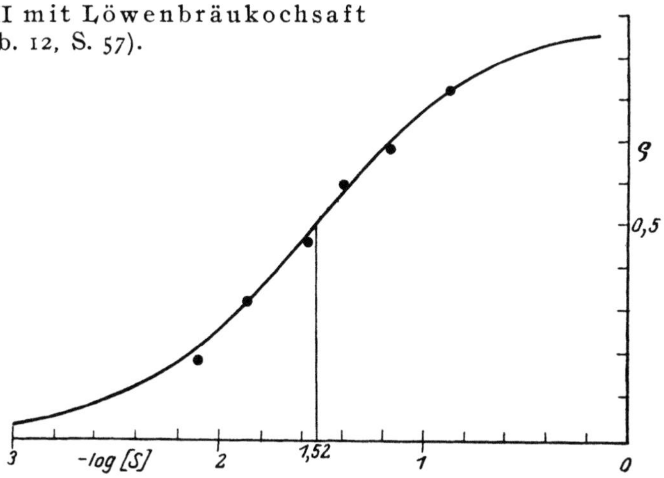

Abb. 12a. $K_S = 0{,}030$. Abb. 12b.

[88] Dänisches Invertin mit dänischem Kochsaft (vgl. Tab. 13, S. 58).

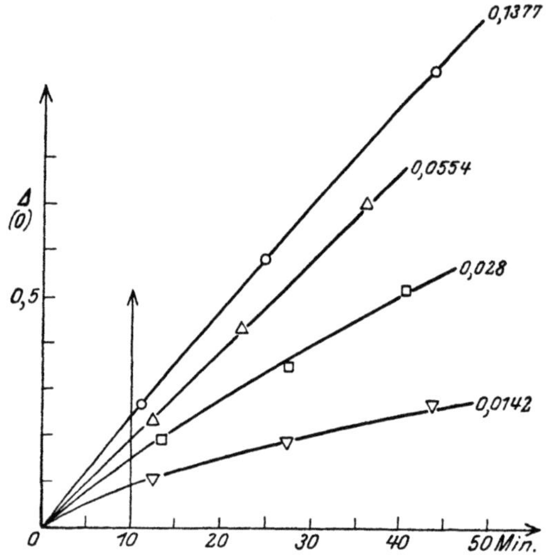

Abb. 13a.

$K_S = 0{,}030$.

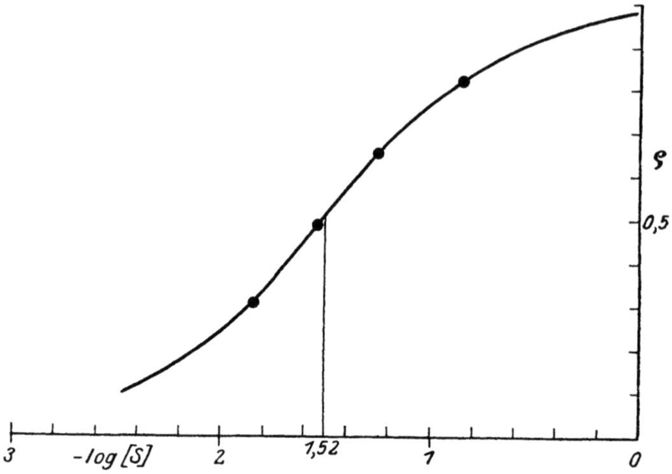

Abb. 13b.

[89] Raffinasewirkung des Invertins der Rasse II (vgl. Tab. 14, S. 62).

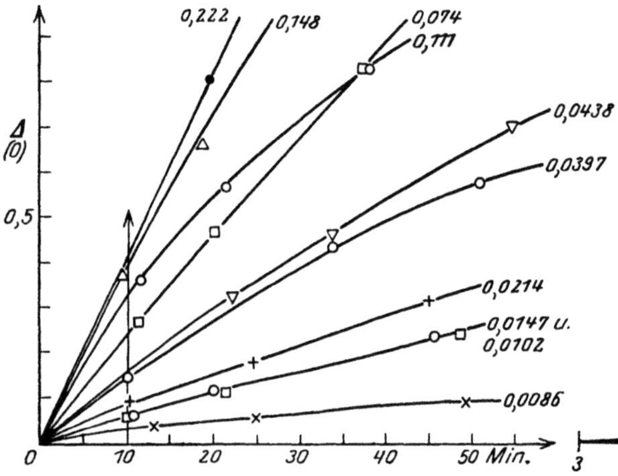

Abb. 14a.

$K_R = 0{,}24$

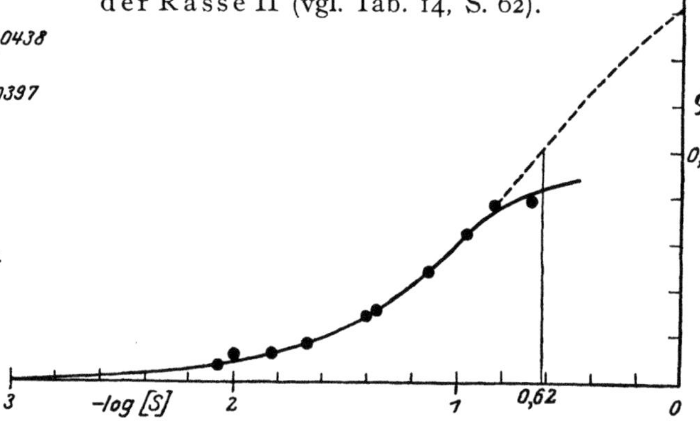

Abb. 14b.

[90] Raffinasewirkung des Invertins der Rasse XII (vgl. Tab. 15, S. 63).

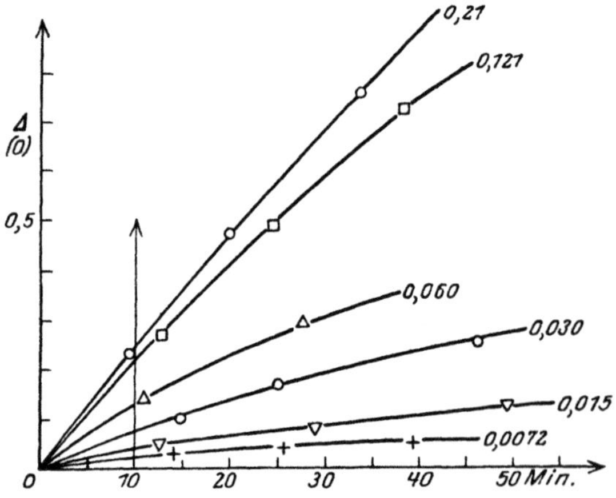

Abb. 15a.

$K_R = 0{,}24$.

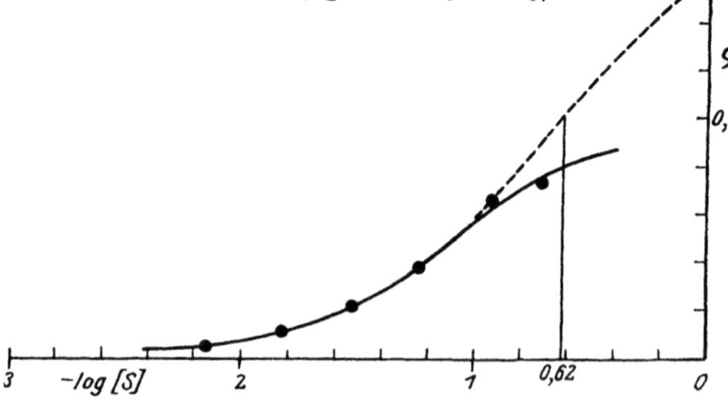

Abb. 15b.

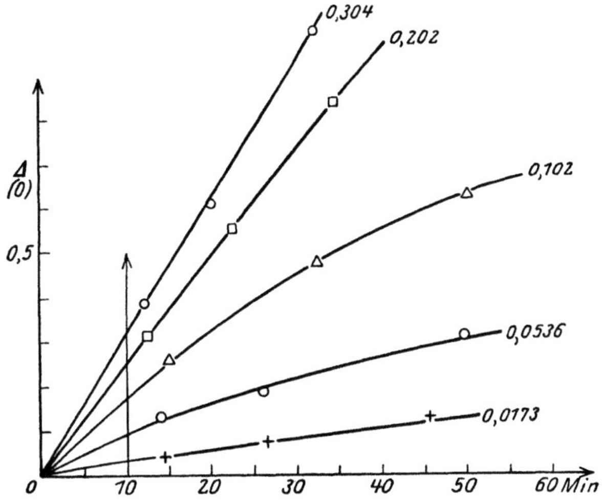

Abb. 16a.

[91] Raffinasewirkung des Dänischen Invertins (vgl. Tab. 16, S. 64).

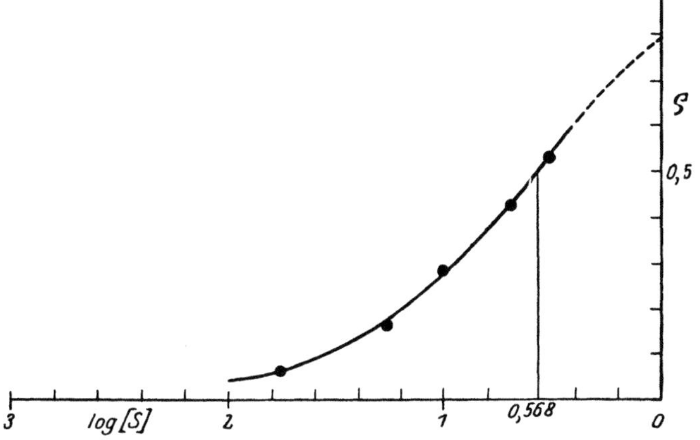

$K_R = 0{,}27$.

Abb. 16b.

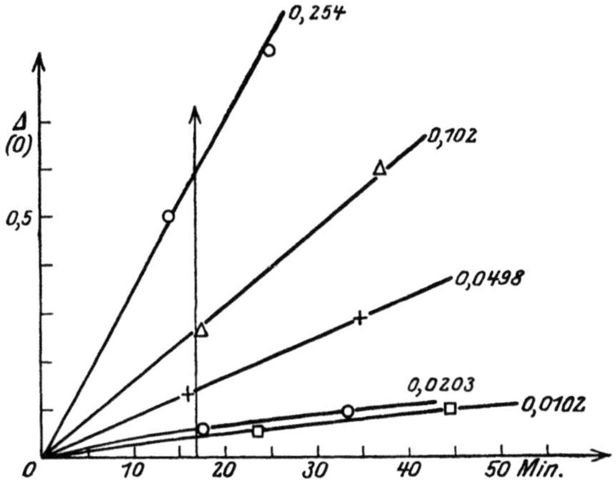

Abb. 17a.

[92] Raffinasewirkung des Invertins *e* vom Zeitwert 0,37 (vgl. Tab. 17, S. 65).

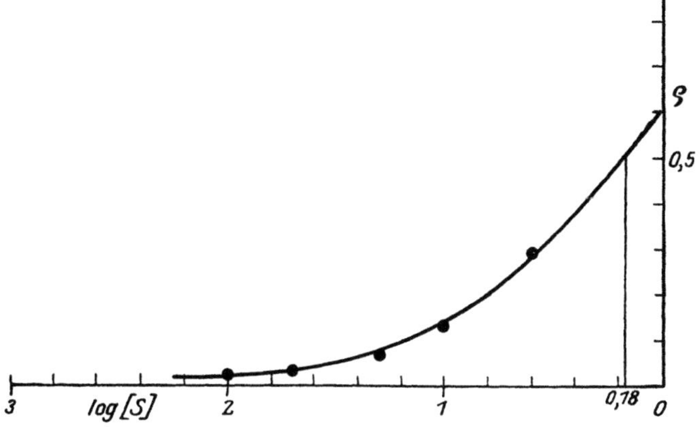

$K_R = 0{,}66$.

Abb. 17b.

Zeitschrift für physiologische Chemie **127**, S. 234 [1923].

82. ÜBER SPEZIFITÄT DER ENZYME.

Von RICHARD WILLSTÄTTER und RICHARD KUHN.

III[1]. Die Affinität der Enzyme zu stereoisomeren Zuckern*.

Von RICHARD KUHN.

(Mitteilung aus dem Chemischen Laboratorium der Bayerischen Akademie der Wissenschaften in München.)

(Der Redaktion zugegangen am 26. Januar 1923.)

Als Hauptergebnis seiner Untersuchungen über Fermente bezeichnete E. FISCHER[2] ihr differierendes Verhalten gegen Stoffe von äußerst ähnlicher Konfiguration. Das bekannteste und best untersuchte Beispiel lieferte die Einwirkung von Hefeauszügen und von Emulsin auf α- und β-Glucoside. Es scheint aber bis heute noch kein Versuch vorzuliegen, der es gestattet, solche Erscheinungen auf die verschiedene Affinität der Enzyme zu den diesen Glucosiden zugrunde liegenden stereoisomeren Formen der Zucker zurückzuführen.

Für eine noch unbekannte Teilreaktion im zymatischen Abbau der Hexosen läßt sich aus dem von R. WILLSTÄTTER und H. SOBOTKA[3] gezogenen „Vergleich von α- und β-Glucose in der Gärung" schließen, daß die Reaktionsgeschwindigkeit [235] beider Formen ungleich ist. Im Gemisch wird nämlich die α-Glucose der β-Form vorgezogen[1)], obwohl jede für sich allein gleich schnell vergoren wird. Da sich auch die bemerkenswerten Versuche von H. J. HAMBURGER[2)] über die Permeabilität der

[1] I. und II. Abhandlung: R. KUHN, Diese Zs. Bd. 125, S. 1 und S. 28 [1922/23] (*Abh. 80 und 81*).

* *Vgl. Abhandl. 83 und namentlich die späteren Untersuchungen von R. Kuhn und H. Münch, „Über Gluco- und Fructosaccharase" I und II, Zeitschr. f. physiol. Chem. 150, S. 220 [1925], und 163, S. 1 [1926/27].*

[2] Bedeutung der Stereochemie für die Physiologie, Diese Zs. Bd. 26, S. 60 [1898]; Unters. über Kohleh. und Ferm. S. 116, und zwar S. 133.

[3] Diese Zs. Bd. 123, S. 164 [1922] (*Abh. 68*).

[1)] Die nachträgliche Drehungszunahme einer teilweise vergorenen Glucoselösung hat schon C. S. HUDSON, Jl. Am. Chem. Soc. Bd. 31, S. 655 [1909], und zwar S. 662, beschrieben. R. WILLSTÄTTER und R. KUHN.

[2)] H. J. HAMBURGER und R. BRINKMAN, Biochem. Zs. Bd. 88, S. 97 [1918]; H. J. HAMBURGER, Koninkl. Akad. v. Wetensch. Amsterdam, Proc. Bd. XXII, Nr. 4, S. 351 und S. 360 [1919]; H. J. HAMBURGER und R. BRINKMAN, Biochem. Zs. Bd. 94, S. 131 [1919]; H. J. HAMBURGER, Biochem. Zs. Bd. 128, S. 185 und S. 207 [1921/22]; Klin. Wochenschr. Bd. 1, S. 418 [1922].

Glomerulusmembran der Froschniere, die z. B. d-Galaktose partiell zurückhält[3], auf noch wenig geklärte, komplizierte Mechanismen beziehen, möchte ich durch einige Disaccharid- und Glucosidhydrolysen, die unter Zusatz von α- und β-Glucose ausgeführt wurden, die spezifischen Affinitäten der Enzyme beleuchten[4]:

Weder das Invertin der Münchener Löwenbräuhefe, noch die salicin- und helicinspaltenden Komponenten eines aus bitteren Mandeln gewonnenen Emulsinpräparates weisen eine meßbare Affinität zur α-Glucose auf[5]. Die in der Literatur beschriebene Hemmung der Rohrzucker-, Salicin- und Helicinspaltung durch Dextrose ist daher ausschließlich der niedrig drehenden Modifikation des Traubenzuckers zuzuschreiben. Die [236] von verflüssigter Hefe bewirkte Malzzuckerhydrolyse fand ich dagegen durch beide Stereoisomere in annähernd gleicher Weise beeinflußt.

Diese Versuche werden Schlußfolgerungen auf den Wirkungsmechanismus der Enzyme erlauben. Sie zeigen zugleich, daß für biochemische und namentlich enzymatische Untersuchungen bei Verwendung leicht isomerisierbarer Stoffe, wie mutarotierender Zuckerarten, eine genaue Angabe über die Darstellungsweise der Lösungen, den Zeitpunkt ihrer Verwendung usw., unerläßlich ist. Die Erkenntnis, daß z. B. eine „5proz. Glucoselösung" ein undefiniertes und veränderliches Gemisch zweier Stoffe von völlig verschiedenartigem Verhalten darstellen kann, macht nicht wenige Angaben der Enzymliteratur wertlos und eine Reihe von Widersprüchen verständlich.

1. Invertin.

Als Ursache für den wechselnden Verlauf der enzymatischen Rohrzuckerhydrolyse[1]) wurde vor kurzem[2]) die verschiedene Affinität des Enzyms zu seinem Substrat wahrscheinlich gemacht. Für die theoretische Ableitung der Zeit-Umsatz-Kurven sollte nun auch die Affinität zu den Spaltprodukten mit Präparaten von verschiedener Rohrzuckeraffinität bestimmt werden. Da aber nach C. S. HUDSON[3]) bei der Hydrolyse primär α-Glucose auftritt und sich diese im Verlaufe der Reaktion mit der β-Modifikation ins Gleichgewicht setzt, während immer wieder hochdrehender Traubenzucker aus dem Disaccharid entbunden wird, ist es notwendig, die Dissoziationskonstanten $\frac{[\text{Saccharase}]\,[\alpha\text{-Glucose}]}{[\text{Saccharase-}\alpha\text{-Glucose}]}$ und $\frac{[\text{Saccharase}]\,[\beta\text{-Glucose}]}{[\text{Saccharase-}\beta\text{-Glucose}]}$ einzeln zu kennen.

---

[3] Ob es sich um die α- oder um die β-Form handelt, ist unbekannt. Gleichgewichts-d-Glucose wird vollständig zurückgehalten, l-Glucose dagegen durchgelassen.

[4] Die unter Zusatz anderer α- und β-Zucker ausgeführten Versuche sowie die Beweise dafür, daß die Verlangsamung der Reaktionsgeschwindigkeiten auf Affinität der Enzyme zu den Hexosen beruht (Parallelverschiebung der Aktivitäts-p_S-Kurven), werden später mitgeteilt.

[5] Die Abhängigkeit der Invertinkinetik vom p_H (R. WILLSTÄTTER, J. GRASER und R. KUHN, Diese Zs. Bd. 123, S. 1 [1922], und zwar S. 63ff.) ist somit auf die Affinität des Enzyms zu den reduzierenden Spaltprodukten zurückgeführt, die wegen der rascheren Mutarotation der α-Glucose in Nähe des Neutralpunktes etwa doppelt so groß erscheint als bei optimalem p_H. Vgl. diese Zs. Bd. 125, S. 74 [1922/23].

[1]) R. WILLSTÄTTER, J. GRASER und R. KUHN, Diese Zs. Bd. 123, S. 1 [1922], und zwar S. 63ff. (*Abh. 48*).

[2]) R. KUHN, Diese Zs. Bd. 125, S. 28 [1922/23], und zwar Kap. IV, S. 73f.

[3]) Jl. Am. Chem. Soc. Bd. 30, S. 1160 und S. 1564 [1908] und Bd. 31, S. 655 [1909].

[237] Im Gegensatz zu den Angaben von V. HENRI[1], H. P. BARENDRECHT[2] und L. MICHAELIS[3] hatte E. F. ARMSTRONG[4] keinen Einfluß der Dextrose auf die Inversionsgeschwindigkeit des Rohrzuckers durch Hefeinvertin beobachtet. Es zeigt sich nun, daß die Affinität des Enzyms zur β-Glucose beträchtlich, zur α-Glucose dagegen unmeßbar gering ist[5]. Die in Tab. 1 angeführten Versuche lassen vermuten, daß ARMSTRONG im Gegensatz zu den anderen Beobachtern frisch gelösten Traubenzucker angewandt hat. Dies gilt auch für einen Versuch BARENDRECHTS[6], der mit und ohne Zusatz der äquivalenten Glucosemenge in 0,2n-Rohrzuckerlösung gleiche Anfangsgeschwindigkeiten beobachtete. Erst bei längerer Versuchsdauer blieb der Umsatz im Glucoseexperiment hinter dem des Kontrollversuches zurück.

α-Glucose: Traubenzucker MERCK, puriss., wasserfrei, für Infusionen; daraus nach R. BEHREND[7]

β-Glucose: pyridinfrei; $[\alpha]_D^{19,0} = +19,0°$ in 2proz. Lösung (für die Zeit $t = 0$ extrapoliert).

Die Hexosen wurden in 30° warmem Wasser gelöst, mit der vorgewärmten Rohrzucker-Phosphatlösung gemischt und 2 Minuten darauf 2 ccm Saccharaselösung (*b* der II. Abh., Kap. II, Abschn. 2[8]) zugesetzt[9]. In der letzten Spalte der Tabelle sind die Mittelwerte der für eine mono-

[238] Tabelle 1. Inversion bei 30,05 ± 0,05°. Polarisation bei 19°.

Nr.	Zucker	Zeit (Min.)	Drehung (°)	Drehungs-abnahme (°)	Spaltung %	$k \cdot 10^4$	Mittel
1.	0,1 n-Saccharose	0,0	[3,615]	—	—	—	
		1,6	3,555	0,26	5,5	—	
		7,0	2,56	1,055	22,2	157	**158,5**
		12,5	1,88	1,735	36,5	158	
		16,5	1,45	2,165	45,6	161	
2.	0,1 n-Saccharose	0,0	[5,31]	—	—	—	
	+ 0,11 n-α-Glucose	1,6	5,03	0,28	5,9	—	
		5,75	4,40	0,915	19,3	163	**158,5**
		12,55	3,58	1,74	36,7	158	
		19,3	2,95	2,37	49,5	154	
3.	0,1 n-Saccharose	0,0	[5,29]	—	—	—	
	+ 0,11 n-β-Glucose	2,0	5,04	0,25	5,4	—	
		11,0	3,98	1,31	28,2	130	**137,5**
		19,0	3,20	2,09	45,0	137	
		30,0	2,345	2,945	63,5	146	

[1] Thèse, Paris 1903; C. R. Bd. 115, S. 916 [1902].
[2] Zs. physikal. Chem. Bd. 49, S. 456 [1904].
[3] L. MICHAELIS und M. L. MENTEN, Biochem. Zs. Bd. 49, S. 333 [1913].
[4] Proc. Roy. Soc. London, Bd. 73, S. 516 [1904], und zwar S. 520.
[5] Die Ansicht, daß die Einstellung der Hefe auf die Hydrolyse von α-Glucosiden eine ähnliche Verwandtschaft ihrer Enzyme zu den entsprechenden Glucosen und damit z. B. die auswählende Gärung von Zuckergemischen bedingen möge (R. WILLSTÄTTER und H. SOBOTKA, a. a. O., und zwar S. 166f.), bedarf somit der Einschränkung.
[6] Zit. nach R. O. HERZOG in C. Oppenheimers „Die Fermente", 4. Aufl., Bd. II, S. 977 [1913].
[7] Liebigs Ann. der Chem. Bd. 353, S. 106f. [1907].
[8] K_s nach 5 Monaten ungeändert = 0,029; S.W. = 1,18, S.W.$_{red.}$ = 1,24; vgl. R. WILLSTÄTTER und R. KUHN, Chem. Ber. Bd. 56, S. 509 [1922/23] (*Abh. 6*).
[9] Näheres über die Ausführung der Versuche: Diese Zs. Bd. 125, S. 28 [1922/23], und zwar S. 36.

Tabelle 2. Hydrolyse bei 30,05 ± 0,05°. Polarisation bei 18,5°.

Nr.	Zucker	Zeit (Min.)	Drehung (°)	Drehungs-abnahme (°)	Spaltung %	$k \cdot 10^4$	Mittel
1.	0,072 n-Raffinose	0,0	[7,255]	—	—	—	
		1,5	7,055	0,20	5,9	—	
		6,5	6,45	0,805	23,8	183	**173**
		17,3	5,62	1,635	48,5	167	
		26,5	5,075	2,18	64,5	170	
2.	0,072 n-Raffinose	0,0	[8,96]	—	—	—	
	+ 0,11 n-α-Glucose	2,0	8.60	0,36	10,6	—	
		7,3	7,90	1,06	31,4	225	**176**
		17,25	7,35	1,61	47,7	163	
		27,0	7,00	1,96	58,0	140	
3.	0,072 n-Raffinose	0,0	[8,925]	—	—	—	
	+ 0,11 n-Gleichgewichts-	2,5	8,70	0,225	6,7	—	
	Glucose	8,7	8,18	0,745	22,0	125	**120**
		16,1	7,75	1,175	34,8	115	
		24,5	7,25	1,675	49,5	121	

molekulare Reaktion berechneten Konstanten, die im Laufe der **[239]** Versuchszeit von 15 bis 30 Minuten beobachtet wurden, angeführt. In Übereinstimmung mit dem Auftreten bzw. Verschwinden der hemmenden β-Glucose fallen die Konstanten in Versuch Nr. 2 mit α-Glucose, während sie in Versuch Nr. 3 (mit β-Glucose) stärker ansteigen als im Kontrollversuch Nr. 1.

Die Beobachtung, daß frisch gelöster Traubenzucker für das Ausmaß des enzymatischen Umsatzes ohne Belang ist, hat sich unter Änderung der Rohrzucker- und Glucosekonzentration und bei Anwendung einer Saccharaselösung von geringerem Reinheitsgrade (S.W. = 0,42) bestätigt.

Wenn die hemmende Wirkung der β-Hexose durch Konkurrenz mit dem Disaccharid um das Invertin zu erklären ist, dann muß die Hydrolyse eines anderen Substrates, die gleichfalls durch Invertin erfolgt, durch β-Glucose im selben Sinne beeinflußt werden. Dies trifft nach Tab. 2 für die Hydrolyse der Raffinose zu. Ein Einfluß von α-Glucose ist auch hier nicht zu erkennen[1].

2. Maltase.

Über den Einfluß des Spaltproduktes auf die Wirksamkeit der Hefemaltase liegen Angaben von E. F. Armstrong[2] und von Herzog und Kasarnowski[3] vor. Übereinstimmend[4] wurde eine bedeutende Verlangsamung der Hydrolysengeschwindigkeit beobachtet. Nach Tab. 3 scheint die β-Glucose an diesem Effekte nur wenig stärker beteiligt zu sein als die α-Form. Doch ist die raschere Mutarotation bei der für die Maltasewirkung optimalen Acidität zu berücksichtigen.

[1] Über die Ausführung der Versuche, zu denen ein Invertinpräparat vom S.W. = 1,05 angewandt wurde, vgl. Diese Zs. Bd. 125, S. 28 [1922/23], und zwar S. 60.

[2] Proc. Roy. Soc. London Bd. 73, S. 516 [1904], und zwar S. 520.

[3] R. O. Herzog und H. Kasarnowski in C. Oppenheimer „Die Fermente", 4. Aufl., Bd. II, S. 988 [1913].

[4] Die Angabe in C. Oppenheimers „Die Fermente und ihre Wirkungen", 4. Aufl., Bd. II, S. 988 [1913], die sich auch in H. v. Eulers „Chemie der Enzyme", II. Teil, 1. Abschn., auf S. 156f. findet, daß nämlich Armstrong keine Hemmung durch Dextrose beobachtet habe, dürfte auf einem Versehen beruhen.

22 g frische Hefe der Münchener Löwenbrauerei (21. XII. 1922) wurden nach dem Verfahren von R. WILLSTÄTTER und W. STEIBELT[5] [240] mit 2 ccm Essigester verflüssigt. Zum Neutralisieren der mit 40 ccm Wasser verdünnten Suspension genügten 2,3 ccm 1 proz. Ammoniak. Sie wurde im Meßkolben auf 100 ccm gebracht, ohne in weiteren 4 Stunden Säure nachzuliefern. Zu den folgenden Versuchen wurden je 20 ccm angewandt, die die phosphathaltige Zuckermischung (5 ccm m/3-Phosphat entsprechend $p_H = 6{,}8$) auf 100 ccm ergänzten. Zur Bestimmung des Drehungsvermögens wurden je 20 ccm in 5 ccm 2 n-Sodalösung eingetragen und unter Zusatz von spanischer Klärerde von der Hefe abfiltriert.

Tabelle 3. Hydrolyse bei 30,00 ± 0,05°. Polarisation bei 19°.

Nr.	Zucker	Zeit (Min.)	Drehung (°)	Drehungsabnahme (°)	Spaltung %	$k \cdot 100^4$	Mittel
1.	0,139 n-Maltose	0,0	[9,87]	—	—	—	
		2,2	9,70	0,17	3,0	—	
		11,0	9,11	0,76	13,4	57,5	53,5
		21,0	8,60	1,27	22,4	53	
		29,5	8,25	1,62	28,6	49,5	
2.	0,139 n-Maltose	0,0	[12,115]	—	—	—	
	+ 0,11 n-α-Glucose[1])	2,0	12,025	0,09	—	—	
		10,3	11,65	0,465	8,2	37	32
		21,6	11,335	0,78	13,8	30	
		30,1	11,10	1,015	17,9	28,5	
3.	0,139 n-Maltose	0,0	[12,10]	—	—	—	
	+ 0,11 n-β-Glucose	2,2	12,00	0,10	—	—	
		10,8	11,65	0,45	7,9	34	30,5
		20,4	11,34	0,76	13,4	30,5	
		32,3	11,10	1,00	17,5	26	

3. Emulsin.

Nach E. F. ARMSTRONG[2]) bewirkt Glucose eine beträchtliche Verzögerung der Emulsinwirkung auf β-Glucoside. V. HENRI[3]) hat den Einfluß der Reaktionsprodukte auf die [241] Hydrolyse des Salicins näher untersucht. Nach dem Ergebnis der in Tab. 4 mitgeteilten Versuche ist hochdrehender Traubenzucker nicht imstande, die Umsatzgeschwindigkeit des Salicins und Helicins zu beeinflussen. Das betreffende Enzym [242] des Emulsins, die β-Phenylglucosidase[1]], besitzt also nur zu derjenigen Form der Glucose eine meßbare Affinität, auf deren Derviate sich auch die hydrolytische Wirksamkeit beschränkt.

Für die Versuche mit Salicin dienten je 12,5 mg, für die mit Helicin je 5 mg Emulsin MERCK[2]] in 50 ccm Zucker-Glucosid-Mischung. Puffer: n/50-Acetat. α- und β-Glucose wurden 2 Minuten vor Zusatz des Enzyms in Wasser von 30° gelöst. Unter den gewählten Versuchsbedingungen entspricht der vollständigen Spaltung des Salicins eine Drehungszunahme von 0,876°, der des

[5] Diese Zs. Bd. 111, S. 157 [1920], und zwar S. 168 (*Abh. 62*).

[1]) H. P. BARENDRECHT gibt in der Zs. f. physikal. Chem. Bd. 49, S. 456 [1904], und zwar S. 476, an, daß die Maltasewirkung durch α- und β-Glucose (worunter er die Gleichgewichtsform versteht) im selben Maße verzögert wird. Es finden sich aber keine Zahlenangaben.

[2]) Proc. Roy. Soc. London, Bd. 73, S. 516 [1904], und zwar S. 520.

[3]) Lois générales de l'action des diastases, Paris 1903.

[1]] R. WILLSTÄTTER und G. OPPENHEIMER, Diese Zs. Bd. 121, S. 183 [1922], und zwar S. 185; H. v. EULER hat für dieses Enzym den Namen Salicase vorgeschlagen, Ch. d. Enzyme, 2. Aufl., II. Teil, 1. Abschn., S. 222 [1922].

[2]] Präparat Nr. 9 der Abhandlung von R. WILLSTÄTTER und G. OPPENHEIMER.

Tabelle 4. Hydrolyse bei 30,05 ± 0,05°. Polarisation bei 19°.

Nr.	Glucosid + Zucker	Zeit (Min.)	Drehung (°)	Drehungszunahme (°)	Spaltung %	$k \cdot 10^4$	Mittel
1.	0,025 n-Salicin	0,0	[— 0,58]	—	—	—	
		2,3	— 0,572	0,01	—	—	
		11,7	— 0,53	0,05	5,7	22,2	22,8
		24,4	— 0,48	0,10	11,4	21,7	
		33,5	— 0,43	0,15	17,1	24,5	
2.	0,025 n-Salicin	0,0	[+ 0,03]	—	—	—	
	+ 0,055 n-α-Glucose	2,0	+ 0,04	0,01	—	—	
		12,3	+ 0,083	0,053	6,1	22,8	22,8
		21,7	+ 0,123	0,093	10,6	22,8	
		35,0	+ 0,175	0,145	16,5	22,6	
3.	0,025 n-Salicin	0,0	[+ 0,028]	—	—	—	
	+ 0,055 n-β-Glucose	2,6	+ 0,038	0,01	—	—	
		11,8	+ 0,070	0,042	4,8	18,7	18,0
		22,0	+ 0,098	0,070	8,0	16,8	
		30,7	+ 0,135	0,107	12,2	18,6	
4.	0,025 n-Helicin	0,0	[— 0,638]	—	—	—	
		2,5	— 0,601	0,037	—	—	
		9,8	— 0,490	0,148	15,8	77	74
		15,3	— 0,413	0,225	24,0	78,5	
		23,2	— 0,360	0,278	29,8	66,5	
5.	0,025 n-Helicin	0,0	[+ 0,053]	—	—	—	
	+ 0,055 n-α-Glucose	1,8	+ 0,075	0,022	—	—	
		8,2	+ 0,180	0,127	13,6	78	73
		14,9	+ 0,265	0,212	22,7	75,5	
		21,7	+ 0,310	0,257	27,5	64,5	
6.	0,025 n-Helicin	0,0	[+ 0,061]	—	—	—	
	+ 0,055 n-β-Glucose	2,0	+ 0,090	0,029	—	—	
		8,5	+ 0,173	0,112	12,0	66	59
		15,5	+ 0,230	0,169	18,1	56,5	
		22,3	+ 0,290	0,229	24,5	55	

Helicins eine solche von 0,935°. Nach den in der Tabelle angeführten Zeiten wurden nämlich Proben von 10 ccm in 6 ccm 1 proz. Sublimatlösung eingetragen und von der entstandenen Fällung abfiltriert. Die polarimetrischen Ablesungen erfolgten nach 3 Stunden im 2-dm-Rohr.

Zeitschrift für physiologische Chemie 129, S. 33 [1923].

83. ÜBER DIE EINHEITLICHE NATUR DER β-GLUCOSIDASE DES EMULSINS.

Von RICHARD WILLSTÄTTER, RICHARD KUHN und HARRY SOBOTKA.

Vierte[1] Mitteilung über Spezifität der Enzyme.

Von RICHARD WILLSTÄTTER und RICHARD KUHN.

(Mitteilung aus dem Chemischen Laboratorium der Bayerischen Akademie der Wissenschaften in München.)

Mit 2 Abbildungen im Text.

Der Redaktion zugegangen am 23. April 1923.

Die erste Untersuchung von R. WILLSTÄTTER und W. CSÁNYI, ,,Zur Kenntnis des Emulsins"[2], hat zu dem Ergebnis geführt, daß es sich bei der Hydrolyse von Amygdalin, Prunasin, β-Methylglucosid, von Lactose und von Raffinose um Wirkungen von Enzymen handelt, die ,,voneinander unabhängig und in veränderlichen Verhältnissen gemengt auftreten". In einer zweiten Mitteilung haben R. WILLSTÄTTER und G. OPPENHEIMER[3] die quantitative Analyse der Emulsinwirkungen auf Helicin, Salicin, β-Phenylglucosid, Arbutin und β-Methylglucosid ausgedehnt. Die einzige Regelmäßigkeit, durch die sich die Beschreibung des Enzymgemisches vereinfachte, war die Konstanz der auf Helicin bezogenen Zeitwertquotienten für Salicin und β-Phenylglucosid.

Bemerkenswert erschien die Verschiedenheit der Fermente, welche die Natur zum Abbau der aromatischen und [34] des aliphatischen Glucosids ausbildet. Immerhin versprach diese Vorstellung eine einfachere Beschreibung der Tatsachen als die Annahme, daß das Emulsin von Pflanze zu Pflanze und von Präparat zu Präparat verschieden sei. Das in den meisten Fällen nur in den Grenzen von 300 bis 600 schwankende Verhältnis

Zeitwert für β-Methylglucosid: Zeitwert für Helicin

[1] III. Mitteilung: R. KUHN, Diese Zs. Bd. 127, S. 234 [1923].
[2] Diese Zs. Bd. 117, S. 172 [1921] (*Abh.* 77).
[3] Diese Zs. Bd. 121, S. 183 [1922] (*Abh.* 78).

erreichte bei einem aus Zwetschgenkernen[1] isolierten Präparat den Wert 2930. Bei Prunasin und Arbutin überschritten dagegen die Schwankungen das Verhältnis 1:1,8 bzw. 1:3 nicht.

Den Schlußfolgerungen, die aus den Zeitwertmessungen der angeführten Arbeiten gezogen wurden, liegt die Annahme zugrunde, daß die für verschiedene Mengen einer bestimmten Enzymlösung geltende Beziehung

$$\frac{\text{Enzymmenge}}{\text{Enzymwert}} = c \qquad (1)$$

nicht nur unabhängig von der Herkunft und dem Reinheitsgrade des angewandten Ferments überhaupt zutrifft, sondern, daß auch der numerische Wert von c derselbe ist bei verschiedenen pflanzlichen Ausgangsstoffen, bei Präparaten von ungleichem Reinheitsgrade und ungleichem Alter[2]. Die Berechtigung dieser Annahme läßt sich heute nur dadurch prüfen, daß man die Abhängigkeit der Reaktionsgeschwindigkeiten von den wichtigsten Faktoren in jedem Falle ermittelt und mit einander vergleicht. Dieser Vergleich ist für das Rohrzucker spaltende Enzym der Hefe in der II. Mitteilung „Über Spezifität der Enzyme" gezogen worden[3]. Er hat zur Erkenntnis geführt, daß die wechselnde Abhängigkeit der Reaktionsgeschwindigkeiten von der Konzentration des [35] Substrates, die wechselnde Affinität des Invertins zum Rohrzucker, der Hauptgrund für die Nichtgiltigkeit der Gleichung (1) ist. Unter den Bedingungen der Zeitwertmessung sind wechselnde Bruchteile der vorhandenen Fermentmengen an das Substrat gebunden und katalytisch wirksam. Der wirksame Anteil des Enzyms ist aber abhängig von der Natur der Substrate, zu denen der Katalysator weit differierende Affinitäten besitzen kann. Dadurch ist es bedingt, daß eine prozentisch gleiche Änderung zweier Affinitäten, wie sie etwa durch einen das Enzym bindenden Stoff verursacht wird, die Spaltungsgeschwindigkeit der beiden entsprechenden Stoffe in ungleichem Maße beeinflussen kann. Die Schwankungen des Saccharase-Raffinase-Quotienten haben in der um mehr als eine Zehnerpotenz verschiedenen Affinität des Invertins zu Saccharose und Raffinose und in seiner von Hefe zu Hefe wechselnden Affinität zu den einzelnen Substraten ihre Erklärung gefunden.

Die Übereinstimmung der in Tab. 5 von R. WILLSTÄTTER und G. OPPENHEIMER[1]) zusammengestellten Zeitwertquotienten für Helicin, Salicin und β-Phenylglucosid und ihre unverkennbare Parallelität für Mandelnitril- und β-Methyl-glucosid ließ es möglich erscheinen, daß ein Enzym zur Spaltung dieser Stoffe befähigt sei, wenn seine Affinität zu den aromatischen Abkömmlingen des Traubenzuckers größer

[1] Präp. *e* der vorliegenden Mitteilung.

[2] Ausführlicher ist die Beziehung der Zeitwerte zu den Enzymmengen erörtert in der I. Mitteilung dieser Untersuchungsreihe „Zur Theorie der Zeitwertquotienten" von R. KUHN, Diese Zs. Bd. 125, S. 1 [1922/23]; siehe auch R. KUHN „Über die spezifische Natur und den Wirkungsmechanismus kohlehydrat- und glykosidspaltender Enzyme", Die Naturwissenschaften 1923 (*Abh.* 7).

[3] Diese Zs. Bd. 125, S. 28 [1922/23].

[1]) A. a. O., und zwar S. 194.

ist als die zum nichtaromatischen Derivat des Benzaldehydcyanhydrins und letztere wiederum jene zum Derivate des Methylalkohols übertrifft.

Diese Vermutung wird in der vorliegenden Untersuchung durch das Verhalten verschiedener Emulsinpräparate zu Salicin, β-Phenylglucosid, Helicin und β-Methylglucosid in vollem Maße bestätigt gefunden.

Entsprechend den von R. WILLSTÄTTER und R. KUHN[2] vorgeschlagenen Maßeinheiten für Enzyme sollen Konzentration und Ausbeute in den aus den Samen der Prunaceen und Pomaceen gewonnenen Enzympräparaten ausgedrückt werden [36] durch das mit 1000 multiplizierte Reziproke der bisher geltenden Zeitwerte. Bei Messung der durch die Hydrolyse von Salicin gekennzeichneten „Hauptwirkung"[1]) ist z. B. jene Enzymmenge als

β-Glucosidaseeinheit (β-Gl.E.) zu betrachten, die bei 30° und optimalem p_H (4,4) in einer Minute 20 ccm 0,02 n[2])-Salicinlösung zu 50% spaltet.

Der β-Glucosidasewert (β-Gl.W.) ist die in 1 g Trockenpräparat enthaltene Anzahl von Glucosidaseeinheiten.

Es beträgt z. B. der β-Gl.W. einer im folgenden analysierten Probe von bitteren Mandeln 0,141, derjenige eines nach dem Verfahren von R. WILLSTÄTTER und W. CSÁNYI aus süßen Mandeln gewonnenen Präparates (Zeitwert 25 Minuten für Amygdalin) 2,59. Dieses gibt, verglichen mit einem von E. MERCK bezogenen Emulsin, die größten Ausschläge für den Quotienten Salicin: Methylglucosid, der im ersten Fall 129, im anderen 56 beträgt. In Übereinstimmung damit finden wir unter der von L. MICHAELIS und M. L. MENTEN[3]) gemachten Annahme, daß die durch gleiche Enzymmengen in Lösungen von wechselnder Substratkonzentration beobachteten Umsätze den Dissoziationsresten der Enzym-Glucosid-Verbindungen entsprechen, als Dissoziationskonstanten der Glucosidase-Salicin- und der Glucosidase-Methylglucosid-Verbindungen

für das Präp. aus süßen Mandeln: $K_{Sal} = 0{,}041$ $K_{Me} = 1{,}1$ $Q_{0,02} = 129$,
für Emulsin „Merck": $K_{Sal} = 0{,}035$ $K_{Me} = 0{,}40$ $Q_{0,02} = 56$.

In allen anderen untersuchten Fällen sind die Schwankungen der Zeitwertquotienten von entsprechenden Schwankungen der scheinbaren Dissoziationskonstanten begleitet und diese Beziehung ist auch erfüllt, wenn man die Hydrolyse des Salicins mit der des β-Phenylglucosids vergleicht. Die Ausschläge der Zeitwertquotienten lassen sich also durch die Divergenz der Affinitäten quantitativ verstehen. Diese [37] Divergenzen dürften nicht auf eine von Emulsin zu Emulsin verschiedene Struktur der aktiven Gruppen zurückzuführen sein. Das ähnliche Verhältnis, in dem bei jedem Enzymmaterial die Einzelaffinitäten zueinander stehen, spricht dafür, daß nur ihre Reaktionsfähigkeit variiert. Sei es, daß von verschiedenen Pflanzen verschiedene

[2] Chem. Ber. Bd. 56, S. 509 [1922/23] (*Abh. 6*).

[1]) Diese Zs. Bd. 125, S. 1, und zwar S. 17 [1922/23].

[2]) An Stelle der von R. WILLSTÄTTER und W. CSÁNYI a. a. O. angegebenen Normalität 0,0196, welche einer 1 proz. Amygdalinlösung entsprach.

[3]) Biochem. Zs. Bd. 49, S. 333 [1913].

kolloide Träger für die spezifisch wirksame Gruppe ausgebildet werden, sei es, daß Assoziationen am kolloiden Träger für die Reaktionsfähigkeit von Bedeutung sind, ein und dasselbe Glucosidaseteilchen vermag sowohl die Spaltung der aliphatischen wie der aromatischen Derivate der β-Glucose zu katalysieren.

Experimenteller Teil.

1. Ausführung und Berechnung der Versuche.

Die Spaltungsgeschwindigkeit der β-Glucoside des Salicylalkohols, des Salicyldehyds, des Phenols und des Methylalkohols wurde polarimetrisch verfolgt. Weil die in der Bestimmungslösung suspendierten Enzympräparate nach Zusatz von Sodalösung schwer filtrierbare Trübungen verursachten, wurde die Enzymwirkung durch Eintragen der bei der Versuchstemperatur von 30° abgemessenen Proben in Sublimatlösung unterbrochen[1]. Bei den angewandten Enzymkonzentrationen genügte ein Sublimatgehalt von 0,4% des Gesamtvolumens zur sofortigen und vollständigen Inaktivierung. Das Drehungsvermögen der von den Sublimatfällungen abfiltrierten Lösungen wurde nach beendeter Mutarotation der β-Glucose, frühestens 3 Stunden nach Sistierung der Hydrolyse, im Mittel von 6 Ablesungen mit einer Genauigkeit von ±0,005 bis ±0,01° im 2 dm- oder 4 dm-Rohr bestimmt. Die Zahlen der Tab. 3ff. bezeichnen das Drehungsvermögen, das nach Berücksichtigung der optischen Aktivität der jeweils verwendeten Fermentmengen vor dem Verdünnen mit der Quecksilberlösung bei $l = 4$ dm[2] zur Beobachtung gelangt wäre. Der Berechnung der in den [38] Bestimmungslösungen herrschenden Konzentration der Substrate legten wir die für Versuchsbeginn extrapolierten Drehungen zugrunde.

Nur bei Salicin und β-Methylglucosid wurde die aus der Literatur bekannte Abhängigkeit der $[\alpha]_D$-Werte von der Konzentration berücksichtigt.

Salicin:	$[\alpha]_j = -(65{,}17 - p \cdot 0{,}63)°$[1]),	
Helicin:	$[\alpha]_D = -60{,}43°$	(für $p = 1{,}4\%$)[2]),
β-Phenylglucosid:	$[\alpha]_D = -71{,}9°$	(für $p = 2$ bis $2{,}5\%$)[3]),
β-Methylglucosid:	$[\alpha]_D = -32{,}25°$	(für $p = 1\%$),
	$[\alpha]_D = -31{,}85°$	(für $p = 8\%$)[4]).

Vom Ferment waren in 20 ccm Reaktionsgemisch enthalten:

bei der Hydrolyse von	Salicin	10 mg
	Helicin	2 ,,
	Phenylglucosid	40 ,,
	Methylglucosid	100 ,,

Dadurch wurde erreicht, daß bei den verschiedenen Substraten gleiche Umsätze in Zeiten erzielt wurden, die sich durchschnittlich wie 1:1:3:10 verhielten. Der für die einzelnen Substrate differierende zeitliche Verlauf des Umsatzes machte es er-

[1] Nach R. KUHN, Chem. Ber. Bd. 56, S. 857, und zwar S. 859f. [1923].
[2] Im Falle der Methylglucosidspaltungen bei $l = 2$ dm.
[1]) O. HESSE, Liebigs Ann. der Chem. Bd. 176, S. 89, und zwar S. 116 [1874/75].
[2]) R. WEGSCHEIDER in F. TIEMANN, Chem. Ber. Bd. 18, S. 1595, und zwar S. 1600 [1885].
[3]) E. FISCHER und L. v. MECHEL, Chem. Ber. Bd. 49, S. 2813, und zwar S. 2816 [1916].
[4]) W. A. VAN EKENSTEIN, Rec. trav. chim. Pays-Bas Bd. 13, S. 183, und zwar S. 185 [1894].

forderlich, die für eine Reaktion erster Ordnung berechneten Reaktionskonstanten für Versuchsbeginn zu extrapolieren. Diese Zahlen, mit der Normalität der Glucosidlösungen multipliziert, wurden mit L. MICHAELIS und M. L. MENTEN als Dissoziationsreste der Glucosidase-Glucosid-Verbindungen gedeutet. Es zeigte sich dabei, daß aus experimentellen Gründen durchwegs nur $^1/_2$ bis $^2/_3$ der bei dissoziationsfreier Bindung des Enzyms zu erwartenden Reaktionsgeschwindigkeiten erreicht werden können. Der weiteren Verfolgung der pS-Kurven wird nämlich in diesem Gebiete bei Salicin, Helicin und [39] β-Phenylglucosid durch die beschränkte Löslichkeit, beim β-Methylglucosid durch die Viscosität der 20- und mehrprozentigen Lösungen Halt geboten. Wie für Saccharase und Raffinase wird aus diesem Grunde die scheinbare Dissoziationskonstante rechnerisch ermittelt und zwar durch Probieren, welcher Parameter die Neigung der Kurve am besten widergibt. Die in den konzentriertesten Lösungen beobachteten Abweichungen, die durchwegs zu geringe Dissoziationsreste ergaben, blieben dabei unberücksichtigt. Der mögliche Fehler eines aus 5 bis 6 Versuchen berechneten Parameters ergibt sich zu $\pm 20\%$, während der wahrscheinliche Fehler der K_S-Werte 5 bis 10% beträgt.

Tabelle 1.
β-Glucosidasewerte einiger Prunaceensamen und Emulsinpräparate.
Hydrolysen bei 30° und optimalem p_H; 0,02 n-Glucosidlösungen; Mittelwerte aus je 4 Bestimmungen.

Enzym	Glucosidasewert für			
	Helicin (p_H = 5,3)	Salicin (p_H = 4,4)	β-Phenylglucosid (p_H = 5,0)	β-Methylglucosid (p_H = 4,4)
a Bittere Mandeln	1,04	0,141	0,0115	0,00147
b Emulsin „Merck"	2,93	0,532	0,0556	0,0094
c Aprikosenkerne	0,346	0,063	—	0,00061
d Präp. aus süßen Mandeln	—	2,59	—	0,0201
e Pflaumenkerne (1921)	0,647	0,136	—	0,00120-
f „ (1922)	0,975	0,173	—	0,00159
g Kirschenkerne	1,97	0,337	—	0,00258

2. Das untersuchte Enzymmaterial.

Für den Vergleich der Affinitäten und der Geschwindigkeitsquotienten dienten:

a) ein aus bitteren Mandeln (Prunus Amygdalus var. am.) gewonnenes, entöltes Pulver, Nr. 2 der Tab. 4 und 5 von R. WILLSTÄTTER und G. OPPENHEIMER. 14 Monate alt, β-Gl.W. = 0,141 für Salicin;

[40] b) Emulsin „Merck", Nr. 9 der angeführten Tabellen, β-Gl.W. = 0,532;

c) ein aus Aprikosenkernen (Prunus armeniaca; 1922) dargestelltes, in üblicher Weise von Öl befreites Produkt, β-Gl.W. = 0,063;

d) das von WILLSTÄTTER und OPPENHEIMER aus süßen Mandeln isolierte Präparat Nr. 8, β-Gl.W. = 2,59;

e) und f) zwei aus Pflaumen der Ernten 1921[1] bzw. 1922 gewonnene Emulsinpräparate, sowie

[1] Präp. Nr. 4 der zweiten Mitteilung über Emulsin.

g) ein aus den Samen von Prunus avium (1922) isoliertes glucosidasereiches Rohprodukt.

Tabelle 2. Quotienten der Glucosidasewerte.

Enzym	Helicin / Salicin	Salicin / β-Phenylgluc.	Salicin / β-Methylgluc.
a Bittere Mandeln	7,4	12,3	96
b Emulsin „Merck“	5,5	9,6	56
c Aprikosenkerne	5,5	—	103
d Präp. Nr. 8	—	—	129
e Pflaumenkerne (1921)	4,8	—	113
f „ (1922)	5,6	—	109
g Kirschenkerne	5,8	—	130

Wie aus Tab. 2 zu ersehen ist, ergeben sich die größten Ausschläge für die Quotienten bei den Präparaten *a* bis *d*. Die Präparate *e* bis *g* stimmen mit den voranstehenden so weitgehend überein, daß sie zur folgenden Betrachtung der Affinitätsverhältnisse nicht herangezogen wurden.

3. Die Affinitäten der β-Glucosidase.

In den folgenden Tabellen sind die bei wechselnder Substratkonzentration durch gleiche Enzymmengen bewirkten Drehungszunahmen verzeichnet. Die erste Spalte

[41]

Tabelle 3.
Wirkung der bitteren Mandeln *a* auf Salicinlösungen wechselnder Konzentration.
$K_{Sal} = 0{,}035$.

[*Sal*] (Δ_∞)	− log [*Sal*]	Zeit (Min.)	Drehung (°)	Drehungszunahme (°)	$k \cdot 10^6$ / $k \cdot 10^6 \cdot [Sal]$	100 ϱ ber.	100 ϱ gef.	Δ
0,0985	1,01	0	— 7,135	—	292	73,8	(53,3)	(—20,5)
(10,86°)		40	— 7,845	0,29				
		94,5	— 6,465	0,67	**28,8**			
		160	— 6,145	0,99				
0,047	1,33	0	— 3,46	—	656	57,3	57,0	— 0,3
(5,24°)		40	— 3,17	0,29				
		95	— 2,85	0,61	**30,8**			
		160	— 2,53	0,93				
		323	— 1,79	1,67				
0,032	1,50	0	— 2,37	—	864	47,7	51,2	+ 3,5
(3,58°)		40	— 2,11	0,26				
		95,5	— 1,82	0,55	**27,7**			
		160	— 1,535	0,835				
		324	— 1,895	1,475				
0,0222	1,65	0	— 1,65	—	887	38,4	36,4	— 2,0
(2,49°)		60	— 1,385	0,275				
		180	— 0,91	0,74	**19,7**			
		333,5	— 0,485	1,165				
0,0125	1,90	0	— 0,935	—	1142	26,3	26,5	+ 0,2
(1,41°)		60	— 0,705	0,23				
		180	— 0,42	0,505	**14,3**			
		333	— 0,175	0,76				
0,0080	2,10	0	— 0,595	—	1222	18,6	18,3	— 0,3
(0,895°)		60	— 0,46	0,135				
		181	— 0,265	0,33	**9,8**			
		336,5	— 0,09	0,505				

[42] Tabelle 4. Wirkung von Emulsin „Merck" *b* auf Salicin.

$K_{Sal} = 0{,}035$.

[*Sal*] (Δ_∞)	$-\log$ [*Sal*]	Zeit (Min.)	Drehung (°)	Drehungs-zunahme (°)	$k \cdot 10^6$ / $k \cdot 10^6 \cdot$ [*Sal*]	100 ϱ		Δ
						ber.	gef.	
0,0975	1,01	0	— 7,07	—	1230	73,6	(58,2)	(— 15,4)
(10,75°)		50	— 5,695	1,375				
		100	— 4,35	2,72	**120**			
		170	— 3,07	4,00				
		367	± 0,00	7,07				
0,049	1,31	0	— 3,615	—	2460	58,3	58,4	+ 0,1
(5,47°)		50	— 2,24	1,375				
		100	— 1,28	2,335	**120,5**			
		170	— 0,385	3,23				
		367	+ 0,895	4,52				
0,0324	1,49	0	— 2,40	—	3040	48,1	47,8	— 0,3
(3,625°)		50,5	— 1,345	1,055				
		100	— 0,545	1,855	**98,5**			
		170	+ 0,16	2,56				
		368	+ 0,895	3,295				
0,0216	1,67	0	— 1,605	—	3600	38,2	37,6	— 0,6
(2,42°)		84,5	— 0,385	1,22				
		184,5	+ 0,285	1,89	**77,8**			
		387,5	+ 0,615	2,22				
0,0135	1,87	0	— 1,01	—	4350	27,8	28,4	+ 0,6
(1,52°)		81	— 0,175	0,845				
		185	+ 0,21	1,22	**58,7**			
		389	+ 0,33	1,34				
0,0095	2,02	0	— 0,705	—	4650	21,3	21,4	+ 0,1
(1,065°)		80,5	— 0,09	0,615				
		186	+ 0,11	0,815	**44,2**			
		390	+ 0,22	0,925				

gibt die Normalität der Glucosidlösungen sowie die daraus für 100proz. Spaltung errechneten Drehungszunahmen an. Aus der zweiten [44] Spalte sind die negativ genommenen Briggschen Logarithmen der Substratkonzentration zu entnehmen. Die Reaktionskonstanten der sechsten Kolumne sind Mittelwerte der aus den einzelnen Beobachtungsdaten gewonnenen Zahlen. Es kam jedoch in einzelnen Versuchsreihen vor, daß die Konstanten im Verlaufe der Reaktion allmählich abfielen. In diesen Fällen sind die für Versuchsbeginn extrapolierten Werte verzeichnet. Die mit der Substratkonzentration multiplizierten Reaktionskonstanten (fettgedruckte Zahlen der sechsten Kolumne) wurden den [45] Dissoziationsresten ϱ (7. Spalte) möglichst angeglichen. Vorzeichen und Größe der Differenz Δ zwischen den theoretischen und beobachteten, mit 100 multiplizierten Werten ist in der letzten Kolumne angegeben.

Die in den Tab. 3, 4 und 5 für bittere Mandeln, für Mercksches Emulsin und für Aprikosenkerne ermittelte Konzentration der Salicinlösungen, in denen die Hälfte des maximal zu erwartenden Umsatzes beobachtet wurde, stimmen innerhalb der Versuchsfehler überein. Die für K_{Sal} berechneten Werte 0,035, 0,035 und 0,042 zeigen, daß das Emulsin zum Glucosid des Salicylalkohols ähnliche Affinität besitzt, wie die Saccharase des Hefepilzes zum Rohrzucker. Die doppelt so große Affinität, welche

[43] Tabelle 5. Salicinhydrolyse durch Aprikosenkerne *c*.

$K_{Sal} = 0,041$.

[*Sal*] (Δ∞)	− log [*Sal*]	Zeit (Min.)	Drehung (°)	Drehungs-zunahme (°)	$k \cdot 10^6$ / $k \cdot 10^6 \cdot [Sal]$	100 ϱ		Δ
						ber.	gef.	
0,0972	1,01	0	— 7,04	—	201	70,3	70,6	+ 0,3
(10,72°)		85	— 6,625	0,415				
		230	— 6,08	0,96	**19,6**			
		380	— 5,63	1,41				
0,0461	1,34	0	— 3,39	—	318	53,0	53,0	± 0,0
5,315°)		85	— 3,105	0,285				
		230	— 2,655	0,735	**14,7**			
		381	— 2,305	1,095				
0,0298	1,53	0	— 2,21	—	392	42,1	42,0	— 0,1
(3,335°)		85	— 1,95	0,26				
		230	— 1,60	0,61	**11,7**			
		380	— 1,25	0,96				
		578,5	— 0,96	1,25				
0,0205	1,68	0	— 1,54	—	433	33,3	32,3	— 1,0
(2,335°)		110	— 1,255	0,285				
		395	— 0,79	0,76	**8,97**			
		593,5	— 0,57	0,97				
0,0129	1,89	0	— 0,97	—	534	24,0	24,8	+ 0,8
(1,46°)		110	— 0,75	0,18				
		395	— 0,45	0,52	**6,98**			
		589	— 0,30	0,67				
0,0083	2,08	0	— 0,615	—	575	16,8	17,2	+ 0,4
(0,93°)		111	— 0,47	0,145				
		396	— 0,265	0,35	**4,77**			
		598	— 0,14	0,475				

[44] Tabelle 6.

Salicinhydrolyse durch Präparat *d* aus süßen Mandeln.

$K_{Sal} = 0,017$.

1,2 mg statt 10 mg Enzym in 20 ccm.

[*Sal*] (Δ∞)	− log [*Sal*]	Zeit (Min.)	Drehung (°)	Drehungs-zunahme (°)	$k \cdot 10^6$ / $k \cdot 10^6 \cdot [Sal]$	100 ϱ		Δ
						ber.	gef.	
0,101	1,00	0	— 7,35	—	615	85,5	(77,7)	— 7,8
(11,17°)		10	— 7,17	0,18				
		26	— 6,94	0,41	**62,1**			
		62	— 6,72	0,63				
0,0514	1,29	0	— 3,78	—	1160	75,2	74,6	— 0,6
(5,72°)		10	— 3,63	0,15				
		25	— 3,41	0,37	**59,7**			
		60	— 3,20	0,58				
0,0245	1,61	0	— 1,81	—	1960	59,0	60,0	+ 1,0
(2,74°)		10	— 1,64	0,17				
		25	— 1,54	0,27	**48,0**			
		60,5	— 1,32	0,49				
0,0139	1,86	0	— 1,03	—	2590	45,0	45,0	± 0,0
(1,56°)		25,5	— 0,81	0,22				
		60	— 0,64	0,39	**36,0**			
0,0048	2,32	0	— 0,36	—	—	—	—	—
(0,54°)		15	— 0,42	0,12				
		45	— 0,15	0,21				

nach Tab. 6 unserem Enzym aus süßen Mandeln zukommt, ist bedingt durch die 8mal geringere Fermentmenge, die bei den entsprechenden Versuchen angewandt wurde. Weit mehr als im System Saccharase-Rohrzucker ist nämlich bei der Spaltung der β-Glucoside der Parameter der Aktivitäts-pS-Kurve abhängig von der Menge des Enzymmaterials, wie es die nach B. HELFERICH[1] nicht erfüllte Proportionalität von Enzymmenge und Reaktionsgeschwindigkeit erwarten ließ. In unseren Versuchen bewirkten zwar vom Emulsin „Merck" Mengen, die sich wie 1:25 erhielten, in 0,1 n-Salicinlösung Spaltungsgeschwindigkeiten, die in genau gleichem Verhältnis standen, aber aus dem Verhältnis der Reaktionskonstanten, die in nur 0,0187 und 0,044 n-Lösungen bei Anwendung der Aprikosenkerne gefunden wurden, berechnen wir für

2 mg Enzym $K_{Sal} = 0{,}022$,
10 mg Enzym $K_{Sal} = 0{,}033$.

Der unter Anwendung von 1,2 mg erhaltene Wert 0,017 der Tab. 6 dürfte demnach bei der in allen anderen Fällen benützten Menge von 10 mg in Übereinstimmung mit den übrigen Werten 0,04 betragen.

Tabelle 7.

[46] Spaltung von β-Phenylglucosid durch bittere Mandeln *a*.

$K_{Ph} = 0{,}065$.

$[Ph]$ ($\Delta\infty$)	-log $[Ph]$	Zeit (Min.)	Drehung (°)	Drehungszunahme (°)	$k \cdot 10^6$ / $k \cdot 10^6 \cdot [Ph]$	100 ϱ ber.	100 ϱ gef.	Δ
0,0638	1,20	0	— 4,70	—	231	49,5	51,7	+ 2,2
(7,11°)		151	— 4,16	0,54				
		267	— 3,71	0,99	**14,7**			
		398	— 3,33	1,37				
0,0393	1,40	0	— 2,90	—	270	37,7	37,3	— 0,4
(4,39°)		131	— 2,59	0,31				
		240	— 2,30	0,60	**10,6**			
		410	— 1,89	1,01				
0,0225	1,65	0	— 1,66	—	301	25,7	23,9	— 1,8
(2,51°)		131	— 1,50	0,16				
		240	— 1,31	0,35	**6,77**			
		410	— 1,02	0,64				
0,0152	1,82	0	— 1,12	—	352	19,0	18,9	— 0,1
(1,69°)		135	— 0,97	0,15				
		305	— 0,75	0,37	**5,35**			
		546	— 0,49	0,63				
0,0094	2,03	0	— 0,69	—	391	12,6	12,9	+ 0,3
(1,04°)		135	— 0,59	0,10				
		305	— 0,44	0,25	**3,67**			
		546	— 0,25	0,44				
0,0057	2,24	0	— 0,42	—	533	8,2	9,9	+ 1,7
(0,64°)		136	— 0,34	0,08				
		305	— 0,22	0,20	**3,10**			
		546	— 0,09	0,33				

[1] Diese Zs. Bd. 117, S. 159 [1921].

[47] Tabelle 8. β-Phenylglucosid gegen Emulsin „Merck“ *b*.

$K_{Ph} = 0{,}040.$

[*Ph*] (Δ_∞)	$-\log$ [*Ph*]	Zeit (Min.)	Drehung (°)	Drehungszunahme (°)	$k \cdot 10^6$ / $k \cdot 10^6 \cdot [Ph]$	100 ϱ ber.	100 ϱ gef.	Δ
0,0649	1,19	0	— 4,78	—	84	61,9	61,7	— 0,2
(7,23°)		63	— 3,95	0,83				
		106	— 2,98	1,80	**54,5**			
		218	— 1,41	3,37				
0,0401	1,40	0	— 2,96	—	108	50,1	49,1	— 1,0
(4,48°)		63	(— 2,43)	(0,53)				
		105	— 1,89	1,07	**43,3**			
		219	— 0,86	2,10				
0,0252	1,60	0	— 1,86	—	141	38,6	40,0	+ 1,4
(2,81°)		63	— 1,43	0,52				
		105	— 0,99	0,87	**35,4**			
		218	— 0,38	1,48				
0,0175	1,76	0	— 1,29	—	158	30,4	31,1	+ 0,7
(1,95°)		95	— 0,73	0,56				
		230	— 0,23	1,06	**27,5**			
		354	+ 0,04	1,33				
0,0118	1,93	0	— 0,87	—	164	22,8	22,1	— 0,7
(1,32°)		95	— 0,48	0,39				
		350	— 0,03	0,84	**19,4**			
0,0072	2,14	0	— 0,53	—	132	15,2	(10,8)	(— 4,4)
(0,80°)		95	— 0,33	0,20				
		350	± 0,00	0,53	**9,5**			

Nur wenig geringer ist die Affinität der Glucosidase zum Glucosid des Phenols. Wie aus den Tab. 7 und 8 hervorgeht, ergeben sich hier bereits Unterschiede, welche die Fehlergrenzen der Affinitätsmessung übersteigen. Entsprechend den K_{Ph}-Werten von 0,040 und 0,065 verhält sich die Affinität der bitteren Mandeln zu jener des käuflichen Emulsins wie 3 zu 5.

[48] Tabelle 9. β-Methylglucosidspaltung durch Präparat *a*.

$K_{Me} = 0{,}60.$

[*Me*] (Δ_∞)	$-\log$ [*Me*]	Zeit (Min.)	Drehung (°)	Drehungszunahme (°)	$k \cdot 10^6$ / $k \cdot 10^6 \cdot [Me]$	100 ϱ ber.	100 ϱ gef.	Δ
0,706	0,15	0	— 9,19	—	33,3	54,1	(37,8)	(— 16,3)
(22,54°)		120	— 8,98	0,21				
		240	— 8,79	0,40	**23,5**			
		360	— 8,57	0,62				
0,590	0,23	0	— 7,69	—	53,8	49,6	50,6	+ 1,0
(18,85°)		120	— 7,43	0,26				
		240	— 7,14	0,55	**31,7**			
		360	— 6,86	0,83				
		780	— 5,85	1,84				
0,331	0,48	0	— 4,31	—	67,6	35,5	36,0	+ 0,5
(10,57°)		184	— 4,02	0,29				
		360	— 3,72	0,59	**22,4**			
		540	— 3,45	0,86				
		797	— 3,08	1,23				

Tabelle 9. (Fortsetzung.)

[*Me*] (Δ_∞)	$-\log$ [*Me*]	Zeit (Min.)	Drehung (°)	Drehungszunahme (°)	$k \cdot 10^6$ / $k \cdot 10^6 \cdot$ [*Me*]	100 ϱ ber.	100 ϱ gef.	Δ
0,200	0,70	0	— 2,62	—	75,7	25,0	24,5	— 0,5
(6,40°)		184	— 2,43	0,19				
		360	— 2,25	0,37	**15,1**			
		540	— 2,01	0,61				
		799	— 1,83	0,79				
0,130	0,88	0	— 1,71	—	82,4	17,7	17,2	— 0,5
(4,16°)		184	— 1,55	0,16				
		505	— 1,35	0,35	**10,7**			
		787	— 1,15	0,56				
0,0775	1,11	0	— 1,02	—	95,5	11,4	11,8	+ 0,4
(2,47°)		240	— 0,89	0,13				
		505	— 0,75	0,27	**7,4**			
		793	— 0,64	0,38				
0,046	1,33	0	— 0,60	—	97,3	7,1	7,2	+ 0,1
(1,47°)		240	— 0,54	0,06				
		505	— 0,44	0,16	**4,5**			

[49] Tabelle 10. β-Methylglucosid; Emulsin „Merck“ *b*.

K_{Me} = 0,40.

[*Me*] (Δ_∞)	$-\log$ [*Me*]	Zeit (Min.)	Drehung (°)	Drehungszunahme (°)	$k \cdot 10^6$ / $k \cdot 10^6 \cdot$ [*Me*]	100 ϱ ber.	100 ϱ gef.	Δ
0,69	0,16	0	— 8,985	—	279	63,3	66,5	+ 3,2
(22,025°)		123	— 7,11	1,875				
		240	— 5,91	3,075	**192,5**			
		359	— 4,85	4,135				
0,474	0,32	0	— 6,18	—	312	54,2	51,4	— 2,8
(15,14°)		127	— 4,865	1,315				
		240	— 3,685	2,495	**149**			
		361	— 2,855	3,325				
0,317	0,50	0	— 4,13	—	393	44,2	43,1	— 1,1
(10,12°)		180	— 2,50	1,63				
		360	— 1,345	2,785	**124,5**			
		540	— 0,42	3,71				
0,189	0,72	0	— 2,465	—	515	32,1	33,9	+ 1,8
(6,035°)		180	— 1,25	1,215				
		360	— 0,355	2,11	**97,5**			
		540	+ 0,335	2,80				
0,147	0,83	0	— 1,92	—	588	26,9	29,8	+ 2,9
(4,705°)		241	— 0,545	1,385				
		480	+ 0,22	2,14	**86,5**			
		1493	(+ 1,87)	(3,79)				
0,076	1,12	0	— 1,03	—	624	16,0	16,2	+ 0,2
(2,47°)		240	— 0,29	0,74				
		479	+ 0,17	1,20	**47,5**			
		1492	(+ 1,355)	(2,385)				
0,0565	1,25	0	— 0,74	—	604	12,4	11,7	— 0,7
(1,805°)		240	— 0,23	0,51				
		479	+ 0,14	0,88	**34**			
		1492	(+ 0,925)	(1,665)				

[50] Tabelle 11. β-Methylglucosidhydrolyse durch Aprikosenemulsin *c*.

$K_{Me} = 0{,}65$.

[*Me*] (Δ∞)	−log [*Me*]	Zeit (Min.)	Drehung (°)	Drehungszunahme (°)	*k* · 10⁶ / *k* · 10⁶ [*Me*]	100 ρ ber.	100 ρ gef.	Δ
0,78	0,11	0	— 10,16	—	21,5	54,6	(49,3)	(— 5,3)
(24,91°)		245	— 9,81	0,35				
		919	— 9,105	1,055	**16,8**			
		1489	— 8,59	1,57				
0,487	0,31	0	— 6,35	—	30,4	42,8	43,4	+ 0,6
(15,56°)		245	(— 6,20)	(0,33)				
		919	— 5,34	1,01	**14,8**			
		1489	— 5,00	1,35				
0,386	0,41	0	— 4,985	—	31,6	37,2	35,8	+ 1,4
(12,33°)		450	— 4,575	0,41				
		1230	— 3,95	1,035	**12,2**			
		1650	— 3,615	1,37				
0,228	0,64	0	— 2,93	—	35,1	25,9	23,5	— 2,4
(7,28°)		450	— 2,705	0,225				
		1230	— 2,21	0,72	**8,01**			
		1650	— 2,04	0,89				
0,156	0,81	0	— 1,985	—	44,0	19,3	20,1	— 0,8
(4,98°)		644	— 1,665	0,32				
		1230	— 1,375	0,61	**6,86**			
		1650	— 1,27	0,715				
0,098	1,01	0	— 1,23	—	50,1	13,1	14,3	+ 1,2
(3,13°)		644	— 1,015	0,215				
		1424	— 0,72	0,51	**4,91**			
		2430	— 0,48	0,75				
0,067	1,17	0	— 0,83	—	39,2	9,3	7,8	— 1,5
(2,145°)		644	— 0,71	0,12				
		1424	— 0,57	0,26	**2,63**			
		2432	— 0,145	0,415				

[51] Tabelle 12.

β-Methylglucosid und Präparat aus süßen Mandeln *d*.

$K_{Me} = 1{,}12$.

Je 40 mg statt 100 mg Enzym in 20 ccm.

[*Me*] (Δ∞)	−log [*Me*]	Zeit (Min.)	Drehung (°)	Drehungszunahme (°)	*k* · 10⁶ / *k* · 10⁶ · [*Me*]	100 ρ ber.	100 ρ gef.	Δ
0,808	0,09	0	— 10,35	—	315	41,9	41,9	± 0,0
(25,55°)		22	— 9,90	0,45				
		54,5	— 9,38	0,97	**254**			
		68	— 9,22	1,13				
0,317	0,50	0	— 4,125	—	419	22,1	22,1	± 0,0
(10,12°)		73	— 3,14	0,985				
		274	— 1,77	2,355	**133**			
0,196	0,71	0	— 2,57	—	450	14,9	14,7	— 0,2
(6,27°)		77,5	— 2,08	0,45				
		109	— 1,855	0,715	**88,2**			
0,081	1,09	0	— 1,06	—	(781)	6,7	(10,6)	(+ 3,9)
(2,59°)		77,5	— 0,69	0,37				
		235,5	— 0,245	0,815	**63,5**			
0,020	1,70	0	— 0,26	—	563	1,8	1,9	+ 0,1
(0,64°)		246	— 0,08	0,18				
		482	+ 0,03	0,29	**11,3**			

Genau im nämlichen Verhältnis stehen nun nach Tab. 9 und 10 auch die Affinitäten dieser Präparate zum β-Methylglucosid. Die numerischen Werte von K_{Me} 0,40 und 0,60 zeigen jedoch, daß die Verbindung des Enzyms mit dem aliphatischen Glucosid 10mal stärker dissoziiert ist. Die Affinitätskonstanten $1:K_{Me}$ betragen nur 2,5 bzw. 1,7. Vom letzteren Werte nur unerheblich differierend ist die Zahl 1,5, die wir für das Emulsin der Aprikosenkerne aus Tab. 11 berechnen. Für das aus süßen Mandeln dargestellte gereinigte Präparat (Tab. 12) fällt die Affinitätskonstante bis auf 0,9. Sie ist nur halb so groß als die geringste, welche am System Invertin-Raffinose gemessen wurde.

[52] Tabelle 13. Helicinhydrolyse durch bittere Mandeln *a*.

[*Hel*] ($\Delta\infty$)	$-\log$ [*Hel*]	Zeit (Min.)	Drehung (°)	Drehungszunahme (°)	$k \cdot 10^5$	$[k] \cdot 10^6 \cdot$ [*Hel*]
0,070	1,15	0	— 5,03	—	[53]	37,1
(7,68°)		30	— 4,80	0,23	44	
0,0442	1,35	0	— 3,18	—	[85]	37,6
(4,85°)		30	— 2,95	0,23	70	
		90	— 2,785	0,395	41	
		170	— 2,56	0,62	35	
0,0282	1,55	0	— 2,03	—	[159]	44,8
(3,095°)		30	— 1,76	0,27	132	
		90	— 1,57	0,46	78	
		171	— 1,375	0,655	60	
0,0184	1,74	0	— 1,32	—	[143]	26,3
(2,015°)		60	— 1,055	0,265	102	
		176	— 0,835	0,485	68	
		300	— 0,595	0,725	64	
0,0122	1,91	0	— 0,88	—	[192]	23,4
(1,34°)		61	— 0,63	0,25	147	
		180	— 0,395	0,485	108	
		300	— 0,21	0,67	100	
0,0074	2,13	0	— 0,53	—	[287]	21,2
(0,81°)		60	— 0,33	0,20	205	
		184	— 0,20	0,33	124	
		300	— 0,045	0,485	132	

Die bei der Hydrolyse von Helicinlösungen gewonnenen Zahlen (Tab. 13 bis 15) gestatten keine Auswertung in bezug auf K_{Hel}. Die in der 6. Spalte von Tab. 13 mitgeteilten Reaktionskonstanten sprechen in Übereinstimmung mit dem Befunde von R. WILLSTÄTTER und G. OPPENHEIMER für eine starke Bindung des freien Enzyms durch das aromatische Spaltprodukt. Abb. 1 stellt die stark ausgeprägten Maxima des Umsatzes (für Versuchsbeginn extrapolierte Reaktionskonstanten × Helicinkonzentration) dar. Sie wurden mit [53] bitteren Mandeln und mit dem Merckschen Präparat in 0,03-, mit dem Aprikosenmaterial in 0,04n-Lösung gefunden. Unsere Kenntnis über die hemmende Wirkung des Salicylaldehyds reicht nicht aus, um aus diesen Kurven auf die Affinitätsverhältnisse zu schließen. Immerhin geht aus der Ähnlichkeit der drei Kurven hervor, daß die scheinbaren Dissoziationskonstanten nicht

Tabelle 14. Emulsin „Merck“ *b* gegen Helicin.

[*Hel*] (Δ_∞)	- log [*Hel*]	Zeit (Min.)	Drehung (°)	Drehungszunahme (°)	$k \cdot 10^5$	$k \cdot 10^6 \cdot$ [*Hel*]
0,064	1,19	0	— 4,595	—	139	89,0
(7,02°)		20	— 4,16	0,435		
		45 1/2	— 3,84	0,755		
		65 1/2	— 3,615	0,98		
0,0426	1,37	0	— 3,09	—	178	75,8
(4,70°)		20	— 2,72	0,37		
		45	— 2,40	0,69		
		65 1/4	— 2,145	0,945		
0,0280	1,55	0	— 2,05	—	328	92,0
(3,105°)		20	— 1,615	0,435		
		45	— 1,31	0,74		
		65	— 1,105	0,945		
0,0125	1,90	0	— 0,90	—	488	61,0
(1,385°)		30	— 0,53	0,38		
		60 3/4	— 0,22	0,69		
		90 1/4	— 0,055	0,855		
0,0116	1,94	0	— 0,835	—	507	57,8
(1,27°)		30	— 0,46	0,375		
		60 3/4	— 0,175	0,66		
		91 1/2	— 0,06	0,775		
0,0085	2,07	0	— 0,62	—	647	55,0
(0,94°)		30	— 0,285	0,335		
		60 3/4	— 0,08	0,54		
		90 1/2	+ 0,045	0,665		

[54] Tabelle 15. Einwirkung des Emulsins der Aprikosenkerne *c* auf Helicinlösungen.

[*Hel*] (Δ_∞)	- log [*Hel*]	Zeit (Min.)	Drehung (°)	Drehungszunahme (°)	$k \cdot 10^6$	$k \cdot 10^6 \cdot$ [*Hel*]
0,0682	1,17	0	— 4,90	—	135	92,1
(7,48°)		90	— 4,70	0,20		
		225	— 4,48	0,42		
		410	— 4,22	0,68		
0,0437	1,36	0	— 3,14	—	251	109,5
(4,79°)		90	— 2,88	0,26		
		225	— 2,69	0,45		
		410	— 2,40	0,74		
0,0259	1,59	0	— 1,86	—	432	98,9
(2,84°)		90	— 1,60	0,26		
		226	— 1,41	0,45		
		410	— 1,15	0,71		
0,0189	1,72	0	— 1,36	—	483	91,3
(2,08°)		120	— 1,10	0,26		
		300	— 0,82	0,54		
		554	(— 0,55)	(0,81)		
0,0114	1,94	0	— 0,82	—	562	64,1
(1,25°)		120	— 0,64	0,18		
		300	— 0,41	0,41		
		555	— 0,25	0,57		
0,0074	2,13	0	— 0,53	—	687	54,0
(0,81°)		120	— 0,39	0,14		
		300	— 0,20	0,33		
		555	— 0,09	0,44		

weit differieren und der Größenordnung nach mit jenen der Glucosidase-Salicin-Verbindungen übereinstimmen dürften.

4. Vergleich der Affinitäten mit den Zeitwertquotienten.

Die im 3. Abschnitt mitgeteilten Versuche zeigen die Mannigfaltigkeit der Affinitätsbeträge, die ein bestimmtes Enzympräparat zu verschiedenen Glucosiden und ein [55] bestimmtes Glucosid zu verschiedenen Fermentpräparaten aufweisen kann.

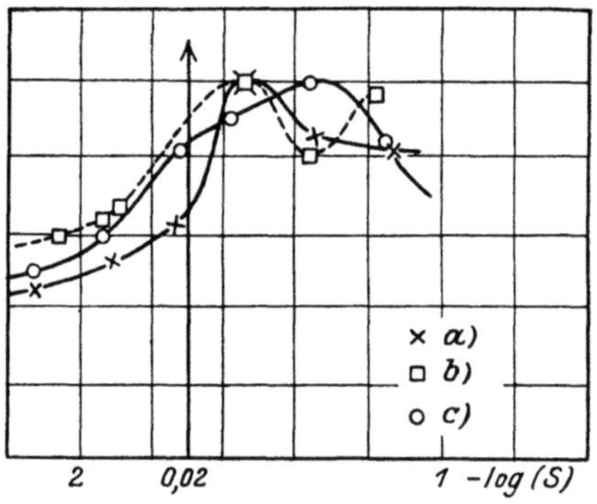

Abb. 1. Relative Wirksamkeit der Emulsinpräparate *a*—*c* auf Helicin.

In Abb. 2 stellen S_b und M_b die für das Mercksche „Emulsin" ermittelten Dissoziationsreste der Salicin- und der β-Methylglucosid-Enzym-Verbindungen dar. Ph_a

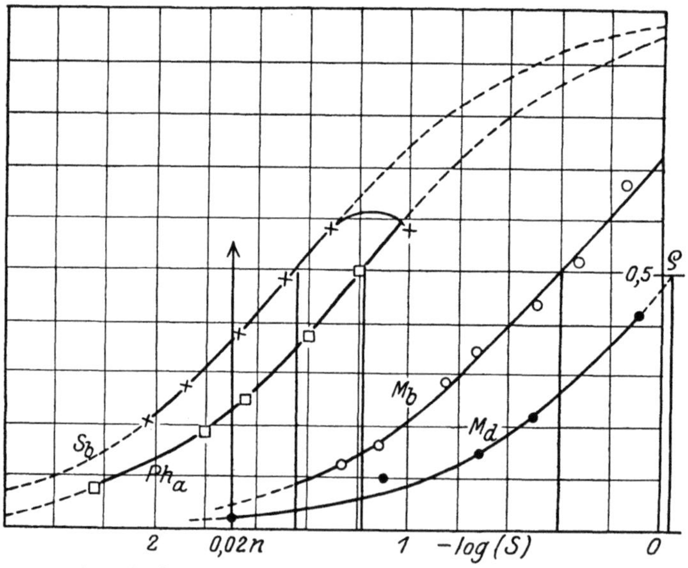

Abb. 2. Dissoziationsreste einiger Emulsin-Glucosid-Verbindungen.

ist die Aktivitätskurve des Rohproduktes *a* aus bitteren Mandeln für [56] β-Phenylglucosid. M_d bezieht sich auf die Methylglucosidasewirkung des aus süßen Mandeln isolierten Ferments.

In solchen Fällen liefert der Vergleich gleicher Bruchteile der maximal möglichen Reaktionsgeschwindigkeiten ein genaueres Bild vom Mengenverhältnis der Enzyme als die bei einer willkürlich gewählten Substratkonzentration bestimmten Zeitwerte. In Tab. 16 sind aus diesem Grunde neben den in 0,02n-Lösung bestimmten Quotienten $Q_{0,02}$ auch die für unendlich hohe Substratkonzentration extrapolierten Q_∞ verzeichnet.

Tabelle 16. Scheinbares und wahres Mengenverhältnis der Enzyme.

Enzym	Salicin: β-Phenyl-Gl.		Salicin: β-Methyl-Gl.	
	$Q_{0,02}$	Q_∞	$Q_{0,02}$	Q_∞
a) Bittere Mandeln	12,3	8,0	96	8,5
b) „Emulsin" Merck	9,6	8,7	56	7,3
c) Aprikosenkerne	—	—	103	9,3
d) Präparat aus süßen Mandeln	—	—	129	6,8

Innerhalb der Versuchsfehler von ± 20% erweist sich somit nicht nur das Mengenverhältnis der salicin- und phenylglucosidspaltenden, sondern auch das der salicin- und methylglucosidspaltenden Enzyme als konstant. Die zufällige Übereinstimmung der Mittelwerte für Q_∞, nämlich $8,3 \pm 0,4$ und $8,0 \pm 1,3$, mag dahin interpretiert werden, daß die Zerfallsgeschwindigkeiten der Reaktionszwischenprodukte bei der enzymatischen Hydrolyse von Phenyl- und Methylglucosid die gleichen sind.

Zeitschrift für physiologische Chemie **129**, S. 57 [1923].

84. VERGLEICH VON HEFE- UND TAKA-SACCHARASE.

Von RICHARD KUHN.

Fünfte[1] Mitteilung über Spezifität der Enzyme.

Von RICHARD WILLSTÄTTER und RICHARD KUHN.

(Mitteilung aus dem Chemischen Laboratorium der Bayerischen Akademie der Wissenschaften in München.)

(Der Redaktion zugegangen am 28. April 1923.)

In einer Systematik spezifischer Katalysatorenwirkungen wird die Erscheinung, daß ein bestimmtes System unter dem Einfluß verschiedener Katalysatoren auf verschiedenartigen Wegen wieder denselben Endzustand erreicht, besondere Beachtung verdienen. Für eine solche Konvergenz spezifischer Reaktionswege, die durch den verschiedenartigen Bau der Reaktionszwischenprodukte zu verstehen ist, scheint aber die Literatur nur den folgenden Anhaltspunkt zu bieten.

ARMSTRONG[2] hat beim Vergleich von Mandel- und Hefelactase gefunden, daß die Wirksamkeit der ersteren durch Galaktose mäßig, durch Glucose dagegen stark gehemmt wird, während die der letzteren ausschließlich durch Galaktose beeinflußt wird. In der III. Mitteilung dieser Untersuchungsreihe wurde gezeigt, daß bei allen früheren Untersuchungen über den Einfluß der Spaltprodukte auf kohlehydrat- und glucosidspaltende Fermente ein Faktor von ausschlaggebender [58] Bedeutung unberücksichtigt geblieben ist: die vollkommene Verschiedenheit im Verhalten zu den α- und β-Modifikationen der Zucker. Die wichtige Beobachtung ARMSTRONGs bedarf somit in dieser Hinsicht der Ergänzung. Es ist nicht ausgeschlossen, daß in diesem und ähnlichen Fällen eine verhältnismäßig geringe Affinität zu der einen Hexose für das Zustandekommen der Hydrolyse ausschlaggebend ist, während eine vielfach größere zu dem anderen Spaltprodukt deshalb nicht in Frage kommt, weil sie sich auf jene stereoisomere Form desselben beschränkt, die im Zucker bzw. Glucosid nicht enthalten[1)] ist. Eine weitere Voraussetzung für die Richtigkeit der aus Hemmungsversuchen gezogenen Schlußfolgerungen ist die zuverlässige Kenntnis der Konfiguration

[1] IV. Mitteilung voranstehend.

[2] E. F. ARMSTRONG, Proc. Roy. Soc. Bd. 73, S. 516 [1904].

[1)] So erscheint die Hemmung der Saccharasewirkung durch β-Glucose als belanglos für die Frage nach dem Mechanismus der Rohrzuckerspaltung. Daß die Lactase des Emulsins auch zur

des Substrates, über welche man mit den Enzymen nicht immer auf Grund ihrer Spezifität zu entscheiden vermag[2].

Entscheidend geht nun die Verschiedenheit der Mechanismen, deren sich zuckerspaltende Enzyme verschiedener Herkunft beim Abbau ein und desselben Disaccharids bedienen, aus den folgenden Versuchen und Überlegungen hervor.

E. F. ARMSTRONG[3] und C. S. HUDSON[4] haben gezeigt, daß die Glucose im Rohrzucker α-Glucose ist. Das Invertin der Hefe besitzt aber zu dieser Form des Traubenzuckers nicht die geringste Affinität[5]. Man muß daraus per exclusionem schließen, daß die starke Verlangsamung der [59] Inversionsgeschwindigkeiten, die man bei Zusatz von gewöhnlicher Lävulose beobachtet, auch bei Zusatz der im Rohrzucker vorliegenden Form dieser Ketohexose, die in freiem Zustand noch unbekannt ist, zu finden sein wird. Daß für die Vereinigung des Rohrzuckers mit dem Invertin der Hefe nur der Fructoserest in Betracht kommt, wird ferner durch die Tatsache wahrscheinlich gemacht, daß dieses Enzym auch die Raffinose spaltet[1]). In dieser ist nämlich der Galaktoserest an die Glucosehälfte des Rohrzuckers herangetreten[2]). Nur im Fructoserest stimmen das Di- und Trisaccharid völlig überein.

Durch sein Verhalten zu den Spaltprodukten stellt das Rohrzucker hydrolysierende Enzym von Aspergillus oryzae ein vollkommenes Gegenstück zur „Fructosaccharase" der gewöhnlichen Kulturhefen dar. Wie aus der folgenden Zusammenstellung hervorgeht, sind Fructose und β-Glucose ohne Belang für die durch Takasaccharase ausgelösten Inversionsgeschwindigkeiten des Rohrzuckers. Nur diejenige Form des Traubenzuckers, die am Aufbau des Rohrzuckers beteiligt ist, die α-Glucose, zeigt eine stark hemmende Wirkung. Daraus ist zu schließen, daß in diesem Falle das Reaktionszwischenprodukt durch Vereinigung des Enzyms mit dem Glucoserest der Saccharose gebildet wird, daß die „Takadiastase" eine „Glucosaccharase" enthält.

	Hefesaccharase	Takasaccharase
α-Glucose	hemmt nicht	hemmt stark
β-Glucose	hemmt	hemmt nicht
Fructose	hemmt	hemmt nicht.

Die zu den Versuchen 1 bis 5 der Tab. 1 angewandte Hefesaccharase ist die nach dem Verfahren von R. WILLSTÄTTER und W. WASSERMANN[3]) dargestellte Lösung *b* der II. und III. Abhandlung[4]), die auch zu den meisten Versuchen der folgenden Abhandlungen gedient hat. Sie

Galaktosehälfte des Milchzuckers in Beziehung treten kann, ist wahrscheinlich. Ist doch das Emulsin genau so wie die Enzyme der Kefirkörner auch zur Hydrolyse der β-Alkyl-d-galaktoside befähigt. E. FISCHER, Chem. Ber. Bd. 28, S. 1429 [1895]; E. FISCHER und E. F. ARMSTRONG, ebenda, Bd. 35, S. 3153 [1902].

[2] R. KUHN, Chem. Ber. Bd. 56, S. 857 [1923], und zwar S. 859.

[3] Soc. Bd. 83, S. 1305 [1903]. [4] Journ. Am. Chem. Soc. Bd. 31, S. 655 [1909].

[5] III. Mitteilung „Über Spezifität der Enzyme", Diese Zs. Bd. 127, S. 234 [1923]. Über die Affinität zu α-Glucosiden vgl. eine folgende Abhandlung (*Abh. 85*).

[1]) Diese Zs. Bd. 125, S. 28 [1922/23] (*Abh. 81*).

[2]) C. NEUBERG, Biochem. Zs. Bd. 3, S. 519 [1907].

[3]) Diese Zs. Bd. 123, S. 181 [1922].

[4]) Diese Zs. Bd. 125, S. 28 [1922/23], und zwar S. 38; ebenda Bd. 127, S. 234 [1923], und zwar S. 237.

ist ausgezeichnet durch eine fast 6 Monate hindurch beobachtete Konstanz [60] von $K_S = 0{,}029$ und von S.W.[1] = 1,18 (± 0° = 0,85 Minuten). Die erste in Tab. 1 mitgeteilte Bestimmung ist nämlich nach Beendigung aller anderen Versuche ausgeführt. Der Mittelwert der Reaktionskonstanten beträgt 158,5 und stimmt genau mit dem zu Beginn der Versuche gefundenen und bereits mitgeteilten Werte 158,5[2] überein.

Das Taka-Enzym war ein von Parke, Davis & Co. in Michigan, Detroit, nach Takamine dargestelltes Präparat, für dessen freundliche Überlassung ich Herrn Geheimrat C. J. LINTNER und Herrn Prof. H. LÜERS zu großem Danke verpflichtet bin.

Zu den Versuchen 6 bis 9 der Tabelle dienten je 27,4 mg (in 5 ccm Wasser gelöst), die dem vorgewärmten Gemisch von 10 ccm 20proz. Rohrzuckerlösung und 5 ccm n/10-Acetatpuffer (p_H = 5,5) zugesetzt wurden. Bei den Versuchen 7 bis 11 wurden überdies 1½ bis 3 Minuten vor Zusatz des Enzyms die in der 2. Spalte der Tabelle angegebenen Mengen der fein pulverisierten Hexosen durch rasches Umschwenken in der 30° warmen Zuckermischung in Lösung gebracht. Auf die genaue Einwage von Glucose und Fructose wurde verzichtet, da in Anbetracht der durch sie bedingten Volumänderung der Rohrzuckerlösungen, die sich in weiten verschlossenen Reagenzgläsern befanden, die richtigen Werte für die Anfangsdrehung nur extrapoliert, nicht aber be-

[61] Tabelle 1.

Einfluß der Spaltprodukte auf die Rohrzuckerhydrolyse.

Versuche Nr. 1 bis 5: Inversion bei 30,02 ± 0,05°; Polarisation bei 19°.

Nr.	Enzym und Zucker	Zeit (Min.)	Drehung (°)	Drehungsabnahme (°)	Spaltung (%)	$k \cdot 10^4$	Mittel
	Hefesaccharase:						
1	0,1 n-Saccharose	0,0	[3,625]	—	—	—	
		2,5	3,255	0,37	7,8	—	
		8,2	2,45	1,175	24,7	151	**158,5**
		14,0	1,755	1,87	39,2	155	
		21,5	0,92	2,705	56,8	170	
2	0,1 n-Saccharose	0,0	[5,16]	—	—	—	
	+ 0,11 n-α-Glucose	2,0	4,803	0,357	7,5	—	
		10,0	3,65	1,51	31,6	165	**159**
		17,3	2,93	2,23	46,7	158	
		25,4	2,33	2,83	59,3	154	
3	0,1 n-Saccharose	0,0	[5,14]	—	—	—	
	+ 0,11 n-β-Glucose	2,0	4,88	0,26	5,5	—	
		9,3	4,02	1,12	23,6	127	**134,5**
		18,5	3,08	2,06	43,4	134	
		29,7	2,20	2,94	62,0	142	
4	0,1 n-Saccharose	0,0	[+ 0,663]	—	—	—	
	+ 0,11 n-α, β-Fructose¹)	2,0	+ 0,403	0,26	5,5	—	
		10,2	— 0,555	1,218	25,6	126	**131**
		16,3	— 1,17	1,833	38,6	130	
		25,7	— 1,985	2,648	55,8	138	
5	0,1 n-Saccharose	0,0	[+ 0,663]	—	—	—	
	+ 0,11 n-β-Fructose²)	2,1	+ 0,363	0,30	6,3	—	
		8,8	— 0,47	1,133	23,9	135	**134**
		15,3	— 1,11	1,733	36,5	130	
		24,8	— 1,91	2,573	54,2	137	

[1] Chem. Ber. Bd. 56, S. 509 [1922/23].
[2] Diese Zs. Bd. 127, S. 234 [1923], und zwar S. 238.
¹) Gleichgewichtsform der γ-oxydischen Fructose.
²) Frisch gelöste Lävulose.

[62] Fortsetzung von Tabelle 1.

Versuche Nr. 6 bis 11: Inversion bei 29,97 ± 0,03°: Polarisation bei 20,5°.

Nr.	Enzym und Zucker	Zeit (Min.)	Drehung (°)	Drehungs-abnahme (°)	Spaltung (%)	$k \cdot 10^4$
	Takasaccharase:					
6	0,292 n-Saccharose	0,0	[7,987]	—	—	[6,15]
		2,0	7,96	0,027	0,26	—
		17,6	7,74	0,247	2,35	5,89
		35,0	7,53	0,457	4,35	5,63
7	0,292 n-Saccharose	0,0	[10,762]	—	—	[2,38]
	+ 0,277 n-α-Glucose	2,0	10,751	0,011	0,11	—
		20,0	10,632	0,13	1,24	2,71
		35,0	10,515	0,247	2,35	2,96
8	0,292 n-Saccharose	0,0	[10,873]	—	—	[6,23]
	+ 0,28 n-β-Glucose	2,3	10,840	0,033	0,31	—
		19,0	10,640	0,233	2,22	5,13
		35,2	10,523	0,35	3,33	4,18
9	0,292 n-Saccharose	0,0	[2,078]	—	—	[6,16]
	+ 0,28 n-α, β-Fructose	1,2	2,060	0,018	0,17	—
		18,0	1,828	0,25	2,38	5,84
		35,3	1,615	0,463	4,40	5,53
10	0,233 n-Saccharose	0,0	[7,265]	—	—	[1,86]
	+ 0,244 n-α-Glucose	1,2	7,261	0,004	—	—
		11,2	7,225	0,040	0,48	1,86
		21,3	7,19	0,075	0,89	1,82
		30,0	7,155	0,110	1,31	1,91
11	0,233 n-Saccharose	0,0	[7,39]	—	—	[4,30]
	+ 0,23 n-β-Glucose	1,3	7,383	0,007	—	—
		11,0	7,30	0,090	1,07	4,25
		21,1	7,22	0,17	2,02	4,20
		31,7	7,145	0,245	2,92	4,05

rechnet werden konnten. Zur Sistierung der Enzymwirkung und zur Aufhebung der Mutarotation der Zucker wurden je 5 ccm Bestimmungslösung in 3 ccm 2n-Sodalösung eingetragen. Die angegebenen Drehungswinkel sind das Mittel von je 10 Ablesungen im 2-dm-Rohr. Bei vollständiger Spaltung des Rohrzuckers würde die Drehungsabnahme in den Versuchen 6 bis 9 10,50°, in den Versuchen 10 und 11, zu denen je 22 mg Enzym in 10 ccm Acetatgemisch von $p_H = 5{,}0$ angewandt wurden, dagegen 8,40° betragen. Versuch 6 zeigt, daß im Gegensatz zum Invertin der Hefe die Inversion durch Takasaccharase etwas langsamer verläuft als monomolekular. Das weit stärkere Fallen der Konstante in dem unter Zusatz von β-Glucose ausgeführten Experiment 8 ist wohl auf die durch Mutarotation entstandene α-Modifikation zurückzuführen, die, wie aus den Versuchen 7 und 10 hervorgeht, stark hemmend wirkt. Die Versuche mit α-Glucose zeigen zugleich, daß der Übergang dieses Zuckers in die indifferente β-Form ein leichtes Ansteigen der Reaktionskonstanten bedingt. Zum besseren Vergleich der Zahlen sind aus diesem Grunde die Werte von $k \cdot 10^4$ für Versuchsbeginn extrapoliert worden. Die mit und ohne Zusatz von Fructose beobachteten Geschwindigkeiten stimmen [63] vollkommen überein. Beim Vergleich von α- und β-Glucose findet man als Verhältnis der Refraktionskonstanten 1 : 2,62 und 1 : 2,31.

Die gewählte Acidität ist nicht als optimal ermittelt worden. Auch konnte mit der geringen Menge des Enzymmaterials nicht entschieden werden, ob das deutliche Reduktionsvermögen, das Raffinose (0,20 g Pentahydrat in 4 ccm Wasser) nach 60 Minuten langer Einwirkung von 3 mg Takapräparat bei 30° erlangt hatte, durch primäre Sprengung des Rohrzucker- oder Melibioserestes zu erklären ist.

Der Vergleich der Affinitäten, den die zuckerspaltenden Enzyme einerseits in wäßriger Lösung, anderseits in der Hefezelle selbst zu stereoisomeren Zuckern aufweisen, wird vielleicht einen Einblick in die Permeabilitätseigenschaften der Zellmembran, die für das Verständnis der auswählenden Gärung von Zuckergemischen nicht ohne Bedeutung sein dürften, gewähren. Wegen der beträchtlichen Schwierigkeiten, die mit der experimentellen Prüfung dieser Frage verknüpft sind, sei nur ein unter Toluolzusatz ausgeführter Vergleich der Rohrzuckerspaltung mit und ohne Zusatz von α-Glucose mitgeteilt, aus dem hervorgeht, daß, wie in Saccharaselösungen die invertierende Kraft des Enzyms auch in der Hefezelle durch α-Glucose nicht herabgesetzt wird.

Hefe der SINNER A.-G. (28. II. 1923). a) 3,000 g Frischhefe + 2 ccm 20proz. NaH_2PO_4 + 25 Tropfen Toluol + 4,75 g Rohrzucker auf 100 ccm; b) derselbe Ansatz + 2,000 g α-Glucose. Es wurden Proben von je 20 ccm der gut umgeschüttelten Suspensionen mit 5 ccm 2n-Na_2CO_3-Lösung versetzt und sofort in der Zentrifuge bei 5000 Umdrehungen in der Minute von der Hefe getrennt, um durch Filtration unter Zusatz von wenig spanischer Klärerde für die Polarisation vorbereitet zu werden. Kohlensäureentwicklung war in den bei 18,4 bis 18,6° stehenden Bestimmungslösungen nicht zu beobachten. Immerhin könnte eine stärkere Gärung der zuckerreicheren Lösung b) etwas zu starke Saccharasewirkung vortäuschen.

a) Ohne Zusatz.

Zeit (Min.)	Drehung (°)	Spaltung (%)	$k \cdot 10^3$
0,0	[+ 5,00]	—	—
3,0	+ 4,15	12,9	—
16,0	+ 1,25	57,0	22,9
32,0	— 0,70	86,8	27,5

b) Zusatz von α-Glucose.

Zeit (Min.)	Drehung (°)	Spaltung (%)	$k \cdot 10^3$
0,0	[7,10]	—	—
3,5	5,97	17,2	—
17,0	3,20	59,4	23,1
31,5	1,45	86,0	27,1

Zeitschrift für physiologische Chemie 135, S. 1 [1924].

85. ÜBER DEN EINFLUSS STEREOISOMERER ZUCKER SOWIE NICHT SPALTBARER KOHLEHYDRATE UND GLUCOSIDE AUF DIE WIRKSAMKEIT DES HEFEINVERTINS.

Von RICHARD KUHN.

Sechste Mitteilung über Spezifität der Enzyme.

(Mitteilung aus dem Chemischen Laboratorium der Bayerischen Akademie der Wissenschaften in München.)

(Der Redaktion zugegangen am 18. Dezember 1923.)

In der dritten[1] und fünften[2] Mitteilung der vorliegenden Untersuchungsreihe wurde erkannt, daß das Verhalten gewisser zuckerspaltender Enzyme zur α- und β-Form der Glucose qualitativ verschieden ist. Für die Saccharase der Löwenbräuhefe geht nun aus den folgenden Beobachtungen hervor, daß das Hemmungsvermögen von Monosacchariden nicht allgemein entweder nur durch die hoch- oder niedrigdrehende Modifikation derselben bewirkt wird. Während die Übereinstimmung zwischen frisch gelöster und Gleichgewichtsfructose durch die Schnelligkeit der Isomerisierung erklärt werden kann[3], zeigen nach Tab. 1 auch verschiedene Formen der d-Mannose und l-Arabinose, die nach C. S. HUDSON und E. YAŇOVSKY[4] [2] nur drei- bzw. fünfmal schneller mutarotieren als Glucose, fast gleiches Verhalten. Die hemmende Wirkung der frisch gelösten Zucker ist zwar durchwegs geringer als die der Gleichgewichtslösungen, doch überschreiten diese Differenzen die möglichen Versuchsfehler nicht stark. Einen bedeutenden Unterschied findet man nur bei der Galaktose. Im Gegensatz zum Traubenzucker wird aber in diesem Falle auch durch die α-Modifikation die Spaltungsgeschwindigkeit des Rohrzuckers stark verzögert. Diese Verzögerung ist etwa doppelt so stark wie die von den anderen Hexosen bewirkte. Sie dürfte aber in äquimolarer Lösung die Wirkung der Pentose nur wenig übertreffen. Eine allgemeine Beziehung zwischen der Konfiguration der Zucker und ihrer Affinität zur Saccharase ist nicht zu erkennen.

---

[1] Diese Zs. Bd. 127, S. 234 [1923]. [2] Ebenda, Bd. 129, S. 57 [1923].

[3] In dem bereits mitgeteilten Beispiel (Versuch Nr. 5 der Tab. 1 der fünften Mitt.) verlief die Mutarotation der Ketose etwa zehnmal schneller als die Inversion des Rohrzuckers.

[4] Jl. Am. Chem. Soc. Bd. 39, S. 1013 [1917].

Tabelle 1. Die Wirkung stereoisomerer Monosaccharide.

Nr.	Zucker in 100 ccm: 3,422 g Saccharose +	α-Form[1] (%)	Reaktionskonstante der Mutarotation (20°)	Reaktionskonstante der Inversion (30°)	Hemmung (%)
1	Ohne Zusatz	—	—	0,0158	—
2	2,00 g α-d-Glucose	100	0,0065	0,0159	0
3	2,00 g β-d-Glucose	0	0,0065	0,01345	15
4	2,00 g α-β-d-Fructose	37	—	0,0131	17,5
5	2,00 g β-d-Fructose	0	0,082	0,0134	15
6	2,00 g α-β-d-Mannose	62	—	0,01355	14
7	2,00 g β-d-Mannose	0	0,019	0,01405	11
8	2,00 g α-d-Galaktose	100	0,0102	0,0103	35
9	2,00 g α-β-d-Galaktose	31	—	0,00835	47,5
10	0,75 g β-l-Arabinose	0	0,031	0,01375	13,5
11	0,75 g α-β-l-Arabinose	42	—	0,0132	16,5

Unter den gewählten Konzentrationsbedingungen hat das Invertin auf die Geschwindigkeit der Mutarotation von Glucose und Galaktose keinen merklichen Einfluß[2].

[3]

a) 1,000 g β-Glucose + 2 ccm m/3-Phosphat zu 50 ccm; p_H = 4,60; 2 dm-Rohr; 19,2°.			b) 1 g β-Glucose + 2 ccm Saccharase b + 2 ccm m/3-Phosphat zu 50 ccm; p_H = 4,58.		
Zeit (Min.)	Drehung (°)	$k \cdot 10^4$	Zeit (Min.)	Drehung (°)	$k \cdot 10^4$
0	[0,71]	—	0	[0,71]	—
8	0,85	72,5	7,5	0,85	70,5
12	0,92	68,5	15	0,97	69
16,7	1,00	70	20	1,05	70,5
24	1,10	69,5	25	1,12	70,5
41	1,30	69,5	36	1,30	71
57	1,455	71	51	1,40	70
∞	1,94	—	∞	1,94	—
	Mittel:	70		Mittel:	70,5

Zu den Versuchen der Tab. 2, 3 und 4 (Nr. 1 bis 3) diente die von R. WILLSTÄTTER und W. WASSERMANN[1]) dargestellte Invertinlösung b der zweiten Mitteilung[2]) (±0° = 0,85 Minuten).

Am Beispiel der „Maltase aus Bierhefe" haben L. MICHAELIS und P. RONA[3]) zum ersten Male auf die verschiedenartige Natur der Hemmungen der Fermentwirkungen aufmerksam gemacht. Sie fanden, daß es gewisse Stoffe gibt, die gleich dem Substrat zum Enzym Affinität besitzen, und andere, durch deren Gegenwart die Zerfallsgeschwindigkeit der Fermentsubstratverbindung herabgesetzt wird. Von diesem Gesichtspunkte aus sind L. MICHAELIS und H. PECHSTEIN[4]) der „prinzipiellen, höchst wichtigen Frage" näher getreten, ob das Invertin zu glucosidisch gebauten Stoffen, die es nicht zu spalten vermag, auch keine Affinität besitzt oder ob Bindungs- und

[1] A. a. O.

[2] Siehe auch J. M. NELSON und F. M. BEEGLE, Jl. Am. Chem. Soc. Bd. 41, S. 559, und zwar S. 572 [1919].

[1]) Diese Zs. Bd. 123, S. 181 [1922].

[2]) Diese Zs. Bd. 125, S. 28 [1922/23], und zwar S. 38.

[3]) Biochem. Zs. Bd. 60, S. 62 [1914]. [4]) Biochem. Zs. Bd. 60, S. 79 [1914].

Spaltungsvermögen des Enzyms unterschieden werden können. Daß letzteres nicht zutrifft, haben MICHAELIS und PECHSTEIN an vier Beispielen dargetan. Milchzucker, Malzzucker, β- und α-Methylglucosid binden nämlich das Invertin nicht. Die ersten drei waren für die Inversionsgeschwindigkeiten überhaupt ohne Belang, während α-Methylglucosid den Zerfall der Enzym-Zucker-Bindung hemmte, wie es z. B. auch für das Glycerin festgestellt wurde.

[4] Tabelle 2. Inversion bei 30,00 ± 0,05°. Polarisation bei 20°.

Nr.	Zucker	Zeit (Min.)	Drehung (°)	Drehungs-abnahme (°)	Spaltung (%)	$k \cdot 10^4$	Mittel
1	0,1 n-Saccharose	0,0	[3,62]	—	—	—	
		1,6	3,37	0,25	—	—	
		13,8	1,813	1,807	38,0	150,5	**158**
		19,5	1,22	2,40	50,5	157	
		25,5	0,66	2,96	62,4	167	
2	0,1 n-Saccharose +	0,0	[4,10]	—	—	—	
	0,11 n β-Mannose	1,8	3,85	0,25	—	—	
		9,2	2,92	1,18	24,9	136	**140,5**
		19,5	1,90	2,20	46,3	139	
		31,5	1,00	3,10	65,3	146	
3	0,1 n-Saccharose +	0,0	[4,025]	—	—	—	
	0,11 n α-β-Mannose	2,0	3,75	0,275	—	—	
		10,3	2,75	1,275	26,9	132	**135,5**
		16,8	2,10	1,925	40,5	134	
		25,3	1,38	2,645	55,8	140	
4	0,1 n-Saccharose +	0,0	[6,09]	—	—	—	
	0,11 n α-Galaktose	1,8	5,87	0,22	—	—	
		11,0	4,95	1,14	24,0	109	**103**
		19,5	4,35	1,74	36,6	102	
		28,5	3,84	2,25	47,4	98	
5	0,1 n-Saccharose +	0,0	[6,11]	—	—	—	
	0,11 n α-β-Galaktose	2,0	5,93	0,18	—	—	
		8,3	5,42	0,69	14,5	82,5	**83,5**
		20,6	4,59	1,52	32,0	81,5	
		34,2	3,77	2,34	49,3	86,5	
6	0,1 n-Saccharose +	0,0	[4,75]	—	—	—	
	0,05 n β-l-Arabinose	2,1	4,48	0,27	—	—	
		8,5	3,705	1,045	22,0	128	**137,5**
		18,0	2,625	2,125	44,8	144	
		22,2	2,32	2,43	51,2	141	
7	0,1 n-Saccharose +	0,0	[4,70]	—	—	—	
	0,05 n α-β-l-Arabinose	2,2	4,415	0,285	—	—	
		9,5	3,55	1,15	24,2	127	**132**
		13,6	3,115	1,585	33,4	130	
		21,9	2,30	2,40	50,5	139	

Der Befund von MICHAELIS und PECHSTEIN findet durch die in der Tab. 3 folgenden Versuche, die mit bedeutend reinerem Enzymmaterial ausgeführt sind, eine erweiternde [5] Bestätigung. Es zeigte sich, daß nicht nur die stereoisomeren Formen der Lactose und Maltose, sondern auch Cellobiose, Melibiose, Gentiobiose und Trehalose ohne sicher erkennbaren Einfluß auf die Inversionsgeschwindigkeit des Rohrzuckers sind. Neben diesen nicht spaltbaren Disacchariden verdient besonderes Interesse das Verhalten eines Polysaccharids, das aus Fructosemolekülen aufgebaut ist und trotzdem von der Fructosaccharase der Hefe nicht hydrolysiert wird. Das ist das Inulin[1]. Aus der Tatsache, daß das Inulin die Wirksamkeit des auf die Fructoside vom Rohrzuckertyp eingestellten Enzyms in keiner Weise verändert, ist zu schließen, daß seine „Invertinfestigkeit“ nicht auf einen unmerklich langsamen Zerfall der Enzym-Inulin-Verbindung zurückzuführen ist, daß vielmehr eine solche in nachweisbarer Menge überhaupt nicht gebildet wird.

0,1 n-Rohrzucker + 1 % Inulin „Kahlbaum“; $p_H = 4{,}5$. Aus den nach 14,6 und 25,9 Minuten beobachteten Drehungsabnahmen von 1,90 und 2,95°, die einem Spaltungsgrad von 40,0 bzw. 62,2 % entsprechen, ergibt sich $k \cdot 10^4$ zu 152 und 163. Der Mittelwert 157,5 stimmt mit der ohne Zusatz gemessenen Reaktionskonstante 158 genau überein.

Auf der nämlichen Ursache dürfte die Invertinfestigkeit der Stärke beruhen.

50 ccm 0,278 n-Rohrzucker + 5 ccm 20proz. NaH_2PO_4 + 5 ccm Saccharase ($\pm 0° = 0{,}53$ Min.) ad 100 ccm.

a) Ohne Zusatz			b) 35 ccm 2proz. lösliche Stärke in 100 ccm		
Zeit (Min.)	5 ccm verbrauchen n/10-Jod[2]	Reduktionszunahme pro Minute	Zeit (Min.)	5 ccm verbrauchen n/10-Jod	Reduktionszunahme pro Minute
1,6	0,34		1,4	0,86	
5,2	0,77	0,119	5,2	1,36	0,131
10,0	1,34	0,119	10,0	1,88	0,108
		Mittel: 0,119			Mittel: 0,119

[6] Tabelle 3.

Die Saccharasewirkung wird durch nicht spaltbare Disaccharide nicht gehemmt.

Inversion bei 29,98 ± 0,05°. Polarisation bei 19,5°.

Nr.	0,1 n-Saccharose +	Zeit (Min.)	Drehung (°)	Drehungsabnahme (%)	Spaltung (%)	$k \cdot 10^4$	Mittel
1	0,055 n. α-Lactose (2,000 g Hydrat „Merck“ in 100 ccm; frisch gelöst).	0,0	[5,21]	—	—	—	
		2,0	4,92	0,29	—	—	
		8,8	4,02	1,19	25,1	143	**152,5**
		14,7	3,30	1,91	40,3	153	
		25,2	2,32	2,89	60,8	161	
2	0,055 n. α-β-Lactose (4 Stunden gestandene, in der Hitze bereitete Lösung).	0,0	[5,21]	—	—	—	
		2,7	4,805	0,405	—	—	
		11,5	3,65	1,56	32,9	151	**151**
		15,9	3,25	1,96	41,3	146	
		21,0	2,70	2,51	52,8	155	
3	0,055 n. β-Maltose (2 g Hydrat „Merck“; 2 Minuten nach dem Lösen).	0,0	[7,77]	—	—	—	
		2,0	7,51	0,26	—	—	
		8,8	6,643	1,127	24,3	139	**157**
		17,1	5,625	2,145	46,2	158	
		27,3	4,683	3,087	66,5	174	

[1] J. C. IRVINE und E. ST. STEELE, Chem. Soc. Bd. 117, S. 1474 [1920] fassen das Inulin als polymerisierte Anhydro-γ-Fructose auf und vermuten, daß die eine Sauerstoffbrücke mit der im Rohrzucker vorliegenden übereinstimme.

[2] Nach R. WILLSTÄTTER und G. SCHUDEL, Chem. Ber. Bd. 51, S. 780 [1918].

Tabelle 3. (Fortsetzung.)

Nr.	0,1 n-Saccharose +	Zeit (Min.)	Drehung (°)	Drehungsabnahme (°)	Spaltung (%)	$k \cdot 10^4$	Mittel
4	0,055 n. α-β-Maltose (in der Hitze gelöst; 2 Stunden gestanden).	0,0	7,775	—	—	—	
		2,7	7,41	0,365	—	—	
		10,6	6,415	1,360	28,6	139	151
		17,6	5,613	2,162	45,5	150	
		26,7	4,765	3,01	63,4	164	
5	0,05 n. Trehalose (1,89 g $C_{12}H_{22}O_{11} \cdot 2\,H_2O$).	0,0	[8,98]	—	—	—	
		2,4	8,63	0,35	—	—	
		8,2	7,815	1,165	24,5	149	157,5
		13,4	7,15	1,83	38,5	158	
		21,5	6,33	2,65	55,7	165	
6	0,05 n. α-β-Gentiobiose (1,71 g Präparat nach G. Zemplén[1]; 2 mal mit Alkohol-Äther umgeschieden).	0,0	[3,835]	—	—	—	
		2,0	3,545	0,29	—	—	
		9,0	2,615	1,22	25,6	143	151,5
		15,0	1,895	1,94	40,7	151	
		22,0	1,19	2,645	55,5	160	
7	0,032 n. α-β-Cellobiose (1,09 g über das Octacetat gereinigtes Präparat).	0,0	[4,05]	—	—	—	
		2,8	3,66	0,39	—	—	
		11,6	2,51	1,54	32,4	147	158,5
		15,9	1,94	2,11	44,5	161	
[7]		23,7	1,21	2,84	60,0	168	
8	0,05 n. α-β-Melibiose [1,71 g; nach C. S. Hudson[1]) dargestellt; nicht krystallisiert].	0,0	[7,48]	—	—	—	
		2,7	7,08	0,40	—	—	
		11,1	5,97	1,51	31,8	149,5	151
		15,7	5,52	1,96	41,2	147	
		21,0	4,97	2,51	52,9	156	

Von den in glucosidhaltigen Lösungen ausgeführten Inversionsversuchen teilt Tab. 4 die bei Zusatz von Salicin, Helicin und β-Methylglucosid beobachteten Reaktionsverzögerungen mit[2]). Das Beispiel des Amygdalins, das ohne Wirkung ist, zeigt, daß sich auch innerhalb der engeren Gruppe der β-Glucoside bemerkenswerte Unterschiede im Verhalten zum Invertin finden. In hohem Maße auffallend ist der folgende Vergleich der Wirkungen, den α- und β-Glucose und die zugehörigen halbacetalartigen Methylderivate ausüben. Die Zahlen beziehen sich auf 0,1 n-Rohrzucker- und 0,05 n-Traubenzucker- bzw. Glucosidlösungen:

Zusatz	Hemmung in %	Zusatz	Hemmung in %
α-Glucose	0	α-Methylglucosid . . .	65
β-Glucose	7,5	β-Methylglucosid . . .	15

Die Glucoside setzen die in Rohrzuckerlösungen von wechselnder Konzentration bestimmten Reaktionsgeschwindigkeiten um gleiche prozentische Beträge herab.

[1] Chem. Ber. Bd. 48, S. 233 [1915].

[1]) C. S. Hudson und T. S. Harding, Jl. Am. Chem. Soc. Bd. 37, S. 2734 [1915].

[2]) Vgl. hierzu H. P. Barendrecht, Zs. f. physik. Chem. Bd. 49, S. 456 [1904], und zwar S. 464f.

Der auf diese Weise für das α-Methylglucosid schon von MICHAELIS und PECHSTEIN erbrachte Nachweis, daß das Invertin zu diesem Glucosid keine Affinität hat, möge durch einige mit gereinigtem Invertin gewonnene Zahlen bestätigt werden.

[8] Tabelle 4.

Das differierende Verhalten einiger β-Glucoside.

(Für die Versuche Nr. 1 bis 3 ist $k \cdot 10^4$ ohne Zusatz = 158.)

Nr.	0,1 n-Saccharose +	Zeit (Min.)	Drehung (°)	Drehungsabnahme (°)	Spaltung (%)	$k \cdot 10^4$	Mittel
1	0,05 n β-Methylglucosid	0,0	[3,045]	—	—	—	
	(„Kahlbaum“)	2,4	2,71	0,335	—	—	
		8,5	1,95	1,095	23,1	135	**135**
		13,7	1,45	1,595	33,6	131	
		20,6	0,75	2,295	48,3	139	
2	0,05 n-Salicin („Merck“)	0,0	[+ 1,95]	—	—	—	
		1,9	+ 1,725	0,225	—	—	
		8,3	+ 1,00	0,95	20,0	117	**124**
		13,4	+ 0,44	1,51	31,7	124	
		22,3	— 0,375	2,325	48,8	131	
3	0,05 n-Amygdalin („Merck“)	0,0	[+ 1,69]	—	—	—	
		2,0	1,40	0,29	—	—	
		7,8	0,60	1,09	23,0	146	**157**
		13,8	— 0,15	1,84	38,8	156	
		21,1	— 0,97	2,66	56,0	169	
4	Ohne Zusatz[1]	0,0	[2,80]	—	—	—	
		1,6	2,46	0,34	—	—	
		6,1	1,78	1,02	27,3	228	**237**
		13,0	0,935	1,865	49,9	231	
		20,7	0,18	2,62	70,0	252	
5	0,088 n-Helicin	0,0	[0,81]	—	—	—	
		1,3	0,73	0,08	—	—	
		7,3	0,39	0,42	11,2	71	**75,5**
		12,8	+ 0,08	0,73	19,5	73,5	
		21,6	— 0,44	1,25	33,4	82	
6	0,025 n-Octamethyl-lactose	0,0	[3,07]	—	—	—	
		1,6	2,82	0,25	—	—	
		7,3	1,96	1,11	29,7	210	**240**
		12,1	1,23	1,84	49,2	243	
		17,4	0,61	2,46	65,8	268	
7	0,04 n-Tetramethyl-β-methyl-	0,0	[2,75]	—	—	—	
	glucosid	2,1	2,425	0,325	—	—	
		8,0	1,57	1,18	31,6	208	**225**
[9]		13,2	0,88	1,87	50,0	228	
		20,5	0,22	2,53	67,6	239	
8	0,04 n. α-2, 3, 5, 6-Tetra-	0,0	[3,99]	—	—	—	
	methylglucose	1,9	3,73	0,26	—	—	
		6,8	3,07	0,92	24,6	181	**201**
		12,4	2,33	1,66	44,4	206	
		19,0	1,71	2,28	61,0	215	
9	0,04 n α-β-2, 3, 5, 6-Tetra-	0,0	[3,92]	—	—	—	
	methylglucose	1,6	3,70	0,22	—	—	
		5,8	3,14	0,78	20,8	176	**194**
		12,5	2,30	1,62	43,3	197	
		19,5	1,64	2,28	61,0	210	

[1] Saccharaselösung der fünften Mitteilung über Invertin von R. WILLSTÄTTER und K. SCHNEIDER, Diese Zs. (im Druck); ± 0° = 0,175 Minuten.

Reaktionskonstanten mit je 0,4 ccm Saccharase b in 100 ccm bei 30°.

Reaktionsgemisch	0,1 n-Rohrzucker	0,05 n-
a) Ohne Zusatz	0,00220	0,00358
b) 0,05 n. α-Methylglucosid	0,00080	0,00117

Die Inversionsgeschwindigkeiten sind also um 63,5 und 67,5% verlangsamt worden. Für die Dissoziationskonstante einer Saccharase-α-Methylglucosidverbindung würde man dagegen die stark differierenden Werte 0,0021 und 0,0038 finden.

Die zu den Versuchen Nr. 6 bis 9 der voranstehenden Tab. 4 benützten methylierten Zucker hatte Herr Dr. H. H. SCHLUBACH in freundlichster Weise zur Verfügung gestellt. Ein Einfluß des permethylierten Milch- und Traubenzuckers konnte nicht mit Sicherheit festgestellt werden. Die in 1-Stellung freie Methylglucose hemmt merklich. Der Unterschied zwischen α- und α-β-Form liegt jedoch an der Grenze der Versuchsfehler.

Ob der Hemmungsmechanismus der β-Glucoside demjenigen des α-Methylglucosids entspricht, wurde am Beispiel des Salicins geprüft. Es war mit Rücksicht auf das verschiedene Verhalten von α- und β-Glucose nicht ausgeschlossen, daß ein durch Invertin nicht spaltbares β-Glucosid vom Invertin gebunden werden könne. Die folgende, nach den Zahlen [11] der Tab. 5 berechnete Zusammenstellung zeigt

[10] Tabelle 5. Hemmung des Invertins durch Salicin.

Nr.	Zucker + Glucosid	Zeit (Min.)	Drehung (°)	Drehungs-abnahme (°)	Spaltung (%)	$k \cdot 10^4$	Mittel
1	0,1017 n-Rohrzucker	0,0	[3,705	—	—	—	
		1,6	3,60	0,105	—	—	
		6,1	3,255	0,45	9,3	69,5	68,2
		11,4	2,92	0,785	16,1	68,7	
		16,3	2,64	1,065	21,9	66,5	
2	0,1017 n-Rohrzucker + 0,1 n-Salicin	0,0	[0,75]	—	—	—	
		1,2	0,70	0,05	—	—	
		7,0	0,43	0,32	6,6	42,8	39,7
		13,0	0,22	0,53	10,9	38,8	
		18,1	0,05	0,70	14,4	37,6	
3	0,0508 n-Rohrzucker	0,0	[1,85]	—	—	—	
		1,6	1,78	0,07	—	—	
		9,8	1,45	0,40	16,5	80,1	79,2
		21,1	1,06	0,79	32,5	81,0	
		30,1	0,85	1,00	41,1	76,5	
4	0,0508 n-Rohrzucker + 0,1 n-Salicin	0,0	[— 1,06]	—	—	—	
		1,5	— 1,10	0,04	—	—	
		10,0	— 1,32	0.26	10,7	49,5	50,2
		19,4	— 1,55	0,49	20,2	50,4	
		30,1	— 1,71	0,65	26,7	50,7	
5	0,0274 n-Rohrzucker	0,0	[1,00]	—	—	—	
		1,7	0,95	0,05	—	—	
		10,0	0,725	0,275	20,9	102	111
		20,0	0,485	0,515	39,1	108	
		30,0	0,25	0,75	57,0	122	

Tabelle 5. (Fortsetzung.)

Nr.	Zucker + Glucosid	Zeit (Min.)	Drehung (°)	Drehungs-abnahme (°)	Spaltung (%)	$k \cdot 10^4$	Mittel
6	0,0274 n-Rohrzucker + 0,1 n-Salicin	0,0	[— 1,90]	—	—	—	
		1,3	— 1,92	0,02	—	—	
		10,0	— 2,06	0,16	12,2	57,0	**57,5**
		20,0	— 2,21	0,31	23,6	59,0	
		30,7	— 2,33	0,43	32,8	56,5	
7	0,0137 n-Rohrzucker[1]	0,0	[5,04]	—	—	—	
		1,3	0,515	0,025	—	—	
		5,8	0,435	0,105	14,8	120	**124,7**
		12,3	0,33	0,21	29,2	122	
		17,3	0,25	0,29	40,9	132	
8	0,0137 n-Rohrzucker + 0,1 n-Salicin[1]	0,0	[— 2,388]	—	—	—	
		1,3	— 2,405	0,017	—	—	
		6,1	— 2,458	0,07	9,9	73,8	**65,9**
		12,0	— 2,505	0,117	16,5	65,0	
		18,2	— 2,543	0,155	21,8	58,8	

jedoch, daß die Aktivitäts-p_S-Kurve durch einen konstanten Salicingehalt keine Parallelverschiebung erleidet, daß vielmehr unabhängig von der Rohrzuckerkonzentration die Inversionskonstanten um annähernd gleiche prozentische Beträge erniedrigt werden.

Konzentration der Saccharose	0,102	0,0508	0,0274	0,0137 n
Hemmung durch 0,1 n-Salicin (%)	41,8	36,6	45,2	47,2

Die für die Dissoziationskonstante einer Salicin-Invertin-Verbindung berechneten Werte würden um 100% differieren.

Die vorliegende Untersuchung stützt somit die Anschauung, daß das katalytische Wirkungsvermögen des Invertins durch sein Bindungsvermögen bedingt wird, daß die fermentative Spaltung des Rohrzuckers als Zwischenreaktionskatalyse aufzufassen ist. Nach früheren Ausführungen über die Bedeutung der $H^{\cdot}$-Ionen für die enzymatische Hydrolyse zusammengesetzter Zucker und Glucoside[2] hat aber die Vereinigung des Invertins mit dem Rohrzucker nicht mehr im Sinne von MICHAELIS und PECHSTEIN gleichzeitig als hinreichende Bedingung für den Eintritt der Hydrolyse zu gelten.

[1] Wegen Wirkungsabnahme des Enzyms in stark verdünnter Lösung sind die Versuche 7 und 8 nur untereinander, nicht aber mit den Versuchen 1 bis 6 vergleichbar.

[2] R. KUHN, Die Naturwissenschaften 1923, Heft 35, S. 732, und zwar S. 740ff. (*Abh. 7*).

Zeitschrift für physiologische Chemie 134, S. 224 [1924].

86. ÜBER DIE RELATIVE SPEZIFITÄT DER HEFEMALTASE.

Von RICHARD WILLSTÄTTER, RICHARD KUHN und HARRY SOBOTKA.

Siebente Mitteilung über Spezifität der Enzyme[1]; fünfte Mitteilung über Maltase[2].

(Mitteilung aus dem Chemischen Laboratorium der Bayerischen Akademie der Wissenschaften in München.)

(Der Redaktion zugegangen am 23. Dezember 1923.)

Nach EMIL FISCHER[3] soll die Maltase der Hefe auch zur Spaltung anderer α-Glucoside befähigt sein. Die Prüfung dieser Ansicht mit quantitativen Methoden hat zunächst ergeben, daß die enzymatischen Wirkungen verschiedener Hefen und ihrer Auszüge, ausgedrückt durch die Zeitwerte für Maltase und α-Methylglucosidase, kein konstantes Verhältnis aufweisen[4]. Der erste Teil der vorliegenden Untersuchung ergänzt nun die früheren Erfahrungen durch den Vergleich der Hydrolysengeschwindigkeiten des α-Äthyl-, α-Phenylglucosids und des Amygdalins mit jenen der Maltase und des α-Methylglucosids. Für die Ausführung dieser Versuche sind wir Herrn Dr. W. STEIBELT, der auch die Reaktionsbedingungen der angeführten Hydrolysen ermittelt hat, zu Dank verpflichtet. Im zweiten Teil prüfen wir die Abhängigkeit der Reaktionsgeschwindigkeiten von der Konzentration der Substrate. Nach dem Vorbilde der Untersuchung über „Saccharase- und Raffinasewirkung des Invertins"[5] wird unter Berücksichtigung der von [225] Hefe zu Hefe und von Substrat zu Substrat wechselnden Affinitätsbeträge aus dem Verhältnis der Enzymwerte auf das Verhältnis der Enzymmengen geschlossen. Es ergibt sich dabei, daß bei gleicher Konzentration der Enzym-Maltose-, Enzym-α-Methylglucosid- und Enzym-α-Phenylglucosid-Verbindungen auch das Verhältnis der Zerfallsgeschwindigkeiten innerhalb der Fehlergrenzen unserer Methode unabhängig ist von der Herkunft der angewandten Fermentlösung. Es scheinen somit zwischen den Maltasen der untersuchten Hefen keine wesentlichen Unterschiede zu bestehen, wenn auch die Ursache der Affinitätsverschiedenheiten

[1] Siehe die vorhergehende Abhandlung.
[2] Vierte Mitteilung über Maltase, Diese Zs. Bd. 115, S. 211 [1921] (*Abh. 63*).
[3] Diese Zs. Bd. 26, S. 60 [1898/99].
[4] R. WILLSTÄTTER und W. STEIBELT, Diese Zs. Bd. 115, S. 199 [1921].
[5] R. KUHN, Diese Zs. Bd. 125, S. 28 [1922/23] (*Abh. 81*).

noch ungeklärt ist. Unabhängig davon ist aus diesen Versuchen die Schlußfolgerung zu ziehen, daß eine bestimmte Hefemaltase auch zur Hydrolyse des α-Methyl- und α-Phenylglucosids befähigt ist. Der einheitlichen Natur der β-Glucosidase des Emulsins[1] entspricht die Einheitlichkeit des auf die α-Glucoside eingestellten Hefeferments. Die Amygdalase, welche die β-glucosidische Bindung des im Amygdalin enthaltenen Disaccharids[2] löst, läßt dagegen keine Beziehung zur Maltase erkennen. In einer maltaseentbehrenden Hefe fanden wir sie besonders reichlich vor.

Experimenteller Teil.

1. Das Untersuchungsmaterial.

Das α-Äthylglucosid wurde nach der Angabe von E. FISCHER[3] dargestellt. Herrn Dr. H. O. L. FISCHER sind wir für freundliche Überlassung von Impfkrystallen zu Dank verpflichtet. Unser Präparat schmolz bei 113 bis 114° (unkorr.) und zeigte in 3proz. Lösung $[\alpha]_D = 150{,}6°$ bzw. $150{,}3°$.

α-Phenylglucosid, nach der Methode von E. FISCHER und L. v. MECHEL[4] erhalten, verlor im Vakuum über Schwefelsäure 1 Mol Krystallwasser. Schmelzp. = 170 bis 171° (unkorr.).

8,396 mg Substanz gaben nach F. PREGL 17,30 mg CO_2, 4,90 mg H_2O

$C_{12}H_{16}O_6$ (256,1)	Ber.	56,22% C	6,30% H
	Gef.	56,21 ,,	6,53 ,,

[226] In 1 g Wasser von 30° lösen sich 0,052 g des Glucosids; 1,534 g Lösung enthielten nämlich 0,0757 g Substanz.

Die untersuchten Brauereihefen verdanken wir den Betrieben der Aktienbrauerei zum Löwenbräu, der Brauerei zum Spaten, der Brauerei G. Pschorr und des Hofbräuhauses. Eine im folgenden als „Ottakringer Hefe" bezeichnete österreichische Brauereihefe entstammte der Brauerei I. & J. Kuffner A.-G., Wien XVI, Ottakringerstraße 91. Eine obergärige Weißbierhefe bezogen wir aus dem Weißbräuhaus Schneider & Sohn, München im Tal. Von obergärigen Brennereihefen untersuchten wir die vom Institut für Gärungsgewerbe, Berlin N, vertriebenen Hefen M und XII, ferner eine Spirituspreßhefe aus der Spiritus- und Preßhefefabrik Stadlau, Wien XXI (Wolfrum A.-G.), und eine als „Fineste Presse Gaer" bezeichnete Bäckerhefe der Dansk Gaer Central in Kopenhagen, die wir der Gefälligkeit des Herrn Prof. Dr. A. JÖRGENSEN verdankten.

2. Bestimmungsmethoden.

Zur Bestimmung der Enzymwerte dienten frische Hefen und daraus dargestellte Extrakte. Hefemengen, deren Trockengewichte 2,5 g betrug, wurden nach dem Verfahren von R. WILLSTÄTTER, G. OPPENHEIMER und W. STEIBELT[1]) verflüssigt und

[1] Vierte Mitteilung über Spezifität, Diese Zs. Bd. 129, S. 33 [1923].
[2] Chem. Ber. Bd. 56, S. 857 [1923].
[3] Chem. Ber. Bd. 28, S. 1145 [1895], und zwar S. 1153.
[4] Chem. Ber. Bd. 49, S. 2813 [1916].
[1]) Diese Zs. Bd. 110, S. 232 [1920].

nach dem Neutralisieren auf 50 ccm gebracht. Von den Suspensionen wurden in der Regel angewandt für die Spaltung von:

Maltose und α-Methylglucosid	je 10 ccm
α-Äthylglucosid und Amygdalin . . .	je 2 ,,
α-Phenylglucosid	0,1 ,,

Die Hydrolyse des Malzzuckers und des α-Methylglucosids verfolgten wir unter den in der III. Mitteilung über Maltase[2] beschriebenen Bedingungen. Als Maß für die Wirksamkeit benützen wir, wie es für die Wirkungen des Emulsins geschehen ist[3], Enzymwerte, nämlich das mit 1000 multiplizierte Reziproke der bisher geltenden Zeitwerte, die wir in 0,139n-Lösung der Substrate bestimmen.

[227] A. Quantitative Bestimmung der Amygdalinspaltung.

Den Amygdalasewert (Agd.W.) berechnen wir in der eben angeführten Weise aus der Zeit in Minuten, die 0,2 g trockene Hefe oder die dieser Menge entsprechende Enzymlösung braucht, um bei 30° 0,7097 g Amygdalin ($C_{20}H_{27}O_{11}N \cdot 3H_2O$) zur Hälfte zu hydrolysieren, wenn diese in 10 ccm 0,1n-Citratgemisch vom $p_H = 5{,}5$ enthalten sind. Der gebildete Zucker wurde nach der Methode von G. BERTRAND bestimmt. Eine gewisse Ungenauigkeit der Resultate wird dadurch bedingt, daß einzelne Hefen auch das gebildete Prunasin merklich unter Blausäureentwicklung angriffen[1]). Das optimale p_H wurde unter Verwendung eines Chloroformextrakts aus frischer Löwenbräuhefe zu 5,5 ermittelt.

Tabelle 1. Amygdalinspaltung bei wechselnder Acidität.

p_H	Puffer	Versuchsdauer (Stdn.)	5 ccm verbr. Permanganat (ccm)	Spaltung (%)	Zeit der halben Hydrolyse (Stdn.)
4,8	Phosphat 10,0; 0,0	16	6,36	26,0	38,8
5,8	Phosphat 9,2; 0,8	16	6,49	26,7	37,3
6,8	Phosphat 5,0; 5,0	16	5,16	20,8	51,0
7,8	Phosphat 0,8; 9,2	16	4,15	16,6	70
5,0	Citrat-NaOH 10,0; 0,0	40	10,53	44,6	46,5
5,5	Citrat-NaOH 7,3; 2,7	40	11,26	47,8	42,5
6,0	Citrat-NaOH 6,0; 4,0	40	10,64	45,2	45,5

Im Bereiche 1:3 ist ferner die Reaktionsgeschwindigkeit den angewendeten Enzymmengen direkt proportional.

[228]

Enzymmenge in 10 ccm	Zeit (Stdn.)	Cu (mg)	Spaltung %
1 ccm	72	47,9	48,4
3 ccm	24	48,4	48,9

Der zeitliche Verlauf der Amygdalinspaltung fügt sich, wie aus den Versuchen der Tab. 2 hervorgeht, der für eine monomolekulare Reaktion berechneten Gleichung.

[2] Diese Zs. Bd. 115, S. 199 [1921].
[3] Diese Zs. Bd. 129, S. 33 [1923], und zwar S. 35f. (*Abh. 83*).
[1]) Vgl. C. NEUBERG und E. FÄRBER, Biochem. Zs. Bd. 78, S. 264 [1917].

Tabelle 2.
Zeitlicher Verlauf der Amygdalinspaltung.
30°; 7,097proz. Amygdalinlösung; $p_H = 5,5$.

Zeit Min.	x ccm verbr.	Permanganat ccm	Spaltung %	$k \cdot 10^6$
850	5	3,72	14,8	(81,5)
1635	4	4,84	24,3	70,3
2670	4	6,79	34,8	69,5
3850	3	6,76	46,1	69,9
4370	3	7,37	50,6	70,1
5300	2	5,55	56,2	67,7
6745	2	6,50	66,4	69,7
8400	1	3,82	76,2	74,2
1280	5	5,74	23,4	90,5
2450	4	7,50	38,7	94,0
2980	3	6,57	44,9	86,8
3900	3	7,81	53,7	85,8
5350	2	6,44	65,8	87,3
7000	2	7,10	77,5	92,5

B. Reaktionsbedingungen für die Hydrolyse des α-Äthylglucosids.

Bei vergleichenden Analysen des Reaktionsverlaufs nach G. BERTRAND und nach der polarimetrischen Methode ergeben sich bei der Hydrolyse des α-Methyl- und α-Äthylglucosids Differenzen in dem Sinne, daß nach der Kupfermethode weniger Glucose gefunden wird. Die Divergenz kann nicht ausschließlich auf die Eigendrehung der Extrakte bzw. den Übertritt [229] linksdrehender Substanzen aus der Hefe in das Reaktionsgemisch zurückgeführt werden. Die Tatsache, daß bei Anwendung von Hefeauszügen die Differenz mit der Länge der Versuchsdauer zunimmt, deutet vielmehr auf eine chemische Reaktion des Zuckers mit Inhaltsstoffen der Hefe[1].

1. Beispiel. Extrakt aus Löwenbräuhefe mit α-Methylglucosid.

	nach 60 Minuten	nach 155 Minuten	
optisch	29,0	49,1	% Spaltung
reduktometrisch	26,2	44,5	% Spaltung
Differenz	2,8	4,6	% Spaltung

2. Beispiel. Für α-Äthylglucosid ergaben sich:

	nach 60 Minuten	nach 155 Minuten	
optisch	29,8	52,0	% Spaltung
reduktometrisch	28,6	49,6	% Spaltung
Differenz	1,2	2,4	% Spaltung

Zu allen folgenden Versuchen bedienten wir uns der polarimetrischen Bestimmungsmethode und ließen das Enzym, der Definition des Enzymwertes entsprechend, in 2,889proz. Äthylglucosidlösung von $p_H = 6,8$ ($^m/_{15}$-Phosphat enthaltend) wirken. Nach Verdünnung mit $^1/_5$ Volumen 2n-Sodalösung beträgt die Anfangsdrehung des Reaktionsgemisches im 2 dm-Rohr 7,20°, die Enddrehung 2,20°. Als optimales p_H ergab sich unter Anwendung eines Chloroformauszugs aus frischer Löwenbräuhefe 6,8. Bei 6,4 und 7,2 war die Wirksamkeit um 5% geringer.

[1] Vgl. H. SOBOTKA: Zur Kenntnis der Trockenhefe, Diese Zs. (im Druck) (*Abh. 71*).

Proportionalität von Enzymmenge und Reaktionsgeschwindigkeit ist im geprüften Bereich von 1:10 genau erfüllt.

Enzymmenge ccm	Zeit Min.	Drehungsabnahme (°)	Spaltung %
1	40	2,43	48,6
0,1	40	2,41	48,2

Die Kinetik der Glucosidhydrolyse folgt bald dem Gesetz für eine monomolare Reaktion, bald verläuft die Zeit-Umsatz-Kurve wesentlich flacher. Als Beispiele seien zwei mit Extrakten [230] aus Löwenbräuhefe (Tab. 3) und ein mit Hefeauszug aus Ottokringer Brauereihefe (Tab. 4) ausgeführter Versuch mitgeteilt.

Tabelle 3.
Zeitlicher Verlauf der α-Äthylglucosidspaltung; Löwenbräuhefeauszug.
30°; 2,889% Substrat, $p_H = 6,8$.

Zeit Min.	x ccm verbr.	Permanganat ccm	Spaltung %	$k \cdot 10^4$
55	5	6,97	28,6	26,6
95	4	8,77	45,7	27,9
125	3	7,86	54,0	27,0
155	3	9,04	63,0	27,8
185	2	6,34	65,6	25,1
215	2	7,08	72,6	26,2
265	2	8,06	83,4	29,4
60	5	4,58	18,8	15,0
120	4	6,46	33,0	14,5
180	3	6,63	45,2	14,5
240	3	8,03	55,2	14,5
300	2	6,39	65,2	15,3
420	2	7,60	78,6	15,9

Tabelle 4.
Hydrolyse des α-Äthylglucosids durch Enzymlösung aus Ottakringer Hefe.
Versuchsbedingungen wie in Tabelle 3.

Zeit Min.	Drehungsabnahme (°)	Spaltung (%)	$k \cdot 10^4$
30	0,74	14,8	23,2
60	1,24	24,8	20,6
120	1,83	36,6	16,5
180	2,25	45,0	14,5
240	2,55	51,0	12,9
320	2,80	56,0	11,1

C. Zur Hydrolyse des α-Phenylglucosids.

Den Reaktionsverlauf verfolgten wir wie beim Amygdalin mittels der Kupfermethode. Der Definition von Enzymwert [231] entsprechend waren 0,3556 g des Glucosids in 10 ccm Phosphatgemisch von 6,8 enthalten. Bei wechselnder Acidität fanden wir nämlich p_H 6,8 etwas günstiger als 6,4 und 7,2. Proportionalität von Fermentmenge und Hydrolysengeschwindigkeit gilt für den geprüften Bereich 1:6.

Enzymmenge in 10 ccm	Zeit (Min.)	Cu aus 1 ccm (mg)	Spaltung (%)
0,15	195	24,9	49,1
0,90	32,5	24,7	48,8

Der in Tab. 5 wiedergegebene Verlauf der Zuckerbildung fügt sich bis zu etwa 50% Spaltung gut der von R. WILLSTÄTTER und W. STEIBELT für die Hydrolyse des α-Methylglucosids mitgeteilten Kurve.

Tabelle 5. Kinetik der α-Phenylglucosidspaltung.
30°; 3,556% Glucisod; $p_H = 6,8$.

Zeit (Min.)	x ccm verbr.	Permanganat (ccm)	Spaltung (%)	$k \cdot 10^4$
30	2	1,74	16,8	26,5
70	2	2,97	29,0	21,2
120	2	3,96	38,8	17,8
195	1	2,54	49,9	15,0
275	1	2,86	55,0	12,6
450	1	3,18	62,0	9,0

3. Die Enzymwerte und ihre Quotienten.

In den Tab. 6 und 7 sind jene Enzymwerte, die für eine Reaktion erster Ordnung berechnet sind, mit + versehen. Die übrigen sind graphisch nach der erwähnten Methylglucosidasekurve gefunden worden. Von den untersuchten Hefen weisen in Übereinstimmung mit den früheren Erfahrungen die Münchener Brauereihefen die stärkste Maltasewirkung auf. Spatenbräu- und Löwenbräuhefe sind auch für die Hydrolyse der übrigen Substrate am besten geeignet. Die maltaseärmere [232] dänische

Tabelle 6.
Wirkung frischer Hefen auf Malzzucker, α-Methyl-, α-Äthyl-, α-Phenylglucosid sowie Amygdalin.

Nr.	Hefe	Maltase-Wert	α-Methylgl.-Wert	α-Äthylgl.-Wert	α-Phenylgl.-Wert	Amygd.-Wert
1	Kopenhagener	3,28	3,84 +	4,76	21,7	0[1]
	(20. XII. 21)	3,22	3,77 +	4,61	20,8	0[2]
2	Kopenhagener	.....	3,45	7,14 +	16,2	.....
	(10. III. 22)	.....	3,45	6,67 +	15,7	.....
3	Ottakringer	13,3	5,00	7,68 +	42,6	0,167
	(13. I. 22)	.....	4,55	6,67 +	38,5	0,159
4	Ottakringer	.....	4,88	14,9	138	.....
	(15. III. 22)	.....	.....	14,8	139	.....
5	Spatenbräu	30,3	8,54 +	24,4 +	156	0,200
	(27. I. 22)	30,3	8,40 +	20,4 +	154	.....
6	Löwenbräu.	37,0	7,52	22,7 +	154	0,278
	(19. I. 22)	.....	7,46	19,6 +	159	.....
7	Stadlauer	(0,1)	(0,14)	.....	1,25	0,278
8	Rasse XII	(0,5)	(0,19)	.....	1,48	0[3]
9	Rasse M	(0,7)	(0,37)	.....	2,10	0[4]

[1] Bestimmungsdauer 4 Tage. [2] Bestimmungsdauer 20 Tage.
[3] Bestimmungsdauer 1 Tag. [4] Bestimmungsdauer 5 Tage.

Bäckerhefe wirkt auch auf Methyl-, Äthyl- und Phenylglucosid schwächer, während sie der Amygdalase entbehrt. Die maltasearmen Brennereihefen M und XII spalten auch das α-Phenylglucosid bedeutend langsamer als die übrigen Hefen. Eine Wirkung auf Amygdalin konnte hier überhaupt nicht festgestellt werden. Auffallend ist der Amygdalasereichtum der Preßhefe von Stadlau, die sich hinsichtlich ihrer sonstigen Glucosidasewerte den Berliner Brennereihefen anreiht.

Die Wirkungswerte der Hefeauszüge (Tab. 7) entsprechen im wesentlichen denen des Ausgangsmaterials. Bemerkenswert ist der verhältnismäßig günstige Amygdalasewert [233] eines Auszugs aus einer Kopenhagener Hefe, die $2^1/_2$ Monate später als die in Tab. 6 (Nr. 1) verzeichnete amygdalasefreie Lieferung bezogen wurde.

Tabelle 7. Wirkungswerte verschiedener Hefeauszüge.

Nr.	Extrakt aus	Maltase Wert	α-Methylgl.-Wert	α-Äthylgl.-Wert	α-Phenylgl.-Wert	Amygd.-Wert
10	Kopenhagener	0,80	0,14	. . . . .	. . . . .	0,13
	(10. III. 22)	0,78	. . . . .	. . . . .	. . . . .	. . . .
11	Weißbräu	25,0	6,37	17,5 +	. . . . .	0,14
	(15. II. 22)	. . . . .	6,49	17,0 +	. . . . .	. . . .
12	Hofbräu	71,4	12,0	27,8 +	222	0,20
	(22. II. 22)	. . . . .	11,8	25,7 +	232	. . . .
13	Pschorrbräu	32,3	9,34	23,8 +	198	0,40
	(6. II. 22)	32,3	9,62	22,2 +	. . . . .	. . . .
14	Ottakringer	14,9	4,54	19,9	118	. . . .
	(15. III. 22)	. . . . .	4,54	19,9	. . . . .	. . . .
14a	Derselbe	. . . . .	2,44	7,94	76,9	. . . .
	2 Tage älter	. . . . .	2,38	7,94	. . . . .	. . . .
15	Spatenbräu	31,3	7,14	23,3 +	187	. . . .
	(27. I. 23)	. . . . .	7,04	20,8 +	185	. . . .
16	Löwenbräuhefe					
	(14. II. 22)	27,0	6,67	18,2 +	. . . . .	. . . .
16a	Derselbe, 4 Tage älter .	. . . . .	1,39	3,51 +	. . . . .	. . . .
16b	Derselbe, 7 Tage älter .	. . . . .	1,07	2,74 +	. . . . .	. . . .
17	Löwenbräuhefe					
	(21. III. 22)	. . . . .	5,74	15,2 +	. . . . .	. . . .
17a	Derselbe	. . . . .	0,00	0,71 +	. . . . .	. . . .
	6 Tage später		0,01	1,00 +	. . . . .	. . . .

[234] Tabelle 8. Enzymwertquotienten der Hefen.

Nr.	Hefe	α-Meth. / Malt.	α-Äthyl / Malt.	α-Phen. / Malt.	Amydg. / Malt.	α-Äthyl / α-Meth.	α-Phen. / α-Meth.	Amygd. / α-Meth.
1	Kopenhagener . . .	1,17	**1,44**	6,53	**0,00**	**1,23**	5,59	0,00
2	Kopenhagener . . .	. . . .	. . . .	. . . . .	. . . . . .	2,00	**4,62**	. . . . .
3	Ottakringer	0,36	**0,54**	**3,05**	0,012	1,50	8,63	0,034
4	Ottakringer	. . . .	. . . .	. . . . .	. . . . . .	**3,05**	**28,4**	. . . . .
5	Spatenbräu	0,28	0,74	5,12	0,0066	2,65	18,3	0,024
6	Löwenbräu	**0,20**	0,57	4,22	0,0075	2,82	20,9	0,037
7	Stadlauer.	**(1,4)**	. . . .	**(12,5)**	**(2,78)**	. . . .	(8,9)	(2,0)
8	Rasse XII	(0,38)	. . . .	(3,0)	0,0	. . . .	(7,8)	0,0
9	Rasse M	(0,53)	. . . .	(3,0)	0,0	. . . .	(5,7)	0,0

Die Tab. 8 und 9 unterrichteten über das Verhältnis der in den Tab. 6 und 7 angeführten Enzymwerte. Die Zahlen der 3. bis 6. Spalte sind auf Maltase, die der 7. bis 9. auf α-Methylglucosidase bezogen.

Tabelle 9. Enzymwertquotienten der Extrakte.

Nr.	Extrakt aus	α-Meth. / Malt.	α-Äthyl / Malt.	α-Phen / Malt.	Amygd. / Malt.	α-Äthyl / α-Meth.	α-Phen. / α-Meth.	Amygd. / α-Meth.
10	Kopenhagener . . .	0,18	....	....	**0,16**	......	....	**0,93**
11	Weißbräu	0,26	0,69	....	0,0056	2,68	....	0,022
12	Hofbräu	**0,17**	**0,37**	**3,18**	**0,0028**	**2,25**	**19,1**	**0,017**
13	Pschorrbräu	0,29	0,71	6,12	0,012	2,44	20,9	0,042
14	Ottakringer	**0,30**	**1,34**	**7,92**	......	**4,38**	26,0	.....
14a	Ottakringer	....	....	....	......	3,29	**31,9**	.....
15	Spatenbräu	0,23	0,70	5,94	......	3,11	26,2	.....
16	Löwenbräu	0,25	0,67	....	......	2,73	....	.....
16a	Löwenbräu	....	....	....	......	2,53	....	.....
16b	Löwenbräu	....	....	....	......	2,56	....	.....
17	Löwenbräu	....	....	....	......	2,65	....	.....
17a	Löwenbräu	....	....	....	......	>100	....	.....

Das scheinbare Mengenverhältnis der α-Methylglucosidase zur Maltase schwankt bei den angeführten Hefen zwischen 0,2 für Löwenbräuhefe und 1,4 für die Preßhefe von Stadlau. Geringer sind die Schwankungen, die bei den Auszügen gefunden wurden. Die extremen Quotienten (Hofbräu- und Ottakringer Hefeauszug) verhalten sich wie 4:7. Die auf Maltase bezogenen Äthylwertquotienten (0,5 bis 1,4) differieren bei den [235] Hefen nur halb so stark wie die entsprechenden Methylwertquotienten. Sie erreichen dagegen bei den Enzymlösungen das Verhältnis 0,37 (Hofbräu) zu 1,34 (Auszug aus Ottakringer Hefe). Bei denselben Extrakten ergeben sich auch die größten Unterschiede für das Verhältnis Phenylglucosidase: Maltase und Äthyl-:Methylglucosidase (2,25 bzw. 4,38).

4. Die Affinitäten der Maltasen.

Bei der Bestimmung der Aktivitäts-p_S-Kurven beschränkten wir uns auf den Vergleich des Malzzuckers mit den einfachsten Vertretern der aliphatischen und aromatischen α-Glucoside. Als Ferment dienten durchwegs 10proz. Neutralauszüge aus getrockneten Hefen. Wir entschieden uns für zwei nach Tab. 9 möglichst verschiedene Brauereihefen, nämlich für die Hefe Nr. 12 (Hofbräu) und (in Ermangelung der Ottakringer Bierhefe) für eine am 2. II. 1923 getrocknete Hefe der Löwenbrauerei; als Brennereihefe wurde ein getrockneter Anteil der in den Tab. 6 und 8 mit Nr. 1 bezeichneten Kopenhagener Hefe gewählt. Von den Extrakten ließen wir für die Spaltung von Maltose und Methylglucosid je 10 ccm, für die des Phenylderivates 0,5 ccm in 50 ccm 0,4n-Phosphat ($p_H = 6{,}8$) enthaltenden Glucosidlösungen wechselnder Konzentration bei $30° \pm 0{,}05°$ wirken. Zur Sistierung der Enzymwirkung wurden in der Regel 10 ccm 1proz. Mercurichloridlösung auf 10 ccm Reaktionsgemisch angewandt; der Spaltungsgrad wurde frühestens nach 3stündigem Stehen polarimetrisch ermittelt. Bei den in der 4. Spalte der Tab. 10 bis 17 angeführten Drehungswerten ist der Verdünnung durch die Sublimatlösung bereits Rechnung getragen. Die zu jeder Affinitätsmessung gehörigen 5 bis 6 Versuche setzten wir gleichzeitig an. Wegen der geringen Haltbarkeit der Maltaselösungen sind die in Tab. 18 verzeichneten Reaktionskonstanten in 0,14n-Lösung[1] noch besonders ermittelt worden. Die Affinitäten zu den verschiedenen Substraten konnten wir nämlich nicht mit ein und derselben Enzymlösung an einem Tage bestimmen.

[236]

Tabelle 10. Löwenbräuhefe, Maltose.
$K_{Ma} = 0{,}12$.

[Maltose]	- log [*Ma*]	Zeit (Min.)	Drehung (°)	Drehungsabnahme (°)	Relative Anfangsgeschw. (10 Min.)	100 ϱ ber.	100 ϱ gef.	Δ
0,240	0,62	0	[22,76]	—				
		0,8	22,64	0,12				
		20,3	19,72	3,04	200	66,6	68,3	+ 1,7
		40,2	18,38	4,38				
		70,2	17,26	5,50				
0,142	0,85	0	[13,37]	—				
		1,0	13,26	0,11				
		20,2	11,06	2,31	152	53,2	51,8	— 1,4
		40,2	10,02	3,35				
		70,0	9,10	4,27				
0,0937	1,03	0	[8,84]	—				
		0,8	8,76	0,08				
		20,0	6,86	1,98	130	43,8	44,4	+ 0,6
		40,0	6,10	2,74				
		69,3	5,44	3,40				
0,0466	1,33	0	[4,39]	—				
		0,8	4,34	0,05				
		19,6	3,14	1,25	80	28,2	27,4	— 0,6
		40,0	2,64	1,75				
		70,5	2,40	1,99				
0,0234	1,63	0	[2,18]	—				
		0,8	2,16	0,02				
		30,0	1,28	0,90	50	16,4	17,0	+ 0,6
		71,0	1,08	1,10				
0,0117	1,93	0	[1,09]	—				
		0,6	1,08	0,01	27	9,2	9,2	± 0
		31,3	0,59	0,50				
		70.0	0,48	0,61				

Tabelle 11. Hofbräuhefe, Maltose.
$K_{Ma} = 0{,}145$.

0,245	0,61	0	[23,10]	—				
		0,8	22,94	0,16				
		6,0	21,92	1,18	(147)	62,8	(71,4)	(+ 8,6)
		20,6	20,64	2,46				
		40,2	20,00	3,10				

[1] Anstatt der in den früheren Untersuchungen über Maltase gewählten Konzentration 0,139.

[237]

Tabelle 11. (Fortsetzung.)

[Maltose]	-log [*Ma*]	Zeit (Min.)	Drehung (°)	Drehungs-abnahme (°)	Relative Anfangs-geschw. (10 Min.)	100 ϱ ber.	100 ϱ gef.	Δ
0,146	0,84	0	[13,80]	—				
		0,7	13,72	0,08				
		6,0	13,12	0,68	106	50,2	50,4	+ 0,2
		31,2	11,82	1,98				
		48,0	11,40	2,40				
0,0948	1,02	0	[9,48]	—				
		0,6	9,42	0,06				
		10,9	8,54	0,94	86	40,9	40,9	± 0
		24,8	8,06	1,42				
		49,2	7,54	1,94				
0,0472	1,33	0	[4,45]	—				
		0,7	4,42	0,03				
		10,3	3,94	0,51	51	24,6	24,3	— 0,3
		25,3	3,58	0,87				
		50,2	3,24	1,21				
0,0293	1,53	0	[2,26]	—				
		0,7	2,24	0,02				
		15,2	1,80	0,46	31	14,2	14,7	+ 0,5
		41,1	1,39	0,87				
0,0107	1,97	0	[1,01]	—				
		0,6	1,00	0,01				
		15,0	0,84	0,17	17	6,9	8,1	+ 1,2
		39,0	0,61	0,40				

Tabelle 12. Kopenhagener Hefe, Maltose.

$K_{Ma} = 0{,}30$.

0,313	0,50	0	[29,56]	—				
		1,0	29,40	0,16				
		26,0	25,83	3,73	(420)	51,0	—	—
		85,2	24,30	5,26				
0,193	0,71	0	[18,20]	—				
		0,8	18,16	0,04				
		40,2	16,06	2,14	213	39,1	39,2	+ 0,1
		82,4	15,48	2,72				
		184,8	14,08	4,14				
0,0972	1,01	0	[9,18]	—				
		0,8	9,16	0,02				
		40,8	7,84	1,34	132	24,5	24,3	— 0,2
		79,9	7,44	1,74				
[238]		173,6	6,64	2,54				
0,0473	1,33	0	[4,56]	—				
		1,0	4,54	0,02				
		40,4	3,82	0,74	73	13,6	13,5	— 0,1
		79,0	3,54	1,02				
		175,5	3,00	1,56				
0,0231	1,64	0	[2,07]	—				
		1,2	2,06	0,01				
		40,4	1,68	0,39	38	6,8	7,0	+ 0,2
		81,1	1,46	0,61				
		179,0	1,18	0,89				

Tabelle 13. Löwenbräuhefe, α-Methylglucosid.

$K_{Me} = 0{,}075$.

[Methyl-glucosid]	- log [*Me*]	Zeit (Min.)	Drehung (°)	Drehungs-abnahme (°)	Relative Anfangs-geschw. (20 Min.)	100 ρ ber.	100 ρ gef.	Δ
0,2505	0,60	0	[15,35]	—				
		0,5	15,32	0,03				
		30	13,60	1,75	122	77,0	77,3	+ 0,3
		60	12,60	2,75				
		100	11,82	3,53				
0,1205	0,92	0	[7,40]	—				
		1,0	7,36	0,04				
		31,5	6,08	1,32	98	61,8	61,9	+ 0,1
		60	5,44	1,96				
		100	4,82	2,58				
0,0608	1,22	0	[3,73]	—				
		0,5	3,72	0,01				
		30,5	2,86	0,87	68	44,8	44,2	— 0,6
		60	2,42	1,31				
		100	2,16	1,57				
0,0313	1,50	0	[1,92]	—				
		0,5	1,91	0,01	44	28,9	28,7	— 0,2
		35	1,31	0,61				
		80	0,99	0,93				
0,0158	1,80	0	[0,97]	—				
		1	0,96	0,01	26	17,4	17,6	+ 0,2
		35	0,64	0,33				
		83	0,42	0,55				

[239]

Tabelle 14. Hofbräuhefe, α-Methylglucosid.

$K_{Me} = 0{,}028$.

[Methyl-glucosid]	- log [*Me*]	Zeit (Min.)	Drehung (°)	Drehungs-abnahme (°)	Relative Anfangs-geschw. (20 Min.)	100 ρ ber.	100 ρ gef.	Δ
0,231	0,64	0	[14,15]	—				
		0,8	14,12	0,03				
		10,2	13,76	0,39	(91)[1]	89,3	(> 100)	—
		50	12,80	1,35				
		100	11,92	2,23				
0,119	0,92	0	[7,28]	—				
		0,8	7,26	0,02				
		45	6,54	0,74	53	81,0	81,0	± 0
		90,2	6,04	1,24				
		135	5,78	1,50				
0,0567	1,25	0	[3,47]	—				
		0,6	3,45	0,02				
		50	2,80	0,67	43	67,0	66,4	— 0,6
		90	2,56	0,91				
		134,6	2,28	1,19				
0,0284	1,55	0	[1,74]	—				
		0,8	1,73	0,01	33	50,3	51,0	+ 0,7
		57,4	1,20	0,54				
		119,2	0,92	0,82				
0,0158	1,80	0	[0,97]	—				
		0,7	0,97	—	23	36,0	35,9	— 0,1
		61,2	0,60	0,37				
		120,3	0,43	0,54				

[1] Der erste Versuch war 4 Stunden vor den andern Versuchen angesetzt worden.

Tabelle 15. Kopenhagener Hefe, α-Methylglucosid.
$K_{Me} = 0{,}037$.

[Methylglucosid]	− log [*Me*]	Zeit (Min.)	Drehung (°)	Drehungsabnahme (°)	Relative Anfangsgeschw. (20 Min.)	100 ρ ber.	100 ρ gef.	100 ρ Δ
0,303	0,52	0	[18,58]	—				
		1,0	18,54	0,04				
		20,0	18,14	0,44	(46)[2]	89,4	—	—
		75,0	17,84	0,74				
		171,2	17,22	1,36				
0,199	0,70	0	[12,21]	—				
		0,7	12,20	0,01				
		60,7	11,68	0,53	37	84,3	85,3	+ 1,0
		134,9	11,24	0,97				
[240]		323,0	10,54	1,67				
0,098	1,01	0 / 0,7	6,02	—				
		60,1	5,60	0,42	31	72,5	71,6	— 0,9
		127,6	5,30	0,72				
		319,4	4,73	1,29				
0,0512	1,29	0 / 0,7	3,14	—				
		70,3	2,76	0,38	25	58,0	57,7	— 0,3
		129,6	2,50	0,64				
		318,3	2,14	1,00				
0,0261	1,58	0 / 0,8	1,60	—				
		75,0	1,26	0,34	18	41,3	41,7	+ 0,4
		133,7	1,14	0,46				
		320,6	0,92	0,68				

Tabelle 16. Löwenbräuhefe, α-Phenylglucosid.
$K_{Ph} = 0{,}050$.

[Phenylglucosid]	− log [*Ph*]	Zeit (Min.)	Drehung (°)	Drehungsabnahme (°)	Relative Anfangsgeschw. (10 Min.)	100 ρ ber.	100 ρ gef.	100 ρ Δ
0,0808	1,09	0	[7,50]	—				
		0,8	7,44	0,06	59	61,8	62,0	+ 0,2
		10,1	6,90	0,60				
0,0389	1,41	0	[3,61]	—				
		0,7	3,56	0,05				
		9,9	3,20	0,41	41	43,8	43,0	— 0,8
		19,9	2,96	0,65				
		30,2	2,80	0,81				
0,0178	1,75	0	[1,65]	—				
		0,8	1,62	0,03				
		10,0	1,40	0,25	25	26,2	26,3	+ 0,1
		20,0	1,20	0,45				
		30,1	1,00	0,65				
0,0089	2,05	0	[0,71]	—				
		0,9	0,70	0,01				
		10,2	0,55	0,16	16	15,1	16,8	+ 1,7
		20,0	0,39	0,32				
		30,2	0,29	0,42				

[2] Mehrere Stunden früher angesetzt.

[241] Tabelle 17. Hofbräuhefe, α-Phenylglucosid.

$K_{Ph} = 0{,}021$.

[Phenyl-glucosid]	- log [*Ph*]	Zeit (Min.)	Drehung (°)	Drehungs-abnahme (°)	Relative Anfangs-geschw. (10 Min.)	100 ϱ ber.	100 ϱ gef.	Δ
0,0842	1,07	0	[7,79]	—				
		0,9	7,76	0,03	47	80,0	—	—
		5,2	7,50	0,29				
0,0443	1,33	0	[4,11]	—				
		1,1	4,08	0,03				
		11,3	3,76	0,35	30	67,9	68,0	+ 0,1
		22,0	3,40	0,71				
		37,2	3,12	0,99				
0,0202	1,69	0	[1,88]	—				
		0,8	1,86	0,02				
		11,5	1,62	0,26	22	49,2	49,8	+ 0,6
		26,1	1,36	0,52				
		42,2	1,16	0,72				
0,0140	1,85	0	[1,30]	—				
		0,7	1,28	0,02				
		12,2	1,10	0,20	17	39,9	39,3	— 0,6
		24,8	0,92	0,38				
		42,3	0,66	0,64				
0,0078	2,11	0	[0,73]	—				
		0,4	0,72	0,01				
		13,9	0,58	0,15	12	27,2	27,2	± 0
		27,2	0,43	0,30				
		42,2	0,25	0,48				

In wiederholten Versuchen konnten wir uns jedoch davon überzeugen, daß gleichmäßig bereitete Auszüge aus einer bestimmten Trockenhefe in ihrer Wirksamkeit genügend übereinstimmten. Wegen der wechselnden Kinetik der einzelnen Hydrolysen sind in Tab. 18 die Reaktionskonstanten graphisch für die Zeit $t = 0$ extrapoliert.

Daneben sind die den Tab. 10 bis 17 entnommenen scheinbaren Dissoziationskonstanten der Reaktionszwischenprodukte verzeichnet. Wie die β-Glucosidase des Emulsins, so besitzt auch die Maltase der Hefe zum aliphatischen Glucosid [242] durchschnittlich kleinere Affinität als zum Derivat des Phenols. Allerdings ist die Reihenfolge der Affinitäten bei den einzelnen Maltasen nicht die gleiche.

Tabelle 18.
Reaktions- und Dissoziationskonstanten der untersuchten Maltaselösungen.

Auszug aus	Reaktionskonstante × 10^4 für 1 g Trockenhefe in 50 ccm			Dissoziationskonstante		
	Maltose	Methyl-glucosid	Phenyl-glucosid	Maltose	Methyl-glucosid	Phenyl-glucosid
Löwenbräuhefe	91	23	632	0,12	0,075	0,050
Hofbräuhefe	50	15,5	536	0,145	0,028	0,021
Kopenhagener Hefe	25	14	—	0,30	0,037	—

Die Quotienten der Reaktionskonstanten $Q_{0,14\,n}$ gehen aus der 2. und 4. Spalte der Tab. 19 hervor. Sie differieren für Methylglucosid zu Maltose wie 1:2,5. Die auf die Substratkonzentration $[S] = \infty$ reduzierten Quotienten (3. Spalte) sind dagegen weit innerhalb der möglichen Versuchsfehler von $\pm 20\%$ konstant. Durch die große Affinität der Maltase zum α-Phenylglucosid (ϱ in 0,14n-Lösung $> 3/4$) ist es bedingt, daß trotz der im Verhältnis 1:2,5 schwankenden k_{Ph}-Werte, die Quotienten für Phenylglucosid:Maltose bei übereinstimmendem k_{Ma} nur wie 1:1,5 divergieren. Aber auch diese Divergenz verringert sich bei Berücksichtigung der Verschiedenheit der scheinbaren Dissoziationsreste.

Tabelle 19. Vergleich der beobachteten und reduzierten Enzymwertquotienten.

Enzym aus	Methylgluc. / Maltose		Phenylgluc. / Maltose	
	$Q_{0,14}$	Q_∞	$Q_{0,14}$	Q_∞
Löwenbräuhefe	0,25	**0,21**	7,0	**5,1**
Hofbräuhefe	0,31	**0,18**	10,7	**6,1**
Kopenhagener Hefe	0,56	**0,23**	—	—

Zeitschrift für physikalische Chemie **109**, S. 65 [1924].

87. VERGLEICH VON H˙-IONEN- UND FERMENTKATALYSE EINIGER ZUCKERARTEN UND GLUCOSIDE.

Von RICHARD KUHN und HARRY SOBOTKA.

(Mitteilung aus dem Chem. Laboratorium der Bayer. Akad. d. Wissensch. in München.)

(Mit 2 Abbildungen im Text.)

(Eingegangen am 31. 1. 24.)

1. Der wichtige Befund E. ABDERHALDENS und seiner Mitarbeiter[1], daß der zeitliche Verlauf enzymatischer Polypeptidspaltungen nur durch Zusatz der in den natürlichen Eiweißkörpern vorkommenden Aminosäuren in ausgesprochenem Maße verzögert wird, hat vor kurzem ein Gegenstück in der Chemie der Kohlehydrate gefunden. Es wurde beobachtet[2], daß die fermentative Hydrolyse gewisser Zucker und Glucoside nur durch diejenige Form des Traubenzuckers (α- oder β-Glucose), die im Aufbau dieser Stoffe beteiligt ist, gehemmt wird. Es ist hierin eine neue Stütze für die Annahme zu erblicken, daß die enzymatische Hydrolyse der Zuckerderivate ihren Weg über Enzym-Zucker-Verbindungen von bestimmter Konfiguration nimmt. Der verschiedenartige Bau dieser Reaktionszwischenprodukte, der z. B. bei der Spaltung von Disacchariden vorhergesehen, aber in diesem Falle durch Analyse der Reaktionsendprodukte nicht festgestellt werden kann[3], **[66]** ging auf diese Weise beim Vergleich verschiedener Saccharasen hervor, von denen die der Münchener Löwenbräuhefe den Rohrzucker am Fructose-, jene des Aspergillus oryzae dagegen am Glucoserest bindet.

Die wechselnde Abhängigkeit der Reaktionsgeschwindigkeiten von der Konzentration der Zucker und Glucoside hat ferner am Beispiel des Hefeinvertins[1]) und der β-Glucosidase des Emulsins[2]) die bedeutenden Unterschiede der Affinitäten dargetan, die ein bestimmtes Enzym zu nahe verwandten Substraten aufweisen kann.

---

[1] E. ABDERHALDEN und A. GIGON, Zeitschr. f. physiol. Chemie **53**, 251 [1907]; E. ABDERHALDEN und M. GUGGENHEIM, Zeitschr. f. physiol. Chemie **54**, 331 [1908].

[2] R. KUHN, Zeitschr. f. physiol. Chemie **127**, 234 [1923]; **129**, 57 [1923] (*Abh. 82 und 84*).

[3] Bei der Raffinose sind dagegen die verschiedenen Angriffspunkte des Emulsins und Invertins am Auftreten von Galactose + Rohrzucker bzw. Fructose + Melibiose erkennbar.

[1]) Zeitschr. f. physiol. Chemie **125**, 28 [1922/23] (*Abh. 81*).

[2]) R. WILLSTÄTTER, R. KUHN und H. SOBOTKA, Zeitschr. f. physiol. Chemie **129**, 33 [1923] (*Abh. 83*).

2. Die vorliegenden Messungen gestatten nun eine Vertiefung der Problemstellung E. F. ARMSTRONGS[3], dessen Untersuchungen der „sucroclastic action of acids as contrasted with that of enzymes" gegolten haben. Sie führen zu der Frage, in welchem Verhältnis die Hydrolysengeschwindigkeiten bei gleicher Konzentration der Reaktionszwischenprodukte stehen. Es handelt sich jedoch nicht um den Vergleich der Katalysen bei äquimolarer Konzentration der Enzym-Zucker- und der entsprechenden H˙-Zuckerverbindungen bei gleicher Temperatur. Einen solchen Vergleich, der sich auf die absolute Konzentration des Enzyms stützt, hat H. VON EULER[4] für die Inversion des Rohrzuckers angestellt. Es soll vielmehr geprüft werden, in welchem Verhältnis die Geschwindigkeiten des Umsatzes stehen, wenn einerseits gleiche Mengen der Verbindungen eines bestimmten Enzyms mit verschiedenen Glucosiden, andererseits gleiche Mengen der Verbindungen des H˙-Ions mit denselben Glucosiden zerfallen.

Unter den von ARMSTRONG eingehaltenen Versuchsbedingungen waren die Konzentrationen der Enzym-Zucker-Verbindungen überaus verschieden. Er ließ nämlich gleiche Fermentmengen auf äquimolare verdünnte Zuckerlösungen wirken. Von besonderen Fällen[5] abgesehen, wird aber nur der Vergleich der für unendlich hohe Substratkonzentration extrapolierten Umsätze, die durch gleiche Enzymmengen in gleichen Zeiten bewirkt werden, über die relative Zerfallsgeschwindigkeit der Reaktionszwischenprodukte Auskunft geben. Erblickt man nämlich mit L. MICHAELIS und M. L. MENTEN[6] in den Aktivitäts-pS-Kurven die Dissoziationsrestkurven der Enzymsubstratverbindungen, [67] dann werden die Konzentrationen der letzteren für $[S] = \infty$ unter einander und mit der Gesamtkonzentration des Enzyms übereinstimmen.

In bezug auf den Mechanismus der nicht enzymatischen H˙-Ionenkatalyse sei mit H. VON EULER[1]) angenommen, daß die H˙-Verbindungen glucosidartig gebauter Stoffe spontan zerfallen. Auch mögen sich die Ionengleichgewichte mit außerordentlich großer Geschwindigkeit immer wieder einstellen und die folgenden Betrachtungen auf den Vergleich von Körpern mit möglichst geringem Strukturunterschiede beschränkt bleiben.

Stünden z. B. die k_b-Werte[2]) von α-Methylglucosid und Rohrzucker in demselben Verhältnis wie ihre von L. MICHAELIS[3]) gemessenen Konstanten der Säuredissoziation k_a, so müßte nach den Befunden E. F. ARMSTRONGS die Halbwertszeit für den Zerfall der α-Methylglucosid-H˙-Verbindung 600mal größer sein als für den Zerfall der entsprechenden Saccharoseverbindung. Die Hydrolysengeschwindigkeiten verhalten sich nämlich wie 0,17 : 1240, während die k_a-Werte $1{,}97 \cdot 10^{-14}$ und $2{,}40 \cdot 10^{-13}$ betragen. In diesem Falle könnte ein wesentlicher Teil des Unterschiedes auf der relativ stärker basischen Natur des Rohrzuckers beruhen.

---

[3] Proc. Roy. Soc. **74**, 188 [1904]; E. F. ARMSTRONG und R. J. CALDWELL, Proc. Roy. Soc. **73**, 526 [1904]; **74**, 195 [1905].
[4] Ber. d. d. chem. Ges. **55**, 3583, 3589 [1922].
[5] R. KUHN, Zeitschr. f. physiol. Chemie **125**, 1, 24 [1922/23].
[6] Biochem. Zeitschr. **49**, 333 [1913].
[1]) Zeitschr. f. physik. Chemie **32**, 348 [1900]; **36**, 641 [1901].
[2]) Vgl. L. MICHAELIS, Die Wasserstoffionenkonzentration, 2. Aufl., I. Teil, S. 52ff. [1922].
[3]) Ber. d. d. chem. Ges. **46**, 3683 [1913]; L. MICHAELIS und P. RONA, Biochem. Zeitschr. **47**, 457 [1912].

3. Die gemachten Voraussetzungen sind wohl beim Vergleich von Rohrzucker und Raffinose in ihrem Verhalten gegen Säuren und Invertin am weitestgehenden erfüllt. Stehen die k_b-Werte des Di- und Trisaccharids in demselben Verhältnis wie die experimentell ermittelten Werte von k_a[4], so wird nach den Messungen von H. E. ARMSTRONG und W. H. GLOVER[5] bei gleicher Acidität die Saccharose-H˙-Verbindung 1,6mal schneller zerfallen als die entsprechende Raffinoseverbindung. In bemerkenswerter Übereinstimmung damit zerfällt nun auch die Invertin-Rohrzucker-Verbindung 2 ± 1 mal so rasch als die Raffinose-Enzym-Verbindung[6].

Die „relative Spezifität" der Hefesaccharase läßt sich somit durch die Dissoziationskonstanten K_S und K_R der Verbindungen, die sie mit [68] Saccharose und Raffinose bildet, genügend genau beschreiben. Das Mengenverhältnis dieser Verbindungen ist für das Verhältnis der enzymatischen Umsatzgeschwindigkeiten beider Zucker ausschlaggebend.

4. Aus den Eigenschaften der Aktivitäts-pH- und der Aktivitäts-pS-Kurven[1]) des Invertins wurde geschlossen, daß die Bindung des Enzyms an den Zucker (K_S) von der Acidität der Lösung nur in geringem Maße abhängt, daß vielmehr die H˙-Ionen die Zerfallsgeschwindigkeit des Reaktionszwischenproduktes beeinflussen[2]).

Zu dem gleichen Ergebnis führt die Untersuchung des Systems Emulsin-Salicin (siehe den 1. Abschnitt des experimentellen Teils). Wir finden hier beim Wendepunkt der pH-Kurve ($pH = 6{,}8$) die scheinbare Dissoziationskonstante der Enzym-Glucosid-Verbindung sogar etwas größer als bei optimaler Acidität ($H^{\cdot} = 4 \cdot 10^{-5}$), nämlich 0,047 gegenüber 0,035, während sie bei Giltigkeit der Theorie von L. MICHAELIS und M. ROTHSTEIN[3]) auf etwa den halben Wert sinken müßte.

5. Das Verhältnis der Hydrolysengeschwindigkeiten von Maltose, α-Phenyl- und α-Methyl-Glucosid durch Mineralsäuren ist von A. v. SIGMOND[4]), E. F. ARMSTRONG[5]) und

Tabelle 1.

Substrat	Reaktionskonstante der Säurehydrolyse		$Q_{Säure}$	Q_{Enzym}
	74,1° ½ norm. HCl	100° $^1/_{10}$ norm. HCl		
α-Phenylglucosid	—	0,0165	} 25	28
α-Methylglucosid	0,000167	0,00066		
Maltose	0,00123	—	} 0,14	0,20

4 Siehe 3. Abschnitt des experimentellen Teils.

5 Proc. Roy. Soc. [B] **80**, 312 [1908].

6 Zeitschr. f. physiol. Chemie **125**, 28, 35 [1922/23]. — Um eine Vorstellung von der Größe des nicht auf gleiche Konzentrationen der Reaktionszwischenprodukte bezogenen Geschwindigkeitsverhältnisses zu geben, sei erwähnt, daß man im vorliegenden Falle für weitgehend verdünnte äquimolare Lösungen der Zucker 1 : 16 bis 1 : 48 (statt 1 : 2) finden würde.

1) R. KUHN, Die Naturwissenschaften **11**, 732, 734, 740ff. [1923] (*Abh. 7*).

2) Wenn bei der H˙-Katalyse die Konzentration der Reaktionszwischenprodukte durch die k_b-Werte der Glucoside bestimmt wird, dann könnte man das Wesen der Invertinwirkung in erster Annäherung darin erblicken, daß die basische Natur des Rohrzuckers und seines Galaktosides durch die Vereinigung mit dem Enzym in etwa gleichem Maße verstärkt wird.

3) Biochem. Zeitschr. **110**, 217 [1920].

4) Zeitschr. f. physik. Chemie **27**, 385 [1898]. 5) Proc. Roy. Soc. **74**, 188 [1905].

von E. FISCHER[6] gemessen worden. Genau dasselbe Verhältnis gilt nun, wie aus Tab. 1 hervorgeht, auch für die Hydrolyse durch Hefeenzym. Voraussetzung ist, daß sich auch in diesem Falle die Reaktionskonstanten auf solche [69] Substratkonzentrationen beziehen, bei denen prozentisch gleiche Beträge der Maltase gebunden und somit katalytisch wirksam sind. Die Zahlen der 5. Spalte sind die Mittelwerte der für Löwenbräu-, Hofbräu- und Kopenhagener Hefe durch Extrapolieren bestimmten Q_∞[1]).

Sei es, daß diese auffallende Übereinstimmung zwischen H -Ionen- und Fermentkatalyse beim Invertin und bei der Maltase der Hefe zufällig ist, sei es, daß bei den β-Glucosiden die Vereinigung mit dem Emulsin recht ungleiche Änderungen des elektrochemischen Charakters bedingt: die relative Spezifität des Emulsins läßt sich durch das auswählende Bindungsvermögen allein nicht beschreiben. Es steht aber noch nicht fest, wie weit in diesem Falle die meßbaren Reaktionsgeschwindigkeiten als Maß für die Konzentration der Enzym-Glucosid-Verbindungen gelten können, wie weit die Voraussetzungen für die Anwendbarkeit des Massenwirkungsgesetzes erfüllt sind. Anders als bei Invertin und Maltase ist nämlich die Proportionalität zwischen Emulsinmenge und Geschwindigkeit der β-Hydrolysen auf ein enges Gebiet beschränkt und die scheinbaren Dissoziationskonstanten erweisen sich in starkem Maße abhängig von der Konzentration des Katalysators. Auch ist die wesentliche Verschiedenheit der optimalen Aciditäten ($[H^\cdot] = 5 \cdot 10^{-6}$ bis $40 \cdot 10^{-6}$) zu berücksichtigen, bei denen die Hydrolysen der einzelnen β-Glucoside verfolgt wurden. Es ist möglich, daß die eben angeführten Erscheinungen teilweise mit der grob dispersoiden Natur der angewandten Aufschlämmungen unserer Emulsinpräparate zusammenhängen.

Tabelle 2.

Substrat	Reaktionskonstante der Säurehydrolyse			$Q_{Säure}$	Q_{Enzym}
	74°	78°	100°		
Helicin	—	0,00125	—	1,1	5 ± 2
Salicin	0,0010	0,00111	—		
β-Phenylglucosid	—	0,00243	0,00556	0,46	8,3 ± 0,5
β-Methylglucosid	0,00030	0,00046	0,00137	5,3 (4,1)	1,0 ± 0,2

Nach Tab. 2 ist der Quotient aus den Geschwindigkeiten der Säurespaltung beim Vergleich von β-Phenyl- und β-Methylglucosid 5 mal größer als bei enzymatischer Katalyse, während er beim Vergleich [70] des Salicins mit dem Phenolglucosid 18 mal kleiner ist. Für die Deutung dieser Divergenzen ergeben sich bei Bestimmung der Säuredissoziationskonstanten der untersuchten β-Glucoside nach der Gaskettenmethode von L. MICHAELIS[1]] keine Anhaltspunkte. Auf die nach H. v. EULER für die $H^\cdot$-Ionenkatalyse maßgebenden basischen Dissoziationskonstanten der Substrate gestatten diese Messungen freilich keinen Rückschluß.

[6] Zeitschr. f. physiol. Chemie **107**, 176, 192 [1919].

[1]) Siehe Tab. 19 einer im Druck der Zeitschr. f. physiol. Chemie befindlichen Untersuchung „Über die relative Spezifität der Hefemaltase" (*Abh. 86*).

[1]] Die Wasserstoffionenkonzentration, I. Aufl., Abschn. C, I, S. 119ff., Berlin [1914].

6. Aus den Säuredissoziationskonstanten der Glucoside, die für die α- und β-Verbindung des Phenols erstmalig bestimmt und für die Methylderivate neu gemessen wurden, läßt sich ein Beweis für die räumliche Lage der Hydroxylgruppen in der α- und β-Glucose ableiten. Er führt zu denselben Formeln, die C. TANRET[2], J. BÖESEKEN[3], L. MICHAELIS[4] und A. PICTET[5] auf unabhängigen Wegen ermittelt haben:

α 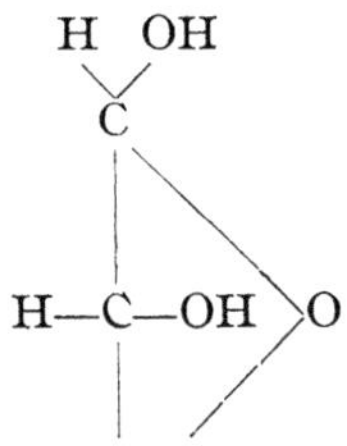 β 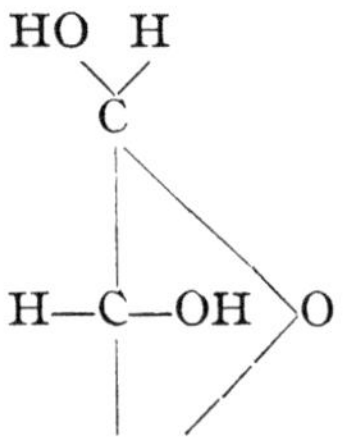

Die Phenolglucoside sind, der elektronegativen Natur des Phenylrestes entsprechend, stärker sauer als die Methylglucoside, in denen der Traubenzucker an die schwach positiven Methylgruppen geknüpft ist. Bei Nachbarstellung der am ersten und zweiten *C*-Atem der α-Glucose haftenden Hydroxylgruppen ist nun zu erwarten, daß der negative Substituent in α-Stellung die Säurenatur mehr verstärkt als in β-Stellung, und daß umgekehrt α-ständiges Methyl ein weniger saures Glucosid ergibt als β-ständiges. Stünden dagegen die Hydroxylgruppen 1 und 2 in der α-Glucose in Transstellung, so wäre das gegenteilige Verhalten zu erwarten. Aus der folgenden Zusammenstellung geht hervor, daß die erste Voraussetzung nicht nur bei den aliphatischen, sondern auch bei den aromatischen Glucosiden zutrifft:

[71]

	$k_a \cdot 10^{14}$
α-Methylglucosid . . .	1,34 (18,5°)
β-Methylglucosid . . .	1,97 (18,5°)
α-Phenylglucosid . . .	20,1 (17,8°)
β-Phenylglucosid . . .	7,6 (18,0°)

Wir machen dabei wie MICHAELIS die Annahme, daß die Substitution vorwiegend den elektrochemischen Charakter der zweiten, benachbarten Hydroxylgruppe beeinflußt. Wir bezweifeln aber nicht, daß für die Bildung von Alkalisalzen überhaupt bei den Zuckerarten auch andere Hydroxyle, insbesondere die in 6-Stellung befindliche primäre OH-Gruppe in Betracht kommt.

Experimenteller Teil.

1. Einfluß der H˙-Ionen auf die Affinität des Emulsins zum Salicin.

Nach der von L. MICHAELIS und M. ROTHSTEIN entwickelten Theorie[1]) der Invertasewirkung, derzufolge die Inversionsgeschwindigkeiten bei wechselnder Konzentration der H˙-Ionen den jeweils vorhandenen Dissoziationsresten der Saccharose-

[2] Bull. Soc. Chim. [3] **13**, 728, 733 [1895].
[3] Chem. Ber. **46**, 2612 [1913].
[4] Chem. Ber. **46**, 3683 [1913].
[5] Helv. chim. acta **3**, 649 [1920].
[1]) A. a. O.; siehe auch Die Naturwissenschaften **11**, 732, 740f. [1923] (*Abh.* 7).

Saccharase-Verbindung entsprechen, ist zu erwarten[2], daß 1. die *pH*-Kurve bei Änderung der Substratkonzentration, 2. die *pS*-Kurve bei Änderung der H˙-Ionenkonzentration eine Verschiebung erleidet.

Die experimentellen Beobachtungen stehen weder mit der ersten[3], noch mit der zweiten[4] dieser Folgerungen im Einklang. Es zeigt sich nun, daß auch beim Emulsin die zu erwartende Verschiebung der *pS*-Kurve nicht eintritt.

Über die Spaltung des Salicins bei wechselnder Acidität liegen bereits Messungen von E. VULQUIN[5] und von R. WILLSTÄTTER und G. OPPENHEIMER[6] vor. Der Parameter der *pH*-Kurve ergibt sich aus Tab. 3, zu der ein rohes Emulsinpräparat von MERCK diente, zu $1{,}8 \cdot 10^{-7}$. Die Gestalt der Kurve ist, wie aus dem Vergleich der beiden letzten Spalten der Tab. 3 hervorgeht, angenähert die einer Dissoziationskurve (Abb. 1).

[72] Tabelle 3.

Salicinhydrolyse und H˙-Ionenkonzentration.

25 ccm 0·0775 norm. Salicinlösung + 10 ccm $^1/_5$ norm. Phosphat- bzw. Acetatgemisch + 10 mg Ferment zu 50 ccm; 30°.

H˙ (*pH*)	Zeit (Min.)	*D* (l = 4 dm)	Drehungszunahme (°)	Spaltung (%)	$k \cdot 10^5 = \frac{10^5}{t} \log_{10} \frac{a}{a-x}$	$\frac{k}{k_{max}}$	$\frac{H^{\cdot}}{H^{\cdot} + 1{,}8 \cdot 10^{-7}}$
	0	— 2,85	—	—	—		
$4 \cdot 10^{-5}$	60	— 1,57	1,28	29$^1/_2$	255	100	100
(4,4)	180	— 0,065	2,785	64$^1/_2$	251		
	∞	+ 1,45	4,30	100	—		
$1 \cdot 10^{-6}$	60	— 1,67	1,18	27$^1/_2$	232	91	85
(6,0)	180	— 0,19	2,66	61$^1/_2$	232		
$3 \cdot 10^{-7}$	60	— 1,98	0,87	20	163	69	64
(6,5)	180	— 0,96	1,89	44	139		
$1 \cdot 10^{-7}$	60	— 2,435	0,415	9$^1/_2$	72	30	36
(7,0)	180	— 1,825	1,025	23$^1/_2$	65		
$2 \cdot 10^{-8}$	69	— 2,72	0,13	3	22	9	10
(7,7)	180	— 2,50	0,35	8	20		

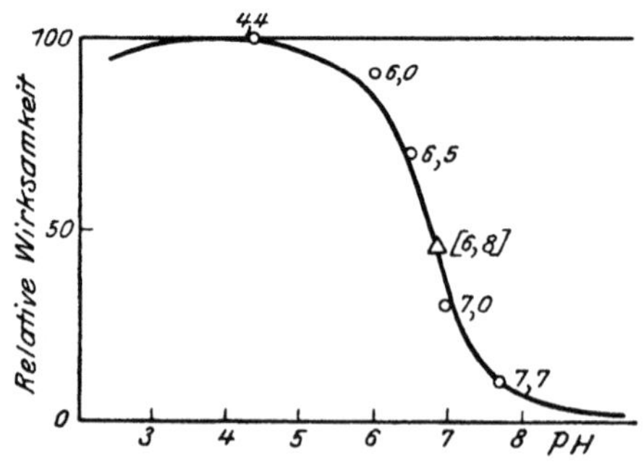

Abb. 1. Aktivitäts-*pH*-Kurve des Emulsins (Salicinspaltung).

[2] Zeitschr. f. physiol. Chemie **125**, 28 [1922/23].
[3] L. MICHAELIS und M. ROTHSTEIN, a. a. O.
[4] Zeitschr. f. physiol. Chemie **125**, 44 [1922/23].
[5] Soc. biol. **70**, 270, 763 [1911].
[6] Zeitschr. f. physiol. Chemie **121**, 183, 188 [1922].

Bei optimaler Acidität ist die Hälfte der in bezug auf die Substratkonzentration maximal möglichen Reaktionsgeschwindigkeit in 0,035 ± 0,005 norm. Lösung erreicht (Tab. 4).

Tabelle 4.

[73] Wechselnde Salicinkonzentrationen bei optimaler Acidität.

$pH = 4{,}4$; $K_{\text{Sal.}} = 0{,}035$. 10 mg Emulsin in 20 ccm; 30°.

pS (Konz. d. Sal.)	Zeit (Min.)	$[\alpha]_D$ $l = 4$ dm (°)	Drehungszunahme (°)	$k \cdot 10^5$	$k \cdot 10^5 \cdot$ [Sal.]	Dissoziationsrest $\varrho \cdot 100$ ber.	gef.	$100 \cdot \Delta\varrho$
	50	— 2,24	1,375					
1,31	100	— 1,28	2,335	246	120,5	58,3	58,4	+ 0,1
(0,049 n.)	170	— 0,385	3,23					
	367	+ 0,895	4,52					
	50½	— 1,345	1,055					
1,49	100	— 0,545	1,855	304	98,5	48,1	47,8	— 0,3
(0,0324 n.)	170	+ 0,16	2,56					
	368	+ 0,895	3,295					
1,67	84½	— 0,385	1,22					
(0,0216 n.)	184½	+ 0,285	1,89	360	77,8	38,2	37,6	— 0,6
	387½	+ 0,615	2,22					
1,87	81	— 0,175	0,835					
(0,0135 n.)	185	+ 0,21	1,22	435	58,7	27,8	28,4	+ 0,6
	389	+ 0,33	1,34					
2,02	80½	— 0,09	0,615					
(0,0095 n.)	186	+ 0,11	0,815	465	44,2	21,3	21,4	+ 0,1
	390	+ 0,22	0,925					

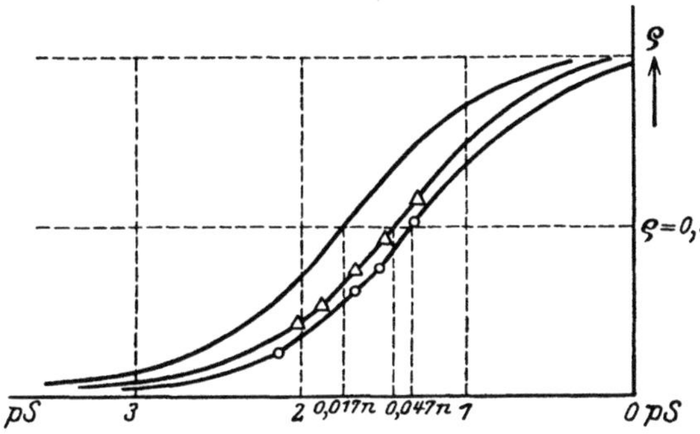

Abb. 2. Aktivitäts-pS-Kurven des Emulsins (Salicinspaltung).

—△——△— Dissoziationsrestkurve bei $pH = 4{,}4$.

—○——○— Dissoziationsrestkurve für $pH = 6{,}8$ (beob.).

———— Dissoziationsrestkurve für $pH = 6{,}8$ (ber. nach L. MICHAELIS und M. ROTHSTEIN).

Bei $pH = 6{,}8$ sollte dies nach MICHAELIS und ROTHSTEIN in 0,017 norm. Lösung der Fall sein. Aus Tab. 5 berechnet sich jedoch der fast dreimal so große Wert 0,047 (Abb. 2).

[74] Tabelle 5.

Salicinmenge und Reaktionsgeschwindigkeit bei $pH = 6{,}8$.

$K_{\text{Sal.}} = 0{,}047$. 20 mg Emulsin in 20 ccm; 30°.

pS (Konz. d. Sal.)	Zeit (Min.)	$[\alpha]_D$ $l = 4$ dm (°)	Drehungs-zunahme (°)	$k \cdot 10^5$	$k \cdot 10^6 \cdot$ [Sal.]	Dissoziationsrest $\varrho \cdot 100$ ber.	gef.	$100 \cdot \Delta\varrho$
1,31	20	— 3,105	0,51					
(0,0495 n.)	45	— 2,59	1,025	192	95,5	51,2	51,2	± 0
	90	— 2,015	1,60					
1,54	20	— 1,79	0,355					
(0,0291 n.)	45	— 1,41	0,735	239	69,5	38,2	37,7	— 0,5
	91	— 0,96	1,185					
1,66	30	— 1,22	0,40					
(0,022 n.)	60	— 0,835	0,785	271	59,5	31,8	31,8	± 0
	110	— 0,395	1,225					
2,14	30	— 0,36	0,17					
(0,0072 n.)	60	— 0,21	0,32	344	25,0	13,3	13,3	± 0
	110	— 0,09	0,44					

2. Säurehydrolyse der β-Glucoside.

Je zwei bei 20° zur Marke aufgefüllte 10 ccm-Kölbchen, in denen die Hydrolyse durch $^1/_2$ norm. HCl vor sich ging, tauchten wir in ein Glycerinbad, das durch siedendes Benzol auf 77 ± 1° gehalten wurde. Nach Verlauf der in Tab. 6 angegebenen Zeiten kühlten wir die Reaktionsgefäße mit fließendem Wasser auf Zimmertemperatur ab

Tabelle 6.

Substrat	Zeit (Min.)	α_D $l = 2$ dm (°)	Drehungs-zunahme (°)	Spaltung (%)	$k \cdot 10^5$	$k \cdot 10^5$ Mittel
Helicin	20	— 1,89	0.19	6	135	**125**
0,0578 norm. .	80	— 1,48	0,60	19	114	
Salicin	80	— 1,50	0,56	17	108	**111**
0,0562 norm. .	125	— 1,19	0,87	27$^1/_2$	114	
β-Phenylglucosid .	90	— 0,85	1,34	41	249	**243**
0,0595 norm. .	225	+ 0,15	2,34	71	237	
β-Methylglucosid .	180	— 0,31	0,23	17$^1/_2$	46	**46**
0,0412 norm. .	420	— 0,07	0,47	35$^1/_2$	47	

[76] und ergänzten neuerlich zur Marke. Gleich darauf wurde die Drehungszunahme in einem 6 ccm fassenden 2 dm-Rohre bestimmt. Alkalisierung der Lösungen erübrigte sich, da das optische Gleichgewicht der Glucose erreicht und in Kontrollversuchen bei der Polarisationstemperatur innerhalb 10 bis 20 Minuten keine Säurewirkung zu beobachten war.

[75] Tabelle 7.

	[NaOH]	[Zucker] bzw. [Glucosid]	EMK Millivolt	pH	pOH	[H·] · 10 − 13	[OH −]	Δ[OH −]	k_a 10 − 14 für $\gamma = 1$[1]	k_a 10 − 14 für $\gamma = 0{,}5$[1]	Mittel von k_a 10 − 14
Natron- (18°)	0,04	—	985	12,71	1,41	1,95	0,0388	—	—	—	
lauge (18°)	0,02	—	967	12,40	1,72	3,98	0,0190	—	—	—	
(17,8°)	0,0165	—	962	12,34	1,80	4,57	0,0158	—	—	—	
(18,5°)	0,01	—	950	12,10	2,02	7,95	0,00954	—	—	—	
(17,8°)	0,008	—	943	12,01	2,13	9,77	0,00741	—	—	—	
Maltose	0,04	0,1	938	11,88	2,20	13,2	0,0063	0,0325	63,6	123	
(19,5°)	0,04	0,2	912	11,42	2,66	38,0	0,0022	0,0366	85,2	110	**96**
	0,02	0,1	910,5	11,41	2,67	38,9	0,00215	0,0169	79,2	99,3	
	0,02	0,2	887,5	11,00	3,08	100,0	0,00083	0,0182	100	111	
Saccharose	0,02	0,1	941	11,95	2,17	11,2	0,00675	0,01225	15,6	18,2	
(18,5°)	0,02	0,4	909	11,40	2,72	39,8	0,00190	0,0171	17,8	18,6	**17,7**
	0,01	0,1	922	11,61	2,51	24,5	0,00309	0,00645	16,9	18,1	
	0,01	0,4	891	11,09	3,03	81,2	0,00092	0,00862	17,9	18,3	
Raffinose	0,02	0,05	950,5	12,11	2,01	7,57	0,0098	0,0092	17,5	22,6	
(18,3°)	0,02	0,2	921	11,60	2,52	25,1	0,00302	0,0160	21,8	23,9	
	0,02	0,2(18°)	917	11,56	2,57	27,5	0,00269	0,0163	23,8	26,1	**21,6**
	0,01	0,05	931	11,78	2,34	16,6	0,00456	0,00498	18,4	20,6	
	0,01	0,2	902	11,28	2,84	53,6	0,00144	0,00810	22,6	23,6	
α-Methyl-	0,04	0,25	977	12,56	1,54	2,75	0,0288	0,0100	1,15	1,20	
glucosid	0,04	0,5	969	12,43	1,68	3,71	0,0209	0,0179	1,38	1,43	
(18,7°)	0,02	0,25	959	12,25	1,85	5,62	0,0141	0,0049	1,12	1,15	**1,34**
	0,02	0,5	948,5	12,08	2,03	8,31	0,0093	0,0097	1,64	1,68	
β-Methyl-	0,04	0,2	976	12,56	1,56	2,75	0,0275	0,0113	1,65	1,76	
glucosid	0,04	0,5	964	12,35	1,77	4,46	0,0170	0,0218	2,03	2,13	**1,97**
(18,5°)	0,02	0,2	957	12,23	1,89	5,88	0,0129	0,0061	1,85	1,91	
	0,02	0,5	945	12,02	2,10	9,54	0,0079	0,0111	2,17	2,23	
α-Phenylgluco-	0,0165	0,1	936	11,89	2,25	12,9	0,0056	0,0102	14,5	16,4	**20,1**
sid (17,8°)	0,008	0,1	908	11,40	2,74	39,8	0,00182	0,00559	23,5	25,0	
β-Phenylgluco-	0,02	0,05	958,5	12,25	1,88	5,62	0,0132	0,0058	7,37	8,48	**7,56**
sid (18°)	0,01	0,05	940	11,95	2,18	11,2	0,00660	0,00294	6,96	7,41	
Salicin (18°)	0,02	0,05	958,5	12,27	1,86	5,37	0,0138	0,0052	6,27	7,01	
	0,02	0,1	952	12,16	1,97	6,92	0,0107	0,0083	6,26	6,88	**7,51**
	0,01	0,05	938,5	11,93	2,20	11,75	0,00631	0,0032	8,20	8,80	
	0,01	0,1	931	11,80	2,33	15,85	0,00467	0,0049	8,14	8,54	

3. Säuredissoziationskonstanten.

In der Tab. 7 (S. 75) sind für jene Zucker und Glucoside, deren Affinitäten zu den Enzymen der Hefe und zum Emulsin durch die Arbeiten aus diesem Laboratorium bekannt wurden, die Säuredissoziationskonstanten k_a angegeben. Die Werte für Saccharose, Maltose und die beiden Methylglucoside sind durchwegs niedriger als die von L. Michaelis und P. Rona[1]) mit genau gleicher Versuchsdauer erhaltenen:

[1] Siehe L. Michaelis und P. Rona a. a. O., und zwar S. 235 u. 241f.

[1]) Ber. d. d. chem. Ges. **46**, 3683 [1913]; Biochem. Zeitschr. **49**, 232 [1913].

Saccharose:	$17,7 \cdot 10^{-14}$	(18,5°)	MICHAELIS und RONA:	$24 \cdot 10^{-14}$
Maltose:	$96 \cdot 10^{-14}$	(19,5°)	„ „ „	$180 \cdot 10^{-14}$
α-Methylglucosid:	$1,34 \cdot 10^{-14}$	(18,7°)	MICHAELIS:	$1,97 \cdot 10^{-14}$
β-Methylglucosid:	$19,7 \cdot 10^{-14}$	(18,5°)	„	$2,64 \cdot 10^{-14}$

Stärker sauer fanden wir nur die Raffinose:

$k_a = 21,6 \cdot 10^{-14}$ (18,3°) MICHAELIS und RONA: $18 \cdot 10^{-14}$.

Alle angewandten Präparate waren mehrmals aus Alkohol bzw. Wasser umkrystallisiert und durch Bestimmung des Drehungsvermögens und des Schmelzpunktes auf Reinheit geprüft worden.

Die neu ermittelte Dissoziationskonstante des Salicins stimmt mit der des β-Phenylglucosids überein; der Eintritt der CH_2OH-Gruppe in den Benzolkern verursacht also keine meßbare Änderung des elektrochemischen Verhaltens.

Abschnitt IX.

ÜBER PANKREASENZYME; ÜBER LEBERESTERASE;
ÜBER MAGENLIPASE; ÜBER SPEZIFITÄT TIERISCHER PROTEASEN.

Zeitschrift für physiologische Chemie 125, S. 93 [1923].

88. BESTIMMUNG DER PANKREATISCHEN FETTSPALTUNG.

Von RICHARD WILLSTÄTTER, ERNST WALDSCHMIDT-LEITZ und FRIEDRICH MEMMEN.

Erste Abhandlung über Pankreasenzyme.

(Mitteilung aus dem Chemischen Laboratorium der Bayerischen Akademie der Wissenschaften in München.)

Mit 4 Abbildungen im Text.

(Der Redaktion zugegangen am 25. September 1922.)

Theoretischer Teil.

Es gilt als zweifelhaft, ob es möglich ist, die verschiedenen Enzyme als chemisch individuelle Stoffe ihrer Menge nach zu bestimmen, oder ob sich die Wirkung der Enzyme oder mancher von ihnen in unbestimmbarer Weise aus einer Konstellation von Kolloiden ergibt. Die beiden einander entgegenstehenden Möglichkeiten scheinen am besten ausgeprägt vorzuliegen in den kohlehydratspaltenden und in den fettspaltenden Enzymen. Beim Invertin ist der Satz von der quantitativen Erhaltung der enzymatischen Wirkung, von der Unabhängigkeit von Begleitstoffen und von der Verteilung am meisten gestützt[1]. Die Invertinwirkung bleibt nämlich „quantitativ erhalten von der Reaktion an, die der lebende Pilz auf den Rohrzucker ausübt, bis zu dessen Hydrolyse durch das von Kohlehydraten, Eiweißstoffen, Phosphorverbindungen völlig befreite Invertinpräparat", also auf [94] dem Weg von der lebenden Hefe bis zur 1600fachen Konzentration in den reinsten Präparaten. „Und ohne daß die enzymatische Leistung berührt wird, läßt sich das Invertin auf oberflächenaktiven Stoffen niederschlagen." „Die Invertinwirkung ist auch unabhängig von dem gesamten Kolloidsystem, in welches das Enzym eingebettet ist, von der Teilchengröße, von der Verteilung."

Ganz verschieden davon scheint sich das lipatische Enzym zu verhalten. Es wird angegeben, daß seine Wirkung von Begleitstoffen beeinflußt, von Aktivatoren gesteigert wird, von der Viscosität und Emulgierung abhängt. Vielfach wird wegen der Unentbehrlichkeit der aktivierenden Zusätze nicht fertige Lipase, sondern eine

[1] R. WILLSTÄTTER, J. GRASER und R. KUHN, 3. Abhandl. z. Kenntnis des Invertins. Diese Zs. Bd. 123, S. 1 [1922].

Vorstufe, das Lipasezymogen, als Bestandteil des pankreatischen Saftes angenommen [1]. Von allen möglichen enzymatischen Wirkungen scheint also am wenigsten die lipatische in bestimmtem Verhältnis zur Stoffmenge des Katalysators zu stehen. Aber nur unter dieser Voraussetzung kann die Quantität des Enzyms durch die spezifische Wirkung gemessen werden.

Zu den bekannten Erfahrungen über den Einfluß der Begleitstoffe und der Verteilung gesellen sich noch neue in unserer Untersuchung. Dennoch führt die Arbeit zu dem Ergebnis, daß die Lipase, ungeachtet der Abhängigkeit ihrer Wirkung von dem gesamten kolloiden System, ihrer Stoffmenge nach verfolgt werden kann von der Pankreasdrüse bis zur 300fachen Konzentration in den reinsten Präparaten, was auch die jeweils vorhandenen Begleitstoffe seien und die jeweilige Verteilung. Die Quantität der Lipase in irgend einem Zustand ist eine bestimmte und sie läßt sich bestimmen ohne Rücksicht auf die Wirkung, welche die Lipase in dem gegebenen Zustand ausübt; sie wird nämlich durch die Wirkung gemessen, die sie unter besonderen Umständen anzunehmen und auszuüben vermag. Beim Invertin ist die Wirkung als unabhängig von Begleitstoffen und Verteilung bezeichnet worden; die [95] Wirkung der Lipase ist nicht nur wie die des Invertins von der Acidität, sie ist in hohem Maße von Begleitstoffen und Verteilung abhängig, aber die Lipase bleibt selbst in ihrer Menge quantitativ erhalten und bestimmbar, wenn auch die Begleitstoffe und die Verteilung sich wesentlich ändern.

Der auffallende Unterschied zwischen dem Verhalten von Saccharase und Lipase ist kein Unterschied zwischen Enzym und Enzym. Er ist vielmehr bedingt durch den Unterschied zwischen den Substraten, dem wasserlöslichen Rohrzucker und dem wasserunlöslichen Fett; er ist also ein Unterschied zwischen den Systemen Saccharose-Saccharase und Fett-Lipase. Lipase und Fett sind in der Reaktion abhängig von den Adsorptionsverhältnissen, deren Verbesserung und deren Störung für die enzymatische Wirkung maßgebend sind.

Es sind zahlreiche Methoden und Versuche zur Bestimmung der Lipasen, auch der pankreatischen, veröffentlicht worden. Zum Teil beruhen sie auf der maßanalytischen Bestimmung[1]) der bei der Verseifung gebildeten Fettsäure, zum Teil bestehen sie in der Messung der sich ändernden Oberflächenspannung[2]). Vielfach wird die lipatische Fähigkeit bestimmt durch die Hydrolyse der Butyrine[3]) oder des Buttersäureäthylesters[4]), -isoamylesters[5]) und des Salicylsäureamylesters[6]). Da es indessen

[1] Vgl. E. ABDERHALDEN, Lehrb. der physiol. Chemie, 4. Aufl., Bd. 1, S. 278f.; Bd. 2, S. 364 [1920/21].

[1]) F. VOLHARD, Zs. klin. Med. Bd. 42, S. 414 [1901] u. Bd. 43, S. 397 [1901]; W. STADE, Hofmeisters Beiträge Bd. 3, S. 291 [1902]; A. KANITZ, Diese Zs. Bd. 46, S. 482 [1905]; E. BAUR, Zs. f. angew. Chemie Bd. 22, S. 97 [1909]; E. TERROINE, Biochem. Zs. Bd. 23, S. 404 u. 429 [1909/10]; A. HAMSIK, Diese Zs. Bd. 65, S. 232 [1910]; Bd. 71, S. 238 [1911].

[2]) P. RONA und L. MICHAELIS, siehe im folgenden.

[3]) P. RONA und L. MICHAELIS, siehe im folgenden.

[4]) I. H. KASTLE und A. S. LOEVENHART, Am. Chem. Journ. Bd. 24, S. 491 [1900].

[5]) M. BODENSTEIN und W. DIETZ, Zs. für Elektrochem. Bd. 12, S. 605 [1906]; W. DIETZ, Diese Zs. Bd. 52, S. 279 [1907].

[6]) R. MAGNUS, Diese Zs. Bd. 42, S. 169 [1904].

nicht vorausgesetzt werden durfte [7], daß die Glyceride [96] hoher und niederer Fettsäuren und die Ester einwertiger Alkohole von dem nämlichen Enzym zerlegt werden, so hielten wir es für erforderlich, als Maß der pankreatischen Fettspaltung auch wirklich die Reaktion des Enzyms auf ein hohes Glycerid anzuwenden.

Zwischen der Bestimmung durch Titration der Fettsäure und der stalagmometrischen Methode finden wir den Unterschied nicht wesentlich; beide erfassen die Glyceridhydrolyse nur mittels verschiedener Kennzeichen. Wesentlich scheint uns für die Methode zu sein, ob man die Lipase, so wie sie sich zufällig findet, auf das Glycerid einwirken läßt, oder ob man sie erst in ein geeignetes System bringt, sei es unter Aktivierung oder unter Hemmung, um die Unterschiede im Wirkungsvermögen auszugleichen, das je nach Menge und Natur der Begleitstoffe wechselt. Für eine Methode, um den Weg des Enzyms von der Drüse bis zum reinen Präparat zu verfolgen, und allgemeiner, um vergleichende Lipasebestimmungen auszuführen, ist die Ausschaltung des Zufälligen im lipatischen System entscheidend, soweit es auf den Grad der Wirkung Einfluß ausübt.

Die eine und andere von den bekannten Bestimmungsweisen läßt sich für den Vergleich der Lipase in verschiedenen Reinheitsgraden ausgestalten. Die empfindlichste und eleganteste ist die von P. Rona und L. Michaelis [1]) angegebene stalagmometrische Methode, die auf der Zunahme der Oberflächenspannung bei der Hydrolyse von Mono- und Tributyrin beruht. Aber die theoretischen Grundlagen dieser Bestimmung sind nicht einwandfrei. Es ist zumeist Tributyrin, das als Substrat dient. Bei dieser Tropfenzählmethode geschieht die [97] Eichung für die abnehmenden Konzentrationen des Substrates mittels entsprechend geringerer Mengen von Tributyrin. Wenn die Tropfenzahl z. B. von 146 auf 144, 142 und 137 abnimmt, so gilt die Tributyrinmenge als vermindert um 3, 9 und 20%. Voraussetzung ist dabei, daß die Hydrolyse des Tributyrins ohne Zwischenprodukte, welche die Oberflächenspannung merklich erniedrigen, zu Buttersäure und Glycerin führt, während eigentlich die Di- und Mono-Butyrine berücksichtigt werden müßten. Bei geringen Spaltungen können große Fehler entstehen. Wenn P. Rona [1]] nicht beim Monobutyrin, hingegen bei der so gemessenen Hydrolyse von Tributyrin monomolekularen Verlauf und Proportionalität von Fermentmenge und Reaktionsgeschwindigkeit findet, so können diese einfachen Beziehungen wohl nur aus der Kompensation verschiedener Einflüsse resultieren.

Um die Verseifung der hohen Glyceride, für die sich das stalagmometrische Verfahren nicht anwenden läßt, als Maß der lipatischen Pankreaswirkung dienen zu lassen, bestimmen wir die entstehende Fettsäure alkalimetrisch.

---

[7] E. Abderhalden vertritt die Ansicht (Lehrbuch der physiologischen Chemie, 4. Aufl., Bd. 2, S. 364 [1920/21], „daß die Esterasen ganz unspezifisch auf esterartige Verbindungen eingestellt sind und somit Lipase und Esterase Bezeichnung für die gleiche Fermentart sind." Vgl. auch E. Abderhalden und A. Weil, Fermentforschung Bd. 4, S. 76 [1920].

[1]) Biochem. Zs. Bd. 31, S. 345 [1911]; siehe ferner: P. Rona, Biochem. Zs. Bd. 32, S. 482 [1911]; Bd. 33, S. 413 [1911]; P. Rona und J. Ebsen, Biochem. Zs. Bd. 39, S. 21 [1912]; H. Davidsohn, Biochem. Zs. Bd. 45, S. 284 [1912]; Bd. 49, S. 249 [1913]; P. Rona und Z. Bien, Biochem. Zs. Bd. 59, S. 100 [1914]; Bd. 64, S. 13 [1914].

[1]] Biochem. Zs. Bd. 33, S. 413 [1912]; P. Rona und J. Ebsen, Biochem. Zs. Bd. 39, S. 21 [1912].

Abhängigkeit von der Wasserstoffionenkonzentration.

Der Einfluß der Wasserstoffzahl auf die lipatische Wirkung wird viel beachtet. Es zeigt sich aber, daß diese Abhängigkeit, so wie sie gefunden wurde, durch ganz andere, kompliziertere Faktoren vorgetäuscht oder entstellt wird. Der Einfluß der Wasserstoffzahl wird von der Aktivierung und Hemmung durch Begleitstoffe und Reaktionsprodukte überdeckt. Gewisse Stoffe, die in der Drüse und ihren Auszügen die Lipase begleiten oder die im Darm mit ihr zusammentreffen, wirken im alkalischen Medium aktivierend und sind indifferent oder sogar hemmend im sauren Gebiet. Das gilt für Calciumsalze, gallensaure Salze und Eiweißstoffe. Daher kann die Einhaltung konstanter Wasserstoffzahl Schwierigkeiten und Nachteile haben. Im alkalischen Gebiet wirkt die [98] entstehende Seife in größerer Konzentration hemmend, im sauren die Fettsäure.

Unsere Versuche führten zu drei Bestimmungsweisen.

Es wurde bisher nach H. DAVIDSOHN[1] angenommen, daß die Pankreaslipase im sauren Gebiet, von $p_H = 5$ an, wirkungslos sei. Allerdings begegneten P. RONA und Z. BIEN[2] im sauren Medium nicht unbeträchtlichen Spaltungen, abweichend von der theoretischen Dissoziationskurve. Wir finden nun eben die Verseifung im konstant sauren Gebiet (p_H 4,7) für die quantitative Bestimmung geeignet. Die Begleitstoffe der Lipase wirken hemmend; für die Bestimmung ist es nötig, noch Hemmungskörper (Albumin) hinzuzufügen, um die reineren Lipaselösungen mit dem Drüsenmaterial vergleichbar zu machen.

Für eine zweite Bestimmungsweise wird das Medium annähernd konstant alkalisch gehalten (p_H 8,9). Die Begleitstoffe aus der Pankreasdrüse aktivieren, für die Bestimmung müssen daher Aktivatoren (Albumin, Calciumchlorid) zugefügt werden. Die entstehende Fettsäure macht die Anwendung einer größeren Puffermenge nötig. Aber diese wirkt schädigend auf die Lipase ein, wenn das Enzym in Form reinerer Lösungen vorliegt. Daher ist es nicht gelungen, die Bestimmung im alkalischen Medium auf reinere Lipase anzuwenden.

Zumeist bedienen wir uns einer dritten Methode, die auf konstante Wasserstoffzahl verzichtet. Die Verseifung, wieder unter Aktivierung, beginnt im alkalischen Gebiet und endet im sauren. Diese Bestimmungsweise hat sich in vielen Fällen bei Lipase von ganz verschiedenem Reinheitsgrad bewährt und sie hat zu übereinstimmenden Werten mit der Bestimmung bei konstant saurer Reaktion geführt.

Aktivierung und Hemmung.

Die Wirkung der Aktivatoren besteht nicht in der Umwandlung eines Lipasezymogens in wahre Lipase, denn ohne Aktivierung vollziehen die Pankreasdrüse und ihre Auszüge [99] die Fettspaltung in saurem Medium mit einer Geschwindigkeit von derselben Größenordnung, wie sie bei der Spaltung unter Aktivierung im alkalischen Gebiet erzielt wird.

[1] Biochem. Zs. Bd. 45, S. 284 [1912]; Bd. 49, S. 249 [1913].
[2] Biochem. Zs. Bd. 64, S. 13 [1914].

Die Hydrolyse im sauren Medium lehrt auch, daß die Aktivierung der Lipase nicht mit der Emulsionsbildung zusammenhängt. Das Verseifungsgemisch wird bei $p_H = 4{,}7$ durch Albumin ausgezeichnet emulgiert, aber die Hydrolyse, die ohne Zusatz trotz schlechter Emulsion günstig ist, wird zugleich herabgesetzt.

Der Fall ist möglich, daß ein aktivierender oder ein hemmender Zusatzstoff unmittelbar auf das Enzym einwirkt. Er kann auf seine Affinitätsverhältnisse einen Einfluß von gleicher Art wie H- und OH-Ion ausüben. Eine solche Wirkung dürfte Natriumchlorid auf Diastase haben.

Der Einfluß der Aktivatoren kann ferner wie der von Hemmungskörpern auf Adsorptionswirkung beruhen. Sie wird sich entweder gegenüber dem Enzym oder seinem Substrat oder gegenüber beiden geltend machen. Im letzteren Fall können Enzym und Substrat in eine die Reaktion erleichternde Beziehung gebracht werden, besonders wenn eines von beiden löslich, das andere unlöslich ist.

Die zahlreichen Erscheinungen der Lipaseaktivierung lassen sich mit der Annahme erklären, daß die Aktivierung auf der Erzeugung von Kolloidteilchen beruht, die *zugleich* auf Enzym und Substrat adsorbierend wirken. Die Erscheinung sei am Beispiel des Calciumchloridaktivators erklärt. Im Ammoniak-Ammoniumchlorid-Medium entsteht Seife, die sich mit Calciumchlorid unter Bildung und Abscheidung von Calciumoleat umsetzt. Diese Kalkseife ist einerseits Adsorbens für Fett, andererseits für das Enzym. Daß eine Seife Enzym zu adsorbieren vermag, hat schon im Jahre 1872 O. HAMMARSTEN[1] am Labferment beobachtet. Solche Adsorbate,

Calciumoleat

Lipase Fett ,

[100] in denen sowohl Enzym wie Substrat gebunden sind, seien als komplex bezeichnet. Die Aktivierung kommt nach dieser Betrachtung zustande, weil der im *komplexen Adsorbat* geschaffene Adsorptionszustand für die sich vollziehende Reaktion günstiger ist als die unmittelbare Beziehung zwischen Lipase und Fett.

Bemerkenswerter als die Wirkung einzelner Aktivatoren auf Lipase, die schon öfters untersucht wurde, ist das im experimentellen Teil beschriebene Zusammenwirken mehrerer Aktivatoren. Es zeigt sich, daß durch eine Kombination mehrerer Aktivatoren größere Steigerungen erzielt werden als von den einzelnen selbst bei Anwendung hoher Konzentrationen. Calciumchlorid mit Albumin, glykocholsaures Natrium mit Albumin sind solche zusammenwirkende Aktivatoren. Die Kombinationswirkung mehrerer Aktivatoren erklärt sich nach unserer Vorstellung durch die Annahme, daß sie aufeinander chemisch oder mit Adsorptionskräften einwirken und sich zu einem Kolloid von gesteigertem, für die Beziehung zwischen Enzym und Substrat noch günstigerem Adsorptionsvermögen verbinden. Zum Beispiel wird sich

---

[1] Upsala Läkareförenings Förhandlingar Bd. 8, S. 63 [1872], Originalref. in R. MALYS Jahresber. über die Fortschr. der Thierchemie Bd. 2, S. 118 [1872].

Albumin gleich anderen Amphoteren mit Calciumchlorid verbinden[1] und das Additionsprodukt mit entstehendem Ammoniumoleat unter Bildung von Albumin-Calciumoleat reagieren. Dieses gekoppelte Adsorbens ist vermutlich der Träger der besonders günstigen komplexen Adsorptionswirkung auf Lipase und Fett.

Calciumoleat — Albumin
⋮ ⋮
Fett Lipase

In einer demnächst zu veröffentlichenden Arbeit von R. WILLSTÄTTER und F. MEMMEN über die Wirkung der Pankreaslipase auf Triacetin und auf Buttersäureester wird als eine weitere günstige Kombination von zwei Aktivatoren [101] Glycerin mit ölsaurem Calcium beschrieben. Auch hier kann das Bild der komplexen Adsorption durch das gekoppelte Adsorbens eine Vorstellung davon geben, warum die Aktivatoren weder einander ersetzen, noch einfach additiv wirken.

Während in den Untersuchungen von S. G. HEDIN[1]) die Hemmungserscheinungen bei den Enzymreaktionen auf Bildung von Adsorbaten zurückgeführt werden, sind nach unserer Anschauung verschiedene Möglichkeiten im Verhalten der Adsorbate zu unterscheiden.

Für Adsorbate des Invertins wurde nachgewiesen[2]), daß das Enzym, auch ohne eluiert zu werden, in ihnen seine Wirkung quantitativ unverändert ausübt.

Zwei andere Fälle werden in den folgenden Versuchen mit Lipase beschrieben: solche Adsorbate, in denen das Enzym noch reagiert, aber mit verminderter Wirkung im Vergleich zum freien Enzym (Tonerde- und Kaolin-Adsorbate der Lipase) und solche, in denen das Enzym keine Wirkung oder nur noch sehr geringe Wirkung ausübt (Tristearin- und Cholesterin-Adsorbate der Lipase), obwohl es sich zeigen läßt, daß das Enzym durch die Adsorption nicht zerstört worden ist. Man kann nur einen Teil der Erscheinungen mit der Annahme erklären, daß in den Adsorbaten mit verminderter Wirksamkeit das Enzym einem günstigeren Adsorptionssystem (einem Adsorbens, das auch für das Substrat Adsorptionsaffinität besitzt) entzogen ist. Während das Verhalten der Tonerde- und Kaolinadsorbate so verstanden werden kann, genügt diese Erklärung nicht für die Tristearin- und Cholesterinadsorbate.

Die hier beobachteten Verhältnisse lassen erkennen, daß ein Enzym in gewissen Adsorbaten so gebunden sein kann, daß seine spezifisch wirkende Gruppe durch die Adsorption in [102] Mitleidenschaft gezogen ist. Es gibt also Adsorbate, in denen

---

[1] Vgl. T. B. ROBERTSON, „Über die Verbindungen der Proteine mit anorganischen Substanzen....“ Ergebnisse der Physiol. Bd. 10, S. 216 [1910]; ferner: P. PFEIFFER und J. v. MODELSKI, Diese Zs. Bd. 81, S. 329 [1912] u. Bd. 85, S. 1 [1913]; P. PFEIFFER und F. WITTKA, Ber. d. Deutsch. Chem. Ges. Bd. 48, S. 1289 [1915]; P. PFEIFFER, ebenda Bd. 48, S. 1938 [1915].

[1]) Vgl. d. zusammenfass. Darstellungen in S. G. HEDINS „Grundzüge d. physikal. Chemie in ihrer Beziehung zur Biologie“, Wiesbaden (J. F. Bergmann, 1915) und in den Ergebnissen der Physiol. Bd. 9, S. 433 [1910].

[2]) R. WILLSTÄTTER und R. KUHN, Diese Zs. Bd. 116, S. 53 [1921], und zwar S. 59; J. M. NELSON und D. I. HITCHCOCK, Jl. Am. Chem. Soc. Bd. 43, S. 1956 [1921]; R. WILLSTÄTTER, J. GRASER und R. KUHN, 3. Abhandl. zur Kenntnis d. Invertins, Kap. D, Abschn. 3, Diese Zs. Bd. 123, S. 1 [1922].

nur derjenige Teil des Enzymmoleküls, den man als den kolloiden Träger der aktiven Gruppe bezeichnen kann, an der Bindung beteiligt ist (wie Tonerde-Invertin-Adsorbat), und solche Adsorbate (wie Tristearin-Lipase), in denen die Reaktionssphäre der spezifischen Gruppe gestört, die Affinität derselben abgeschwächt wird.

Wie die Aktivierung auf Verbesserung der Adsorptionsverhältnisse, so lassen sich die Hemmungen auf Störungen derselben zurückführen. Fälle von Hemmung, die scheinbar sehr verschieden sind, haben das Gemeinsame, daß das hemmend wirkende Mittel mit einem für die Annäherung des Enzyms an sein Substrat günstigen Adsorbens in Konkurrenz tritt. Der Hemmungskörper kann dadurch wirken, daß dem komplexen Adsorbat nur eine der Komponenten entzogen wird oder dadurch, daß er selbst das Enzym in der Art adsorbiert wie Tristearin und Cholesterin die Lipase, mithin so, daß die spezifische Gruppe des Enzyms beeinträchtigt wird.

Die Hemmungen, mit denen bei der Bestimmung der Lipase gerechnet werden muß, sind die im alkalischen Medium durch Seife, im sauren durch Ölsäure bedingte und ferner die im sauren Gebiet durch Proteine hervorgerufene. Um die Drüsenauszüge mit der Drüsensubstanz selbst hinsichtlich der lipatischen Wirkung im sauren Medium vergleichen zu können, muß man berücksichtigen, daß in der Drüse die Lipase durch Eiweißstoffe gehemmt ist. Man führt daher die Hydrolyse mit Lipase von beliebigem Reinheitsgrad unter Zusatz von Albumin durch, damit die Hemmung in allen Fällen gleich groß ist. Das Protein dürfte so wirken, daß es in saurer Lösung nur Lipase adsorbiert und dadurch die Assoziation von Öl und Lipase stört.

Um die in verschiedenen Organen vorkommenden Lipasen zu vergleichen, müssen die von Begleitstoffen aus der betreffenden Drüse bewirkten Aktivierungs- und Hemmungserscheinungen beachtet werden. Diesem Gesichtspunkt hat man bei der Unterscheidung der Magen- und Darmlipase[1] noch nicht [103] Rechnung getragen. Sie unterscheiden sich im Wirkungsoptimum, das für Pankreaslipase bei p_H 8 bis 9, für Magenlipase bei p_H 4 bis 5 angegeben wird[1]), und im Verhalten gegen Galle. Der Unterschied ist von E. LAQUEUR[2]) beobachtet und von vielen anderen Autoren zitiert worden. Der Versuch bestand darin, daß Magenlipase in ihrem sauren Medium mit Galle geprüft wurde; dabei fand keine Aktivierung statt. Es zeigt sich nun, daß gallensaures Salz überhaupt nur alkalisch die Fettspaltung aktiviert und daß es sie sauer hemmt. Auch der Unterschied im Wirkungsoptimum ist nicht sicher, denn die Pankreaslipase ist wahrscheinlich an Begleitstoffen reicher, die alkalisch aktivieren und sauer hemmen.

Es hat sich in unseren Versuchen bestätigt, daß die Pankreaslipase nicht spezifisch für Fette ist. In einer folgenden Abhandlung wird die Hydrolyse von Olivenöl, Triacetin und Buttersäureester durch Pankreaslipase vergleichend gemessen und es werden die Quotienten dieser Wirkungen für die Lipase in den drei Formen der Drüse, der

---

[1] Biochem. Zs. Bd. 45, S. 284 [1912]; Bd. 49, S. 249 [1913].

[1]) L. MICHAELIS, Die Wasserstoffionenkonzentration. Berlin 1914. S. 70.

[2]) Hofmeisters Beitr. z. Physiol. Bd. 8, S. 281 [1906].

Extrakte und der reineren Elutionen bestimmt. Da bei einem gegebenen Drüsenmaterial die Quotienten bei diesen verschiedenen Reinheitsgraden annähernd konstant bleiben, so wird es ein einziges Enzym sein, das auf die drei Substrate wirkt.

Experimenteller Teil.

I. Bestimmung der lipatischen Wirkung im System von Aktivatoren bei wechselndem p_H.

1. Die Verseifung ohne Zusatz von Aktivatoren.

Für die Untersuchung der Fettspaltung, besonders zur Bestimmungsmethode, diente als Substrat genau neutral reagierendes Olivenöl, eine einzige Lieferung von der Verseifungszahl 185,5. Die Lipase lag entweder in Form der Drüse oder von Lösungen vor. Die Pankreasdrüse vom Schwein wurde in getrocknetem und staubfein gemahlenem Zustand oder als [104] klar filtrierter wäßriger, hauptsächlich aber als Glycerinauszug angewandt, aus 1 g trockener Drüse mit 16 ccm 87proz. Glycerin gewonnen. Als Enzym von höherem Reinheitsgrad dienten frisch dargestellte Elutionen aus Tonerdeadsorbaten der Lipase. Sie waren mit Hilfe von Ammoniumphosphat und Glycerin bereitet und rasch mit Magnesiamischung von Phosphorsäure befreit. Daher enthielten die Elutionen Magnesiumchlorid, Ammoniumchlorid, Ammoniumacetat und 15 bis 18% Glycerin.

Die Spaltung leitete man bei alkalischer Reaktion ein und zwar mit einer für die entstehende Ölsäure unzulänglichen Menge Puffer, so daß die Reaktion bei 8,5% Ölspaltung neutral war und bei 24%, dem Endpunkt unserer Messung, schwach sauer, entsprechend p_H 5,5. Der Ammoniak-Ammoniumchlorid-Puffer nach L. MICHAELIS bestand in 0,66 ccm n-NH_3 + 1,34 ccm n-NH_4Cl; sein p_H, 9,2 bei 18°, betrug 8,9 bei der Versuchstemperatur von 30°.

Das Öl wurde mit dem auf 10 bis 11 ccm verdünnten Enzym und 2 ccm Puffer, im ganzen 13 ccm der wäßrigen Flüssigkeiten, in einer weithalsigen Flasche von 37 ccm Inhalt mit gut eingeschliffenem Glasstopfen angeschüttelt, und zwar 3 Minuten lang gleichmäßig kräftig mit der Hand, und 57 Minuten im Thermostaten von 30° belassen.

Besondere Versuche ergaben, daß das Anschütteln von 3 Minuten ausreicht und daß kräftige Dauerschüttelung im Thermostaten unnötig ist, sogar eine Erniedrigung des Spaltungswerts bewirken kann. Das angewandte Enzym war ein sehr wirksames Pankreaspulver von starkem Gehalt an Eiweißstoffen und Kalk.

Mit 10 mg Pankreas:	12,4%	Spaltung bei	3 Minuten Anschüttelung.
	10,6	,, ,,	Dauerschüttelung.
,, 20 ,, ,,	18,7	,, ,,	3 Minuten Schütteln.
	15,1	,, ,,	Dauerschüttelung.
,, 30 ,, ,,	24,8	,, ,,	3 Minuten Anschütteln.
	19,2	,, ,,	Dauerschüttelung.

Zur Titration spülen wir den Flascheninhalt mit 96% Alkohol in einen Erlenmeyerkolben, so daß das Volumen der [105] alkoholischen Flüssigkeit 125 ccm beträgt An ihrer Oberfläche befinden sich Öltropfen, die Seife und Enzym einschließen und die Titration stören würden; daher wird durch Vermischen mit 20 ccm Äther die Lösung vervollständigt. In der alkoholisch-ätherischen Flüssigkeit wirkt die Lipase nicht weiter, während in nur alkoholischem Medium ihre Wirkung noch langsam fortschreitet. Als Indicator verwenden wir 12 Tropfen 1proz. alkoholischer Lösung von Thymolphthalein, das bei Gegenwart unseres Puffers einen schärferen Umschlag als Phenolphthalein zeigt, und titrieren mit $^{n}/_{10}$- bis $^{n}/_{1}$-alkoholischer Kalilauge zu einem deutlich blauen Farbton. Dabei titriert man außer der gebildeten Fettsäure, wie WILLSTÄTTER und WALDSCHMIDT-LEITZ[1] für die alkalimetrische Bestimmung von Ammoniumsalzen und Peptiden gezeigt haben, auch die Salzsäure des Ammoniumchlorids und die amphotere Substanz der Proteingruppe, die in der Drüse und ihren Auszügen vorkommt. Dieser Alkaliwert des Puffers ist bekannt, und der des Enzympräparats wurde durch Vergleichsbestimmungen kontrolliert. Es zeigte sich, daß die vorkommenden Eiweißsubstanzen hinsichtlich des Alkaliverbrauchs im Versuche unverändert blieben, daß sie also keinem meßbaren tryptischen Abbau unterlagen.

In einem Spaltungsversuch mit 40 mg Pankreaspulver wurden 2,80 ccm n-KOH verbraucht. Davon entfielen 1,34 ccm auf den Puffer, 0,07 ccm auf das Protein der Drüse, also 1,39 ccm auf gebildete Fettsäure. Vom Glycerinauszug der Pankreasdrüse verbrauchten 0,25 ccm in alkoholischer Lösung 0,02 ccm n-KOH.

Bei Anwendung einer Elution entfielen beispielsweise von 2,94 ccm n-KOH auf den Puffer 1,34 ccm, auf Ammonsalze der Elution 0,05 ccm, also 1,55 ccm auf die Ölspaltung.

Die Reproduzierbarkeit der Versuche war befriedigend; sie wird im Abschnitt „Bestimmungsmethode" nochmals behandelt und soll hier für die unvollständigen Verseifungsbedingungen nur mit 2 Beispielen erläutert werden.

40 mg Pankreaspulver Nr. I spalteten in 60 Minuten a) 29,85%, b) 29,84%. 0,20 ccm Glycerinauszug (aus Pankreasprobe Nr. II) spalteten in 60 Minuten a) 17,1%, b) 17,7%.

[106] 2. Wirkung einzelner Aktivatoren.

Die Wirkung einzelner Aktivatoren verschiedener Art, die schon in ausführlichen Arbeiten früherer Forscher festgestellt war, wurde in unseren Versuchen bestätigt. Während E. F. TERROINE[1]) beobachtete: „Das Hinzufügen von irgend welchen viscösen Substanzen zu einer Mischung von Öl und Pankreassaft beschleunigt die Spaltungsgeschwindigkeit bedeutend", führte er die Wirkung der Gallensalze nicht auf „eine Beeinflussung der Löslichkeit oder der Homogenität der zu spaltenden Mischungen" zurück, sondern erklärte sie mit der „Annahme, daß die beschleunigende Wirkung der Gallensalze einer direkten Wirkung auf das Ferment zuzuschreiben ist". Diese besondere Annahme für die Gallenwirkung erscheint uns nicht gerechtfertigt.

In diesen Untersuchungen von E. F. TERROINE und derjenigen von A. HAMSIK[2]) über den Einfluß der Galle war die aktivierende Wirkung von Erdalkalisalzen noch nicht erwähnt. Sie ist von H. POTTEVIN[3]), A. KANITZ[4]) und C. A. PEKELHARING[5]) auf-

[1] Chem. Ber. Bd. 54, S. 2988 [1921].

[1]) Biochem. Zs. Bd. 23, S. 404 u. 429 [1909/10].

[2]) Diese Zs. Bd. 65, S. 232 [1910]. [3]) C. R. Bd. 135, S. 767 [1903].

[4]) Diese Zs. Bd. 46, S. 482 [1905]. [5]) Diese Zs. Bd. 81, S. 355 [1912].

gefunden und von PEKELHARING[6], aber gewiß nicht zutreffend, auf die Beseitigung der bei der Spaltung entstehenden Fettsäure zurückgeführt worden.

Die Erklärung für die Aktivatoren sehen wir nicht in ihrem emulgierenden Einfluß. Die Wirkung der vielen verschiedenen und verschieden erklärten Aktivatoren scheint uns auf der gleichen Ursache oder auf ähnlicher zu beruhen und das Gemeinsame in der Erzeugung kolloider Teilchen zu liegen, die adsorbierend wirken und zwar auf das Enzym und auf sein Substrat zugleich.

Calciumsalze erzeugen die Ausscheidung von Kalkseifen. Galle und gallensaure Salze wirken auf Proteinsubstanzen der [107] Drüsenauszüge fällend. Hiermit ist das Verhalten von Albumin gegen die bei der Fettspaltung entstehenden Seifen zu vergleichen. Eine besondere Stellung nimmt unter den Aktivatoren das Glycerin ein, das erst in sehr hoher Konzentration wirkt. Einerseits ist die Lipase ausgesprochen glycerinophil, anderseits ist Glycerin imstande, große Mengen Seife zu lösen, und diese wieder vermag Fett zu adsorbieren.

Für die Prüfung einiger Zusätze gelten die Versuchsbedingungen des 1. Abschnittes. In allen Fällen sind die Aktivatormengen bedeutend im Verhältnis zur Enzymmenge.

Wirkung von Calciumchlorid.

	0	1	10	80 mg $CaCl_2$
Mit 0,2 ccm Glycerinauszug aus Pankreasprobe Nr. II	4,0	7,4	19,4	23,4
Mit 0,25 ccm Glycerinauszug aus Pankreasprobe Nr. III	4,6	—	17,5	—
Mit 2 ccm wäßrigem Auszug aus Pankreasprobe Nr. II	7,6	—	23,1	—

Wirkung von glykocholsaurem Natrium.

	0	5	10	25	40	80 mg glykochol-saur. Natrium
Mit 0,2 ccm Glycerinauszug aus Pankreasprobe Nr. II	4,0	—	10,9	—	18,5	19,5
Mit 0,75 ccm wäßr. Auszug aus Pankreasprobe Nr. I	2,1	5,5	—	17,5	—	—

Wirkung von Albumin (aus Eiern).

	0	8	15	30 mg Albumin
Mit 0,25 ccm Glycerinauszug aus Pankreasprobe Nr. I	6,0	15,4	17,0	19,5

Wirkung von Glycerin.

	0	7	15	30	60	80 % Glycerin
Mit 0,25 ccm Glycerinauszug aus Pankreasprobe Nr. I	6,0	9,2	12,7	14,4	17,5	17,2

Auf Fehlen von Aktivatoren ist es zurückzuführen, daß die Bestimmung von Glycerinauszügen der Pankreasdrüse ohne Anwendung von Aktivatoren zu niedrige Ausbeute von Lipase anzeigt. Während die Filtrierrückstände nur noch wenig Lipase enthalten, bewirken sie eine so hohe Aktivierung der [108] Glycerinauszüge, daß die Ausbeute in diesen zusammen mit dem Gehalt der ungelösten Anteile der ganzen ursprünglichen Menge der Lipase entspricht.

[6] Vgl. auch R. RONA und Z. BIEN, Biochem. Zs. Bd. 64, S. 13, und zwar S. 27 [1914].

Enzymmaterial	Spaltung in Proz. des Öls	Gehalt in Proz. der angew. Lipase
Pankreasprobe Nr. III, 15,6 mg	13,1	100
Glycerinauszug, 0,25 ccm	5,5	32
Rückstand, 0,03 g	4,7	23
0,25 ccm Glycerinauszug + 0,03 g Rückstand	12,0	91
Pankreasprobe Nr. IV, 15,6 mg	15,0	100
Glycerinauszug, 0,50 ccm	6,9	33
Rückstand, 0,037 g	4,6	18
0,50 ccm Glycerinauszug + 0,037 g Rückstand	14,4	96

Da es der Drüse selbst nicht an Eiweißstoffen fehlt, so wird die Wirkung des Pankreaspulvers durch Albumin und durch Glycerin nicht gesteigert, während die daraus gewonnenen Auszüge durch diese Zusätze aktiviert werden. Dagegen zeigt sich die Wirkung des Erdalkalisalzes und des Glykocholats auch in den Versuchen mit der getrockneten Drüse. So wurde erkannt, daß die vergleichende Bestimmung von Lipase in den Drüsen, den Extrakten und Elutionen auf die Anwendung eines Systems von Aktivatoren zu gründen ist.

3. Zusammenwirken mehrerer Aktivatoren.

Die Wirkung einzelner Aktivatoren, Calcium- und Gallensalze, wurde schon früher beobachtet, aber nicht die einer Kombination mehrerer Aktivatoren. Es zeigt sich in den Versuchen, die in der Tab. 1 zusammengestellt sind, daß durch das

[109] Tabelle 1. Kombination verschiedener Aktivatoren.
(Versuche 1 bis 17 mit 0,20 ccm Glycerinauszug aus Pankreasprobe II. Versuche 18 bis 22 mit 0,25 ccm Glycerinauszug aus Pankreasprobe III. Versuche 23 und 24 mit 2,5 ccm Diammonphosphatelution aus Tonerdeadsorbat.)

Vers.-Nr.	$CaCl_2$ mg	Natriumglykocholat mg	Albumin mg	Spaltung %
1	—	—	—	4,0
2	1	—	—	7,4
3	10	—	—	19,4
4	—	10	—	10,9
5	—	80	—	19,5
6	—	—	90	17,4
7	1	—	15	17,2
8	1	10	—	13,9
9	10	10	—	13,6
10	10	—	15	23,6
11	20	—	30	27,2
12	40	—	60	25,8
13	—	10	15	20,8
14	—	20	30	22,8
15	—	30	30	21,2
16	1	10	15	23,4
17	10	10	15	23,4
18	—	—	—	4,6
19	—	—	15	14,5
20	10	—	—	17,3
21	1	—	15	17,5
22	10	—	15	25,0
23	1	—	15	14,2
24	10	—	15	22,7

Zusammenwirken schon zweier Aktivatoren stärkere Aktivierung erzielt wird als von den einzelnen selbst bei Anwendung ungewöhnlich hoher Konzentrationen. Dies gilt z. B. für die Kombination von Albumin + Calciumchlorid (Vers. Nr. 10 und 11), ferner von Albumin + glykocholsaurem Natrium (Vers. Nr. 13, 14, 15), endlich für die Kombination der drei Aktivatoren Albumin, Calciumchlorid und gallensaures Salz (Vers. Nr. 16 und 17), während glykocholsaures Natrium und Calciumchlorid ohne Albumin, die schwer lösliches Kalksalz bilden, sich nur wenig verstärken. Vergleicht man im Versuche Nr. 16 die Spaltung von 23,4% des Öls auf Zusatz von 15 mg Albumin, 1 mg Calciumchlorid und 10 mg Natriumglykocholat mit der Wirkung [110] der beiden binären Aktivatoren 15 mg Albumin + 1 mg Calciumchlorid oder 10 mg Natriumglykocholat + 1 bis 10 mg Calciumchlorid, wobei die Spaltungen nur 14 bis 17% betragen, so wird man zu einer Erklärung der natürlichen Reaktionsverhältnisse geführt. Denn in der Drüse, die man ohne Berücksichtigung dieser Verhältnisse stärker wirksam finden würde als ihren in quantitativer Enzymausbeute gebildeten Glycerinauszug, wird nicht ein einzelner Aktivator in sehr erheblicher Menge zur Verfügung stehen, sondern eine Anzahl von Begleitstoffen in kleiner Konzentration. Das gilt um so mehr für die Funktion des Pankreassaftes und sein Zusammenwirken mit der Galle im Darm.

Für die Bestimmungsmethode ist aber der Zusatz von gallensauren Salzen entbehrlich. Diese sind in den Drüsenpräparaten nicht oder nur in sehr geringer Menge enthalten, man braucht ihren Einfluß nicht zu berücksichtigen, gewissermaßen einzuschalten. Auch erreicht man mit einer größeren Menge Calciumchlorid (10 mg) und Albumin (15 mg) einen Kombinationseffekt, der eine weitere Steigerung durch gallensaures Salz nicht mehr eintreten läßt. Calciumion und Eiweiß aktivieren schon bedeutend in den Mengen, in denen sie als Beimischungen in den Enzympräparaten in Betracht kommen. Vielleicht sind andere Proteine noch wirksamer als Albumin, aber dieses hat genügt, um die Drüsenauszüge und die reineren Elutionen mit der Drüse vergleichbar zu machen.

Die hier beschriebene Kombinationswirkung der verschiedenen Aktivatoren, zu denen noch die bei der Fettspaltung entstehenden Seifen hinzutreten, ist im theoretischen Teile mit der Annahme von Verbindungen aus ihnen (gekoppelten Adsorbentien) erklärt worden, die kolloider Natur sind und die sich durch besondere Adsorptionswirkungen betätigen.

4. Bestimmungsmethode.

Die Methode soll die vergleichende Bestimmung der Mengen von Lipase im Laufe ihrer Reinigung ermöglichen, den Vergleich der Enzymgehalte in den mit Glycerin oder Wasser [111] bereiteten Auszügen mit dem Ausgangsmaterial, der Drüse, andererseits den Vergleich der durch eine Reihe von Adsorptions- und Elutionsprozessen gewonnenen reineren Lösungen mit den rohen Drüsenauszügen. Die Methode beruht auf der im ersten Abschnitt beschriebenen Spaltung bei anfangs alkalischer, am Ende saurer Reaktion und vervollständigt das System mit den zusammenwirkenden Aktivatoren Calciumchlorid und Albumin. Es war nur nötig, die Aktivierung so weit auszubilden, daß die an Begleitstoffen verhältnismäßig armen Glycerinauszüge mit dem Drüsenpulver verglichen werden konnten; dann genügt die Aktivierung auch für alle reineren Lösungen. Es braucht also nicht die Steigerung der enzymatischen Wirkung zum maximalen Werte angestrebt zu werden. Für die getrocknete Drüse ist eine mäßige Aktivierung hinreichend, so daß man für die Ausbeutebestimmungen von der Drüse bis zu den reinen Präparaten von der wechselnden Zusammensetzung des Organmaterials unabhängig ist. Die Aktivierung durch Calciumchlorid und Albumin ist, wie aus der Tab. 1 hervorgeht, schon mit 10 mg Calciumchlorid und 15 mg Albumin so bedeutend, daß der Einfluß der Proteine und der Kalkverbindungen der Drüse dadurch übertroffen wird. Wenn auch die Wirkung durch viel größere Zusätze noch überboten werden kann, so scheinen doch die gewählten Konzentrationen der Aktivatoren zu genügen, um die Bestimmung vom Reinheitsgrad der Lipase in sehr weiten Grenzen unabhängig zu machen.

Nur für phosphathaltige Elutionen ist die Menge des Calciumchlorids unzureichend. Häufig wurde vor der Bestimmung die Phosphorsäure mit Magnesiamischung ausgefällt. Es erwies sich aber auch als zulässig, bei nicht zu hohem Phosphatgehalt um den äquivalenten Betrag von Calciumchlorid die Menge des Aktivators zu vermehren.

Die Verseifungsproben werden immer in der gleichen Reihenfolge der Komponenten angesetzt, nämlich so, daß man das Enzymmaterial mit Wasser auf 10 ccm bringt, 2,5 g Olivenöl und 2 ccm Puffer einfüllt, dann 0,5 ccm 2proz. Calciumchloridlösung und, zweckmäßig nach kurzem Durchschütteln, zum Schluß 0,5 ccm 3proz. Albuminlösung zufügt. Durch [112] gleichmäßiges und kräftiges, 3 Minuten langes Anschütteln mit der Hand wird unter Bildung einer Ausscheidung von Calciumoleat die anfangs träge Verseifung eingeleitet, das Aktivatorensystem erst vervollständigt, ein bestimmter Adsorptionszustand hergestellt, an dem sich Seife, Aktivatoren, Öl und Lipase beteiligen. Dabei entstehen durch die Aktivatoren stabilisierte, charakteristische Emulsionen, aber die Emulsion selbst ist nicht das Bedingende für die Spaltung. Es war nicht genügend, gut zu emulgieren, um gut zu spalten (vgl. auch die Spaltung in saurem Medium). Die Dauer der Einstellung eines gewissen Emulgierungszustandes beim Anschütteln gibt dem geübten Beobachter schon ein ungefähres Maß der Lipase. Mit einer über die Norm hinausgehenden Zahl von Lipaseeinheiten (z. B. 1 L.E.) wird unter den konstanten Bedingungen der Bestimmung schon in weniger als 2 Minuten, mit einer zu geringen Zahl (z. B. 0,3 L.E.) noch nicht in 3 Minuten dieser Zustand erzielt. Die Beobachtung wird erleichtert, indem wir den Ansatz regelmäßig 10 Sekunden schütteln, dann 5 Sekunden stehen lassen und diese alternierende Behandlung 12mal vornehmen. Man beobachtet mit 0,5 bis 0,8 L.E. 3 Zustände:

1. In $^1/_2$ Minute: grobe Flocken von Kalkseife scheiden sich ab, sind im Öl verteilt und steigen mit dem Öl in die Höhe.

2. In weiteren $1^1/_2$ Minuten: eine mehr käsige oder sahneartige Emulsion wird gebildet, die nicht die ganze Flüssigkeit erfüllt, sondern sich beim Unterbrechen des

Schüttelns sofort als eine Sahneschicht, alles Öl enthaltend, über der wäßrigen Lösung absondert.

3. In der dritten Minute: die Ausscheidung ist feiner, durch die ganze Flüssigkeit verteilt, so daß eine dichte, gleichmäßige Milch gebildet ist und daß die Emulsion einige Zeit bestehen bleibt. Dieser Zustand entspricht einer Spaltung von etwa 4%.

Wenn dieser Zustand erreicht ist, nützt Fortsetzung des Schüttelns nichts mehr, obwohl in der Dauer der Bestimmung Entmischung der Emulsion (nicht etwa der Sahne) erfolgt. Nach 60 Minuten bei einer Spaltung von 10 bis 20% ist nämlich
[113] eine homogen aussehende Sahne, die alles Öl einschließt, über einer klaren oder milchigen Flüssigkeit abgesetzt. Das Aussehen am Ende ist einigermaßen wechselnd, es ist weniger charakteristisch für den Verlauf der Spaltung als die Emulgierungserscheinung in den ersten 3 Minuten. Nur sehr niedrige Spaltungsgrade sind sofort an der Abscheidung von klarem Öl über milchiger oder sogar klarer Flüssigkeit zu erkennen.

Hinsichtlich des zeitlichen Verlaufs der Hydrolyse und der Proportionalität von Reaktionsgeschwindigkeit und Enzymmenge ist unter den Bedingungen dieser Methode keine Gesetzmäßigkeit zu erwarten. Man hat die Wahl zwischen der Hydrolyse des Fettes in einem dem homogenen System sich nähernden und chemisch einfachen Medium von konstanter Wasserstoffzahl und der Hydrolyse in einem makroheterogenen System, dessen Zusammensetzung sich durch Zusätze und die entstehende Seife verwickelt gestaltet. Im ersten Falle läßt sich anstreben, daß die Glyceridspaltung, obwohl sie keine einfache Reaktion ist, das Bild einer monomolekularen Reaktion bietet. Allein man wird auf solche Weise schwerlich Lipase in verschiedenen Reinheitsgraden vergleichend bestimmen können. Im zweiten Falle wird das Bild des Reaktionsverlaufs durch eine Anzahl von Mißständen entstellt. Dazu gehört der Wechsel in der Acidität infolge der Bildung der Fettsäure, ferner und hauptsächlich der Einfluß der im Verhältnis zur Lipase sehr reichlich auftretenden Seife. Von dieser wird die Lipase inaktiviert, wahrscheinlich dadurch, daß die Seife mit dem reaktionsbefördernden „komplexen" Adsorbens konkurriert und den Adsorptionszustand von Enzym und Substrat stört. Unter den meisten und verschiedensten Bedingungen ist auch mit dem störenden Einfluß des Enzymverderbens, zunehmend mit der Reinheit der Lipase, zu rechnen.

Der Bestimmungsmethode liegt die Beziehung zwischen Enzymmenge und Spaltungsgrad zugrunde, die wir mit einer guten Pankreasprobe (ungefähr 500 g eines Gemisches vorsichtig getrockneter Pankreasdrüsen vom Schwein) gemessen haben und die in der Abb. 1 wiedergegeben ist.

[114]	1,33 mg	Drüse	ergaben	in	1	Stunde	7,4%	Spaltung.
	3,99 ,,	,,	,,	,,	1	,,	13,1	,,
	7,98 ,,	,,	,,	,,	1	,,	20,1	,,
	10,00 ,,	,,	,,	,,	1	,,	24,0	,,
	13,33 ,,	,,	,,	,,	1	,,	25,7	,,

Die von kleinen Pankreasmengen (1 bis 10 mg) in einer Stunde bewirkten Spaltungen sind infolge der sehr günstigen Bedingungen hoch. Die Leistungsfähigkeit des Enzyms wird anschaulich, wenn man berücksichtigt, daß unsere reinsten Präparate die Lipase 300mal konzentrierter enthalten als die getrocknete Drüse.

Bei 24 bis 25% Spaltung wird die Kurve abgeknickt und von diesem Punkt an entspricht großer Zunahme der Enzymmenge nur eine geringe Vermehrung der Spaltung. Die Bestimmung ist daher so einzurichten, daß die Hydrolyse zwischen [115] 10 und 24% fällt. Überschreitet die Spaltung 24%, so sollte sie mit der halben Enzymmenge wiederholt werden. Aus der Spaltung, die von einer zu bestimmenden Menge Lipase unter den gegebenen Bedingungen bewirkt wird, geht hervor, von wieviel Milligramm unserer Pankreasprobe sie bewirkt worden wäre.

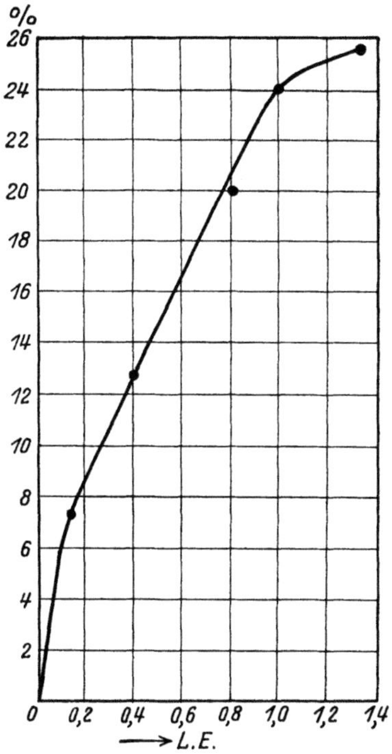

Abb. 1. Lipasemenge und Verseifungsgrad.

Als **Lipaseeinheit (L.E.)** bezeichnen wir die Menge Lipase, die unter den bestimmten Bedingungen (im Volumen von 13 ccm, enthaltend 2 ccm NH_3—NH_4Cl-Puffer von p_H 8,9 und als Aktivatoren 10 mg $CaCl_2$ und 15 mg Albumin) bei 30° in einer Stunde 24% von 2,5 g Olivenöl (Verseifungszahl 185,5) spaltet. Es ist anschaulich, daß dies die Lipasemenge von 1 cg einer gewissen, von uns untersuchten getrockneten Pankreasprobe ist. Der Lipasegehalt eines Extraktes, einer Elution u. dgl. wird durch die Anzahl der Lipaseeinheiten ausgedrückt.

Es wird nicht ausgesagt, daß das Maß Lipaseeinheit einen genauen Mengenvergleich der Pankreaslipasen verschiedener Herkunft gibt, sondern es dient nur genügend genau für den quantitativen Vergleich der aus einem Drüsenmaterial gewonnenen Lösungen und Präparate.

Das Maß für die Konzentration der Lipase, für ihren Reinheitsgrad, nennen wir **Lipasewert (L.W.)**. Darunter wird die Anzahl der Lipaseeinheiten in einem Zentigramm einer Substanz verstanden.

Beispiele:

1. 6,25 mg Pankreasprobe Nr. III ergaben 15,1% Spaltung, was nach Abb. 1 der Wirkung von 0,52 L.E. entspricht. Der Lipasewert dieses Drüsenmaterials ist

$$\frac{0{,}52 \cdot 10}{6{,}25} = 0{,}83.$$

2. Aus 10 g derselben Pankreasdrüsen, enthaltend 832 L.E., wurde mit 160 ccm Wasser ein Auszug dargestellt. Davon ergaben 0,20 ccm 18,1% Spaltung, entsprechend 0,68 L.E. Daher enthält der Extrakt in 160 ccm 544 L.E. Die Ausbeute (Filtration ohne Verlust gedacht) beträgt 65%.

Die Reproduzierbarkeit dieser Bestimmungen war befriedigend.

[116] 1. 4 mg Pankreasprobe Nr. IV bewirkten Ölspaltung a) entsprechend 1,27 ccm 0,8 n-KOH, b) 1,25 ccm 0,8 n-KOH. Daraus ergibt sich a) 12,4% Spaltung und 0,36 L.E., b) 12,3% Spaltung und 0,35 L.E.

2. 1,95 ccm phosphatfreie Elution aus erstmaligem Tonerdeadsorbat bewirkten Ölspaltung entsprechend a) 1,26, b) 1,26 0,8 n-KOH. Daraus ergibt sich a) und b) 12,4% Spaltung und 0,36 L.E.

Der mögliche Titrationsfehler von ± 0,03 ccm, z. B. 0,8n-KOH, bedingt bei 10 bis 20% Spaltung einen Fehler von ± 0,01 L.E.

Bestimmungen mit verschiedenen Mengen desselben Lipasematerials ergaben, auch wenn sie zu weit auseinanderliegenden Punkten der Kurve führen, übereinstimmende Lipasewerte.

Von Pankreasproben Nr. III bewirkten a) 10 mg 17,8%, b) 5 mg 11,6% Spaltung. Hieraus ergaben sich die Lipasegehalte von a) 0,66, b) 0,32 L.E.

Unsere empirische Bestimmungsweise, deren Wesen die Herstellung eines Aktivatorensystems ist, erlaubt natürlich zahlreiche Abänderungen, vielleicht Verbesserungen; sie hat nur die Bedeutung eines brauchbaren Beispiels. Zu den veränderlichen Faktoren der Verseifung gehört die Menge und die Natur des Öles. Verändert man unter den angegebenen Bedingungen die Menge des Öles, so steigt bei Vermehrung die quantitative Leistung der Lipase bedeutend, in geringerem Maße sinkt bei verminderter Ölmenge die Leistung, während sie sich an steigenden Bruchteilen des Substrates vollzieht.

Versuche mit 0,20 ccm Glycerinauszug aus Pankreasprobe Nr. IV (entsprechend 0,48 L.E.).

Mit	0,625 g	Öl	wurden	verbr.	1,08 ccm 0,8 n-KOH,	entsprechend	42,4%	Spaltung.
,,	1,250 g	,,	,,	,,	1,19 ccm 0,8 n-KOH,	,,	23,4%	,,
,,	2,500 g	,,	,,	,,	1,48 ccm 0,8 n-KOH,	,,	14,5%	,,
,,	5,000 g	,,	,,	,,	2,31 ccm 0,8 n-KOH,	,,	11,4%	,,

Der Vergleich des angewandten Olivenöles mit verschiedenen andern Ölen, Sesam-, Erdnuß- und Ricinusöl, ergibt beträchtliche, z. T. große Unterschiede zugunsten der anderen Öle. Erdnuß- und Sesamöl werden merklich rascher, Ricinusöl [117] bedeutend rascher verseift, obwohl die Ricinusölsäure stärker sauer ist als Ölsäure und andere hohe Fettsäuren.

5. Bewährung der Methode.

Die Bestimmungsmethode kontrollierte die in der nachfolgenden Abhandlung beschriebene präparative Arbeit und ihre Zuverlässigkeit hat sich bei zahlreichen Anwendungen bestätigt. Bei der Gewinnung von Drüsenauszügen und bei den Reinigungsvornahmen durch Adsorption führte die analytische Methode zu keinem Widerspruch. In einigen Beispielen wird ihre Brauchbarkeit deutlich, wenn die Ausbeute in einem Extrakt zusammen mit der Enzymmenge im ungelösten Anteil oder die Ausbeute in einer Elution zusammen mit dem Enzymgehalt der Adsorptionsrestlösung annähernd auf 100% stimmen.

1. Beispiel: Ausbeute im Glycerinextrakt.

Von der Pankreasprobe Nr. IV ergaben 7,8 mg 17,1 % Spaltung, entsprechend 0,63 L.-E.

20 g dieses Pankreasmaterials (1615 L.E.) wurden 4 Stunden lang bei 30° mit 320 ccm 87proz. Glycerin ausgezogen, abgesaugt und auf der Nutsche 2mal mit je 100 ccm 87proz. Glycerin gewaschen. Man erhielt 440 ccm Glycerinlösung (einschließlich Waschflüssigkeit) und 52,4 g glycerindurchtränkten Filterrückstand.

a) Glycerinauszug: 0,35 ccm ergaben 21,7 % Spaltung, entsprechend 0,87 L.E., daher in 440 ccm: 1095 L.E., entsprechend einer praktischen Ausbeute von 68 %.

b) Filterrückstand: 0,041 g ergaben 14,5 % Spaltung, entsprechend 0,48 L.E., daher in 52,4 g: 610 L.E.

Die Bestimmung des Rückstandes ergab also 38 %, vielleicht etwas zuviel infolge der verhältnismäßig großen Proteinmenge im unlöslichen Anteil. Die Summe der Lipase in der Lösung und im Rückstand betrug 105 % vom Ausgangsmaterial.

2. Beispiel: Ausbeute bei einmaliger Adsorption mit Tonerde.

Für die Versuche diente ein mit der fünffachen Menge Wasser verdünnter Glycerinauszug.

1,00 ccm dieser Lipaselösung ergab 16,5 % Spaltung, entsprechend 0,60 L.E.

2400 ccm Lipaselösung, 1440 L.E. enthaltend, wurden einer unvollständigen Adsorption mit Aluminiumhydroxyd unterworfen. Das Adsorbat eluierten wir mit glycerinhaltigem alkalischem Phosphat.

[118] a) Elution, 970 ccm.

0,50 ccm ergaben 11,4 % Spaltung, entsprechend 0,31 L.E., für die gesamte Elution 601 L.E.

b) Adsorptionsrestlösung 2540 ccm.

2,00 ccm ergaben 15,1 % Spaltung, entsprechend 0,51 L.E. und für die gesamte Restlösung 648 L.E.

Die Summe der Restlösung und der Elution betrug 87 % des Ausgangsmaterials. Die Differenz von 13 % braucht nicht Analysenfehlern zugeschrieben zu werden, da die Elution des 1. Tonerdeadsorbats selten mit quantitativer Ausbeute verläuft.

3. Beispiel: Ausbeute bei wiederholter Tonerdeadsorption und Elution.

Angewandt 4350 ccm einer durch einmalige Adsorption mit Tonerde und Elution gereinigten Lösung von 638 L.E.

3,00 ccm dieser Lösung ergaben 13,0 % Spaltung, entsprechend 0,44 L.E.

Nach wiederholter Adsorption und Elution mit alkalischem Phosphat verteilte sich die Lipase auf 970 ccm 2. Elution und 500 ccm Adsorptionsrestlösung.

a) Elution.

1,00 ccm ergab 17,6 % Spaltung, entsprechend 0,65 L.E. Daher Gehalt der Elution 631 L.-E.

b) Restlösung.

10,00 ccm ergaben 0,7 % Spaltung, entsprechend 0,007 L.E., daher Gehalt der Restlösung 3,5 L.E.

In diesem Versuch wurden 99 % der angewandten Enzymmenge in den beiden Anteilen wiedergefunden, bei einer Wiederholung des Versuches 100 %.

6. Hemmungserscheinungen.

Altern der getrockneten Pankreasdrüse.

In einer Anzahl von Fällen fanden wir in den Glycerinauszügen der Drüse Ausbeuten von viel mehr als 100 % der im Ausgangsmaterial bestimmten Lipase. Während z. B. die Bestimmung in 5,0 g Pankreasprobe Nr. I 320 L.E. ergab, fanden wir in der entsprechenden Menge Glycerinauszug (80 ccm) 504 L.E., also 157 %. Solche Beobachtungen beziehen sich nur auf einige Monate altes, getrocknetes Pankreasmaterial, dessen lipatische Wirksamkeit beim Aufbewahren Einbuße erlitten hatte.

Es zeigte sich aber, daß bei einigem Stehen mit [119] Glycerin die getrocknete Drüse wieder ganz oder annähernd den ursprünglichen Wert erreichte, daß also die Ausbeute im Glycerinauszug der üblichen von 80 bis 85% entsprach. Auch bei einstündigem Digerieren mit Wasser erholte sich der lipatische Wert, um bei längerer Einwirkung von Wasser unter den Ausgangswert zu sinken. Die beim Digerieren mit Wasser beobachteten Lipasegehalte resultieren aus der hier wie mit Glycerin erzielten Erhöhung und der in wäßriger Lösung stets erfolgenden Enzymzerstörung. Die scheinbaren Lipaseverluste in den getrockneten Drüsen beruhen wahrscheinlich darauf, daß das Enzym von den Begleitstoffen, z. B. mehr und mehr koagulierenden Proteinen, fester eingehüllt und verklebt wird, so daß es unter den Bedingungen der Bestimmung nicht vollständig zur Wirkung gelangt.

Zahl der Lipaseeinheiten in 12,5 mg Drüse.

Pankreas-probe	Ohne Vorbehandlung		Mit Vorbehandlung (30°, mit 0,5 ccm)			
			Glycerin		Wasser	
	21. II.	29. IV.	1 Stde.	4 Stdn.	1 Stde.	4 Stdn.
Nr. I	1,67	0,80	1,53	1,57	1,10	0,67
Nr. III	1,03	0,83	1,03	1,01	—	—

Verhalten in Tonerde- und Kaolinadsorbaten.

In den Tonerde- und Kaolinadsorbaten ist die Lipase zwar noch wirksam, aber man kann nur einen Teil der zu erwartenden Lipasegehalte darin bestimmen. Es ist nicht etwa Enzymverlust im Adsorbat eingetreten, man findet vielmehr in den Elutionen mehr Lipaseeinheiten als in den Adsorbaten. Die Bestimmungsmethode ist also für solche Adsorbate nicht brauchbar. Dieser Fall gehört zu den im theoretischen Teil behandelten Hemmungserscheinungen. Er ist wohl dadurch bedingt, daß ein solches Adsorbat einerseits keine genügende Adsorptionsaffinität für das zu spaltende Fett besitzt und daß es andererseits die Lipase nicht leicht genug an das für die enzymatische Wirkung geeignete Adsorptionssystem abgibt.

[120] Für einen derartigen Versuch verarbeiteten wir 50 ccm Glycerinauszug aus Pankreasprobe Nr. IV mit einem Gehalt von 194 L.E.

0,25 ccm Glycerinauszug bewirkten 23,5% Spaltung, entsprechend 0,97 L.E.

Die Glycerinlösung wurde mit der fünffachen Menge Wasser verdünnt und mit 50 ccm Tonerdesuspension adsorbiert. Mittels der Zentrifuge trennten wir 330 ccm Restlösung von 16,8 g wasserhaltigem Tonerdeadsorbat.

a) Adsorptionsrestlösung.

3,00 ccm bewirkten 6,6% Spaltung, entsprechend 0,11 L.E. — Gesamtmenge 12 L.E.

b) Adsorbat.

0,168 g bewirkten 19,3% Spaltung, entsprechend 0,73 L.E. — Gesamtmenge 73 L.E.

In beiden Anteilen zusammen fehlen 56% der angewandten Lipase. — Das Aluminiumhydroxyd eluierten wir darauf 2mal mit je 125 ccm alkalischer Phosphatlösung und bestimmten die erhaltenen Elutionen einzeln.

a) Erste Elution.
0,625 ccm ergaben 17,3 % Spaltung, entsprechend 0,63 L.E. — Gesamtmenge 126 L.E.
b) Zweite Elution.
1,25 ccm bewirkten 12,5 % Spaltung, entsprechend 0,37 L.E. — Gesamtmenge 37 L.E.

Die Elutionen enthielten also 223 % der Lipasemenge, die im Adsorbat bestimmt werden konnte, und die Summe der Lipasegehalte von Elution und Adsorptionsrestlösung betrug 90 % vom Enzym des Ausgangsmaterials.

Verhalten der Tristearin- und Cholesterin-adsorbate.

Noch mehr gehemmt ist die Lipase in der Form ihrer Adsorbate in Cholesterin und in Tristearin, und diese sind daher für die quantitative Bestimmung ganz ungeeignet. Man findet nur einen kleinen Bruchteil wie 6 % der zu erwartenden Enzymmenge. Auch Zusatz von Paraffinöl war ohne Einfluß auf das Verhalten des Tristearinadsorbats, während Olivenöl, **[121]** mit Paraffinöl gemischt, von Lipase in anderer Form gut gespalten wird.

Es gelang aber nachzuweisen, daß auch diese fast unwirksamen Adsorbate das Enzym anfangs nicht in zerstörtem Zustand, sondern nur gehemmt enthalten. Die Lipase ließ sich nämlich daraus, wie in der folgenden Arbeit genauer beschrieben, mit alkalischem Phosphat in Ausbeuten von 30 bis 60 % eluieren.

Erstes Beispiel.

750 ccm einer einmal durch Tonerdeadsorption gereinigten Enzymlösung wurden aufs Vierfache verdünnt und die Lipase daraus mit 15 g Tristearin adsorbiert. Das Adsorbat saugten wir rasch ab und bestimmten seinen lipatischen Wert sofort.

2,00 ccm der angewandten Enzymlösung bewirkten 12,6 % Spaltung, entsprechend 0,37 L.E., daher betrug die Gesamtmenge 139 L.E.

a) Tristearinadsorbat.

0,086 g ergaben 2,3 % Spaltung, entsprechend 0,03 L.E., daher wurden im gesamten Adsorbat gefunden 5,6 L.E.

b) Adsorptionsrestlösung.

8,00 ccm ergaben 6,7 % Spaltung, entsprechend 0,11 L.E. — Gesamtmenge 41 L.E.

Nach der Differenz zwischen angewandter und Restlösung sind vom Tristearin 98 L.E. aufgenommen worden.

Zweites Beispiel.

Das Ausgangsmaterial bestand in 1200 ccm einer zweimal durch Tonerdeadsorption gereinigten Lipaselösung mit einem Gehalt von 135 L.E.

4,00 ccm ergaben 14,2 % Spaltung, entsprechend 0,45 L.E.

Das Enzym wurde aus der auf 4225 ccm verdünnten Flüssigkeit mit 15 g Tristearin adsorbiert und darin sogleich nach dem Absaugen bestimmt.

a) Tristearinadsorbat.

0,107 g bewirkten 3,0 % Spaltung, entsprechend 0,04 L.E. Im Adsorbat waren also nur 6 L.E. bestimmbar.

b) Adsorptionsrestlösung.

7,00 ccm bewirkten 3,4 % Spaltung, entsprechend 0,04 L.E. Der Gehalt der Restlösung betrug daher 24 L.E.

[122] Aus der Differenz zwischen Ausgangsmaterial und Restlösung ergibt sich, daß 111 L.E. vom Tristearin adsorbiert wurden.

II. Bestimmung der lipatischen Wirkung in alkalischem Medium bei konstantem p_H.

Um die Fettspaltung bei konstanter alkalischer Reaktion auszuführen, bedarf es sehr großer Puffermengen. Es gelingt mit 10 ccm des Gemisches von 5n-NH_3 und 5n-NH_4Cl, das im Verhältnis 1:2 $p_H = 8,9$ ergibt. Unter diesen Bedingungen ist die Flüssigkeit 1,7 n-ammoniakalisch. Die Genauigkeit der Bestimmung wird dadurch beeinträchtigt, daß man die gebildete Fettsäure bei der Titration aus der Differenz von zwei großen Zahlen, dem gesamten Alkali und dem für die Salzsäure des Puffers erforderlichen, ermittelt. Hauptsächlich scheitert aber diese Bestimmungsweise an der Empfindlichkeit der Lipase, und zwar der in Form von Elutionen in reinerem Zustand vorliegenden, gegen die starke Pufferlösung.

Die Puffermenge läßt sich indessen vermindern, wenn man sich begnügt, die alkalische Reaktion annähernd konstant zu halten, so daß der Wasserstoffexponent von Beginn bis zu 30% Spaltung nur bis etwa p_H 8,7 ansteigt. Die Änderung gegenüber den Bedingungen der im 1. Kapitel angegebenen Methode besteht darin, daß der Puffer 5mal konzentrierter und in 2½facher Menge angewandt wird; die wäßrige Lösung, 12½mal mehr Ammoniak enthaltend, ist 0,52n-ammoniakalisch. Von diesem Puffer in der Konzentration wie bei der Lipasebestimmung (5 ccm auf 16 verdünnt) wird das Öl bei 30° in 2 Stunden nicht meßbar angegriffen.

Das mit Wasser auf 10 ccm gebrachte Enzym wird mit 2,5 g Olivenöl und mit 5 ccm des aus (1,67 ccm) 5n-NH_3 und (3,33 ccm) 5n-NH_4Cl zusammengesetzten Puffers versetzt; dazu kommen 10 mg $CaCl_2$ und 15 mg Albumin in je 0,5 ccm Wasser, so daß die wäßrige Flüssigkeit 16 ccm beträgt. Für das Anschütteln, die Versuchstemperatur und die Titration gelten die früheren Angaben; nur war wegen der größeren Puffermenge stärkere Alkalilauge (1,5n-alkohol. KOH) erforderlich, worin der größte Teil auf die Salzsäure des Ammoniumchlorids entfiel.

[123] Beispiel:

Versuch mit 0,100 ccm Glycerinauszug, Dauer 30 Minuten, verbraucht 11,97 ccm 1,5 n-KOH. Davon entfallen: auf den Puffer 11,11 ccm, auf amphotere Bestandteile des Extrakts 0,02 ccm, bleiben also für die abgespaltenen Fettsäuren 0,84 ccm, entsprechend 15,3% Spaltung.

Die zusammenwirkenden Aktivatoren Calciumchlorid und Albumin üben, wie die folgende Tabelle zeigt, bei der Verseifung im alkalischen Medium einen nicht geringeren Einfluß aus wie bei wechselnder Reaktion, der die Unterschiede im Reinheitsgrad der Lipase auszugleichen vermag.

Tabelle 2.

Kombination der Aktivatoren bei Verseifung im alkalischen Medium.

0,20 ccm Glycerinauszug aus Pankreasprobe Nr. I; 2,5 g Öl; 5 ccm Puffer; 1 Stunde.

	$CaCl_2$ mg	Albumin mg	Spaltung %
Nr. 1	—	—	8,4
„ 2	10	—	34,3
„ 3	—	15	18,8
„ 4	10	15	43,2

Der Einfluß der Aktivierung mag in diesen Versuchen etwas abgeschwächt zum Ausdruck kommen, da sich bei weitgehender Spaltung (Nr. 4) die Verschiebung der Wasserstoffzahl im ungünstigen Sinne bemerkbar machen kann. Die lipatische Wirkung im alkalischen Medium übertrifft diejenige bei wechselndem p_H. Vom Glycerinauszug aus Pankreasprobe Nr. I, der für diese Versuche mit Wasser auf das 5fache Volumen verdünnt wurde, ergaben 0,5 ccm (verd.) unter den Bedingungen unserer Bestimmungsmethode 16,2% Spaltung, in der gleichen Zeit im alkalischen Medium 24,5% Spaltung des Öls.

Die Abhängigkeit des Grades der Hydrolyse von der Reaktionszeit wurde mit Enzymmengen bestimmt, die im Verhältnis von 1:16 stehen. Die gefundenen Werte sind in der Tab. 3 angegeben und in der Abb. 2 dargestellt.

[124] Tabelle 3.

Zeitlicher Verlauf der lipatischen Wirkung in alkalischem Medium.

Nr.	Menge des Glyc.-Ausz. (5 mal verd.) ccm	Gehalt L.E.	Zeit Min.	Spaltung %
I, 1	0,063	0,075	60	5,6
2	0,063	0,075	120	9,0
II, 3 a) u. b)	0,125	0,15	60	9,1; 10,1
4	0,125	0,15	120	13,3
III, 5	0,250	0,30	30	10,0
6 a) u. b)	0,250	0,30	60	13,5; 15,5
7 a) u. b)	0,250	0,30	120	17,3; 17,5
IV, 8	0,500	0,60	15	10,6
9	0,500	0,60	30	15,3
10	0,500	0,60	60	24,5
V, 11	1,000	1,20	15	16,1
12	1,000	1,20	30	26,7

In diesen Versuchen erwies sich das Produkt aus der Enzymmenge und der Zeitdauer für einen gewissen Grad der Verseifung nicht als konstant. Die Versuche mit längerer Dauer und kleineren Enzymmengen sind, abgesehen von den im vorliegenden Kapitel erörterten Einflüssen wie der Hemmung durch die Seife, dadurch im Nachteil, daß das Enzym gegen den Puffer nicht genügend beständig ist. Um diesen Einfluß kennen zu lernen, bestimmten wir in vergleichenden Versuchen:

2 ccm eines 10fach verdünnten Glycerinauszugs a) bei 30 Minuten Dauer unter den Bedingungen der Hydrolyse in alkalischem Medium, b) nach 30 Minuten langem Stehen, bei 30° mit 5 ccm 5n-Puffer und 8 ccm Wasser, dann unter denselben Bedingungen. Die Spaltung betrug a) 31,2, 32,0, 31,6%; b) 27,8, 27,8%. In viel höherem Maße unterliegen die reineren Lipaselösungen der Schädigung durch den Puffer. Beispielsweise bewirkte 1,00 ccm einer (48 Stunden aufbewahrten) Elution aus Tonerdeadsorbat bei $p_H = 8{,}9$ Verseifung von 9,2%, hingegen nach einstündiger Einwirkung des Puffers (5 ccm auf 15 ccm verdünnt) bei 30° nur 4,6% Spaltung. Beim Stehen [125] mit dem unverdünnten Puffer wurde die Zerstörung der Lipase fast vollständig.

Während sich die Lipase der Drüse und der Glycerinauszüge im alkalischen Medium ohne beträchtliche Differenz gegenüber unserer Methode bei wechselndem p_H vergleichend bestimmen ließe, steht ihrer allgemeinen Anwendung die Empfindlichkeit der reineren Lipaselösungen im Wege, für die sich zu ungünstige Enzymgehalte ergeben würden.

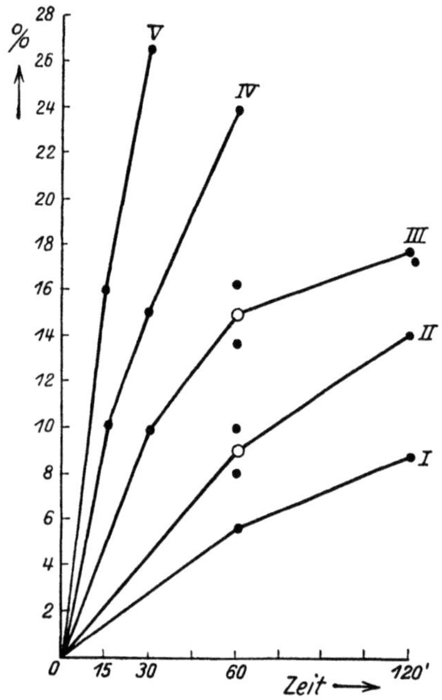

Abb. 2. Zeitlicher Verlauf der Hydrolyse mit verschiedenen Lipasemengen (p_H = 8,9).

Eine frisch dargestellte Elution aus Tonerdeadsorbat enthielt in 0,5 ccm 0,33 L.E. Die Bestimmung im alkalischen Medium ergab mit 0,5 ccm in 30 Minuten 7,8 % Spaltung. Dieser Grad der Hydrolyse entspricht nach Abb. 2 einer Lipasemenge von nur 0,23 L.E. in der Form des Glycerinauszugs. [126] Dieselbe Elution enthielt nach 24 Stunden, nach der Bestimmungsmethode mit wechselndem p_H gemessen, noch 0,49 L.E. in 1 ccm. Bei der Hydrolyse im alkalischen Medium ergab nun 1 ccm in 30 Minuten nur eine Spaltung von 9,2 %, die gemäß Abb. 2 schon durch 0,29 L.E. des Glycerinauszugs bewirkt würde.

Die Elution ergab also nur 60 bis 70 % der Werte, die man unter den schonenderen Bedingungen der empfohlenen Methode findet.

III. Bestimmung der lipatischen Wirkung unter Hemmung in sauerem Medium.

Die Untersuchung der Ölspaltung bei saurer Reaktion führt zu einer weiteren Methode für die Bestimmung des Enzyms. Sie ist überdies für die Kennzeichnung seiner Wirkungsbedingungen nötig, über die sich viele widersprechende Angaben in der Literatur finden. Endlich gewinnt man durch den Vergleich der lipatischen Wirkung in alkalischem und saurem Medium eine Entscheidung über die Homogenität des lipatischen Enzyms.

Die Fettspaltung läßt sich bei konstanter Acidität mit Pankreaslipase ohne irgendwelche Aktivatoren oder emulgierende Mittel gut ausführen. Dabei kommt keine gute Emulsion zustande, sondern nach dem Anschütteln findet rasche Entmischung statt. Man erkennt hier, namentlich in den Versuchen mit emulsionsbefördernden, spaltungshemmenden Zusätzen, wie gering die Bedeutung der Emulsion für die lipatische Wirkung ist. Damit die entstehende Fettsäure keinen Einfluß auf die Wasserstoffionenkonzentration ausübt, stellen wir von Anfang an mit Natriumacetat-Essigsäure-Puffer $p_H = 4{,}7$ ein, etwa den Wasserstoffexponenten, den man beim Anschütteln von käuflicher Ölsäure mit Wasser beobachtet.

Die folgenden für die Bestimmung im sauren Medium vorbereitenden Versuche wurden in derselben Weise wie die oben beschriebenen mit dem auf 10 ccm verdünnten

Enzym ausgeführt und zwar bei 30° mit 2,5 g Olivenöl (Verseifungszahl 185,5) und mit 2,00 ccm Puffer, bestehend aus gleichen [127] Teilen $^n/_2$-Essigsäure und $^n/_2$-Natriumacetat, unter 3 Minuten dauerndem Anschütteln. Da der Alkaliverbrauch gering ist, titrieren wir in alkoholischer Lösung mit 0,1 n-alkoholischer Kalilauge.

Z. B. wurden nach einem Spaltungsversuch mit 25 mg der Pankreasprobe Nr. IV 12,22 ccm $^n/_{10}$-KOH verbraucht. Davon entfielen 5,00 ccm auf die Essigsäure des Puffers und 0,37 ccm auf die in alkoholischer Lösung alkalibindenden Amphoteren der Drüse. Daher werden von der gebildeten Ölsäure verbraucht 6,85 ccm, entsprechend 8,29% Spaltung.

Für die Verseifung im saueren Medium haben wir keine Aktivierung durch Zusätze beobachtet. Calciumchlorid war ohne Wirkung.

Mit 0,4 ccm Glycerinauszug

von Pankreasprobe IV. Spaltung ohne $CaCl_2$ 3,7; mit 1 mg $CaCl_2$ 3,7%
,, ,, I. ,, ,, ,, 12,02; ,, 10 ,, ,, 12,11%.

Durch gallensaures Salz wurde die Verseifung stark gehemmt.

Mit 0,4 ccm Glycerinauszug Nr. IV: Spaltung 3,7 ; mit 20 mg glykochols. Natr. 0,9%.
,, 0,4 ccm ,, ,, I: ,, 12,02; ,, 10 ,, ,, ,, 5,8%.

Auch Albumin wirkte, obwohl es ausgezeichnete Emulsionen entstehen ließ, entschieden hemmend und zwar in denselben Mengen, die bei alkalischer Hydrolyse stark aktivieren.

Mit 0,4 ccm Glycerinauszug aus Pankreasprobe Nr. IV

Albuminzusatz	0 mg;	Spaltung	3,8%;	Sahne entmischt.
,,	3 ,,	,,	4,1%;	gute Emulsion.
,,	6 ,,	,,	3,0%;	,, ,,
,,	15 ,,	,,	1,8%;	,, ,,
,,	30 ,,	,,	1,6%;	sehr dicke Emulsion.

Die hemmende Wirkung der Eiweißstoffe darf bei der Bestimmung in saurem Medium nicht außer acht gelassen werden. In einer Anzahl Bestimmungen bei $p_H = 4,7$ fielen die Werte, für welche unsere Bestimmungen nach der Methode mit wechselndem p_H eine Kontrolle boten, für die proteinarmen Glycerinauszüge im Verhältnis zu den getrockneten Pankreasdrüsen zu hoch aus; andererseits ergab ein an Proteinen besonders reiches Pankreasmaterial zu niedrigen Lipasegehalt. [128] Ebenso wichtig wie die Aktivierung für die alkalische oder zu Beginn alkalische Hydrolyse ist also die Hemmung durch Eiweiß für die Bestimmung im sauren Medium.

Der Verseifungsansatz wurde daher mit 15 mg Albumin vervollständigt, obwohl dieser Zusatz die Spaltungsbeträge sehr herabdrückte. Unter diesen Bedingungen erwies sich das Verhältnis zwischen den Hydrolysen bei $p_H = 4,7$ und denjenigen bei wechselndem p_H als konstant und als unabhängig vom Drüsenmaterial und von der Reinheit der Lipase. Diese Übereinstimmung macht es höchst unwahrscheinlich, daß es in der Pankreasdrüse verschiedene lipatische Enzyme gibt, von denen eines hauptsächlich sauer, ein anderes vorzugsweise alkalisch wirkt.

Die Beziehung zwischen Enzymmenge und Spaltung ist unter den neuen Bedingungen sehr einfach. Die Spaltung ist nämlich in dem untersuchten Bereich (bis etwa 10%) der Enzymmenge proportional (Abb. 3).

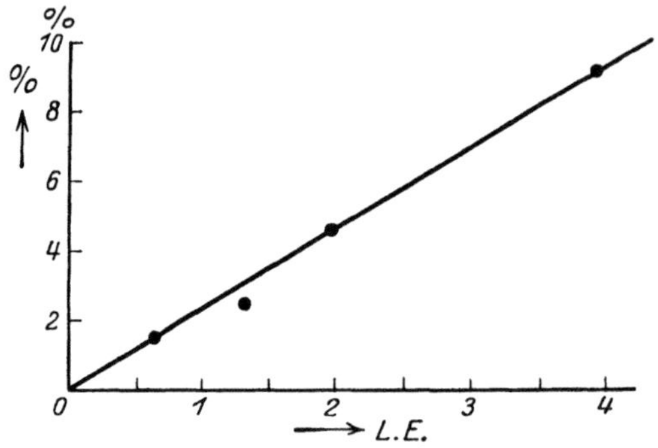

Abb. 3. Enzymmengen und Spaltung ($p_H = 4,7$).

Für die folgenden Versuche (1 Stunde) hat dasselbe Pankreasmaterial gedient, wie oben für die Bestimmung der Lipaseeinheit.

Menge mg	Gehalt an L.E.	Spaltung %	Spaltungsäquivalent für 1 L.E.
6,600	0,66	1,45	2,20
13,200	1,32	2,75	2,08
20,000	2,00	4,50	2,25
40,000	4,00	9,00	2,25

[129] Die Menge Lipase, die bei wechselndem p_H unter hoher Aktivierung 24% des Öls spaltet, bewirkt in saurem Medium unter starker Hemmung 2,25% Spaltung. Dieser Grad der Spaltung unter den bestimmten Bedingungen im sauren Medium entspricht also der L.E. Daher läßt sich die L.E. auf Grund der Hydrolyse bei saurer Reaktion, die in konstantem Verhältnis zur Hydrolyse bei wechselnder Wasserstoffzahl steht, auch definieren als diejenige Lipasemenge, die bei $p_H = 4,7$ unter den bestimmten Bedingungen bei 30° in 1 Stunde 2,25% von 2,5 g Olivenöl spaltet.

Die nachstehenden Versuche mit anderem Pankreasmaterial bestätigen das Verhältnis zwischen der Lipaseeinheit und der Spaltung im sauren Medium.

	Menge	Gehalt an L.E.	Spaltung	Spaltungsäquivalent für 1 L.E.
Pankreasprobe Nr. I,				
Glycerinauszug	0,40 ccm	2,32	5,15 %	2,22
desgl.	0,20 ,,	1,16	2,64 ,,	2,27
desgl.	0,10 ,,	0,58	1,29 ,,	2,22
desgl.	0,05 ,,	0,29	0,59 ,,	2,03
Pankreasprobe Nr. IV	25,00 mg	2,06	4,60 ,,	2,23
Glycerinauszug aus derselben	0,40 ccm	0,97	2,03 ,,	2,09

Die beiden Methoden führten auch bei einer Elution aus [130] Tonerdeadsorbat zu übereinstimmenden Werten. Die Bestimmung (mit 0,50 ccm) bei wechselndem p_H ergab 0,60, in saurem Medium 0,63 L.E.

Der zeitliche Verlauf der Verseifung bei saurer Reaktion läßt keine einfache Beziehung erkennen. Die Reaktionsgeschwindigkeit sinkt mit der Zeit bedeutend,

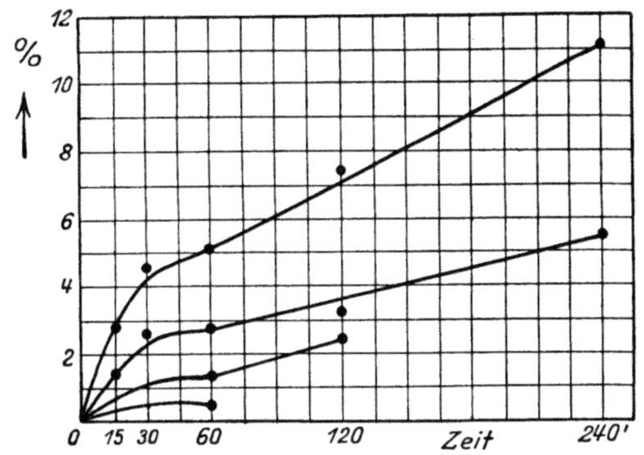

Abb. 4. Zeitlicher Verlauf mit verschiedenen Enzymmengen ($p_H = 4,7$).

wie die Tab. 4 und Abb. 4 zeigen, es müssen aber dabei verschiedene Einflüsse im Spiele sein.

Tabelle 4.
Zeitlicher Verlauf der lipatischen Wirkung in sauerem Medium.

Nr.	Menge des Glyc.-Ausz. (Pankr. I) ccm	Gehalt L.E.	Zeit Min.	Spaltung %
I, 1	0,050	0,29	60	0,59
II, 2	0,100	0,58	60	1,29
3	0,100	0,58	120	2,38
III, 4	0,200	1,16	15	1,43
5	0,200	1,16	30	2,29
6	0,200	1,16	60	2,64
7	0,200	1,16	120	3,17
8	0,200	1,16	240	5,61
IV, 9	0,400	2,32	15	2,71
10	0,400	2,32	30	4,51
11	0,400	2,32	60	5,15
12	0,400	2,32	120	7,35
13	0,400	2,32	240	11,15

Der Natriummacetat-Essigsäure-Puffer trägt nicht Schuld an dieser Abnahme der Geschwindigkeit, unter seinem Einfluß trat keine Zerstörung des Enzyms ein.

	Glycerinauszug ohne Vorbehandlung	Glycerinauszug 2 Std. bei 30° mit 2 ccm Puffer (verd. auf 12 ccm)	Glycerinauszug 2 Std. bei 30° mit 2 ccm Puffer und 15 mg Albumin
Spaltung	2,82; 2,71; 2,66%	3,40; 3,36%	3,45; 3,22%

Ein Glycerinauszug (Pankreasprobe Nr. II), den wir vor der Bestimmung [131] (mit 0,4 ccm, 30 Minuten) mit dem Puffer stehen ließen, zeigte sogar etwas gesteigerte lipatische Wirkung, vermutlich, weil unter diesen Bedingungen gewisse hemmend wirkende Begleitstoffe des Enzyms einer Veränderung unterliegen.

Für die Verlangsamung der Hydrolyse ist hauptsächlich die Ölsäure verantwortlich. In vergleichenden Versuchen bestimmten wir 0,4 ccm Glycerinauszug aus Pankreasprobe Nr. I unter den angegebenen Bedingungen, aber mit 30 Minuten Dauer mit und ohne Zusatz von Ölsäure.

Ohne Zusatz von Ölsäure	4,51 % Spaltung
Mit Zusatz von 0,1345 g Ölsäure	2,43 ,, ,,
Mit Zusatz von 0,2675 g Ölsäure	2,07 ,, ,,

Die freie Ölsäure wirkt also stark hemmend. Diesen Einfluß hat E. F. TERROINE[1] mit sehr großer Ölsäuremenge schon beobachtet, indessen nicht in konstant saurem Medium. Unter unseren Versuchsbedingungen wird die Wasserstoffionenkonzentration durch die zugesetzte und die entstehende Ölsäure nicht erhöht.

[1] Biochem. Zs. Bd. 23, S. 404, und zwar S. 410 [1909/10].

Zeitschrift für physiologische Chemie **125**, S. 132 [1923].

89. ÜBER PANKREASLIPASE.

Von RICHARD WILLSTÄTTER und ERNST WALDSCHMIDT-LEITZ.

Zweite Abhandlung über Pankreasenzyme.

(Mitteilung aus dem Chemischen Laboratorium der Bayerischen Akademie der Wissenschaften in München.)

(Der Redaktion zugegangen am 25. September 1922.)

Inhaltsübersicht.

A. Theoretischer Teil.

I. Zur Methodik der Enzymadsorption.

1. Aufgaben der Adsorptionsmethoden.

Die Enzyme sind, abgesehen von ihrem spezifischen Reaktionsvermögen, soviel man weiß, chemisch indifferente Stoffe. Auch soweit sie durch Fällungsreaktionen abgeschieden werden, beispielsweise mit Bleiacetat, ist die Niederschlagsbildung meistens nicht dem Enzym selbst, sondern seinen Beimischungen zuzuschreiben und demgemäß von der wechselnden Beschaffenheit der enzymhaltigen Lösung abhängig. Dazu kommt, die Isolierung erschwerend, das für die Abtrennung von Eiweiß, Kohlehydraten und Salzen ungünstige Löslichkeitsverhalten der Enzyme, die in vielen organischen Lösungsmitteln, namentlich in den mit Wasser nicht mischbaren, unlöslich sind. Daher gibt es nur eine einzige, vielfältige, anpassungs- und entwicklungsfähige Methodik für die Isolierung der Enzyme, die Anwendung von Adsorptionsvorgängen.

Es liegen jetzt einige Beispiele vor für die Ausgestaltung der Adsorptionsmethoden, um den Reinheitsgrad der in Autolysaten oder Organauszügen vorkommenden Enzyme zu steigern. Durch aufeinanderfolgende Adsorption mit Aluminiumhydroxyd, Kaolin und Bleiacetatfällung und Elution aus den Adsorbaten wurde Invertin[1] auf eine Konzentration gebracht, die etwa das 1600fache derjenigen in seinem natürlichen Vorkommen [134] ist. Die ersten genauen Anwendungen der Verfahren auf die Beispiele des zuckerspaltenden Enzyms und weiterhin des fettspaltenden, von dem unsere Arbeit handelt, stellen der Adsorptionsmethodik einige Aufgaben, deren Lösung für unsere Kenntnis von den Enzymen entscheidend sein wird.

Eine dieser Aufgaben finden wir darin, die Adsorption mehr auswählend zu gestalten. Das Adsorbens nimmt im allgemeinen das Enzym zusammen mit einer bedeutenden Menge von Fremdkörpern auf, die ihm zum Teil einfach beigemischt, die zum anderen Teil mit ihm enger vergesellschaftet sind. Je geringer die erforderliche Menge Adsorbens, desto höher der Reinheitsgrad im Adsorbat. Am Beispiel des Invertins hat es sich gezeigt[1]), daß unter gewissen Umständen, von denen das Alter der Hefeautolysate wesentlich ist, das Adsorbens bei großer Verdünnung weit mehr auswählend wirkt, obgleich so viele Fremdkörper vorhanden sind, die mit dem Enzym um das Adsorbens konkurrieren. „Der Einfluß der Begleitstoffe, die der Adsorption entgegenwirken, erscheint bei starkem Verdünnen mit Wasser abgeschwächt, wahrscheinlich infolge hydrolytischen Zerfalls vorhandener Additionsprodukte." So genügt beispielsweise $^1/_{20}$ bis $^1/_{30}$ der Menge Adsorptionsmittel wie bei konzentrierter Lösung, um durch eine einzige Überführung in Adsorbat ein Enzympräparat von ähnlichem Reinheitsgrad zu erhalten wie bisher in einer längeren Folge von Trennungs- und Fällungsoperationen.

---

[1] R. WILLSTÄTTER und F. RACKE, Liebigs Ann. der Chem. Bd. 425, S. 1 [1920/21]; R. WILLSTÄTTER, J. GRASER und R. KUHN, Diese Zs. Bd. 123, S. 1 [1922].

[1]) R. WILLSTÄTTER und W. WASSERMANN, Diese Zs. Bd. 123, S. 181 [1922].

Vor eine zweite Aufgabe stellt uns die Untersuchung des pankreatischen Enzyms. Die Drüse bringt fett-, stärke- und eiweißspaltende Enzyme hervor. Um das Verhalten dieser Enzyme kennen zu lernen, genügt es nicht, das Gemisch aus dem Pankreas mit nur einer Wirkung zu beschreiben und danach zu benennen. In dieser Weise ist pankreatisches Enzym ohne Beachtung der lipatischen Wirkung als Amylase beschrieben und analysiert worden. Richtiger wird man als eine Vorbedingung für die Untersuchung eines der pankreatischen Enzyme die Abtrennung der begleitenden, nach ihrer Wirkung [135] wesentlich verschiedenen Enzyme ansehen und die Adsorptionsmethoden dafür ausbilden.

Die Steigerung des enzymatischen Reinheitsgrades wird anfangs leicht mit dem Verschwinden der empfindlichen Reaktionen auf Proteine, Purine, Kohlehydrate u. dgl. verfolgt. Dann bietet sich eine noch ungelöste dritte Aufgabe in der Abtrennung von enzymatisch Unwirksamem, das sich nicht durch chemische Reaktionen, Farb- oder Fällungsreaktionen, verrät. „Es ist noch nicht sicher erkannt, wie weit die Adsorptionsmittel unserer Methoden zwischen den aktiven Enzymen einerseits, ihren Vorstufen und ihren Zersetzungsprodukten andererseits zu wählen vermögen. Wahrscheinlich sind die in den Kolloideigenschaften dem Enzym nächst verwandten, durch das Fehlen der aktiven spezifischen Gruppe von ihm sich unterscheidenden Umwandlungsprodukte die hartnäckigsten Begleiter[1].“

2. Zur Geschichte der Adsorption von Enzymen.

Die ältesten Angaben über Trennung von Enzymen mit Adsorptionsmitteln stammen aus den Jahren 1862 und 1863, sie knüpfen unmittelbar an die erste Mitteilung über Adsorption eines Enzyms an.

Ernst Brücke[2] hat im Jahre 1861 diese Erscheinung beobachtet und auch sogleich die beiden möglichen Verfahren eingeleitet, um ein Enzym aus seinem Adsorbat wieder freizulegen. Als es gelang, „das Pepsin mechanisch an kleine feste Körper zu binden“, z. B. an Calciumphosphat, an Cholesterin und andere, behandelte er die Fällung von phosphorsaurem Kalk mit phosphorsäurehaltigem Wasser, um das Pepsin zu eluieren, oder im anderen Falle den Cholesterinniederschlag mit Äther, um das Adsorbens vom Enzym wegzulösen. Das Lehrbuch „Physiologische Chemie“ von [136] F. Hoppe-Seyler[1]) verkannte die Bedeutung des eingeschlagenen Weges: „Die Methode ist sehr umständlich und liefert nur sehr wenig Pepsin.“ Sie ist nicht ausgebildet worden.

Im darauffolgenden Jahre erschien eine in W. Kühnes Laboratorium in Berlin ausgeführte Arbeit von A. Danilewsky[2]) von großer Bedeutung, die unbeachtet geblieben ist. Die drei physiologischen Reaktionen des Pankreassaftes wurden auf

---

[1] Diese Zs. Bd. 123, S. 5 [1922] (*Abh. 48*).

[2] „Beiträge zur Lehre von der Verdauung“, 2. Abteilung, I. Das Pepsin, Sitzungsberichte d. mathem.-naturwiss. Klasse d. K. Akademie der Wissenschaften, Wien, Bd. 43, S. 601 [1861].

[1]) S. 216 [1878].

[2]) R. Virchows Arch. f. pathol. Anat. u. Physiol. Bd. 25, S. 279 [1862].

drei spezifische Träger zurückgeführt und ihre Trennung mit Adsorptionsverfahren angestrebt. Aus einem lipatisch unwirksamen, künstlichen Pankreassaft wurde durch Adsorption mit Kollodium das eiweißspaltende Enzym frei von Diastase erhalten[3], aus dem Filtrat durch Ausfällen mit einem Teil vom Eiweiß und Eluieren der Fällung durch verdünnten Alkohol die Diastase, allerdings noch trypsinhaltig.

Die Untersuchung wurde bei KÜHNE von J. COHNHEIM[4] fortgesetzt; durch Fällen mit Calciumphosphat und Elution mit Wasser erhielt COHNHEIM die Speicheldiastase frei von Eiweißsubstanzen, und aus dem Infus des Pankreas gewann er auf dieselbe Weise eine Diastaselösung, die er für trypsinfrei hielt. Das Adsorbat von Diastase erschien leichter zerlegbar als das zugleich gebildete von Trypsin.

An einem weiteren Beispiel wurde die Trennung von Enzymen durch Adsorption von O. HAMMARSTEN[5] im Jahre 1872 versucht. Als eine Methode, mit der es möglich war, pepsinfreie Chymosinlösungen darzustellen, beschrieb HAMMARSTEN die fraktionierte Fällung mit kohlensaurer Magnesia oder Bleizuckerlösung. „Beide Fermente werden hierdurch mechanisch mitgerissen, aber — sei es, daß das Pepsin ursprünglich in geringerer Menge in der Lösung enthalten war, oder daß es **[137]** etwas leichter niedergeschlagen wird — man kann in dieser Weise aus einer Flüssigkeit alles Pepsin entfernen, während eine nicht unbeträchtliche Menge Lab darin zurückbleibt.“ In seinen viel späteren, eingehenden „Studien über Chymosin- und Pepsinwirkung“ nahm O. HAMMARSTEN das Prinzip seines Verfahrens der fraktionierten Adsorption nicht mehr auf[1]). Die Bedeutung der erzielten Trennung erscheint heute in anderem Lichte. Die Chymosinlösung wird nach J. P. PAWLOW und S. W. PARASTSCHUK[2]), W. SAWJALOW[3]), J. W. A. GEWIN[4]), W. W. SAWITSCH[5]) und O. HAMMARSTEN[6]) nicht frei von Pepsin, sondern von Pepsinwirkung; sie enthält inaktives Pepsin.

Die Enzymforschung hat 50 Jahre lang nicht an die Angaben über Trennung durch Adsorption angeknüpft, und diese sind in der referierenden Literatur in den Hintergrund getreten. Zu der geringen Schätzung und Vernachlässigung mag die ungenügende Entwicklung der quantitativen Bestimmungen beigetragen haben. Die älteren Beobachtungen büßten an Glaubwürdigkeit ein, als man auf die Bedeutung der Acidität und auf die Wichtigkeit der Aktivatoren für die enzymatischen Systeme aufmerksam wurde.

Dasselbe Bedenken, ob dem Einfluß von Aktivatoren genügend Rechnung getragen wurde, könnte auch für einen Fall selektiver Adsorption aus der neueren Literatur

---

[3] Diese alte Erfahrung ist bei Verwendung von Kollodiumdialysatoren zu beachten.

[4] R. Virchows Arch. f. pathol. Anat. u. Physiol. Bd. 28, S. 241 [1863].

[5] Upsala Läkareförenings Förhandlingar Bd. 8, S. 63 [1872], zitiert nach dem Originalreferat von O. HAMMARSTEN in R. Malys Jahresbericht über die Fortschritte der Tierchemie, 2. Bd. für 1872, S. 118 [1874].

[1]) Diese Zs. Bd. 108, S. 243 [1919] und Bd. 121, S. 240 [1922].

[2]) Diese Zs. Bd. 42, S. 415 [1904].

[3]) Diese Zs. Bd. 46, S. 307 [1905].

[4]) Diese Zs. Bd. 54, S. 32 [1907].

[5]) Diese Zs. Bd. 55, S. 84 [1908].

[6]) Diese Zs. Bd. 56, S. 18 [1908].

erhoben werden. S. G. HEDIN [7] hat gefunden, daß sich zwei in der Milz vorkommende, proteolytisch wirkende Enzyme bei der Adsorption aus neutraler Lösung durch Kieselgur verschieden verhalten. [138] Das eine (α-Lienase), in alkalischer Lösung wirksam, wird sehr stark adsorbiert, während das andere, in saurer Lösung wirkende (β-Lienase), entweder nicht oder in sehr beschränktem Maße aufgenommen wird*.

3. Adsorptionsverhalten der Enzyme.

Die Untersuchungen von L. MICHAELIS und M. EHRENREICH [1]) „Über die Adsorptionsanalyse der Fermente", mit denen die „Studien über Kataphorese von Fermenten und Kolloiden" von H. ISCOVESCO [2]) zu nennen sind, gaben der Entwicklung der Adsorptionsmethode einen bedeutenden Antrieb. MICHAELIS und EHRENREICH untersuchten die unspezifische Adsorption der Enzyme, und zwar die elektrochemische, die sie von der mechanischen Adsorption im Sinne von H. FREUNDLICH unterscheiden. Durch Auswahl derjenigen Adsorbentien, die „unter allen Bedingungen entschiedene und einsinnige Ladungen tragen", wählten MICHAELIS und EHRENREICH solche Fälle der Adsorption aus, in denen die entgegengesetzte elektrische Ladung von Adsorbens und Adsorbendum maßgebend ist. Dabei wurde festgestellt, „daß alle Substanzen, die durch Kaolin adsorbiert werden können, Basen sein müssen, alle Substanzen, die durch Tonerde adsorbiert werden können, Säuren sein müssen". Auf Grund dieses Leitsatzes ließ sich die elektrochemische Natur der untersuchten Fermente mit Leichtigkeit ohne quantitative Bestimmung, nur auf Grund von Schätzungen feststellen.

„Invertin wird bei allen Reaktionen von Tonerde adsorbiert, bei keiner Reaktion von Kaolin, hat also den Charakter einer Säure."

„Speicheldiastase wird unter allen Umständen von Kaolin und Tonerde adsorbiert, ist also ein amphoterer Körper."

„Trypsin wird von Kaolin und Tonerde adsorbiert" (nämlich [139] „bei neutraler und saurer Reaktion vollkommen"), „ist also ein amphoterer Körper."

Diese Befunde gelten indessen nicht für die Enzyme selbst, sondern für ihre Aggregate mit begleitenden Stoffen. Die Adsorptionsanalyse oder die elektrische Überführung sagt, sofern sie mit sehr unreinen Enzymlösungen ausgeführt wird, „über die Natur eines Ferments nichts aus, sondern sie läßt nur erkennen, ob in dem aus einem Ferment und seinen jeweiligen Begleitstoffen gebildeten Additions- oder Adsorptionsprodukt die Säure- oder Basennatur überwiegt[1]]."

---

[7] Nach S. G. HEDIN, Grundzüge der physikalischen Chemie in ihrer Beziehung zur Biologie, Wiesbaden 1915, S. 131, und O. HAMMARSTEN, Lehrbuch der physiologischen Chemie, 9. Auflage, München und Wiesbaden 1922, S. 290; die Originalangaben (Jl. of Physiol. Bd. 30, S. 155 [1904] und Biochem. Jl. Bd. 2, S. 112 [1907]) sind uns leider nicht zugänglich.

* *Vgl. hierzu Abh. 116 von E. Waldschmidt-Leitz und W. Deutsch, „Über die proteolytischen Enzyme der Milz", Zeitschrift für physiologische Chemie 167, S. 285 [1927].*

[1]) L. MICHAELIS, Biochem. Zs. Bd. 7, S. 488 [1907/08]; L. MICHAELIS und M. EHRENREICH, ebenda, Bd. 10, S. 283 [1908]; L. MICHAELIS, ebenda, Bd. 12, S. 26 [1908].

[2]) C. r. Soc. Biol. Bd. 1, S. 770 u. 861 [1907]; Biochem. Zs. Bd. 24, S. 53 [1909/10].

[1]] R. WILLSTÄTTER und F. RACKE, Liebigs Ann. der Chem. Bd. 425, S. 57 [1920/21] (*Abh. 45*).

Am Beispiel des Invertins ist nämlich von R. WILLSTÄTTER und F. RACKE[2] gefunden worden, daß es aus reinen Lösungen von Kaolin adsorbiert wird, von R. WILLSTÄTTER und W. WASSERMANN[3], daß es auch aus rohen Hefeautolysaten schon quantitativ adsorbiert werden kann. Invertin hat basische und saure Eigenschaften.

Die Amylase aus Pankreas, die mit Speichelamylase identisch oder nahe verwandt ist, bietet das entgegengesetzte Beispiel, indem das Enzym die ihm zugeschriebene Adsorbierbarkeit durch Reinigung vollständig verliert. In reinerem Zustand wird die Amylase weder aus saurer, noch aus neutraler oder alkalischer (wäßriger) Lösung von Aluminiumhydroxyd oder von Kaolin adsorbiert.

Trypsin finden wir schon nach teilweiser, wenn auch unvollkommener Reinigung aus saurer Lösung durch Tonerde gar nicht mehr adsorbierbar, dagegen quantitativ durch Kaolin. Seine basische Natur überwiegt.

Dem Adsorptionsverhalten entspricht die elektrische Überführbarkeit. Die Angabe von L. MICHAELIS[4], daß Invertin rein anodisch wandere, gilt für ein Hefeautolysat. Das reinere Invertin wandert schon bei p_H 6 überwiegend kathodisch[5].
[140] Nach H. ISCOVESCO[1]) kann bei der Kataphorese die zerstörende Wirkung des elektrischen Stroms auf ein Enzym das Resultat entstellen. Es wäre zu berücksichtigen, wie weit es sich dabei nur um Trennung von Begleitstoffen handelt, welche den elektrischen Ladungssinn ändern, und von solchen (Aktivatoren), die für die enzymatische Wirkung bestimmend sind.

II. Leitlinien der Methode.

1. Quantitative Analyse.

Die Methode wird durch die quantitative Bestimmung sowohl der Ausbeuten wie der enzymatischen Konzentrationen von der Pankreasdrüse an in jeder Phase der Reinigung geleitet. Bei der Verarbeitung eines Enzymgemisches muß sich diese analytische Kontrolle auf die verschiedenen enzymatischen Komponenten erstrecken. Die präparative Arbeit richtet sich also nach dem ermittelten Verhältnis der Enzymkomponenten zu einander im Ausgangsmaterial und auf jeder einzelnen Stufe der Reinigung.

Während die quantitative Bestimmung gewisser anderer Enzyme, deren Wirkung von den Begleitstoffen und der Verteilung nicht beeinflußt wird, unabhängig ist von der Reinheit, in der sie jeweils vorliegen, hängt bei den pankreatischen Enzymen die Wirkung nicht allein von der Acidität der Lösung, sondern in hohem Maße von der Zusammensetzung des enzymatischen Systems ab. Am meisten wird die Lipasewirkung von den Begleitstoffen und der Verteilung des Enzyms beeinflußt. Da sich die Begleiter und die Verteilung im Laufe der Trennungsoperationen wesentlich

---

[2] Liebigs Ann. der Chem. Bd. 425, S. 1, und zwar S. 55 [1920/21].
[3] Diese Zs. (im Druck, *Abh. 49*). [4] Biochem. Zs. Bd. 16, S. 81 [1909].
[5] R. WILLSTÄTTER, J. GRASER und R. KUHN, Diese Zs. Bd. 123, S. 1, und zwar S. 55 u. 73 [1922].
[1]) Biochem. Zs. Bd. 24, S. 53 [1909/10].

ändern, ist es notwendig, um das Enzym vergleichend bestimmen zu können, das Zufällige im enzymatischen System zu überwinden, soweit es auf den Grad der Wirkung Einfluß ausübt. Die Lipase wird nach den in der voranstehenden Abhandlung „Bestimmung der pankreatischen Fettspaltung" vorzugsweise ausgearbeiteten Methoden in geeignete Systeme gebracht, entweder unter Aktivierung oder unter Hemmung, um die Unterschiede im Wirkungsvermögen [141] auszugleichen, das je nach Menge und Natur der Begleitstoffe, der aktivierenden und hemmenden, wechselt. Die zumeist angewandte Bestimmung beruht auf der kombinierten Aktivierung mit Albumin (in der Bestimmungsprobe 15 mg) und Calciumchlorid (10 mg).

Ein derartiger Ausgleich ist einfacher bei Amylase und Trypsin. Erstere büßt ihre Wirkung ein, wenn sie an Chlorionen verarmt, letzteres, wenn es von Calcium abgetrennt wird. Daher beruht die quantitative Bestimmung bei verschiedenem Reinheitsgrad auf ausgleichender Aktivierung für Amylase mit Chlornatrium (1 ccm $^{n}/_{5}$ in der Bestimmungsprobe), für Trypsin mit Calciumchlorid (40 mg in der Probe).

Als Maß der lipatischen Wirkung wird die „Lipaseeinheit", nämlich die Enzymmenge eingeführt, die unter bestimmten Bedingungen in 1 Stunde bei 30° von 2,5 g Olivenöl 24% spaltet. Die gewählte Einheit mag dadurch anschaulich werden, daß sie 1 cg einer gewissen von uns untersuchten getrockneten Pankreasprobe entspricht. Der Reinheitsgrad des Enzyms läßt sich durch den „Lipasewert", die Anzahl der Lipaseeinheiten in 1 cg Substanz, ausdrücken.

Die Bestimmung der Pankreasamylase wird erst in einer folgenden Abhandlung ausführlich behandelt. Für dieses Enzym soll in Anlehnung an die Messung der Lipase ein auf die Verzuckerung einer gewissen Stärkemenge (0,25 g) bezogenes Maß, die „Amylaseeinheit", dienen, nämlich das Hundertfache der Enzymmenge, für die sich die Konstante der monomolekularen Reaktion = 0,01 ergibt (bei p_H 6,8, 37° und anderen bestimmten Bedingungen).

Auf der gewählten Einheit beruht ein dem Lipasewert analoger Ausdruck der enzymatischen Konzentration für die Pankreasamylase, der „Amylasewert" = Anzahl von Amylaseeinheiten in 1 cg Substanz. Dieser Ausdruck für den enzymatischen Reinheitsgrad steht zu dem von H. v. EULER und O. SVANBERG[1] für die Verzuckerungsfähigkeit der [142] Malzamylase vorgeschlagenen, rationellen und allgemeineren Masse $Sf = \frac{\text{k} \cdot \text{g-Maltose}}{\text{g-Präparat}}$ in der einfachen Beziehung:

$$\text{Amylasewert} = Sf \cdot 0{,}05333^{1)}.$$

Ein ähnliches Maß für die Trypsinwirkung gibt es noch nicht, da das Gesetz derselben noch nicht genügend bekannt ist. Um die Trypsinmenge zu schätzen, wird die Enzymwirkung unter bestimmten Bedingungen durch alkalimetrische Messung der Hydrolyse von Gelatine ermittelt.

[1] Diese Zs. Bd. 118, S. 193, und zwar S. 220 [1921].

1) Die Zahl 5,333 ist das Reziproke der Maltosemenge (in Gramm), die unter unseren Versuchsbedingungen im Grenzabbau (75%) entstehen kann. Sf ist auf 1 g Trockengewicht bezogen.

2. Trennung der pankreatischen Enzyme durch Adsorption.

Die Pankreaslipase ist in ihrem Reaktionssystem von unspezifischen Adsorptionsverhältnissen stark abhängig und ihre Eigenschaften entsprechen diesem Umstand. Sie ist sehr leicht adsorbierbar und in dieser Hinsicht von den löslichen Begleitstoffen wenig abhängig. Die Lipase wird sowohl durch Tonerde wie durch Kaolin adsorbiert. Sie zeigt also saures und basisches Verhalten und ihre sauren Eigenschaften sind viel stärker ausgeprägt wie die von Amylase und Trypsin. Daher kann die Lipase von den begleitenden Enzymen durch Adsorption mit Tonerde quantitativ getrennt werden. Die Trennung ist freilich dadurch erschwert, daß den beiden anderen Enzymen durch ihre Begleitstoffe (Koadsorbentien) Adsorptionseigenschaften verliehen werden, die sie an sich nicht besitzen. Die Koadsorbentien halten aber auch die begleitenden Enzyme im Adsorbat mehr zurück, wenn man es eluiert; dadurch wird die Trennung unterstützt. Während das Tonerdeadsorbat den größten Teil und die Elution daraus beispielsweise $^2/_3$ der angewandten Lipase enthält, gehen von der Amylase $^1/_4$ in das Adsorbat, aber nur 3% in die Elution mit. Die Abtrennung wird daher durch zweimalige Adsorption mit Aluminiumhydroxyd aus saurer Lösung und Elution mit ammoniakalischem Phosphat vollständig.

[143] Die Pankreasamylase hat keine sauren Eigenschaften. In reinerem Zustand wird sie von Aluminiumhydroxyd gar nicht aus wäßriger Lösung aufgenommen, auch nicht, wenn sie mit Lipase vermischt ist. Andererseits fehlen der Amylase auch die basischen Eigenschaften. Darauf beruht ihre Trennung vom Trypsin, dessen basische Eigenschaften hervortreten, durch wiederholte Behandlung in saurer Lösung mit Kaolin. Die Amylase wird vollkommen von Trypsin befreit, allerdings nicht ohne Verlust.

Auch hier spielen nämlich die Koadsorbentien eine große Rolle. Bei der ersten Einwirkung von Kaolin führen sie einen Teil, z. B. ein Viertel der Amylase in das Adsorbat mit über und wirken zugleich adsorptionshindernd (eluierend) auf Trypsin. Dabei erschöpft sich der Gehalt der Enzymlösung an diesen Begleitstoffen, so daß bei einer zweiten Behandlung mit Kaolin nur noch wenig von Amylase, aber alles Trypsin durch das Adsorbens aufgenommen wird.

Das wahre Adsorptionsverhalten der Amylase wird erst in höherem Reinheitsgrade erkennbar. Dieses Enzym läßt sich zunächst noch aus der neutralen Lösung, wenn sie 50% Alkohol enthält, durch Tonerde adsorbieren. Aber die daraus eluierte Amylase ist nur noch zum kleineren Teil unter denselben Verhältnissen durch Tonerde adsorbierbar, natürlich gar nicht aus wäßrigem Medium. Durch den Zusatz von Alkohol wird wahrscheinlich der saure Charakter der mit dem Enzym assoziierten amphoteren Stoffe entwickelt, wie es bei Aminosäuren und Peptiden von uns gefunden wurde[1].

Die Amylase ist also gegen elektropositive und elektronegative Adsorbentien recht indifferent. Die alte Beobachtung von J. COHNHEIM[2] bestätigt sich, „wieviel

[1] Chem. Ber. Jahrg. 54, S. 2988 [1921] (*Abh. 11*).

[2] R. Virchows Arch. f. pathol. Anat. u. Physiol. Bd. 28, S. 241, und zwar S. 251 [1863].

weniger innig sich das Stärke umsetzende Ferment an kleine Teilchen heftet als das Fibrin lösende.“

In dem von uns geprüften Zustand ist die Amylase 130 mal konzentrierter als in der Drüse. Die enzymatische Konzentration [144] ist, verglichen mit dem von H. v. EULER und O. SVANBERG[1] beschriebenen Präparat der Malzamylase über 70 mal, mit dem besten Präparat der Pankreasamylase von H. C. SHERMAN und M. D. SCHLESINGER[2] über 10 mal größer.

3. Steigerung des Reinheitsgrades der Lipase.

Die wiederholte Adsorption mit Tonerde macht die Lipase 30 mal konzentrierter (Lipasewert 23,1), als sie in der getrockneten Drüse vorliegt. Für die weitere Steigerung der enzymatischen Konzentration bieten sich nach den am Invertin gewonnenen Erfahrungen zwei Möglichkeiten: entweder die mehr auswählende Adsorption bei großer Verdünnung oder der Wechsel in der Polarität des Adsorbens. Der erste Weg führt nicht zum Ziel, da die Lipase im Gegensatz zum Invertin aus verdünnterer Lösung schwerer adsorbiert wird. Aber der Übergang vom elektropositiven zum elektronegativen Adsorbens hat Erfolg. Mit Tonerde gereinigte Lipase wird, einmal mit Kaolin adsorbiert und daraus eluiert, 250 mal konzentrierter als in der getrockneten Pankreasdrüse (Lipasewert 207, durch Dialyse der Elution bestimmt).

Noch etwas weiter führt dann die Adsorption mit Tristearin oder Cholesterin. Diese Adsorbentien wirken, wie sich bei ihrer Anwendung auf rohe Lipaselösungen zeigt, noch schärfer auswählend als Kaolin und Aluminiumhydroxyd. Es dürfte anzunehmen sein, daß die Adsorption z. B. durch Cholesterin eine der spezifischen Adsorption durch Substrat verwandte, auf Partialaffinität beruhende Erscheinung ist, nicht eine sog. mechanische oder eine polare Adsorption. Diese Auffassung wird dadurch gestützt, daß in den Tristearin- und Cholesterinadsorbaten die Lipase nur sehr schwach wirksam ist. Ihre aktive Gruppe ist in Mitleidenschaft gezogen (I. Abh., Experimenteller Teil, Abschn. I, 6). Unverändert ist die Lipase darin; denn es ist gelungen, sie aus diesen Adsorbaten wirksam zu eluieren.

Die Anwendung von Cholesterin oder Tristearin hat noch [145] einen weiteren Sinn. Bei der Dialyse, die für die Bestimmung der erreichten enzymatischen Konzentration nötig ist, büßt die Lipaselösung ihre Wirkung gänzlich ein. Darum ist ein Verfahren erwünscht, das Enzym noch aktiv aus der glycerinhaltigen wäßrigen Lösung zu isolieren und so den Reinheitsgrad auf einem von der Dialyse unabhängigen Wege zu kontrollieren. Die Lipasewerte steigen nach den vorangegangenen Tonerde- und Kaolinadsorptionen nurmehr wenig weiter an. Die größte erreichte Konzentration ist etwa die 300 fache vom Trockenpankreas. Die Enzympräparate zeigen nun keine oder nur noch spurenweise Farb- und Fällungsreaktionen der Begleiter aus bekannten Klassen organischer Verbindungen.

[1] Diese Zs. Bd. 118, S. 193, und zwar S. 202 [1921].
[2] Jl. of the Americ. Chem. Soc. Bd. 37, S. 1305 [1915].

III. Vergleich von Pankreaslipase und Phytolipase.

Die Pankreaslipase, deren Löslichkeitsverhältnisse in der Literatur ungenau, unsicher und widersprechend beschrieben sind, ist leicht und vollständig löslich in Wasser und Glycerin und besitzt in Glycerinlösung große Haltbarkeit; hingegen ist sie sehr unbeständig gegen Glykol, auch unbeständig gegen Alkohol. Aus der getrockneten Pankreasdrüse läßt sich daher die Lipase herauslösen, noch leichter die Amylase, weniger leicht das Trypsin. Diese Abstufung ist eine Folge des ungleichen Adsorptionsverhaltens der drei Enzyme.

Die Samenlipase, z. B. von Ricinus, wahres intracelluläres Enzym, ist in Wasser, auch in Glycerin unlöslich, gegen Glycerin, Wasser und Elektrolytlösungen unbeständig. Ihre Wirkung wird durch Aktivatoren nicht gesteigert. Auch bei der Keimung der Pflanzensamen wird sie nicht mobilisiert, sondern in der Zelle werden die Glyceride dem Enzym dargeboten.

Die Löslichkeitsunterschiede zwischen dem fettspaltenden Enzym im Cytoplasma des Samens und dem im tierischen Verdauungstrakt, die den örtlichen Bedingungen für die Fettspaltung entsprechen, haben große Unterschiede in den Bedingungen für die enzymatische Wirkung zur Folge. Die lösliche Pankreaslipase ist, um in Funktion zu treten, auf Einstellung eines gewissen Adsorptionszustandes angewiesen. Das Sekret findet am Reaktionsorte die zur Aktivierung dienenden [146] Stoffe, Proteine und Galle, und wird von ihnen durch Bildung „komplexer Adsorbate", wie die voranstehende Abhandlung erklärt, zur Wirkung gebracht. Die Phytolipase ist im ruhenden Pflanzensamen unwirksam und unterliegt bei der Keimung einer Veränderung, durch welche sie fähig wird, unter den gegebenen Bedingungen, bei neutraler Reaktion, ihre Wirkung auszuüben.

Aus einer zu veröffentlichenden Untersuchung* über Ricinuslipase, der wir einige Jahre gewidmet haben, sei angeführt, daß diese Veränderung der Samenlipase, die wir bei der Keimung beobachten, auch künstlich durch vorsichtige Behandlung mit Pepsin erzielt werden kann. Die veränderte Lipase, die mit der Keimungslipase übereinstimmt, unterscheidet sich von der ursprünglichen in vielen Beziehungen. Sie spaltet Fette bei neutraler Reaktion ($p_H = 7$; erstere neutral nicht, optimal bei p_H 4,7 bis 5,0), sie ist in fettfreiem, getrocknetem Zustand viel haltbarer, sie wird von Glycerin nicht gehemmt oder geschädigt, ihre synthetisierende Wirkung ist größer.

Bei bedeutender Steigerung ihrer enzymatischen Konzentration ließ sich die Samenlipase von Eiweiß nicht trennen, während die pankreatische Lipase gegen Protease beständig ist und von Proteinen befreit werden kann. Die pflanzliche Lipase, die überraschend leicht durch Denaturierung zerstört wird, zeigt in noch viel höherem Maße durch Kolloidnatur bedingte Empfindlichkeit als die Pankreaslipase.

Die Samenlipase ist entweder durch Adsorption an einen unlöslichen Träger aus der Proteingruppe verankert und wird durch eine Veränderung desselben (Keimung,

* *Abhandl. 33.*

Pepsinwirkung) in ihrem gesamten Verhalten beeinflußt; oder die Proteinsubstanz ist als ein Bestandteil des Lipasemoleküls selbst der kolloide Träger der lipatisch-aktiven Gruppe.

B. Experimenteller Teil.

I. Lipaselösungen aus Pankreas.

1. Bestimmung und Maße.

Für die Bestimmung der Lipase, sei es in Form der Drüse, Drüsenauszüge und Elutionen aus Adsorbaten, dient das in der [147] I. Abhandlung angegebene Verfahren „unter Aktivierung bei wechselnder Wasserstoffzahl", das den Einfluß der Begleitstoffe aus der Drüse und der später hinzukommenden (Magnesiumsalz) durch kombinierte Aktivierung mit Chlorcalcium und Albumin überwindet.

Der Enzymgehalt der Präparate wird in „Lipaseeinheiten" (L.E.) ausgedrückt, also auf diejenige Menge Lipase bezogen, die unter den angegebenen Bedingungen in 1 Stunde bei 30° 24% von 2,5 g Olivenöl spaltet. Den Reinheitsgrad der Enzympräparate kennzeichnet der „Lipasewert" durch die Anzahl Lipaseeinheiten in 1 cg eines Präparates.

2. Auszüge aus frischen Drüsen.

Aus der frischen Pankreasdrüse sind wirksame Auszüge mit Glycerin dargestellt worden, zuerst von P. GRÜTZNER[1], später von J. H. KASTLE und A. S. LOEVENHART[2], auch von H. POTTEVIN[3], von A. KANITZ[4], von O. ROSENHEIM und J. A. SHAW-MACKENZIE[5], von P. RONA und Z. BIEN[6]. Die Glycerinlösungen sind trübe Flüssigkeiten; man wußte nicht, ob die Lipase darin suspendiert oder gelöst ist. Sie sind für die Darstellung des Enzyms in höherem Reinheitsgrad ungeeignet, da sie auf Zusatz von Wasser reichliche Niederschläge liefern, wobei die ganze Menge des Enzyms mitgefällt wird.

Auch für die Darstellung wäßriger Lösungen ist die frische Drüse nicht geeignet, da sich ihr die Lipase nur sehr unvollkommen durch Wasser entziehen läßt.

550 g Pankreasdrüsen vom Schwein, vom Fett und Bindegewebe möglichst getrennt, wurden mit 165 g Kieselgur und 350 ccm Wasser tüchtig angeknetet und unter der hydraulischen Presse durch Filtertücher ausgepreßt. Mit dem Preßrückstand wiederholte man noch 3mal diese Behandlung mit je 250 ccm [148] Wasser. Die vereinigten drei ersten Preßsäfte enthielten ungefähr 250, der vierte etwa 15 L.E., während im Preßrückstand ein Vielfaches davon zurückblieb. Die Ausbeute in den Lösungen stellte nur etwa 3 bis 5% vom Lipasegehalt der Drüse dar.

Nur A. HAMSIK[1)] hat auch die getrocknete Pankreasdrüse mit Glycerin extrahiert und die Überlegenheit der daraus erhaltenen Lösungen richtig erkannt. Aber

[1] Pflügers Arch. Bd. 12, S. 285 [1876].
[2] Americ. Chem. Journ. Bd. 24, S. 491 [1900].
[3] C. R. Bd. 136, S. 767 [1903].
[4] Diese Zs. Bd. 46, S. 482 [1905].
[5] Jl. of Physiol. Bd. 40, S. VIII [1910].
[6] Biochem. Zs. Bd. 64, S. 13 [1914].
1) Diese Zs. Bd. 71, S. 238 [1911].

auch die Angaben von HAMSIK sind nur zum Teil richtig. Er findet beim Verarbeiten von Trockenpankreas, „daß die Lipase vom Wasser nur wenig extrahiert wird" und macht ähnliche Angaben für verdünntes Glycerin. Wahrscheinlich ist der Enzymgehalt der wasserhaltigen Auszüge wegen der Unbeständigkeit der Lipase in wäßriger Lösung übersehen worden.

3. Trocknung der Drüse.

Das Lipasepräparat von H. POTTEVIN[2] war die mit Alkohol und mit Äther getrocknete Pankreasdrüse nach Zerreiben und Sieben. Dieses Verfahren wurde von späteren Forschern übernommen und besonders von E. BAUR[3] mit der Absicht technischer Anwendung ausgestaltet. Dabei hat man übersehen, daß die Lipase beim Behandeln mit Alkohol zum beträchtlichen Teile zerstört wird. Diesen Nachteil vermeiden wir durch Anwendung von Aceton zum Entfetten und Trocknen.

Als wir je 165 g gereinigte Drüse a) mit Alkohol und mit Äther, b) mit Aceton und Äther trockneten, bewirkten aliquote Teile der erhaltenen Pulver a) 39,9, b) 49,2 % Spaltung des Olivenöls.

Auch in der getrockneten Drüse ist die Lipase gegen Alkohol empfindlich. 5 g von dem mit Aceton und Äther gewonnenen Trockenpankreas ließen wir mit 50 ccm absolutem Alkohol nur 30 Minuten stehen und saugten das Pulver rasch ab, worauf es mit Äther gewaschen und getrocknet wurde; die Menge war auf 4,5 g vermindert. Vor der Behandlung mit Alkohol bewirkten 6,25 mg 15,1 % Spaltung, entsprechend dem [149] Gehalte der 5 g-Probe von 405 L.E. und ihrem Lipasewert von 0,81. Nach der Einwirkung des Alkohols bewirkten 11,3 mg Substanz 21,7 % Spaltung, entsprechend 347 L.E. in der Probe und 0,77 Lipasewert; der Verlust betrug also 14 %.

Wegen dieser Empfindlichkeit des Enzyms gegen Alkohol hat sich das von E. BAUR angegebene Verfahren nicht bewährt; auch ist die beschriebene Trennung des Inhalts der Drüsenzellen nach der Feinheit der Partikel von den faserigen Bestandteilen, den Bindegewebshüllen der Drüsenfollikel, zu unvollkommen.

Wir führten z. B. mit 510 g gereinigtem Schweinepankreas einen Versuch nach E. BAUR aus. Nach Anschütteln des Drüsenbreies mit 1 kg 96proz. Alkohol und eintägigem Stehen wurde die Masse durch Koliertuch gepreßt und der Preßrückstand noch zweimal mit der Hackmaschine zerkleinert und jedesmal wieder mit 1 kg Alkohol angeschüttelt und nach eintägigem Stehen koliert. Die alkoholischen Suspensionen lieferten 18 g und der grobe Rückstand 82 g trockenes Enzymmaterial.

50 mg des feinen Anteils ergaben 6,7 %, 220 mg der groben Bestandteile 6,8 % Spaltung. Die Ausbeute betrug daher 40 und 41 L.E., der Lipasewert des feinen Pulvers war 0,02, der faserigen Substanz 0,005.

Auch ohne diese Trennung gewinnt man durch Trocknen mit Aceton leicht ein Drüsenpräparat von 40facher Enzymkonzentration (Lipasewert 0,7 bis 0,8) und zwar

[2] Bull. Soc. chim. France Bd. 35, S. 693 [1906].
[3] Zs. für angew. Chemie Bd. 22, S. 97 [1909].

mit 50- bis 100mal größerer Ausbeute, nämlich aus der angegebenen Menge 4500 bis 9000 L.E.

Das Ausgangsmaterial für unser Verfahren, das in einem Beispiel beschrieben werden soll, war die Pankreasdrüse des Schweines. E. BAUR[1] bemerkt zwar, „daß der Pankreas vom Schwein und Rind in der fettspaltenden Wirkung einander gleich sind", allein unsere Erfahrungen weichen davon ab. Wir fanden im Rinderpankreas nur einige Prozente vom Lipasegehalt des Schweinepankreas; hierüber sollen später ausführliche Angaben mitgeteilt werden.

[150] 16,5 kg vom Schlachthof frisch bezogene Drüsen (ein Teil der Pankreasprobe Nr. 3) von Schweinen wurden durch Schaben tunlichst von Fett und Gewebsfasern befreit, wobei ihr Gewicht auf 14,9 kg zurückging. Die gereinigten Drüsen zerkleinerten wir 4- bis 5mal in der Fleischhackmaschine, bis die Drüsenmasse dünnbreiig und weiteres Durchtreiben wirkungslos war. Darauf wurde der Drüsenbrei in Mengen von 3 kg in einer großen Reibschale mit mehr und mehr Aceton verrührt, mit dem Lösungsmittel in Flaschen übergespült und im ganzen mit 30 l Aceton in 5 Flaschen gut durchgeschüttelt. Nach 1- bis 2stündigem Stehen filtrierten wir, um den Filterrückstand von neuem durch Schütteln in den Flaschen und Filtrieren wie zuvor mit 30 l Aceton, darauf 15 l Aceton + 15 l Äther und schließlich 2mal mit je 30 l Äther zu waschen. Nun wurde das körnige und pulvrige Material zwischen den Fingern zerrieben, in dünner Schicht auf Filtrierpapier ausgebreitet und an der Luft getrocknet. Wir erhielten so 2,75 kg lufttrockenes fettfreies, farbloses Pulver, das noch mit beträchtlichen Mengen von Fasersubstanz durchsetzt war. Zur Trennung von dieser wurde das Pulver in einer Schlagmühle aufs feinste gemahlen und durch ein feinmaschiges Sieb geschüttelt; mit dem Siebrückstand mußte das Mahlen und Sieben öfters wiederholt werden, so lange, bis das Sieb keine feinen Anteile mehr durchließ. Die Ausbeute bestand in 1,65 kg staubfeinem Pulver und 0,68 kg grobfaserigem Siebrückstand. Die Bestimmung ergab für 10 mg vom feinen Anteil 17,8% Ölspaltung, entsprechend 0,66 Lipasewert, für 10 mg des groben Anteils 14,7% Spaltung, entsprechend dem Lipasewert 0,49. Das grobfaserige Material enthält also noch eine ansehnliche Menge der feinen Drüsenbestandteile, deren Ablösung mit mechanischen Mitteln indessen nicht mehr gelang. Für die weitere Verarbeitung diente zumeist die feingemahlene Drüsensubstanz.

Einige weitere Beispiele zeigen, daß die Ausbeute an entfetteten trockenen Drüsen fast $^{1}/_{5}$ der gereinigten frischen und die Ausbeute an feinem Drüsenpulver $^{2}/_{3}$ des ganzen Trockenpankreas beträgt.

[151]

Pankreasprobe	Rohdrüsen kg	Gerein. Drüsen kg	Trockenpankreas kg	Fein. Drüsenpulver g	Faserig. Drüsensubstanz g
Nr. 1	5,75	—	0,660	460	160
Nr. 3	87,10	74,14	14,020	7260	3920
Nr. 4	12,50	7,48	1,170	760	290

[1] Zs. für angew. Chemie Bd. 22, S. 97, und zwar S. 98 [1909].

Die Konzentration der Lipase in einer Anzahl solcher Drüsenpulver schwankte zwischen den Lipasewerten 0,66 und 1,33[1].

4. Die Darstellung der Lösungen aus der getrockneten Drüse.

Es ist nach den im 2. Abschnitt angeführten Literaturangaben strittig[2], ob die Lipase in den Glycerinextrakten nur suspendiert oder ob sie darin ganz oder teilweise gelöst enthalten ist. Auch die Löslichkeit in Wasser ist unsicher, denn nach den Angaben von W. DIETZ[3], denen nicht widersprochen wurde, soll man, um Glycerinlösungen der Lipase darzustellen, zuerst mit Wasser erschöpfend extrahieren.

Wir finden im Verhalten gegen Lösungsmittel wesentliche [152] Unterschiede zwischen der Samenlipase und der Pankreaslipase. Die Lipase aus Ricinussamen ist in Glycerin ganz unlöslich und ist gegen Glycerin wie gegen Wasser völlig unbeständig. Die Pankreaslipase ist in Wasser und in Glycerin oder in Mischungen beider vollkommen und klar löslich. Sie ist gegen Glycerin beständig, während sie gegen Glykol, Alkohol und Wasser unbeständig ist. Daß sie aus Glycerinlösungen, nämlich den von früheren Autoren beschriebenen sehr unreinen, durch Wasser gefällt wird[1]), erlaubt keinen Schluß auf die Löslichkeitsverhältnisse; Begleitstoffe, namentlich suspendierte Fette, werden gefällt und die Lipase adsorbiert. Die fettfreien Glycerinlösungen aus den mit Aceton getrockneten Drüsen lassen beim Verdünnen mit Wasser die Lipase nicht ausfallen.

a) Wäßrige Auszüge.

Aus der getrockneten Drüse läßt sich die Lipase zusammen mit Amylase und Trypsin in guter Ausbeute, aber in geringem Reinheitsgrade mit Wasser ausziehen.

Von der Pankreasprobe Nr. 3 schüttelten wir 10 g, enthaltend 824 L.E., mit 160 ccm Wasser an und trennten nach einer halben Stunde die Flüssigkeit mit der Zentrifuge ab. Die Lösung war trübe und wurde erst mittels gehärteten Filters klar erhalten, um sich beim Stehen bald von neuem zu trüben. 0,30 ccm bewirkten 22,9% Spaltung, entsprechend 0,93 L.E. In dem ganzen Volumen waren also 496 L.E. enthalten, entsprechend einer Ausbeute von 60% (die Filtration ohne Verlust gedacht).

---

[1] Die Bestimmungen wurden erst nach monatelangem Aufbewahren ausgeführt, als die Methode dafür ausgearbeitet war.

[2] Die von W. CONNSTEIN in dem Referate „Über fermentative Fettspaltung" (Ergebnisse der Physiologie Bd. 3, S. 194 [1904]) geäußerte Ansicht (S. 206) ist in Geltung geblieben: „Wenn manche Autoren Glycerin- oder Wasserextrakte wirksam fanden, so dürfte es sich wohl stets nicht um klare Extrakte, sondern um mehr oder weniger trübe Suspensionen von Drüsenteilen in Wasser oder Glycerin gehandelt haben" . . . es „findet ein Übergang derselben" (nämlich der lipolytischen Fermente) „in wäßrige oder Glycerinextrakte nicht statt, und die fettspaltenden Fermente unterscheiden sich hierdurch von allen bekannten Fermenten. Diese Tatsache ist übrigens sehr verständlich, wenn man berücksichtigt, daß diese Fermente ja dazu bestimmt sind, Fette anzugreifen, die auch ihrerseits weder in Wasser noch in Glycerin löslich sind". Daher heißt es im Handbuch von C. OPPENHEIMER (Die Fermente, 4. Auflage, Bd. I, S. 167 [1913]): „In Wirklichkeit ist die Lipase in Wasser, Glycerinlösungen und auch Fetten und ätherischen Fettlösungen völlig unlöslich."

[3] Diese Zs. Bd. 52, S. 279 [1907].

[1]) O. ROSENHEIM, Jl. of Physiol. Bd. 40, S. XIV [1910]; C. A. PEKELHARING, Diese Zs. Bd. 81, S. 355, und zwar S. 356 [1912]; P. RONA und Z. BIEN, Biochem. Zs. Bd. 64, S. 13, und zwar S. 14 [1914].

20 ccm eines derartigen Auszugs (68 L.E.) gaben mit der zehnfachen Menge Alkohol eine Fällung, die, mit Alkohol und Äther gewaschen und getrocknet, 0,5667 g betrug. Auf diese fällbare Substanz bezogen, ist der Lipasewert des Extraktes 1,20, die Konzentrationssteigerung in ihm gegenüber dem Drüsenpulver also geringfügig und hinter den Glycerinauszügen weit zurückstehend.

Während die Glycerinauszüge sich oft monatelang ohne Änderung des Lipasegehaltes hielten, erleidet die wäßrige Lösung schon in den ersten Stunden beträchtliche Abnahme des Enzymgehalts. Die Zersetzung wird durch sehr verschiedene Zusätze nicht aufgehalten, durch Ammonphosphat, [153] Calciumchlorid, Seife, Rohrzucker, Alanin. Nur Glycerin wirkt ausgesprochen stabilisierend.

Vom wäßrigen Auszug gaben 0,20 ccm sofort nach der Darstellung 18,1 % Spaltung, entspr. 0,68 L.E. Nach 20 Stunden dauernder Aufbewahrung unter Toluol im Eisschrank bewirkte dieselbe Menge nur noch 12,5 % Spaltung, entspr. 0,37 L.E. Daneben hatten wir eine Probe derselben Lipaselösung mit dem gleichen Volumen 87proz. Glycerin vermischt, um sie vergleichsweise nach 20 Stunden zu bestimmen. In diesem Falle bewirkten 0,40 ccm 16,5 % Spaltung, entspr. 0,60 L.E.

Es ist uns daher nie gelungen, durch Dialyse von Glycerinauszügen oder glycerinhaltigen Elutionen wäßrige Lipaselösungen zu erhalten, die wirksam waren oder durch Aktivierung Wirksamkeit gewannen. Auf wirkliche Lösungen der Lipase kann sich also die Angabe von P. Rona und Z. Bien[1] nicht beziehen: „Wurde das Pankreasextrakt 8 Tage lang in Pergamenthülsen von Schleicher und Schüll gegen häufig gewechseltes destilliertes Wasser dialysiert (in dem am Schluß der Dialyse weder Chlor noch Calcium nachweisbar war), so konnte eine sicher nachweisbare Verminderung der Fermentwirkung nicht festgestellt werden."

Der zu geringe Reinheitsgrad und die geringe Beständigkeit machen die wäßrigen Auszüge für die präparativen Zwecke unbrauchbar.

b) *Glycerinauszüge.*

Die getrocknete Drüse liefert mit reinem oder wasserhaltigem Glycerin klare, an den drei Enzymen (Lipase, Amylase, Trypsin) reiche Lösungen. Es gelingt auf diese Weise leicht, 70 bis 80% der Lipase in Lösung zu bringen, während der Rest viel schwerer in Lösung geht. Es ist wahrscheinlich, daß die getrocknete Drüse einen Teil der Lipase in Form schwer löslicher Adsorbate enthält.

Zumeist behandeln wir das feine Drüsenmehl mit dem 16fachen von 87proz. Glycerin 4 Stunden bei 30°. Den Auszug filtriert man am besten unter geringem Saugen auf der Nutsche durch ein doppeltes Filter, unten Koliertuch, oben Filtrierpapier. Für präparative Zwecke kann man auf [154] Nachwaschen verzichten; dann bleiben 3 von 16 Teilen Glycerin im Rückstand auf dem Filter und der Auszug enthält etwa 65 bis 70% der angewandten Lipase. Durch Nachwaschen kann die Ausbeute auf 80% erhöht werden. Diese Werte sind aber von der Beschaffenheit des Drüsenpulvers abhängig; ein Beispiel, das nicht zu den günstigsten zählt, sei angeführt, da in diesem Falle der Lipasegehalt des Rückstandes genauer untersucht wurde.

---

[1] Biochem. Zs. Bd. 64, S. 13, und zwar S. 26 [1914].

Von der Pankreasprobe Nr. 4 wurden 20 g mit einem Gehalt von 1605 L.E. (7,8 mg: 17,1 % Spaltung, entspr. 0,63 L.E.) mit 320 ccm Glycerin bei 30° angeschüttelt, nach 4 Stunden filtriert und der Rückstand auf der Nutsche 2mal mit je 100 ccm Glycerin nachgewaschen. Das gesamte Filtrat betrug 440 ccm, der glyceringetränkte Rückstand 52,4 g.

Vom Extrakt bewirkten 0,35 ccm 21,7 % Spaltung, entspr. 0,87 L.E., vom Rückstand 0,041 g 14,5 % Spaltung, entspr. 0,48 L.E. Daher enthielt die Lösung 1094 L.E., d. i. 68 %, der Rückstand 613 L.E., also 38 % von der Enzymmenge der Drüse.

Der Rückstand wurde ein zweites Mal mit 320 ccm Glycerin bei 30° extrahiert und zwar 18 Stunden; das Filtrat enthielt weitere 135 L.E. Den neuen Filterrückstand behandelten wir 9 Tage lang mit Glycerin bei 30° und brachten so wieder 134 L.E. in Lösung, schließlich in einer vierten, 13 Tage dauernden Extraktion noch 31 L.E. Der letzte Rückstand, eine bräunliche Masse von nicht mehr ansehnlicher Menge, enthielt nur 50 L.E., d. i. 3 % des Anfangswertes der Drüse.

Die Auflösung der lipatischen Drüsensubstanz wird durch Einwirkung von Trypsin nicht beschleunigt.

Je 25 g glycerinfeuchter Rückstand nach einmaliger Extraktion, enthaltend 295 L.E., wurden a) mit 152 ccm 87proz. Glycerin, b) mit 134 ccm 87proz. Glycerin und 18 ccm 5proz. Lösung eines stark wirksamen Trypsinpräparates des Handels 18 Stunden bei 30° behandelt. Die Filtrate enthielten a) 65 L.E., b) 55 L.E.

Aus den Glycerinextrakten läßt sich die Lipase nicht in wirksamer Form fällen. Wird die filtrierte Glycerinlösung mit Alkohol vermischt, so trübt sie sich und scheidet einen grobflockigen Niederschlag aus. Er weist einen kleinen Bruchteil der lipatischen Wirkung auf, während die alkoholische Mutterlauge gänzlich wirkungslos ist.

[155] 20 ccm Glycerinauszug, 102 L.E. enthaltend (0,10 ccm: 15,0 % Spaltung, entspr. 0,51 L.E.), wurden mit 100 ccm Alkohol vermischt, der entstandene Niederschlag in der Zentrifuge abgetrennt und sogleich mit 40 ccm Glycerin wieder angerührt. Er ging bis auf eine schwache Trübung wieder in Lösung. 0,50 ccm der neuen Glycerinlösung bewirkten 6,1 % Spaltung, entspr. 0,09 L.E. Die ganze Menge enthielt also noch 7,2 L.E., d. i. 7 % vom angewandten Enzym. Von der alkoholischen Mutterlauge ergaben 5,0 ccm keine meßbare Verseifung.

Diese Aufhebung der lipatischen Wirkung, die sich auf 9/10 des Enzyms erstreckt, tritt sofort ein. Wenn man die Glycerinlösung mit nur so viel Alkohol vermischt, daß eben eine sichtbare Trübung erfolgt, so fehlt die Lipase alsbald, obwohl die Probe für die Bestimmung zu einer ganz niederen Alkoholkonzentration verdünnt wird.

20 ccm Glycerinextrakt verdünnten wir mit 15 ccm absolutem Alkohol bis zur beginnenden Trübung. Die sofort ausgeführte Bestimmung mit 0,18 ccm ergab 4,0 % Spaltung, entspr. 0,05 L.E. Es waren also nur noch 10 L.E., d. i. 10 % der in Glycerin gelösten Lipase vorhanden.

Ähnlich wie gegen Alkohol ist das Verhalten der Lipase gegen Glykol, welches in seiner Wirkung auf das Enzym ganz verschieden vom Glycerin ist. In Glycerinextrakten und in der trockenen Drüse ist die Lipase gegen Glykol sehr empfindlich.

5 ccm vom Glycerinextrakt, enthaltend 26 L.E., wurden mit 10 ccm reinem Äthylenglykol versetzt und sofort bestimmt. Die Mischung war beim Ansetzen der Bestimmung noch klar, trübte sich aber dann nach kurzer Zeit. 0,75 ccm bewirkten 9,8 % Spaltung, entspr. 0,23 L.E.; es waren also noch 4,6 L.E., d. i. 18 % der Lipase vorhanden.

2 g Pankreasprobe Nr. 3, enthaltend 163 L.E., wurden 30 Minuten mit 10 ccm Glykol geschüttelt. Durch Absaugen und Waschen mit Aceton und Äther gewannen wir 1,40 g trockenen Rückstand neben 20 ccm Filtrat, das 10 ccm Glykol und ebensoviel Aceton enthielt. Von diesem gaben 0,15 ccm keine meßbare Verseifung. Der Rückstand enthielt noch 13 L.E., d. i. 8 % der Lipase des Ausgangsmaterials (8,8 mg bewirkten 5,4 % Spaltung, entspr. 0,08 L.E.).

Von organischen Lösungsmitteln wird für kurze Zeit verhältnismäßig gut Aceton vertragen, das, gemischt mit Wasser, als 30- und 40proz. Aceton, zum Verdünnen der Glycerinlösungen für Adsorptionsversuche Anwendung finden sollte; die [156] Beständigkeit ist indessen gegenüber dem geschützten Zustand der Lipase in der Drüse sehr vermindert.

Einen Glycerinauszug, von dem 0,50 ccm 16,6% Spaltung, entspr. 0,60 L.E. ergaben, versetzten wir mit wasserhaltigem Aceton a) mit 30proz., b) mit 40proz., und zwar 0,50 mit 9,50 ccm, und wiederholten sofort nach dem Vermischen die Bestimmung. Sie ergab a) 0,60, b) 0,60 L.E. Die Gegenwart dieser Menge Aceton stört also die Bestimmung nicht. Aber schon in 1 Stunde (Zimmertemperatur) nahm die lipatische Wirkung ab und nach 3 Stunden (30°) war nur wenig davon übrig, während der Verlust bei gleichem Verdünnen mit Wasser allein noch gering war. a) Die Spaltung nach 3 Stunden betrug 4,7%, entspr. 0,07 L.E.; b) die Spaltung nach 3 Stunden betrug 2,2%, entspr. 0,03 L.E.

Beim Verdünnen mit Wasser gibt der Glycerinauszug aus Trockenpankreas eine Trübung, die sich bei kurzem Stehen zu einem gut absitzenden, nicht eben reichlichen Niederschlag zusammenballt. Er enthält nicht viel Enzym. Von verdünnter Essigsäure wird eine reichlichere Fällung hervorgerufen, die einen etwas größeren Enzymverlust bedingt.

Je 20 ccm Glycerinauszug (aus Nr. 3), enthaltend 75 L.E., wurden a) mit 100 ccm Wasser, b) mit 100 ccm 0,01 n-Essigsäure versetzt und von dem gebildeten Niederschlag mittels der Zentrifuge getrennt. Dann ergaben 1,20 ccm der geklärten Lösung a) 17,3% Spaltung, entspr. 64 L.E. im ganzen Volumen, b) 16,1% Spaltung, entspr. 57 L.E. in der ganzen Menge. Die Niederschlagsbildung bedingte also bei dem Verdünnen mit Wasser einen Enzymverlust von 15, mit essigsäurehaltigem Wasser von 23%. Der nur mit Wasser verdünnte Extrakt gibt mit Essigsäure noch eine merkliche und bleibende Trübung.

Auf diesen Erfahrungen beruht das Verfahren, nach dem wir zumeist die Glycerinlösungen für die Reinigung der Lipase gewinnen. Das Filtrieren der Glycerinextrakte war sehr langwierig und oft schwierig ausführbar. Besonders trat dieser Übelstand bei der Verarbeitung großer Drüsenmengen hervor; wahrscheinlich ließ sich in größerem Maßstabe die Behandlung der frischen Drüsen mit Aceton, wobei sie entfettet, gehärtet, getrocknet werden, nicht so vollkommen wie in kleineren Vorproben ausführen. Das Drüsenmaterial wurde dann, vielleicht [157] infolge beginnender Zersetzung, etwas schleimig und verklebte beim Filtrieren jedes Filtermaterial und Klärmittel. Es ist daher viel zweckmäßiger, den Glycerinextrakt von der Hauptmenge der ungelösten Drüsensubstanz durch Zentrifugieren bei hoher Tourenzahl zu trennen und den noch stark getrübten Glycerinauszug mit Wasser zu verdünnen, um ihn durch erneutes Abschleudern ohne zu großen Enzymverlust vollends zu klären. Die trüben Glycerinlösungen (Rohextrakte) werden in größeren Mengen dargestellt und gesammelt; unmittelbar vor dem Versuche wird die erforderliche Menge geklärt und wegen der geringen Haltbarkeit der wäßrigen Lösungen unter Vermeidung des Stehenlassens verarbeitet.

Aus 100 g Pankreaspulver gewinnen wir durch 4- bis 8stündiges Digerieren mit Glycerin bei 30° mittels ½stündigen Zentrifugierens bei 6000 Umdrehungen in der Minute annähernd 1600 ccm trüben Rohextrakt. Von einem solchen wurden z. B. 400 ccm, enthaltend 1740 L.E. (0,20 ccm bewirkten 22,2% Spaltung, entspr. 0,89 L.E.), mit 2 l Wasser versetzt; kurzes Zentrifugieren bei geringer Tourenzahl (2500) genügte nun, um eine ganz klare Lösung abzutrennen, 2400 ccm mit 1440 L.E. (1,00 ccm bewirkte 16,5% Spaltung, entsp. 0,60 L.E.).

Die Lipaseausbeuten in den Glycerinrohextrakten beliefen sich in einigen Beispielen auf 92, 81, 84, die Ausbeuten nach dem Verdünnen und Klären auf 84, 70, 77% der angewandten Enzymmenge. Die Anzahl der Lipaseeinheiten in 20 ccm der trüben Glycerinlösungen (16 Teile Glycerin auf 1 Teil Trockenpankreas) betrug 95, 83, 87, in den entsprechenden Mengen der geklärten Lösungen 87, 72, 79, während filtrierte Auszüge aus Trockenpankreas 75 bis 80 L.E. in 20 ccm enthielten.

Einen gewissen Maßstab für den Reinheitsgrad der Lipase in den Glycerinauszügen, wenn auch keinen genauen, bietet die Menge des beim Verdünnen mit Alkohol entstehenden Niederschlags. Die alkoholische Mutterlauge ist natürlich nicht gänzlich frei von gelöster Substanz, und die Mutterlaugen aus den wasserhaltigen geklärten Extrakten werden noch mehr Rückstand enthalten als die aus den wasserfreien filtrierten [158] Glycerinlösungen. Der Reinheitsgrad wird also etwas zu günstig gefunden und verhältnismäßig günstiger für die geklärten Glycerinauszüge. Der Reinheitsgrad der Lipase steigt von der Drüse zum geklärten Glycerinauszug ungefähr auf das Dreifache an.

58 ccm eines geklärten Glycerinauszugs, enthaltend 42 L.E. (1,20 ccm:21,7% Spaltung, entsprechend 0,87 L.E.), wurden mit 580 ccm absolutem Alkohol gefällt. Der mittels der Zentrifuge abgetrennte, mit Alkohol und Äther gewaschene Niederschlag betrug 0,1331 g. Bezogen auf die Fällung war der Lipasewert der Enzymlösung 3,2.

20 ccm filtrierter Glycerinauszug (ebenfalls aus Pankreasprobe Nr. 3), enthaltend 66 L.E. (0,20 ccm:18,0% Spaltung, entsprechend 0,66 L.E.), fällten wir mit 200 ccm Alkohol. Das Gewicht des Niederschlags betrug 0,3893 g, der darauf bezogene Lipasewert des Glycerinauszugs 1,7.

5. Amylase und Trypsin in den Lipaselösungen.

Für die Beschreibung der lipatischen Glycerinauszüge ist noch ihr Gehalt an Amylase und Trypsin zu berücksichtigen.

Die Amylase wird der getrockneten Drüse durch Glycerin wie durch Wasser sehr leicht entzogen und ist daher so gut wie in ihrer ganzen Menge in allen beschriebenen Auszügen enthalten. Hingegen wird das Trypsin schwerer als die Lipase aufgelöst. In den Glycerinlösungen finden wir nur etwa die halbe tryptische Wirkung wie in der getrockneten Pankreasdrüse.

1. Amylase. Für die Bestimmung der Pankreasamylase soll in einer folgenden Abhandlung eine Methode mitgeteilt werden, die sich für den Vergleich des Enzyms in verschiedenen Reinheitsgraden eignet. Als Substrat dienen 25 ccm 1proz. Stärkelösung in 37 ccm gesamtem Volumen, Reaktionstemperatur 37°; $p_H = 6{,}8$, eingestellt mit 10 ccm Phosphatpuffer; ausgleichende Aktivierung durch 1 ccm 0,2n-NaCl-Lösung.

Als Maß dieser Amylase wird das Hundertfache der Enzymmenge gewählt, für die sich die Konstante der monomolekularen Reaktion = 0,01 ergibt, und als Amylaseeinheit (Am.E.) [159] bezeichnet. Zwischen der Enzymmenge und der Reaktionskonstanten besteht nämlich in weiten Grenzen genaue Proportionalität. Die Enzymmenge von 0,01 Am.E. bildet 25% der theoretischen Menge Maltose in 12,49 Minuten.

In der vorliegenden Untersuchung ist eine Anzahl von Amylasebestimmungen auf eine vorläufige Weise ausgeführt worden, wobei als Maß der diastatischen Wirkung die Menge der gebildeten Maltose diente. Die Bedingungen entsprachen noch nicht in allem den endgültig gewählten. Wir ließen 5 mg getrocknete Pankreasdrüse oder die entsprechende Menge einer Enzymlösung auf 25 ccm 1proz. Stärkelösung 1 Stunde bei 37° einwirken, während die Enzymmenge in den späteren Bedingungen herabgesetzt ist, damit die Spaltung den strengen Geltungsbereich der monomolekularen Reaktion, d. i. 30 bis 40% der theoretischen Maltosemenge nicht überschreitet. Die Reaktion des Mediums, eingestellt mit 10 ccm Phosphatpuffer von $p_H = 8{,}0$, war nicht die optimale. Der Aktivator fehlte.

Den gebildeten reduzierenden Zucker ermittelten wir in allen Fällen nach der Hypojoditmethode von R. Willstätter und G. Schudel[1] und berechneten ihn als Maltose.

Unter diesen Umständen lieferte die Amylase der getrockneten Drüse (Nr. 3) 153,3 mg, ein wäßriger Auszug 148,0 mg, ein filtrierter Glycerinauszug 136,0 mg, ein durch Verdünnen geklärter Glycerinauszug 149,3 mg. Der Gehalt unserer Glycerinauszüge (16 Teile Glycerin auf 1 Teil Pankreas) an Amylase in 100 ccm betrug 284 bis 300 Am.E.

2. Trypsin. Die Bestimmung der tryptischen Pankreaswirkung hat nur die Bedeutung einer vergleichenden vorläufigen Schätzung. Sie beruht auf dem in alkoholischer Lösung meßbaren Aciditätszuwachs bei der Eiweißhydrolyse. Als Substrat wird Gelatine angewandt und zwar 20 ccm einer 3proz. Lösung. Die geeignete schwach alkalische Reaktion wird mit Ammoniak-Ammoniumchlorid-Puffer von $p_H = 8{,}9$ (3,3 ccm n-NH_3 + 6,7 ccm n-NH_4Cl) eingestellt. Den Vergleich von Trypsinlösungen verschiedener Reinheitsstufen ermöglicht die [160] ausgleichende Aktivierung mit 40 mg Calciumchlorid. Die tryptische Wirkung wird mit 0,625 g getrockneter Drüse oder der dieser Menge Ausgangsmaterial entsprechenden Enzymlösung (vom Glycerinauszug 10,0 ccm) in 2 Stunden bei 30° bestimmt und mit der zur Neutralisation in 90proz. alkoholischer Lösung erforderlichen Menge 0,8n-Kalilauge ausgedrückt.

[1] Chem. Ber. Bd. 51, S. 780 [1918] (*Abh. 9*).

Die getrocknete Pankreasprobe Nr. 3, der wäßrige Auszug, die filtrierte Glycerinlösung, der geklärte Glycerinauszug ergaben folgende Werte für die Trypsinwirkung: 2,71, 1,29, 1,17, 1,47 ccm 0,8n-KOH.

II. Trennung der Lipase von Amylase und Trypsin.

1. Adsorption der Lipase durch Tonerde.

Die Lipase läßt sich aus den Glycerinauszügen durch Aluminiumhydroxyd und durch Kaolin leicht adsorbieren.

Das Bindungsvermögen des adsorbierenden Mittels soll nach dem Vorbild, das die Untersuchungen über Invertin für die Adsorption eines Enzyms aufzustellen beginnen, ausgedrückt werden durch den Adsorptionswert (A.W.), dies sei in dem vorliegenden Falle die Enzymmenge in Lipaseeinheiten, die von 1 g Adsorbens unter bestimmten Bedingungen aufgenommen wird.

Unter den vielen Faktoren, die für das Adsorptionsverhalten eines Enzyms bestimmend sind, ist in erster Linie die Darstellung und Beschaffenheit des Adsorptionsmittels zu berücksichtigen. In einer demnächst zu veröffentlichenden Abhandlung über Aluminiumhydroxyd von R. Willstätter und H. Kraut werden Darstellungsweise und Eigenschaften verschiedener für die Enzymadsorption geeigneter Tonerdesorten behandelt und es wird in einigen Beispielen auf das ungleiche Verhalten einer Sorte von Tonerde gegen verschiedene Enzyme und auf das ungleiche Verhalten verschiedener Sorten von Tonerde gegen ein und dasselbe Enzym hingewiesen.

Die in unseren Versuchen angewandten Sorten von Aluminiumhydroxyd werden in der Arbeit von Willstätter und Kraut folgendermaßen bezeichnet:

[161] Aluminiumhydroxyd *A*, durch Fällen von Aluminiumsulfat mit Ammoniak und darauffolgendes langes Kochen dargestellt, plastisch[1];

Aluminiumhydroxyd *B*, ebenso dargestellt, aber ohne längeres Kochen, plastisch;

Aluminiumhydroxyd *C*, wie *B*, aber mit sehr verdünntem Ammoniak gefällt, feinpulvrig und voluminös;

Aluminiumhydroxyd *D*, aus Kaliumaluminat mit Kohlendioxyd gefällt, mikrokrystallinisch grobpulvrig.

Von diesen Präparaten ist die Sorte *B* am geeignetsten. Bei dem Vergleiche, der in erster Linie die Isolierung der Lipase vorbereitet, ist außer auf gutes Adsorptionsvermögen auch auf die Eluierbarkeit des entstehenden Adsorbats Rücksicht zu nehmen. Die mit *B* erhaltenen Adsorbate sind gut eluierbar. Von Aluminiumhydroxyd *A* wird die Lipase weniger leicht aufgenommen, aber sie wird ebenfalls glatt eluiert. Das [162] Aluminiumhydroxyd *C* ist (wie *A*) weniger für die Adsorption geeignet und es ist ungeeignet für die Elution. Die Sorte *D* erweist sich wegen ihrer mikrokrystallinischen, grobpulvrigen Beschaffenheit am wenigsten wirksam als Adsorbens. In der

[1] R. Willstätter, Liebigs Ann. der Chemie Bd. 422, S. 47, und zwar S. 72 [1920/21]; R. Willstätter und R. Racke, ebenda Bd. 425, S. 1, und zwar S. 69 [1920/21].

Tabelle.

Vergleichende Adsorption mit verschiedenen Sorten von Aluminiumhydroxyd.
(20 ccm Glycerinauszug, verdünnt mit 100 ccm Wasser, enthaltend 1,2 ccm n-Essigsäure.)

Nr.	Datum	Sorte von Aluminiumhydroxyd	Menge des Aluminiumhydroxyds g	Adsorbierte Lipase in Proz.	Adsorptionswert
1.	20. III. 22	*A*	0,1338	76	277
2.	20. III. 22	*B*	0,0580	48	400
3.	7. VII. 22 (mit dem Auszug von Nr. 2)	*B*	0,0580	46	293
4.	17. VII. 22 (mit dem Auszug von Nr. 2)	*B* (andere Darst.)	0,0580	46	293
5.	7. VII. 22	*C*	0,0580	27	172
6.	20. III. 22	*D*	0,5920	33	26,7

voranstehenden Tabelle wird das Adsorptionsvermögen der verschiedenen Darstellungen von Aluminiumhydroxyd verglichen.

Die Lipaseadsorption ist von so zahlreichen Umständen abhängig, daß für ihre Untersuchung zunächst nur einige Umrisse oder Richtlinien gegeben werden können. Die folgenden Angaben haben nur den Sinn von Beispielen, bestimmt, die präparative Arbeit vorzubereiten. Der Vergleich wird erschwert und zum Teil unstimmig gemacht dadurch, daß verschiedene Pankreasproben, auf verschiedene Weisen gewonnene Auszüge und solche von verschiedenem Alter verwendet wurden und daß ein Teil der Versuche mit der einen, weitere mit einer anderen Sorte Aluminiumhydroxyd ausgeführt wurden.

Auch der Glyceringehalt der angewandten Lösung, der unvermeidlich ist, beeinflußt den Adsorptionswert. Daher ist die Angabe des Adsorptionswertes außer mit dem Volumen in Kubikzentimeter, das die Lipaseeinheit enthält, und dem prozentischen Betrag des adsorbierten Enzyms auch mit dem Prozentgehalt der Lösung an Glycerin zu ergänzen.

Das Verhalten der Lipase bei der Adsorption unterscheidet sich wesentlich von dem in der 4. Abhandlung über Invertin[1] näher untersuchten Verhalten des letzteren. Invertin wird mit steigendem Reinheitsgrad viel reichlicher adsorbiert, was aus vergleichenden Versuchen mit Hefeauszügen und gereinigten Invertinlösungen hervorgeht. Der Unterschied erklärt sich durch den Einfluß der mit dem Invertin assoziierten Begleitstoffe, der Hefeinhaltsstoffe, welche der Adsorption entgegenwirken. Dieser Einfluß der Begleitstoffe wird auch durch starke Verdünnung überwunden. Daher wirken die Adsorbentien auf die verdünnten Lösungen in ausgezeichneter Weise auswählend, der Adsorptionswert steigt bedeutend.

Im Gegensatz zu diesen Erfahrungen findet man bei der [163] Lipase kein Anwachsen des Adsorptionswertes 1. bei erheblich steigendem Reinheitsgrad und 2. bei größerer Verdünnung. Die Begleitstoffe üben also einen verhältnismäßig geringen

[1] Diese Zs., im Druck (*Abh. 49*).

Einfluß auf die Adsorption der Lipase aus, und zwar keinen hemmenden. Eine größere Abhängigkeit von den Beimischungen zeigt sich beim Eluieren der Adsorbate.

Ein gewisser Einfluß der Begleitstoffe besteht dennoch. Er scheint sich beim Altern einer Lipaserohlösung geltend zu machen und sich im Sinken des Adsorptionswertes zu äußern. Bei der Einwirkung von Aluminiumhydroxyd *A* auf einen (mit Wasser 5fach verdünnten) Glycerinauszug in frischem, 2 und 5 Monate altem Zustand fanden wir die Adsorptionswerte 209, 142, 133. In etwa demselben Verhältnis ist indessen der Glycerinauszug beim Altern ärmer an Lipase geworden; vielleicht hat das zerstörte Enzym gleich dem wirksamen das Adsorbens abgesättigt. Unter der Annahme, das infolge der Zersetzung fehlende Enzym sei wie das aktive adsorbiert worden, würden sich die Adsorptionswerte berechnen: 209, 194, 212 (vergleiche auch in der vorstehenden Tabelle Nr. 2 bis 4).

Bis zu einem hohen Grad der Adsorption ist der adsorbierte Betrag der Lipase, mehr als es für Invertin gilt, proportional der Adsorbensmenge, der Adsorptionswert also einigermaßen konstant und erst gegen das Ende hin sinkend.

Die Aufnahme der Lipase durch die Tonerde wird nicht in einfacher Beziehung zur Adsorbensoberfläche stehen, sondern wahrscheinlich durch chemische Affinität wesentlich beeinflußt sein. Es kann dabei eine Rolle spielen, daß die elektronegativen Eigenschaften des amphoteren Enzyms durch den Zusatz von Glycerin gesteigert werden, wie es von anderen amphoteren Stoffen in Glycerinlösung bekannt ist[1].

Die Unterschiede im Verhalten von Invertin und Lipase beruhen wahrscheinlich auf der Verschiedenheit ihrer elektrochemischen Natur; die sauren Eigenschaften erscheinen bei der Lipase ausgeprägter, vielleicht auch die basischen.

[164] Adsorption mit verschiedenen Mengen von Tonerde.

In dem folgenden Beispiel 1 erstreckt sich die annähernde Proportionalität zwischen den Mengen von Adsorbens und adsorbierter Lipase bis zu einem recht hohen Adsorptionsgrad. In den Versuchen 5 und 6 sinkt der Adsorptionswert schon beträchtlich von einem etwas früheren Grade der Adsorption an. Der Unterschied mag dadurch erklärt werden, daß für die letzten Anteile des Enzyms die Proportionalität ganz unsicher ist. Es kommt vor, daß noch bis über 90% die Lipase glatt adsorbiert wird, und anderseits, daß die letzten kleinen Anteile eine unverhältnismäßig große Menge Adsorbens erfordern. In den Beispielen 5b und 6b würde man mit weniger Aluminiumhydroxyd einen weit höheren Adsorptionswert finden.

Versuch 1. 50 ccm filtrierten Glycerinauszug aus Pankreasprobe Nr. 4, enthaltend 194 L.E. (0,25 ccm: 23,5% Spaltung, 0,97 L.E.), verdünnte man mit 250 ccm Wasser und schüttelte mit a) 16, b) 32, c) 50 ccm Tonerdesuspension (Sorte *A*). Nach der Abtrennung des Adsorbats mittels der Zentrifuge bestimmten wir die Adsorptionsrestlösung, die 305, 310, 315 ccm betrug.

a) 1,50 ccm	Restlösung	bewirkten 14,3%	Spaltung,	entspr.	0,47 L.E.
b) 3,00 ccm	,,	,, 6,7%	,,	,,	0,11 ,,
c) 6,00 ccm	,,	,, 6,6%	,,	,,	0,11 ,,

a) 0,486 g	Al_2O_3 ads.	98 L.E.	= 49%,	A.W. 202
b) 0,973 g	,, ,,	183 ,,	= 95%,	,, 188
c) 1,520 g	,, ,,	188 ,,	= 97%,	,, 124.

Versuch 2. 2400 ccm geklärter, 15% Glycerin enth. Auszug mit einem Gehalt von 1440 L.E. (1,00 ccm: 16,5% Spaltung, 0,60 L.E.) wurden mit 24,0 ccm n-Essigsäure und a) 225, b) 375 ccm Aluminiumhydroxyd *C* versetzt.

[1] W. Löffler und K. Spiro, Helvet. chim. acta Bd. 2, S. 533, und zwar S. 540 [1919]; R. Willstätter und E. Waldschmidt-Leitz, Chem. Ber. Bd. 54, S. 2988, und zwar S. 2991 [1921].

a) 2,00 ccm Restlösung bewirkten 16,1 % Spaltung, entspr. 0,57 L.E.
b) 2,00 ccm „ „ 11,2 % „ „ 0,29 „
a) 6,00 g Al_2O_3 ads. 713 L.E. = 50 %, A.W. 119
b) 10,00 g „ „ 1056 „ = 73 %, „ 106

Versuch 3. 20 ccm filtrierten Glycerinauszug aus Pankreasprobe Nr. 4, enthaltend 48,7 L.E. (0,275 ccm: 18,0 % Spaltung, 0,67 L.E.), verdünnten wir nach Ansäuern mit 1,2 ccm n-Essigsäure mit 100 ccm Wasser und schüttelten ihn mit a) 40 ccm, b) 60 ccm Tonerdesuspension *D*; durch Abschleudern mittels der Zentrifuge erhielten wir a) 160, b) 172 ccm Restlösung, die wir bestimmten.

a) 2,22 ccm Restlösung bewirkten 15,3 % Spaltung, entspr. 0,52 L.E.
b) 4,76 ccm „ „ 22,3 % „ „ 0,91 „
a) 0,3948 g Al_2O_3 ads. 11,2 L.E. = 23 %, A.W. 28,4
b) 0,5922 g „ „ 15,8 „ = 33 %, „ 26,7

[165] Versuch 4. 20 ccm des im Versuch 3 angewandten Glycerinauszugs (enth. 48,7 L.E.) säuerten wir mit 1,2 ccm n-Essigsäure an und versetzten mit a) 10 ccm, b) 20 ccm Tonerdesuspension (Darst. *B*); nach dem Abschleudern in der Zentrifuge verblieben a) 131, b) 138 ccm Adsorptionsrestlösung.

a) 3,60 ccm Restlösung bewirkten 16,9 % Spaltung, entspr. 0,62 L.E.
b) 3,88 ccm „ „ 5,5 % „ „ 0,08 „
a) 0,1095 g Al_2O_3 ads. 26,1 L.E. = 54 %, A.W. 238
b) 0,2190 g „ „ 45,9 „ = 94 %, „ 210

Versuch 5. 164 ccm filtrierter Glycerinauszug wurden mit 830 ccm Wasser verdünnt; Gehalt an Glycerin 15 %, Lipasemenge 836 L.E. (0,10 ccm: 15,0 % Spaltung, 0,51 L.E.). Nach Ansäuern mit 10,0 ccm n-Essigsäure erfolgte die Adsorption a) mit 110 ccm Aluminiumhydroxyd *A*, b) wiederholt mit derselben Menge.

a) 3,25 ccm Restlösung bewirkten 16,1 % Spaltung, entspr. 0,57 L.E.
b) 350 ccm „ „ 6,0 % „ „ 0,9 „
a) 3,344 g Al_2O_3 ads. 650 L.E. = 73 %, A.W. 194
b) 6,688 g „ „ 806 „ = 94 %, „ 121

Versuch 6. Von einer Elution aus Tonerdeadsorbat, befreit von Phosphat, 25 % Glycerin enth., mit einem Gehalt von 45 L.E. in 100 ccm (1,78 ccm: 20,5 % Spaltung, 0,80 L.E.), mit 1 % n-Essigsäure angesäuert, wurden a) 100 ccm mit 5,0 ccm Tonerdesuspension *A*, b) 250 ccm mit 20,0 ccm Tonerde behandelt.

a) 3,74 ccm Restlösung bewirkten 10,4 % Spaltung, entspr. 0,25 L.E.
b) 3,74 ccm „ „ 7,2 % „ „ 0,12 „
a) 0,152 g Al_2O_3 ads. 38 L.E. = 84 %, A.W. 250
b) 0,608 g „ „ 104,5 „ = 93 %, „ 172

Die Adsorption aus saurer Lösung,

die zur Trennung von den begleitenden Enzymen wichtig ist, erfordert mindestens die gleiche Menge Aluminiumhydroxyd wie die Adsorption aus neutraler Flüssigkeit.

Versuch 7. 10 ccm Glycerinauszug, enthaltend 46 L.E. (0,20 ccm: 22,6 % Spaltung, 0,92 L.E.), verdünnten wir a) mit 50 ccm Wasser, b) ebenso unter Zusatz von 0,5 ccm n-Essigsäure. Zur Adsorption dienten je 0,304 g Al_2O_3 (Darst. *A*).

a) 2,72 ccm Restlösung bewirkten 6,6 % Spaltung, entspr. 0,11 L.E.; ads. 43,2 L.E.
b) 2,72 ccm „ „ 10,3 % „ „ 0,24 „ „ 40 „

Adsorption aus verdünnter Lösung.

Mit der annähernden Proportionalität zwischen Adsorbens und adsorbierter Lipase ist es nicht leicht in Einklang zu bringen, daß die [166] Lipase aus dem Glycerinauszug bei stärkerer Verdünnung in geringerem Maße durch Tonerde adsorbiert wird. Aber für die Adsorption aus verdünnter Lösung sind die Bedingungen nicht ganz dieselben wie für die Adsorption zum Beispiel des letzten Fünftels unter den üblichen Umständen. So ist in den zwei Fällen ungleich das Verhältnis zwischen dem adsorbierten Enzym und der Menge seiner Begleitstoffe. — Um eine Zersetzung des Enzyms zu vermeiden und um die Versuchsverhältnisse vergleichbar zu machen, stellten wir auch beim Verdünnen den Glyceringehalt von 15 % her.

Versuch 8. 20 ccm Glycerinauszug aus Pankreasprobe Nr. 4, enthaltend 44 L.E. (0,275 ccm: 16,8 % Spaltung, 0,61 L.E.), wurden a) mit 100 ccm Wasser verdünnt und nach Zusatz von 1,2 ccm n-CH_3COOH mit 6,2 ccm Tonerdesuspension *B* geschüttelt; b) mit 500 ccm Wasser und 80 ccm Glycerin verdünnt und in derselben Weise angesäuert und mit Aluminiumhydroxyd behandelt.

a) 1,74 ccm Restlösung bewirkten 10,6 % Spaltung, entspr. 0,27 L.E.
b) 8,39 ccm „ „ 14,5 % „ „ 0,48 „

a) 0,058 g Al_2O_3 ads. 25 L.E. = 57 %, A.W. 431
b) 0,058 g „ „ 10 „ = 23 %, „ 172.

Zusatz von Aceton befördert die Adsorption.

Versuch 9. Auf je 50 ccm Glycerinauszug, enthaltend 194 L.E., ließen wir 0,486 g Tonerdepräparat *A* einwirken nach Verdünnung mit a) 250 ccm Wasser, b) 160 ccm Wasser + 90 ccm Aceton (Acetongehalt der Flüssigkeit 30 %), c) 130 ccm Wasser + 120 ccm Aceton (Acetongehalt der Flüssigkeit etwa 40 %).

a) 3,00 ccm Restlösung bewirkten 22,9 % Spaltung, entspr. 0,93 L.E.
b) 3,00 ccm „ „ 17,4 % „ „ 0,64 „
c) 3,00 ccm „ „ 14,3 % „ „ 0,47 „

Die adsorbierten Mengen betrugen 98, 129 und 146 L.E., entspr. 49, 66 und 75 %. Auf die Abtrennung der Amylase wirkt der Zusatz von Aceton störend, da sie in acetonhaltiger Lösung reichlicher als in wäßriger in Tonerde übergeht.

Vergleich der filtrierten und geklärten Auszüge.

Trotz des verschiedenen Reinheitsgrades dieser Auszüge, deren Trockenrückstände, auf gleiche Anzahl von L.E. bezogen, etwa dem Verhältnis 3 : 1 entsprechen, erfolgt die Adsorption der Lipase aus ihnen in gleichem Maße.

Versuch 10. a) Filtrierter Auszug. 20 ccm Glycerinauszug aus Pankreasprobe Nr. 3, enthaltend 75 L.E. (0,20 ccm: 19,5 % Spaltung, 0,75 L.E.), verdünnten wir mit 100 ccm Wasser und prüften nach Zusatz von 1,2 ccm n-Essigsäure die Adsorption mit 20 ccm Tonerdesuspension *B* (0,186 g Al_2O_3).

[167] 2,72 ccm Restlösung bewirkten 12,2 % Spaltung, entspr. 0,35 L.E.

57 L.E. = 76 % waren adsorbiert, A.W. (1,9 ccm) 306.

b) Geklärter Auszug. 120 ccm durch Verdünnen mit Wasser geklärter Glycerinauszug aus Probe Nr. 3, enthaltend 91 L.E. (1,20 ccm: 22,4 %, 0,91 L.E.), wurden mit 1,2 ccm n-Essigsäure angesäuert und mit dem $1^1/_2$fachen der oben angewandten Tonerde behandelt.

2,72 ccm Restlösung bewirkten 7,9 % Spaltung, entspr. 0,15 L.E.

Adsorbiert waren 83 L.E. = 91 %, A.W. (1,65 ccm) 297.

Einfluß des Reinheitsgrades.

Aus den Versuchen 11 bis 13 folgt, daß der Adsorptionswert nicht mit steigendem Reinheitsgrade der Lipase zunimmt.

Versuch 11. a) 100 ccm Glycerinauszug mit 385 L.E. (0,20 ccm: 19,9 % Spaltung, 0,77 L.E.) wurden mit 500 ccm Wasser und 7 ccm n-Essigsäure vermischt und mit 65 ccm Aluminiumhydroxyd *A* behandelt.

6,00 ccm Restlösung bewirkten 10,1 % Spaltung, entspr. 0,24 L.E.

b) Von der aus dem Adsorbate gewonnenen Elution unterwarfen wir nach Ausfällung der Phosphorsäure 250 ccm von neuem der Adsorption mit Tonerde; vergleiche die Bestimmungen im Versuche 6b.

a) 1.976 g Al_2O_3 ads. 360 L.E.; A.W. 182 (94 % ads., 1 L.E. in 1,7 ccm).
b) 0,608 g Al_2O_3 ads. 104,5 L.E., A.W. 172 (93 % ads., 1 L.E. in 2,4 ccm).

Versuch 12. a) Zur Adsorption mit 100 ccm Tonerdesuspension *A* dienten 100 ccm Glycerinauszug (Gehalt 375 L.E., vgl. Vers 10a), verdünnt mit 500 ccm Wasser unter Zusatz von 6,0 ccm n-Essigsäure.

2,72 ccm Restlösung bewirkten 6,5 % Spaltung, entspr. 0,11 L.E.

b) 800 ccm Elution aus diesem Adsorbate, 50 % Glycerin enthaltend, wurden mit 800 ccm Wasser und 19 ccm n-Essigsäure versetzt und mit 50 ccm der Tonerdesuspension behandelt.

8,08 ccm Restlösung bewirkten 6,2 % Spaltung, entspr. 0,09 L.E.

a) 3,040 g Al_2O_3 ads. 347,5 L.E.; A.W. 114 (93 % ads., 1,85 ccm für 1 L.E.).
b) 1,520 g Al_2O_3 ads. 133 L.E.; A.W. 87,5 (89 % ads., 11,0 ccm für 1 L.E.).

Versuch 13. Aus dem geklärten Glycerinauszug des Versuchs 2 wurde ein Tonerdeadsorbat gewonnen und eluiert. 2150 ccm der Elution, die 16% Glycerin enthielt, säuerten wir mit 25 ccm n-Essigsäure an und adsorbierten die Lipase zum zweiten Male mit 225 ccm Tonerdesuspension *C*.

3,00 ccm Restlösung bewirkten 3,1% Spaltung, entspr. 0,04 L.E.

Durch 6,0 g Al_2O_3 waren von 440 L.E. der Elution 409 L.E. adsorbiert.

1. Adsorption A.W. 106 (73% ads., 1 L.E. in 1,9 ccm).
2. „ „ 83 (93% „ 1 „ „ 5,4 ccm).

[168] *Hinderung der Adsorption durch Phosphorsäure.*

Die Lipase wird aus phosphorsäure- oder alkaliphosphathaltiger Lösung auch von großen Mengen Aluminiumhydroxyd nur in sehr geringem Maße aufgenommen; Zusatz von Albumin zur phosphorsäurehaltigen Flüssigkeit hindert die Adsorption gänzlich. Für die Elution zu präparativen Zwecken sind allein Alkaliphosphate geeignet. Daher muß man, um die Elutionen zur vollständigen Entfernung der Amylase ein zweites Mal der Tonerdeadsorption unterziehen zu können, zuvor die Phosphorsäure quantitativ ausfällen.

Versuch 14. Von einer alkalischen, phosphathaltigen Elution aus Tonerdeadsorbat wurden 91 ccm, die 60 L.E. enthielten, mit 3,5 ccm n-Essigsäure angesäuert und mit 30 ccm Tonerdesuspension *B* (0,279 g Al_2O_3) behandelt, einer unter gewöhnlichen Bedingungen zu reichlicher Adsorption genügenden Menge.

1,31 ccm Restlösung bewirkten 16,0% Spaltung, entspr. 0,61 L.E.

Es waren also 4 L.E. d. i. 7% der Lipase adsorbiert.

Versuch 15. Je 40 ccm einer phosphathaltigen Elution, die 13 L.E. enthielten (2,50 ccm: 20,7% Spaltung, 0,81 L.E.), behandelten wir nach dem Ansäuern mit 0,8 ccm n-Essigsäure mit 8 ccm Tonerde *A* (0,243 g) unter Zusatz von a) 3,0 ccm Wasser, b) 3,0 ccm 3proz. Albuminlösung.

a) 3,13 ccm Restlösung bewirkten 19,7% Spaltung, entspr. 0,76 L.E.
b) 3,13 ccm „ „ 20,7% „ „ 0,81 „

Adsorbiert waren also a) 0,9, b) 0 L.E.

2. Elution der Lipase aus dem Tonerdeadsorbat.

Aus den Tonerdeadsorbaten läßt sich die Lipase in den meisten Fällen durch sehr verdünntes Ammoniak ($^n/_{50}$) teilweise eluieren, allein die Elutionsausbeuten schwanken in weiten Grenzen je nach Herkunft und Alter der Lipaselösungen, aus denen die Adsorbate gewonnen sind.

Glycerinauszüge aus Pankreasprobe Nr. 1 lieferten in frischem Zustand Adsorbate, die fast gar kein Enzym an Ammoniak abgaben; die Eluierbarkeit verbesserte sich indessen bei monatelangem Altern dieser Glycerinauszüge. Die aus einem anderen Drüsenmaterial, der Pankreasprobe Nr. 4 (Pankreasdrüsen von Schweinen aus dem Bakonyerwalde; hell, verkalkt und stark fetthaltig), gewonnenen Glycerinauszüge gaben Adsorbate, die schon in frischem Zustand mit 30% Ausbeute [169] von Ammoniak eluiert wurden, nicht günstiger nach monatelangem Stehen der Glycerinextrakte. Die Pankreasprobe Nr. 3, bei deren Trocknung infolge der großen Masse der zu verarbeitenden Drüsen Zersetzungsvorgänge begonnen zu haben scheinen, verhielt sich abweichend und zwar günstig. Die daraus und sogar aus frischen Glycerinauszügen gewonnenen Adsorbate gaben den größeren Teil der Lipase an $^n/_{50}$-Ammoniak ab.

Diese Unterschiede lassen sich nur verstehen, wenn man wie beim Invertin[1] den Einfluß der begleitenden Stoffe berücksichtigt. Die Elution der Lipase durch Ammoniak scheint durch gewisse in wechselnder Menge mit dem Enzym assoziierte Begleiter, Koeluentien, bedingt zu werden. Der Gehalt der Glycerinauszüge an Koeluentien ist von der Beschaffenheit des Ausgangsmaterials und von den in den Glycerinlösungen beim Aufbewahren verlaufenden Abbauvorgängen abhängig.

Versuch 1. a) Aus 50 ccm Glycerinauszug (Pankreasprobe Nr. 1) wurde mit 1,520 g Al_2O_3 (Darst. *A*) ein Adsorbat, 318 L.E. enthaltend, gewonnen. Zur Elution diente das Gemisch von 50 ccm 87proz. Glycerin, 75 ccm Wasser und 2,5 ccm n-NH_3. Da 10 ccm Elution 4,1% Spaltung, entspr. 0,05 L.E., bewirkten, so waren 0,63 L.E. eluiert.

b) Aus demselben Auszug (24 ccm) wurde nach 2 Monaten mit 0,760 g Al_2O_3 ein 108 L.E. enthaltendes Adsorbat dargestellt. Elution mit 1,2 ccm n-NH_3 + 24 ccm Glycerin + 35 ccm Wasser. 0,63 ccm der Elution bewirkten 13,6% Spaltung, entspr. 0,43 L.E.

Daher enthielt die ganze Elution, deren Abtrennung ohne Verlust gedacht ist, 41 L.E., d. i. 38% der möglichen Menge.

c) Nach 5 Monate langem Aufbewahren des Auszugs eluierten wir ein Adsorbat von 81 L.E. in 0,608 g Al_2O_3 *A* mit 1,0 ccm n-NH_3 + 20 ccm Glycerin + 30 ccm Wasser. Von der Elution bewirkten 0,50 ccm 9,8% Spaltung, entspr. 0,23 L.E.

Die Elutionsausbeute war also 23 L.-E. = 29% vom Enzym des Adsorbates.

Versuch 2. Das Tonerdeadsorbat war aus frischem Glycerinauszug der Pankreasprobe Nr. 3 gewonnen und enthielt in 0,304 g Al_2O_3 (Präp. *A*) 43 L.E. Nach der Elution mit 1,0 ccm n-NH_3 + 29 ccm Wasser + 20 ccm Glycerin bewirkte 1,00 ccm der Lösung 15,4% Spaltung, entspr. 0,53 L.E.

Es waren also 26,5 L.-E., d. i. 62% eluiert.

[170] Ohne merklichen Einfluß dieser schwer zu kontrollierenden Koeluentien gelingt die Elution der Tonerdeadsorbate glatt und mit guter Ausbeute mit glycerinhaltigen Alkaliphosphatlösungen, die im Verhältnis $(NH_4)_3PO_4 : 2(NH_4)_2HPO_4$ zusammengesetzt sind ($2^1/_3$-NH_4-Phosphat*). Die Ausbeuten beim Eluieren der ersten Tonerdeadsorbate bewegen sich zwischen 75 und 90%, beim Eluieren der zweiten Adsorbate sind sie noch etwas günstiger, wenn ein geeignetes Präparat von Aluminiumhydroxyd (*A* und *B*, nicht *C*) dafür angewandt wird.

Versuch 3. Übereinstimmend mit dem Versuch 2 diente das Adsorbat mit 43 L.E. zur Elution. Sie wurde mit dem Gemisch von 30 ccm 1proz. $(NH_4)_2HPO_4$, 1,6 ccm n-NH_3 und 20 ccm 87proz. Glycerin ausgeführt. 1,00 ccm der Elution bewirkte 17,5% Spaltung, entspr. 0,65 L.E.

Die Elution enthielt also 34 L.E., d. i. fast 80%.

Versuch 4. Das Adsorbat war aus dem Glycerinauszug der Pankreasprobe Nr. 4 mit 3,952 g Al_2O_3 (Sorte *A*) gewonnen und enthielt 729 L.E. Wir eluierten dasselbe 2mal mit je 500 ccm der Mischung von 200 ccm Glycerin, 288 ccm 1proz. Diammonphosphat und 12 ccm n-NH_3. Von den vereinigten Elutionen bewirkte 1,00 ccm 18,5% Spaltung, entspr. 0,69 L.E.

Daher belief sich die Elutionsausbeute (die kleinen Verluste beim Abtrennen der Tonerde bleiben unberücksichtigt) auf 690 L.E., entsprechend 94% der adsorbierten Lipase.

Mit der angegebenen alkalischen Phosphatlösung waren die Resultate bei den Elutionen am gleichmäßigsten, aber mit mehr oder weniger alkalischem Phosphat,

---

[1] R. WILLSTÄTTER und F. RACKE, Liebigs Ann. der Chem., Bd. 245, S. 1, und zwar S. 57 [1920/21].

* *Diese Angabe ist irrtümlich, sie ist in der V. Abh. dieser Reihe (und zwar S. 229, Fußnote) berichtigt worden. Die Zusammensetzung der Phosphatmischung entspricht der Formel*

$$2(NH_4)_3PO_4 : 3(NH_4)_2HPO_4,$$

also einem $2^2/_3$-basischen Phosphat. Die diesbezüglichen Angaben in den folgenden Seiten sind demgemäß hier korrigiert.

von tertiärem bis zu primärem, war die Zerlegung der Adsorbate gleichfalls möglich, wenn auch mit stark schwankender Ausbeute. Ein aus Glycerinextrakt der Pankreasprobe Nr. 4 stammendes, durch zweimalige Überführung in Tonerde gewonnenes Adsorbat gab an primäres, sekundäres und tertiäres Ammoniumphosphat von entsprechendem Prozentgehalt wie im Versuche 4 67 und 55 und 56% der Lipase ab. In einem genau analogen Versuche der Verarbeitung von Pankreasprobe Nr. 3 wurden aber nur 14% der Lipase durch primäres, 42% durch alkalisches Phosphat ($2^2/_3$-Ammoniumphosphat) eluiert. Das Eluens wirkt also nicht durch eine bestimmte Acidität, sondern durch einen spezifischen Einfluß des Phosphations. Dieses kann aber durch analoge Ionen [171] ersetzt werden, wie es im folgenden Versuche mit Arsenat gelungen ist.

Versuch 5. Das Tonerdeadsorbat war aus 180 ccm geklärtem Glycerinauszug von Pankreasprobe Nr. 3 mit 0,419 g Al_2O_3 (Darst. *B*) gewonnen und enthielt 108 L.E. Die Elution führten wir zweimal mit je 40 ccm 1 proz. primärem Kaliumarsenat + 6,0 ccm n-NH_3 unter Zusatz von 30 ccm 87 proz. Glycerin aus. Da 1,00 ccm der vereinigten Elutionen 16,6% Spaltung, entsprechend 0,60 L.E. bewirkte, so waren insgesamt 85 L.E., d. i. 80% des adsorbierten Enzyms, eluiert.

Im Parallelversuch mit $2^2/_3$-basischem Ammonphosphat betrug die Elutionsausbeute genau übereinstimmend 80%.

Für die Darstellung der Elutionen in präparativem Maßstab ist auch ein Gehalt des Eluens an Glycerin, und zwar ein beträchtlicher, unersetzlich, da nur dadurch die Inaktivierung der Lipase in wäßriger Lösung hintangehalten werden kann. Für die Zerlegung der Tonerdeadsorbate dient in den folgenden Arbeiten eine Lösung von $2^2/_3$-basischem Ammonphosphat, die aus 57 Volumteilen 1 proz. Diammonphosphatlösung, 3 Teilen n-NH_3 und 40 Teilen 87 proz. Glycerin besteht und die öfters kurz als „Ammonphosphat" bezeichnet werden soll. Dieser Gehalt des Eluens von 33% Glycerin genügt zur Stabilisierung für die Dauer von Tagen, solange die Elution Phosphat enthält, das gleichfalls eine gewisse Schutzwirkung ausübt. Phosphatfreie Lösungen bedürfen eines noch höheren Glyceringehalts, ungefähr 50%. Die Ausfällung der Phosphorsäure mußte, da bei Gegenwart von Phosphat die Adsorption durch Aluminiumhydroxyd nicht ausführbar ist, der wiederholten Überführung des Enzyms in Tonerde vorangehen. Die Abscheidung der Phosphorsäure mit Magnesiamischung führt leicht, besonders bei höherer Glycerinkonzentration, zu bedeutendem Verlust von Lipase. Es ist daher zweckmäßig, die Fällung bei einer Konzentration des Glycerins von nur 10 bis 15% vorzunehmen und das Fällungsmittel langsam unter kräftigem Durchschütteln einzutragen. Unter diesen Vorsichtsmaßregeln läßt sich der Verlust auf 10 bis 15% einschränken.

Versuch 6, Ausfällung der Phosphorsäure. 455 ccm Elution aus Tonerde mit 555 L.E. (0,50 ccm: 16,8% Spaltung, 0,61 L.E.) enthielten 259 ccm 1 proz. $(NH_4)_2HPO_4$ und 182 ccm 87 proz. Glycerin. Zur [172] Abscheidung der Phosphorsäure verdünnten wir die Flüssigkeit mit dem gleichen Volumen Wasser und versetzten sie mit 21,0 ccm n-NH_4Cl und 21,0 ccm n-NH_3. Dann fügten wir unter Schütteln allmählich 46 ccm einer 10 proz. Lösung von $Mg(O_2CCH_3)_2 \cdot 4\,H_2O$ hinzu und filtrierten alsbald von dem krystallinischen Niederschlag ab.

Von den 980 ccm Filtrat bewirkten 1,10 ccm 15,7% Spaltung, entsprechend 0,55 L.E. Es enthielt also im ganzen 490 L.E. Der Verlust beim Fällen und Filtrieren betrug 12%.

Versuch 7, Haltbarkeit bei Gegenwart von Glycerin. Von einer 35% Glycerin enthaltenden Ammonphosphatelution aus Tonerdeadsorbat bewirkten 0,62 ccm, sofort nach der Herstellung bestimmt, 1,73 % Spaltung, entsprechend 0,63 L.-E. Nach a) 2- und b) 4tägigem Aufbewahren im Eisschrank wurde gefunden: a) 17,0 % Spaltung, entsprechend 0,62 L.E., und b) 16,0 % Spaltung, entsprechend 0,57 L.E.

Versuch 8, Haltbarkeit mit Glycerin, aber ohne Phosphat. Eine 33 % Glycerin enthaltende Ammonphosphatelution wurde mit dem gleichen Volumen Wasser verdünnt und in der beschriebenen Weise von Phosphorsäure befreit. Ein Teil des Filtrats, dessen Glyceringehalt noch 16 % betrug, wurde unverändert aufbewahrt, ein anderer Teil auf einen Glyceringehalt von 50 % gebracht.

Glyceringehalt	L.E. nach 0	22	70	118 Stunden
16 %	0,57	0,11	0,04	—
50 %	0,57	0,56	0,56	0,40

Die Lösung der schon einigermaßen reinen Lipase bleibt also bei genügender Glycerinkonzentration mehrere Tage unversehrt. In diesem Reinheitsgrad, namentlich nach der Abtrennung der Amylase und des Trypsins, zeigt sich die Lipase in verdünnterem Glycerin viel unbeständiger, wofür nicht die Alkalität der Lösung verantwortlich ist.

Versuch 9. 850 ccm einer von Phosphat befreiten ammoniakalischen Tonerdeelution mit 16 % Glyceringehalt wurden mit 7,0 ccm n-Essigsäure auf Lackmus neutralisiert und aufbewahrt. Vor der Neutralisation bewirkten 1,10 ccm der Elution 15,7 % Spaltung, entsprechend 0,55 L.E. Nach 20 Stunden bewirkten 1,11 ccmm der neutralisierten Lösung noch 11,7 % Spaltung, entsprechend 0,32 L.E.

3. Trennung der Enzyme durch wiederholte Adsorption aus saurer Lösung.

a) Trennung der Lipase von den begleitenden Enzymen.

Ein Ziel der Adsorptionsvornahmen war die Trennung der Lipase von den anderen Pankreasenzymen, und ein Kriterium [173] für den Erfolg der Methodik war die enzymatische Einheitlichkeit der Lipase.

Die Tonerdeadsorbate, gewonnen aus neutralen Lösungen, führen einen wesentlichen Teil des Trypsins und der Amylase mit, wenn diese Erscheinung, wenigstens soweit sie die Amylase betrifft, auch nur auf den Einfluß der nichtenzymatischen Beimischungen in den Drüsenauszügen zurückzuführen ist.

Versuch 1, für den ein filtrierter Glycerinauszug aus Pankreasprobe Nr. 3 diente.

0,125 ccm bewirkten 15,1 % Ölspaltung, entsprechend 0,51 L.E.

0,10 ccm lieferten mit 25 ccm 1proz. Stärkelösung (p_H 8,0) bei 37° in 60 Minuten 133,4 mg Maltose.

10,0 ccm gaben mit 0,60 g Gelatine (p_H 8,9) bei 30° in 2 Stunden Aciditätszunahme entsprechend 1,17 ccm 0,8 n-KOH.

Von diesem Auszug wurden 200 ccm mit 1 l Wasser verdünnt und mit der Suspension von 6,08 g Al_2O_3 (Präp. *A*) adsorbiert. Nach dem Abschleudern des Adsorbats und Waschen mit Wasser in der Zentrifuge eluierten wir dasselbe 2mal mit je 250 ccm „Ammonphosphat". So gewannen wir 1360 ccm Adsorptionsrestlösung und 500 ccm vereinigte Elutionen.

3,40 ccm Restlösung bewirkten 5,4 % Ölspaltung, entsprechend 0,11 L.E.; 0,625 ccm Elution 21,1 % Spaltung, entsprechend 0,85 L.E.

0,68 ccm Restlösung lieferten 122,4 mg Maltose; 0,25 ccm Elution 90,1 mg Maltose.

68 ccm Restlösung gaben mit Gelatine Aciditätszunahme von 0,56 ccm 0,8 n-KOH; 25,0 ccm Elution Zunahme von 0,83 ccm 0,8 n-KOH.

Die Elution enthielt also ungefähr von der Lipase $^4/_5$, vom Trypsin $^2/_3$, von der Amylase $^1/_3$.

Es gelang, die Abtrennung der Lipase wesentlich zu verbessern, indem die Adsorption aus saurer Lösung, zweckmäßig 0,01 n-essigsaurer, vorgenommen wurde.

Versuch 2 mit filtriertem Glycerinauszug aus Pankreasprobe Nr. 3.

0,20 ccm bewirkten 22,7% Ölspaltung, entsprechend 0,92 L.E.

0,08 ccm lieferten 115,0 mg Maltose.

10,0 ccm gaben mit Gelatine Aciditätszunahme von 0,98 ccm 0,8 n-KOH.

40 ccm Glycerinauszug verdünnten wir mit dem 5 fachen Volumen Wasser und adsorbierten nach Ansäuern mit 2,4 ccm n-Essigsäure mit 1,216 g Al_2O_3 (Sorte *A*). Das mittels der Zentrifuge abgetrennte und gewaschene Adsorbat wurde 2 mal mit je 100 ccm „Ammonphosphat" eluiert. Restlösung 272 ccm und Elution 200 ccm.

2,72 ccm Restlösung bewirkten 11,2% Ölspaltung, entsprechend 0,29 L.E.; 1,00 ccm Elution 19,5% Ölspaltung, entsprechend 0,75 L.E.

[174] 0,544 ccm Restlösung lieferten 105,8 mg Maltose; 0,20 ccm Elution lieferten 9,7 mg Maltose.

68,0 ccm Restlösung gaben mit Gelatine Aciditätszunahme, entsprechend 0,97 ccm 0,8 n-KOH; 25,0 ccm Elution Zunahme entsprechend 0,21 ccm 0,8 n-KOH.

Die Lipase ist infolge des Säurezusatzes beim Adsorbieren nur von etwa $^1/_{20}$ der Amylase und weniger als $^1/_5$ des Trypsins in der Elution begleitet.

Die Ergebnisse dieser beiden Versuche sind, bezogen auf aliquote Teile der Lösungen, in der folgenden Übersicht zusammengestellt.

	Lipase L.E.	Amylase mg Maltose	Trypsin ccm 0,8 n-KOH
1. Versuch mit neutraler Adsorption			
Glycerinauszug	0,51	133,4	1,17
Adsorptionsrestlösung	0,03	122,4	0,56
Elution	0,43	90,1	0,83
2. Versuch, Adsorption bei saurer Reaktion			
Glycerinauszug	0,92	115,0	0,98
Adsorptionsrestlösung	0,15	105,8	0,97
Elution	0,75	9,7	0,21

Auch bei wäßrigen Auszügen aus der Drüse ist diese enzymatische Fraktionierung gut gelungen. Da nun bei der Adsorption aus saurer Lösung die Hauptmenge der begleitenden Enzyme in der Restlösung zurückgelassen wird, so bedarf es nur einer Wiederholung des Adsorptions- und Elutionsprozesses, um die Lipase vollkommen von Amylase und Trypsin zu befreien. Die erste Elution wird zu diesem Zweck von Phosphorsäure befreit und die Überführung des Enzyms aus essigsaurer Flüssigkeit in Aluminiumhydroxyd zum zweiten Male vorgenommen. In der nunmehr mit Phosphat gebildeten Elution kommen Amylase und Trypsin nicht mehr in meßbaren Mengen vor.

Es beruht wohl auf dem Fehlen elektronegativer Eigenschaften, daß die Amylase in der Adsorptionsrestlösung zurückbleibt; sie wird vom Aluminiumhydroxyd viel schwieriger adsorbiert. Es ist nicht eine Wirkung von Beimischungen in der Lösung, daß die Amylase dem Aluminiumhydroxyd entzogen wird, sondern im Gegenteil, soweit sie in das Adsorbat mitgeführt wird, [175] ist dies eine Wirkung der Begleitstoffe. Mit viel reinerer Amylase hatte diese Trennung von der Lipase ebenfalls Erfolg. Für den Versuch vermischten wir enzymatisch homogene Lipase mit einem Amylasepräparat, das wir durch Behandeln mit Kaolin, wobei die Amylase ebenfalls unadsorbiert bleibt, und durch Adsorption bei hoher Alkoholkonzentration mit Aluminiumhydroxyd gereinigt hatten. Aus dem Enzymgemisch ging unter den beschriebenen Bedingungen der Adsorption in saurer Lösung von der reinen Amylase nichts in die Tonerde (Darstellung *A*), von der Lipase 95%.

Beispiel für die Abtrennung von Amylase und Trypsin.

Klärung des Glycerinauszugs. Das Ausgangsmaterial bestand in 500 ccm trübem Glycerinauszug aus Pankreasprobe Nr. 3 mit einem Gehalt von 2170 L.E. und 1472 Amylaseeinheiten.

0,20 ccm bewirkten 21,8% Ölspaltung, entsprechend 0,87 L.E.
0,0032 ccm lieferten mit Stärkelösung 36,9 mg Maltose (10 Minuten), woraus sich die Konstante der monomolekularen Reaktion ergibt = 0,00942.
10,0 ccm gaben mit Gelatine Aciditätszunahme entsprechend 1,35 ccm 0,8 n-KOH.

500 ccm Glycerinauszug verdünnten wir mit 2500 ccm Wasser und trennten den entstandenen Niederschlag in der Zentrifuge ab (20 Minuten, 2500 Touren). Von dem geklärten, gelblich gefärbten Auszug erhielten wir gegen 3000 ccm.

1,20 ccm vom geklärten Auszug bewirkten 19,0% Ölspaltung, entsprechend 0,72 L.E.
0,0192 ccm desselben lieferten 34,9 mg Maltose, woraus sich berechnet $k = 0{,}00894$.
60,0 ccm gaben mit Gelatine Aciditätszunahme, entsprechend 1,36 ccm 0,8 n-KOH.

Beim Klären ist der Gehalt an Lipase auf 1800 Einheiten, an Amylase auf 1397 Einheiten zurückgegangen.

Erste Adsorption. Der geklärte Auszug, 2930 ccm, angesäuert mit 30 ccm n-Essigsäure, wurde mit 750 ccm Tonerdesuspension (Darstellung *B*) geschüttelt, die 6,975 g Al_2O_3 enthielten. Durch Zentrifugieren (5 Minuten, 2500 Umdrehungen) trennten wir 3400 ccm Restlösung vom Adsorbat ab.

[176] 3,40 ccm Restlösung bewirkten 8,8% Ölspaltung, entsprechend 0,18 L.E.
0,0224 ccm Restlösung lieferten 27,8 mg Maltose, entsprechend $k = 0{,}00696$.
68,0 ccm gaben mit Gelatine Aciditätszunahme entsprechend 1,42 ccm 0,8 n-KOH.

In der Restlösung waren neben 180 L.E. 1058 A.E., also 76% Amylase zusammen mit 10% der Lipase.

Erste Elution. Das Adsorbat wurde in den Zentrifugengläsern mit 1200 ccm 20proz. Glycerin gewaschen — bei der Waschung mit Wasser traten regelmäßig beträchtliche Verluste durch Enzymzerstörung ein — und darauf 2mal mit je 600 ccm „Ammonphosphat" eluiert. Die in der Zentrifuge vom Tonerdeschlamm abgetrennten (10 Minuten, 3600 Umdrehungen) Elutionen, zusammen 1190 ccm, versetzten wir zur Stabilisierung mit 397 ccm 87proz. Glycerin, um sie erst nach einigen Stunden weiter zu verarbeiten, während wir die Bestimmungen sofort vornahmen.

1,00 ccm Elution bewirkte 19,8% Ölspaltung, entsprechend 0,76 L.E.
0,0064 ccm lieferten 8,7 mg Maltose, entsprechend $k = 0{,}00206$.
32,0 ccm gaben mit Gelatine Aciditätszunahme entsprechend 0,19 ccm 0,8 n-KOH.

Die Elution enthielt $^2/_3$ der angewandten Lipase, begleitet von nur $3^1/_2$% der anfangs vorhandenen Amylase.

Ausfällung der Phosphorsäure. Die 50% Glycerin enthaltende Elution, 1550 ccm, versetzten wir mit 2820 ccm Wasser, 54 ccm n-NH_4Cl und ebenso viel n-NH_3 und fällten unter kräftigem Umschütteln mit 116 ccm 10proz. Magnesiumacetatlösung die Phosphorsäure aus.

Zweite Adsorption. Das phosphatfreie Filtrat, 4350 ccm, säuerten wir mit 50 ccm n-Essigsäure an und führten die Adsorption mit 700 ccm desselben Aluminiumhydroxyds aus (6,510 g Al_2O_3). Nach dem Zentrifugieren (5 Minuten, 3400 Touren) wurden 4950 ccm Restlösung abgegossen und analysiert.

10,00 ccm Restlösung bewirkten 0,7% Ölspaltung, entsprechend 0,07 L.E.
0,320 ccm lieferten 5,2 mg Maltose, entsprechend $k = 0{,}00122$.
100 ccm gaben mit Gelatine Aciditätszunahme, entsprechend 0,10 ccm 0,8 n-KOH.

[177] Zweite Elution. Es ist nicht zweckmäßig, das Adsorbat zu waschen, da es sich zu schwer wieder absetzt. Es wird sogleich 2mal mit je 500 ccm „Ammonphosphat" eluiert, darauf die Lösungen abzentrifugiert (5 Minuten, 3600 Touren) und vereinigt (970 ccm).

1,00 ccm Elution bewirkte 17,6% Ölspaltung, entsprechend 0,65 L.E.
0,10 ccm lieferten keinen reduzierenden Zucker.
20,0 ccm gaben mit Gelatine keine Aciditätszunahme.

Die Elution enthielt, frei von den begleitenden Enzymen, 634 Lipaseeinheiten, d. i. 35% der Lipase des geklärten Glycerinauszugs. Der Versuch ist in einem Punkte unvollkommen; die Beseitigung der Phosphorsäure aus der ersten Elution war noch verlustbringend, was uns in der Folge (vgl. die Angaben des Versuchs 6 im 2. Abschnitt) zu vermeiden gelang.

Das Ergebnis dieses Versuchs, die Lipase von ihren diastatischen und tryptischen Begleitern zu trennen, soll in der folgenden Übersicht mit den Enzymwerten der getrockneten Pankreasdrüse vervollständigt werden.

	Lipase-einheiten	Amylase-einheiten	Trypsinwirkung ccm 0,8 n-KOH
Getr. Pankreasdrüse (Probe 3), 31,25 g	2531	1469	2,71
Roher Glycerinauszug, 500 ccm	2170	1472	1,35
Geklärter Auszug	1800	1397	1,36
Erstes Tonerdeadsorbat			
Restlösung	180	**1058**	**1,42**
Elution	**1210**	51	0,19
Zweites Tonerdeadsorbat			
Restlösung	3	19	0,10
Elution	634	0	0

Reinheitsgrad nach der Tonerdeadsorption.

Um den durch Adsorption mit Tonerde erzielten Reinheitsgrad der Lipase zu bestimmen, dialysierten wir die von Phosphorsäure befreiten Elutionen; das Glycerin vollständig zu entfernen, gelingt bei 5- bis 6tägiger Dialyse aus sogenannten Fischblasen gegen fließendes destilliertes Wasser, wobei die Lösungen ihre lipatische Wirkung vollständig einbüßen. Unter der Voraussetzung, daß die Substanz der Lipase ohne Verlust im Dialysator zurückgeblieben ist, wird der Reinheitsgrad aus der lipatischen [178] Wirkung vor der Dialyse und dem Abdampfrückstand berechnet.

Von der phosphatfreien ersten Tonerdeelution lieferten 90 ccm, 24 L.E enthaltend, nach 5tägiger Dialyse 0,0267 g Trockenrückstand; daraus ergibt sich der Lipasewert 9,0.

Von der Elution aus dem zweiten Tonerdeadsorbat unterwarfen wir nach Ausfällung der Phosphorsäure 200 ccm mit einem Gehalt von 36 L.E. der Dialyse während 6 Tagen. Die von Glycerin und den Salzen befreite Lösung hinterließ beim Verdampfen 0,0156 g Trockengewicht. Daraus wird für die Elution der Lipasewert 23,1 berechnet.

In der Elution nach einmaliger Adsorption ist die Lipase demnach etwa 3mal konzentrierter als im geklärten Glycerinauszug, in der Elution aus dem zweiten Adsorbat wird der Reinheitsgrad etwa $2^1/_2$mal höher als in der ersten Elution und gegen 30mal besser als in der Drüse gefunden.

Die Glycerinauszüge der Drüsen zeigen die verschiedenen Eiweißreaktionen und andere Begleiterreaktionen. Nach einmaliger Isolierung aus Tonerdeadsorbat wird die Lipaselösung ($^1/_2$ L.E. in 1 ccm) noch von Uranylacetat, Ferrocyanid, Bleiessig (weniger reichlich durch Bleizucker) gefällt. Nach der zweiten Tonerdereinigung erzeugen Uranacetat, Ferrocyanwasserstoffsäure und Bleiacetat keine Fällung mehr, Bleiessig noch eine schwache Trübung.

Ähnlich wie Invertin (vgl. die 3. Abhandlung) kann Lipase von solchen Fällungen adsorbiert werden. Beim Fällen eines Glycerinauszugs mit 5proz. Bleiessig entstand ein reichlicher Niederschlag, der die Lipase bis auf 2%, die in der Mutterlauge blieben, einschloß. Mit „Ammonphosphat" ließ sich durch einmaliges Eluieren die Hälfte der Lipase freilegen, begleitet von einem Teil der Amylase. Auch aus der Elution der Tonerde adsorbierte der mit Bleiessig entstehende Niederschlag die Lipase bis auf einen Rest von 4%, und das Enzym konnte aus der Bleifällung mit „Ammonphosphat" eluiert werden (28% Ausbeute).

Die Elutionen der ersten Tonerdeadsorbate geben die Millonsche Reaktion stark und die Ninhydrinreaktion deutlich. Die erstere ist abgeschwächt nach der zweiten Reinigung, während die Ninhydrinprobe noch positiv ausfällt.

[179] Die Reaktion von MOLISCH geben diese Lipaselösungen schwach.

b) Trennung von Amylase und Trypsin.

Bei der ersten Adsorption sind in der sauer reagierenden Restlösung zusammen mit einem kleinen Teil der Lipase diastatisches und proteolytisches Enzym in der Hauptmenge zurückgeblieben. Sie von Lipase vollständig zu befreien und von einander zu trennen, ist durch weitere Anwendung der Adsorptionsmethoden gelungen, über die wir in einer folgenden Abhandlung dieser Reihe gemeinsam mit Herrn A. R. F. HESSE berichten werden.

Die Lipase wird aus dem Enzymgemisch durch nochmalige Behandlung der Restlösung mit Aluminiumhydroxyd entfernt. Darauf werden Amylase und Trypsin auf Grund der stärker elektropositiven Eigenschaften des Trypsins mit Kaolin fraktioniert. Die Begleitstoffe bewirken, daß anfangs, nämlich bei der ersten Einwirkung von Kaolin, ein Teil der Amylase in das Adsorbens übergeht, und zugleich stören sie die Adsorption des Trypsins. Aber dabei verarmt die Enzymlösung an den für die Adsorption einflußreichen Beimischungen. Dann läßt sich die Bindung des Trypsins durch Kaolin vervollständigen ohne weiteres Mitwandern der Amylase, die in 70 bis 75 % Ausbeute enzymatisch einheitlich in der Mutterlauge zurückbleibt.

Das proteolytische Enzym wird aus dem Kaolinadsorbat durch das „Ammoniumphosphat" eluiert.

III. Reinigung der Lipase durch Kaolinadsorption.

Die Isolierung des Enzyms zielte zuerst darauf hin, die Lipase enzymatisch homogen zu erhalten. Von diesem Punkte an wird für die weitere Reinigung die Methode von der Bestimmung der enzymatischen Konzentration geleitet, d. h. des durch den Lipasewert ausgedrückten Reinheitsgrades. Es ist mit einem Schritte durch den Wechsel vom elektropositiven zum elektronegativen Adsorbens gelungen, den Reinheitsgrad auf das achtfache zu steigern und zugleich die Eiweißreaktionen der Enzymlösung zum Verschwinden zu bringen.

Als elektronegatives Mittel, an dem das [180] Adsorptionsverhalten der Lipase geprüft wird, dient Kaolin. Die Adsorption, für die Elutionen aus ersten und aus zweiten Tonerdeadsorbaten angewandt und die bei saurer Reaktion ausgeführt wurde, verläuft quantitativ. Es hat sich nicht gezeigt, daß die Adsorption durch Verdünnen befördert wird, indessen ist zu berücksichtigen, daß in unseren Versuchen die Konzentrationsunterschiede der Lipase verhältnismäßig gering sind. Das untersuchte Beispiel scheint eher eine Verminderung der Adsorption beim Verdünnen anzudeuten.

Drei Sorten von Kaolin wurden verwendet, nämlich 1. das nach WILLSTÄTTER und RACKE[1] zur Erhöhung des Adsorptionsvermögens mit Salzsäure gekochte und mit Wasser gründlich gewaschene Kaolin, dessen Partikel auf Lackmuspapier saure Reaktion hervorrufen; 2. dasselbe Kaolin, mit verdünntem Ammoniak digeriert und wieder mit Wasser gewaschen, auf Lackmus neutral reagierend; 3. elektroosmotisch gereinigtes Kaolin, das uns durch die Freundlichkeit des Herrn Dr. ERWIN MAYER von der Elektro-Osmose-A.-G. in Wien zur Verfügung gestellt war. Verglichen mit dem Adsorptionsvermögen der Tonerde ist die Aufnahmefähigkeit des Kaolins wie auch gegenüber anderen Adsorbenden nicht groß, sie ist im besten Falle 10- bis 5mal geringer. Bei weitem am günstigsten mit Adsorptionswerten bis etwa 40 wirkte das elektroosmotische Kaolin, am ungünstigsten das durch Ammoniak neutralisierte.

Versuch 1. Von einer zweimal nach dem Tonerdeverfahren gereinigten, phosphatfreien Enzymlösung bewirkten 4,20 ccm 17,7 % Spaltung, entsprechend 0,65 L.E. Davon wurden je 168 ccm, enthaltend 26 L.E., mit 3,4 ccm n-Essigsäure zu $^{n}/_{100}$-Acidität angesäuert und mit 168 ccm Wasser auf 15 % Glyceringehalt verdünnt.

a) Zur Adsorption dienten 4,8 g Kaolin I; die vom Adsorbat getrennte Restlösung (340 ccm) enthielt noch 6,1 L.E., da 8,40 ccm 7,9 % Spaltung, entsprechend 0,15 L.E. bewirkten. Es waren also 20 L.E., d. i. 77 % des Enzyms, adsorbiert; daher ist der Adsorptionswert des Kaolins 4,2.

b) Unter gleichen Umständen wurde die Adsorption mit 4,8 g Kaolin II vorgenommen; von der erhaltenen Restlösung bewirkten 8,40 ccm 13,2 % Spaltung, entsprechend 0,40 L.E. In diesem Falle waren noch [181] 16 L.E. in der Mutterlauge, 10 L.E., d. i. 39 %, im Adsorbat; bei diesem Grade der Adsorption ist der A.W. der Kaolinsorte 2,1.

[1] Liebigs Ann. der Chem. Bd. 425, S. 1, und zwar S. 86 [1920/21].

Versuch 2. Die angewandte Enzymlösung war durch einmalige Adsorption mit Tonerde gereinigt und sie war frei von Phosphat; 2,20 ccm bewirkten 14,4% Spaltung, entsprechend 0,48 L.E. 285 ccm Lösung von 62 L.E. machten wir mit Essigsäure 0,01 n-sauer und behandelten die 16% Glycerin enthaltende Lösung mit der Aufschlämmung von 4,8 g elektroosmotischem Kaolin. Von der Adsorptionsrestlösung (305 ccm) bewirkten 4,94 ccm 1,4% Spaltung, entsprechend 0,02 L.E. in der Probe und 1,2 L.E. im ganzen.

Das Kaolin hatte mithin 60,8 L.E., d. i. 98%, adsorbiert; der Adsorptionswert belief sich bei der vollständigen Adsorption auf 12,7.

Versuch 3. Von einer durch Tonerde gereinigten, phosphatfreien Lösung enthielten 400 ccm 106 L.-E. (2,00 ccm: 15,5% Spaltung, 0,53 L.-E.).

a) Die Hälfte der Lösung wurde mit dem gleichen Volumen Wasser verdünnt und nach Ansäuern mit 5,0 ccm n-Essigsäure mit 1,2 g elektroosmotischem Kaolin behandelt. 5,00 ccm Restlösung bewirkten 6,2% Spaltung, entsprechend 0,09 L.E. Also waren 7,6 L.E. zurückgeblieben und 45,4 L.E., d. i. 86%, adsorbiert; A.W. des Kaolins 38.

b) Weitere 200 ccm verdünnten wir mit 800 ccm Wasser, säuerten mit 10 ccm n-Essigsäure an und adsorbierten mit 0,6 g Kaolin III; 10 ccm Restlösung bewirkten 10,6% Spaltung, entsprechend 0,27 L.E. Die Restlösung und das Adsorbat enthielten also je 26,5 L.E. und der A.W. des Kaolins war 44 für die nur 50proz. Adsorption.

Die Adsorption durch Kaolin wird zum Unterschied von derjenigen durch Tonerde von anwesendem Phosphat nicht gestört, nur wird der Adsorptionswert mäßig herabgesetzt.

Versuch 4. Zweimal mit Tonerde gereinigte Lipase, nämlich 100 ccm Ammonphosphatelution vom Versuch 1 mit 34 L.E. (1,50 ccm bewirkten 15,1% Spaltung, entsprechend 0,51 L.E.) verdünnte man mit dem gleichen Volumen Wasser zu einem Glyceringehalt von 15%, säuerte mit 4 ccm n-Essigsäure an und adsorbierte das Enzym mit 4,8 g Kaolin I. Von der Restlösung bewirkten 6,0 ccm 16,1% Spaltung, entsprechend 0,57 L.E. Sie enthielt im ganzen 20 L.E., das Adsorbat 14 L.E, d. i. 41%. A.W. des Kaolins 2,9 (vgl. den Wert 4,2 bei 77proz. Adsorption im 1. Vers.).

Versuch 5. 200 ccm einmal gereinigte, phosphatfreie Lipaselösung (des Vers. 3, 3 Tage später) von 33 L.E. (2,00 ccm: 11,9% Spaltung, 0,33 L.E.) wurden mit 200 ccm 1proz. Monokaliumphosphat zum Gehalt von 15% Glycerin verdünnt und mit 20 ccm $^{n}/_{5}$-Essigsäure angesäuert. Nach der Einwirkung von 1,20 g elektroosmotischem Kaolin bewirkten 5,00 ccm Restlösung 7,8% Spaltung, entsprechend 0,15 L.E. Daher enthielt die ganze Restlösung 12 L.E., das Adsorbat 21 L.E. = 64%. **[182]** Der Adsorptionswert des Kaolins war 17,5 (gegen 38 bei 86proz. Adsorption im Vers. 3a).

Die Kaolinadsorbate lassen sich von Ammoniak und alkalischem Phosphat eluieren, indessen zumeist mit geringerer Ausbeute als die Tonerdeadsorbate. Mit sehr verdünntem Ammoniak erzielten wir ungefähr 50%, mit $2^2/_3$-basischem Ammonphosphat 50 bis über 70% Ausbeute, mit dem entsprechenden Arsenat, wofür aber nur ein Beispiel vorliegt, weniger als 50%.

Für die präparativen Zwecke diente zur Elution, die wir im folgenden an einem Beispiel beschreiben, vorzugsweise ammoniakalisches Phosphat, während die anderen Eluentien nur in einigen Vorversuchen zum Vergleich herangezogen wurden.

Elution mit Ammoniak. Phosphathaltige Elution aus zweitem Tonerdeadsorbat bewirkte mit 1,00 ccm 17,6% Spaltung, entsprechend 0,65 L.E. Die ganze Lösung von 634 L.E. in 970 ccm wurde mit 480 ccm Wasser verdünnt, so daß sie 20% Glycerin enthielt, mit 30 ccm n-Essigsäure angesäuert und mit 48 g Kaolin III geschüttelt. Das abzentrifugierte Adsorbat wurde sogleich 2mal mit der Mischung von 120 ccm 87proz. Glycerin + 180 ccm 0,02 n-NH_3 eluiert. Von der Adsorptionsrestlösung, 1640 ccm, bewirkten 2,00 ccm 6,5% Spaltung, entsprechend 0,11 L.E. Daraus folgt, daß 546 L.E., d. i. 86%, adsorbiert waren. Von dieser Lipasemenge findet sich die Hälfte in der Elution wieder, die mit 1,00 ccm 13,9% Spaltung, entsprechend 0,44 L.E., bewirkte, also in 620 ccm 273 L.E. enthielt.

Elution mit Arsenat. 285 ccm Lösung von 62 L.E. waren durch einmalige Reinigung mit Aluminiumhydroxyd gewonnen und von Phosphat befreit. Daraus adsorbierten 4,8 g Kaolin III 60,8 L.E. Das Adsorbat eluierten wir, ohne es zu waschen, wiederholt mit je 75 ccm des Gemisches von 30 ccm 87proz. Glycerin, 39 ccm 1proz. primärem Kaliumarsenat und 6 ccm n-NH_3. In der Elution, wovon 1,50 ccm 10,9% Spaltung entsprechend 0,28 L.E. bewirkten, fanden wir 27,1 L.E., d. i. 45% der adsorbierten Menge.

Beispiel der Reinigung mit Kaolin.

Das Ausgangsmaterial war aus Tonerdeadsorbat durch Elution mit Ammonphosphat gewonnene, 50% Glycerin enthaltende Lösung von 1152 L.E. in 1600 ccm (1,00 ccm: 18,9% Spaltung, 0,72 L.E.). Nach Verdünnen mit dem gleichen Volumen Wasser und Ansäuern mit 40 ccm n-Essigsäure ließen [183] wir die Aufschlämmung (300 ccm) von 72 g elektroosmotisch gereinigtem Kaolin einwirken. Das Adsorbat setzte sich beim Zentrifugieren (10 Minuten, 2500 Umdrehungen) gut ab und wurde ohne Waschen sogleich in den Zentrifugengläsern zweimal mit je 400 ccm „Ammoniumphosphat" angerührt. Die Elution trennten wir wieder durch Zentrifugieren vom Schlamme, der sich in der Hauptmenge fest zusammenklumpte, während ein wenig Kaolin sich kolloid verteilte und die Elution stark trübte. Die Lipaselösung, 770 ccm, stabilisierte man zur Aufbewahrung über Nacht, indem man sie durch Zusatz von Glycerin (260 ccm, 87proz.) auf einen Gehalt von 50% brachte. Nun bewirkten 0,75 ccm 19,1% Spaltung, entsprechend 0,70 L.E. Die gesamte Elution enthielt daher 753 L.E., d. i. 65% vom angewandten Enzym.

Die Klärung der Enzymlösung gelingt ohne nennenswerten Verlust beim Absaugen auf gehärtetem Filter, das mit einer dünnen Haut von Kieselgur bedeckt ist.

Reinheitsgrad nach der Kaolinadsorption.

Die Steigerung der enzymatischen Konzentration durch die Adsorption mit Kaolin ist sehr bedeutend, wenn die zweimalige Reinigung mit Aluminiumhydroxyd vorangegangen ist. Hingegen bietet die aufeinanderfolgende Anwendung von Tonerde und von Kaolin keinen Vorteil im Vergleich zur wiederholten Anwendung der Tonerde.

Eine mit Aluminiumhydroxyd und mit elektroosmotischem Kaolin je einmal gereinigte Lipaselösung, die in 50 ccm 34 L.E. enthielt, wurde durch 5tägige Dialyse gegen fließendes Wasser von Glycerin und Salzen befreit. Aus dem Abdampfrückstand von 0,0132 g ergibt sich der Lipasewert 25,8.

Hingegen hinterließ eine 2mal mit Tonerde, dann mit Kaolin gereinigte Lösung von 35 L.E. in 95 ccm nach 6tägiger Dialyse nur 0,0017 g Trockengewicht, wofür sich der Lipasewert 207 berechnet, die 250fache Enzymkonzentration im Vergleich zum angewandten trockenen Drüsenmaterial.

Die bekannten Fällungs- und Farbreaktionen der rohen Enzymlösungen blieben bei der so gereinigten Lipase aus. Auch die Reaktionen von MILLON und die von MOLISCH waren [184] negativ, nur eine ganz schwache Ninhydrinreaktion zeigte noch eine Spur von Eiweißabbauprodukt an.

IV. Isolierung der Lipase mit Tristearin und Cholesterin.

Die Lipase kann aus den Lösungen, die nach den beschriebenen Adsorptionsmethoden gereinigt sind, nicht durch Fällung oder Dialyse und Eindampfen in wirksamer Form isoliert werden. Darum versuchten wir, die Lipase an Adsorbentien zu binden, die in organischen Lösungsmitteln löslich sind und die nach Sättigung mit dem Enzym bei ihrer Auflösung dasselbe hinterlassen sollen. Hier knüpft unsere Arbeit an die ältesten Versuche von E. BRÜCKE[1] zur Isolierung von Pepsin an, die einesteils durch Adsorption mit phosphorsaurem Kalk, andernteils mit Cholesterin ausgeführt sind. In derselben Absicht untersuchten R. WILLSTÄTTER und A. MADINAVEITIA[2] die Adsorption von Katalase und fanden dafür Tristearin geeignet; aber der Weg wurde nicht weiter verfolgt, da beim Herauslösen des Fettes aus dem Adsorbate die Katalase ihre spezifische Wirkung einbüßte. Für die Wahl eben dieses Adsorbens für Katalase ist das Vorkommen des Enzyms in dem Fettgewebe wegleitend gewesen. Es liegt nun sehr nahe, ebenfalls ein Fett für die Adsorption unseres fettspaltenden Enzyms anzuwenden. Und es gelingt in der Tat, Lipase aus ihren Lösungen, sauren ebenso wie alkalischen, durch Tristearin zu adsorbieren. Stearinsäure, welche Katalase viel schlechter adsorbiert als Tristearin, und ihre Derivate wie Stearinsäureamid sind für die Adsorption gleichfalls brauchbar. Das Verhalten der Lipase gegen Cholesterin ist ähnlich und dieses findet in den folgenden Versuchen neben Tristearin für den praktischen Zweck Anwendung.

Die Wirkung einer Lipaselösung sinkt, wenn man sie mit festem Tristearin, sogar grob verteiltem, einige Minuten stehen läßt. Der Rückgang wird bedeutender, wenn auch die [185] Glycerinkonzentration der Flüssigkeit herabgesetzt wird. Unter diesen Umständen verteilt sich die Lipase zwischen dem Wasser und dem Tristearin. Es tritt nicht eine Hemmung durch Tristearin ein, sondern dieses bildet ein Adsorbat, worin das Enzym, wie in der vorigen Abhandlung (Abschnitt I, 6) schon gezeigt wurde, nur in sehr geringem Maße wirksam ist. Im Filtrat fehlt von der Lipase, je nach den Versuchsbedingungen, ein mehr oder weniger großer Teil.

Versuch 1. Angewandt war eine mit Tonerde gereinigte, 50% Glycerin enthaltende Lipaselösung, von der 1,95 ccm 12,4% Ölspaltung, entsprechend 0,36 L.E. bewirkten. Davon wurden je 1,95 ccm a) unverdünnt mit 0,2 g grobpulvrigem Tristearin (E. MERCK) unter zeitweisem Umschütteln 3 Minuten stehen gelassen; b) mit der 4fachen Menge Wasser verdünnt und ebenso mit Tristearin behandelt; c) zum Vergleich ohne Tristearin mit 7,80 ccm Wasser verdünnt und nach 3 Minuten wieder bestimmt. Die Proben bewirkten a) 11,5, b) 9,8, c) 12,4% Spaltung, entsprechend a) 0,31, b) 0,23, c) unveränderten 0,36 L.E.

Während im 1. Versuch das Olivenöl wie sonst Substrat der Lipase ist, wird im folgenden das Verhalten der Lipase gegen das Adsorbens Tristearin geprüft. Man beobachtet beginnende Spaltung, aber sie bleibt stehen. Das Enzym scheint so fixiert zu sein, daß ihm nur ein gewisser Teil des Tristearins erreichbar ist und daß es nach dessen Hydrolyse nicht mehr mit weiteren Tristearinmolekülen in Reaktion zu treten vermag.

Versuch 2. Von einer vom Phosphat befreiten Elution aus Tonerdeadsorbat behandelten wir 5,8 ccm, die 1,00 L.E. enthielten, genau unter den Bedingungen der Lipasebestimmung,

[1] Sitzungsber. d. mathem.-naturw. Klasse d. k. k. Akademie der Wissenschaften Wien, Bd. 43, 2. Abt., S. 601, und zwar S. 606 [1861].

[2] A. MADINAVEITIA, „Zur Kenntnis der Katalase", Promotionsarbeit Zürich, Technische Hochschule, 1912, und zwar S. 34. (*Abhandlung Nr. 34 im Abschnitt V.*)

nur ohne Olivenöl, mit 2,5 g grobpulvrigem Tristearin, einer Menge, die den größten Teil der Lipase aufzunehmen vermag, und ermittelten a) nach 1 Stunde, b) nach 2 Stunden die gebildete Fettsäure durch Titration in alkoholisch-ätherischer Lösung. Die Stearinsäure erforderte a) 0,64, b) 0,64 ccm 0,8 n-KOH, entsprechend einer Spaltung des Tristearins in beiden Proben von 6,1 %.

Das Adsorptionsvermögen muß natürlich durch feinere Verteilung gesteigert werden. So passend die Versuchsanordnung von E. Brücke, Überschichten der Enzymlösung mit einer Äther-Alkohol-Lösung des Cholesterins, zu sein scheint, um den organischen Stoff, aufs feinste verteilt, in die wäßrige Lösung des Enzyms zu schicken, so ist sie doch hier wegen der Empfindlichkeit der Lipase nicht zu empfehlen. Es handelt [186] sich darum, die Adsorption rasch auszuführen; eine sehr feine, schwer abzutrennende Emulsion ist zu vermeiden. Wir stellten eine wäßrige Tristearinemulsion dar, indem wir das Fett in warmem Aceton auflösten und die Lösung unter kräftigem Schütteln in heißes Wasser eintrugen. Auch beim Verjagen des Acetons auf dem Wasserbad und noch nach dem Erkalten bleibt bis auf eine geringe grobflockige Ausscheidung die Emulsion bestehen. Aber es ist zu schwierig, sie in der Zentrifuge abzutrennen oder sie rasch genug zu filtrieren. Dagegen bewährt sich eine mäßig feine Verteilung, die man durch Schmelzen des Tristearins oder Cholesterins in 87proz. Glycerin und kräftiges Schütteln während des Erkaltens erzeugt. Der adsorbierte Anteil des Enzyms steigt, wie der Versuch 3 zeigt, mit wachsender Menge von Tristearin, aber die vollständige Adsorption der Lipase erfordert unverhältnismäßig viel Adsorbens; zugleich wird die im 1. Versuch beobachtete Abhängigkeit von der Glycerinkonzentration bestätigt. Der Mutterlauge läßt sich mit einer neuen Menge Tristearin ein weiterer Teil des Enzyms entziehen.

Versuch 3. Die angewandte Lipaselösung, eluiert aus Tonerde und befreit von Phosphat, bewirkte mit 2,00 ccm 14,1 % Spaltung, entsprechend 0,45 L.E. Je 100 ccm der schwach ammoniakalischen Lösung ließen wir, mit wechselnden Beträgen Wasser verdünnt, mit verschiedenen Mengen der Suspension von 1 Teil Tristearin in 15 Teilen 87proz. Glycerin 10 Minuten unter häufigem Umschütteln stehen. Die Adsorbate wurden auf gehärteten Filtern abgesaugt und aliquote Teile der Mutterlaugen bestimmt.

Angewandt 22,5 L.E.

Tristearin g	Glyceringehalt %	L.E. in der Mutterlauge	Adsorb. Lipase %
1,0	50	18,0	20
2,0	20	8,5	62
2,0	10	8,5	62
4,0	20	5,5	76

Verdoppelte Tristearinmenge ergab dreimal höheren Adsorptionsgrad, da zugleich die Glycerinkonzentration von 50 auf 20 % herabgesetzt war; weitere Verdünnung übte keinen Einfluß aus. Verdoppelung des Tristearins von 2 auf 4 g verbesserte den Adsorptionsgrad nur von 62 auf 76 %.

[187] Versuch 4. Eine Elution aus Tonerdeadsorbat, deren Glyceringehalt 50 % betrug, enthielt in 2,00 ccm (12,6 % Spaltung) 0,37 L.E. 750 ccm derselben mit 139 L.E. verdünnten wir mit 2025 ccm Wasser und trugen unter Schütteln die Suspension von 15 g Tristearin in 225 ccm Glycerin ein. Nach 10 Minuten filtrierte man 3 l Mutterlauge ab, die noch 41 L.E. enthielten (8,00 ccm: 6,7 % Spaltung, 0,11 L.E.). Die Adsorption erstreckte sich auf 71 %.

Von dieser Restlösung wurden 800 ccm, 11 L.E. enthaltend, mit 150 ccm Wasser verdünnt und mit 4 g Tristearin in 50 ccm Glycerin nochmals in derselben Weise behandelt. 1 l des neuen Filtrates enthielt 7 L.E. (10,00 ccm: 4,5 % Spaltung, 0,07 L.E.). Die zweite Stearinmenge hat 34 % des noch vorhandenen Enzyms aufgenommen, wobei sich der Adsorptionswert auf $^1/_6$ verminderte.

Während gemäß Versuch 5 Tristearin aus schwach saurer und schwach alkalischer Lösung das Enzym in gleichem Maße adsorbiert, wird durch Anwesenheit von Phosphat die Adsorption gänzlich verhindert, ebenso wie die Tonerdeadsorption oder noch vollständiger.

Versuch 5. Jede der Vergleichsproben bestand in 100 ccm phosphatfreier schwach alkalischer Elution aus Tonerde (50 % Glycerin) mit einem Gehalt von 21,5 L.E. (2,00 ccm: 13,7 % Spaltung, 0,43 L.E.), die für den Versuch mit 300 ccm Wasser verdünnt und mit der Suspension von 2 g Tristearin in 30 ccm Glycerin behandelt wurden. Die Zusätze waren a) 5 ccm n-Essigsäure, b) 4 ccm n-Ammoniak und c) 8 ccm mol. Dinatriumphosphat. Von je 430 ccm Filtrat bewirkten 10,0 ccm a) 10,5 % Spaltung, entsprechend 0,25 L.E., b) 10,1 % Spaltung, entsprechend 0,24 L.E., c) 15,0 % Spaltung, entsprechend 0,51 L.E.

Die Restlösungen enthielten also noch a) 10,8, b) 10,3 und c) 22,0 L.E. und die adsorbierten Mengen betrugen 50, 48 und 0 % der Lipase.

Da das Phosphat der Adsorption durch Tristearin entgegenwirkt, so läßt sich vorhersehen, daß die Adsorbate an Tristearin und Cholesterin durch das nämliche Reagens zerlegbar sind wie die Tonerdeadsorbate, nämlich durch glycerinhaltiges, ammoniakalisches Phosphat. Wie die folgenden Versuche zeigen, bestätigt sich diese Erwartung. Es ist so bisher mit Ausbeuten bis zu 60 % gelungen, die Lipase zu eluieren und in den Elutionen wirksam wiederzufinden. Ob dies auch nach längerem Bestehen des Adsorptionszustandes noch gelingen würde oder ob das Enzym im Adsorbate allmählich auch in irreversibler Weise inaktiviert wird, wurde noch nicht geprüft. [188] Diese Versuche sind von entscheidender Bedeutung für unsere Kenntnis der Adsorbate und für ihre Anwendung zur Isolierung der Lipase. Die theoretische Bedeutung ist deshalb hoch zu schätzen, weil die Bestimmung der Adsorbate zu falschen Schlüssen führen könnte. Da die Lipase in den Adsorbaten unter den Bedingungen unserer Bestimmung nur sehr wenig wirksam ist, könnte man zu der Ansicht kommen, daß darin das Enzym fast in seiner ganzen Menge zerstört sei. Da aber ein großer Teil in aktivem Zustand wieder freigelegt werden kann, ist es gewiß, daß das Enzym auch in den Adsorbaten noch aktiv existiert und daß es darin einer Hemmung unterliegt. Diese erscheint als eine Abschwächung der Affinität seiner spezifischen Gruppe, als eine Störung ihrer Reaktionssphäre in dem Adsorbate. Der Nachweis, daß die Adsorbate in Cholesterin und Tristearin die Lipase in unverändertem Zustand enthalten, gibt der Methode Berechtigung, die organischen Mittel zur Isolierung der Lipase aus den Elutionen anzuwenden. Wenn man dann auch zum Schlusse ohne Rücksicht auf die beim Waschen und Trocknen der Adsorbate und Weglösen der organischen Mittel erfolgende Inaktivierung die enzymatische Substanz isoliert, so ist es erlaubt, den erreichten Reinheitsgrad aus der beim Adsorbieren durch Differenz bestimmten Lipasewirkung und dem Gewicht der unlöslichen Substanz abzuleiten, die man aus den Stearin- und Cholesterinadsorbaten isoliert.

Von den folgenden Elutionsbeispielen sind Versuch 6 und 7 mit Adsorbaten aus geklärten Drüsenauszügen vorgenommen, Versuch 8 und 9 mit Adsorbaten aus sehr reinen Lipaselösungen, nämlich Elutionen aus den nach zweimaliger Reinigung mit Tonerde dargestellten Kaolinadsorbaten. Die Ausbeute an wirksamer Lipase in der Elution ist am günstigsten (57%) in einem Versuch mit der rohen Lipaselösung. Im zweiten Versuche mit der Rohlösung war die Adsorptionsausbeute von $^1/_3$ auf fast $^3/_4$ gesteigert, aber die Elutionsausbeute vermindert (30%). Die Adsorption der reinen Lipase und Elution mit Phosphat ergab nur Ausbeuten von 30 und 24%; unsere Elutionsversuche waren vorsichtshalber sehr rasch **[189]** ausgeführt, vielleicht zu rasch für die sich schlecht benetzenden organischen Körper.

Den Reinheitsgrad des Enzyms in diesen Adsorbaten ergibt die Dialyse der Elutionen oder das Weglösen des organischen Mittels. Die Steigerung der enzymatischen Konzentration bei der Adsorption aus Rohlösungen (Lipasewert 11,7) ist etwas günstiger als bei der Adsorption mit Tonerde (Lipasewert 9), die Steigerung bei der Adsorption aus einer Tonerdeelution (Lipasewert 63 und 72) ist viel bedeutender als bei einer weiteren Adsorption mit Aluminiumhydroxyd (Lipasewert 23) oder mit Kaolin (Lipasewert 26)[1]. Die Adsorption durch Tristearin oder Cholesterin ist also spezifischer als die durch unsere anorganischen Adsorbentien. Sie ist in geringerem Maße für die unreinen, in höherem für die reinen Enzymlösungen auswählend. Daher wird sogar der Reinheitsgrad der durch wiederholte Adsorption mit Tonerde und Kaolin gewonnenen Lipaselösungen noch durch Tristearinadsorption weiter gesteigert, wie im folgenden Abschnitt gezeigt werden soll.

Versuch 6. Ein geklärter Glycerinauszug von Pankreasprobe Nr. 3, 113 ccm mit einem Gehalt von 68 L.E. (1,00 ccm: 16,6% Spaltung, 0,60 L.E.), wurde mit 250 ccm Wasser auf 15% Glycerinkonzentration verdünnt und mit der Aufschlämmung von 5 g Tristearin in 50 ccm Glycerin unter Umschwenken 10 Minuten behandelt. Das rasch abgetrennte Filtrat, 413 ccm, enthielt noch 45 L.E. (5,00 ccm: 15,9% Spaltung, 0,55 L.E.), es waren also 34% der Lipase adsorbiert. Das auf der Nutsche 3mal mit je 20 ccm 20proz. Glycerin gewaschene Adsorbat verteilten wir in 100 ccm unseres glycerinhaltigen $2^2/_3$-basischen Ammonphosphats (vgl. oben Abschnitt III, 2) und trennten nach kurzer Einwirkung die Elution vom Tristearin durch Absaugen. Vom Filtrate bewirkten 5,00 ccm 17,5 % Spaltung, entsprechend 0,65 L.E. in der Probe und 13 L.E. in der gesamten Elution, die also, ungerechnet den im Tristearin zurückbleibenden kleinen Flüssigkeitsanteil, 57% der adsorbierten Lipase enthielt.

Versuch 7. In eine durch Klären von 20 ccm Glycerinauszug der Pankreasprobe Nr. 3 mit 200 ccm Wasser enthaltene Lipaselösung, 218 ccm mit 83 L.E. (2,00 ccm: 19,6% Spaltung, 0,76 L.E.), wurden 10 g Tristearin, verteilt in 100 ccm Glycerin, eingetragen und die Flüssigkeit mit 400 ccm **[190]** Wasser auf 15% Glycerinkonzentration verdünnt. Das Filtrat vom entstandenen Adsorbate enthielt in 680 ccm 22 L.E. (5,00 ccm: 8,3% Spaltung, 0,16 L.E.), das Adsorbat also 61 L.E., das ist 73,5%. Die Elution bewirkten wir nach dreimaligem Waschen des Adsorbates mit je 40 ccm 20proz. Glycerin durch etwa 100 ccm „Ammonphosphat". Da 1,00 ccm der Elution (105 ccm) 8,8% Spaltung, entsprechend 0,17 L.E., bewirkte, so waren im ganzen 18,5 L.E., entsprechend 30% der adsorbierten Lipase, in der Elution.

Zur Bestimmung des Reinheitsgrades wurden 100 ccm dieser Elution, 17 L.E. enthaltend, gegen fließendes Wasser 8 Tage lang dialysiert. Die nun glycerin- und phosphatfreie Lösung hinterließ beim Eindunsten 0,0145 g Trockenrückstand. Daraus ergibt sich der Lipasewert 11,7.

Versuch 8. Die angewandte Lipaselösung war durch drei aufeinanderfolgende Adsorptionen, zwei mit Tonerde und eine mit Kaolin, gereinigt. Sie enthielt 11 L.E. in 150 ccm bei

[1] Einige Betrachtungen, welche die Genauigkeit dieses Vergleichs etwas einschränken, werden im folgenden Abschnitt angestellt.

einem Glyceringehalt von 15% (5,00 ccm: 12,5% Spaltung, 0,37 L.E.). Durch Behandeln mit 5 g Tristearin in 200 ccm 87proz. Glycerin unter Zusatz von 50 ccm Wasser (also bei einer Glycerinkonzentration von 50%) wurde das Adsorbat gewonnen, rasch abgesaugt, dreimal mit je 20 ccm 50proz. Glycerin gewaschen und sogleich mit 100 ccm „Ammonphosphat" ganz kurze Zeit eluiert.

In der Adsorptionsrestlösung fanden sich 3,0 L.E. (10,00 ccm: 5,3% Spaltung, 0,08 L.E.). Das gebildete Adsorbat hat also 8,0 L.E. enthalten (das ist 77% der Lipase) und es hat beim Eluieren 2,4 L.E., entsprechend 30% seines Lipasegehaltes, abgegeben (5,00 ccm: 7,2% Spaltung, 0,12 L.E.).

Versuch 9. Für einen analogen Versuch mit Cholesterin diente eine Lipaselösung mit derselben Vorgeschichte wie für Versuch 8. Sie enthielt in 150 ccm 11 L.E. (5,00 ccm: 12,5% Spaltung, 0,37 L.E.) und wurde gleichfalls bei 50% Glycerinkonzentration mit 5 g Cholesterin behandelt. Auch die Abtrennung des Adsorbates und seine Elution mit ammoniakalischem Phosphat geschah in derselben Weise.

Die Adsorptionsrestlösung, 360 ccm, enthielt 4,3 L.E., da 10,00 ccm 7,3% Spaltung, entsprechend 0,12 L.E., bewirkten. Die Adsorption betrug 61%. Von der Elution (100 ccm) bewirkten 5,00 ccm 5,5% Spaltung, entsprechend 0,08 L.E.; also enthielt die Elution 24% der adsorbierten Lipase.

Die Isolierung der Lipase aus diesen Adsorbaten bewirkten wir durch Auflösen des Tristearins oder Cholesterins in Benzol. Äther, Petroläther und andere Solventien besitzen, namentlich für Tristearin, ein zu geringes Lösungsvermögen, Kohlenstofftetrachlorid läßt sich wegen seines hohen spezifischen Gewichts nicht mit der Zentrifuge vom Unlöslichen trennen. Das folgende [191] Beispiel der Verarbeitung von nur einmal gereinigter Lipase vergleicht die Verwendung der beiden organischen Adsorbentien und kennzeichnet die erreichte Steigerung des Reinheitsgrades. Während die beiden Mittel im Adsorptionsvermögen für das Enzym übereinstimmen, deuten die gefundenen Lipasewerte an, daß das Cholesterin etwas weniger spezifisch adsorbiert (siehe auch Abschnitt V, Beispiel 3 und 4).

Beispiel der Isolierung mit organischen Adsorbentien.

Der Adsorption mit Tristearin und mit Cholesterin unterwarfen wir je 600 ccm einmal durch Tonerde gereinigte Lipaselösung, die 111 L.E. enthielt (1,95 ccm: 12,4% Spaltung, 0,36 L.E.) und deren Anfangskonzentration an Glycerin durch Verdünnen von 50 auf 20% herabgesetzt wurde. Wir ließen a) 15 g Tristearin, b) ebensoviel Cholesterin, in je 225 ccm 87proz. Glycerin fein verteilt, unter häufigem Umschütteln 10 Minuten einwirken und saugten die Restlösung durch gehärtete Filter ab. Von den Mutterlaugen bewirkten je 8,53 ccm a) 7,0, b) 7,1% Spaltung entsprechend je 0,11 L.E. und im ganzen je 34 L.E. In beiden Fällen waren 77 L.E., entsprechend 70% der angewandten Lipase adsorbiert.

Die Adsorbate wurden nach sorgfältigem Auswaschen mit Wasser im Hochvakuum während 2 bis 3 Tagen zur Gewichtskonstanz getrocknet. Dann verteilten wir die Präparate in je 250 ccm Benzol und trennten die ungelösten feinen Flöckchen durch Zentrifugieren ab. Nach Waschen, und zwar wiederholtem, in den Zentrifugengläsern mit Benzol, absolutem Alkohol und reinem Äther waren die Rückstände frei von den Adsorbentien. Aus den Gewichten von a) 0,0107, b) 0,0122 g ergeben sich die Lipasewerte von a) 72,0, b) 63,1.

V. Lipasepräparate.

Die zur Trennung der Lipase von den begleitenden Pankreasenzymen und den nicht enzymatischen Begleitstoffen angewandten Methoden sind im vorangehenden beschrieben in

Abschnitt II, 3: Beispiel für die Abtrennung von Amylase und Trypsin;
[192] Abschnitt III: Beispiel der Reinigung mit Kaolin;
Abschnitt IV: Beispiel der Isolierung mit organischen Adsorbentien.

In einigen weiteren Versuchen, die nur in Einzelheiten von den gegebenen Beispielen abweichen, sind die Adsorptionsverfahren vom Drüsenauszug bis zu den Lipasepräparaten durchgeführt, so daß die erreichten Ausbeuten und enzymatischen Konzentrationen den Wert der Methode zu beurteilen gestatten.

Von den aufeinanderfolgenden Operationen hat die wiederholte Überführung des Enzyms in Tonerde den Erfolg, daß Amylase und Trypsin abgetrennt sind. Aber für die Assoziation der Lipase mit Fremdkörpern ist dieses Adsorptionsverfahren nicht genügend auswählend. Die enzymatische Konzentration, nur 30mal größer als in der getrockneten Drüse, läßt sich durch die beiden folgenden Adsorptionsvornahmen mit Kaolin und mit Tristearin oder Cholesterin aufs 10fache steigern. Das elektronegative Adsorbens läßt gewisse Beimischungen, die das elektropositive mitschleppte, entweder in der Restlösung oder hält sie beim Eluieren selbst zurück. Noch schärfer auswählend scheinen die indifferenten organischen Adsorbentien zu sein, mittels deren Lipasewerte bis 240 erreicht wurden, dem günstigsten Verhältnis von lipatischem Wert und Trockengewicht der adsorbierten Substanz.

Enzymatische Konzentrationen in den einzelnen Phasen der Isolierung.
Pankreasdrüse (Nr. 3) getrocknet, L.W. 0,81.

	L.W., durch Dialyse bestimmt	L.W., durch Isolierung mit Stearin bestimmt
Glycerinauszug, geklärt	3,2	—
1mal mit Stearin adsorbiert	11,7	—
1mal mit Tonerde adsorbiert	9,0	72
2mal mit Tonerde adsorbiert	23,1	—
1mal mit Tonerde und Kaolin adsorbiert	25,8	119
2mal mit Tonerde, 1mal mit Kaolin adsorbiert	207	240

Diese Angaben über die enzymatische Konzentration der Lipasepräparate müssen aber, wenn man sie mit der [193] Beschreibung des Invertins vergleicht, eingeschränkt werden. In der 1. Mitteilung von R. Willstätter und F. Racke „Zur Kenntnis des Invertins" bezogen sich die Zeitwerte auf die Wirkung, die beim Wiederauflösen der in festem Zustand gewonnenen Präparate gemessen war. In der 3. Mitteilung über Invertin von R. Willstätter, J. Graser und R. Kuhn sind es konzentrierte, durch Dialyse gereinigte Lösungen, die man durch die Zeitwertangabe kennzeichnete. Die beim Abdampfen öfters eintretenden Verluste an enzymatischer Wirkung konnten außer Betracht bleiben. Die Enzympräparate lagen immerhin in diesem Reinheitsgrade vor, allein mit Wasser verdünnt. Die Lipase dagegen ist nie in rein wäßriger Lösung von den angegebenen Reinheitsgraden erhalten worden. Es ist ein wesentlicher Unterschied zwischen Lipase und Invertin, daß in unserem Falle das Enzym von der bestimmten Wirkung nur im Gemisch mit Glycerin und den als Reagentien angewandten Elektrolyten vorliegt. Soweit die Angaben über die Enzymkonzentration Elutionen aus Adsorbaten betreffen, beziehen sie sich also stets auf die vor der Dialyse gemessene Wirkung; bei der Dialyse geht mit der Entziehung des Glycerins die Inaktivierung der Lipase einher, die bisher nie anders als irreversibel beobachtet wurde.

Andere Einschränkungen betreffen die Lipasepräparate, die beim Weglösen der organischen Adsorbentien als Rückstände hinterblieben. Die angenommene Beziehung zwischen den Trockengewichten derselben und den Enzymwirkungen setzt voraus, daß von der Enzymsubstanz nichts weggelöst wird. Ferner könnte der Reinheitsgrad des Enzyms auch einen zu günstigen Ausdruck bekommen, wenn die Lipase Begleiter enthielte, die in den organischen Solventien löslich wären; bei der Ermittlung des Reinheitsgrades würden sie nicht zum Enzymgewicht gerechnet.

Es ist aber wahrscheinlich, daß die Einwände, die gegen die Genauigkeit der Reinheitsgrade zu erheben sind, der praktischen Bedeutung entbehren. Die gefundenen Werte kontrollieren und stützen sich gegenseitig[1].

[194] Das Ausgangsmaterial für die folgenden Versuche waren geklärte Glycerinauszüge aus Pankreasprobe Nr. 3.

Beispiel 1. Wiederholte Tonerdeadsorption, Dialyse.

Ausgangsmaterial: 2400 ccm geklärter Glycerinauszug mit 1440 L.E. (1,00 ccm: 16,5% Spaltung, 0,60 L.E.).

Erste Reinigung mit Tonerde: Das Adsorbat wurde aus 0,01 n-essigsaurer Lösung mit 5,58 g Tonerde (Präp. *B*) dargestellt, gewaschen und zweimal mit je 500 ccm „Ammonphosphat" eluiert. Die Elution enthielt in 960 ccm 806 L.E. (1,00 ccm: 21,4% Spaltung, 0,84 L.E.). Das Phosphat fällten wir nach Verdünnen mit dem gleichen Volumen Wasser durch Magnesiamischung aus und erhielten 2075 ccm Filtrat mit 692 L.E. (2,00 ccm: 18,1% Spaltung, 0,67 L.E.).

Zweite Reinigung mit Tonerde: Das Enzym wurde aus 2070 ccm 0,01 n-essigsaurer Lösung mit derselben Menge der Tonerde wieder adsorbiert und aus dem nicht gewaschenen Adsorbat zweimal mit je 300 ccm „Ammonphosphat" eluiert. Die zur Stabilisierung mit 200 ccm 87proz. Glycerin versetzte Lösung enthielt 565 L.E. (1,00 ccm: 18,8% Spaltung, 0,71 L.E.); sie lieferte durch Ausfällung der Phosphorsäure mit Magnesiamischung 2380 ccm Filtrat mit 434 L.E. (3,00 ccm: 15,7% Spaltung, 0,55 L.E.).

Dialyse: Eine Probe von 200 ccm (36 L.E.) wurde in der Fischblase 9 Tage lang gegen destilliertes Wasser dialysiert und hinterließ dann 0,0156 g.

Lipasewert 23,1.

Beispiel 2. Tonerde-, Kaolin- und Tristearinadsorption.

Ausgangsmaterial: Von dem geklärten Glycerinauszug des Beispiels 1 2160 ccm mit 1296 L.E.

Ads. durch Tonerde: Das Adsorbat wurde aus 0,01 n-essigsaurer Lösung mit 5,02 g Tonerde (Darst. *B*) gewonnen und nach dem Waschen zweimal mit je 500 ccm „Ammonphosphat" eluiert. Die mit 350 ccm Glycerin haltbar gemachte Lösung enthielt 1010 L.E. (1,00 ccm: 18,9% Spaltung, 0,72 L.E.).

[1] Beispielsweise führte nach der wiederholten Reinigung mit Tonerde und mit Kaolin die Dialyse der Elution zum Lipasewert 207, die Isolierung mit Cholesterin zum Lipasewert 209, mit dem spezifischer adsorbierenden Tristearin zum Lipasewert 240.

Ads. durch Kaolin: Von der Elution wurden 1360 ccm mit ebenso viel Wasser verdünnt und 0,01 n-essigsauer mit 52,8 g elektroosmotisch gereinigtem Kaolin adsorbiert. Aus dem auf gehärtetem Filter abgesaugten und mit 200 ccm 50proz. Glycerin gewaschenen Adsorbat eluierte man die Lipase nur einmal mit 500 ccm „Ammonphosphat". Die abgesaugte Elution war trüb, sie ließ sich bei nochmaligem Filtrieren durch Kieselgur klären.

In 485 ccm Elution waren 663 L.E. enthalten (0,40 ccm: 15,7 % Spaltung, 0,55 L.E.).

[195] Ads. durch Tristearin: Die Elution wurde durch Zusatz von 160 ccm Glycerin vor Zersetzung geschützt. Aus 640 ccm dieser Lösung fällten wir unter Verdünnung mit 1260 ccm Wasser durch Magnesiamischung die Phosphorsäure aus und gewannen 1940 ccm Filtrat mit 543 L.E. (2,00 ccm: 15,8 % Spaltung, 0,56 L.E.).

Von diesen unterwarf man 1935 ccm, verdünnt mit 1500 ccm Wasser, der Adsorption durch 40 g Tristearin, die in 500 ccm 87proz. Glycerin verteilt waren. In der Mutterlauge, 3940 ccm, blieben 263 L.E. zurück (10,00 ccm: 18,1 % Spaltung, 0,67 L.E.).

Das Adsorbat enthielt demnach 280 L.E. Nach dem Waschen und Trocknen lieferte es beim Behandeln mit Benzol, Alkohol und Äther 0,0235 g unlöslichen Anteil:

Präparat II vom Lipasewert **119**.

Beispiel 3. Wiederholte Tonerde-, Kaolin- und Tristearinadsorption.

Ausgangsmaterial: 2400 ccm geklärter Glycerinauszug, 1180 L.E. enthaltend (1,20 ccm: 16,3 % Spaltung, 0,59 L.E.).

Erste Ads. durch Aluminiumhydroxyd: Aus essigsäurehaltiger Lösung wurde die Lipase von aufgeschlämmten 4,06 g Al_2O_3 (Darst. *B*) adsorbiert und aus dem gewaschenen Adsorbat zweimal mit je 500 ccm „Ammonphosphat"-Lösung eluiert.

Die Elution (990 ccm) verdünnten wir mit dem gleichen Volumen Wasser und schieden die Phosphorsäure mit Magnesiamischung ab. Das Filtrat enthielt in 2100 ccm 504 L.E. (2,00 ccm: 14,6 % Spaltung, 0,48 L.E.).

Ausbeute in der phosphatfreien Elution 43 % des Ausgangsmaterials.

Zweite Reinigung mit Aluminiumhydroxyd: Aus der mit Essigsäure wieder angesäuerten Flüssigkeit adsorbierten wir mit 4,06 g Al_2O_3 (Darst. *B*) das Enzym, von dem in 2230 ccm Restlösung 30 L.E. zurückblieben (2,00 ccm: 2,0 % Spaltung, 0,03 L.E.). Das Adsorbat eluierte man, ohne es zu waschen, mit je 400 ccm „Ammonphosphat" zweimal und versetzte die Elution, um sie zu stabilisieren, mit 260 ccm Glycerin. Ihr Gehalt betrug am folgenden Tage 348 L.E. (1,00 ccm: 12,0 % Spaltung, 0,33 L.E.).

Adsorbiert mit 94, eluiert mit 73 % Ausbeute.

Ads. durch Kaolin: Die Elution ist phosphathaltig der [196] Adsorption durch Kaolin unterworfen worden, indem man die erhaltenen 1040 ccm mit 1,5 l Wasser verdünnte und bei üblichem Essigsäuregehalt mit 48 g elektroosmotischem Kaolin behandelte. In der Restlösung blieben 18 L.E. (5,00 ccm: 2,5 % Spaltung, 0,03 L.E.).

Das Adsorbat eluierten wir, ohne es zu waschen, zweimal mit je 400 ccm Phosphatreagens, die erhaltene Elution, durch Kieselgur klar filtriert, wies 210 L.E. in 770 ccm auf (2,00 ccm: 15,7 % Spaltung, 0,55 L.E.).

Adsorbiert mit 95, eluiert mit 64 % Ausbeute.

Ads. durch Tristearin: Die Abscheidung der Phosphorsäure mußte wieder vorangehen. Die mit gleichem Volumen Wasser verdünnte Lösung lieferte beim Fällen mit Magnesiamischung 1660 ccm Filtrat mit 124 L.E. (5,00 ccm: 12,5 % Spaltung, 0,37 L.E.).

Zur weiteren Verarbeitung dienten nur 1510 ccm (113 L.E.), die wir mit 1 l Wasser verdünnten und mit der Suspension von 50 g Tristearin in 500 ccm 87proz. Glycerin einige Minuten schüttelten. Da die Mutterlauge 10 L.E. (10,00 ccm: 5,3 % Spaltung, 0,08 L.E.) behielt, berechnet sich für das Adsorbat ein Gehalt von 103 L.E.

Adsorptionsausbeute 91 %.

Das Adsorbat, gewaschen und scharf getrocknet, lieferte beim Auflösen in Benzol einen unlöslichen Anteil, der, mit den organischen Lösungsmitteln gewaschen, 0,0043 g betrug:

Präparat III vom Lipasewert **240.**

Beispiel 4. Wiederholte Tonerde-, Kaolin-, Cholesterinadsorption.

Mit dem gleichen Auszug wie im 3. Beispiel sind dieselben 3 Adsorptionsverfahren ausgeführt worden.

Elution aus dem 1. Tonerdeads. (noch phosphathaltig): 713 L.E. (in 990 ccm; 0,50 ccm: 12,4 % Spaltung, 0,36 L.-E.).

Elution aus dem 2. Tonerdeads. (phosphathaltig): 513 L.E. (in 1040 ccm; 1,00 ccm: 14,7 % Spaltung, 0,49 L.E.).

Elution aus Kaolin (von Phosphat befreit): 125 L.E.[1] (in 1680 ccm; 5,00 ccm: 12,5 % Spaltung, 0,37 L.E.).

[197] Ads. durch Cholesterin: 1530 ccm phosphatfreie Elution aus Kaolin, die 114 L.E. enthielten, verdünnten wir mit 1 l Wasser und ließen einige Minuten unter Umschütteln 50 g Cholesterin, suspendiert in der 5fachen Glycerinmenge, einwirken. In der Mutterlauge (3000 ccm) blieben noch 16 L.E. (10,00 ccm: 7,3 % Spaltung, 0,12 L.E.). Das Adsorbat, demnach 98 L.E. enthaltend, lieferte beim Herauslösen des organischen Mittels mit Benzol, Alkohol und Äther 0,0047 g unlöslichen Rückstand:

Präparat IV vom Lipasewert **209.**

Chemische Reaktionen der enzymatischen Substanz können wir nicht anführen. Alle beobachteten Fällungs- und Farbreaktionen gehören den Beimischungen zu, sie sind nur Reinheitsproben. Darin stimmen die reinsten Präparate nicht genau mit einander überein. Das Lipasepräparat III enthält eine noch eben nachweisbare Spur von Proteinsubstanz, die in einem weniger reinen, durch Dialyse (nach der Tonerde- und Kaolinadsorption) gewonnenen vom Lipasewert 207 fehlt (siehe Abschnitt III), also wahrscheinlich durch Dialyse beseitigt wird, in Tristearin aber mit übergeht. Daher gibt das Präparat III eine Andeutung von Millonscher Reaktion und mit Ninhydrin bei 5 Minuten langem Kochen einen schwachen bläulichen Schimmer; die Reaktion von MOLISCH fällt negativ aus. Die 0,01proz. Lösung (1 L.E. in 0,4 ccm) gibt mit Uranylacetat keine, mit Pikrinsäure eine schwache Trübung.

Die folgenden Analysen, für deren Ausführung wir Herrn RICHARD KUHN zu Dank verpflichtet sind, haben nur eine vorläufige Bedeutung, da die Reinigung nicht bis zur Konstanz des Lipasewertes geführt worden ist; auch enthalten die Präparate noch große und wechselnde Mengen von Mineralbestandteilen.

Die Präparate sind etwas phosphorhaltig, aber der Phosphorgehalt ist zufällig und geringfügig; bei der Steigerung des Reinheitsgrades von 119 auf 240 steigt er

[1] Die ungewöhnlich schlechte Ausbeute bei diesem Versuche wird erklärt durch geringere Eluierbarkeit des Kaolinadsorbats sowie durch relativ großen Enzymverlust bei der darauffolgenden Phosphatfällung.

nicht. Der Stickstoffgehalt sinkt bei derselben Reinigung, wobei die noch beigemischte Eiweißsubstanz abgetrennt wird, von 11,6 auf 10,5%.

Für die Analyse wurden die Präparate im Hochvakuum zur Konstanz getrocknet.

[198] Präparat II, Lipasewert 119.

2,420 mg gaben 0,256 ccm trockenen Stickstoff bei 21° und 721 mm.
2,355 „ „ , mit Sodasalpeter geschmolzen, nach KLEINMANN 0,00111 mg Phosphor.

Gef. N 11,65% P 0,047%

Präparat III, Lipasewert 240.

2,105 mg gaben 0,200 ccm trockenen Stickstoff bei 19° und 720 mm.
1,758 „ „ , mit Sodasalpeter geschmolzen, nach KLEINMANN 0,000876 mg Phosphor.

Gef. N 10,52% P 0,050%

Präparat IV, Lipasewert 209 (Filtrierpapierfasern enthaltend).

3,622 mg gaben nach PREGL 0,565 mg Asche, 5,11 mg CO_2 und 2,03 mg H_2O.

Gef. Asche 15,60% C 38,49% H 6,27%

Auf aschefreie Substanz umgerechnet: C 45,6% H 7,4%.

Zeitschrift für physiologische Chemie **126**, S. 143 [1923].

90. ÜBER PANKREASAMYLASE.

Von RICHARD WILLSTÄTTER, ERNST WALDSCHMIDT-LEITZ und ALBERT R. F. HESSE.

Dritte Abhandlung über Pankreasenzyme.

(Mitteilung aus dem Chemischen Laboratorium der Bayerischen Akademie der Wissenschaften in München.)

Mit 1 Abbildung im Text.

(Der Redaktion zugegangen am 27. November 1922.)

Die II. Abhandlung dieser Reihe hat die Trennung der Lipase von den neben ihr in der Pankreasdrüse gebildeten proteolytischen und diastatischen Enzymen behandelt und einen Ausblick eröffnet auf die weitere Anwendung der Adsorptionsmethode zur Isolierung der Amylase. Im folgenden versuchen wir nun für die Untersuchung der Pankreasamylase zunächst die analytischen Vorbedingungen zu vervollständigen. Unsere Versuche über die Abhängigkeit der enzymatischen Wirkung von der Wasserstoffzahl sowie vom Elektrolytzusatz und über ihre Kinetik lehren die Reaktionsbedingungen genauer kennen, unter welchen die Amylase unabhängig von ihrem Reinheitsgrad bestimmt werden kann. Die Bestimmung knüpft an die Definition der enzymatischen Wirksamkeit von Malzamylase an, die vor kurzem H. v. EULER und O. SVANBERG[1] gegeben haben, und unser Maß für die Wirkung der Pankreasamylase, die Amylaseeinheit, steht in einer sehr nahen Beziehung zur Verzuckerungsfähigkeit (Sf) nach EULER und SVANBERG.

Die Pankreasamylase ist vom Trypsin durch Adsorption des letzteren mit Kaolin vollständig befreit und dann durch ihre eigene Adsorption aus 50proz. Alkohol mit Tonerde [144] auf viel höheren Reinheitsgrad gebracht worden. Das Adsorptionsverhalten des Enzyms wird von den Begleitstoffen in hohem Maße beeinflußt; je reiner die Amylase wird, desto schwerer ist sie adsorbierbar.

I. Über die Wirkung der Amylase.

1. Messung der Stärkehydrolyse.

Manche Bestimmungsweisen gründen sich auf die fortschreitende Änderung des Dispersitätsgrades der Stärke bei ihrem enzymatischen Abbau (A. POLLAK[1]), J. WOLFF

[1] Diese Zs. Bd. 112, S. 193 [1920/21].

[1]) Wchschr. f. Brauerei Bd. 20, S. 595 [1903].

und A. FERNBACH[2]), andere wie die J. Wohlgemuthsche[3] mit ihren Varianten[4] auf Ermittlung eines bestimmten Abbauzustandes. Diese Verfahren sind nur Schätzungen; besonders das viel angewandte Wohlgemuthsche führt zu Widersprüchen mit den zuverlässigen Bestimmungsmethoden. Diese beruhen auf der Reduktionswirkung der abgebauten Stärke.

Für diejenigen Amylasen, die gemischt mit Maltase auftreten, wie die Malzamylase, könnte eine Bestimmungsweise den Vorzug verdienen, welche die ersten Abbauphasen erfaßt, weil sich bei der Messung des entstehenden Zuckers die maltatische Wirkung zu der diastatischen hinzugesellt. Es erscheint uns daher nicht als unbedenklich, Malzamylase, wie es in den wichtigen neuesten Untersuchungen geschieht, nach dem Reduktionsvermögen des gebildeten Zuckers zu bestimmen. Dagegen wird bei einer maltasefreien Amylase wie bei den im folgenden untersuchten Pankreasauszügen die Messung des Reduktionsvermögens zu der genauesten Bestimmung der enzymatischen Wirkung führen.

In zweiter Linie ist die Wahl des analytischen Verfahrens [145] zur Zuckerbestimmung von Bedeutung. Da nicht ein einziger Zucker auftritt, sondern verschiedene Polyosen mit reduzierend wirkenden Gruppen, schien es uns nicht ganz einwandfrei, nach H. v. EULER und O. SVANBERG[1]) und nach H. LÜERS und W. WASMUND[2]) für die Zuckerbestimmung eine Oxydationsmethode von unstöchiometrischem und für die einzelnen Zucker etwas ungleichem Verlauf anzuwenden; nach der Kupfermethode ist die Reduktionswirkung den reduzierenden Gruppen nicht streng proportional. Aus diesem Grunde ziehen wir als eine Zuckeranalyse von streng stöchiometrischem Verlauf die Bestimmung der Aldehydzucker mit Hypojodit nach R. WILLSTÄTTER und G. SCHUDEL[3]) vor, die überdies den Vorteil großer Genauigkeit und rascher Ausführbarkeit bietet.

Bestimmung von Maltose (käufl. Präparat, Maltose pur. von E. MERCK) mit Hypojodit.

$C_{12}H_{22}O_{11} \cdot H_2O$	$^n/_{10}$-Jodlösung verbraucht	berechnet
20,2; 20,2 mg	1,11; 1,05 ccm	1,12
40,4; 40,4; 40,4 mg	2,14; 2,11; 2,16 ccm	2,24

Die Bestimmung mit Hypojodit und mit Fehlingscher Lösung (berechnet nach der Tabelle von BERTRAND für Maltose) gaben in einem untersuchten Beispiel übereinstimmende Werte; die Berechnung der Kupferreduktion auf Maltose verursachte also in diesem Falle keinen Fehler.

---

[2] C. R. Bd. 140, S. 1403 [1905]. [3] Biochem Zs. Bd. 9, S. 1 [1910].

[4] Zum Beispiel W. A. JOHNSON, Journ. Am. Chem. Soc. Bd. 30, S. 798 [1908]; H. C. SHERMAN, E. C. KENDALL und E. D. CLARK, Journ. Am. Chem. Soc. Bd. 32, S. 1073 [1910]; H. C. SHERMAN und A. W. THOMAS, Journ. Am. Chem. Soc. Bd. 37, S. 623 [1915]; J. EFFRONT, C. r. soc. de biologie, Bd. 86, S. 269 [1922].

[1]) Diese Zs. Bd. 112, S. 193 [1920/21]. [2]) Fermentforschung Bd. 5, S. 169 [1921/22].

[3]) Chem. Ber. Bd. 51, S. 780 [1918]. Die Anwendbarkeit für verschiedene Aldehydzucker wurde bestätigt von J. L. BAKER und H. F. E. HULTON, Biochemical Journ. Bd. 14, S. 754 [1920], sowie von R. WILLSTÄTTER und G. OPPENHEIMER, Diese Zs. Bd. 118, S. 168, und zwar S. 170 [1921]. BAKER und HULTON haben auch die diastatische Wirkung des Malzes mit der Hypojoditmethode gemessen, Analyst Bd. 46, S. 90 [1921].

Vergleich. 0,0032 ccm Glycerinauszug ließen wir auf 25 ccm 1 proz. Stärkelösung bei 37° und p_H 6,8 unter Aktivierung mit 1 ccm 0,2 n-NaCl einwirken 1) 30 Minuten, 2) 40 Minuten lang, und bestimmten das Reduktionsvermögen a) mit Hypojodit und b) mit Fehlingscher Lösung.

[146] 1. a) gefunden 4,86 ccm 0,1 n-Jodlösung entspr. 83,4 mg Maltose
b) „ 91,9 mg Cu entspr. 84,4 mg Maltose
2. a) „ 5,48 ccm 0,1 n-Jodlösung entspr. 93,2 mg Maltose
b) „ 102,0 mg Cu entspr. 93,8 mg Maltose.

Bei der Anwendung der Hypojoditmethode darf nicht außer acht gelassen werden, daß Hypojodit auch verbraucht wird 1. schon von der Stärke in Beträgen, die nach Herkunft und Alter derselben wechseln, 2. von den Proteinen und Aminosäuren in der rohen Enzymlösung (sei es aus der tierischen Drüse oder den gekeimten Samen), 3. von Glycerin oder anderen Alkoholen, gegebenenfalls auch dem Thymol der Enzymlösung, 4. von Ammoniumsalzen, die in Elutionen enthalten sind. Für die einzelnen Amylasebestimmungen sind daher Kontrollanalysen nötig, in denen die Summe der von der Stärke, dem Lösungsmittel und den Stickstoffverbindungen verbrauchten Jodmengen ermittelt werden. Der Jodverbrauch im Blindversuch belief sich gewöhnlich auf 0,5 bis 0,6 ccm 0,1 n-Lösung, d. i. in den üblichen Proben etwa ein Drittel[1] der von der gebildeten Maltose verbrauchten Jodlösung; für die Bestimmung des Leerverbrauches sei ein typisches Beispiel angeführt.

25 ccm 1 proz. Stärkelösung wurden mit 2 ccm n-Salzsäure, mit 10 ccm 0,2 n-Phosphatpuffer von p_H 6,8 und 0,8 ccm einer Lösung von 1,0 ccm Glycerinauszug in 250 ccm Wasser (entspr. 0,0032 ccm Glycerinauszug) vermischt. Darauf fügte man 10,01 ccm 0,1 n-Jodlösung und 45 ccm 0,1 n-NaOH hinzu und säuerte nach 15 Minuten langem Stehen mit 4 ccm 20proz. Schwefelsäure an. Zum Zurücktitrieren mit 0,1 n-Thiosulfatlösung wurden verbraucht 9,41 ccm; der Jodverbrauch betrug also 0,60 ccm.

Von diesem Leerverbrauch entfiel der größte Teil allein auf die angewandte Stärke. Eine zu gleicher Zeit ausgeführte Bestimmung nur mit 25 ccm der 1 proz. Stärkelösung ergab einen Verbrauch von 0,52 ccm n/10-Jodlösung.

2. Aktivierung und Hemmung der Amylase.

Einfluß von Elektrolyten.

Um die Amylase in der Pankreasdrüse, ihren Auszügen und in den Präparaten von steigendem Reinheitsgrad [147] vergleichend zu bestimmen, ist es nötig, den Einfluß der zufällig vorkommenden und der im Gang der Isolierung hinzutretenden Salze zu berücksichtigen und zu überwinden.

Seit den Beobachtungen von O. Nasse[1]) über den fördernden Einfluß von Salzen auf die diastatische Wirkung des Speichels ist diese Abhängigkeit von Elektrolyten viel geprüft worden. Nach J. Wohlgemuth[2]) ist dafür in erster Linie das betreffende Anion verantwortlich. Daß der Pankreassaft und künstliche Pankreasauszüge ihre diastatische Wirksamkeit bei der Dialyse einbüßen und auf Salzzusatz wiedergewinnen, haben H. Bierry und J. Giaja[3]) beobachtet. Dann zog H. Bierry[4]) in einer späteren

[1] Bei Anwendung einer geeigneteren Sorte der Stärke wird sich der Jodverbrauch im Blindversuch erheblich herabsetzen lassen.

[1]) Pflügers Arch. Bd. 9, S. 138 [1875]. [2]) Biochem. Zs. Bd. 9, S. 10 [1908].

[3]) C. R. Bd. 143, S. 300 [1906]; siehe auch L. Preti, Biochem. Zs. Bd. 4, S. 1 [1907]; Slosse und H. Limbosch, Arch. intern. Physiol. Bd. 6, S. 365 [1908]; E. C. Kendall und H. C. Sherman, Journ. Am. Chem. Soc. Bd. 32, S. 1087 [1910]. [4]) Biochem. Zs. Bd. 40, S. 357 [1912].

Arbeit die Malzamylase zum Vergleich heran und erkannte in der Abhängigkeit von der Salzgegenwart einen wesentlichen Unterschied zwischen tierischer und pflanzlicher Amylase. Malzamylase wird nämlich durch Salze nicht aktiviert[5].

Die Pankreasamylase wird, wie nach L. MICHAELIS und H. PECHSTEIN[6] die Speichelamylase, am bedeutendsten von Chlorion beeinflußt, nämlich aktiviert. Dies gilt für optimale Acidität ($p_H = 6{,}8$) und in viel höherem Maße für schwach alkalisches Medium. Durch Gegenwart von Chlorion kommen Höchstwerte zustande, die sich durch gleichzeitige Anwesenheit anderer Ionen, z. B. von Acetation, nicht mehr steigern lassen. Allerdings ist zu berücksichtigen, daß in diesen Versuchen außer Chlorion auch Phosphatpuffer zugegen ist, so daß sich die Phosphationen, die nach E. C. KENDALL und H. C. SHERMAN[7] [148] ebenfalls aktivieren, schon neben den Chlorionen geltend machen.

Es ist indessen sowohl von diesen Forschern wie auch in einer nach Abschluß unserer Arbeit erschienenen Untersuchung von C. BÖHNE[1]) nicht streng zwischen dem Einfluß der Phosphationen und der sich zugleich geltend machenden Verschiebung der Wasserstoffzahl unterschieden worden. Unsere Erfahrungen machen es unwahrscheinlich, daß dem Phosphation eine besondere aktivierende Wirkung zukommt; stellt man nämlich dieselbe Wasserstoffzahl einmal mit Phosphat- und das andere Mal mit Acetatgemisch ein, so erhält man gleich große Amylasewirkungen[2].)

0,0032 ccm eines Glycerinauszuges ließen wir 10 Minuten lang bei 37° auf 25 ccm 1 proz. Stärke einwirken unter Zugabe von a) 10 ccm 0,1 n-Acetatpuffer von $p_H = 6{,}0$ (9,5 ccm 0,1 n-Natriumacetat + 0,5 ccm 0,1 n-Essigsäure) und b) 10 ccm 0,2 n-Phosphatpuffer von derselben Wasserstoffzahl (8,8 ccm 0,2 n-KH_2PO_4 + 1,2 ccm 0,2 n-Na_2HPO_4). Der gemessene Umsatz betrug dann a) 12,7; 12,3; 11,8, b) 11,8; 11,8; 12,5 mg Maltose.

Nach den in der Tab. 1 zusammengestellten Versuchen ist für die Aktivierung durch Chlorion ein Konzentrationsbereich von 0,003 bis 0,03-Normalität optimal. Da unter diesen Umständen andere Anionen keine erheblichen Ausschläge verursachen, so finden wir einen Zusatz von 1 ccm 0,2 n-NaCl in der Bestimmungsprobe von 36 ccm, also 0,03% NaCl-Konzentration, hinreichend für den Zweck der ausgleichenden Aktivierung. Die Befunde anderer Forscher weichen davon ein wenig ab (nach H. BIERRY NaCl-Gehalt von 0,05, nach J. WOHLGEMUTH für Speichelamylase 0,5% optimal), gewiß weil ohne bestimmtes p_H und ohne Phosphatpuffer gearbeitet wurde.

---

[5] Vgl. auch H. v. EULER und O. SVANBERG, Diese Zs. Bd. 112, S. 193 [1920/21] und die eingehende Untersuchung von A. HAHN und K. HARPUDER, Zs. Biol. Bd. 71, S. 302 [1920].

[6] Biochem. Zs. Bd. 59, S. 77 [1914].

[7] Journ. Am. Chem. Soc. Bd. 32, S. 1087 [1910].

[1]) Fermentforschung Bd. 6, S. 200 [1922].

[2]) Vergleiche indessen die damit nicht übereinstimmenden Befunde von A. HAHN und R. MICHALIK, Zs. Biol. Bd. 73, S. 10 [1920], wonach das Optimum der Wasserstoffzahl bei Anwendung von Phosphatpuffer bei p_H 7,1, von Acetatpuffer bei p_H 5,5 liegt.

[149]

Tabelle 1.

Aktivierung der Amylase durch Elektrolyte.

(0,0032 ccm Glycerinauszug, 25 ccm 1 proz. Stärke, 10 ccm 0,2 n-Phosphatpuffer, 37°, 10 Minuten; die Angaben bedeuten mg Maltose.)

	Zusatz von je 1 ccm	p_H = 5,4	p_H = 6,0	p_H = 6,8	p_H = 7,5	p_H = 8,0
I.	Wasser	4,5	11,8; 18,0	18,8; 18,0	9,8; 10,2	4,3; 3,1
II.	$^n/_{20}$-NaCl	5,66	16,0	33,6	19,7	12,9
III.	$^n/_{10}$-NaCl	8,06	17,1	39,2	25,2	18,5
IV.	$^n/_5$-NaCl	9,43	24,7; 23,5	39,0; 39,1	31,6; 32,7	25,6; 27,9
V.	^{n}-NaCl	9,09	18,0	40,2	31,4	29,7
VI.	2 ^{n}-NaCl	8,06	18,2	34,4	32,1	31,4; 31,3
VII.	$^n/_5$-NH_4Cl	—	—	37,6	—	—
VIII.	$^n/_5$-$MgCl_2$	—	—	37,2	—	—
IX.	$^n/_5$-NaCl + $^n/_1$-$Mg(CH_3COO)_2$	—	—	38,4	—	—

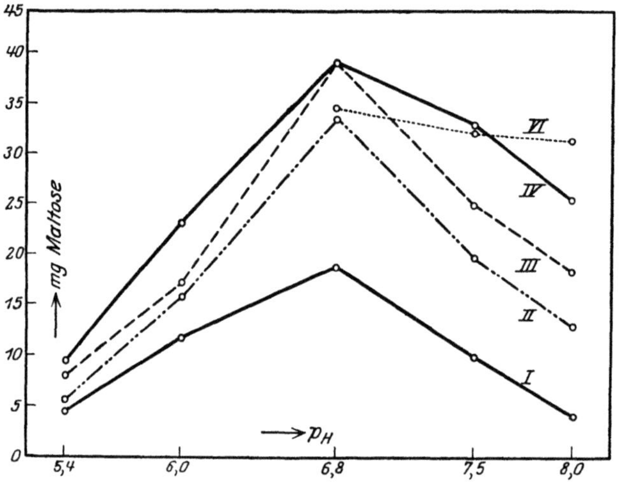

Amylasewirkung bei NaCl-Zusatz und verschiedenem p_H.

Einfluß von gallensaurem Salz.

Der Einfluß von gallensaurem Salz auf die Wirkung von Amylasen ist umstritten. Nach J. WOHLGEMUTH[1] werden pflanzliche und tierische Amylasen von Galle bei geringer Konzentration aktiviert, bei höherer gehemmt. Während [150] G. BUGLIA[1]) die Aktivierung mit glykocholsaurem Natrium bestätigt, soll dieses Salz nach D. MINAMI[2]) in geringer Menge indifferent sein, in größerer hemmen. Die Untersuchungen sind methodisch nicht genügend genau.

Nach den in der Tab. 2 verzeichneten Versuchen wird die Pankreasamylase in optimalem Medium, nämlich ganz schwach saurem, von gallensaurem Salz stark gehemmt, sogar bei Gegenwart von Natriumchlorid. Bei schwach alkalischer Reaktion, also unter den natürlichen Wirkungsverhältnissen des pankreatischen Enzyms im Darm, erfolgt bei gleichzeitiger Anwesenheit von Natriumchlorid eine geringe Aktivierung durch Glykocholat.

[1] Biochem. Zs. Bd. 21, S. 447 [1909]. [1]) Biochem. Zs. Bd. 25, S. 239 [1910].
[2]) Ebenda Bd. 39, S. 339 [1912].

Tabelle 2.
Einfluß von gallensaurem Salz.
Angewandt 0,0032 ccm Glycerinauszug, 0,25 g Stärke, Phosphatpuffer; 37°, 10 Minuten, Angaben in mg Maltose.)

Zusatz	$p_H = 6{,}8$	$p_H = 8{,}0$
1 ccm Wasser	18,8	3,1
10 mg glyk. Na	10,3	4,8
1 ccm 0,2 n-NaCl	39,0	25,6
1 ccm 0,2 n-NaCl + 10 mg glyk. Na	29,0	31,3

3. Abhängigkeit von der Wasserstoffzahl.

Für Speichelamylase fanden W. E. RINGER und H. VAN TRIGT [3] das Optimum etwas abhängig von der Natur des angewandten Puffers. Nach L. MICHAELIS und H. PECHSTEIN [4] liegt das Wirkungsoptimum bei p_H 6,1 bis 6,2 (Acetat- und Phosphatpuffer), bei gleichzeitiger Aktivierung durch Chlorion bei 6,7, durch Nitrat bei 6,9. Dieser Befund dürfte nicht mit der Annahme verschiedener Amylasearten zu deuten sein. Wie bei pankreatischer Lipase werden die Aktivatoren bei verschiedener Reaktion des Mediums ungleich wirken, und ihr [151] Einfluß wird den der Wasserstoffionenkonzentration überdecken. Die Versuche der voranstehenden Tab. 1 haben dies für den Zusatz von Natriumchlorid bestätigt. Ähnlich haben auch A. HAHN und K. HARPUDER [1]) „die Verschiebung des Optimums durch Salze als eine Folge der kombinierten Salz-Pufferaktivierung" verstanden.

Für die Pankreasamylase liegen genaue Bestimmungen des Wirkungsoptimums von H. C. SHERMAN, A. W. THOMAS und M. W. BALDWIN [2]) vor. Die Messungen, die stets unter Zusatz von Natriumchlorid mit Phosphatpuffer ausgeführt wurden, ergaben optimale Acidität zwischen p_H 6,7 und 7,0.

Ohne den Zusatz von Natriumchlorid finden wir die nämliche Reaktion von p_H 6,8 optimal, wie die Kurve I der beigefügten Figur, sowie die folgenden aus der Tab. 1 entnommenen Zahlen zeigen.

Amylase bei wechselndem p_H (Phosphatpuffer) ohne Chlorid.
(0,0032 ccm Glycerinauszug, 25 ccm 1 proz. Stärke, 10 ccm 0,2 n-Phosphatpuffer, 1 ccm Wasser, 37°, 10 Minuten, Angaben in mg Maltose.)

$p_H =$	5,4	6,0	6,8	7,5	8,0
	4,5	11,8; 12,5	18,8; 18,0	9,8; 10,2	4,3; 3,1

Auch bei Gegenwart der für größte Aktivierung gewählten Menge Natriumchlorid, einer zweimal geringeren als in der Arbeit von SHERMAN, THOMAS und BALDWIN, erscheint gemäß der Tab. 3 in Übereinstimmung mit diesen Forschern der Wasserstoffexponent 6,8 optimal. Unter diesen Bedingungen ist die Abhängigkeit der Wirkung vom p_H, verglichen mit den Angaben der amerikanischen Forscher, stärker

[3] Diese Zs. Bd. 82, S. 484 [1912]. [4] Biochem. Zs. Bd. 59, S. 77 [1914].

[1]) Zs. Biol. Bd. 71, S. 287 [1920].

[2]) Jl. Am. chem. Soc. Bd. 41, S. 231 [1918/19]. Davon abweichend ist der Befund von J. TEMMINCK GROLL, Nederl. Tijdschr. Geneesk. Bd. 65, II, S. 2541 [1921]; Chem. Zbl. Bd. 1, S. 210 [1922], wonach die Pankreasamylase zwischen p_H 4,6 und 6,8 gleichbleibende Wirkung hat. Diese Arbeit ist aber noch mit der Bestimmungsmethode von WOHLGEMUTH durchgeführt.

ausgeprägt[3], die Kurven der beigefügten Figur zeigen im alkalischen Gebiete [152] infolge der geringeren Chlornatriumkonzentration einen weniger steilen Verlauf.

Tabelle 3.
Amylase bei wechselndem p_H (Phosphatpuffer) unter Chloridzusatz[1]).
(0,0016 ccm Glycerinauszug, 25 ccm 1proz. Stärke, 10 ccm 0,2 n-Phosphatpuffer, 1 ccm 0,2 n-NaCl, 37°, 60 Minuten, Angaben in mg Maltose.)

p_H =	5,4	6,0	6,5	6,8	7,0	7,2	7,5	8,0
	32,3	40,9	59,3	73,4	69,5	64,2	59,2	39,6

4. Kinetik der Amylasewirkung.

Die viel untersuchte Kinetik der diastatischen Stärkehydrolyse ist am besten beleuchtet in den mit Malzenzym ausgeführten neuen Arbeiten von H. v. EULER und O. SVANBERG[2]) sowie von H. LÜERS und W. WASMUND[3]). Wie es aus der Gärungspraxis lange bekannt ist, zeigt sich auch in diesen Untersuchungen und wird im folgenden mit dem Pankreasenzym bestätigt, daß die Reaktionsgeschwindigkeit einen scharfen Knick bekommt, wenn ungefähr 0,75 g Maltose (wasserfrei) aus 1 g Stärke entstanden sind, also 71% der theoretischen Menge („Grenzabbau").

Verzuckerung von 0,25 g Stärke mit 10 mg Pankreaspulver.

60 Minuten	. .	139,2 mg Maltose
76 ,,	. .	168,5 ,, ,,
875 ,,	. .	188,8 ,, ,,

Daß es bei der Spiritusfabrikation dennoch eine weitgehende „diastatische Nachwirkung" gibt, wird demnach auf der Beseitigung der gebildeten, die Amylase hemmenden Maltose durch Vergärung beruhen*.

Mit den früheren Autoren sind wir somit darin einig, die Reaktionskonstanten bei Anwendung von 1 g Stärke auf 0,75 g als Anfangskonzentration zu beziehen.

Für Malzamylase wurde namentlich von H. LÜERS und W. WASMUND bis zu einem Umsatz von 40% Proportionalität von Reaktionsdauer und gebildeter Maltose gefunden, demgemäß starkes Ansteigen des für monomolekulare Reaktion berechneten Koeffizienten, der weiterhin eine gewisse Zeit [153] konstant bleibt und schließlich fällt. Mit tierischer Amylase ist der Verlauf der Stärkehydrolyse ein anderer. Hierüber liegen, mit genauerer Bestimmungsmethode ausgeführt, nur einige Versuche von H. C. SHERMAN und J. C. BAKER[1]] vor, in denen sich bis zur Hydrolyse von 40%, bei einem Präparat von β-Amylose bis zu 55%[2]] praktisch monomolekularer Reaktionsverlauf ergibt. Der Gang der Hydrolyse wurde nur in Kupfermengen ausgedrückt; der Zusammenhang zwischen Reaktionsgeschwindigkeit und Enzymmenge ist nicht behandelt.

[3] Ähnliche Beobachtungen über die Abschwächung der Abhängigkeit vom p_H bei Salzzusatz finden wir in der kürzlich erschienenen Abhandlung von C. BÖHNE, Fermentforschung Bd. 6, S. 200, und zwar S. 221 [1922].

[1]) Vgl. auch Tab. 1 und die Abbildung. [2]) Diese Zs. Bd. 112, S. 191 [1920/21].

[3]) Fermentforschung Bd. 5, S. 169 [1920/21].

* *Vgl. hierzu R. Kuhn, Liebigs Ann. d. Chem. 443, S. 1 [1925], und zwar S. 6.*

[1]] Jl. Am. Chem. Soc. Bd. 38, S. 1885, und zwar S. 1896 [1916].

[2]] Der in der Zusammenfassung von SHERMAN und BAKER (S. 1904) angeführte Betrag von 75% scheint uns mit ihren experimentellen Befunden nicht in Einklang zu stehen.

Für die im folgenden ausgearbeitete und angewandte Bestimmungsmethode geben uns einige Versuche (Tab. 4) mit wechselnden Mengen von Glycerinauszügen aus getrockneter Pankreasdrüse die Grundlagen.

Tabelle 4.
Kinetik der Pankreasamylase.
(Substrat 0,25 g Stärke in 25 ccm Wasser; $p_H = 6,8$, eingestellt mit 10 ccm 0,2 n-Phosphatpuffer; Zusatz von 1 ccm 0,2 n-NaCl; 37°.)

Zeit	I. Versuch mit 0,0064 ccm 1. Glycerinlösung		II. Versuch mit 0,0064 ccm 2. Glycerinlösung		III. Versuch mit 0,0192 ccm 2. Glycerinlösung	
Min.	Maltose mg	$k = \frac{1}{t} \cdot \log_{10} \frac{a}{a-x}$	Maltose mg	k	Maltose mg	k
5	24,7	0,0123	—	—	90,3	0,0543
10	45,9	0,0122	61,6	0,0173	112,5	0,0388
15	65,0	0,0123	—	—	120,0	0,0296
20	78,9	0,0119	99,5	0,0164	122,2	0,0229
30	101,8	0,0113	—	—	—	—
40	113,1	0,0102	116,3	0,0105	—	—
50	117,1	0,0085	—	—	—	—
60	115,0	0,0069	122,0	0,0076	—	—
80	—	—	129,1	0,0063	—	—
100	—	—	133,3	0,0054	—	—
300	—	—	136,3	0,0019	—	—
960	—	—	136,5	0,0006	—	—
1470	—	—	142,7	0,0004	—	—

Tabelle 5.
Enzymkonzentration und Umsatz.
[154] (Milligramm Maltose aus 0,25 g Stärke unter den Bedingungen wie oben.)

Enzymmenge (E)	$t \times E = 2,5$	$t \times E = 5,0$	$t \times E = 7,5$	$t \times E = 10,0$	$k = \frac{1}{t} \cdot \log_{10} \frac{a}{a-x}$	
1 (0,0128 ccm Glycerinlösung)	29,5	58,2	83,2	99,3	0,0297 0,0323 0,0339 0,0328	0,0317
$^1/_2$	33,4	58,5	78,5	93,6	0,0170 0,0162 0,0157 0,0150	0,0159
$^1/_4$	31,2	59,1	81,8	93,7	0,0079 0,0083 0,0083 0,0075	0,0080
$^1/_8$	29,2	59,2	77,6	102,5	0,0037 0,0041 0,0039 0,0043	0,0040
$^1/_{16}$	29,7	59,8	82,1	93,3	0,0019 0,0021 0,0021 0,0019	0,0020
$^1/_{32}$	31,4	60,5	86,6	96,7	0,0010 0,0010 0,0011 0,0010	0,0010

Der Koeffizient der monomolekularen Reaktion zeigt genügende Konstanz bis zu einer Maltosemenge von 100 mg aus 0,25 g angewandter Stärke (also 0,40 g aus 1 g Stärke). Auch bei größeren Enzymmengen sinkt die Reaktionsgeschwindigkeit ungefähr von diesem Punkte an. Für die Bestimmung der Amylase werden am besten die Enzymmengen so gewählt, daß die Reaktionskonstante zwischen 0,001 und 0,03 liegt; dann erfolgt in 7 bis 60 Minuten die Hydrolyse von 10 bis 30% der Stärke. Wie die Tab. 5 zeigt, finden wir für diesen Bereich [155] mit Enzymmengen im Verhältnis von 1 : 32 und mit Zeiten im Verhältnis von 1 : 4 genaue Proportionalität zwischen Reaktionsgeschwindigkeit und Enzymmenge.

5. Bestimmungsmethode.

Die folgende Bestimmungsweise soll sich an die von H. v. EULER und O. SVANBERG[1] vorgeschlagene Bestimmung und Definition der enzymatischen Wirksamkeit von Malzamylase anschließen. Während aber für diese p_H 5 optimal und Zusatz von Aktivatoren nicht erforderlich ist, dient für die Bestimmung der Pankreasamylase ein Medium von der optimalen Wasserstoffzahl 6,8 unter ausgleichender Aktivierung durch Phosphatpuffer zusammen mit Natriumchlorid. Die Hydrolyse von 0,25 g Stärke (in 37 ccm bei 37°) wird im Bereich der ersten 40% verfolgt. Die gebildeten Aldehydgruppen messen wir mit der streng stöchiometrischen Hypojodit-Titration und beziehen sie auf 0,1875 g Substrat als Anfangskonzentration. Die unter Annahme monomolekularen Reaktionsverlaufs berechnete Konstante $k = \frac{1}{t} \cdot \log_{10} \frac{a}{a-x}$, für die sich mit geeigneten Enzymmengen Werte zwischen 0,001 und 0,03 ergeben, bekommt die weitere Bedeutung, daß sie die Enzymmenge in Amylaseeinheiten ausdrückt.

Ausführung. In einer zylindrischen Standflasche mit eingeschliffenem Stopfen von 50 ccm Inhalt werden

25 ccm frisch bereitete 1proz. Lösung von Kahlbaumscher löslicher Stärke,
10 ccm 0,2n-Phosphatpuffer, bestehend aus 5,1 ccm 0,2n-KH_2PO_4 und 4,9 ccm 0,2n-$Na_2HPO_4 + 2\,H_2O$ sowie 1 ccm 0,2n-NaCl

vermischt und im Thermostaten auf 37,0° gebracht. Das Enzym fügt man unter Umschütteln hinzu, trockenes Präparat aus dem Wägeglas oder Enzymlösung, z. B. 1,00 ccm, aus der Meßpipette. Nach Ablauf von gewöhnlich 10 Minuten wird die Reaktion durch Zusatz von 2 ccm n-Salzsäure unterbrochen. Man spült das Reaktionsgemisch mit wenig Wasser in einen [156] Erlenmeyerkolben und versetzt es mit Jod, für je 1 mg erwarteter Maltose mit 0,6 ccm 0,1n-Lösung, sodann tropfenweise unter Umschütteln mit 0,1n-Natronlauge. Ihre Menge ist so zu bemessen, daß nach Neutralisieren der zugefügten Salzsäure und Umwandlung des sauren Puffer-Phosphats in sekundäres (zusammen 30 ccm) noch das anderthalbfache vom Volumen der Jodlösung angewandt wird. Nach 15 Minuten langem Stehen wird mit verdünnter Schwefelsäure angesäuert und das überschüssige Jod mit 0,1n-Thiosulfatlösung zurücktitriert.

---

[1] Diese Zs. Bd. 112, S. 193, und zwar S. 219 [1920/21].

Den Eigenverbrauch der Stärke sowie der Enzymlösung an Jod ermittelt man zu gleicher Zeit durch eine Kontrollbestimmung, wie im Abschnitt I, 1 beschrieben. Nach Abzug dieses Leerverbrauchs wird die gefundene Jodmenge nach dem Verhältnis 17,15 mg $C_{12}H_{22}O_{11}$: 1 ccm $^{n}/_{10}$-Jod als Maltose berechnet.

Beispiel. 0,80 ccm einer Lösung, die aus 1,00 ccm Pankreas-Glycerinauszug mit 250 ccm Wasser bereitet war, ließen wir unter den bestimmten Bedingungen 10 Minuten auf die Stärke einwirken. Nach dem Sistieren der Hydrolyse mit Säure fanden wir bei der Titration des entstandenen Aldehydzuckers einen Verbrauch von 2,29 (wiederholt: 2,23) ccm $^{n}/_{10}$-Jod. Die Kontrollbestimmung ergab für die angewandte Stärke und Enzymlösung einen Leerverbrauch von 0,53 (wiederholt: 0,53) ccm $^{n}/_{10}$-Jod. Danach entsprach die gebildete Maltose 1,76 (wiederholt: 1,70) ccm Jod und betrug 30,2 (wiederholt: 29,2) mg.

Die Reaktionskonstante ergab sich aus

$$^{1}/_{10} \log_{10} \frac{0{,}1875}{0{,}1875-0{,}0302} = 0{,}0076 \text{ (wiederholt: } 0{,}0074).$$

Maße für Menge und Konzentration des Enzyms. Für die pankreatische Amylase wird als Maß die **Amylaseeinheit (Am.E.)**, ähnlich der Lipaseeinheit[1], vorgeschlagen. Sie ist als das Hundertfache derjenigen Enzymmenge bestimmt, für die sich unter den angegebenen Versuchsbedingungen die [157] Konstante der monomolekularen Reaktion gleich 0,01 ergibt. Daher drückt die Reaktionskonstante zugleich die Zahl von Amylaseeinheiten in der Analysenprobe aus. Wenn zum Beispiel 0,5 mg Trockenpankreas in 10 Minuten 78,6 mg Maltose bildeten, so berechnet sich daraus $k = 0{,}0236$, und dies ist die Anzahl der Am.E. in den angewandten 0,5 mg.

Die Menge von 0,01 Am.E. vermag 25% der im Grenzabbau (75% von 0,25 g Stärke) entstehenden Maltosemenge, nämlich 46,9 mg, in 12,49 Minuten zu bilden. Eine Amylaseeinheit finden wir als Gehalt von ungefähr 2 cg getrockneter Pankreasdrüse.

Den enzymatischen Reinheitsgrad eines Amylasepräparats soll analog dem Lipasewert der **Amylasewert (Am.W.)** ausdrücken, nämlich die Zahl von Amylaseeinheiten in 1 cg der Substanz.

Zu dem von H. v. EULER und O. SVANBERG[1]) für die Wirkungsfähigkeit von Malzamylase vorgeschlagenen Maße

$$\text{Sf} = \frac{k \cdot \text{g-Maltose}}{\text{g-Präparat}}$$

steht der Amylasewert in einer sehr einfachen Beziehung. Da das allgemeinere Maß von EULER und SVANBERG, das sich auf 1 g Enzympräparat bezieht, für verschiedene Konzentrationen des Substrats (in Gramm) anzuwenden ist, hat man Sf durch die festgesetzte Maltosemenge in Zentigramm (18,75), die nämlich unter unseren Versuchsverhältnissen im Grenzabbau entsteht, zu dividieren[2]), um zum Amylasewert zu gelangen. Daher ist

$$\text{Amylasewert} = \text{Sf} \cdot 0{,}05333.$$

[1] R. WILLSTÄTTER, E. WALDSCHMIDT-LEITZ und F. MEMMEN, Diese Zs. (im Druck *Abh. 88*).

[1]) Diese Zs. Bd. 112, S. 193, und zwar S. 220 [1920/21].

[2]) Oder man multipliziert mit dem Reziproken dieser Menge, d. i. 0,05333.

Erfahrungen. Die Methode hat sich bei der Bestimmung von Amylase in verschiedenen Reinheitsgraden bewährt, was in einigen Beispielen gezeigt werden soll und sich auch aus den Belegen der präparativen Arbeit ergibt. Eine Ausnahme bildet die Bestimmung des Enzyms in stark [158] ammoniumsalzhaltigen Lösungen. Hier wird die Hypojoditmethode anscheinend gestört; man fand zuviel Maltose. In diesem Falle empfiehlt es sich, die Bestimmung mit Fehlingscher Lösung an die Stelle der Jodtitration treten zu lassen.

Bestimmung in der Pankreasdrüse.

Die Pankreasprobe Nr. 3 wurde a) am 29. VII., b) am 23. X. analysiert.

a) 1,0 mg bildeten in 5 Minuten 77,8 mg Maltose, entspr. $k = 0{,}0465$.

b) Je 0,5 mg bildeten in 10 Minuten 78,6 und 78,2 mg Maltose, entspr. $k = 0{,}0244$ bzw. 0,0236.

Bestimmung im Glycerinauszug.

Die Enzymlösung aus der Pankreasprobe Nr. 3 wurde a) am 13. VI., b) am 17. X. analysiert.

a) 0,0032 ccm bildeten in 10 Minuten 31,2 mg Maltose, entspr. $k = 0{,}0079$.

b) Je 0,0032 ccm bildeten in 10 Minuten 31,1 und 31,5 mg Maltose, entspr. $k = 0{,}0079$ bzw. 0,0080.

Diese Beispiele erweisen auch die große Beständigkeit, die das Enzym im Zustand des Trockenpankreas und der Glycerinauszüge besitzt.

Ausbeute im Glycerinauszug.

Aus 100 g des getrockneten Pankreas, enthaltend 4720 Am.E., gewannen wir mit 1600 ccm 87proz. Glycerin durch Abtrennen in der Zentrifuge einen rohen Auszug. Von diesem bildeten 0,0032 ccm in 10 Minuten 36,9 mg Maltose, entspr. $k = 0{,}00952$. Erfolgte die Abtrennung der Flüssigkeit vom Unlöslichen ohne Verlust, so würde die Ausbeute $\frac{1600}{0{,}0032} \cdot 0{,}00952 = 4760$ Am.E. betragen. Das Enzym läßt sich sehr leicht und vollständig ausziehen.

Ausbeute bei der Adsorption mit Tonerde.

Angewandt ein geklärter Glycerinauszug, von welchem 0,0186 ccm in 10 Minuten 35,1 mg Maltose bildeten, entspr. $k = 0{,}0090$.

111 ccm Glycerinlösung mit 53,7 Am.E. wurden mit 1,0 ccm n-Essigsäure angesäuert und mit 30 ccm aufgeschlämmter Tonerde B adsorbiert. Das mit der Zentrifuge abgetrennte Adsorbat wurde in ein Meßgefäß von 100 ccm gebracht und aufgefüllt; die Restlösung, sogleich neutralisiert, betrug 125 ccm.

Adsorbat. 0,0160 ccm Suspension des Adsorbats gaben in 10 Minuten 6,2 mg Maltose, entspr. $k = 0{,}00146$.

Restlösung. 0,020 ccm bildeten in 10 Minuten 26,4 mg Maltose, entspr. $k = 0{,}00659$.

[159] Das gesamte Adsorbat enthielt daher 9,1 und die Restlösung 41,2 Am.E.; in beiden Anteilen sind also 50,3 Am.E., entspr. 94 % des angewandten Enzyms, gefunden worden.

II. Isolierung der Amylase.

1. Das Ausgangsmaterial.

Die Pankreasdrüse des Schweines bildete das Ausgangsmaterial in entfettetem und getrocknetem Zustand, wie in der II. Abhandlung beschrieben, und zwar die Pankreasprobe Nr. 3. Ihr Amylasegehalt, der bei monatelangem Aufbewahren unverändert blieb, betrug in 1 cg 0,47 bis 0,48 Einheiten. Die Amylase ließ sich besonders leicht und vollständig in Lösung überführen, durch Wasser ebenso wie durch Glycerin, leichter als die Lipase und viel leichter als das Trypsin. Diese Abstufung in der Lösbarkeit ist durch das ungleiche Adsorptionsverhalten der drei Enzyme bedingt. Das gepulverte Trockenpankreas wird mit wasserhaltigem Glycerin (16 ccm für 1 g) unter wiederholtem Durchschütteln einige Stunden bei 30° behandelt; der mit der Zentrifuge abgetrennte, noch trübe Glycerinauszug enthält 93 bis 98% der Amylase, und zwar in 100 ccm 284 bis 300 Am.E.

Beispiel. 50 g Drüsenpulver, 2440 Am.E. enthaltend, wurden mit 800 ccm Glycerin von 87% 10 Stunden bei 30° extrahiert. 0,0032 ccm Rohauszug gaben in 10,0 Minuten 37,2, in 10,5 Minuten 38,9 mg Maltose, entspr. $k = 0{,}00961$ bzw. 0,00961 und einem Gehalte von 2402 Einheiten in der ganzen Menge des Auszuges.

Ebenso gewannen wir aus 100 g vom gleichen Pankreas 1600 ccm Glycerinauszug, von welchem 0,0032 ccm in 10 Minuten 36,9 mg Maltose bildeten. Aus $k = 0{,}00942$ ergab sich die Ausbeute von 4710 Am.E., d. i. 96,5%.

Den Rohextrakt klärt man durch Verdünnen mit dem fünffachen Volumen Wasser. Dabei fällt ein reichlicher Niederschlag aus, mit dem nur sehr wenig Amylase und Trypsin, aber etwas mehr, zum Beispiel 15% adsorbierte Lipase verloren geht.

Von einem rohen Glycerinauszug wurden 10 ccm, enthaltend 28,4 Einheiten, mit 50 ccm Wasser vermischt; mit der Zentrifuge trennten wir die geklärte Enzymlösung ab und erhielten 55,5 ccm. Davon lieferten [160] 0,0186 ccm in 10 Minuten 35,1 mg Maltose, entspr. $k = 0{,}00901$. Die Lösung enthielt demnach im ganzen noch 26,9 Am.E.

Einen Anhaltspunkt für die Konzentration der Amylase im geklärten Glycerinauszug gewinnt man beim Fällen mit Alkohol. Die gefundene Zahl wird aber zu günstig sein, die Mutterlauge nämlich noch etwas Trockenrückstand enthalten. Da z. B. 58 ccm geklärte Glycerinlösung (28,1 Am.E.) mit 580 ccm absolutem Alkohol 0,1331 g Fällung lieferten, so war der Amylasewert der Lösung, auf dieses Trockengewicht bezogen, 2,1, die enzymatische Konzentration also ungefähr die vierfache im Vergleich mit der getrockneten Drüse.

2. Trennung von Lipase.

In den geklärten Glycerinlösungen befinden sich neben der Amylase auch die Lipase, 3/4 vom Gehalt der Drüse, und das Trypsin, etwa der halbe Gehalt der Drüse. Eine aus 10 ccm Glycerinauszug dargestellte geklärte Enzymlösung enthielt nämlich 26,9 Am.E. und 36 L.E. und übte unter den früher angeführten Bedingungen[1] eine durch 1,47 ccm 0,8n-KOH bestimmte tryptische Wirkung aus. Die Trennung gelingt mit Aluminiumhydroxyd auf Grund der stärker ausgeprägten Adsorptionsaffinität der Lipase. Während bei einmaliger Behandlung mit Aluminiumhydroxyd (Sorte B[2]) die Lipase aus der angesäuerten Lösung zu etwa 90% adsorbiert wird, bleiben Amylase und Trypsin zum großen Teil in der Mutterlauge zurück.

In der zweiten Abhandlung ist ein genaues Beispiel[3] für die Adsorption der Lipase aus 2930 ccm geklärter und angesäuerter Enzymlösung beschrieben. Die Restlösung enthielt von angewandten 1758 L.E. noch 180, von 1346 Am.E. noch 1058 d. i. 76% und noch annähernd die ganze Trypsinmenge. Der dabei unvermeidliche Verlust an Amylase ist lediglich durch das Adsorptionsverhalten der Begleitstoffe bedingt, mit

[1] II. Abhandlung, Abschnitt B, I, 5.
[2] II. Abhandlung, Abschnitt B, II, 1.
[3] Abschnitt B, II, 3a.

denen sie assoziiert ist. Bei der nochmaligen [161] Einwirkung von Aluminiumhydroxyd geht aus ihrer nun schon viel reineren Lösung nur eine geringfügige Menge in das Adsorbat über. An diesem Punkte, bei der zweiten Behandlung mit Tonerde, zweigt die Trennungsmethode der vorliegenden Arbeit von der veröffentlichten Untersuchung über Pankreaslipase ab.

Die Lipase muß nun aus der Amylaselösung mit Tonerde vollständig entfernt werden, wofür die Hälfte des für die Adsorption der Hauptmenge angewandten Aluminiumhydroxyds genügt (d. i. für 100 ccm rohe Glycerinlösung 0,7 g Al_2O_3 für die zweite Adsorption). Es wäre nicht lohnend, den kleinen Anteil der Lipase, den diese zweite Adsorption entfernt, noch zusammen mit der Hauptmenge von Lipaseadsorbat zu verarbeiten. Von der Mutterlauge gaben dann z. B. 5,0 ccm keine meßbare Verseifung von Olivenöl in 60 Minuten. Diese Lipase-Restlösungen enthielten, wie die in der Tab. 6 angeführten Beispiele zeigen, von der Amylase zwischen 62 und 95, gewöhnlich 70 bis 80%.

Tabelle 6. Ausbeute an Amylase nach Abtrennung der Lipase.

Glycerinauszug			Enzym-Restlösung		Ausbeute
ccm	k (0,0032 ccm)	Gehalt an Am.E.	k (in der den 0,0032 ccm Rohlös. entspr. Menge)	Gehalt an Am.E.	%
20	0,00909	56,8	0,00659	41,2	72,5
500	0,00942	1472	0,00696	1058	72
355	0,00942	1047	0,00627	787	75
400	0,00942	1178	0,00721	1045	89
100	0,00942	294,4	0,00605	183	62
50	0,00942	147,2	0,00626	97,8	66
100	0,00942	294,4	0,00771	242	82
100	0,00942	294,4	0,00934	279	95

In der von Lipase befreiten sauer reagierenden Lösung unterliegt die Amylase rascher Zersetzung. Diese läßt sich durch Zusatz von Glycerin zu einem Gehalt von 50% oder durch Neutralisieren vermeiden. Die folgenden Versuche [162] zeigen, daß die Amylasewirkung der neutralisierten Lösung eine Woche lang konstant blieb. Auch lassen sich die verdünnten Lösungen bei neutraler Reaktion ohne Enzymverlust im Vakuum auf zehnfache Konzentration einengen.

	enthalt. Glycerin	mg Maltose		
		sofort	nach 2 Tagen	nach 7 Tagen
0,0206 ccm 0,01 n-essigsaure Enzymlösung	15%	24,0	7,8	—
0,0358 ccm 0,01 n-essigsaure Enzymlösung	50%	24,0	21,9	—
0,0212 ccm neutralisierte Enzymlösung.	15%	24,0	23,5	20,9
0,0224 ccm neutral., Diammonphosphat enth. Enzymlösung	12%	24,0	23,1	22,4

Die eingedampfte Lösung der Amylase wird durch absol. Alkohol nur noch unvollständig und mit großem Verlust an enzymatischer Wirkung gefällt. Z. B. fielen aus 20 ccm eingeengter Lösung von 65,1 Am.E. beim Vermischen mit dem Fünffachen an

Alkohol 0,1062 g aus, die 11,0 Am.E. enthielten, während in der Mutterlauge nur noch 15,8 Am.E. gefunden wurden.

3. Trennung von Trypsin.

Da bei der Abscheidung der Lipase das diastatische und proteolytische Enzym das gleiche Verhalten gegen Tonerde zeigen, so bot die Anwendung unserer Sorten von Tonerde keine Aussicht für die Trennung von Amylase und Trypsin. Um so wichtiger war es, Unterschiede bei der Adsorption durch Kaolin aufzufinden. Die Adsorption wurde in den Versuchen der Tab. 7 bei neutraler und saurer Reaktion, mit wäßriger und alkoholhaltiger Enzymlösung geprüft. Die beobachteten Unterschiede waren nicht so durchgreifend, daß sie zu einer glatten Trennung der beiden Enzyme zu führen schienen. Amylase wurde bei neutraler und schwach alkalischer Reaktion in geringem Maße adsorbiert, besser aus schwach essigsaurer Lösung, am reichlichsten, wenn die Flüssigkeit zugleich einen beträchtlichen Alkoholgehalt besaß. Dagegen unterstützt der Zusatz von Alkohol nicht die Adsorption des Trypsins, das unter den verschiedenen Bedingungen zur Hälfte bis zu zwei Dritteln adsorbiert wird.

[163] Tabelle 7. Verhalten des Amylase-Trypsin-gemisches gegen Kaolin.

angewandt		Reaktion der Lösung	Alkohol-konzentr.	adsorbiert		Trypsinwirkung ccm 0,8 n-KOH	
Am.E.	g Kaolin		%	Am.E.	%	vor	nach der Ads.
31,4	1,2	neutral	40	5,2	17	1,02	0,53
31,4	2,4	0,01 n-essigsauer	40	24,1	77	—	—
31,4	2,4	0,01 n-ammoniak.	40	7,1	23	0,81	0,59
15,5	0,6	0,01 n-ammoniak.	50	2,9	19	—	—
78,0	4,8	neutral	0	7,1	9	1,49	1,12
84,2	4,8	0,01 n-essigsauer	0	17,0	20	1,25	0,81
49,4	4,8	0,04 n-essigsauer	0	32,8	66	—	—

Das Adsorptionsverhalten der beiden Enzyme war in diesen Versuchen noch verschleiert. Bei der nochmaligen Einwirkung desselben Adsorbens gelang aber die Adsorption von Trypsin vollständig, ohne daß es wieder von einer nennenswerten Menge der Amylase begleitet wurde. In der von Lipase befreiten Enzymlösung war also die Adsorbierbarkeit der Amylase nur durch ihre Begleiter bedingt. Sie führen in das Kaolin bei seiner ersten Anwendung einen Teil der Amylase mit. Dabei verarmt die Lösung an diesen für die Adsorption der Amylase unentbehrlichen Koadsorbentien, so daß die Amylase bei der zweiten Einwirkung von Kaolin nicht weiter adsorbierbar ist. Die Begleitstoffe haben zugleich die Adsorption des Trypsins gestört, das umgekehrt wie die Amylase erst bei der zweiten Behandlung mit Kaolin leicht und vollständig aufgenommen wird.

Nach diesen Erfahrungen läßt sich die Trennung von Amylase und Trypsin durch zweimalige Einwirkung von Kaolin auf die schwach essigsaure (von Alkohol freie) Lösung durchführen, wobei sich die Verluste an Amylase gewöhnlich zwischen 20 und 40% bewegen.

Beispiel der Trennung mit Kaolin.

Angewandt eine von Lipase befreite Enzymlösung.

0,0199 ccm bildeten in 11 Minuten 35,5 mg Maltose, entspr. $k = 0{,}00829$,

50,0 ccm bewirkten mit Gelatine in 2 Stunden Aciditätszunahme entspr. 1,25 ccm 0,8n-KOH.

[164] 200 ccm dieser Lösung, demnach 84,2 Am.E. enthaltend, wurden mit 2,3 ccm n-Essigsäure angesäuert und mit der Suspension von 4,8 g elektroosmotisch gereinigtem Kaolin in 20 ccm Wasser geschüttelt; mittels der Zentrifuge trennten wir 210 ccm Restlösung ab.

Davon lieferten 0,0195 ccm in 10 Minuten 25,1 mg Maltose, entspr. $k = 0{,}00624$; daher enthielt die Flüssigkeit noch 57,2 Am.E.

52,0 ccm gaben mit Gelatine Aciditätszunahme entspr. 0,81 ccm 0,8 n-KOH.

Der Trypsingehalt betrug noch etwa $^2/_3$ der angewandten Menge.

Von demselben lipasefreien Enzymgemisch unterwarfen wir weitere 200 ccm ebenso einer zweimaligen Behandlung mit je 4,8 g Kaolin und gewannen 222 ccm Adsorptionsrestlösung.

0,0220 ccm derselben bildeten in 10 Minuten 25,1 mg Maltose, entspr. $k = 0{,}00624$ und einem Gehalt von 63 Am.E. der Lösung im ganzen.

56,0 ccm bewirkten mit Gelatine in 2 Stunden keine meßbare Aciditätszunahme.

Die Restlösung enthielt also noch etwa 75 % der angewandten Amylase und war frei von der proteolytischen Wirkung.

Aus den dabei erhaltenen Kaolinadsorbaten ließ sich das Trypsin mit ammoniakalischem Phosphat (100 ccm 0,6proz. $2^2/_3$-bas. Ammonphosphat) freilegen, ohne daß es in der Elution von Amylase begleitet war.

0,010 ccm Elution bildeten in 10 Minuten keine meßbare Menge Maltose.

25,0 ccm bewirkten mit Gelatine in 2 Stunden Aciditätszunahme entspr. 1,41 ccm 0,8n-KOH.

Die Adsorptionsmethode hat demnach als Restlösung das diastatische Enzym trypsinfrei, als Elution aus dem Kaolin das Trypsin frei von Amylase geliefert.

Die Amylase befindet sich in der enzymatisch homogenen Lösung in über 12mal konzentrierterem Zustand als in dem geklärten Glycerinauszug.

57 ccm einer von Lipase und Trypsin freien Lösung, die 14,8 Am.E. enthielten (0,0237 ccm : 24,7 mg Maltose, 10 Minuten; $k = 0{,}00614$), ließ man zur Entfernung des Glycerins 7 Tage gegen fließendes destilliertes Wasser dialysieren. Die enzymatische Wirkung ging dabei völlig verloren. Danach hinterblieben beim Eindampfen 0,0056 g trockener Rückstand. Der Amylasewert, darauf bezogen, betrug 26,4.

Dieser Rückstand der Dialyse zeigte in 0,1proz. Lösung die Reaktion von Millon nicht mehr, aber eine geringe Reaktion [165] mit Ninhydrin und eine schwache Kohlenhydratreaktion nach Molisch. Mit Ferrocyanwasserstoff und mit Pikrinsäure trat kein Niederschlag auf.

4. Steigerung des Reinheitsgrades.

Wenn die Amylase den Zustand enzymatischer Einheitlichkeit erreicht hat, verdankt sie noch immer ihren Begleitstoffen eine gewisse Adsorbierbarkeit, die sich zu ihrer weiteren Reinigung ausnützen läßt. Sie wird auf dieser Stufe der Reinigung noch von Tonerde adsorbiert, und zwar aus neutraler Lösung bei einem hohen Gehalt an Alkohol. Es ist mindestens eine Konzentration von 50 % Alkohol dafür erforderlich, bei geringerer sinkt der Adsorptionswert der Tonerde. Dieser Einfluß des Alkohols ist wahrscheinlich mit seiner Wirkung auf Aminosäuren und Peptide zu vergleichen, die in alkoholischer Lösung titrierbare Säuren sind, er ist also wie in einigen früher beobachteten Beispielen (Invertin, Lipase, Peroxydase) zurückzuführen auf Entwicklung der sauren Eigenschaften, sei es des Enzyms selbst oder nur derjenigen von Koadsorbentien; im vorliegenden Falle sind es die Koadsorbentien, deren Adsorption durch Anwendung der alkoholischen Lösung unterstützt wird. Eluiert man die Amylase aus dem entstandenen Tonerdeadsorbat mit schwach alkalischen Mitteln, so gelingt ihre erneute Adsorption unter gleichen Versuchsverhältnissen nur noch sehr unvollkommen. Die Koadsorbentien sind also wenigstens teilweise von dem Enzym abgetrennt worden. Die Amylase scheint hiernach in reinem Zustand aus 50proz. Alkohol überhaupt nicht mehr adsorbiert zu werden, während andere Enzyme, z. B. Invertin, mit steigendem Reinheitsgrad leichter adsorbierbar sind. Die Adsorptionsaffinitäten der Amylase sind im Vergleich zur Lipase, zum Trypsin und anderen untersuchten Enzymen die schwächsten. Die Untersuchung soll nach der Richtung fortgesetzt werden, Bedingungen zu ermitteln, unter denen das Enzym vielleicht auch in dem erreichten Reinheitsgrade noch adsorbiert werden kann, und das wahre Adsorptionsverhalten des Enzyms genauer zu bestimmen.

Die Adsorption der Amylase war, wie die Versuche der [166] Tab. 8 zeigen, unter den bestimmten Bedingungen gut ausführbar, erforderte aber besonders große Mengen Adsorbens. Von den angewandten Tonerdesorten ist das Präparat A, das für Lipase, verglichen mit B, ungünstig ist, für die Adsorption der Amylase besonders geeignet.

Tabelle 8. Adsorption der Amylase durch Tonerde.

angewandt Am.E.	Alkoholkonz. %	Tonerde Sorte	Tonerde g	adsorbiert Am.E.	adsorbiert %
16,1	40	B	0,14	0,4	2
18,2	40	A	0,60	5,8	32
18,2	40	A	1,20	10,0	45
19,3	50	A	2,40	19,3	100
155,4	50	A	10,80	155,4	100
208	50	A	12,00	166	80

Zur Zerlegung der Adsorbate hat das $2^2/_3$-bas. Ammonphosphat gedient. Die Elutionsausbeute war durchwegs gut, die Bestimmung der Amylase aber in den ammoniumsalzhaltigen Lösungen mit unserer analytischen Methode nicht exakt; man wird besser die Ammoniumsalze in den Elutionen vermeiden.

Die wiederholte Adsorption mit Tonerde aus der phosphathaltigen Elution ergab nur 30% Enzym im Adsorbat, in einem anderen Beispiel nach Ausfällung der Phosphorsäure mit Magnesiamischung auch nur 40%.

400 ccm Elution aus dem Tonerdeadsorbat mit einem Gehalt von 112,5 Am.E. (0,0147 ccm, 10 Minuten: 17,0 mg Maltose, entspr. $k = 0{,}00414$) befreiten wir mit Magnesiamischung von Phosphorsäure. Das Filtrat wurde mit Essigsäure neutralisiert und unter Berücksichtigung des Volumens der Tonerdesuspension mit Alkohol auf die Konzentration von 50% gebracht. Zur Adsorption wandten wir 5,47 g Tonerde A an. Die Adsorptionsrestlösung betrug nach dem Abtrennen in der Zentrifuge 1490 ccm und enthielt noch 65,4 Am.E. (0,0548 ccm, 12 Minuten: 12,0 mg Maltose, entspr. $k = 0{,}0024$).

Beispiel für die Reinigung mit Tonerde.

Nach Abtrennung von Lipase und Trypsin und Neutralisieren gegen Lackmus bildeten von der Amylaselösung 0,0237 ccm in 10 Minuten 24,7 mg Maltose, entspr. $k = 0{,}00614$. 600 ccm dieser Lösung, die demnach [167] 155,4 Am.E. enthielten, versetzten wir mit 720 ccm 96proz. Alkohol und mit 360 ccm Suspension der Tonerde A (10,8 g Al_2O_3).

Die Adsorptionsrestlösung betrug 1435 ccm. Davon gaben 0,0566 ccm in 12,25 Minuten keine meßbare Menge Maltose.

Das rasch in der Zentrifuge abgetrennte Adsorbat wurde unmittelbar in den Zentrifugengläsern zur Elution 2mal mit je 200 ccm ammoniakalischem Phosphat angerührt, das aus 114 ccm 1proz. $(NH_4)_2HPO_4$, 6 ccm n-NH_3 und 80 ccm 87proz. Glycerin bestand.

Von den vereinigten Elutionen, zusammen 435 ccm, bildeten 0,0142 ccm in 10 Minuten 24,2 mg Maltose, entspr. $k = 0{,}0060$. Diese Analyse ergibt also 187 Am.E. Es hat sich gezeigt, daß nicht eine Überaktivierung des Enzyms den zu hohen Wert verursachte; es bedarf weiterer Untersuchungen zur Erklärung dieser Steigerung, an der auch wohl nicht allein eine Störung des analytischen Verfahrens durch das vorhandene Ammonsalz Schuld trägt. Der erreichte Reinheitsgrad wird im folgenden, gewiß nicht zu günstig, nur mit der Zahl der in der Ausgangslösung bestimmten 155,4 Am.E. berechnet.

Von der Elution wurden 205 ccm durch siebentägige Dialyse gegen fließendes destilliertes Wasser von Elektrolyten und vom Glycerin befreit. Beim Abdampfen hinterblieben 11,0 mg trockene Substanz. Der Amylasewert dieses mit Tonerde gereinigten Präparates ist demnach auf 64 zu schätzen.

Die enzymatische Konzentration der Amylase ist in dem beschriebenen Beispiel auf mehr als das 130fache von derjenigen im getrockneten Pankreas gesteigert. Für den Vergleich mit den Präparaten anderer Forscher verdankt man der Untersuchung von H. v. EULER und O. SVANBERG[1] eine Brücke, das Maß Sf, nach welchem einem durch Dialyse gereinigten Präparate von Malzamylase des Stockholmer Laboratoriums der Wert 16,6 zukam. Auch die hochwertigen Amylasepräparate von H. C. SHERMAN und M. D. SCHLESINGER, die nach der „new scale" von H. C. SHERMAN, E. C. KENDALL und E. D. CLARK[2] bestimmt wurden, lassen sich mit den nach EULER und SVANBERG gemessenen Präparaten vergleichen. Die Malzamylase von H. C. SHERMAN und M. D. SCHLESINGER[3] hat nach EULER und SVANBERG 58 Sf. Es dürfte genauer [168] sein, unter Berücksichtigung des Eulerschen Temperaturkoeffizienten (40° : 37° = 1,2) den Wert von 48,3 Sf anzunehmen. Und die Pankreasamylase von H. C. SHERMAN und M. D. SCHLESINGER[1]), die durch fraktionierte Fällung aus wäßrig-alkoholischer Lösung mit Äther bei tiefer Temperatur gereinigt war und 3600 Einheiten nach „new scale" zeigte, entspricht 115 Sf (nämlich 1000 Einheiten „new scale" = 38,5 Sf; dazu ist noch der oben angegebene Temperaturkoeffizient berücksichtigt).

Das in unserem Beispiel beschriebene Präparat der pankreatischen Amylase hat den Wert von mindestens 1205 Sf erreicht.

Nach der einmaligen Reinigung mit Tonerde zeigte das Enzym keine Reaktionen mehr von Proteinen und ihren Abbauprodukten. Mit 0,2proz. Lösung des Trockenrückstandes war die Millonsche Reaktion negativ, und die Ninhydrinprobe ergab bei längerem Kochen keine Färbung. Pikrinsäure, Ferrocyanwasserstoffsäure bewirkten keine Trübung. Nur die Reaktion von Molisch zeigte noch wie vor der Behandlung mit Tonerde einen geringen Gehalt von Kohlenhydrat an.

[1] Diese Zs. Bd. 112, S. 193, und zwar S. 219 [1920/21].
[2] Journ. Am. Chem. Soc. Bd. 32, S. 1073 [1910].
[3] Journ. Am. Chem. Soc. Bd. 37, S. 643 [1915].
[1]) Journ. Am. Chem. Soc. Bd. 37, S. 1305 [1915].

Zeitschrift für physiologische Chemie **129**, S. 1 [1923].

91. ZUR STALAGMOMETRISCHEN BESTIMMUNG DER LIPATISCHEN TRIBUTYRINHYDROLYSE.

Von RICHARD WILLSTÄTTER und FRIEDRICH MEMMEN.

Vierte Abhandlung über Pankreasenzyme.

(Mitteilung aus dem Chemischen Laboratorium der Bayerischen Akademie der Wissenschaften in München.)

Mit 3 Abbildungen im Texte.

(Der Redaktion zugegangen am 12. April 1923.)

Einleitung.

Die Lipase ist im Gegensatz zum Invertin und anderen Enzymen in ihrer Wirkung vom kolloiden Zustand und der Vermischung mit Fremdkörpern in hohem Maße abhängig. Diesem Umstand vor allem muß eine Methode für die quantitative Bestimmung des Enzyms von verschiedener Herkunft und wechselndem Reinheitsgrad Rechnung tragen. Das Wesentliche und Eigentümliche einer Lipasebestimmung liegt nicht in der Art, wie der Umsatz gemessen wird, ob beispielsweise durch Titration der entstehenden Carbonsäure oder auf Grund eines anderen Merkmals der Substratänderung. Die Brauchbarkeit einer Methode, um die Enzymmengen bei der Untersuchung tierischer Organe und Säfte oder im Gang eines Reinigungsverfahrens zu vergleichen, hängt vielmehr davon ab, daß man die Lipase zum Zweck der Analyse zunächst „in ein geeignetes System bringt, sei es unter Aktivierung oder unter Hemmung, um die Unterschiede im Wirkungsvermögen auszugleichen, das je nach Menge und Natur der Begleitstoffe wechselt". Das ist der Sinn unserer vor kurzem **[2]** veröffentlichten[1] Bestimmungsweisen der pankreatischen Fettspaltung, entweder mit Hemmung durch zugefügtes Albumin bei konstant saurer Reaktion oder mit Aktivierung durch Albumin und Calciumchlorid, sei es in konstant alkalischem Medium oder mit Wechsel vom alkalischen zum sauren Gebiet. Die gebildete Fettsäure wurde titriert. Diese Methode bewährte sich bei der Analyse von Lipase in der Drüse und ihren Auszügen und in einer Folge von Adsorptionen mit verschiedenen Mitteln und Elutionen aus den Adsorbaten. Aber sie ist nicht geeignet für die Vorkommnisse von Lipase in großer Ver-

[1] Erste Abhandlung über Pankreasenzyme, Diese Zs. Bd. 125, S. 93 [1922/23].

dünnung wie zum Beispiel im Blutserum oder im Magensaft und im Magen selbst. In solchen Fällen ist die stalagmometrische Messung nach P. RONA und L. MICHAELIS[2] mit Monobutyrin oder besser Tributyrin als Substrat durch ihre weitaus größere Empfindlichkeit der alkalimetrischen Fettsäurebestimmung überlegen.

Die lipatische Butyrinspaltung unterliegt wie die Ölspaltung den quantitativ sehr bedeutenden Einflüssen der verschiedenartigen Begleitstoffe. Es kommt daher vor, daß bei der Reinigung von Magenlipase durch Adsorption mit Tonerde und Elution mit Ammonphosphat die Ausbeute sich zu verdoppeln scheint, während in Wirklichkeit große Verluste dabei nicht vermieden werden können.

Um die schöne Bestimmungsweise von P. RONA und L. MICHAELIS zu einer Methode der quantitativen Analyse auszugestalten, war es daher erforderlich, die Einflüsse der wichtigeren bekannten Begleitstoffe zu prüfen und womöglich auch die Wirkungen unbekannter Hemmungskörper und Aktivatoren so zu überwinden, wie es für die Bestimmung der lipatischen Fettspaltung geschehen ist.

Die Wirkung der Lipase auf Tributyrin wird bei alkalischer wie bei saurer Reaktion durch Proteine stark gehemmt, während [3] die Ölspaltung durch Albumin zwar in saurem Medium gehemmt, in alkalischem Gebiet aber gesteigert wird. Dieser Unterschied ist aber nur scheinbar so einfach und wesentlich. Auf die Tributyrinhydrolyse übt nämlich Albumin bei Gegenwart von Natriumoleat auch den entgegengesetzten Einfluß aus, nämlich aktivierenden, und die Aktivierung, welche die Seife allein bewirkt, läßt sich durch Albumin noch steigern. Nun kommt bei der pankreatischen Fettspaltung in alkalischem Medium nie Albumin allein zur Wirkung, sondern nur in Kombination mit der entstehenden Seife. Die Aktivierung der lipatischen Ölspaltung durch Eiweiß findet also ein Analogon in der Aktivierung der Tributyrinspaltung durch Seife + Albumin.

Unter den Aktivatoren der Butyrinspaltung steht bisher vereinzelt ein Tripeptid, Leucylglycylglcyin, dessen noch unerklärte Wirkung sehr bedeutend ist. Eine ganze Gruppe wichtiger Aktivatoren bilden die Seifen, z. B. gallensaure Salze und ölsaure Alkalien und Erdalkalien. Calciumoleat wirkt viel stärker als Alkaliseife. Es steigert schon in sehr geringer Konzentration den lipatischen Wert auf annähernd das Zehnfache und es ist für die ausgleichende Aktivierung auch deshalb besonders geeignet, weil es den Einfluß der Proteine in weiten Grenzen auszuschalten vermag.

Die Wirkung der anzuwendenden kleinen Mengen von Calciumoleat bei der Hydrolyse des Tributyrins kann ebenso wie bei derjenigen fetter Öle durch das Auftreten „komplexer"[1]) Adsorbate erklärt werden, in denen sowohl die Lipase wie das Tributyrin gebunden sind, während die Hemmung durch Albumin auf der Adsorption der einen Komponente des enzymatischen Systems allein, nämlich der Lipase, beruhen mag. Die besondere Wirkung der Kombination von Albumin und Seife ließ sich auf die Bil-

[2] Biochem. Zs. Bd. 31, S. 345 [1911]; ferner P. RONA, Biochem. Zs. Bd. 32, S. 482 [1911] und H. DAVIDSOHN, Biochem. Zs. Bd. 45, S. 284 [1912] und Bd. 49, S. 249 [1913].

[1]) Diese Zs. Bd. 125, S. 93, und zwar S. 100 [1922/23].

dung eines „gekoppelten" Adsorbens zurückführen, nämlich einer Verbindung von Albumin mit Seife. Als wir in diesem Sinne in den Kolloidteilchen von Calciumoleat-Albumin „Träger der besonders günstigen komplexen Adsorptionswirkung auf Lipase und Fett" erblickten, [4] waren uns Verbindungen der Eiweißkörper mit den hohen Fettsäuren und ihren Salzen noch nicht bekannt. Aber kurz darauf ist in wichtigen Untersuchungen von Wo. PAULI[1] und von S. MATSUMURA[2] aus PAULIS Laboratorium die zuerst von A. JARISCH[3] beobachtete Fällung der Eiweißstoffe durch Seifen genauer erforscht und für die Annahme der gekoppelten Absorbentien eine schöne Bestätigung erbracht worden.

Für die im folgenden mitgeteilte stalagmometrische Bestimmung der Tributyrinspaltung, für die ein Hundertstel oder nur ein Fünfhundertstel der zur alkalimetrischen Bestimmung angewandten Menge Lipase genügt, wird daher ein System ausgleichender Aktivierung bei $p_H = 8{,}6$ durch Zusatz von Albumin, Natriumoleat und Calciumchlorid eingerichtet. Obwohl sich diese analytische Methode schon in vielen Beispielen bewährt hat, sind besondere Fälle nicht ausgeschlossen, in denen der getroffene Ausgleich unzureichend sein mag und ergänzt werden muß.

Als Maß der Tributyrinspaltung könnte die Lipaseeinheit oder zweckmäßiger 0,001 L.E. dienen, wenn der Quotient der Zeitwerte von Ölspaltung und Tributyrinspaltung konstant wäre. Dies war bei den geprüften Lipaselösungen aus Schweine- und Schafpankreas wohl annähernd der Fall, man kann aber nicht mit dieser Konstanz rechnen. Pankreaslipase vom Pferd zeigte in der Tat ein abweichendes Verhältnis zwischen den Wirkungen auf Olivenöl und Tributyrin.

Es ist daher vorzuziehen, das Maß für die lipatische Tributyrinhydrolyse von der auf der Ölspaltung beruhenden Einheit unabhängig zu machen. Die Einheit der Lipase für die Spaltung des Tributyrins wird als die Menge definiert, die unter den bestimmten Bedingungen die Abnahme der Tropfenzahl der Tributyrinlösung in 50 Minuten um 20 bewirkt, d. i. um etwa die Hälfte der Differenz zwischen den Tropfenzahlen von reiner Tributyrinlösung und Wasser.

[5]

Experimenteller Teil.

Die Bestimmungen wurden nach der Tropfmethode von J. TRAUBE[1]) mit einem Wo. Ostwaldschen[2]) geraden Stalagmometer ausgeführt, dessen Wasserwert bei 20° 90,5 Tropfen bei einer Auslaufzeit von etwa 90 Sekunden betrug.

Tributyrin.

Für die Darstellung der Butyrinlösungen wird empfohlen[3]), Wasser mit überschüssigem Tributyrin während 1 bis 2 Stunden an der Maschine zu schütteln; am geeig-

[1] Kolloid-Zs. Bd. 31, S. 252 [1922]. [2] Kolloid-Zs. Bd. 32, S. 173 [1923].
[3] Pflügers Arch. Bd. 194, S. 337 [1922]; vgl. auch Biochem. Zs. Bd. 134, S. 163 [1922].
[1]) Abderhaldens Handb. d. biochem. Arbeitsmethoden, Bd. 5, S. 1358 [1911].
[2]) Praktikum der Kolloidchemie, 3. Aufl., S. 30 [1922].
[3]) P. RONA in Abderhaldens Handb. d. biochem. Arbeitsmethoden, Bd. 8, S. 301 [1915].

netsten sollen Lösungen sein, die vor dem Filtrieren 12 bis 24 Stunden gestanden haben. Es zeigt sich indessen, daß das Tributyrin des Handels zu unrein ist, als daß man auf die angegebene Weise mit Sicherheit Lösungen von konstantem Verhalten gewinnen könnte. Je nach den wechselnden Umständen, z. B. den Mengenverhältnissen von Tributyrin und Wasser und der Dauer des Stehenlassens können die Lösungen verschiedene Ausschläge mit der gleichen Enzymprobe geben und die Werte können sich auch von einer Lieferung des Handelspräparates zur nächsten ändern. Die Messungen mit solchen Tributyrinlösungen sind für reaktionskinetische Folgerungen nicht geeignet.

Die Handelspräparate ergaben statt der berechneten Verseifungszahl 557 folgende Werte:

Tributyrin M: 544 und 547; Tributyrin K: 543 und 540. Und die Anfangstropfenzahl der Lösung bewegte sich zwischen 130 und 137 anstatt 129 bei 20°.

Vom Tributyrin K wurden 60 g zunächst viermal mit je 200 ccm destilliertem Wasser ausgeschüttelt. Die erste Waschflüssigkeit zeigte die Tropfenzahl 157, die vierte 153. Die durch doppelte nasse Filter filtrierten Auszüge, die zur Neutralisation 1,5, 0,7, 0,4 und 0,2 ccm $^{n}/_{10}$-KOH erforderten, lieferten beim Ausschütteln mit frisch destilliertem Äther 3 g öligen Rückstand, der, von Ätherspuren im Hochvakuum befreit, die Verseifungszahl 480 ergab; ber. für Dibutyrin 483.
[6] Weitere 6 Auszüge mit je 200 ccm Wasser und noch zwei Ausschüttelungen mit je 400 ccm lieferten zusammen 3 g Öl wieder von der Verseifungszahl 484. Die nächsten 3 Auszüge gaben ein Präparat von der Verseifungszahl 491, weitere 6 Ausschüttelungen mit je 400 ccm lieferten nur noch 0,5 g öligen Rückstand, der nach seiner Verseifungszahl 530 schon viel Tributyrin enthielt. Dabei war die Tropfenzahl des Waschwassers auf 132 zurückgegangen.

Zu demselben Ende führte in einem anderen Versuche schon 11maliges längeres Ausschütteln von 50 g mit je 400 ccm Wasser, wobei die Tropfenzahl der Waschflüssigkeit von 155 auf 130 sank. Diese Reinigung genügte für unseren Zweck.

Ein Tributyrinpräparat ist rein, wenn man aus einer größeren Menge, 5 bis 10 g, beim Schütteln mit 200 ccm Wasser eine Lösung von derselben Tropfenzahl wie aus 3 Tropfen Tributyrin erhält. Unreines Tributyrin gibt natürlich dann den geringsten Fehler, wenn ein beträchtlicher Überschuß bei der Bereitung der Lösung vermieden wird.

Die folgenden Versuche und die Abb. 1, die zum Beispiel 2 mit Serumlipase gehört, sollen zeigen, daß je nach der Reinheit der Tributyrinlösungen dieselbe Enzymmenge in derselben Zeit verschiedene Abnahmen der Tropfenzahl bewirkt; je unreiner die Lösung, je höher also die Anfangstropfenzahl, desto kleiner ist die Abnahme. Sind Fremdstoffe, wie Dibutyrin, zugegen, deren Kapillaraktivität zwar kleiner ist als die von Tributyrin, aber doch beträchtlich, so verlangsamt sich bald die anfangs rasch einsetzende Erhöhung der Oberflächenspannung und die Tropfenzahl wird noch fern vom Wasserwert schon beinahe konstant (Kurve d). Je reiner die Esterlösung, desto rascher sinkt die Tropfenzahl bis in die Nähe des Wasserwertes.

Wenn die lipatische Wirkung nicht bis zu diesem Ende führt, so dürfte es sich nicht um die Einstellung eines Gleichgewichtes handeln, sondern um die größere Beständigkeit des noch kapillaraktiven Produktes partieller Hydrolyse gegenüber der geringen Enzymmenge. Den Befund von H. DAVIDSOHN[1]: „Während die Serumlipase . . . die

[1] Biochem. Zs. Bd. 49, S. 249, und zwar S. 275 [1913].

Tributyrinlösung durchgehends vollständig, d. h. bis zur Erreichung des Wasserwertes spaltet, hört die Wirkung der Pankreas- und [7] der Magenlipase bereits bei einem etwas früheren Werte auf" können wir nicht bestätigen. Mit reinem Tributyrin zeigt sich kein erheblicher Unterschied zwischen Lipase aus Schweinepankreas und aus Pferdeserum.

1. Beispiel mit Pankreaslipase. 0,500 ccm eines 50fach mit Glycerin verdünnten Auszugs von Pankreasprobe Nr. 1 wurden zunächst mit 1,5 ccm Wasser vermischt und 10 Minuten stehen gelassen, sodann mit 56 ccm Tributyrinlösung und 2 ccm NH_3-NH_4Cl-Puffer von $p_H = 8{,}6$ versetzt; 17,5°.

a) Lösung aus gereinigtem Tributyrin; 60 Minuten geschüttelt.

Anfangszahl 122. Abnahme in 10′ 8, 20′ 15, 40′ 25, 60′ 27, 90′ 29, 120′ 29,5. Endwert (2 Std.) 92,5.

b) Lösung aus 12 Tropfen Handelspräparat mit 240 ccm Wasser.

Anfangszahl 126. Abnahme in 10′ 7,5, 20′ 13,5, 40′ 21, 60′ 23, 90′ 23, 120′ 23,5. Endwert 102,5.

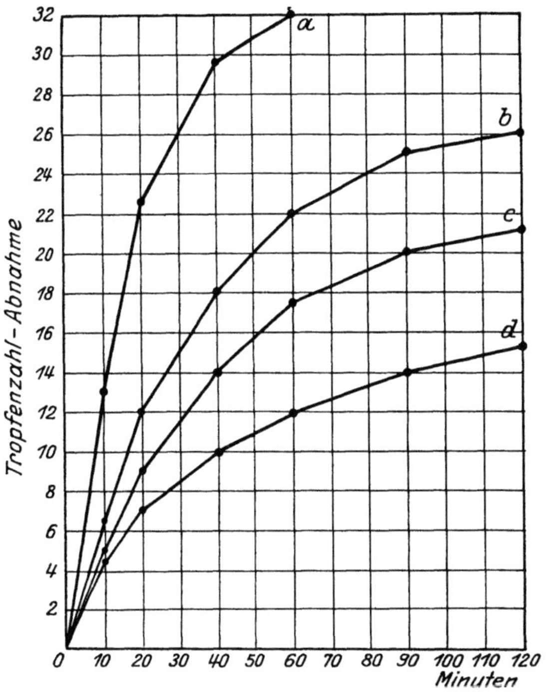

Abb. 1. Verschiedene Tributyrinlösungen mit derselben Menge Lipase.

[8] c) Lösung aus 1 g des durch die fünfte bis elfte Waschung abgetrennten Öles von der Verseifungszahl 484.

Anfangszahl 146. Abnahme 10′ 7, 20′ 10, 40′ 11,5, 60′ 12, 90′ 12, 120′ 12. Endwert 134.

2. Beispiel mit Serumlipase. Angewandt war ein durch fraktionierte Fällung mit Ammonsulfat gereinigtes, getrocknetes Präparat; 2,000 ccm einer vor dem Versuch bereiteten 3proz. wäßrigen Lösung; 20°.

a) Tributyrinlösung aus 5 Tropfen Handelspräparat, mit 400 ccm Wasser 80 Minuten geschüttelt.

Anfangszahl 126,5. Abnahme in 10′ 13, 20′ 22,5, 40′ 29,5, 60′ 32, 90′ 320. Endwert (60′) 94,5.

b) Lösung aus größerer Menge Handelspräparat, 20 Stunden geschüttelt.

Anfangszahl 132. Abnahme in 10′ 6,5, 20′ 12, 40′ 18, 60′ 22, 90′ 25, 120′ 26. Endwert (2 Std.) 106.

c) Lösung aus noch größerer Menge Handelspräparat (5 g mit 400 ccm), 80 Minuten geschüttelt.

Anfangszahl 135. Abnahme in 10'5, 20'9, 40'14, 60'17,5, 90'20, 120'21. Endwert (2 Std.) 114.

d) Lösung aus viel zu großer Menge Handelspräparat (50 g mit 400 ccm), 2 Stunden geschüttelt.

Anfangszahl 155. Abnahme in 10'4,5, 20'7, 40'10, 60'12, 90'14, 120'15. Endwert (2 Std.) 140.

Zur Wahl der Wasserstoffionenkonzentration.

Nachdem P. RONA[1] die lipatische Wirkung verschiedener Organauszüge unter Anwendung eines Phosphatpuffers von $p_H = 7,5$ bestimmt hatte, fanden P. RONA und Z. BIEN[2] die optimale Wirkung der Pankreaslipase (vom Rind) in einer ziemlich breiten Zone von $p_H = 8,4$ bis etwa 9,0 und P. RONA und R. PAVLOVIĆ[3] in einer soeben erschienenen Untersuchung (Pankreas vom Menschen und Hund) bei $p_H = 6,95$ bis 8,0

[9] Die Abhängigkeit der Lipasewirkung von der Wasserstoffionenkonzentration ist indessen keine einfache[1]), sie wird „durch ganz andere, kompliziertere Faktoren vorgetäuscht oder entstellt"; nämlich „der Einfluß der Wasserstoffzahl wird von der Aktivierung und Hemmung durch Begleitstoffe und Reaktionsprodukte überdeckt".

Mit einem Phosphatpuffer würden sich in unseren Versuchen die anzuwendenden Aktivatoren nicht vertragen; wir zogen ein etwas stärker alkalisches Ammonchlorid-Ammoniakgemisch vor ($p_H = 8,6$ bei 18°), als die nachstehenden Versuche ergaben, daß die lipatische Reaktion auf Tributyrin auch in schwächer alkalischem oder in saurem Gebiet nicht unabhängig ist von den Fremdstoffen (Proteine, Seife), mit deren aktivierender oder hemmender Wirkung gerechnet werden muß.

Der Ammonchlorid-Ammoniakpuffer unserer Lipasebestimmung in konstant alkalischem Medium (1 Tl. 5n-NH_3 + 2 Tle. 5nNH_4Cl, $p_H = 8,9$ bei 30°) würde auf das lösliche Glycerid zu stark einwirken; aber das Gemisch von 1 Tl. 2,5n-NH_3 + 8 Tle. 2,5n-NH_4Cl läßt im Leerversuche das Tributyrin fast unversehrt, es bewirkt nämlich in 1 Stunde nur eine Abnahme der Tropfenzahl um 1.

Phosphat- und Ammoniak-Ammonchloridpuffer erweisen sich in parallelen Lipasebestimmungen als gleichwertig. Die geringfügigen Glycerinzusätze beeinflussen das Ergebnis nicht.

1. Versuch; $p_H = 4,7$.

0,25 ccm Glycerinauszug der Pankreasprobe Nr. III wurden vor dem Versuche mit 1,75 ccm Wasser versetzt; 56 ccm Tributyrinlösung, 2 ccm Puffer (1 Tl. $^n/_2$-Natriumacetat, 1 Tl. $^n/_2$-Essigsäure).

a) ohne Zusatz; das Enzym wurde mit den 1,75 ccm Wasser 15 Minuten stehen gelassen.

[1] Biochem. Zs. Bd. 32, S. 482 [1911]. [2] Biochem. Zs. Bd. 64, S. 13 [1914].
[3] Biochem. Zs. Bd. 134, S. 108 [1922/23].
[1]) R. WILLSTÄTTER, E. WALDSCHMIDT-LEITZ und FR. MEMMEN, Diese Zs. Bd. 125, S. 93 [1922/23].

Anfangszahl 125. Abnahme in 20′6, 40′10,5, 60′16,5, 90′23, 120′27.

b) Die Lipase wurde mit 1,0 ccm 3proz. Albuminlösung 10 Minuten stehen gelassen.

[10] Anfangszahl 127. Abnahme in 20′4,5, 40′8, 60′10,5, 90′16, 120′20. Der Zusatz des Albumins verursacht eine Hemmung um etwa ein Drittel.

c) Zum Versuchsansatz mit nur 0,05 ccm Pankreasauszug kam 1 Tropfen = 0,01 ccm 2proz. Natriumoleatlösung.

Anfangszahl 124. Abnahme in 10′8, 20′12, 40′18, 90′27. Die kleine Seifenmenge hat die lipatische Wirkung aufs Zehnfache gesteigert.

2. Versuch; $p_H = 7{,}5$.

0,10 ccm Glycerinextrakt der Pankreasprobe Nr. III mit 1,9 ccm Wasser, 56 ccm Butyrinlösung, 2 ccm Phosphatpuffer nach Sörensen.

a) ohne Zusatz.

Anfangszahl 127. Abnahme in 10′14, 20′28.

b) mit 1,0 ccm Albuminlösung und nur 0,9 ccm Wasser.

Anfangszahl 127,5. Abnahme in 10′5, 20′10,5, 40′18, 60′24,5. Die Butyrinspaltung ist also auf ein Drittel zurückgegangen.

c) mit nur 0,02 ccm Glycerinauszug; die Mischung wurde mit 0,02 ccm Natriumoleatlösung versetzt.

Anfangszahl 127. Abnahme in 10′18, 20′27, 40′31. Die lipatische Wirkung ist aufs Fünffache gesteigert.

Hemmungs- und Aktivierungserscheinungen.

Proteinwirkungen.

Die schon von H. Davidsohn[1] mit Magenlipase beobachtete Proportionalität zwischen Reaktionsgeschwindigkeit und Enzymmenge findet man oft bestätigt bei den aus Pankreas bereiteten Glycerinlösungen der Lipase. Mitunter begegnen wir aber auch Fällen, in denen für einen bestimmten Umsatz das Produkt aus Enzymmenge und Reaktionszeit nicht konstant ist. Dafür bietet der Glycerinauszug der Pankreasprobe Nr. IV ein Beispiel.

[11] a) 0,0010 ccm Glycerinauszug[1]).

Anfangszahl 135[2]), Abnahme in 10′1, 20′2, 40′4, 60′6, 90′8,5.

b) 0,0040 ccm derselben Glycerinlösung.

Anfangszahl 134,5, Abnahme in 10′2, 20′4, 40′7, 60′11, 90′16.

c) 0,0160 ccm derselben Lipase.

Anfangszahl 136, Abnahme in 10′4, 20′9, 40′15,5, 60′21.

---

[1] Biochem. Zs. Bd. 49, S. 249, und zwar S. 268 [1913].

[1]) Zur Abmessung der kleinen Volumina wurden die Glycerinextrakte mit 87proz. Glycerin auf das 50- oder 100fache verdünnt und in Hundertstel ccm geteilte Meßpipetten verwendet.

[2]) Für einen Teil der Versuche, den man an zu hohen Anfangszahlen erkennt, ist das Tributyrin noch ohne Reinigung verwendet worden.

Die im Verhältnis 1 : 4 : 16 stehenden Enzymmengen bewirken die Abnahme um z. B. 10 Tropfen in 24 und 56 und 100 Minuten. Anscheinend enthält das Lipasepräparat mehr als andere von einem Hemmungskörper, der sich bei der multiplen Enzymmenge in seiner größeren Konzentration stärker geltend macht. Da das gesamte Trockengewicht des Enzympräparats gering ist, für 1 ccm höchstens 0,02 mg, handelt es sich um einen Begleitstoff, der in dieser Wirkung die im folgenden geprüften Proteine weit übertrifft. Ein zur maximalen Hemmung ausreichender Zusatz von Albumin zu diesem Pankreasauszug wirkt derart ausgleichend, daß sich auch dieses Lipasepräparat der Regel fügt, nach der für einen gewissen Grad der Tributyrinspaltung die Reaktionszeit der Enzymmenge umgekehrt proportional ist.

Glycerinauszug der Pankreasprobe Nr. IV mit 60 mg Albumin versetzt. In der geringsten Konzentration der Lipase hat nun ihre zehnfache Menge die frühere Wirkung.

a) 0,010 ccm Lipase.

Anfangszahl 135, Abnahme in 20' 2, 40' 4, 60' 6,5.

b) 0,020 ccm Lipase.

Anfangszahl 133, Abnahme in 20' 4, 40' 8, 60' 11.

c) 0,040 ccm Lipase.

[12] Anfangszahl 133, Abnahme in 20' 7, 40' 13,5, 60' 18.

Die Hemmung der Tributyrinspaltung durch Proteine wird in den folgenden Versuchen an Pankreaslipase und an Magenlipase genauer verfolgt, und zwar mit Eieralbumin und mit Pepton aus Albumin.

Vorversuch mit Albumin allein (50 mg), mit dem Puffer ($p_H = 8,6$) und Tributyrinlösung.

Anfangszahl 136, Abnahme in 10' 1, 20' 1, 40' 0, 60' 1.

In den Versuchen mit Glycerinextrakt der Pankreasprobe Nr. IV, die in der Tab. 1 zusammengestellt sind, war die Hemmung maximal mit Albuminmengen, die zwischen 1 und 2,5 mg liegen.

Tabelle 1. Hemmung der lipatischen Butyrinspaltung durch Albumin.

Minuten	0,0040 ccm Lipase (Glycerinlsg. Nr. IV) mit Albumin (mg)					0,010 ccm mit Albumin (mg)			
	0	2,5	5	10	60	0	1	5	60
0	(134)	(134)	(134)	(135)	(136)	(137)	(137)	(137)	(136)
10	1,5	1	1	1	1	3	2	2	2
20	3,5	2	2	2	2	5	4,5	3,5	3
40	7	4,5	4	3	3	10	8,5	7	6,5
60	10,5	6	5	4	4,5	14	12	10	10

Der Grad der Hemmung läßt sich für das angewandte Enzympräparat nicht genau angeben, da es ohne ausgleichende [13] Hemmung der Proportionalität von Menge und Geschwindigkeit nicht folgt. Die Beobachtung wurde deshalb mit einem anderen

Tabelle 2. Hemmung der Pankreaslipase durch Albumin und Pepton.

Minuten	0,010 ccm Glycerinauszug der Pankreasprobe Nr. III				
	ohne Zusatz			mit 30 mg Pepton	mit 30 mg Albumin und 2 ccm H_2O 15′ stehen gelassen
	sofort bestimmt		15′ mit 2 ccm H_2O stehen gelassen		
0	(125)	(124,5)	(125,5)	(125)	(125)
20	5,5	6	8	2	2
40	10,5	11	15	5	4
60	16	16	22	6	5,5

Pankreasauszug wiederholt. Nach den Versuchen der Tab. 2 beträgt die Hemmung durch Albumin oder Pepton etwa 80%, d. h. mit dem Zusatz ist die fünffache Enzymmenge für die gleiche Wirkung nötig.

Anders war das Verhalten von Magenlipase, die aus der getrockneten Schleimhaut und dem Muskelgewebe des Schweinemagens extrahiert war. Es kam zwar in einigen Beispielen vor, daß Albumin auch hier hemmend wirkte, wennschon in viel geringerem Maße (um etwa 20%), in anderen Fällen aber trat überhaupt kein Einfluß des Albuminzusatzes zutage. Der Unterschied gegenüber dem Pankreasenzyme beruht darauf, daß diese Darstellungen von Magenlipase reich an Proteinstoffen und daher an sich entweder bedeutend oder sogar maximal gehemmt sind.

1. Versuch; mit wäßrigem Magenauszug, der im Vakuum unter Glycerinzusatz eingedampft worden; angewandt 0,2 ccm.

a) Ohne Zusatz.

Anfangszahl 137, Abnahme in 20′ 9, 40′ 15,5, 60′ 19,5.

b) Mit 60 mg Albumin.

Anfangszahl 137, Abnahme in 20′ 9,5, 40′ 16, 60′ 19,5.

2. Versuch; mit einem anderen wäßrigen Auszug (0,25 g Trockensubstanz in 10 ccm Wasser bei 30° behandelt); angewandt 2,0 ccm.

a) Ohne Zusatz.

Anfangszahl 132, Abnahme in 20′ 6, 40′ 12, 60′ 17.

b) Mit 15 mg Albumin.

Anfangszahl 131, Abnahme in 20′ 4,5, 40′ 9, 60′ 13.

Die Magenlipase wirkt daher in diesem unreinen Zustand infolge ihres Proteingehaltes hemmend auf Pankreaslipase. Vermischte man zwei ungefähr gleich wirksame lipatische Glycerinauszüge, wovon der eine aus Pankreasdrüse (Nr. IV), der andere aus dem Fundusteile des Schweinemagens bereitet war, so erwies sich das Gemisch kaum als wirksamer wie jede seiner Komponenten.

[14] a) 0,0040 ccm Pankreaslipase.

Anfangszahl 129,5, Abnahme in 20′ 3,5, 40′ 7, 60′ 11.

b) 0,40 ccm Magenlipase.

Anfangszahl 129, Abnahme in 20′ 3, 40′ 7, 60′ 10.

c) Mit dem Gemisch der beiden Lipasen.

Anfangszahlen 129 (129), Abnahmen in 20′ 4,5 und 4, 40′ 8 und 8, 60′ 13 und 12.

Diese Hemmungswirkung des lipatischen Magenauszugs bleibt auch beim Kochen erhalten. Dabei wird die lipatische Wirkung schwierig und unvollständig zerstört, da das Enzym durch eine ungewöhnlich große Masse von Begleitstoffen geschützt ist.

Versuch mit Kochsaft, aus der Magenlipase durch Eintragen in siedendes Wasser, einstündiges Erhitzen und Filtrieren dargestellt.

a) Wirkung des Kochsaftes allein (1,0 ccm).

Anfangszahl 132,5, Abnahme in 20′ 1,5, 40′ 4, 60′ 5, 90′ 7.

b) 0,0100 ccm Glycerinauszug der Pankreasprobe Nr. IV nach 15 Minuten Stehen mit 1,5 ccm Wasser.

Anfangszahl 132,5, Abnahme in 20′ 6,5, 40′ 10,5, 60′ 13,5, 90′ 17.

c) Dieselbe Menge Pankreaslipase, mit 1,0 ccm Kochsaft und 0,5 ccm Wasser versetzt und 15 Minuten stehen gelassen.

Anfangszahl 132,0, Abnahme in 20′ 4, 40′ 7, 60′ 9,5, 90′ 12.

Durch den Nachweis, daß die lipatische Wirkung des Magenextraktes eine gehemmte ist, wird es erklärlich, daß die Reinigung des Enzyms trotz unvermeidlicher Verluste scheinbar zu Ausbeuten von mehr als 100 % führt. Die Lipase wird eben dabei an Proteinen ärmer. Ein aus dem Kardiateil des Schweinemagens (Schleimhaut und Muskelgewebe) gewonnener glycerinhaltiger wäßriger Auszug (5,0 ccm) wurde zweimal durch Adsorption aus verdünnter, schwach essigsaurer Lösung mit Aluminiumhydroxyd (Sorte B) und Elution mit glycerinhaltigem 2 ²/₃ basischem Ammonphosphat gereinigt. Die mit Essigsäure neutralisierte, noch Phosphat und Glycerin enthaltende Elution [15] brachten wir auf das Volumen von 50 ccm, so daß die Konzentration der Lipase ein Zehntel der ursprünglichen sein sollte. Der Vergleich der Butyrinspaltung ergab nun, daß die gesamte Elution etwa die doppelte enzymatische Wirkung wie die angewandte rohe Lipase besaß.

a) Mit 0,100 ccm roher Lipase, ohne Zusatz.

Anfangszahl 131, Abnahme in 20′ 8, 40′ 13, 60′ 16.

b) Mit 0,500 ccm Elution, ohne Zusatz.

Anfangszahl 133, Abnahme in 20′ 13, 40′ 19, 60′ 23.

Als wir aber diesen Vergleich mit den Zusätzen wiederholten, die für unsere Bestimmungsmethode im folgenden eingeführt werden, verschwand der Widerspruch. Die Elution entsprach in ihrem Werte etwa der Hälfte des zu ihrer Gewinnung angewandten Rohmaterials, also einer für die zweimalige Adsorption und Elution plausibeln präparativen Ausbeute.

a) Mit 0,025 ccm roher Lipase unter Zusatz von Albumin, Calciumchlorid und Natriumoleat.

Anfangszahl 140, Abnahme in 10′ 10,5, 20′ 16, 40′ 21.

b) Mit 0,250 ccm Elution und denselben Zusätzen.

Anfangszahl 135, Abnahme in 10′ 5,5, 20′ 9, 40′ 15.

Die Beobachtungen am Albumin und Pepton lassen keine Verallgemeinerung zu auf die Wirkungen der Proteine und namentlich ihrer Abbauprodukte. Es gibt Aminosäuren wie Alanin und einfache Peptide, z. B. Leucylglycin, bei denen man statt auf Hemmung auf aktivierende Wirkung trifft und bei einem Tripeptide, dem Leucylglycylglycin von E. FISCHER[1], begegnen wir sogar einem außerordentlich starken Aktivierungsvermögen (Tab. 3 und Abb. 2), nämlich mit 30 mg Peptid einer Steigerung der lipatischen Wirkung um 500 bis 600%. Für maximale Aktivierung ist von dem Tripeptid eine bedeutende Menge nötig; bei der Hälfte der angegebenen Menge Leucylglycylglycin ging die Aktivierung auf etwa 300% zurück.

Tabelle 3.
[16] Aktivierung der lipatischen Butyrinspaltung durch Alanin und Peptide.

Minuten	Angewandt von Pankreasprobe Nr. I 0,010 ccm Glycerinauszug					0,0020 ccm		
	Ohne Zusatz		Mit Zusatz von 30 mg			Ohne Zusatz (I)	Mit Leucylglycylglycin	
			Alanin	Leucylglycin	Leucylglycylglycin		30 mg (III)	16,5 mg (II)
0	(123)	(124)	(124)	(123,5)	113,5(=123)	(122)	(121)	(122,5)
10	9	8,5	9,5	12	29,5	2	12	9
20	15	15	19	23	—	5	23	15
40	25	25,5	29	31	—	10	30	25
60	27,5	29	—	—	—	13,5	—	28,5

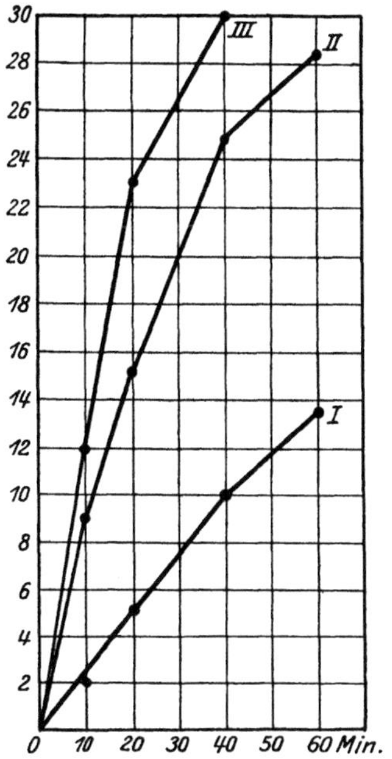

Abb. 2. Tributyrinspaltung, mit Aktivierung durch Leucylglycylglycin.

Der Zusatz von Albumin, der zum Ausgleich vorkommender Proteinhemmungen erforderlich ersche nt, schränkt einen Vorteil der stalagmometrischen Methode ein, nämlich die Möglichkeit [17] der Analyse mit sehr kleinen Enzymmengen. Die Hemmung wird indessen ausgeglichen und übersteigert durch Zusätze zum Zwecke der ausgleichenden Aktivierung.

[1] Chem. Ber. Bd. 36, S. 2982, und zwar S. 2990 [1903]. Für die freundliche Überlassung des Präparates sind wir Herrn Dr. HERMANN FISCHER zu Dank verpflichtet.

Seifenwirkungen.

Glykocholsaures Natrium übt schon in geringer Konzentration aktivierende Wirkung aus, die z. B., wie sich aus der Tab. 4 ergibt, 100 bis 200% beträgt. Mit größeren Mengen des gallensauren Salzes nimmt diese Wirkung nicht zu, sondern sie wird eher abgeschwächt. Die günstigen Adsorptionsverhältnisse für Enzym und Substrat, die sich mit kleinen Gallenmengen einstellen lassen, werden durch einen Überschuß desselben Mittels gestört. Die Aktivierung (um 200%) durch sehr geringe Mengen (0,05 mg) glykocholsaures Natrium erfolgt auch in saurem Medium ($p_H = 4{,}7$).

Tabelle 4.
Aktivierung der Tributyrinspaltung durch Natriumglykocholat.

Minuten	Angewandt von Pankreasprobe Nr. I 0,0020 ccm mit glykocholsaurem Natrium							
	Ohne Zusatz	0,05	0,08	0,09	0,10	1,0	5,0	10,0 mg
0	(124,5)	(125)	(125)	(125)	(125)	(126,5)	(129)	(131,5)
10	2,5	2	2	6	6,5	7	6	5,5
20	5	5	4,5	11,5	13,5	14	12	12
40	11	10,5	11,5	25,5	26	25	22	19,5
60	16	15,5	18	30	29	28	24,5	22,5

Für den Zweck der ausgleichenden Aktivierung erscheint das glykocholsaure Salz nicht geeignet. Es setzt im Gegensatz zum fettsauren Salze seine aktivierende Wirkung neben Proteinen nicht genügend durch. Eine durch Albumin stark gehemmte Lipaselösung wird nämlich durch Natriumglykocholat nur etwa zum doppelten Werte aktiviert.

1. Versuch. a) 0,010 ccm Glycerinauszug aus Pankreasprobe Nr. I mit 2,0 ccm Wasser + 30 mg Albumin.

Anfangszahl 125, Abnahme in 20′ 5,5, 40′ 11, 60′ 17.

b) Mit Zusatz von 5 mg glykocholsaurem Natrium.

Anfangszahl 127, Abnahme in 20′ 10, 40′ 18, 60′ 23.

[18] 2. Versuch. a) 0,020 ccm Glycerinauszug aus Pankreasprobe Nr. IV mit 60 mg Albumin.

Anfangszahl 131,5, Abnahme in 20′ 6, 40′ 9, 60′ 11.

b) Mit Zusatz von 10 mg glykocholsaurem Natrium.

Anfangszahl 136, Abnahme in 20′ 8, 40′ 11,5, 60′ 15.

Ölsaures Natrium wirkt ähnlich aktivierend nach den Versuchen der Tab. 5, die eine Steigerung der Reaktionsgeschwindigkeit um fast 200% ergeben. Wahrscheinlich erfolgt dabei durch hydrolytische Dissoziation der Seife die Bildung von Kolloidteilchen aus saurem ölsaurem Salze. Für die Aktivierung genügen wieder gewisse, auffallend kleine Konzentrationen, während größere Seifenmengen den günstigen Zustand von Enzym und Tributyrin im komplexen Adsorbate stören.

Bemerkenswert ist das Verhalten des Natriumoleats bei Gegenwart von Albumin. Es existiert keine Hemmung mehr durch das Albumin, sondern das gekoppelte Adsorbens Albumin mit Seife ergibt eine über die Aktivierung durch die Seife allein hinausgehende Steigerung.

Tabelle 5. Lipatische Butyrinspaltung unter Zusatz von Seife.

Minuten	Angewandt von Pankreasprobe Nr. I 0,0020 ccm							
	Ohne Zusatz	Mit 0,0063	0,013	0,05	0,2	1,0	10,0	20,0 mg Natr.-Oleat
0	(125)	(125)	(125)	(125)	(128)	(131)	(141)	(146)
10	2	3	6,5	6	7	7	5,5	2
20	5	6,5	14	14	14	14	9,5	4,5
40	10,5	13	25,5	26	26	26	18	12
60	15	19	32	31	30,5	30	26	17

Versuch mit 0,0020 ccm Glycerinauszug der Pankreasprobe Nr. III.

a) Ohne Albumin. Die Lipase wurde mit 1,5 ccm Wasser 15 Minuten stehen gelassen; Zusatz von 0,5 ccm 2proz. Natriumoleat.

Anfangszahl 142, Abnahme in 20′ 3,5, 40′ 6,5, 60′ 9,5, 90′ 12.

[19] b) Ebenso unter Zusatz von 30 mg Albumin.

Anfangszahl 142, Abnahme in 20′ 6, 40′ 11, 60′ 16, 90′ 21.

Calciumoleat. Es war nach unseren früheren Ergebnissen zu erwarten und bestätigte sich, daß das ölsaure Calcium sich besser zur Aktivierung eignet als das Natriumsalz. Die Geschwindigkeit wird bis etwa aufs Zehnfache gesteigert ,und zwar wird die maximale Aktivierung mit sehr kleinen Mengen Calciumoleat erzielt. Von den Beispielen der Tab. 6 ist das eine, mit Glycerinextrakt der Pankreasprobe Nr. III, vergleichbar mit dem letzten Versuche mit Natriumoleat mit und ohne Albumin.

Tabelle 6. Aktivierung der Lipase durch Calciumoleat.

Minuten	Ohne Zusatz	0,0010 ccm Lipase aus Pankr. Nr. IV				0,0020 ccm aus Pankr. Nr. III	
		Mit Calciumchlorid 0,13 mg Mit Natriumoleat 0,063 mg	2,5 mg 2,5 „	5,0 mg 5,0 „	10,0 mg 10,0 „	Ohne Zusatz (5 fache Enzymmenge)	Mit Calciumchlorid 1,2 mg Mit Natriumoleat 0,4 mg
0	(136)	(137)	(141,5)	(141,5)	(141,5)	(126)	(125,5)
10	1	5,5	6	3	3	4	10
20	1,5	9	8,5	7,5	5,5	8	16
40	4	15	15	12	10	15	27,5
60	6	19	18	16	15	22	31

Die Wirkung des Calciumoleats wird wenig beeinflußt von Eiweißstoffen, von zugesetztem Albumin, oder den natürlichen Begleitern der Lipase. Eine Verstärkung der Kalkseifenaktivierung durch Albumin wurde hier im Gegensatz zu unseren Beobachtungen mit Olivenöl und mit Buttersäuremethylester nie beobachtet. Es macht wenig Unterschied, ob man die Lipase unter Zusatz von Natriumoleat + Calciumchlorid bestimmt oder aber nach der maximalen Hemmung durch Albumin. Neben der Kalkseife macht sich anwesendes Albumin bei der stalagmometrischen Messung entweder gar nicht bemerkbar oder es verursacht nur eine unbedeutende Verminderung der hochgesteigerten Geschwindigkeit (Tab. 7).

[20] Unter den Lipasen aus Organen und Geweben kommen Präparate vor mit so geringem Gehalt an Enzym und so großem an Fremdkörpern, daß sie weitgehend oder maximal gehemmt wirken. Es ist aber auch die Gegenwart von Aktivatoren nach Art

Tabelle 7.

Einfluß von Albumin zusammen mit Calciumoleat auf die Butyrinspaltung.

Minuten	0,0006 ccm Lipase aus Pankr. Nr. I mit 10 mg $CaCl_2$ + 10 mg Natriumoleat				Ohne diese Zusätze	0,0010 ccm Lipase aus Pankr. Nr. IV mit 5 mg $CaCl_2$ + 2,5 mg Natriumoleat	
	Ohne Albumin	Mit 1 mg Albumin	Mit 3 mg Albumin	Mit 30 mg Albumin		Ohne Albumin	Mit 30 mg Albumin
0	(132)	(131)	(132)	(132)	(127)	(136)	(137)
10	5	5	4,5	5,5	1	4	4
20	7,5	8	8,5	9	2	7	6
40	14,5	14	15,5	16	4	12	10,5
60	23	22	23,5	24	6,5	17	15

des Leucylglycylglycins nicht ausgeschlossen. Analysen der verschiedenen Darstellungen von Lipase ohne Rücksicht auf solche Beimischungen ergeben daher willkürliche und innerhalb sehr weiter Grenzen schwankende Werte. Beim Vergleich der Lipasen aus den Organen eines und desselben Tieres können Fehler von Tausenden von Prozenten auftreten. Man kann nun, um für die Bestimmung der Lipase gegenüber den Wirkungen der begleitenden Fremdkörper einen Ausgleich zu erzielen, zunächst mit Hilfe von Albumin eine maximale Hemmung und dann eine diese ausgleichende und übersteigernde Aktivierung durch Zusatz von Natriumoleat + Calciumchlorid bewirken. Das folgende Beispiel gibt einen Vergleich von Lipase, die mit Albumin gehemmt, und die andererseits mit Albumin + Calciumoleat aktiviert ist. Die Wirkung des gehemmten Enzyms wird von $^1/_{40}$ bis $^1/_{50}$ der Menge an aktiviertem geleistet.

Versuch mit Glycerinlösung der Lipase aus Pankreasprobe Nr. IV.

a) 0,040 ccm mit 30 mg Albumin (15′ mit der Albuminlösung stehen gelassen).
[21] Anfangszahl 133,5, Abnahme in 10′ 4, 20′ 5,5, 40′ 9,5, 60′ 12.

b) 0,0050 ccm mit 30 mg Albumin, 10 mg Natriumoleat, 10 mg Calciumchlorid. Anfangszahl 136,5, Abnahme in 10′ 15, 20′ 23,5.

Da aber die Eiweißwirkung in solchem Maße durch die Kalkseife überwunden ist, erscheint uns der Zusatz von Albumin für die Lipasebestimmung nicht eben als wichtig. Dennoch soll nicht darauf verzichtet werden, weil die großen Eiweißmengen in manchen Lipasevorkommen (Magen, Serum) einen gewissen, wenn auch nicht bedeutenden Einfluß auf die Zahlen ausüben können und den Vergleich der rohen und der gereinigten Präparate unsicher oder ungenau zu machen drohen.

Die aktivierenden Zusätze, die sich aus diesen Versuchen für den Zweck der Bestimmung ergeben, genügen sogar zum Ausgleich so außergewöhnlicher Wirkungen, wie sie beispielsweise Leucylglycylglycin ausübt. Bei Gegenwart von Albumin und Natriumoleat + Calciumchlorid verursacht das Tripeptid nur mehr eine geringfügige Erhöhung.

Versuch mit 0,0005 ccm Glycerinextrakt aus Pankreasprobe Nr. I, Enzym zunächst mit 1,0 ccm H_2O 15′ stehen gelassen.

a) Mit Zusatz von 30 mg Albumin, 10 mg Calciumchlorid, 10 mg Natriumoleat. Anfangszahl 124, Abnahme in 20′ 2,5, 40′ 5, 60′ 7,5, 80′ 11,5.

b) Mit denselben Zusätzen und mit 14,8 mg Leucylglycylglycin gelöst in 1 ccm H_2O, Enzym hatte damit 15′ gestanden.

Anfangszahl 124, Abnahme in 20′ 2,5, 40′ 5,5, 60′ 9, 80′ 13.

Bei diesen Erscheinungen der Hemmung und Aktivierung sind noch einige eigentümliche und komplizierte Abhängigkeiten von der Vorbehandlung der Lipase zu berücksichtigen. Glycerinlösungen gaben z. B. etwas differierende Werte, je nachdem die Proben mit Wasser verdünnt sofort oder nach einigem Stehen zur Analyse dienten. Bei der Bestimmung ohne Zusätze wurde durch 15 Minuten[1] langes Stehen der Analysenproben von Glycerinauszügen oder glycerinreichen Elutionen [22] der Pankreaslipase mit 1 bis 2 ccm Wasser regelmäßig eine Steigerung um 25 bis 35 % hervorgerufen. Hingegen wurden bei der Bestimmung mit den Zusätzen von Albumin und Calciumoleat durch dieses Stehenlassen ungefähr ebenso große Abschwächungen verursacht. Vermischten wir aber lipatische Glycerinauszüge mit Albuminlösung, so waren keine Differenzen zu beobachten, sei es, daß man die Bestimmung unter Zusatz von Calciumoleat sofort oder nach einigem Stehen ausführte.

Bestimmungsmethode.

Auf die ausgleichende Aktivierung der lipatischen Spaltung des Tributyrins gründet sich die Bestimmungsmethode mittels der stalagmometrischen Messung. Zu diesem Ende wurde die Beziehung zwischen Tropfenabnahme und Reaktionszeit unter den ausprobierten Bedingungen für eine Menge Lipase aus Schweinepankreas untersucht, die einen einfachen Bruchteil der durch Ölspaltung definierten Lipaseeinheit ausmacht, nämlich 0,001 L.E. Vergleichende Bestimmungen (Tab. 8) mit dieser Menge und mit 0,002 und 0,003 L.E. ergaben, daß unter den gewählten Bedingungen der ausgleichenden Einflüsse und innerhalb des für die Messung in Betracht kommenden Bereichs von Lipasemengen die Proportionalität zwischen Reaktionszeit und Enzymmenge genaue Geltung hat. Eine zweite Versuchsreihe (dieselbe Tabelle) mit einem Glycerinextrakt aus getrocknetem Schafspankreas (bereitet aus $^1/_2$ kg frischer Drüsen) bestätigte die Konstanz von Enzymmenge × Zeit für einen bestimmten Umsatz.

Tabelle 8. Lipasekonzentration und Umsatz.

Minuten	Glycerinauszug aus Schweinepankreas Nr. III			Glycerinauszug aus Schafspankreas Nr. I		
	0,0011 ccm = 0,001 L.E.	0,0023 ccm = 0,002 L.E.	0,0034 ccm = 0,003 L.E.	0,0056 ccm = 0,001 L.E.	0,0028 ccm = 0,0005 L.E.	0,0014 ccm = 0,00025 L.E.
0	(130)	(130)	(129)	(129)	(129)	(130)
10	4,5	9	13	4	2	1
20	9	16	25	8,5	4,5	2,5
30	13	24	29	12,5	6,5	4
40	16,5	28	31	15,5	9	5
60	23	31	—	22	12,5	7,5

[1] Bei 7 bis 50 Minuten langem Stehen waren die Ausschläge gleich.

Aus diesen Messungen mit den verschiedenen Mengen Lipase sowohl vom Schweine- wie vom Schafspankreas leitet sich eine und dieselbe Kurve her, die in der Abb. 3 wiedergegeben wird. Sie stellt für die als Einheit der stalagmometrischen Messung gewählte Menge von 0,001 L.E. die Abnahme der Tropfenzahl in verschiedenen Zeiten dar. Die Beziehung der Einheit für die Tributyrinspaltung zur Einheit für die Ölspaltung läßt sich nicht so verallgemeinern, daß sie für Lipase jeglicher Herkunft gilt. Unabhängig von dieser Beziehung zur L.E. wird daher diejenige [23] Enzymmenge als

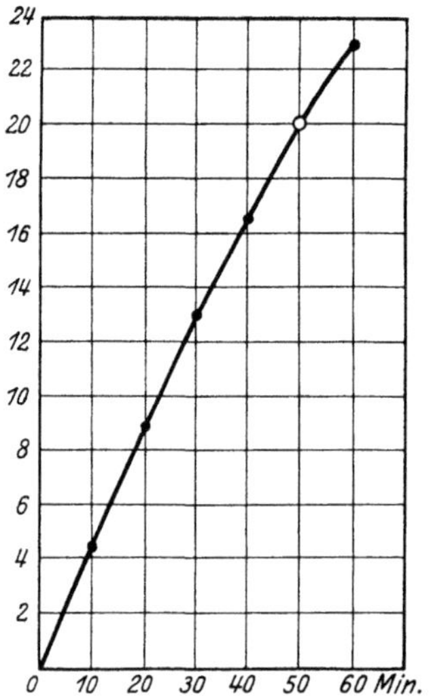

Abb. 3. Zeitlicher Verlauf der Tributyrinspaltung durch 1 B.E.

Einheit der lipatischen Spaltung des Tributyrins gewählt, die eine Abnahme um 20 Tropfen, d. i. um etwa die Hälfte der Differenz zwischen den Tropfenzahlen von reiner Tributyrinlösung und von reinem Wasser in 50 Minuten bewirkt. Diese Menge wird als Butyraseeinheit (B.E.) bezeichnet. Sie ist z. B. in 0,0011 ccm Glycerinauszug der Pankreasprobe Nr. III enthalten.

[24] Um unbekannte Enzymmengen zu messen, suchen wir die Analysenproben so zu wählen, daß sie nicht wesentlich höher sind als das Zweifache und nicht weniger als ein Fünftel der B.E.

Die durch Vorversuche ermittelte geeignete Enzymmenge, deren Volumen oft sehr gering ist, wird mit der Lösung von 30 mg Eieralbumin (gewöhnlich $^1/_2$ bis 1 ccm), mit 0,5 ccm 2proz. $CaCl_2$-Lösung (10 mg), 56 ccm Tributyrinlösung aus gereinigtem Präparat und dann sofort mit 2 ccm NH_4Cl—NH_3-Puffer (1 Tl. 2,5n-NH_3 + 8 Teile 2,5n-NH_4Cl; $p_H = 8,6$ bei 18°) sowie 0,5 ccm 2proz. Lösung von Natriumoleat versetzt, so daß das gesamte Volumen 60 ccm beträgt. Darauf wird alsbald die Anfangstropfenzahl gemessen und bei einer Temperatur von 20° die Abnahme in Abständen von 20 Minuten 3 bis 4mal bestimmt. Ist es nötig, größere Mengen verdünnter wäßriger Lösungen zu analysieren, so kann man am Albumin und an der Calciumchloridlösung etwas Volumen einsparen.

Wenn die analysierte Enzymmenge in t_1 Minuten Tropfenabnahme um n bewirkt hat, so hätte nach der Abb. 3 1 B.E. die gleiche Abnahme in t Minuten herbeigeführt; also ist die gesuchte Menge $= \frac{t}{t_1}$ B.E.

Verhältnis der Zeitwerte für Ölspaltung und Tributyrinspaltung. Den Quotienten der beiden Hydrolysenzeitwerte, der mit der Pankreasprobe Nr. III ermittelt war, fanden wir annähernd bestätigt (die Genauigkeitsgrenzen liegen zwischen $\pm$ 10%, wozu hier noch die Fehler der Ölbestimmung hinzukommen) bei den anderen untersuchten Proben von Schweinepankreas, die nicht aus den Organen einzelner Tiere hergestellt, sondern große Sammelportionen waren. Die Pankreasprobe Nr. III stammte aus 87,1 kg, Nr. I aus 5,75, Nr. IV aus 12,5 kg Rohdrüsen[1], und zwar letzteres Material aus Mastschweinen vom Bakonyerwalde.

Versuch mit Pankreasprobe Nr. I.

Mit je 0,0010 ccm: Anfangszahl 130, Abnahme in 20′ 15 [25] und 14,5, 40′ 26,5 und 25,5, 60′ 31 und 30,5. Gef. 1,8 und 1,7 B.E.

Mit 0,0006 ccm. Nach 20′ 9, 40′ 16,5, 60′ 24. Gef. 1,0 B.E.

Da 1,0 ccm 2,4 L.E. enthielt, so ist 1 L.E. = 720 B.E.

Versuch mit Pankreasprobe Nr. IV.

Mit 0,10 ccm: Anfangszahl 130, Abnahme in 20′ 8, 40′ 15, 60′ 21. Gef. 0,9 B.E.

Da 1,0 ccm 0,011 L.E. enthielt, entspricht 1 L.E. 820 B.E.

Die beim Schweine- und Schafspankreas beobachtete annähernde Übereinstimmung der Einheiten für Öl- und Tributyrinspaltung hat keine allgemeine Geltung. Bei 2 Proben von Pferdepankreas fanden wir große Abweichungen von dem Verhältnis 1 B.E. = 0,001 L.E. Die Einheit der lipatischen Tributyrinspaltung entsprach nämlich a) 0,0033, b) 0 0062 L.E. Diese Abweichungen beruhen entweder darauf, daß die an einem Organpräparat ausprobierten ausgleichenden Aktivierungen der Öl- und der Butyrinspaltung bei einem anderen Material nicht genügen, um den Einfluß der vielleicht andersartigen begleitenden Fremdkörper zu überwinden, die im Verlauf der Reinigung abgetrennt werden könnten. Oder die Affinitäten der Lipase zu den Substraten können auch von Begleitstoffen, die dem Enzym besonders nahe stehen und nicht abgetrennt werden können, so beeinflußt werden, daß die Messung in den willkürlich gewählten Adsorbatzuständen durch spezifische Hemmung zu veränderlichen Verhältnissen der Zeitwerte führt.

[1] Vgl. II. Abhandlung, Diese Zs. Bd. 125, S. 132, und zwar S. 150 und 168 [1922/23].

Zeitschrift für physiologische Chemie **132**, S. 181 [1924].

92. ÜBER ENTEROKINASE UND DIE TRYPTISCHE WIRKUNG DER PANKREASDRÜSE.

Von ERNST WALDSCHMIDT-LEITZ*.

Mit 1 Kurve.

(Fünfte Abhandlung über Pankreasenzyme.)

Von RICHARD WILLSTÄTTER und MITARBEITERN.

(Aus dem Chemischen Laboratorium der Bayerischen Akademie der Wissenschaften in München.)

(Der Redaktion zugegangen am 28. September 1923.)

Die vorliegende Untersuchung wurde zum Teil mit den Mitteln einer Fellowship der Rockefeller-Foundation ausgeführt, für deren Gewährung ich dem „Ausschuß zur Förderung des wissenschaftlichen medizinischen Nachwuchses" in Berlin zu größtem Danke verpflichtet bin.

Meinem hochverehrten Lehrer, Herrn Geh.-Rat Prof. Dr. R. WILLSTÄTTER, möchte ich auch an dieser Stelle für sein stetes Entgegenkommen und seine großzügige Fürsorge meinen herzlichsten Dank aussprechen.

A. Theoretischer Teil.

I. Der Stand unserer Kenntnis von der Enterokinase.

Die ältesten Angaben über die Existenz einer unwirksamen Vorstufe des pankreatischen Trypsins stammen aus den Jahren 1867 und 1875, sie finden sich in den wertvollen Untersuchungen von KÜHNE und von HEIDENHAIN. W. KÜHNE[1] erhielt in einigen Fällen aus Pankreasdrüsen von schlecht [182] ernährten Hunden tryptisch unwirksame Infuse, die indes durch mehrere Stunden langes Erwärmen unter leichtem Ansäuern Wirksamkeit erlangten, und er vertrat die Ansicht, daß „die unwirksame Drüse eine Substanz enthalte, welche erst bei Digestion mit Säure zerfalle unter Abspaltung des Ferments". Daß diese Befunde, die KÜHNE für eine Eigentümlichkeit nur eines besonderen Drüsenzustandes ansah, allgemein für jedes Pankreas gültig sind, bewies eine

* *Habilitationsschrift, Universität München, 1924.*

[1] Arch. (Anat. u.) Physiol. Bd. 39, S. 130 [1867].

acht Jahre später erschienene umfangreiche und bedeutende Arbeit von R. HEIDENHAIN[1]. Aus frischen, alsbald nach der Schlachtung der Tiere verarbeiteten Drüsen erhielt er in allen Fällen unwirksame Auszüge, und er machte die bedeutsame Beobachtung, daß sich aus gelagertem Drüsenmaterial stark aktive Glycerinextrakte gewinnen ließen. HEIDENHAIN erklärte diese Erscheinung mit der Freilegung des Trypsins nach dem Tode durch die in den Drüsenzellen auftretende Säure und er sah in diesem Prozeß die Aufhebung einer Verbindung zwischen Trypsin und einem Eiweißkörper der Drüse.

Erst 24 Jahre darauf, mit der Entdeckung der spezifischen Wirkung des Darmsafts, gewann die Forschung nach dem Wesen der Trypsinaktivierung neue, entscheidende Erkenntnisse; wir verdanken sie der Schule J. P. PAWLOWS, aus dessen Laboratorium N. P. SCHEPOWALNIKOW[2] im Jahre 1899 die grundlegende Untersuchung über den spezifischen Aktivator des Trypsins im Duodenalsaft veröffentlichte, den er Enterokinase nannte. Er zeigte, daß reiner pankreatischer Fistelsaft tryptisch vollständig inaktiv war und daß er nach Zugabe geringer Mengen Darmsaft intensiv aktiviert wurde, und zwar in alkalischer sowohl als besser noch in neutraler und schwach saurer Lösung; sodann fand er, daß die Aktivierung des Trypsins eine gewisse Zeit benötigte und daß der Aktivator [183] durch Kochen zerstört wurde; hieraus schloß er auf einen fermentativen Vorgang, auf eine enzymatische Bildung von Trypsin aus seinem Zymogen. Die Ergebnisse seiner Arbeit wurden in der Folgezeit durch eine große Anzahl von Untersuchungen bestätigt[1]) und vertieft.

Eine Reihe von Arbeiten war der Frage nach dem Vorkommen und den chemischen Eigenschaften des neuen Körpers gewidmet. Nach C. DÉLEZENNE[2]) stammt die Kinase aus den weißen Blutkörperchen und den lymphatischen Ganglien, ja er fand sie sogar in den Extrakten von Pilzen, doch ist seiner Ansicht von verschiedenen anderen Forschern[3]) widersprochen worden; W. M. BAYLISS und E. H. STARLING[4]) fanden sie lediglich als Sekretionsprodukt des Dünndarms, vor allem seines oberen Endes; nach J. M. HAMILL[5]) ist die Enterokinase aller untersuchten Wirbeltiere identisch. Die Angaben der Literatur über ihre chemischen Merkmale sind spärlich und widersprechend; so sind die experimentellen Befunde von H. STASSANO und F. BILLON[6]), die die Kinase der Körperklasse der Nucleoproteide zuteilten, durch BAYLISS und STARLING[7]) widerlegt

---

[1] „Beiträge zur Kenntnis der Pankreas", Pflügers Arch. Bd. 10, S. 557, und zwar S. 587 [1875].

[2] Die Physiologie des Darmsaftes, Inaug.-Diss. St. Petersburg, 1899; Referat in R. MALYS Jahresbericht über die Fortschritte der Tierchemie, Bd. 29, S. 378 [1899]. J. P. PAWLOW, Die Arbeit der Verdauungsdrüsen, Wiesbaden 1900.

[1]) H. M. VERNON, J. of Physiol. Bd. 28, S. 375 [1902]; C. DÉLEZENNE und A. FROUIN, C. R. Bd. 134, S. 1026 [1902]; K. GLAESSNER, Diese Zs. Bd. 40, S. 465 [1903/04]; A. ELLINGER und M. KOHN, Diese Zs. Bd. 45, S. 28 [1905]; J. WOHLGEMUTH, Biochem. Zs. Bd. 2, S. 264 [1906/07].

[2]) C. R. Soc. Biol. Bd. 54, S. 283, 590, 693 und 998 [1902]; C. DÉLEZENNE und H. MOUTON, ebenda Bd. 55, S. 27 [1903].

[3]) H. STASSANO und F. BILLON, C. R. Soc. Biol. Bd. 54, S. 623 [1902]; L. CAMUS und E. GLEY, ebenda Bd. 54, S. 241 [1902]; E. HEKMA, Journ. de Physiol. et Pathol. gén. Bd. 6, S. 25 [1904].

[4]) J. of Physiol. Bd. 30, S. 61 [1904].

[5]) J. of Physiol. Bd. 33, S. 476 [1905/06].

[6]) C. R. Soc. Biol. Bd. 54, S. 623 [1902].

[7]) A. a. O.

worden. Zudem beschränken sich alle Angaben über die Eigenschaften des Körpers auf sein Verhalten im Darmsaft selbst oder in Rohextrakten der Darmwand; eine präparative Reinigung der Kinase ist nie unternommen worden.

Auch für die schon von W. KÜHNE [8] und von [184] R. HEIDENHAIN [1]) beobachtete „spontane Aktivierung" an sich unwirksamen Trypsins in der Drüse wie in Auszügen und Sekret und ebenso für die Aktivierung durch Säure finden sich in der neueren Literatur zahlreiche Bestätigungen [2]); man hielt diese Erscheinungen indes für verschieden von der Einwirkung der Enterokinase, und J. WOHLGEMUTH [3]) verknüpft sie auf Grund seiner Beobachtungen mit den bei der Aufbewahrung in den Drüsensekreten sich abspielenden proteolytischen Prozessen, wenn er auch eine Aktivierung durch Eiweißabbauprodukte nicht nachweisen konnte. Vereinzelt dastehend und unsicher erscheint der Befund von H. M. VERNON [4]), wonach „spontan aktiv" gewordenes Trypsin erheblich stärker aktivieren soll als Enterokinase selbst, zumal W. M. BAYLISS und E. H. STARLING [5]) ihn mit VERNONS eigenen Präparaten nicht bestätigen konnten.

Die Frage nach der Wirkungsweise der Enterokinase ist in der physiologischen Forschung viel erörtert und eingehend untersucht worden, und doch scheint sie bis heute noch nicht endgültig geklärt. Hier stehen sich zwei prinzipiell verschiedene Anschauungen gegenüber, die Fermenttheorie und die Komplementtheorie. Die erstere, für die sich schon N. P. SCHEPOWALNIKOW [6]) aussprach, fand ihre nachhaltigste Stütze in den Untersuchungen von W. M. BAYLISS und E. H. STARLING [7]). Das Hauptargument dieser Forscher bildet die zeitliche [185] Abhängigkeit der Kinasewirkung: „Die geringste Spur Enterokinase vermag eine große Menge Trypsinogen in Trypsin zu verwandeln bei genügend langer Einwirkungsdauer." „Trypsin ist eine neue Substanz, verschieden von Trypsinogen, und gebildet aus diesem durch die enzymatische Wirkung der Enterokinase. Es ist nicht ersichtlich, daß die Kinase bei der proteolytischen Wirkung des Trypsins wesentlich ist oder irgendeinen Anteil daran nimmt." Auch E. ZUNZ [1]] und K. MEYER [2]] bekannten sich zu dieser Auffassung. Nach J. MALLANBY und V. J. WOOLLEY [3]] ist die Geschwindigkeit der Trypsinaktivierung eine Funktion der Kinasemenge und wird durch Temperaturerhöhung gesteigert; auch diese Autoren kommen daher zu dem Schluß: „Die Enterokinase ist ein Enzym, mit einem Optimum

---

8 Arch. (Anat. u.) Physiol. Bd. 39, S. 130 [1867].

1) Pflügers Arch. Bd. 10, S. 557, und zwar S. 581 [1875].

2) Für die „spontane" Aktivierung vgl. J. HAMBURGER und E. HEKMA, Journ. de Physiol. et Pathol. gén. Bd. 4, S. 805 [1902], E. FISCHER und P. BERGELL, Chem. Ber. Bd. 37, S. 3103 [1904], E. FISCHER und E. ABDERHALDEN, Diese Zs. Bd. 46, S. 52 [1905]; für die „Säure"-Aktivierung siehe E. HEKMA, Journ. de Physiol. et Pathol. gén. Bd. 6, S. 25 [1904], dagegen W. M. BAYLISS und E. H. STARLING, J. of Physiol. Bd. 30, S. 61 [1904].

3) Biochem. Zs. Bd. 39, S. 302 [1912].

4) J. of Physiol. Bd. 28, S. 375 [1902], Bd. 47, S. 325 [1913/14].

5) J. of Physiol. Bd. 30, S. 61 [1904].

6) Inaug.-Diss. St. Petersburg 1899; Ref. in R. MALYS Jahresbericht über die Fortschritte der Tierchemie Bd. 29, S. 378 [1899].

7) J. of Physiol. Bd. 30, S. 61 [1904] und Bd. 32, S. 129 [1905].

1] Bull. de la Soc. Roy. des Sciences méd. et nat. de Bruxelles Bd. 64, S. 28 und 98 [1906].

2] Biochem. Zs. Bd. 23, S. 68 [1909/10]. 3] J. of Physiol. Bd. 45, S. 370 [1912/13].

der Wirkung bei neutraler Reaktion. Die Bildung des Trypsins aus Trypsinogen durch Enterokinase vollzieht sich durch Adsorption der Enterokinase an die Proteinkomponente des Trypsinogens, Abspaltung dieser Komponente und Freilegung des Trypsins."

Ganz andere Anschauungen vertreten J. HAMBURGER und E. HEKMA[4]; nach ihren Beobachtungen soll eine bestimmte Menge Darmsaft nur eine bestimmte Menge Zymogen umwandeln können und sie schließen daraus auf eine chemische Reaktion in stöchiometrischem Verhältnis; indessen sind die angewandten Mengenverhältnisse so wenig glücklich gewählt, daß ihren Ergebnissen keine Beweiskraft zuzusprechen ist. Den der Immunitätslehre entnommenen Vergleich mit einer Komplementbindung hat zuerst C. DÉLEZENNE[5] auf den Vorgang der Trypsinaktivierung übertragen; nach seiner Anschauung soll die enzymatische Wirkung dadurch ausgelöst werden, daß sich das Trypsinogen mit Hilfe der Enterokinase am Proteinmolekül verankert. Eine Stütze für diese Auffassung erbrachte [186] eine Untersuchung von A. DASTRE und H. STASSANO[1]); diese Autoren fanden für eine gegebene Menge Trypsinogen einen bestimmten Betrag von Kinase optimal, allein ihre Befunde wurden von W. M. BAYLISS und E. H. STARLING[2]) nicht als beweiskräftig anerkannt.

Die überwiegende Mehrzahl der bisher vorliegenden Beobachtungen über das Wesen der Enterokinaseeinwirkung scheint hiernach zugunsten eines enzymatischen Vorganges zu sprechen, so daß das „Lehrbuch der Physiologischen Chemie" von E. ABDERHALDEN[3]) zusammenfassend sich dahin äußert: „Die Meinung, daß dieser Stoff dadurch wirke, daß er sich mit dem Trypsinzymogen verbinde und so dieses zum aktiven Ferment ergänze, konnte .... widerlegt werden .... Die Wirkung der Enterokinase entspricht der eines Katalysators."

II. Über das Wesen der Kinasewirkung.

In der vorliegenden Untersuchung wird die Bestimmung des Einflusses der Enterokinase auf den tryptischen Abbau der Gelatine mittels einer zuverlässigen und exakten Meßmethode durchgeführt, der die alkalimetrische Titration der freien Carboxyle von Proteinen, Peptiden und Aminosäuren in alkoholischer Lösung nach R. WILLSTÄTTER und E. WALDSCHMIDT-LEITZ[4]) zugrunde liegt. Diese Bestimmungsweise beschränkt sich nicht, wie die meisten Verfahren der Literatur, auf die Messung eines Teilvorganges der Proteinhydrolyse, sie erlaubt vielmehr die Gesamtheit der enzymatischen Abbauprozesse quantitativ zu erfassen und sie gibt zudem die Möglichkeit an die Hand, zwischen den Anteilen von Peptiden und von Aminosäuren an den Hydrolyseprodukten zu unterscheiden.

Das Gesamtbild, das uns eine exakte Analyse von der Wirkungsweise der Enterokinase entwirft, vereinigt in sich eine große Anzahl sich scheinbar widersprechender

---

[4] Journ. de Physiol. et Pathol. gén. Bd. 4, S. 805 [1902].
[5] C. R. Soc. Biol. Bd. 55, S. 171 [1903].
[1]) Archives internat. de Physiol. Bd. 1, S. 86 [1904].
[2]) J. of Physiol. Bd. 32, S. 129, und zwar S. 135 [1905].
[3]) 4. Auflage, Berlin und Wien 1921, II. Teil, S. 377.
[4]) Chem. Ber. Bd. 54, S. 2988 [1921].

[187] Einzelerfahrungen der Literatur, zum Teil, indem es sie in gewissem Sinne berichtigt; es deckt neue Beziehungen zwischen ihnen auf und es vermittelt vertiefte Erkenntnisse und Zusammenhänge von den verschiedenen beobachteten Arten der Aktivierung des Trypsins. Andererseits führt es, unterstützt durch die Ergebnisse der präparativen Analyse, zu einer gesicherteren Erklärung der Natur der Kinasewirkung und zu neuen Gesichtspunkten für die Bildungsweise des Aktivators.

So findet man die zeitliche Abhängigkeit der Kinasewirkung bestätigt; allein sie gilt nur für eine gewisse kurze Einwirkungsdauer: in allen Fällen erreicht man unter gleichen Bedingungen, auch bei Anwendung kleiner Aktivatormengen, nach einer bestimmten gleichbleibenden Zeit — in den untersuchten Beispielen je nach der Reaktion der Lösung in 30 bis 60 Minuten — den der jeweiligen Kinasemenge eigenen Aktivierungsgrad, der indessen nicht der maximale ist; er wird auch bei sehr langer Einwirkungsdauer nicht überschritten. Die Geschwindigkeit, mit der diese Aktivierungsleistung erreicht wird, ist am größten bei neutraler Reaktion, hier vollzieht sich die Aktivierung in etwa einer halben Stunde. Unter diesen Bedingungen besteht nun zwischen den Trypsinmengen und den zu maximaler Aktivierung erforderlichen Kinasemengen eine einfache Beziehung: man findet direkte Proportionalität zwischen Aktivator und Enzym. So bilden diese Ergebnisse eine Brücke zwischen den scheinbar gegensätzlichen Befunden der Literatur, die sich am schärfsten in der Stellungnahme einerseits von W. M. BAYLISS und E. H. STARLING[1], anderseits von A. DASTRE und H. STASSANO[2] widerspiegeln.

Diese Proportionalitätsbeziehung besitzt allerdings nur Gültigkeit innerhalb ein- und desselben Enzymmaterials. Die Drüse enthält und bildet nämlich in wechselnden Mengen Stoffe — und solche entstehen in vermehrtem Umfange bei autolytischen Prozessen —, welche der Aktivierung durch Kinase entgegenwirken. Ähnlich vermögen einige mehrwertige Alkohole, so das Glycerin und das Äthylenglykol, die [188] Aktivierungsleistung einer bestimmten Kinasemenge herabzusetzen, wohl indem sie mit dem Aktivator leicht dissoziierbare Additionsverbindungen von abgeschwächtem Aktivierungsvermögen bilden, deren Dissoziation sich mit der Konzentration des Alkohols verschiebt. Indessen scheint die Hemmung durch die Alkohole nicht identisch zu sein mit der von den Drüseninhaltsstoffen bewirkten; sie verstärken sich nämlich in ihrer Wirkung gegenseitig, und so liegt es nahe, dieselbe entweder auf verschiedene Angriffspunkte am Kinasemolekül zu verlegen oder aber den Einfluß der natürlichen Hemmungskörper mit einer Blockierung des Trypsinmoleküls selbst zu deuten.

Die aktivierende Wirkung der Darmschleimhaut und ihrer Extrakte auf die Proteolyse durch pankreatisches Trypsin besteht weder ganz noch teilweise in einer Beschleunigung der Hydrolyse niederer Proteinabbaustufen durch ereptisches Enzym; einmal besitzt die frische Pankreasdrüse sowie ihr reines Sekret überhaupt keine

[1] J. of Physiol. Bd. 30, S. 61 [1904] und Bd. 32, S. 129 [1905].
[2] Archives internat. de Physiol. Bd. 1, S. 86 [1904].

tryptische Aktivität gegenüber genuinem Protein; sodann gelingt es durch Modifikation des Extraktionsverfahrens leicht, den Aktivator von dem peptolytischen Prinzip der Darmwand zu trennen und ihn frei von proteolytischer Wirkung zu erhalten. Die Wirkung der Enterokinase wird ferner streng spezifisch für das tryptische Enzym der Pankreasdrüse gefunden, sie äußert sich gar nicht bei ihrem lipatischen oder diastatischen Ferment.

Die in der vorliegenden Abhandlung über die Wirkungsweise der Enterokinase mitgeteilten Beobachtungen schließen die in erster Linie von W. M. Bayliss und E. H. Starling[1] vertretene Annahme eines enzymatischen Vorganges aus, sie sprechen vielmehr mit Sicherheit für eine einfache Aktivierung. Diese Anschauung findet eine schöne und beweiskräftige Bestätigung in der Tatsache, daß es gelingt, durch eine einfache präparative Vornahme, nämlich mittels Tonerdeadsorption, Enzym und Aktivator zu trennen und so bereits maximal aktiviertes Trypsin von neuem in inaktive, aktivierbare Form überzuführen; mit einer enzymatischen Umwandlung von Trypsinogen zu Trypsin ist dieses Ergebnis schlechthin unvereinbar.

[189] In der „Ersten Abhandlung über Pankreasenzyme" von R. Willstätter, E. Waldschmidt-Leitz und Fr. Memmen[1]) ist zwischen zwei Arten der Wirkung von Aktivatoren unterschieden worden: „Der Fall ist möglich, daß ein aktivierender . . . Zusatzstoff unmittelbar auf das Enzym einwirkt. Er kann auf seine Affinitätsverhältnisse einen Einfluß von gleicher Art wie H- und OH-Ionen ausüben. Eine solche Wirkung dürfte Natriumchlorid auf Diastase haben. Der Einfluß der Aktivatoren kann ferner . . . auf Adsorptionswirkung beruhen. Sie wird sich entweder gegenüber dem Enzym oder seinem Substrat oder gegenüber beiden geltend machen . . . Die zahlreichen Erscheinungen der Lipaseaktivierung lassen sich mit der Annahme erklären, daß die Aktivierung auf der Erzeugung von Kolloidteilchen beruht, die zugleich auf Enzym und Substrat adsorbierend wirken." Die Aktivierung des Trypsins durch die Enterokinase scheint zwischen diesen beiden Möglichkeiten zu vermitteln, indessen zeigt sie weit ausgeprägtere Merkmale einer unmittelbaren chemischen Beeinflussung und sie nimmt in verschiedener Hinsicht eine gewisse Sonderstellung ein. Dies gilt z. B. für ihre zeitliche Bedingtheit, die sie von allen bekannten Enzymaktivierungen unterscheidet; gerade diese spricht sehr zugunsten eines überwiegend chemischen Prozesses, denn bei reinen Adsorptionsvorgängen stellt sich das Gleichgewicht meist rasch und genau ein. Auch die Hemmungserscheinungen durch die Drüseninhaltsstoffe wie durch Alkohole vermag eine mehr chemische Betrachtungsweise besser zu deuten; sie wirken offenbar nicht in der Weise, daß sie die Adsorption von Aktivator und Enzym beeinträchtigen, da sich dann ihr Einfluß auch nach erfolgter Einwirkung im Sinne einer Verdrängung geltend machen sollte; mit mehr Berechtigung wird man ihre Wirkung einer Beeinflussung der Affinitätsverhältnisse der spezifischen Gruppe von Aktivator oder Enzym zuschreiben.

---

[1] A. a. O. S. 7.

[1]) Diese Zs. Bd. 125, S. 93, und zwar S. 99 [1922/23].

Die Aktivierung des Trypsins nimmt auch insofern eine besondere Stellung ein, als die Gegenwart des Aktivators nur für die Spaltung gewisser Substrate, nämlich der genuinen [190] Proteine und ihrer höheren Abbauprodukte, nicht dagegen für die Hydrolase der Polypeptide unentbehrlich ist. Während man bei pankreatischer Lipase keinen Unterschied findet in der Abhängigkeit der Enzymwirkung von dem durch die Aktivatoren bedingten Adsorptionszustande hinsichtlich der Hydrolyse z. B. des unlöslichen Fettes und des wasserlöslichen Tributyrins[1], wird zufolge G. SCHAEFFER und E. F. TERROINE[2] sowie E. ZUNZ[3] die Wirkung gegenüber Proteinen inaktiven Pankreassaftes auf einfache Peptide, beispielsweise Alanylglycin, durch Enterokinase nicht verstärkt. Diese Beschränkung der Kinasewirkung auf die Hydrolyse bestimmter Substrate könnte durch deren kolloide Eigenschaften bedingt sein oder aber durch eine bestimmte chemische Konstitution. SCHAEFFER und TERROINE sprachen sich für die letztere Anschauung aus; allerdings gehen diese Forscher dann, da sie noch die enzymatische Auffassung der Trypsinaktivierung vertreten, zu der Annahme eines besonderen ereptischen Enzyms im Sekret der Pankreasdrüse über. Eine einfachere Erklärung scheint mir den Vorzug zu verdienen: Die Hydrolyse der verschiedenen Proteine sowie der Peptone und Polypeptide wird durch ein einziges proteolytisches Enzym der Pankreasdrüse, das Trypsin, bewirkt, aber dieses Enzym bedarf für die Spaltung gewisser Substrate mit bestimmter chemischer Konstitution eines Hilfsstoffes, der Enterokinase. Vielleicht hat man in der Sprengung von Diketopiperazinringen, deren Vorhandensein im Proteinmolekül in neueren Untersuchungen von W. S. SSADIKOW und N. D. ZELINSKY[4] sowie von E. ABDERHALDEN[5] in ausgedehntem Maße [191] angenommen wird, ein Beispiel für eine derartige, des Aktivators bedürfende enzymatische Hydrolyse.

Die Untersuchung bestätigt ferner die alten Angaben von R. HEIDENHAIN[1]) über die bei der Aufbewahrung der Pankreasdrüse eintretende „spontane" Aktivierung des Trypsins: man beobachtet sie bei der Autolyse der rohen wie der getrockneten Drüsensubstanz und sie wird durch saure Reaktion beschleunigt. Man hat diese Erscheinungen indessen nie zu der Aktivierung durch Enterokinase in Beziehung gebracht, man hat sie als eine enzymatische oder auch bakterielle Umwandlung des Trypsinogens angesehen. Durch die Versuche dieser Abhandlung wird der Nachweis erbracht, daß es sich hierbei um die Bildung eines Aktivators aus der Drüsensubstanz handelt, der in seinem Verhalten mit der Enterokinase weitgehend übereinstimmt. So wird er gleich

[1] R. WILLSTÄTTER und FR. MEMMEN, 4. Abhandlung über Pankreasenzyme, Diese Zs. Bd. 129, S. 1, und zwar S. 3 [1923].

[2] Journ. de Physiol. et Pathol. gén. Bd. 12, S. 884 u. 905 [1910].

[3] Archives internat. de Physiol. Bd. 11, S. 191 [1912].

[4] W. S. SSADIKOW, Biochem. Zs. Bd. 136, S. 238 [1922/23]; W. S. SSADIKOW und N. D. ZELINSKY, ebenda Bd. 136, S. 241 [1922/23]; N. D. ZELINSKY und W. S. SSADIKOW, ebenda Bd. 137, S. 397 [1923]; W. S. SSADIKOW und N. D. ZELINSKY, ebenda Bd. 137, S. 401 [1923].

[5] Diese Zs. Bd. 128, S. 119 [1923] und Bd. 129, S. 106 [1923]; E. ABDERHALDEN und W. STIX, ebenda Bd. 129, S. 143 [1923]; E. ABDERHALDEN und E. KLARMANN, ebenda Bd. 129, S. 320 [1923].

[1]) Pflügers Arch. Bd. 10, S. 557, und zwar S. 587 [1875].

wie diese durch Tonerde adsorbiert und es gelingt auf diese Weise gleichfalls, ihn vom Trypsin zu trennen und das Enzym wiederum in inaktiver, aktivierbarer Form zu erhalten; der Aktivator findet sich in der alkalischen Elution aus dem Tonerdeadsorbat. Die Annahme ist nicht von der Hand zu weisen, daß dieser bei Zersetzungsvorgängen aus der Drüse entstehende Aktivator identisch ist mit der Enterokinase. Nach der in der Literatur vorherrschenden Ansicht ist diese ein Sekretionsprodukt des Darmepithels, eine Bildung des Aktivators in der Pankreasdrüse selbst hat man nie diskutiert. L. CAMUS und E. GLEY[2] unterscheiden zwischen zwei Arten der Trypsinaktivierung, einer extrapankreatischen, der gewöhnlichen, und einer intrapankreatischen; sie konnten nämlich zeigen, daß auf die Injektion gewisser Stoffe (Pilocarpin, Pepton) hin die Drüse aktiven Saft absonderte. Ihre Resultate wurden durch W. W. SAWITSCH[3] bestätigt und erweitert; nach SAWITSCH hängt die Sekretion von aktivem oder inaktivem Saft mit einer stärkeren Reizung der trophischen bzw. der [192] sekretorischen Nervenfasern der Drüse zusammen. In Wirklichkeit sind die beiden Arten der Aktivierung des Trypsins identische Vorgänge, es handelt sich in beiden Fällen um die Wirkung desselben Aktivators. Man muß in diesem Zusammenhange auch der von J. MELLANBY und V. J. WOOLLEY[1]) ausgesprochenen, vereinzelt dastehenden Ansicht beipflichten, daß auch die Wirkung der Calciumsalze auf inaktiven Pankreassaft auf eine durch Verminderung der Saftalkalität hervorgerufene beschleunigte Wirkung von Enterokinase zurückzuführen ist; vielleicht ist es richtiger, hier eine beschleunigte Bildung des Aktivators anzunehmen. In der Tat läßt sich durch Kalksalz allein in der Drüse eine Aktivierung nicht bewerkstelligen.

So gewinnt man für die verschiedenen Erscheinungsformen der Trypsinaktivierung eine einheitliche Grundlage; die Formen wechseln, aber die Erscheinung ist die nämliche, sie beruht auf der Wirkung eines spezifischen Aktivators.

Offen bleibt die Frage, ob die Enterokinase bzw. ihr Stammkörper nur im Pankreas oder aber auch in den Drüsen der Darmschleimhaut gebildet werden kann und auf welche Weise der Aktivator im ersteren Falle von der Bauchspeicheldrüse in die Darmwand gelangt.

B. Experimenteller Teil.

I. Die Bestimmung der Trypsinwirkung.

1. Meßmethode.

Die zahlreichen in der Literatur beschriebenen Methoden zur Verfolgung der enzymatischen Proteolyse lassen sich in zwei prinzipiell verschiedene Klassen einteilen, je nachdem sie auf der Bestimmung des unveränderten Substrates oder auf der Messung der entstandenen Abbauprodukte beruhen. Zu ersteren gehören die älteren Bestim-

[2] C. R. Soc. Biol. Bd. 54, S. 241 [1902].

[3] Zentralbl. f. d. ges. Physiol. u. Pathol. des Stoffwechsels, Neue Folge Bd. 4, S. 1 [1909]; siehe auch B. P. BABKIN und W. W. SAWITSCH, Diese Zs. Bd. 56, S. 321 [1908].

[1]) J. of Physiol. Bd. 46, S. 159 [1913].

mungsweisen von W. EBSTEIN und P. GRÜTZNER[2], C. FERMI[3] und S. METT[4], [193] sowie einige neuere, wie die nach F. VOLHARD[1]), E. FULD und L. A. LEVISON[2]) und G. GROSS[3]); sie alle führen ihrem Wesen nach nur zu mehr oder weniger zutreffenden Schätzungen und sie erfassen nur einen Bruchteil der Enzymwirkung; dies gilt auch von der in neuerer Zeit durch W. WALDSCHMIDT[4]) modifizierten colorimetrischen Methode von P. GRÜTZNER[5]). Einen etwas breiteren Abschnitt der Proteolyse gestattet das Verfahren der Leitfähigkeitsmessung nach V. HENRI und L. DES BANCELS[6]) zu verfolgen, allein seine Grundlagen sind nicht genügend übersichtlich und sein Anwendungsbereich ist zu beschränkt; diese letztere Einschränkung gilt auch für das schöne Verfahren der polarimetrischen Analyse der Peptidspaltung von E. ABDERHALDEN und A. H. KOELKER[7]). Von größerer praktischer Bedeutung erscheinen das eigenartige gasometrische Verfahren von D. D. VAN SLYKE[8]), das auf der Bestimmung des Aminostickstoffs mit salpetriger Säure beruht, sowie vor allem die viel angewandte wichtige Formoltitration nach S. P. L. SÖRENSEN[9]).

Die Formoltitration erlaubt mit einigen Ausnahmen die alkalimetrische Bestimmung der Carboxylgruppen von Aminosäuren, Polypeptiden und Proteinen und sie beruht auf der Erreichung einer gewissen, mittels einer Kontrollösung bestimmten Farbintensität des Indicators bei der Alkalizugabe; allein ihre Resultate werden unsicher und mit den Kontrollösungen schwer vergleichbar, wenn es sich um die Bestimmung [194] an sich stärker gefärbter oder, wie dies bei der Messung der proteolytischen Wirksamkeit getrockneter Organpräparate unvermeidlich ist, wenn es sich um die Analyse stark trüber Versuchslösungen handelt, die eine schwächere Farbintensität vortäuschen. Auf eine Schwierigkeit anderer Art stieß L. DE JAGER[1]] bei der Anwendung der Formoltitration auf die Harnanalyse; er beobachtete nämlich, daß die Methode bei Anwesenheit von Ammoniak oder Ammonsalzen, deren Säure unter den Bedingungen der Bestimmung ebenfalls titriert wird, eine Störung erleidet, da sich für die Summe der Komponenten zu niedrige Werte ergeben; V. HENRIQUES und S. P. L. SÖRENSEN[2]] führten diese Erscheinung auf eine Reaktion intermediär gebildeten Methylenimins mit der Aminosäure zurück. In der Tat ergibt die Bestimmung einer tryptischen Proteolyse nach der Formolmethode beispielsweise bei Anwendung eines

---

[2] Pflügers Arch. Bd. 6, S. 1 [1872].

[3] Arch. für Hygiene Bd. 12, S. 238 [1891] und Bd. 40, S. 155 [1906]

[4] Arch. (Anat. u.) Physiol. S. 68 [1894].

[1]) Münch. med. Wochenschr. S. 2129 [1903] und S. 403 [1907]; siehe auch W. LÖHLEIN, Hofmeisters Beiträge Bd. 7, S. 120 [1905].

[2]) Biochem. Zs. Bd. 6, S. 473 [1907]. [3]) Arch. f. exp. Pathol. Bd. 58, S. 157 [1906].

[4]) Pflügers Arch. Bd. 143, S. 189 [1912]; hier findet sich auch eine eingehende Kritik aller früheren Methoden.

[5]) Pflügers Arch. Bd. 8, S. 452 [1874]; Arch. di fisiol. Bd. 7, S. 223 [1909]; Pflügers Arch. Bd. 144, S. 545 [1912].

[6]) C. R. Soc. Biol. Bd. 55, S. 563, 787, 788, 789 u. 866 [1903]; vgl. dazu W. M. BAYLISS, J. of Physiol. Bd. 36, S. 221 [1908].

[7]) Diese Zs. Bd. 51, S. 294 [1907]. [8]) Chem. Ber. Bd. 43, S. 3170 [1910].

[9]) Biochem. Zs. Bd. 7, S. 43 [1907] und Bd. 25, S. 1 [1910].

[1]] Diese Zs. Bd. 62, S. 333, und zwar S. 342 [1909]. [2]] Diese Zs. Bd. 64, S. 120 [1909/10].

Ammoniak-Salmiak-Puffergemisches zu geringe Ausschläge und sie führt zu Widersprüchen mit dem vergleichsweise angewandten alkalimetrischen Verfahren der Aminosäurebestimmung in alkoholischer Lösung nach R. WILLSTÄTTER und E. WALDSCHMIDT-LEITZ[3].

So wurden für die Wirkung von 0,125 g der Pankreasprobe IV auf 10 ccm 3% Gelatinelösung bei p_H 8,7 (eingestellt durch 2,00 ccm n-Ammoniak-Ammonchloridpuffer) und 30° in 1 Stunde folgende Aciditätszunahmen gemessen (in ccm 0,2 n-KOH):

Zusatz	Bestimmung von		
	Formol u. Phenolphthalein	Formol u. Thymolphthalein	90 proz. Alkohol und Thymolphthalein
Ohne Zusatz	0,16	0,37	1,16
20 mg $CaCl_2$	0,15	0,56	1,22
20 mg glykochols. Na. .	0,11	0,04	1,16

Die Bestimmung in alkoholischer Lösung gestattet die Summe der Aciditäten von Ammonsalzen und Aminosäuren [195] oder Peptiden in beliebigem Mischungsverhältnis quantitativ zu ermitteln. Ein weiterer Vorzug dieses Verfahrens besteht darin, daß es erlaubt, bei der Messung der Proteolyse zwischen den Anteilen der Aminosäuren und der Peptide an der Acidität zu unterscheiden[1]). Für solche Bestimmungen ist es indessen erforderlich, Phenolphthalein als Indicator zu verwenden. Der Farbumschlag dieses Indicators liegt für die Titration der am häufigsten vorkommenden Aminosäuren nach WILLSTÄTTER und WALDSCHMIDT-LEITZ in 50proz. alkoholischer Lösung bei einem Alkaliverbrauch von ungefähr 28% der theoretisch erforderlichen Menge. Für Thymolphthalein, dessen Umschlagsbereich einer höheren Alkalität entspricht, findet man den bei dieser Alkoholkonzentration bestimmbaren Bruchteil der Aminosäuren zu hoch und zu wenig übereinstimmend, und der Umschlag dieses Indicators ist bei unvollständiger Titration nicht sicher genug erkennbar. So verbrauchten bei der Titration mit Thymolphthalein

a) 0,1762 g Glykokoll in 50, 75 und 90proz. Alkohol 10,10, 11,01 und 11,77 statt ber. 11,74 ccm 0,2n-KOH, entspr. 88, 94 und 100% der Theorie,

b) 0,1331 g Alanin in 50, 75 und 90proz. Alkohol 5,84, 7,03 und 7,49 statt ber. 7,47 ccm 0,2n-KOH, entspr. 78, 94 und 100% der Theorie,

c) 0,1386 g Phenylalanin in 50, 75 und 90proz. Alkohol 4,09, 4,21 und 4,21 statt ber. 4,20 ccm 0,2n-KOH, entspr. 97, 100 und 100% der Theorie.

Der Versuch zeigt weiterhin, daß für den Umschlag des Thymolphthaleins auch bei den gewöhnlichen aliphatischen Aminosäuren schon eine Alkoholkonzentration von 90% genügt zur Ausschaltung der Aminogruppen oder der Hydroxylionen, während für Phenolphthalein etwa 97% Alkohol erforderlich sind; jener Indicator verdient daher, wenigstens für die Bestimmung des Gesamtaciditätszuwachses, wegen der Ersparnis an Lösungsmittel den Vorzug.

---

[3] Chem. Ber. Bd. 54, S. 2988 [1921] (*Abh. 11*).

[1]) R. WILLSTÄTTER und E. WALDSCHMIDT-LEITZ, Chem. Ber. Bd. 54, S. 2988, und zwar S. 2991 [1921].

[196] Bei dieser im folgenden angewandten Bestimmungsweise wird gleichzeitig durch die Zugabe des Alkohols zu tryptischen Verdauungsgemischen die Enzymwirkung unterbrochen, wie aus nachstehendem Versuch hervorgeht:

Ein Spaltungsansatz, bestehend aus 0,125 g der Pankreasprobe III, 10 ccm 3proz. Gelatinelösung sowie 2,00 ccm n-Ammoniak-Ammonchloridpuffer von p_H 8,7, wurde nach 60 Minuten langer Einwirkung bei 30° mit 108 ccm absol. Alkohol vermischt und a) sogleich, b) nach 30 Minuten titriert; der Zuwachs an Acidität entsprach a) 1,42 und 1,43, b) 1,39 ccm 0,2 n-KOH.

2. Abhängigkeit der Trypsinwirkung von der Wasserstoffzahl und von Zusätzen.

Der Einfluß der Wasserstoffionenkonzentration auf die Trypsinwirkung ist schon des öfteren untersucht worden, die Ergebnisse differieren je nach der gewählten Bestimmungsweise mehr oder weniger stark. L. Michaelis und H. Davidsohn[1] bestimmten die Spaltung von Pepton mittels der Formolmethode und fanden hierbei einen breiten optimalen Bereich zwischen p_H 7,0 und 9,0, während das eigentliche Optimum bei p_H 7,7 bis 8,0 lag; die Grenze der Enzymwirkung beobachteten sie bei p_H 4,0 bzw. 11,0. Auch K. Meyer[2] gibt das Reaktionsoptimum für die Caseinspaltung durch pankreatisches Trypsin zu p_H 7,6 bis 8,3 an. Ganz abweichend von diesen Befunden sind die Ergebnisse von S. Palitzsch und L. E. Walbum[3], die die Verflüssigung von Gelatine als Maß der Enzymwirkung wählten; danach ändert sich die optimale Reaktion mit der Versuchstemperatur, sie wurde bei 30° zu p_H 9,9, bei 37° zu p_H 9,1 und bei 55° zu p_H 8,0 gefunden, jedenfalls infolge ungleich rascher Enzymzerstörung; immerhin erscheint das Optimum gegenüber den Angaben von Michaelis und Davidsohn, bei der nämlichen Temperatur (37,3°) gemessen, beträchtlich nach dem Gebiete stärkerer Alkalität verschoben, so daß sich die Autoren veranlaßt sehen, die Existenz eines besonderen [197] Enzymes für die Gelatineverflüssigung zu erörtern. Nach W. E. Ringer[1)] läßt sich weder für die Auflösung von Fibrin noch für die Hydrolyse von gelöstem Serumeiweiß ein bestimmtes Reaktionsoptimum definieren, je stärker die Alkalität, desto größer wird die Enzymwirkung gefunden; Kontrollbestimmungen der Pufferwirkung allein sind nicht ausgeführt worden. Eine eigenartige Anschauung vertritt J. H. Northrop[2)], der die optimale Reaktion in Abhängigkeit setzt von der Natur des jeweiligen Substrats; nach Northrop ist die Geschwindigkeit der Proteolyse bedingt durch den Dissoziationsgrad des Proteinsalzes: „The rate of digestion is a minimum at the isoelectric point of the protein and a maximum at that p_H at which the protein is completely combined with acid or alkali to form a salt"[3)]. So findet er das Spaltungsoptimum für Gelatine bei p_H 7,4 bis 8,0, für Casein bei p_H 8,6, für Edestin bei p_H 8,6 bis 10,0, für Hämoglobin bei p_H 8,4 bis 9,2 und endlich für Globin bei $p_H = > 10,4$, aller-

[1] Biochem. Zs. Bd. 36, S. 280 [1911].
[2] Biochem. Zs. Bd. 32, S. 275, und zwar S. 276 [1911].
[3] Biochem. Zs. Bd. 47, S. 1 [1912].
1) Diese Zs. Bd. 116, S. 107 [1921] und Bd. 124, S. 171, und zwar S. 187 [1922/23].
2) Journal of General Physiology Bd. 5, S. 263 [1922].
3) A. a. O. Bd. 5, und zwar S. 274.

dings nach jeweils verschiedenen und miteinander nicht vergleichbaren Bestimmungsweisen.

Es schien im Hinblick auf die vorangehend mitgeteilten, teilweise beträchtlich differierenden Angaben der Literatur nicht überflüssig, die Frage der p_H-Abhängigkeit der Trypsinwirkung mit einer zuverlässigen Bestimmungsmethode erneut zu prüfen. Gemessen wurde die Wirkung von 0,125 g getrockneter Pankreasdrüse (der Probe IV), die durch ½stündige Einwirkung von 0,10 ccm eines wäßrigen Darmwandauszuges ausreichend aktiviert waren, auf 10,0 ccm einer 3proz. Lösung von Gelatine in 60 Minuten bei 30°. Die gewünschte Acidität stellte man, um den Einfluß wechselnder Pufferionen auszuschalten, mittels eines von J. H. NORTHROP[4] empfohlenen Gemisches aus Phosphat-, Borat- und Citratpuffer ein und bestimmte sie in jedem Spaltungsansatz [198] unmittelbar zu Beginn der Bestimmung mit Hilfe der von S. P. L. SÖRENSEN[1]) eingeführten Indicatorenmethode; zu jedem Versuche wurde außerdem eine Leeranalyse ausgeführt zur Bestimmung der lediglich auf Pufferwirkung entfallenden Hydrolyse. Die Versuchsergebnisse finden sich in nachstehender Tabelle zusammengestellt.

Tabelle 1.
p_H-Abhängigkeit der Trypsinwirkung.
(Angaben in ccm 0,2 n-KOH.)

p_H	Gesamthydrolyse	Pufferwirkung	Enzymwirkung
5,5	0,40	0,15	0,25
6,0	0,93	0,15	0,78
6,5	1,15	0	1,15
6,8	1,21	0	1,21
7,2	1,27	0	1,27
7,7	1,38	0	1,38
8,2	1,49	0,06	1,43
8,7	1,55	0,11	1,44
9,1	1,85	0,50	1,35
9,4	2,19	0,91	1,28
9,7	2,38	1,18	1,20

Wie aus der Tabelle ersichtlich, liegt das Optimum der Enzymwirkung bei p_H 8,2 bis 8,7, während ein breiterer optimaler Bereich von etwa $p_H=7,7$ bis $p_H=9,1$ sich erstreckt; dies Ergebnis deckt sich im wesentlichen mit den Befunden von L. MICHAELIS und H. DAVIDSOHN[2]) sowie von K. MEYER[3]). Aus der Tabelle geht ferner hervor, daß vor allem im alkalischen Gebiet von p_H etwa $= 9,0$ an bereits eine beträchtliche Hydrolyse durch den Puffer allein bewirkt wird, die mit zunehmender Alkalität weiter steigt; diese Tatsache trägt zum Verständnis der abweichenden Versuchsergebnisse von [199] W. E. RINGER[1]] bei: ohne Kontrollanalysen würde man mit steigendem p_H stets steigende Enzymwirkung finden.

4 A. a. O. Bd. 5, und zwar S. 265.

1) Ergebnisse der Physiologie Bd. 12, S. 393, und zwar S. 423 [1912].

2) Biochem. Zs. Bd. 36, S. 280 [1911].

3) Biochem. Zs. Bd. 32, S. 275, und zwar S. 276 [1911].

1] Diese Zs. Bd. 116, S. 107 [1921] und Bd. 124, S. 171, und zwar S. 187 [1922/23].

Die aktivierende Wirkung der Kalksalze auf Pankreassaft kennt man seit den Veröffentlichungen von C. DÉLEZENNE[2], und sie ist daraufhin von vielen Forschern untersucht worden. DÉLEZENNE fand, daß die Calcium- und andere Erdalkalisalze in geringer Menge zur Aktivierung von tryptisch unwirksamem Drüsensekret befähigt sind. Seine Angaben wurden von E. ZUNZ[3] bestätigt; er beobachtete außerdem, daß die Aktivierung erst nach einer bestimmten Zeit, einer „Latenzzeit", eintrat und daß dann, nach erfolgter Aktivierung, die Ausfällung des Calciums mit Oxalat ohne Einfluß blieb; ZUNZ hielt infolgedessen die Calciumwirkung für einen katalytischen Prozeß und verglich sie mit der der Enterokinase. Auch A. FROUIN und A. COMPTON[4] fanden bei dialysiertem inaktivem Pankreassaft Kalksalze wirksam, allerdings nur nach einer gewissen mittleren Dauer der Dialyse; ebenso berichten K. MEYER[5] sowie J. WOHLGEMUTH[6] über schwankende Ergebnisse bei der Wirkung auf inaktives Sekret. Eine bemerkenswerte Erklärung für die Wirkung der Erdalkalisalze geben J. MELLANBY und V. J. WOOLLEY[7]; sie besteht danach lediglich in einer Herabsetzung der Saftalkalität durch Bildung von unlöslichem kohlensaurem Salz: „Pankreassaft enthält immer Enterokinase; ist sie in geringer Menge vorhanden, so muß das aktivierungshindernde Alkali entfernt werden; ist sie in größerer Menge vorhanden, so erfolgt die Aktivierung von selbst in einigen Tagen. Die Zugabe von Ca beschleunigt [200] nur die Trypsinbildung, sie ist nicht selbst dafür verantwortlich." In der Tat ist es auffallend, daß man nie über eine aktivierende Wirkung der Kalksalze auf neutrale oder schwach saure Drüsenauszüge berichtet hat; W. E. RINGER[1]) fand sie ohne Einfluß bei Enzympräparaten aus wäßrigem Extrakt.

In der vorliegenden Untersuchung konnte eine aktivierende Wirkung von Calciumchlorid auf frisches, tryptisch unwirksames Drüsenmaterial nicht beobachtet werden; hingegen war die Wirksamkeit des mittels Enterokinase aktivierten Enzyms sowohl bei alkalischer als auch bei saurer Reaktion nach Zusatz von Kalksalz deutlich herabgesetzt. Dasselbe gilt, allerdings nur im sauren Gebiet, in noch stärkerem Maße von gallensaurem Salz, für das einige Autoren[2]) einen fördernden Einfluß angeben, während W. E. RINGER[3]) es ohne Wirkung fand.

Versuch 1. 0,062 g eines frisch getrockneten Drüsenpulvers wirkten bei p_H 8,7 (1,00 ccm n-Ammoniak-Ammonchloridpuffer) 60 Minuten bei 30° ein auf 5,0 ccm 3proz. Gelatine nach $^1/_2$stündigem Ansteigen mit a) 2 ccm Wasser, b) 2 ccm Wasser + 40 mg $CaCl_2$, c) 2 ccm Wasser + 0,02 ccm Kinaseauszug; die gemessene Aciditätszunahme betrug a) 0,04, b) 0,06, c) 0,91 ccm 0,2 n-KOH.

---

[2] C. R. Bd. 141, S. 781 u. 914 [1905] und Bd. 144, S. 388 u. 506 [1907].

[3] Bull. de la Soc. Roy. des Sciences méd. et nat. de Bruxelles Bd. 64, S. 28 u. 98 [1906]; Annales de la Soc. Roy. des Sciences méd. et nat. de Bruxelles Bd. 16, S. 63 [1907].

[4] C. R. Bd. 153, S. 1032 [1911].

[5] Biochem. Zs. Bd. 23, S. 68 [1909/10].

[6] Biochem. Zs. Bd. 39, S. 302 [1912].

[7] J. of Physiol. Bd. 46, S. 159 [1913].

[1]) Diese Zs. Bd. 124, S. 171, und zwar S. 190 [1922/23].

[2]) N. ZUNTZ und USSOW, Arch. (Anat. u.) Physiol. (Verhandl. der Physiol. Gesellschaft zu Berlin), S. 380 [1900]; J. WOHLGEMUTH, Biochem. Zs. Bd. 2, S. 264 [1906/07]; J. T. GROLL, Nederl. Tijdschr. Geneeskunde Bd. 64, I, S. 1157 [1920], Chem. Zbl. Bd. 3, S. 935 [1920].

[3]) Diese Zs. Bd. 124, S. 171, und zwar S. 191 [1922/23].

Versuch 2. 0,125 g der Pankreasprobe IV wurden 30 Minuten lang mit 0,10 ccm Kinaselösung sowie a) 1,0 ccm Wasser, b) 1,0 ccm Wasser + 40 mg $CaCl_2$ bei 30° angeteigt; sie ergaben nach 60 Minuten langer Einwirkung auf 5,0 ccm 3proz. Gelatine bei p_H 8,7 und 30° Aciditätszunahme entspr. a) 1,26, b) 0,90 ccm 0,2 n-KOH.

Versuch 3. 1,00 ccm eines Glycerinauszugs aus Probe IV beließ man 30 Minuten bei 30° a) mit 1,0 ccm Kinaseauszug + 1,0 ccm Wasser, b) mit 1,0 ccm Kinaseauszug + 1,0 ccm Calciumchloridlösung (enth. 20 mg $CaCl_2$) und bestimmte dann die Aciditätszunahme nach ½stündiger Einwirkung auf 5,0 ccm 3proz. Gelatine bei p_H 8,7 und 30°; sie betrug a) 0,71, b) 0,55 und 0,56 ccm 0,2 n-KOH.

[201] Versuch 4. 0,125 g der Pankreasprobe IV wurden 60 Minuten lang bei 30° und p_H 5,5 (eingestellt durch 2,00 ccm n-Acetatpuffer) der Einwirkung auf 5,0 ccm 3proz. Gelatine überlassen unter Zusatz von a) 2,0 ccm Wasser, b) 2,0 ccm Wasser + 40 mg $CaCl_2$ und c) 2,0 ccm Wasser + 40 mg Na glycocholicum; der Aciditätszuwachs entsprach a) 0,35, b) 0,14 und c) 0,05 ccm 0,2 n-KOH.

Versuch 5. 0,125 g der Probe IV, die durch ½stündiges Anteigen mit 0,20 ccm Kinaseauszug ausreichend aktiviert waren, bewirkten in 60 Minuten langer Einwirkung auf 10,0 ccm 3proz. Gelatine bei p_H 8,7 und 30° nach Zugabe von a) 1,0 ccm Wasser, b) 1,0 ccm Wasser + 20 mg, c) 1,0 ccm Wasser + 40 mg Gallensalz eine Aciditätszunahme von a) 1,55, b) 1,58, c) 1,59 ccm 0,2 n-KOH.

Die Zugabe von Kalksalz zu tryptischen Proteolysen, die in einer vorläufigen Bestimmungsweise von R. WILLSTÄTTER und E. WALDSCHMIDT-LEITZ[1] auf Grund der Angaben der Literatur[2] zum Zwecke ausgleichender Aktivierung für nötig erachtet wurde, erscheint nach den angeführten Versuchsergebnissen nicht mehr angebracht.

3. Ausführung der Bestimmung.

Im folgenden wird kurz das Verfahren beschrieben, nach welchem im allgemeinen in der vorliegenden Abhandlung die Bestimmung der Trypsinwirkung ausgeführt wurde und das sich als brauchbar und zuverlässig erwies. Eingehendere Untersuchungen über den Reaktionsverlauf der Enzymwirkung und über die Beziehungen zwischen Enzymmenge und Umsatz sollen an dieser Stelle nicht mitgeteilt werden, da es zweckmäßiger und einfacher schien, zur Messung der Enterokinase stets ihre Einwirkung auf die nämliche oder auf eine sehr ähnliche Trypsinmenge zu vergleichen und die Bestimmungsdauer konstant zu wählen.

Das zu bestimmende Trypsinpräparat (gewöhnlich 0,062 g, im allgemeinen zwischen 0,01 und 0,25 g getrocknete Drüse bzw. die daraus hervorgegangene Menge eines reineren Präparates) wird in ein kleines zylindrisches Standfläschchen mit [202] eingeschliffenem Stopfen eingewogen; nach der etwa erforderlichen Vorbehandlung (z. B. Kinaseeinwirkung) werden dann im Thermostaten von 30° 1,00 ccm n-Ammoniak-Ammonchlorid-Puffer von $p_H = 8,9$ bei 30° (bestehend aus 0,67 ccm n-NH_4Cl + 0,33 ccm n-NH_3) sowie 5,0 ccm einer 3proz., auf 30° angewärmten Gelatine- (bzw. Pepton-, Albumin-)lösung zugefügt; nach gutem Durchschütteln beläßt man das Gemisch im Thermostaten.

Die Wasserstoffzahl einer Gelatine-Puffer-Mischung dieser Zusammensetzung bei 30° wurde mittels der Indicatorenmethode zu $p_H = 8,7$ bestimmt. Die angewandte Gelatine war gewöhnliche „Gold-Gelatine" des Handels; die Bereitungsweise der

[1] Diese Zs. Bd. 125, S. 132, und zwar S. 159 [1922/23].

[2] Vgl. hierzu J. WOHLGEMUTH, Grundriß der Fermentmethoden, Berlin 1913, S. 192.

Lösungen (Anquellen in der Kälte und gelindes Erwärmen oder bis zu 1 Stunde langes Kochen) erwies sich in vergleichenden Versuchen als belanglos hinsichtlich ihrer Spaltbarkeit sowohl wie ihrer eigenen Acidität. Kontrollversuche erbrachten ferner den Nachweis, daß durch den angewandten Puffer während 1 Stunde weder die Gelatine angespalten war noch die Enzymwirkung von Drüse oder Glycerinauszug in meßbarer Weise beeinträchtigt wurde.

Nach Ablauf der Bestimmungszeit (gewöhnlich 60 Minuten) wird der Inhalt des Fläschchens mit dem 9fachen Volumen absoluten Alkohols in einen Erlenmeyerkolben übergespült und nach Zusatz von 0,5 ccm 0,5proz. alkoholischer Thymolphthaleinlösung auf je 100 ccm Flüssigkeit mit 90proz. alkoholischer 0,2n-Lauge unter kräftigem Umschwenken titriert. Der Endpunkt der Titration ist durch den ersten etwas graublauen Farbton gegeben und gut erkennbar; nach Zusatz von 3 weiteren Tropfen (etwa 0,05 ccm) der Normallösung wird dann die Farbe deutlich blau. Nach einigen Minuten langem Stehen pflegt die Indicatorfarbe infolge einer weiteren Hydrolyse der Proteinsubstanz durch den Laugeüberschuß wieder zu verschwinden.

Zu jeder Analyse ist eine Leerbestimmung auszuführen, deren Ansatz genau analog dem der Hauptbestimmung erfolgt und die unmittelbar zu Beginn der eigentlichen Bestimmungszeit, also nach der Zugabe des Substrats, aufgearbeitet wird; die der Enzymwirkung entsprechende Aciditätszunahme ergibt **[203]** sich dann aus der Differenz der beiden Titrationen. Dient Gelatine als Substrat, so empfiehlt es sich, dem Analysengemisch vor dem Verdünnen mit Alkohol etwas Chlorcalciumlösung, z. B. 0,50 ccm mit 20 mg $CaCl_2$, zuzusetzen; man vermeidet so, daß unangegriffene Gelatine sich bei der Ausflockung durch den Alkohol zu größeren klumpigen Aggregaten zusammenballt und dadurch der Titration entgeht; offenbar bildet sich eine Additionsverbindung der Gelatine mit dem Erdalkalisalz[1] unter Änderung der Löslichkeit oder des Dispersitätsgrades. Ist die Gelatine auch nur wenig anhydrolysiert, so tritt Klumpenbildung in alkoholischer Suspension nicht mehr ein; überhaupt erlaubt die Menge und die Beschaffenheit der auf Alkoholzusatz entstehenden Fällung dem geübten Beobachter schon eine Schätzung der erfolgten Hydrolyse.

Der mögliche Fehler einer Titration ist auf $\pm 0{,}04$ ccm $^{n}/_{5}$-Lauge zu schätzen, entsprechend ungefähr ± 2 Tropfen der alkoholischen Lösung. Innerhalb dieser Fehlergrenzen ist die Übereinstimmung der Analysen befriedigend; ein Beispiel hierfür, das nicht zu den besten zählt, sei hier angeführt, da es zugleich die relative Geschwindigkeit der Hydrolyse von drei verschiedenen Substraten — Albumin, Gelatine und Pepton — durch Trypsin veranschaulicht.

0,062 g der Pankreasprobe IV, durch $^{1}/_{2}$stündige Einwirkung von 0,10 ccm Kinaselösung $+1{,}0$ ccm Wasser aktiviert, ließ man nach Zugabe von 1,00 ccm n-Ammoniakpuffer von p_H 8,7 während 1 Stunde bei 30° einwirken auf a) und b) 5,0 ccm 3proz.

[1] Vgl. T. B. Robertson, „Über die Verbindungen der Proteine mit anorganischen Substanzen", Ergebnisse der Physiol. Bd. 10, S. 216 [1910]; ferner P. Pfeiffer und J. v. Modelski, Diese Zs. Bd. 81, S. 329 [1912] und Bd. 85, S. 1 [1913]; P. Pfeiffer und F. Wittka, Chem. Ber. Bd. 48, S. 1289 [1915]; P. Pfeiffer, ebenda Bd. 48, S. 1938 [1915].

Gelatinelösung, c) 5,0 ccm einer 3proz. Lösung von Eieralbumin (KAHLBAUM), d) und e) 5,0 ccm einer 3proz. Lösung von „Pepton ex albumine (MERCK)"; der gemessene Zuwachs an Acidität entsprach dann a) 1,21, b) 1,26, c) 0,17, d) 1,54 und e) 1,51 ccm 0,2n-KOH.

[204]

II. Über die Einwirkung der Enterokinase auf Trypsin.

1. Kinaselösungen aus der Darmschleimhaut.

Die Verfahren der Literatur[1] zur Bereitung von Kinaselösungen aus der Darmwand beschränken sich auf die Extraktion der frisch abgeschabten rohen Schleimhaut des Dünndarms mit wäßrigen oder glycerinhaltigen Reagenzien. Es schien für die Zwecke der vorliegenden Untersuchung geeigneter, die kinasehaltige Substanz zuvor in eine wirksame und haltbare Trockenform überzuführen und so größere Mengen einheitlichen Ausgangsmaterials zu gewinnen. Das angewandte Verfahren lehnt sich eng an das von R. WILLSTÄTTER und E. WALDSCHMIDT-LEITZ[2] für die Trocknung der Pankreasdrüse mittels Aceton beschriebene an.

Aus 685 m Schweinedarm vom obersten Abschnitt des Dünndarms ebenso vieler Tiere schabte man die innerste weiche Schleimhaut mit dem Messer so vorsichtig ab, daß sie möglichst frei von Bindegewebe und Muskelfasern war, und erhielt so insgesamt 7,16 kg; diese wurden darauf in 5 Flaschen mit im ganzen 21 l Aceton gut durchgeschüttelt und nach zweistündigem Stehen filtriert; der Filterrückstand wurde dann weiter durch Anschütteln in den Flaschen und Filtrieren wie zuvor mit 21 l Aceton, darauf 10,5 l Aceton + 10,5 l Äther und zuletzt zweimal mit je 21 l Äther gewaschen und auf Filtrierpapier an der Luft getrocknet. Man erhielt so 1,05 kg eines feinen, farblosen Pulvers, das sich nach dem Mahlen in einer Schlagmühle mittels eines engmaschigen Siebes noch von geringen Mengen beigemischter Fasersubstanz befreien ließ; die Ausbeute bestand in 950 g staubfeinen Materials.

0,7 mg dieses Pulvers erteilten 0,062 g der Drüsenprobe XIV tryptische Wirkung entsprechend einer Aciditätszunahme von 0,76 ccm 0,2 n-KOH und einem Gehalt der Analysenprobe von 0,75 k. e. (Über die Ausführung der Kinasebestimmung vgl. Kap. IV, Abschnitt 1).

0,036 g des Pulvers wurden zur Bestimmung auf Erepsin mit 5,0 ccm 3proz. Lösung von „Pepton ex albumine (MERCK)" und 1,00 ccm [205] n-Ammoniakpuffer ($p_H = 8,7$) während 1 Stunde der Spaltung bei 30° überlassen; die Aciditätszunahme betrug dann 0,21 ccm 0,2 n-KOH.

Bei einem beträchtlichen Gehalt an Enterokinase wird die peptolytische Wirkung des Darmpulvers nur unerheblich gefunden.

Es zeigte sich nun in vergleichenden Extraktionsversuchen mit verdünnter Säure, verdünntem Alkali und mit Glycerin, daß die Kinase sich der Trockensubstanz in befriedigender Ausbeute nur mit alkalischen Mitteln entziehen läßt, während sie bei den übrigen Verfahren größtenteils darin zurückbleibt; hingegen findet sich die ereptische Wirkung in gleichem Ausmaße im sauren und alkalischen wie im Glycerinauszug.

[1] Vgl. z. B. H. M. VERNON, Jl. of Physiol. Bd. 28, S. 375 [1902]; ferner W. M. BAYLISS und E. H. STRALING, ebenda Bd. 30, S. 61 [1903].

[2] Diese Zs. Bd. 125, S. 132, und zwar S. 148 [1922/23].

Versuch 1. 4,0 g des Darmpulvers wurden a) mit 225 ccm n/25-Essigsäure, b) mit 225 ccm n/25-Ammoniak und c) mit 225 ccm 87proz. Glycerin angeschüttelt und 40 Stunden bei 30° belassen.

0,02 ccm des filtrierten Auszuges erteilten 0,062 g der Drüsenprobe XIV tryptische Wirkung entsprechend einer Aciditätszunahme von a) 0,24, b) 0,51 und c) 0,20 ccm 0,2 n-KOH und einem Gehalt von a) 0,05, b) 0,32 und c) 0,03 k. e. Daraus berechnet sich eine Kinaseausbeute im Auszug von a) 14, b) 84, c) 8%.

2,00 ccm des Auszugs (entspr. 0,036 g Pulver) gaben mit 5,0 ccm 3proz. Pepton bei p_H 8,7 (1,00 ccm n-Ammoniakpuffer) und 30° in 1 Stunde Aciditätszunahme entspr. a) 0,20, b) 0,26 und c) 0,22 ccm 0,2 n-KOH.

Die Ergebnisse dieses Versuches führen zu einem einfachen Verfahren der Trennung von Kinase und Erepsin; aus dem Rückstande sowohl der sauren wie der Glycerinextraktion läßt sich nämlich durch Behandlung mit verdünntem Ammoniak die Kinase frei von ereptischer Wirkung gewinnen, im ersteren Falle in mäßiger, im letzteren in guter Ausbeute.

Versuch 2. Den gesammelten Extraktionsrückstand des Versuches 1, a beließ man nach nochmaliger Waschung mittels 50 ccm n/25-Essigsäure mit 225 ccm n/25-Ammoniak während 24 Stunden bei 30°.

0,02 ccm vom filtrierten Auszug erteilten 0,062 g der Drüsenprobe XIV tryptische Wirkung entspr. einer Aciditätszunahme von 0,34 ccm 0,2 n-KOH oder 0,15 k. e.; die Ausbeute an Kinase betrug also 46% von der im Rückstand verbliebenen Menge.

Nach 1stündiger Einwirkung von 2,00 ccm des Auszugs auf 5,0 ccm 3proz. Pepton bei 30° und p_H 8,7 (1,00 ccm n-Ammoniakpuffer) war keine meßbare Aciditätszunahme eingetreten.

[206] Versuch 3. Der Extraktionsrückstand von Versuch 1, c wurde mit 50 ccm 20proz. Glycerin nachgewaschen und darauf 20 Stunden mit 225 ccm n/25-Ammoniak bei 30° behandelt.

0,02 ccm der filtrierten Lösung erteilten 0,062 g der Drüsenprobe XIV tryptische Wirkung entspr. einer Aciditätszunahme von 0,52 ccm 0,2 n-KOH. Der Gehalt der Analysenprobe war also 0,33 k. e. und die Ausbeute betrug 94% der Kinasemenge des Rückstands.

2,00 ccm des Auszugs gaben mit 5,0 ccm 3proz. Pepton in 60 Minuten bei 30° und p_H 8,7 Aciditätszunahme entspr. 0,04 ccm 0,2 n-KOH.

So bereiteten Kinaseauszug findet man, wie vor der Abtrennung des Erepsins, auch wirkungslos gegenüber Gelatine oder Eieralbumin:

Versuch 4. 2,00 ccm des Auszugs von Versuch 3 bewirkten in 1stündiger Einwirkung bei 30° und p_H 8,7 auf a) 5,0 ccm 3proz. Gelatine, b) 5,0 ccm einer 3proz. Lösung von Eieralbumin (KAHLBAUM) keinen meßbaren Aciditätszuwachs.

2. Über den zeitlichen Verlauf der Trypsinaktivierung.

Daß bei der Aktivierung des Trypsins durch den Darmsaft die Dauer der Einwirkung eine beachtenswerte Rolle spielte, wurde bereits in den ersten Arbeiten der PAWLOWschen Schule erkannt[1] und ist seitdem fast durch alle Untersuchungen, die dieser Frage gewidmet waren, bestätigt worden[2]. Bei der grundlegenden Bedeutung, die dieser Frage für Verständnis und Beurteilung des Wesens der Kinasewirkung zukommt, war es erforderlich, ihre zeitliche Abhängigkeit mit Hilfe einer exakten Bestimmungsmethode erneut zu untersuchen und ihre Grundlagen sicherzustellen. Die Untersuchung wurde so durchgeführt, daß man verschiedene Mengen wäßrig-ammoniakalischen Kinaseauszugs ohne Pufferzusatz, also in annähernd neutralem Milieu,

[1] Vgl. dazu J. P. PAWLOW, Die Arbeit der Verdauungsdrüsen, Wiesbaden 1900.

[2] Siehe die betreffenden Literaturangaben in Abschnitt I des theoretischen Teils dieser Abhandlung.

mit Wasser auf 2 ccm verdünnt wechselnde Zeiten auf die nämliche Menge getrockneter Drüse bei 30° einwirken ließ; dann führte man die Bestimmung der tryptischen Wirkung aus, wie in Kapitel I, Abschnitt 3, beschrieben. Die Ergebnisse der [207] Versuche an drei verschiedenen Drüsenproben sind nachstehend zusammengestellt; die Angaben der Tabellen entsprechen den Aciditätszunahmen in ccm 0,2n-Lauge.

Tabelle 2.
Zeitlicher Verlauf der Aktivierung bei Pankreasprobe IV.
(0,125 g Drüse; Kinaseauszug I.)

Einwirkungszeit Min.	Angewandte Kinasemenge in ccm			
	0,00	0,02	0,10	1,00
0	0,62	0,74	0,96	1,25
30	0,63	1,04	1,21	1,64
60	0,60	1,05	1,20	1,65
150	0,65	1,07	1,06	—
300	0,65	0,94	0,87	—

Tabelle 3.
Zeitlicher Verlauf der Aktivierung bei Pankreasprobe VI.
(0,125 g Drüse; Kinaseauszug II.)

Einwirkungszeit Min.	Angewandte Kinasemenge in ccm				
	0,00	0,02	0,06	0,10	0,20
0	0,11	0,26	0,69	—	1,27
10	—	0,45	0,94	1,03	1,58
30	—	0,56	1,00	1,36	1,69
60	—	0,58	1,01	1,40	1,65
120	0,08	—	1,03	—	—

Tabelle 4.
Zeitlicher Verlauf der Aktivierung bei Pankreasprobe VII.
(0,062 g Drüse; Kinaseauszug III.)

Einwirkungszeit Min.	Angewandte Kinasemenge in ccm		
	0,00	0,03	1,00
0	0,14	0,48	0,94
10	—	0,66	—
20	—	0,77	—
30	0,12	0,96; 0,96	1,16
60	—	0,96	—

[208] Die Betrachtung der drei Tabellen läßt übereinstimmend eine für die zeitliche Abhängigkeit der Kinasewirkung charakteristische Tatsache erkennen: Jeder Kinasemenge entspricht eine bestimmte maximale Aktivierungsleistung und die Kinase erreicht unabhängig von ihrer Menge die dieser entsprechende Höchstleistung stets nach einer kurzen Einwirkungsdauer von etwa 30 Minuten. Diese Befunde sind mit der Auffassung der Aktivierung als enzymatischem Prozeß unvereinbar, sie lassen sich nur mit der Annahme einer reinen Aktivatorwirkung erklären. Der Aktivierungsvorgang setzt mit ziemlich großer Geschwindigkeit ein, um dann, bald langsamer werdend, seinem Ende zuzustreben; anscheinend wird die Aktivierung durch Zugabe

des Substrates unterbrochen oder doch stark gehemmt, da sonst die Unterschiede zwischen den Spaltungen z. B. nach 0 und 30 Minuten langer Einwirkung mit steigenden Kinasemengen stärker abnehmen sollten. Bei sehr langer Kinaseeinwirkung läßt die Enzymwirkung, wie aus Tab. 2 hervorgeht, eine deutliche Abnahme erkennen, vielleicht infolge geringerer Beständigkeit des aktivierten Enzyms; für die Messung der Leistung einer bestimmten Kinasemenge genügt eine halbstündige Einwirkungszeit.

3. Das Verhältnis von Kinase zu Trypsin bei maximaler Aktivierung.

Schon J. HAMBURGER und E. HEKMA[1] haben das Bestehen stöchiometrischer Beziehungen zwischen Aktivator und Enzym angenommen; sie verwarfen die enzymatische Erklärung der Aktivierung und schlugen vor, den Aktivator des Darmsaftes „Zymolysin“ zu benennen. Auch A. DASTRE und H. STASSANO[2] gelangten zu dem Ergebnis, daß für die optimale Aktivierung bestimmte Kinasemengen erforderlich seien. Die referierende Literatur hat ihren Resultaten keine Beweiskraft zuerkannt, zumal sie das Moment der zeitlichen Abhängigkeit der Kinasewirkung unberücksichtigt ließen.

Die Erkenntnis von der Begrenztheit dieser Abhängigkeit machte eine erneute Untersuchung dieser Beziehungen **[209]** erforderlich. Es wurden steigende Mengen Kinase in ihrer Einwirkung auf wechselnde Enzymmengen unter den Bedingungen maximaler Leistung ($^1/_2$ stündiger Einwirkungsdauer bei 30° und neutraler Reaktion) verglichen und die zur Höchstaktivierung eben hinreichenden Aktivatormengen bestimmt. Unter diesen Bedingungen besteht, wie die Betrachtung der nachstehenden Tabellen zeigt, bei einem untersuchten Verhältnis der Enzymmengen wie 1:4 Proportionalität zwischen den Mengen von Kinase und Trypsin. Die Versuche der Tab. 5 und 6 sind mit dem nämlichen Kinaseauszug und zwei nach der Darstellungsweise verschiedenen Drüsenproben angestellt; die Angaben entsprechen den Aciditätszunahmen bei der gebräuchlichen Bestimmungsweise (s. Kap. I, Abschnitt 3) in ccm 0,2 n-Lauge.

Tabelle 5.
Höchstaktivierung bei Pankreasprobe IV.
(Kinase mit Wasser auf 2,0 ccm verdünnt.

Kinaselösung	Drüse (g)		
ccm	0,062	0,125	0,250
0,00	0,42	0,86	1,78
0,01	0,91	1,11	1,92
0,02	**1,05**	1,32	2,16
0,03	—	1,46	—
0,04	1,02	**1,55**	2,38
0,05		1,56	—
0,06		—	2,49
0,08		—	**2,64**
0,10		1,55	2,63
0,20		1,54	2,66

[1] Journal de Physiol. et Pathol. gén. Bd. 4, S. 805 [1902].
[2] Archives internat. de Physiologie Bd. 1, S. 86 [1904].

Die alten Angaben von HAMBURGER und HEKMA über stöchiometrische Beziehungen zwischen Kinase und Trypsin bestätigen sich also; sie gelten indessen nur für ein und dasselbe Drüsenmaterial. Wie ein Vergleich der beiden Tabellen lehrt, können der Gang der Aktivierung wie die zur Höchstaktivierung der nämlichen Enzymmenge erforderlichen Mengen Aktivator je nach der Darstellung der Enzymprobe beträchtlich [210] differieren. Auf diese Erscheinung, die auf einen wechselnden Gehalt der Drüsensubstanz an aktivierungshemmenden Stoffen zurückzuführen ist, soll im folgenden Abschnitt dieses Kapitels ausführlicher eingegangen werden; sie läßt sich, wie aus den im III. Kapitel dieser Abhandlung mitgeteilten Versuchsergebnissen hervorgeht, an frischem Drüsenmaterial experimentell reproduzieren.

Tabelle 6.
Höchstaktivierung bei Pankreasprobe V.
(Kinase mit Wasser auf 2,0 ccm verdünnt.)

Kinaselösung ccm	Drüse (g) 0,062	0,125	0,250
0,00	0,06	0,10	0,16
0,02	0,39	—	—
0,03	0,56	—	—
0,04	0,83	0,63	—
0,05	1,07	0,94	—
0,06	1,18	1,13	1,19
0,07	1,25	—	—
0,08	**1,31**	1,51	—
0,10	1,30	—	—
0,12	1,30	1,74	2,08
0,14		1,84	—
0,16		**1,98**	2,66
0,18		1,96	—
0,28			3,00
0,32			**3,10**
0,36			3,09

Ein weiteres Beispiel mit einer Drüsenprobe von verhältnismäßig geringem Gehalt an Hemmungsstoffen sei hier angeführt, da bei ihm die zur Höchstaktivierung

Tabelle 7.
Höchstaktivierung bei Pankreasprobe VIII.
(0,062 g; Kinaselösung der Tabelle 5 und 6, mit Wasser auf 2,0 ccm verdünnt; 1/2stündige Einwirkung bei 30°.)

Kinaselösung ccm	Aciditätszunahme ccm 0,2 n-KOH
0,00	0
0,010	0,61
0,020	0,90; 0,91
0,022	0,93
0,024	1,05
0,026	1,10
0,030	1,09
0,040	1,10
0,050	1,08

erforderliche Kinasemenge genauer ermittelt wurde. Sie betrug 0,026 ccm vom Kinaseauszug entsprechend etwa 0,4 mg des trockenen Darmpulvers für eine Drüsenmenge von 62 mg; die Gewichtsmengen der beiden Rohpräparate standen also im Verhältnis von 1:150, ein Hinweis vielleicht auf den hohen Kinasegehalt des einen oder die Enzymarmut des andern Materials.

[211] Auch die peptonspaltende Wirkung der Pankreasdrüse wird, wie es schon G. SCHAEFFER und E. F. TERROINE[1] sowie J. WOHLGEMUTH[2] für ihr Sekret angegeben

Tabelle 8.
Höchstaktivierung für Gelatine- und Peptonspaltung.
(0,062 g Drüse; Kinase mit Wasser auf 2,0 ccm verdünnt; 30°, 30 Minuten Einwirkung; Angaben in ccm 0,2 n-KOH.)

Kinaselösung ccm	Wirkung auf Gelatine	Wirkung auf Pepton
0,00	0,09	0,51
0,01	0,46	—
0,02	0,58	1,16
0,03	0,71	1,32
0,04	0,81	1,40
0,05	0,97	**1,48**[3]
0,06	1,04	1,49
0,07	**1,12**	1,49
0,10	1,14	1,50

haben, durch [212] Enterokinase verstärkt. In vergleichenden Versuchsreihen mit Gelatine und Pepton wurden die in beiden Fällen zur Erzielung maximaler Aktivierung erforderlichen Kinasemengen für ein und dieselbe Pankreasprobe (Nr. IX) bestimmt: sie erwiesen sich als nicht identisch. Als Substrat dienten je 5,0 ccm einer 3proz. Lösung von Gelatine bzw. „Pepton ex albumine (MERCK)"; die Bestimmung wurde in 1 Stunde bei 30° und p_H 8,7 (1,00 ccm n-Ammoniakpuffer) ausgeführt.

Die jeweils zur Höchstleistung nötigen Kinasemengen entsprechen 0,07 und 0,05 ccm der angewandten Lösung (vgl. Tab. 8). Der Versuch bestätigt zugleich bei der Drüse den Befund der oben angeführten Autoren, daß das gegenüber Gelatine inaktive Enzym beträchtliche peptolytische Wirksamkeit besitzt. Dieses Ergebnis nötigt indessen nicht zu der Annahme eines besonderen ereptischen Enzyms in der Pankreasdrüse; die von G. SCHAEFFER und E. F. TERROINE[1]) vertretene Auffassung, daß die Notwendigkeit der Aktivierung durch Kinase durch die Konstitution des jeweiligen Substrates bedingt ist, dürfte dahin zu vertiefen sein, daß es sich in allen Fällen um die Wirkung ein und desselben Enzyms handelt, welches den Aktivator nur in gewissen Fällen benötigt, während diese Forscher von der Existenz zweier verschiedener Fermente ausgehen. Im vorliegenden Fall wirkt dann die Kinase nur

[1] Journ. de Physiol. et Pathol. gén. Bd. 12, S. 884 und S. 905 [1910]; vgl. auch H. M. VERNON, J. of Physiol. Bd. 30, S. 330 [1904].
[2] Biochem. Zs. Bd. 39, S. 302 [1912].
[3] In 2 Stunden Spaltung entspr. 1,93 ccm 0,2 n-KOH.
[1]) Journ. de Physiol. et Pathol. gén. Bd. 12, S. 905 [1910].

auf eine Teilreaktion der Peptonspaltung aktivierend, während andere Reaktionsstufen, wie nach SCHAEFFER und TERROINE die Spaltung einfacher Peptide, unbeeinflußt bleiben.

4. Hemmungserscheinungen.

a) Einfluß von Alkoholen.

Hemmungskörper der Kinasewirkung sind von mehreren Forschern beobachtet worden, sie sollen nach C. DÉLEZENNE[2] und nach W. M. BAYLISS und E. H. STARLING[3] vornehmlich im tierischen Serum enthalten sein; man hat sie unter dem Namen „Antikinasen" zusammengefaßt, ohne über ihre Natur etwas **[213]** Näheres auszusagen. E. HEKMA[1]) hat auch auf eine hemmende Wirkung von Glycerin für die „spontane" Aktivierung von Pankreasextrakten aufmerksam gemacht. In der Tat findet man einen stark hemmenden Einfluß dieses Alkohols, und noch ausgeprägter von Äthylenglykol, auf die Aktivierungsleistung der Enterokinase, während z. B. Mannit oder einfacher Äthylalkohol ohne Wirkung bleibt. Dabei ist zu beachten, daß sich diese Erscheinung nur dann bemerken läßt, wenn der Alkohol zeitlich vor der Enterokinase oder aber gemischt mit dieser zur Einwirkung gelangt; es handelt sich also um eine ausgesprochene Beeinträchtigung der Kinasewirkung selbst, während die Gegenwart des Alkohols nach erfolgter Aktivierung, also für die Wirkung des Trypsins, ohne Einfluß gefunden wird. Mit steigender Konzentration z. B. an Glycerin nimmt die Hemmung zu.

Versuch 1. 0,062 g der Pankreasprobe X bewirkten unter den üblichen Bedingungen der Bestimmung (vgl. Kap. I, Abschnitt 3) a) ohne Aktivierung, b) nach Aktivierung mit 0,03 ccm Kinaselösung eine Aciditätszunahme entspr. a) 0,11 b) 0,91 ccm 0,2 n-KOH. Man behandelte sie bei 30° a) 30 Minuten mit 0,03 ccm des Kinaseauszugs in 1 ccm H_2O, darauf ebensolange mit 1,0 ccm 87proz. Glycerin, b) 30 Minuten mit 1,0 ccm 87proz. Glycerin, darauf ebensolange mit 0,03 ccm Kinaselösung in 1,0 ccm H_2O, c) 30 Minuten mit einer $^1/_2$ Stunde zuvor bereiteten Mischung von 0,03 ccm Kinaselösung, 1,0 ccm 87proz. Glycerin und 1,0 ccm Wasser, d) 30 Minuten mit 1,0 ccm 5proz. Glycerin, sodann ebensolange mit 0,03 ccm Kinaselösung in 1,0 ccm H_2O, e) 30 Minuten mit 1,0 ccm 87proz. Glycerin, darauf eine gleiche Zeit mit 0,15 ccm vom Aktivator in 1,0 ccm H_2O, f) 16 Stunden lang mit 1,0 ccm 87proz. Glycerin, darauf 30 Minuten mit 0,03 ccm Kinase in 1,0 ccm H_2O und endlich g) 30 Minuten mit 1,0 ccm Äthylenglykol und ebensolange mit 0,03 ccm Kinaseauszug in 1,0 ccm H_2O, und bestimmte dann die tryptische Wirkung; sie entsprach einer Aciditätszunahme von a) 0,90, b) 0,59, c) 0,57, d) 0,69, e) 1,08, f) 0,54 und g) 0,34 ccm 0,2 n-KOH.

Versuch 2. 0,062 g der Pankreasprobe VII bewirkten a) ohne Aktivierung, b) nach $^1/_2$stündiger Aktivierung durch 0,03 ccm des Kinaseauszugs von Versuch 1 Aciditätszunahme entspr. a) 0,14, b) 0,96 ccm 0,2 n-KOH. Auf diese ließ man bei 30° a) 1,0 ccm 10proz. Äthylalkohol während 30 Minuten, sodann eine gleiche Zeit 0,03 ccm der **[214]** Kinaselösung in 1,0 ccm H_2O, b) 4 Stunden lang 1,0 ccm einer 10proz. Lösung von Mannit, darauf 30 Minuten lang 0,03 ccm vom Kinaseauszug in 1,0 ccm H_2O einwirken; die Bestimmung der tryptischen Wirkung ergab dann eine Aciditätszunahme von a) 0,92, b) 0,98 ccm 0,2 n-KOH.

Wie aus Versuch 1, e hervorgeht, läßt sich die durch Glycerin bewirkte Hemmung mittels einer größeren Kinasemenge überwinden, der erhaltene Wert entspricht dem Höchstwert der Drüse. Dieser Befund verleiht der Annahme Berechtigung, daß

[2] C. R. Soc. Biol. Bd. 55, S. 132 [1903]. [3] J. of Physiol. Bd. 32, S. 129 [1905].

[1]) Journ. de Physiol. et Pathol. gén. Bd. 6, S. 25 [1904].

die bei Glycerin und Glykol beobachteten Hemmungserscheinungen auf der Bildung von Additionsverbindungen aus Kinase und Alkohol beruhen, deren aktivierende Eigenschaft im Vergleich mit der der Kinase abgeschwächt erscheint; diese Additionsprodukte wären dann als stark dissoziierbar zu denken und demnach als abhängig von der Alkoholkonzentration (Versuch 1, d).

b) Einfluß von Drüseninhaltsstoffen.

Auf die Bedeutung der von der Drüse selbst hervorgebrachten Hemmungsstoffe und auf den Einfluß der Vorgeschichte des Enzymmaterials für den Gang der Kinaseaktivierung ist bereits im vorhergehenden Abschnitt dieses Kapitels hingewiesen worden; sie sollen hier noch durch einige Belege veranschaulicht werden, weiteres Beweismaterial findet sich in den im III. Kapitel dieser Abhandlung mitgeteilten Versuchsergebnissen. In den nachstehend beschriebenen Fällen handelt es sich stets um die Aktivierung von frischem, tryptisch nahezu inaktivem Drüsenpulver verschiedener Herkunft durch das nämliche Kinasepräparat; sie vollzog sich bei 30° und neutraler Reaktion in 30 Minuten; dann maß man die Trypsinwirkung [215] einer

Tabelle 9.
Aktivierung frischer Pankreasdrüsen.
(0,062 g; Kinaseauszug I, mit Wasser auf je 2,0 ccm verdünnt.)

Kinase (ccm)	Probe VIII	Probe X	Probe XI
0,00	0	0,11	0,19
0,02	0,91	0,78	0,78
0,10	1,10; 1,13	1,12	1,09

Tabelle 10.
Gang der Aktivierung frischer Pankreasdrüsen.
(0,062 g; Kinaseauszug II, mit Wasser auf je 2,0 ccm verdünnt.)

Kinase (ccm)	Probe IX	Probe XII	Probe XIV
0,00	0,09	0,14	0,19
0,02	0,58	0,46	0,52
0,04	0,81	0,59	0,71
0,06	1,04	0,67	0,90
0,07	1,12	—	—
0,08	—	0,78	1,04
0,10	1,10	0,93	1,11

Stunde nach dem üblichen Verfahren. Die Versuche sind in die oben stehenden Tab. 9 und 10 eingeordnet, deren Angaben die Aciditätszunahmen in ccm 0,2n-Lauge ausdrücken.

5. Abhängigkeit der Aktivierung von der Reaktion.

Bereits N. P. SCHEPOWALNIKOW[1] hatte beobachtet, daß die Aktivierung durch Enterokinase auch bei saurer und bei alkalischer Reaktion stattfand und daß sie am

[1] Inaug.-Diss. St. Petersburg 1899; refer. in R. Malys Jahresbericht über die Fortschritte der Tierchemie Bd. 29, S. 378 [1899].

raschesten in neutralem Medium verlief; H. M. VERNON[2] sowie E. HEKMA[3] fanden seine Angaben bestätigt. Nach J. MELLANBY und V. J. WOOLLEY[4] wird die Kinase bei Zimmertemperatur schon durch $^{n}/_{100}$-Salzsäure sofort zerstört, während Alkali nur die Aktivierung verzögern soll. In der Tat findet man nach einer gleichen, ungenügenden Einwirkungszeit die Aktivierung neutral am höchsten.

Versuch 1. 0,125 g der Pankreasprobe IV teigte man mit 0,04 ccm wäßrig-ammoniakalischem Kinaseauszug, mit Wasser auf 1,0 ccm verdünnt, und a) 0,50 ccm n-Acetatpuffer von $p_H = 5,3$ (0,10 ccm n-Essigsäure + 0,40 ccm n-K-acetat), b) ohne weiteren Zusatz und c) mit 0,50 ccm n-Ammoniakpuffer von $p_H = 8,9$ bei 30° (0,17 ccm $n\text{-}NH_3$ + 0,33 ccm $n\text{-}NH_4Cl$) an und beließ das Gemisch 10 Minuten bei 30°. Nunmehr erfolgte die Messung der tryptischen Wirkung während 60 Minuten **[216]** bei 30° auf 5,0 ccm 3proz. Gelatine nach Zusatz von a) 2,00 ccm n-Ammoniakpuffer von p_H 8,9 (1,33 ccm $n\text{-}NH_4Cl$ + 0,67 ccm $n\text{-}NH_3$), b) 2,00 ccm n-Ammoniakpuffer von p_H 8,9 + 0,50 ccm n-Acetatpuffer von p_H 5,3, c) 1,50 ccm n-Ammoniakpuffer von p_H 8,9 (1,00 ccm $n\text{-}NH_4Cl$ + 0,50 ccm $n\text{-}NH_3$) + 0,50 ccm n-Acetatpuffer von p_H 5,3; die Aciditätszunahme betrug a) 1,08, b) 1,20 und c) 0,91 ccm 0,2 n-KOH.

Bei längerer Einwirkungsdauer verschwindet indessen, wie die folgende Tab. 11 zeigt, der Unterschied im Aktivierungsgrad in neutralem und saurem Mittel, während bei alkalischer Reaktion die Aktivierungsleistung nicht mehr gesteigert wird; die Ursache hierfür ist in der größeren Unbeständigkeit des aktivierten Enzyms zu suchen, das in alkalischer Lösung bei Abwesenheit von Substrat rascher Zerstörung unterliegt (siehe nachstehenden Versuch 2). Die Anordnung der in Tab. 11 zusammengestellten Versuche entsprach der im Versuch 1 beschriebenen; die angewandte Kinasemenge war zur Höchstaktivierung der Drüse nicht ausreichend, diese war für die gewählte Enzymmenge durch einen Aciditätszuwachs von 1,16 ccm 0,2n-Lauge ausgedrückt; die Angaben der Tabelle bedeuten ebenfalls ccm 0,2n-KOH.

Tabelle 11.
Abhängigkeit der Aktivierung vom p_H.
(0,062 g der Pankreasprobe VII; 0,03 ccm Kinaselösung, mit 1,0 ccm H_2O verdünnt.)

Einwirkungszeit	p_H der Einwirkung		
Min.	5,3	7	8,9
30	0,78	0,99; 0,96	0,68
60	1,02	0,98	0,69
90	0,98	0,97	0,60

Versuch 2. 0,125 g der Pankreasprobe IV überließ man wechselnde Zeiten der Einwirkung von 0,10 ccm Kinaselösung + 0,90 ccm H_2O unter Zusatz von 1,00 ccm n-Ammoniakpuffer von $p_H = 8,9$ (0,67 ccm $n\text{-}NH_4Cl$ + 0,33 ccm $n\text{-}NH_3$) bei 30° und bestimmte dann ihre Wirkung auf 5,0 ccm 3proz. Gelatine in 30 Minuten bei 30°; sie entsprach bei einer Einwirkungsdauer von a) 30, b) 60, c) 120 Minuten einer Aciditätszunahme von a) 1,12, b) 0,85 und c) 0,72 ccm 0,2 n-KOH.

[217] Auch die Abhängigkeit der Aktivierungsgeschwindigkeit vom p_H und das Bestehen einer für die Aktivierung optimalen Reaktion bilden entgegen der Anschauung mancher Autoren kein sicheres Kriterium für das Vorliegen eines enzymatischen

[2] Jl. of Physiol. Bd. 28, S. 375 [1902].
[3] Jl. de Physiol. et Pathol. gén. Bd. 6, S. 25 [1904].
[4] Jl. of Physiol. Bd. 45, S. 370 [1912/13] und Bd. 47, S. 339 [1913/14].

Prozesses; in den Untersuchungen über Pankreaslipase[1] hat sich gezeigt, daß eine Reihe von Stoffen gleichzeitig je nach der Wasserstoffzahl aktivierend und hemmend wirken können. Der Befund, daß einer bestimmten Kinasemenge auch bei verschiedener Reaktion und ungleicher Aktivierungsgeschwindigkeit eine gleich große, aber unvollständige Aktivierungsleistung zukommt, erbringt vielmehr eine weitere wichtige Stütze für die Annahme einer reinen Aktivatorwirkung.

6. Zur Spezifität der Kinasewirkung.

Nach N. P. SCHEPOWALNIKOW[2] soll die Enterokinase auch aktivierende Wirkung auf das amylolytische und das lipatische Enzym der Pankreasdrüse besitzen; in späteren Untersuchungen des Pawlowschen Laboratoriums[3] konnte eine solche indessen nicht regelmäßig beobachtet werden; J. HAMBURGER und E. HEKMA[4] bestritten sie überhaupt. E. POZERSKI[5] fand den Aktivator der Pankreasamylase im Darmsaft im Gegensatz zur Enterokinase kochbeständig und unterschied ihn deshalb von dieser.

In den Versuchen mit Pankreasamylase, die nachstehend mitgeteilt werden, hat sich eine aktivierende Wirkung von stark kinasehaltigem, wäßrigem Extrakt der getrockneten Darmschleimhaut nicht gezeigt, auch nicht bei Abwesenheit von Chlorid[6]. **[218]** Die Messung der Amylasewirkung erfolgte nach dem von R. WILLSTÄTTER, E. WALDSCHMIDT-LEITZ und A. R. F. HESSE[1)] beschriebenen Verfahren mittels Hypojodit.

Versuch 1. 2,0 g der Pankreasprobe IX, die tryptisch nahezu wirkungslos befunden war, extrahierte man durch 1/2 stündiges Digerieren mit 32 ccm 0,01 n-Ammoniaklösung und Filtration. 0,004 ccm des Filtrats, sogleich geprüft, bildeten bei der Einwirkung auf 0,25 g Stärke bei $p_H = 8,0$ (eingestellt durch 10 ccm n/5-Phosphatpuffer) und 37° in 30 Minuten unter Zusatz von 1 ccm n/5-NaCl und a) 0,00, b) 0,01, c) 0,10 ccm ammoniakalischem Kinaseauszug reduzierenden Zucker entspr. a) 53,8, b) 54,2 und c) 56,6 mg Maltose.

Versuch 2. 0,004 ccm eines Glycerinauszugs der Pankreasprobe III bildeten unter den Bestimmungsbedingungen des Versuchs 1, und zwar bei Zusatz von a) 1 ccm H_2O, b) 1 ccm H_2O + 0,10 ccm Kinaselösung, c) 1 ccm n/5-NaCl und d) 1 ccm n/5-NaCl + 0,10 ccm Kinase in 30 Minuten reduzierenden Zucker entspr. a) 6,6, b) 8,9, c) 56,4 und d) 56,3 mg Maltose.

In Versuchen mit Pankreaslipase von tryptisch unwirksamem, frischem Drüsenmaterial, die Herr Dr. FR. MEMMEN im Laboratorium des Herrn Geh.-Rat Prof. Dr. R. WILLSTÄTTER hierselbst ausgeführt hat, erwies sich unter Bedingungen ausgleichender Aktivierung auch für dieses Enzym die Gegenwart der Enterokinase

---

[1] R. WILLSTÄTTER, E. WALDSCHMIDT-LEITZ und FR. MEMMEN, Diese Zs. Bd. 125, S. 93, und zwar S. 97 [1922/23].

[2] Inaug.-Diss. St. Petersburg 1899; refer. in R. Malys Jahresbericht über die Fortschritte der Tierchemie Bd. 29, S. 378 [1899].

[3] J. P. PAWLOW, Die Arbeit der Verdauungsdrüsen, Wiesbaden 1900.

[4] Jl. de Physiol. et Pathol. gén. Bd. 4, S. 805 [1902].

[5] C. R. Soc. Biol. Bd. 54, S. 965 [1902].

[6] Hingegen hat sich bei vergleichenden Bestimmungen, die Herr A. R. F. HESSE im hiesigen Laboratorium ausgeführt hat, bei der Prüfung eines ammoniakalischen Auszugs der rohen Schleimhaut, auch in Gegenwart einer optimalen Menge NaCl, im alkalischen Gebiet eine deutliche Steigerung der Amylasewirkung ergeben, vielleicht infolge eines geringen Gehalts an Gallensalz.

[1)] Diese Zs. Bd. 126, S. 143, und zwar S. 155 [1922/23] (*Abh. 90*).

als belanglos; die Angaben der Literatur über die Aktivierung der Lipase durch den Darmsaft dürften auf dessen Gehalt an Proteinsubstanz zurückzuführen sein[2].

III. Über die Bildung der Kinase in der Pankreasdrüse.

Daß die lebende Pankreasdrüse kein wirksames Trypsin enthielt und daß sich in der ausgeschnittenen Drüsensubstanz bei der Aufbewahrung oder unter dem Einfluß von Säure aktives Enzym bildete, war durch die Untersuchungen von R. HEIDENHAIN[3] erwiesen; die Richtigkeit seiner Angaben ist allerdings von W. M. BAYLISS und E. H. STARLING[4] bestritten worden. Man hat diese Erscheinung wie auch die bei [219] Enzymlösungen vielfach beobachtete „spontane" Aktivierung von der Wirkung der Enterokinase unterschieden und sie nie mit ihr verglichen. Das Handbuch von C. OPPENHEIMER[1]) bemerkt hierzu: „. . . Diese Angaben haben heute nach der Entdeckung der Enterokinase nur noch historisches Interesse. Sie beruhen sicher zum allergrößten Teil auf Bakterienwirkung." Vereinzelt steht die von J. MELLANBY und V. J. WOOLLEY[2]) anläßlich der Erklärung der Kalksalzwirkung ausgesprochene Annahme, daß das Pankreassekret immer Enterokinase enthalte.

Vergleichende Versuche über die bei der Autolyse frischer, roher Drüsensubstanz eintretenden Veränderungen erbrachten eine Bestätigung der alten Angaben HEIDENHAINS: Drüsen, die unmittelbar nach der Schlachtung der Tiere mittels des in der zweiten Abhandlung über Pankreasenzyme[3]) beschriebenen Verfahrens entfettet und getrocknet waren, fand man tryptisch völlig oder nahezu unwirksam und stark aktivierbar durch Kinase; wurden die Drüsen jedoch sich selbst überlassen, so trat schon nach wenigen Stunden deutliche Aktivität auf, die sich im Laufe der Aufbewahrung mehr und mehr steigerte, um nach etwa 2 bis 3 Tagen einen Höchstwert zu erreichen; dabei nahm die Aktivierbarkeit durch Kinase ständig ab und verschwand schließlich ganz. Gleichzeitig damit ging auch der erreichbare Höchstwert der tryptischen Aktivität beständig zurück; auch nahm die Drüsensubstanz bei längerer Aufbewahrung eine schleimige, die Trocknung erschwerende Beschaffenheit an, so daß die Versuche nur bis zu dreitägiger Autolyse ausgedehnt werden konnten. Die Versuchsanordnung war kurz folgende: 2,40 kg ganz frische, von Fett und Bindegewebe befreite Drüsen vom Schwein zerkleinerte man in der Fleischhackmaschine bis zu breiiger Konsistenz, vermischte sie mit etwas Thymolwasser und trocknete dann von dem bei Zimmertemperatur aufbewahrten Drüsenbrei nach Ablauf verschiedener Zeiten Portionen von 0,30 kg mittels Aceton und [220] Äther. Von dem getrockneten und feingepulverten Material verwandte man je 0,062 g zur Analyse nach $^1/_2$stündiger Behandlung mit

---

[2] Vgl. dazu R. WILLSTÄTTER, E. WALDSCHMIDT-LEITZ und FR. MEMMEN, Diese Zs. Bd. 125, S. 93, und zwar S. 106 [1922/23].

[3] Pflügers Arch. Bd. 10, S. 557 [1875]. [4] Jl. of Physiol. Bd. 30, S. 61 [1904].

[1]) Die Fermente, 4. Aufl., Bd. 1, S. 456 [1913].

[2]) Jl. of Physiol. Bd. 46, S. 159 [1913].

[3]) R. WILLSTÄTTER und E. WALDSCHMIDT-LEITZ, Diese Zs. Bd. 125, S. 132, und zwar S. 150 [1922/23].

2,0 ccm Wasser bzw. wechselnden Mengen Kinaselösung; die Resultate sind nachstehend tabellarisch zusammengestellt.

Tabelle 12.
Aktivierung bei der Autolyse roher Drüsen (Probe XV).
(Angaben in ccm 0,2 n-KOH.)

Dauer der Aufbewahrung	Aktivität mit Kinase (ccm)		
Stdn.	0,00	0,03	1,00
0	0,04	0,85	1,06
3	0,22	0,85	1,04
6	0,30	0,85	0,98
9	0,43	0,92	0,98
24	0,52	0,74	0,84
33	0,60	0,75	0,83
50	0,73	0,72	0,80
72	0,75	0,76	0,75

So zeigte auch ein größeres Sammelpräparat, die Pankreasprobe III der 2. Abhandlung[1], bei deren Gewinnung bereits autolytische Prozesse eingetreten waren[2], keine Aktivierbarkeit durch Kinase mehr.

Versuch 1. 0,125 g der Pankreasprobe III behandelte man während 30 Minuten bei 30° mit a) 2,0 ccm Wasser, b) 1,95 ccm H_2O + 0,05 ccm Kinaseauszug, c) 1,90 ccm H_2O + 0,10 ccm Kinase, d) 1,80 ccm H_2O + 0,20 ccm Kinase und maß dann die tryptische Wirkung unter den üblichen Bedingungen; sie entsprach einem Aciditätszuwachs von a) 1,18, b) 1,21, c) 1,17 und d) 1,20 ccm 0,2 n-KOH.

Desgleichen fand man einige Trypsinpräparate des Handels nicht mehr oder nur noch wenig aktivierbar durch Enterokinase.

Die tryptische Aktivität dieser gereinigten Enzympräparate der Technik war verhältnismäßig gering und sie erreichte nicht einmal die der nach unserem Verfahren dargestellten frisch [221] getrockneten Drüsenpulver. Für die Bereitung hochwertiger technischer Pankreatinpräparate dürfte es sich empfehlen, die Drüsensubstanz unter tunlichster Schonung des Enzyms in ganz frischem Zustand zu trocknen; sie wäre dann vor der Verwendung mit etwas Kinasematerial zu aktivieren.

Tabelle 13.
Aktivierbarkeit käuflicher Trypsinpräparate.
(Je 0,062 g; Kinase verdünnt auf 2,0 ccm; Angaben in ccm 2,0 n-KOH.

Präparat	Aktivität mit Kinase (ccm)		
	0,00	0,20	1,00
Trypsin-Merck	0,68	0,69	0,73
Pankreatin absol.-Merck . . .	0,56	0,76	0,78
Orthozym-Röhm u. Haas[1]) .	0,77	0,80	0,81

[1] Diese Zs. Bd. 125, S. 132, und zwar S. 151 [1922/23].
[2] Vgl. die 2. Abhandlung, und zwar S. 156/57.
[1]) Das Präparat verdankte man der Freundlichkeit des Herrn Dr. CH. HOLLANDER in der Röhm u. Haas Co., Bristol, Penna (U. S. A.).

Dieselben Erscheinungen der Bildung von Aktivator aus der Drüsensubstanz und der allmählichen Abnahme der gesamten tryptischen Aktivität beobachtet man, wie bei der Autolyse der rohen Drüse, so in gleicher Weise auch, wenn man frisch getrocknetes Material längere Zeit der Einwirkung des Wassers oder wäßriger Reagenzien überläßt. Die letztere Untersuchungsweise hat zudem den Vorteil, daß sie erlaubt, mit einem für die Bestimmung der tryptischen Wirkung ohne weiteres verwertbaren Ausgangsmaterial von gleichmäßigen Eigenschaften zu operieren und die Versuchsbedingungen in weiteren Grenzen zu variieren. Es seien hier drei Versuchsreihen mitgeteilt, die die Einwirkung von Wasser, von verdünnter Säure sowie von verdünnter Kinaselösung in verschiedenen Zeiten veranschaulichen; die Versuchsansätze der beiden ersten Reihen (Tab. 14) prüfte man nach Ablauf der Versuchszeit sowohl hinsichtlich eingetretener Aktivatorbildung wie hinsichtlich ihrer Aktivierbarkeit durch gleiche Kinasemengen. Die Resultate sind in den folgenden beiden Tabellen angeführt, deren Angaben ccm 0,2 n-Lauge entsprechen.

[222] Tabelle 14.

Aktivierung bei der Autolyse von Trockenpankreas (Probe VIII).
(0,062 g, mit auf 2,0 ccm verdünntem Reagens angeteigt; 30°.)

Behandlungsdauer Stdn.	Thymolwasser (2,0 ccm)			n/50-Essigsäure (1,0 ccm)	
	Ohne Kin.	0,02	0,30 ccm Kin.	Ohne Kin.	0,02 ccm Kin.
0	0,00	0,85	1,12	0,00	0,85
2	0,06	0,82	—	0,27	0,83
4	0,31	0,81	—	0,32	0,85
8	0,36	0,77	—	0,38	0,83
16	0,38	0,74	—	0,47	0,84
24	0,36	0,68	0,77	0,52	0,77
32	0,39	0,62	—	—	—
40	0,44	0,60	—	—	—
48	0,46	0,58	0,65	0,60	0,64
72	0,51	0,58	—	—	—
96	0,50	0,50	—	—	—

Tabelle 15.

Einwirkung von Kinase auf Trockenpankreas (Probe VIII).
(0,062 g, mit 0,02 ccm Kinase + 2,0 ccm Thymolwasser angeteigt; 30°.)

Behandlungsdauer Stdn.	Trypsinwirkung ccm 0,2 n-KOH
0	0,85
2	0,85
4	0,78
16	0,74
24	0,69
96	0,64

Der Vergleich der nach Wasser- bzw. Säurewirkung erhaltenen Ergebnisse der Tab. 14 zeigt eine Beschleunigung der Bildung von Aktivator bei saurer Reaktion; der Befund [223] steht im Einklang mit den Angaben von R. HEIDENHAIN[1] über die Aktivierung von Pankreasextrakten durch verdünnte Säure; auch ist im sauren Mittel die allmähliche Abnahme der Drüsenaktivität weniger ausgeprägt als bei der Einwirkung von Wasser. Hingegen erscheint bei alkalischer Reaktion die Aktivatorbildung verlangsamt neben stärkerer Einbuße an Gesamtaktivität: so entsprach im vorliegenden Beispiel nach 24stündiger Einwirkung von 2,0 ccm $^{n}/_{100}$-Ammoniak (unter Zusatz von Thymol) die tryptische Wirkung mit a) 0,00 und b) 0,02 ccm vom Kinaseauszug nur 0,29 bzw. 0,45 ccm 0,2 n-Lauge, während sie nach Tab. 14 nach Wasser- bzw. Säurebehandlung 0,36 und 0,68 bzw. 0,52 und 0,77 ccm betragen hatte.

Die Bildung von Aktivator erfolgt also am raschesten bei saurer und sie ist am geringsten bei alkalischer Reaktion. Für den verschieden starken Rückgang der Gesamtaktivität könnte wohl eine ungleiche Beständigkeit des aktivierten Enzyms verantwortlich sein, zumal ein solcher Rückgang nach den Werten der Tab. 15 in neutralem Medium nach Aktivierung mit Kinase in ähnlichem Ausmaße erfolgt. Allein diese Erscheinung ist nur zum Teil für die beobachtete Aktivitätsabnahme verantwortlich zu machen. Neben der Entstehung von Aktivator geht nämlich bei der Autolyse der Drüse die Bildung von Stoffen einher, die, etwa durch Addition an die Kinase ähnlich dem Glycerin oder dem Glykol, deren Wirkung zu beeinträchtigen vermögen; auf ihr Auftreten wurde schon in Kap. II, Abschnitt 4b dieser Abhandlung hingewiesen. Im vorliegenden Falle läßt sich ihre Existenz, wie aus nachstehendem Versuche ersichtlich, experimentell dadurch belegen, daß sie auch die Aktivierung frischen, unbehandelten Enzyms durch Enterokinase zu hemmen befähigt sind.

Versuch 2. 0,062 g der Pankreasprobe X gaben ohne vorherige Wasserbehandlung mit a) 0,00, b) 0,02 ccm Kinaselösung Aciditätszunahme entspr. a) 0,11, b) 0,78 ccm 0,2 n-KOH; dieselbe Drüsenmenge bewirkte nach 96- und 144stündiger Einwirkung von 2,0 ccm Thymolwasser bei 30° einen Aciditätszuwachs von a) 0,30 und b) 0,31, bzw. von a) 0,21 und b) 0,19 ccm 0,2 n-KOH.

[224] 0,062 g dieser Probe behandelte man wechselnde Zeiten bei 30° mit 2,0 ccm Thymolwasser; dann fügte man weitere 0,062 g derselben Probe, darauf nach 30 Minuten 0,02 ccm vom Kinaseauszug hinzu und maß nach einer weiteren halben Stunde die tryptische Wirkung des ganzen Ansatzes; sie entsprach nach einer Wasserbehandlung von a) 72, b) 96, c) 120 und d) 144 Stunden einer Aciditätszunahme von a) 0,97, b) 0,82, c) 0,64 und d) 0,30 ccm 0,2 n-KOH.

Die Bildung der Hemmungsstoffe nimmt, wie der Versuch erweist, bei längerer Autolyse ständig zu; nach 6 Tagen ist ihre Menge bereits so beträchtlich, daß sie die Aktivierung auch von frischem Enzym durch eine mäßige Kinasemenge fast völlig zu verhindern vermag.

IV. Bestimmung und Eigenschaften der Enterokinase.

1. Zur Bestimmung der Kinase.

Einer Messung der Kinasewirkung zum Zwecke der quantitativen Bestimmung und Verfolgung des Aktivators zum Beispiel bei seiner präparativen Reinigung sollten

[1] Pflügers Arch. Bd. 10, S. 557, und zwar S. 581 [1875]; vgl. dazu E. HEKMA, Jl. de Physiol et Pathol. gén. Bd. 6, S. 25 [1904].

Pankreastrockenpräparate zugrunde liegen, die man aus möglichst frischen Drüsen gewonnen hat und die an sich ganz oder doch nahezu tryptisch unwirksam befunden wurden, einmal wegen des größeren Ausschlages, den eine bestimmte kleine Kinasemenge bedingt, sodann wegen des geringeren Gehalts an Hemmungsstoffen; wäßrige Lösungen des Trypsins sind infolge ihrer großen Veränderlichkeit nicht geeignet, die Drüsenpräparate sind vielmehr tunlichst vor Feuchtigkeit geschützt aufzubewahren, da sie sonst schon bei der Lagerung Veränderungen im Sinne der Bildung von Aktivator oder Hemmungskörpern unterliegen.

Ein weiteres Erfordernis einer allgemein brauchbaren Bestimmungsmethode bildet die Ausschaltung der auch in frisch getrocknetem Drüsenmaterial stets in wechselnder Menge enthaltenen Hemmungsstoffe, die der Aktivierung entgegenwirken. So versuchte man durch Einführung einer „ausgleichenden Hemmung" mittels Zugabe größerer Mengen von Glycerin oder Glykol die Unterschiede im Gang der Aktivierung bei verschiedenen Drüsenproben zu überwinden; allein dieses Verfahren führte nicht zu dem gewünschten Ergebnis: die [225] Unterschiede in der Aktivierungsleistung gleicher Kinasemengen wurden durch den Alkohol meist sogar beträchtlich verstärkt. Die Resultate dieser Versuche finden sich in den beiden folgenden Tab. 16 und 17; die Angaben der Tab. 16 beschreiben zum Vergleich die Aktivierung durch Kinase allein, sie sind der Tab. 10 (Kap. II, Abschnitt 4b) entnommen; die Versuche der Tab. 17 waren so ausgeführt, daß man die Drüse zunächst mit je 1,0 ccm des Alkohols (87proz. Glycerin bzw. reinem Äthylenglykol) $^1/_2$ Stunde bei 30° anteigte, sodann die Kinaselösung zufügte und nach weiteren 30 Minuten die Trypsinwirkung maß.

Tabelle 16.
Aktivierung ohne Hemmung.
(0,062 g Drüse; Angaben in ccm 0,2 n-KOH.)

Kinaselösung (ccm)	Probe IX	Probe XIV	Probe XII
0,00	0,09	0,19	0,14
0,02	0,58	0,52	0,46
0,04	0,81	0,71	0,59
0,06	1,04	0,90	0,67
0,08	—	1,04	0,78
0,10	1,10	1,11	0,93

Tabelle 17.
Aktivierung unter Hemmung.
(0,062 g Drüse; Angaben in ccm 0,2 n-KOH.)

Kinaselsg.	Glycerinzusatz bei Probe			Glykolzusatz bei Probe		
ccm	IX	XIV	XII	IX	XIV	XII
0,05	0,81	0,60	0,46	—	—	—
0,10	1,02	0,89	0,55	0,21	0,24	0,13
0,15	1,12	1,13	0,67	—	—	—
0,20	1,10	1,11	0,78	0,40	0,36	0,16
0,25	1,13	1,12	0,85	—	—	—
0,30	—	—	—	0,49	0,49	0,19
0,50	—	—	—	0,55	0,54	0,20

Diese Zusätze sind also für eine Methode ausgleichender Hemmung nicht geeignet; vielleicht greifen die Alkohole und [226] die natürlichen Hemmungskörper an verschiedenen Stellen des Kinasemoleküls an und verstärken sich so in ihrer Wirkung, auch könnte sich die Wirkung der Drüsenstoffe auf die aktive Gruppe des Trypsins selbst beziehen. In der Fortsetzung dieser Arbeit soll der Versuch unternommen werden, mittels eines Überschusses an natürlichen Hemmungsstoffen eine ausgleichende Hemmung zu erreichen. Für die nachstehend gegebene Beschreibung der Kinase und ihres Verhaltens bei der Reinigung wurde eine vorläufige Bestimmungsweise angewandt, der die Aktivierung von 0,062 g der Pankreasprobe XIV zugrunde gelegt ist.

Als Einheit der Kinasemenge — „Kinase-Einheit (K.E.)" — war das 1000fache derjenigen Aktivatormenge gewählt, die 0,062 g der Pankreasprobe XIV in $^1/_2$stündiger Einwirkung bei 30° eine tryptische Wirkung entsprechend einer Aciditätszunahme von 0,90 ccm 0,2n-Lauge erteilte; $^1/_{1000}$ dieser Menge, also 0,001 K.E., wird durch die Bezeichnung „k.e." ausgedrückt.

Diese Definition der Kinaseeinheit hat einen provisorischen Charakter und sie soll hier nur unter dem Vorbehalte einer späteren Ausdehnung und Verallgemeinerung gegeben werden; sie dient nur als vorläufiger Maßstab für das präparative Verhalten des Aktivators.

Die beigefügte Figur veranschaulicht die Beziehungen zwischen Kinasemenge und tryptischer Wirkung für den vorliegenden Fall.

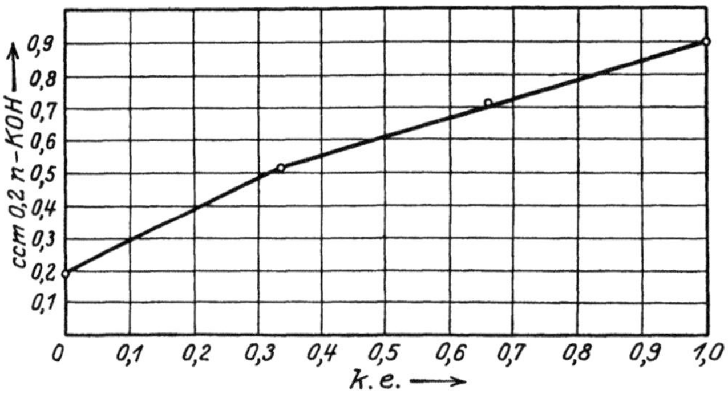

Kinasemenge und tryptische Wirkung.

[227] Als vorläufiges Maß der Aktivatorkonzentration eines Präparates diente der „Kinase-Wert (K.W.)"[1], der bestimmt ist durch die Zahl der Kinaseeinheiten in 1 g des Präparates.

Beispiel. 0,05 ccm eines ammoniakalischen Kinaseauszugs, mit 2,0 ccm H_2O verdünnt, erteilten 0,062 g der Pankreasprobe XIV in 30 Minuten bei 30° eine tryptische Wirkung[2] entsprechend einem Aciditätszuwachs von 0,80 ccm 0,2 n-KOH; dies entspricht nach der Figur einem Gehalte der Analysenprobe von 0,00083 K.E. oder 0,83 k.e.

[1] Die Nomenklatur ist von der Enzymchemie übernommen (vgl. R. WILLSTÄTTER und E. WALDSCHMIDT-LEITZ, Diese Zs. Bd. 125, S. 132, und zwar S. 141 [1922/23]; R. WILLSTÄTTER und R. KUHN, Chem. Ber. Bd. 56, S. 509 [1922/23]); sie läßt sich natürlich auch auf die Messung anderer unbekannter Naturstoffe übertragen.

[2] Über die Ausführung der Bestimmung siehe Kap. I, Abschnitt 3 dieser Abhandlung.

10,00 ccm des Auszugs, enthaltend 0,166 K.E., hinterließen nach dem Eindampfen auf dem Wasserbad 0,0970 g Trockenrückstand; hieraus berechnet sich der Kinase-Wert des Auszugs K.W. = 1,71.

2. Über die Beständigkeit der Enterokinase.

N. P. SCHEPOWALNIKOW[3] hat bereits beobachtet, daß der Darmsaft beim Erhitzen seine aktivierende Eigenschaft einbüßte. Seine Angaben sind von vielen späteren Autoren[4], auch bei Darmwandextrakten, bestätigt worden; nur H. BIERRY und V. HENRI[5] geben an, daß ein während 20 Minuten auf 120° erwärmtes Kinasepräparat noch Aktivität besessen habe. Nach H. M. VERNON[6] ist die Kinase eines wäßrig-glycerinigen Auszugs der Darmscheimhaut monatelang unverändert haltbar; auch durch 4proz. Sodalösung soll sie in 1 Stunde nicht beeinträchtigt werden, während $^{n}/_{100}$-Salzsäure zufolge J. MELLANBY und V. J. WOOLLEY[7] schon bei gewöhnlicher Temperatur ihre Wirksamkeit sofort vernichtet.

[228] Eine Versuchsreihe, die man zur Prüfung der Beständigkeit der Kinase bei verschiedener Reaktion mit einem wäßrigen Rohextrakt anstellte, ergab eine verhältnismäßig große Haltbarkeit des Körpers in diesem Zustand. Wie die Zahlen der nachstehenden Tab. 18 zeigen, wird die Aktivität des Auszugs noch nach 8tägiger Aufbewahrung bei neutraler Reaktion und bei 30° unverändert gefunden; in 0,1 n-ammoniakalischer und -essigsaurer Lösung ist die Haltbarkeit begrenzter: während man nach 16 Stunden (bei 30°) noch keine Abnahme beobachtet, ist diese nach 3 Tagen schon merklich im sauren und beträchtlich im alkalischen Medium. Zu den Versuchen verdünnte man je 4,50 ccm eines mit verdünnter Essigsäure gegen Lackmus neutralisierten ammoniakalischen Rohauszugs mit a) 0,50 ccm H_2O, b) 0,50 ccm n-NH_3 und c) 0,50 ccm n-CH_3COOH; die Aktivität der mit Toluol überschichteten Proben bestimmte man sofort und nach wechselnder Aufbewahrungszeit mit je 0,03 ccm; die Angaben der Tabelle bedeuten die gemessene Aciditätszunahme in 0,2 ccm 0,2 n-Lauge.

Tabelle 18.
Haltbarkeit der Kinase im Rohextrakt bei 30°.
(Geprüft mit 0,062 g der Pankreasprobe IX.)

Aufbewahrungszeit Stdn.	Reaktion der Lösung		
	neutral.	n/10-ammoniak.	n/10-essigsauer
0	0,73	0,70	0,72
16	0,70	0,69	0,69
72	0,74	0,42	0,58
192	0,73	0,36	0,62

In gereinigter Lösung wird die geringe Beständigkeit der Kinase in alkalischem Medium noch deutlicher; dies geht aus dem nachstehend angeführten Versuche 1

[3] Inaug.-Diss. St. Petersburg 1899; refer. in R. Malys Jahresbericht über die Fortschritte der Tierchemie Bd. 29, S. 378 [1899].

[4] Z. B. J. HAMBURGER und E. HEKMA, Journ. de Physiol. et Pathol. gén. Bd. 4, S. 805 [1902]; W. M. BAYLISS und E. H. STARLING, J. of Physiol. Bd. 30, S. 61 [1904]; J. MELLANBY und V. J. WOOLLEY, ebenda Bd. 47, S. 339 [1913/14].

[5] C. R. Soc. Biol. Bd. 54, S. 667 [1902]. [6] J. of Physiol. Bd. 28, S. 375 [1902]. [7] l. c. 4.

mit einer alkalischen Elution aus Tonerdeadsorbat hervor. Als gutes Stabilisierungsmittel erweist sich der Zusatz von Glycerin.

Versuch 1. 10,0 ccm einer Elution aus Tonerdeadsorbat mittels [229] 1proz. $2^2/_3$basischen Ammonphosphats[1] wurden a) mit 4,0 ccm Wasser, b) mit 4,0 ccm 87proz. Glycerin versetzt.

a) 0,10 ccm der Mischung, sofort und nach 16stündiger Aufbewahrung (bei 20°) bestimmt, erteilten 0,062 g der Pankreasprobe XIV in $^1/_2$stündiger Einwirkung tryptische Wirkung entsprechend einer Aciditätszunahme von 0,56 bzw. 0,25 ccm 0,2 n-KOH und einem Gehalt der Analysenprobe von 0,40 bzw. 0,06 k.e.

b) 0,10 ccm der Mischung wurden sofort und nach wechselnder Aufbewahrungsdauer (bei 20°) durch ihre Wirkung auf 0,062 g der Drüsenprobe XIV bestimmt; die tryptische Wirkung entsprach dann nach 0-, 4- und 28stündiger Aufbewahrung einem Aciditätszuwachs von 0,54, bzw. 0,52, bzw. 0,40 ccm 0,2 n-KOH, entsprechend einem Gehalte der Analysenprobe von 0,38, bzw. 0,33, bzw. 0,21 k.e.

Durch Fischblasenmembran dialysiert die Enterokinase nicht, wenigstens nicht aus den Rohextrakten; man findet nach 8tägiger Dialyse gegen destilliertes Wasser noch die ganze ursprünglich vorhandene Menge des Aktivators in den Dialysierschläuchen, während das Dialysat sich als unwirksam erweist.

Versuch 2. 0,02 ccm eines wäßrig-ammoniakalischen Kinaseauszugs erteilten 0,062 g der Pankreasprobe XIV in $^1/_2$ Stunde tryptische Wirkung entsprechend einer Aciditätszunahme von 0,50 ccm 0,2 n-KOH und einem Gehalt der Analysenprobe von 0,31 k.e.

50 ccm dieses Auszugs mit 775 k.e. dialysierte man 8 Tage unter Toluol in einer Fischblase gegen destilliertes Wasser; sein Volumen betrug dann 76, das der Außenflüssigkeit 450 ccm.

0,05 ccm vom dialysierten Auszug erteilten 0,062 g der Drüsenprobe XIV in $^1/_2$ Stunde tryptische Wirkung entsprechend einer Aciditätszunahme von 0,62 ccm 0,2 n-KOH; die Analysenprobe enthielt also 0,52 und die gesamte Lösung 790 k.e.

1,00 ccm des Dialysats erteilte 0,062 g der Drüsenprobe XIV in 30 Minuten tryptische Wirkung entsprechend einem Aciditätszuwachs von 0,15 ccm 0,2 n-KOH; Kinase war also nicht nachweisbar.

Durch Kochen wird das Aktivierungsvermögen aufgehoben, [230] sowohl in roher wie in gereinigter Lösung; es ließ sich indessen noch nicht mit Sicherheit entscheiden, ob dieses Verhalten der Kinase als solcher eigentümlich ist oder ob es, etwa infolge Adsorption an koagulierte Proteinsubstanz, durch die Anwesenheit von Begleitstoffen vorgetäuscht wird.

Versuch 3. 5,0 ccm des mit verdünnter Essigsäure eben neutralisierten Kinaseauszugs von Versuch 2, enthaltend 77,5 k.e., erhitzte man während 5 Minuten im siedenden Wasserbad; dabei trat bei etwa 70° eine geringe, kaum wahrnehmbare Trübung ein. 0,05 ccm der abgekühlten Flüssigkeit erteilten dann 0,062 g der Pankreasprobe XIV in $^1/_2$ Stunde tryptische Wirkung entsprechend 0,24 ccm 0,2 n-KOH und 0,04 k.e.; der gesamte Gehalt an wirksamem Aktivator betrug also noch 4,0 k.e.

Versuch 4. 0,10 ccm einer mittels $2^2/_3$basischen Ammonphosphats erhaltenen Elution aus Uranylacetatfällung erteilten 0,062 g der Drüsenprobe XIV tryptische Wirkung entspr. einer Aciditätszunahme von 0,60 ccm 0,2 n-KOH und einem Gehalte von 0,48 k. e.

5,0 ccm der mit verdünnter Essigsäure gegen Lackmus neutralisierten Lösung mit 24 k. e. beließ man 1 Minute lang im siedenden Wasserbad, wobei sie eine geringe Opalescenz annahm;

---

[1] R. WILLSTÄTTER und E. WALDSCHMIDT-LEITZ: Die in der 2. Abhandlung (Diese Zs. Bd. 125, S. 132, und zwar S. 170 [1922/23]) angegebene Zusammensetzung eines $2^1/_3$basischen Ammonphosphats für das Reagens beruhte auf einem Irrtum; sie entspricht vielmehr der Formel $2(NH_4)_3PO_4 : 3(NH_4)_2HPO_4$ oder einem $2^2/_3$basischen Phosphat. In diesem Sinne sind auch die entsprechenden Angaben auf S. 170, 171, 182 u. 189 jener Abhandlung und auf S. 164 u. 166 der 3. Abhandlung über Pankreasenzyme (Diese Zs. Bd. 126, S. 143 [1922/23]) zu verbessern. *Im vorliegenden Abdruck sind diese Stellen korrigiert.*

0,50 ccm der abgekühlten Flüssigkeit erteilten dann 0,062 g der Pankreasprobe XIV tryptische Wirkung entspr. einem Aciditätszuwachs von 0,17 ccm 0,2 n-KOH; eine Aktivierung war also nicht mehr nachweisbar.

3. Vorläufiges Verfahren der Reinigung.

Die Angaben der Literatur über das präparative Verhalten der Enterokinase sind spärlich und nicht ohne Widerspruch; sie beziehen sich alle nur auf Reaktionen von Rohextrakten, eine weitergehende Reinigung des Körpers hat man noch nicht versucht. H. STASSANO und F. BILLON[1] gaben an, daß die Kinase aus ihren Auszügen durch verdünnte Säuren niedergeschlagen werde und mit Alkali wieder in Lösung gehe, und schrieben ihr danach nucleoproteidähnliche Eigenschaften zu. Ihre Befunde wurden von W. M. BAYLISS und E. H. STARLING[2] nachgeprüft und widerlegt; diese Forscher fanden, daß bei der Fällung z. B. mit verdünnter Essigsäure die Hauptmenge des Aktivators in Lösung blieb und daß von dem niedergeschlagenen Anteil an verdünntes Alkali fast nichts wieder abgegeben wurde.

[231] In der Tat beobachtet man, daß die in den ammoniakalischen Auszügen der getrockneten Darmschleimhaut auf Zusatz von verdünnter Essigsäure abgeschiedenen reichlichen Fällungen der Lösung nur wenig, zuweilen gar keine Kinase entziehen; die folgenden Versuche sollen dies veranschaulichen.

Versuch 1. 0,02 ccm eines Kinaseauszugs erteilten 0,062 g der Pankreasprobe XIV in $^1/_2$ Stunde bei 30° tryptische Wirkung entspr. einer Aciditätszunahme von 0,67 ccm 0,2 n-KOH und einem Gehalte von 0,60 k. e.

10,0 ccm dieser Lösung mit 300 k. e. wurden mit 0,40 ccm n-Essigsäure versetzt und die entstandene beträchtliche Fällung in der Zentrifuge abgeschleudert; 0,02 ccm der Mutterlauge erteilten 0,062 g der Probe XIV tryptische Wirkung entspr. einer Aciditätszunahme von 0,61 ccm 0,2 n-KOH. Die Analysenprobe enthielt also 0,50 k. e., die gesamte Mutterlauge in 10,4 ccm 260 k. e., d. i. 87% von der Ausgangslösung.

Versuch 2. 0,03 ccm eines anderen Rohextrakts erteilten 0,062 g der Probe XIV tryptische Wirkung entspr. einem Aciditätszuwachs von 0,65 ccm 0,2 n-KOH und einem Gehalte von 0,57 k. e.

20,0 ccm der Lösung mit 380 k. e. fällte man mit 2,40 ccm n-CH_3COOH und bestimmte nach dem Abschleudern des Niederschlags die Mutterlauge. 0,04 ccm von dieser erteilten 0,062 g der Pankreasprobe XIV tryptische Wirkung entspr. einer Aciditätszunahme von 0,73 ccm 0,2 n-KOH; der Gehalt der Analysenprobe betrug 0,70, der der gesamten Lösung (22,4 ccm) 392 k.e.

Aus den Mutterlaugen der mit Essigsäure behandelten Kinaseextrakte lassen sich durch Zusatz von Quecksilbersalzlösung weitere, wenn auch nicht sehr erhebliche Mengen von Begleitstoffen abtrennen, und zwar, wie nachstehende Angaben erweisen, ohne bedeutendere Verluste an Aktivator.

Versuch 3. 9,0 ccm der essigsauren Mutterlauge des Versuchs 1 (enth. 225 k. e.) versetzte man mit 2,3 ccm 0,5proz. Sublimatlösung, einer zur völligen Fällung eben ausreichenden Menge, und bestimmte die mittels der Zentrifuge abgetrennte Mutterlauge. 0,03 ccm von dieser erteilten 0,062 g der Drüsenprobe XIV tryptische Aktivität entspr. einem Aciditätszuwachs von 0,60 ccm 0,2 n-KOH und einem Gehalte von 0,47 k. e.; die gesamte Ausbeute in der Lösung betrug also 176 k. e., d. i. 78% der angewandten Menge.

Versuch 4. 20,0 ccm der essigsauren Lösung von Versuch 2 mit 350 k. e. fällte man mit 10,0 ccm 0,5proz. $HgCl_2$; die vom Niederschlage abgetrennte Mutterlauge enthielt in der Analysenprobe von 0,08 ccm [232] 0,90 k. e. (Aciditätszuwachs entspr. 0,84 ccm 0,2 n-KOH) und insgesamt in 30 ccm 338 k. e., d. i. noch 94%.

---

[1] C. R. Soc. Biol. Bd. 54, S. 623 [1902]. [2] J. of Physiol. Bd. 30, S. 61 [1904].

Wesentlich anders verhält sich die Kinase gegenüber Uransalzen; aus den mittels verdünnter Essigsäure und Sublimat vorgereinigten Auszügen fällt die Kinase auf Zusatz von Uranylacetatlösung fast in ihrer ganzen Menge mit einem reichlichen Niederschlage aus; sie läßt sich aus dieser Fällung durch alkalische Phosphatlösung in guter Ausbeute wieder eluieren.

Versuch 5. 10,0 ccm einer Mutterlauge der Sublimatfällung mit 120 k. e. (0,05 ccm: 0,67 ccm 0,2 n-Lauge: 0,60 k. e.) wurden mit 1,0 ccm einer 2proz. Lösung von Uranylacetat gefällt; die in der Zentrifuge abgetrennte Fällung eluierte man durch Anteigen mit 10 ccm „Ammoniumphosphat" (bestehend aus 5,7 ccm 1proz. $(NH_4)_2HPO_4$, 0,3 ccm n-NH_3 und 4,0 ccm 87proz. Glycerin)[1] und Abschleudern mittels der Zentrifuge.

0,10 ccm der Mutterlauge von der Uranfällung erteilten 0,062 g der Drüsenprobe XIV tryptische Wirkung entspr. einer Aciditätszunahme von 0,30 ccm 0,2 n-KOH oder 0,11 k. e.; die Mutterlauge enthielt demnach in 11 ccm insgesamt 12 k. e. und der gefällte Anteil betrug 90%.

0,05 ccm der Elution erteilten 0,062 g der Probe XIV tryptische Aktivität entspr. einem Aciditätszuwachs von 0,63 ccm 0,2 n-KOH und einem Gehalt von 0,52 k. e. Die Elutionsausbeute betrug also mit insgesamt 104 k. e. 87% von der Kinasemenge des Ausgangsmaterials.

Mit den vorangehend beschriebenen Operationen läßt sich noch ein weiteres Verfahren zur Reinigung der Kinase verbinden, das in der Adsorption des Aktivators durch Tonerde besteht[2]. Das Verhalten der Enterokinase gegenüber diesem Adsorbens zeigt eine gewisse Ähnlichkeit mit dem der Pankreaslipase[3]: die Adsorption erfolgt leicht aus saurer Lösung und sie unterscheidet sich dadurch von der des Trypsins, aber von dem Adsorbat wird der Aktivator nur in geringer Menge an [233] verdünntes Ammoniak, in besserer Ausbeute dagegen an alkalische Phosphatlösung abgegeben, die man zur Stabilisierung mit Glycerin versetzt.

Versuch 6. 10,0 ccm eines mit Essigsäure vorbehandelten Kinaseauszugs, enthaltend 160 k. e. (0,05 ccm: 0,78 ccm 0,2 n-KOH: 0,80 k. e., adsorbierte man mit 10,0 ccm einer Tonerdesuspension der Sorte A[1]) (enth. 0,233 g Al_2O_3) und eluierte das in der Zentrifuge abgeschleuderte Adsorbat durch Anteigen in den Zentrifugengläsern und Abzentrifugieren a) mit 12 ccm 0,1 n-NH_3 + 8 ccm 87proz. Glycerin, b) mit 20 ccm „Ammoniumphosphat" (11,4 ccm 1proz. $(NH_4)_2HPO_4$ + 0,6 ccm n-NH_3 + 8 ccm 87proz. Glycerin).

0,10 ccm der Adsorptionsrestlösung erteilten 0,062 g der Pankreasprobe XIV tryptische Wirkung entspr. einer Aciditätszunahme von 0,29 ccm 0,2 n-KOH und 0,10 k. e. Die gesamte Lösung enthielt dann in 17 ccm 17 k. e. und es waren 90% der Kinasemenge im Adsorbat.

Von der Elution erteilten 0,10 ccm 0,062 g der Probe XIV tryptische Wirkung entspr. einem Aciditätszuwachs von a) 0,30 und b) 0,56 ccm 0,2 n-Lauge und einem Gehalte der Analysenprobe von a) 0,11, b) 0,40 k. e. Die Gesamtausbeute der Elution an Aktivator betrug also in 20 ccm a) 14 und b) 50% von der Menge der Ausgangslösung.

Durch vereinigte Anwendung dieser verschiedenen bisher geprüften Anreicherungsverfahren erhält man Kinasepräparate von beträchtlich gesteigertem Reinheitsgrad. Die Konzentration des Aktivators stieg nach aufeinanderfolgender Behandlung mit Essigsäure, Sublimat und Uranylacetat auf das 18fache (K.W. = 18,8), darauf durch

[1] Vgl. hierzu die Fußnote 1 auf S. 29 dieser Abhandlung.

[2] Die Methoden der Adsorption wurden von R. WILLSTÄTTER und Mitarbeitern zu Verfahren für die präparative Reinigung der Enzyme ausgearbeitet, zuerst am Beispiel der Peroxydase (R. WILLSTÄTTER, Liebigs Ann. der Chem. Bd. 422, S. 47, und zwar S. 58 [1928]; vgl. hierüber die Zusammenfassung von R. WILLSTÄTTER, Chem. Ber. Bd. 55, S. 3601, und zwar S. 3617 [1922] (*Abh. 2*)).

[3] R. WILLSTÄTTER und E. WALDSCHMIDT-LEITZ, Diese Zs. Bd. 125, S. 132, und zwar S. 160 u. 168 [1922/23].

[1]) Vgl. R. WILLSTÄTTER und H. KRAUT, Chem. Ber. Bd. 56, S. 149 [1923] (*Abh. 16*).

einmalige Tonerdeadsorption und Elution auf das 27fache (K.W. = 28,7) von der in der getrockneten Schleimhaut gemessenen (K.W. = 1,07, zufolge der in Kap. II, Abschnitt 1 angeführten Bestimmung).

Beispiel für die Reinigung der Kinase.

100 ccm eines ammoniakalischen, von ereptischer Wirkung freien Kinaseauszugs aus getrockneter Darmschleimhaut mit einem Gehalt von 1,900 K. E. oder 1900 k. e. (0,03 ccm: 0,65 ccm 0,2 n-KOH: 0,57 k. e.) fällte man mit 12,0 ccm n-Essigsäure und versetzte die vom Niederschlag getrennte Mutterlauge mit 50 ccm 0,5proz. Sublimatlösung; den entstandenen Niederschlag schleuderte man ab und fällte die Kinase aus der Mutterlauge mit 15 ccm 2proz. Uranylacetat. Die Uranfällung wurde darauf in den Zentrifugengläsern mit 100 ccm „Ammoniumphosphat" eluiert.

[234] 0,10 ccm der Elution erteilten 0,062 g der Pankreasprobe XIV tryptische Wirkung entspr. einer Aciditätszunahme von 0,84 ccm 0,2 n-KOH und einem Gehalte der Analysenprobe von 0,90 k. e. Die Gesamtausbeute in 100 ccm betrug also 900 k. e., d. i. 47 %, auf Rohextrakt bezogen.

49 ccm dieser Elution (enth. 441 k. e.) wurden in einer Fischblase unter Toluol und unter ständiger Rührung mittels CO_2 15 Tage gegen fließendes Leitungswasser, sodann weitere 5 Tage gegen fließendes destilliertes Wasser dialysiert; sie ergaben dann nach dem Abdampfen auf dem Wasserbad 0,0234 g Trockenrückstand entsprechend dem Kinase-Wert K.W. = 18,8.

50 ccm derselben Elution (enth. 450 k. e.) befreite man durch Fällung mit 2,3 ccm Magnesiamixtur von Phosphat. Diese Operation war noch verlustreich: 0,10 ccm der filtrierten Lösung (insgesamt erhalten 48 ccm) erteilten 0,062 g der Drüsenprobe XIV tryptische Wirkung entspr. einer Aciditätszunahme von 0,62 ccm 0,2 n-KOH und einem Gehalte der Analysenprobe von 0,50 k. e., d. i. 240 k. e. in der ganzen Lösung.

45 ccm der phosphatfreien Lösung (mit 225 k. e.) säuerte man mit 2,0 ccm n-Essigsäure an und adsorbierte sie mit 10,0 ccm Tonerdesuspension der Sorte C^I (= 0,164 g Al_2O_3); das von der Adsorptionsrestlösung (45 ccm) abzentrifugierte Adsorbat wurde in den Zentrifugengläsern nach dem Waschen mit 30 ccm 20proz. Glycerin durch 50 ccm „Ammoniumphosphat" eluiert.

0,15 ccm der Adsorptionsrestlösung enthielten keine meßbare Menge Kinase (Aciditätszunahme: 0,19 ccm 0,2 n-KOH).

0,15 ccm der Elution erteilten 0,062 g der Pankreasprobe XIV tryptische Wirkung entspr. einer Aciditätszunahme von 0,51 ccm 0,2 n-KOH, sie enthielten also 0,32 k. e. Die gesamte Ausbeute in 52 ccm der Elution betrug demnach 111 k. e. oder 40 % von der vor der Adsorption gemessenen Kinasemenge.

51 ccm der Elution (enth. 109 k. e.) unterwarf man in einer Fischblase unter Toluol während 15 Tagen der Dialyse gegen fließendes Leitungswasser, darauf weitere 5 Tage gegen fließendes destilliertes Wasser; der dann nach dem Abdampfen auf dem Wasserbad hinterbliebene Trockenrückstand betrug 0,0038 g, entsprechend dem Kinase-Wert K. W. = 28,7.

Auch diese bisher konzentriertesten Kinasepräparate, die Elutionen aus Uranfällung wie aus Tonerdeadsorbat, enthielten noch große Mengen von Begleitstoffen; so fielen mit einer 0,5proz. Lösung des Trockenrückstandes der Tonerdeelution die Reaktionen nach Millon und nach Molisch noch positiv aus, die erstere stark, die letztere hingegen nur schwach; auf Zusatz [235] von Pikrinsäure ließ sich in schwach essigsaurer Lösung keine Trübung wahrnehmen.

4. Zur Trennung von Trypsin und Enterokinase.

Das Adsorptionsverhalten der Kinase gegenüber Aluminiumhydroxyd unterscheidet sich, wie die Versuche des vorhergehenden Abschnitts gezeigt haben, wesentlich von dem in der 2. Abhandlung[1]) beschriebenen des Trypsins, ihre Adsorptions-

[1] Vgl. hierzu die Fußnote 1 auf S. 233 dieser Abhandlung.

[1]) R. Willstätter und E. Waldschmidt-Leitz, Diese Zs. Bd. 125, S. 132, und zwar S. 175 [1922/23].

affinität ist viel stärker ausgeprägt. Es sollte also gelingen, mit Hilfe dieses Adsorbens, ähnlich wie bei der Isolierung der pankreatischen Enzyme[2], eine Trennung der beiden Körper aus Gemischen z. B. bei einem Überschuß an Aktivator zu erreichen. Der Versuch übertraf die Erwartungen insofern, als es auf diese Weise, durch die Adsorption mit Tonerde aus saurer Lösung, sogar gelang, bereits aktivem Enzym einen Teil seines Aktivators zu entziehen und es so in der Adsorptionsrestlösung erneut in inaktive Form überzuführen, während die aus dem Adsorbate mittels alkalischen Phosphats gewonnene Elution neben beigemengtem Trypsin beträchtliche Mengen Kinase enthielt. Das gleiche Ergebnis hatte ein Versuch mit eben maximal aktiviertem Trypsin, also mit äquivalenten Mengen Enzym und Aktivator. Diese Resultate führen zu der Auffassung, daß es sich bei der Reaktion zwischen Trypsin und Kinase nicht um die Bildung einer festen Verbindung, sondern vielmehr eines lockeren Additions- oder Adsorptionsproduktes handelt, dessen Lösung schon durch stärker geladene Adsorbentien bewirkt wird. Sie beheben ferner jeden Zweifel an der Aktivatornatur der Enterokinase; denn mit der Annahme eines enzymatischen Umwandlungsprozesses von Zymogen zu Enzym für die Aktivierung ist die beobachtete Re-inaktivierbarkeit des Trypsins ganz unvereinbar.

Versuch 1 (Trypsin mit überschüssiger Kinase). 1,25 g der Pankreasprobe XV beließ man mit 1,00 ccm eines Kinaseauszugs und 40 ccm Thymolwasser während 40 Minuten bei 30° und trennte dann mittels [236] der Zentrifuge den Extrakt vom Ungelösten. 2,00 ccm des Extrakts bewirkten nach $^1/_2$stündiger Einwirkung von a) 0,00, b) 0,05 ccm des Kinaseauszugs Aciditätszunahme (60 Minuten bei 30°) entspr. a) 0,74 und b) 0,74 ccm 0,2 n-KOH, waren also durch Kinase nicht mehr aktivierbar.

22 ccm des Extrakts wurden nach Zusatz von 0,30 ccm n-Essigsäure mit 10,0 ccm Tonerdesuspension der Sorte C (= 0,150 g Al_2O_3) adsorbiert; das abgeschleuderte Adsorbat eluierte man in den Zentrifugengläsern mit 20 ccm „Ammoniumphosphat".

Von der Adsorptionsrestlösung bewirkten 3,00 ccm nach $^1/_2$stündiger Einwirkung von a) 0,00, b) 0,05 ccm Kinaseauszug einen Aciditätszuwachs entspr. a) 0,25 und b) 0,55 ccm 0,2 n-KOH.

Von der Elution bewirkten 2,00 ccm a) ohne Zusatz von Aktivator, b) nach $^1/_2$stündiger Einwirkung auf 0,062 g der Drüsenprobe IX zusammen mit diesen eine Aciditätszunahme entspr. a) 0,38 und b) 0,92 ccm 0,2 n-KOH, während die angewandte Menge der Probe IX für sich allein nur einen Zuwachs an Acidität von 0,09 ccm der Normallösung ergeben hatte.

Versuch 2 (Trypsin mit äquivalenter Kinasemenge). 2,50 g der Pankreasprobe IX wurden mit der zu voller Aktivierung eben ausreichenden Menge von 2,40 ccm eines ammoniakalischen Kinaseauszugs sowie 80 ccm Thymolwasser 60 Minuten lang bei 30° extrahiert, dann wurde durch Zentrifugieren vom Ungelösten getrennt. 2,00 ccm dieses Extrakts bewirkten nach $^1/_2$stündiger Einwirkung von a) 0,00, b) 0,05 ccm Kinaseauszug Aciditätszunahme entspr. a) 0,77 und b) 0,78 ccm 0,2 n-KOH.

Erste Adsorption. 40 ccm des Extrakts, angesäuert mit 0,50 ccm n-Essigsäure, adsorbierte man mit 10,0 ccm Tonerdesuspension der Sorte C (= 0,165 g Al_2O_3) und eluierte das einmal mit 20 ccm Wasser gewaschene Adsorbat in den Zentrifugengläsern mit 40 ccm vom „Ammoniumphosphat".

2,50 ccm der Adsorptionsrestlösung bewirkten nach $^1/_2$stündigem Ansatz mit a) 0,00, b) 0,05 ccm Kinaselösung Aciditätszunahme entspr. a) 0,40, b) 0,54 ccm 0,2 n-Lauge.

Von der Elution bewirkten 2,00 ccm, a) für sich allein bestimmt, b) nach $^1/_2$stündiger Einwirkung auf 0,062 g der Drüsenprobe IX mit diesen zusammen bestimmt, eine Aciditätszunahme entspr. a) 0,55 und b) 1,10 ccm 0,2 n-KOH (0,062 g der Probe IX ergaben für sich 0,09 ccm der Lauge).

Zweite Adsorption. 45 ccm der Restlösung von der 1. Adsorption wurden erneut der Behandlung mit 10,0 ccm der Tonerde unterworfen; das abgetrennte Adsorbat eluierte man nach

[2] A. a. O. 1, und zwar S. 142.

dem Waschen mit Wasser mit 40 ccm „Ammoniumphosphat" und vermischte 30 ccm der erhaltenen Elution mit der gleichen Menge der 1. Elution.

Von der Adsorptionsrestlösung bewirkten 3,00 ccm nach $^1/_2$stündiger Einwirkung von a) 0,00, b) 0,05 ccm des Kinaseauszugs eine Aciditätszunahme entspr. a) 0,20 und b) 0,48 ccm 0,2 n-KOH. [237] 2,00 ccm der vereinigten Elutionen bewirkten, a) für sich bestimmt, b) nach $^1/_2$stündiger Einwirkung auf 0,062 g der Probe IX zusammen mit diesen bestimmt, einen Aciditätszuwachs entspr. a) 0,65 und b) 1,20 ccm 0,2 n-Lauge.

Versuch 3 (mit „spontan" aktiviertem Trypsin). 1,25 g der Pankreasprobe XVI, die durch 24stündige Aufbewahrung des rohen Drüsenbreies ihre Aktivierbarkeit eingebüßt hatte, extrahierte man mit 40 ccm Thymolwasser während einer Stunde bei 30°. Von der mittels der Zentrifuge abgetrennten Lösung bewirkten 2,00 ccm nach $^1/_2$stündiger Einwirkung von a) 0,00 und b) 0,05 ccm Kinaseauszug eine Aciditätszunahme von a) 0,73 und b) 0,74 ccm 0,2 n-KOH.

40 ccm der Lösung wurden, mit 0,50 ccm n-Essigsäure angesäuert, der Adsorption mit 10,0 ccm Tonerdesuspension C (= 0,150 g Al_2O_3) unterworfen; das Adsorbat wusch man in den Zentrifugengläsern mit 40 ccm Wasser und eluierte es dann mit 40 ccm „Ammoniumphosphat".

2,50 ccm der Adsorptionsrestlösung bewirkten nach $^1/_2$stündiger Einwirkung von a) 0,00, b) 0,05 ccm Kinaselösung Aciditätszunahme entspr. a) 0,37 und b) 0,49 ccm 0,2 n-Lauge.

Von der Elution bewirkten 2,00 ccm, a) für sich bestimmt, b) nach $^1/_2$stündiger Einwirkung auf 0,062 g der Drüsenprobe IX zusammen mit diesen bestimmt, eine Aciditätszunahme von a) 0,35 und b) 0,66 ccm 0,2 n-KOH.

Wie aus Versuch 3 hervorgeht, läßt sich auch bei der durch Lagerung aktiv gewordenen Drüsensubstanz dem Enzym mit Hilfe dieses Adsorptionsverfahrens ein Teil seines Aktivators entziehen, man findet diesen dann in der aus dem Adsorbate bereiteten Elution wieder. Hieraus erhellt, daß es sich auch bei der „spontanen" Aktivierung des Enzyms in der Drüse nicht um eine enzymatische Bildung des Trypsins aus einer Zymogenform handeln kann, sondern daß sie vielmehr auf das Entstehen von Enterokinase aus Bestandteilen der Drüse selbst zurückzuführen ist.

Zeitschrift für physiologische Chemie **133**, S. 229 [1924].

93. ÜBER DIE WIRKUNG DER PANKREASLIPASE AUF VERSCHIEDENE SUBSTRATE.

Von RICHARD WILLSTÄTTER und FRIEDRICH MEMMEN.

Sechste Abhandlung über Pankreasenzyme.

(Mitteilung aus dem Chemischen Laboratorium der Bayerischen Akademie der Wissenschaften in München.)

Mit 4 Abbildungen im Text.

(Der Redaktion zugegangen am 30. Oktober 1923.)

Einleitung.

Da die Lipasewirkungen von der Verteilung des Enzyms und von seinen Begleitstoffen in hohem Maße abhängen, ist es für quantitative Beobachtungen nötig, die Lipasen in zum Vergleich geeignete Systeme zu bringen, sei es unter Aktivierung oder Hemmung. Nur dadurch lassen sich die Unterschiede im Wirkungsvermögen ausgleichen, die von der Menge und Natur der Begleitstoffe bedingt sind. Die erste und die vierte Abhandlung[1] dieser Reihe haben Methoden für die Bestimmung lipatischer Hydrolysen mitgeteilt, die auf dem Ausgleich der genannten Einflüsse beruhen, und zwar für die Spaltung von Fetten und von Tributyrin. Im folgenden werden ähnliche Bestimmungsmethoden auch für die lipatische Hydrolyse des Triacetins und des Buttersäuremethylesters beschrieben. Für die Analyse lipatischer Enzyme wäre es überflüssig, die Verseifung von mehreren, z. B. von vier Substraten zu messen. Allein der Vergleich der Geschwindigkeiten, womit die **[230]** verschiedenen Substrate gespalten werden, ermöglicht es, die Frage der Spezifität lipatischer Enzyme genauer zu prüfen als es bisher geschehen ist. Es war noch nicht zu entscheiden, ob dasselbe Enzym auf hohe Glyceride und niedrige, auf Ester einwertiger Alkohole wie auf Glycerinester spaltend wirkt, auf wasserlösliche Ester und auf unlösliche Substrate. Zwar sind bereits E. ABDERHALDEN und A. WEIL[1]) in ihren „Studien über Lipasewirkung" zu dem Ergebnis gelangt: „Die Unterscheidung einer besonderen Esterase neben der die Triglyceride spaltenden Lipase läßt sich nicht mehr durchführen ..." Aber

[1] Diese Zs. Bd. 125, S. 93 [1922/23] und Bd. 129, S. 1 [1923].

[1]) Fermentforschung Bd. 4, S. 76 [1920].

alle vorliegenden Beobachtungen und Messungen ließen sich ebenso gut mit der Annahme verstehen, daß die angewandten Enzymmaterialien — in der angeführten Arbeit die Pankreasdrüse — Gemische lipatischer Enzyme enthalten haben.

Die von einander unabhängigen Methoden der Lipasebestimmungen werden nun angewandt, um das Verhältnis zwischen den Reaktionsgeschwindigkeiten bei der Spaltung der einzelnen Substrate und zwischen den daraus abgeleiteten enzymatischen Konzentrationen zu verfolgen, vor allem bei der Reinigung der Pankreaslipase mit Adsorptionsmethoden und bei der Wirkungsabnahme unbeständiger wäßriger Enzymlösungen. Dieser Vergleich wird auch auf die Drüsen verschiedener Tierarten ausgedehnt. Die Quotienten der lipatischen Wirkungen auf verschiedene Substrate sind in einigen untersuchten Beispielen so übereinstimmend ausgefallen, daß dadurch die Annahme sehr unwahrscheinlich geworden ist, die Lipase setze sich aus einem Gemisch mehrerer Enzyme zusammen, z. B. fett- und esterspaltender.

Dieses Ergebnis bedeutet, daß die Pankreaslipase in bezug auf die untersuchten Substrate keine absolute Spezifität zeigt. Im Sinne absoluter oder qualitativer Spezifität ist gewiß auch der Satz von E. ABDERHALDEN und A. WEIL gemeint: „Das fettspaltende Ferment des Rinderpankreas ist in seiner katalytischen Wirkung unspezifisch, d. h. unabhängig von der molekularen Struktur und der sterischen Isomerie der Fette". [231] Wenn indessen der Lipase die Fähigkeit zukommt, verschiedenartige Substrate anzugreifen, so ist doch zu beachten, wie weit ihre quantitative Spezifität reicht. Konfigurationsspezifität ist für Leberlipase schon in dem wichtigen Versuche von H. D. DAKIN[1] erkannt worden, der aus Mandelsäureestern bei unvollständiger Hydrolyse rechtsdrehende freie Mandelsäure neben unangegriffenem l-Ester erhalten hat. Und als Strukturspezifität ist es bekannt[2], daß die Pankreaslipase auf Isobuttersäureester und andere Verbindungen mit verzweigter Kohlenstoffkette sehr träge wirkt. Die Lipase zeigt also ausgeprägte quantitative Spezifität.

Experimenteller Teil.

I. Hydrolyse eines einfachen Esters (Buttersäuremethylester).

Wahl des Substrates.

Um möglichst geringe Enzymmengen bestimmen zu können und durch kurze Wirkungszeit sowohl die bei reineren Präparaten in Betracht kommende Enzymzerstörung während der Versuche zu vermeiden wie zugleich bakterielle Wirkung auszuschließen, suchen wir ein Substrat, das durch Lipase besonders leicht und vom angewandten Puffer möglichst wenig angegriffen wird.

Methyl- und Äthylacetat werden von Lipase schwierig, vom schwach alkalischen Puffer zu stark gespalten. Viel geeigneter ist, wie man aus der grundlegenden Arbeit von J. H. KASTLE und A. S. LOEVENHART[3] weiß, Buttersäureäthylester. Dieser wird

[1] Jl. of Physiol. Bd. 30, S. 253 [1904] und Bd. 32, S. 199 [1905].
[2] Siehe L. MOREL und E. TERROINE, C. R. Bd. 149, S. 236 [1909].
[3] Am. Chem. Journ. Bd. 24, S. 491 [1900].

aber nach unseren Versuchen vom Methylester übertroffen, der in Wasser dreimal leichter löslich ist[4]. Aus der gesättigten Lösung des Methylbutyrats wird 1,4mal mehr Buttersäure in Freiheit gesetzt als mit der doppelten Enzymmenge aus dem Äthylester.

[232] Beispiel: Vol. 20 ccm, davon 5 ccm 2,5 n-Puffer von $p_H = 8,9$ ($NH_3 + NH_4Cl$); Aktivierung durch 10 mg Natriumoleat, 10 mg $CaCl_2$ und 15 mg Albumin. Enzym: Glycerinauszug von Pankreasprobe Nr. III. Zeit: 60′.

1. Äthylbutyrat mit 0,8 ccm Enzym.

0,05 ccm Ester 0,92 ccm n/5-KOH (48,5 %); 0,10 ccm Ester 1,85 ccm KOH (48,8 %); 0,15 ccm Ester 2,62 ccm KOH (46,0%); 0,20 ccm Ester 2,80 ccm KOH (37,0 %); 0,50 ccm Ester 2,75 ccm KOH (14,5 %).

2. Methylbutyrat mit nur 0,4 ccm Enzym.

0,063 ccm Ester 0,54 ccm n/5-KOH (19,7 %); 0,125 ccm Ester 1,36 ccm KOH (24,8 %); 0,250 ccm Ester 2,58 ccm KOH (23,4 %); 0,500 ccm Ester 3,90 ccm KOH (17,7 %); 1,000 ccm Ester 3,98 ccm KOH (9,0 %).

Während in der vor kurzem veröffentlichten Untersuchung von F. KNAFFL-LENZ[1]) auffallenderweise die Hydrolyse von Äthylbutyrat durch Leberlipase umgekehrt proportional der Substratkonzentration verlief, zeigt sich hier unter den Versuchsverhältnissen ausgleichender Aktivierung Proportionalität des Umsatzes mit der Substratkonzentration.

Aus unseren Versuchen ergibt sich ferner, daß nur der gelöste Anteil des Esters reagiert und daß das Ungelöste ohne Einfluß ist.

Tabelle 1.
Spaltung von Buttersäure- und Isobuttersäureestern.
(Vol. 20 ccm, davon 5 ccm 2,5/n-Puffer von $p_H = 8,9$; 10 mg Natriumoleat, 10 mg $CaCl_2$.)

Nr.	Enzym mg (Pankreaspulver Nr. III)	Substrat	Zeit Stdn.	n/5-KOH ccm
1	50	Äthyl-n-butyrat 0,5 ccm	4	5,90
2	—	,, -n- ,, 0,5 ,,	4	0,25
3	50	,, -i- ,, 0,5 ,,	4	0,36
4	—	,, -i- ,, 0,5 ,,	4	0,22
5	50	Tributyrin 0,2 ,,	2	6,21
6	—	,, 0,2 ,,	2	0,39
7	50	Triisobutyrin 0,2 ,,	4	2,05
8	—	,, 0,2 ,,	4	0,36

Die noch leichter löslichen Ester der Isobuttersäure sind als [233] Substrate ungeeignet, da sie nach L. MOREL und E. TERROINE[1]] und nach P. RONA und Z. BIEN[2]] von Lipase äußerst träge angegriffen werden. Zusatz unserer Aktivatoren hat darauf keinen Einfluß, wie sich aus vorstehendem Vergleich (Tab. 1) von Äthylbutyrat und Tributyrin mit den Isoverbindungen und aus ähnlichen Beobachtungen mit dem Methyl- und Amylester ergab.

[4] Nach J. TRAUBE löst sich Methylbutyrat in 55—65, Äthylbutyrat in 190—210 Teilen Wasser, Ber. Bd. 17, S. 2294, und zwar S. 2304 [1884].

[1]) Arch. für exp. Pathol. Bd. 97, S. 242 [1923].

[1]] C. R. Bd. 149, S. 236 [1909).

[2]] Biochem. Zs. Bd. 64, S. 13 [1914].

Aktivierungserscheinungen.

Für die lipatische Hydrolyse der in Wasser gelösten, einfachen Ester untersuchten wir, wie bei der Fettspaltung[3] und bei der stalagmometrisch gemessenen Tributyrinhydrolyse[4] die Aktivierungserscheinungen mit der Absicht, die Bestimmung von den Einflüssen der natürlichen Begleitstoffe unabhängiger zu machen.

Dies ist erstens für kinetische Untersuchungen nötig. Man muß z. B. bei wechselnden Konzentrationen von Substrat und Enzym wie in dem angeführten Versuch von F. KNAFFL-LENZ die aktivierenden und hemmenden Wirkungen von Begleitstoffen, da zugleich auch ihre Konzentrationen variiert werden, berücksichtigen.

Die ausgleichende Aktivierung ist zweitens erforderlich für die vergleichende Analyse einer Lipase im Verlaufe der Reinigung, also bei wechselndem Gehalt an natürlichen Begleitstoffen.

Drittens ist der Vergleich verschiedener Lipasen, z. B. der Vergleich verschiedener Organe und Gewebe nur bei möglichst vollständigem Ausgleich in bezug auf Aktivierung und Hemmung zulässig. Die Angaben von J. H. KASTLE und A. S. LOEVENHART und von späteren Forschern[5] über Lipasegehalte von Leber, Pankreas, Niere und anderen Drüsen und über die Lipasemengen bei verschiedenen Tieren sind in hohem [234] Maße gefälscht durch die ungleichmäßige natürliche Aktivierung oder Hemmung. Die Pankreaslipase ist bei KASTLE und LOEVENHART für die Buttersäureesterspaltung nicht aktiviert, die Leberlipase steht dagegen unter dem Einfluß der Galle. Dadurch erklärt sich, daß nach KASTLE und LOEVENHART[1]) die Leber des Schweines etwa 3mal stärker lipatisch wirken soll als Pankreas. Nach unseren Beobachtungen ist die Leber ärmer an Lipase als die Pankreasdrüse.

Einfache Ester werden im allgemeinen von Pankreaslipase wenig, von Leberlipase, da diese von natürlichen Aktivatoren begleitet ist, verhältnismäßig günstig gespalten. Die Anwendung der Aktivatoren bietet den weiteren Vorteil, daß die erforderlichen Enzymmengen herabgesetzt werden; die enzymatische Leistung auch der pankreatischen Lipase wird nämlich auf etwa das Zehnfache gesteigert.

Einige Versuche über die Wirkungen von Seife, von glykocholsaurem Salz, von Calciumchlorid und Albumin werden in der Tab. 2 mitgeteilt. Die Verseifung wird von Natriumoleat und von Glykocholat aktiviert und diese beiden Aktivatoren wirken kombiniert additiv (Vers. Nr. 10). Calciumchlorid ergibt mit Seife (Nr. 14) viel günstigere Kombinationswirkung (eine potenzierte) als mit Glykocholat (Nr. 12). Die bedeutendste Aktivierung ist mit Albumin + Natriumoleat + Calciumchlorid (Nr. 15, 16 und 17) erzielt worden; die schon sehr günstige Wirkung des Calciumoleats ist noch wesentlich gesteigert. Albumin übt also bei dem einwertigen Ester einen wesentlich anderen Einfluß aus als bei den Glyceriden; denn die Spaltung von Tributyrin und

[3] I. Abh. [4] IV. Abh.

[5] Siehe besonders P. SAXL, Biochem. Zs. Bd. 12, S. 343, und zwar S. 355 [1908].

[1]) Am. Chem. Journ. Bd. 24, S. 491, und zwar S. 493 [1900].

Triacetin wird bei alkalischer Reaktion von Albumin gehemmt und unter Aktivierung durch Calciumoleat wird sie durch Albumin nicht beeinflußt.

In den analytischen Angaben der Tab. 2 (und auch in den nachfolgenden) sind von dem Werte für verbrauchtes KOH und gefundene Spaltung die Zahlen des Leerversuchs (in Tab. 2 0,17 ccm KOH und 2% Spaltung) abgezogen. Die im Stabe „Aktivierungseffekt" angeführten Werte sind nur ungefähre [235] Schätzungen. Die Spaltung ohne Zusätze (4,6%) liegt ihnen zugrunde, aber diese ist mit beliebiger, roher Lipase ermittelt und hängt von Menge und Art ihrer Fremdstoffe ab.

Tabelle 2.
Hydrolyse von Methylbutyrat unter Aktivierung.
(Vol. 20 ccm, davon 5 ccm 2,5/n-Puffer von $NH_3 + NH_4Cl$ [1 : 2, $p_H = 8,9$]; 0,2 g Ester; 0,8 ccm Glyc.-Lösung der Pankreasprobe Nr. III; Zeit 60'; 30°.)

Nr.	Natriumoleat mg	$CaCl_2$ mg	Natriumglykocholat mg	Albumin mg	n/5-KOH ccm	Spaltung %	Aktivierungseffekt etwa %
1	—	—	—	—	0,40	4,6	—
2	1,25	—	—	—	0,74	8,5	80
3	5,0	—	—	—	0,67	7,7	70
4	—	—	1,25	—	0,66	7,5	60
5	—	—	2,5	—	0,60	6,9	50
6	—	—	5,0	—	0,60	6,9	50
7	—	—	20,0	—	0,60	6,9	50
8	—	1,25	—	—	0,66	7,5	60
9	—	10,0	—	—	0,53	6,1	30
10	5,0	—	5,0	—	1,58	18,1	290
11	—	—	10,0	15,0	0,84	9,6	110
12	—	10,0	10,0	—	0,80	9,1	100
13	10,0	—	—	15,0	1,90	21,7	370
14	10,0	10,0	—	—	2,30	26,3	470
15	10,0	10,0	—	7,5	2,50	28,6	510
16	10,0	10,0	—	15,0	3,30	37,8	700
17	10,0	10,0	—	30,0	3,54	40,5	780

Auch Glycerin in größeren Konzentrationen aktiviert die Hydrolyse des Esters wie die von Olivenöl, und dieser Einfluß, der seinem Wesen nach vielleicht ein ganz anderer ist als die Wirkung der in sehr kleinen Konzentrationen angewandten Akti-

Tabelle 3.
Einfluß von Glycerin auf die Butyratspaltung.
(2,40 ccm Glyc.-Lösung aus Pankreasprobe Nr. III.)

Glyceringehalt der Flüssigkeit %	Zeit (Min.)	Spaltung %	Aktivierungseffekt %
0	30	11,7	—
0	60	18,8	—
0	120	27,4	—
33	30	14,2	37
33	60	25,8	37
33	120	36,4	37
60	30	19,7	82
60	60	34,1	82

vatoren tritt noch bei Gegenwart von Calciumoleat zutage. Auf Zusatz von 33% Glycerin zum Bestimmungsgemisch, das außer den andern Aktivatoren noch Albumin enthielt, erfolgte (Tab. 3) eine weitere Steigerung. Für die Versuche der Tabelle diente der im folgenden Abschnitt eingeführte Bestimmungsansatz, jedoch unter Zusatz von 120 mg Albumin.

[236] Bestimmungsmethode.

Die Bestimmungsmethode soll für die Lipase von dem rohen Zustand des natürlichen Vorkommens bis zu den aus Adsorbaten gewonnenen, vielfach reineren Elutionen anwendbar sein. Da sich die verdünnten, wenig haltbaren Elutionen durch Zusatz von Glycerin stabilisieren lassen, so ist es zweckmäßig, für die analytische Methode als Medium ein an Glycerin reiches Gemisch zu verwenden, um so mehr, als die Lipasewirkung durch das Glycerin so bedeutend gesteigert wird.

Die Hydrolyse wird bei schwach alkalischer Reaktion, nämlich mit Ammoniak-Salmiak-Puffer von $p_H = 8,9$ ausgeführt und zwar bei 30°. Zur Aktivierung dient dabei Natriumoleat mit Calciumchlorid. Es wäre, um die Methode zur Analyse von Drüsenmaterial und andern rohen Präparaten anzuwenden, besser, die Aktivierung durch Zusatz von Albumin zu vervollständigen, was in unseren Versuchen noch nicht geschehen ist. Ohne ausgleichenden Zusatz von Albumin wird beim Vergleich von stark proteinhaltigen Präparaten und von reinerer Lipase die Wirksamkeit der ersteren zu hoch gefunden.

Ausführung. Von neutral reagierenden reinem [237] Methylbutyrat wurden 0,8 g (= 0,007 Mol) im 100 ccm-Meßkolben mit 75 ccm eines auf 30° erwärmten Gemisches aus gleichen Teilen von Wasser und 87proz. Glycerin sowie mit 20 ccm $NH_3 + NH_4Cl$-Puffer (1:2; 2,5n) versetzt.

Die Auflösung des Esters unterstützt man durch Schütteln. Dann wird die Enzymprobe, das Natriumoleat (2 ccm = 40 mg) und das Calciumchlorid (1 ccm = 40 mg) zugefügt und das Kölbchen in den Thermostaten gestellt. Auf Zusatz von Calciumchlorid hat sich ölsaurer Kalk in feiner Verteilung ausgeschieden, er soll während der Bestimmung nicht ausflocken.

Dem fertigen Verseifungsgemisch werden zu Anfang 20 ccm mit der Pipette entnommen, die man in ein mit Wasser und 25 ccm $^n/_5$-Salzsäure beschicktes Gefäß einträgt und mit $^n/_5$-KOH unter Zusatz von 12 Tropfen 0,5proz. Lösung von Bromkresolpurpur[1] zurücktitriert. Nach 60 Minuten, besser zur Kenntnis des Reaktionsverlaufs nach etwa 30, 60 und 80 Minuten, entnimmt und titriert man je 20 ccm, um aus den gefundenen Zahlen nach Abzug der in gleichen Zeiten vom Puffer allein bewirkten Spaltung den genauen Wert für 60 Minuten zu interpolieren.

Reaktionsverlauf; Einheit. Die unter diesen Bedingungen mit wechselnden Mengen von getrocknetem Schweinepankreas (Nr. III) in verschiedenen Zeiten er-

[1] Vgl. W. M. Clark, The Determination of Hydrogen Ions, Baltimore 1920, S. 45, 63, 65, 66; und zur Darstellung H. A. Lubs und W. M. Clark, J. Wash. Acad. Sci. Bd. 6, S. 481 [1916].

zielten Spaltungen geben die Tab. 4 und die Abb. 1 wieder. Aus diesen Versuchen ergibt sich, daß das Produkt von Enzymmenge und Zeitdauer für einen gewissen Grad der Verseifung nicht genau konstant ist. Die Hydrolyse in längerer Zeitdauer ist etwas im Nachteil, anscheinend infolge von Enzymzerstörung unter dem Einfluß von Puffer und Ester zusammen.

Analog der lipatischen Fettspaltung bei wechselndem p_H[2] und der stalagmometrischen Tributyrinspaltung[3] wird eine Einheit gewählt und als L.'E. bezeichnet.

[238] Eine L.'E. sei diejenige Lipasemenge, die in $^1/_5$ des Versuchsansatzes, nämlich in 20 ccm[1]) enthalten ist und die unter den angegebenen Bedingungen der ausgleichenden Aktivierung in 60 Minuten 25% des Methylbutyrats spaltet. Wie aus der Tab. 4 und aus der Abb. 1 ersichtlich, ist 1 L.'E. in 15 mg der getrockneten Pankreasprobe Nr. III enthalten, da von diesem Organmaterial 10 mg in 60 Minuten etwa 20%, 20 mg 31% Ester spalten. In den untersuchten Lipasepräparaten entsprach im allgemeinen 1 L.'E. ungefähr einer L.E. (sie war etwas mehr, nämlich 1,2 L.E.). Zur Ermittlung einer Lipasemenge aus der gemessenen Butyratspaltung dient die Abb. 2,

Tabelle 4.
Zeitlicher Verlauf der Esterspaltung mit verschiedenen Enzymmengen.

Nr.	mg Trockenpulver III in 20 ccm d. i. $^1/_5$ des Versuchs	Zeit in Minuten	n/5-KOH für je 20 ccm	Spaltung %
I, 1	1,25	60	0,21	3,0
2	1,25	150	0,48	6,9
II, 3	2,50	70	0,49	7,0
4	2,50	143	0,76	10,9
III, 5	5,00	47	0,62	8,9
6	5,00	90	1,03	14,7
7	5,00	173	1,58	22,6
IV, 8	10,00	33	0,86	12,3
9	10,00	56	1,31	18,7
10	10,00	122	2,19	31,3
V, 11	20,00	32	1,55	22,1
12	20,00	81	2,72	38,9
VI, 13	40,00	31	2,60	37,2

welche die durch verschiedene Enzymmengen im Bereiche von 1:16 in 60 Minuten erzielten Spaltungen darstellt. Da hiernach ebenso wie in der Untersuchung von F. KNAFFL-LENZ[2]) der Spaltungsgrad der Enzymkonzentration annähernd [239] proportional ist, findet man am einfachsten den Wert eines Präparats in L.'E., indem man den Prozentbetrag der Esterspaltung durch 25 dividiert.

[2] I. Abh., S. 115.
[3] IV. Abh., S. 23.
[1]) Die Hydrolyse erfordert also in 20 ccm des Ansatzes etwa ebenso viel Lipase wie die Bestimmung mit Olivenöl.
[2]) A. a. O S. 247.

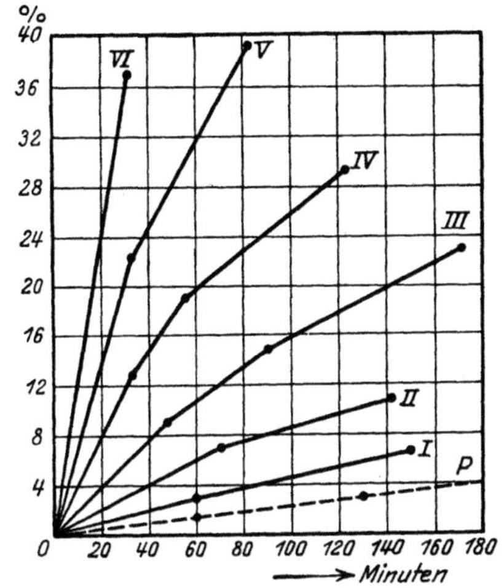

Abb. 1. Verseifungsgeschwindigkeit der Methylbutyratspaltung mit verschiedenen Lipasemengen.

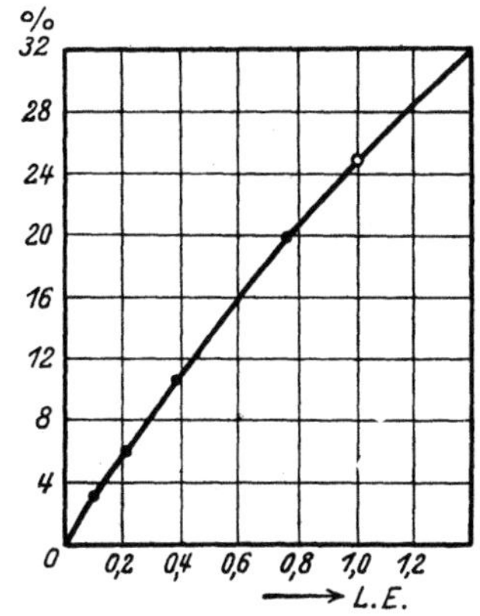

Abb. 2. Lipasemenge und Spaltungsgrad.

II. Hydrolyse von Triacetin.

Aktivierung.

Die verschiedenen Zusätze üben einzeln und kombiniert denselben Einfluß aus wie bei der Verseifung des Tributyrins (Tab. 5). Die Reaktion wird durch gallensaures und ölsaures Salz wesentlich beschleunigt und zwar schon bei sehr geringen

Tabelle 5.
Triacetinspaltung mit Aktivatoren.
(Vol. 16 ccm, davon 2 ccm 5n-Puffer von $NH_3 + NH_4Cl$ [1 : 2; $p_H = 8{,}9$.], 300 mg Triacetin, 0,8 ccm Glyc.-Lösung der Pankreasprobe Nr. III; Zeit = 60′; 30°.)

Nr.	Natriumoleat mg	Natrium-glykocholat * mg	$CaCl_2$ mg	Albumin mg	0,5 n-KOH ccm	Spaltung %	Aktivierungs-effekt ca. %
1	—	—	—	—	0,34	4,1	—
2	—	2,5	—	—	0,69	8,4	100
3	—	5,0	—	—	0,79	9,6	130
4	—	10,0	—	—	0,51	6,2	50
5	—	20,0	—	—	0,52	6,3	50
6	1,0	—	—	—	1,16	14,1	250
7	1,25	—	—	—	1,27	15,4	270
8	2,5	—	—	—	1,19	14,4	250
9	5,0	—	—	—	1,01	12,2	200
10	10,0	—	—	—	1,12	13,6	230
11	25,0	—	—	—	1,09	13,2	220
12	50,0	—	—	—	0,99	12,0	190
13	100,0	—	—	—	0,88	10,7	160
14	200,0	—	—	—	0,56	6,8	70
15	—	—	10,0	—	0,71	8,7	110
16	—	—	20,0	—	0,69	8,4	100
17	10,0	—	10,0	—	2,74	33,2	710
18	10,0	—	10,0	—	2,74	33,2	710
19	10,0	—	—	15,0	2,29	27,7	570

* *Die Tab. 5 enthält im Originaldruck einen Schreibfehler, der hier berichtigt ist; die Bezeichnung der Stäbe „$CaCl_2$“ und „Natriumglykocholat“ wurde vertauscht.*

Konzentrationen und in langsam abnehmendem Maße bei steigender Konzentration der Aktivatoren. Beim Tributyrin aktivieren Glykocholat und Oleat gleichmäßig um 200%, beim Triacetin Glykocholat um 100, ölsaures Natrium um fast 300%. Dieser Unterschied dürfte nur auf das Zusammenwirken der beiden Seifen mit den Proteinsubstanzen zurückzuführen sein. Da die Triacetinverseifung alkalimetrisch bestimmt wird, sind viel größere Enzymproben anzuwenden als bei der stalagmometrischen Methode; es trifft also mehr Protein auf dieselbe Menge zugefügten Aktivators.

[240] Die Wirkung der Seife wird wieder bedeutend gesteigert durch Zusatz von Calciumsalz oder von Albumin; aber die Aktivierung durch Calciumoleat läßt sich mit Albumin nicht weiter steigern. Dies ist wie beim Tributyrin, aber anders als beim Buttersäuremethylester (Tab. 6).

Tabelle 6.
Triacetinspaltung, durch Calciumoleat aktiviert, unbeeinflußt durch Albumin.
(Dieselben Bedingungen wie Tabelle 5, aber mit 10 mg Natr. oleat + 10 mg $CaCl_2$.)

Glyc.-Auszug Nr. II ccm	Albumin mg	Spaltung %
0,10	—	18,7
0,10	15,0	17,5
0,05	—	10,4
0,05	7,5	9,9

Bestimmungsmethode und Reaktionskinetik.

Die Wirkung der Lipase auf Triacetin wird ganz analog der Butyratspaltung gemessen, also in schwach alkalischem, glycerinhaltigem Medium bei 30° mit 1,32 ccm Triacetin (= 0,007 Mol) unter Zusatz von 40 mg Natriumoleat und 40 mg Calciumchlorid. Aus dem Ansatze von 100 ccm werden z. B. nach [241] 25 und 35 Minuten Proben titriert. Die von den gefundenen Alkalimengen abzuziehenden Anteile, die auf Spaltung durch Puffer entfallen, sind beim Triacetin erheblich. Die Spaltung durch Puffer beträgt nämlich in 20 Minuten 1,6, in 30 Minuten 2,4 und in 110 Minuten 9% gemäß der Linie *P* in Abb. 3.

Diejenige Enzymmenge in 40 ccm[1] des Verseifungsgemisches, die in 30 Minuten 10% der Essigsäure in Freiheit setzt, wird als Einheit (L.''E.) gewählt. Dann entspricht 1 L.''E. ungefähr 1 L.E. (genauer 0,92 L.E.). Die Zahl der L.''E. in 40 ccm Verseifungsansatz ergibt sich gemäß der Abb. 4 annähernd gleich $^1/_{10}$ vom Prozentbetrage des gespaltenen Triacetins.

Der zeitliche Verlauf der Triacetinspaltung bei ausgleichender Aktivierung wurde mit wechselnden Mengen einer Glycerinlösung von Pankreaslipase (aus Pr. Nr. III) geprüft (Tab. 7 und Abb. 3). In den Ergebnissen ist es auffallend, wie sehr die Geschwindigkeit der zunächst rasch einsetzenden Hydrolyse sich während der Versuchszeit vermindert. Nach etwa 80 Minuten ist fast nur noch die Spaltung durch den

[1] Die Einheit wird in diesem Falle zweckmäßig auf 40 ccm des Ansatzes bezogen, um sie der L.E. anzunähern.

Puffer allein nachweisbar. Man könnte demnach die Analyse einfach auf den in 120 Minuten erzielten Endwert, der für [242] jede Enzymmenge ein bestimmter ist, gründen, wenn nicht die Korrektur für die Pufferspaltung zu bedeutend wäre.

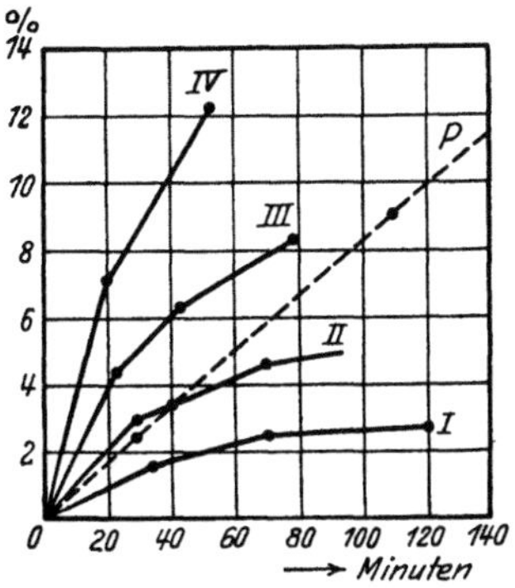

Abb. 3. Hydrolyse des Triacetins mit verschiedenen Enzymmengen.

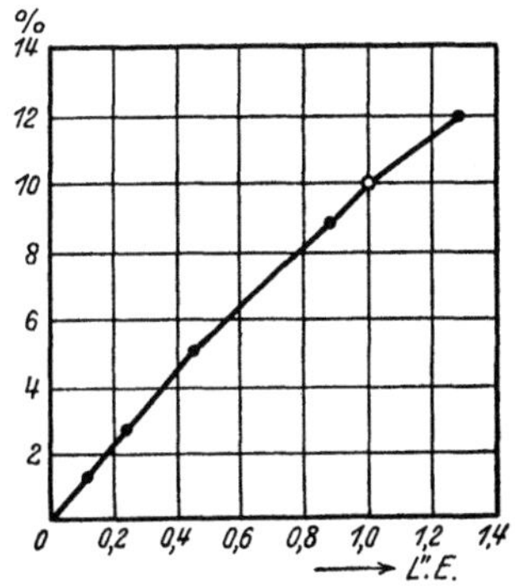

Abb. 4. Enzymmengen und Grad der Triacetinspaltung.

Tabelle 7.
Zeitlicher Verlauf der Triacetinspaltung mit verschiedenen Lipasemengen.

Nr.	Glyc.-Ertr. Nr. III in 40 ccm	Zeit Minuten	n/5-KOH ccm	Spaltung %
I, 1	0,040	36	0,31	1,48
2	0,040	70	0,49	2,33
3	0,040	121	0,52	2,50
II, 4	0,080	27	0,57	2,72
5	0,080	73	0,96	4,57
III, 6	0,160	23	0,89	4,23
7	0,160	42	1,31	6,24
8	0,160	80	1,70	8,28
IV, 9	0,320	20	1,47	7,00
10	0,320	54	2,56	12,20

Der beobachtete Reaktionsverlauf fügt sich annähernd der SCHÜTZschen Regel, was schon beim Monobutyrin mit Serumlipase von H. PIGHINI[1] (titrimetrisch) sowie von P. RONA und J. EBSEN[2] (stalagmometrisch) gefunden worden ist und was [243] auch mit den neuen Messungen von F. KNAFFL-LENZ bei der Tri- und Monobutyrinspaltung durch Leberlipase in Einklang steht. Wir finden in einem größeren Abschnitt des Spaltungsverlaufs die aus der Gleichung $x = k\sqrt{t}$ für k berechneten Werte konstant; z. B. ergibt sich aus der Kurve III in Abb. 3:

16 Minuten	3,2 %	Spaltung;	$k = 0,80$
25 ,,	4,5 %	,,	$k = 0,90$
36 ,,	5,6 %	,,	$k = 0,93$
49 ,,	6,7 %	,,	$k = 0,96$
64 ,,	7,6 %	,,	$k = 0,95$
81 ,,	8,4 %	,,	$k = 0,93$
100 ,,	8,9 %	,,	$k = 0,89$.

[1] Biochem. Zs. Bd. 33, S. 190 [1911].

[2] Biochem. Zs. Bd. 39, S. 21 [1912].

Ein solcher Reaktionsverlauf bedeutet, daß die Wirkung des Enzyms gesetzmäßig fortschreitend verringert wird, sei es, wie S. ARRHENIUS[1] nachgewiesen hat, durch Hemmung, welche gebildete Spaltprodukte ausüben können, sei es durch Enzymzerstörung. Man sieht im Falle des Monobutyrins, daß bei niederen Glyceriden der Verlauf nach der Schützschen Regel nicht auf Enzymhemmung beruht, denn weder Glycerin noch Buttersäure in alkalischem Medium vermag die lipatische Monobutyrinspaltung zu hemmen. Vielmehr glauben wir im vorliegenden Falle die Erklärung in Enzymzerstörung zu finden, die unter den Reaktionsbedingungen durch die Wirkung des Substrats erfolgt. Der Puffer allein bedingt keine erhebliche Schädigung des Enzyms. Da die Hydrolyse ohne Aktivierung sehr träge verläuft, kann man das Verhalten des Enzyms gegenüber dem Substrat bei Gegenwart von Puffer und Glycerin untersuchen. Man fügt zum Versuchsansatz erst nach einer gewissen Dauer die fehlenden Aktivatoren hinzu und vergleicht die darauf eintretende Hydrolyse mit derjenigen ohne solche Vorbehandlung. Dabei zeigt sich (Tab. 8), daß schon in 1 bis 2 Stunden über 80 bis 90% des Enzyms verloren gehen. Versuche mit langer Zeitdauer sind daher reaktionskinetisch und analytisch unbrauchbar. Die Zersetzung des Enzyms unter diesen Bedingungen scheint sogar von seinem Reinheitsgrad nur wenig abzuhängen.

Tabelle 8.

[244] Schädigung der Lipase durch Triacetin + Puffer ($p_H = 8,9$).

Lipase	Verseifungsgemisch mit Puffer und Glycerin	Spaltung in 30' %	Schädigung %
12,5 mg Pulver III	ohne Vorbehandlung	4,2	—
dasselbe Pulver	nach 65' Stehen mit Triacetin	0,5	88
0,4 ccm Glyc.-Ausz. III	ohne Vorbehandlung	4,9	—
derselbe Auszug	nach 100' Stehen mit den Aktivatoren	4,5	(8)
derselbe Auszug	nach 100' Stehen mit Triacetin	0,5	90
25 ccm Elution	ohne Vorbehandlung	4,3	—
dieselbe Elution	nach 30' Stehen mit Triacetin	2,9	33

Allgemein sind stark kapillaraktive Stoffe wie Aceton und besonders Amylalkohol imstande, nicht nur die lipatische Reaktion bedeutend zu hemmen, sie schädigen auch das Enzym. Nach der Tab. 9 macht es viel aus, wenn der Verseifungsansatz vor dem Eintragen der Aktivatoren mit einer kleinen Menge Amylalkohol stehen bleibt.

Tabelle 9.
Einfluß kapillaraktiver Stoffe auf Lipase.
(Mit 2,0 ccm Glycerinauszug II. Zeit: 30'.)

Vorbehandlung	Spaltung %	Schädigung %
ohne Vorbehandlung	15,4	—
nach 30' Stehen mit Puffer	15,1	(2)
mit 10% Aceton sofort best.	8,5	—
nach 30' Stehen mit 10% Aceton + Puffer . .	7,3	14
mit 2% Amylalkohol sofort best.	5,8	—
nach 30' Stehen mit 2% Amylalkohol + Puffer.	3,6	38

[1] Medd. Nobel-Inst. Bd. 1, Nr. 9 [1908].

III. Wirkungsverhältnis lipatischer Präparate gegenüber verschiedenen Substraten.

Die analytischen Methoden, die sich auf die verschiedenen Substrate beziehen, sind ohne Rücksicht auf die Frage ausgearbeitet, ob es ein und dasselbe lipatische Enzym ist, das [245] Fette und niedere Glyceride und die Ester einwertiger Alkohole spaltet. Mittels dieser Bestimmungsmethoden soll nun geprüft werden, ob sich das Geschwindigkeitsverhältnis, das sich aus den Spaltungen verschiedener Substrate ergibt, wesentlich ändert im Verlauf der präparativen Reinigung, wobei verschiedene Enzyme von einander getrennt werden, oder während des Alterns von Präparaten, wobei der Enzymgehalt sinkt. Außerdem sind durch den Vergleich der Wirkung auf mehrere Substrate Aufschlüsse zu suchen über die Identität der Lipasen verschiedener Tiere und aus ihren einzelnen Organen. Allerdings darf die Methode der Zeitwertquotienten nur mit den durch die Untersuchungen von R. KUHN[1] „Über Spezifität der Enzyme" klargelegten Einschränkungen zu Schlußfolgerungen über Identität oder Verschiedenheit von Enzymen herangezogen werden. Ergeben die Wirkungsverhältnisse der Lipasen von verschiedener Herkunft für die genannten Substrate annähernde Übereinstimmung, dann ist gewiß kein Grund vorhanden, Enzymverschiedenheit anzunehmen. Differieren aber die Zeitwertquotienten, so können Begleitstoffe Schuld tragen an Änderungen der Affinität des Enzyms zu den Substraten.

Einige Bestimmungen der mittels der Substrate Olivenöl, Triacetin und Buttersäureester gefundenen Lipasekonzentrationen sind in der Tab. 10 angeführt. Die Versuche Nr. 1 bis 3 zeigen, daß sich das Verhältnis von L.'E. und L.''E. zu L.E. bei der Reinigung der Pankreaslipase durch Extraktion mit Glycerin sowie durch mehrmalige Adsorptions- und Elutionsvornahmen wenig ändert. Die Methylbutyratspaltungen bei Anwendung der getrockneten Drüse dürften durch den nicht genügend ausgeglichenen Einfluß von Proteinsubstanzen etwas zu hoch gefunden sein. Die Quotienten bleiben auch ganz konstant im Laufe der Enzymzerstörung, nämlich bei einer Abnahme um 80%, die beim Verdünnen einer Glycerinlösung von Lipase mit viel Wasser und zweitägigem Aufbewahren eintrat (Nr. 5).

Die in unserer 2. Abhandlung beschriebenen Proben Nr. I und III von Schweinepankreas zeigen unter einander [246] größere Differenzen als z. B. die Pankreasprobe Nr. III und die Pankreaslipase des Pferdes (Nr. 6).

Nur eine größere Abweichung ist beim Schafspankreas gefunden worden. Das Verhältnis der Öl- und Triacetinspaltungen ist hier zwar genau gleich wie bei dem zumeist angewandten Präparat von Schweinepankreas, aber der Quotient aus Öl- und Butyratspaltung ist zu hoch. Es scheint ein aktivierender Begleitstoff vorhanden zu sein, der gewöhnliche Eiweißkörper übertrifft und gegenüber dessen Einfluß unsere Anordnung der ausgleichenden Aktivierung nicht genügt.

---

[1] Diese Zs. Bd. 125, S. 1 u. 28 [1922/23]; R. WILLSTÄTTER, R. KUHN und H. SOBOTKA, diese Zs. Bd. 129, S. 33 [1923] (*Abhandlungen 80, 81 und 83*).

Tabelle 10.

Nr.	Enzympräparat	Substrate			Quotienten	
		Oliven-öl L.E.	Methyl-butyrat L.'E.	Tri-acetin L."L.	L.'E. / L.E.	L."E. / L.E.
1	50 mg tr. Pankr. pulv. III (Schwein)	4,12	3,75	4,13	0,91	1,00
2	Glycerinauszug aus demselben; 1 ccm	2,93	2,40	2,65	0,82	0,95
3	dasselbe, Elution nach 2mal. Tonerdeads., 75 ccm . . .	3,30	2,85	2,61	0,85	0,83
4	Glycerinauszug aus Pankr. (Schwein Nr. IV) 1 ccm . .	3,20	2,60	2,80	0,81	0,90
5	dasselbe nach 48 Stunden Stehen in verdünnter Lösung	0,59	0,45	0,05	0,77	0,90
6	Glycerinauszug aus Pankr. (Pferd Nr. I).	2,07	2,05	1,92	1,01	0,93
7	50 mg tr. Pankr. pulv. I (Schwein)	4,40	7,20	6,55	1,64	1,50
8	Glycerinauszug aus Pankr. (Schwein Nr. 1), 1 ccm . .	3,33	4,05	4,65	1,21	1,40
9	50 mg tr. Pankr. pulv. (Schaf Nr. I)	0,93	2,80	0,93	3,01	1,00
10	Glycerinauszug aus Pankr. (Schaf Nr. I), 1 ccm . . .	1,13	2,65	1,05	2,34	0,93
11	dasselbe, Elution aus Tonerdeads., 50 ccm	1,73	4,10	1,60	2,34	0,93

Zeitschrift für physiologische Chemie 133, S. 247 [1924].

94. VERGLEICH VON MAGENLIPASE MIT PANKREASLIPASE.

Von RICHARD WILLSTÄTTER und FRIEDRICH MEMMEN.

Siebente Abhandlung über Pankreasenzyme.

(Mitteilung aus dem Chemischen Laboratorium der Bayerischen Akademie der Wissenschaften in München.)

(Der Redaktion zugegangen am 30. Oktober 1923.)

Einleitung.

Unsere Untersuchung beabsichtigt, die Lipase des Magens zunächst an einem Beispiel, dem Magen des Schweines, mit der Pankreaslipase zu vergleichen. Da die Angaben der Literatur widerspruchsvoll und unsicher erscheinen, suchen wir mit den neuen Methoden[1] zur quantitativen Bestimmung der lipatischen Fett- und Butyrinspaltung zu entscheiden, ob die Lipase in den Magendrüsen als Zymogen oder als fertiges Enzym vorkommt und ob sie sich von der pankreatischen Lipase in ihrer Abhängigkeit von der Wasserstoffionenkonzentration oder von Aktivatoren unterscheidet.

Es wäre nicht erlaubt, die an der Magenlipase einer einzigen Tierart angestellten Beobachtungen zu verallgemeinern. Die Unterschiede, die sich gegenüber der in grundlegenden Versuchen von F. VOLHARD[2], H. DAVIDSOHN[3] u. a. gewonnenen **[248]** Kenntnis von der Magenlipase des Menschen und des Hundes ergeben, scheinen nur durch Verschiedenheit der untersuchten Lipasen erklärbar zu sein, wenn nicht den Begleitstoffen ein übermäßiger Einfluß auf die Beobachtungen zukommt.

Wir gewannen Lösungen der Lipase mit Glycerin, mit Wasser oder mit verdünntem Ammoniak in guter prozentualer Ausbeute aus den verschiedenen Teilen des Magens, aus der Schleimhaut in reichlicherer Menge als aus dem darunter befindlichen Muskelgewebe, aus dem Cardiateile in größerer Ausbeute als aus der Fundusregion. Das Enzym findet sich in dem Organe fertig gebildet, nicht als Zymogen. Die enzymatische

---

[1] I. Abh. über Pankreasenzyme, diese Zs. Bd. 125, S. 93 [1922/23] und IV. Abh., diese Zs. Bd. 129, S. 1 [1923].

[2] Zs. f. klin. Med. Bd. 42, S. 414 [1901] und Bd. 43, S. 397 [1901]; W. STADE, Hofmeisters Beitr. z. Physiol. Bd. 3, S. 291 [1902]; A. ZINSSER, Hofm. Beitr. z. Physiol. Bd. 7, S. 31 [1905]; A. FROMME, Hofm. Beitr. z. Physiol. Bd. 7, S. 57 [1905].

[3] Biochem. Zs. Bd. 45, S. 284 [1912] und Bd. 49, S. 249 [1913].

Konzentration der gewonnenen Lösungen ist etwa 40- bis 600mal geringer als in den Glycerinauszügen von getrocknetem Pankreas. Die Beschreibung der Magenlipase wird durch die große Verdünnung und Unreinheit erschwert und sie wird richtiger, wenn das Enzym mittels der Adsorptionsmethode auf einen höheren Reinheitsgrad gebracht ist.

Während nach den sorgfältigen Untersuchungen von H. DAVIDSOHN[1] die Lipase erwachsener Menschen und von Säuglingen bei saurer Reaktion sehr viel stärker wirkt als bei alkalischer und ein ziemlich breites Wirkungsoptimum von $p_H = 5$ bis 4 besitzt, und während nach den letzten Angaben von M. TAKATA[2], die sich auf Lipase aus dem Pawlowschen Safte des kleinen Magens eines Hundes beziehen, die Wirkung bei $p_H = 5$ bis 7 optimal ist, finden wir an sämtlichen Präparaten die Lipase des Schweinemagens bei alkalischer Reaktion weit wirksamer als bei neutraler und noch mehr als bei saurer. Verschieden von unseren Beobachtungen an Pankreaslipase ist nur das Wirkungsverhältnis zwischen $p_H = 8{,}6$ und 4,7. Aber die Kurve der Abhängigkeit vom p_H differiert auch bei den einzelnen rohen Enzymlösungen aus dem Schweinemagen. Die Wirksamkeit bei $p_H = 8{,}6$ ist zwischen 2mal und 8mal größer **[249]** als bei $p_H = 4{,}7$. Es gelingt nun, die Magenlipase nach dem Verfahren der Adsorption mit Tonerde und Elution mit glycerinhaltigem ammoniakalischem Phosphat, so wie es bei Pankreaslipase zum Ziel geführt hat, von einem Begleitstoff zu befreien, der bei alkalischer Reaktion hemmend gewirkt hat. Dadurch verschwindet der Unterschied zwischen der p_H-Abhängigkeitskurve der Pankreas- und der Magenlipase. Bei beiden beträgt das Wirkungsverhältnis zwischen $p_H = 8{,}6$ und 4,7 ungefähr 20. Die Abhängigkeit der lipatischen Wirkung von der Wasserstoffzahl ist also, wie in unserer I. Abhandlung[1]) für die Pankreaslipase erkannt worden, „durch ganz andere, kompliziertere Faktoren vorgetäuscht oder entstellt.“ Für die fettspaltenden Enzyme ist es wichtiger wie für die kohlehydratspaltenden, die Einflüsse der Begleitstoffe zu berücksichtigen und zu überwinden, die je nach der Wasserstoffzahl wechselnde aktivierende oder hemmende Wirkung entfalten können.

Die Lipase läßt sich durch glykocholsaures und durch ölsaures Natrium aktivieren. Oleat wirkt stärker und hat den Vorzug, kombiniert mit Eiweiß die lipatische Reaktion noch bedeutender zu steigern und von zufälligen Begleitstoffen so unabhängig zu machen, wie es zur Bestimmung unter ausgleichender Aktivierung nötig ist. Obwohl die Wirkung von gallensaurem Salz weniger günstig ist, verdient sie besondere Beachtung, da die Aktivierbarkeit durch Galle die pankreatische Lipase von der Magenlipase unterscheiden soll. Der zuerst von E. LAQUEUR[2]) angegebene Unterschied war so beobachtet, daß die Magenlipase des Hundes in ihrem sauren Milieu mit Galle

[1] Biochem. Zs. Bd. 49, S. 249 [1913], und zwar S. 272.

[2] Vgl. The Tohoku Journ. of Exper. Med. Bd. 2, S. 209 [1921] und Biochem. Jl. Bd. 1, S. 107 [1922]; zitiert nach der Abh. „Über die Wirkung des Chinins und der Chininderivate auf Magenlipase“ von P. RONA und M. TAKATA, Biochem. Zs. Bd. 134, S. 118 [1922/23].

[1]) a. a. O. S. 97.

[2]) Hofmeisters Beitr. z. Physiol. Bd. 8, S. 281 [1906].

geprüft wurde, wobei die vom Pankreas her bekannte Wirkung ausblieb. Die pankreatische Fettspaltung wird indessen durch Glykocholat auch nur alkalisch aktiviert, sauer aber gehemmt.

Das Verhalten der Magenlipase gegen glykocholsaures Natrium finden wir ungleichmäßig. Manche Präparate wurden dadurch aktiviert, aufs doppelte oder dreifache, andere gar [250] nicht. Es läßt sich zeigen, daß das Ausbleiben auf der Anwesenheit eines gallenähnlich wirkenden Aktivators beruht. Denn die Lipaselösungen, die auf Zusatz von gallensaurem Salz keinen Ausschlag geben, sind schon in gleicher Art aktiviert. Durch die Reinigung nach der Adsorptionsmethode wird in einem solchen Falle die Aktivierbarkeit mit glykocholsaurem Natrium hergestellt, also die Übereinstimmung mit pankreatischer Lipase.

Für die Annahme der Verschiedenheit von Magenlipase und Pankreaslipase der untersuchten Tierart ist gar keine Stütze geblieben.

Experimenteller Teil.

I. Gewinnung von Magenlipase.

Die Schweinemagen wurden kurz nach der Schlachtung mit einem scharfen Wasserstrahl gereinigt, durch Schaben und Bürsten von Fett und Schleim gründlich befreit und nochmals gewaschen. Nach Entfernen des Ösophagus und der gelben Pylorusteile, die enzymarm sind, zerlegten wir die Magen in die hellrötlichen, zähen Cardiateile und die roten, weicheren Fundusteile und trennten die Schleimhaut von der Muskelhaut, die mit der äußeren, serösen Haut verbunden blieb. Das Material wurde in die Form eines haltbaren, trockenen Pulvers gebracht, indem man es zu Brei zerkleinerte und in die doppelte Menge Aceton einlegte, um nach 2 Stunden die schon erhärtete Masse nochmals in ebensoviel frisches Aceton einzutragen. Endlich wurde das mit Aceton-Äthermischung gewaschene und getrocknete Material gemahlen.

Die analytischen Angaben beziehen sich hauptsächlich auf 2 Darstellungen.

Präparat 1. 50 Magen von 2 bis 3 Monaten alten Tieren lieferten aus den äußeren Teilen (Muskelhaut usw.) 520 g Pulver (I M), 96 g aus Cardia (I C), 308 g aus Fundus (I F).

Präparat 2. Aus 10 Magen älterer Tiere wurden mit dem Messer Epithelteile abgeschabt (trocken 13 g, II E); Cardiateil (II C) 38 g, Fundus (II F) 115 g Pulver.

Die quantitativen Versuche wurden wegen des geringen Enzymgehalts der meisten Präparate im allgemeinen [251] stalagmometrisch mit Tributyrin[1] ausgeführt nach der Methode (Abh. IV, S. 22) der ausgleichenden Aktivierung mit Albumin, Calciumchlorid und Natriumoleat bei konstanter, schwach alkalischer Reaktion. Vergleichs-

[1] Die angeführten Analysen sind älter als die in der IV. Abh. mitgeteilten Erfahrungen über Tributyrin. Um die bei unreinen Tributyrinlösungen vorkommenden Fehler tunlichst auszuschalten, wird daher hier die lipatische Wirkung nur aus der Abnahme der Tropfenzahl in den ersten 20 Minuten berechnet.

weise prüften wir auch durch die Ölspaltung die lipatische Wirkung und zwar nach der üblichen 1. Bestimmungsmethode (Abh. I, S. 110), d. i. im System von Aktivatoren bei anfangs alkalischer, am Ende saurer Reaktion.

Der Vergleich der Präparate aus verschiedenen Magenregionen (Tab. 1) zeigt, daß der Cardiateil der Schleimhaut viel reicher an Lipase ist, als der Fundusteil, und ferner, daß auch die unter der Schleimhaut liegenden Schichten des Magens Lipase enthalten.

Tabelle 1.
Gehalt der Magenteile an Lipase.

Präparat	mg	Anfangs-tropfen-zahl	Abnahme in				B.E.	B.E. in 1 g
			10′	20′	40′	60′		
I M	20	133	1	2,5	5	7,5	0,25	12,5
I C	10	132	5,5	9,5	17,5	24	1,00	100
I F	10	132	2	3,5	6	8,5	0,40	40
II C	5	133	7,5	15	23	26	1,60	320
II F	10	132,5	2	4,5	9	12	0,50	50
II E	5	133,5	7	13,5	22	27,5	1,50	300

Darstellung der Lipaselösungen. Die Versuche von F. VOLHARD[2] sowie von A. FROMME[3] sind außer mit Magensaft mit Auszügen aus der frischen Magenschleimhaut angestellt. Aus getrocknetem Material konnte FROMME weder mit Wasser noch mit Glycerin Lipase in Lösung überführen, während er mit verdünntem Alkali eine wirksame Lösung erhielt. Auch [252] nach unseren Versuchen eignet sich sehr verdünntes, z. B. $^1/_{100}$proz. Ammoniak gut, um die Lipase in reichlicherer Ausbeute aus dem getrockneten Material in Lösung zu bringen, aber es gelingt auch mit Glycerin und mit Wasser, wodurch viel weniger Fremdstoffe mitgeführt werden. Es genügt, $^3/_4$ Stunden bis 1 Stunde mit Wasser auszuziehen, bei sehr langer Dauer sinkt die Enzymausbeute. In konzentriertere Form, die man z. B. zur Ölspaltung braucht, werden die Lipaselösungen gebracht, indem man sie mit 2% Glycerin versetzt und im Vakuum bei 15° zur Sirupdicke eindampft. Die so gewonnenen Glycerinlösungen der Magenlipase sind haltbar.

Beispiel. Von Präparat II C wurden 30 g mit 500 ccm Wasser + 3 ccm n-NH_3 45 Minuten bei 20° digeriert. Die filtrierte Lösung enthielt in 0,25 ccm 2,3 B.E., im ganzen also (Filtration ohne Verlust gedacht) fast 50%. Von der gelblichen, schwach opalescenten Lösung dampften wir 300 ccm unter Zusatz von 5 ccm Glycerin auf 25 ccm ein. Der bräunliche, schwach trübe Sirup enthielt in 0,025 ccm (abgemessen unter Verdünnen mit Wasser aufs Zehnfache) 2,1 B.E.

Verglichen mit der getrockneten Pankreasdrüse ist der getrocknete Cardiateil nach der Wirkung auf Olivenöl 100- bis 300mal schwächer lipatisch, und durch Eindampfen gewonnene Glycerinlösungen aus Magenschleimhaut sind 40- bis 600mal schwächer als die in der II. Abh. beschriebenen Glycerinauszüge der Pankreaslipase.

[2] Zs. f. klin. Med. Bd. 42, S. 414 [1901] und Bd. 43, S. 397 [1901].
[3] Hofmeisters Beitr. z. Physiol. Bd. 7, S. 51 [1905].

1,25 g Präparat von getrocknetem Magen I C bewirkten 12 % Ölspaltung entspr. 0,33 L.E.; daher Lipasewert (Anzahl der L.E. in 0,01 g) 0,0027. Der Lipasewert z. B. von Pankreasprobe III hat 0,83 betragen d. i. das 310fache.

Eingeengte Lösung der Magenlipase aus I C. 2,5 ccm enthielten 0,1535 g Trockensubstanz und bewirkten 5,6 % Ölspaltung entspr. 0,08 L.E.; daher L.W. = 0,005, während für einen filtrierten Glycerinauszug von Pankreasprobe III L.W. = 1,7, für den geklärten Glycerinauszug L.W. = 3,2 gefunden wurde (Abh. II, S. 158).

Eingeengte Lösung der Magenlipase aus II C. 1,0 ccm enthielt 0,0428 g Trockensubstanz und bewirkten 8,3 % Spaltung entspr. 0,17 L.E., daher L.W. = 0,040.

Für die Zeitwerte der Ölspaltung und der Tributyrinspaltung war beim Schweinepankreas das Verhältnis gefunden worden:

1 B.-E. = 0,0010, 0,0014, 0,0012 L.-E.,

[253] bei 2 Proben von Pferdepankreas aber erheblich abweichend 1 B.-E. = 0,0033 und 0,0062 L.E. Die Lösungen der Magenlipase ergaben nun für das Verhältnis der Öl- zur Tributyrinspaltung Werte, die in der Größenordnung zu den bei Schweinepankreas gefundenen stimmten, nämlich

1 B.E. = 0,0023 und 0,0020 L.E.

II. Abhängigkeit von der Wasserstoffzahl.

Unsere Präparate von Magenlipase des Schweines zeigen nach den in der Tab. 2

Tabelle 2.

Wirkung roher Magenlipase bei verschiedenen p_H.

Phosphatpuffer: $p_H = 8,4$: 3,6 ccm Na_2HPO_4 m/3.
$p_H = 6,5$: 1,4 ccm Na_2HPO_4 m/3.
2,9 ccm KH_2PO_4 m/3.
$p_H = 4,7$: 3,6 ccm KH_2PO_4 m/3.
Ammoniakpuffer: $p_H = 8,6$: 1,78 ccm NH_4Cl 2,5 n.
0,22 ccm NH_3 2,5 n.
Acetatpuffer: $p_H = 4,7$: 1 ccm Natr.-Acetat 0,5 n.
1 ccm Essigsäure 0,5 n.
Volumen = 60 ccm.

Nr.	Präparat	Puffer	p_H	Anfangszahl	Abnahme in 10′	20′	40′	60′	Wirkungsverhältnis bei versch. p_H
1	0,30 Glycerin-Extr. II M	Phosphat	8,4	132	4,5	9,5	18	25	
	desgl.	,,	6,5	131	2,5	5	9	12	
	desgl.	,,	4,7	132	1,5	3	5,5	8	
2	10 mg Präparat II C	Ammoniak	8,6	130	4	7	13	17	2
	desgl.	Acetat	4,7	130	2,5	4	7,5	10	
3	0,30 ccm Glyc.-Ausz. I C	Ammoniak	8,6	134	6,5	10	16	22	5,5
	desgl.	Acetat	4,7	132	1,5	2,5	5	7	
4	1,00 ccm Glyc.-Ausz. I F	Ammoniak	8,6	132,5	5,5	9,5	15	18,5	8
	desgl.	Acetat	4,7	132,5	1	1,5	3	4	
5	0,20 ccm Glyc.-Ausz. II C	Ammoniak	8,6	135	9	13,5	20	—	2
	desgl.	Acetat	4,7	133,5	5	8,5	13,5	17	

mitgeteilten Versuchen wider [254] Erwarten eine viel günstigere Wirksamkeit im alkalischen Gebiet als im neutralen und die geringste Wirkung bei schwach saurer Reaktion. Das Verhältnis der lipatischen Spaltungen, d. h. das Verhältnis der für gleiche Abnahmen der Tropfenzahl erforderlichen Zeiten, ist bei den verschiedenen rohen Präparaten und Lösungen der Magenlipase beträchtlich schwankend, es bewegt sich nämlich zwischen etwa 2 und 8. Natürlich ist diese Abhängigkeit ohne diejenigen Zusätze geprüft, die zur ausgleichenden Aktivierung eingeführt sind, also nur unter Zusatz des Puffers.

Diese Differenzen in der p_H-Abhängigkeitskurve zwischen den verschiedenen Lipasepräparaten sind durch Begleitstoffe des Enzyms hervorgerufen. Wir finden bei Pankreaslipase, deren rohe Lösungen schon einen bedeutend reineren Zustand darstellen, die Wirkung in gleichem Sinne vom p_H abhängig, aber etwa 20mal stärker bei $p_H = 8{,}6$ als bei $p_H = 4{,}7$. Wenn wir nun zum Versuchsansatze Albumin (2,5 mg Eieralbumin) zufügen, so wird dadurch, wie aus Tab. 3 ersichtlich, bei alkalischer Reaktion starke Hemmung bewirkt und das Wirkungsverhältnis zwischen $p_H = 8{,}6$ und 4,7 auf etwa 6,5 reduziert. Das Verhältnis der Wirkung bei alkalischer und saurer Reaktion ist also abhängig vom Reinheitsgrad.

Tabelle 3.
Einfluß von Albuminzusatz auf die p_H-Abhängigkeit der Pankreaslipase.
Puffer $p_H = 8{,}6$: 1,78 ccm NH_4Cl, 2,5 n + 0,22 ccm NH_3, 2,5 n.
Puffer $p_H = 4{,}7$: 1 ccm Essigsäure, 0,5 n + 1 ccm Nat.-Acetat, 0,5 n.
Volumen = 60 ccm.

Glyc.-Auszug von Präp. I	ccm	p_H	Anfangszahl	Abnahme in				Wirkungsverhältnis bei verschiedenen p_H
				10′	20′	40′	60′	
ohne Zusatz	0,010	8,6	123,5	10	16,5	26,5	29	20
desgl.	0,100	4,7	124	5	8,5	17	25	
mit 2,5 mg Albumin	0,010	8,6	123	2,5	5	10	14,5	6,5
desgl.	0,100	4,7	123	4,5	8	15	21	

Diese Abhängigkeit bestätigte sich bei der Magenlipase, [255] als wir sie durch Adsorption mit Tonerde und Elution mit alkalischem Phosphat und durch Wiederholung dieses Verfahrens reinigten. Die Prüfung bei verschiedenen Wasserstoffzahlen ergab nämlich danach auch hier (Tab. 4) etwa 20mal stärkere Wirkung in schwach alkalischem Medium als in schwach saurem. Bei der Reinigung nach dem Adsorptionsverfahren sind Eiweißkörper, aber solche wohl nicht allein, abgetrennt worden. Die Ausbeute bei dieser Reinigung betrug, wie schon in der IV. Abhandlung mitgeteilt

Tabelle 4.
Wirkung gereinigter Magenlipase bei verschiedenen p_H.
Puffer für $p_H = 8{,}6$ und 4,7 wie bei Tab. 3.
Puffer für $p_H = 5{,}6$: 1,78 ccm Natr.-Acetat + 0,22 ccm Essigsäure, 0,5 n.
Volumen = 60 ccm.

ccm der Elution	p_H	Anfangszahl	Abnahme in				Wirkungsverhältnis bei versch. p_H
			10′	20′	40′	60′	
1,0	8,6	133,5	11	18	25	—	20
1,0	4,7	134	0	1,5	3,5	5	
0,5	8,6	134	7	12	19	23	(8,6 u. 4,7) 6,5
0,5	5,6	134	1,5	2	3	5	
0,5	4,7	133,5	0,5	1,5	2	2,5	

(S. 14), trotz der unvermeidlichen bedeutenden Verluste scheinbar ungefähr 200% der angewandten Lipase bei der Bestimmung ohne ausgleichende Zusätze. Solche Beobachtungen, wonach die lipatische Wirkung von den Begleitstoffen wesentlich abhängt, haben dazu geführt, für die Bestimmungen ein von zufälligen Beimischungen unabhängiges System durch ausgleichende Aktivierung zu schaffen.

Die bei roher Magenlipase des Schweines beobachteten Schwankungen des Wirkungsverhältnisses in alkalischem und saurem Gebiete und das abweichende Verhältnis bei reineren Präparaten werden also durch die Annahme erklärt, daß die Reinigung nach der Adsorptionsmethode einen Stoff oder Stoffe abtrennt, die bei alkalischer Reaktion hemmen, sei es nun, [256] daß sie zugleich die Eigenschaft haben, sauer zu aktivieren oder nicht.

III. Aktivierung durch glykocholsaures Natrium.

Aus dem Cardiateil des Schweinemagens mit sehr verdünntem Ammoniak bereitete Lipaselösungen zeigen kein gleichmäßiges Verhalten auf Zusatz von gallensaurem Salz. Einige solche Magenextrakte ließen sich von glykocholsaurem Natrium nicht aktivieren, andere anscheinend genau ebenso bereitete Lipaselösungen wurden durch das Glykocholat um 100 bis 200% aktiviert. Dieses ungleiche Verhalten kann auf der Gegenwart eines gallenartig wirkenden Aktivators beruhen, dessen Einfluß keine weitere Steigerung durch Gallenzusatz mehr zuläßt, oder aber auf der Anwesenheit eines Hemmungskörpers, welcher der Gallenaktivierung entgegenwirkt. Die Versuche der Tab. 5 schließen nun letztere Möglichkeit aus; sie zeigen nämlich, daß die nicht aktivierbaren Lipaselösungen aus Präparat I C stärkere Wirkung besitzen als die aus gleichen Mengen der Magensubstanz gewonnenen Auszüge, die sich von Glykocholat aktivieren lassen.

Tabelle 5.
Ungleichmäßiges Verhalten der Lipaselösungen aus IC gegen Glykocholat.
2 ccm filtrierte Lipaselösungen im Vol. 60 ccm. $p_H = 8,6$.

Nr.	Glykochol-saures Natrium mg	Anfangs-zahl	Abnahme in 20′	40′	60′	Akti-vierungs-effekt %
1	—	132	4,5	8	10,5	160
	10	137	9,5	14	18	
2	—	132	4	7	9	200
	10	137	7,5	12	14,5	
3	—	131	5,5	9,5	12	190
	10	136	12	17	21	
4	—	132	9	15	18	0
	10	137	9	14,5	18	
5	—	131	9,5	15	18	—
6	—	131	9	14,5	17,5	—

[257] Die Lipase ist demnach schon aktiviert, wenn sie als nicht aktivierbar erscheint. Die Unterschiede werden darauf beruhen, daß ein gallenähnlich wirkender Begleitstoff in geringerer oder größerer Menge in die Auszüge übergegangen ist. Mit dieser

Erklärung steht in gutem Einklang, daß es mittels der Adsorptionsmethode gelungen ist, solche Lösungen der Magenlipase, die unmittelbar vom Glykocholat nicht oder kaum zu beeinflussen waren, derart zu reinigen, daß ihre Wirkung bei Zusatz von glykocholsaurem Natrium aufs doppelte anstieg.

Beispiel: Eingedampfte Lösung aus Präparat I F in Glycerin; Bestimmung mit 0,4 ccm bei $p_H = 8,6$.

1. Bestimmung ohne Zusatz.
   Anfangszahl 131,5; Abnahme in 20′ 3,5, 40′ 7, 60′ 10.
2. Mit 10 mg Natriumglykocholat.
   Anfangszahl 137; Abnahme in 20′ 4, 40′ 7,5, 60′ 10.

Nach Adsorption mit Tonerde B und Elution mit glycerinhaltigem ammoniakalischem Phosphat.

3. Mit 1 ccm Elution ohne Zusatz.
   Anfangszahl 134,5; Abnahme in 20′ 1,5, 40′ 3, 60′ 4,5.
4. Ebenso, aber mit 10 mg Glykocholat.
   Anfangszahl 140; Abnahme in 20′ 3,5, 40′ 7, 60′ 9.

Bei einer anderen durch Eindampfen im Vakuum mit Glycerinzusatz in größerem Maßstab gewonnenen rohen Glycerinlösung der Magenlipase war anfangs auch keine Wirkung von Gallenzusatz zu bemerken. Nach längerem Stehen im Eisschrank, wobei solche Glycerinlösungen eine Trübung abzuscheiden pflegen, und zwar nach 4 Tagen, war die enzymatische Wirksamkeit der Glycerinlösung stark vermindert, aber nun erwies sie sich als aktivierbar durch Glykocholat und zwar zu dem Betrage ihrer ursprünglichen Wirkung (Tab. 6). Der gallenähnliche Begleitstoff könnte also unwirksam geworden sein oder, wahrscheinlicher, er ist im Niederschlage ausgeschieden worden.

Tabelle 6. Wechselnde Aktivierbarkeit durch Glykocholat.

Glycerinlösung der Lipase	Zugefügtes Glykocholat mg	Anfangszahl	Abnahme in 20′	40′	60′	Aktivierungseffekt %
sofort bestimmt	0	131	10,5	15	17	
desgl.	30	142	8	13	15	0
nach 4 Tagen	0	132 (132)	5 (6)	8 (8,5)	11 (11)	
desgl.	5	135	10,5	16	18	160
desgl.	30	144	9,5	14,5	16	100

Außer den verzeichneten Aktivierungseffekten von meistens 100 bis 200% wurden auch weit bedeutendere Ausschläge gemessen. Eine durch Einengen des wäßrigen Auszugs von Präparat II C gewonnene, 18 Tage alte Glycerinlösung [258] (dieselbe, die das abweichende Wirkungsverhältnis 2 bei verschiedenen p_H aufwies) war durch Glykocholat in ungewöhnlichem Maße aktivierbar, sie ergab nämlich eine Steigerung um ungefähr 650%.

1. Wäßrige Lipaselösung 0,25 ccm ohne Zusatz.
   Anfangszahl 128; Abnahme in 10′ 1, 20′ 2,5, 40′ 4,5, 60′ 6,5.
2. Ebenso mit 5 mg Natriumglykocholat.
   Anfangszahl 131; Abnahme in 10′ 8, 20′ 14, 40′ 19, 60′ —.
3. Glycerinextrakt, 0,100 ccm, ohne Zusatz.
   Anfangszahl 130,5; Abnahme in 10′ 4,5, 20′ 8, 40′ 13, 60′ 16.
4. Derselbe mit 5 mg Natriumglykocholat.
   Anfangszahl 134; Abnahme in 10′ 17, 20′ 21,5, 40′ —, 60′ —.

Auch nach der Reinigung dieses Präparates durch Tonerdeadsorption fanden wir bei der Elution wieder den Aktivierungseffekt von 650%.

Diese Erscheinung ist noch nicht eindeutig zu erklären. Es kann sein, daß eine Kombinationswirkung des Glykocholats mit einem anderen Aktivator eingetreten ist, oder daß eine Hemmung aufgehoben wurde. Einfacher wäre es indessen anzunehmen, daß die für die letzten Versuche angewandte Lipaselösung besonders arm an Aktivatoren war. Es ist aber zu berücksichtigen, daß sich die viel reineren Glycerinlösungen der Pankreaslipase (aus Pankreaspräparat I) durch Glykocholat **[259]** auch nur um 200%, auf Zusatz von Albumin nur noch um 70% aktivieren ließen (Abh. IV, S. 17).

Wichtiger als der Einfluß von Galle oder glykocholsaurem Salze ist für die Untersuchung der Lipase ihre Aktivierbarkeit durch ölsaures Salz. Ein Zusatz von glykocholsaurem Natrium war ja für den Zweck der ausgleichenden Aktivierung nicht geeignet, da er neben Proteinen seine aktivierende Wirkung nicht genügend durchsetzte (Abh. IV, S. 17), Natriumoleat dagegen war imstande, die Hemmung durch Eiweiß aufzuheben und in der Kombination mit Albumin sogar lipatische Wirkungen herbeizuführen, welche über die allein mit Seifenzusatz erzielten hinausgingen.

Alle untersuchten Präparate der Magenlipase, auch die gegen Glykocholat indifferenten wäßrigen und Glycerinlösungen erfuhren Aktivierung durch Natriumoleat (siehe Tab. 7) und zwar immer in höherem Maße als durch gallensaures Salz. Es zeigt sich auch hier, daß Glykocholat und Oleat im Zusammenwirken mit vorhandenen Fremdkörpern nicht gleichwertig sind.

Tabelle 7. Aktivierung der Magenlipase durch Natriumoleat.

Präparat	Zugefügtes Natr.-Oleat mg	Anfangszahl	Abnahme in 20′	Abnahme in 40′	Abnahme in 60′	Aktivierungseffekt %
0,40 ccm Glycerinlösung I F	0	131,5	3,5	7	10	
desgl.	5,0	145	9	15	19	200
0,10 ccm Glycerinlösung I C	0	132	6	8,5	11	
desgl.	2,5	135	13,5	18,5	22	300
0,25 ccm wäßriger Extrakt II C	0	128	2,5	4,5	6,5	
desgl.	2,5	133,5	24	28	30	1800

Sitzungsberichte der mathemat.-naturwiss. Abt. d. Bayer. Akad. d. Wissensch. 1924, S. 1.

95. ZUR KONFIGURATIONSSPEZIFITÄT DER LIPASEN.

Von RICHARD WILLSTÄTTER.

Vorgetragen in der Sitzung am 12. Januar 1924.

Die Lipase der Leber weist manche Unterschiede gegenüber der Pankreaslipase auf, aus denen man auf Verschiedenheit der beiden Enzyme schließen könnte. Vor allem ist das Verhältnis zwischen Ölspaltung und Butyrinspaltung ungleich; ich finde dasselbe bei der Leberlipase an einigen Präparaten für das hohe Glycerid zehn- bis zwanzigfach ungünstiger im Vergleich mit der Wirkung des pankreatischen Enzyms. Der Unterschied mag dadurch bedingt sein, daß die Reaktion der Pankreaslipase und nur dieser durch die entstehende Seife wesentlich gesteigert wird. Ähnlich wird sie auch durch gallensaures Salz und besonders durch Calciumoleat aktiviert. Es zeigt sich nun, daß die Leberlipase im Gegenteil durch diese Zusätze starke Hemmung erfährt. Auch die Eiweißstoffe üben auf die Reaktion der beiden Lipasen ganz verschiedenen Einfluß aus; die pankreatische Glyceridspaltung wird durch Eieralbumin stark gehemmt, dagegen zeigt das letztere gar keinen Einfluß auf das Enzym der Leber. Mittels der Adsorptionsmethode gelingt es, und zwar sowohl mit Hilfe von Kaolin wie mit Tonerde, die Enzymkonzentration der Leberlipase zum Beispiel aufs 25- bis 30fache zu steigern. Dabei ändert sich nichts an den Merkmalen, die dieses Enzym von dem pankreatischen zu unterscheiden erlauben. Dennoch kann es noch nicht als ausgeschlossen gelten, daß die Unterschiede nicht den Enzymen selbst eigen sind, sondern auf der Wirkung von Beimischungen beruhen. Die Prüfung der stereochemischen Spezifität ermöglicht aber eine Entscheidung hinsichtlich der Identität oder Verschiedenheit dieser Lipasen zu treffen.

[2] H. D. DAKIN[1] hat im Jahre 1904 in einem grundlegenden Experiment gezeigt, daß bei der Hydrolyse von racemischem Mandelsäureester durch Leberlipase der rechtsdrehende Ester mit größerer Geschwindigkeit als die l-Form gespalten wird. Diesen Versuch habe ich vergleichend mit den beiden Lipasen wiederholt. Während die Lipase der Schweineleber das von Dakin angegebene Verhalten aufweist, liefert unter gleichen Bedingungen die Lipase aus Schweinepankreas linksdrehende Mandelsäure. Die beiden Enzyme ziehen also die verschiedenen Antipoden vor und sie müssen nach ihrer Konfigurationsspezifität selbst verschieden sein.

Bei diesen Versuchen hat mich Herr Dr. FR. MEMMEN durch seine wertvolle Unterstützung zu Dank verpflichtet.

[1] Journ. of Physiol. **30**, 253 [1904] und **32**, 199 [1905].

Zeitschrift für physiologische Chemie **138**, S. 216 [1924].

96. VERGLEICH VON LEBERESTERASE MIT PANKREASLIPASE; ÜBER DIE STEREOCHEMISCHE SPEZIFITÄT DER LIPASEN.

Von Richard Willstätter und Friedrich Memmen.

Achte Abhandlung über Pankreasenzyme.

(Mitteilung aus dem Chemischen Laboratorium der Bayerischen Akademie der Wissenschaften in München.)

(Der Redaktion zugegangen am 21. Mai 1924.)

Theoretischer Teil.

Die hydrolysierenden Wirkungen der Enzyme von Pankreas und Leber auf einfache Ester und hohe Glyceride sind in zahlreichen Arbeiten teils allein mit dem pankreatischen, teils mit dem hepatischen Enzym untersucht worden, aber nur wenig ist zum Vergleich von Pankreas- und Leberenzym bekannt geworden. Unsere Untersuchung behandelt die Frage der Spezifität dieser Enzyme aus den Organen einer Tierart (des Schweines). Die Unterschiede zwischen den lipatischen Enzymen der einzelnen Organe in ihrer Wirkung auf verschiedene Substrate und in ihrer Abhängigkeit von aktivierend und hemmend wirkenden Zusätzen dürfen nicht ohne genaue Prüfung als beweisend für ihre Verschiedenheit angesehen werden. Denn die Lipasen sind in besonderem Maße von ihren Begleitstoffen, zunächst von den natürlichen, im Verhalten und Wirkungsvermögen abhängig. Bis vor kurzem galt z. B. die Lipase des Magens (vom Schwein) als verschieden von der Pankreaslipase, von der sie als Enzym im physiologischen Sinne, nämlich als natürlicher Enzymkomplex, in der Tat verschieden ist. Ein Unterschied besteht in dem Verhältnis der **[217]** enzymatischen Wirksamkeit in schwach alkalischem und schwach saurem Gebiete (zwischen $p_H = 8{,}6$ und 4,7), ein zweiter Unterschied im Ausbleiben der Aktivierung durch Galle bei manchen Darstellungen des Magenenzyms. Es ließ sich aber zeigen[1], daß die Abhängigkeit der lipatischen Wirkung von der Wasserstoffzahl „durch ganz andere, kompliziertere Faktoren vorgetäuscht oder entstellt" ist und daß der Unterschied durch die Reinigung mit Adsorptionsmitteln verschwindet. Bei dieser Reinigung gelang es auch, einen gallenähnlich wirkenden Begleitstoff von der Magenlipase ab-

[1] VII. Abhandlung; diese Zs. Bd. 133, S. 247 [1923/24].

zutrennen, der infolge seiner aktivierenden Wirkung die sonst der Galle eigentümliche Wirkung verdeckt hat.

Der Vergleich lipatischer Enzyme wird also desto mehr Sicherheit gewinnen, je verschiedener die Reinheitsstufen der verglichenen Präparate sind und einen je höheren Grad die enzymatische Konzentration erreicht.

Die Enzyme des Pankreas und der Leber unterscheiden sich in ihrer Abhängigkeit von Aktivatoren und Hemmungsstoffen und in ihrer Haltbarkeit, in ihrer quantitativen Spezifität für Substrate aus den einzelnen Gruppen von Estern und in ihrer sterischen Spezifität für Substrate von asymmetrischem Bau. Es ist nun in unseren Versuchen, diese lipatischen Enzyme mittels der Tonerde- und Kaolinadsorption zu reinigen, nicht gelungen, ihre Unterschiede zum Verschwinden zu bringen oder auch nur abzuschwächen. Die beiden Enzyme sind also sowohl in reaktionskinetischem wie in physiologischem Sinne sehr verschieden. Es ist aber ungewiß, ob es sich um eine Verschiedenheit von „Enzymkomplexen" handelt, in denen das nämliche Enzym mit verschiedenen Begleitstoffen, die hinsichtlich seiner Spezifitätseigenschaften und seiner Abhängigkeit von weiteren zusätzlichen Stoffen bestimmend und differenzierend wirken, eng verknüpft ist, oder ob die Enzyme selbst, betrachtet als chemische Individuen und losgelöst von den aktivierend und hemmend wirkenden Begleitstoffen, verschieden sind.

Das Leberenzym ist bekanntlich viel haltbarer in seinen [218] Lösungen als die pankreatische Lipase. Daran ändert nur wenig die Reinigung durch einmalige bis dreimalige Adsorption mit Kaolin und Tonerde. Gewöhnlich erleidet das aus den Adsorbaten eluierte Enzym in den ersten Tagen eine Wirkungsabnahme um $^1/_8$ bis $^1/_4$ und bleibt dann beständig. Es ist möglich, daß dem größeren Teil des Enzyms durch die Reinigung hindurch ein natürlicher Schutzstoff gefolgt ist. Die ungleiche Haltbarkeit, die Pankreas- und Leberenzyme zeigen, ist bis jetzt nur an den Enzymen von ungleicher Reinheit beobachtet, wie sie die einzelnen Organe liefern. In noch reinerem Zustand, als bisher erreichbar, wird vermutlich auch das Leberenzym unbeständig sein. Man kann aus diesem Unterschied auf Verschiedenheit nicht der Enzyme selbst, nur ihrer Komplexe schließen. Von den zuckerspaltenden Enzymen unterscheiden sich Saccharase und Maltase auch in dieser Beziehung, von denen die erstere weitaus stabiler ist. Von diesen einander so nahestehenden, aus derselben Zelle stammenden Enzymen läßt sich eines leicht, das andere schwer schützen. Man kann aber auch die Saccharase, worüber in einer folgenden Abhandlung von R. WILLSTÄTTER und K. SCHNEIDER berichtet werden soll, derart reinigen, daß sie an Haltbarkeit die Maltase nicht mehr zu übertreffen scheint. Also nicht die Stabilität ist ein Merkmal der Enzyme selbst, sondern es ist ihnen ungleiche Stabilisierbarkeit durch die begleitenden Stoffe eigentümlich.

Die Erscheinungen der Aktivierung und der Hemmung geben ein vollkommen verschiedenes Bild bei Leber- und Pankreasenzym. Es gibt für letzteres eine Anzahl von aktivierend wirkenden Zusatzstoffen, welches auch die Substrate sein mögen, hohe oder niedere Glyceride oder Ester einwertiger Alkohole wie Buttersäuremethylester. Diese Aktivatoren, wie Natriumglykocholat, Natriumoleat, besonders Calciumoleat, versagen beim Leberenzym. Sie wirken hier sogar hemmend[1] [219] und die Reinigung der Leberesterase hat bisher nicht vermocht, sie in dieser Beziehung pankreasähnlich zu machen. Es folgt daraus, daß diese Enzyme entweder verschiedenartig sind, oder daß das Leberenzym schon mit einem aktivierenden, besonders die Spaltung niederer Ester befördernden Begleitstoff assoziiert vorkommt, der nicht leicht abgetrennt werden kann; man darf dabei nicht etwa nur an gallensaures Salz denken, es müßte sich um einen ungleich stärker wirksamen Aktivator handeln. Freilich ist dann zu beachten, daß man durch Zusatz von Leberauszügen die Pankreaslipase nur wenig zu beeinflussen vermag. Die gallensauren Salze der Leber haben wohl eine gewisse Wirkung, aber nicht derart, daß sich die Pankreaslipase dem Leberenzym näherte. Die Möglichkeit der Identität läßt sich nur mit einer Hilfsvorstellung aufrecht halten, sei es mit der Annahme, daß das Leberenzym seinen aktivierend wirkenden Begleitstoff fest gebunden hält, nicht erheblich abdissoziierend, sei es, daß die Pankreaslipase in ihrem Komplex durch Begleitstoffe so abgesperrt ist, daß sie einen spezifischen Aktivator des Leberenzymes nicht mehr zu binden vermag.

Einer der wesentlichsten Gegensätze zwischen Pankreaslipase und Leberenzym besteht in ihrer quantitativ weit differierenden Spezifität für Substrate von verschiedener Konstitution. Der Gedanke, aus den Wirkungsverhältnissen der beiden Enzyme auf Olivenöl und einfache Ester Schlußfolgerungen hinsichtlich ihrer Identität zu ziehen, lag einer großen und sorgfältigen Arbeit „On the ester-splitting animal enzymes" von A. S. LOEVENHART[1]) zugrunde, die trotz ihrer Bedeutung in unserer Literatur leider wenig beachtet worden ist. Die Zeitwertverhältnisse für die Wirkungen eines Organs, Pankreas oder Leber, von verschiedenen Tieren auf eine Anzahl von Estern wiesen Schwankungen auf, die auf wechselnde Beimischungen zurückzuführen waren. Viel größere Differenzen zeigte aber die enzymatische Wirksamkeit der beiden Enzyme auf die einzelnen Substrate. „The average value of $\frac{L}{P}$ [220] determined with organs of the pig on ethyl butyrate was 2,52. The same determined with olive oil was 0,14."[1]] „When the activity of the liver extract on the esters of the lower fatty acids is compared with that of the pancreas, it is found that the liver is several times as active as the pancreas, but when the higher fats are used in making the comparison, the activity of the liver is but a small fraction of that of the pancreas."[2]] „These observations seem to necessitate the view that the ester-splitting enzymes of the liver and pancreas are different."[3]]

Mit derselben Absicht wird im ersten Kapitel der vorliegenden Arbeit gleichfalls das Wirkungsvermögen von Leber und Pankreas auf Buttersäuremethylester, Tributyrin und Olivenöl verglichen. Gegenüber LOEVENHART sollen Fortschritte da-

[1] Es ist schon bekannt (vgl. IV. Abhandlung; diese Zs. Bd. 129, S. 1 [1923], und zwar S. 18, Tabelle 5), daß es für die aktivierende Wirkung z. B. von Seife eine optimale Konzentration derselben gibt. Wird dieselbe überschritten, so sinkt die enzymatische Wirksamkeit.

[1]) Jl. of Biol. Chem. Bd. 2, S. 427 [1906/7].

[1]] S. 444. [2]] S. 455. [3]] S. 456.

durch erzielt werden, daß die Enzyme sowohl in rohem wie in gereinigtem Zustand für die Messungen[4] angewandt und daß die Wirkungsbedingungen der Enzyme besser vergleichbar gestaltet werden. Es war beabsichtigt, durch die Methode der ausgleichenden Aktivierung die zufälligen Einflüsse auszuschalten, an denen die wechselnden Begleiter der Enzyme Schuld tragen. Dieser Ausgleich ist für Pankreaslipase im wesentlichen geglückt, er läßt sich aber auf das Leberenzym nicht übertragen. Für die vergleichenden Bestimmungen erscheint es uns nicht erlaubt, die Pankreaslipase die für ihre Wirkung wichtigen Hilfsstoffe entbehren zu lassen, wenn auch andererseits das Leberenzym keine Ergänzung seines natürlichen Komplexes zu benötigen scheint. In unseren Versuchen tritt deutlich hervor, daß die Pankreaslipase für hohe Glyceride ein sehr wirksames Enzym darstellt und das Leberenzym ein dafür sehr ungeeignetes, und daß andererseits das Leberenzym für die Ester einwertiger Alkohole, wie Buttersäureester, sehr tauglich ist. Man kann das Pankreasenzym als eine Lipase bezeichnen, die befähigt ist, auch einfache Ester gut zu **[221]** hydrolysieren und das Leberenzym als eine Esterase, die nur in geringem Maße befähigt ist, Fett zu spalten.

Die Unterschiede, denen LOEVENHART begegnet war, gestalten sich nach den neuen Bestimmungsmethoden weit größer. Um z. B. dieselbe Spaltung wie mit 0,01 g getrockneter und entfetteter Pankreasdrüse zu erzielen, sind für die Hydrolyse von Buttersäuremethylester nur 4 mg, von Tributyrin 1 g, aber von Olivenöl sogar 106 g getrockneter Leber nötig.

Diese Spezifitätsunterschiede könnten unter der Annahme der Identität von Leberesterase und Pankreaslipase nur in gezwungener Weise erklärt werden. Man müßte nämlich annehmen, daß in den Leberpräparaten die Pankreaslipase nur in sehr geringer Menge enthalten wäre und bei der Wirkung auf Olivenöl unter Hemmung durch zu große Seifenmenge stände, daß sie andererseits einen schwer abtrennbaren, über die Maßen wirksamen, spezifischen Aktivator für die Spaltung der einfachen Ester mitführte, der ihre hohe Affinität zu diesen Substraten bedingen würde.

Als ein besonderer Fall der strukturchemischen Sondereignung, die das Verhalten gegen niedere Ester und gegen hohe Glyceride bestimmt, ist die stereochemische Spezifität der beiden hydrolysierenden Enzyme anzusehen. Die Konfigurationsspezifität der lipatischen Enzyme ist in den meisten Fällen keine so strenge wie die an dem glucosidspaltenden von E. FISCHER[1]) entdeckte. Die erste Kenntnis vom stereochemischen Auswählen einer Esterase verdankt man der schönen Arbeit von H. D. DAKIN[2]), der Leberenzym auf eine Reihe racemischer Ester der Mandelsäuregruppe einwirken ließ und die optische Aktivität der Verseifungsprodukte beobachtete. Die Antipoden wurden wohl beide hydrolysiert, aber mit ungleicher Geschwindigkeit.

[4] Vgl. auch unsere IV. und VI. Abhandl.; diese Zs. Bd. 129, S. 1 [1923] und Bd. 133, S. 229 [1923/24].

[1]) Chem. Ber. Bd. 27, S. 2985 u. 3479 [1894] und Bd. 28, S. 1429 [1895]; diese Zs. Bd. 26, S. 60 [1898].

[2]) Jl. of Physiol. Bd. 30, S. 253 [1903/4] und Bd. 32, S. 199 [1905].

Die asymmetrische Verseifung ist darauf auch an einem Aminosäureester, Leucinester, mit Pankreasferment von O. WARBURG[3] im Laboratorium von [222] E. FISCHER untersucht, aber auf die Wirkung von proteolytischem Enzym zurückgeführt worden. Nach WARBURGS Annahme reagiert dieses feiner auf sterische Unterschiede als die Lipasen. Lipasearmes Pankreasenzym soll reines l-Leucin, lipasereiches daneben auch einige Prozente des Antipoden liefern. Noch in jüngster Zeit hielt es E. ABDERHALDEN[1]) für unbestimmt, welches Ferment diese Spaltung herbeiführt. Es scheint uns indessen nicht möglich, die Auffassung von WARBURG noch aufrecht zu erhalten. In einer seiner letzten Arbeiten[2]) „Über die asymmetrische Verseifung von racemischen Aminosäureestern durch Esterase" schreibt in der Tat auch ABDERHALDEN die Hydrolyse von Tyrosinester durch Pankreatin seiner lipatischen Komponente zu.

Auch bei Glyceriden ist asymmetrische Spaltung beobachtet worden, zuerst von P. MAYER[3]) an Lecithin mit Steapsin GRÜBLER, dann von C. NEUBERG und E. ROSENBERG[4]) an Dibromstearinsäuretriglycerid mit Ricinuslipase, später von E. ABDERHALDEN und A. WEIL[5]) an Monoacetin und Monocaproin.

Unser Vergleich der hydrolysierenden Enzyme aus dem Pankreas und der Leber einer Tierart wird nun vervollständigt, indem wir die Wirkung beider, was noch in keinem Falle geschehen ist, auf dieselben racemischen Ester prüfen, hauptsächlich auf eine Anzahl von Estern der Mandelsäuregruppe. Es würde nicht genügen, zum Vergleich einen oder wenige Ester auszuwählen. Denn es zeigt sich, daß die Pankreaslipase in einer Anzahl von Fällen (Tabelle S. 224, Nr. 4, 5, 6 und 8) dieselben aktiven Komponenten vorzieht wie die Leberesterase. In anderen Fällen (Nr. 1, 2, 3 und 7 der Tabelle) sind es aber die Komponenten von entgegengesetztem Drehungssinne, die von den beiden Enzymen mit größerer Geschwindigkeit verseift werden.

[223] H. D. DAKIN vertrat die Auffassung, das Leberenzym bevorzuge die Ester von d-Mandelsäure und stets die Ester derjenigen Derivate, die ähnliche Konfiguration, aber nicht notwendig gleichen Drehungssinn besitzen. Die mit d-Mandelsäure übereinstimmende Konfiguration schrieb DAKIN der durch Waldensche Umkehrung entstehenden l-Phenylchloressigsäure zu. Nun sind es aber bei der hepatischen Verseifung d-Mandelsäure und l-Phenylchloressigsäure, bei der pankreatischen Verseifung l-Mandelsäure und l-Phenylchloressigsäure, die mit größerer Geschwindigkeit hydrolysiert werden.

Die beiden Antipoden sind für die asymmetrisch konstituierten und reagierenden Enzyme zwei verschiedene Substrate wie strukturchemisch ungleiche, die mit gewissen Geschwindigkeitsunterschieden hydrolysiert werden. Den Geschwindigkeitsunterschied finden wir bei den Estern der halogenierten Phenylessigsäuren gering, viel größer bei der hydroxylierten und methoxylierten Verbindung,

---

[3] Chem. Ber. Bd. 38, S. 187 [1905] und diese Zs. Bd. 48, S. 205 [1906].
[1]) Lehrb. d. physiol. Chem. 5. Aufl., II. Teil, S. 295 [1923].
[2]) E. ABDERHALDEN, H. SICKEL und H. UEDA, Fermentforschung Bd. 7, S. 91 [1923].
[3]) Biochem. Zs. Bd. 1, S. 39 [1906]. [4]) Biochem. Zs. Bd. 7, S. 191 [1907].
[5]) Fermentforschung Bd. 4, S. 76 [1920].

noch größer bei der entsprechenden Aminoverbindung (Phenylaminoessigsäurepropylester). In allen Fällen ist die Spezifität größer bei der pankreatischen als bei der hepatischen Lipase, auch wenn beide denselben Antipoden auswählen.

Die beiden enzymatischen Reaktionen entsprechen dem Modell asymmetrischer Katalyse, das G. BREDIG und K. FAJANS[1] in ihrer Untersuchung „Über die stereochemische Spezifität der Katalysatoren" aufgestellt haben. Die Spaltung der Camphocarbonsäure liefert nach BREDIG und FAJANS mit Chinin als Katalysator rascher den l-Campher, mit Chinidin den d-Campher.

Die stereochemische Eigenart der Leber- und Pankreasenzyme bietet eine weitere Stütze für die Annahme ihrer Verschiedenheit. Aber auch dieses neue Argument wird nicht als vollkommen beweisend anzusehen sein. Wären diese Lipasen identisch, so würde die eine (Leber) mit einem asymmetrischen Aktivator assoziiert vorkommen, der die Geschwindigkeit der Spaltung von zwei Antipoden verschieden zu beeinflussen

[224] Qualitativer Vergleich der stereochemischen Spezifität von Pankreas- und Leberenzym.

Nr.	Racemische Substrate	Drehung der rascher verseiften Komponente	
		mit Pankreas-lipase	mit Leber-esterase
1	Mandelsäureäthylester	−	+
2	Mandelsäuremonoglycerid	−	+
3	Phenyl-methoxyessigsäure-methylester .	−	+
4	Phenyl-chloressigsäure-methylester . . .	−	−
5	Phenyl-bromessigsäure-methylester. . .	−	−
6	Phenyl-aminoessigsäure-propylester . .	+	+
7	Tropasäure-methylester	+	−
8	Leucin-propylester	+[1])	+[1])

imstande wäre. Alle besonderen Merkmale der Leberesterase, ihre Haltbarkeit, ihre Nichtaktivierung durch Seife, ihre besondere Eignung für einfache Fettsäureester, ihre optische Spezifität, müßten dann statt dem Enzym einem mit ihm zum Komplex vereinigten Koenzym zugeschrieben werden. Wenn es also einfacher und wahrscheinlicher ist, daß die Leberesterase und die Pankreaslipase verschieden sind, so sollte man doch anstreben, das Leberenzym so weitgehend zu reinigen, daß sich sein Verhalten in bezug auf Hemmung und Aktivierung und Haltbarkeit wesentlich ändert, um mit reineren Präparaten die Versuche asymmetrischer Spaltungen vergleichend zu wiederholen.

Experimenteller Teil.

I. Wirkung der Leberesterase auf verschiedene Substrate.

1. Hydrolyse des Tributyrins; Bestimmungsmethode.

Um die Wirkung der Pankreaslipase auf Tributyrin nach dem stalagmometrischen Verfahren von P. RONA und L. MICHAELIS[2]) zu bestimmen, ist es wegen der Ab-

[1] Chem. Ber. Bd. 41, S. 752 [1908]; K. FAJANS, Zs. physikal. Chem. Bd. 73, S. 25 [1910].

[1]) l-Leucin, gemessen in 20% Salzsäure.

[2]) Biochem. Zs. Bd. 31, S. 345 [1911].

hängigkeit dieser enzymatischen Reaktion von hemmend wirkenden Proteinen **[225]** und anderen Begleitstoffen nötig, ein System ausgleichender Aktivierung durch Zusatz von Albumin, Natriumoleat und Calciumchlorid einzurichten[1]. Diese Zusätze bewirken beim Leberenzym keine Aktivierung, sondern im Gegenteil Hemmung. Das Verhältnis der Butyrinspaltung ohne die hemmenden Zusätze und mit Hemmung war bei den einzelnen Leberproben und auf den verschiedenen Stufen der Reinigung annähernd konstant, nämlich etwa 2:1. Es bot infolgedessen keinen Vorteil, die Bestimmung mit den genannten oder ähnlichen Zusätzen vorzunehmen. Aktivierungserscheinungen werden bei dieser Hydrolyse nicht beobachtet, Aktivierungsausgleich war also auch nicht anzuwenden. Für unsere Messungen der Enzymmengen sind daher Vorbehalte zu machen. Sie waren bisher brauchbar, da das Leberenzym sich in einem schon ausgeglichenen natürlichen System befindet und die im folgenden beschriebenen Vornahmen nichts Wesentliches daran änderten. Kleine Abweichungen zwischen den einzelnen Organproben mögen sich der Wahrnehmung entziehen. Man wird aber bei der Reinigung möglicherweise auch zu Fällen kommen, in denen die Hydrolyse des Tributyrins mit und ohne Calciumoleat + Albumin ein geändertes Verhältnis ergibt. Die Bestimmung ohne Zusätze könnte infolge der Abtrennung von natürlichen Hemmungskörpern zu günstig ausfallen, man müßte dann Ausbeutebestimmungen durch Hydrolyse unter ausgleichender Hemmung anwenden.

Die Spaltung des Tributyrins wird im folgenden ohne Einrichtung eines Ausgleichs bei $p_H = 8{,}6$ stalagmometrisch gemessen. Der Versuchsansatz besteht aus 56 ccm Tributyrinlösung, 2 ccm Enzymlösung und 2 ccm Ammonpuffer (1 Teil 2,5n-NH_3 + 8 Teile 2,5n-NH_4Cl). Das benutzte gerade Stalagmometer II hatte den Wasserwert 81 (bei 20°); Anfangstropfenzahl der Tributyrinlösung 112.

Da die Leistung des Leberenzyms in bezug auf die löslichen Glyceride zwischen der ausnehmend günstigen Wirkung auf die einfachen Buttersäureester und der ausnehmend **[226]** ungünstigen Wirkung auf hohe Glyceride liegt, ist es zweckmäßig, sie als Maß für diese Esterase zu verwenden. Der Einheit liegt die Leistung zugrunde, die mit der Tropfenzahlabnahme um 18 (etwa der halben Differenz zwischen den Tropfenzahlen von reiner Tributyrinlösung und reinem Wasser) in 50 Minuten gemessen wird. Entsprechend der Butyraseeinheit (B.E.) des pankreatischen Enzyms wird auf diese Leistung die $B._1E.$ (Leberbutyraseeinheit) bezogen. Mittels einer Kurve ähnlich Fig. 3 in Abh. IV[1]) lassen sich die gemessenen Wirkungen auf Tributyrin in $B._1E.$ angeben; die Reinheitsgrade werden durch die Anzahl von $B._1E.$ in 1 cg Trockengewicht ausgedrückt ($B._1W.$).

Die Pankreasproben III und IV (getrocknet) enthalten nach der Messung an Tributyrin mit ausgleichender Aktivierung in 1 cg 832 und 662 B.E.; die getrockneten Leberproben II und IV enthalten nach der Messung ohne Zusatz in 1 cg 9,1 und 8,5 Einheiten. Diese Zahlen drücken natürlich keine Beziehung zwischen Gewichtsmengen

[1] IV. Abhandlung, Diese Zs. Bd. 129, S. 1 [1923].

[1]) Diese Zs. Bd. 129, S. 23 [1923].

zweier Enzyme aus. Vielmehr ergibt der Vergleich der Pankreas- und der Leberwirkung ganz verschiedene Werte je nach den gewählten Substraten, für welche diese hydrolysierenden Enzyme ungleich spezifisch sind.

Beispiel für die Bestimmung mit und ohne Hemmung:

a) 0,10 ccm Glycerinauszug von Leberprobe IV ohne Zusatz. Anfangszahl 111; Abnahme in 10′ 5; 20′ 9,5; 40′ 17,5; 60′ 23 Tropfen. Gefunden: 1,22 B.$_1$E.

b) Mit Zusatz von 10 mg Natriumoleat, 10 mg $CaCl_2$ und 15 mg Albumin. Anfangszahl 115; Abnahme in 10′ 2; 20′ 4; 40′ 7,5; 60′ 12 Tropfen. Aus dieser Wirkung würden sich 0,52 B.$_1$E. berechnen.

2. Hydrolyse des Buttersäuremethylesters.

Die Wirkung des Leberenzyms auf den Buttersäureester bestimmten wir genau nach der titrimetrischen Methode der VI. Abhandlung, also mit den zur ausgleichenden Aktivierung [227] der Pankreaslipase dienenden Zusätzen von Glycerin und Calciumoleat. Während von Pankreaslipase z. B. die 200fache Enzymmenge (für die zu titrierende Menge, d. i $^1/_5$ des Versuchsansatzes) im Vergleich zur stalagmometrischen Bestimmung mit Tributyrin diente, ist hier das 10fache wie bei Butyrinspaltung ausreichend gewesen und es wäre besser, noch weniger Enzym anzuwenden.

Von einem durch Kaolin- und Tonerdeadsorption gereinigten Präparat aus Leberprobe III diente 0,1 ccm (10,3 B.$_1$E., 2 mg Trockengewicht) für die Bestimmung unter Zusatz von Puffer, von Glycerin, Natriumoleat und Calciumchlorid.

Die Spaltung betrug nach 26 Minuten 26,5, nach 60 Minuten 57,2%.

Diese Wirkung sei entsprechend der von Pankreaslipase in Einheiten (1 L.$_1$′E. in 60 Minuten 25% des Esters spaltend) ausgedrückt. Dann war die beobachtete Spaltung von 2,3 L.$_1$′E. bewirkt. In 1 cg der gereinigten Leberesterase waren 11,5, in 1 cg der zugehörigen Leberprobe III etwa 0,3 L.$_1$′E. enthalten, während 1 cg Pankreasprobe III und I 0,75 und 1,44 L.′E. enthalten.

Die Hydrolyse des Buttersäureesters mit derselben Enzymmenge und unter gleichen Bedingungen, allein ohne Natriumoleat + $CaCl_2$, ergab:

Nach 16 Minuten 15,3, nach 55 Minuten 56,2% Spaltung.

Diese Bestimmung mit und ohne Calciumoleat führte überraschenderweise zu gleichen Werten, während das Calciumoleat die Wirkung der Leberesterase auf Tributyrin stark gehemmt hat. Auf Pankreaslipase hingegen wirkt Calciumoleat stark aktivierend in bezug auf beide Substrate, Tributyrin und Buttersäureester.

Auch mit einem weniger reinen Präparat aus derselben Leberprobe III, einem eingedampften wäßrigen Auszug, wurde Buttersäureester ohne Aktivierung verseift.

Angewandt 20 mg, enth. 19 B.$_1$E., 2 Stunden zuvor mit etwas Glycerin bei 30° angesetzt. Die Spaltung betrug nach 60 Minuten 44%.

Die enzymatische Leistung ist geringer, obwohl etwa die [228] doppelte Zahl von Einheiten, gemessen mit Tributyrin, angewandt wurden. Das Wirkungsverhältnis in bezug auf die beiden Substrate verschiebt sich also im Laufe der Reinigung. In rohen

Leberpräparaten scheint die Wirkung auf Buttersäureester einer Hemmung durch einen Begleitstoff zu unterliegen, der im Laufe der Reinigung abgetrennt wird. Ebenso läßt sich auch eine auffallende Beobachtung von J. H. KASTLE, M. E. JOHNSTON und E. ELVOVE[1] deuten, die beim Stehen eines schwach sauren Leberauszuges Zunahme der enzymatischen Aktivität fanden, nach ihrer Auffassung infolge von Enzymbildung aus einem Zymogen.

3. Hydrolyse von Olivenöl.

Die Literaturangaben über die Wirkung des Leberenzyms auf hohe Glyceride sind unzureichend. C. OPPENHEIMER („Die Fermente", IV. Auflage, 1913, S. 165) schließt aus einigen Versuchen von E. FREUDENBERG[2] über Fettstoffwechsel, daß die Leber auch kräftig Neutralfett spalte. Nach H. v. EULER („Chemie der Enzyme", II. Teil, 1. Abschn., 1922, S. 28), der auf Versuche von H. E. ARMSTRONG und E. ORMEROD[3] Bezug nimmt, sind die Leberesterasen gegen natürliche Fette jedenfalls weniger wirksam als die Magenlipase. Die bestimmtesten Angaben außer den im theoretischen Teil zitierten Versuche von A. S. LOEVENHART dürften die von E. ABDERHALDEN und A. ALKER[4] sein. Sie erzielen mit Glycerinauszügen aus 0,2 und 0,5 g Leberpulver, nach W. DIETZ[5] gereinigt, in 20 und 24 Stunden bei 37° Spaltungen von Olivenöl entsprechend 1,05 und 13,31 ccm $^{n}/_{10}$-NaOH. Zur Darstellung des angewandten Leberpräparates sei bemerkt, daß es nach dem Verfahren von DIETZ beim Auswaschen der fein gemahlenenen und getrockneten [229] Leber auf der Nutsche mit Wasser einen beträchtlichen Teil des Enzyms verloren hat[1]).

Unbekannt ist das Wirkungsverhältnis von Leber- und Pankreaslipase unter vergleichbaren günstigen Bedingungen. Wir wählten die Anordnung (1 Stunde, 30°) unserer ersten Bestimmungsmethode[2]) der lipatischen Wirkung „im System von Aktivatoren bei wechselndem p_H", also unter Zusatz von Albumin und Calciumchlorid. Für die Prüfung der Leberesterase ist es dabei von Vorteil, daß bei der nur geringen Spaltung die Reaktion des Mediums alkalisch bleibt. Unter den Bedingungen unserer dritten Methode[3]), im sauren Medium, war das Spaltungsvermögen des Leberenzyms zu gering.

Um in der Bestimmungszeit von 1 Stunde gut meßbare Spaltungen zu erzielen, sind mindestens etwa 0,2 Lipaseeinheiten nötig; dies sind sehr große Mengen Leberenzym, z. B. 1000mal mehr Leberpulver als von getrocknetem Pankreas, 50mal mehr vom konzentrierteren Leberenzym (Vers. 4) als von rohem Pankreaspulver. Aber auch dann führt die Spaltung nur in den Anfangsbereich unserer Kurve[4]) „Lipasemenge und Verseifungsgrad" und ist nicht eben genau auszuwerten.

[1] Am. Chem. Jl. Bd. 31, S. 521 [1904]. [2] Biochem. Zs. Bd. 45, S. 467 [1912].
[3] Proc. Roy. Soc. Bd. 78, S. 376 [1906].
[4] Fermentforschung Bd. 7, S. 77 [1923], und zwar S. 83; s. auch E. ABDERHALDEN und A. WEIL, Fermentforschung Bd. 4, S. 76 [1920].
[5] Diese Zs. Bd. 52, S. 279 [1907].
[1]) Wie bei Pankreas nach R. WILLSTÄTTER und E. WALDSCHMIDT-LEITZ, Diese Zs. Bd. 125, S. 132 [1922/23], und zwar S. 151.
[2]) I. Abhandl., und zwar S. 103. [3]) Abhandl. I, S. 126. [4]) I. Abhandl. S. 114, Abb. 1.

Das Reaktionsgemisch läßt sich nicht ohne weiteres genau titrieren wegen seines großen Gehaltes an Proteinen von veränderlicher Acidität. Darum wird der Inhalt der Bestimmungsgläschen in einer geräumigen Porzellanschale mit 100 ccm Alkohol vermischt und unter Umrühren auf dem Wasserbad eingedickt. Dadurch werden die Eiweißstoffe ausgeflockt, so daß sie nachher beim Ansäuern mit überschüssiger Schwefelsäure und beim Ausäthern nicht mehr viel durch Emulsionsbildung stören. Die ätherische Lösung wird verdampft und das hinterbleibende saure Öl in alkoholischer Lösung mit 0,2n-alkoholischer Kalilauge titriert.

1. Versuch. Angewandt 500 mg getr. Leberpr. II, enth. 462 B.₁E.; **[230]** vor dem Versuche mit Wasser stehen gelassen. Abweichend von den Bedingungen der Bestimmung war die Versuchszeit $^1/_2$ Stunde. Die gebildete Säure erforderte 0,82 ccm $^n/_5$-KOH, d. i. 2,0% Spaltung.

2. Versuch. Angewandt 250 mg eingedampfter wäßriger Auszug der Leberpr. II entspr. 0,7 g Leberpulver; Enzymgehalt 600 $B._1E$. Die Verseifung in 1 Stunde erforderte 0,5 ccm $^n/_5$-KOH entspr. 1,3% Spaltung.

3. Versuch. Angewandt 1,00 g eingedampfter wäßriger Auszug der Leberpr. III entspr. 2,3 g getr. Leber; Enzymgehalt 950 $B._1E$. Die Spaltung in 1 Stunde erforderte 1,65 ccm $^n/_5$-KOH, betrug also 4,1%.

Diese Spaltung zeigt eine Enzymmenge an, die in Lipaseeinheiten (1 L.-E. unter den bestimmten Bedingungen 24% von 2,5 g Olivenöl spaltend, bei Leber als $L._1E$. bezeichnet) ungefähr 0,08 $L._1E$. beträgt.

4. Versuch. Angewandt 10 ccm eingeengte Elution des Leberenzyms (aus Nr. III) nach auf einander folgender Adsorption durch Kaolin, Tonerde und nochmals Kaolin; Trockengewicht 0,2 g, 16fach konzentrierter als in getrockneter Leber, enth. 1060 $B._1E$. Nach 1 Stunde waren zur Neutralisation 0,93 ccm $^n/_5$-KOH erforderlich entspr. einer Spaltung von 2,3%.

Durch die Enzymmenge von etwa 1000 Butyraseeinheiten in den 200 mg dieses gereinigten Präparates ist ungefähr dieselbe Ölspaltung bewirkt wie von 0,7 mg getrocknetem Pankreas. Nach Vers. 2 sind in 1 cg Enzymmaterial 0,001 $L._1E$. enthalten, nach Vers. 3 0,0008 $L._1E$., während getr. Pankreas in 1 cg z. B. 1 L.E. enthält.

4. Wirkungsverhältnis in bezug auf verschiedene Substrate.

Die Geschwindigkeit der Spaltungen verschiedener Substrate ist von der Affinität der Enzyme zu ihnen abhängig, wird aber in ungleichem Maße von den Begleitstoffen beeinflußt, die in wechselnder Beschaffenheit und Menge vorkommen. Da die lipatischen Enzyme nicht in reinem Zustand zugänglich sind, wird in dieser Folge von Arbeiten angestrebt, durch ausgleichende Aktivierung (oder Hemmung) die wechselnden Einflüsse der Begleitstoffe auszuschalten. Die Methode strebt nicht etwa nur an, trotz der störenden Anwesenheit der Begleitstoffe zu großen Geschwindigkeiten zu kommen, sondern alle spezifischen Einflüsse der Begleitstoffe zu überwinden, die sich entweder chemisch auf die wirksamen Gruppen des Enzyms richten oder physikalisch das Milieu an der Oberfläche der Kolloidteilchen ändern. In einem gewissen Maße ist dieser **[231]** Ausgleich für die pankreatische Hydrolyse der Substrate Olivenöl, Tributyrin, Triacetin, Buttersäureester gelungen, aber einzelne Fälle abweichender Zeitwertverhältnisse[1] (Tributyrin mit Pferdepankreas, Buttersäuremethylester mit

[1] IV. Abhandl., Diese Zs. Bd. 129, S. 1 (1923), und zwar S. 25; VI. Abhandl., Diese Zs. Bd. 133, S. 229 (1923/24), und zwar S. 245.

Schafspankreas), zeigen an, daß die Ausschaltung der Begleitstoffeinflüsse nicht immer genügt. Sie ist in vielen Fällen für praktisch-analytische Zwecke mit genügender Annäherung gelungen. Aber der Geschwindigkeitsvergleich ist noch nicht geeignet für die Entscheidung über Spezifität der Enzyme und für Identitätsbestimmungen.

In der vorliegenden Untersuchung wird gezeigt, daß die Methoden der ausgleichenden Aktivierung sich von Pankreaslipase auf das Leberenzym nicht übertragen lassen und daß die Begleiter und Zusätze wie Proteine und Kalkseifen diese Esterase ganz anders beeinflussen. Die lipatischen Enzyme von Pankreas und Leber sind entweder wesentlich verschieden oder die wirksamen Atomgruppen des einen oder beider stehen unter dem Einfluß wesentlich verschiedenartiger, mit den Enzymen eng assoziierter, ihnen wahrscheinlich nahe verwandter Stoffe, für welche die Methoden des Ausgleichs noch nicht genügt haben. Die weit differierenden Quotienten der Zeitwerte, zu denen man bei den einzelnen hydrolytischen Wirkungen dieser Enzyme gelangt, geben also keinen Beweis für die Identität oder Verschiedenheit, aber bemerkenswerte Anhaltspunkte für die Beurteilung dieser Frage.

1. Vergleich der Methylbutyrat- und Ölspaltung. Aus den Bestimmungen mit der nämlichen Elution von Leberenzym (für 10 ccm gefunden 0,045 Einh. der Ölspaltung und 230 Einh. der Buttersäureesterspaltung) ergibt sich

$$\frac{\text{L.}_1\text{'E.}}{\text{L.}_1\text{E.}} = \frac{230}{0{,}045} = 5100\,.$$

Bei Pankreasdrüsen verschiedener Tiere (Schwein, Pferd, Schaf) schwankt der Wert für 1 L.E. zwischen 0,77 und 3,01 L.'E.

[232] 2. Vergleich der Tributyrin- und Ölspaltung. Für die gleiche Elution folgt aus der stalagmometrischen Bestimmung (10 ccm enth. 1060 $\text{B.}_1\text{E.}$) und der angeführten Ölspaltung:

$$\frac{\text{B.}_1\text{E.}}{\text{L.}_1\text{E.}} = \frac{1060}{0{,}045} = 23600\,.$$

Beim Pankreas verschiedener Tiere bewegt sich das Äquivalent für 1 L.E. zwischen 1000 und 161 B.E.

Vergleichswerte der durch Ölspaltung bestimmten Einheiten ($\text{L.}_1\text{E.}$ und L.E.).

	Leberesterase (Schwein)	Pankreaslipase (Schwein)
in Einheiten der Methylbutyratspaltung .	5 100	0,8—1,6
,, ,, ,, Tributyrinspaltung . . .	23 000	720—1000

3. Vergleich der Tributyrin- und Methylbutyratspaltung. Aus denselben Bestimmungen berechnet sich das Verhältnis

$$\frac{\text{B.}_1\text{E.}}{\text{L.}_1\text{'E.}} = 4{,}5\,,$$

während nach den früheren Angaben (1 cg enth. 0,83 L.E. nach I. Abh. S. 115 oder 830 B.E. nach IV. Abh. S. 23 und 1,5 cg enth. 1 L.'E. nach VI. Abh. S. 238, also

1 cg 0,67 L.'E.) vom Pankreas und zwar von Probe III einer L.'E. 1240 B.E. äquivalent sind.

Von der Leber des Schweines (und zwar von der getr. Probe IV) wären daher anzuwenden

für die Ölspaltung 106 g,
für die Tributyrinspaltung 1 g,
für die Methylbutyratspaltung 4 mg,

um dieselbe Spaltung zu erzielen wie durch 1 cg Pankreasprobe III.

Die eigentliche Bedeutung dieser Zeitwertquotienten wird sich erst aus genauen Affinitätsbestimmungen ergeben, aber die lipatischen Enzyme bieten für vergleichende kinetische Untersuchungen ein besonders ungünstiges Material. Mit einfachen Estern sind Untersuchungen über den Einfluß der Substratkonzentration ausgeführt worden, aus denen sich schon [233] Folgerungen hinsichtlich der Affinität der Esterase zu den Substraten ziehen lassen.

Zuerst haben J. H. KASTLE und A. S. LOEVENHART[1], sodann J. H. KASTLE, M. E. JOHNSTON und E. ELVOVE[2] mit Leberesterase (vom Schwein) die Spaltung des Äthylbutyrats und Äthylacetats gemessen und von der Esterkonzentration weitgehend unabhängig gefunden. Auch G. PEIRCE[3] hat in genaueren Untersuchungen beobachtet, daß die absoluten Spaltungsbeträge, in gleichen Zeiten durch gleiche Fermentmengen bedingt, von der Substratkonzentration in weiten Grenzen unabhängig sind. Er schließt daraus, daß schon in $^{n}/_{200}$-Lösung des Esters der größte Teil des Enzyms an Substrat gebunden sei. Eine wichtige neue Arbeit „Zur Kinetik der Lipasereaktionen" von S. ARRHENIUS[4], die sich auf eine in Stockholm ausgeführte Untersuchung von E. KNAFFL-LENZ[5] stützt, bestätigt, soweit es sich um den Einfluß der Substratkonzentration handelt, im wesentlichen jenes Ergebnis. In eingehender Diskussion des zeitlichen Reaktionsverlaufes kommen KNAFFL-LENZ und ARRHENIUS zu dem Schlusse, daß die Esterspaltung durch das Leberenzym mit fast genauer Proportionalität zwischen Versuchszeit und umgesetzter Menge von Äthylbutyrat verlaufe. Und S. ARRHENIUS folgert weiter[6]: „Der lineare Reaktionsverlauf ist voraussichtlich der für enzymatische Reaktionen normale."

Man darf wohl aus den zugrunde liegenden Versuchen schließen, daß auch Affinitätsmessungen eine hohe Affinität der Esterase zu den einfachen Estern ergeben würden. Bei willkürlich gewählten Estermengen wird meist die optimale [234] Kon-

---

[1] Am. Chem. Jl. Bd. 24, S. 491 [1900].

[2] Am. Chem. Jl. Bd. 31, S. 521 [1904], und zwar S. 546. Man bemerkt hingegen in der Tabelle S. 544, daß die Spaltungsbeträge mit der Esterkonzentration ansteigen, sogar noch bei höheren Konzentrationen.

[3] Am. Chem. Jl. Bd. 32, S. 1517 [1910].

[4] Medd. fr. K. Vetenskapsakad. Nobelinst. Bd. 6, Nr. 4 [1922/23]; Zs. f. angew. Chem. Bd. 36, S. 455 [1923].

[5] Medd. fr. K. Vetenskapsakad. Nobelinst. Bd. 6, Nr. 3 [1922]; Arch. für exper. Pathol. Bd. 97, S. 242 [1922/23].

[6] A. a. O. S. 33.

zentration schon überschritten sein. Ganz anders liegen aber die Verhältnisse bei den Reaktionen der pankreatischen Lipase. Nach unseren in der Tab. 1 zitierten früheren Messungen[1] ihrer Wirkung auf die Ester der Buttersäure besteht nämlich annähernde Proportionalität zwischen den absoluten Spaltungsbeträgen und den Substratkonzentrationen bis zur Löslichkeitsgrenze. Da selbst in gesättigter Esterlösung noch nicht alles Enzym an Substrat gebunden zu sein scheint, mithin ein unbekannter Bruchteil des Enzyms nicht mitbestimmt wird, ist die Pankreaslipase dem Leberenzym gegenüber im Vergleich benachteiligt und man sollte Messungen bei Konzentrationen anstreben, bei welchen gleiche Bruchteile der Enzyme mit dem Substrat verbunden wären.

Tabelle 1.
Esterspaltung durch Pankreaslipase bei verschiedenen Substratkonzentrationen.

Äthylbutyrat mit 0,8 ccm Enzym			Methylbutyrat mit 0,4 ccm Enzym		
ccm Ester	ccm KOH 0,2 n.	Spaltung (%)	ccm Ester	ccm KOH 0,2 n.	Spaltung (%)
0,05	0,92	48,5	0,06	0,54	19,7
0,10	1,85	48,8	0,12	1,36	24,8
0,15	2,62	46,0	0,25	2,58	23,4
0,20	2,80	37,0	0,50	3,90	17,7
0,50	2,75	14,5	1,00	3,98	9,0

Der Unterschied in der Abhängigkeit von der Substratkonzentration wird auf den Reaktionsverlauf Einfluß haben. Während das Enzym mit großer Affinität, die Leberesterase, (mit überschüssigem Substrat) nach ARRHENIUS nullmolekularen Verlauf ergibt, wird für Pankreaslipase, also für ein Enzym mit geringerer Affinität zum Substrat und mit der annähernden Proportionalität der absoluten Spaltung und der Substratkonzentration monomolekularer Reaktionsverlauf zu erwarten sein, insoweit Enzymzerstörung und andere Einflüsse wie Hemmung durch Spaltprodukte keine Komplikationen bedingen.

[235]

II. Reinigung durch Adsorptionsmethoden.

1. Das Ausgangsmaterial.

Während frühere Autoren aus dem frischen Organ nach dem Zerkleinern oder Zerreiben mit Kieselgur und Sand zumeist mit angesäuertem Wasser lipatische Auszüge bereiteten, finden wir es zweckmäßiger, nach den Erfahrungen mit der Pankreas- und der Magenlipase die Leber (für die meisten Versuche vom Schwein, für andere vom Pferd) mit Aceton zu trocknen, um das Enzym daraus mit Wasser oder Glycerin in Lösung überzuführen.

1 kg Leber (von 3 jungen Schweinen) lieferte durch Acetontrocknung 190 g, die zur Bestimmung und zur Extraktion sehr fein gemahlen wurden.

[1] VI. Abhandl., S. 232.

Durch angesäuertes Wasser erhält man geringere Ausbeuten, aber reinere Lösungen; mit alkalihaltigem Wasser, wie schon J. H. KASTLE, M. E. JOHNSTON und E. ELVOVE[1] bemerkten, reichlichere Ausbeuten und konzentriertere Enzymlösungen, indessen auch mehr von den Begleitstoffen, die durch die Millonsche Reaktion und die Pettenkofersche Gallensäureprobe angezeigt werden.

Das Enzym wird nur langsam und von viel Lösungsmittel, etwa dem 40fachen der trockenen Leber, annähernd vollständig extrahiert.

1. Beispiel. Je 1,0 g Leberpr. II wurde mit 20 ccm 0,025 n-NH_3 ausgezogen a) $^1/_2$, b) 1, c) 2, d) 8 Stunden.
Je 0,05 ccm Filtrat enthielten a) 1,17, b) 1,60, c) 1,73, d) 2,10 B.$_1$E.
2. Beispiel. Je 1,0 g Leberpr. III ebenso a) $^1/_2$, b) 8 Stunden behandelt.
0,05 ccm Filtrat enthielten a) 0,45, b) 0,88 B.$_1$E.

Um den enzymatischen Wert der getrockneten Leber zu bestimmen, was stalagmometrisch mit dem Pulver selbst nicht tunlich ist, muß man längere Zeit und mit reichlicher Menge verd. Ammoniaks digerieren. Es empfiehlt sich, 1 g des Organmaterials im Zentrifugenglas mit 20 oder besser mit 50 ccm 0,025n-NH_3 anzurühren, $1^1/_2$ bis 2 Stunden stehen zu lassen [236] und abzuzentrifugieren. Während die Wirksamkeit der abgetrennten und gemessenen klaren Lösung bestimmt wird, setzt man in derselben Weise einen zweiten ammoniakalischen Auszug an und so fort, bis die Lösung nur noch zu vernachlässigende Anteile des Enzyms aufweist.

Beispiel	aus Leberprobe II	aus Leberprobe IV
1. Auszug	15,7 ccm enth. 628	45,0 ccm enth. 705 B.$_1$E.
2. ,,	17,9 ccm ,, 186,2	48,2 ccm ,, 120 ,,
3. ,,	19,0 ccm ,, 68,4	48,5 ccm ,, 25 ,,
4. ,,	18,7 ccm ,, 28,1	— —

Danach ist der Lipasewert der beiden Leberproben = 9,1 und 8,5 (Anzahl von Butyraseeinheiten in 1 cg, B.$_1$W.). Bei Leberprobe IV waren im ersten Auszug schon 83% des im ganzen aufgelösten Enzyms vorhanden.

Die mit sehr verdünntem Ammoniak bereiteten Auszüge aus Schweineleber enthielten das Enzym 2,7-, 3,9-, 3,6-, 4,5fach konzentrierter als das entfettete und entwässerte Organ. Beim Abdampfen im warmen Luftstrom trat nur unwesentlicher Verlust ein, beim Wiederauflösen der Trockenpulver, die haltbar und leicht zerreiblich waren, stieg die enzymatische Konzentration noch an, da $^1/_4$ bis $^1/_3$ der Rückstände durch Denaturierung unlöslich wurde und wenig Enzym zurückhielt. Aus Pferdeleber ging mehr Substanz in Lösung, z. B. lieferten 50 g Leberpulver (38500 B$_1$.E.) mit 2 Liter 0,025n-NH_3 in 2 Stunden eine tiefbraune Lösung, die fast alles Enzym (37800 B.$_1$E.) in 21 g Trockengewicht enthielt. Davon blieben beim Wiederauflösen 36% zurück, so daß sich die enzymatische Konzentration vom 2,3fachen zum 3,6-fachen des Ausgangsmaterials verbesserte.

Reinere Esteraselösungen gewinnt man mit Glycerin, fast 8fach konzentrierter als in trockener Leber, z. B. lieferten 5 g Leberprobe IV mit 250 ccm 87proz. Glycerin

[1] Am. Chem. Jl. Bd. 31, S. 521 [1904].

in 12 Stunden bei 30° eine Lösung, von der 0,1 ccm 1,32 B.₁E. enthielt. Ohne Verlust filtriert gedacht, waren im Glycerin fast 80% der theoretischen Ausbeute gelöst. Die Glycerinlösungen waren [237] aber für die folgenden Reinigungsoperationen wenig geeignet. Beim Fällen mit Alkohol und Äther verlor das Enzym seine Wirksamkeit.

2. Adsorptionsverhalten.

Es ist ein leichtes, mit einer einzigen Adsorption, ebenso gut durch Kaolin wie durch Aluminiumhydroxyd, die Esterase von der Hauptmenge begleitender Gallensäuren und Proteine zu befreien und ihren Reinheitsgrad auf das 20fache des Leberpulvers, auf das 6fache eines mit Ammoniak gewonnenen Auszuges zu steigern. Dagegen haben Wiederholungen der üblichen Adsorptionsverfahren in diesem Falle keinen deutlichen Nutzen mehr geboten. Durch Elektrodialyse, die vor kurzem beim Invertin[1] und zu gleicher Zeit durch R. Fricke und P. Kaja[2] bei Malzdiastase mit Erfolg Anwendung gefunden hat, gelingt infolge der Ausflockung von Globulinen eine weitere Steigerung der enzymatischen Konzentration auf etwa das $2^1/_2$fache der nach der Adsorptionsmethode erzielten.

Die Adsorption mit Kaolin oder Tonerde geschah aus saurer Lösung, bei $p_H = 4{,}2$ bis 4,4, eingestellt mit Ammonacetat-Essigsäure-Mischung. Man brauchte viel Adsorbens und ermittelte die Menge im Vorversuch, so daß etwa 10% der Esterase in der Restlösung blieben; sonst wäre zu viel Adsorbens nötig und die Elution erschwert. Für alle Elutionen war verdünntes Ammoniak (0,25 n) zweckmäßig und ausreichend. Da das Enzym in der ammoniakalischen Lösung nicht immer haltbar war, führten wir die Elution sofort in den schon vorbereiteten Vakuumverdampfapparat[3] ein. Bei raschem Einengen auf $^1/_{10}$ Volumen begegneten wir keinem großen Verlust; peptisiertes Aluminiumhydroxyd pflegte dabei auszuflocken, die Lösung wurde auf der Nutsche durch eine dünne Schicht von Kieselgur klar abgesaugt. In allen Stadien der Reinigung [238] waren die Lösungen ohne Glycerinzusatz lang genug haltbar und ließen sich unter Erhaltung des Enzymwertes auch zur Trockne eindunsten.

1. Beispiel: Adsorption durch Kaolin.

Aus Leberprobe III, einem wenig günstigen Ausgangsmaterial von $B._1W. = 3{,}5$, war durch Ausziehen mit verdünntem Ammoniak und Abdampfen ein Rohpräparat von $B._1W. = 8$ gewonnen. 15 g davon wurden in 1800 ccm Wasser unter Zusatz von 30 ccm 0,25 n-NH_3 gelöst und nach Versetzen mit 30 ccm n-Essigsäure mit 15 g elektroosmotisch gereinigtem Kaolin zu 90% adsorbiert. Das in der großen Zentrifuge abgetrennte Adsorbat wurde alsbald in den Bechern mit 1500 ccm 0,25 n-NH_3 angerührt. Die entstandene Elution wurde sofort wieder durch Zentrifugieren vom Kaolin getrennt und im Vakuum eingeengt. Die Ausbeute betrug 75%, der Reinheitsgrad 76 B.₁W. Die Millonprobe fiel noch deutlich aus, die Gallensäureprobe nach Pettenkofer und Mylius (mit 75 B.₁E.) nur mehr schwach.

Eine anschließende Reinigung fast der ganzen Menge nach dem Tonerdeverfahren und eine nochmalige Adsorption durch Kaolin verbesserten die enzymatische Kon-

[1] R. Willstätter und K. Schneider, Diese Zs. Bd. 133, S. 193 [1923/24], und zwar S. 208 u.f.
[2] Chem. Ber. Bd. 57, S. 310 [1923/24].
[3] R. Willstätter, J. Graser und R. Kuhn, Diese Zs. Bd. 123, S. 1 [1922], und zwar S. 30.

zentration nicht erheblich und brachten die Begleitstoffreaktionen nicht zum Verschwinden.

Von der letzten Elution unterwarfen wir z. B. 5 ccm einer dreistündigen Elektrodialyse (Rückgang von 19 bis unter 3 Milliamp.). Die von ausgeschiedenen Flocken in der Zentrifuge befreite Lösung hatte 15% vom Enzym verloren (35 ccm, davon enthielten 10 ccm 134,4 B.₁E. und gaben 7,29 mg Abdampfrückstand), ihr Reinheitsgrad war auf B.₁W. = 184 gestiegen.

2. Beispiel: Adsorption durch Tonerde.

Von demselben Esterasepräparat, ammoniakalischem Auszug von Leberprobe III, wurden 1,5 g Trockenrückstand (B.₁W. = 8) unter Zusatz von 12 ccm 0,25 n-NH_3 in 48 ccm Wasser gelöst und nach Ansäuern mit 12 ccm n-Essigsäure mit 40 ccm Aluminiumhydroxydsuspension C (0,2452 g Al_2O_3) adsorbiert. Die mit 100 ccm 0,25 n-NH_3 gewonnene Elution, rasch auf 76 ccm eingeengt und durch Kieselgur filtriert, enthielt 900 B.₁E. entsprechend 75% Ausbeute und ihre enzymatische Konzentration war fast aufs 20fache (im Vergleich zur getrockneten Leber) gesteigert (B.₁W. = 68). Der Trockenrückstand (aus 5 ccm: 8,8 mg) war nach 3tägigem Aufbewahren im Exsiccator unverändert wirksam. Die Gallensäurereaktion und die Millonprobe fielen noch deutlich aus.

[239] 3. Haltbarkeit.

J. H. Kastle und A. S. Loevenhart[1], sowie J. H. Kastle, M. E. Johnston und E. Elvove[2] machten bemerkenswerte Angaben hinsichtlich der Haltbarkeit der Leberesterase, die sie über Erwarten groß fanden. Die einfach mit Wasser gewonnenen Auszüge waren wenig beständig, dagegen zeichneten sich die mit etwas Säure bereiteten Lösungen durch ihre große, selbst monatelange Haltbarkeit aus. Ähnlich urteilten die amerikanischen Forscher über die Beständigkeit der pankreatischen Lipase, aber es scheint, daß ihre Beobachtungen in diesem Falle unter dem Mangel einer guten Bestimmungsmethode gelitten haben. Es gibt in dieser Beziehung zwischen Pankreaslipase und Leberesterase auffallende Unterschiede. E. Knaffl-Lenz[3] erhielt aus Pankreas fast unwirksame wäßrige und an Wirksamkeit sehr rasch verlierende Glycerinlösungen, während seine Präparate aus Rinderleber im Laufe eines Jahres ihre Wirksamkeit behielten. Auch R. Willstätter und E. Waldschmidt-Leitz[4] wiesen auf die Wirkungsabnahme wäßriger Auszüge der getrockneten Pankreasdrüse hin, die z. B. in 20 Stunden 50% betrug. Diese Unbeständigkeit ist nicht oder nicht ausschließlich durch die Gegenwart des Trypsins bedingt, denn die enzymatisch homogenen Lösungen der Pankreaslipase, die in der II. Abhandlung dieser Reihe beschrieben wurden, waren noch zersetzlicher.

Nach der Reinigung durch Kaolin- oder Tonerdeadsorption waren die Esteraselösungen, die uns zu Beobachtungen über die Haltbarkeit dienten (Tab. 2), in den meisten Fällen nicht beständig, sondern sie erfuhren in den ersten Tagen der Aufbewahrung bei Gegenwart von Toluol eine Wirkungsabnahme um z. B. $^1/_5$ oder $^1/_4$.

[1] Am. Chem. Journ. Bd. 24, S. 491 [1900], und zwar S. 498.
[2] Am. Chem. Journ. Bd. 31, S. 521 [1904], und zwar S. 527.
[3] Arch. für exper. Pathol. Bd. 97, S. 242 [1922/23].
[4] II. Abhdl., S. 152.

Dagegen war von Anfang an konstant eine durch Kaolin, Tonerde und wieder Kaolin gereinigte Esteraselösung (Nr. 5 der Tab. 2); es scheint, daß die bei den anderen Lösungen beobachtete Aktivitätseinbuße schon [240] im Gang der in diesem Falle mit Verlust verbundenen Operationen eingetreten war und daß das noch vorhandene Enzym sich noch oder wieder in geschütztem Zustande befand. Die darauf folgende Elektrodialyse bedingte eine Steigerung des Reinheitsgrades, aber eine neue Einbuße beim Aufbewahren. Die Abnahme schritt in den untersuchten Fällen nach einiger Zeit nicht weiter, das verminderte Wirkungsvermögen blieb lange bestehen.

Tabelle 2.
Haltbarkeit der Leberesterase auf verschiedenen Reinheitsstufen.

Nr.	Enzympräparat	B.₁E. in 0,2 ccm best.		
		frisch	nach 9—10 Tagen	nach 25—30 Tagen
1	Elution aus Kaolin, ohne Toluol	1,20	0,98	—
2	,, ,, ,, mit Toluol	1,20	0,95	0,90
3	,, ,, ,, und Tonerde, ohne Toluol .	0,85	0,63	—
4	,, ,, ,, ,, mit Toluol .	0,85	0,74	—
5	,, ,, ,, , Tonerde, Kaol., mit Toluol .	0,90	0,88	—
6	Dieselbe, elektrodialytisch gereinigt, ohne Toluol	1,20	0,70	0,66

III. Hemmungserscheinungen.

1. Einfluß von fettsauren und von gallensauren Salzen.

Pankreaslipase (und Magenlipase) ist in rohem und reinerem Zustand in ihrer Wirkung auf Tributyrin von Begleitstoffen und Zusätzen stark abhängig; die Hydrolyse wird wesentlich beschleunigt durch Natriumglykocholat, Natriumoleat und besonders Calciumoleat, sie wird gehemmt durch Eieralbumin. Im Abschnitt (I, 1) über die Bestimmung des Leberenzyms mit Tributyrin wurde schon darauf hingewiesen, daß der Zusatz von Calciumchlorid mit Natriumoleat und Albumin, der für die stalagmometrische Bestimmung der Pankreaslipase mit dem Substrat Tributyrin zum Ausgleich nötig ist, bei Leberesterase nicht beschleunigend, sondern hemmend wirken würde und zwar um etwa 50%. Einige Beispiele solcher Hemmungen sollen in der Tab. 3 angeführt werden. Es wird darin gezeigt, daß der Einfluß der Zusätze, [241] worin die hepatische Esterase sich von der pankreatischen so wesentlich unterscheidet, bei der Reinigung des Leberenzyms noch nicht zum Verschwinden gebracht werden konnte. Die wiederholte Überführung in Adsorbate und Entbindung aus ihnen, auch die mit erheblicher Steigerung der enzymatischen Konzentration verbundene Elektrodialyse hatte keine Änderung der Eigenschaften zur Folge; dennoch ist es nicht ausgeschlossen, daß das Verhalten von Begleitstoffen, vor allem aktivierend wirkenden, bestimmt ist, und zwar von solchen, die durch irgend welche Reinigungsvornahmen vom Enzym abgetrennt werden könnten.

So verschieden also der Einfluß von Seife und anderen Zusätzen auf pankreatische und hepatische Esterase erscheint, gemeinsam ist beiden Enzymen, daß sie in ihrem

Wirkungsvermögen von Fremdstoffen in hohem Maße abhängen. Die Versuche Nr. 8, 12 und 16 der Tab. 3 zeigen, daß Seife und Glykocholat[1] schon in kleiner Konzentration hemmen, besonders stark Calciumoleat. Die Hemmung läßt sich auffallenderweise durch Zusatz von Albumin abschwächen (Versuch Nr. 13 und 14). Eieralbumin allein sowie Calciumchlorid (Versuche Nr. 3 und 9) hatten keinen Einfluß. Letztere Beobachtungen sprechen eher dafür, daß die Leberesterase, wie sie im Organ und in den Präparaten enthalten ist, im Wirkungsvermögen unter dem Einfluß natürlicher Begleitstoffe steht.

2. Giftwirkungen nach P. RONA.

Die auffallenden, von Organ zu Organ, von Tier zu Tier wechselnden Einflüsse gewisser Alkaloide und anderer Gifte auf Lipasen, die P. RONA[2] mit seinen Mitarbeitern

[242] Tabelle 3. Hemmung der Esterasewirkung auf Tributyrin.

Nr.	Enzymlösung	Zusätze					
		Natrium-oleat mg	Natrium glykocholat mg	$CaCl_2$ mg	Albumin mg	B.'E.	Hemmung %
1	0,5 ccm eingedampfter Wasserextrakt, Probe II	—	—	—	—	0,63	—
2	desgl.	10	—	—	—	0,28	56
3	desgl.	—	—	—	15	0,58	(8)
4	desgl.	10	—	10	15	0,30	52
5	0,2 ccm Elution aus Alum., Kaolin, Probe III	—	—	—	—	0,93	—
6	desgl.	1	—	—	—	0,80	14
7	desgl.	10	—	—	—	0,10	89
8	desgl.	—	3	—	—	0,64	31
9	desgl.	—	—	10	—	0,90	(3)
10	desgl.	10	—	10	—	0,05	95
11	0,02 ccm Elution Kaolin, Alum., Kaolin, Probe III	—	—	—	—	1,90	—
12	desgl.	5	—	—	—	1,20	37
13	desgl.	10	—	10	—	0,30(0,30)	84
14	desgl.	10	—	10	15	0,90(0,90)	53
15	0,2 ccm Elution Kaolin, Alum., Kaol.; 5 Std. el. dial.	—	—	—	—	1,20	—
16	desgl.	2	—	—	—	0,80	33

in einer [243] Reihe sorgfältiger Untersuchungen kennen gelehrt hat, scheint uns von den natürlichen Begleitstoffen der Enzyme nicht unabhängig zu sein. In jüngster Zeit haben P. RONA und H. PETOW[1]) jene Versuche so ausgelegt, „daß die Giftempfindlichkeit der in Frage kommenden Fermente nicht von den die Fermentwirkung begleitenden Faktoren der Umgebung, sondern von der „Natur“ (chemische und physikalische Konstitution) des Fermentes selbst abhängt“. Die Frage, „wie weit die Fer-

[1] Bei der Hydrolyse von Estern niederer Fettsäuren ist die Hemmung durch gallensaures Salz schon von A. S. LOEVENHART (Jl. of Biol. Chem. Bd. 2, S. 449 [1906/07]) eingehend untersucht worden.

[2] P. RONA und E. BACH, Biochem. Zs. Bd. 111, S. 166 [1920]; P. RONA und D. REINICKE, Biochem. Zs. Bd. 118, S. 213 [1921]; P. RONA und R. PAVLOVIČ, Biochem. Zs. Bd. 130, S. 225 [1921] und Bd. 134, S. 108 [1922]; P. RONA und M. TAKATA, Biochem. Zs. Bd. 134, S. 118 [1922].

[1]) Biochem. Zs. Bd. 146, S. 28 [1924].

mente als solche und wie weit die Umgebung das Verhalten gegen die Gifte bestimmt", haben nun P. RONA und H. PETOW neuerdings auf dem Wege geprüft, daß sie die anzuwendende Leber- und Pankreaslipase nach den Verfahren unseres Laboratoriums reinigten. Das Ergebnis war: „Das in vergangenen Untersuchungen festgestellte spezifische Verhalten der Lipasen verschiedener Herkunft läßt sich auch an weitgehend gereinigten Fermenten wiederfinden.

Die Giftempfindlichkeit bzw. die Resistenz gegen die angewandten Gifte Chinin und Atoxyl war bei nach WILLSTÄTTER hergestellten Lipasen aus Schweinepankreas und Schweineleber, wie bei durch fraktionierte Fällung gereinigter Serumlipase dieselbe wie bei den wäßrigen Auszügen der betreffenden Organe bzw. vom ursprünglichen Serum."

Es erscheint uns zweifelhaft, ob es für diesen Zweck nicht nötig wäre, die Reinigung weiter zu führen, als es in den Versuchen von RONA und PETOW geschehen ist. Um für diese Fortsetzung der physiologisch bedeutsamen Versuche eine Anregung zu geben, seien im folgenden (Tab. 4) einige von den Versuchen mitgeteilt, in denen wir im Sinne der Untersuchungen RONAS an Pankreas- und Leberenzym von verschiedenen Reinheitsgraden die Einflüsse von Chinin und Atoxyl verglichen haben. Leberlipase vom Schwein in ziemlich rohem Zustand (Versuch Nr. 2 und 3) wurde durch Atoxyl um etwa 30 % gehemmt, nach der Reinigung mit mehreren Adsorptionsverfahren in vergleichenden Versuchen um über 70 %. Die Hemmung durch Chinin war auch am

[244] Tabelle 4. Wirkung von Chinin und Atoxyl auf Lipasen.

Nr.	Enzympräparat	Zusatz	Einwirkungsdauer	B. E. ohne Aktiv. best.	Abnahme %
1	0,1 ccm Leberprobe III eines wäßrigen, nicht weiter gereinigten Auszugs . . .	—	—	0,51	—
2	desgl.	0,5 mg Atoxyl	60′	0,35	31
3	desgl.	1,0 ,, ,,	60′	0,39	24
4	0,4 ccm Leberprobe III, ger. durch Adsorption an Kaolin, Alum. u. Kaol., el. dialys.	—	—	1,23 (1,30)	—
5	desgl.	0,5 mg Atoxyl	60′	0,36	71
6	desgl.	5,0 ,, ,,	60′	0,16	87
7	desgl.	0,5 ,, Chinin	30′	1,10	11
8	desgl.	1,0 ,, ,,	30′	1,00	19
9	Serum, Pferd, 10fach gereinigt	—	—	0,62 (0,60)	—
10	desgl.	0,5 mg Chinin	60′	0,62	0
11	desgl.	5 ,, ,,	60′	0,60	3
12	desgl.	5 ,, Atoxyl	60′	0,58	7
13	desgl.	10 ,, ,,	60′	0,57	8
14	Pankreaspr. IV, Glycerinauszug (Schwein)	—	—	1,60	—
15	,, IV, ,, ,,	10 mg Chinin	30′	1,15	28
16	,, I, ,, ,,	— (—)[1]	30′ (30′)	1,70 (1,42)	— (—)
17	,, I, ,, ,,	10 (10) mg Chinin	30′ (30′)	1,60 (1,30)	6 (8)
18	,, I, ,, ,, mit 15 mg Eieralb. vers..	— (—)	— (—)	1,15 (0,97)	— (—)
19	desgl.	10 (10) mg Chinin	30′ (30′)	0,60 (0,60)	48 (38)

[1] Die eingeklammerten Werte in Versuch 16—19 wurden 2 Stunden später mit derselben Lösung erhalten.

gereinigten [245] Präparate nicht bedeutend. Bei Pankreaslipase vom Schwein (Versuche Nr. 15 und 17) fiel die Hemmung durch Chinin von Präparat zu Präparat verschieden aus. Versetzten wir aber eine Glycerinlösung von Lipase, die gegen Chinin unempfindlich war, mit Albumin, so rief danach ein Zusatz von Chinin bedeutende Hemmung hervor (Versuch Nr. 19). Wir schließen daraus, daß doch den begleitenden Fremdstoffen ein großer Einfluß auf die Wirkung der Gifte zukommen kann.

IV. Vergleich asymmetrischer Esterhydrolysen durch Pankreas- und Leberenzym.

Die im theoretischen Teil besprochenen Untersuchungen über Konfigurationsspezifität behandeln die asymmetrische Spaltung, die zuerst H. D. DAKIN mit Leberesterase aufgefunden hat, und einige wenige Spaltungen, die danach unter Verwendung von Pankreasenzym mit racemischen Estern und Glyceriden O. WARBURG, P. MAYER, sowie E. ABDERHALDEN mit A. WEIL und mit H. SICKEL und H. UEDA beobachteten. Vergleichend ist die Wirkung der beiden Enzyme noch an keinem Substrat geprüft worden. Es würde auch, wie im folgenden gezeigt wird, nicht genügen, an einem oder einigen Substraten Pankreaslipase und Leberesterase zu vergleichen, um zu finden, ob sie in ihrer Konfigurationsspezifität übereinstimmen.

Bei den Estern und dem Monoglyceride der Mandelsäure und bei dem Ester des Mandelsäuremethyläthers zeigt es sich, daß die Pankreaslipase die l-Form rascher verseift, während bei Leberesterase nach DAKIN im Gegenteil die abgespaltene Säure rechtsdrehend ist. Auch bei Tropasäureester finden wir entgegengesetzte Drehung des verseiften Anteils, in diesem Falle Rechtsdrehung nach pankreatischer, Linksdrehung nach hepatischer Hydrolyse. Dagegen stimmen die beiden Enzyme in der auswählenden Verseifung dem Sinne nach überein, wenn man als Substrate die racemischen Ester einiger anderer, nämlich mit Mandelsäure nahe verwandter Phenylessigsäuren anwendet: der Phenyl-chlor-, -brom- und -aminoessigsäure. In diesen Fällen zeigen die zuerst gebildeten Säuren immer [246] gleichen Drehungssinn (die halogenierten Links-, die Aminosäure Rechtsdrehung). Auch bei einem Substrat aus einer anderen Gruppe, Leucinester, wiederholt sich diese Erscheinung. Pankreaslipase zieht hier wie die Leberesterase die l-Komponente vor.

Da im Anfangsbereich der Spaltung die Werte für die spezifischen Drehungen der entbundenen Säuren günstiger ausfallen als im weiteren Verlauf der Hydrolyse, unterwarfen wir reichliche Substratmengen, z. B. $^1/_{200}$ Mol (0,9 g Mandelsäureester) im Volumen von 25 ccm der Verseifung. Das Enzym wurde in Form der getrockneten Organe angewandt, Pankreasprobe III und Leberprobe IV, beide vom Schwein. Die Hemmung durch die frei werdende Säure vermeiden wir durch die Anwendung von Natriumbicarbonat, und zwar zumeist zusammen mit Kohlensäure als Puffer von p_H = etwa 7. Diese Reaktion ist für beide Enzyme nicht besonders günstig, aber bei optimalem p_H (etwa 9) wäre die Verseifung einiger Ester durch den Puffer allein zu beträchtlich. Die gewählte Bicarbonatmenge war einem Viertel des Esters äquivalent. Unter diesen Bedingungen ist sogar der leicht verseifbare Mandelsäureester genügend beständig;

in 24 Stunden wurden bei 20° im Blindversuch 2% Mandelsäureäthylester verseift (gef. 0,48 ccm 0,2n-KOH).

Das Enzympräparat (0,2—1 g) wurde mit 22,5 ccm kohlensäuregesättigtem Wasser angerührt, mit $^1/_{200}$ Mol Ester aus besonders geeichten Pipetten versetzt und schließlich mit 2,5 ccm 4,2proz., mit Kohlensäure gesättigter Lösung von Natriumbicarbonat vermischt. Die fest verschlossene Flasche blieb 12—24 Stunden im Thermostaten. Zur Trennung des Reaktionsproduktes neutralisierten wir das Gemisch mit Kalilauge vorsichtig bis zur schwachen Rotfärbung von Phenolphtalein und entfernten unveränderten Ester durch 4maliges Ausschütteln mit viel Äther oder, besonders wenn Emulsionen zu befürchten waren, im Extraktionsapparate. Darauf wurde die Flüssigkeit mit Schwefelsäure angesäuert und in derselben Weise die entbundene Säure mit frisch über Pottasche destilliertem Äther isoliert. Die beim Abdampfen hinterbleibende Carbonsäure brachten wir mit Wasser oder Alkohol im Meßkolben auf 10 ccm, um sie im 2 dm-Rohr zu polarisieren und danach durch Titration zu bestimmen.

Die Versuche mit Verbindungen der Mandelsäuregruppe [247] sind in Tab. 5 zusammengestellt. Von den für den Vergleich gewählten Substraten sind mit Leberesterase allein von DAKIN bereits geprüft: die Ester der Mandelsäure, ihres Methyläthers und der Phenylchlor- und -bromessigsäure. Unsere Befunde hinsichtlich der bevorzugten Komponenten stimmen vollständig mit denjenigen von DAKIN überein.

Der Ester der Tropasäure (Nr. 12—17 der Tabelle) läßt sich viel schwerer spalten als Mandelsäureester, wofür wie beim Isobuttersäureester die Verzweigung der Kohlenstoffkette am carboxyltragenden Kohlenstoffatom verantwortlich sein wird:

Mit dieser Beobachtung steht das Verhalten der Tropeine (Atropin, Scopolamin) in Einklang, die nach R. WILLSTÄTTER und E. BERNER[1] nur sehr schwierig durch Pankreaslipase hydrolysiert werden.

Die Geschwindigkeitsunterschiede sind bei der pankreatischen Spaltung asymmetrisch konstituierter Ester in allen Fällen* bedeutender als bei der hepatischen, die spezifischen Drehungen der aus ihren einfachen Estern erhaltenen Säuren also größer bei der Einwirkung von Pankreas (ungefähr doppelt), und durch dasselbe Enzym erlangen die verschiedenen Substrate recht ungleiche spezifische Drehungen, größere die Mandelsäure und ihr Methyläther, kleinere die Phenylchloressigsäure. Die Antipoden werden also in einigen Fällen mit größerem, in anderen mit geringerem Unterschied in der Geschwindigkeit angegriffen.

Die Konfigurationsspezifität ist, was die Verbindungen dieser Gruppe betrifft, am ausgeprägtesten gegenüber dem Aminoderivat des Mandelsäureesters, dem Phenylaminoessigester. Die stereochemische Spezifität der Lipasen ist also abhängig von den substituierenden Gruppen, sie nimmt bei diesen Estern ab in der Reihenfolge der Substitution durch

$$NH_2,\ OH \text{ und } OCH_3,\ Cl.$$

[1] Chem. Ber. Bd. 56, S. 1079 [1923] (*Abh. 107*).

* *Richtiger: in vielen Fällen.*

[248] Der große Unterschied in der Verseifbarkeit der Antipoden stellt die Phenylaminoessigsäure neben den von O. WARBURG[1] untersuchten Fall des Leucinesters. Nach WARBURG soll lipasearmes[2], proteolytisches Enzym aus Pankreas bei der Hydrolyse des racemischen Esters reines l-Leucin liefern, dagegen lipasereiches Pankreatin auch einige Prozente des Antipoden spalten. Die von WARBURG beobachtete spezifische Drehung des l-Leucins betrug + 15 bis 15,5° (in 20proz. Salzsäure) gegenüber dem Werte 15,6 für l-Leucin nach E. FISCHER und O. WARBURG[3].

Wir haben am Leucinpropylester vergleichende Versuche mit Leberesterase und mit Pankreaslipase, und zwar mit ungereinigtem Drüsenpulver angestellt. Das Ergebnis ist, daß beide Lipasen denselben Antipoden, l-Leucinester, vorziehen, daß aber die Konfigurationsspezifität der pankreatischen Lipase hier wie in den anderen Fällen quantitativ größer ist. Und der Geschwindigkeitsunterschied ist bei der Wirkung der Pankreaslipase auf racemischen Leucinester sogar, wie O. WARBURG schon beobachtet, aber anders gedeutet hat, so bedeutend, daß man diese Spezifität schwer von einer absoluten unterscheiden kann.

Unsere Beobachtungen mit Leucinpropylester sind unter anderen Versuchsbedingungen angestellt als die Beispiele der Tab. 5, nämlich ungefähr den Angaben von O. WARBURG entsprechend bei sehr hoher Esterkonzentration und bei der natürlichen Alkalität des Substrats. Die Isolierung des Leucins geschah nach WARBURG. Die isolierte Aminosäure war nicht ganz rein, sie enthielt noch Beimischungen aus der tryptisch abgebauten Drüsensubstanz, die beobachteten Drehungswinkel dürften daher etwas zu niedrig sein.

1. 4,615 g Leucinpropylester wurden mit 0,1 g Leberprobe IV und [249] 5 ccm Wasser 40 Stunden bei 30° behandelt; gebildetes Leucin = 1,8909 g (54% Spaltung); 0,5000 g in 20proz. Salzsäure zu 10 ccm gelöst: $\alpha = +0{,}70°$ ($l = 2$); $[\alpha]_D = +7{,}0°$.

2. 1,846 g Ester + 2 ccm Wasser + 0,10 g Leberprobe IV 11 Stunden bei 30°; erh. 0,6482 g Leucin = 46,4% Spaltung; 0,6420 g in 20proz. Salzsäure zu 10 ccm gel. ($l = 2$): $\alpha = 0{,}93°$; $[\alpha]_D = +7{,}2°$.

3. 1,846 g Ester + 4 ccm Wasser + 0,10 g Leberprobe IV 11 Stunden bei 30°; erh. 0,7177 g Leucin = 51,3% Spaltung; 0,7056 g in 20proz. Salzsäure zu 10 ccm gel. ($l = 2$): $\alpha = +0{,}90°$; $[\alpha]_D = +6{,}4°$.

4. 4,615 g Ester + 5 ccm Wasser + 0,20 g Pankreasprobe III (= 16,6 L.E.) 11 Stunden bei 20°; erh. 1,533 g = 44% Leucin; 0,4741 g gelöst in 20proz. Salzsäure zu 10 ccm ($l = 2$): $\alpha = +1{,}45°$ $[\alpha]_D = +15{,}3°$.

5. 1,846 g Ester + 2 ccm Wasser + 0,08 g Pankreasprobe III (= 6,6 L.E.) 11 Stunden bei 30°; erh. 0,4776 g Leucin = 34,3% Spaltung; 0,4245 g gel. in 20proz. Salzsäure zu 10 ccm; ($l = 2$); $\alpha = +1{,}23°$; $[\alpha]_D = +14{,}5°$.

6. 1,846 g Ester + 4 ccm Wasser + 0,08 g Pankreasprobe III (= 6,6 L.E.); 11 Stunden bei 30°; erh. 0,4932 g = 35,2% Leucin; 0,4929 g gel. in 20proz. Salzsäure zu 10 ccm; ($l = 2$): $\alpha = +1{,}43°$; $[\alpha]_D = +14{,}5°$.

---

[1] Chem. Ber. Bd. 38, S. 187 [1905]; Diese Zs. Bd. 48, S. 406 [1906].

[2] Wenn wir unseren Pankreasauszug durch Wegadsorbieren von Lipase aus essigsäurehaltiger Lösung mit Aluminiumhydroxyd lipasearm machten, so ergab bei gleicher tryptischer Wirkung die Spaltung nur geringe Ausbeute.

[3] Chem. Ber. Bd. 38, S. 3997 [1905].

Zeitlicher Verlauf der pankreatischen Spaltung von d- und l- sowie d,l-Mandelsäureester.

Hinsichtlich der Wirkung des Leberenzyms ist es nach DAKIN bekannt, daß sich die Verseifung des Racemates bis zum Ende fortführen läßt, daß die aktiven Komponenten also beide gespalten werden, nur mit verschiedener Geschwindigkeit. Auch die spezifischen Drehungen der gebildeten Säuren, niedriger als die wahren [α]-Werte, erweisen, daß es hier, wie es scheint, im Gegensatz zu den Glucosidasen, keine absolute Konfigurationsspezifität gibt. Es wäre freilich auch denkbar, daß die reinen antipodischen Ester mit gleicher Geschwindigkeit hydrolysiert würden und daß dennoch bei Anwendung des Racemates eine auswählende Hydrolyse erfolgte. Diese Möglichkeit ist nach Beobachtungen von R. WILLSTÄTTER und H. SOBOTKA[1] über auswählende Gärung in Betracht zu ziehen. α- und β-Glucose gären nämlich gleich schnell, dennoch wird aus dem Gemisch α-Glucose vorgezogen. Galaktosegewöhnte Hefe vergärt Galaktose rascher als Glucose; dennoch wird im Gemische von Galaktose und Glucose die letztere auswählend vergoren.

[250 u. 251] Tabelle 5.

Hydrolyse racemischer Ester mit Pankreas- und Leberenzym

(zumeist $^1/_{200}$ Mol Ester in 25 ccm Natr. bicarb.-Kohlensäure als Puffer; Organpräparate im allgemeinen vom Schwein, Pankreasprobe III, Leberprobe IV).

Nr.	Racem. Substrate	Enzym	Zeit (Stdn.)	Temp. °	Verbr. KOH 0,2 n.	Spaltung %	$\alpha (l=2)$	$[\alpha]_D$ der Säure	Bemerkungen
1	Mandelsäure-äthylester	1 g Leber (Pferd)	15	30	1,50	6,0	+0,54°	+59°	ohne Puffer
2	,,	1 g Leber	14	30	3,20	12,8	+1,70°	+87°	mit nur 2 ccm NH_3-NH_4Cl-Puffer 2,5n.; (p_H = 8,6).
3	,,	1 g Pankreas	14	30	2,80	11,2	0,96°	—56°	ebenso
4	,,	1 g ,,	24	30	1,80	7,2	—0,83°	—76°	ohne Puffer
5	,,	1 g ,,	7	30	4,6	1,15	—0,57°	—81°	ohne Puffer
6	Mono-mandels.-glycerid	1 g Leber	20	20	5,50	20,3	+1,53°	+46°	mit 1,227 g Ester
7	,,	1 g Pankreas	20	20	3,70	13,7	—0,80°	—36°	ebenso
8	Phenyl-methoxy-essigs. methylester	0,2 g Leber	22	20	5,15	20,6	+1,65°	+48°	in 50proz. Alkoh.pol.
9	,,	0,5 g ,,	6	20	2,36	9,4	+0,85°	+53°	ebenso
10	,,	0,2 g Pankreas	22	20	3,60	14,4	—2,55°	—106°	ebenso
11	,,	0,5 g ,,	6	20	2,70	10,8	—1,70°	—95°	ebenso
12	Tropasäure-methylester	1,0 g Leber	22	20	0,22	0,9	0,0°	—	
13	,,	1,0 g ,,	63	20	0,58	2,3	—0,06°	—	
14	derselbe, 10facher Ansatz; $^1/_{20}$ Mol . . .	10 g ,,	62	20	18,20	7,3	—2,05°	—17°	Säure in 50proz. Alk. pol.; Ester in Alkoh.: α = +2,92°
15	ders., gewöhnl. Ansatz	1,0 g Pankreas	22	20	1,40	4,2	+0,50°	+73°	
16	ebenso	1,0 g ,,	63	20	2,40	9,6	+1,29°	+83°	
17	ders., 3facher Ansatz	30 g ,,	62	20	10,32	13,8	+3,80°	+56°	Säure in 50proz. Alkohol pol. — Unveränd. Ester in Alkohol α = —4,40°.
18	Phenyl-chloressigs.-methylester	0,2 g Leber	26	20	2,20	8,8	—0,15°	—10°	Drehg. in 50pr. Alk.

[1] Diese Zs. Bd. 123, S. 164 u. 176 [1922] (*Abh. 68 und 70*).

Tabelle 5. (Fortsetzung.)

Nr.	Racem. Substrate	Enzym	Zeit (Stdn.)	Temp. °	Verbr. KOH 0,2n.	Spaltung %	$\alpha (l=2)$	$[\alpha]_D$ der Säure	Bemerkungen
19	Phenyl-chloressigs.-methylester	1,0g ,,	23	20	4,68	18,8	—0,46°	—15°	Säure in absol. Alk. pol. — Unveränd. Ester in Alkohol: α = 0,87°.
20	ders., 4fach. Ansatz m. nur dopp. Ester	4,0g ,,	24	20	17,98	36,0	—1,58°	—13°	Säure in 50proz. Alk. pol. — Unveränd. Est.: α = +1,57°.
21	ders., gewöhnl. Ansatz	0,2g Pankreas	26	20	1,98	7,9	—0,23°	—17°	Drehg. in 50proz. Alk.
22	ebenso	1,0g ,,	23	20	3,82	15,3	—1,04°	—40°	ebenso
23	ders., 4fach. Ansatz, m. nur dopp. Ester . .	4,0g ,,	24	20	9,86	19,7	—1,90°	—28°	ebenso
24	Phenyl-bromessigs.-methylester; Ansatz wie Nr. 20 und 23 .	4,0g Leber	20	20	—	[1]	—	—	Unveränderter Ester: α = + 2,96°.
25	ebenso	4,0g Pankreas	20	20	—	[1]	—	—	Unveränderter Ester: α = + 2,87°.
26	Phenyl-aminoessigsäure-propylester. .	0,5g Leber	11	30	(0,258g)[2]	33,0	+ 3,50°	+68°	Ohne Puffer. Unveränd. Ester in Alkohol: α = — 1,30°.
27	derselbe	0,5g ,,	22	20	nicht best.		—	—	Unveränd. Ester in Alkoh.: α=—2,92°.
28	derselbe	0,5g Pankreas	11	30	(0,254g)[2]	34,0	+ 5,62°	+110°	Ohne Puffer. Unveränd. Ester in Alkohol: α = —3,38°.
29	derselbe	0,5g ,,	22	20	nicht best.		—	—	Unveränd. Ester in Alkoh.: α=—4,72°.

[252] Die Spezifität der pankreatischen Hydrolyse prüften wir noch mit Mandelsäureestern durch Vergleich der Spaltungsgeschwindigkeiten am Racemate und an seinen reinen Komponenten. Die Versuchsanordnung war wie in den Beispielen der Tab. 5, aber die Estermenge zumeist nur 0,45 g, d. i. $^1/_{400}$ Mol im Volumen von 25 ccm, ein kleiner Überschuß über die lösliche Menge. Nach Ablauf der Bestimmungszeit wurde die Reaktion durch Zugabe von 1,5 ccm verdünnter Schwefelsäure stillgelegt und das Gemisch von Ester und Säure im Extraktionsapparat ausgeäthert. Im Abdampfrückstand wurde die Mandelsäure in 70proz. Alkohol unter Anwendung von Phenolphthalein titriert und vom gefundenen Wert die Verseifungszahl des Leerversuchs abgezogen (0,08 ccm 0,2n-KOH in 4 Stunden bei 20°).

Der Vergleich ergab für l-Mandelsäureester unter den gewählten Bedingungen in 1 und 4 Stunden um etwa 30% mehr Spaltung als beim d-Ester, während die Werte für das Racement dazwischen lagen. Zur Hydrolyse von 25% sind für l-Mandelsäureester 3,16, für den d-Ester 5,25 Stunden erforderlich.

[1] Nicht bestimmt, da zu leicht Brom abgespalten wird.

[2] Die angegebenen Mengen der Phenyl-amino-essigsäure sind aus gewogenem Chlorhydrat berechnet, das aus stark salzsaurer Lösung abgeschieden wurde; zur polarimetrischen Messung diente die Lösung der Säure in n/10-HCl.

mit 0,5 g Pankreasprobe III	l	d	d,l
1 Stunde	1,64 ccm = 13,1 %	1,24 ccm = 9,9 %	1,60 ccm = 12,8 %
4 Stunden	3,78 ccm = 30,2 %	2,70 ccm = 21,6 %	3,20 ccm = 25,6 %.

Die Reaktion schreitet nur etwa proportional den Quadratwurzeln der Zeiten fort, da das entstehende mandelsaure Salz hemmend wirkt.

Mit 0,5 g Pankreasprobe III	ohne Zusatz	mit 0,1141 g mandels. Kal.
0,9 g d, l-Ester; 1 Stunde	1,90 ccm	0,88 ccm Spaltung.

Unser Vergleich zwischen d- und l-Mandelsäureester wird noch durch einen Versuch ergänzt, der darüber Aufschluß gibt, ob sich die Spaltungsgeschwindigkeiten bei geringeren Enzymmengen wesentlich anders gestaltet hätten, der Unterschied größer ausgefallen wäre. Es zeigt sich, daß die Fermentmenge nicht zu groß bemessen war; bei Verminderung von 0,50 auf 0,20 g sanken die Spaltungswerte, wenn auch nicht genau proportional mit der Fermentmenge.

[253] Angewandt $^1/_{400}$ Mol d, l-Mandelsäureester, Bedingungen wie oben.

Pankreasprobe III.	1 Stunde	4 Stunden
0,20 g	0,85 ccm = 6,8 %	1,60 ccm = 12,8 %
0,50 g	1,60 ccm = 12,8 %	3,20 ccm = 25,6 %.

Bemerkungen zu den angewandten Estern.

d-Mandelsäure-äthylester. Das nach J. LEWKOWITSCH[1] dargestellte Cinchoninsalz wurde zweimal aus Wasser umkrystallisiert. Der Ester, aus dem Silbersalz mit Jodäthyl unter Kühlung gewonnen und unter 0,5 mm Druck destilliert, wies $[\alpha]_D^{18} = + 189°$ auf (in Schwefelkohlenstoff; $c = 2{,}446$, $l = 2$, $\alpha_{18} = + 9{,}25°$).

l-Mandelsäure, als Morphinsalz nach A. MC KENZIE[2] aus der Mutterlauge des Cinchonin-d-Salzes gefällt und aus heißem Alkohol umkrystallisiert, zeigte $[\alpha]_D^{18} = - 157°$; der aus dem Silbersalz bereitete l-Äthylester besaß $[\alpha]_D^{18} = - 190°$ (in Schwefelkohlenstoff; $c = 2{,}83$, $l = 2$, $\alpha_{18} = - 10{,}75°$), während P. WALDEN[3] $[\alpha]_D = - 180{,}0°$ (Schwefelkohlenstoff, $c = 2{,}5$) beobachtete.

Die Löslichkeit des aktiven Mandelsäureesters fanden wir = 0,157 g in 10 ccm Lösung von 20°, von d, l-Ester 0,161 g.

Mandelsäuremonoglycerid. Nach einer demnächst zu veröffentlichenden Arbeit von R. WILLSTÄTTER und F. KÖNIGSBERGER aus Mandelsäure und Glycerin unter der Wirkung von einer Spur Kupfersulfat gewonnen, mit Hilfe von Essigester isoliert und von beigemischtem Diglycerid durch Ausziehen des letzteren mit Äther befreit. Syrup von der Verseifungszahl 243 statt ber. 248.

Phenyl-methoxy-essigsäure-methylester: $Siedep._{10}$ 121—122°; Phenyl-chloressigsäure-methylester: $Siedep._2$ 93—94°; Phenyl-aminoessigsäure-propylester: $Siedep._{1,2}$ 123—124°.

d, l-Tropasäure-methylester. Aus gefälltem Silbersalz mit Jodmethyl unter Kühlung gewonnen; Siedepunkt unter 0,2 mm Druck 121—122°; farbloses Öl von $d_4^{20} = 1{,}1432$; 10 ccm Lösung enthielten bei 20° 0,172 g.

0,1978 g Substanz gaben 0,4814 g CO_2 und 0,1182 g H_2O.

$C_{10}H_{12}O_3$	Ber. C 66,64 %	H 6,72 %
	Gef. C 66,87 %	H 6,64 %.

[1] Chem. Ber. Bd. 16, S. 1568 [1883]. [2] Chem. Soc. Bd. 75, S. 968 [1899].
[3] Zs. physikal. Chem. Bd. 17, S. 108 [1895].

Zeitschrift für physiologische Chemie **140**, S. 203 [1924].

97. ZUR SPEZIFITÄT DER LIPASEN AUS VERSCHIEDENEN ORGANEN.

Von RICHARD WILLSTÄTTER, FELIX HAUROWITZ und FRIEDRICH MEMMEN.

Neunte[1] Abhandlung über Pankreasenzyme.

(Mitteilung aus dem Chemischen Laboratorium der Bayerischen Akademie der Wissenschaften in München.)

(Mit 2 Abbildungen im Text.)

(Der Redaktion zugegangen am 11. August 1924.)

Einleitung.

Unsere Arbeit beabsichtigt, zur Methode der vergleichenden Untersuchung von Enzymen einen Beitrag zu liefern. Der Vergleich der gastrischen und pankreatischen Lipase, den die VII. Abhandlung an einem Beispiel, dem Magen des Schweines, begann, soll an einer größeren Anzahl von Tierarten und besonders an den Fällen mit den größten scheinbaren Unterschieden fortgesetzt werden. Es gibt nicht viele Merkmale, mit denen es möglich erscheint, die Besonderheiten eines lipatischen Enzyms festzustellen. Die eigentümlichen Einflüsse von Aktivatoren und Hemmungskörpern sind, wie sich in den vorangehenden Mitteilungen gezeigt hat, in zu hohem Grade von den natürlichen Beimischungen abhängig. Aber „das sicherste Einteilungsprinzip ist gegenwärtig" für die tierischen Esterasen nach der „Chemie der Enzyme" von H. v. EULER[2] „die Acidität der optimalen Wirksamkeit".

[204] Nachdem F. VOLHARD[1]) und mit ihm W. STADE[2]) und A. FROMME[3]) das Vorkommen einer Lipase im Magen festgestellt, fand H. DAVIDSOHN[4]) sie bei der Hydrolyse von Tributyrin viel empfindlicher als Pankreaslipase gegen den reaktionshemmenden Einfluß von Natriumfluorid. Für besonders unterscheidend hielt DAVIDSOHN die Lage des Reaktionsoptimums, das er bei der Magenlipase des Menschen im saueren Gebiete ($p_H = 5$ bis 4) fand, hingegen bei Pankreas-, Leber- und Serumlipase im alkalischen

[1] Diese Abhandlung ist eine Fortsetzung der VII. und VIII., die in dieser Zs. Bd. 133, S. 247 [1923/24] und Bd. 138, S. 216 [1924] erschienen sind.

[2] Zweiter Teil, S. 7 [1922].

[1]) Zs. f. klin. Med. Bd. 42, S. 414 [1901]; Bd. 43, S. 397 [1901].

[2]) Hofmeisters Beitr. z. Physiol. Bd. 3, S. 291 [1902].

[3]) Hofmeisters Beitr. z. Physiol. Bd. 7, S. 57 [1905].

[4]) Biochem. Zs. Bd. 45, S. 284 [1912]; Bd. 79, S. 249 [1913].

Gebiet. „Die festgestellte Divergenz zwischen der Pankreas- und der Magenlipase wird als Beweis für die Existenz zweier verschiedener lipatischer Fermente angesehen . . ."

Die Lipase des Schweinemagens wirkt im alkalischen Bereiche optimal. Verschieden von Pankreaslipase war nur zunächst das Wirkungsverhältnis zwischen $p_H = 8{,}6$ und $4{,}7$. Aber dieser Unterschied konnte bei der Reinigung nach dem Adsorptionsverfahren beseitigt werden[5]. Bei der Abtrennung eines im alkalischen Gebiete aktivierend und zugleich eines hemmend wirkenden Begleitstoffes verschwand noch ein weiterer Unterschied von Pankreaslipase. Es stellte sich nämlich zugleich die dem rohen Enzym mangelnde Aktivierbarkeit durch glykocholsaures Salz ein. Die VII. Abhandlung schließt: „Für die Annahme der Verschiedenheit von Magenlipase und Pankreaslipase der untersuchten Tierart ist gar keine Stütze geblieben."

Den bedeutendsten Unterschied in der Abhängigkeit von der Wasserstoffionenkonzentration weist die Magenlipase der Fleischfresser auf. Bei Hund und Katze liegt das Wirkungsoptimum stets bei $p_H = 5{,}5$ bis $6{,}3$. Allein bei jedem Schritt der präparativen Reinigung ändert sich die Aktivitäts-p_H-Kurve und zwar so, daß das Maximum aus dem sauren Gebiet in das alkalische wandert:

[205] Wirkungsoptimum und -minimum im Bereich zwischen $p_H = 4{,}7$ und $8{,}6$.

	Optimum $p_H =$	Minimum $p_H =$
Lipaselösung aus Mucosa	5,5 bis 6,3	8,6
Gefällt mit Essigsäure	5,5 „ 6,3	8,6
Elektrodialysiert	6,3 „ 7,1	4,7
Mit Kaolin gereinigt	7,1 „ 7,9	4,7

Wenn man daher die lipatische Wirkung auf Tributyrin bei $p_H = 8{,}6$ stalagmometrisch verfolgt, so wächst trotz aller unvermeidlichen Verluste in den auf einander folgenden Operationen der Reinigung die Ausbeute scheinbar auf mehr als das Doppelte, was durch die Abtrennung von mindestens einem Hemmungskörper erklärt wird.

Die Form der Aktivitäts-p_H-Kurve und sogar die Lage des Optimums ist also zwar für die Magenlipase einer Tierart in ungereinigtem Zustande konstant, aber sie ist keine Eigenschaft des Enzyms selbst, sondern, wie im experimentellen Teil gezeigt wird, durch einen im alkalischen Gebiet wirkenden Hemmungskörper und wahrscheinlich auch durch einen im sauren Bereich wirkenden Aktivator vorgetäuscht.

Es ist hiernach wahrscheinlich, daß auch die Lipase des menschlichen Magens, wenn man sie nur einigen Reinigungsoperationen unterwirft, im alkalischen Gebiete günstiger als im sauren wirken wird.

Der schon in der ersten Abhandlung über die „Bestimmung der pankreatischen Fettspaltung" leitende Gedanke[1]), daß der Einfluß der Wasserstoffzahl auf die lipatische Wirkung „durch ganz andere, kompliziertere Faktoren vorgetäuscht oder entstellt wird", hat sich in allen untersuchten Fällen bestätigt. Die Einflüsse der begleitenden Stoffe erstrecken sich also auch auf die p_H-Abhängigkeit wie auf das Ver-

[5] R. WILLSTÄTTER und F. MEMMEN, Diese Zs. Bd. 133, S. 247 [1923/24] (*Abh. 94*).

[1]) Diese Zs. Bd. 125, S. 93 [1922/23], und zwar S. 97.

halten gegen Adsorbentien, gegen Aktivatoren, Hemmungskörper und Gifte, auf die Haltbarkeit, das Temperaturoptimum und die Zerstörungstemperatur der Enzyme. [206] Wenn diese Merkmale zur Unterscheidung der gastrischen von der pankreatischen Lipase versagen, so sind nach den Ergebnissen der VIII. Abhandlung die Enzyme vor allem hinsichtlich ihrer Wirkung auf die hohen und niederen Glyceride und auf die Ester einwertiger Alkohole zu vergleichen, denn „einer der wesentlichsten Gegensätze zwischen Pankreaslipase und Leberesterase besteht in ihrer quantitativ weit differierenden Spezifität für Substrate von verschiedener Konstitution". — „In unseren Versuchen tritt deutlich hervor, daß die Pankreaslipase für hohe Glyceride ein sehr wirksames Enzym darstellt und das Leberenzym ein dafür sehr ungeeignetes, und daß andererseits das Leberenzym für die Ester einwertiger Alkohole, wie Buttersäureester, sehr tauglich ist."

Da die rohe Magenlipase nur schwache lipatische Wirksamkeit besitzt, ist diese bisher vorwiegend stalagmometrisch mit Tributyrin gemessen worden. Die im Folgenden beschriebenen reineren Präparate sind aber geeignet, um auch mit Olivenöl und überdies mit den einfachen Estern substituierter Essigsäuren geprüft zu werden. Es ergibt sich, daß die Magenlipase, die in ihrer physiologischen Funktion, wenn sie überhaupt funktionswichtig ist, der Pankreaslipase gleicht, ihr auch in der Konstitutionsspezifität nahesteht, während sie von Leberesterase stark differiert. Sie ist eine eigentliche Lipase. Ihr Vorkommen ist freilich quantitativ viel geringfügiger als das von Pankreaslipase:

1 g Pankreasdrüse (getrocknet) spaltet im Zustande ausgleichender Aktivierung in 1 Stunde so viel Olivenöl wie ungefähr 750 g Magenschleimhaut des Hundes und z. B. 1000 g Magenschleimhaut des Schweines (getrocknet) unter Bedingungen der optimalen Wirkung.

Bis zu diesem Punkte gilt wieder, daß kein Anhaltspunkt übrig geblieben ist, von dem auf die Verschiedenheit der Pankreas- und der Magenlipase zu schließen wäre. Nur die letzte Methode der Untersuchung, die Prüfung der optischen Spezifität, führt zu einer Unterscheidung der gastrischen und pankreatischen Lipase. Die Spezifität der Enzyme in ihrer Wirkung auf asymmetrisch konstituierte Substrate scheint von [207] den Begleitstoffen unabhängig und wirklich eine Eigenschaft der Enzyme selbst zu sein, zumal die Versuche von WILLSTÄTTER und MEMMEN über die auswählende Spaltung durch Leberesterase von Schwein und Pferd Übereinstimmung mit den älteren Beobachtungen von H. D. DAKIN[1] an anders bereiteten Präparaten ergeben. In der Konfigurationsspezifität gegenüber Mandelsäureester und Phenylchloressigester erweist sich die Magenlipase, wenn auch mit diesem ungünstigen Material nur wenige Versuche ausgeführt wurden, als verschieden von pankreatischer wie von hepatischer Lipase.

Wenn die auswählende Wirkung auf die asymmetrischen Substrate als eine Eigenschaft der Enzyme selbst, nicht der physiologischen Enzymkomplexe, zu betrachten

[1] Jl. of Physiol. Bd. 30, S. 253 [1903/4]; Bd. 32, S. 199 [1905].

	Drehungssinn des Spaltproduktes aus	
	Mandelsäureester	Phenylchloressigsäureester
Pankreaslipase	—	—
Leberesterase	+	—
Magenlipase (Hund)	+	+
Magenlipase (Schwein)	+	?
Magenlipase (Pferd)	+	nicht untersucht

ist, so erlaubt die Prüfung dieser Spezifität, die Magenlipase als verschieden von der Pankreaslipase zu kennzeichnen.

Experimenteller Teil.

1. Bestimmung und Maß der Magenlipase.

Zur Bestimmung der Magenlipase dient die stalagmometrische Messung der Tributyrinhydrolyse nach P. RONA und L. MICHAELIS[2], und zwar gemäß den Angaben unserer IV. Abhandlung[3]. Für das pankreatische Enzym war es notwendig und durchführbar, ein System ausgleichender Aktivierung durch Zusatz von Natriumoleat, Calciumchlorid und [208] Eieralbumin einzurichten, dagegen konnte für die Leberesterase, bei der man keinerlei Aktivierungserscheinungen begegnete, auf diese Ausgleichszusätze verzichtet werden. Die Magenlipase, ähnlicher dem pankreatischen als dem hepatischen Enzym, kommt in einem Komplex von wechselnder Zusammensetzung mit aktivierend und hemmend wirkenden Begleitstoffen vor. Bei der Lipase des Schweinemagens ist es zwar möglich gewesen [VII. Abhandlung[1])], durch ausgleichende Aktivierung diese Einflüsse der begleitenden Stoffe einigermaßen auszuschalten, aber im allgemeinen befindet sich die Magenlipase, z. B. vom Hund, in solchem Zustande, daß sie nicht oder nicht ausgleichend zu aktivieren ist. Immerhin läßt sich an einzelnen Präparaten beobachten, daß das Enzym der Aktivierung durch willkürlich gewählte Zusatzstoffe nicht unzugänglich ist. Die zu vergleichenden Präparate waren für Aktivierungsausgleich ungeeignet, der übrigens im vorliegenden Falle nicht annehmbar erschien, weil es sich darum handelte, die Wirkung bei wechselnder Wasserstoffionenkonzentration zu vergleichen. Sowohl die natürlichen Begleitstoffe wie zusätzliche Aktivatoren wirken aber ungleich bei wechselndem p_H.

Die stalagmometrische Messung der Magenlipase ergibt demnach nicht wirkliche Enzymmengen, die B.$_2$E. zu nennen wären, sondern nur scheinbare Enzymmengen, die als B.-[e]. bezeichnet werden sollen. Dadurch wird also ausgedrückt, daß die unter dem Einfluß im Präparate gegebener, aktivierend und hemmend wirkender Begleitstoffe und bei irgend einem angegebenen p_H (im übrigen aber unter den Bedingungen für Pankreaslipase) gemessene Wirkung, nämlich Abnahme der Tropfenzahl, derjenigen gleicht, die von der Pankreaslipasemenge 1 B.E. unter eindeutig bestimm-

[2] Biochem. Zs. Bd. 31, S. 345 [1911].
[3] Diese Zs. Bd. 129, S. 1 [1923], und zwar S. 22.
[1]) Diese Zs. Bd. 133, S. 247 [1924].

ten Bedingungen ($p_H = 8{,}6$, Aktivierung durch Calciumoleat + Albumin) bewirkt würde.

Die angewandten Puffer waren zumeist: für $p_H = 4{,}7$ $^n/_2$-Acetatmischung nach MICHAELIS; für $p_H = 5{,}5$, 6,3, 7,1 und 7,9 $^m/_3$-Phosphatgemisch nach SÖRENSEN; für $p_H = 8{,}6$ 2,5n-Ammoniak-Ammonchloridmischung nach MICHAELIS.

[209] Beispiel: Zu 56 ccm gesättigter Tributyrinlösung kamen a) 2 ccm $^m/_3$-Phosphatpuffer von $p_H = 5{,}5$, sodann 2 ccm mit Essigsäure neutralisierter ammoniakalischer Auszug der getrockneten Magenschleimhaut, b) 2 ccm 2,5n-Ammoniak-Ammonchloridmischung von $p_H = 8{,}6$ mit 2 ccm derselben Enzymprobe. In dem auf 20° gehaltenen Stalagmometer wurde sofort die Anfangstropfenzahl bestimmt und ihre Abnahme nach 3 bis 4 Reaktionszeiten (bei 20°).

a) Anfangstropfenzahl 112, Abnahme in 10′ 3, 20′ 6, 40′ 12 Tropfen.

b) Anfangstropfenzahl 112, Abnahme in 10′ 1, 20′ 2, 40′ 4 Tropfen.

Aus der Abb. 3 der Abhandlung IV ergibt sich für a) die scheinbare Enzymmenge $\frac{12}{16{,}5} = 0{,}73$, für b) $\frac{12}{16{,}5} = 0{,}24$ B.-[e].

2. Darstellung und Reinigung.

Die vergleichende Untersuchung erstreckte sich auf die Magen des Hundes, Schweines, Pferdes, Kaninchens, der Katze, des Huhnes und der Wildente; die Mehrzahl der Versuche, besonders zur Bestimmung des enzymatischen Reinheitsgrades führten wir mit dem Hundemagen aus.

Der dem Tiere sogleich nach dem Tode entnommene Magen wird nach gründlicher Reinigung zu Brei zerkleinert, durch Behandeln mit Aceton wie in der VII. Arbeit entwässert und gemahlen. Die Lipase entziehen wir diesem trockenen Material in etwa 2 Stunden mit der 50fachen Menge $^n/_{40}$-Ammoniak. Die Ausbeute dürfte fast vollständig sein, während sie nach 30 Minuten nur auf 60% zu schätzen war. Die in der Lösung erreichte Steigerung der enzymatischen Konzentration ist auf das Dreifache zu schätzen.

Beispiel: Aus 1 g getrocknetem Hundemagen entstand in 30 Minuten mit 50 ccm des verdünnten Ammoniaks ein Auszug, wovon 2 ccm (bei $p_H = 4{,}9$, mit Citratpuffer) 1,7 B.-[e] aufwiesen; nach 2 Stunden dagegen erzielte man in derselben Weise 2,4 B.-[e].

Übrigens ist die Ausbeute davon unabhängig, ob man die Organe grob zerkleinert oder fein gepulvert verarbeitet. Unter den angeführten Bedingungen fanden wir in 1 g getrocknetem Hundemagen 3,2 B.-[e]. [210] bei grobem Zerkleinern, 3,2 nach feinem Mahlen, 3,3 nach Verreiben mit Sand.

Eine zweite Behandlung mit verdünntem Ammoniak hätte die Ausbeute nur wenig vermehrt, z. B. um 0,25 B.-[e].

Es ist eine Verbesserung, die Magenschleimhaut von der Muskulatur und von der starken Tunica propria abzutrennen und allein zu verarbeiten. Sie kann durch stumpfes Abpräparieren am flach ausgebreiteten, längs der großen Kurvatur aufgeschnittenen Magen leicht gewonnen werden. Die Schleimhaut des Hundemagens enthält die Hauptmenge (80%, siehe Tab. 1) des Enzyms und zwar etwa vierfach konzentrierter als der gesamte Magen. Das Gewicht der Mucosa macht im Beispiel der Tabelle 20%, in einem anderen Fall 10% des Magens aus, der Trockenrückstand ihres ammoniakalischen Auszuges betrug z. B. 20% vom Trockengewicht der Schleimhaut. Der enzymatische Reinheitsgrad sei ausgedrückt durch B.-[w]., d. h. durch die Anzahl von B.-[e]. in 1 cg trockener Substanz. Er ist bei der Verarbeitung des Hundemagens von etwa 0,3 auf den Wert 1,3 der Schleimhaut und auf B.-[w]. = 5 der ammoniakalischen Enzymlösung gestiegen, also beispielsweise auf das Sechzehnfache.

Tabelle 1.
Beispiel für die Verteilung der Lipase in den Schichten des Hundemagens.

	Feuchtgewicht	Trockengewicht	B.-[e].	B.-[w].
Mucosa	11 g	1,6 g	206	1,28
Tunica propria . .	23	3,6	10	0,028
Muscularis	16,5	3,2	42	0,13

Die Teilung in Cardia, Fundus und Pylorus war beim Magen des Hundes ohne Vorteil. In 0,25 g trockener Mucosa von Cardia und Pylorus fanden sich 80 B.-[e]., d. i. etwas mehr als im gleichen Gewicht der Fundusschleimhaut. Aber die letztere ist der Menge nach weit überwiegend.

[211] Die lipatischen Auszüge in verdünntem Ammoniak waren unbeständig, aber viel haltbarer nach Einstellung äußerst schwach saurer Reaktion. Während 2 ccm Lipaselösung, mit 2 ccm 2,5n-Ammoniak-Ammonchloridpuffer von $p_H = 8,6$ versetzt, in einer halben Stunde einen Rückgang von 0,9 auf 0,4 erlitten, war unter gleichen Bedingungen mit $^n/_2$-Acetatpuffer von $p_H = 4,7$ kein Verlust zu beobachten. Sogar bei fünftägigem Aufbewahren (im Eisschrank) der mit Essigsäure bis zu schwacher Trübung angesäuerten Lösung trat keine Abnahme in irgend einem Bereich der Aktivitäts-p_H-Kurve ein.

p_H =	5,6	6,2	6,8	7,4	8,0
Frische Lipaselösung . .	2,8	3,1	1,4	0,4	0,5 B.-[e].
5 Tage aufbewahrt . . .	3,0	3,3	1,8	0,4	0,2 B.-[e].

Eine gewisse Reinigung der Magenlipase ließ sich durch Ausflockung mit Essigsäure erzielen. Dabei fiel ein dichter Mucinniederschlag aus, der den größten Teil des Enzyms mitnahm, während die vom Niederschlag mittels der Zentrifuge abgetrennte essigsaure Mutterlauge noch ziemlich viel vom Trockengewicht enthielt. Die Fällung entstand schon bei schwachem Ansäuern mit einem Male, so daß eine fraktionierte Abscheidung der Lipase nicht ausführbar war. Immerhin war die Reinigung eine 3- bis 4fache. In dem Beispiel der Tab. 1 ergab die Verarbeitung der Mucosa in der Fällung durch Essigsäure 180 B.-[e]. in 135 mg Trockengewicht, also B.-[w]. = 13,3, während in der Restlösung nur 30 B.-[e]. zurückblieben. Im Vergleich zum Magen erschien also die Konzentration auf das 40fache gesteigert.

Zur nächsten Steigerung des Reinheitsgrades diente die Elektrodialyse. Wir unterwarfen ihr die Auflösung der beschriebenen ganz frischen Essigsäurefällung in $^n/_{40}$-Ammoniak nach dem Neutralisieren mit Essigsäure. Als Außenflüssigkeit wurde nicht Wasser, sondern $^n/_{100}$-Essigsäure verwendet, da das Enzym bei schwach saurer Reaktion günstigere Haltbarkeit zeigt. Nach kurzem erfolgte eine reichliche Ausflockung, **[212]** zum großen Teil an der Membran, und die Lipase war wieder in ihrer Hauptmenge in dem bräunlichen Niederschlag enthalten. In diesem Zustande war B.-[w]. auf 28 und 36 gestiegen.

Bestimmung bei $p_H = 6{,}3$: 86 mg ergaben 240 B.-[e].; 0,88 mg ergaben 3,1 B.-[e].

Erst in dem so gereinigten Zustande ist die Magenlipase für die Adsorption durch Tonerde oder Kaolin geeignet. Die Lipase des Niederschlages, aus dem Elektrodialysator in $^n/_{40}$-Ammoniak gelöst und neutralisiert, ließ sich bei großer Verdünnung durch Kaolin, und zwar durch 3%, bezogen auf die Menge der Lösung, adsorbieren und mit glycerinhaltigem, $2^2/_3$-basischem Ammonphosphat eluieren. Für die Steigerung des Reinheitsgrades war es zweckmäßiger, nach der Elektrodialyse mit der ziemlich konzentrierten Lösung der Lipase nur eine Voradsorption durch Kaolin (ebenfalls mit 3% der Lösung) auszuführen. Obwohl dabei keine bemerkenswerte Änderung des Trockengewichts erzielt wurde, ist doch dieser Adsorptionsmaßnahme gemäß dem Vergleich der Aktivitäts-p_H-Kurven im 4. Abschnitt eine charakteristische Steigerung der enzymatischen Reinheit zu verdanken.

Die präparativen Vornahmen der Fällung mit Essigsäure, der Elektrodialyse und der Voradsorption sind mit Verlusten verbunden. Dennoch ergibt die Ausbeutebestimmung zufolge der Tab. 2 eine scheinbare Zunahme der Lipase um 130% bei der Bestimmung im alkalischen Gebiete, dagegen eine Abnahme um etwa 75% bei der Bestimmung im schwach sauren Medium. Gesetzt, die Operationen wären ohne Verluste ausführbar, so würde sich dementsprechend eine scheinbare Ausbeute der Lipase von mehreren Hunderten Prozent ergeben. Daraus geht hervor, daß die Reinigung mindestens einen im alkalischen Gebiet wirkenden Hemmungskörper abgetrennt hat. Außerdem macht der Vergleich der bei $p_H = 6{,}3$ gemessenen scheinbaren Lipasemengen, die bei einer einzigen wenig Verlust bringenden Operation stark abfielen, es wahrscheinlich, daß auch ein im sauren Gebiete wirkender Aktivator abgetrennt worden ist.

[213] Tabelle 2.

Scheinbare Ausbeute und enzymatische Konzentration bei der Reinigung der Hundemagenlipase.

Zustand des Enzyms	Reinheitsgrad B.-[w]. (bei $p_H = 6{,}3$)	Ausbeute % (bei $p_H = 6{,}3$)	Reinheitsgrad B.-[w]. (bei $p_H = 8{,}6$)	Ausbeute % (bei $p_H = 8{,}6$)
Schleimhautauszug	3,9	(100)	0,4	(100)
nach Fällung durch Essigsäure	10,9	95	2,4	200
nach Elektrodialyse	35,1	31	25,8	220
nach Voradsorption mit Kaolin	> 37	24	> 27	232

3. Aktivitäts-p_H-Kurven der Magenlipasen in rohem Zustande.

Unsere Versuche, die in der Tab. 3 mitgeteilt und in der Abb. 1 in einem Beispiel veranschaulicht werden, vergleichen die Magenlipasen verschiedener Tiere ohne Reinigung hinsichtlich ihrer Abhängigkeit von der Wasserstoffionen-Konzentration. Dabei begegnet man den größten Unterschieden, die zunächst nur mit der Annahme vereinbar zu sein scheinen, daß es sich um verschiedene Enzyme handelt.

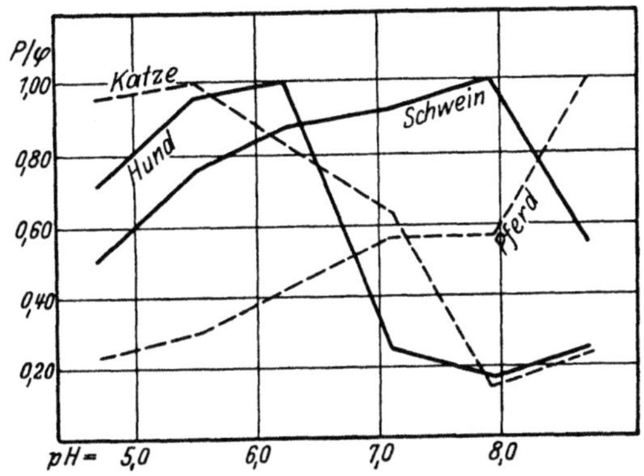

Abb. 1. Aktivitäts-p_H-Kurven einiger ungereinigter Magenlipasen.

Bei der rohen Lipase des Schweinemagens (Abh. VII) war das Wirkungsoptimum im alkalischen Bereich gefunden worden (s. auch Nr. 9 der Tab. 3), aber das Wirkungsverhältnis zwischen **[214]** $p_H = 8{,}6$ und 4,7 betrug nur 2 bis 8 gegenüber dem Quotienten 20 bei pankreatischer Lipase in höherem Reinheitsgrade. Ebenfalls im alkalischen Gebiete, und zwar bei $p_H = 8{,}6$ oder darüber hinaus, finden wir das Optimum der Pferdemagenlipase (Nr. 11 der Tab.) und den Quotienten für $p_H = 8{,}6$ zu $p_H = 4{,}7$ ähnlich wie beim Schwein, nämlich = 6. Die Magenlipase des Kaninchens wirkt dagegen am günstigsten bei $p_H = 6{,}3$; zwischen der Wirkung im sauren und alkalischen Gebiet ist der Unterschied gering. Diesen Fällen stehen die Beispiele der Magenlipase von Hund (Nr. 1 bis 3 der Tab.), Katze (Nr. 4) und Wildente (Nr. 5) gegenüber mit Optimum im entschieden sauren Gebiete bei $p_H = 5{,}5$ (bis 6,3) und mit einer Wirksamkeit bei $p_H = 8{,}6$, die fünfmal kleiner ist als bei $p_H = 4{,}7$ im Falle von Hund und Katze, etwa zweimal kleiner bei der Wildente.

Wenn die p_H-Abhängigkeit für ein Enzym kennzeichnend wäre, so sollten die Magenlipasen der zuletzt genannten Tiere durchaus verschieden sein nicht allein von

Tabelle 3.
Magenlipase verschiedener Tiere: p_H-Abhängigkeit.

Nr.	Tierart	scheinbarer Butyrasewert B.-[w]. bei						8,6 : 4,7	Optimum bei p_H =
		p_H = 4,7	5,5	6,3	7,1	7,9	8,6		
1	Hund	0,17	0,18	0,13	0,12	0,04	0,03	0,18	5,5
2	Hund	1,7	3,5	3,7	3,2	2,0	1,7	1,0	6,3
3	Hund	2,2	3,1	3,9	1,2	0,6	0,4	0,18	6,3
4	Katze	2,5	3,0	2,6	1,6	0,4	0,6	0,24	5,5
5	Wildente	0,005	0,018	0,009	0,008	0,002	0,003	0,6	5,5
6	Kaninchen . . .	0,50	0,59	0,88	0,55	0,35	0,46	0,92	6,3
7	Huhn	0,05	0,025	0,05	0,075	0,05	0,02	0,4	7,1
8	Schwein	0,07	0,05	0,07	0,12	0,07	0,05	0,7	7,1
9	Schwein	0,37	0,56	0,64	0,68	0,75	0,42	1,1	7,9
10	Pferd	0,07	0,07	0,17	0,22	0,25	0,40	5,7	8,6
11	Pferd	0,05	0,1	0,2	0,15	0,2	0,3	6,0	8,6
12	Hund (Pankreas)	5	5	25	35	55	25	5,0	7,9

der Pankreaslipase, sondern auch von der Magenlipase des Pferdes und Schweines. Pankreaslipase vom Hund, zum Vergleich herangezogen (Nr. 12 [215] der Tab.), hat in rohem Zustand (ammoniakalischer Auszug) das Optimum bei $p_H = 7,9$; sie unterscheidet sich nur so weit von der Pankreaslipase von Pferd und Schwein, wie es bei ungleicher Reinheit des Materials der Fall zu sein pflegt.

Nach den untersuchten Beispielen scheint es, als sei die Magenlipase der Carvinoren (Hund, Katze, außerdem auch Wildente) für saures Medium eingestellt, und zwar, wie sich in dem folgenden Abschnitt zeigt, durch die Assoziation mit gewissen Begleitstoffen, die Magenlipase der Herbivoren dagegen für die Wirkung in alkalischem Medium. Diese Regel verdient an ausgedehnterem Material geprüft zu werden.

4. Änderung der Aktivitäts-p_H-Kurve bei der Reinigung von Magenlipase.

Die im vorigen Abschnitt mitgeteilten Aktivitäts-p_H-Kurven der Magenlipasen verschiedener Tiere sind mit einander vergleichbar, da das Material auf gleiche Weise verarbeitet und in frischem, rohem Zustande unter Anwendung desselben Puffers bestimmt wurde. Die Form dieser Kurven ändert sich schon ein wenig bei der Verwendung anderer Puffer, beträchtlicher beim Altern der rohen Präparate, des getrockneten Magens oder der Magenschleimhaut, am meisten jedoch im Gang der Reinigung.

Änderung der p_H-Kurve unter dem Einfluß von Neutralsalzen, die an Proteasen schon E. ABDERHALDEN und A. FODOR[1] beobachtet, hat an der lipatischen Komponente der Takadiastase vor kurzem J. OGAWA[2] beschrieben.

Bei der Hydrolyse des Tributyrins durch Lipase des Hundemagens (gealtertes Präparat, ammoniakalischer Auszug) war im sauren Gebiet mit Citratpuffer nach SÖRENSEN die Geschwindigkeit größer als mit Acetatmischung nach MICHAELIS.

p_H =	4,4	4,7
Citratpuffer . . .	2,2	2,4
Acetatpuffer . . .	1,7	2,1

[216] Die Veränderung beim Altern beobachteten wir z. B. an der trocken aufbewahrten Schleimhaut des Hundemagens: in 3 bis 4 Wochen trat ein Rückgang der Wirksamkeit ein, etwas stärker im saueren als im alkalischen Gebiet.

Versuch mit 20 mg getrockneter Schleimhaut eines Hundemagens.

p_H =	4,7	5,5	6,3	7,1	7,9	8,6	8,6 : 4,7
12. Juli	4,4	6,3	7,8	2,5	1,2	0,8 B.-[e].	1 : 5,5
1. August . . .	1,6	3,4	4,4	1,8	0,9	0,5 B.-[e].	1 : 3,2

An gealterten Präparaten des Schweinemagens zeigte sich nicht mehr regelmäßig das in der VII. Abh. angegebene starke Wirkungsoptimum im alkalischen Gebiet, statt dessen ein nur geringer Anstieg (Tab. 4, Nr. 1 und 2) und noch häufiger sogar ein Abfall der Wirksamkeit (Nr. 3 bis 6 der Tab.) im alkalischen Gebiet im Vergleich zum sauren.

[1] Fermentforschung Bd. 4, S. 191 [1921].
[2] Biochem. Zs. Bd. 149, S. 222 [1924].

Tabelle 4.
Änderung der p_H-Abhängigkeit beim Altern.
(Lipase von Schweinemagen.)

Nr.	Präparate sämtlich 20 Monate alt	p_H = 5,5 B.-[w].	6,5 B.-[w].	7,5 B.-[w].	8,6 B.-[w].	Lage des Optimums
1	Getr. Schleimhaut III. .	0,17	0,17	0,17	0,25	8,6
2	V Muscul. C	0,12	0,15	0,12	0,17	8,6
3	II F	0,22	0,27	0,22	0,12	6,5
4	I F	0,10	0,17	0,12	0,12	6,5
5	I C	0,45	0,52	0,41	0,20	6,5
6	IV Muscul.	0,30	0,22	0,07	0,10	5,5

Die schrittweise Reinigung nach dem im 2. Abschnitt mitgeteilten Verfahren hatte bei der Lipase des Hundemagens regelmäßig eine Veränderung der Kurve in einem und demselben Sinne zur Folge. Das Maximum rückte vom sauren in das alkalische Gebiet und das Verhältnis der Wirkung bei p_H = 8,6 und 4,7 änderte sich so zugunsten des alkalischen Bereichs, daß dieser Quotient von 0,18 auf 3,0 anstieg. Die Tab. 5 und die Abb. 2 verzeichnen die scheinbaren Butyraseeinheiten B.-[e]., die in 1 g getrockneter Schleimhaut und in aliquoten Teilen der gereinigten Präparate gefunden wurden.

[217]

Tabelle 5.
Beispiel für die Änderung der p_H-Abhängigkeit bei der Reinigung von Hundemagenlipase.

Präparat	p_H = 4,7	5,5	6,3	7,1	7,9	8,6	Trockengewicht g	8,6 : 4,7
ammon. Auszug aus 1 g Schleimhaut	220	**315**	**390**	125	60	40	1,000	1 : 5,5
ammon. Lösung der Essigsäurefällung	180	**280**	**370**	130	85	80	0,340	1 : 2,25
nach Elektrodialyse	77	88	**119**	**115**	verloren	88	0,034	1,1 : 1
nach Voradsorption mit Kaolin	31	62	93	**113**	**103**	93	?	3,0 : 1

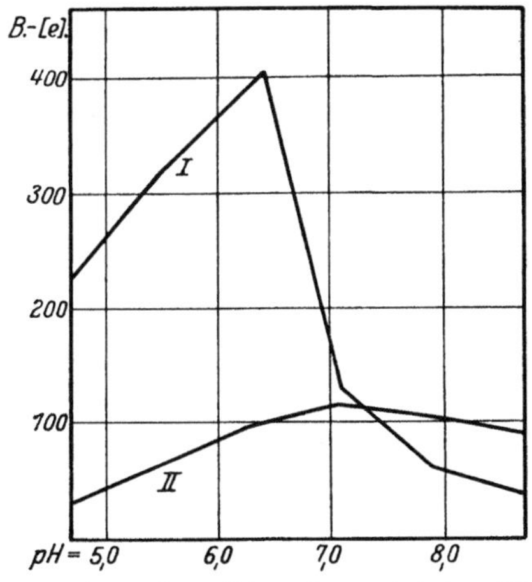

Abb. 2. p_H-Aktivitäts-Kurven der rohen (I) und gereinigten (II) Lipase des Hundemagens.

In Abb. 2 findet infolge des linearen Maßstabes der Ordinate die Steigerung von 200 auf 400 B.-[e]. (rohe Lipase) zwischen $p_H = 4{,}7$ und 6,3 einen übertriebenen Ausdruck gegenüber der Steigerung von 30 auf 90 B.-[e]. (gereinigte Lipase). Aus der steileren Kurve darf nicht etwa auf einen viel engeren Bereich des Wirkungsoptimums geschlossen werden.

Die aus der Tab. 5 ersichtliche Verschiebung des Wirkungsoptimums ließ sich auch bei Anwendung anderer Reinigungsverfahren wiederfinden. So ergab sich in einem anderen Falle nach teilweiser Adsorption mit Kaolin für die Elution die optimale Wirkung bei $p_H = 7{,}9$, für die Restlösung bei $p_H = 6{,}3$. In einem weiteren Beispiel verschob sich beim Adsorbieren und Eluieren das Optimum von $p_H = 5{,}5$ bis 6,3 bis in den Bereich von 7,1 bis 7,9. Eine so gereinigte Probe wirkte zum Unterschied vom Pankreaspräparat auf eine mit Lichtgrün gefärbte Fibrinflocke in salzsaurer Lösung stark peptisierend, aber nicht tryptisch in alkalischem Medium.

Die Verschiebung des Maximums der Aktivitäts-p_H-Kurve infolge der Reinigung und bei jedem Schritt derselben läßt **[218]** erkennen, daß die Abhängigkeit der lipatischen Wirkung von der Wasserstoffionenkonzentration, wie man sie an den rohen Präparaten beobachtet, nicht eine Eigenschaft, ein Merkmal der Lipase selbst ist. Es ist die Schuld von Beimischungen, die im alkalischen Gebiet stark hemmen, wahrscheinlich auch von solchen, die im sauren Gebiete aktivieren, daß die Aktivitäts-p_H-Kurve in so hohem Maße gefälscht und das Optimum für das rohe Enzym statt im alkalischen im saueren Bereich gefunden wird.

5. Aktivierungsversuche.

Bedeutende Aktivierung der pankreatischen Lipase wird für die Butyrinhydrolyse durch Calciumoleat bewirkt, das in Kombination mit Albumin zum Aktivierungsausgleich wohl geeignet ist. Bei der Magenlipase des Schweines beansprucht (Abh. VII) eine andere Aktivierung, die durch glykocholsaures Natrium, besonderes Interesse, da ihr Ausbleiben einen charakteristischen Unterschied gegenüber Pankreaslipase bedeuten sollte. An der in verschiedenen Reinheitszuständen erhaltenen Lipase des frischen Hundemagens wurde nun der Einfluß eines Zusatzes von Calciumoleat mit Albumin geprüft, wie er z. B. bei einem Pankreasauszug Steigerung von 1,4 auf 12,6 B.E. bewirkte. Weder mit ammoniakalischem Auszug der frischen Schleimhaut des Hundemagens (Tab. 6, Nr. 2 bis 4) noch an den reineren Lösungen (Nr. 6 und 7) gelang es in irgend einem Falle, Aktivierung durch Calciumoleat und Albumin hervorzurufen. Es ist bemerkenswert, daß dagegen lipatische Auszüge aus länger aufbewahrtem, getrocknetem Hundemagen des öfteren (Nr. 9 bis 11), wenn auch nicht immer (Nr. 8 der Tab.), eine Steigerung durch diesen Zusatz erfuhren. Man darf also aus den vorliegenden Beobachtungen nicht schließen, daß die Lipase des Hundemagens einer solchen Aktivierung unzugänglich sei; wahrscheinlich ist nur der Reinheitsgrad dafür nicht geeignet. Er mag eher dem Zustande der rohen Lipase des Schweinemagens als der gereinigten, aktivierbaren entsprechen. Unwahrscheinlich ist es, daß die Nichtaktivierbarkeit der Hundemagenlipase auf höherem Reinheitsgrad beruht — so etwa wie **[219]** Pankreaslipase, je mehr man sie reinigt, je mehr man Hemmungsstoffe abtrennt, desto geringere Ausschläge auf Zusatz von Calciumoleat + Albumin erleidet.

Tabelle 6.

Verhalten von Magenlipase gegen Calciumoleat + Albumin.

(10 mg $CaCl_2$, 15 mg Albumin, 10 mg Natriumoleat.)

Nr.	Lipasepräparat	ohne Zusatz B.-[e].	mit Zusatz B.-[e].
1	Pankreas vom Schwein	1,4	12,6
2	Magenschleimhaut, Hund 1	1,1	1,1
3	Magenschleimhaut, Hund 2	0,5	0,3
4	Magenschleimhaut, Hund 3	0,6	0,5
5	Magenschleimhaut vom Pferd	1,0	0,7
6	Elution aus Kaolinadsorbat (Hund 1)	0,3	0,3
7	Elution aus Aluminiumhydroxydadsorbat (Hund 1)	0,3	0,3
8	Ammoniakalischer Auszug aus altem rohem Magen, Hund 4	1,5	0,4
9	Wäßriger Auszug aus altem rohem Magen, Hund 5	0,5	1,2
10	Ammoniakalischer Auszug aus demselben	0,7	1,5
11	Ammoniakalischer Auszug aus altem rohem Magen, Hund 6	1,1	2,9

6. Wirkung auf verschiedene Substrate.

Aus dem folgenden Vergleich der hydrolysierenden Wirkung auf hohe und niedere Glyceride und auf Ester einwertiger Alkohole geht hervor, daß das Magenenzym wie das pankreatische zu den eigentlichen Lipasen gehört, die zugleich befähigt sind, auch einfache Ester gut zu hydrolysieren und daß es sich in seiner Wirkung vom Leberenzym wesentlich unterscheidet, einer Esterase, die nur in geringem Maße befähigt ist, Fett zu spalten[1]. Das Magenenzym wirkt, wenn man die Hydrolyse auf eine und dieselbe Butyrinspaltung bezieht, auf Olivenöl in einem untersuchten Falle (Hund) nicht ebenso günstig, in einem anderen Falle (Schwein) etwas günstiger als Pankreas, aber in allen Fällen viel stärker als Leberesterase.

[220] Als einfacher Ester diente racemischer Mandelsäureäthylester, dessen Hydrolyse der folgende Abschnitt behandelt. Die vergleichende Bestimmung mit Olivenöl geschah bei praktisch konstanter alkalischer Reaktion ($p_H = 8,9$; 30°) unter Zusatz von Calciumchlorid; die Verseifung im saueren Medium nach der dritten Bestimmungsweise der I. Abh.[1]) ergab einen ähnlichen Wert.

Der ammoniakalische Auszug aus getrockneter Mucosa des Hundemagens lieferte mit Essigsäure eine Fällung, die wir nach Abzentrifugieren wieder in 14 ccm $^n/_{40}$-Ammoniak lösten. In 1 ccm dieser Lösung fanden wir bei $p_H = 8,6$ 385 B.-[e]. Die übrigen 13 ccm der Lösung wurden mit 2,5 g Olivenöl, 2 ccm 1,0 n-Ammoniak-Ammonchloridpuffer von $p_H = 8,9$ und 0,5 ccm 2proz. $CaCl_2$-Lösung angeschüttelt, um bei 30° 70′ einzuwirken. Nach dem Ansäuern wurde die entstehende Ölsäure ausgeäthert und nach dem Abdampfen des Äthers zur Titration (Indicator Phenolphthalein) in Alkohol aufgenommen. Gefunden 3,0 ccm $^n/_{10}$-KOH entsprechend 3,3% Spaltung. Für 1 Stunde ergibt sich daraus die Spaltung von 2,6%, d. i. 0,11 L.E.

Die Bestimmungen der Ölspaltung durch Lipase des Schweinemagens sind in der VII. Abh. (S. 252) mitgeteilt. Die Vergleichswerte für Pankreas (Schwein) entnehmen wir der VI. Abh. (S. 246) und der VIII. Abh. (S. 17, 34, 37), für Leber (Schwein) der VIII. Abh. (S. 17 u. 34).

---

[1] Vgl. VIII. Abh. S. 5, 16 u. folgende.

[1]) Diese Zs. Bd. 125, S. 93, und zwar S. 126 [1923].

Die folgende Zusammenstellung bezieht die Wirkungen der drei lipatischen Enzyme auf Tributyrinspaltung, also auf B.E. und B.-[e]. Die Menge der Pankreaslipase von 10000 Butyraseeinheiten entspricht 10 L.E. und mit derselben Enzymmenge wird unter den Versuchsbedingungen der VIII. Abh. (20°, 24 Stunden) mit Puffer 8%, ohne Puffer 1% vom Mandelsäureester verseift. Die entsprechenden Werte von 10000 B.-[e]. des Hunde- und Schweinemagenenzyms betragen 2,8 bis 20 L.E., die Mandelsäureesterspaltung 16 bis 19%. Bei der Leberesterase ist hingegen die lipatische Wirkung sehr gering, die Wirkung auf Mandelsäureester sehr stark.

	B.E. bei $p_H = 8,6$	L.E. bei $p_H = 8,6$	Mandelsäureesterspaltung	
			mit Puffer	ohne Puffer
Pankreas (Schwein) . .	10000	10	8%	1%
Leber (Schwein)	10000	0,4	sehr hoch	84%
Magen (Hund).	10000	2,8	19%	—
Magen (Schwein). . . .	10000	20	16%	—

[221] 7. Stereochemische Spezifität.

Die Einwirkung der Magenlipase auf die einfachen Ester asymmetrisch konstituierter Säuren wurde analog den letzten Versuchen von Willstätter und Memmen mit Pankreas- und Leberenzym und mit derselben Versuchsanordnung vorgenommen. Als Substrate wählten wir Mandelsäure- und Phenylchloressigsäureester, aus denen z. B. die Leberesterase entgegengesetzt drehende Verseifungsprodukte bildet. In dem neuen Falle ist das Organpräparat weniger günstig infolge des geringen Gehaltes an Enzym und eines großen an Begleitstoffen, die zum Teil löslich und optisch aktiv sind. Die Versuche sind daher, wie die Tabelle ersehen läßt, nicht ausnahmslos gelungen und die gefundenen Drehungswinkel sind der Korrektur zu unterziehen. Das Ergebnis (Tab. 7) ist, daß die Spaltungsprodukte im Drehungssinne von den durch pankreatische und hepatische Wirkung gebildeten abweichen. Die ausgewählten Antipoden sind in beiden Fällen entgegengesetzt denjenigen, welche die Pankreaslipase vorzieht.

Enzymmaterial war die aus den ammoniakalischen Extrakten der Magenschleimhaut (Hund, Pferd, Schwein) mit Essigsäure gewonnene Fällung, die sich im Puffergemisch merklich löste. Die Hydrolyse geschah in 25 ccm $NaHCO_3$—CO_2-Puffer (p_H = etwa 7) mit Toluol in 24 bis 72 Stunden bei 20°. Danach unterwarf man die angesäuerte Flüssigkeit der Extraktion mit Äther 2 Stunden im Perforator und trennte die gebildete Säure von der ätherischen Lösung des zurückgebliebenen Esters durch Ausschütteln mit verdünnter Natronlauge ab. Die entstandene Mandelsäure unterwarfen wir einer weiteren, gemäß dem Leerversuch ausreichenden Reinigung. Die in üblicher Weise isolierte Säure nahm man in Wasser auf und befreite die Lösung durch Filtrieren über Kieselgur von Beimischungen. Die Mandelsäure wurde in wäßriger, die anderen Substanzen in alkoholischer Lösung polarisiert (2 dm Rohr mit 6 ccm Inhalt) und danach mit $^n/_{10}$-NaOH titriert. Die Phenylchloressigsäure sowie die Ester sind ohne Reinigung polarimetrisch bestimmt worden und sie enthielten Beimischungen, nämlich linksdrehende. Die Werte der Tab. 7 für die Ester und die chlorierte Säure können also nur im Sinne zu geringer Rechtsdrehung entstellt sein.

[222] Tabelle 7. Spaltung racemischer Substrate durch Magenlipase.

Nr.	Substrat	getrocknete Schleimh. (g), gereinigt durch Fällung mit Essigsäure	Zeit Stdn.	Verbr. 0,1 n-KOH ccm	Spaltung %	$\alpha (l=2)$ Säure	$\alpha (l=2)$ Ester	$[\alpha]_D$ Säure	Bemerkung
1	ohne Substrat	Hund 10 g	24	0,00	0,00	0°	— 0,50°	0°	
2	Mandelsäureäthylester 1 g	Pferd 70 g	36	0,98	1,76	+ 0,07°	— 0,20°	+ 14°	vor Reinigung war $[\alpha]_D = -40°$!
3	desgl. 1 g	Hund 10 g	72	2,02	3,64	+ 0,07°	—	+ 7°	
4	desgl. 2 g	Hund 25 g	24	2,10	1,89	— 0,07°	— 0,07°	— 7°	Material bakteriell infiziert
5	desgl. 1 g	Schwein 24 g	48	1,15	2,07	+ 0,16°	— 0,17°	+ 28°	
6	Phenylchloressigsäure-methylester 1 g	Hund 10 g	72	1,17	2,16	+ 0,10°	— 0,65°	+ 16°	
7	desgl. 0,5 g	Hund 5 g	48	2,70	9,94	+ 0,11°	— 0,44°	+ 7°	Säure verunreinigt durch linksdrehende Beimischungen
8	desgl. 1 g	Schwein 24 g	48	1,20	2,21	— 0,15°	— 0,09°	— 22°	

Zeitschrift für physiologische Chemie 142, S. 14 [1925].

98. ÜBER DAS ADSORPTIONSVERHALTEN DER PANKREASAMYLASE.

Von RICHARD WILLSTÄTTER, ERNST WALDSCHMIDT-LEITZ und ALBERT R. F. HESSE.

Zehnte[1] Abhandlung über Pankreasenzyme.

(Mitteilung aus dem Chemischen Laboratorium der Bayerischen Akademie der Wissenschaften in München.)

Mit 3 Abbildungen im Text.

(Der Redaktion zugegangen am 4. Oktober 1924.)

Einleitung.

Die drei pankreatischen Enzyme, Lipase, Trypsin und Amylase, lassen sich infolge ihres verschiedenen Adsorptionsverhaltens voneinander trennen. Die Lipase wird aus dem Gemisch durch Adsorption mittels Tonerde bei saurer Reaktion, dann das Trypsin ebenfalls bei saurer Reaktion mit Kaolin entfernt. Die Amylase, die unter diesen Umständen der Adsorption entgeht und enzymatisch homogen wird, ließ sich bei neutraler Reaktion und zwar aus wäßrig-alkoholischer Lösung durch Adsorption mit Tonerde reinigen. Dieses Enzym unterscheidet sich aber, wie in unseren Mitteilungen[2] über Pankreasenzyme angegeben wurde, von anderen und besonders von dem [15] am besten untersuchten Invertin dadurch, daß es „die ihm zugeschriebene Adsorbierbarkeit durch Reinigung vollständig verliert. In reinerem Zustand wird die Amylase weder aus saurer, noch aus neutraler oder alkalischer (wäßriger) Lösung von Aluminiumhydroxyd oder von Kaolin adsorbiert". Diese Angabe war aus einigen Beobachtungen über die Abnahme der Adsorbierbarkeit, über das Sinken der Adsorptionswerte im Laufe der Reinigung abgeleitet. Die Reinigung des Enzyms war aber noch nicht so weit geführt worden, daß der Einfluß der Koadsorbentien wegfiel und das eigentliche Adsorptionsverhalten des Enzyms klar zutage trat.

---

[1] Diese Abhandlung ist eine Fortsetzung der dritten („Über Pankreasamylase", Diese Zs. Bd. 126, S. 143 [1922/23]); ein Teil der Ergebnisse ist enthalten und ausführlicher behandelt in der Inauguraldissertation von A. R. F. HESSE, München 1923.

[2] Chem. Ber. Bd. 55, S. 3601, und zwar S. 3614; Diese Zs. Bd. 125, S. 132, und zwar S. 139 und 143 [1922/23]; Diese Zs. Bd. 126, S. 143 [1922/23] (*Abh. 2 und 89 und 90*).

Die vorliegende Arbeit bestätigt jene vorläufige Beschreibung der Amylase. Es ist nun gelungen, die enzymatisch einheitliche Lösung der Pankreasamylase durch Voradsorption, d. h. durch Adsorption eines Teiles der Substanz so zu reinigen, daß das Enzym auch aus neutraler wäßriger Lösung gar nicht mehr von Tonerde adsorbiert wird. Die Adsorption, die mit höheren oder niedrigeren Adsorptionswerten der Tonerde beobachtet zu werden pflegt, ist also in der Tat nicht eine Eigenschaft des Enzyms selbst. Auch der entgegengesetzte Fall kommt vor, nämlich, daß durch Beimischungen die Adsorption des Enzyms an gewisse Tonerdesorten verhindert wird und daß erst nach einer Voradsorption von Begleitstoffen durch größere Mengen von Tonerde die Adsorption der Amylase beginnt.

Im allgemeinen wird auf Zusatz von Alkohol die Amylase leichter adsorbierbar. Der Adsorptionswert der Tonerde ist bei Anwendung 50proz. alkoholischer Lösung des Enzyms häufig ein Mehrfaches wie bei wäßrigen Lösungen. In den Fällen, in denen das Enzym sich aus wäßrigem Medium nicht mehr adsorbieren läßt, ist der Alkoholzusatz notwendig, um die Adsorption herbeizuführen; die Steigerung des Adsorptionswertes ist dann natürlich eine überaus hohe. Andererseits war es möglich, durch Voradsorption mit Tonerde bei großer Verdünnung die Amylase derart zu reinigen, daß der Zusatz von Alkohol die Adsorption überhaupt nicht mehr zu fördern, den Adsorptionswert nicht mehr zu steigern vermag. Also auch [16] nicht auf das Enzym selbst, sondern auf seine Koadsorbentien scheint sich der Einfluß des Alkohols zu erstrecken, zu dessen Erklärung an das Verhalten der Aminosäuren und Peptide zu erinnern ist, die in alkoholischer Lösung titrierbare Säuren sind.

Es hängt weitgehend von den Versuchsbedingungen, z. B. von der Konzentration der Lösungen und von der noch nicht genügend definierbaren Beschaffenheit der Adsorbentien ab, wie weit das Enzym von seinen Begleitstoffen getrennt werden kann. Es sind daher im folgenden nur Beispiele des Verhaltens in verschiedenen Reinheitsgraden, aber nicht bestimmte Vorschriften für die Reinigung aufzustellen. Wenn z. B. bei der Adsorption aus wäßrig-alkoholischer Lösung ein Teil vom Enzym mit Tonerde beseitigt wird, so verhält sich die Amylase in der Restlösung, woraus sie noch weiter durch Tonerde adsorbierbar ist, gemäß der Adsorptionskurve ähnlich einem einheitlichen Stoff. So eng vergesellschaftet mit seinen Koadsorbentien scheint das Enzym zu sein. Dennoch braucht man die Flüssigkeit nur stark zu verdünnen, um Dissoziation des Enzymkomplexes herbeizuführen.

Da es der Amylase in reinerem Zustand an Adsorptionsaffinitäten mangelt, so kann man die enzymatische Konzentration mittels der Adsorptionsverfahren nicht so weit steigern wie bei anderen Enzymen. Für die beschriebene und noch etwas verbesserte Methode der Reinigung führen wir im folgenden ein weiteres Beispiel an, in dem derselbe Reinheitsgrad wie im früheren erreicht wird (Amylasewert 62, d. i. 125fach konzentrierter als in der trockenen Drüse). Übliche Eiweißreaktionen fallen bei diesem Präparat wieder völlig negativ aus.

I. Darstellung enzymatisch einheitlicher Amylase.

Abtrennung der Lipase. Nach dem Verfahren der dritten Arbeit trennt man aus dem geklärten Glycerinauszug der Pankreasdrüse bei saurer Reaktion mit Tonerde die Hauptmenge der Lipase ab und ihre letzten Anteile durch eine zweite Adsorptionsvornahme. Man kann statt dessen auf einmal die Gesamtmenge der Lipase wegadsorbieren. Es zeigte sich bei Verarbeitung von frisch bereitetem Pankreasauszug [17] in einer Reihe von Versuchen, daß ein gewisser Teil der Amylase, etwa 30%, zusammen mit der Hauptmenge der Lipase in das Tonerdeadsorbat übergeht und ebensoviel bei Anwendung von viel mehr Tonerde, die zur Adsorption der gesamten Lipase nötig ist. Es scheint also ein gewisser Teil der Amylase mit solchen Koadsorbentien vereinigt zu sein, die aus saurem Medium durch Tonerde adsorbiert werden.

Beispiel. 50 ccm Glycerinauszug, enthaltend 15,4 L.E. und 32,5 Am.-E., wurden mit 11,7 ccm Tonerdesuspension C behandelt. Die Restlösung enthielt 0,18 L.E. = 1% und 21,6 Am.E. = 67%. Mit $^2/_3$ dieser Tonerdemenge blieben 19% Lipase und 71% Amylase in der Restlösung.

In einem anderen Beispiel blieben aus 50 ccm geklärtem Glycerinauszug nach Adsorption der Lipase a) mit 6 ccm Tonerdesuspension B 67%, b) mit 10 ccm 68% Amylase in der Restlösung.

Bei der Verarbeitung von lang gealtertem Pankreasauszug ließ sich in einer Reihe von Versuchen die Lipase durch Adsorption entfernen, ohne Amylase mitzunehmen.

100 ccm geklärte $^n/_{200}$-essigsaure Lösung, enthaltend 46,0 Am.E., lieferten nach quantitativer Adsorption der Lipase durch Tonerde B eine Restlösung, enthaltend 45,7 Am.E.; 200 ccm, enthaltend 92 Am.E., ergaben nach Adsorption von 98,4% der Lipase eine Restlösung mit 90,6 Am.E.

Zur Darstellung der lipasefreien Lösung wurden 150 ccm Rohauszug (Pankreasprobe 3) mit 750 ccm Wasser geklärt, mit 12 ccm n-Essigsäure angesäuert und mit 288 ccm (erforderlich wären nur 230) Tonerdesuspension C (3,65 g Al_2O_3) von Lipase befreit. Die mittels der Zentrifuge vom Lipaseadsorbat getrennte Lösung (1600 ccm) enthielt 456 Am.E.; sie war nach dem Neutralisieren wochenlang haltbar.

Auch andere Tonerdepräparate (A und B) dienten für die Adsorption der Lipase. Änderungen in der Sorte und Beschaffenheit des Adsorbens bei dieser ersten Voradsorption, der das Enzym unterworfen wird, haben großen Einfluß auf das später zu beschreibende Verhalten der Amylase in der enzymatisch homogenen Lösung. Dieses hängt nämlich von der Natur der Begleitstoffe ab, die noch beim Enzym verbleiben.

Abtrennung des Trypsins. Bei der in der dritten [18] Abhandlung beschriebenen Abtrennung des Trypsins durch zweimalige Adsorption mittels Kaolin gingen 20 bis 40% Amylase verloren, die auch unter der Wirkung von Koadsorbentien in dieses Adsorbens und zwar bei seiner ersten Anwendung mitgingen. Es ist ratsam, die Operation mit kleinen Mengen und so rasch als möglich auszuführen. Die Amylase erleidet nämlich bei der Berührung mit Kaolin Zerstörung und zwar, wie aus der Tab. 1 ersichtlich, in ungleichem Maße durch verschiedene Kaolinsorten. Am schonendsten wirkt das nach R. WILLSTÄTTER und F. RACKE[1] mit Salzsäure aus-

[1] Liebigs Ann. der Chem. Bd. 425, S. 1 [1920/21], und zwar S. 86 (*Abh. 45*).

gekochte und durch gründliches Auswaschen von Säure befreite. Die Empfindlichkeit der Amylase war besonders groß bei Verarbeitung von frischem Pankreas-Glycerinauszug.

Tabelle 1.
Zerstörung der Amylase durch Kaolin.
25 ccm Amylaselösung (aus gealtertem Pankreasauszug), enthaltend 7,2 Am.E.

	Amylaseverlust in Proz.		
	mit 0,58 g Kaolin vers., sofort bestimmt	mit 1,16 g Kaolin vers., sofort bestimmt	mit 1,16 g Kaolin, nach 1 Std. bestimmt
Kaolin Zettlitz	57	50	65
Elektroosmotisches Kaolin	21	60	75
Salzsäurebehandeltes Kaolin	13	20	41

25 ccm Amylaselösung (aus frischem Pankreasauszug), enthaltend 9,5 Am.E.

	mit 1,025 g Kaolin vers., sofort bestimmt	ebenso nach 30 Min.	ebenso nach 60 Min.
Elektroosmotisches Kaolin	74	87	100
Salzsäurebehandeltes Kaolin	39	53	74

II. Adsorptionsverhalten der Amylase in wäßrigem Medium.

1. Wiederholte Adsorption.

Aus der enzymatisch einheitlichen, neutralen Lösung läßt sich die Amylase durch Tonerde adsorbieren und zwar auch [19] ohne Gehalt der Lösung an Alkohol. Die Adsorbate wurden mit glycerinhaltigem $2^2/_3$-basischem Ammonphosphat eluiert, und nach Ausfällen der Phosphorsäure mit Magnesiamischung und Neutralisieren

Tabelle 2.
Adsorption der Amylase aus wäßriger Lösung durch Tonerde.
(Sorte C, nur bei Versuch 6 Sorte B.)
Glyceringehalt 6—9%, nur 11% bei Versuch 6b.

Nr.	Enzymlösung	Angewandte Am.E.	Konzentr. Am.E. in 1 l	Adsorptionsgrad %	A.W.
1	Rohlösung	10,0	95	65	9,3
2	desgl.	10,0	95	73	10,4
3	desgl.	22,6	119	78	11,3
4	desgl.	64,9	125	86	12,4
5	desgl.	56,4	72	95	9,6
6a	Rohlösung aus frischem Auszug	63	124	57	7,0
6b	Dasselbe Präparat, Elution nach einmaliger Adsorption	15,9	42	38	1,2
7	Elution nach 1maliger Adsorption	3,0	31	43	6,2
8	desgl.	13,8	36	45	4,4
9	desgl.	11,8	27	48	2,4
10	desgl.	4,0	10	63	3,1
11	desgl.	3,0	10	80	3,4
12	Elution nach 2maliger Adsorption	1,3	5,9	23	3,3
13	desgl.	2,4	9,2	30	1,7
14	desgl.	3,2	13	31	1,6
15	desgl.	5,7	22	37	3,7

mit Essigsäure die Adsorption wiederholt. Bei erneuter Verarbeitung der erhaltenen Adsorbate gelang die Adsorption mit größeren Mengen der Tonerde auch ein drittes Mal. Der Reinheitsgrad des Enzyms verbesserte sich einigermaßen, aber eine durchgreifende Trennung von den Koadsorbentien wird auf diese Weise nicht erzielt. Man beobachtet nur, wie einige Beispiele der Tab. 2 zeigen, daß unter gleichen Versuchsverhältnissen die Adsorptionswerte sinken.

Während die Tab. 2 das Adsorptionsverhalten der Amylase auf den verschiedenen Stufen der Reinigung nur für [20] einzelne Adsorptionsgrade verzeichnet, wird in der Abb. 1 in Versuchen mit rohem und durch zweimalige Adsorption gereinigtem Enzym bei gleicher Anfangskonzentration der Lösung der ganze Verlauf der Adsorption verglichen.

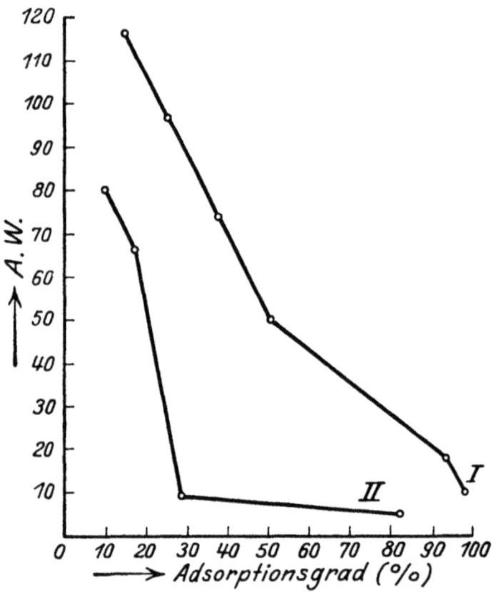

Abb. 1. Adsorption der Amylase aus wäßriger Lösung (4,0 Am.E. in 100 ccm, 5 % Glycerin enthaltend). Vor der Reinigung I, nach zweimaligem Adsorbieren und Eluieren II.

Die verminderte Adsorbierbarkeit ist durch die Verarmung der Amylase an adsorptionsfördernden Begleitstoffen zu

Tabelle 3.
Adsorption von Amylase.
a) Aus enzymatisch einheitlicher roher Lösung;
b) aus einer durch Verarbeitung des Adsorbats gewonnenen Elution.

Menge Al_2O_3 g	a) 1,65 Am.-E. in 11 ccm Adsorptionsgrad %	a) A.W.	b) 0,70 Am.-E. in 20 ccm Adsorptionsgrad %	b) A.W.
0,0172	0	0	0	0
0,0344	0	0	0	0
0,1030	35	5,63	0	0
0,2060	64	5,15	—	—
0,3090	—	—	27	0,61

[21] erklären. Neben dieser Haupterscheinung läßt sich aber noch erkennen, daß in die Elutionen auch gewisse Begleitstoffe mitgehen, welche die Adsorption der Amylase erschweren. Solche Begleitstoffe lassen sich schon in rohen Amylaselösungen nachweisen und sie können sich derart anreichern, daß die Adsorption des Enzyms gänzlich verhindert wird, bis man mit genügenden und sogar recht großen Mengen Tonerde die adsorptionsstörenden Beimischungen entfernt hat. Die Tab. 3 verzeichnet ein Beispiel für eine solche Störung der Adsorption aus der rohen Lösung und noch viel mehr bei Wiederholung der Adsorption aus einer durch die weitere Verarbeitung gewonnenen Elution.

2. Einfluß der Verdünnung.

Mit der von Lipase und Trypsin befreiten wäßrigen Amylaselösung von neutraler Reaktion wurde der Verlauf der Adsorption und die Abhängigkeit von der Verdünnung untersucht. Für eine solche Versuchsreihe hat eine aus gealtertem Pankreasauszug bereitete Amylaselösung, stets 5 % Glycerin enthaltend, in drei Konzentrationen gedient: Verdünnung 1 80 Am.E., Verdünnung 2 40 und Verdünnung 3 8 Am.E. in 1 l. [22] Die Adsorptionswerte von niedrigen bis zu hohen Adsorptionsgraden sind in der Tab. 4 angegeben und die nach dem Vorbild der Untersuchung von H. KRAUT und E. WENZEL[1] „Über Enzymadsorption" bestimmten Adsorptionskurven in der Abb. 2 dargestellt. Bemerkenswert ist schon bei dem Verdünnungsgrad 1 im ersten Teile der Adsorption der sehr hohe Adsorptionswert (78 bei Adsorptionsgrad 9,8). Bei der Verdünnung 3 wird der Adsorptionswert erstaunlich hoch, nämlich mehr als 20mal höher (1850 beim Adsorptionsgrad 45).

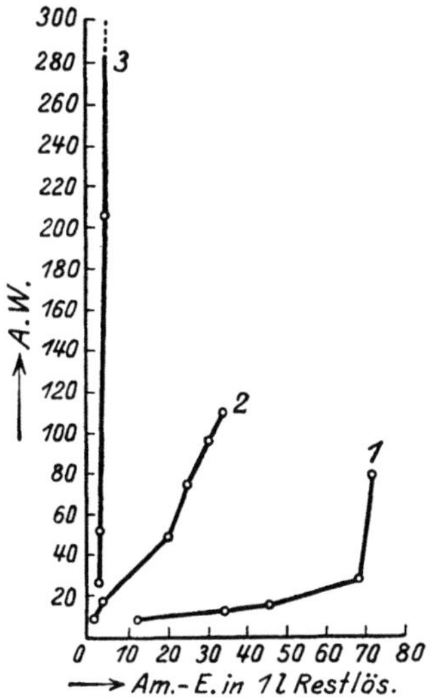

Abb. 2. Adsorption roher Amylase bei verschiedenen Verdünnungen.

Tabelle 4.
Einfluß der Verdünnung auf die Adsorption roher Amylase.
(Jeder Versuch mit 4,0 Am.E.; Tonerdesorte B.)

Konzentration Am.E. in 1 l	Angewandt Al_2O_3 g	Adsorbiert Am.E.	Adsorptionsgrad %	A.W.
80	0,005	0,39	10	78
80	0,02	0,54	14	27
80	0,12	1,72	43	15
80	0,20	2,31	58	12
80	0,40	3,42	85	8,5
40	0,005	0,58	15	116
40	0,010	0,97	24	97
40	0,02	1,49	37	75
40	0,04	2,01	50	50
40	0,20	3,72	93	19
40	0,40	3,91	97	9,8
8	0,001	1,85	45	1850
8	0,01	2,07	52	207
8	0,05	2,59	65	52
8	0,10	2,75	69	28

Eine dieser Adsorptionskurven (Abb. 2, II) wurde in der angeführten Abhandlung von KRAUT und WENZEL schon erörtert und zwar mit folgender Erklärung: „Es wird ... häufig vorkommen, daß auch besser adsorbierbare Stoffe vorhanden sind ..., und daß diese das Durchschnittsverhalten der [23] Begleitstoffe bestimmen ... Die Adsorption des Enzyms aus der gemischten Lösung wird hier infolge der wachsenden Oberflächenbeanspruchung der Begleitstoffe schon bei hohen Konzentrationen einen Abfall der Adsorptionswerte aufweisen, der gegen Ende ... allmählich flacher wird.

[1] Diese Zs. Bd. 133, S. 1 [1923/24] (*Abh. 51*).

Ein solcher Fall liegt vielleicht bei der Adsorption der Amylase in einem Glycerinextrakt aus Pankreasdrüsen vor." Hierzu ist zu berücksichtigen: 1. Das Enzym selbst ist gemäß weiteren Beobachtungen durch Tonerde gar nicht adsorbierbar; 2. der Adsorptionswert bei der Adsorption der ersten Anteile des Enzyms ist auch bei der konzentrierteren Lösung sehr hoch; 3. die Adsorptionswerte steigen beim Verdünnen der Lösung sehr stark. Man kommt bei der Erklärung dieser Erscheinungen nicht mit der Annahme aus, daß Enzym und Begleitstoffe unabhängig voneinander in den Lösungen existieren. Das Verhalten scheint uns am besten so erklärt zu werden, daß die Amylase in den Lösungen mit wechselnden Mengen verschieden wirksamer Koadsorbentien, α, β usw. assoziiert ist und zwar u. a. mit einem die Adsorption in hohem Maße fördernden Koadsorbens α. Durch das Verdünnen wird das System Amylase + Koadsorbens α aus einem weniger adsorptionstauglichen, komplizierteren Aggregat freigelegt und seine Adsorption begünstigt. Wenn der infolge des Zusammenhanges mit Koadsorbentien gut adsorbierbare Teil des Enzyms beseitigt und die Amylase in der Restlösung untersucht wird, so ergibt sich ein ganz anderes Bild seines Adsorptionsverhaltens. Schon beim Entfernen der Lipase durch Tonerde aus saurem Medium kann das System von Amylase mit ihren Begleitstoffen in entscheidender Weise verändert werden. Die verdünnte Lösung der Amylase kann daher auch ungünstigere Adsorptionswerte ergeben als die konzentriertere. Im voranstehenden Abschnitt (Tab. 3) war der Fall beschrieben, daß die Adsorption der Amylase zunächst durch Begleitstoffe verhindert wird, bis diese durch eine genügende Menge Tonerde entfernt sind. Verdünnt man eine solche Lösung aufs 10fache, so beginnt schon mit einer geringeren Tonerdemenge die Adsorption des Enzyms, aber diese bleibt weiterhin, wie die mit Tab. 3 zu vergleichenden [24] Zahlen der Tab. 5 zeigen, hinter der Adsorption aus konzentrierterer Lösung zurück.

Tabelle 5.
Adsorption der Amylase
a) aus roher Lösung; b) aus durch einmalige Adsorption gereinigter.
(Entsprechend Tab. 3, aber 10fach verdünnt.)

Menge Al_2O_3 g	a) 1,65 Am.E. in 110 ccm		b) 0,70 Am.E. in 200 ccm	
	Adsorptionsgrad %	A.W.	Adsorptionsgrad %	A.W.
0,0172	2	0,87	0	0
0,0344	8	7,6	0	0
0,1030	22	3,5	6	0,39
0,2060	33	2,6	—	—
0,3090	—	—	37	0,84

3. Verhalten bei fraktionierter Adsorption.

Das Adsorptionsverhalten der Amylase wird von den Begleitstoffen bestimmt, es wird von ihnen kompliziert und veränderlich gemacht. Um es genauer kennen zu lernen, versuchten wir unter Anwendung verschiedener Tonerdesorten die Enzympräparate in Fraktionen zu zerlegen. Die Restlösungen nach teilweiser Adsorption lieferten uns Beispiele für Steigerung und Verminderung der Adsorbierbarkeit und für ihr völliges Verschwinden. Die erste Fraktionierung geschieht gelegentlich der Entfernung der Lipase, wofür verschiedene Präparate von Tonerde B und C angewandt wurden. Sodann ist in allen Fällen aus konzentrierterer Lösung ein Teil des Enzyms, womöglich zwischen einem Drittel und der Hälfte, mittels der Tonerde B wegadsorbiert worden.

Steigerung des Adsorptionswertes. Für die Abtrennung der Lipase diente ein Präparat von Tonerde C, das sich für diese Adsorption wie auch für die Beseitigung von Begleitstoffen der Amylase nicht als recht geeignet erwies. Nach Entfernung des Trypsins versuchten wir die Amylase mit Tonerde B zu fraktionieren. Diese nahm zunächst nichts vom Enzym auf, aber aus der abzentrifugierten Lösung adsorbierte [25] eine neue Menge der Tonerde die Amylase mit A.W. = 5,7. Mit viel mehr Adsorbens fiel die Fraktionierung so aus, daß der Adsorptionswert der Tonerde bei der Vorfraktion 3 betrug und in der Restlösung auf 6,7 anstieg.

150 ccm Glycerinauszug von Pankreasprobe 3 wurden unter Zusatz von 750 ccm Wasser geklärt; die Adsorption der Lipase bewirkten wir nach Ansäuern mit 12 ccm n-Essigsäure durch 220 ccm Tonerde (3,645 g Al_2O_3). 100 ccm der Restlösung, die im ganzen 1030 ccm betrug, befreiten wir nach dem angegebenen Verfahren von Trypsin. Die erhaltene enzymatisch einheitliche, neutralisierte Lösung wies in 100 ccm noch 12,7 Am.E. auf.

10 ccm von dieser (1,27 Am.E.) unterwarfen wir einer Vorbehandlung mit a) 1,0, b) 3,0 ccm Tonerde B (0,0344 und 0,103 g Al_2O_3) und gewannen Mutterlaugen mit Gehalten von a) 1,26, b) 0,96 Am.E., entspr. Adsorptionen von 0 und 24%, also A.W. der Tonerde von 0 und 3,0. Bei weiterer Adsorption von a) 9,5, b) 10,5 ccm der Mutterlaugen (1,14 und 0,88 Am.E.) mit je 2 ccm Tonerde B (0,0688 g Al_2O_3) blieben wieder a) 0,75, b) 0,42 Am.E. in den Restlösungen zurück. Diesmal sind also 34 und 52% Amylase adsorbiert worden, entsprechend A.W. 5,7 und 6,7.

Abnahme des Adsorptionswertes. In anderen Beispielen, bei Verwendung günstigerer Tonerdepräparate (C und B) für die ersten Adsorptionsvornahmen, zeigte die erhaltene Amylaselösung das entgegengesetzte Verhalten bei der Adsorption. Der Einfluß der adsorptionshemmenden Begleitstoffe trat hinter der Wirkung der Koadsorbentien zurück. Schon mit geringeren Mengen des Adsorbens ließ sich eine reichliche Vorfraktion der Amylase abtrennen, die Restlösung enthielt aber dann das Enzym in schlechter adsorbierbarem Zustand.

Aus 170 ccm geklärtem Glycerinauszug trennten wir unter Ansäuern mit 1,7 ccm n-Essigsäure die Lipase ab a) mittels 60 ccm (1,026 g Al_2O_3) einer anderen Darstellung von Tonerde C, b) mittels 36 ccm Tonerde B (1,237 g Al_2O_3) und befreiten die Enzymlösung dann vom Trypsin. Je 20 ccm der enzymatisch einheitlichen, neutralisierten Lösungen, die a) 5,37, b) 4,43 Am.E. enthielten, wurden der Voradsorption durch 4,0 ccm Tonerde B (0,137 g Al_2O_3) unterworfen. Die Mutterlaugen enthielten dann in je 22 ccm noch a) 2,62, b) 2,37 Am.E., entsprechend Adsorptionsgraden von 51 und 47 und den Adsorptionswerten a) 20,0, b) 15,0. Je 21 ccm der Mutterlaugen, a) 2,50, b) 2,26 Am.E. enthaltend, wurden erneut mit Tonerde behandelt, und zwar nochmals mit 2,0 ccm Sorte B (0,0688 g Al_2O_3). Nun hinterblieben in den Restlösungen noch a) 1,82 und b) 1,41 Am.E., entsprechend den Adsorptionsgraden 27 und [26] 38%. Der Adsorptionswert der Tonerde war also gesunken auf a) 9,9 und b) 12,4.

Aufhören der Adsorbierbarkeit. Die Verarmung an den Koadsorbentien, die für die Adsorption der Amylase aus wäßriger Lösung unentbehrlich sind, kann noch weiter gesteigert werden, nämlich so weit, daß eine Enzymlösung, aus der anfangs die Amylase von Tonerde gut adsorbiert wird, in der also keine adsorptionshemmenden Beimischungen zu beobachten sind, bei aufeinanderfolgenden Behandlungen mit Anteilen der Tonerde die Adsorbierbarkeit gänzlich einbüßt. Die Versuchsbedingungen sind dieselben wie in den voranstehenden Beispielen, nur das Präparat von Tonerde C (Analysenpräparat von WILLSTÄTTER und KRAUT), das zur Abtrennung der Lipase diente, war von günstigerer Wirkung. Es hat daher wenig Wahrscheinlichkeit, daß hier die adsorptionshemmenden Stoffe die Oberhand gewonnen haben. Diese würden doch die Adsorption schon in der ersten Fraktion stören. Die Erklärung dünkt uns wahrscheinlicher, daß die Lösung weniger von den Beimischungen enthält, die sich bei den Adsorptionen bemerkbar machen, wenig von den hemmenden und von den adsorptionsfördernden. Die Amylase ist dann, wenn auch von den für die Adsorption aus wäßrigem Medium erforderlichen Stoffen frei, doch noch nicht überhaupt von Koadsorbentien frei. Denn von solchen Lösungen wird im folgenden Abschnitt gezeigt, daß sie auf Zusatz von Alkohol doch noch das Enzym an Aluminiumhydroxyd abgeben.

70 ccm von frischem Pankreasauszug wurden zur Klärung mit 350 ccm Wasser versetzt und nach Ansäuern mit 4 ccm n-Essigsäure durch Behandlung mit 132 ccm Tonerde C (1,67 g Al_2O_3) von Lipase befreit.

a) Aus 66 ccm der lipasefreien Lösung gewannen wir nach Abtrennung des Trypins mit Kaolin 71 ccm enzymatisch homogene, neutrale Rohlösung, enth. 10,5 Am.E. 70 ccm von dieser wurden der Voradsorption mittels 7,0 ccm Tonerde B (0,240 g Al_2O_3) unterworfen. Die Restlösung enthielt in 73 ccm noch 6,8 Am.E. Das Adsorbens hatte also 35% der Amylase aufgenommen, entspr. A.W. 15,0. Nach einer zweiten Einwirkung von 3,5 ccm der gleichen Tonerdesorte fand sich in der Restlösung noch das gesamte Enzym, nämlich 7,2 Am.E.

b) 100 ccm der lipasefreien Lösung wurden ebenfalls vom Trypsin [27] befreit. Nach dem Neutralisieren enthielten 103 ccm noch 17,5 Am.E. Zur Voradsorption dienten 10,0 ccm Tonerde B (0,344 g Al_2O_3). Da die Mutterlauge in 107 ccm 12,8 Am.E. aufwies, waren 27% der Amylase adsorbiert, daher A.W. = 13,7.

Von dieser Lösung wurden 53 ccm mit 6,35 Am.E. nach Verdünnen mit 55 ccm Wasser weiter mit 5,0 ccm der Tonerde behandelt. Die neue Restlösung zeigte in 111 ccm noch den unveränderten Gehalt von 6,34 Am.E.

III. Adsorption aus wäßrig-alkoholischer Lösung.

Die Adsorption der Amylase wurde in der dritten Arbeit zu präparativen Zwecken unter Zusatz von Alkohol und zwar mit einer Konzentration von 50% vorgenommen. Während die veröffentlichten Beispiele (a. a. O. Tab. 8), da in ihnen auf 100proz. Adsorption hingearbeitet wurde, nicht geeignet sind, den Einfluß des Alkohols erkennen zu lassen, bestätigen die folgenden vergleichenden Versuche (Tab. 6) ohne Alkohol und mit Gehalten von 10, 40 und 50%, daß der Zusatz von Alkohol zu höheren Adsorptionswerten sogar bei höheren Adsorptionsgraden führt. Man braucht zum Beispiel zur Adsorption von 70% des Enzyms siebenmal mehr Aluminiumhydroxyd in wäßriger als in 50prozentig-alkoholischer Lösung. Die Versuche Nr. 1 bis 7 wurden mit Tonerde A bei gleichen Konzentrationen an rohen Amylaselösungen aus gealtertem Pankreasauszug vorgenommen, die schon ohne Alkoholzusatz für die Adsorption

Tabelle 6.
Einfluß von Alkohol auf die Adsorption der Amylase.

Nr.	Alkohol-konzentration %	Am.E. angewandt	Am.E. adsorbiert	Adsorptions-grad %	A.W.
1	0	10,0	3,4	34	34
2	0	10,0	3,5	35	35
3	0	20,5	10,5	51	17
4	0	23,1	16,2	70	10
5	10	10,0	5,1	51	51
6	40	9,4	6,4	68	64
7	50	10,4	7,5	72	75
8	0	8,33	2,05	25	24
9	50	8,33	5,09	61	59

[28] sehr geeignet waren, die Versuche Nr. 8 und 9 mit Tonerde B an einer Amylaselösung aus frischem Pankreasauszug.

Von größerem Interesse ist es, den Einfluß des Alkohols in den extremen Fällen zu bestimmen, nämlich da, wo durch das Verfahren der Voradsorption die Amylase in den Zustand der Nichtadsorbierbarkeit oder der geringen Adsorbierbarkeit aus wäßrigem Medium gebracht ist. Es zeigt sich, daß die Fraktionierung des Systems Amylase + Begleitstoffe durch Voradsorption so geleitet werden kann (in konzentrierter Lösung), daß die in wäßrigem Medium nicht mehr adsorbierbare Amylase durch Zusatz von Alkohol gut adsorbierbar wird, und andererseits so (Voradsorption in verdünnter Lösung), daß die Amylase in alkoholischer Lösung gleich niedrige Adsorptionswerte wie in wäßriger ergibt. Daraus dürfte hervorgehen, daß verschiedene Koadsorbentien in wäßrigem und in alkoholischem Medium im Spiele sind. Indessen hat man auch die Möglichkeit zu berücksichtigen, daß das Verhalten des in Wasser nicht mehr adsorbierbaren, in Alkohol gut adsorbierbaren Enzyms schon das wahre Adsorptionsverhalten von reiner Amylase wäre. Aber dagegen spricht, daß im letzterwähnten Falle der Alkoholzusatz keine Steigerung des Adsorptionswertes herbeiführt. Hier scheinen [29] also doch die Koadsorbentien zu fehlen, die sonst in der alkoholischen Enzymlösung wirksam sind. Es wurde auch im Gang der Reinigung von Amylase beobachtet, daß beim Adsorbieren aus 50proz. Alkohol, Eluieren und erneuter Adsorption unter gleichen Umständen die Asdorptionswerte zurückgehen.

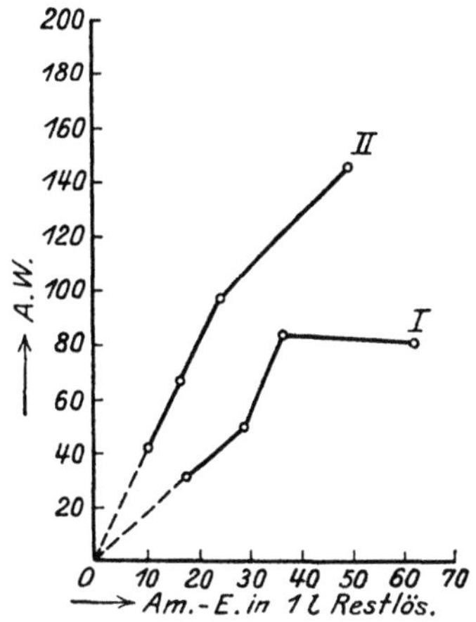

Abb. 3. Einfluß der fraktionierten Adsorption mit Tonerde auf die Adsorption aus 50proz. Alkohol.
I Die rohe Enzymlösung.
II Die mit Tonerde gereinigte Lösung.

Im vorigen Abschnitt wurde beschrieben, wie eine Amylaselösung durch Voradsorption mit Tonerde die Adsorbierbarkeit einbüßte. Das Adsorptionsverhalten jenes Präparates vor der Reinigung und nach derselben wurde bei einer Alkoholkonzentration von 50% geprüft. Der Adsorptionswert für die alkoholhaltige Lösung stieg von 50 auf 98 bei ähnlichen Adsorptionsgraden (61 und 67%). Die Ergebnisse sind in der Abb. 3 dargestellt; die Adsorptionskurven zeigen, daß das Verhalten des Enzyms in ungemein veränderlicher Weise mit dem Adsorptionsverhalten der Begleitstoffe verknüpft ist.

1. Beispiel. Im Beispiel b) von Abschnitt II, 3 war durch Reinigung mittels Voradsorption eine Amylaselösung gewonnen, die in 107 ccm 12,8 Am.E. enthielt. Je 53 ccm behandelten wir mit 5,0 ccm Tonerdesuspension B a) unter Verdünnung mit 55 ccm Wasser, b) mit 55 ccm absolutem Alkohol. Dann fanden sich in den Restlösungen a) 6,34 (das ist noch die ganze Menge), b) 0,48 Am.E. Aus der alkoholhaltigen Lösung waren also 93% vom Enzym mit A.W. = 34 adsorbiert.

2. Beispiel. Im Versuch a) des Abschnitt II, 3 wurde durch Abtrennung einer Fraktion von 35% Amylase eine Restlösung (6,8 Am.E. in 73 ccm) erhalten, die an Tonerde B gar kein Enzym abgab. Aus 200 ccm desselben lipasefreien Ausgangsmaterials gewannen wir im Parallelversuche durch Voradsorption mit 20 ccm Tonerde B (0,6872 g) eine Restlösung, die in 220 ccm noch 30,8 Am.E. enthielt. Nach Verdünnen mit 230 ccm absolutem Alkohol wieder mit 20 ccm der Tonerdesuspension behandelt, lieferte sie eine Mutterlauge, die in 440 ccm noch 2,86 Am.E. aufwies. Die Adsorption hat also 91% und der Adsorptionswert 40,7 betragen.

3. Beispiel. 4,0 Am.E. in 25 ccm Rohlösung wurden mit 25 ccm 87proz. Glycerin und a) mit 450, b) mit 415 ccm Wasser verdünnt. Die Fraktionierung durch Tonerde erfolgte also in viel größerer Verdünnung als in den ersten Beispielen. Zur Voradsorption dienten a) 7,3, b) 36,5 ccm Tonerde B (0,25 und 1,25 g Al_2O_3), wodurch a) 50% und b) 75% Amylase adsorbiert wurden; A.W. 8,0 und 2,4. Die Restlösungen enthielten nämlich a) 2,0, b) 1,0 Am.E.

Je 25 ccm der Restlösung a) mit 0,1 Am.E., verdünnt mit α) 25 ccm [30] Wasser, β) 25 ccm Alkohol, unterwarfen wir der Adsorption mit 0,50 ccm Tonerde B. In 50 ccm der Mutterlaugen fanden sich noch α) 0,052, β) 0,043 Am.E. Bei Adsorptionsgraden von α) 48, β) 57% betrugen die Adsorptionswerte 2,8 und 3,3.

Je 25 ccm der Restlösung b) mit 0,05 Am.E. verdünnten wir mit α) 25 ccm Wasser, β) 25 ccm absolutem Alkohol und verwendeten zur Adsorption je 0,50 ccm Tonerde B. Danach enthielten die Mutterlaugen noch α) 0,033, β) 0,037 Am.E., die Adsorptionswerte betrugen daher 1,0 und 0,8 bei Adsorptionsgraden von α) 34 und β) 26%.

4. Beispiel. Eine schon durch Adsorption mit Tonerde gereinigte Lösung wurde durch Voradsorption mit Tonerde bei großer Verdünnung fraktioniert und dann zur Prüfung des Adsorptionsverhaltens mit und ohne Alkohol angewandt. Das Ausgangsmaterial war eine von Phosphorsäure befreite Elution mit einem Gehalt von 3,30 Am.E.; wir verdünnten sie unter Zusatz von 10 ccm Glycerin mit 465 ccm Wasser. Zur Voradsorption dienten a) 4,0, b) 20,0 ccm Tonerdesuspension B, wodurch 16 und 45% Amylase mit Adsorptionswerten der Tonerde von 3,9 und 2,2 abgetrennt wurden.

a) 50 ccm Restlösung (0,25 Am.E.), verdünnt mit α) 50 ccm Wasser, β) 50 ccm absolutem Alkohol, wurden mit 1,00 ccm Tonerde B behandelt. In den Mutterlaugen hinterblieben α) 0,15, β) 0,11 Am.E. Bei Adsorptionsgraden von 40 und 56% waren die Adsorptionswerte 2,9 und 4,1.

b) 50 ccm Restlösung (0,17 Am.-E.), verdünnt mit α) 50 ccm Wasser, β) 50 ccm absolutem Alkohol, wurden ebenfalls mit 1,0 ccm Tonerde B behandelt. Die Mutterlaugen enthielten noch α) 0,12, β) 0,14 Am.E. Adsorptionsgrade α) 29, β) 18%, A.W. 1,5 und 0,9.

In den Beispielen 3b und 4b steigerte also Alkoholzusatz die Adsorption nicht, in den Versuchen 3a und 4a nur in geringem Maße.

IV. Über die Steigerung des Reinheitsgrades.

Die folgenden Versuche über den Reinheitsgrad der Amylase haben den Zweck, unsere früheren Angaben nachzuprüfen. Sie sind bestätigt worden. Die Bestimmung der Reinheitsgrade von Amylase wie von Lipase und von der in bezug auf Adsorptions- und Beständigkeitsverhältnisse enzymähnlichen Enterokinase unterscheiden sich leider von den Angaben über Saccharase in einer prinzipiellen und in einer technischen Beziehung[1]. Die Saccharase liegt in der enzymatischen Konzentration, die [31] wir als Saccharasewert verzeichnen, oft wirklich vor; die Angaben beziehen sich nämlich zumeist auf reine wäßrige Lösungen vom angegebenen Wirkungswert und Trockengewicht. Hingegen ist Amylase wie auch Lipase und Enterokinase in höheren Reinheitsgraden so unbeständig, daß mit glycerinhaltigen Lösungen gearbeitet werden muß. Da bei der Dialyse die Wirksamkeit verloren wird, liegen also die Präparate nur vor der Dialyse mit der angegebenen Wirksamkeit vor und zwar mit dem verzeichneten Trockengewicht + Glycerin + Elektrolyte. Mit diesem wesentlichen Unterschied in der Angabe betreffs der enzymatischen Konzentration hängt der technische Übelstand zusammen, der den Angaben über Amylase und die anderen unbeständigen Stoffe anhaftet. Die Bestimmung des Trockengewichts der dialysierten Lösung setzt voraus, daß weder durch undichte Stellen im Dialysator noch durch Überlaufen aus dem Dialysator noch durch Adsorption an der Membran desselben Verluste stattfinden. Weniger erheblich ist die Fehlerquelle, daß aus der Masse des Dialysators, in unseren Versuchen der sog. Fischblasen, verunreinigende Substanzen herausgelöst werden. Nicht nur, daß man sich durch sorgfältige Behandlung der Dialysatoren gegen diese Gefahr schützen kann, die Angaben würden dadurch auch nur nach der ungünstigen Seite hin entstellt. Die eine der beiden Verlustmöglichkeiten bei der Dialyse wird durch genaueste Kontrolle der sog. Fischblasen vor und nach der Dialyse mit Lackmuslösung ausgeschaltet. Ausflockungen, die an der Membran anhaften könnten, wurden bei den hier besprochenen Versuchen mit weitgehend gereinigten Lösungen nicht beobachtet. Immerhin bleiben diese Konzentrationsangaben aus den angeführten Gründen in besonderem Maße von der Sorgfalt und Genauigkeit der Versuchsausführung abhängig.

Die Pankreasextrakte, von denen wir in dieser Arbeit ausgingen, waren zum Unterschied von den früher verwendeten frisch bereitet. Es ist wahrscheinlich, daß beim Altern der Pankreasauszüge allmählich ein Abbau von Begleitstoffen eintritt, der auf die enzymatische Konzentration der Präparate günstig wirkt. Jedenfalls sind die nach einmaliger Adsorption [32] neuerdings erhaltenen Amylasewerte (29, 25, 30) weniger günstig als in dem veröffentlichten Beispiel (64); sie sind ähnlich dem früheren Werte (26) für die enzymatisch homogene Amylaselösung vor der letzten Reinigung durch Adsorption. Erst durch eine Wiederholung des Verfahrens der Adsorption mit Tonerde aus wäßrig-alkoholischer Lösung ist ein ebenso günstiger Wert (62) und namentlich dieselbe Abtrennung der mit qualitativen Reaktionen nachweisbaren Begleitstoffe (Proteine, Kohlehydrate) erreicht worden.

Die systematische Anwendung der Adsorptionsmethode stößt hier auf die Schwierigkeit, daß die Adsorbierbarkeit der Amylase an Tonerde im Laufe der Reinigung abnimmt. Man sollte geeignetere Adsorbentien, vermutlich stärker basische, suchen.

---

[1] Vgl. die Angaben über Dialyse in den früheren Arbeiten, Diese Zs. Bd. 125, S. 193 (Lipase); Bd. 126, S. 167 (Amylase); Bd. 132, S. 234 (Enterokinase); Bd. 123, S. 31 und Bd. 133, S. 216 (Invertin) (*Abh. 89, 90, 92, 48, 50*).

Da in wäßrigem Medium nach einmaliger Adsorption der Adsorptionswert für höhere Adsorptionsgrade ungünstig für präparative Zwecke wird, halten wir es für ratsam, das Enzym durch Voradsorption und durch Adsorption aus wäßriger Lösung bei großer Verdünnung sowie durch Adsorption bei Gegenwart von Alkohol zu reinigen. Auch wird man wohl besser mit gealterten Auszügen der Drüse arbeiten.

Die folgenden Beispiele lieferten das Material für die Konzentrationsbestimmungen und die qualitativen Proben (auf Eiweiß usw.).

1. Beispiel. Einmalige Adsorption aus alkoholhaltiger Lösung.

50 ccm Glycerinauszug, geklärt mit 250 ccm Wasser, wurden nach Ansäuern mit 4,0 ccm n-Essigsäure durch 96 ccm Tonerde C (1,215 g Al_2O_3) von Lipase befreit. Die Amylaselösung enthielt dann in 300 ccm 81,0 Einheiten. Die Entfernung des Trypsins geschah durch zweimalige Einwirkung von je 3,321 g salzsäurebehandeltem Kaolin auf die angesäuerte Lösung; die Trypsinmutterlauge, neutralisiert und durch Kieselgur geklärt, enthielt noch 63,0 Am.E. in 300 ccm (Ausbeute 78 %). Daraus wurde nach Verdünnen mit 300 ccm absolutem Alkohol die Amylase mit 40 ccm Tonerde B (1,374 g) zu 90 % aufgenommen. In der aus dem Adsorbate durch 200 ccm glycerinhaltiges $2^2/_3$-basisches Ammonphosphat[1] gewonnenen Elution fand man noch 39,0 Am.E.[2].

[33] Bei der Ausfällung der Phosphorsäure in Gegenwart von Glycerin ist es zur Vermeidung größerer Enzymverluste zweckmäßig, vor Zusatz der Magnesiamischung die Flüssigkeit mit Wasser so zu verdünnen, daß der Glyceringehalt 22 % nicht überschreitet.

Die Menge des Enzyms verminderte sich bei der Entfernung der Phosphorsäure mit Magnesiamischung auf 36,7 Am.E. Nach der Dialyse in sog. Fischblasen gegen fließendes destilliertes Wasser, die bei ständigem langsamem Rühren mit Kohlensäure 7 Tage beanspruchte, hinterließen 275 ccm phosphatfreier Elution, 33,9 Am.E. enthaltend, einen Trockenrückstand von 11,7 mg. Daraus ergibt sich der Amylasewert 29,0.

2. Beispiel. Einmalige Adsorption aus wäßriger Lösung.

Aus 400 ccm neutraler, enzymatisch einheitlicher Rohlösung mit 63,0 Am.E. nahm man mit 150 ccm Tonerde B (5,154 g Al_2O_3) 36,0 Am.E. auf, d. i. 57 % vom Enzym. In der von Phosphat befreiten und neutralisierten Elution fanden sich noch 31,7 Am.E. in 560 ccm. Da bei nochmaliger Einwirkung von 150 ccm der Tonerde auf die Hälfte der Elution nur noch 38 %, nämlich 6,0 Am.E., aufgenommen wurden und da sich in der Elution aus diesem Adsorbat nur 4,4 Am.E. wiederfanden, begnügten wir uns mit der Kennzeichnung des Reinheitsgrades in der ersten Elution. 280 ccm von dieser (15,9 Am.E.) hinterließen nach genügend lang dauernder Dialyse 6,3 mg Trockengewicht, entsprechend dem Amylasewert 25,2.

3. Beispiel. Reinigung durch Voradsorption, danach einmalige Adsorption aus alkoholhaltiger Lösung.

200 ccm neutrale, schon enzymatisch einheitliche Amylaselösung wurden einer Voradsorption durch 20 ccm Tonerde B (0,6872 g Al_2O_3) unterworfen; in der Mutterlauge hinterblieben 30,8 Am.E. Diese adsorbierte man nach Zusatz von 230 ccm 96proz. Alkohol mit weiteren 20 ccm der Tonerde so, daß die Restlösung nur noch 9 % vom Enzym enthielt. Aus dem Adsorbat eluierten 100 ccm glycerinhaltiges Ammonphosphat 22,3 Einheiten, die sich bei der Beseitigung der Phosphorsäure auf 20,5 (in 154 ccm) verminderten. Aus 140 ccm der phosphatfreien Lösung, also 18,7 Am.-E., wurden nach 7tägiger Dialyse 6,2 mg Rückstand erhalten. Der Amylasewert betrug also 30,1.

---

[1] Das in der 2. und 3. Arbeit angewendete Eluens war nicht $2^1/_3$-, sondern $2^2/_3$-basisches Ammonphosphat; vgl. Diese Zs. Bd. 132, S. 229 [1923/24].

[2] In der 3. Abhandlung wiesen wir auf die Möglichkeit hin, daß an Ungenauigkeiten der Amylasebestimmung (Titration der Maltose mit Hypojodit) der Gehalt der Lösungen an Ammonsalzen Schuld trüge. Die Nachprüfung der Bestimmung hat aber ergeben, daß die Gegenwart von Ammonsalzen keinen merklichen Fehler bedingt.

4. Beispiel. Wiederholte Adsorption aus alkoholhaltiger Lösung.

275 ccm einer genau nach Beispiel 1 bereiteten phosphatfreien Elution mit 33,0 Am.E. (0,030 ccm, 10 Minuten: 14,9 mg Maltose, entspr. $k = 0{,}0036$) unterwarfen wir nach Vermischen mit 286 ccm 96proz. [34] Alkohol der Adsorption durch 80 ccm Tonerde B (2,748 g Al_2O_3). In der Restlösung blieben noch 6,1 Am.E. (0,10 ccm, 10 Minuten: 4,3 mg Maltose, entspr. $k = 0{,}0010$) oder 18 % zurück. Die mit Ammonphosphat gewonnene Elution enthielt 25,2 (0,020 ccm, 10 Minuten: 12,5 mg Maltose, entspr. $k = 0{,}0030$), nach Ausfällung der Phosphorsäure 21,2 Am.E. (0,030 ccm, 10 Minuten: 8,9 mg Maltose, entspr. $k = 0{,}0021$). Der 7tägigen Dialyse unterwarfen wir 275 ccm mit 19,3 Am.E. und isolierten 3,1 mg Trockenrückstand, entsprechend dem Amylasewert 62,2.

Das Amylasepräparat vom Beispiel 1 gab eine nur schwach positive, vom Beispiel 3 eine negative Millonprobe, ersteres aber stark blauviolette, letzteres auch eine deutliche Ninhydrinreaktion. Nach dem stark positiven Ergebnis der Reaktion von Molisch enthielten die beiden Präparate noch Kohlehydrat in merklicher Menge.

Bei der Prüfung des besten Präparates (Beispiel 4, Am.W. 62) dienten für jede Probe 0,6 mg in 1 ccm. Dieses Amylasepräparat war viel reiner, auch löste sich der Trockenrückstand in Wasser klar auf. Beim Kochen mit dem Reagens von Millon trat weder Färbung noch Trübung auf, auch die Ninhydrinreaktion war völlig negativ. Nur die Reaktion von Molisch schwach positiv, deutete, wie bei dem besten Präparate unserer früheren Arbeit, noch eine spurenweise Beimischung von Kohlehydrat an.

Zeitschrift für physiologische Chemie **142**, S. 217 [1925].

99. ZUR KENNTNIS DER ENTEROKINASE.

Von ERNST WALDSCHMIDT-LEITZ.

XI. Abhandlung über Pankreasenzyme[1]

von RICHARD WILLSTÄTTER und MITARBEITERN.

(Aus dem Chemischen Laboratorium der Bayerischen Akademie der Wissenschaften in München.)

(Der Redaktion zugegangen am 25. Oktober 1924.)

Einleitung.

In der fünften Abhandlung dieser Reihe ist der Nachweis geführt worden, daß die Wirkung der Enterokinase auf Trypsin nicht, wie vielfach angenommen[2], als enzymatischer Prozeß, sondern als ein einfacher, spezifischer Aktivierungsvorgang aufzufassen ist; diese Anschauung leitete sich ab aus der Erkenntnis von den stöchiometrischen Beziehungen zwischen Kinase und Trypsin und sie bestätigte sich, als es mit Hilfe von Adsorptionsmitteln gelang, Enzym und Aktivator auch nach erfolgter Aktivierung wieder zu trennen. Diese Resultate führten zu der Auffassung, „daß es sich bei der Reaktion zwischen Trypsin und Kinase nicht um die Bildung einer festen Verbindung, sondern vielmehr eines lockeren Additions- oder Adsorptionsproduktes handelt", das indessen nur für die Hydrolyse bestimmter Substrate, nämlich der genuinen Proteine und ihrer höheren Abbauprodukte spezifisch zu sein scheint. Ähnlich haben R. WILLSTÄTTER und W. GRASSMANN[3] die **[218]** Aktivierung einer pflanzlichen Protease, des Papains, durch Blausäure beschrieben und verstanden.

Die gewonnene Erkenntnis von der Natur der Enterokinasewirkung stellte zugleich die Aufgabe, die präparative Reinigung des Aktivators anzustreben und seine Eigenschaften zu beschreiben. Die vorliegende Abhandlung bereitet diese Aufgabe vor und sie vermittelt ein vorläufiges Bild von dem Verhalten und den Merkmalen des Aktivators. Das angewandte Verfahren der Reinigung, das sich einer Anzahl von Fällungs- und Adsorptionsvornahmen bedient, hat im besten Beispiel zu einer

---

[1] Vgl. die 5. Abhandlung dieser Reihe, Diese Zs. Bd. 132, S. 181 [1923/24] (*Abh. 92*).
[2] Siehe hierzu vor allem W. M. BAYLISS und E. H. STARLING, Jl. of Physiol. Bd. 30, S. 61 [1904]; Bd. 32, S. 129 [1905].
[3] Diese Zs. Bd. 138, S. 184, und zwar S. 186 [1924] (*Abh. 117*).

etwa 100fachen Konzentrationssteigerung des Aktivators geführt (Präparat, gekennzeichnet durch den Kinasewert 96,3).

Dabei hat es sich gezeigt, daß das Verhalten der Enterokinase bei der Reinigung sowohl wie die beobachteten Eigenschaften reinerer Lösungen eine auffallende Ähnlichkeit mit denen enzymatischer Stoffe erkennen lassen. Es ist sehr beachtenswert, daß die Enterokinase, deren Wirkungsweise als nicht enzymatischer Natur erkannt wurde, in so vielen ihrer Eigenschaften an Enzyme erinnert. Zwar haben ja vor allem die Untersuchungen der WILLSTÄTTERschen Schule erwiesen, daß die meisten der den Enzymen als charakteristisch zugeschriebenen Reaktionen auf den Einfluß von Begleitstoffen zurückzuführen sind[1]; allein die Fähigkeit zur Bildung solcher in ihrem Verhalten sehr ähnlicher Assoziationsprodukte mit begleitenden Stoffen, durch die das wahre Verhalten des reinen Stoffes entstellt wird, ist es gerade, die die Enterokinase mit enzymatischen Stoffen teilt. Dies tritt beispielsweise bei der Einwirkung gewisser Fällungs- und Adsorptionsmittel in Erscheinung; es hat sich gezeigt, daß viele der für die Kinase in roherem Zustand charakteristischen Reaktionen im Laufe der Reinigung verschwinden. So bleibt es auch ungewiß, ob die auch in den bisher reinsten Lösungen beobachteten Fällungsreaktionen (wie durch Uransalz und durch Gerbsäure) sowie die Adsorbierbarkeit durch Tonerde und durch Kaolin dem Aktivator selbst eigentümlich sind. Die mitgeteilten **[219]** Beobachtungen beschreiben noch nicht das Verhalten des reinen Stoffes selbst; es ist noch nicht gelungen, die Enterokinase, der man sicherlich eine gewisse Affinität zu den spezifischen Substraten des Trypsin-Kinase-Komplexes zusprechen darf, frei von Proteinsubstanz zu erhalten. So wäre es denkbar, daß manche der beschriebenen Merkmale noch auf den Einfluß solcher Begleitstoffe zurückzuführen sind. Hierüber Aufschluß zu geben wäre die Aufgabe für eine Weiterführung der präparativen Methodik.

Auch die Abnahme der Beständigkeit des Aktivators in reinerer Lösung, am ausgeprägtesten unter dem Einfluß alkalischer Mittel, erinnert an das Verhalten vieler Enzyme; sie läßt sich auch hier, wie schon für Lipase[1]) und für Amylase[2]) aus Pankreas beschrieben, durch Zusatz von Glycerin einschränken. Und nicht minder scheint auch die Temperaturempfindlichkeit der Kinase, die unabhängig vom Reinheitsgrad schon bei 50° rascher Zerstörung unterliegt, auf eine labile enzymähnliche Struktur hinzuweisen.

1. Zur Bestimmung der Kinase.

Die stöchiometrischen Beziehungen zwischen Enterokinase und Trypsin führen zu einer einfachen Bestimmungsmethode für den Aktivator: man vergleicht die einer bestimmten Menge inaktiven Trypsins erteilten proteolytischen Wirkungen z. B.

---

[1] Vgl. R. WILLSTÄTTER und K. SCHNEIDER, Diese Zs. (im Druck) (*Abhandl. 53*).

[1]) R. WILLSTÄTTER und E. WALDSCHMIDT-LEITZ, Diese Zs. Bd. 125, S. 132, und zwar S. 153 [1922/23].

[2]) R. WILLSTÄTTER, E. WALDSCHMIDT-LEITZ und A. R. F. HESSE, Diese Zs. Bd. 126, S. 143, und zwar S. 161 [1922/23].

gegenüber Gelatine. Der Vergleich wird indessen unsicher, wenn den Messungen Enzympräparate, beispielsweise frisch getrocknete Pankreasdrüsen, von ungleicher Vorgeschichte und wechselnder Zusammensetzung zugrunde liegen. „Die Drüse enthält und bildet nämlich", wie in der 5. Abhandlung belegt wurde[3], „in wechselnden Mengen Stoffe, welche der Aktivierung durch Kinase entgegenwirken". So erfordert ein wechselnder Gehalt des Enzymmaterials an aktivierungshemmenden Stoffen [220] zur Erzielung des nämlichen Aktivierungsgrades verschiedene Mengen Aktivator.

Die vorliegende Untersuchung beginnt mit dem Versuch, die Störungen in der Vergleichbarkeit verschiedener Drüsenpräparate mit der Anwendung eines Überschusses an hemmenden Drüseninhaltsstoffen, also mittels „ausgleichender Hemmung" zu überwinden. Während, wie früher beschrieben, durch die Einwirkung größerer Mengen mehrwertiger Alkohole ein Ausgleich der Hemmung sich nicht erreichen ließ, gelingt es auf diesem Wege in der Tat, die Aktivierungswerte zweier hinsichtlich ihres Aktivierungsganges stark differierender Drüsenproben einander weitgehend anzugleichen. Tab. 1 veranschaulicht den Aktivierungsgang der beiden Proben für sich und nach $^1/_2$stündiger Einwirkung eines an Hemmungsstoffen reichen Drüsenauszugs; diesen gewann man ähnlich dem in der 5. Abhandlung (Kap. III, Vers. 2) beschriebenen Beispiel durch 7tägige Extraktion frisch getrockneter Pankreasdrüsen mit 16 Teilen thymolhaltigen Wassers. Für die Messung der tryptischen Wirkung diente das früher (5. Abh., Kap. I, Abschn. 3) angegebene Verfahren.

Tabelle 1.
Ausgleichende Hemmung durch Drüseninhaltsstoffe.
(0,062 g Drüse, $^1/_2$stündige Einwirkung der Kinaselösung, verdünnt auf 2 ccm, 30°; Angaben bedeuten Aciditätszuwachs in ccm 0,2 n-KOH).

Kinaseauszug	ohne Zusatz		mit 1,0 ccm Hemmungsextrakt	
	Probe		Probe	
ccm	XIV	X	XIV	X
0,00	0,19	0,24	0,32	0,36
0,01	—	0,50	0,43	0,43
0,02	0,59	0,78	0,53	—
0,03	0,64	0,88	0,65	0,62
0,04	0,70	0,96	0,73	0,75
0,05	—	—	0,85	0,89
0,10	1,07	1,12	1,04	1,06

Für eine praktische Anwendung zur Bestimmung der Enterokinase erscheint diese Methode ausgleichender Hemmung [221] indessen wenig geeignet. Nicht nur, daß es bisher nicht gelungen ist, Lösungen der hemmenden Stoffe frei von tryptischer Eigenwirkung zu bereiten, auch die Empfindlichkeit der Messungen nimmt, wie aus der Tabelle hervorgeht, insbesondere für den Bereich niederer Aktivierungsgrade erheblich ab; zudem würde es für eine Verallgemeinerung der Methode erforderlich sein, Menge und Art der angewandten Hemmungskörper genau zu definieren. Es schien daher zweckmäßiger, auch für die vorliegende Untersuchung die bereits in

[3] A. a. O. S. 187.

Kap. IV, Abschn. 1 der 5. Abhandlung mitgeteilte und als „vorläufig" charakterisierte Bestimmungsweise beizubehalten, der die Aktivierung eines bestimmten, geeigneten Trypsinmaterials, der Pankreasprobe XIV, zugrunde liegt. Auch hat es sich gezeigt, daß das Verhalten dieses Drüsenpräparates bei der Aktivierung durch Kinase, wie aus Tab. 2 ersichtlich, auch nach monatelanger Aufbewahrung keine merklichen Veränderungen aufwies. Auch die vorliegende Arbeit bedient sich daher zur Beschreibung des präparativen Verhaltens der in der 5. Abhandlung gegebenen Maße[1] für Menge und Konzentration des Aktivators.

Tabelle 2.
Kinasemenge und tryptische Wirkung von Pankreasprobe XIV.
(0,062 g Drüse; Angaben in ccm 0,2 n-KOH.)

Datum des Versuchs	Kinaselösung (ccm)					
	0,00	0,02	0,04	0,06	0,08	0,10
23. VII. 1923	0,19	0,56	0,71	0,90	1,04	1,10
13. XI. 1923	0,16	0,57	0,74	0,88	1,08	1,09
26. II. 1924	0,19	0,59	0,70	0,91	1,04	1,07

II. Verhalten der Enterokinase gegen Fällungsmittel.

Zur Darstellung der Kinaselösungen. Als Ausgangsmaterial diente in der vorliegenden Arbeit ein Sammelpräparat aus getrockneter Darmschleimhaut von Schweinen, dessen Darstellung sich bereits in der 5. Abhandlung (Kap. II, Abschn. 1) beschrieben findet. Der Kinasegehalt des Präparats blieb [222] während der ganzen Dauer der Untersuchung annähernd konstant, er entsprach dem Kinasewert 1,16; dagegen ließ sich die anfänglich beobachtete, geringfügige hydrolytische Wirkung des Präparats gegenüber Pepton schon nach kurzer Aufbewahrungsdauer nicht mehr nachweisen, offenbar infolge einer Zerstörung des ereptischen Enzyms. Auch bei längerer Digestion des trockenen Materials mit Wasser beobachtete man keine Änderung des Aktivierungsvermögens, eine Bildung des Aktivators aus Bestandteilen der Schleimhaut, so wie sie für die Pankreasdrüse nachgewiesen wurde[1]), scheint danach nicht einzutreten.

Versuch 1. 0,3 mg der Sammelprobe erteilten 0,062 g der Drüsenprobe XIV a) sogleich nach der Darstellung, b) nach 5, c) nach 11 Monaten tryptische Wirkung entsprechend einer Aciditätszunahme von a) 0,51, b) 0,53 und c) 0,53 ccm 0,2 n-KOH und einem Gehalt von a) 0,33, b) und c) 0,35 k.-e.

Versuch 2. 0,3 mg der Probe digerierte man mit 2,0 ccm Thymolwasser a) 3, b) 22, c) 47 Stunden bei 30° und bestimmte dann ihre Wirkung auf 0,062 g der Probe XIV; sie entsprach einer Aciditätszunahme von a) 0,55, b) 0,54, c) 0,53 ccm 0,2 n-KOH und einem Gehalte von a) 0,38, b) 0,36 und c) 0,35 k.-e.

Es sei an dieser Stelle erwähnt, daß es nicht gelang, inaktives Trypsinmaterial durch die Einwirkung autolytischer Extrakte aus einer Reihe getrockneter Organe, so von Leber, Milz und Niere, in meßbarem Maße zu aktivieren. Die in Kap. III der 5. Abhandlung beschriebene Bildung von Aktivator in der Pankreasdrüse selbst ist

[1] A. a. O. S. 226. [1]) A. a. O. S. 218ff.

demnach als ein spezifischer Vorgang anzusehen, der auf der Veränderung eines bestimmten und eigenartigen Drüsenbestandteiles beruht.

Versuch 3. Je 2,0 g Trockenpulver, gewonnen nach dem von R. WILLSTÄTTER und E. WALDSCHMIDT-LEITZ[2] angegebenen Verfahren mittels Aceton und Äther a) aus Leber, b) aus Milz, c) aus Niere vom Schwein, überließ man 24 Stunden bei 30° der Autolyse nach Zusatz von 64 ccm Thymolwasser; je 2,0 ccm des filtrierten Auszugs ließ man darauf während 30 Minuten bei 30° auf 0,062 g der Pankreasprobe XIV einwirken und bestimmte dann deren tryptische Wirkung gegenüber [223] Gelatine; sie entsprach a) 0,18, b) 0,15 und c) 0,16 ccm 0,2 n-Lauge, eine Aktivierung war also nicht zu erkennen.

In den Versuchen der vorausgehenden Abhandlung bewirkte man die Extraktion der Enterokinase aus der getrockneten Darmschleimhaut durch 20- bis 40stündige Einwirkung verdünnten (0,04 n-) wäßrigen Ammoniaks. Es hat sich auf Grund vergleichender Beobachtungen als zweckmäßiger erwiesen, die Dauer der Extraktion wesentlich abzukürzen bei etwas erhöhter Konzentration des Lösungsmittels; so empfiehlt sich beispielsweise eine dreistündige Behandlung mit etwa 0,05 n-Ammoniaklösung, und zwar mit je 50 ccm für 1 g des Trockenmaterials. Die Kinase läßt sich der Schleimhaut unter diesen Bedingungen in guter Ausbeute entziehen, man findet den Reinheitsgrad in den gewonnenen Auszügen günstiger als bei längerer Extraktion; der aus dem Trockenrückstand der Auszüge ermittelte Kinasewert schwankte in einer größeren Anzahl von Beispielen zwischen 2,9 und 3,5 bei einer Ausbeute an Aktivator von 73 bis 98, in der Regel 90%.

Die geringe Beständigkeit der Kinase in alkalischen Mitteln, für die sich bereits in der 5. Abhandlung Belege finden[1]), verbietet die Verwendung höherer Alkalikonzentrationen als der angegebenen für den Zweck der Extraktion. Aus eben diesem Grunde ist es angebracht, die Auszüge alsbald nach der Darstellung vom überschüssigen Ammoniak zu befreien; man unterwirft sie zum Beispiel in einem Abdampfapparate nach FAUST-HEIM der Einwirkung eines auf 30 bis 35° erwärmten Luftstromes bis zum Verschwinden der alkalischen Reaktion. Unter diesen Bedingungen ließen sich die Extrakte ohne meßbare Einbuße an wirksamer Substanz auch bis zur Trockne eindampfen, die klare wäßrige Lösung des Trockenrückstandes zeigte noch die volle ursprüngliche Aktivität.

Versuch 4. 10,0 ccm eines 0,05 n-ammoniakalischen Auszugs aus getrockneter Schleimhaut, enth. 172,5 k.-e. (0,04 ccm: 0,72 ccm 0,2 n-Lauge: 0,69 k.-e.), engte man im Abdampfapparate bei 32° zur Trockne ein; die klare wäßrige Lösung des Trockenrückstands enthielt in 10,0 ccm noch 176,7 k.-e. (0,03 ccm: 0,63 ccm 0,2 n-Lauge: 0,53 k.-e.).

[224] Vorreinigung durch Fällung mit Säure. Die rohen Kinaseauszüge unterwirft man zunächst, wie in der 5. Abhandlung (Kap. IV, Abschn. 3) beschrieben, einer Behandlung mit verdünnter Essigsäure, die einen Teil der Begleitstoffe niederzuschlagen erlaubt, ohne daß die Fällung viel vom Aktivator enthielte. Die Ausbeute an Kinase in den Mutterlaugen der Essigsäurefällung bewegte sich gewöhnlich zwischen 89 und 98%; die Konzentrationssteigerung des Aktivators war indessen nicht sehr erheblich, der Kinasewert stieg in einem Beispiel von 3,3 auf 4,1.

---

[2] Diese Zs. Bd. 125, S. 132, und zwar S. 150 [1922/23].

[1]) A. a. O. S. 228.

Versuch 5. 10,0 ccm einer von Ammoniak befreiten rohen Kinaselösung, enth. 226 k.-e. (0,03 ccm: 0,71 ccm 0,2 n-Lauge: 0,68 k.-e.) und 0,0686 g Trockenrückstand (entspr. K.W. = 3,3), versetzte man mit 0,50 ccm n-Essigsäure; in 10,0 ccm der mittels der Zentrifuge vom Niederschlage getrennten Mutterlauge fanden sich noch 216 k.-e. (0,02 ccm: 0,58 ccm 0,2 n-Lauge: 0,43 k.-e.), d. i. 96%, und die Lösung enthielt noch 0,0528 g Trockenrückstand, entsprechend dem Kinasewert 4,1.

Fällung des Rohauszugs durch Metallsalze. Die sauren Mutterlaugen der Essigsäurefällung, die noch große Mengen von Verunreinigungen enthalten, geben mit einer Anzahl von Metallsalzlösungen Niederschläge, welche wechselnde Anteile des Aktivators mit sich führen. Auf das Verhalten der Kinase in den Rohlösungen bei Zusatz von Quecksilberchlorid ist bereits in der 5. Abhandlung hingewiesen worden[1]; die mit diesem Reagens beobachtete Fällung ist ihrer Menge nach nicht sehr erheblich und sie enthält nur einen mäßigen Bruchteil des Aktivators, nämlich zwischen 10 und 30% (Versuch 6). Wesentlich größere Kinaseanteile finden sich in den durch Eisen- und durch Bleisalze gebildeten Niederschlägen, allein die Fällung des Aktivators bleibt auch hier in allen Fällen unvollständig und seine Elution gelingt nur mit wenig befriedigender Ausbeute, ungenügend für eine präparative Verwertung (Versuche 7 und 8). Offenbar ist bei den vorliegenden Reaktionen die Fällbarkeit eines Teils der Enterokinase nur durch Adsorption an niedergeschlagene Begleitstoffe bedingt; ihre Bedeutung für den Ausfall von Fällungsreaktionen ist [225] zuerst am Beispiel des Invertins aus Hefe[1)] eingehender beschrieben worden.

Versuch 6. Fällung mit Sublimat. 10,0 ccm einer Mutterlauge der Essigsäurefällung mit 216 k.-e. (0,02 ccm: 0,58 ccm 0,2 n-Lauge: 0,43 k.-e.) versetzte man zur vollständigen Fällung mit 1,0 ccm einer 1 proz. Lösung von Quecksilberchlorid; die vom Niederschlage durch scharfes Zentrifugieren getrennte Mutterlauge enthielt in 11 ccm noch 190 k.-e., d. i. 88% (0,04 ccm: 0,72 ccm 0,2 n-Lauge: 0,69 k.-e.).

Versuch 7. Fällung mit Eisensalz. 10,0 ccm der essigsauren Ausgangslösung des Versuchs 6 (enth. 216 k.-e.) fällte man mit a) 0,5, b) 1,0, c) 1,5 ccm einer 2 proz. Lösung von Monceldschem Salz (ferrum subsulfuricum); in der Mutterlauge fanden sich noch a) 77 (0,05 ccm: 0,53 ccm 0,2 n-Lauge: 0,35 k.-e.), b) 76 (0,05 ccm: 0,52 ccm 0,2 n-Lauge: 0,33 k.-e.), c) 60 k.-e. (0,05 ccm: 0,44 ccm 0,2 n-Lauge: 0,25 k.-e.), d. i. 35 bzw. 35 bzw. 28%. Aus dem Niederschlag eluierte man durch a) 10,0 ccm 0,05 n-NH_3 (20% Glycerin enth.), b) 10,0 ccm glycerinhaltiges 2 $^2/_3$-basisches Ammonphosphat noch a) 20 (0,05 ccm: 0,30 ccm 0,2 n-Lauge: 0,10 k.-e.), b) 46 k.-e. (0,05 ccm: 0,42 ccm 0,2 n-Lauge: 0,23 k.-e.), die Elutionsausbeute betrug also nur a) 9 und b) 21% der Ausgangslösung.

Versuch 8. Fällung mit Bleisalz. Je 10,0 ccm essigsaurer Rohlösung mit einem Gehalte von 210 k.-e. (0,03 ccm: 0,69 ccm 0,2 n-Lauge: 0,63 k.-e.) wurden mit a) 0,20, b) 0,40, c) 0,60 und d) 1,00 ccm (ausreichend zur vollständigen Fällung) 2 proz. Bleiessiglösung und mit e) 1,10 ccm 2 proz. Bleizuckerlösung (von der 1,0 ccm zu vollständiger Fällung genügte) versetzt. Die in der Mutterlauge verbliebene Kinasemenge belief sich auf a) 136, b) 128, c) 117, d) 115 und e) 81 k.-e., entsprechend a) 65, b) 61, c) 56, d) 55 und e) 39%. In der aus dem Niederschlage durch Behandlung mit 13,0 ccm 0,77 proz. Diammonphosphat gewonnenen Elution fanden sich d) 81 und e) 86 k.-e. oder 39 bzw. 41% vom Gehalte der Ausgangslösung.

Von größerer präparativer Bedeutung ist das Verhalten der Enterokinase gegenüber Uranylacetat; es gelingt mit diesem Mittel leicht, den Aktivator aus den rohen Lösungen nahezu in seiner ganzen Menge niederzuschlagen. Für diese Fällbarkeit

---

[1] a. a. O. S. 231.

[1)] R. WILLSTÄTTER, J. GRASER und R. KUHN, Diese Zs. Bd. 123, S. 1, und zwar S. 9 [1922].

durch Uransalz, die schon in der 5. Abhandlung belegt wurde [2], sollen hier zwei weitere Beispiele angeführt werden.

[226] Versuch 9. 10,0 ccm essigsaurer Rohlösung (enth. 216 k.-e.) versetzte man mit a) 1,0, b) 1,2 ccm 2proz. Lösung von Uranylacetat und bestimmte die mittels der Zentrifuge abgetrennte Mutterlauge; sie enthielt in a) 11,0, b) 11,2 ccm noch a) 43 (0,10 ccm: 0,55 ccm 0,2n-Lauge: 0,39 k.-e.), b) 18 k.-e. (0,10 ccm: 0,36 ccm 0,2n-Lauge: 0,16 k.-e.), d. i. 20 bzw. 8%.

Versuch 10. 14,0 ccm einer Mutterlauge der Essigsäurefällung, 25% Glycerin entaltend, mit 175 k.-e. (0,04 ccm: 0,61 ccm 0,2n-Lauge: 0,50 k.-e.) wurden durch Zusatz von 1,2 ccm 2proz. Uranylacetat gefällt; in der Mutterlauge fanden sich noch 3,0 k.-e. = 2% (0,10 ccm: 0,22 ccm 0,2n-Lauge: 0,02 k.-e.).

Für die Elution des Aktivators aus den Uranniederschlägen erweisen sich am geeignetsten Phosphatlösungen von schwach saurer bis zu schwach alkalischer Reaktion, die man zur Stabilisierung der Kinase mit Glycerin versetzt; ihre eluierende Wirkung ist, wie aus Tab. 3 ersichtlich, der verdünnten Alkalis allein überlegen, die Bildung des unlöslichen Schwermetallphosphats befördert die Elution.

Tabelle 3. Elution der Uranfällung aus Rohlösung.

Elutionsmittel	Glycerin-konzentration %	Elutions-ausbeute %
n/20-NH_3.	0	38
,, ...	26	40
1proz. $(NH_4)_2HPO_4$	26	56
1proz. $2^2/_3$basisches Ammonphosphat	26	52
n/5-Phosphatpuffer, $p_H = 6{,}0$. . . .	20	56
,, , $p_H = 7{,}0$. . . .	20	56
,, , $p_H = 8{,}2$. . . .	20	62

Fällung des Rohauszugs durch Tannin. Ein weiteres geeignetes Reagens zur Ausfällung der Enterokinase beruht auf der Anwendung der Gerbsäure, die schon für die Isolierung der pflanzlichen Peroxydase [1]) wertvolle Dienste geleistet hat. Aus den mit Essigsäure vorgereinigten [227] Lösungen fällt der Aktivator bei saurer Reaktion auf Zusatz einer Gerbsäurelösung in seiner ganzen Menge mit einem reichlichen Niederschlage aus; dieser wird durch eine geringe Menge verdünnten Ammoniaks wieder gelöst und die Lösung enthält dann fast die ganze ursprüngliche Menge der Kinase.

Versuch 11. 10,0 ccm einer 0,01n-essigsauren Lösung mit 216 k.-e. wurden durch 1,0 ccm einer 2proz. Gerbsäurelösung vollständig gefällt; den in der Zentrifuge abgeschleuderten Niederschlag löste man dann in 10,5 ccm 0,01n-Ammoniak wieder auf. In der Mutterlauge war keine Kinase mehr nachweisbar (0,05 ccm: 0,16 ccm 0,2n-Lauge: 0,00 k.-e.), während die ammoniakalische Lösung noch 210 k.-e., d. i. 97% vom Aktivator, enthielt (0,04 ccm: 0,79 ccm 0,2n-Lauge: 0,80 k.-e.).

Die Fällbarkeit der Enterokinase durch Tannin erweist sich indessen, wie Tab. 4 veranschaulicht, als abhängig von der Glycerinkonzentration der Lösung, sie nimmt mit steigendem Glyceringehalt mehr und mehr ab, um schon bei einer Konzentration

---

[2] a. a. O. S. 232.

[1]) R. WILLSTÄTTER und A. POLLINGER, Liebigs Ann. der Chem. Bd. 430, S. 269, und zwar S. 282 [1922/23] (*Abh. 37*).

von 40% ganz zu verschwinden. Tab. 4 vergleicht das Verhalten des Aktivators in roher und durch Fällung mit Alkohol und Uran gereinigter Lösung gegenüber Tannin, ihre Angaben bezeichnen die fällbaren Anteile in Prozent.

Tabelle 4. Tanninfällung und Glyceringehalt.

Kinasepräparat	Glyceringehalt (%)				
	0	10	20	30	40
Essigsäure-Mutterlauge .	100	100	70	33	4
Uran-Elution	100	55	15	10	0

Während bei der rohen Lösung mit steigender Glycerinkonzentration die Fällbarkeit durch Tannin mit der schätzungsweise ermittelten Menge des entstandenen Niederschlags gleichmäßig abnimmt, findet man für das reinere Präparat bei geringerem Glyceringehalt die Bedingungen günstiger; es eröffnet sich hier die Möglichkeit, den Aktivator in den Mutterlaugen der Gerbsäurefällung anzureichern.

Alkoholfällung des Rohauszugs. Im Gegensatz zu **[228]** den bei Lipase[1] und bei Amylase[2] aus Pankreas gewonnenen Erfahrungen zeigt die Enterokinase, wenigstens in den rohen Lösungen, aus denen sie vollständig niedergeschlagen wird, verhältnismäßig große Beständigkeit gegenüber der Einwirkung von Alkohol oder Aceton. Versetzt man eine solche Kinaselösung mit Alkohol bis zu einem Gehalte von 90% und löst dann die abgetrennte Fällung wieder in Wasser auf, so findet man auch nach einstündiger Einwirkung des organischen Mittels keine oder keine sehr beträchtliche Einbuße an Aktivität, während die Bestimmung der trüben Suspensionen selbst etwas zu niedrige Werte ergibt (Versuche 12, 13 und 14a). Etwas größer scheint die Empfindlichkeit des Aktivators bei der Einwirkung des Lösungsmittels auf die saure, mit Essigsäure vorgereinigte Lösung zu sein (Versuch 14b); es ist aber nicht untersucht, ob diese Erscheinung allein auf den Einfluß der sauren Reaktion oder ob sie auf den gesteigerten Reinheitsgrad zurückzuführen ist.

Versuch 12. 10,0 ccm neutralen Rohauszug, enthaltend 160 k.-e. (0,05 ccm: 0,78 ccm 0,2 n-Lauge: 0,80 k.-e.), versetzte man mit 90 ccm absolutem Alkohol; die sofort auftretende leichte Trübung wurde allmählich stärker und führte nach etwa einer Stunde zur Abscheidung deutlich erkennbarer Flöckchen. Eine Bestimmung der alkoholischen Suspension ergab nach a) 15, b) 60 Minuten noch a) 0,76, b) 0,70 k.-e. in der Bestimmungsprobe von 0,50 ccm, mithin 152 bzw. 140 k.-e. insgesamt. Nach Verlauf einer Stunde schleuderte man den gebildeten Niederschlag in der Zentrifuge ab und löste ihn in 10,0 ccm Wasser wieder auf. Diese enthielten dann noch insgesamt 158 k.-e. (0,05 ccm: 0,77 ccm 0,2 n-Lauge: 0,79 k.-e.), es war also kein Aktivitäsverlust zu beobachten.

Versuch 13. 10,0 ccm des Extraktes von Versuch 12 (mit 160 k.-e.) wurden mit 90 ccm Aceton vermischt; in 0,50 ccm der stark getrübten Mischung bestimmte man nach 45 Minuten noch 0,57 k.-e. Die Lösung des nach 1 Stunde in der Zentrifuge abgeschleuderten Niederschlages in 10,0 ccm Wasser enthielt noch 140 k.-e. (0,05 ccm: 0,73 ccm 0,2 n-Lauge: 0,70 k.-e.); die Einbuße an Aktivität betrug mithin etwa 12%.

---

[1] R. WILLSTÄTTER und E. WALDSCHMIDT-LEITZ, Diese Zs. Bd. 125, S. 132, und zwar S. 154 [1922/23].

[2] R. WILLSTÄTTER, E. WALDSCHMIDT-LEITZ und A. R. F. HESSE, Diese Zs. Bd. 126, S. 143, und zwar S. 162 [1922/23].

[229] Versuch 14. a) 10,0 ccm neutralen Kinaseauszug mit 210 k.-e. fällte man mit 90 ccm absolutem Alkohol und löste die nach 15 Minuten abgetrennte Fällung in 20,0 ccm Wasser; sie enthielt noch 192 k.-e., d. i. 91 % (0,05 ccm: 0,60 ccm 0,2 n-Lauge: 0,48 k.-e.).

b) 10,0 ccm Kinaseauszug mit 230 k.-e. unterwarf man einer Vorreinigung durch 0,5 ccm n-Essigsäure, wobei der Kinasegehalt der Mutterlauge (insgesamt 10,5 ccm) auf 214 k.-e. zurückging (0,03 ccm: 0,67 ccm 0,2 n-Lauge: 0,61 k.-e.); nach dem Versetzen mit 90 ccm Alkohol und Wiederauflösen der sogleich abgeschleuderten Fällung in 10,0 ccm H_2O ließen sich noch 158 k.-e. nachweisen (0,04 ccm: 0,68 ccm 0,2 n-Lauge: 0,63 k.e.), entsprechend einem Aktivitätsverluste von 26%.

Die mittels der Alkoholfällung erreichbare Konzentrationssteigerung des Aktivators ist erheblich; man findet den Reinheitsgrad der mit Alkohol gefällten und nach dem Wiederauflösen in Wasser bestimmten Kinase etwa 5 mal größer bei dem neutralen, etwa 7 mal größer bei dem vorgereinigten, angesäuerten Auszug (Kinasewert 16,3 bzw. 27,4).

Versuch 15. 10,0 ccm der in Versuch 14a aus der Alkoholfällung gewonnenen Kinaselösung (enth. 96 k.-e.) hinterließen auf dem Wasserbade 5,9 mg Trockenrückstand entsprechend dem Kinasewert 16,3.

4,0 ccm der wäßrigen Lösung aus der Alkoholfällung von Versuch 14b (enth. 63 k.-e.) lieferten, auf dem Wasserbad zur Trockne eingedampft, 2,3 mg Trockenrückstand; daraus ergibt sich der Kinasewert 27,4.

Fällungsreaktionen gereinigter Kinaselösungen. Die reineren Lösungen des Aktivators, schon die durch Behandlung mit Essigsäure und darauffolgende Alkoholfällung gewonnenen, geben nur noch einen Teil der in den rohen Auszügen beobachteten Fällungsreaktionen. So läßt sich in ihnen auf Zusatz von Eisen-, Quecksilber- oder Bleilösung keine Niederschlagsbildung oder Trübung mehr wahrnehmen; auch findet man die Menge der mit Uransalz entstehenden Fällung beträchtlich geringer, während die Menge des Tanninniederschlags nicht wesentlich abzunehmen scheint. Damit hängt zusammen, daß auf dieser Stufe der Reinigung die Elution der Enterokinase aus ihrer Fällung durch Uran keine meßbare Steigerung der Konzentration mehr bewirkt, während die Fraktionierung mittels Gerbsäure noch etwas weiter zu führen scheint (Versuche 16 und 17, Kinasewert 28,4 bzw. 41,3).

[230] Versuch 16. 50 ccm wäßrige Kinaselösung, durch Auflösen der Alkoholfällung gewonnen, mit 567 k.-e. (0,03 ccm: 0,52 ccm 0,2 n-Lauge: 0,34 k.-e.) fällte man mit 2,0 ccm 2 proz. Uranylacetatlösung (einer zu vollständiger Fällung ausreichenden Menge) und eluierte den Niederschlag in der Zentrifuge durch 20 ccm $2^2/_3$basisches Ammonphosphat + 10 ccm 87 proz. Glycerin. Die Elution enthielt in 30 ccm noch 480 k.-e. (0,05 ccm: 0,78 ccm 0,2 n-Lauge: 0,80 k.-e.), d. i. 85 % der Ausgangslösung.

28 ccm der Elution (enth. 448 k.-e.) dialysierte man in einer sogenannten Fischblase unter Toluol und unter ständiger Rührung mit CO_2 7 Tage lang gegen fließendes destilliertes Wasser und befreite sie so vom Glycerin und von Salzen[1]; sie wies dann noch 15,8 mg Trockenrückstand auf, entsprechend dem Kinasewert 28,4.

[1] Die Enterokinase dialysiert, wie bereits mitgeteilt (5. Abh. S. 229), unter diesen Bedingungen nicht durch die Membran, man fand nach mehrtägiger Dialyse von Rohauszügen die ganze Menge im Dialysator wieder. In reinerer Lösung tritt jedoch, wie bei den pankreatischen Enzymen, im Verlaufe der Dialyse mit der Abnahme des Glyceringehaltes zunehmende Zerstörung des Aktivators ein; für die so ermittelten Reinheitsgrade gelten daher die bereits früher erwähnten Einschränkungen [siehe die 2. Abhandlung („Über Pankreaslipase"), Diese Zs. Bd. 125, S. 132, und zwar S. 192 [1922/23] sowie die 10. Abhandlung („Über das Adsorptionsverhalten der Pankreasamylase"), Diese Zs. (im Druck) (*Abh. 89 und 98*)].

Versuch 17. 40,0 ccm Auflösung der Alkoholfällung, 22% Glycerin enthaltend, mit 747 k.-e. (0,03 ccm: 0,64 ccm 0,2n-Lauge: 0,56 k.-e.) säuerte man mit 0,8 ccm n-Essigsäure an und versetzte sie mit 1,2 ccm 2proz. Tannin, die bei dem angewandten Gehalte an Glycerin nur eine unvollständige Fällung bewirkten; die gegen Lackmus neutralisierte Mutterlauge wurde sodann im Faust-Heimschen Apparat auf 28 ccm eingeengt und enthielt dann noch 490 k.-e. (0,02 ccm: 0,53 ccm 0,2n-Lauge: 0,35 k.-e.). Nun fällte man die Kinase durch Zusatz von 400 ccm 96proz. Alkohol aus und löste den Niederschlag wiederum in 42 ccm Wasser; die gesamte Menge der Kinase in der Lösung betrug noch 462 k.-e. (0,03 ccm: 0,51 ccm 0,2n-Lauge: 0,33 k.-e.).

30 ccm dieser Lösung (mit 330 k.-e.) hinterließen, auf dem Wasserbade zur Trockne eingedampft, 8,00 mg Rückstand; daraus ergibt sich der Kinasewert 41,3.

Die Fällbarkeit des Aktivators durch Uransalze wie durch Tannin beobachtete man auf allen untersuchten Stufen der Reinigung; auch bei dem reinsten erhaltenen Präparate vom Kinasewert 96,3, das durch aufeinanderfolgende Anwendung [231] der Fällung mit Essigsäure, mit Alkohol und mit Tannin und weiter durch Adsorption mit Tonerde und mit Kaolin gewonnen war, ließ sich mit diesen Mitteln, wie durch nachstehenden Versuch belegt wird, der weitaus größte Teil der Kinase niederschlagen. Es ist indessen noch nicht erwiesen, ob diese Reaktionen in der Tat dem Aktivator selbst eigentümlich sind oder ob sie nicht gleichfalls noch durch Begleitstoffe vorgetäuscht werden.

Versuch 18. Je 10,0 ccm einer Kaolinelution (vom Kinasewert 96,3) mit 95 k.-e. versetzte man mit a) 40 ccm 10proz. Glycerin + 1,0 ccm n-Essigsäure + 1,0 ccm 2proz. Tannin, b) 0,5 ccm n-Essigsäure + 0,5 ccm 2proz. Uranylacetat und bestimmte den Kinasegehalt der in der Zentrifuge abgetrennten Mutterlaugen; er betrug a) in 52 ccm noch 23 k.-e. (0,60 ccm: 0,46 ccm 0,2n-Lauge: 0,26 k.-e.), b) in 11 ccm noch 11 k.-e. (0,10 ccm: 0,30 ccm 0,2n-Lauge: 0,10 k.-e.). Der gefällte Anteil des Aktivators belief sich also auf a) 76 und b) 89%.

III. Über das Adsorptionsverhalten der Enterokinase.

Adsorption durch Tonerde aus Rohauszug. Die Enterokinase wird aus ihren rohen Auszügen, beispielsweise bei saurer Reaktion, glatt durch Tonerde adsorbiert; so gelang es, wie bereits in der 5. Abhandlung beschrieben wurde[1], sie von Trypsin zu trennen, das infolge seiner geringeren Adsorptionsaffinität zum größten Teil in den Adsorptionsmutterlaugen zurückblieb. Das Adsorptionsverhalten des Aktivators gegenüber der Tonerde ist in der vorliegenden Arbeit etwas eingehender untersucht worden, um die geeignetsten Bedingungen für eine präparative Anwendung des Adsorptionsverfahrens zu erkennen. So war es im Hinblick auf die bei der Enzymadsorption gewonnenen Erfahrungen von Belang, den Einfluß der Reaktion und ferner die Wirkung der Verdünnung und der Gegenwart von Alkohol auf die Adsorbierbarkeit der Enterokinase auf verschiedenen Stufen der Reinigung zu beschreiben. In der nachstehenden Tab. 5 wird das Adsorptionsverhalten des Aktivators in den rohen Lösungen, nämlich den Mutterlaugen der Essigsäurefällung, unter [232] verschiedenen Bedingungen durch einige Beispiele umrissen; man verwandte zu jedem Versuche 10 ccm der Kinaselösung mit 250 k.-e. und unterwarf sie der Einwirkung verschiedener Mengen eines Tonerdepräparates der Sorte C (Analysenpräparat von WILLSTÄTTER

[1] A. a. O. S. 235.

und KRAUT[1], dann bestimmte man die Kinase in der Adsorptionsrestlösung; die Angaben der Tabelle bedeuten die adsorbierten Anteile in Prozent.

Tabelle 5. Adsorption durch Tonerde aus Rohlösung.

Nr.	Reaktion der Lösung	Alkohol-Konz. %	Kinasekonz. K.E. in 1 l	Angew. mg Al_2O_3 1,65	3,30	4,95
1	neutral, $p_H = 7,0$	0	25,0	—	40	—
2	,, ,,	50	12,5	70	87	100
3	n/20-ammoniakalisch	0	25,0	—	5	—
4	sauer, $p_H = 4,7$	0	25,0	—	65	—
5	n/20-essigsauer	0	25,0	44	68	80
6	,,	50	12,5	—	95	100
7	,,	0	5,0	—	56	—

Wie aus der Tabelle hervorgeht, ist die Adsorbierbarkeit des Aktivators in diesen Lösungen am geringsten bei alkalischer und am höchsten bei saurer Reaktion, und zwar findet man hier keinen merklichen Unterschied zwischen $p_H = 4,7$ (Nr. 4) und der Reaktion $^1/_{20}$-normaler Essigsäure (Nr. 5); dagegen scheint in der verdünnteren Lösung (Nr. 7) die Adsorption etwas ungünstiger zu sein. Sodann zeigt es sich, daß die Adsorption der Kinase durch Zusatz von Alkohol bedeutend verstärkt wird, und zwar sowohl in neutralem wie in saurem Mittel (Nr. 1 und 2, sowie Nr. 5 und 6). Man hat diese Erscheinung im Einklang mit den über das Adsorptionsverhalten mancher Enzyme gewonnenen Erfahrungen[2] auf eine [233] Entwicklung saurer Eigenschaften durch das Lösungsmittel zurückzuführen, entweder des Aktivators selbst oder mit ihm vergesellschafteter amphoterer Begleitstoffe[1]).

Adsorption durch Tonerde aus reinerer Lösung. Prüft man das im vorangehenden am Beispiele eines Rohauszugs beschriebene Adsorptionsverhalten des Aktivators an reineren Lösungen nach, so erhält man wesentlich abweichende Ergebnisse. Schon bei einem durch Alkoholfällung aus saurer Lösung gereinigten Präparate, aus dem mittels Gerbsäure noch weitere Begleitstoffe abgetrennt waren, findet man die Adsorbierbarkeit am günstigsten bei neutraler Reaktion; auch der fördernde Einfluß des Alkohols, der für das Adsorptionsverhalten in roher Lösung charakteristisch war, fehlt bei dem reineren Präparat. Die vorgenommenen Operationen haben also zur Abtrennung amphoterer Begleitstoffe geführt, deren Gegenwart das Adsorptionsverhalten des Aktivators in hohem Maße beeinflußt. Mit der Abtrennung dieser Stoffe scheint auch eine Abnahme der Adsorbierbarkeit des Aktivators überhaupt verbunden zu sein, die unter gleichen Bedingungen gemessenen Adsorptionswerte der Tonerde sinken in der reineren Lösung. Diese Beobachtung über den wechselnden Einfluß des Alkohols erinnert an das Verhalten der Pankreasamylase; auch für diesen

[1] Chem. Ber. Bd. 56, S. 1117, und zwar S. 1118 [1923] (*Abh. 17*).

[2] Vgl. Liebigs Ann. der Chem. Bd. 422, S. 47, und zwar S. 63 und Bd. 430, S. 269, und zwar S. 275 (Peroxydase); Diese Zs. Bd. 125, S. 132, und zwar S. 166 (Pankreaslipase); Diese Zs. Bd. 126, S. 143, und zwar S. 165 und die 10. Abhandlung dieser Reihe, Diese Zs. (im Druck) (Pankreasamylase).

[1]) Vgl. R. WILLSTÄTTER und E. WALDSCHMIDT-LEITZ, Chem. Ber. Bd. 54, S. 2988 [1921] (*Abh. 11*).

Fall hat sich nämlich der Nachweis erbringen lassen, daß die adsorptionssteigernde Wirkung des organischen Lösungsmittels sich nur gegenüber bestimmten Koadsorbentien des Enzyms und nicht gegenüber dem Enzym selbst geltend macht und daß sie bei gewissen Reinigungsvornahmen verschwindet[2].

Im folgenden Versuche wird die Adsorption der gereinigten Enterokinase durch Tonerde an einigen Beispielen veranschaulicht.

Versuch 1. Je 20,0 ccm einer durch Fällung mit Essigsäure und Alkohol und durch Fraktionierung mit Tannin gereinigten, etwa [234] $^1/_{60}$ n-essigsauren Kinaselösung mit einem Gehalte von 110 k.-e. (0,06 ccm: 0,52 ccm 0,2n-Lauge: 0,33 k.-e.) adsorbierte man a) ohne Zusatz, also bei saurer Reaktion, b) unter Zusatz von 10,0 ccm absolutem Alkohol (bei saurer Reaktion), c) und d) nach Neutralisation durch 0,35 ccm n-NH_3 mit a), b) und c) 0,30 ccm (4,95 mg) und mit d) 0,40 ccm Tonerdesuspension C (6,60 mg Al_2O_3) und bestimmte die in der Restlösung verbliebene Kinasemenge. Sie betrug a) 39 (0,10 ccm: 0,38 ccm 0,2n-Lauge: 0,19 k.-e.), b) 39 (0,10 ccm: 0,32 ccm 0,2n-Lauge: 0,13 k.-e.), c) 14 (0,10 ccm: 0,27 ccm 0,2n-Lauge: 0,07 k.-e.) und d) 6,2 k.-e. (0,10 ccm: 0,23 ccm 0,2n-Lauge: 0,03 k.-e.); der adsorbierte Anteil belief sich auf a) und b) 65, c) 87 und d) 94%.

Elution der Tonerdeadsorbate. Die Elution der Enterokinase aus den Tonerdeadsorbaten gelingt in befriedigender Ausbeute mit verdünntem Ammoniak, in besserer noch mit alkalischem Phosphat. Da der Aktivator indessen in reinerer Lösung gegenüber der Einwirkung von Alkali sehr unbeständig wird, empfiehlt sich für präparative Zwecke seine Elution durch Phosphatgemische von neutraler Reaktion, die gleichfalls zu guten Ausbeuten führt.

Versuch 2. Vergleichende Elution mit Alkali und mit Alkaliphosphat.

Je 10,0 ccm einer Mutterlauge der Essigsäurefällung (enth. 145 k.-e.) adsorbierte man aus saurer Lösung nach Zusatz von 5 ccm absolutem Alkohol mittels 0,30 ccm Tonerde C (4,95 mg Al_2O_3); in 15,3 ccm der Restlösung fanden sich noch 29 k.-e. (0,10 ccm: 0,38 ccm 0,2 n-Lauge: 0,19 k.-e.), das Adsorbat enthielt also 116 k.-e. Man eluierte es mit 5,0 ccm 87proz. Glycerin + a) 5,0 ccm 0,2n-Ammoniak-Ammonchloridpuffer ($p_H = 9,2$), b) 5,0 ccm 0,4proz. Diammonphosphat; die Elution enthielt dann a) 80 (0,04 ccm: 0,50 ccm 0,2n-Lauge: 0,32 k.-e.), b) 100 k.-e. (0,04 ccm: 0,56 ccm 0,2n-Lauge: 0,40 k.-e.), entsprechend einer Elutionsausbeute von a) 70, b) 86%.

Versuch 3. Vergleichende Elution mit neutralem und mit alkalischem Posphat.

Aus 20,0 ccm einer neutralen, gereinigten Kinaselösung, enth. 103 k.-e. (0,06 ccm: 0,49 ccm 0,2n-Lauge: 0,31 k.-e.), nahm man mit 0,40 ccm der Tonerde C (6,60 mg Al_2O_3) insgesamt 97 k.-e. auf, die Restlösung enthielt nämlich noch 6 k.-e. (0,10 ccm: 0,23 ccm 0,2n-Lauge: 0,03 k.-e.). Das Adsorbat wurde dann der Elution durch a) 20,0 ccm 0,1n-Phosphatpuffer von $p_H = 7,0$, 43% Glycerin enthaltend, b) durch eben diese Mischung nach Zusatz von 0,5 ccm n-NH_3 unterworfen; in dieser fanden sich dann a) 78 (0,06 ccm: 0,42 ccm 0,2n-Lauge: 0,23 k.-e.) und [235] b) 96 k.-e. (0,06 ccm: 0,47 ccm 0,2n-Lauge: 0,29 k.-e.), die Ausbeute betrug also 80 bzw. 100%.

Versuch 4. Elution mit neutralem Phosphat.

Ein aus reinerer Lösung gewonnenes Tonerdeadsorbat, 1,425 K.-E. in 0,0726 g Al_2O_3 (Sorte C) enthaltend, eluierte man durch Behandlung mit 100 ccm 0,1n-Phosphatpuffer von $p_H = 7,0$; in der Elution fanden sich noch insgesamt 1,250 K.-E. (0,04 ccm: 0,61 ccm 0,2 n-Lauge: 0,50 k.-e.) entsprechend einer Ausbeute von 88%.

Die Steigerung des Reinheitsgrades bei der Adsorption durch Tonerde aus roher Lösung ist nicht beträchtlich, sie ist geringer als die durch Alkoholfällung bewirkte; die einmalige Adsorption einer Mutterlauge der Essigsäurefällung führte zum Kinasewert 19,5, während gemäß den in der 5. Abhandlung mitgeteilten Versuchen[1]) die

[2] R. Willstätter, E. Waldschmidt-Leitz und A. R. F. Hesse, Über das Adsorptionsverhalten der Pankreasamylase, Diese Zs. (im Druck) (*Abh. 98*).

[1]) a. a. O. S. 233.

Aufeinanderfolge von Essigsäure-, Sublimat- und Uranfällung und von Tonerdeadsorption den Kinasewert 28,7 ergeben hatte.

Versuch 5. Aus 25,0 ccm essigsaurer Kinaselösung mit 103 k.-e. wurde nach dem Versetzen mit 13,0 ccm absolutem Alkohol durch 1,0 ccm der Tonerdesuspension C (16,5 mg Al_2O_3) die ganze Kinasemenge aufgenommen; die Elution bewirkte man mit 30 ccm 0,05 n-Ammoniak, sie enthielt noch 195 k.-e. (0,04 ccm: 0,45 ccm 0,2 n-Lauge: 0,26 k.-e.) und 10,0 mg Trockenrückstand, entsprechend dem Kinasewert 19,5.

Tabelle 6.
Adsorption durch Kaolin aus Rohlösung.
(Angewandt je 200 k.-e.; Angaben bedeuten die adsorbierten Anteile in Prozent.)

Reaktion der Lösung	Alkoholkonz. %	Kinasekonz. K.-E. in 1 l	Angewandt g Kaolin			
			0,057	0,113	0,226	0,453
neutral	0	20	—	—	21	—
desgl.	30	15	—	—	23	—
n/20-ammoniakalisch	0	20	—	—	6	—
n/20-essigsauer	0	20	30	40	65	90
desgl.	30	15	—	—	73	—
desgl.	0	4	—	—	8	—

[236] Adsorption durch Kaolin. Auch mittels Kaolin läßt sich die Enterokinase adsorbieren; die voranstehende Tab. 6 veranschaulicht die Adsorption des Aktivators durch elektroosmotisch gereinigtes Kaolin aus roher Lösung, nämlich einer Mutterlauge der Essigsäurefällung, unter verschiedenen Bedingungen.

Wie die Tabelle zeigt, ist die Adsorption der Kinase bei weitem am höchsten in saurem Medium, während der Zusatz von Alkohol weder bei neutraler noch bei saurer Reaktion einen deutlichen Einfluß erkennen läßt. Noch schärfer tritt der Einfluß der Reaktion bei reineren Präparaten in Erscheinung, hier wird der Aktivator aus neutraler Lösung gar nicht mehr von dem Adsorbens aufgenommen; auch in diesem Falle ist also ein gewisser Einfluß der Begleitstoffe deutlich erkennbar.

Versuch 6. Je 20,0 ccm einer durch Essigsäure- und Alkoholfällung sowie durch Fraktionierung mit Tannin gereinigten essigsauren Kinaselösung, enthaltend 103 k.-e., unterwarf man der Adsorption durch 4,0 ccm einer Suspension von elektroosmotisch gereinigtem Kaolin (enthaltend 0,226 g) a) ohne Zusatz, also bei saurer Reaktion, b) nach Neutralisation mit 0,35 ccm n-NH_3; in der Restlösung fanden sich noch a) 111 (in 22,3 ccm: 0,10 ccm: 0,61 ccm 0,2 n-Lauge: 0,50 k.-e.) und b) 13 k.-e. (in 22,0 ccm; 0,10 ccm: 0,26 ccm 0,2 n-Lauge: 0,06 k.-e.), es waren also 0, bzw. 87% vom Aktivator adsorbiert.

Die Elution der Kinase aus den Kaolinadsorbaten gelingt leicht und nahezu vollständig bei Anwendung von verdünntem Ammoniak oder auch von alkalischer Phosphatlösung, zur Stabilisierung mit Glycerin vermischt. Der Aktivator scheint also, auch in reinerer Lösung und in den Adsorbaten, gegenüber der Einwirkung des elektroosmotisch gereinigten Kaolins beständig zu sein im Gegensatz zu den für Invertin[1] wie für Amylase aus Pankreas[2] geltenden Erfahrungen. Die Konzentrationssteigerung des Aktivators bei der Adsorption durch Kaolin aus rohem Auszug, ge-

[1] R. WILLSTÄTTER und K. SCHNEIDER, Diese Zs. Bd. 133, S. 193, und zwar S. 200 [1923/24] (*Abh. 50*).

[2] R. WILLSTÄTTER, E. WALDSCHMIDT-LEITZ und A. R. F. HESSE, Diese Zs. (im Druck) (*Abh. 98*).

messen durch den Kinasewert [237] der Elution, fand man günstiger als bei der entsprechenden Behandlung mit Tonerde, aber auch nicht so günstig wie nach einer Alkoholfällung aus saurer Lösung.

Versuch 7. Elution aus Rohadsorbat.

21,0 ccm einer Mutterlauge der Essigsäurefällung mit 261 k.-e. adsorbierte man durch 16,0 ccm Kaolinsuspension (enthaltend 0,906 g) und eluierte das Adsorbat durch Behandlung mit a) 15,0 ccm 0,066 n-NH_3 (43% Glycerin enthaltend), b) 20,0 ccm 0,25proz. Diammonphosphat (43% Glycerin enthaltend). Die Restlösung enthielt in 29 ccm 43 (0,20 ccm: 0,49 ccm 0,2 n-Lauge: 0,30 k.-e.) und die Elution a) 190 (0,06 ccm: 0,77 ccm 0,2 n-Lauge: 0,76 k.-e.) und b) ebenfalls 190 k.-e. (0,06 ccm: 0,64 ccm 0,2 n-Lauge: 0,57 k.-e.); es waren also in beiden Fällen 87% der adsorbierten Kinase eluiert.

15,0 ccm der geklärten Elution von a) wiesen nach 7tägiger Dialyse noch 8,2 mg Trockenrückstand auf entsprechend dem Kinasewert 23,2.

Versuch 8. Elution aus reinerem Adsorbat.

Je 90 ccm einer gereinigten Lösung (nach Alkohol- und Gerbsäurefällung erhalten) mit 355 k.-e. adsorbierte man bei saurer Reaktion mit 25 ccm Kaolinaufschlämmung (1,415 g) und eluierte das Adsorbat dann mit a) 50 ccm 0,02 n-NH_3, b) 50 ccm 0,05 n-NH_3, c) 50 ccm 0,1 n-Ammoniak-Ammonchloridpuffer von $p_H = 9,2$ (je 43% Glycerin enthaltend). Da die Adsorptionsrestlösung in insgesamt 310 ccm noch 124 k.e. enthielt (0,10 ccm: 0,24 ccm 0,2 n-Lauge: 0,04 k.-e.), waren je 314 k.-e. adsorbiert. In der Elution fanden sich a) 325 (0,04 ccm: 0,45 ccm 0,2 n-Lauge: 0,26 k.-e.), b) 263 (0,04 ccm: 0,40 ccm 0,2 n-Lauge: 0,21 k.-e.), c) 213 k.-e. (0,04 ccm: 0,37 ccm 0,2 n-Lauge: 0,17 k.-e.) wieder; die Elutionsausbeute betrug also a) 103, b) 84, c) 70%.

IV. Kinasepräparate.

Verfahren der Reinigung. Auf die gewonnenen Erkenntnisse von dem Verhalten der Enterokinase lassen sich präparative Methoden zur Anreicherung des Aktivators gründen, wie sie aus einer Vereinigung beispielsweise von Fällungs- und Adsorptionsvornahmen sich ergeben. Es hat sich als zweckmäßig erwiesen, die Reinigung des Aktivators nach der Beseitigung der durch Säure fällbaren Begleitstoffe durch eine Alkoholfällung aus saurer Lösung einzuleiten, die die Kinase in etwa 7mal konzentrierterer Form niederzuschlagen erlaubt. Von den auf der so erreichten Stufe der Reinigung (Beispiel vom Kinasewert 27) noch beobachteten Fällungsreaktionen, der [238] Reaktion mit Gerbsäure und mit Uransalz, hat nur die erstere präparative Bedeutung; es hat sich nämlich in vergleichenden Versuchen gezeigt, daß in diesem Zustande die durch eine Uranfällung erreichbare Konzentrationssteigerung nur unbedeutend bleibt. Dagegen führt die Fraktionierung mit Gerbsäure bei einer geeigneten Glycerinkonzentration, etwa zwischen 20 und 30%, noch zu einer Abtrennung von Begleitstoffen. Die Anwendung der Adsorptionsverfahren auf die erhaltenen reineren Lösungen gestattet den Reinheitsgrad des Aktivators noch weiter zu steigern. So hat in dieser Arbeit eine einmalige Adsorption der Kinase mit Tonerde in der Elution zu dem Kinasewert 47, mit Kaolin zu dem Kinasewert 58 geführt, die auswählende Wirkung der beiden Adsorbentien war also nicht sehr verschieden. Dagegen hat der Wechsel in der Polarität des Adsorbens, die Kombinierung von Tonerde- mit Kaolinadsorption, eine weitere Steigerung des Reinheitsgrades erlaubt zu dem besten erhaltenen Präparate vom Kinasewert 96; in diesem Präparate ist also die Konzentration der Kinase etwa 100mal so groß als in der getrockneten Schleimhaut. Es wird indessen noch eingehenderer Erfahrungen bedürfen, um die günstigsten Bedingungen für die Reinigung des Aktivators aufzusuchen und den Reinheitsgrad der Präparate weiter zu steigern.

Im folgenden sollen die gewonnenen Ergebnisse und Erfahrungen an drei charakteristischen Beispielen beschrieben werden.

Präparat I (einmalige Adsorption der vorgereinigten Lösung durch Tonerde).

150 ccm frisch bereiteten und von überschüssigem Ammoniak befreiten Kinaseauszug (aus 3 g getrockneter Schleimhaut), enthaltend 2,400 K.-E. (0,04 ccm: 0,69 ccm 0,2 n-Lauge: 0,64 k.-e.), fällte man zunächst mit 7,5 ccm n-Essigsäure; die Mutterlauge enthielt dann noch 2,125 K.-E. (0,04 ccm: 0,63 ccm 0,2 n-Lauge: 0,54 k.-e). Man schlug aus ihr die Kinase durch Zusatz von 2 l 96proz. Alkohol nieder und löste die Fällung in 180 ccm 45proz. Glycerin wieder auf; der Kinasegehalt der Lösung war nach 4stündiger Aufbewahrung im Eisschrank auf 1,755 K.-E. zurückgegangen (0,04 ccm: 0,54 ccm 0,2 n-Lauge: 0,39 k.-e.). Nun verdünnte man die Lösung mit 94,5 ccm **[239]** 0,05 n-Essigsäure und fällte sie durch Zugabe von 6,0 ccm 2proz. Gerbsäurelösung, wobei ein Teil des Aktivators mit den Begleitstoffen niedergeschlagen wurde; der Gehalt der in der Zentrifuge abgetrennten Mutterlauge (265 ccm) belief sich noch auf 1,413 K.E. (0,06 ccm: 0,51 ccm 0,2 n-Lauge: 0,32 k.-e.). Man adsorbierte sie nach dem Neutralisieren mit 4,7 ccm n-NH_3 durch 5,3 ccm Tonerdesuspension C (0,0875 g Al_2O_3) und eluierte das Adsorbat mit 120 ccm $^n/_{30}$-Phosphatmischung von $p_H = 7{,}0$ (43 % Glycerin). In der Restlösung der Adsorption fanden sich noch 55 k.-e. in 275 ccm (0,10 ccm: 0,22 ccm 0,2 n-Lauge: 0,02 k.-e.) und die mittels Kieselgur geklärte Elution enthielt insgesamt 1,14 K.-E. (0,04 ccm: 0,54 ccm 0,2 n-Lauge: 0,38 k.e.), d. i. 48 % von der Kinasemenge im Ausgangsextrakt.

Die ganze Menge der Elution dialysierte man dann 7 Tage lang in sogenannten Fischblasen[1] gegen fließendes destilliertes Wasser und isolierte nach dem Eindampfen auf dem Wasserbad daraus 24,3 mg Trockensubstanz, entsprechend dem Kinasewert 46,9.

Präparat II (einmalige Adsorption der vorgereinigten Lösung durch Kaolin).

Nach dem bei Präparat I beschriebenen Verfahren erhielt man aus 250 ccm Rohauszug nach Fällung mit Säure, Alkohol und Tannin eine Mutterlauge, die in 450 ccm noch 2,850 K.-E. aufwies (0,03 ccm: 0,38 ccm 0,2 n-Lauge: 0,19 k.-e.). 225 ccm von dieser (1,425 K.-E.) unterwarf man der Adsorption durch 50 ccm Kaolinaufschlämmung (2,83 g) und eluierte das Adsorbat durch 100 ccm 0,05 n-Ammoniak (43 % Glycerin enthaltend). Während die Adsorptionsrestlösung keine meßbare Menge Kinase mehr enthielt, betrug der Gehalt der geklärten Elution noch 1,375 K.E. (0,04 ccm: 0,64 ccm 0,2 n-Lauge: 0,55 k.-e.), d. i. 96 % der Ausgangslösung. Sie hinterließ nach 6½tägiger Dialyse 23,6 mg Trockenrückstand; daraus berechnet sich der Kinasewert 58,3.

Präparat III (Adsorption der vorgereinigten Lösung durch Tonerde und durch Kaolin).

Die Vorreinigung der Kinaselösung durch Essigsäure, Alkohol und Gerbsäure erfolgte, wie bei Präparat I beschrieben; man gewann aus 250 ccm Rohauszug 450 ccm noch saurer Lösung mit 2,72 K.E. Nach dem Neutralisieren mit 7,8 ccm n-NH_3 adsorbierte man die Kinase mit 8,8 ccm Tonerdesuspension C (0,1452 g Al_2O_3) und eluierte aus dem Adsorbat durch Behandlung mit 200 ccm 0,05 n-Phosphatmischung ($p_H = 7{,}0$, 43 % Glycerin enthaltend) insgesamt 2,50 K.E. **[240]** (0,04 ccm: 0,61 ccm 0,2 n-Lauge: 0,50 k.-e.). Die mit 15,0 ccm n-Essigsäure angesäuerte Elution unterwarf man einer weiteren Adsorption durch 100 ccm einer Aufschlämmung von elektroosmotisch gereinigtem Kaolin (5,66 g) und behandelte das Adsorbat zur Elution mit 200 ccm 0,05 n-Ammoniak, welches 43 % Glycerin enthielt. In der Adsorptionsrestlösung (290 ccm) fanden sich noch 0,436 K.E. (0,10 ccm: 0,35 ccm 0,2 n-Lauge: 0,15 k.-e.)

[1] Vgl. die Ausführungen an anderer Stelle.

und in der auf der Nutsche mittels Kieselgur geklärten Elution noch 2,00 K.-E. (0,06 ccm: 0,66 ccm 0,2n-Lauge: 0,60 k.-e.), d. i. 74% von der in der Gerbsäuremutterlauge und 50% von der im Rohauszug gemessenen Kinasemenge (vgl. die bei Präparat I mitgeteilte Analyse).

182 ccm der geklärten Elution (enthaltend 1,82 K. E.) unterwarf man $6^1/_2$ Tage der Dialyse in sogenannten Fischblasen und befreite sie so vom Glycerin und von Salzen; sie wiesen dann noch 18,9 mg Trockenrückstand auf, entsprechend dem Kinasewert 96,3.

Das Präparat enthielt noch merkliche Mengen von Proteinsubstanz. Bei trockenem Erhitzen trat Verkohlung ein unter Entwicklung brenzlich riechender Dämpfe von alkalischer Reaktion. Die 0,5proz. wäßrige Lösung des Dialysenrückstands gab deutlich positive Reaktion mit Millonschem Reagens wie mit Ninhydrin, während die Probe auf Kohlehydrat nach Molisch, auch schon nach alleiniger Adsorption durch Tonerde oder Kaolin (Präparat I und II), negativ ausfiel.

Zur Beständigkeit der Enterokinase. Angaben über die Beständigkeit der Enterokinase in verschiedenen Reinheitsgraden finden sich bereits in der 5. Abhandlung[1]; sie ist in der Fortsetzung der präparativen Untersuchung genauer verglichen worden. So beschreibt die folgende Tab. 7 das Verhalten des Aktivators in wäßrigem Rohauszug bei der Einwirkung von Alkali und von Säure, die Zahlen der Tabelle geben die Menge der k.-e. in der Bestimmungsprobe (je 0,10 ccm) an.

[241] Tabelle 7. Beständigkeit der Kinase im Rohauszug bei 30°.

Reaktion	zu Beginn	nach Tagen			
		1	2	3	4
neutral	0,80	—	—	0,79	0,80
n/20-ammoniakalisch	0,80	0,80	0,70	0,66	0,63
n/10- ,,	0,75	0,68	0,52	0,44	0,39
n/5- ,,	0,74	0,27	0,08	—	—
n/2- ,,	0,45	0,08	—	—	—
n- ,,	0,43	0,06	—	—	—
n/20-essigsauer	0,80	0,82	0,77	0,60	—
n/10- ,,	0,83	0,71	0,44	0,23	—
n/5- ,,	0,68	0,13	0,16	0,12	—
n/2- ,,	0,52	0,13	0,14	0,03	—

Die Haltbarkeit der Kinase ist bei neutraler Reaktion am größten, unter diesen Bedingungen fand man auch nach mehrwöchentlicher Aufbewahrung (bei Zimmertemperatur) den Aktivatorgehalt unverändert. In saurem wie in alkalischem Milieu wird jedoch, wie aus der Tabelle hervorgeht, bei steigender Konzentration an Säure oder Alkali die Beständigkeit zunehmend geringer. Noch deutlicher wird die zerstörende Wirkung insbesondere von Alkali in reinerer Lösung; als geeignetes Stabilisierungsmittel erweist sich das Glycerin, dessen Zusatz die Zerstörung des Aktivators einigermaßen hintanzuhalten vermag. So hatte beispielsweise eine mittels

[1] a. a. O. S. 228.

1 proz. Lösung von Diammonphosphat aus Uranfällung bereitete Elution in 6 Stunden bei Zimmertemperatur bereits 75%, eine 0,05 n-ammoniakalische Elution aus Tonerderohadsorbat nach 30 Minuten 40% ihrer Wirkung eingebüßt, während man den Aktivatorgehalt der nämlichen Lösungen bei einem Glyceringehalte von 30% nach den angegebenen Zeiten noch unverändert fand. Allein bei noch reineren Präparaten gelang es auch mittels Glycerinzusatzes nicht, die Zersetzung der wirksamen Substanz bei längerer Aufbewahrung zu vermeiden. Die folgenden Tab. 8 und 9 vergleichen die Beständigkeit [242] des Aktivators in einer Mutterlauge der Gerbsäurefällung und in einer Elution aus Kaolinadsorbat von dem besten erreichten Reinheitsgrad (K.W. = 96) bei verschiedener Reaktion; der Glyceringehalt der Proben betrug 43%.

Tabelle 8.
Beständigkeit der Kinase in der Tanninmutterlauge bei 30°.
(Angaben bedeuten Menge der k.-e. in der Bestimmungsprobe von 0,05 ccm.)

p_H	zu Beginn	nach 24 Stunden	nach 40 Stunden
4,5	0,72	0,20	0,16
5,5	0,71	0,48	0,30
7,5	0,72	0,18	0,11
8,5	0,70	0,07	—
9,5	0,65	0,00	—

Tabelle 9.
Beständigkeit der Kinase in der Kaolinelution bei 30°.
(Angaben bedeuten Menge der k.-e. in der Bestimmungsprobe von 0,06 ccm.)

p_H	zu Beginn	nach Tagen		
		1	2	3
4,7	0,57	0,38	0,36	0,24
7,0	0,57	0,57	—	0,40
9,5	0,57	0,39	0,35	0,23

Die Zersetzung des Aktivators durch Säure oder Alkali nimmt also mit steigendem Reinheitsgrad zu; die besonders große Unbeständigkeit der Kinase in der Mutterlauge der Tanninfällung (Tab. 8), vor allem in alkalischem Medium, dürfte auf den ziemlich beträchtlichen Gehalt der Lösung an überschüssiger Gerbsäure zurückzuführen sein. Wie die Tab. 9 zeigt, tritt selbst bei neutraler Reaktion und einem beträchtlichen Gehalte an Glycerin nach einigen Tagen ein merklicher Rückgang der Aktivität ein.

[243] Auch für die Unbeständigkeit der Kinaselösungen beim Erhitzen auf höhere Temperatur enthielt die 5. Abhandlung bereits Belege[1]; die alten Angaben von N. P. SCHEPOWALNIKOW[2], daß die Enterokinase durch Kochen zerstört werde, hatten sich bestätigt. Nun untersuchte man etwas eingehender die Beständigkeit des gelösten Aktivators bei verschiedenen Temperaturen und auf verschiedenen Stufen

[1] A. a. O. S. 229.

[2] Inauguraldissertation St. Petersburg 1899; Referat in R. Malys Jahresbericht über die Fortschritte der Tierchemie Bd. 29, S. 378 [1899].

der Reinigung. Es hat sich gezeigt, daß die Zerstörung der Enterokinase bei neutraler Reaktion unabhängig vom Reinheitsgrad bei einer Temperatur von etwa 50° beginnt, während der Aktivator auch bei mehrstündigem Erwärmen der Lösungen auf 45° noch ganz beständig gefunden wird; die Gegenwart von Glycerin scheint die Zersetzung etwas zu verlangsamen. Die Versuche sind in der nachstehenden Tab. 10 zusammengestellt, deren Angaben die Menge der in der Bestimmungsprobe gemessenen k.-e. bedeuten.

Tabelle 10. Temperaturempfindlichkeit der Enterokinase.

Angew. Präp.	Glycerin-Konz. %	k.-e. in der Probe	Dauer Std.	Temperatur						
				0°	30°	40°	45°	50°	60°	70°
Rohauszug (K.W. = 3)	0	0,82	1	—	—	0,82	0,90	0,31	0,00	0,00
desgl.	0	0,82	2	—	—	—	0,91	—	—	—
desgl.	0	0,82	3	—	—	0,84	0,88	—	—	—
desgl.	50	0,40	1	—	—	—	0,42	0,38	0,27	—
Kaolinelution (K.W. = 96)	50	0,57	1	0,58	0,57	0,56	0,60	0,38	—	—
desgl.	50	0,57	24	0,57	0,49	—	—	—	—	—

Die Zersetzungstemperatur der Kinase hat sich also mit der Reinigung nicht wesentlich geändert. Es ist indessen noch nicht sicher entschieden, ob diese Beobachtungen über [244] die Hitzeinaktivierung eine Eigenschaft des Aktivators selbst kennzeichnen oder ob sie auf der Denaturierung eines mit ihm sehr eng assoziierten Begleitstoffes beruhen.

Herrn Prof. Dr. R. Willstätter, in dessen Privatlaboratorium diese Arbeit ausgeführt wurde, sei auch an dieser Stelle für seine Unterstützung mein wärmster Dank ausgesprochen.

Auch der Rockefeller-Foundation bin ich für die gewährten Mittel zu großem Danke verpflichtet.

Zeitschrift für physiologische Chemie **142**. S. 245 [1925].

100. TRYPSINBESTIMMUNG.

Von RICHARD WILLSTÄTTER und HANS PERSIEL.

XII. Abhandlung über Pankreasenzyme.

(Mitteilung aus dem Chemischen Laboratorium der Bayerischen Akademie der Wissenschaften in München.)

Mit 2 Abbildungen im Text.

(Der Redaktion zugegangen am 28. Oktober 1924.)

Die II. Abhandlung dieser Reihe behandelte die Trennung der pankreatischen Enzyme Lipase, Amylase und Trypsin, um die lipatische Komponente des Gemisches in enzymatisch einheitlichem Zustand zu isolieren. Das Trypsin ist weniger adsorbierbar durch Aluminiumhydroxyd als Lipase, und dieser Unterschied ist größer bei Adsorption aus saurer Lösung als aus neutraler. Bei einmaliger Adsorption blieb schon der größere Teil des Trypsins zusammen mit einem Teil der Lipase und mit Amylase in der Restlösung zurück, und die wiederholte Anwendung des Verfahrens machte die Lipase so arm an Trypsin, daß keine proteolytische Wirkung mehr nachgewiesen werden konnte.

Bei jenen Versuchen wurde auf die Trypsinmengen, da keine für die gegebenen Verhältnisse brauchbare Bestimmungsmethode bekannt war, aus Aciditätszunahmen von Gelatine geschlossen. Gegen diese Schätzung haben sich aus der Untersuchung von E. WALDSCHMIDT-LEITZ[1] über Enterokinase Bedenken ergeben. Darin wurde erkannt, daß die **[246]** Enterokinase infolge ihrer im Vergleich zum Trypsin ausgeprägteren Adsorptionsaffinität sogar dem aktiven Enzym, also dem Komplex Trypsin + Enterokinase durch Adsorption aus saurer Lösung entzogen werden kann, so daß in der Restlösung inaktives Trypsin zurückbleibt. Es ist also im Adsorptionsgange der II. Abhandlung kaum zu vermeiden, daß das Trypsin in einem Teile der Lösungen aus voll aktivem in unvollständig aktivierten Zustand gelangt, und es ist nötig, das Trypsin für jede Bestimmung mit Enterokinase aufzuladen.

Noch ein anderer Umstand, der die Trypsinbestimmung erschwert, ist aus der WALDSCHMIDTschen Arbeit über Enterokinase erkennbar geworden. Bei der beginnen-

[1] Diese Zs. Bd. 132, S. 181 [1923/24] (*Abh. 92*).

den Autolyse der Pankreasdrüse entstehen Hemmungskörper, welche die Wirkung des Aktivators herabsetzen und sogar ganz aufzuheben vermögen. Ähnliche Hemmungskörper bilden sich auch in pankreatischen Auszügen. Daraus ergibt sich, daß in einem aus Trypsin, Hemmungskörpern und Aktivator gebildeten System auch mit Störungen der quantitativen Bestimmung gerechnet werden muß, die auf der Abtrennung von Hemmungskörpern bei den Adsorptionsvornahmen beruhen. Es ist in einem solchen System nicht mit Sicherheit möglich, aus der enzymatischen Leistung auf die Enzymmenge zu schließen. Abweichungen werden in um so größerem Maße vorkommen, je mehr dem Organmaterial Gelegenheit zu autolytischen Veränderungen geboten war. Dieser Nachteil wird sich nur durch ausgleichende Hemmung oder durch vollkommenere ausgleichende Aktivierung, als die Enterokinase sie leistet, überwinden lassen.

Für die quantitative Bestimmung des Trypsins versuchen wir, ein praktisch brauchbares Verfahren auszubilden, das z. B. bei Versuchen der fraktionierten Adsorption und Reinigung der pankreatischen Enzyme anwendbar sein soll. Die umfassende Literatur früherer Trypsinbestimmungen zu besprechen, mag sich erübrigen, da sie soeben in C. OPPENHEIMERS Handbuch „Die Fermente"[1] im IV. Hauptteil „Physikalische Chemie und Kinetik" [247] von R. KUHN behandelt worden ist. Unser Verfahren besteht in der alkalimetrischen Messung der Gelatinehydrolyse (in alkoholischer Lösung nach R. WILLSTÄTTER und E. WALDSCHMIDT-LEITZ)[1]) und unterscheidet sich von der früheren Schätzung zunächst durch die Anwendung von Enterokinase zu möglichst vollständiger Aktivierung des Enzyms. Die Kinasewirkung kommt indessen im Laufe der tryptischen Eiweißspaltung nicht auf gegenüber der stark hemmenden Wirkung der Abbauprodukte. Die einfache Annahme wird von Nutzen sein, daß die Abbauprodukte z. B. die der Gelatine gleichartig wirken wie die bei der Organautolyse entstehenden Hemmungskörper. Das rasche zeitliche Abklingen der Eiweißspaltung macht es zweckmäßig, sehr kleine Enzymmengen an sehr großen Substratmengen und in kurzen Zeiten zu messen. Dann sorgt ein konstanter Vorrat von Enzym–Substratverbindung so lange für gleichmäßigen Anfall von Spaltungsprodukten, als die Aktivierung der Enterokinase ausreicht, und als kein Enzym durch Zerstörung verloren geht. Es war in der Schätzungsweise der II. Arbeit fehlerhaft, daß größere Trypsinmengen auf kleinere Mengen Gelatine einwirkten. Auch viele Versuche der Literatur sind mit zu großen Enzymmengen und zu langen Einwirkungszeiten angestellt. Es sei hier erinnert, daß J. H. NORTHROP[2]) aus dem Zusammenfallen seiner Wirkungs- p_H-Kurve mit der Salzbildungs- p_H-Kurve des Substrats die bedeutsame Schlußfolgerung zieht, daß die Spaltung nur durch die Konzentration des Proteinsalzes bestimmt werde. Wenn nun aber die Aktivitäts- p_H-Kurve bei kleinsten Enzymmengen

---

[1] 5. Aufl., Leipzig 1924, besonders Lfg. 3.

[1]) Chem. Ber. Bd. 54, S. 2988 [1921] und Abderhaldens Handbuch der biologischen Arbeitsmethoden, Abt. I, Teil 7, Heft 2, Lfg. 73, S. 289 [1922] (*Abh. 12 u. 13*).

[2]) Journ. of Gen. Physiol. V, Nr. 2, S. 263 [1922].

sich zuspitzt[3], statt flach zu bleiben, so wird sich jene Folgerung nicht aufrecht halten lassen.

Für die Trypsinbestimmung braucht man nicht das p_H-Optimum, das noch zweifelhaft ist, und das bei kleineren [248] Enzymmengen als den bisher üblichen enger gefunden werden dürfte. Es ist auch besser, hohe Pufferzusätze zur Einstellung von konstantem p_H zu vermeiden. Wir stellen mit einer kleinen Menge n-NH_3—NH_4Cl-Gemisch 1 : 2 vom $p_H = 8,9$ (für 30°), das mit der angewandten Gelatine p_H = wenig über 8 ergibt, einen Bereich günstiger Spaltung ein. Während in der II. Arbeit die Pankreasprobe auf fast das gleiche Gewicht Gelatine wirkte, ist im folgenden die Substratmenge das 75fache der trockenen Drüse gemäß folgendem Spaltungsansatz:

10 mg Drüsenpulver in 1,2 ccm Wasser, während 30 Minuten mit 0,3 ccm Kinaselösung aktiviert,
2,000 ccm n-NH_3 - NH_4Cl-Gemisch 1 : 2 und 3,5 ccm Wasser,
5,0 ccm 15proz. Gelatinelösung,
20 Minuten bei 37°.

Die angewandten besten Gelatinesorten des Handels waren in bezug auf Acidität, Spaltbarkeit und Spaltungsverlauf nicht merklich verschieden. Die Konzentration ist so hoch gewählt und die Menge noch immer knapp, um bei den Titrationen an Alkohol zu sparen.

Die Enterokinase[1]) war aus 5 g getrockneter Dünndarmschleimhaut mit 250 ccm $^n/_{20}$-Ammoniak in 2 Std. bei 30° dargestellt und im Faust-Heimschen Apparat auf das halbe Volumen eingeengt.

37,5 g zerkleinerte Gelatine wurden in heißem Wasser gelöst und zu 250 ccm aufgefüllt, mit Thymolzusatz, falls die Lösung aufbewahrt werden sollte. Die 15proz. Lösung blieb im Thermostaten von 37° flüssig. Für die vergleichende Bestimmung eignen sich wäßrige Trypsinlösungen, aus 1 bis 2 g Pankreaspulver mit 100 ccm Wasser bereitet. Es ist am besten, das Organpulver mit wenig Wasser anzuteigen, darauf langsam, schließlich rascher mit der ganzen Menge des Wassers anzurühren und sofort zu filtrieren. Da die Filtration sich verlangsamt, ist das einwandfreieste Material der erste Teil des Filtrats, eine klare gelbliche Lösung, die tryptisch unwirksam ist, und in der beim Stehen sofort die Bildung des [249] Aktivators beginnt. Die aktive Lösung, die nicht haltbar ist, enthält aber schon Hemmungsstoffe.

2,00 ccm a) mit 0,50 ccm Wasser, b) mit 0,50 ccm Enterokinase 40 Minuten vorbehandelt, spalteten in 20 Minuten bei 37° entsprechend a) 0,02, b) 2,28 ccm 0,2 n-KOH.
2,00 ccm einer aktiven Lösung wirkten a) sofort entsprechend 2,00; b) nach 6 Stunden, entsprechend 1,35; c) nach 24 Stunden entsprechend 0,73 ccm 0,2 n-KOH.

Die frühere Schätzungsweise mit zu wenig Substrat lieferte Umsätze, die noch nicht einmal der Schützschen Regel genügten.

In 60 Minuten entsprach die Wirkung von	15	62,5	125 mg	Pankreaspräparat III
ccm 0,2 n-KOH:	0,82	1,19	1,52;	
von	0,20	1,0	5,0 ccm	Glycerinauszug III
ccm 0,2 n-KOH:	0,71	1,10	1,68.	

[3] Dies gilt auch für die p_H-Abhängigkeit nach E. WALDSCHMIDT-LEITZ, V. Abh., Diese Zs. Bd. 132, S. 181 [1923/24], und zwar S. 198.

[1]) Diese Zs. Bd. 132, S. 204 [1923/24).

Mit dem verbesserten Verhältnis von Enzym zu Substrat ergab sich bei kurzer Versuchsdauer für Enzymmenge zu Umsatz ein Quotient, der sich der Konstanz nähert.

20 Minuten bei 37°, frische Trypsinlösung (1 : 100):

f =	0,25	0,50	1,00 ccm Enzym	
x =	0,33	0,58	1,19 ccm 0,2 n-KOH	
x/f =	1,3	1,2	1,2	

f =	0,50	1,00	2,00	3,00	4,00 ccm Enzym
x =	0,58	1,15	2,04	2,67	2,91 ccm 0,2n-KOH
x/f =	1,2	1,15	1,0	(0,9)	(0,7)

Mit gealtertem Pankreasauszug:

f =	0,50	1,00	2,00	4,00 ccm Enzym
x =	(0,27)	0,40	0,73	1,35 ccm 0,2n-KOH
x/f =	(0,54)	0,40	0,37	0,34

Bestimmungsmethode. Die gefundene Beziehung zwischen Enzymmenge und Grad der Hydrolyse wird in Abb. 1 wiedergegeben und der Bestimmungsmethode zugrunde gelegt. Es ist für diese zweckmäßig, einen Teil der Kurve aufzusuchen, wo die Titration schon ansehnliche Ausschläge gibt, aber der Verlauf sich vom linearen noch nicht weit entfernt. Dieses Gebiet ist die Spaltung entsprechend 1,2 bis 2 ccm 0,2 n-KOH. Als Trypsineinheit (T.[e].) bezeichnen wir die tryptische Leistung[1], die [250] unter den bestimmten Bedingungen Aciditätszuwachs entsprechend 2,00 ccm 0,200 n-KOH erzeugt. Die Bedingungen sind: Vorbehandlung bei 37° während 30 Minuten mit Enterokinase (0,3 ccm Auszug 1 : 50 aus trockener Darmschleimhaut); Substrat 0,75 g Gelatine; im Volumen von 12 ccm, enthaltend 2,000 ccm n-NH_3—NH_4Cl-Puffer 1 : 2; Dauer 20 Minuten bei 37°. Diese Einheit ist enthalten in ungefähr 10 mg Pankreaspulver (z. B. Nr. XVIII g) oder 0,2 ccm Glycerinauszug 1 : 16 oder 2 ccm Wasserauszug 1 : 100.

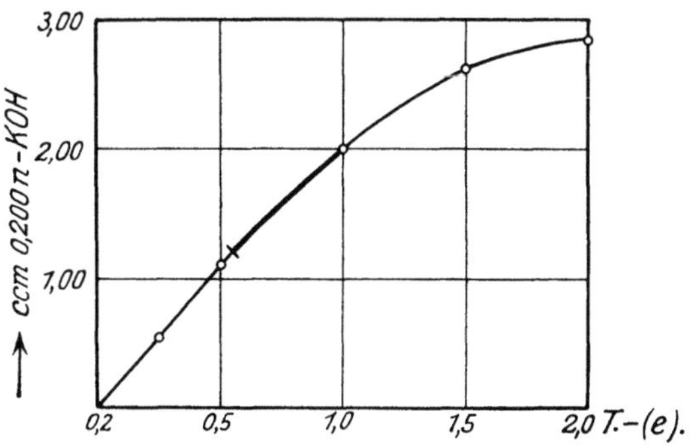

Abb. 1. Trypsinmenge und Spaltungsgrad.

Ausführung: Die Enzymprobe von ungefähr 10 mg Trockenpankreas oder der äquivalenten Menge einer Lösung wird in Fläschchen mit Schliffstopfen von 15 bis 25 ccm mit 0,3 ccm (10 Tropfen) Enterokinaselösung und mit Wasser auf 1,5 ccm gebracht — bei verdünnten Enzymlösungen auf 5,0 ccm — und zur Aktivierung 1/2 Stunde auf 37° erwärmt. Nach Auffüllen auf 5,0 ccm Gesamtvolumen setzt man 2,000 ccm n-NH_3—NH_4Cl-Gemisch 1 : 2 hinzu, bläst rasch 5,0 ccm im Thermostaten erwärmte 15 proz. Gelatinelösung aus vorgewärmter Pipette ein und schüttelt kurz durch. Nach 20 Minuten Dauer nimmt man das Fläschchen aus dem Thermostaten und bricht die Reaktion durch Eingießen in 55 ccm siedenden absoluten Alkohol ab. Das Gefäß wird mit weiteren 55 ccm des heißen Alkohols nachgespült, der zuvor mit einigen Tropfen 0,2 n-KOH

[1] Das Zeichen [e] für die Einheit soll daran erinnern, daß noch keine genaue Messung der Trypsinmengen erreicht ist.

eben alkalisch auf Thymolphthalein (0,5 ccm 0,5proz. Lösung) gemacht worden ist. Man fügt sofort 0,2n-alkoholische Kalilauge unter Schütteln hinzu, **[251]** bis zum Auftreten eines schwach graublauen oder grünlichblauen Farbtones (Fehler ±0,05 ccm). Die trübe Flüssigkeit läßt sich bei Tageslicht leicht, bei gewöhnlichem Lampenlicht weniger sicher titrieren.

Der von der gesamten Acidität der hydrolysierten Probe abzuziehende Betrag für den Titer der Gelatine, des Enzympräparats, des Puffers (und gegebenenfalls der zu prüfenden Zusätze) ist im Vergleichsversuch zu ermitteln. Bei der hohen Gelatinekonzentration läßt sich das klumpenförmige Ausfallen der nicht angespaltenen Gelatine, wodurch große Titrationsfehler entstehen würden, nur durch geschicktes, rasches Vermischen mit dem heißen Alkohol verhüten. Man gießt den Ansatz des Vergleichsversuchs, der dem Spaltungsversuch, abgesehen vom Fehlen der Gelatine, genau nachgebildet und genau gleich behandelt worden ist, in einen weithalsigen Erlenmeyer, spült mit wenig Alkohol nach und neutralisiert nach Zusatz eines Tropfens Thymolphthalein mit der Titrationslauge. Dann werden 5,0 ccm Gelatinelösung eingeblasen und rasch unter Umschwenken die restliche Hauptmenge der 110 ccm siedenden Alkohols hinzugegeben. Die so erzeugte Milch, aus der sich höchstens feine Fäden abscheiden dürfen, läßt sich, wenn es so rasch wie möglich ausgeführt wird, ziemlich genau zu Ende titrieren (Fehler ±0,10 ccm).

Für den Spaltungsversuch und den Vergleichsversuch müssen die Alkoholmengen genau gleich sein, und die Temperaturen bei der Titration müssen gleich gehalten werden, da sich der Umschlagspunkt des Indicators mit der Temperatur verschiebt. Die Titrationsfehler überschreiten im allgemeinen nicht ±0,1 T.-[e].

Die folgenden Beispiele mit getrockneter Pankreasdrüse und ihrem Glycerinauszug zeigen, wie bei zu geringen und besonders bei zu großen Enzymmengen, also außerhalb der geeigneten Kurvenstrecke, die aus der Abb. 1 abgelesenen Abszissenwerte sich von der Zahl der richtig bestimmten T.-[e]. entfernen.

Mit Pankreaspräparat XVIIIg	2,00	5,00	10,00 mg	
	0,54	1,14	2,20 ccm	0,2n-KOH
Absz.-W.	0,24	0,52	**1,14**	
T.-[e]. ber.	0,23	0,37	1,14	
[252] Mit Glycerinauszug 1 : 16	0,10	0,20	0,40 ccm	
	1,14	2,15	2,52 ccm	0,2n-KOH
Absz.-W.	0,52	**1,10**	1,38	
T.-[e]. ber.	0,55	1,10	2,20	

Zeitlicher Verlauf. Nur bei kleinen Trypsinmengen (0,2 T.-[e].) ist der Spaltungsverlauf bis über 1 Stunde Reaktionszeit hinaus linear (Abb. 2, Kurve I).

0,23 T.-[e]. spalteten in $t =$	20′	40′	85′	
entsprechend $x =$	0,52	0,90	1,79	ccm 0,2n-KOH
$x/t =$	0,026	0,023	0,021	

Mit steigenden Trypsinmengen (0,79 und 1,10 T.-[e].) läßt der zeitliche Verlauf (Kurve II und III) den hemmenden Einfluß der Spaltprodukte erkennen; Enzymzerstörung und ungenügende Pufferung können auch noch Verzögerung bewirken. Kurve II wird so zufällig eine Parabel.

0,79 T.-[e].	$t =$ 20′	40′	60′	
	$x =$ 1,66	2,49	2,85	ccm 0,2n-KOH
	$x/\sqrt{t} =$ 0,37	0,39	0,39	

Für das Bestimmungsverfahren ist deshalb die kürzeste Zeit gewählt worden, die anwendbar ist, ohne daß Zeitfehler die Genauigkeit herabsetzen.

Einfluß von Zusätzen. Vom Glycerin hat E. WALDSCHMIDT-LEITZ[1] gezeigt, daß es die Kinasewirkung hemmt; dieser Einfluß kann mit mehr Kinase überwunden werden. Eine Störung der Trypsinbestimmung macht sich erst bei [253] einem Gehalt von mehr als 1 ccm Glycerin in der Bestimmungsprobe geltend, also nur, wenn eine glycerinreiche Lösung (Elution aus Adsorbat) zu analysieren ist, die wegen geringen Enzymgehaltes nicht für den Aktivierungsansatz mit Wasser verdünnt werden darf. In diesem Falle ist mehr Kinase zu verwenden.

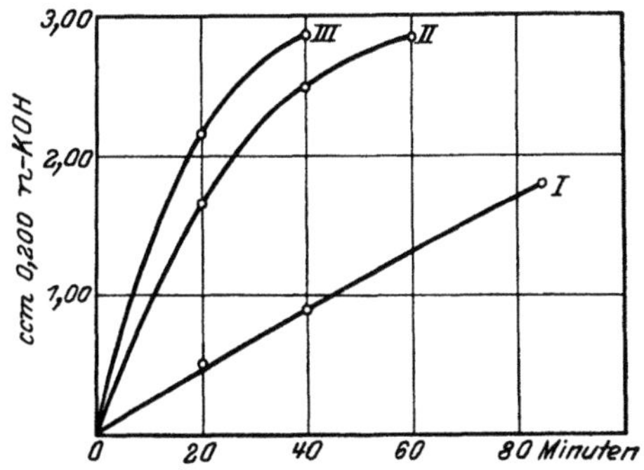

Abb. 2. Zeitlicher Verlauf der Trypsinspaltung.

Die zu untersuchenden Lösungen (Restlösung vom Adsorbat) enthalten oft Ammonacetat. Der Gehalt im Bestimmungsansatz soll weniger als 1 Millimol betragen, sonst ist mit der Möglichkeit einer Hemmung zu rechnen.

Zusätze von Na-Oleat (10 mg) mit $CaCl_2$ (10 mg), sowie von Na-Glykocholat (10 mg), die für die Lipasewirkung viel ausmachen, sind bei der Trypsinbestimmung ohne Einfluß.

Hemmung durch Albumin. Die mit Serumeiweiß viel untersuchte Trypsinhemmung erfolgt auch unter den Bedingungen des Bestimmungsverfahrens, nicht nur vor dem Zusatz der Enterokinase, sondern auch nach der Aktivierung. Wir beobachteten sie mit käuflichem und mit frisch bereitetem Eieralbumin, sei es, daß der Zusatz vor oder nach der Behandlung des Trypsins mit Kinase geschah. Durch 3 mg Albumin wurde das Trypsin (rund 1 T.-[e].) vollständig, mit 1 mg nur zum größeren Teile gehemmt.

Für je 2,00 ccm von drei verschiedenen Pankreasauszügen ergab die Bestimmung a) 0,88, b) 0,85, c) 0,78 T.-[e].

Auf Zusatz von	4 mg	frisch bereitetem	Albumin	vor	der Aktiv.	von	a:	0 T.-[e].
,, ,, ,,	3 ,,	käuflichem	,,	,,	,, ,,	,,	b:	0 ,,
,, ,, ,,	2 ,,	,,	,,	,,	,, ,,	,,	b:	0,06 ,,
,, ,, ,,	1 ,,	,,	,,	,,	,, ,,	,,	b:	0,30 ,,
,, ,, ,,	3 ,,	,,	,,	nach	,, ,,	,,	c:	0 ,,

Wenn in üblicher Weise aktiviertes Trypsin auf Albumin als Substrat unter ähnlichen Bedingungen wie auf Gelatine einwirkt, so erfolgt Spaltung, wenn

[1] Diese Zs. Bd. 132, S. 181 [1923/24], und zwar S. 213 (*Abh. 92*).

denaturiertes Albumin angewandt wird, aber nur sehr langsam bei frisch bereitetem Eieralbumin.

0,50 g Albumin, denaturiert, wurden in 20 Minuten von 1,2 T.-[e]. gespalten, entsprechend einem Verbrauch von 0,82 ccm n-KOH, d. i. etwa halb so viel wie Gelatine. Hingegen wurden 0,50 g frisch bereitetes Albumin von 2,2 T.-[e]. in 2 Stunden nur entsprechend 0,55 ccm 0,2n-KOH gespalten, d. i. etwa 40mal weniger als Gelatine.

Trypsinhemmung wird also hervorgerufen durch das natürliche Eiweiß, ferner durch die bei den ersten autolytischen [254] Vorgängen aus der Drüse gebildeten Stoffe und drittens durch Produkte der tiefgreifenden Gelatinespaltung. Es ist hiernach und nach manchen anderen Beobachtungen nicht ganz unwahrscheinlich, daß die Enterokinase in der lebenden Pankreasdrüse fertig vorkommt, daß aber ihre Wirkung auf Trypsin durch einen Eiweißkörper hintangehalten wird, der wie Eieralbumin wirkt. Die Kinase würde dann bei der beginnenden Autolyse nicht gebildet, sondern durch Veränderung der Eiweißsubstanz freigelegt und weiterhin von den mehr und mehr aus dem gesamten Drüsenmaterial entstehenden Abbauprodukten wieder unwirksam gemacht. Die Hemmung kann durch Anlagerung des Hemmungskörpers erstens an Enterokinase oder zweitens an Trypsin zustande kommen. Es wird möglich sein, mit Adsorptionsversuchen zu entscheiden, ob zur ersten oder zweiten Art und Weise der Hemmung die Albuminwirkung, und ob, was sehr wahrscheinlich ist, zur zweiten die Wirkung der niederen Peptide zählt.

Fraktionierte Adsorption des Trypsins. Die Trennung des Trypsins von der pankreatischen Lipase durch Tonerdeadsorption nach dem Verfahren der II. Abhandlung[1] wurde mit der verbesserten Trypsinbestimmung nachgeprüft. Das Verfahren ist ziemlich schwierig und nicht leicht reproduzierbar. Es nützt nämlich nur einen quantitativen Unterschied in der Adsorption aus, um das Verhältnis der Komponenten des Enzymgemisches zu verschieben. Dieses Verhältnis, das in dem angewandten Glycerinauszug der Pankreasdrüse 1 T.-[e].: 0,6 L.E. betrug, verschob sich am günstigsten, nämlich auf 1 T.-[e].: 3,6 bis 3,7 L.E., bei unvollständiger Adsorption der Lipase, so daß z. B. nur zwei Drittel der Lipase in das Adsorbat übergingen. Es bedarf also, wie in der II. Abhandlung angegeben, der wiederholten Ausführung des Verfahrens, und zwar besser mit nur teilweiser Adsorption der Lipase, um die letztere praktisch frei von Trypsin zu gewinnen.

	T.-[e].	L.T.	L.: T.
Geklärter Glycerinauszug	68; 77	42	0,6; $0,5_5$
Restlösung nach Adsorption mit Tonerde C (0,34 g)	86; 77	15	
Elution aus dem Adsorbat	5,0; 4,8	18	3,6; $3,7_5$

[255] Die fraktionierte Adsorption der wäßrigen Pankreasauszüge gewährt einen besseren Einblick in die Fehler, die der Bestimmung des Trypsins anhaften, wenn sie zur Messung der Enzymmengen dienen soll. Die Pankreasauszüge wurden in Mengen von 100 ccm (50 T.-[e].) frisch bereitet (1 bis 4 Stunden alt), aber sie waren, wie es bei der Filtration größerer Mengen der Fall zu sein pflegt, nicht inaktiv und daher auch nicht als

[1] Diese Zs. Bd. 125, S. 172ff. [1922/23].

frei von Hemmungsstoffen zu betrachten. Die Adsorption mit Tonerde C (25 mg für 10 T.-[e].) und die Elution mit $^{n}/_{20}$-Ammoniak (20 ccm für 10 T.-[e].) unter Zusatz von etwas Phosphat nahmen wir so rasch wie möglich vor (Versuchsdauer 1 bis 2 Stunden). Es ist nicht zu bezweifeln, daß dabei Enzymverluste vorkommen, z. B. durch Zurückbleiben in der Tonerde. Dennoch überschreiten bei den in der Tabelle verzeichneten Versuchen die Summen der Anteile in den Restlösungen und in den Elutionen in allen Fällen die angewandten Enzymmengen durchschnittlich um fast 50%. Daraus geht hervor, daß die Enzymlösungen an die Tonerde Hemmungskörper abgegeben haben, die ebenso wie die Enterokinase (nach E. WALDSCHMIDT-LEITZ) leichter adsorbierbar sind als Trypsin. Sie sind ganz oder teilweise in der Tonerde zurückgeblieben. Allein die Enzymmengen in den Restlösungen kommen ungefähr den angewandten Mengen gleich. Wenn man von der Adsorption aus neutraler Lösung absieht, so scheint sich mit zunehmender Acidität die Abtrennung der Hemmungskörper zu verbessern, die Summe der tryptischen Leistung von Restlösung und Elution anzusteigen.

Tabelle.
Tryptische Leistung bei Fraktionierung durch Tonerdeadsorption.

p_H		3,8	4,1	4,7	5,0	5,3	7,0
1. Versuch 7,9 T.-[e].	Restlösung	10,9	10,2	8,6	—	—	—
	Elution aus Adsorbat	2,5	2,0	2,1	—	—	—
2. Versuch 10,0 T.-[e].	Restlösung	—	—	9,6	9,6	7,5	11,3
	Elution aus Adsorbat	—	—	4,9	4,3	3,5	6,0
3. Versuch 10,2 T.-[e].	Restlösung	—	8,4	7,5	—	5,5	6,3
	Elution aus Adsorbat	—	5,6	7,4	—	6,4	6,9
Summe (in % der Ausgangslösung)		170	155; 140	135; 145; 130	140	110; 120	175; 130

[256] Die bei dem Bestimmungsverfahren angewandte Aktivierung hat also die Einflüsse der vorhandenen Hemmungskörper nicht auszuschalten vermocht, die Aktivierung ist nicht eine vollkommen ausgeglichene, wie es bei der Bestimmung der Pankreaslipase erreicht zu sein scheint. Um die Bestimmung der tryptischen Leistung zu einer genauen Bestimmung der Trypsin**mengen** zu machen, wird es nötig sein, die Bildung der Hemmungskörper auszuschalten oder die Aktivierung noch zu verstärken. Dafür ist noch keine Methode bekannt, da die Enterokinase nicht auszureichen scheint. Die Fraktionierung durch Adsorption ist nützlich für die Auflösung der Aggregate von Enzym + Aktivator + Hemmungskörper und zur Nachprüfung der quantitativen Bestimmung.

Zeitschrift für physiologische Chemie 144, S. 68 [1925].

101. ÜBER DAS p_H-OPTIMUM DER MAGENLIPASE VERSCHIEDENER TIERE.

Von FELIX HAUROWITZ und WILHELM PETROU.

XIII. Abhandlung über Pankreasenzyme.

Von RICHARD WILLSTÄTTER und MITARBEITERN.

(Ausgeführt im Medizinisch-chemischen Institut der deutschen Universität in Prag.)

Mit 1 Abbildung im Text.

(Der Redaktion zugegangen am 21. Januar 1925.)

Die optimale Acidität der Fettspaltung durch Enzyme liegt bei der Pankreaslipase, der Leberesterase und der Serumesterase der bisher untersuchten Tiere im Bereiche von etwa $p_H = 7$ bis $p_H = 8$. Dagegen wirkt die Magenlipase bei saurer Reaktion stärker hydrolysierend als in neutralem oder schwach alkalischem Medium und eignet sich daher zu vergleichenden Untersuchungen über das p_H-Optimum. WILLSTÄTTER, HAUROWITZ und MEMMEN zeigten vor kurzem (IX. Abhandlung), daß die Aktivitäts-p_H-Kurve der rohen Magenlipase bei Reinigung weitgehende Veränderungen erfährt, daß dieselbe von den Begleitstoffen des Enzyms stark beeinflußt wird. Es war ihnen durch Reinigungsverfahren gelungen, die in saurem Medium optimal wirksame Magenlipase des Hundes in eine Lipase zu verwandeln, die in alkalischem Medium stärker hydrolysiert. Es war „hiernach wahrscheinlich, daß auch die Lipase des menschlichen Magens, wenn man sie nur einigen Reinigungsoperationen unterwirft, im alkalischen Gebiete günstiger als im sauren wirken wird". Es schien ferner nach den untersuchten Beispielen „als sei die Magenlipase der Carnivoren . . . für saures Medium eingestellt, . . . [69] die Magenlipase der Herbivoren dagegen für die Wirkung in alkalischem Medium"[1].

Wir sind Herrn Geheimrat WILLSTÄTTER für die Anregung, die beiden Fragen eingehender zu prüfen, und Herrn Hofrat ZEINEK für die Erlaubnis, die Untersuchungen in seinem Institut auszuführen und für einen großen Teil des Untersuchungsmaterials zu besonderem Dank verpflichtet.

---

[1] Siehe IX. Abhandl., Diese Zs. Bd. 140, S. 205 u. 215 [1924] (*Abh.* 97).

Unsere Untersuchung ergab, daß sich die menschliche Magenlipase bei der Reinigung ähnlich der Hundemagenlipase verhält und daß sie danach in alkalischem Medium tatsächlich stärker als in saurem wirkt. Sie ergab ferner, daß die Lage des p_H-Optimums der Magenlipase der untersuchten Tiere für jede Spezies außerordentlich konstant ist; es liegt bei Raubtieren, ferner bei Hasen und Kaninchen zwischen $p_H = 5{,}5$ und 6,3, bei anderen Nagetieren, ferner beim Maulwurf, Pferd und Schwein zwischen $p_H = 7$ und $p_H = 8$; bei Vögeln, auch Raubvögeln, ferner bei Fischen wirkt die Magenlipase optimal bei schwach alkalischer Reaktion.

Der Gehalt an Lipase schwankt sehr stark; doch enthält 1 cg Trockensubstanz beim Menschen, bei den Raubtieren und Nagetieren die größten Mengen; kleinere Mengen finden sich bei Vögeln und Fischen. Bei den Wiederkäuern und den Tauben konnten wir das Vorkommen einer Magenlipase nicht feststellen.

Experimenteller Teil.

1. Über die Reinigung der Magenlipase des Menschen.

Bearbeitet von F. HAUROWITZ.

Die Magenlipase des Menschen ist von DAVIDSOHN[2] eingehend untersucht worden. Er fand ihre Aktivitäts-p_H-Kurve von jener der Pankreaslipase vollkommen verschieden und schließt auf Grund dieser Differenz auf eine Verschiedenheit beider Lipasen. Es schien uns daher wünschenswert, die an der Hundemagenlipase gewonnenen Erfahrungen an der menschlichen Magenlipase nachzuprüfen. Denn wenn sich die in saurem Gebiet optimal wirkende Lipase in eine solche mit alkalischem Wirkungsoptimum verwandeln ließe, so dürfte die Aktivitäts-p_H-Kurve [70] nicht als Kriterium zur Unterscheidung zweier Lipasen angesehen werden (vgl. IX. Abh., S. 217 bis 218).

Wir verwandten als Ausgangsmaterial frische, nicht autolysierte, gesunde Magen, präparierten die Schleimhaut ab und reinigten deren rohen ammoniakalischen Auszug durch Essigsäurefällung, Elektrodialyse, Voradsorption in konzentrierter Lösung mit Kaolin, Adsorption der verdünnten Restlösung mit großen Mengen Kaolin und Elution mit Ammonphosphatglyceringemisch nach den Vorschriften der IX. Abhandlung. Die Bestimmung der Lipase geschah nach den gleichen Vorschriften durch stalagmometrische Messung der Tributyrinhydrolyse. — Die Ausbeute war geringer als bei der Hundemagenlipase, da sich die menschliche Magenlipase nur schwer durch Kaolin adsorbieren läßt.

Viel bessere Ausbeute erhielten wir, wenn zur Hauptadsorption an Stelle des Kaolins Tonerde-Gel Sorte C[1]) verwendet wurde. Das Wirkungsoptimum verschob sich durch diese Reinigung von $p_H = 5$ bis 6 nach etwa $p_H = 8$.

Beispiel:

$p_H =$	4,7	5,5	6,3	7,1	7,9	8,6	
Rohauszug I. . .	7,0	11,0	11,0	6,0	2,0	0,25	B.E. aus 2,8 cg Mucosa
gereinigt.	1,1	1,1	1,1	1,7	2,5	0,7	B.E. aus 2,8 cg ,,
Rohauszug II . .	1,0	1,5	2,0	1,1	0,4	0,3	B.E. aus 3,6 cg ,,
gereinigt.	0,3	0,3	0,3	0,5	0,55	0,3	B.E. aus 5,4 cg ,,

[2] Biochem. Zs. Bd. 45, S. 284 [1912] und Bd. 49, S. 249 [1913].

[1]) Nach WILLSTÄTTER und KRAUT, Chem. Ber. Bd. 56, S. 1117 [1923] (*Abh. 17*).

Aus den im Beispiel angegebenen Zahlen geht die Verschiebung des optimalen Wirkungsbereiches deutlich hervor; es war jedoch auffallend, daß die Wirksamkeit unserer Rohauszüge im alkalischen Gebiet verhältnismäßig groß war, größer als die von DAVIDSOHN beobachtete. Dies konnte daran liegen, daß wir den Auszug der trockenen Schleimhaut verwendeten, DAVIDSOHN aber den Magensaft. Wir haben deshalb einerseits frischen Magensaft (nach fettfreiem Probefrühstück) filtriert und das Filtrat untersucht, andererseits den gleichen Magensaft durch die 10fache Menge Aceton gefällt, die Fällung mit Aceton und Äther getrocknet und mit $^{n}/_{40}$-NH_3 extrahiert. Wir fanden tatsächlich eine Veränderung, indem durch diese einfache Reinigungsmaßnahme die Wirksamkeit im alkalischen Gebiete stark anstieg.

p_H =	4,7	5,5	6,3	7,1	7,9	8,6
Magensaft frisch . . .	6,7	7,2	8,4	5,5	2,0	0,5 B.E. in 1 ccm
Magensaft gereinigt . .	6,2	6,4	7,0	6,0	2,2	1,6 B.E. in 1 ccm

[71] Durch die Behandlung mit Aceton und Äther werden demnach Substanzen abgetrennt, die bei p_H = 8,6 hemmen, so daß unsere Schleimhautextrakte beim Vergleich mit dem nativen Magensaft als zum Teil gereinigt betrachtet werden müssen.

Die Abbildung zeigt die Aktivitäts-p_H-Kurven des rohen (I), des gereinigten Schleimhautauszuges (II) und vergleichsweise die von DAVIDSOHN angegebene

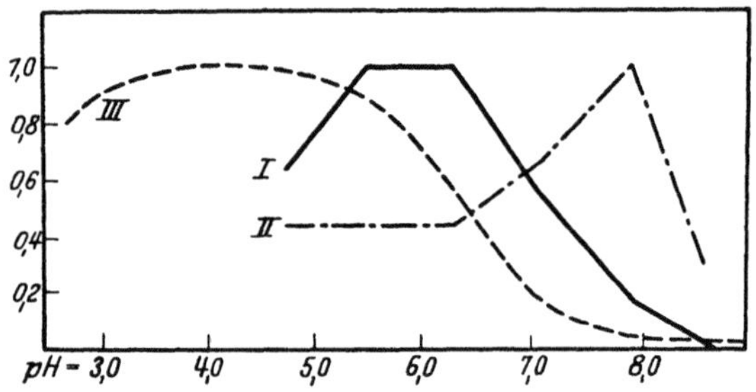

Aktivitäts-p_H-Kurven des rohen (I) und des gereinigten Schleimhautauszugs (II) vom Menschen; p_H-Kurve des Magensaftes nach DAVIDSOHN (III).

Aktivitäts-p_H-Kurve des Magensaftes (III). Zur Darstellung wurde die von DAVIDSOHN verwandte Methode gewählt, bei der die optimale Wirkung gleich 1,00 gesetzt wird.

2. Über die p_H-Abhängigkeit der Magenlipase verschiedener Tiere.

Bearbeitet von W. PETROU und F. HAUROWITZ.

Zur vergleichenden Untersuchung der Magenlipase verschiedener Tiere wurde das Untersuchungsmaterial nach den in der IX. Abhandl. angegebenen Vorschriften präpariert. Bei kleineren Tieren war es jedoch nicht möglich, die Schleimhaut des Magens abzutrennen; es wurde in solchen Fällen der ganze Magen verarbeitet. Da erfahrungsgemäß der Butyrasewert der Schleimhaut etwa 4mal größer ist als jener des Gesamtmagens, wäre — um Vergleichswerte zu gewinnen — der in solchen Fällen angegebene Enzymwert mit 4 zu multiplizieren. Die betreffenden Versuche sind in der Tabelle durch die Bezeichnung „total" gekennzeichnet.

[72] [73] Tabelle. Magenlipase verschiedener Tiere: p_H-Abhängigkeit.

Nr.	Tierart	scheinbarer Butyrasewert B.-[w]. bei p_H=4,7	5,5	6,3	7,1	7,9	8,6	Optimum bei p_H=
1	Hund I	0,004	0,012	0,010	(0,006)	(0,008)	(0,011)	5,5
2	Hund II	0,0005	0,0017	0,0009	0,0006	0,0006	0,0005	6,3
3	Hund III	0,12	0,17	0,21	0,20	0,11	0,03	6,3
4	Hund IV	0,04	0,06	0,14	0,065	0,04	0,01	6,3
5	wilde Katze I	0,7	1,1	0,8	0,7	0,6	0,25	5,5
6	Hauskatze II	0,04	0,07	0,06	0,04	0,02	0,01	5,5
7	Hauskatze III	0,03	0,047	0,43	0,03	0,02	0,013	5,5
8	Fuchs I	0,0003	0,0007	0,0005	(0,0002)	(0,0006)	(0,0006)	(5,5)
9	Fuchs II	0,0005	0,0012	0,0060	0,0015	0,0023	0,0012	6,3
10	Wiesel I total	0,2	0,24	0,16	0,1	0,12	0,1	5,5
11	Wiesel II total	0,007	0,010	0,011	0,015	0,014	verloren	7,1
12	Steinmarder	0,00012	0,00012	0,00015	0,00022	0,00020	0,00025	(7,9)
13	Hase I	0,12	0,15	0,12	0,06	0,03	0,007	5,5
14	Hase II	1,2	1,4	0,4	0,23	0,2	0,16	5,5
15	Kaninchen I	0,06	0,1	0,11	0,08	0,04	0,006	6,3
16	Kaninchen II	0,009	0,012	0,040	0,030	0,030	0,004	6,3
17	Hamster total (Cricetus frum.)	Spur	0,06	0,11	0,15	0,14	0,12	7,1
18	weiße Ratte I total	0,050	0,055	0,066	0,13	0,11	0,055	7,1
19	weiße Ratte II total	0,010	0,011	0,017	0,018	0,025	0,018	7,9
20	weiße Maus total	0,016	0,017	0.20	5,6	8,1	1,0	7,9
21	Meerschweinchen I total	0,006	0,007	0,008	0,009	0,010	0,007	7,9
22	Meerschweinchen II total	0,0044	0,0040	0,0056	0,0064	0,0064	0,0060	7,1—7,9
23	Eichhörnchen I total (Sciurus vulg.)	0,010	0,010	0,025	0,030	0,040	0,033	7,9
24	Eichhörnchen II total (Sciurus vulg.)	0,007	0,006	0,008	0,012	0,010	0,009	7,1
25	Maulwurf total (Talpa europ. L.)	0,008	0,008	0,020	0,025	0,030	0,030	7,9—8,6
26	Pferd I	0,003	0,006	0,009	0,012	0,011	0,006	7,1
27	Pferd II	0,0002	0,0002	0,00035	0,0050	0,0055	Spur	7,9
28	Schwein	0,004	0,008	0,011	0,013	0,011	0,008	7,1
29	Schaf I	0,0043	0,0090	0,012	0,010	0,010	Spur	6,3
30	Schaf II	0,0002	0,0002	0,0003	0,0004	0,00045	0,0004	(7,9)
31	Schaf III	keine Wirkung beobachtet						—
32	Rind I	0	0	0,0004	0,0001	0,00006	0	(6,3)
33	Rind II	0	0	0,0003	0,0001	0,00006	0	(6,3)
34	Rind III	0	0	0,0004	0,0007	0	0	(7,1)
35	Seetaucher (Urivator arct.) I	0,004	0,006	0,012	0,016	0,020	0,025	8,6
35a	Seetaucher (Urivator arct.) Ia	0,0014	0,0023	0,0046	0,0069	0,008	0,007	7,9
36	Seetaucher (Urivator arct.) II	0,0004	0,0004	0,0010	0,0010	0,0015	0,0007	7,9
37	Lachmöve (Larus rid.)	0,003	0,0033	0,0052	0,005	0,006	0,0055	7,9
38	Säger (Merganser serr.)	0,009	0,009	0,006	0,006	0,017	0,028	8,6
39	Gans I	0,00024	0,0008	0,0014	0,0017	0,0024	0,0016	7,9
40	Gans II	0,00045	0,00090	0,0009	0,0012	0,0013	0,001	7,9
41	Truthahn (Meleagris gallopavo)	0,0009	0,0009	0,002	0,003	0,006	0,011	8,6
42	Fasan (Phasian. colchicus) I	0,004	0,004	0,005	0,008	0,009	0,007	7,9
42a	Fasan (Phasian. colchicus) Ia	0,0037	0,0053	0,009	0,011	0,015	0,010	7,9
43	Fasan (Phasian. colchicus) II	0,0004	0,0004	0,0006	0,0016	0,0023	0,002	7,9
44	Birkhuhn (Tetrao tetr.)	0,0003	0,0003	0,0007	0,0006	0,0004	0,00008	(6,3)
45	Birkhuhn (Tetrao tetr.)	0,00023	0,0003	0,0008	0,0005	0,0007	0,0004	(6,3)
46	Huhn	0,0006	0,0008	0,0010	0,0008	0,0006	0	(6,3)
47	Huhn	0,00025	0,00029	0,0005	0,0009	0,0032	0,0043	8,6

Tabelle (Fortsetzung).

Nr.	Tierart	scheinbarer Butyrasewert B.-[w]. bei						Optimum bei p_H=
		p_H=4,7	5,5	6,3	7,1	7,9	8,6	
48	Taube I	keine Wirkung beobachtet						—
49	Taube II	keine Wirkung beobachtet						—
50	Bussard (Buteo vulg.).	0,001	0,0008	0,0015	0,006	0,011	0,027	8,6
51	Gabelweihe (Milvus reg.) . . .	0,006	0,013	0,031	0,094	0,15	0,19	8,6
52	Sperber (Nisus) I.	0	0,007	0,024	0,03	0,036	0,085	8,6
53	Sperber (Nisus) II	0	0,001	0,0016	0,0022	0,0033	0,0016	7,9
54	Hecht (Esox luc.) total	0	0,003	0,003	0,003	0,003	0,007	8,6
55	Zander (Lucioperca sandra) I .	0,007	0,012	0,017	0,025	0,037	0,043	8,6
56	Zander (Lucioperca sandra) II .	0,003	0,003	0,004	0,005	0,0053	0,006	8,6
57	Zander (Lucioperca sandra) III	Spur	Spur	0,0003	0,0007	0,001	0,0007	7,9
58	Karpfen (Ciprin. carp.) total I.	0,0008	0,001	0,0016	0,0022	0,0022	0,0014	7,1—7,9
59	Karpfen (Ciprin. carp.) total II	0,0003	0,0003	0,0007	0,0007	0,0003	Spur	(6,3—7,1)

Aus der Tabelle ersieht man, daß die Lage des p_H-Optimums für jede Tierart konstant ist und nur innerhalb enger [74] Grenzen schwankt. Die in der IX. Abhandl. (S. 214) mitgeteilten p_H-Optima wurden ausnahmslos wiedergefunden, doch ergab die Prüfung weiterer Tierarten, daß die Nahrung ohne Einfluß auf die Lage des Optimums ist. So weisen die Raubtiere zwar vorwiegend ein im sauren Bereich gelegenes Wirkungsoptimum auf, dagegen Raubvögel und Raubfische ein im alkalischen Bereich liegendes Optimum.

Auffallend sind die individuellen Schwankungen im Lipasegehalt. So war bei einem Hund (s. IX. Abhandl.) B.-[w]. = 0,4 bis 3,9, bei einem anderen (s. Vers. 2) 0,0005 bis 0,0017! Eine Prüfung der Reagenzien ergab, daß die Ausbeute unabhängig davon ist, ob reinstes Aceton und NH_3 zur Verwendung gelangen oder die Präparate des Handels. Ein gewisser Verlust kam häufig dadurch zustande, daß die Präparate aus äußeren Gründen mehrere Tage lagerten, bevor wir sie erhielten. Vielleicht ist auch an Einflüsse der Jahreszeit zu denken.

Bei den Vögeln wurden in Cuticula und Drüsenmagen annähernd gleiche Lipasemengen gefunden. In den Versuchen 35a, 39, 41, 42a, 44a, 45, 48 und 49 wurde nur die Cuticula untersucht, in den Versuchen 35, 40, 42, 44 nur der Drüsenmagen. — Bei den Wiederkäuern untersuchten wir bloß den Labmagen.

Bei dem niedrigen Lipasegehalt der Magen der Wiederkäuer, Vögel und Fische mußten einige Fehlerquellen berücksichtigt werden. Vor allem wurde in Leerversuchen die durch die Puffer bewirkte Spaltung ermittelt und die dadurch verursachte Tropfenabnahme — nur bei p_H = 8,6 — von dem beobachteten Wert abgezogen. — Ferner war an Verunreinigung durch Pankreaslipase zu denken. TAKATA[1] hat gezeigt, daß die menschliche Magenlipase durch n/50-NaOH in 1 Stunde zerstört wird, während die Pankreaslipase erhalten bleibt. Tatsächlich gelang es uns in den Versuchen 1 und 8, in denen wir anfangs 2 Maxima gefunden hatten, nach Einwirkung von NaOH noch lipatisches Enzym nachzuweisen, das wahrscheinlich Pankreaslipase sein dürfte, denn beide genannten Präparate waren gallig imbibiert. Durch entsprechende Korrektur wurden die eingeklammerten Werte erhalten. Der Methode TAKATAS kann jedoch keine allgemeine Gültigkeit [75] zukommen, denn die verschiedenen Tiere verhielten sich vollkommen different; während die Lipase des Eichhörnchens (Vers. 24) durch NaOH ihre Wirk-

[1] Zs. f. klin. Med. Bd. 98, S. 120 [1924].

samkeit vollkommen verlor, verlor sie jene des Kaninchens (Vers. 16) bloß im alkalischen (!) Bereiche; jene des Bussards (Vers. 49) und des Zanders (Vers. 56) blieb durch NaOH unbeeinflußt.

Es ist daher mit der stalagmometrischen Methode — und eine andere ist wegen der geringen Werte kaum anwendbar — nicht mit Sicherheit zu entscheiden, ob Beimengungen von Pankreaslipase vorliegen.

Schließlich wurde, da die Versuche wegen der geringen Lipasewerte lange Zeit währten, an Bakterienwirkung gedacht. Um diese auszuschließen, wurde in einigen Fällen der Schleimhautauszug bei schwach ammoniakalischer Reaktion, bei der Verluste durch Adsorption kaum zu befürchten sind, durch PUKALL-Tonfilter filtriert und die Bestimmung steril vorgenommen. Die Aktivitäts-p_H-Kurve des Meerschweinchens (Vers. 21), also des Nagetieres mit dem geringsten B.-[w]., blieb dabei unverändert, ebenso jene des Huhnes und der Gans. Dagegen verschwanden die minimalen Werte des Rindermagens (Vers. 34), so daß die Werte der Wiederkäuermagen wohl auf Bakterienwirkung bezogen werden müssen.

Trotz Beachtung der erwähnten Fehlerquellen fallen einige p_H-Optima der Tabelle aus dem Rahmen ihrer Gruppe heraus. Es sind dies die p_H-Optima des Magens vom Steinmarder, vom Birkhuhn, vom Huhn und Karpfen II. Ein Vergleich ihrer Werte ergibt, daß es eben die Magen sind, deren B.-[w]. in allen p_H-Gebieten kleiner als 0,001 ist. Da die Bestimmung in diesen Fällen in den Bereich des analytischen Fehlers rückt, sind ihre Resultate weniger hoch zu bewerten als jene bei hohem Lipasegehalt. Die Zahlen, die das p_H-Optimum angeben, wurden daher in solchen Fällen eingeklammert.

Zeitschrift für physiologische Chemie 146, S. 151 [1925].

102. ÜBER TAKA-ESTERASE; VERGLEICH MIT PANKREASLIPASE UND LEBERESTERASE.

Von RICHARD WILLSTÄTTER und HACHIRO KUMAGAWA.

XIV. Abhandlung über Pankreasenzyme.

(Aus dem Chemischen Laboratorium der Bayerischen Akademie der Wissenschaften in München.)

(Der Redaktion zugegangen am 28. April 1925.)

Das als „Takadiastase" bekannte Gemisch von Enzymen enthält nach J. WOHLGEMUTH[1] auch eine fettspaltende Komponente. Die beschriebene Wirkung auf Neutralfett, Monobutyrin und Lecithin ist sehr gering. Es ist daher zweifelhaft, ob in der Takadiastase eine wahre Lipase in sehr kleiner Menge vorkommt oder ob das mit den genannten Substraten nachgewiesene Enzym ähnlich wie die Leberesterase wenig tauglich ist für die Fettspaltung, aber geeignet für die Hydrolyse einfacher Säureester. Vergleichen wir das Takaenzym mit den hydrolysierenden Enzymen des Pankreas, der Leber und anderer tierischer Organe, so erweist es sich in der Tat wie das Leberenzym[2] als eine gute Esterase, die nur in geringem Maße befähigt ist, Fett zu spalten. Der Quotient der Geschwindigkeiten, mit denen Mandelsäureester und Tributyrin gespalten werden, beträgt sogar etwa das 60fache wie bei der Leberesterase.

Die Takaesterase zeigt bei der Anwendung auf racemische Ester der Mandelsäuregruppe stereochemische Spezifität, die **[152]** zuerst H. D. DAKIN[1]) beim Leberenzym aufgefunden hat und die vor kurzem vergleichsweise bei pankreatischer[2]) und bei gastrischer[3]) Lipase beschrieben wurde. Bei den bisher geprüften vier racemischen Substraten stimmt die Takaesterase in ihrer auswählenden Wirkung mit dem Leberenzym überein.

---

[1] Biochem. Zs. Bd. 39, S. 324 [1912], und zwar S. 336.

[2] R. WILLSTÄTTER und F. MEMMEN, VIII. Abh. über Pankreasenzyme, Diese Zs. Bd. 138, S. 216 (1924], und zwar S. 220.

[1]) Jl. of Physiol. Bd. 30, S. 253 [1903/04]; Bd. 32, S. 199 [1905].

[2]) VIII. Abh.

[3]) R. WILLSTÄTTER, F. HAUROWITZ und F. MEMMEN, IX. Abh. über Pankreasenzyme, Diese Zs. Bd. 140, S. 203 [1924].

Tabelle 1. Drehung der rascher verseiften Komponente.

	Taka-esterase	Leber-esterase	Pankreas-lipase
Mandelsäure-äthylester	+	+	—
Phenyl-methoxyessigsäure-methylester	+	+	—
Phenyl-chloressigsäure-methylester	—	—	—
Tropasäure-methylester	—	—	+

Die Beschreibung der Takaesterase, den Vergleich der verschiedenen hydrolysierenden Enzyme, vervollständigt die Prüfung von Zusatzstoffen wie Albumin, Natriumoleat und Calciumoleat, die z. B. bei Tributyrinspaltung aktivierend oder hemmend wirken. Dabei unterscheidet sich das Takaenzym in überraschendem Maße von dem hepatischen sowohl wie vom pankreatischen Enzym.

Tabelle 2. Einfluß von Zusätzen auf die Tributyrinspaltung bei $p_H = 8{,}6$.

Zusatz	Leberesterase	Takaesterase	Pankreaslipase
Natriumoleat	gehemmt	kein Einfluß	aktiviert
Calciumoleat	stark gehemmt	kein Einfluß	stark aktiviert
Albumin	kein Einfluß	stark gehemmt	stark gehemmt
Albumin + Calciumoleat	ziemlich stark gehemmt	stark gehemmt	stark aktiviert, fast wie mit Calciumoleat allein

Seifen, die auf die Spaltung durch Leber hemmend wirken, sind also bei Takaesterase ohne Einfluß, Albumin, das die [153] Hydrolyse durch Leber nicht beeinflußt, wirkt auf Takaenzym stark hemmend.

Die Takaesterase ist also von den beschriebenen tierischen Lipasen und Esterasen verschieden. Es ist aber wie beim Vergleich von Pankreas- und Leberenzym noch nicht zu entscheiden[1], ob es sich um eine Verschiedenheit von „Enzymkomplexen handelt, in denen das nämliche Enzym mit verschiedenen Begleitstoffen, die hinsichtlich seiner Spezifitätseigenschaften und seiner Abhängigkeit von weiteren zusätzlichen Stoffen bestimmend und differenzierend wirken, eng verknüpft ist, oder ob die Enzyme selbst, betrachtet als chemische Individuen und losgelöst von den aktivierend und hemmend wirkenden Begleitstoffen, verschieden sind".

Abhängigkeit von der Wasserstoffzahl.

Das Takaenzym diente für die folgenden Versuche in rohem Zustande.

Die Wirkung auf Tributyrin wurde in dem mit Phosphatpuffer nach Sörensen und mit Acetat- bzw. Ammonchlorid—Ammoniakgemischen nach Michaelis eingestellten Bereich von $p_H = 5{,}4$ bis 9,5 stalagmometrisch geprüft. Das Optimum liegt zwischen $p_H = 8{,}5$ und 9,0, etwa bei 8,6, ähnlich wie bei den genauer untersuchten tierischen Lipasen und Esterasen. In stärker alkalischem Gebiet als $p_H = 9{,}0$ wird die Verseifung durch den Puffer allein schon bedeutend, ohne daß die gesamte Hydrolyse noch an-

[1] VIII. Abh., S. 217.

steigt. Unsere Versuche bestätigen durchaus die nach ihrem Abschluß veröffentlichte eingehende Beschreibung von I. OGAWA[2].

Bei der Beobachtung der p_H-Abhängigkeit mußte von ausgleichender Aktivierung oder Hemmung abgesehen werden, da Zusatzstoffe ebenso wie natürliche Begleitstoffe bei wechselndem p_H ungleich wirken. Die stalagmometrisch gemessene Wirkung wird dabei wie bei Magenlipase[3] in B.-[e]., scheinbaren Enzymmengen, ausgedrückt.

[154] Versuchsbedingungen: 20°, Stalagmometer I vom Wasserwert 90; Anfangstropfenzahl der Tributyrinlösung 135.

Angewandt 56 ccm Tributyrinlösung aus gereinigtem Präparat, 2 ccm 2proz. Enzymlösung, 2 ccm Puffer.

1. p_H = 5,4. Puffer 1,6 ccm $^n/_1$-Natriumacetat + 0,4 ccm $^n/_{10}$-Essigsäure. Anfangszahl 130. Abnahme in 20′ 2; 40′ 3; 60′ 4. Gef. 0,20 B.-[e].
2. p_H = 6,2. Puffer 1,6 ccm $^m/_3$-prim. Phosphat + 0,4 ccm $^m/_3$-sec. Phosphat. Abnahme in 20′ 3; 40′ 5; 60′ 7. Gef. 0,32 B.-[e].
3. p_H = 6,8. Puffer 1,0 ccm $^m/_3$-prim. Phosphat + 1,0 ccm $^m/_3$-sec. Phosphat. Abnahme in 20′ 4; 40′ 7; 60′ 10. Gef. 0,45 B.-[e].
4. p_H = 7,7. Puffer 0,2 ccm $^m/_3$-prim. Phosphat + 1,8 ccm $^m/_3$-sec. Phosphat. Abnahme in 20′ 4; 31′ 7; 50′ 11. Gef. 0,54 B.-[e].
5. p_H = 8,9. Puffer 1,6 ccm 2,5 n-NH_4Cl + 0,4 ccm 2,5 n-NH_3. Abnahme in 24′ 6; 40′ 10; 60′ 15. Gef. 0,62 B.-[e].
6. p_H = 9,5. Puffer 1,0 ccm 2,5 n-NH_4Cl + 1,0 ccm 2,5 n-NH_3. Abnahme in 24′ 6; 40′ 10; 60′ 15. Gef. (ohne Berücksichtigung der Verseifung durch OH′) 0,62 B.-[e].

Hemmungserscheinungen.

In der Abhängigkeit von Zusatzstoffen unterscheidet sich nach den Versuchen der Tab. 3 das Takaenzym im gegebenen Reinheitszustand wesentlich von allen untersuchten lipatischen Enzymen. Es wird nämlich bei p_H = 8,6 von Albumin stark

Tabelle 3.
Einfluß von Seifen und von Albumin auf Takaenzym.
(Substrat: gereinigtes Tributyrin; Enzym: 1 ccm 4proz. Lösung; 20°; Vol. 60 ccm, Stalagmometer I vom Wasserwert 90—91 Tropfen. p_H = 8,6, eingestellt mit 2 ccm NH_4Cl/NH_3-Gemisch 2,5 n, 8 : 1.)

Nr.	Zusatzstoff	Anfangszahl	Abnahme in			B.-[e].	Hemmung in Proz.
			20′	40′	60′		
1	Ohne Zusatz	122	6	11	16	0,65	—
2	10 mg Natriumoleat	129	5,5	11	15	0,63	(3)
3	10 mg Natriumoleat + 10 mg $CaCl_2$	126	6	10,5	16	0,65	0
4	10 mg Natriumglykocholat	126	6	11	16	0,65	0
5	15 mg Eieralbumin	123	1,5	3	4,5	0,17	74
6	15 mg Albumin, 10 mg Natriumoleat + 10 mg $CaCl_2$	125	1,5	3,5	6,5	0,25	62

[155] gehemmt, so wie Pankreaslipase[1]) und im Gegensatz zu der dagegen unempfindlichen Leber-[2]) und Serumesterase, aber die Hemmung läßt sich im auffallenden Gegensatz

[2] Biochem. Zs. Bd. 149, S. 216 [1924].
[3] Vgl. R. WILLSTÄTTER, F. HAUROWITZ und F. MEMMEN, IX. Abh., Diese Zs. Bd. 140, S. 203 [1924], und zwar S. 208.
[1]) IV. Abh., Diese Zs. Bd. 129, S. 12 [1923].
[2]) VIII. Abh., Diese Zs. Bd. 138, S. 241 [1924].

zur pankreatischen Lipase[3] durch Zusatz von Calciumchlorid + Natriumoleat, also Calciumoleat, nicht überwinden oder erheblich abschwächen. Calciumoleat allein, also ohne Albumin, ist ganz ohne Wirkung auf das Takaenzym, während Pankreaslipase dadurch stark aktiviert[4], Leber-[5] und Serumesterase gehemmt wird. Auch Natriumoleat und Natriumglykocholat beeinflußt die Wirkung des rohen Takapräparates nicht, während diese Seifen in gleichem Sinne wie Calciumoleat auf Pankreas, Leber und Serum wirken.

Um aus dem Verhalten gegen Albumin und gegen Seifen endgültige Folgerungen ziehen zu können, wird es nötig sein, den Reinheitsgrad des Takaenzyms nach dem Vorbild anderer Esterasen zu steigern und danach vergleichsweise die Abhängigkeit von Hemmungskörpern wieder zu prüfen.

Verhältnis der Wirkungen auf verschiedene Substrate.

In seiner eingehenden Beschreibung der Takadiastase hat J. WOHLGEMUTH[6] schon 1912 angegeben, daß sie auch fettspaltendes Enzym enthält, „allerdings in nicht erheblichem Maße. Diese Lipase vermag sowohl Neutralfett wie Monobutyrin und Lecithin zu zerlegen.“ Die beschriebenen Wirkungen waren sehr schwach.

Die Wirksamkeit auf Tributyrin ist nach den oben angeführten Zahlen und nach denen von I. OGAWA auch gering. Um eine für die Messung gut geeignete Spaltung zu erzielen, z. B. entsprechend 0,6 scheinbaren Butyraseeinheiten, sind bei der günstigen schwach alkalischen Reaktion 40 mg Takaenzym erforderlich, während die gleiche Gewichtsmenge von getrockneter [156] Leber etwa 36 $B._1$ E. und von getrockneter Pankreasdrüse z. B. 3320 B. E. aufweist. Für dieselbe Wirkung auf Tributyrin ist also 60mal mehr Takaenzym nötig als getrocknete Leber (vom Schwein), 5500mal mehr als getrockneter Pankreas (vom Schwein).

Überraschend stark wirkt hingegen das Takaenzym auf verschiedene einfache Säureester, Methyl- und Äthylester der Mandelsäuregruppe. Hier genügen für ähnliche Spaltungsgrade etwa gleiche Gewichtsmengen[1]) Takaenzym wie Pankreas und Leber. Da also das Verhältnis der Mandelsäureesterspaltung zur Tributyrinhydrolyse etwa 5000fach günstiger wie bei Pankreaslipase und sogar 60fach höher als bei Leberesterase gefunden wird, ist das Takaenzym als eine Esterase zu bezeichnen, der verhältnismäßig schwache lipatische Wirkung eigen ist.

Konfigurationsspezifität.

Auf racemische Ester der Mandelsäure und ihrer Derivate wirkt Takaesterase wie die bereits geprüften tierischen Hydrolasen mit quantitativer optischer Spezifität. Aus

[3] IV. Abh., S. 19. [4] IV. Abh., S. 19. [5] VIII. Abh., S. 241.

[6] Biochem. Zs. Bd. 39, S. 324 [1912], und zwar S. 336.

[1]) Auf Buttersäuremethylester wirkte das Takaenzym, allerdings bei $p_H = 6{,}5$, schwächer als Leberesterase. 200 mg Takapräparat = 3,1 B.-[e]. bewirkten in 20 Minuten mit 50 ccm gesättigter Methylbutyratlösung (100 ccm, 30°) keine meßbare Hydrolyse, während 1 ccm Leberauszug, enth. 17 $B._1$ E., in gleicher Zeit und unter denselben Bedingungen Buttersäure entspr. 1,3 ccm $^n/_{10}$-NaOH frei machte.

Mandelsäureäthylester, Phenyl-methoxyessigsäuremethylester, Phenyl-chloressigsäuremethylester und Tropasäuremethylester entstanden optisch aktive Säuren (vgl. Tab. 4), die alle im Drehungssinn mit den Produkten der Verseifung durch Leberesterase übereinstimmten.

Die Ausführung der Versuche war ähnlich wie in der VIII. Abhandlung; die Hydrolyse erfolgte in kohlensäuregesättigter 3proz. Natriumcarbonatlösung bei Gegenwart von Toluol im Thermostaten von 10 bis 30°.

Tropasäureester wurde infolge der Verzweigung im Kohlenstoffgerüst vom Takaenzym wie von den anderen Esterasen schwierig angegriffen.

[157] Tabelle 4. Spaltung racemischer Substrate durch Takaenzym.

Nr.	Substrat	Taka-enzym in g	Zeit in Stunden	Temperatur in Grad	Ausbeute		Drehung der Säure, gelöst in 10 ccm $l=2$ (°)	$[\alpha]_D$ (°)	Bemerkungen
					Ester g	Säure g			
1	Mandelsäureäthylester, 1 g. . . .	0,2	16	30	0,745	0,186	+2,64	+ 71	
2	desgl., 2,5 g . . .	0,5	16	30	1,811	0,585	+7,60	+ 65	
3	desgl., 1 g	0,2	16	30	0,720	0,187	+2,70	+ 74	
4	desgl., 1 g	0,5	20	18	0,564	0,231	+4,60	+100	
5	desgl., 1 g	0,2	24	18	0,686	0,091	+2,10	+115	
6	Phenyl-methoxy-essigsäuremethylester, 1 g	0,4	22	10	0,650	0,254	+1,19	+ 33	In 50proz. Alkohol pol.
7	desgl., 1 g	0,2	44	10	0,708	0,190	+1,25	+ 33	desgl.
8	Phenyl-chloressigsäuremethylester, 1 g	0,2	24	10	0,690	0,096	−0,25	− 13	In 50proz. Alkohol pol.
9	desgl., 1 g	0,2	24	10	0,687	0,192	−0,50	− 13	desgl.
10	Tropasäure-methylester, 2,02 g . . .	0,5	50	10	1,797	0,027	−0,12	− 22	Der unverseift zurückgew. Ester zeigte in 2 Vers. $[\alpha]$ + 17 bis 18° (in alkohol. Lösung).
11	desgl., 1,5 g . . .	1,0	46	30	1,239	0,068	−0,25	− 25	

Herrn Dr. FR. MEMMEN, der so freundlich war, die Mehrzahl unserer Versuche nachzuprüfen, sagen wir unseren aufrichtigen Dank.

Zeitschrift für physiologische Chemie 161, S. 191 [1926].

103. ZUR KENNTNIS DES TRYPSINS.

Von RICHARD WILLSTÄTTER, ERNST WALDSCHMIDT-LEITZ, SALUSTIANO DUÑAITURRIA und GERHARD KÜNSTNER.

XV. Abhandlung über Pankreasenzyme.

(Aus dem Chemischen Laboratorium der Bayerischen Akademie der Wissenschaften in München.)

Mit 2 Abbildungen im Text.

(Der Redaktion zugegangen am 11. September 1926.)

Einleitung.

Als in der zweiten Arbeit [1] dieser Reihe die Trennung der drei wichtigsten pankreatischen Enzyme mittels der Adsorptionsmethode ausgeführt wurde, beanspruchte der Nachweis des Trypsins nur die Bedeutung einer vorläufigen vergleichenden Schätzung. Wie bald aus der Untersuchung von E. WALDSCHMIDT-LEITZ [2] über Enterokinase hervorging, kann sich bei der Trennung des Trypsins von den begleitenden Enzymen sein Kinasegehalt ändern. Die Enterokinase unterscheidet sich nämlich vom Trypsin durch ausgeprägtere Adsorptionsaffinität. Sie läßt sich durch Adsorption mit Tonerde bei saurer Reaktion dem Komplexe von Trypsin + Kinase entziehen, so daß in der Restlösung das kinasefreie Trypsin zurückbleibt. Wenn also das Trypsin im Adsorptionsgange jener Arbeit aus vollaktiviertem in unvollständig aktivierten Zustand gelangen kann, so ist es nötig, das Enzym für jede Bestimmung mit Enterokinase aufzuladen.

[192] Das war hauptsächlich der Sinn des Verfahrens zur Trypsinmessung, das die XII. Abhandlung von R. WILLSTÄTTER und H. PERSIEL [1]) angegeben hat. Aber auch dieses analytische Verfahren war noch verbesserungsbedürftig. Die bei der analytischen Methode angewandte Aktivierung mit Enterokinase schien den Einfluß der in den Präparaten vorhandenen Hemmungskörper nicht genügend auszuschalten, die Aktivierung nicht eine gänzlich ausgleichende zu sein. Bei einigen Versuchen der fraktionierten Adsorption von Trypsin durch Tonerde übertraf nämlich, anscheinend infolge

[1] R. WILLSTÄTTER und E. WALDSCHMIDT-LEITZ, Diese Zs. Bd. 125, S. 132 [1922/23].
[2] Diese Zs. Bd. 132, S. 181 [1923/24] (*Abh. 92*).
[1]) Diese Zs. Bd. 142, S. 245 [1924/25].

der Abtrennung hemmend wirkender Begleitstoffe, die Summe der Enzymanteile in den Restlösungen und in den Elutionen die angewandten Enzymmengen.

Im folgenden berichten wir (Abschnitt I) über Verbesserungen der Trypsinbestimmung mit Gelatine, wodurch das Verfahren an Brauchbarkeit und Genauigkeit gewonnen hat. Es bewährte sich in präparativen Versuchen (Abschnitt II) der Isolierung von Trypsin wie auch in zahlreichen Beobachtungen, die gleichzeitig in den Untersuchungen von E. WALDSCHMIDT-LEITZ mit A. HARTENECK[2] und mit A. SCHÄFFNER und W. GRASSMANN[3] gesammelt wurden.

Die in der XII. Abhandlung angewandten Bedingungen der enzymatischen Wirkung sind die günstigsten; aber eine besondere Schwierigkeit, die behoben werden mußte, lag bei alkalimetrischer Messung in der Ausfällung der unveränderten Gelatine im Vergleichsversuche. Die Acidität des klumpigen Niederschlags ist nicht richtig oder wenigstens nicht genau genug zu bestimmen. Diese frühere Fehlerquelle ist nun vermieden worden. Danach sind nun scheinbare Zunahmen der Trypsinmengen in präparativen Vornahmen, z. B. bei fraktionierten Adsorptionen, von uns nicht mehr beobachtet worden. Wenn die Bestimmung des Trypsins auch noch nicht den genauen Vergleich der Enzymmengen in ganz beliebigen Aggregaten mit Hemmungskörpern gewährleistet, so reicht die Aufladung [193] mit Enterokinase doch aus für die Analyse des Enzyms in der frisch getrockneten Pankreasdrüse, in ihren Glycerinauszügen, die nur wenig Hemmungskörper enthalten und deren Verwendung für präparative Zwecke allein zu empfehlen ist, und weiter für den Vergleich der reinen Präparate mit den Rohprodukten.

Die neuen Beispiele für die präparative Isolierung des Trypsins, die wir mitteilen, bezwecken nicht so sehr die Steigerung des enzymatischen Reinheitsgrads, als vielmehr die vollständige Abtrennung der begleitenden Enzyme. Unsere Ergebnisse bestätigen im wesentlichen die Erfahrungen unserer früheren Arbeit über das Adsorptionsverhalten der Pankreasenzyme, die durch quantitative Kontrollen der Trypsinmengen zu ergänzen waren. Aber das Adsorptionsverhalten eines Enzyms läßt sich auf Grund der in den letzten Jahren gewonnenen besseren Kenntnis von den verschiedenen Aluminiumhydroxyden viel feiner bestimmen. Trypsin galt uns bisher einfach als nicht adsorbierbar aus saurer Lösung durch Tonerde. Nun können wir zeigen, daß dies das Verhalten des Enzyms gegenüber der stabilen γ-Modifikation von $Al(OH)_3$ ist, daß hingegen die unbeständige β-Form des Aluminiumhydroxyds Trypsin gut zu adsorbieren vermag. Immerhin ist auch diese Beschreibung des Adsorptionsverhaltens noch nicht erschöpfend, das für die Isolierung des Trypsins gewählte Verfahren vielleicht noch nicht das günstigste. Namentlich sollen noch kinasefreies und mit Enterokinase aktiviertes Trypsin in weiteren Versuchen auf ihre Unterschiede im Adsorptionsverhalten genauer geprüft werden.

Einen Fortschritt für die Analyse des Trypsins bahnt die Erkenntnis an, daß weder kinasefreies Trypsin noch Erepsin, sondern nur Trypsin + Enterokinase Casein zu

[2] Diese Zs. Bd. 147, S. 286 [1925] (*Abh. 109*). [3] Diese Zs. Bd. 156, S. 68 [1926].

spalten vermag. Casein und auch Protamine sind für den Nachweis und die Bestimmung des Trypsins als gleichfalls spezifische, aber empfindlichere Substrate geeignet. Im III. Abschnitt beschreiben wir ein Verfahren der Trypsinmessung mit Casein, das wegen der größeren Ausschläge der Bestimmung mit Gelatine überlegen ist. Die Bestimmung der Enzymmengen gewinnt dadurch [194] an Sicherheit, daß man nun mit den verschiedenen Substraten vergleichende Messungen auszuführen vermag.

Experimenteller Teil.

1. Zur Bestimmung mit Gelatine.

Der Trypsinbestimmung gemäß Abhandlung XII liegt die kurzdauernde Einwirkung sehr kleiner Enzymmengen auf große Substratmengen zugrunde. Wegen des raschen zeitlichen Abklingens der Eiweißspaltung wird durch Erhöhung der Substratkonzentration die hemmende Wirkung der enzymatischen Reaktionsprodukte hintangehalten und für einen gleichmäßigeren Anfall an Spaltprodukten gesorgt; dadurch gewinnt die Messung erheblich an Empfindlichkeit. Es hat sich aber gezeigt, daß bei der beschriebenen Bestimmung des Aciditätszuwachses von Gelatine in konz. Lösung in 90proz. Alkohol die Acidität des Substrates selbst, das bei den angewandten Konzentrationen ausgefällt wird, nicht sicher zu erfassen ist. Der Anteil der Gelatine, der namentlich in den enzymfreien Vergleichsbestimmungen der Messung entgeht, steigt mit wachsender Substratkonzentration. Infolgedessen weist mit fortschreitender Verdauung, also bei verminderter Fällbarkeit des Substrates, z. B. bei wachsenden Enzymmengen, die alkalimetrisch meßbare Differenz zwischen hydrolysierter und unveränderter Gelatine zu starke Steigerungen auf. Wird unter geänderten Bedingungen Ausfällung des Substrates vermieden, so daß sich seine gesamte Acidität erfassen läßt, dann bestätigen sich die für kurze Versuchsdauer aufgestellten Proportionalitätsbeziehungen zwischen Enzymmenge und Umsatz nicht mehr. Sie resultierten nur aus dem Zusammenwirken zweier entgegengesetzter Einflüsse, nämlich einer Abnahme der Umsatzsteigerung mit wachsender Enzymmenge einerseits, einer Zunahme titrierbarer Carboxyle in dem nicht mehr ausgefällten Substrate andererseits.

Die störende Ausfällung der Gelatine bei der Bestimmung in alkoholischer Lösung kann aber vermieden werden. Es ist zu diesem Ende nur nötig, ihre Lösungen vor dem Zusatze des Alkohols mehr zu verdünnen — es genügt bis auf einen [195] Gehalt von etwa 3% — und die Titration anteilweise bei verschiedenen Alkoholkonzentrationen vorzunehmen, beispielsweise in 50- und dann in 90proz. Alkohol[1]. Wie die in der Tab. 1 angeführten Versuche zeigen, gelingt es auf diese Weise, die Eigenacidität des Substrates in den Kontrollanalysen hinreichend zu erfassen, während die vergleichsweise wiedergegebenen Werte mit der unverdünnten Substratlösung für steigende Gelatinekonzentrationen einen zunehmenden Aciditätsausfall erkennen lassen; es ist nicht

[1] Vgl. R. WILLSTÄTTER, W. GRASSMANN und O. AMBROS, Diese Zs. Bd. 151, S. 286, und zwar S. 290 [1925/26] (*Abh. 118*).

zweifelhaft, daß das gelindere und leichter reproduzierbare Verfahren der anteilweisen Titration in verdünnter Lösung als überlegen anzusehen ist. Zufolge besonderen Versuchen, die nicht angeführt zu werden brauchen, erfolgt bei der stufenweisen Titration in den alkalihaltigen, wäßrig-alkoholischen Lösungen auch in längeren Zeiten keine Hydrolyse der Gelatine.

Tabelle 1.
Bestimmung der Gelatineacidität bei verschiedenen Konzentrationen.
(5,0 ccm Gelatinelösung; 2,00 ccm n-Ammoniak-Ammonchloridpuffer von $p_H = 8,9$ (30°); 5,0 ccm H_2O; Angaben bedeuten ccm 0,2n-KOH.)

Gelat.-Konz. %	Acidität in 90proz. Alkohol		Differenz für Gelatine	
	a) unverdünnt titr.	b) auf 3,0 proz. verd., anteilweise titr.	a)	b)
0	6,06	6,06	—	—
5	6,39	6,55	0,33	0,49
10	6,60	7,05	0,54	0,99
15	6,75	7,34	0,69	1,28
20	—	7,92	—	1,86

Unter den abgeänderten Bedingungen der Messung, die im folgenden ausführlich beschrieben werden, bestätigt sich die von WILLSTÄTTER und PERSIEL beobachtete weitgehende Abhängigkeit der enzymatischen Leistung von der Substratkonzentration:

[196] Tryptische Leistung und Substratkonzentration. 10,0 mg Pankreasprobe XII bewirkten in 20 Minuten Einwirkung auf 5,0 ccm a) 6-, b) 10- und c) 15proz. Gelatine bei 37° mit Zusatz von 2,0 ccm n-Ammoniak-Ammonchloridpuffer von $p_H = 8,9$ (bei 30°), unter den unten angeführten Bedingungen gemessen, Aciditätszunahme entspr. a) 0,31, b) 0,46 und c) 0,99 ccm 0,2n-KOH.

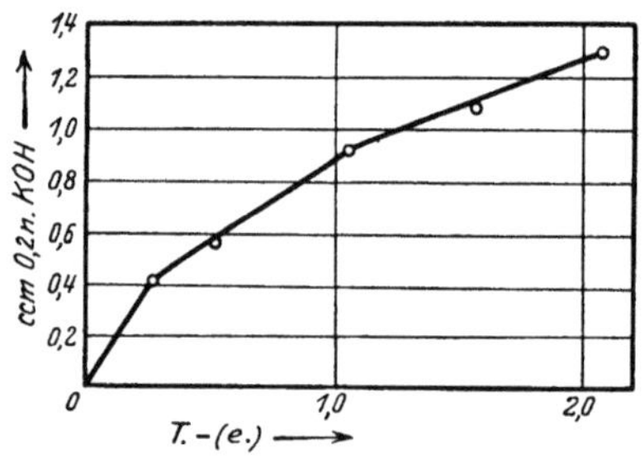

Abb. 1. Enzymmenge und Umsatz.

Allein der Vergleich der durch wechselnde Enzymmengen (Pankreasprobe XVIII wie in den Versuchen von WILLSTÄTTER und PERSIEL) in kurzer Versuchsdauer bewirkten Umsätze, der der Bestimmungsmethode zugrunde liegt und den Tab. 2 und Abb. 1 veranschaulichen, läßt keine einfachen Be-

Tabelle 2.
Trypsinmenge und Umsatz.
(Pankreasprobe XVIII, durch $^1/_2$stündige Einwirkung von 0,30 ccm Enterokinaselösung aktiviert; 5,0 ccm 15proz. Gelatine; 2,00 ccm n-Ammoniak-Ammonchloridpuffer von $p_H = 8,9$ (bei 30°); 4,7 ccm H_2O; 20 Minuten, 37°.)

Drüse mg	Aciditätszunahme (ccm 0,2 n-KOH)	
	unverdünnt, direkt titr. (altes Verfahren)	auf 3proz. Gelatine verd., anteilweise titr. (verbessertes Verfahren)
2,5	0,53	0,43
5,0	1,14	0,57
10,0	2,20	0,93
15,0	2,66	1,10
20,0	2,92	1,34

ziehungen erkennen. Die Hydrolyse der Gelatine, die nach [197] Abhandlung XII mit steigender Enzymmenge bis zu beträchtlichen Spaltwerten ungehemmt fortschreiten sollte, findet man bei der exakteren Messung schon viel früher verlangsamt.

Die früher gegebene Definition für die Einheit der tryptischen Leistung soll demgemäß abgeändert werden.

Verbesserte Bestimmungsmethode. Entsprechend den in der Abb. 1 wiedergegebenen Beziehungen zwischen Trypsinmenge und Umsatz, die sich nunmehr sicher ermitteln lassen, ist die Einheit der tryptischen Leistung „T.-(e.)", neu gewählt worden, nämlich entsprechend dem Aciditätszuwachs von 0,90 ccm 0,2n-Lauge, gemessen unter den von Willstätter und Persiel[1] angegebenen Bedingungen der Trypsinaktivierung und der Reaktion. Das ist diejenige Leistung, die nach dem verbesserten Verfahren für die früher vorgeschlagene Trypsineinheit gefunden wird.

Ausführung. Die Enzymprobe von höchstens 10 mg Trockenpankreas oder der äquivalenten Menge einer Lösung wird in einem Fläschchen von 25—40 ccm Inhalt mit eingeschliffenem Stopfen mittels 0,30 ccm Enterokinaselösung[2], auf 5,0 ccm mit Wasser aufgefüllt, während 30 Minuten bei 37° aktiviert; zu der aktivierten Mischung gibt man sodann 2,00 ccm n-$NH_3 \cdot NH_4Cl$-Mischung 1 : 2 und rasch 5,0 ccm der im Thermostaten bei 37° aufbewahrten, thymolhaltigen 15proz. Gelatinelösung hinzu und beläßt den Verdauungsansatz während 20 Minuten bei 37°. Nach Ablauf der Reaktionszeit wird der Inhalt des Fläschchens in einen Erlenmeyerkolben gegossen, der 5,0 ccm absoluten Alkohol und 1,0 ccm 1proz. Thymolphthaleinlösung enthält, und mit 12 ccm Wasser, dann unter Umschütteln des Kolbeninhalts mit 20 ccm absolutem Alkohol nachgespült. Das klare, 50% Alkohol enthaltende Reaktionsgemisch titriert man nunmehr mit 0,2n-90proz. alkoholischer Lauge bis zu deutlich blauer Färbung; dann fügt man rasch und unter Umschütteln 195 ccm siedenden absoluten Alkohol zu einem Gehalt von etwa 90% hinzu und vollendet [198] die Titration durch tropfenweise Zugabe der Lauge bis zum Auftreten des ersten graublauen Farbtons; diese zweite Titrationsstufe erfordert in der Regel nur einige Zehntel Kubikzentimeter.

Die Vergleichsbestimmung zur Ermittlung der Acidität von Substrat, Enzym und Puffer wird der beschriebenen Analyse nachgebildet; nur führt man nach Ablauf der Aktivierungszeit den Inhalt des Bestimmungskölbchens, den man mit 12 ccm H_2O und 25 ccm absolutem Alkohol nachspült, in das Titrationsgefäß über, um dann erst die Gelatinelösung hinzuzufügen; die Titration des Gemisches nach dem Zusatz des Indicators wird darauf, wie oben angegeben, ausgeführt.

Die Fehler der Titration überschreiten in der Regel nicht +0,05 ccm 0,2n-Lauge; so ermittelte man bei der Bestimmung der tryptischen Wirkung von je 2,5 mg der Pankreasprobe XII für den Alkaliverbrauch im Spaltungsversuch in sechs gleichartigen Beispielen 7,80, 7,80, 7,80, 7,82, 7,82 und 7,76 ccm, im Vergleichsversuch, der 16mal ausgeführt wurde, in neun Fällen 7,40, in fünf Fällen 7,45 und in je einem Falle 7,44 bzw. 7,39 ccm 0,2n-KOH.

[1] a. a. O., und zwar S. 250 [1924/25]. [2] Bereitet wie in XII. Abhandlung, vgl. S. 248.

Zeitlicher Verlauf. Die tryptische Gelatinespaltung ergibt, wie zu erwarten, keine einfachen Beziehungen; die in der XII. Abhandlung beobachtete Proportionalität zwischen Reaktionsdauer und Umsatz gilt, wie dort hervorgehoben, nur für den Bereich geringer enzymatischer Leistung. Demgemäß führt auch der Vergleich der Enzymmengen und der Zeiten gleichen Umsatzes zu keiner einfachen Gesetzmäßigkeit;

Tabelle 3.
Enzymmenge und Reaktionsverlauf.

Pankreasprobe XII mg	Zeit Min.	Spaltung ccm 0,2 n-KOH
2,5	80	1,35
5,0	40	1,11
10,0	20	0,93
2,5	40	0,90
5,0	20	0,57

kleine [197] Enzymmengen ergeben, wie aus Tabelle 3 ersichtlich, verhältnismäßig viel höhere Leistungen.

2. Darstellung von enzymatisch einheitlichem Trypsin.

Pankreasauszüge. Um das Adsorptionsverhalten des Trypsins kennen zu lernen und die Reinigung des Enzyms darauf zu gründen, muß man seine Beständigkeit in Lösung berücksichtigen; die Ausbeuten könnten sonst leicht durch Enzymzerstörung geschmälert werden. Nach E. WALDSCHMIDT-LEITZ und A. HARTENECK[1] hängt die Haltbarkeit des Trypsins in hohem Maße ab von seiner Aufladung durch Enterokinase; in aktiviertem Zustand ist das Enzym nämlich viel unbeständiger. Darum ergibt gemäß der Tab. 4 der Vergleich wäßriger und glycerinhaltiger Auszüge aus frisch getrocknetem, noch wenig aktiviertem Pankreas einen großen Unterschied. In den wäßrigen Lösungen, wo alsbald die spontane Bildung von Enterokinase beginnt, unterliegt das Enzym rascher Zerstörung, während bei einem hinlänglichen Gehalte der Enzymlösung an Glycerin, das der Selbstaktivierung entgegenwirkt, unter sonst gleichen Bedingungen keine Einbuße an enzymatischer Aktivität erfolgt. Es ist aber nicht untersucht, ob das Glycerin nur stabilisierend wirkt, weil es die Kinasebildung hemmt, oder ob die Beständigkeit des Trypsins an sich, auch des aktivierten, durch den Zusatz dieses Mittels gesteigert wird, wie dies bei anderen tierischen Enzymen der Fall ist. Wäßrige Drüsenauszüge sind aber selbst bei tieferer Temperatur für präparative Zwecke zu wenig beständig; zudem vollzieht sich bei ihrer Aufbewahrung zugleich mit der spontanen Aktivierung die Bildung von Hemmungsstoffen, die den Vergleich des Wirkungsvermögens stören können. Die Glycerinauszüge der Drüse, die auch reiner sind als die wäßrigen, werden daher vorgezogen und im Gang der präparativen Operationen ist stets für ausreichende Glycerinkonzentration zu sorgen; der Enzymgehalt solcher Lösungen pflegte auch nach Monaten unverändert zu sein.

[1] Diese Zs. Bd. 149, S. 221, und zwar S. 227 [1925] (*Abh. III*).

[200] Tabelle 4.

Glycerinkonzentration und Beständigkeit bei 0° und wechselndem p_H.
(Auszüge bereitet aus 1 Teil frisch getrocknetem Pankreas mit 100 Vol. Wasser bzw. 16 Vol. 87proz. Glycerin bei 37°.)

Angew. Präparat	Glyc.-Konz. %	p_H	Aciditätszuwachs (ccm 0,2 n-KOH)			
			nach 0	2	7	11,5 Std.
Wäßriger Auszug	0	4,8	1,03	0,54	—	—
,, ,,	18	7,0	1,01	0,57	—	—
,, ,,	44	4,8	0,24	0,23	—	—
,, ,,	44	5,3	0,90	—	—	0,77
Glycerinauszug	44	3,7	0,66	—	0,69	—
,,	44	4,8	0,88	0,90	—	—
,,	44	4,8	0,51	0,55	—	—
,,	44	5,3	0,96	0,92	—	—
,,	44	5,3	0,70	0,76	—	—
,,	44	6,2	0,72	—	0,69	—

Adsorptionsverhalten gegenüber Tonerde. Auf der Beobachtung, daß das Trypsin aus angesäuerten Glycerinauszügen der Drüse durch Tonerde wenig oder gar nicht aufgenommen wurde, beruhte (Abhandlung II) seine Abtrennung von der Lipase und auch seine Trennung von pankreatischem Erepsin nach E. Waldschmidt-Leitz und A. Harteneck[1]. Indessen erschien nach R. Willstätter und H. Persiel[2] das zur Fraktionierung von Trypsin und Lipase eingeschlagene Verfahren als „ziemlich schwierig und nicht leicht reproduzierbar. Es nützt nämlich nur einen quantitativen Unterschied in der Adsorption aus, um das Verhältnis der Komponenten des Enzymgemisches zu verschieben." Viele der Unregelmäßigkeiten, wodurch die sichere Reproduktion der beschriebenen Beobachtungen erschwert war, lassen sich jetzt auf Unterschiede in den angewandten Adsorbentien zurückführen. Die letzten Ergebnisse von R. Willstätter, H. Kraut [201] und O. Erbacher[1]) über die chemische Natur der Tonerdegele und über ihre Umwandlungen haben dazu geführt, die besondere Eignung der einzelnen Tonerdesorten für die Fraktionierung von Enzymen zu prüfen. Wie an dem ersten näher untersuchten Beispiel des spezifischen Adsorptionsverhaltens von Hefemaltase und -saccharase erkannt wurde, daß für die Trennung das Tonerdegel von der Zusammensetzung AlO · OH das geeignetste ist, so spricht auch die Adsorption des Trypsins für eine auswählende Wirkung der Adsorbentien, die durch ihre chemische Konstitution bedingt wird. Wir finden, und es wird durch weitere Beobachtungen von E. Waldschmidt-Leitz, A. Schäffner und W. Grassmann[2]) bestätigt, „daß die Adsorbierbarkeit des tryptischen Enzyms . . . als besonders empfindlicher Nachweis zur Unterscheidung von Adsorbentien dienen kann". Es hat sich gezeigt, daß das Trypsin aus den Glycerinauszügen der Pankreasdrüse von Tonerde der Sorte γ, dem stabilen Gele der Formel $Al(OH)_3$, bei hinreichender [202] Acidität, z. B. $p_H = 4,7$, gar nicht oder nur sehr wenig aufgenommen wird, während in anderen Beispielen, bei

[1] Diese Zs. Bd. 147, S. 286, und zwar S. 301 [1925] (*Abh. 109*).
[2] Diese Zs. Bd. 142, S. 245, und zwar S. 254 [1924/25].
[1]) Chem. Ber. Bd. 58, S. 2448, 2458 [1925] (*Abh. 22 und 23*).
[2]) Diese Zs. Bd. 156, S. 68, und zwar S. 82 [1926].

Tabelle 5.
Adsorption des Trypsins durch verschiedene Aluminiumhydroxyde.
(7,5 ccm Glycerinauszug aus Probe XXVII mit 62 T.-(e.), 7,5 ccm H_2O; $p_H = 4{,}7$ [eingestellt mit n-Acetatpuffer]; zur Analyse entnommen 0,10 ccm Adsorptionsrestlösung.)

Angewandte Sorte	Al_2O_3 mg	Adsorptionsrestlösung Vol. (ccm)	Beob. Aciditätszuwachs (ccm 0,2 n-KOH)	Gehalt T.-(e.)	Adsorbiert %
C_γ	84	15	0,53	64	0
C_γ	222,6	30	0,30	63	0
$C_\gamma + C_\beta$ (1. Darst.)	222,6	28	0,00	0	100
$C_\gamma + C_\beta$ (2. Darst.)	222,6	35	0,00	0	100
$C_\gamma + C_\beta$ (3. Darst.)	222,6	34	0,02	0	100

Anwendung eines ungenügend gealterten Tonerdepräparates C, das wechselnde Mengen der β-Modifikation enthielt, vollständige Adsorption beobachtet wurde. Für die Abtrennung des Trypsins von seinen enzymatischen Begleitern, Lipase und Erepsin, ist also die leicht zugängliche reine Sorte γ von $Al(OH)_3$ am geeignetsten. Wir belegen den Vergleich der Trypsinadsorption mit diesem Adsorbens und mit anderen, noch unvollständig umgewandelten Gelen der Sorte C in voranstehender Tab. 5.

Die Adsorption des Trypsins durch C_γ finden wir, die Angaben von E. WALDSCHMIDT-LEITZ und A. HARTENECK[1] bestätigend, bei saurer Reaktion am geringsten, in neutraler Lösung dagegen viel erheblicher. Dieses Verhalten, das durch eine größere Anzahl von Versuchen (Tab. 6) sichergestellt wurde, unterscheidet das pankreatische

Tabelle 6.
Trypsinadsorption bei verschiedenen Aciditäten.
(Glycerinauszug aus Probe XXVII, mit dem gleichen Volumen verdünnter Pufferlösung versetzt; Tonerdesuspension C_γ; Adsorbate mit 50proz. Glycerin vom nämlichen p_H gewaschen, eluiert mit 30 ccm $2^2/_3$basischem Ammonphosphat [57 Vol. 1proz. Diammonphosphat, 3 Vol. n-NH_3, 40 Vol. 87proz. Glycerin]; Operationen ausgeführt unter Eiskühlung.)

p_H	Angewandt T.-(e.)	Angewandt mg Al_2O_3	Adsorptionsrestlösung T.-(e.)	Adsorptionsrestlösung %	Elution T.-(e.)	Elution %
4,7	30	58,8	24	80	0	0
4,7	34	52,1	33	97	1	3
4,7	40	52,1	31	75	3	8
5,3	31	52,1	22	72	8	26
5,3	34	52,1	26	77	7	21
7,0	48	58,8	16	33	19	39
7,0	34	17,0	15	44	19	56
7,0	41	58,8	16	40	18	45

Enzym von dem Hefetrypsin, [203] das von derselben Tonerde γ nach R. WILLSTÄTTER und W. GRASSMANN[1)] im sauren Gebiete viel leichter adsorbiert wird. Vergleicht man in der Tabelle die Enzymmengen in den Mutterlaugen der Adsorption und in den ammoniakalischen Elutionen der Tonerdeadsorbate, so findet man die Summen in

[1] Diese Zs. Bd. 147, S. 286, und zwar S. 304 [1925].
[1)] Diese Zs. Bd. 153, S. 250, und zwar S. 280 [1926] (*Abh. 122*).

Übereinstimmung mit den angewandten Enzymmengen; daß Abweichungen, wie sie die XII. Abhandlung verzeichnete, nicht mehr vorkommen, spricht für die Zuverlässigkeit der neuen Bestimmungsweise.

Abtrennung von Lipase und Amylase. Wenn die Behandlung der Pankreasauszüge mit Tonerde der Sorte C_γ, und zwar bei saurer Reaktion, wie auch aus der Untersuchung von E. WALDSCHMIDT-LEITZ, A. SCHÄFFNER und W. GRASSMANN[2] hervorgeht, das begleitende ereptische Enzym vollständig abzutrennen erlaubt, während das Trypsin in den Adsorptionsmutterlaugen verbleibt, so gelingt mit dieser Vornahme außerdem auch die Abtrennung der pankreatischen Lipase. Die in der II. Abhandlung dieser Reihe[3] niedergelegten Erfahrungen gelten auch für die neu definierte Tonerdesorte, sie ist sogar für die Fraktionierung des pankreatischen Enzymgemisches besonders geeignet. Durch mehrmalige, oft schon durch zweimalige Einwirkung der Tonerde auf die pankreatischen Auszüge erreicht man, daß der Lipasegehalt der Adsorptionsrestlösungen auf einen ganz geringen Bruchteil zurückgeht, während die überwiegende, in der Regel die ganze Menge des Trypsins und mit diesem der größte Teil des stärkespaltenden Enzyms der Adsorption entgeht. Wenn in den Versuchen der Tab. 7, die eine Auswahl unserer Beispiele wiedergibt, die Amlyaseausbeuten in den Mutterlaugen nach der Adsorption keine guten sind, so mag daran zum Teil Zerstörung des Enzyms schuld tragen, die in saurem Medium nicht immer zu vermeiden ist. In den alkalischen Elutionen der Tonerdeadsorbate, die wir nach dem Verfahren der [204] II. Abhandlung bereiteten, fand sich die Lipase wieder, ihr Gehalt an Trypsin und an Amylase hingegen war nur ganz unbedeutend.

Tabelle 7.
Abtrennung der Lipase.
(7,5 ccm Glycerinauszug aus Probe XXVII mit 63 T.-(e.), 56 Amylaseeinheiten und 38 Lipaseeinheiten; Einwirkung von Tonerde C_γ; Reaktion eingestellt durch Acetatpuffer; Angaben beziehen sich auf den Gehalt der Adsorptionsmutterlaugen.)

p_H	Zahl der Adsorpt.	Angewandte mg Al_2O_3	Ausbeute an Trypsin		Amylase[1])		Lipase[1])	
			T.-(e.)	%	Amylase-einh.	%	Lipase-einheiten	%
4,7	1	88,2	62	99	24,3	43	7,5	20
4,7	2	88,2 + 58,8	62	99	24,6	43	1,0	2
4,7	2	88,2 + 134,4	60	96	14,0	25	0,2	0,5
3,7	2	je 58,8	40	65	20,0	37	4,2	11
3,7	3	58,8 + 58,8 + 42,0	35	57	—	—	0,5	1,4
3,7	3	58,8 + 58,8 + 42,0	26	43	22,4	41	0,3	0,8

Auch für die auf auswählender Adsorption durch Kaolin beruhende Abtrennung der Amylase vom Trypsin, wie in der III. Abhandlung dieser Reihe[2]) bereits beschrieben,

[2] Diese Zs. Bd. 156, S. 68, und zwar S. 82 [1926].
[3] Diese Zs. Bd. 125, S. 172ff. [1922/23].
[1]) Die Bestimmung des lipatischen und diastatischen Enzyms folgte dem in der I. bzw. III. Abhandlung über Pankreasenzyme mitgeteilten Verfahren: Diese Zs. Bd. 125, S. 93, und zwar S. 110 [1922/23] (Lipase); Diese Zs. Bd. 126, S. 143, und zwar S. 155 [1922/23] (Amylase).
[2]) Diese Zs. Bd. 125, S. 143, und zwar S. 162 [1922/23].

erbringen wir nun sichere quantitative Unterlagen hinsichtlich der tryptischen Wirkung. Es hat sich in Anlehnung an die früheren Erfahrungen ergeben, daß das Trypsin aus den Mutterlaugen der Tonerdeadsorption, wenn es von lipatischem und ereptischem Enzym befreit ist, bei neutraler oder saurer Reaktion leicht von Kaolin aufgenommen wird, während nur geringe Anteile der Amylase es in die Adsorbate und in deren alkalische Elutionen begleiten. Wenn sich die Ausbeuten an Trypsin in den erhaltenen Elutionen nach den Versuchen der [205] Tab. 8 auf etwa 40% der anfänglich vorhandenen Enzymmenge belaufen und daneben nur noch ganz unbedeutende Amylasemengen meßbar sind, so ist es nicht zweifelhaft, daß eine Wiederholung der Adsorptionsvornahme an den gewonnenen Lösungen auch die letzten Spuren amylatischer Substanz abzutrennen erlauben wird. Unsere Untersuchung, die in diesem Punkte unvollkommen ist, wird nach zwei Richtungen fortgesetzt, um das Enzym in dem erreichten Zustande enzymatischer Einheitlichkeit zu beschreiben und um für das in den Restlösungen der Kaolinadsorption hinterbliebene stärkespaltende Enzym die Ausbeuten noch zu verbessern.

Tabelle 8.

Abtrennung der Amylase.

(Restlösung nach Abtrennung von Lipase und Erepsin durch Tonerde mit 60 T.-(e.) und wechselndem Amylasegehalt; Einwirkung von mit Salzsäure gekochtem und bis zu neutraler Reaktion ausgewaschenem Kaolin; Reaktion eingestellt durch Acetatpuffer; Adsorbate eluiert mit 25 ccm $2^{2}/_{3}$basischem Ammonphosphat [57 Vol. 1proz. Diammonphosphat, 3 Vol. n-NH_3, 40 Vol. 87proz. Glycerin].)

p_H	Zahl der Adsorpt.	Angew. Kaolin	Ausb. in Adsorptionsrestl.				Elution			
			Trypsin		Amylase		Trypsin		Amylase	
		g	T.-(e.)	%	Am.E.	%	T.-(e.)	%	Am.E.	%
4,7	2	0,775	1,6	3	8,4	16	26	43	2,3	4
7,0	2	0,775	0	0	7,2	12	26	43	1,9	3
7,0	4	1,550	0	0	—	—	26	43	0,5	1

Beispiel für die Reinigung des Trypsins.

7,5 ccm Glycerinauszug aus Pankreasprobe XXVII, die mit 7,5 ccm $^{1}/_{15}$n-Acetatpuffer von $p_H = 4,7$ verdünnt waren, enthielten 61,8 T.-(e.) [0,10 ccm: 0,50 ccm 0,2n-KOH: 0,41 T.-(e.)], 37,5 L.E. (0,20 ccm: 15,4% Spaltung [Olivenöl]: 0,50 L.E.) und 43,5 Am.E. (0,001 ccm, 10 Minuten: 12,0 mg Maltose, $k = 0,0029$). Zu der eisgekühlten Lösung fügte man 10,5 ccm Tonerdesuspension C_γ (= 88,2 mg Al_2O_3), dann zu der in der Zentrifuge abgeschleuderten Mutterlauge weitere 16 ccm des Gels (= 134,4 mg Al_2O_3); nun wurde die Restlösung von der Adsorption mit n-NH_3 gegen Lackmus neutralisiert. Sie enthielt in 30 ccm noch 60 T.-(e.) [0,10 ccm: 0,30 ccm 0,2n-KOH: 0,20 T.-(e.)] neben 0,2 L.E. (3,0 ccm: 1,1% [206] Spaltung [Olivenöl]; 0,02 L.E.) und 17,4 Am.E. (0,005 ccm, 10 Minuten: 12,3 mg Maltose; $k = 0,0029$) oder 97% vom Trypsin, 0,6% von der Lipase und 40% von der Amylase des Extraktes, die Abtrennung der Lipase war also praktisch vollständig.

18,0 ccm lipasefreie Restlösung der Tonerdeadsorption [mit 36 T.-(e.) und 10,4 Am.E.], die neutralisiert waren ($p_H = 7,0$), behandelte man mit insgesamt 20 ccm Kaolinsuspension (= 1,55 g), und zwar 4mal mit je 5,0 ccm derselben unter jeweiliger Abtrennung des Adsorbates in der Zentrifuge; die vereinigten Adsorbate wurden mit 30 ccm $2^{2}/_{3}$basischem Ammonphosphat (57 Vol. 1proz. Diammonphosphat, 3 Vol. n-NH_3, 40 Vol. 87proz. Glycerin) eluiert und die erhaltene Elution alsbald mit n-Essigsäure neutralisiert.

In 30 ccm der Restlösung von der Kaolinadsorption fand man keine tryptische Wirkung mehr, aber noch 1,08 Am.E. (0,05 ccm, 10 Mnuten: 7,5 mg Maltose; $k = 0,0018$), während die aus den Adsorbaten bereitete Elution in insgesamt 28 ccm 28 T.-(e.) [0,30 ccm: 0,45 ccm 0,2n-KOH:

0,30 T.-(e.)], d. i. 77% von der Trypsinmenge der lipasefreien Lösung und 75% von der des Glycerinauszuges enthielt; der Amylasegehalt der Elution war nur geringfügig, er entsprach insgesamt 0,67 Am.E. (0,05 ccm, 10 Minuten: 5,1 mg Maltose; $k = 0{,}0012$).

Reinheitsgrade. Nach der Abtrennung der enzymatischen Begleiter lag das Trypsin in etwa 8mal konzentrierterer Form vor als im rohen Drüsenauszug. Der Reinheitsgrad des Enzyms, der durch den „Trypsin-Wert [T.-(w.)]", nämlich die Zahl der T.-(e.) in 1 cg Trockenpräparat, ausgedrückt wird, wurde durch Dialyse der Enzymlösungen zur Befreiung vom Glycerin und von Salzen und durch Wägung der beim Abdampfen verbliebenen Trockenrückstände ermittelt.

a) Glycerinauszug. 15,0 ccm mit 123,6 T.-(e.) hinterließen nach 10tägiger Dialyse gegen fließendes destilliertes Wasser in sogenannten Fischblasen und Abdampfen auf dem Wasserbade 0,2182 g Trockensubstanz; hieraus errechnet sich T.-(w.) = 5,7.

b) Elution aus Kaolinadsorbat. 27,0 ccm mit 27 T.-(e.) ergaben, wie oben behandelt, 0,0060 g Trockenrückstand, entsprechend T.-(w.) = 45.

3. Bestimmung des Trypsins durch Casein.

Casein als Substrat bietet Vorteile gegenüber der Gelatine, gleich der es nur von aktiviertem Trypsin angegriffen wird. Die Hydrolyse durch gleiche Enzymmengen bei ähnlichen Substratkonzentrationen verläuft rascher und führt weiter; die Ausschläge werden also größer. Bei Anwendung einer 8proz. Gelatinelösung im Bestimmungsansatz konnte das klumpenförmige Ausfallen des unveränderten Substrates auf **[207]** Zusatz von Alkohol erhebliche Fehler verursachen, die schließlich durch Verdünnen der Gelatine und stufenweises Neutralisieren vermieden wurden. Beim Casein fällt diese Schwierigkeit fort, die Analyse ist leichter ausführbar. Das unveränderte Casein bildet nämlich auf Alkoholzusatz eine Milch, die sich leicht titrieren läßt; der mittlere Fehler beträgt nicht mehr als ±0,05 ccm 0,2n-KOH.

Das rasche zeitliche Abklingen der Hydrolyse macht auch beim Casein viel Substrat für kleine Enzymmengen nötig. Die Reaktionsbedingungen sind möglichst ähnlich denjenigen mit Gelatine als Substrat. Die Aktivierung des Trypsins geschieht

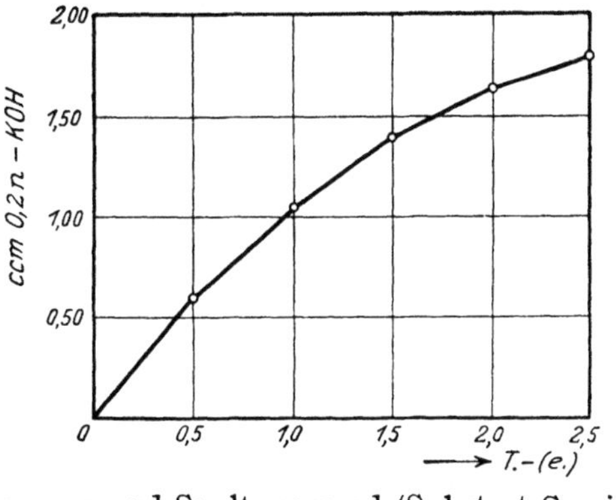

Abb. 2. Trypsinmenge und Spaltungsgrad (Substrat Casein; 20 Minuten).

wieder während 30 Minuten mit 0,3 ccm Enterokinaselösung (Auszug 1 : 50 aus trockener Darmschleimhaut), aber bei 30°. Substrat sind 0,30 g Casein (KAHLBAUM nach HAMMARSTEN) im Volumen von 10 ccm mit einem Gehalt von 2,00 ccm n-NH_3—NH_4Cl-Puffer (1 : 1), wodurch bei 20° $p_H = 8{,}6$, bei der Bestimmungstemperatur von 30° $p_H = 8{,}9$ entsteht. Der Bestimmung wird die empirische Beziehung zwischen Enzymmenge und Umsatz zugrunde gelegt, die sich aus den mit 20 Minuten Reaktionsdauer ausgeführten Versuchen (bei 30°) der Tab. 9 und aus der Abb. 2 ergibt. Für die Analyse sucht man den steilen Abschnitt der Kurve auf. Nur bei sehr kleinen Trypsinmengen ist das Verhältnis zwischen Enzym und Umsatz [208] annähernd konstant, bei größeren Enzymmengen entspricht der Umsatz der Schützschen Regel.

Tabelle 9.
Trypsinmenge und Umsatz bei der Caseinhydrolyse.

F = T.-(e.)	x (ccm 0,2 n-KOH)	$k = \frac{x}{F}$ (ber.)	$k = \frac{x}{\sqrt{F}}$ (ber.)
0,5	0,58; 0,60; 0,55; 0,62; 0,60; 0,60	1,20	0,85
1,0	1,05; 1,00; 1,05; 1,05; 1,10; 1,05; 1,05	1,05	1,05
1,5	1,40; 1,42; 1,40; 1,40; 1,42; 1,40	0,93	1,14
2,0	1,64; 1,62; 1,65; 1,66; 1,65	0,82	1,16
2,5	1,80; 1,78; 1,80; 1,82; 1,80	0,72	1,14

Tabelle 10.
Zeitlicher Verlauf der Caseinhydrolyse durch Trypsin.
[I. 0,1, II. 0,25, III. 0,5, IV. 1,0 T.-(e.).]
t = Minuten; x = ccm 0,2n-KOH; $k = \frac{x}{\sqrt{t}}$.

I.	t	50	100	200	300			
	x	0,55	0,95	1,30	1,70			
	k	0,078	0,095	0,092	0,098			
II.	t	40	50	60	80	120	140	
	x	0,65	0,80	0,95	1,20	1,55	1,65	
	k	0,103	0,113	0,122	0,134	0,142	0,139	
III.	t	20	40	60	80	100	120	140
	x	0,60	1,05	1,40	1,65	1,85	2,05	2,20
	k	0,134	0,166	0,181	0,184	0,185	0,187	0,186
IV.	t	10	20	40	50	60	70	
	x	0,60	1,10	1,65	1,90	2,10	2,20	
	k	0,190	0,246	0,261	0,269	0,271	0,263	

Zeitlicher Verlauf (Tab. 10). Nur bei kleinen Trypsinmengen [0,1 T.(e.)] und in der ersten Stunde verläuft die [209] Caseinspaltung annähernd linear; aber in den folgenden Zeitabschnitten und bei größeren Mengen Enzym fügt sich der Reaktionsverlauf der Schützschen Regel.

Ausführung der Bestimmung. Die Enzymprobe von beispielsweise 1 ccm Glycerinauszug 1 : 10 aus getrocknetem Pankreas oder von äquivalenten Mengen einer anderen Lösung oder eines Trockenpräparates wird mit 0,3 ccm Kinaselösung und mit Wasser in einem Fläschchen mit eingeschliffenem Stopfen auf 3,0 ccm gebracht und zur Aktivierung 30 Minuten bei 30° gehalten. Dann gibt man 5,0 ccm 6proz. Caseinlösung und 2,0 ccm n-NH_3—NH_4Cl-Puffer (1 : 1) hinzu. Nach der Reaktionszeit von 20 Minuten wird das Gemisch mit 5 ccm Wasser und 15 ccm absolutem Alkohol quantitativ in das Titriergefäß übergespült und nach Zugabe von 2 ccm 0,5proz. alkoholischer Lösung von Thymolphthalein mit 0,2 n-KOH nur zum ersten schwach bläulichen Farbton titriert. Darauf fügt man 120 ccm siedenden absoluten Alkohol hinzu und führt die Titration bis zum Auftreten des ersten grünlichblauen Farbtons zu Ende. Helles Tageslicht oder Bogenlampenlicht ist für die Beobachtung des Umschlagspunktes geeignet.

Von der gefundenen Acidität ist der Alkaliverbrauch abzuziehen, der sich im genauen analytischen Vergleich für Casein + Puffer und Enzympräparat ergibt.

Als Trypsin-Einheit, gemessen mit Casein, soll diejenige Enzymmenge bezeichnet werden, die unter den angegebenen Bedingungen eine Spaltung entsprechend 1,05 ccm 0,2n-KOH bewirkt. Diese Einheit ist der mit Gelatine bestimmten ungefähr äquivalent. Sie ist in etwa 0,1 ccm Glycerinauszug (1 : 10) aus getrocknetem Pankreas enthalten.

Zeitschrift für physiologische Chemie 173, S. 17 [1928].

104. ÜBER MAGENLIPASE.

Vergleich in verschiedenen Reinheitsgraden mit Pankreaslipase.

XVI. Abhandlung über Pankreasenzyme.

Von RICHARD WILLSTÄTTER und EUGEN BAMANN.

(Mitteilung aus dem Chemischen Laboratorium der Bayerischen Akademie der Wissenschaften in München.)

(Der Redaktion zugegangen am 24. Oktober 1927.)

Die Reinigung der Magenlipase ist trotz oder wegen ihrer Schwierigkeit eine besonders anziehende Aufgabe, weil die Merkmale des Enzyms in ungewöhnlichem Maße durch seine Begleitstoffe gefälscht sind. Das Ziel der Untersuchung ist der Vergleich dieser Liapse in ihren verschiedenen Reinheitsgraden, vom Zustand ihres physiologischen Komplexes an bis zu der höchsten erreichbaren enzymatischen Konzentration, worin sie namentlich von den zäh anhaftenden Eiweißstoffen völlig befreit vorliegt. Das wichtigste Merkmal für den Vergleich der Lipasen in rohen und reinen Zuständen ist ihre Konfigurationsspezifität, worüber in einer folgenden Abhandlung berichtet werden soll.

In unseren früheren Arbeiten[1] wurde die Reinigung der gastrischen Lipase so weit verfolgt, daß sich das p_H-Optimum bei dem Enzym des Hundemagens aus dem sauren Gebiet in das alkalische verschob und daß sich beim Enzym des [18] Schweinemagens das Wirkungsverhältnis zwischen $p_H = 8{,}6$ und $4{,}7$, worin anfangs der deutlichste Unterschied gegenüber pankreatischer Lipase bestand, der p_H-Abhängigkeitskurve der Pankreaslipase anglich. Bei den ersten Schritten der Reinigung wurde die gastrische Lipase auch darin der pankreatischen ähnlich, daß sich die anfangs fehlende Aktivierbarkeit durch gallensaure Salze einstellte. Der Reinheitsgrad, den wir durch Fällen mit Essigsäure, Elektrodialyse und Voradsorption mit Kaolin erzielten, belief sich aufs 125fache des getrockneten Magens, auf etwa das 25fache der getrockneten Schleimhaut. In der vorliegenden Arbeit ist die enzymatische Konzentration aufs 3000fache des

[1] R. WILLSTÄTTER und F. MEMMEN, IV. Abh. über Pankreasenzyme, Diese Zs. Bd. 129, S. 1, und zwar S. 13 [1923]; Dieselben, VII. Abh., Diese Zs. Bd. 133, S. 247 [1923/24]; R. WILLSTÄTTER, F. HAUROWITZ und F. MEMMEN, IX. Abh., Diese Zs. Bd. 140, S. 203 [1924]; F. HAUROWITZ und W. PETROU, XIII. Abh., Diese Zs. Bd. 144, S. 68 [1925].

getrockneten Magens, also das 600fache der Mucosa gesteigert worden. Bei diesem Reinheitsgrad sind die Millonprobe und die Tryptophanreaktion (mit 0,35 bis 0,60 mg Substanz) negativ geworden. Unsere Versuche sind mit einer demnächst im Druck erscheinenden Arbeit* von H. KRAUT und H. RUBENBAUER „Über Leberesterase. Versuche zu ihrer Reinigung und über ihre Beständigkeit" gleichlaufend. Auch das hepatische Enzym ist von den hartnäckigen Proteinreaktionen, Millonprobe und Biuretreaktion, frei erhalten worden. Solche negative Befunde, durch die wir die Proteinnatur der untersuchten Enzyme ausschließen und eine erhebliche Beimengung von Proteinen und ihren Abbauprodukten unwahrscheinlich machen, werden, wie es scheint, für angreifbar gehalten. Es kommt nämlich vor, daß andere Forscher unsere Versuche sorgfältig wiederholen und daß sie dabei zu Präparaten gelangen, die noch Begleitstoffreaktionen aufweisen. Dennoch sollte gegenüber dem Umstand, daß die angeführten Methoden nicht unbedingt oder erst mit größerer Erfahrung zum Ziele führen, die Abtrennung der Begleitstoffe, die in einigen Beispielen geglückt ist, als beweiskräftig gelten. Es ist mehrere Male gelungen, Saccharase, Lipasen und pankreatische Amylase von Proteinsubstanzen, soweit nachweisbar, zu befreien. Für diese Enzyme dürfen also Proteine nicht mehr als wesentliche Bestandteile gelten. Bei Pankreasamylase waren in unseren besten Präparaten die Millon- und Ninhydrinreaktion völlig negativ. Unseren Ergebnissen halten [19] H. C. SHERMAN, M. L. CALDWELL und M. ADAMS[1] entgegen, daß sie nach unseren und ihren eigenen Methoden zu gereinigten Präparaten mit positiven Proteinreaktionen gelangten und daß H. LÜERS und E. SELLNER[2] auch an hochwertigen Präparaten von Malzamylase kräftige Eiweißreaktionen beobachteten. Nach der Schlußfolgerung von SHERMAN, CALDWELL und ADAMS ist Pankreasamylase entweder ein Protein oder sie enthält Protein als wesentlichen Bestandteil. Auf diese Untersuchung über Amylase wird Herr E. WALDSCHMIDT-LEITZ genauer eingehen.

Wir stehen vor der Frage, wie rein wohl die Enzympräparate sein mögen, an denen keine Begleitstoffreaktionen mehr wahrzunehmen sind. Bestehen sie zum großen Teil aus Enzymsubstanz oder enthalten sie davon nur wenige Prozente oder sogar weniger als 1%? Es müßte sich in letzterem Falle um sehr leicht lösliche, aber nicht dialysierbare Verbindungen handeln, um begleitende hochmolekulare Stoffe, die aber der Lösung keine Kolloidmerkmale geben und nicht denaturierbar sind, um Verbindungen, die im allgemeinen keine Fällungsreaktionen geben. Man kann sich kaum vorstellen, daß ein hoher Bruchteil der gereinigten Enzympräparate aus hochmolekularen Begleitstoffen von unbekannter Art besteht, deren Natur fast ebenso rätselhaft wäre wie die der Enzyme. Es ist wahrscheinlicher, daß die Enzympräparate, die sich der Beständigkeitsgrenze nähern, die keine Eiweiß- und keine anderen Gruppenreaktionen mehr geben, die aber noch nahe verwandte Stoffe enthalten müssen, Vorstufen und Zersetzungsprodukte der aktiven Substanzen, schon stark angereichert sind.

---

* *Abh. 106.*

[1] Jl. of the Amer. Chem. Soc. Bd. 48, S. 2947 [1926].

[2] Wochenschr. f. Brauerei Bd. 42, S. 97, 103, 110 [1925].

Dies gilt auch für die im folgenden beschriebenen Präparate der Magenlipase und ist für ihren Vergleich mit Pankreaslipase zu beachten. Der getrocknete Magen, z. B. des Schweines, zeigt gegenüber dem Substrat Tributyrin 2500- bis 3000fach geringere lipatische Wirkung als entfettete und getrocknete Pankreasdrüse. Während 1 g getrockneter Pankreas, mit Tributyrin gemessen, etwa 83000 Einheiten enthält, ist die Anzahl der Einheiten in 1 g trocknem Magen 30, in 1 g trockner Mucosa (Cardia-
[20] und Fundusteil) etwa 150. Die 600fach höhere enzymatische Konzentration der gereinigten Magenlipase, gemessen mit Tributyrin, ist etwa gleich derjenigen von roher getrockneter Pankreasdrüse. Die pankreatische Lipase aber ist in der II. Abhandlung dieser Reihe[1] aufs 240fache der enzymatischen Konzentration des Ausgangsmaterials gebracht worden. Höchst unwahrscheinlich ist es, daß unsere reinsten Präparate von gastrischer Lipase in bezug auf ihren Gehalt an Fremdkörpern nur dem geringen und leicht zu steigernden lipatischen Reinheitsgrad der rohen Bauchspeicheldrüse entsprechen. Vielmehr sprechen die angeführten Zahlen entschieden dafür, daß die gastrische Lipase ein gegenüber denselben Substraten (Butyrin, Öl, einfache Ester) viel schwächer wirksames Enzym ist als die Pankreaslipase. Unsere Beobachtungen lassen also nicht zu, in der (gereinigten) Magenlipase ein mit der Pankreaslipase übereinstimmendes oder ähnliches Enzym anzunehmen, das noch hundertfach verdünnter wäre als die Pankreaslipase, die selbst in gereinigtem Zustand gewiß noch nicht 100prozentig erhalten worden ist. Die beiden Lipasen sind also Katalysatoren, deren Wirkungsvermögen der Größenordnung nach differiert. Gemeinsam ist ihnen die bessere Eignung für Fette als für Ester, sie sind eigentliche Lipasen, während das Leberenzym hauptsächlich eine Esterase ist. Die Magenlipase ist, wie die nachfolgenden Zahlen ergeben, eine verhältnismäßig noch schlechtere Esterase als Pankreaslipase, wenn es sich in diesen Fällen wirklich um je ein Enzym von breitem Wirkungsbereich, nicht um Gemische hydrolysierender Enzyme handelt.

Um dieselben Spaltungen zu erzielen wie mit 1 cg trockner Pankreasdrüse, sind von der trocknen Mucosa des Schweinemagens erforderlich:

für die Spaltung von Olivenöl . . . . 3,2 g
,, ,, ,, ,, Tributyrin . . . . . . 6,4 g
,, ,, ,, ,, Buttersäuremethylester 10,3 g.

[21] Die für die drei Hydrolysen dem Pankreasenzym äquivalenten Mengen verhalten sich also wie 1 : 2 : 3. Diese Werte können aber keine Genauigkeit und strenge Gültigkeit beanspruchen. Sie differieren ja stark von einer Tierart zur andern und sogar einigermaßen von einem Tier zum andern derselben Spezies. Die Voraussetzung für die quantitativen Bestimmungen und Vergleiche ist die Vollkommenheit des Aktivierungsausgleichs und diese Voraussetzung ist im allgemeinen, wie die beobachteten Schwankungen der Wirkungsverhältnisse zeigen, ungenügend erfüllt.

Die angeführten Verhältniszahlen ergeben sich aus folgenden nach den Bestimmungsmethoden mit den drei verschiedenen Substraten gefundenen enzymatischen

[1] R. WILLSTÄTTER und E. WALDSCHMIDT-LEITZ, Diese Zs. Bd. 125, S. 132 [1922/23].

Werten von Pankreas und Magenschleimhaut des Schweines (nämlich dem enzymreicheren Cardia- und Fundusteil):

1 cg tr. Pankreas enthält:	1 cg tr. Mucosa enthält:
0,83 Einheiten der Ölspaltung[1],	0,0026 Einheiten der Ölspaltung[2],
830 ,, ,, Butyrinspaltung[1],	1,3 ,, ,, Butyrinspaltung,
0,67 ,, ,, Esterspaltung[1]	0,00065 ,, ,, Esterspaltung[3].

Die Wirkungsverhältnisse der rohen Magenlipase gegen die drei Substrate Tributyrin, Olivenöl, Buttersäureester, in den festgesetzten Einheiten ($B._2$ E., $L._2$ E. $L._2'$ E.) gemessen, verhalten sich wie 1 : 0,002 : 0,0005 (gegenüber den Wirkungen bei Pankreas von 1 : 0,001 : 0,0008).

Unsere Betrachtung über das Verhältnis der Magenlipase zur Pankreaslipase hängt davon ab, daß die enzymatische Konzentration annähernd so weit gesteigert worden ist, als es [22] bei den Stabilitätsverhältnissen des reinen Enzyms mit unseren Methoden überhaupt möglich ist. Die besondere Aufgabe in diesem Fall ist die Trennung der Lipase von den mucinhaltigen Eiweißstoffen, mit denen sie adsorptiv verbunden ist. Dafür reichen unsere Adsorptionsmethoden nicht aus. Proteine und Enzym bleiben ebenso wie beim Ausfällen aus den Lösungen durch Ansäuern auch in den Adsorbaten und Elutionen eng vergesellschaftet. Das Verfahren, das uns hier zum Ziele führt, besteht im proteolytischen Abbau der begleitenden mucinhaltigen Eiweißstoffe. Dadurch wird die Menge des beim Ansäuern entstehenden enzymhaltigen Niederschlags stark vermindert, er entsteht auch erst bei höherer Säurekonzentration als die Mucinfällung. Durch ein Verfahren der fraktionierten Adsorption läßt sich dann die Reinigung zu Ende führen. Die dem Enzym noch anhaftende kleine Menge von abgebautem Protein wird beseitigt und die enzymatische Konzentration nochmals gesteigert.

Die proteolytische Spaltung der mucinhaltigen Eiweißstoffe läßt sich gut mit Hilfe von Hefeprotease und zwar bei fast neutraler Reaktion ($p_H = 6{,}8$) ausführen, ohne daß Lipase aus der Hefe oder andere störende Substanzen in die Lösung gebracht werden. Ungeeignet erscheinen für diesen Zweck Trypsin und Papain wegen ihrer Lipasegehalte, Pepsin wegen der erforderlichen stark sauren Reaktion. Anwendbar, indessen weniger gut als die Hefeproteasen, ist auch ein schon in den Auszügen aus der Magenschleimhaut enthaltenes, das Pepsin begleitendes, aber bei alkalischer Reaktion wirkendes proteolytisches Enzym oder Proteasengemisch, worüber wir in einer späteren Arbeit genauere Angaben mitzuteilen hoffen. Diese Selbstverdauung in der rohen Lösung der Magenlipase, bei $p_H = 7{,}0$, verläuft aber zu langsam.

---

[1] VIII. Abh., Diese Zs. Bd. 138, S. 216, und zwar S. 232 [1924].

[2] VII. Abh., Diese Zs. Bd. 133, S. 247, und zwar S. 253 [1923/24].

[3] Diese Zahl ist berechnet aus folgenden Versuchen:

a) 2000 $B._2$ E. vom $B._2W. = 30$ spalteten u. d. Vers.-Bed. f. d. Butyrathydr. (VI. Abh.) in 60 Minuten 25% Methylbutyrat, entspr. also 1 $L._2'$ E.

b) 1072,5 $B._2$ E. vom $B._2W. = 36$ spalteten u. d. gleich. Bed. in 60 Minuten 14,8% Substr., entspr. also 0,591 $L._2'$ E.

c) 1290 $B._2$ E. vom $B._2W. = 34$ spalteten u. d. gleich. Bed. in 60 Minuten 18,2% Substr., entspr. also 0,726. $L._2'$ E.

1 $B._2$ E. = 0,00050, 0,00055 und 0,00056 $L._2'$ E.

Die Methode der Reinigung durch enzymatischen Abbau der Begleitstoffe hat hier größere Bedeutung als in einigen früheren Beispielen. Beim Papain ließ sich eine gewisse erste Reinigung der Rohprodukte dadurch erzielen[1], daß durch [23] Digerieren unter Zusatz von etwas Blausäure die beigemischten pflanzlichen Eiweißkörper teilweise abgebaut wurden. In unseren Versuchen über Invertin ist oft die Verbesserung der Adsorptionen infolge der beim Altern von Hefeautolysaten eintretenden Proteolyse der Hefeeiweißstoffe ausgenützt worden. Die Polypeptidase aus Hefe bildet selbst ein Beispiel[1]) für die Methode. Wir gewannen sie in Form von eiweißhaltigen Lösungen durch rasche Autolyse von Hefe mit Chloroform bei neutraler Reaktion. Der beim Ansäuern entstehende reichliche Eiweißniederschlag, der die Proteasen enthielt, verminderte sich beim Altern der Autolysate, also durch Proteolyse, in auffallendem Maße, so daß die enzymatische Konzentration dadurch aufs 40fache stieg.

In der Gesellschaft mit der letzten kleinen Menge von Proteinsubstanz zeigt die Magenlipase noch große Beständigkeit und gute Eluierbarkeit aus den Adsorbaten. Bei der Entfernung der Beimischungen, welche Eiweißreaktionen geben, am besten durch sogenannte Voradsorptionen, steigt der Reinheitsgrad der Magenlipase vom Butyrasewert 300 bis 450 auf etwa 700 bis 900. Von da an ist die Enzymlösung merklich leichter zersetzlich, ähnlich wie H. KRAUT und H. RUBENBAUER fanden, daß bei Leberesterase, sobald sie aufhörte die Millonreaktion zu geben, „der Übergang von verhältnismäßig guter Beständigkeit zu großer Zersetzlichkeit ... schlagartig einsetzte".

Es kommt vor, daß bei der hochwertigen Lipase das Adsorptionsverfahren auf Schwierigkeiten stößt, nämlich die Elution mit niedriger Ausbeute verläuft, weil, wie KRAUT und RUBENBAUER bei gereinigter Leberesterase annehmen, das Enzym im Adsorbat Zersetzung erleidet. Aber diese Erklärung genügt nur für einen Teil unserer quantitativen Beobachtungen. Diese zeigen außerdem an, daß das an Koeluentien verarmte Enzym sich nicht mehr gut aus den Adsorbaten eluieren läßt. Der Klarlegung dieser Erscheinung steht bei einer Lipase im Wege, daß sie zum Unterschied z. B. von Saccharase in den [24] Adsorbaten nicht sicher bestimmbar ist. Pankresalipase ist nämlich, adsorbiert an Tristearin oder Cholesterin, annähernd unwirksam, läßt sich aber wieder in aktivem Zustand eluieren. Die Magenlipase verhält sich anders. Ihr Wirkungsvermögen unterliegt in den geprüften Adsorbaten (Tonerde, Tristearin) einer verhältnismäßig geringen Abschwächung. Diese Abnahme der Aktivität kann durch Enzymzersetzung erklärt werden. Nur wenn es, wie bei Pankreaslipase, gelänge, in den Elutionen mehr Enzym nachzuweisen als vorher in den Adsorbaten, wäre Grund zur Annahme von Hemmung des lipatischen Wirkungsvermögens gegeben. Dieser Erscheinung sind wir bei Magenlipase nie begegnet.

---

[1] R. WILLSTÄTTER und W. GRASSMANN, Diese Zs. Bd. 138, S. 184, und zwar S. 211 [1924] (*Abh. 117*).

[1]) R. WILLSTÄTTER und W. GRASSMANN, Diese Zs. Bd. 153, S. 250, und zwar S. 277 [1926] (*Abh. 122*).

Experimenteller Teil.

Reinigung der Magenlipase.

Für die meisten Versuche diente die Magenschleimhaut des Schweines. Bei diesem Material genügte praktisch die an Pankreaslipase erprobte ausgleichende Aktivierung durch Natriumoleat, Calciumchlorid und Eieralbumin. Da beim Mengenvergleich in verschiedenen Reinheitsgraden keine Widersprüche vorkamen, ist es mit einigem Vorbehalt hinsichtlich der erreichbaren Genauigkeit möglich, die durch Butyrinspaltung wie in Abh. IV, VII und IX gemessenen Enzymmengen in „Butyrase-Einheiten", $B._2E.$, auszudrücken.

Wir verarbeiten nur die enzymreicheren Cardia- und Fundusteile, die, mit Aceton und Äther entfettet und getrocknet, in 1 g 100 bis 160 $B._2E.$ enthielten. Das Enzym wurde mit der 50fachen Menge von $^n/_{40}$-Ammoniak während 30 bis 50 Minuten fast quantitativ ausgezogen; fraktionierte Extraktion bot keinen Vorteil. Der beim Ansäuern mit Essigsäure ausfallende mucinhaltige Niederschlag enthielt die Lipase 10- bis 20fach konzentrierter als die trockene Mucosa. Den Reinheitsgrad vermochten wir durch Tonerdeadsorption nicht wesentlich zu steigern. In diesem Zustand ist die Lipase völlig beständig in neutraler oder schwach saurer Lösung. Wir fanden bei $p_H = 7{,}0$ nach [25] 20 und 32 Tagen und bei $p_H = 6{,}8$ nach 30 Tagen bei etwa 6° 100% der ursprünglichen Mengen von z. B. 8,0 und 9,0 $B._2E.$ in 5 und 10 ccm.

In den durch Auflösen der enzymhaltigen Essigsäurefällung in $^n/_{40}$-Ammoniak gewonnenen Lösungen erfolgt beim Stehen Proteolyse der mucinhaltigen Eiweißstoffe. Sie ist an der Gewichtsabnahme der beim Ansäuern entstehenden mucinhaltigen Eiweißfällung erkennbar und es ist am besten, die Proteolyse so zu messen (Tab. 1). Sowohl bei der für Pepsin erforderlichen sauren ($p_H = 3{,}0$), wie auch bei neutraler Reaktion erfolgt in diesen Enzymlösungen aus Magenschleimhaut die Selbstverdauung. Bemerkenswerter Weise macht sie sich im titrierbaren Carboxylzuwachs bei $p_H = 2{,}5$ fast nicht bemerkbar, bei $p_H = 8{,}0$ etwas deutlicher (Tab. 2). Also trotz äußerst geringen Carboxylzuwachses wird bei $p_H = 2{,}5$ der fällbare Mucinniederschlag abgebaut. Wenn man mit Casein als Substrat das Pepsin und Trypsin und mit Leucylglycin das Erepsin in diesen Lösungen bestimmt (Tab. 2), so findet man deutlich Pepsinwirkung,

Tabelle 1.
Gewichtsabnahme der fällbaren Proteinsubstanzen infolge von Proteolyse in Schleimhautauszügen bei saurer und bei neutraler Reaktion (20°).

Versuchsdauer	$p_H = 7{,}0$ Selbstverdauung; genau ebenso auch bei Zus. von 0,1 g Pepsin (Merck)			$p_H = 3{,}0$ Selbstverdauung			$p_H = 3{,}0$ unter Zusatz von 0,1 g Pepsin (Merck)		
	in 10 ccm			in 10 ccm			in 10 ccm		
(Tage)	$B._2E.$	Fällbare Trockensubstanz (g)	Verdaut (%)	$B._2E.$	Fällbare Trockensubstanz (g)	Verdaut (%)	$B._2E.$	Fällbare Trockensubstanz (g)	Verdaut (%)
0	100	0,0403	0	100	0,0402	0	100	0,0404	0
2	100	0,0350	13,2	—	—	—	—	—	—
5	100	0,0290	28,0	—	0,0185	54,0	—	0,0133	67,1
7	90	0,0273	32,3	50	0,0165	59,0	40	0,0091	77,4

schwache Trypsinwirkung und beträchtliche ereptische Wirkung. Wir sind Herrn Dr. A. SCHÄFFNER für seine freundliche Unterstützung bei diesen Analysen zu Dank verpflichtet.

[26] Tabelle 2.
Selbstverdauung und proteolytische Wirkung in der Enzymlösung aus Magenschleimhaut (20°).

Nr.	Versuchsbeschreibung	p_H	Vers.-Dauer (Stdn.)	ccm 0,2 n-alkoh. KOH	
				Anf.-Acid.	Zuwachs
1	3 ccm Schleimhaut-Auszug + 5 ccm H_2O mit HCl.	2,5	24	1,23	0,02
2	3 ccm Lösung des Essigs.-Niederschl. + 5 ccm H_2O mit HCl	2,5	24	1,25	0,01
3	3 ccm Schleimhaut-Auszug + 7,5 ccm $NH_3 \cdot NH_4Cl$-Puffer	8,0	18	0,20	0,08
4	Bed. wie 1, mit 5 ccm 6proz. Caseinlösung	2,5	24	6,50	0,29
5	Bed. wie 2, mit 5 ccm 6proz. Caseinlösung	2,5	24	6,48	0,32
6	Bed. wie 3, mit 5 ccm 6proz. Caseinlösung	8,6	18	7,62	0,18
7	Bed. wie 3, mit 5 ccm Leucylglycinlösung (0,188 g).	7,8	18	11,60	2,40 (vollst. Hydrol.)

Mit der Selbstverdauung der mucinhaltigen Eiweißstoffe verglichen wir ihre Hydrolyse durch proteolytisch wirksame Hefeautolysate und durch deren einzelne Komponenten, die Polypeptidase und Dipeptidase[1]. Die Autolysate waren nach dem Verfahren unserer X. Abhandlung[2] über Invertin durch fraktionierte Autolyse der Hefe unter Zusatz von Toluol oder Essigester bei neutraler Reaktion gewonnen und kurzer Alterung, von etwa 1 Woche, unterworfen. Sie waren nach dieser Zeit frei von Lipase und arm an Erepsin. Der Vergleich (Tab. 3) ergab, daß die Selbstverdauung durch die proteolytische Wirkung der Hefeautolysate auf die mucinhaltigen Eiweißstoffe [27] übertroffen wird und daß dabei hauptsächlich die Polypeptidase wirksam ist. Die homogenen Peptidasen, die Herr Dr. W. GRASSMANN so freundlich war, uns zur Verfügung zu stellen, wandten wir in denselben Mengen einzeln und als Gemisch an, wie sie im Hefeautolysat vorkamen.

Bei Anwendung größerer Mengen Hefeautolysat, 10 bis 20 ccm und mehr (anstatt 5 wie in Tab. 3) auf 0,3 bis 0,4 g Trockensubstanz, geht die Verdauung des fällbaren Proteins viel weiter, so daß am Ende beim Ansäuern ein Niederschlag von nur noch 3 bis 10% der anfänglichen Menge entsteht. Dies sind die geeigneten Bedingungen für den präparativen Zweck. Die Hefeprotease hat nur den Nachteil, verhältnismäßig

[1] R. WILLSTÄTTER und W. GRASSMANN, Diese Zs. Bd. 153, S. 250 [1926]; W. GRASSMANN und W. HAAG, Diese Zs. Bd. 167, S. 188 [1927]; W. GRASSMANN, Diese Zs. Bd. 167, S. 202 [1927] (*Abh. 122, 124 und 125*).

[2] R. WILLSTÄTTER, K. SCHNEIDER und E. BAMANN, Diese Zs. Bd. 147, S. 248, und zwar S. 266 [1925]; ferner R. WILLSTÄTTER und W. GRASSMANN, Diese Zs. Bd. 153, S. 250, und zwar S. 278 [1926].

Tabelle 3.
Abnahme der mucinhaltigen Proteinsubstanzen bei Einwirkung von Hefeproteasen (20°).

Vers.-Dauer	Selbstverdauung $p_H = 7$		Hefeautolysat (1,95 Tryps.-E. 33,60 Ereps.-E.) $p_H = 7$		Hefepolypeptidase (1,95 Tryps.-E.) $p_H = 6$		Hefedipeptidase (33,60 Ereps.-E.) $p_H = 7,5$		Gemisch von Poly- und Dipeptidase (1,95 Tryps.-E. 33,60 Ereps.-E.) $p_H = 7$	
(Tage)	Fällbare Trockensubstanz (g)	Verdaut (%)	Fällbare Trockensubstanz (g)	Verdaut (%)	Fällbare Trockensubstanz (g)	Verdaut (%)	Fällbare Trockensubstanz (g)	Verdaut (%)	Fällbare Trockensubstanz (g)	Verdaut (%)
0	0,0336	0	0,0336	0	0,0336	0	0,0336	0	0,0336	0
2	0,0293	13,0	0,0266	20,9	0,0271	19,2	0,0264	21,8	0,0241	28,2
4	0,0232	31,2	0,0190	43,5	0,0182	45,9	0,0210	37,7	0,0210	37,7
7	0,0228	32,2	0,0185	45,0	0,0185	45,0	0,0210	37,7	0,0186	44,8

viel Fremdkörper zu der Lösung der Magenlipase hinzuzubringen, glücklicherweise keine fällbaren. Papain, aktiviert durch Blausäure, wäre in dieser Beziehung vorteilhafter, wie aus den vergleichenden Versuchen der Tab. 4 hervorgeht. Aber die Menge des fällbaren Proteins scheint auch unter der Wirkung von verhältnismäßig viel Papain nicht so weit abzunehmen, sondern sich einem Grenzwert bei ungefähr 40% Verdauung zu nähern. Überdies verbietet sich die Anwendung des Papains durch seinen Gehalt an Lipase.

[28] Tabelle 4.
Verdauung des mucinhaltigen Proteins durch Papain, verglichen mit Hefeprotease ($p_H = 7,0$; 20°).

	Selbstverdauung	Mit Hefeautolysat (20 ccm)	Mit Papain (2 mg)	Mit Papain + HCN (2 mg)	Mit Papain + HCN (40 mg)
Säurefällbare Trockensubstanz (Lösung des Essigsäureniederschlags)	0,0400 g	0,0400 g	0,0400 g	0,0400 g	0,0380 g
Hinzugebr. Trockensubstanz	0	0,4310 g	0,0020 g	0,0020 g	0,0400 g
Fällbare Trockensubstanz nach 6 Stunden	—	0,0160 g	—	0,0336 g	—
Verdaut	—	60,0%	—	16,0%	—
Fällbare Trockensubstanz nach 12 Stunden	0,0379 g	—	—	—	0,0220 g
Verdaut	5,2%	—	—	—	42,0%
Fällbare Trockensubstanz nach 24 Stunden	0,0370 g	0,0080 g	0,0360 g	0,0240 g	—
Verdaut	7,5%	80,0%	10,0%	40,0%	—

Nach der Einwirkung des Hefetrypsins trübt sich die Lösung der Magenlipase erst bei viel stärkerem Ansäuern als zuvor und bildet einen sehr feinen, schwer absitzenden Niederschlag, der nur in der Zentrifuge von hoher Tourenzahl als dünnes, graubraunes Häutchen abgetrennt werden kann. Darin sind 50 bis 70% der Lipase in Reinheitsgraden entsprechend Butyrasewerten von 300 bis 450 enthalten, während man den noch proteinhaltigen Lösungen durch Adsorption mit Kaolin oder Tonerde die Lipase nur mit B.₂W. = 40 bis 70 entziehen kann. Der lipasehaltige Niederschlag gibt nun mit verdünntem Ammoniak eine dunkelbraune Lösung, die noch Proteinreaktionen zeigt. Die weitere Reinigung gelingt am besten durch vorsichtige mehrmalige (8- bis 10malige) Behandlung mit sehr kleinen Mengen von Kaolin, dann von Tonerde C bei neutraler Reaktion, darauf wieder mit kleinen Anteilen von Kaolin, [29] endlich nochmals mit Tonerde bei sehr schwach sauerer Reaktion. Diese fraktionierte Adsorption wird so gehandhabt, daß der Lipasegehalt der Lösung nur wenig abnimmt. Man bestimmt ihn nach Zugabe jedes einzelnen kleinen Anteils vom Adsorbens und Klären mit der Zentrifuge. Die Lösungen waren nach den letzten Voradsorptionen farblos und frei von den Trägern der Millon- und Tryptophanreaktion. Es kam wiederholt vor, daß das Millonreagens (mit 0,58 mg Trockensubstanz in 4 ccm), wenn auch nicht mehr die typische Reaktion, so doch eine gelbliche Trübung hervorrief. Aus einer solchen Lipaselösung (vom $B._2W. = 931$) wurden durch fraktionierte Adsorption mit Tonerde C $^2/_3$ des Enzyms weggenommen. Dann blieb die Restlösung der Lipase (0,35 mg Trockensubstanz in 6,5 ccm) beim Erwärmen mit dem Millonreagens völlig klar. Der Butyrasewert dieser Lipaserestlösung betrug 742. Bei zweitägigem Aufbewahren bei Zimmertemperatur trat eine Abnahme an Aktivität um 30,8% ein.

Beispiel.

Der mit 7,5 l $^n/_{40}$-Ammoniak gewonnene Auszug aus 150 g getrockneter und zerkleinerter Magenschleimhaut enthielt 18360 $B._2E.$ mit etwa 18 g Trockengewicht. Nach dem Ausfällen mit verdünnter Essigsäure und Wiederauflösen bewirkten wir den Abbau des fällbaren Proteins in 6 Tagen mit Hilfe von 2 l gealtertem Hefe-Neutral-Autolysat. Dann erzeugten wir durch Ansäuern den geringen, feinen Niederschlag, der die Lipase adsorbiert hielt und fällten ihn nochmals aus schwach ammoniakalischer Lösung mit Essigsäure um. Beim Wiederaufnehmen entstand eine ziemlich dunkle Lösung (110 ccm), die noch 12000 $B._2E.$ enthielt. Sie wurde annähernd neutralisiert und zweimal mit je 1,1 g Kaolin und viermal mit sehr kleinen Mengen der Tonerdesuspension C_γ behandelt. Nach jeder einzelnen Voradsorption trennten wir in der Zentrifuge die Restlösung vom Adsorbens ab, das der Lösung nur wenig Lipase entzogen hatte. Hierauf folgten bei ganz schwach saurer Reaktion ($p_H = 6{,}4$ bis 6,6) ebensolche Voradsorptionen mit kleinen Anteilen von Kaolin und von Tonerde. [30] Erst jetzt wurde die Lösung farblos, nur noch ein wenig grau opalisierend. Nach 6stündiger Dialyse in sogenannten Fischblasen gegen destilliertes Wasser wies die Lipase, von der noch 133 mg, enthaltend 11000 $B._2E.$, vorhanden waren, den Butyrasewert 825 auf.

Adsorptionsverhalten der Magenlipase.

Gegen Tonerde (C_γ).

a) in rohem Zustand:

285 E. Lipase von $B._2W. = 20$ in 150 ccm, nach dem Fällen mit Essigsäure wieder gelöst und neutralisiert, wurden mit 0,1 g Al_2O_3 behandelt. Die Restlösung enthielt 195 E. ($B._2W.$

wieder 20). Aus dem Adsorbat ließen sich mit glycerinhaltigem $2^2/_3$basischem Ammonphosphat[1] während 20 Minuten bei 20° 46 E. eluieren, d. i. 50% der adsorbierten Menge.

Nach der Einwirkung der Hefeprotease und vor der Abtrennung des Hefeautolysates verliefen Adsorption und Elution günstig.

Kaolin (3%) adsorbierte zufolge der Analyse der Restlösung 50 bis 80% der Lipase und gab an sehr verdünntes Ammoniak 57 bis 62% der für das Adsorbat errechneten Menge ab.

Tonerde (0,01 g) nahm aus der Lösung von 45 E. in 5 ccm zufolge Bestimmung der Restlösung 52% auf. Daraus ließen sich 66% der adsorbierten Menge eluieren.

b) in gereinigtem Zustand:

Die aus dem Hefeautolysat isolierte Lipase (45 E. in 10 ccm von B.₂W. = 300) wurde mit Tonerde versetzt und sowohl die Restlösung wie das abzentrifugierte Adsorbat mit Butyrin stalagmometrisch bestimmt. Die Restlösung enthielt 6 E., das Adsorbat 22,5 E.; es fehlten also sogleich 16,5 E. „Ammonphosphat" eluierte in 30 Minuten bei 20° nur 7,7 E.

Bei reiner Lipase verlief die Elution noch viel ungünstiger. 10 ccm, enthaltend 30,7 E. von $B._2W.$ = 760, wurden mit 0,05 g Al_2O_3 behandelt. Die Restlösung wies 10,2 E. auf, aus dem Adsorbat konnte weder mit glycerinhaltigem $2^2/_3$basischem Phosphat noch mit primärem Phosphat eine meßbare Menge Lipase eluiert werden.

180 E. von $B._2W.$ = 680 in 50 ccm wurden mit 0,5 g Al_2O_3 behandelt. In der Restlösung hinterblieben nur 8,2 E. Aus Hälften des **[31]** Adsorbates eluierte in 15 Minuten sekundäres Phosphat 2,6 E., glycerinhaltiges $2^2/_3$basisches Phosphat 3,1 E. anstatt je 85 E.

Gegen Tristearin.

Rohe und gereinigte Präparate verhielten sich gegen dieses Adsorbens ähnlich, wahrscheinlich weil es die Lipase selektiver adsorbiert als Tonerde.

10 ccm Lösung, enthaltend 27 E. von $B._2W.$ = 28, wurden mit glycerinhaltiger Suspension von feinst verteiltem Tristearin (0,1 g) versetzt. Die Bestimmung ergab sofort nur noch 21,6 E., die abgetrennte Restlösung enthielt 12,4 E. Durch glycerinhaltiges $2^2/_3$basisches Phosphat ließ sich (15 Minuten bei 20°) keine nachweisbare Menge Lipase eluieren. Danach wies das Tristearin noch einen Gehalt von 3,3 E. auf, während anfangs mindestens 9 E. im Tristearin enthalten waren.

10 ccm Lösung, enthaltend 45 E. von $B._2W.$ = 300, wurden gleichfalls mit 0,1 g Tristearin versetzt. Danach waren in der Suspension nur 30 E. nachweisbar, in der abzentrifugierten und filtrierten Restlösung 23,4 E. Das Tristearin wies nur einen Gehalt von 4,5 E. auf. Es gelang, mit „Ammonphosphat" (30 Minuten bei 20°) daraus 1,5 E. zu eluieren.

Da sich das Enzym so schwer aus Tristearin eluieren läßt, ist es unentschieden, ob bei dieser Adsorption außer teilweiser Zerstörung auch Hemmung der Lipase erfolgt.

Der Notgemeinschaft der Deutschen Wissenschaft sind wir für die Förderung unserer Untersuchung zu aufrichtigem Dank verpflichtet.

[1] Vgl. R. Willstätter und E. Waldschmidt-Leitz, Diese Zs. Bd. 125, S. 132, und zwar S. 170 [1922/23]; E. Waldschmidt-Leitz, Diese Zs. Bd. 132, S. 181, und zwar S. 229 [1923/24] (*Abh. 89 und 92*).

Zeitschrift für physiologische Chemie 173, S. 155 [1928].

105. ÜBER DIE KONFIGURATIONSSPEZIFITÄT DER ESTERASEN IN VERSCHIEDENEN REINHEITSGRADEN.

Von RICHARD WILLSTÄTTER, EUGEN BAMANN und JOHANNA WALDSCHMIDT-GRASER.

XVII. Abhandlung über Pankreasenzyme.

(Aus dem Chemischen Laboratorium der Bayerischen Akademie der Wissenschaften in München.)

(Der Redaktion zugegangen am 24. November 1927.)

Einleitung.

Die von H. D. DAKIN[1] entdeckte Erscheinung der optischen Spezifität von Leberesterase ist in der VIII., IX. und XIV. Abhandlung[2] dieser Reihe erweitert worden: die esterspaltenden Enzyme aus den verschiedenen Organen einer Tierart sowie Takaesterase unterscheiden sich in ihrer Konfigurationsspezifität, wenn sie nicht nur mit einem racemischen Ester, dem der Mandelsäure, sondern mit einer Reihe substituierter Phenylessigester geprüft werden. Pankreaslipase und Leberesterase wählen in gleichem Sinne aus, wenn sie beispielsweise auf racemischen Phenylchlor-, -brom- und -aminoessigester wirken, sie unterscheiden sich aber gegenüber Mandelsäureester und Tropasäureester. Auch lassen sich Pankreaslipase und die ihr so ähnliche Magenlipase durch die auswählende Wirkung auf racemischen Mandelsäureester unterscheiden. Aber die Bedeutung dieser weitgehenden optischen Spezifität, die zur Kennzeichnung und Unterscheidung der [156] lipatischen Enzyme wertvoll ist, hat bisher an einer Unsicherheit gelitten. Noch viel mehr als die Merkmale anderer Enzyme sind diejenigen der Lipasen von den Begleitstoffen abhängig, mit denen sie in ihren physiologischen Komplexen eng assoziiert vorkommen, von Aktivatoren und Hemmungskörpern, die sogar imstande sind, die Abhängigkeit des Wirkungsvermögens von der Reaktion des Mediums gänzlich zu verschieben. Es ist noch unbekannt, ob auch für das optische Auswählungsvermögen der Esterasen Begleitstoffe verantwortlich sind oder ob diese Enzyme noch im reinsten Zustand, der zur Zeit erreichbar ist, ihre stereochemische Eigenart bewahren. Unsere Untersuchung behandelt die Frage, ob diese Spezifität

[1] Jl. of Physiol. Bd. 30, S. 253 [1903/04] und Bd. 32, S. 199 [1905].

[2] R. WILLSTÄTTER und F. MEMMEN, Diese Zs. Bd. 138, S. 216 [1924]; R. WILLSTÄTTER, F. HAUROWITZ und F. MEMMEN, Diese Zs. Bd. 140, S. 203 [1924]; R. WILLSTÄTTER und H. KUMAGAWA, Diese Zs. Bd. 146, S. 151 [1925].

mit dem Reinheitsgrad variiert, an den Beispielen der Pankreas- und der Magenlipase und der Leberesterase, und zwar hauptsächlich an den Enzymen einer Tierart, des Schweines.

Das pankreatische Enzym wird nach den Angaben unserer II. Abhandlung[1] und die Leberesterase nach einem Verfahren von H. KRAUT und H. RUBENBAUER[2] gereinigt, beide so weit, daß sie annähernd frei von Proteinsubstanzen sind. Die Abtrennung der Magenlipase von den hartnäckig anhaftenden mucinhaltigen Eiweißstoffen stellte eine besondere Aufgabe, die mit den Adsorptionsmethoden nicht zu lösen war. Aber auf dieses Beispiel eines lipatischen Enzyms konnte nicht verzichtet werden. Denn gerade bei der Reinigung von gastrischer Lipase war sogar die Verschiebung des p_H-Optimums vom sauren ins alkalische Gebiet beobachtet worden. Wenn in irgend einem Fall, so schien es hier möglich zu sein, daß mit anderen Eigenschaften auch die optische Spezifität den Einflüssen von Begleitstoffen unterliegt. Denn als das Enzym reiner wurde, schien es sich immer mehr in seinen Eigenschaften der Pankreaslipase zu nähern. Ist es nun mit ihr in reinem Zustand identisch? Die vorige (XVI.) Abhandlung[3] berichtet darüber, wie es gelungen ist, die enzymatische [157] Konzentration der Magenlipase aufs 600fache (verglichen mit den enzymreicheren Cardia- und Fundusteilen der Schleimhaut) zu steigern und das Enzym von den Eiweißstoffen zu befreien.

Die Einwirkung der genannten drei Esterasen in rohen und reinsten Zuständen auf Mandelsäureester und Phenylchloressigsäureester hat zu dem Ergebnis geführt, daß sich in keinem Fall bei der Steigerung des enzymatischen Reinheitsgrades der Sinn des stereochemischen Auswählens ändert. Die Spezifität ist also mit größerer Wahrscheinlichkeit wie bisher den Enzymen selbst zuzuschreiben. Magen- und Pankreaslipase sind auch in gereinigtem Zustand von einander verschieden; die Unterschiede zwischen Pankreaslipase und Leberesterase bleiben ebenfalls bei höheren Reinheitsgraden bestehen. Auch haben wir in keinem Fall mit zunehmender Reinheit eines Enzyms Abnahme der spezifischen Drehung an den Produkten der Hydrolyse beobachtet. Das Entgegengesetzte zeigte sich bei der Magenlipase des Schweines: mit zunehmender Reinheit steigt bei gleichen Spaltungsgraden die spezifische Drehung der Spaltprodukte (und der übrig bleibenden Ester). Die Beobachtungen reichen aber kaum hin, um zu entscheiden, ob bei den unreinen Enzymen die Affinitäten im Sinne einer Abschwächung des optischen Auswählens beeinflußt werden oder ob Nebenerscheinungen an dem wenig günstigen Verhältnis zwischen gebildeter Säure und beobachteter Aktivität Schuld tragen.

An der Konfigurationsspezifität zeigt es sich, daß nicht ein und dieselbe Lipase in denselben Organen verschiedener Tiere vorkommt. Einer derartigen Beobachtung begegneten vor kurzem P. RONA und R. AMMON[1]) bei der Lipase der Menschenleber

[1] R. WILLSTÄTTER und E. WALDSCHMIDT-LEITZ, Diese Zs. Bd 125, S. 132 [1922/23].
[2] Diese Zs. (im Druck) (*Abh.* 106).
[3] R. WILLSTÄTTER und E. BAMANN, Diese Zs. (im Druck) (*Abh.* 104).
[1]) Biochem. Zs. Bd. 181, S. 49, und zwar S. 67 [1926/27].

einerseits und Rinder- und Schweineleber andererseits. In unseren Versuchen mit Phenylchloressigsäureester erwies sich die Magenlipase des Hundes (in verschiedenen Reinheitszuständen) entgegengesetzt auswählend als die des Schweines. Soll also die stereochemische Eigenart einer Esterase bestimmt werden, so wird es nötig sein, ihr Verhalten gegen eine Anzahl von racemischen Estern zu prüfen. Gibt es nun z. B. einige oder viele Magenlipasen und Leberesterasen? [158] Die Aufgabe eröffnet sich, bei einer Anzahl verschiedener Tierarten die Esterasen einzelner Organe mit einer Reihe racemischer Ester zu prüfen und, wo Übereinstimmung vorkommt, diese Reihe noch weiter zu vermehren.

Bei den Esterasen ist der Unterschied in der stereochemischen Spezifität nur ein quantitativer. Es ist wohl ungewiß, ob diese Enzyme einheitlich sind oder ob in gewissen Fällen verschiedene Mischungen von rechtswählendem und linkswählendem Enzym vorkommen. Die Frage scheint lösbar zu sein. Beruhte z. B. der Unterschied zwischen den Lipasen des Schweine- und Hundemagens auf verschiedenem Mischungsverhältnis, so dürften sie nicht bei gewissen Substraten entgegengesetzt, bei anderen aber übereinstimmend auswählen.

Experimenteller Teil.

1. Zur Ausführung der Spaltungsversuche.

Die Spaltungsversuche wurden in gut schließenden Pulverflaschen von 50 bis 500 ccm Inhalt, je nach dem Versuchsansatz, ausgeführt. Die neutralisierte Enzymlösung oder (in Versuchen mit Leber) 1 Stunde zuvor angesetzte Suspension von Organpulver in n/40-Ammoniak ergänzten wir mit kohlensäuregesättigter Natriumbicarbonatlösung (äquivalent der halben Estermenge) zu dem Volumen des Versuchsansatzes. Es betrug bei reinen Enzympräparaten nur 25 bis 100 ccm, war aber bei den erforderlichen Mengen der Enzymrohprodukte viel größer zu wählen. Nach Zugabe des Substrates und einiger Tropfen Toluol (5 auf 100 ccm) wurde der Ansatz kräftig durchgeschüttelt und die Flasche in den Thermostaten gestellt. Das Durchschütteln wurde jeweils nach einigen Stunden wiederholt.

Nach Ablauf der Reaktionszeit isolierten wir Säure und Ester nach dem Verfahren der VIII. Abhandlung. Den Ester entzogen wir dem neutralen, die Säure danach dem mit Schwefelsäure angesäuerten Reaktionsprodukt durch häufiges Ausziehen mit Äther. Der Äther war frisch durch Schütteln mit 50proz. Schwefelsäure und durch Destillation über Pottasche gereinigt, also rückstandsfrei. Da in den Versuchen [159] mit den Enzymrohprodukten starke Emulsionen auftraten, auch im Ätherextraktionsapparat, war es zweckmäßig, die Lösung sofort anzusäuern und Niederschlag und Flüssigkeit an der Zentrifuge zu trennen, um beide einzeln auszuäthern. Der ätherischen Lösung von Säure + Ester entzog man die erstere durch Ausschütteln mit der nötigen Menge Sodalösung und isolierte sie nach Wiederansäuern mit Phosphorsäure durch häufiges Ausschütteln oder im Perforationsapparat. Der Ester, der beim Abdampfen seiner mit sehr wenig Wasser gewaschenen und getrockneten ätherischen

Lösung hinterblieb, wurde mit Alkohol auf 10 ccm gebracht und im 2 dm-Rohr polarisiert. Die gebildete Säure besaß bei den Versuchen mit roher Magenlipase starken Ameisensäuregeruch; man ließ die Säure längere Zeit an der Vakuumpumpe, um sie vom flüchtigen Anteil tunlichst zu befreien. Die Polarisation (in 10 ccm, 2 dm-Rohr) und Titration erfolgte dann ohne weitere Reinigung, bei Mandelsäure in wäßriger, bei Phenylchloressigsäure u. a. in alkoholischer Lösung.

Substrate. Mandelsäureäthylester. Da der nur durch Vakuumdestillation (Siedep. 134 bis 136° unter 11 mm) gereinigte Ester eine Beimischung von hemmend wirkendem[1] Phenylglyoxylsäureester zu enthalten pflegt, dienten für unsere Versuche nur durch dreimaliges Umkrystallisieren aus Petroläther gereinigte Präparate.

Phenylchloressigsäureäthylester. Durch Einwirkung der vierfachen Menge Thionylchlorid[2] auf Mandelsäureester gewonnen und im Vakuum destilliert, Siedep. 123 bis 124° unter 10 mm, 82 bis 84° unter etwa 0,5 mm.

2. Versuche mit Leberesterase.

Das Leberenzym des Schweines verwendeten wir in drei Reinheitsgraden: das getrocknete Organ, ammoniakalische Auszüge aus demselben und die reinsten heute zugänglichen **[160]** Präparate. Als Rohprodukt diente das Organ, nachdem es in frischem Zustand in der Hackmaschine zerkleinert und (wie Pankreas nach Abh. II) mehrmals mit Aceton, dann mit Aceton + Äther und mit Äther allein behandelt und schließlich in getrocknetem Zustand fein gemahlen worden; L.1'W. des Pulvers = 0,3, des ammoniakalischen Auszugs = 1,5. Die reinen Präparate wurden durch Adsorptionsverfahren nach H. KRAUT und H. RUBENBAUER (Abh. im Druck) gewonnen.

30 g Leberpulver lieferten bei 1 stündigem Ausziehen mit 1,5 Liter $^{n}/_{40}$-Ammoniak 780 L.1' E.[1]) 1 Liter der Lösung wurde 4 Tage dialysiert; dabei erfolgte ein Rückgang von 520 auf 468 E. und Ansteigen des L.1'W. aut 3,4. 500 ccm (180 E.) wurden mit Essigsäure auf 0,01 n angesäuert und mit der Suspension von 4,3 g salzsäurebehandeltem Kaolin bearbeitet. Auf das Abtrennen des Kaolins folgte die Behandlung der Enzymlösung mit Tonerde-γ-Suspension (0,23 g Al_2O_3). Die neue Restlösung enthielt noch 91 E. Wir engten sie auf 340 ccm ein und unterwarfen von der Lösung einen Anteil = 54 E. essigsäurehaltig einer weiteren Voradsorption mit 0,007 g Al_2O_3, die ohne Verlust verlief. Darauf folgte die Adsorption der Esterase mittels 2 g Kaolin und Elution (17,1 E.) mit Ammoniak. Die neutralisierte Lösung enthielt nach einer letzten Voradsorption mit 0,002 g Al_2O_3 noch 17 E.

Die erreichten Reinheitsgrade bei drei solchen Darstellungen waren L.1'W. = 138,2, 83,0, 127,8.

Für die ersten Schritte der Reinigung finden wir eine Abänderung des Verfahrens vorteilhaft. Der ammoniakalische Auszug der Leber wird sogleich mit Essigsäure vorsichtig angesäuert. Dabei entsteht ein reichlicher gelbbrauner Niederschlag. Nach dem Abzentrifugieren wird die Enzymlösung 3 bis 4 Tage gegen fließendes destilliertes Wasser dialysiert, wobei nochmals ein geringer Niederschlag ausfällt.

---

[1] Vgl. R. WILLSTÄTTER, R. KUHN, O. LIND und F. MEMMEN, Diese Zs. Bd. 167, S. 303 [1927] (*Abh.* 108).

[2] Nach G. DARZENS, C. R. Bd. 152, S. 1601 [1911], sowie A. MCKENZIE und F. BARROW, Journ. Chem. Soc. Bd. 99, S. 1910 [1911].

[1]) Diese Einheit wird in der angeführten Arbeit von H. KRAUT und H. RUBENBAUER als E.E. bezeichnet.

Für die Versuche 9 bis 11 der Tab. 1 hat Leberesterase gedient, die durch Ausziehen mit Glycerin gewonnen war. Ein Unterschied hinsichtlich der optischen Spezifität war nicht zu beobachten.

5 g Leberpulver wurden 48 Stunden mit Glycerin ausgezogen; 200 ccm der abgetrennten Lösung enthielten 23 E. Nach 3tägiger Dialyse wurde die Flüssigkeit eingeengt und den Voradsorptionen mit Kaolin und Tonerde unterworfen (15,8 E.). Darauf teilten wir die Hälfte dieses Präparates (8 E.) durch fraktionierte Adsorption in 3 Anteile. Zunächst gewannen wir mit 0,15 g Kaolin ein Adsorbat und daraus mit [161] 0,05 n-Ammoniak die Elution 1, enthaltend 1,6 E. Von der Restlösung (4,3 E.) wurde ein Anteil von 1,96 E. zur weiteren Fraktionierung mit 0,1 g Kaolin behandelt. Daraus gewannen wir die Elution 2 mit 1,02 E., während in der Restlösung, der Fraktion 3, 0,74 E. zurückblieben.

Es ist sehr beachtenswert, daß sich im Laufe des Adsorptionsverfahrens, wie schon in der VIII. Abh. (S. 288) bemerkt worden ist, das Verhältnis der Wirkungen des Leberenzyms auf Methylbutyrat und Tributyrin verschiebt. Während z. B. beim rohen Leberauszug der Quotient von 1 B.₁E. zu 1 L.₁'E. = 18,9 von uns gefunden wurde (in Abh. VIII 10,8), entsprachen (Messungen mit ausgleichender Aktivierung) bei einem unserer reinsten Präparate der Butyraseeinheit nur 7,9 E. der Esterspaltung (4,47 bei gereinigtem Präparat der Abh. VIII).

Für die vergleichende Untersuchung der Konfigurationsspezifität hat also das Enzym außer im natürlichen Zustand meistens in einem etwa 400fach höheren Reinheitsgrad gedient. Es entsprach in dieser Form ungefähr der enzymatischen Konzentration, die H. KRAUT und H. RUBENBAUER beschrieben haben, ohne aber in unseren Proben von den letzten Eiweißspuren befreit zu sein.

Die Spaltungsgeschwindigkeiten der Antipoden im Racemat zeigen, wie schon bekannt, nur quantitative Unterschiede. Die optische Spezifität ist schon bei niedrigem

[162] Tabelle 1.

Optische Spezifität der Leberesterase (Schwein) in verschiedenen Reinheitsgraden. (Versuchstemperatur 20°.)

Nr.	Racemischer Ester	Enzymmenge ($L._1'$ E.)	Reinheitsgrad ($L._1'$ W.)	Versuchsdauer (Stdn.)	Esterspalt. auf Grund d. Säuretitration (%)	Säure α (°)	Säure $[\alpha]_D$ (°)	Ester α (°)
1	Mandelsaures Äthyl, 1 g in 100 ccm	3,0	0,3 (Leber)	21	17,7	+1,55	+52,0	−1,75
2	,, ,, , 1 g ,, 100 ccm	3,0	0,3 ,,	44	33,5	+3,00	+53,1	−2,95
3	,, ,, , 1 g ,, 100 ccm	3,0	0,3 ,,	80	61,2	+3,18	+30,7	−3,15
4	,, ,, , 0,5 g ,, 50 ccm	3,2	1,5 (ammon. Ausz.)	18	32,5	+1,78	+65,0	−1,73
5	,, ,, , 1 g ,, 100 ccm	1,1	83,0 (rein. Präp.)	52	15,3	+1,25	+48,4	−1,25
6	,, ,, , 1 g ,, 100 ccm	3,0	83,0 ,, ,,	44	33,5	+2,80	+49,5	−2,82
7	,, ,, , 0,5 g ,, 50 ccm	3,2	127,8 ,, ,,	18	31,7	+1,70	+63,4	−1,75
8[1]	,, ,, , 1 g ,, 100 ccm	3,0	138,2 ,, ,,	80	84,6	+3,60	+25,2	−3,65
9	,, ,, , 1 g ,, 50 ccm	1,6	(rein. Präp.), Frakt. 1	25	19,7	+1,05	+63,0	−1,10
10	,, ,, , 1 g ,, 50 ccm	0,8	,, ,, , ,, 2	42	15,9	+0,72	+53,5	−0,74
11	,, ,, , 1 g ,, 50 ccm	0,6	,, ,, , ,, 3	26	7,9	+0,32	+47,7	−0,35
12	Phenylchloressigs. Äthyl 1 g ,, 200 ccm	3,0	0,3 (Leber)	50	14,0	−0,35	−14,6	+0,60
13	,, ,, 1 g ,, 200 ccm	3,0	83,0 (rein. Präp.)	50	13,1	−0,30	−13,4	+0,45

[1] Aus der Tabelle weggelassen ist ein Versuch, dessen Ergebnis abweicht und der nicht zu reproduzieren war, ein Parallelversuch zu Nr. 8 (Enzym von 138,2 $L._2'$W.) bei niedrigem Spaltungsgrad: 21 Stunden, 17,8% Spaltung, Säure: $\alpha = +0{,}06°$, $[\alpha_D] = +2{,}0°$, Ester $\alpha = -0{,}19°$; die geringe optische Auswählung in diesem Experiment ist unerklärt.

Spaltungsgrad annähernd optimal. Natürlich sinken bei weitgehender Spaltung die Werte der spezifischen Drehung.

In den Versuchen der Tab. 1 hat sich kein Unterschied zwischen rohen und reinen Präparaten der Esterase hinsichtlich des Sinnes der Spezifität und hinsichtlich der bei entsprechenden Spaltungsgraden erreichten spezifischen Drehungswinkel ergeben. Auch waren die Drehungswinkel der unveränderten Esteranteile ungefähr mit denjenigen der entstandenen Säuren übereinstimmend.

Die Zerlegung eines hochwertigen Esterasepräparates durch fraktionierte Adsorption mit Kaolin in drei Anteile ergab (Versuche 9, 10, 11) keinen Unterschied in der optischen Spezifität der einzelnen Fraktionen.

[163] 3. Versuche mit Pankreaslipase.

Für die in der VIII. Abhandlung mitgeteilten Versuche über die optische Spezifität hatte Pankreaslipase in ungereinigtem Zustand gedient. Nun steigerten wir für den Vergleich den Grad der enzymatischen Konzentration gemäß dem Verfahren der II. Abhandlung durch wiederholte Adsorption mit Tonerde (zweckmäßig Sorte C, die bessere Resultate gibt als B) und mit Kaolin.

Beispiel: 100 ccm gealterter Glycerinauszug aus Pankreasprobe III, enthaltend 325 L.E. (0,20 ccm: 17,4% Spaltung, 0,65 L.E.), wurden mit 500 ccm Wasser verdünnt und der gebildete Niederschlag möglichst rasch abzentrifugiert. Die geklärte Lösung enthielt noch 270 E. in 575 ccm.

Zweimalige Tonerdeadsorption: der geklärte Auszug wurde mit 6 ccm n-Essigsäure angesäuert und mit 168 ccm Tonerdesuspension C (2,48 g Al_2O_3) behandelt. Das in der Zentrifuge abgetrennte Adsorbat eluierten wir sofort in den Zentrifugengläsern mit 200 ccm „Ammonphosphat"-Eluens und gewannen eine Ausbeute von 60% (163 E.).

Die Elution wurde sogleich mit ebenso viel Wasser verdünnt, mit 9,5 ccm n-Ammonchlorid und 9,5 ccm n-Ammoniak versetzt und die Phosphorsäure mit 1,9 g Magnesiumacetat ausgefällt. Nachdem der Niederschlag krystallin geworden, filtrierten wir ihn schnell ab und neutralisierten die Lösung. Der Verlust bei der Entfernung der Phosphorsäure betrug 16%.

Aus der wieder angesäuerten Lösung wurde die Lipase mit derselben Tonerdemenge von neuem adsorbiert und mit 250 ccm „Ammonphosphat" wieder eluiert; Ausbeute 60 L.E., d. i. 42,6%.

Kaolinadsorption: Die Lösung konnte phosphathaltig bei Gegenwart von Essigsäure der Adsorption durch salzsäurebehandeltes Kaolin (8,9 g) unterworfen werden. Zur Elution diente eisgekühltes glycerinhaltiges 0,05 n-Ammoniak. Nach raschem Neutralisieren brachten wir den Glyceringehalt auf 50% und filtrierten die stark getrübte Flüssigkeit rasch durch eine dünne Schicht Kieselgur. Die Elutionsausbeute betrug in 135 ccm 44,5 L.E., also 74% (1,00 ccm: 11% Spaltung, 0,33 L.E.). Für so gereinigte Lipase waren in der II. Abhandlung enzymatische Konzentrationen von ungefähr L.W. = 200 gefunden worden (durch das allerdings nicht genaue Dialysenverfahren bestimmt).

Der Drehungssinn bei der Hydrolyse mit hochwertigen Pankreaspräparaten ist in allen Fällen derselbe wie bei Anwendung von rohem Pankreas derselben Tierart. In mehreren Beispielen (Phenylchloressigsäure und Tropasäure) sind die Werte für α bei der Säure viel niedriger gefunden worden [164] als beim Ester. Hier und noch mehr bei den analogen Versuchen mit Magenlipase hat vermutlich Zersetzung der gebildeten Säuren bei der sehr langen Versuchsdauer mitgespielt. Daß auch Racemisierungserscheinungen vorkommen, darauf deutet die geringere Drehung des Esters in Versuch 1 mit Mandelsäure hin.

Tabelle 2.
Hydrolyse racemischer Ester mit gereinigter Pankreaslipase (Schwein).
(Estermenge: 1/200 Mol in 25 ccm; Versuchsdauer: 96 Stunden; Versuchstemperatur: 30°.)

Nr.	Substrat	Enzymmenge (L. E.)	Esterspaltung auf Grund d. Säuretitr. (%)	Säure		Ester
				α (°)	[α]D (°)	α (°)
1[1]	Mandelsäureäthylester	8,15	35,8	− 1,35	− 24,7	+ 0,97
2[1]	Phenylchloressigsäuremethylester	6,50	20,5	− 0,15	− 4,06	+ 0,74
3	Phenylmethoxyessigsäuremethylester	8,15	25,2	− 2,02	− 48,3	+ 1,94
4	Tropasäuremethylester	6,50	13,3	+ 0,05	+ 2,27	− 0,20
5	Tropasäuremethylester	8,15	13,4	+ 0,10	+ 4,5	− 0,32

4. Versuche mit Magenlipase.

Die Magenlipase des Schweines kam ungereinigt zur Anwendung in Form von Essigsäurefällungen der ammoniakalischen Auszüge, die aus getrockneter Schleimhaut (Cardia- und Fundusteil) mit n/40-Ammoniak erhalten waren. In höheren Reinheitsgraden gewannen wir das Enzym nach dem Verfahren unserer XVI. Abhandlung (im Druck), entweder nur durch proteolytischen Abbau und erneute Essigsäurefällung (Reinheitsgrade von B.₂W. = etwa 200 bis 400) oder noch weiter gereinigt durch wiederholte Voradsorptionen mit Kaolin und Tonerde (B.₂W. > 800).

[165] Das Enzym des Hundemagens wurde ebenfalls in rohem Zustande (eingedampfter ammoniakalischer Auszug vom Butyrasewert 4 bis 5 oder Essigsäurefällung hieraus vom Werte 15) und nach Reinigung durch Proteolyse angewandt; daraufhin und nach wiederholter Umscheidung mit Essigsäure betrugen bei diesem Material die Butyrasewerte nur ungefähr 100 (gemessen bei $p_H = 5{,}5$). Die Reinheitsgrade der angewandten Präparate von Lipase des Hundemagens sind durch ihre Butyrasewerte und durch das (5. Stab der Tab. 4) mit Tributyrin gemessene Verhältnis des Wirkungsvermögens bei $p_H = 5{,}5$ und desjenigen bei 8,6 gekennzeichnet. Die Wirksamkeit der Rohprodukte ist in noch höherem Maße als in unseren früheren Versuchen im saueren Gebiet durch Begleitstoffe aktiviert. Sie ist hier fast 40fach höher als bei $p_H = 8{,}6$. Bei der Reinigung erfolgte starke Verschiebung zugunsten von $p_H = 8{,}6$, wenn es auch nicht zu optimaler Wirkung in so beträchtlich alkalischem Gebiet gekommen ist.

Die genaueren neuen Versuche bestätigen und erweitern die vorläufigen Angaben der IX. Abhandlung: das Magenenzym unterscheidet sich in seiner Konfigurationsspezifität von der Pankreaslipase. Die Prüfung mit nur einem Substrat wäre unzuverlässig. Die beiden Enzyme wählen nämlich beim Phenylchloressigsäureester in gleichem Sinne aus, bei Mandelsäureester im entgegengesetzten. So reichen auch die von uns angewandten vier Substrate nicht aus, um das Magen- und das Leberenzym des Schweines hinsichtlich ihrer Konfigurationsspezifität zu unterscheiden.

[1] Auch die Versuche mit Mandelsäure- und Phenylchloressigsäureester sind (unter etwas geänderten Bedingungen) wiederholt ausgeführt worden; die Ergebnisse stimmten im Sinne überein.

Bei der bedeutenden Steigerung des Reinheitsgrades bis zum Verschwinden der Eiweißreaktion hat sich bei der Magenlipase des Schweines der Sinn des optischen Auswählens nicht geändert. Mit zunehmender Reinheit ist Zunahme der spezifischen Drehungen, also ansteigendes optisches Auswählungsvermögen, zu beobachten gewesen (nach Versuch 6 und 7, verglichen mit 1 bis 5 und nach Versuch 9 bis 11, verglichen mit 8). Wahrscheinlich sind die Affinitäten des rohen Enzyms durch adsorptiv anhaftende Begleitstoffe beeinflußt. Allerdings dürfte auch in den Versuchen mit den

[166] Tabelle 3.

Spaltung racemischer Ester durch Magenlipase (des Schweines) in verschiedenen Reinheitsgraden.

(Versuchstemperatur: 20°.)

Nr.	Racemischer Ester	Enzymmenge (B.₂E.)	Reinheitsgrad (B.₂W.)	Versuchsdauer (Stdn.)	Esterspalt. auf Grund d. Säuretitration (%)	Säure		Ester
						α (°)	$[\alpha]_D$ (°)	α (°)
1	Mandels. Äthyl, 3 g in 100 ccm	3000	Rohprodukt[1]	40	4,5	+0,29	+12,7	−0,38
2	,, ,, 3 g ,, 100 ccm mit $CaCl_2$	3000	,,	40	4,9	+0,31	+12,3	−0,40
3	,, ,, 3 g ,, 100 ccm mit $CaCl_2$ + Natr. Ol.	3000	,,	40	4,8	+0,29	+11,9	−0,39
4	Mandels. Äthyl, 3 g in 100 ccm mit $CaCl_2$ + Natr. Ol. + Alb..	3000	,,	40	4,6	+0,30	+12,9	−0,37
5	Mandels. Äthyl, 3 g in 100 ccm, Zus. wie in 4	6000	23	40	9,3	+0,73	+15,5	−0,70
6	,, ,, 1 g ,, 150 ccm	6000	409	40	20,2	+1,03	+30,2	−1,21
7	,, ,, 0,5 g in 75 ccm.	3300	825	50	11,2	+0,40	+42,4	−0,73
8	Phenylchloressigs. Äthyl, 0,5 g in 150 ccm	1650	15,7	50	7,9	−0,12	−17,5	+0,20
9	,, ,, 0,5 g ,, 75 ccm	2080	236,4	50	9,9	−0,25	−29,3	+0,42
10	,, ,, 0,5 g ,, 75 ccm	3000	825	60	17,9	−0,56	−36,4	+1,05
11	,, ,, 0,5 g ,, 75 ccm	3300	825	50	12,7	−0,41	−37,5	+0,80
12	Phenylmethoxyessigs. Methyl, 1 g in 200 ccm	5625	200	144	83,9	+1,94	+12,5	+1,80
13	Tropasaures Methyl, 1 g in 200 ccm. .	5625	200	204	5,9	−0,08[2]	− 7,3	−0,10

großen Stoffmengen [167] von rohem Enzym die optische Spezifität durch Nebenerscheinungen teilweise verdeckt sein. Die gefundene Acidität ist in der Tabelle einfach auf Mandelsäure und Phenylchloressigsäure bezogen, obwohl sie vielleicht zum Teil durch Nebenreaktionen gebildeten anderen Säuren zuzuschreiben ist.

Ausgleichende Aktivierung, wie sie für die Hydrolyse von Tributyrin mit Vorteil angewandt wird, hat (nach Versuch 1 bis 4) auf die Geschwindigkeit der Mandelsäureesterspaltung keinen Einfluß gehabt. Es ist nicht unmöglich, daß in den Versuchen mit diesem Ester eine Hemmungserscheinung mitgesprochen hat, von der Art, wie sie R. Willstätter, R. Kuhn, O. Lind und F. Memmen[1]) vor kurzem beschrieben haben. Auch bei Anwendung reinster Substrate kann, wenn das Organpräparat Dehydrogenase enthält, Ketonsäureester gebildet werden und hemmend wirken.

[1] In den Versuchen 1—4 wurde das aus 30 g Trockenschleimhaut durch Ausziehen mit Ammoniak und Fällen mit Essigsäure gewonnene Enzym angewandt, 1,5 bis 3 g von B.₂W. = 10 bis 20.

[2] Die mögliche Fehlergrenze der Ablesung beträgt: ± 0,05°.

[1]) Diese Zs. Bd. 167, S. 303, und zwar S. 306 [1927] (*Abh. 108*).

Wie bei den Versuchen mit der gastrischen Lipase des Schweines, so hat sich mit dem Enzym des Hundemagens die Konfigurationsspezifität als unabhängig vom Reinheitsgrad erwiesen. Ein zweites Ergebnis ist die Verschiedenheit der optischen Spezifität einer Organlipase von Tier zu Tier, im vorliegenden Falle der Magenlipase von Hund und Schwein. Zufällig genügt schon der einzige Ester, auf den sich die Tab. 4 bezieht, für diese Feststellung. Dieses Ergebnis ist einer Beobachtung von P. RONA und R. AMMON an Leberesterase anzureihen; nach diesen Forschern ist Menschenleberesterase (gemäß einem Versuch) gegen Mandelsäureester „linksorientiert", während Rinder- und Schweineleberenzym „rechtsorientiert" sind.

Von den Versuchen der Tabelle fällt einer (Nr. 3) in unerklärlicher Weise aus der Reihe heraus. Für diesen Versuch, übrigens mit überaus trägem Reaktionsverlauf, hat eine Essigsäurefällung gedient, gewonnen aus den ammoniakalischen Auszügen mehrerer frischer getrockneter Hundemagen. Bei der Wiederholung (Nr. 4) des Versuchs, zwei Monate später, mit eingeengtem ammoniakalischen Auszug desselben Rohmaterials, war die bevorzugte Komponente wie in den sonstigen [168] Versuchen die rechtsdrehende. Wenn es sich hier leider auch nur um eine einmalige Beobachtung handelt, so wird doch die Aufmerksamkeit von neuem auf die Frage gelenkt, ob nicht durch Beimischungen in dem natürlichen Vorkommen eines Enzyms die Erscheinung seiner Konfigurationsspezifität verdeckt werden kann.

Tabelle 4.
Spaltung des racemischen Phenylchloressigsäureäthylesters durch Magenlipase (des Hundes) in verschiedenen Reinheitsgraden.

Nr.	Substrat	Enzymmenge (Einheiten bei $p_H = 5{,}5$)	Reinheitsgrad (Butyrasewert)	Wirksamkeitsverhältnis ($p_H = 5{,}5$: $p_H = 8{,}6$)	Versuchsdauer (Stdn.)	Estersp. auf Grund d. Säuretitration (%)	Säure		Ester
							α (°)	[α]D (°)	α (°)
1	0,5 g in 500 ccm	1800	4	38 : 1	115	49,6	+0,14	+ 3,3	−0,25
2	0,5 g „ 450 ccm	3700	5	37 : 1	39	24,8	+0,10	+ 4,6	−0,15
3	0,5 g „ 250 ccm	8750	15	21,4 : 1	45	24,2	−0,15	− 7,2	+0,20
4	0,5 g „ 350 ccm	1200	5	20 : 1	108	44,4	+0,50	+13,0	−1,05
5	0,5 g „ 100 ccm	435	93,7	6,4 : 1	137,5	19,9	+0,40	+23,4	−1,33
6[1]	0,5 g „ 75 ccm	1215	135	1,5 : 1	50	7,9	+0,12	+17,6	−0,21

Die Versuche mit dem Enzym des Hundemagens sind wegen der geringen Ergiebigkeit eines einzelnen Magens und der schwachen Esterasewirkung nicht mit dem Organ je eines Tieres, sondern, wie übrigens auch beim Schwein, mit Gemischen von mehreren Magen ausgeführt worden. Es ist nicht sicher, daß die Magenlipase verschiedener Hunde gleiche optische Spezifität besitzt.

Die vorliegende Untersuchung wurde durch ein Forschungsstipendium der Notgemeinschaft der Deutschen Wissenschaft gefördert; wir drücken unseren aufrichtigen Dank für diese Unterstützung aus.

[1] In dem Parallelversuch ohne Substrat war das Enzym nach 24 Stunden zerstört.

Zeitschrift für physiologische Chemie 173, S. 103 [1928].

106. ÜBER LEBERESTERASE.

Versuche zu ihrer Reinigung und über ihre Beständigkeit.

Von **H. Kraut** und **H. Rubenbauer.**

(Aus dem Chemischen Laboratorium der Bayerischen Akademie der Wissenschaften in München.)

Mit 1 Abbildung im Text.

(Der Redaktion zugegangen am 25. Oktober 1927.)

Das erste Ziel der Enzymreinigung, das mit Hilfe der Adsorptionsmethode in einigen Fällen verwirklicht werden konnte, ist ihre Abtrennung von den bekannten Substanzen aus den drei großen natürlichen Stoffgruppen der Eiweißkörper, Kohlehydrate und Fette. Nicht immer kann dieses Reinigungsverfahren ohne weiteres auf die enzymhaltigen Lösungen angewandt werden. Es ist vorgekommen, z. B. beim Invertin[1] und bei der Magenlipase[2], daß die Enzyme direkt nicht, sondern erst nach einer Vorreinigung durch andere Verfahren sich an die Adsorbentien binden ließen. Das Papain wird zwar selbst leicht an Tonerde adsorbiert, aber nach der Elution aus den Adsorbaten befindet es sich wieder fast auf derselben Reinheitsstufe wie vorher. Das Fehlen des Reinigungserfolges ist darauf zurückzuführen, daß die Begleiter des Papains in ihrer überwiegenden Mehrheit besser als dieses selbst adsorbiert werden. Es gelingt durch Entfernen eines [104] Teils der Begleitstoffe, das Ferment der Reinigung durch Adsorption zugänglich zu machen[1]).

Ein etwas anderer Fall liegt bei dem esterspaltenden Enzym der Leber vor. Nach den Untersuchungen von R. Willstätter und F. Memmen[2]) ist die Leberesterase durch Adsorption an Tonerde oder Kaolin (und darauffolgende Elektrodialyse) leicht auf ungefähr das 40fache des getrockneten Organs zu reinigen. Dann aber scheint die Ergiebigkeit des Adsorptionsverfahrens erschöpft; weder die Wiederholung, noch

---

[1] R. Willstätter und F. Racke, Liebigs Ann. der Chem. Bd. 425, S. 1 [1921] (*Abh. 45*).

[2] R. Wilstätter und F. Memmen, Diese Zs. Bd. 133, S. 247 [1924] (*Abh. 94*).

[1]) H. Kraut und E. Bauer, Zur Kenntnis des Papains (III. Abh. über Enzymadsorption, zugleich VII. über pflanzliche Proteasen in der von R. Willstätter und Mitarbeitern begonnenen Reihe). Diese Zs. Bd. 164, S. 10 [1927] (*Abh. 123*).

[2]) Vergleich von Leberesterase mit Pankreaslipase; über die stereochemische Spezifität der Lipasen (VIII. Abh. über Pankreasenzyme). Diese Zs. Bd. 138, S. 216 [1924].

seine Variation bringt einen weiteren Reinigungserfolg. In diesem Stadium bestehen die Begleiter des Enzyms in der Hauptsache aus Eiweißkörpern und ihren Abbauprodukten.

Wir haben nun geprüft, ob nicht durch die erste erfolgreiche Adsorption eine Auswahl unter den Begleitstoffen der Leberesterase in dem Sinne eingetreten sei, daß nur noch die bevorzugt vor dem Enzym an Kaolin oder Tonerde adsorbierbaren vorhanden sind. Wenn es gelingt, durch ein anderes Verfahren vor der Adsorption gerade diese Begleitstoffe zu entfernen, so könnte die Adsorptionsmethode bis zu weit höheren Reinheitsgraden als Reinigungsverfahren brauchbar bleiben.

In der Tat vermag man durch eine Dialyse die gewünschte Fraktionierung herbeizuführen. Sie ist nämlich von einer umfangreichen Fällung hochmolekularer Eiweißkörper begleitet, die fast keine Esterase aus der Lösung mitnehmen. Man kann nun einen weiteren Teil dieser störenden Begleitstoffe vorwegadsorbieren und erhält dadurch die Esterase in einer zur Adsorption geeigneten Form. Durch Bindung an Tonerde, oder durch den Wechsel von Kaolin- und Tonerdeadsorption gelingt es bei sorgfältiger Auswahl der Verfahren auf Grund der ermittelten Adsorptionskurven, das Enzym vollständig von [105] Eiweißkörpern zu befreien. Derartige Lösungen sind durch keine Reaktionen auf bekannte organische Substanzgruppen mehr charakterisierbar. Der Reinheitsgrad der Esterase ist in unserem besten Präparate das 128fache des getrockneten Organs (Esterasewert 114).

Unter allen Reaktionen auf Begleitstoffe der Leberesterase ist die Millonsche am schwierigsten zum Verschwinden zu bringen. Sobald sie aber aufhört, tritt eine auffallende Veränderung in den Eigenschaften des Enzyms ein: Es verliert völlig die Beständigkeit, durch die es sich vor anderen Fermenten, vor allem vor der Pankreaslipase bisher ausgezeichnet hat. Während nach den Erfahrungen von R. WILLSTÄTTER und F. MEMMEN, wie nach unseren eigenen die Wirksamkeitsverluste auf den vorhergehenden Reinigungsstufen selten mehr als 10 bis höchstens 25% in einigen Tagen betrugen (worauf ein Zustand großer Haltbarkeit eintrat), fallen nun die bestimmbaren Enzymmengen schon über Nacht um 50% ab, und der Prozeß der Zerstörung geht, wenn auch verlangsamt, weiter, bis alles Enzym inaktiviert ist. Damit bestätigt sich die Vermutung von WILLSTÄTTER und MEMMEN, daß die früher beobachtete Beständigkeit der Leberesterase nicht eine Eigenschaft des Enzyms selbst, sondern durch die Gegenwart eines stabilisierenden Begleitstoffs bedingt sei.

Daß die Enzyme mit wachsendem Reinheitsgrad unbeständiger werden, ist eine allgemeine Erscheinung und das schwierigste Problem ihrer Reinigung. So beobachteten R. WILLSTÄTTER, J. GRASER und R. KUHN[1], daß das sonst sehr beständige Invertin empfindlich wird, wenn die analytisch nachweisbaren Gruppen entfernt sind. Ebenso erleidet nach E. WALDSCHMIDT-LEITZ[2] die Enterokinase nach einer Reinigung durch Kaolinadsorption in einigen Tagen merklichen Aktivitätsrückgang, während die rohen Lösungen lange Zeit haltbar sind. Es ist aber noch kein Beispiel bekannt, in dem

[1] Diese Zs. Bd. 123, S. 1 [1922] (*Abh. 48*). [2] Diese Zs. Bd. 142, S. 217 [1925] (*Abh. 99*).

der Übergang von verhältnismäßig guter Beständigkeit zu [106] großer Zersetzlichkeit so schlagartig einsetzte, wie bei der Leberesterase mit der Abtrennung der letzten Anteile an millongebender Substanz. Dieses Verhalten eröffnet die Möglichkeit, die Ursachen der Enzymerhaltung etwas näher kennen zu lernen.

Aus dem bisherigen Beobachtungsmaterial läßt sich mit größter Wahrscheinlichkeit entnehmen, daß die Stabilisierung der Leberesterase in unseren Präparaten der millongebenden Substanz selbst und nicht einem anderen, zufällig durch dieselbe Reinigungsoperation entfernten Begleitstoff zuzuschreiben ist. In drei Beispielen, die zwei verschiedenen Leberproben entstammen, ist nämlich der Reinheitsgrad, bei dem die Millonreaktion verschwindet, ganz verschieden. Die Esterasewerte betrugen 76, 87 und 114, und die Zerstörung war bei dem unreinsten dieser eiweißfreien Präparate eher größer als bei dem besten. In einem weiteren Versuch, der zum Reinheitsgrad 91 führte, gelang es nicht, die Millonreaktion völlig zu unterdrücken, und entsprechend war die Haltbarkeit größer als die der beiden unreineren, aber millonfreien Präparate. In 4 Tagen sank die Aktivität nur um 22%. Da in allen diesen Präparaten die Reaktionen auf hochmolekulares Eiweiß, nämlich die Fällungen mit Essigsäure, Ferrocyanwasserstoffsäure und Bleiacetat, ferner die Proben auf Tryptophan und Histidin negativ ausfielen, so kann man annehmen, daß die Stabilität der Esterase durch tyrosinhaltige Eiweißabbauprodukte aufrecht erhalten wird. Diese Vermutung wird gestützt durch Hinweise aus der Literatur, die vielleicht auf eine ähnliche Rolle des Tyrosins bei anderen Enzymen schließen lassen. R. WILLSTÄTTER und K. SCHNEIDER sprechen davon[1], daß einige ihrer besten und beständigsten Saccharasepräparate die Millonprobe besonders stark geben. S. FRÄNKEL und M. HAMBURG[2], ebenso R. FRICKE[3] finden, daß Präparate der Malzamylase sehr empfindlich werden, wenn die Millonreaktion auf Spuren zurückgegangen ist. Eine Schutzwirkung durch [107] Aminosäuren überhaupt beobachteten C. H. SHERMAN[1]) bei gereinigter Pankreasamylase, E. R. DAWSON[2]) bei Pankreaslipase, S. NAKAGAWA[3]) eine Stabilisierung der Sojaurease durch Eiweißkörper.

Beschreibung der Versuche.

Messung des Enzyms. Zur Bestimmung der Leberesterase verwenden wir die von R. WILLSTÄTTER und F. MEMMEN für Pankreaslipase ausgearbeitete Titrationsmethode der aus Buttersäuremethylester abgespaltenen Säure[4]). Aktivierende Zusätze, die für die Pankreaslipase notwendig sind, konnten unterbleiben. Wir stellten fest, daß unsere reinsten Präparate ebensowenig durch Natriumoleat, Calciumchlorid und Eieralbumin aktivierbar sind, wie die von WILLSTÄTTER und MEMMEN untersuchten. Auch der Reaktionsverlauf ändert sich nicht; die Proportionalität zwischen Zeit und Umsatz bleibt erhalten.

[1] Diese Zs. Bd. 133, S. 193 [1924] (*Abh. 50*).

[2] Hofm. Beitr. Bd. 8, S. 369 [1906].

[3] Chem. Ber. Bd. 57, S. 765 [1924].

[1]) Jl. Am. Chem. Soc. Bd. 45, S. 1960 [1923].

[2]) Biochem. Jl. Bd. 21, S. 398 [1927].

[3]) Mitt. med. Fak. Tokyo Bd. 28, S. 383 [1922].

[4]) Diese Zs. Bd. 133, S. 229 [1924] (*Abh. 93*).

Als Einheit des Enzyms (1 Esteraseeinheit = 1 E.E.) dient nach der von WILLSTÄTTER und MEMMEN für die Methylbutyratspaltung durch Pankreaslipase festgesetzten Definition diejenige Enzymmenge, die in 20 ccm des angegebenen Versuchsansatzes enthalten ist und in 60 Minuten 25% des Butyrates spaltet. In der VIII. Abhandlung über Pankreasenzyme wurde sie zu Vergleichszwecken L.1′ E. bezeichnet und entspricht 1/4,5 der mit dem Stalagmometer gemessenen Einheit der Tributyrinspaltung (B.1E.).

Der Reinheitsgrad ist bestimmt durch den Esterasewert (E.W.), das ist die Zahl der in 1 cg der Trockensubstanz enthaltenen Esteraseeinheiten. Er ist wieder 1/4,5 des aus der Tributyrinspaltung ermittelten Butyrasewertes (B.1W.) von WILLSTÄTTER und MEMMEN.

Präparate. Ebenfalls nach dem Vorgang der VIII. Abhandlung über Pankreasenzyme gewannen wir das [108] Ausgangsmaterial unserer Untersuchung durch Extraktion des mit Aceton und Äther hergestellten Trockenpulvers aus Schweinelebern mit der 40fachen Menge $^{n}/_{40}$-ammoniakalischen Wassers. Wir verwandten im ganzen drei Leberproben.

Leberprobe	Esterasewerte	
	des Trockenpulvers	des Auszugs
I	1,3	3,8
II	0,95	2,5
III	0,89	3,2

Die ammoniakalischen Auszüge bestehen in der überwiegenden Menge aus Eiweißkörpern. Zusätze von Ferrocyanwasserstoffsäure, Ammonsulfat, Uranylacetat, Bleiacetat und Quecksilberchlorid geben starke Niederschläge, positiv sind die Biuretprobe und die Reaktionen von MILLON, PAULY, ADAMKIEWICZ, undeutlich die von FÜRTH und von MOLISCH. Auffallend ist das Fehlen der Kohlehydrate; die Fehlingsche Reaktion ist völlig negativ, auch nach Kochen der Lösung mit starker Salzsäure.

In der Absicht, vor Anwendung des Adsorptionsverfahrens eine Reinigung der ammoniakalischen Auszüge auf anderem Wege zu bewirken, unterwarfen wir sie der Dialyse gegen fließendes, destilliertes Wasser. Je nach Verwendung von pflanzlicher oder tierischer Membran konnten wir interessante Unterschiede in der Wirkung der Dialyse beobachten. Aus Beuteln von Pergamentpapier diffundierten im Lauf von 24 Stunden 12 bis 25% des angewandten Enzyms, während in derselben Zeit der Verlust aus einer Fischblase nur 2 bis 8% betrug. (In besonderen, ohne Wasserwechsel durchgeführten Versuchen ließ sich keine Esterase außerhalb der Pergamentmembran nachweisen. Wir vermuten daher, daß nicht das Enzym selbst, sondern sein Stabilisator die Pergamentmembran durchdringt.) Der Unterschied ist nicht oder doch nicht in der Hauptsache auf die verschiedene Porenweite der [109] Membrane zurückzuführen. Dialysenversuche, die zur selben Zeit mit einer aus Harn gewonnenen und auf die Herztätigkeit einwirkenden Substanz[1] unternommen wurden, hatten genau das umgekehrte Ergebnis. Dasselbe Pergamentpapier, wie das in unseren Versuchen verwendete, hielt die Substanz sehr vollkommen zurück, durch die Fischblase aber

[1] E. K. FREY und H. KRAUT, Diese Zs. Bd. 157, S. 33 [1926].

trat starker Verlust ein. Diese Ergebnisse lassen erkennen, daß neben der rein mechanischen Frage der Porenweite chemische Momente für die Dialysierbarkeit einer Substanz ausschlaggebend sind, sei es durch Festhalten der durchtretenden Moleküle an den Bausteinen der Membran, wodurch Dialyse verhindert, oder durch ihre Lösung in der Membransubstanz, wodurch ein Transport nach der Seite der Außenflüssigkeit ermöglicht wird. Da das Fassungsvermögen der üblichen Fischblasen für die Dialyse größerer Substanzmengen zu gering ist, verwenden wir als Dialysierbeutel ganze Hammelblinddärme[2], aus denen häufig die käuflichen „Fischblasen" angefertigt werden. Sie fassen bei einer Länge von etwa 40 cm gut 3/4 l Lösung.

Die Dialyse dauerte im allgemeinen 3 Tage und lieferte Ausbeuten von 80 bis 97% des Enzyms. Ihr Erfolg bestand nicht nur in der Abtrennung von niedrig molekularen Begleitstoffen; vielmehr trat durch die Entfernung des Ammoniaks auch eine Abscheidung von Eiweißkörpern ein. Manchmal fand sich ein leicht filtrierbarer Niederschlag am Boden der Dialysierschläuche, meist war die Lösung milchig getrübt, und erst auf Zusatz von etwas Ammonacetat erfolgte die Ausflockung der kolloidalen Lösung. Nach dem Abfiltrieren des Niederschlags besitzt das Enzym Reinheitswerte von 5 bis 15, durchschnittlich von 10. Bei der Bestimmung des Trockengewichts stört die Anwesenheit von Ammonacetat nicht, da es bei längerem Verweilen in einer Umgebung von 100° sich restlos verflüchtigt.

[110]

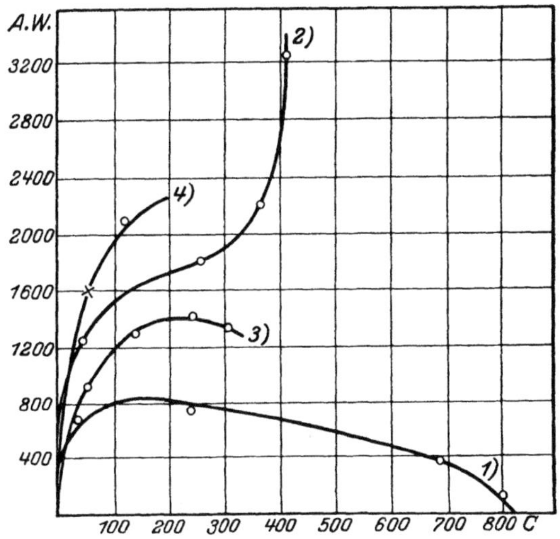

Adsorptionsverhalten der Leberesterase gegen Tonerde auf verschiedenen Reinheitsstufen.
A.W. = Anzahl der von 1 g Tonerde aufgenommenen E.E.
C = Anzahl der E.E. in 1 l Lösung nach erfolgter Adsorption.

Die Adsorptionskurven sind aufgenommen mit einem Präparat aus Leberpulver III und zwar:
Kurve 1 nach der Dialyse (E.W. 15)
Kurve 2 nach der folgenden Kaolinvoradsorption (E.W. 23)
Kurve 3 nach der folgenden ersten Tonerdevoradsorption (E.W. 19) und Eindampfen (E.W. 14)
Kurve 4 nach der zweiten Tonerdevoradsorption (E.W. 14?)

Mit Punkt × der Kurve 4 wurde die Hauptadsorption an Tonerde durchgeführt, und das Enzym mit einem E.W. von 91 daraus eluiert.

[2] Zu beziehen von der Firma H. Fuchs, München, Schützenstraße.

Adsorptionskurven an Kaolin[1] und an Tonerde[2] (vgl. Kurve 1 der Abbildung) ergaben, daß von den ersten zugesetzten Adsorbensanteilen relativ viel weniger Enzym gebunden wurde, als von größeren Mengen, so daß eine Voradsorption zweckmäßig erschien. Wir unternahmen in allen Fällen eine Voradsorption mit Kaolin aus $^{n}/_{100}$-essigsaurer Lösung und erreichten in den Restlösungen Esterasewerte von bestenfalls 27, durchschnittlich von 17 mit Ausbeuten von 80 bis 90% des Enzymgehaltes der Dialysate. Das Kaolin läßt sich schlecht zentrifugieren, besser filtriert man es durch eine dünne Schicht von Kieselgur. Wenn die Lösungen nicht schon nach der Dialyse mit Ammonacetat versetzt wurden, ist dieser Zusatz zur Filtration des Kaolins meist notwendig.

[111] Auf dieser Reinheitsstufe zeigen die Präparate den in Kurve 2 der Abbildung dargestellten Adsorptionsverlauf. Das Enzym wird mit wesentlich besseren Adsorptionswerten von der Tonerde aufgenommen, aber es befindet sich nach der von H. KRAUT und E. BAUER vorgeschlagenen Ausdrucksweise in benachteiligter Konzentration, und seine Adsorption verspricht wenig Reinigungserfolg. Dieser wird, wie zahlreiche Versuche lehrten, dadurch noch besonders verschlechtert, daß die mit dem Enzym adsorbierten Begleitstoffe bevorzugt vor ihm eluiert werden.

Es hat sich nun herausgestellt, daß man diese Begleitstoffe aus $^{n}/_{100}$-essigsaurer Lösung zusammen mit 20 bis 30% des vorhandenen Enzyms durch Tonerde wegadsorbieren kann. Der Reinheitsgrad der Lösungen wird dadurch nicht gebessert, oft sogar nicht unbeträchtlich verschlechtert. Aber diese Maßnahme entfernt Begleiter, welche die Elution des Enzyms beeinträchtigen, und solche, die bevorzugt vor dem Enzym eluierbar sind. Die Lösungen des Enzyms sind nun in dünner Schicht vollkommen farblos, in dicker schwach hellgelb, während die rohen Extrakte eine braungelbe, die Dialysate noch eine gelbe Farbe besitzen. Sie sind durch die zahlreichen Operationen sehr verdünnt geworden; in 1 l befinden sich 140 bis 220 E.E. Sehr bemerkenswert ist, daß die Adsorptionswerte gegenüber dem Zustand vor der Tonerdeadsorption bedeutend erniedrigt sind, nämlich von etwa 1500 auf 100 bis 200 bei derselben Restlösungskonzentration. Koadsorbentien, welche eine vermehrte Bindung des Enzyms an Tonerde vermittelten, scheinen abgetrennt worden zu sein.

Adsorbiert man jetzt die Leberesterase fast vollständig an Tonerde, so ist die Elutionsausbeute aus dem sehr umfangreichen Adsorbat gering und läßt sich durch Anwendung der verschiedensten Eluentien nicht verbessern. Steigert man durch Eindampfen die Konzentration des Enzyms auf das vierfache, so steigen, wie Kurve 3 der Abbildung zeigt, die Adsorptionswerte fast auf die alte Höhe. Infolge der Verringerung der notwendigen Adsorbensmengen wird das Enzym wieder leicht eluierbar.

---

[1] Das Kaolin wurde vor dem Gebrauch nach dem Verfahren von R. WILLSTÄTTER und K. SCHNEIDER (a. a. O.) mit Salzsäure mehrfach ausgekocht und bis zum Verschwinden der sauren Reaktion dekantiert.

[2] Zu allen Tonerdeadsorptionen diente Polyaluminiumhydroxyd A nach der Vorschrift von R. WILLSTÄTTER und H. KRAUT, Chem. Ber. Bd. 57, S. 1082 [1924] (*Abh. 20*).

[112] Diese Konzentrierung, die wir im Hochvakuum einer Ölpumpe vornahmen, war anfangs mit großen Enzymverlusten verbunden. Die Anwesenheit von Ammonacetat bewirkt, daß ursprünglich völlig neutrale Lösungen immer wieder sauer werden, besonders stark, wenn das Volumen im Destillationsgefäß vorübergehend sehr gering wird. Wir hielten daher durch ständiges Nachsaugen die Flüssigkeitsmenge im Rundkolben immer auf 2 l und unterbrachen bei einer Verarbeitung von 10 l mindestens dreimal die Destillation, um den Kolbeninhalt mit Ammoniak vollständig zu neutralisieren. Die Verluste der Destillation ließen sich so (beim Konzentrieren auf den vierten Teil des Volumens) von anfangs 50 bis 60% auf 15 bis 20% zurückdrängen. Die meist trüb gewordenen Lösungen neutralisiert man genau mit Ammoniak und klärt sie mittels Filtrieren durch eine dünne Kieselgurschicht. Sie enthalten nun im Liter 600 bis 800 E.E.

Durch den bisherigen Verlauf der Reinigung ist der Reinheitsgrad des Enzyms nicht wesentlich gesteigert worden. Es besitzt Esterasewerte von 10 bis 25, während noch knapp die Hälfte der ursprünglichen Enzymmenge vorhanden ist. Aber unter den Begleitstoffen des Enzyms ist eine starke Verschiebung eingetreten. Die hochmolekularen und gut adsorbierbaren Eiweißkörper sind fast vollständig verschwunden. Die Reaktion mit Ammonsulfat fällt negativ aus, diejenigen mit Uranylacetat, Quecksilberchlorid und Ferrocyanwasserstoffsäure sind auf schwache Trübungen zurückgegangen. Stark positiv sind nur noch die Millonsche und die Biuretprobe.

Zahlreiche Versuche haben ergeben, daß es nicht zweckmäßig ist, an der beschriebenen Reihenfolge der Reinigungsoperationen (Dialyse—Kaolinvoradsorption—Tonerdevoradsorption—Eindampfen) etwas zu ändern. Bis zu dieser Stufe war auch der Reinigungsgang aller geglückten Präparate vollkommen gleichartig. Die Entfernung der jetzt noch vorhandenen Eiweißabbauprodukte erforderte aber bei den verschiedenen Präparaten ungleiche Adsorptionsmaßnahmen.

Bei zwei aus Leberpulver I hergestellten Lösungen genügte eine einzige Tonerdeadsorption, die wir aus [113] $^{n}/_{100}$-essigsaurer Lösung mit einem Adsorptionswert von etwa 2000 bei einem Adsorptionsgrad von 80% durchführten, um Millon- und Biuretreaktion zum Verschwinden zu bringen. Zur Elution diente, wie in der VIII. Abhandlung über Pankreasenzyme, $^{n}/_{4}$ Ammoniak (etwa 1 ccm auf zwei adsorbierte E.E.), das wir 5 Minuten einwirken ließen. Nach dem Abtrennen mit der Zentrifuge wird die Lösung sofort mit verdünnter Essigsäure genau neutralisiert. Die Ausbeuten der Elution betrugen in beiden Präparaten nur etwa 20%, die Esterasewerte 76 und 87. Da an den auf die Herstellung der Präparate folgenden Vormittagen die Wirksamkeit schon auf 50% zurückgegangen war, vermuten wir, daß diese hochempfindlichen Präparate im Adsorbat und durch die Elution stark inaktiviert worden sind, und die schlechte Ausbeute auf Zerstörung zurückzuführen ist.

Bei Präparaten aus den Leberpulvern II und III bewirkte die einfache Tonerdeadsorption keine bedeutende Steigerung des Reinheitsgrades. Anscheinend waren die hochmolekularen und gut adsorbierbaren Begleitstoffe hier nicht mit gleicher Vollständigkeit durch die der Adsorption vorangehenden Verfahren entfernt worden. Der Erfolg der Tonerdeadsorption ließ sich wesentlich vermehren, wenn man nach dem Eindampfen zunächst eine zweite Tonerdevoradsorption von etwa 20% des Enzyms vornahm. Die Kurven 3 und 4 der Abbildung zeigen deutlich die Verbesserung im Adsorptionsverhalten. Bei der folgenden Tonerdehauptadsorption von 60 bis 85% des Enzyms (je nach den aus den Adsorptionskurven ersichtlichen günstigsten Adsorptionsgraden) erreichten wir Esterasewerte von 78 bei dem Präparat aus Leberprobe II und von 91 bei demjenigen aus Leberprobe III, und zwar mit Elutionsausbeuten von 40 bis 60%. Aber alle Lösungen gaben deutliche Millonreaktion. Wiederholung der Tonerdeadsorption besserte weder den Reinheitsgrad noch die Zusammensetzung. In dem Bestreben, die Adsorption so auswählend wie möglich zu gestalten, nahmen wir bei einem Präparat aus Leberpulver III fast auf jeder Stufe der Reinigung vollständige Adsorptionskurven an Tonerde auf, die in der Abbildung wiedergegeben sind. Der [114] Reinheitsgrad dieses Präparates war mit E.W. 91 höher als alle bis dahin erreichten, ohne daß jedoch die letzten Spuren von Eiweißkörpern abgetrennt werden konnten.

Zum Ziele führte schließlich der schon oft bei Enzymreinigungen bewährte Wechsel von Kaolin- und Tonerdeadsorption. Eingedampfte Lösungen von Präparaten aus Leberpulver III wurden erst mit Tonerde voradsorbiert, dann das Enzym an Kaolin gebunden, mit Ammoniak freigelegt und nach Übersättigung mit Essigsäure bis zu $^{n}/_{100}$-Säure an Tonerde adsorbiert. Bei einer Ausbeute von 30% wurde aus diesem Adsorbat das Enzym eluiert mit einem Esterasewert von 114, der das beste in der Literatur beschriebene Präparat um das dreifache übertrifft. Gegenüber der frischen Leber ist der Reinheitsgrad hier um das 650fache gesteigert, 128mal besser als in dem getrockneten und entfetteten Organ. Millon- und Biuretreaktion, in der Kaolinelution noch schwach positiv, fielen in der Tonerdeelution vollkommen negativ aus.

Es ist somit nicht möglich, eine exakte Vorschrift zur Herstellung von Leberesterasepräparaten zu geben, die frei sind von allen durch allgemeine Gruppenreagenzien nachweisbaren Begleitstoffen. Wie immer beeinflussen die geringen Schwankungen in der Gewinnung des Enzymmaterials und in den ersten Schritten seiner Reinigung in hohem Maße das Adsorptionsverhalten. Doch erscheint der im folgenden genauer beschriebene Gang unseres reinsten Präparates durch die besonders schwierige Entfernung der letzten Reste von Begleitstoffen als ein geeignetes Beispiel für die Reinigung dieses Enzyms.

1 kg frische Schweineleber zerkleinert man in einer mit feinstem Sieb versehenen Fleischhackmaschine und trägt den Organbrei in 2 l Aceton ein. Nach gründlichem Durchmischen und 2stündigem Stehen saugt man auf der Nutsche ab und schüttelt den Filterrückstand von neuem mit 2 l Aceton an. Dann wiederholt man nach einer Stunde das Verfahren mit einem Gemisch aus gleichen Teilen Aceton und Äther, schließlich zweimal mit 2 l Äther. Das erhaltene Pulver trocknet man auf Lagen von Filtrierpapier an der Luft, [115] treibt es durch eine Schlagmühle und erhält nach dem Absieben 180 bis 200 g staubfeines gelblichgraues Pulver.

150 g dieses Pulvers extrahierten wir über Nacht mit 6 l $^{n}/_{40}$ Ammoniak. Die Filtration durch ein Faltenfilter lieferte in 5,5 l 7500 E.E. Nach dreitägigem Dialysieren gegen fließendes destilliertes Wasser war der Inhalt der Hammeldärme stark getrübt. Wir fällten die Lösung, deren Volumen 8,5 l betrug, mit 300 ccm 12proz. Ammonacetat. Vom gut absitzenden Niederschlag konnte man nach einer Stunde die klare Lösung abdekantieren. Sie enthielt noch 80 % der enzymatischen Wirkung des Auszuges.

8 l dieses Dialysats wurden $^{n}/_{100}$-essigsauer gemacht und mit 28 g Kaolin versetzt. Sie nahmen 25 % des Enzyms auf und konnten durch eine mit dünner Kieselgurschicht bedeckte Nutsche klar abfiltriert werden. Von den erhaltenen 9,5 l unterwarfen wir neun mit einem Gehalt von 4070 E.E. der Voradsorption mit 2,4 g Polyaluminiumhydroxyd A und erhielten in 15 l Restlösung 80% des angewandten Enzyms mit einem E.W. von 16.

Das Einengen auf 4 l brachte infolge häufigen Neutralisierens des Kolbeninhalts nur einen Verlust von 16 %. Die durch Kieselgurfiltration geklärte Lösung (2720 E.E.) wurde nochmals mit einem Verlust von 40 % durch 0,34 g Tonerde voradsorbiert.

Übersicht über den Gang des Präparates.

	Ausbeute im ganzen	Ausbeute aus der vorhergehenden Operation	Reinheitsgrad E.W.
Extrakt	100	100	3,2
Dialyse	80	80	14
Kaolinvoradsorption . .	60	75	20
1. Tonerdevoradsorption	48	80	16
Eindampfen	40	84	13
2. Tonerdevoradsorption	24	60	—
Kaolinadsorption	20	82	—
Elution	9	45	78
Tonerdeadsorption . . .	7	77	—
Elution	2	31	114

[116] 800 ccm dieser Lösung (der Rest wurde zu Versuchen verwendet, um den günstigsten Weg der Reinigung zu ermitteln) versetzten wir mit 100 ccm $^{n}/_{10}$-Essigsäure und 100 ccm einer Suspension von 2,4 g Kaolin, die 82 % des Enzyms aufnahmen. Das abfiltrierte Adsorbat zerlegten wir mit 700 ccm $^{n}/_{4}$-Ammoniak und erhielten 115 E.E. vom Reinheitsgrad 78. Wir adsorbierten nun 100 E.E. zu 77 % aus $^{n}/_{100}$-essigsaurer Lösung an 0,20 g Tonerde (Gesamtvolumen 1000 ccm) und eluierten 23 E.E. mit 200 ccm $^{n}/_{4}$-Ammoniak. Ihr Esterasewert betrug 114. Nach dem Eindampfen der Lösung erhielten wir mit Millons Reagens keinen positiven Ausfall mehr.

Beständigkeit. Während wäßrige Auszüge der Pankreaslipase höchst unbeständig sind, und haltbare Lösungen nur durch reichlichen Glycerinzusatz gewonnen werden, bewahrt die Leberesterase in den schwach ammoniakalischen Auszügen ihre Wirksamkeit fast unvermindert. Wir fanden in einem Beispiel nach 3 Wochen 100 %, nach 8 Wochen 82 %, nach 5 Monaten noch 81 % des Enzyms vor. Es scheint, daß diese Auszüge haltbarer sind als das getrocknete Organ selbst. Nach 2 bis 3 Monaten lassen sich nur noch 75%, nach 5 Monaten nur 50 bis 65% der ursprünglich extrahierbaren Enzymmenge herauslösen. Vielleicht beruht diese Erscheinung aber auch auf einer festeren Verankerung des Enzyms.

An dieser Beständigkeit wird durch die Wegnahme der hochmolekularen Eiweißkörper nichts geändert. Dialysierte Lösungen verloren in 8 Wochen 15 bis 30% ihrer Wirksamkeit, mit Kaolin und Tonerde voradsorbierte blieben 8 Tage völlig beständig und verloren in 3 Wochen erst 15%. Auffallender Weise erhöht das Eindampfen ein wenig die Empfindlichkeit. Solche Präparate ergaben nach 5 Tagen noch 70 bis 85%, nach 8 Wochen noch die Hälfte der ursprünglich feststellbaren Enzymmenge.

In schroffem Gegensatz dazu verlieren die millonfreien Präparate ihre Wirksamkeit in kurzer Zeit. Nach einem Tag ließen sich in den Präparaten aus Leberpulver I mit den Esterasewerten von 76 und 87 nur noch 47 und 50% des Enzyms nachweisen, nach 8 Wochen waren sie vollkommen [117] unwirksam. Interessant ist der Vergleich der Präparate aus Leberpulver III. Das millonfreie vom E.W. 114 verlor am ersten Tag 38, am zweiten weitere 25% seiner Wirksamkeit, während das Präparat von E.W. 91 durch den geringen Gehalt an Millon gebender Substanz erheblich beständiger war. Es besaß nach 4 Tagen noch 78, nach 6 Tagen noch 44% seiner ursprünglichen Wirksamkeit. Da einfache Peptide und Aminosäuren durch die lange Dialyse, hochmolekulares Eiweiß durch die Adsorptionsmaßnahmen entfernt sind, muß man annehmen, daß tyrosinhaltiges Polypeptid ein spezifischer Stabilisator für Leberesterase ist.

Berichte der Deutschen Chemischen Gesellschaft 56, S. 1079 [1923].

107. HYDROLYSE DES SCOPOLAMINS.

Von RICHARD WILLSTÄTTER und ENDRE BERNER.

(Aus dem Chemischen Laboratorium der Bayerischen Akademie der Wissenschaften in München.)

(Eingegangen am 17. März 1923.)

Nach den Untersuchungen von J. GADAMER und F. HAMMER[1] sowie von K. HESS und O. WAHL[2] ist die basische Komponente des Scopolamins noch unbekannt und das bekannte Scopolin aus ihr durch Umlagerung eines α-Oxydrings in ein γ-Oxyd gebildet nach den Formeln

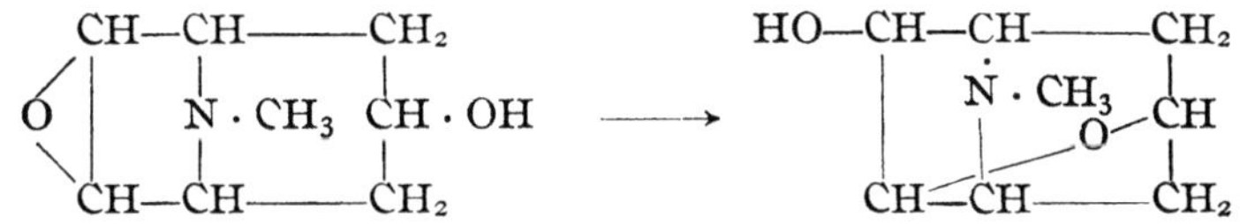

Zum primären Spaltungsprodukt, für das wir in Anlehnung an eine Bemerkung von J. F. EYKMAN[3] den Namen Scopin vorschlagen, führt die Hydrolyse des Scopolamins in schwach alkalischem Medium.

Es gelingt, die Tropeine unter milden Bedingungen mittels pankreatischer Lipase* zu hydrolysieren. Zweckmäßig arbeitet man in glycerinhaltiger Lösung bei Gegenwart von Ammoniak-Ammonchlorid-Puffer und nach den Erfahrungen von R. WILLSTÄTTER, E. WALDSCHMIDT-LEITZ und F. MEMMEN[4] unter Aktivierung mit Albumin und Calciumchlorid. Es ist am besten, das freie Alkaloid zusammen mit Olivenöl anzuwenden, durch dessen Verseifung die Hydrolyse des Tropeins eingeleitet und der Puffer sehr rasch neutralisiert wird. Indessen ist die Pankreaslipase kein gutes Reagens auf die Estergruppe dieser Alkaloide, und vergleichende Versuche bei 30° mit dem Ammoniak-Ammoniumchlorid-Puffer nach L. MICHAELIS (2 Tle. $^{n}/_{2}$-NH_4Cl mit 1 Tl. $^{n}/_{2}$-NH_3) lehren, daß auch [1080] schon durch dieses alkalische Mittel allein ($p_H = 8{,}9$ bis $9{,}0$ bei der angegebenen Temperatur) die Alkaloide

[1] Ar. 259, 110 [1921]. [2] B. 55, 1979 [1922].

[3] B. 25, 3069, und zwar 3078, Fußnote [1892].

* *Leberesterase wäre dafür wohl geeigneter. Die Arbeit ist ausgeführt, ehe die VIII. Untersuchung über Pankreasenzyme ergeben hatte, wieviel wirksamer das Leberenzym gegenüber Säureestern ist, verglichen mit Pankreaslipase.*

[4] H. 125, 93 [1922].

Atropin und Scopolamin in einigen Tagen beträchtlich hydrolysiert werden. Es ist daher einfacher, das Scopin so zu gewinnen. In 9 Tagen ergab zufolge der Titration nach R. WILLSTÄTTER und E. WALDSCHMIDT-LEITZ[5] in alkoholischer Lösung mit Phenolphthalein die Spaltung durch den ammoniakalischen Puffer 62% Ausbeute, in 13 Tagen 80, in 35 Tagen 97%. Bei so langer Versuchsdauer lagert sich das Scopin zum Teil in Scopolin um, und die beiden Basen sind schwer zu trennen. Rein erhält man das Scopin, wenn man kürzere Zeit hydrolysiert und das gebildete Spaltungsprodukt von dem in Wasser schwer löslichen, unveränderten Scopolamin trennt.

Das Scopin verwandelt sich beim Erhitzen sowie bei Einwirkung von Säuren und Alkalien in Scopolin. Die Auffindung des leicht veränderlichen α-Oxyds bestätigt die letzten Ansichten von J. GADAMER und von K. HESS über die Konstitution des Scopolamins.

Für das Scopin, das bisher nur in einer einzigen Form, nämlich der unter den vorsichtigen Bedingungen entstehenden, beobachtet wurde, kommen folgende 4 Konfigurationen in Betracht, während das entsprechende Trioxy-tropan in 8 Raumisomeren möglich und auch nur in einer Form (Teloidin von F. L. PYMAN und W. C. REYNOLDS[6]) bekannt ist.

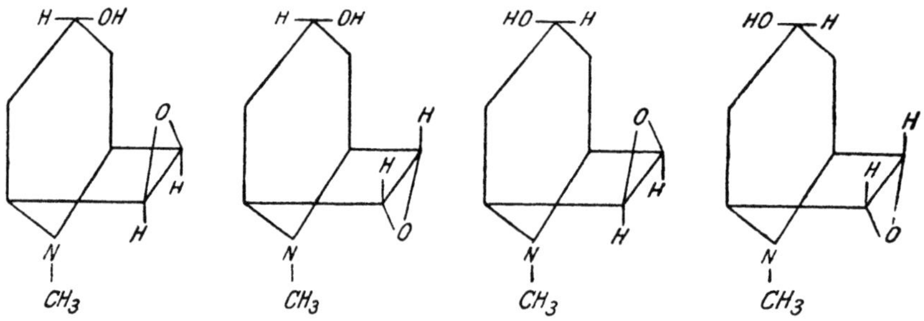

Hydrolyse des Scopolamins durch Ammoniak-Ammoniumchlorid.

Das Alkaloid löst sich klar in ungefähr der doppelt-molekularen Menge von $^{n}/_{2}$-Salmiaklösung. Wir nahmen z. B. 34 g Scopolaminbase in 500 ccm $^{n}/_{2}$-NH_4Cl auf und versetzten die Lösung mit 250 ccm $^{n}/_{2}$-NH_3, wobei sie klar blieb. Die Hydrolyse ließen wir im Thermostaten von 30° 9 Tage andauern.

Die Hauptmenge der Base wurde nach dem Einengen der Flüssigkeit im Vakuum auf 200 ccm durch Versetzen mit 10 ccm 20proz. Ammoniak und 10maliges Ausschütteln mit dem gleichen Volumen Chloroform gewonnen, wobei man von Zeit zu Zeit wieder etwas Ammoniak zufügte. Auf diese Weise erhielten wir drei Fraktionen. Die erste Ausschüttlung ergab 13,8 g hauptsächlich von Scopolamin, die zweite und dritte zusammen 1,95 g öliges Gemisch, die vierte bis zehnte 3,6 g fast reines Scopin vom Schmp. 73°.

Scopolamin und Scopin lassen sich gut trennen mit Hilfe von Kohlensäure, die das stärker basische Scopin bindet. Die zweite Fraktion wurde so durch Ausäthern

---

[5] B. **54**, 2988 [1921]. [6] Soc. **93**, 2077 [1908].

der kohlensäurehaltigen wäßrigen Lösung zerlegt in [1081] 1,4 g Scopin und 0,55 g Scopolamin. Den Rest der Base, der von der großen Menge der Ammoniumsalze zurückgehalten wird, isoliert man leichter nach völligem Eindunsten. Zunächst schieden wir durch Ansäuern mit Salzsäure einen Teil der Tropasäure (7,6 g) als Niederschlag aus und gewannen den Rest derselben (4,0 g) durch mehrmaliges Ausäthern. Der ausgefällte Anteil schmolz bei 123 bis 126° und war gemäß seiner hohen spez. Drehung ($[\alpha]_D^{20} = -67{,}5°$) reich an l-Säure; der ausgeätherte Anteil wies nur $[\alpha]_D = -27°$ auf. Nach Entfernung der Tropasäure wurde die Flüssigkeit mit Ammoniak neutralisiert und im Vakuum unter Abfiltrieren von ausgeschiedenem Salmiak zur Trockne verdunstet. Dann zogen wir die Salzmasse zweimal mit Äther unter gelindem Ammoniakdruck aus, wodurch noch 3 g reines Scopin erhalten wurden.

Die Ausbeute an Tropasäure entsprach einer Spaltung von 62 bis 63%. Nach diesem Grad der Hydrolyse wären 10,8 g Scopin neben 12,7 g Scopolamin zu erwarten, während der Versuch 14,35 g Scopolamin, etwas Scopin enthaltend, und 8,0 g Scopin lieferte.

Scopin, $C_8H_{13}O_2N$.

Die Base, durch Abdampfen der Lösungen in Chloroform und in Äther unter vermindertem Druck gewonnen, erstarrte sofort krystallinisch, während Gemische mit Scopolin sehr schwer krystallisieren. Scopin ist in Wasser, Alkohol, Chloroform und Aceton sehr leicht, in Äther und Benzol leicht löslich, schwer in Petroläther. Es läßt sich am besten aus niedrig siedendem Petroläther umkrystallisieren und bildet dann schöne, luftbeständige, lange Nadeln, die scharf und konstant bei 76° (korr.) schmelzen. Wie die Theorie erwarten läßt, ist die Base optisch inaktiv.

0,1516 g Sbst.: 0,3445 g CO_2, 0,1158 g H_2O. — 0,2537 g Sbst.: 21,1 ccm N (19°, 708,5 mm).
$C_8H_{13}O_2N$. Ber. C 61,90, H 8,45, N 9,03.
Gef. C 61,98, H 8,54, N 9,07.

Scopin wirkt auf ammoniakalische Silberlösung nicht ein. Es unterscheidet sich darin vom Tropinon, wie sich auch Scopolin im Verhalten von den Ketonen der Tropingruppe unterscheidet[7]. Im Verhalten gegen Chromsäure in schwefelsaurer Lösung bei 50 bis 60° steht Scopin zwischen dem leicht oxydierbaren Tropin und dem schwierig angreifbaren Scopolin; aber ein großer Teil des angewandten Scopins wurde bei vorsichtiger Isolierung in Form von Scopolin (Schmp. 108 bis 109°) wiedergewonnen.

Immerhin ist Scopin gegen Säure beständiger als gegen Alkalien. Es blieb bei 24stündiger Einwirkung von n-Salzsäure bei Zimmertemperatur unverändert, wie die Untersuchung des platinchlorwasserstoffsauren Salzes zeigte. Hingegen wird Scopin in n-Kalilauge bei gewöhnlicher Temperatur in 24 Stunden fast vollständig isomerisiert. Wir erhielten nach dieser Behandlung durch Ausschütteln mit Chloroform ein Rohprodukt, das von 93 bis 108,5° allmählich schmolz und bei einmaligem Umkrystallisieren reines Scopolin vom Schmp. 110° lieferte. Einstündige Einwirkung von

7 R. WILLSTÄTTER, B. **29**, 1575 [1896], und zwar 1578, Fußnote. An dieser Stelle wurde darauf hingewiesen, daß die Ketonformel von E. SCHMIDT dem Verhalten des Scopolins nicht Rechnung trug.

n-KOH genügt aber nicht, man findet danach den Schmelzpunkt des Scopins nur ein wenig erniedrigt (70°, nach einmaligem Umkrystallisieren 75°).

[1082] Bei der Destillation von Scopin unter gewöhnlichem Druck geht bei 248° Scopolin über, dem noch etwas Scopin beigemengt ist, und der Rückstand im Kolben besteht in reinem Scopolin. Erhitzen auf 150° wird 1 Minute lang vertragen, nach 5 Minuten ist der Schmp. auf 65° erniedrigt. Bei 200° wird in 5 Minuten schon viel Scopolin gebildet.

Das Hydrochlorid des Scopins krystallisiert aus alkoholischer Lösung in schönen Täfelchen. Das Pikrat ist schwer löslich und krystallisiert in dünnen prismatisch begrenzten Blättchen vom Schmp. 231° (unkorr.; Zers.), während Scopolin-Pikrat derbere Prismen vom Schmp. 236° bildet.

Deutlichere Unterschiede zeigen die beiden folgenden Salze.

Platinchlorwasserstoffsaures Scopin: Im Gegensatz zum Salze des Scopolins schwer löslich. Es krystallisiert (aus 5proz. Platinchlorwasserstoffsäure) rasch in langen, domatrisch begrenzten Prismen, die bei 219° (unkorr.) unter Zersetzung schmelzen. Sowohl bei der Ausscheidung bei gewöhnlicher Temperatur wie beim Umkrystallisieren aus siedendem Wasser, worin es sich leicht löst, krystallisiert das Salz mit 2 H_2O, während das Scopolin-Chlorplatinat nur 1 H_2O enthält.

I. 0,3377 g lufttr. Sbst. verloren über P_2O_5 0,0161 g. — II. 0,1057 g umkryst. Sbst. verloren 0,0049 g.

$(C_8H_{13}O_2N)_2H_2Cl_6Pt \cdot 2H_2O$. Ber. H_2O 4,76. Gef. H_2O I. 4,77, II. 4,64.

0,1689 g Sbst. (wasserfrei): 0,0453 g Pt.

$C_{16}H_{28}O_4N_2Cl_6Pt$. Ber. Pt 27,10. Gef. Pt 26,81.

Das zum Vergleich bereitete platinchlorwasserstoffsaure Scopolin entsprach ziemlich den Angaben von O. HESSE[8] für das Salz des Oscins. Die erst nach starkem Einengen auskrystallisierten Tafeln schmolzen bei 203° unter Zersetzung.

0,3481 g lufttr. Sbst. verloren über P_2O_5 0,0084 g.

$(C_8H_{13}O_2N)_2, H_2Cl_6Pt \cdot H_2O$. Ber. H_2O 2,44. Gef. H_2O 2,41.

0,1730 g Sbst. (wasserfrei): 0,0472 g Pt.

$C_{16}H_{28}O_4N_2Cl_6Pt$. Ber. Pt 27,10. Gef. Pt 27,28.

Goldchlorwasserstoffsaures Scopin: Die Base wird von Goldchlorwasserstoffsäure gefällt, beim Stehen wird der Niederschlag mikrokrystallin, und er weist dann genau denselben Wassergehalt auf wie nach dem Umkrystallisieren aus heißem Wasser, wobei sich kleine abgedachte Prismen vom Schmp. 216° (unt. Zers.) ausscheiden.

Einige Stunden an der Luft getrocknet, enthält das Golddoppelsalz 1,24% Wasser (ber. für $^1/_3$ H_2O 1,20%), wovon ein Teil an der Luft langsam abgegeben wird. Die luftkonstant getrockneten Präparate zeigten bei 3 Bestimmungen einen Wassergehalt von 0,68%, was $^1/_6$ H_2O entspricht.

0,1109 g exsiccatortr. Sbst.: 0,0439 g Au.

$C_8H_{14}O_2NCl_4Au$. Ber. Au 39,83. Gef. Au 39,60.

Das zum Vergleich untersuchte Salz des Scopolins entsteht als voluminöser Niederschlag, der beim Stehen dicht und krystallinisch wird. Er besteht aus prismatischen Täfelchen vom Schmp. 220° (unt. Zers.) mit einem Gehalt von $^1/_2$ H_2O.

0,3363 g Sbst. verloren im Exsiccator 0,0054 g.

$C_8H_{13}O_2N, HCl_4Au \cdot {}^1/_2 H_2O$. Ber. H_2O 1,78. Gef. H_2O 1,60.

0,1696 g Sbst. (wasserfrei): 0,0671 g Au.

$C_8H_{14}O_2NCl_4Au$. Ber. Au 39,83. Gef. Au 39,56.

Das Scopolin-Chloraurat krystallisiert aber aus heißem, etwas salzsäurehaltigem Wasser ohne Krystallwassergehalt in kleinen Prismen aus.

---

[8] A. **271**, 100, und zwar 116 [1892].

Zeitschrift für physiologische Chemie 167, S. 303 [1927].

108. ÜBER HEMMUNG DER LEBERESTERASE DURCH KETOCARBONSÄUREESTER.

Von RICHARD WILLSTÄTTER, RICHARD KUHN, OTTO LIND und FRIEDRICH MEMMEN.

(Mitteilung aus dem Chemischen Laboratorium der Bayerischen Akademie der Wissenschaften in München.)

Mit 5 Abbildungen im Text.

(Der Redaktion zugegangen am 16. April 1927.)

Bei der Einwirkung von Leberesterase, nicht von Pankreaslipase, auf Mandelsäureäthylester beobachteten wir die sonderbare Erscheinung, daß längere Zeit, z. B. 60 Minuten lang, nur spurenweise Verseifung stattfindet, daß aber nach Ablauf dieser Zeit die Hydrolyse des Esters plötzlich mit bedeutender Geschwindigkeit einsetzt. In gleichen Zeiten werden sodann durch das Enzym gleiche Mandelsäuremengen gebildet, so daß wir in der Neigung der Zeitumsatzkurven im zweiten Stadium der Reaktion ein Maß für die enzymatische Aktivität, in der durch Extrapolation auf der Abszisse abgeschnittenen Strecke ein Maß für die Latenzzeit besitzen (Abb. 1 bis 5).

Die Latenzzeit ist direkt proportional der Konzentration an Ester und umgekehrt proportional der angewandten Enzymmenge. Bei Erniedrigung der Temperatur nimmt sie zu. Mit viel Substrat und wenig Enzym arbeitend, sahen wir die Spaltung bei $+5°$ erst 10 Stunden nach dem Vermischen aller Reaktionsteilnehmer beginnen. Wenn wir eine bestimmte Estermenge völlig verseifen und dann neues Substrat zusetzen, so tritt abermals Reaktionsstillstand ein. Die Zeit bis zum neuerlichen Einsetzen der Hydrolyse läßt sich aus der angewandten Substrat- und Enzymkonzentration im voraus berechnen.

Latenzzeiten, Induktionserscheinungen, sind bei [304] Fermentreaktionen schon mehrfach beobachtet worden. G. TAMMANN[1] ließ eine Lösung von Emulsin und Amygdalin, die den Endzustand erreicht hatte, auf Salicin wirken. Die Hydrolyse des Glucosids begann erst 10 Minuten nach dem Vermischen der beiden Lösungen. Induktionszeiten von gleicher Größenordnung fanden E. ABDERHALDEN und A. FODOR[2] bei der

[1] Zs. physikal. Chem. Bd. 3, S. 25 [1889], und zwar S. 28.
[2] Fermentforschung Bd. 1, S. 533 [1916], und zwar S. 578.

Spaltung von Peptiden durch Hefesaft. Die Ursache dieser Erscheinungen ist unbekannt. Näher untersucht ist die Induktion bei der alkoholischen Vergärung von Zucker durch Trockenhefe und durch Hefemacerationssaft[3], die 24 Stunden und länger dauern kann. Sie läßt sich im Falle des Macerationssaftes nach O. MEYERHOF[4] durch Zusatz kleiner Mengen Hexosephosphat (0,0002 Mole) momentan aufheben. Bei den Trockenhefen hängt die Erscheinung nach den Untersuchungen von E. ABDERHALDEN und A. FODOR[5] und von H. SOBOTKA[6] vermutlich mit dem Aufleben und Sprossen von Hefezellen zusammen.

Bei der Verseifung des Mandelsäureesters haben wir eine Verunreinigung des Substrats als ausschließliche Ursache der Reaktionsverzögerung erkannt. Der angewandte Ester war von C. A. F. KAHLBAUM bezogen und durch wiederholte fraktionierte Vakuumdestillation gereinigt. Seine wäßrige Lösung reagierte neutral. Wurde aber das Produkt aus Petroläther umkrystallisiert, so verschwand die Latenzzeit vollständig. Es wurde versucht, die wirksame Verbindung aus den Mutterlaugen, in denen sie sich angereichert hatte, durch sorgfältige Fraktionierung im Hochvakuum zu isolieren, allein ohne Erfolg. Die einzelnen Esterfraktionen zeigten annähernd gleiche Induktionsdauer. Der wirksame Stoff ist Benzoyl-ameisensäure-äthylester, dessen Siedepunkt unter gewöhnlichem Druck von L. CLAISEN[7] [305] zu 256 bis 257° angegeben wird, während mandelsaures Äthyl bei 253 bis 255° siedet[1]).

Zur Identifizierung bereiteten wir aus dem gelblich gefärbten Öl, das beim Verdunsten der petrolätherischen Mutterlaugen zurückblieb, durch Umsetzung mit Hydrazinhydrat das von TH. CURTIUS und H. LANG[2]) beschriebene Hydrazinsalz der Phenyl-hydrazi-methylencarbonsäure, das Fehlingsche Lösung in der Kälte reduzierte und bei 116° schmolz. Durch Einwirkung von Phenylhydrazin erhielten wir das gelbe Phenylhydrazon des Phenylglyoxylsäureesters, das im Schmelzpunkt (93°) und Mischschmelzpunkt (91 bis 92°) sowie in den Farbreaktionen mit konzentrierter Schwefelsäure und mit Eisen-(3)-chlorid mit einem aus Benzoylameisensäure-äthylester dargestellten Vergleichspräparat übereinstimmte.

Daß wirklich der Ketosäureester Ursache der Induktionserscheinungen ist, zeigt folgender Versuch: Reines mandelsaures Äthyl wurde mit 1%, 5% und 50% seines Gewichtes phenylglyoxylsaurem Äthyl vermischt. Es ergaben sich Latenzzeiten von $1^1/_2$, $3^3/_4$ und 40 Stunden.

Das Zustandekommen der Induktion erklären wir durch sehr hohe Affinität der Leberesterase zum Phenylglyoxylsäureester bei sehr geringer Zerfallsgeschwindigkeit des entstehenden Produkts. Trotz des großen Überschusses an Oxysäureester wird

---

[3] A. HARDEN und W. YOUNG, Zit. nach A. HARDEN, Alcoholic fermentation, 3. Aufl., S. 39 [1923]; H. VON EULER und K. MYRBÄCK, Diese Zs. Bd. 131, S. 179 [1923], Bd. 133, S. 260 [1923/24].

[4] Diese Zs. Bd. 102, S. 1 u. 185 [1918].

[5] Fermentforschung Bd. 5, S. 138 [1921/22).

[6] Diese Zs. Bd. 134, S. 1 [1923/24].

[7] Chem. Ber. Bd. 12, S. 626 [1879], und zwar S. 629.

[1]) C. BEYER, Jl. für prakt. Chem. [2], Bd. 31, S. 382 [1885], und zwar S. 389.

[2]) Jl. für prakt. Chem. [2], Bd. 44, S. 544 [1891], und zwar S. 566.

das gesamte Enzym vom Ketosäureester gebunden und nur langsam, nämlich in dem Ausmaße, als der Glyoxylsäureester zerfällt, wird das Enzym für die Hydrolyse des mandelsauren Äthyls verfügbar.

Dem Benzoyl-ameisensäureester entsprechend bewirkt auch Oxal-essigsäureester starke Induktion. Hohe Affinität zur Leberesterase trotz äußerst geringer Zerfallsgeschwindigkeit scheint vielen Ketosäureestern zuzukommen. α-Stellung des Carbonyls ist dabei nicht erforderlich, denn Benzoylessigester verursacht ebenfalls bedeutende Latenzzeiten. Abweichend von den angeführten Keto-carbonsäureestern erwies sich **[306]** Brenztraubensäureäthylester als wirkungslos. Dieses Ergebnis kommt wohl dadurch zustande, daß der Brenztraubensäureester ungewöhnlich leicht hydrolytisch zerfällt[1] und daß unter unseren Versuchsbedingungen ohne Mitwirkung des Enzyms die Aufspaltung in Brenztraubensäure und Äthylalkohol als reiner p_H-Effekt sehr rasch vonstatten geht.

Da weder die Estergruppe allein (Benzoesäure-äthylester, Phenylessigsäureäthylester) noch die Ketogruppe allein (Acetophenon) zu Induktionserscheinungen Anlaß gibt, sind die mitgeteilten Beobachtungen auf konstitutive Eigentümlichkeiten der Ketocarbonsäureester und auf deren Beziehungen zur Leberesterase zurückgeführt.

Wenn in Organmaterial, z. B. Leber, neben Esterase Dehydrogenasen enthalten sind, die aus Alkoholen Carbonylverbindungen erzeugen, können kinetische Untersuchungen an Oxysäureestern empfindlich gestört werden.

Experimenteller Teil.

Die Esteraselösungen wurden entsprechend den Angaben der VIII. Abhandlung über Pankreasenzyme[2] aus getrockneter und fein gemahlener Schweineleber mit 0,025 n-Ammoniak gewonnen. Die Reinigung durch Elektrodialyse ist auf das Ergebnis der Induktionsversuche ohne Einfluß.

Ausführung der Bestimmungen: 10 ccm einer Lösung von Mandelsäureäthylester, die 1,60 g Ester in 100 ccm Wasser enthält, werden mit 80 ccm Wasser verdünnt und 4 Tropfen Bromkresolpurpur zugesetzt. Man wärmt auf 30° vor und gibt aus einer Bürette, die über dem Thermostaten angebracht ist, so lange $^n/_{10}$-Natronlauge zu, bis die Farbe stark rotviolett ist. Den Farbton beurteilt man gegen eine untergelegte weiße Porzellanplatte und vergleicht ihn mit einer Kontrollösung, in der die Esterspaltung bereits zu Ende geführt wurde.

Die Hydrolyse wird durch Zusatz von 20 ccm Enzymlösung eingeleitet, die unter Zugabe von 1 bis 2 Tropfen Bromkresolpurpur auf gleiches p_H gebracht ist. Die zur Aufrechterhaltung **[307]** des Farbtones erforderliche Menge $^n/_{10}$-Natronlauge, die in Mengen von 1 bis 3 Tropfen zugefügt wird, notiert man alle 2 Minuten.

---

[1] C. BÖTTINGER, Chem. Ber. Bd. 14, S. 316 [1881].

[2] R. WILLSTÄTTER und F. MEMMEN, diese Zs. Bd. 138, S. 216 [1924].

In den Abb. 1 und 2 ist die Abhängigkeit der Latenzzeiten von der Enzym- und Substratkonzentration dargestellt.

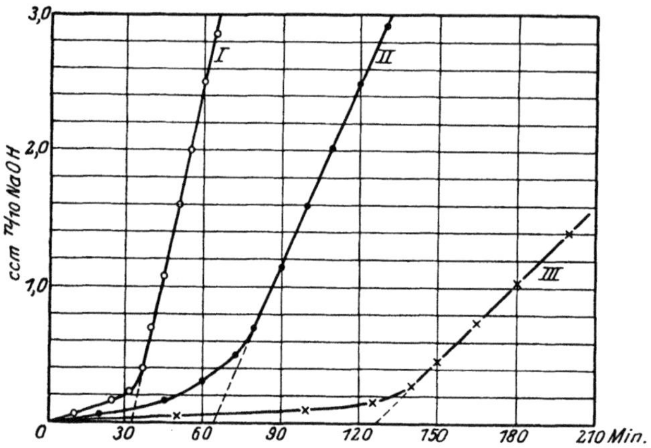

Abb. 1. Das Produkt Esterasemenge × Induktionsdauer ist konstant. I: 20 ccm, II: 10 ccm, III: 5 ccm Enzymlösung.

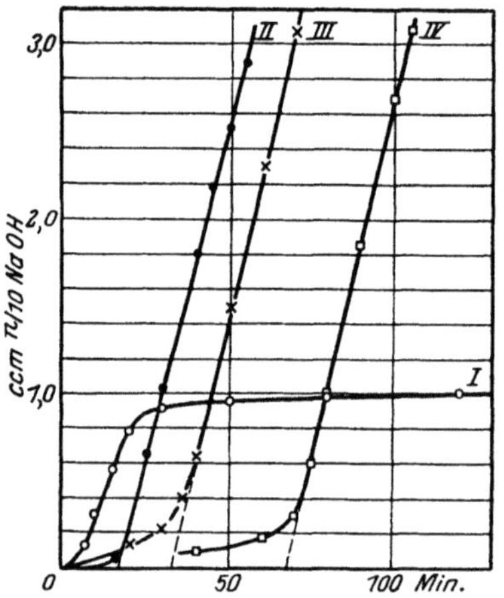

Abb. 2. Latenzzeit und Substratmenge. I: 1 ccm, II: 5 ccm, III: 10 ccm, IV: 20 ccm Esterlösung.

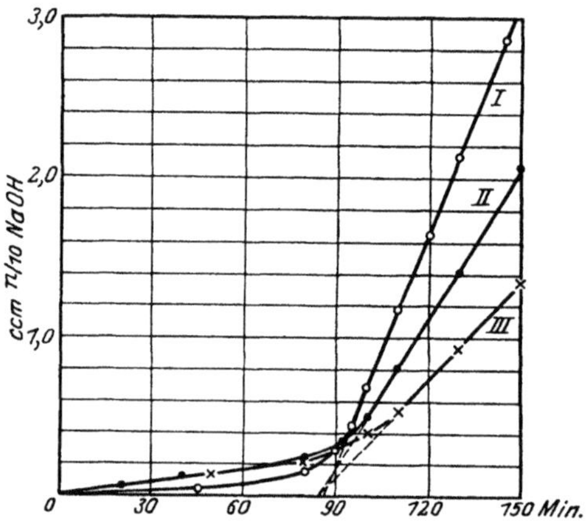

Abb. 3. Hemmung durch Atoxyl. Die Induktionsdauer bleibt unverändert. I: 0,0 mg, II: 5,0 mg, III: 20,0 mg, p-Amino-phenylarsinsäure.

Man erkennt, daß die Beziehungen

(I) Esterasemenge × Latenzzeit = konst.,

(II) Estermenge: Latenzzeit = konst.

mit sehr großer Annäherung erfüllt werden.

[308] Die Beziehung zwischen Enzymmenge und Geschwindigkeit der Mandelsäureester-Verseifung ist den Neigungstangenten der Kurven I bis III in Abb. 1 zu entnehmen.

Hemmt man die Esterase durch Zusatz von Atoxyl oder von Natriumfluorid, so bleiben die Induktionsdauern unverändert. Die Hemmung kommt, wie die Abb. 3 und 4 zeigen, nur im Neigungsverhältnis der Zeitumsatzkurven für das zweite

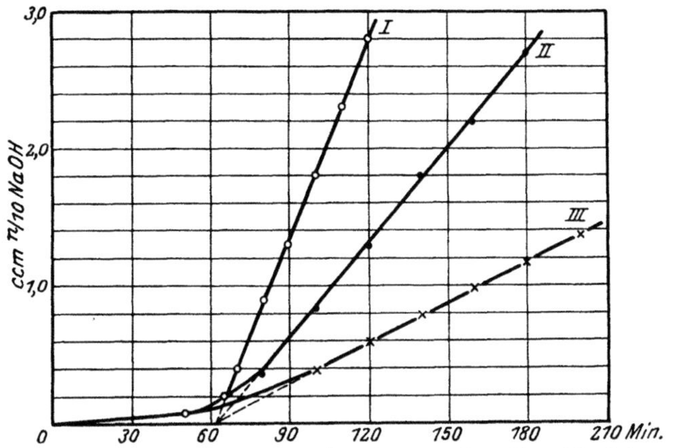

Abb. 4. Hemmung durch Natriumfluorid ist ohne Einfluß auf die Latenzzeit. I: 0,0 ccm, II: 0,25 ccm, III: 2,5 ccm $^{n}/_{10}$-Natrium-fluoridlösung.

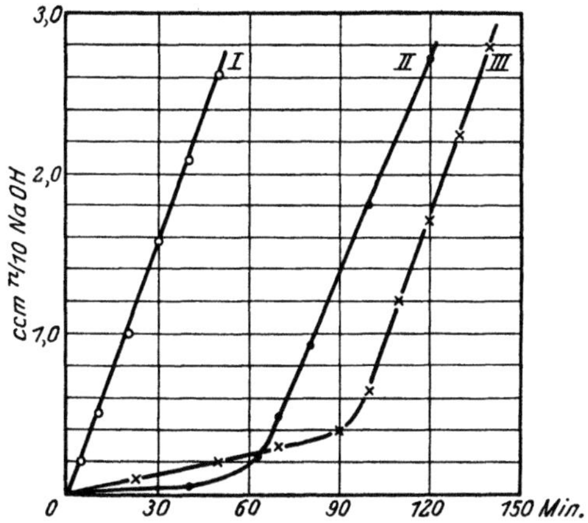

Abb. 5. Mandelsäure-äthylester verschiedenen Reinheitsgrades. I: Wiederholt aus Petroläther krystallisiert, II und III: Handelspräparate durch frakt. Vakuumdest. gereinigt.

[309] Reaktionsintervall zum Ausdruck. Als letzte Belege führen wir einige Versuche mit käuflichem Mandelsäure-äthylester an, der verschieden vorbehandelt wurde (Abb. 5, Tab. 1), sowie Versuche (Tab. 2) mit reinem mandelsaurem Äthyl unter Zusatz anderer Ester.

Tabelle 1.
Fraktionierung von rohem Mandelsäure-äthylester.

Nr.	Ester	Latenzzeit
1	Mandelsaures Äthyl C. A. F. KAHLBAUM	60 Minuten
2	Ester 1 6 Stunden auf 160° erhitzt	120 ,,
3	Ester 1 aus Petroläther krystallisiert	
	a) Kopffraktion	0 ,,
	b) Mittelfraktion (krystallisiert)	30 ,,
	c) Endfraktion (sauer reagierendes Öl)	180 ,,
	d) Endfraktion mit verdünnter Soda entsäuert .	240 ,,

Tabelle 2.
Hydrolyse von reinem mandelsaurem Äthyl unter Zusatz anderer Ester.

Nr.	Zusatz	Latenzzeit
1	1 % Benzoesäure-äthylester	0 Minuten
2	1 % Phenylessigsäure-äthylester	0 ,,
3	1 % Acetophenon	0 ,,
4	1 % Brenztraubensäure-äthylester	0 ,,
5	1 % Benzoyl-ameisensäure-äthylester	1 1/2 Stunden
6	5 % Benzoyl-ameisensäure-äthylester	3 1/4 ,,
7	50 % Benzoyl-ameisensäure-äthylester	40 ,,
8	1 % Benzoyl-essigester	2 ,,
9	1 % Oxalessigsäure-äthylester	3 ,,

Zeitschrift für physiologische Chemie 147, S. 286 [1925].

109. ÜBER DIE TRYPTISCHE UND EREPTISCHE WIRKUNG DER PANKREASDRÜSE.

Von ERNST WALDSCHMIDT-LEITZ und ANNA HARTENECK.

Zweite Mitteilung zur Spezifität tierischer Proteasen[1].

(Aus dem Chemischen Laboratorium der Bayerischen Akademie der Wissenschaften in München.)

Mit 2 Abbildungen im Text.

(Der Redaktion zugegangen am 30. Mai 1925.)

Theoretischer Teil.

In der physiologisch-chemischen Literatur findet man zahlreiche Hinweise auf die Existenz zweier verschiedener proteolytischer Enzyme im Sekrete der Pankreasdrüse. Seitdem die Bedeutung der Enterokinase des Darmsaftes für die Aktivität des pankreatischen Sekretes erkannt war[2], haben verschiedentlich Beobachtungen über bestimmte, in den tryptisch inaktiven Sekreten schon vorhandene proteolytische Wirkungen die Aufmerksamkeit der Forschung in Anspruch genommen; man erklärte sie gewöhnlich mit der Annahme eines zweiten proteolytischen Enzyms, dessen Wirkungen man mit denen des Darmerepsins verglich. So haben zuerst W. M. BAYLISS und E. H. STARLING[3] über eine Hydrolyse von Casein und Fibrin [287] durch nicht aktiviertes Drüsensekret, H. M. VERNON[1]) sowie K. MAYS[2]) über Verschiebungen in der Wirksamkeit gegenüber Proteinen und Peptonen bei der Verarbeitung und Aufbewahrung von Drüsenauszügen berichtet; auch J. WOHLGEMUTH[3]) beobachtete eine starke peptolytische Wirkung bei nicht aktiviertem menschlichem Sekret.

G. SCHAEFFER und E. TERROINE[4]) gebührt das Verdienst, zuerst eine eingehendere Prüfung der spezifischen Wirkungen von aktivem und von nicht aktiviertem Pankreassaft vorgenommen zu haben. Die gewonnenen Erkenntnisse haben die Autoren zu der Anschauung geführt, daß man im Sekret der Drüse zwei verschiedene proteolytische

---

[1] Erste Mitteilung, Chem. Ber. (im Druck). („*Über die Bedeutung der Diketopiperazine für den Aufbau der Proteine*" *von E. Waldschmidt-Leitz und A. Schäffner, Chem. Ber.* ***58***, *1356* [*1925*].)

[2] Vgl. N. P. SCHEPOWALNIKOW, Inaug.-Diss. St. Petersburg 1899; Referat in R. Malys Jahresbericht über die Fortschritte der Tierchemie Bd. 29, S. 378 [1899].

[3] Jl. of Physiol. Bd. 30, S. 61 [1903]. [1]) Jl. of Physiol. Bd. 30, S. 330 [1903].

[2]) Diese Zs. Bd. 49, S. 124 [1906]. [3]) Biochem. Zs. Bd. 39, S. 302 [1912].

[4]) Jl. de Physiol. et Pathol. gén. Bd. 12, S. 884, 905 [1910].

Enzyme anzunehmen habe, deren eines, das Trypsin, spezifisch für die Hydrolyse höhermolekularer Proteine, der Aktivierung durch Enterokinase bedürfe, während man für die Wirkung des zweiten, ereptischen Enzyms, beispielsweise gegenüber einfachen Peptiden oder auch Casein, die Gegenwart des Aktivators ohne Bedeutung finde; ihre Befunde verdienten insofern Beachtung, als es ihnen scheinbar gelang, durch eine einfache Vornahme, nämlich vermittelst einer Dialyse, die eine der beiden Enzymwirkungen für sich allein zu erhalten.

Die Schlußfolgerungen von SCHAEFFER und TERROINE, die in der Annahme zweier Enzyme gipfelten, fußten auf der herrschenden Ansicht über die Wirkungsweise der Enterokinase als die einer enzymatischen Umwandlung des Trypsins aus seinem Zymogen. Mit der Erkenntnis von der nichtenzymatischen Natur der Enterokinase und den stöchiometrischen Grundlagen ihrer Reaktion mit dem tryptischen Enzym, die in einer Untersuchung des einen von uns[5] sichergestellt worden sind, ergab sich die Möglichkeit, die Angaben der Literatur über die Wirkungen des nicht aktivierten pankreatischen Sekrets in anderem Sinne zu deuten; es war damit zu [288] rechnen, daß „die Hydrolyse der verschiedenen Proteine sowie der Peptone und Polypeptide ... durch ein einziges proteolytisches Enzym der Pankreasdrüse, das Trypsin, bewirkt" würde und daß „dieses Enzym ... für die Spaltung gewisser Substrate ... eines Hilfsstoffs, der Enterokinase, bedürfte"[1]). Es war die Aufgabe der vorliegenden Arbeit, auf Grund der erweiterten Erkenntnis die Beobachtungen der Literatur über die Vielheit der proteolytischen Enzyme des Pankreas nachzuprüfen und zu vertiefen, um die Grundlagen zu erkennen für eine Untersuchung über die Spezifität seiner verschiedenen enzymatischen Wirkungen.

Enzyme von stark abweichender Spezifität, beispielsweise lipatisches und diastatisches Enzym, lassen sich auch in ihren natürlichen Mischungen unschwer nebeneinander nachweisen. Bei Mischungen enzymatischer Stoffe von sehr ähnlichen oder sich gegenseitig überdeckenden Wirkungen ist dagegen die exakte Erkennung und Bestimmung der einzelnen Komponenten und die Abgrenzung ihrer spezifischen Affinitäten an andere Voraussetzungen gebunden; Verschiebungen in der Wirksamkeit auf mehrere Substrate oder auch ein verschiedener Ausfall von Hemmungserscheinungen genügen noch nicht, um, wie es bei tryptischer und ereptischer Wirkung der Pankreasdrüse geschehen ist[2]), die Existenz verschiedener enzymatischer Individuen mit Sicherheit zu folgern; einwandfrei läßt sich diese nur dann belegen, wenn es gelingt, die enzymatischen Komponenten zu trennen und ihre Wirkungen gesondert zu demonstrieren.

Das Vorkommen verschiedener proteolytischer Enzyme in der Pankreasdrüse ist durch keine der bisherigen Beobachtungen der Literatur erwiesen worden. Wenn G. SCHAEFFER und E. TERROINE[3]) angeben, „qu'il est possible de séparer [289] entière-

[5] E. WALDSCHMIDT-LEITZ, Diese Zs. Bd. 132, S. 181 [1923/24] (*Abh. 92*).

[1]) A. a. O. S. 190.

[2]) Siehe dazu K. GLAESSNER und A. STAUBER, Biochem. Zs. Bd. 25, S. 204, und zwar S. 214 [1910]; J. WOHLGEMUTH, Ebenda Bd. 39, S. 302, und zwar S. 312 [1912].

[3]) Jl. de Physiol. et Pathol. gén. Bd. 12, S. 905, und zwar S. 919 [1910].

ment les deux actions protéolytiques du suc pancréatique", und zwar mittels Dialyse gegen destilliertes Wasser, so finden wir in ihren experimentellen Belegen für eine solche Annahme keine Stütze; die Beobachtungen dieser Autoren beschränken sich auf die Feststellung, daß pankreatisches Sekret nach den vorgenommenen Operationen seine Aktivierbarkeit durch Enterokinase einbüßt[1]. Es ist nicht versucht worden, eine Trennung der enzymatischen Komponenten unter Erhaltung ihrer spezifischen Wirkungen durchzuführen; sie läßt sich, wie unsere experimentellen Angaben belegen, auf dem eingeschlagenen Wege nicht erreichen.

Die Anwendung des Verfahrens der fraktionierten Adsorption, das schon R. WILLSTÄTTER und E. WALDSCHMIDT-LEITZ[2] für die Trennung von Lipase, Trypsin und Amylase in den Auszügen der Pankreasdrüse und in einem anderen Beispiel[3] für die Zerlegung der Verbindung von Enterokinase und Trypsin gedient hat, hat sich auch in diesem Falle als brauchbar erwiesen. Die bei der Trennung der drei wichtigen pankreatischen Enzyme gewonnenen Erfahrungen hatten für das Trypsin in dem geprüften Reinheitsgrade ergeben, daß „seine basische Natur überwiegt"[4]; diese Anschauung leitete man ab aus den Beobachtungen über seine träge und unvollkommene Adsorption durch das basische Adsorbens Tonerde, das zur Aufnahme der Lipase diente, sowie über die viel größere Affinität zu dem sauren Adsorbens Kaolin, die es von der begleitenden Amylase abzutrennen erlaubte. Das Erepsin der Pankreasdrüse, das die vorliegende Untersuchung von dem tryptischen Drüsenenzym zu unterscheiden lehrt, teilt das beschriebene Adsorptionsverhalten mit diesem nicht; seine sauren Eigenschaften sind stärker ausgeprägt. So führt die Adsorption durch Tonerde und die Elution der gewonnenen Adsorbate, beispielsweise in den rohen, angesäuerten Drüsenauszügen, bei mehrmaliger Anwendung zu einer vollständigen **[290]** Trennung der beiden Proteasen; in der Restlösung der letzten Adsorptionsvornahme verbleibt das Trypsin in guter Ausbeute, frei von ereptischer Wirkung, und die Elution der Tonerdeadsorbate liefert die einheitliche ereptische Komponente.

Die Trennung der beiden Enzymwirkungen, wie sie in dieser Abhandlung beschrieben wird, gemessen an den als spezifisch erkannten Substraten, der Gelatine für die tryptische, dem Leucylglycin für die ereptische Komponente, ist als ein eindeutiger Beweis für die Existenz zweier verschiedener enzymatischer Individuen zu betrachten. Es ist sehr beachtenswert, daß die beiden in der Spezifität ihrer Wirkung, wie man annimmt, nahe verwandten Proteasen so deutliche Unterschiede in den Adsorptionseigenschaften aufweisen; man darf in diesem Verhalten eine Bestätigung der Anschauung erblicken, daß die Fermente — und in diesem Falle zwei Vertreter aus der nämlichen Gruppe enzymatischer Stoffe — entgegen den von A. FODOR[1]) entwickelten Vorstellungen nicht als mehr oder weniger spezifische Protoplasmabestandteile nur

[1] Vgl. die Ausführungen im experimentellen Teil dieser Abhandlung.
[2] Diese Zs. Bd. 125, S. 132, und zwar S. 142 [1922/23] (*Abh. 89*).
[3] E. WALDSCHMIDT-LEITZ, Diese Zs. Bd. 132, S. 181 [1923/24] (*Abh. 92*).
[4] Diese Zs. Bd. 125, S. 139 [1922/23].
[1]) Das Fermentproblem, Th. Steinkopff 1922.

von besonderer Dispersität, sondern als bestimmte und unterscheidbare chemische Individuen reagieren.

Die Isolierung der einheitlichen enzymatischen Komponenten eröffnet den Weg zu einer gesicherten Prüfung ihrer spezifischen Wirkungen wie auch der Bedeutung des Hilfsstoffs Enterokinase für die Spezifität des tryptischen Enzyms, mit deren Abgrenzung sich die Fortsetzung dieser Untersuchung befassen wird. Sodann ergibt sich die Möglichkeit eines exakteren Vergleichs zwischen dem ereptischen Enzym der Bauchspeicheldrüse und dem Erepsin der Darmschleimhaut, den wir heute nur mit einigen wenigen Angaben belegen können; so hat die Untersuchung noch keine deutlichen Unterschiede zwischen den beiden Enzymen erkennen lassen, sei es in der Abhängigkeit ihrer Wirkung von der Wasserstoffionenkonzentration, sei es in ihrer relativen Affinität zu einer Reihe einfacher Peptide.

Die gewonnenen Erkenntnisse bedürfen indessen noch einer Einschränkung, nämlich hinsichtlich ihrer Übertragung [291] auf das Sekret der Drüse selbst; es ist noch ungewiß und es bedarf der Nachprüfung, ob im Pankreassaft die nämlichen Enzyme sich finden, die in den Auszügen der getrockneten Drüsensubstanz beobachtet werden. Wenn die Untersuchung, wie es wahrscheinlich ist, ergeben wird, daß sich in dem pankreatischen Sekret die nämlichen enzymatischen Komponenten unterscheiden lassen, so wird es erforderlich sein, auch die Beobachtungen von E. Fischer und E. Abderhalden[1] „Über das Verhalten verschiedener Polypeptide gegen Pankreassaft" einer Nachprüfung zu unterziehen. Es wäre nach unseren Erfahrungen über die Wirkungen des ereptischen Drüsenenzyms nur schwer verständlich, daß man bei der Prüfung des Saftes selbst für manche Peptide, beispielsweise für Glycylglycin oder Leucylglycin, keine Hydrolyse wahrnehmen konnte; die Möglichkeit ist zu berücksichtigen, daß das zu den Untersuchungen Emil Fischers verwendete, nicht mehr ganz frische Enzymmaterial nur schwache ereptische Wirkung besaß und die angegebenen Spezifitäten daher nur in quantitativem Sinne zu verstehen sind.

Experimenteller Teil.

1. Bestimmungsmethoden.

a) Tryptische Wirkung.

Die Bestimmung der tryptischen Wirkung lehnt sich an an das Verfahren von R. Willstätter und H. Persiel[2], das sich zur Erzielung größerer Empfindlichkeit der Einwirkung kleiner Enzymmengen auf große Substratmengen bedient. Die Ausführung dieses Verfahrens hat inzwischen in einer Untersuchung von R. Willstätter, E. Waldschmidt-Leitz und S. Duñaiturria einige Abänderungen erfahren, über die demnächst berichtet werden wird*. In der angeführten Untersuchung hat es sich als zweckmäßig erwiesen, die Einheit der tryptischen Leistung [T.-(e.)] etwas anders zu wählen, nämlich entsprechend einem in alkoholischer Lösung gemessenen [292] Aci-

[1] Diese Zs. Bd. 46, S. 25 [1905].
[2] Diese Zs. Bd. 142, S. 245 [1924/25].
* *Abh. 103.*

ditätszuwachs von 0,90 ccm 0,2 n-Lauge unter den von WILLSTÄTTER und PERSIEL angegebenen Bedingungen.

Das Verfahren von WILLSTÄTTER und PERSIEL empfiehlt die Anwendung hoher Substratkonzentration, nämlich einer 15proz. Lösung von Gelatine, für die Steigerung der enzymatischen Leistung. Da die einwandfreie Ausführung dieser Methode einige Übung voraussetzt, begnügten wir uns für die Zwecke unserer Untersuchung mit einer geringeren Konzentration des Substrats, nämlich 5,0 ccm einer 8proz. Lösung der Gelatine im Bestimmungsansatz, und verfuhren im übrigen nach WILLSTÄTTER, WALDSCHMIDT-LEITZ und DUÑAITURRIA; die Empfindlichkeit der Messungen finden wir unter diesen Bedingungen für die Bestimmung kleiner Enzymmengen nicht herabgesetzt.

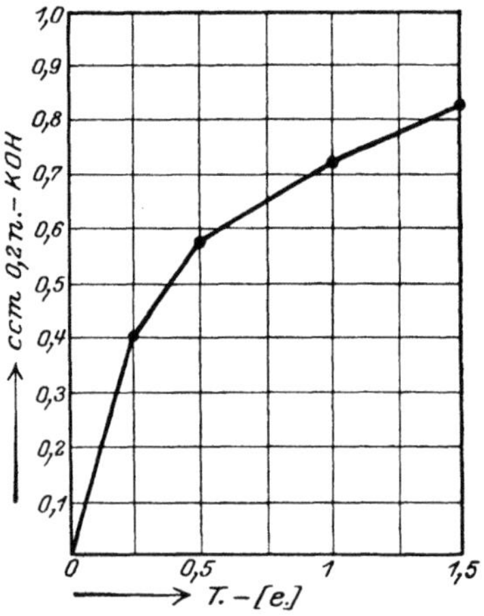

Abb. 1. Trypsinmenge und Spaltungsgrad.

Den Messungen liegt die in Abb. 1 wiedergegebene Beziehung zwischen Enzymmenge und Spaltungsgrad zugrunde.

b) Ereptische Wirkung.

Man hat in der Literatur bisher unter der ereptischen Wirkung pankreatischer Sekrete alle proteolytischen Wirkungen des nicht aktivierten Saftes zusammengefaßt, so die Spaltung [293] genuiner Proteine, von Zein[1] und Fibrin[2], wie auch die Hydrolyse von Peptonen[3] und einfachen Peptiden[4]. Diese Unterscheidung halten wir nicht für sicher; die Aktivität des tryptischen Enzyms braucht nicht in allen vorkommenden Fällen an die Gegenwart der Enterokinase gebunden zu sein. Da unsere Kenntnis von den spezifischen Wirkungen des Pankreaserepsins noch sehr unvollkommen geblieben ist, haben wir es vorgezogen, seiner Messung die Hydrolyse eines Dipeptids, des Leucylglycins, zugrunde zu legen, das nach den Untersuchungen von E. FISCHER und E. ABDERHALDEN[5] auch durch tryptisch stark aktive Präparate nicht gespalten wird.

Wir messen die Hydrolyse des Peptids durch den Aciditätszuwachs in alkoholischer Lösung bei dem für die Wirkung des Darmerepsins optimalen p_H von 7,8, das, wie die Versuche des 4. Abschnitts dieser Abhandlung erweisen, auch für die Leistung des pankreatischen Enzyms am günstigsten ist. Die Bestimmungsweise ist der für die Messung des Darmerepsins angewandten nachgebildet, wie sie in einer Untersuchung von E. WALDSCHMIDT-LEITZ und A. SCHÄFFNER demnächst zur Veröffentlichung gelangen wird*.

Ausführung der Bestimmung. 0,1882 g d,l-Leucylglycin werden in 5,00 ccm $^1/_5$ mol. Phosphatpuffer von $p_H = 7{,}8$ gelöst; man setzt zu der Lösung 1,90 ccm 0,2 n-

[1] G. SCHAEFFER und E. TERROINE, Jl. de Physiol. et Pathol. gén. Bd. 12, S. 905, und zwar S. 907 [1910].

[2] W. M. BAYLISS und E. H. STARLING, Jl. of Physiol. Bd. 30, S. 61 [1903].

[3] K. GLAESSNER und A. STAUBER, Biochem. Zs. Bd. 25, S. 204, und zwar S. 211 [1910].

[4] J. WOHLGEMUTH, Biochem. Zs. Bd. 39, S. 302, und zwar S. 314 [1912].

[5] Diese Zs. Bd. 46, S. 52 [1905]. * *Abh. 112.*

NaOH hinzu, wodurch ein p_H von 7,8 eingestellt wird, und füllt nach Zugabe der Enzymlösung mit Wasser auf 15,0 ccm auf. Während der Dauer der Bestimmung hält man die Probe im Thermostaten von 30° und unterbricht dann die Enzymwirkung durch Eintragen in 165 ccm 93proz. Methylalkohol; die Acidität der Lösung wird nach Zusatz von 2,0 ccm 0,5proz. Lösung von [294] Thymolphthalein durch Titration mit 0,2n 90proz. alkoholischer Lauge gemessen, und zwar bis zur ersten schwach blauen Färbung des Indicators; hiernach ist das Phosphat der Pufferlösung gerade in sekundäres Salz übergeführt. Zu jeder Bestimmung ist eine Leeranalyse auszuführen, deren Acidität von der des Hauptversuchs in Abrechnung gebracht wird; der gemessene Aciditätszuwachs entspricht dann der gebildeten Menge Aminosäure.

Das p_H der Versuchslösung erfährt, wie besondere Versuche erwiesen haben, bis zu einer Spaltung von etwa 40% des Substrats keine merkliche Änderung; es empfiehlt sich auch wegen des asymmetrischen Verlaufs der Enzymwirkung, der zu einer Verarmung an Substrat führen würde, die Hydrolyse des Peptids nicht über 40% auszudehnen. Änderungen im Glyceringehalt der Bestimmungslösung, wie sie durch wechselnde Verdünnung der angewandten Enzymlösung eintreten, sind bis zu einem Betrage von 20% Glycerin ohne Einfluß auf die enzymatische Wirkung.

Unter den Bedingungen der Bestimmung ergibt sich, wie aus den Tab. 1 und 2 hervorgeht, ein monomolekularer Verlauf der Peptidhydrolyse; die berechneten Reaktionskonstanten stimmen innerhalb der Fehlergrenzen überein. Weiterhin findet man, wie die Versuche der Tab. 2 belegen, Proportionalität zwischen Enzymmenge und Reaktionsgeschwindigkeit, und zwar innerhalb des untersuchten Bereichs der Enzymmengen wie 1 : 4.

Tabelle 1.
Reaktionsverlauf für Leucylglycin.
(1,00 ccm Glycerinauszug aus roher Pankreasdrüse.)

Dauer Min.	Aciditätszunahme ccm 0,2 n-KOH	k ber.
15	0,18	0,00093
30	0,37	0,00097
60	0,72	0,00097
120	1,28	0,00092
180	1,85	0,00095
240	2,29	0,00093

[295]

Tabelle 2.
Enzymmenge und Reaktionsgeschwindigkeit.
(Glycerinauszug aus roher Pankreasdrüse.)

Enzymmenge ccm	Dauer Min.	Aciditätszunahme ccm 0,2 n-KOH	k ber.
1,00	30	0,30	0,00078
,,	60	0,59	0,00079
,,	120	1,10	0,00078
,,	180	1,48	0,00073
0,25	135	0,32	0,00019
,,	300	0,68	0,00019
,,	420	0,94	0,00019

Auf den beobachteten Beziehungen zwischen Enzymmenge und Umsatz beruhen die gewählten Maße für Menge und Konzentration des pankreatischen Erepsins. Als „Pankreas-erepsin-Einheit (P.Er.-E.)" bezeichnen wir das tausendfache derjenigen Enzymmenge, für welche sich unter den Bedingungen unserer Bestimmung die Konstante der monomolekularen Reaktion gleich 0,001 ergibt; die berechnete Reaktionskonstante einer Bestimmung bezeichnet daher zugleich den Gehalt der Analysenprobe an Pankreaserepsineinheiten.

Als Maß der enzymatischen Konzentration, für die die vorliegende Abhandlung noch kein Beispiel gibt, schlagen wir den „Pankreas-erepsin-Wert (P.Er.-W.)" vor, nämlich die Anzahl der Pankreaserepsineinheiten in 1 cg der Präparate.

2. Zur tryptischen und ereptischen Wirkung der Pankreasextrakte.

a) Gewinnung der Enzymlösungen.

Die Untersuchungen der Literatur, die von tryptischer und ereptischer Wirkung in Pankreasauszügen berichten, enthalten keine genauen Angaben über die enzymatische Ausbeute der Lösungen; es war daher zu prüfen, in welchem Ausmaße sich die beiden Proteasen der rohen wie der getrockneten Drüse entziehen lassen. Es hat sich gezeigt, daß die Lösung der beiden Enzyme, beispielsweise in wasserhaltigem Glycerin, verhältnismäßig rasch und gleichmäßig erfolgt, sei es bei **[296]** Verwendung der frischen, rohen, sei es bei der Behandlung der zuvor getrockneten Drüsensubstanz. Man findet den Erepsingehalt der rohen Drüsenauszüge gewöhnlich etwas höher als in den Lösungen aus getrocknetem Material, während sich die Ausbeute an tryptischem Enzym in engen Grenzen bewegt; dagegen ist die enzymatische Konzentration in den nach der Trocknung gewonnenen Extrakten beträchtlich erhöht, wie sich beispielsweise an der Menge des auf Alkoholzusatz entstehenden Niederschlags unschwer erkennen läßt.

Zur Darstellung der Enzymlösungen ziehen wir die Anwendung des Glycerins der Extraktion mit Wasser vor; die aus frischem oder frisch getrocknetem Drüsenmaterial erhaltenen Glycerinauszüge sind in der Regel vollkommen inaktiv, z. B. gegenüber Gelatine, enthalten also noch keine Enterokinase, auch tritt, wie aus Versuch 1 hervorgeht, selbst bei monatelanger Aufbewahrung keine erhebliche Aktivierung des tryptischen Enzyms ein; dagegen beginnt diese, wie in der 5. Abhandlung über Pankreasenzyme belegt wurde[1], in wäßriger Lösung schon nach wenigen Stunden. Weiterhin findet man die Beständigkeit der Proteasen in glycerinhaltiger Lösung bedeutend erhöht, während sie in wäßrigem Medium rascher Zerstörung unterliegen.

Versuch 1. 150 g frisch vom Schlachthof bezogene Pankreasdrüsen von Schweinen wurden in der Fleischmaschine zerkleinert und mit 480 ccm 87proz. Glycerin $4^1/_2$ Stunden bei 30° extrahiert. Von dem zentrifugierten, darauf filtrierten, noch trüben Extrakt bewirkte 1,00 ccm a) sofort, b) nach 3 Monaten bestimmt, bei $p_H = 8{,}7$ und 30° in 1 Stunde Hydrolyse von 0,150 g Gelatine entsprechend einer Aciditätszunahme von a) 0,00, b) 0,28 ccm 0,2n-KOH ohne Kinasezusatz und von a) 0,84, b) 0,88 ccm der Lauge nach $^1/_2$stündiger Einwirkung von 0,20 ccm Enterokinaselösung.

---

[1] E. WALDSCHMIDT-LEITZ, Diese Zs. Bd. 132, S. 181, und zwar S. 218 [1923/24].

Die enzymatische Ausbeute in den Glycerinauszügen belegen wir nachstehend durch ein tabellarisch verzeichnetes Beispiel, das die Wirkung aliquoter Teile vom Auszug der rohen wie der getrockneten Drüse sowie von dieser selbst, aus dem nämlichen Ausgangsmaterial bereitet, vergleicht. Man [297] gewann die Extrakte durch Behandlung von 5 Teilen roher, bzw. 1 Teil getrockneter Drüse mit 10 Vol. 87proz. Glycerin; die Trocknung der Drüse bewirkte man nach dem von R. WILLSTÄTTER und E. WALDSCHMIDT-LEITZ[1] beschriebenen Verfahren mittels Aceton und Äther. Der Auszug des rohen Drüsenmaterials wurde durch Abschleudern in der Zentrifuge und Filtration teils mittels Faltenfilters, teils durch Talcum, derjenige der getrockneten Drüse durch Filtration allein geklärt; die Messung der enzymatischen Wirkungen folgte der in Abschnitt I angegebenen Bestimmungsweise, die Aciditätszunahme ist in Kubikzentimetern 0,2n-Lauge ausgedrückt.

Tabelle 3.
Enzymausbeute bei Trocknung und Glycerinextraktion.
(Angew. 10bzw. 150mg Drüse, 0,10 bzw. 1,50ccm Extrakt für tryptische bzw. ereptische Wirkung.)

Angew. Präparat	Extrakt.-Dauer Stdn.	Tryptische Wirkung		Ereptische Wirkung	
		Acid.-Zuw.	T.-(e.)	Acid.-Zuw.	P.Er.-E.
Auszug aus roher Drüse					
a) d. Filter filtriert	4	0,84	1,5	2,06	0,0016
b) d. Talcum filtriert . . .	4	0,74	1,0	1,65	0,0012
Drüse, getrocknet	—	1,00	ca. 2	2,25	0,0018
Auszug aus getrockn. Drüse. .	2	0,88	1,7	1,73	0,0013
Desgl.	15	0,84	1,5	1,75	0,0013

b) Änderungen im Wirkungsverhältnis.

Beobachtungen über Verschiebungen der einzelnen proteolytischen Wirkungen des Pankreas bei der Aufbewahrung oder nach Zusätzen sind häufig zur Unterscheidung mehrerer enzymatischer Individuen herangezogen worden. Die ersten Angaben finden sich bei H. M. VERNON[2] und bei K. MAYS[3], die über verschiedene Beständigkeit von proteolytischer und [298] von fibrinlösender Wirkung berichten; allein eine größere Anzahl widersprechender Erfahrungen haben MAYS in der Auffassung bestärkt, daß „die Frage, ob für die . . . ereptische Wirkung der Pankreasextrakte ein Erepsin gefordert werden müßte, . . . nur dann einer definitiven Entscheidung zugänglich sei, wenn die Wirkung der zwei Enzyme . . . getrennt demonstriert werden könne"[1]). Auch war es nie gelungen, die eine der Wirkungen ganz zu unterdrücken.

Es hat sich in unseren Versuchen bestätigt, daß die Beständigkeit des pankreatischen Erepsins von der des tryptischen Enzyms z. B. in den rohen Präparaten sich unterscheiden läßt; sie ist weniger ausgeprägt. Dies ergibt beispielsweise der Vergleich von frisch getrocknetem Drüsenmaterial mit gealterter Trockensubstanz oder auch die Verfolgung der spezifischen Wirkungen bei der Aufbewahrung von

[1] Diese Zs. Bd. 125, S. 132, und zwar S. 150 [1922/23].
[2] Jl. of Physiol. Bd. 30, S. 330 [1903]. [3] Diese Zs. Bd. 49, S. 124 [1906].
[1]) A. a. O. S. 181.

Glycerinauszügen der Drüse; zuweilen bleibt die Wirkung solcher Enzymlösungen wochenlang unverändert, sei es gegenüber Gelatine, sei es gegenüber Peptiden, in anderen Fällen findet man schon nach einigen Tagen gar kein Erepsin mehr, während

Tabelle 4.
Enzymatische Wirkung und Alter der Drüse.
(Bestimmungsansatz: a) Trypsin: 62 mg Drüse, 5,0 ccm 3proz. Gelatine, $p_H = 8,7$, 1 Stunde, 30°; b) Erepsin: 20 mg Drüse, 15,0 ccm $^1/_{25}$mol. Peptid, $p_H = 7,8$, 2 Stunden, 30°; Angaben in ccm 0,2 n-KOH.)

Angew. Substrat	Pankreasprobe			
	IX[2]	XXIII	XXIV	
	2½ Jahre alt	frisch best.	frisch	n. 1 Mon. best.
Gelatine	1,28	1,33	1,40	1,29
Leucylglycin . .	0,39	1,17	1,06	0,70
Alanylglycin . .	0,27	0,80	0,77	—
Glycylglycin. . .	0,05	0,30	0,24	0,14
Leucylalanin . .	0,09	0,21	0,08	—

die tryptische [299] Wirkung noch keine Abnahme erkennen läßt. Wir belegen diese Erscheinungen nachstehend durch einige Beispiele; Tab. 4 vergleicht die Wirkungen verschiedener Drüsenpräparate auf Gelatine bzw. eine Anzahl von Peptiden, während die Versuche 2 und 3 die Änderung der Wirksamkeit bei der Aufbewahrung von Glycerinextrakten veranschaulichen.

Versuch 2. 1,00 ccm frisch bereiteter Glycerinauszug der rohen Drüse bewirkte, a) sofort nach der Darstellung, b) nach 1 Monat, c) nach 3 Monaten bestimmt, nach der Aktivierung mit Kinase einen Aciditätszuwachs gegenüber Gelatine entspr. a) 0,84 und c) 0,88 ccm 0,2n-KOH und gegenüber Leucylglycin entspr. a) 1,20, b) 1,23 und c) 0,74 ccm der Lauge, seine ereptische Wirkung hatte also stark abgenommen.

Versuch 3. Man maß die Wirkung eines frisch bereiteten Glycerinauszuges aus roher Pankreasdrüse nach der im Abschnitt 1 angegebenen Bestimmungsweise a) sogleich, b) nach 9 Tagen; 1,00 ccm vom Auszug bewirkte in 2 Stunden mit Leucylglycin Aciditätszunahme entspr. a) 0,73, b) 0,05 ccm 0,2n-KOH, der Gehalt der Analysenprobe betrug also a) 0,00050 und b) noch 0,00003 P.Er.-E.; 0,30 ccm des Auszuges bewirkten, mit Gelatine gemessen, Aciditätszuwachs entspr. a) 0,74, b) 0,72 ccm 0,2 n-KOH, woraus sich ein Gehalt der Analysenprobe von a) 1,1, b) 1,02 T.-(e.) ergibt.

Verschiebungen in der Wirkung auf mehrere Substrate sind auch von K. GLAESSNER und A. STAUBER[1]), sowie von J. WOHLGEMUTH[2]) unter dem Einfluß gewisser hochmolekularer Proteine beobachtet worden. So fanden GLAESSNER und STAUBER eine starke Hemmung der Hydrolyse des Eieralbumins wie des Fibrins nach dem Zusatz von Serum, während die Wirkung auf Pepton hierbei unbeeinflußt blieb; und nach den Angaben von WOHLGEMUTH soll die Spaltung sowohl des Eiereiweißes wie auch die eines Dipeptids, des Glycyltyrosins, durch Serum gehemmt, die Hydrolyse von Pepton dagegen gefördert werden. Die erwähnten Befunde sind seitens GLAESSNER und STAUBER mit der Annahme von zwei, seitens WOHLGEMUTH sogar mit der Existenz dreier verschiedener Proteasen gedeutet worden.

Eine ungleich hemmende Wirkung von Zusatzstoffen gestattet indessen nicht, die Verschiedenheit enzymatischer [300] Individuen zu erkennen; so haben die Erfah-

[2] Aus der 5. Abh. über Pankreasenzyme, Diese Zs. Bd. 132, S. 181 [1923/24].
[1]) Biochem. Zs. Bd. 25, S. 204 [1910]. [2]) Biochem. Zs. Bd. 39, S. 302 [1912].

rungen von R. WILLSTÄTTER, E. WALDSCHMIDT-LEITZ und FR. MEMMEN[1] an tierischer Lipase erwiesen, daß dieselben Stoffe je nach der Reaktion der Lösung aktivierend oder hemmend die Wirkung des nämlichen Enzyms zu beeinflussen vermögen. Auch werden Sinn und Größe des sich geltend machenden Einflusses davon abhängen, ob und in welchem Maße in dem gegebenen Falle die Affinität des Enzyms zu dem zugesetzten Stoff die zu seinem Substrat übertrifft. So hat sich beispielsweise ergeben, daß man entgegen den Angaben von GLAESSNER und STAUBER wie von WOHLGEMUTH nach Zusatz von Blutserum eine ziemlich gleichmäßige Hemmung sowohl der tryptischen wie der ereptischen Enzymwirkung bemerkt. In anderem Sinne äußert sich die Wirkung von Eieralbumin, dessen Gegenwart die Wirksamkeit des Trypsins z. B. gegenüber Gelatine, wie es ja bekannt ist, stark herabsetzt, während sie die Hydrolyse einfacher Peptide durch das ereptische Enzym unbeeinflußt läßt.

Die Ergebnisse der Versuche sind in Tab. 5 zusammengestellt; man verglich den Einfluß der Zusätze auf die Wirkung der nämlichen Menge eines Glycerinauszuges

Tabelle 5.
Hemmung durch Serum und Albumin.
(1,00 ccm Auszug, 5,0 ccm 3proz. Gelatine bzw. Casein bzw. Pepton [ex album., Merck] bzw. 15,0 ccm $^1/_{25}$mol. Peptid; 30°; $^1/_2$stündige Aktivierung durch 0,10 ccm Kinaselösung.)

Angew. Substrat	p_H	Dauer Min.	Ohne Zusatz		Mit 10 mg Albumin		Mit 1,0 ccm Serum	
			nicht aktiv.	aktiv.	nicht aktiv.	aktiv.	nicht aktiv.	aktiv.
Gelatine	8,7	60	0,00	0,84	—	0,25	—	0,57
Casein	8,7	60	0,59	1,50	0,40	1,32	0,15	1,23
Pepton	ca. 6	60	0,28	—	—	—	0,10	—
,, ...	8,7	45	0,45	—	—	—	0,28	—
Leucylglycin . .	7,8	120	1,23	—	1,21	—	0,75	—
Glycylglycin . .	7,8	120	0,59	—	0,56	—	—	—

aus roher Drüse [301] gegenüber Gelatine wie gegenüber Pepton und einfachen Peptiden; die Angaben der Tabelle bedeuten den Aciditätszuwachs in Kubikzentimetern 0,2n-KOH.

3. Trennung von Trypsin und Erepsin.

G. SCHAEFFER und E. TERROINE[1]) geben an, durch Dialyse pankreatischen Sekrets gegen destilliertes Wasser eine Trennung der beiden Proteasen erzielt zu haben; die referierende Literatur hat ihren Beobachtungen, die von E. ZUNZ[2]) bestätigt worden sind, entscheidende Bedeutung beigemessen[3]), es schien daher geboten, ihre Belege einer näheren Betrachtung zu unterziehen.

Die Untersuchungen von SCHAEFFER und TERROINE führen zu der Feststellung, daß nach dreitägiger Dialyse frischen Pankreassaftes gegen destilliertes Wasser keine Wirkung des Sekretes gegenüber Eieralbumin mehr wahrnehmbar ist und daß die schon im nicht aktivierten Safte meßbaren Wirkungen auf gewisse andere Substrate

[1] Diese Zs. Bd. 125, S. 93 [1922/23].
[1]) Jl. de Physiol. et Pathol. gén. Bd. 12, S. 905 [1910].
[2]) Arch. internat. Phys. Bd. 11, S. 191 [1912].
[3]) Vgl. OPPENHEIMER-KUHN, Die Fermente, 5. Aufl. 1925, S. 875.

wie Casein, Histon oder Peptonlösung, die dem ereptischen Enzym zugeschrieben werden, durch Enterokinase nun keine Steigerung mehr erfahren; dagegen bleibt bei einer gleichlaufenden Dialyse gegen verdünnte Kochsalzlösung die tryptische Wirkung, gemessen an der Verdauung von Eiereiweiß, erhalten und man beobachtet auch bei der Hydrolyse der schon vom Erepsin angreifbaren Substrate hier eine deutliche Steigerung durch Kinase. Es nimmt wunder, daß die Autoren, deren Untersuchungen sich im übrigen durch größere methodische Exaktheit auszeichnen, die spezifische Wirkung des tryptischen Enzyms an einem schwer hydrolysierbaren, ungeeigneten Substrate, dem Eieralbumin, bestimmen, dazu mittels eines unsicheren und veralteten Verfahrens, während die Kennzeichnung der ereptischen Wirksamkeit auf der Anwendung einiger für dieses Enzym nicht spezifischer Substrate beruht, deren Hydrolyse auch durch die tryptische Komponente [302] erfolgt; richtiger wäre es gewesen, der Messung des Erepsins die Spaltung eines Dipeptids zugrunde zu legen.

Die Erscheinungen, die SCHAEFFER und TERROINE beschreiben, lassen sich auf andere Ursachen zurückführen, als sie von diesen Forschern angenommen wurden. Die Prüfung der beiden Enzyme mittels spezifischer Wirkungen ergibt, daß bei der Dialyse keine Trennung der enzymatischen Komponenten eintritt, man beobachtet vielmehr eine allmähliche und gleichmäßige Zerstörung beider Enzyme. Sodann zeigt es sich, daß im Verlaufe der Dialyse, wie zu erwarten war, die Selbstaktivierung des Trypsins durch die aus der Drüsensubstanz gebildete Enterokinase einsetzt und dazu führt, daß sich nach einiger Zeit für zugesetzten Aktivator keine Wirkung mehr wahrnehmen läßt. Bei Gegenwart von NaCl dagegen findet man den Vorgang der Selbstaktivierung gestört, er verläuft viel langsamer; so ist es zu erklären, daß SCHAEFFER und TERROINE ein unterschiedliches Verhalten ihrer Sekrete gegenüber dem Einfluß der Kinase beobachtet haben nach einer Dialyse einmal gegen Wasser, ein andermal gegen verdünnte Salzlösung. Die Schlußfolgerungen, die die Forscher mit diesen Erscheinungen verbunden haben und die die referierende Literatur übernommen hat, sind zu verwerfen; eine Trennung der pankreatischen Proteasen oder auch nur die Zerstörung einer einzelnen enzymatischen Komponente läßt sich durch Dialyse nicht erreichen.

Wir beschreiben nachstehend die unseren Betrachtungen zugrunde liegenden Ergebnisse. Versuch 1 veranschaulicht die Selbstaktivierung pankreatischen Auszugs bei der Dialyse gegen Wasser; man prüfte die Wirkung des Dialysates nach dem Vorbilde von SCHAEFFER und TERROINE gegeüber Casein, und zwar mit und ohne Zusatz von Aktivator. Versuch 2 belegt den Einfluß von Natriumchlorid in der von SCHAEFFER und TERROINE angewandten Konzentration auf den Aktivierungsgrad getrockneter Pankreasdrüse. Tab. 6 endlich beschreibt die Veränderung der enzymatischen Wirkung auf Gelatine bzw. Leucylglycin unter dem Einfluß der Dialyse.

Versuch 1. 1,00 ccm eines Glycerinauszuges aus getrockneter [303] Pankreasdrüse bewirkte, a) mit 1,50 ccm H_2O, b) mit 0,20 ccm Enterokinaselösung + 1,30 ccm H_2O $^1/_2$ Stunde bei 30° belassen und angesetzt mit 5,0 ccm 3proz. Casein + 1,00 ccm n-Ammoniak-Ammonchloridpuffer von $p_H = 8{,}7$, in 1 Stunde bei 30° Aciditätszunahme entspr. a) 0,53 und b) 1,93 ccm 0,2 n-KOH.

30 ccm vom Auszug dialysierte man in einer sog. Fischblase gegen fließendes destilliertes Wasser und bestimmte nach a) 17, b) 36, c) 81, d) 105 Stunden die Wirkung aliquoter Teile der Enzymlösung gegenüber Casein, wie oben beschrieben; sie entsprach dann einem Zuwachs an Acidität von a) 1,07, b) 1,05, c) 1,02, d) 0,76 ccm 0,2n-KOH ohne Zusatz von Enterokinase und von a) 1,70, b) 1,50, c) 1,24 und d) 0,80 ccm der Lauge nach 1/2stündiger Einwirkung der Aktivatorlösung.

Versuch 2. 10 mg getrocknete Pankreasdrüse der Probe XXVIII bestimmte man a) sofort, b) nach 3tägigem Digerieren mit 5,0 ccm Thymolwasser, c) nach 3tägiger Behandlung mit 5,0 ccm 0,9proz. NaCl (das thymolhaltig war), und zwar ohne besondere Aktivierung durch Enterokinase; ihre Wirkung, gemessen unter den Bedingungen der Trypsinbestimmung (Abschnitt 1), entsprach a) 0,00, b) 0,34, c) 0,07 ccm 0,2n-KOH, bei Gegenwart der Salzlösung war also die Aktivierung nur gering.

Tabelle 6.
Abnahme der Enzymwirkung bei Dialyse gegen Wasser.
(30 ccm Glycerinauszug aus roher Drüse in Fischblase gegen fließendes destilliertes Wasser; Bestimmung mit 0,50 bzw. 2,00 ccm oder aliquotem Teil für Trypsin bzw. Erepsin, und zwar 20 bzw. 120 Minuten.)

Dialysendauer	Tryptische Wirkung		Ereptische Wirkung	
Stunden	ccm 0,2n-KOH	T.-(e.)	ccm 0,2n-KOH	P.Er.-E.
0	0,87	ca. 1,7	2,12	0,0017
2	0,84	1,5	2,04	0,0016
4	0,79	1,3	1,97	0,0015
22,5	0,17	0,11	0,26	0,00017
48	0,00	0	0,00	0

Die Trennung der beiden Proteasen, wie sie im folgenden beschrieben wird, beruht auf ihrem verschiedenen Adsorptionsverhalten gegenüber Tonerde. Für das Trypsin haben R. Willstätter und E. Waldschmidt-Leitz[1] angegeben, daß es aus **[304]** den angesäuerten Auszügen der Pankreasdrüse durch Tonerde nur in geringem Maße aufgenommen wird, während die Adsorption bei neutraler Reaktion sich als beträchtlicher erwies. Das beschriebene Adsorptionsverhalten des Pankreastrypsins, das in unseren Versuchen bestätigt wird, gilt indessen nicht zugleich für das ereptische Enzym der Drüse; vergleichende Versuche haben ergeben, daß die Adsorption dieses Enzyms durch die Tonerde in saurer Lösung, beispielsweise bei $p_H = 4{,}7$, begünstigt, in neutralem Medium dagegen zurückgedrängt wird. Diese Unterschiede in den Adsorptionsaffinitäten benutzt das eingeschlagene Verfahren zur Isolierung der enzymatischen Komponenten; sie bewirken, daß nach mehrmaliger, z. B. dreimaliger Wiederholung der Adsorptionsvornahme die Mutterlauge frei von Erepsin gefunden wird, während in den Elutionen der Adsorbate, beispielsweise mit verdünntem Ammoniak oder auch mit Alkaliphosphat, das Erepsin angereichert wird, ohne daß sich in ihnen tryptische Wirkung nachweisen ließe. So erhält man die beiden Enzyme, wenn auch nicht in enzymatisch, so doch in proteolytisch einheitlicher Lösung; nach den Erfahrungen, über die die „Zweite Abhandlung über Pankreasenzyme"[1]) berichtet hat, wird nämlich das Trypsin in den Mutterlaugen der Adsorption mit der Hauptmenge der Pankreasamylase, das Erepsin in den Elutionen mit dem lipatischen Enzym der Drüse vergesellschaftet sein.

[1] Diese Zs. Bd. 125, S. 132, und zwar S. 174 [1922/23].

[1]) Diese Zs. Bd. 125, S, 132 [1922/23].

Tabelle 7. Tonerdeadsorption bei wechselndem p_H.

Angew. p_H	Trypt. Wirkung ccm 0,2 n-KOH	Adsorbiert		Erept. Wirkung ccm 0,2 n-KOH	Adsorbiert	
		T.-(e.)	%		P.Er.-E.	%
7,0	0,41	6,29	52	1,16	0,00067	28
5,6	0,61	0	0	0,86	0,00123	50
4,7	0,59	0	0	0,76	0,00140	55
3,8	0,61	0	0	0,79	0,00135	53
n/100-essigs.	0,54	1,68	13	0,76	0,00140	55

Die voranstehende Tab. 7 beschreibt die Adsorption der [305] beiden Enzyme durch ein Tonerdepräparat der Sorte C[1], und zwar bei wechselndem p_H. Man verdünnte zum Versuche 3,5 ccm Glycerinauszug der getrockneten Drüse (enth. 12,1 T.-(e.) und 0,00257 P.Er.-E.) mit dem gleichen Volumen Wasser und adsorbierte sie mittels 1,0 ccm Tonerdesuspension (= 10,4 mg Al_2O_3) nach Zusatz von a) 0,08 ccm n-Essigsäure, b) 0,25 ccm n-Acetatpuffer von $p_H = 3,8$ bzw. 4,7, c) 0,75 ccm n-Acetatpuffer von $p_H = 5,6$ und d) ohne Zusatz, also bei neutraler Reaktion; dann bestimmte man die Wirkung aliquoter Teile der neutralisierten Mutterlaugen nach dem Verfahren des Abschnitts 1.

Die Elution des Erepsins aus den Tonerdeadsorbaten gelingt, wie schon angegeben, in guter Ausbeute, sei es mit verdünntem Ammoniak, sei es mit alkalischer Phosphatlösung, während die Anwendung neutraler Phosphatmischungen das Enzym nicht zu eluieren erlaubt. Tab. 8 vergleicht die Wirkung der geprüften Eluentien; man nahm die Adsorption vor, wie oben beschrieben, und zwar bei $p_H = 4,7$, und behandelte die gewonnenen Adsorbate mit je 7,0 ccm der Elutionsflüssigkeit, welche einen Gehalt von 17 % Glycerin aufwies; von der in der Zentrifuge abgetrennten Elution dienten aliquote Teile zur Bestimmung der Enzymwirkungen; das Adsorbat enthielt zufolge der Bestimmung der Adsorptionsmutterlauge 12,1 T.-(e.) neben 0,0014 P.Er.-E.

Tabelle 8. Elution der Tonerdeadsorbate.

Angew. Eluens	Trypt. Wirkung ccm 0,2 n-KOH	Eluiert		Erept. Wirkung ccm 0,2 n-KOH	Eluiert	
		T.-(e.)	%		P.Er.-E.	%
1/5 mol. Phosphat von $p_H = 7,0$	0,10	1,26	10	0,00	0	0
1/5 mol. Phosphat von $p_H = 8,2$	0,00	0	0	0,50	0,00076	55
n/25-NH_3	0,00	0	0	0,54	0,00093	67

[306] Das Verfahren für die Trennung der beiden pankreatischen Proteasen, das auf der mehrmaligen Vornahme der Tonerdeadsorption in saurer Lösung beruht, beschreiben wir nachstehend an einem charakteristischen Beispiel, dessen analytische Belege in Tab. 9 zusammengestellt sind.

Verfahren der Trennung von Trypsin und Erepsin.

22,5 ccm Glycerinauszug aus getrockneter Pankreasdrüse wurden mit dem gleichen Volumen Wasser verdünnt und nach dem Versetzen mit 1,50 ccm n-Acetatpuffer von

[1] Vgl. R. WILLSTÄTTER und H. KRAUT, Chem. Ber. Bd. 56, S. 1117 [1923] (*Abh. 17*).

$p_H = 4,7$ mittels 6,0 ccm Tonerdesuspension C (= 62,4 mg Al_2O_3) adsorbiert; das Adsorbat eluierte man mit 45 ccm 0,04 n-NH_3 (17% Glycerin enth.).

$^2/_3$ von der Mutterlauge der ersten Adsorption, nämlich 35 ccm, wurden erneut der Behandlung mit 4,0 ccm Tonerde (= 41,6 mg Al_2O_3) unterworfen und das gewonnene Adsorbat wiederum mit 30 ccm glycerinhaltigem 0,04 n-NH_3 eluiert.

Die Hälfte der Adsorptionsrestlösung von der zweiten Vornahme, nämlich 19 ccm, behandelte man zum dritten Male mit der Tonerde, diesmal mit 2,0 ccm der Aufschlämmung [307] (= 20,8 mg Al_2O_3) und nahm so den Rest des Erepsins auf; es hinterblieben nach dem Neutralisieren 24 ccm trypsinhaltige Mutterlauge. Das Adsorbat wurde, wie oben beschrieben, eluiert, und zwar nunmehr mit 15 ccm der Elutionsflüssigkeit.

Tabelle 9.
Ausbeuten bei der Trennung von Trypsin und Erepsin.
(Bestimmt mit aliquoten Teilen der Lösungen, Dauer der Erepsinbestimmung 2 Stunden.)

Enzympräparate	Trypt. Wirkung ccm 0,2 n-KOH	Ausbeute		Erept. Wirkung ccm 0,2 n-KOH	Ausbeute	
		T.-(e.)	%		P.Er.-E.	%
	1. Adsorption:					
Ausgangslösung	0,57	74	—	1,28	0,0104	—
Mutterlauge	0,48	54	74	0,86	0,00665	64
Elution	**0,00**	0	0	0,47	**0,00348**	34
	2. Adsorption:					
Ausgangslösung	0,48	36	—	0,86	0,00442	—
Mutterlauge	0,46	32	89	0,48	0,00240	54
Elution	**0,08**	5	13	0,42	**0,00208**	47
	3. Adsorption:					
Ausgangslösung	0,46	16	—	0,48	0,00120	—
Mutterlauge	**0,43**	15	94	0,00	**0**	0
Elution	**0,00**	0	0	0,29	**0,00071**	60

4. Zum Vergleich von Pankreas- und Darmerepsin.

Es wird für die Erkenntnis von der physiologischen Funktion des pankreatischen Erepsins von wesentlicher Bedeutung sein, seine Beziehungen zu dem wichtigen, von O. Cohnheim[1] aufgefundenen Erepsin der Darmschleimhaut zu untersuchen und die spezifischen Wirkungen der beiden Enzyme abzugrenzen. Diese Aufgabe soll die vorliegende Untersuchung vorbereiten, für den Vergleich des pankreatischen und des intestinalen Erepsins gibt sie nur einige Umrisse.

So ist die Abhängigkeit der enzymatischen Wirkung von der Wasserstoffionenkonzentration verglichen worden. Es hat sich gezeigt, daß zwar der Verlauf der Aktivitäts-p_H-Kurve bei den beiden Enzymen, gemessen in ihren rohen, stark verunreinigten Lösungen, einige Abweichungen aufweist, daß sie dagegen in bezug auf die Lage des Reaktionsoptimums übereinstimmen; auch das pankreatische Enzym wirkt, wie es

[1] Diese Zs. Bd. 33, S. 451 [1901].

für Darmerepsin von K. G. DERNBY[2] belegt wurde und wie sich in Versuchen des einen von uns mit A. SCHÄFFNER[3] bestätigt hat, bei einem p_H von 7,8 am günstigsten.

Die Abhängigkeit der Wirkung vom p_H ist in Abb. 2 vergleichsweise wiedergegeben. Man stellte in den Versuchen das gewünschte p_H mittels $^1/_5$ mol. Phosphatlösung ein und kontrollierte es nach der Indicatorenmethode; angewandt wurde 1,00 ccm Glycerinauszug aus roher Pankreasdrüse, bzw. aus der Darmschleimhaut von Schweinen während 2 bzw. 1 Stunde bei 30°, als Substrat diente für jede Bestimmung $^1/_{1000}$ Mol Leucylglycin bzw. Glycylglycin.

Andere vorläufige Vergleiche betreffen die Affinität der beiden Proteasen zu einer Reihe von Dipeptiden, sie müssen [308] indessen hier mit allem Vorbehalt gegeben werden; für die Prüfung des Pankreaserepsins ist noch nicht die proteolytisch einheit-

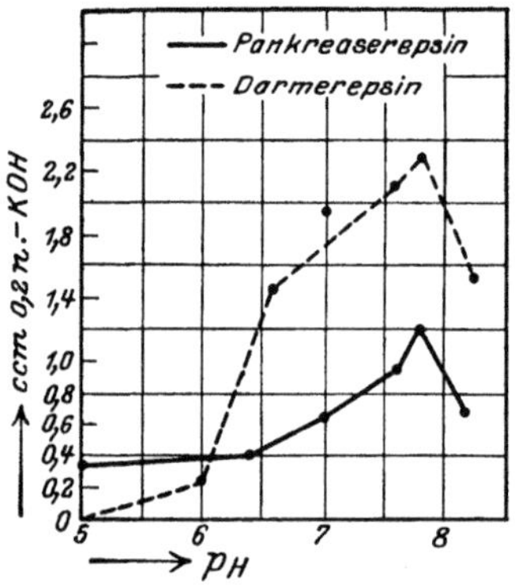

Abb. 2. p_H-Abhängigkeit von Pankreas- und Darmerepsin.

liche Enzymlösung angewandt worden. Es ist daher die Bedeutung der Beobachtung noch nicht sicher zu beurteilen, daß, wie durch nachstehende Tab. 10 belegt wird, sich gewisse Unterschiede in der Reihenfolge der Spaltbarkeit geltend machen; dies gilt beispielsweise für den Vergleich der Hydrolyse von Leucylglycin und Alanylglycin. Die Fortsetzung dieser Untersuchung soll dazu beitragen, den Vergleich der einzelnen enzymatischen Wirkungen weiter zu führen.

Tabelle 10.
Peptidhydrolyse durch Pankreas- und Darmerepsin.
(15 ccm $^1/_{25}$ mol. Peptid, 30°, 1,0 ccm Glycerinextrakt aus Rohpankreas, 2 Stunden, $p_H = 7,8$; $^1/_{1000}$ Mol Peptid, 30°, 1,0 ccm Glycerinextrakt aus Darmschleimhaut, 1 Stunde, $p_H = 7,8$; Angaben in ccm 0,2 n-KOH.)

Angew. Substrat	Pankreaserepsin	Darmerepsin
Leucylglycin . .	1,37	1,05
Alanylglycin . .	1,31	2,40
Glycylglycin. . .	0,66	0,75
Leucylalanin . .	0,32	0,05

Dem Japanausschuß der Notgemeinschaft der Deutschen Wissenschaft danken wir auch an dieser Stelle für die zur Verfügung gestellten Mittel.

[2] Biochem. Zs. Bd. 81, S. 107 [1916/17]. [3] Noch unveröffentlicht.

Zeitschrift für physiologische Chemie **149**, S. 203 [1925].

110. ÜBER DIE SPEZIFISCHEN WIRKUNGEN VON PANKREASTRYPSIN UND PANKREASEREPSIN.

Von ERNST WALDSCHMIDT-LEITZ und ANNA HARTENECK.

Dritte Mitteilung[1] zur Spezifität tierischer Proteasen.

(Aus dem Chemischen Laboratorium der Bayerischen Akademie der Wissenschaften in München.)

(Der Redaktion zugegangen am 6. September 1925.)

Die Spezifität der proteolytischen Wirkungen der Pankreasdrüse, so wie sie die Literatur beschreibt, scheint, wenigstens in ihren wesentlichen Umrissen, geklärt zu sein. Zu diesen Beobachtungen der Literatur zählen die eingehenden Untersuchungen von E. FISCHER und P. BERGELL[2] und von E. FISCHER und E. ABDERHALDEN[3] „Über das Verhalten verschiedener Polypeptide gegen Pankreassaft", deren Ergebnisse die Behauptung zu rechtfertigen schienen, „daß die Prüfung mit Pankreassaft ein Mittel ist, die große Zahl der künstlichen Polypeptide in biologisch verschiedene Klassen einzuteilen"[4]. Die von FISCHER und ABDERHALDEN vorgenommene Einteilung der Peptide in hydrolysierbare und in nicht hydrolysierbare, die von der referierenden Literatur[5] übernommen worden ist, schien zu **[204]** dem bemerkenswerten und nicht erklärten Ergebnis zu führen, daß die enzymatische Spaltbarkeit auch der natürlich vorkommenden Peptide abhänge nicht nur von ihrer sterischen Konfiguration, auch von der Art der einzelnen Aminosäurekomponenten, ihrer Anzahl und ihrer strukturellen Anordnung. Die Bedeutung, die diesen Beobachtungen in der Literatur beigelegt worden ist und die auch für die Auswahl der in unserer Untersuchung angewandten Substrate wegleitend war, veranlaßt uns, einen anschaulichen Auszug aus der FISCHERschen Tabelle hier wiederzugeben.

---

[1] Frühere Mitteilungen Chem. Ber. Bd. 58, S. 1356 [1925]; Diese Zs. Bd. 147, S. 286 [1925].
[2] Chem. Ber. Bd. 36, S. 2592 [1903]; Bd. 37, S. 3103 [1904].
[3] Diese Zs. Bd. 46, S. 52 [1905].
[4] A. a. O., und zwar S. 56 [1905].
[5] Vgl. C. OPPENHEIMER, Die Fermente und ihre Wirkungen, 5. Aufl., Leipzig 1925, 2. Bd., S. 870; O. KESTNER, Chemie der Eiweißkörper, Braunschweig 1925, S. 92.

Tabelle 1.
Spaltbarkeit von Peptiden nach Fischer und Abderhalden.

Hydrolysierbar	Nicht hydrolysierbar
Alanyl-alanin	Glycyl-glycin
Alanyl-glycin	Glycyl-alanin
Glycyl-tyrosin	Leucyl-glycin
Leucyl-tyrosin	Leucyl-alanin
Leucyl-glycyl-glycin	Diglycyl-glycin
Tetraglycyl-glycin	Triglycyl-glycin

Die Frage, ob die beobachteten Hydrolysen auf verschiedene proteolytische Enzyme des Pankreassaftes und auf welche von ihnen sie zurückzuführen seien, ist von Fischer und Abderhalden gestellt, aber nicht beantwortet worden; indessen haben die Erfahrungen, die die Forschung seit der grundlegenden Entdeckung des Darmerepsins durch O. Cohnheim[1] über die Wirkungen dieses Enzyms gesammelt hat, mehr und mehr zu der Anschauung geführt, die peptidspaltende Wirkung des pankreatischen Sekrets wie der Drüse selbst einem besonderen, ereptischen Drüsenenzym zuzuschreiben. Zu den spezifischen Wirkungen dieses letzteren rechnete man danach ferner die Hydrolyse von Peptonen[2], von Protaminen **[205]** und Histonen[1]) und endlich, wenn auch nicht unbestritten, die Spaltung von Casein[2]), allgemein aller der Stoffe, bei welchen man eine Aufspaltung durch nichtaktivierte Pankreaspräparate wahrnahm, während man als die spezifischen Substrate des pankreatischen Trypsins diejenigen höher molekularen Proteine ansah, zu deren Hydrolyse das Enzym der Aktivierung durch Enterokinase bedurfte. Gegen diese Unterscheidung der beiden Enzyme haben sich aus einer Untersuchung des einen von uns ,,Über Enterokinase und die tryptische Wirkung der Pankreasdrüse"[3]) Bedenken ergeben, deren Schlußfolgerungen auch in unserer vorausgehenden Abhandlung erörtert worden sind[4]); sie hatte nämlich in einer Untersuchung von G. Schaeffer und E. Terroine[5]) dazu geführt, die Annahme zweier verschiedener proteolytischer Enzyme in den Pankreassekreten durch Angaben über ein Verfahren zu ihrer Trennung zu erhärten. Die theoretischen Grundlagen dieses Verfahrens, dessen experimentelle Ergebnisse von uns widerlegt und richtiggestellt worden sind, waren nicht mehr als gesichert zu betrachten; für die Beschreibung der spezifischen Wirkungen des tryptischen wie des ereptischen Enzyms ergaben sich neue Richtlinien.

Noch einen Schritt weiter geht das Lehrbuch von C. Oppenheimer, ,,Die Fermente"[6]), das sich die Schlußfolgerungen von Schaeffer und Terroine zu eigen

[1] Diese Zs. Bd. 33, S. 451 [1901].
[2] Vgl. H. M. Vernon, Jl. of Physiol. Bd. 30, S. 330 [1903]; G. Schaeffer und E. Terroine, Jl. de Physiol. et Pathol. gén. Bd. 12, S. 905 [1910]; K. Glaessner und A. Stauber, Biochem. Zs. Bd. 25, S. 204 [1910]; J. Wohlgemuth, Biochem. Zs. Bd. 39, S. 302 [1912].
[1]) Vgl. G. Schaeffer und E. Terroine, a. a. O.
[2]) Vgl. W. M. Bayliss und E. H. Starling, Jl. of Physiol. Bd. 30, S. 61 [1903]; G. Schaeffer und E. Terroine, a. a. O.
[3]) E. Waldschmidt-Leitz, Diese Zs. Bd. 132, S. 181 [1923/24]. (*Abh. 92.*)
[4]) Diese Zs. Bd. 147, S. 286, und zwar 287 [1925].
[5]) A. a. O. [6]) 5. Aufl., Leipzig 1925, 2. Bd., S. 875.

macht; der proteinspaltenden Komponente des „Pankreastrypsins“, der Tryptase, werden auf Grund der neueren, insbesondere durch E. ABDERHALDEN[7] vertretenen Vorstellungen über die Struktur der Proteine lediglich desaggregierende Funktionen zugeschrieben, während als seine peptolytische Komponente „eine Gruppe von Peptidasen“ angesehen wird, die „die Aufspaltung“ der Proteine [206] „in die letzten einfachsten Bestandteile, die freien Aminosäuren, vollzieht“.[1]) Sie wird in Hinblick auf die Untersuchungen von FISCHER und ABDERHALDEN von dem weniger auswählend wirkenden Darmerepsin unterschieden.

Die Schlußfolgerungen, die die Forschung aus den vorliegenden Ergebnissen hinsichtlich der Spezifität der geprüften Enzyme wie hinsichtlich der Struktur der angewandten Substrate abgeleitet hat, sind unsicher und bedeutungslos; der Forderung nach enzymatischer Einheitlichkeit, die allein eine exakte Prüfung der spezifischen Wirkungen gewährleistet, haben die untersuchten Enzympräparate in keinem Falle entsprochen. Die Trennung von Trypsin und Erepsin in den Auszügen der Pankreasdrüse durch das Verfahren der auswählenden Adsorption mittels Tonerde, wie sie in der zweiten Abhandlung dieser Reihe beschrieben wurde, hat erst „den Weg eröffnet zu einer gesicherten Prüfung ihrer spezifischen Wirkungen wie auch der Bedeutung des Hilfsstoffs Enterokinase für die Spezifität des tryptischen Enzyms“[2]). Die große Bedeutung der präparativen Adsorptionsmethoden, die berufen sind, nicht nur über die Spezifität enzymatischer Individuen zu entscheiden, sondern auch die Erkenntnis rein struktuell-chemischer Probleme zu fördern, geht aus den nachstehenden Betrachtungen hervor, in denen wir über unsere Versuchsergebnisse berichten.

Die Auswahl der Substrate, die wir dem Angriff der getrennten, einheitlichen Pankreasenzyme, des Trypsins und des Erepsins unterworfen haben, betraf einmal eine Reihe einfacher Peptide, ferner ein käufliches Pepton der Pepsinverdauung als proteolytisches Abbauprodukt sowie einfacher konstituierte basische Proteine wie Protamin und Histon und endlich eine größere Anzahl höher molekularer Proteine aus verschiedenen Gruppen dieser Stoffe. Es hat sich ergeben, daß die spezifischen Wirkungen der beiden Enzyme strenger, als angenommen, von einander zu unterscheiden sind: Alle untersuchten Dipeptide wurden von Erepsin hydrolysiert, [207] keines derselben dagegen von dem tryptischen Enzym, auch nicht ein Tripeptid, das zu den spaltbaren zählte. Es hat sich weiter gezeigt, daß die Wirkung des Erepsins auf einfache Peptide beschränkt ist: weder Pepton der peptischen Verdauung, noch Protamin oder Histon noch irgend ein anderes der untersuchten Proteine war durch Erepsin zerlegbar, aber alle diese Präparate wurden durch Trypsin hydrolysiert; in keinem Falle ließ sich eine Vertretbarkeit der beiden Enzyme nachweisen.

Sodann haben wir an den besprochenen Beispielen den Einfluß der Aktivierung durch Enterokinase auf die Aktivität des tryptischen Enzyms geprüft, das unter

[7] Naturwissenschaften Bd. 12, S. 716 [1924].

[1]) A. a. O., und zwar S. 891. [2]) Diese Zs. Bd. 147, S. 286, und zwar S. 290 [1925].

den Bedingungen seiner Darstellung in nicht aktivierter Form erhalten wird und das nun, wie aus der nachfolgenden vierten Mitteilung hervorgeht, nach der Abtrennung des Erepsins auch keine Selbstaktivierung mehr erleidet. Die Ergebnisse dieser Versuche lassen erkennen, daß für die Spaltung höher molekularer Proteine, wie es ja bekannt ist, die Aktivität des Enzyms durch die Aktivierung mit Enterokinase bedingt wird, daß dagegen in gewissen anderen Fällen, so bei Histon, Protamin oder auch Pepton, das Enzym auch ohne den Aktivator beträchtliche proteolytische Wirkungen ausübt; besondere vergleichende Versuche haben erwiesen, daß die Hydrolyse in diesen Fällen nicht etwa auf eine gesteigerte Aktivität von spurenweise aktiviertem Enzym, sondern lediglich auf die Wirkung des nicht aktivierten Trypsins zurückzuführen ist.

Diese Befunde verdienen insofern eine gewisse Beachtung, als durch sie auch auf einem anderen Wege der Beweis erbracht wird, daß das Trypsin in der Pankreasdrüse nicht, wie man früher annahm[1], in unfertiger, in Zymogenform gebildet und erst durch die Enterokinase in aktives Enzym umgewandelt wird, sondern daß dem Aktivator nur die Bedeutung eines Hilfsstoffs zukommt[2].

[208] In der folgenden Tab. 2 sind unsere Resultate in qualitativer Form veranschaulicht, während ihre quantitativen Unterlagen aus dem Versuchsteil zu entnehmen sind.

Tabelle 2.
Spezifität von Pankreastrypsin und Pankreaserepsin.
(Angaben bedeuten: — = keine nachweisbare, + = positive, + + = verstärkte Hydrolyse.)

Nr.	Substrat	Enzym		
		Erepsin	Trypsin	Trypsin + Enterokinase
1	Alanyl-glycin	+	—	—
2	Glycyl-tyrosin	+	—	—
3	Glycyl-glycin	+	—	—
4	Glycyl-alanin	+	—	—
5	Leucyl-glycin	+	—	—
6	Leucyl-alanin	+	—	—
7	Leucyl-glycyl-glycin	+	—	—
8	Pepton (ex albumine, Merck)	—	+	+ +
9	Clupein	—	+	+ +
10	Thymushiston	—	+	+ +
11	Casein	—	—	+
12	Fibrin	—	—	+
13	Gelatine	—	—	+
14	Gliadin	—	—	+
15	Zein	—	—	+

Die Ergebnisse unserer Versuche über die Hydrolyse einfacher Peptide durch Pankreaserepsin widersprechen den Befunden von E. FISCHER und E. ABDERHALDEN[1])

[1] Vgl. W. M. BAYLISS und E. H. STARLING, Jl. of Physiol. Bd. 30, S. 61 [1904]; Bd. 32, S. 129 [1905].

[2] Siehe dazu E. WALDSCHMIDT-LEITZ, Diese Zs. Bd. 132, S. 181, und zwar S. 190 [1923/24] (*Abh. 92*).

[1]) Diese Zs. Bd. 46, S. 52 [1905].

prinzipiell; eine qualitative Unterscheidung der natürlich vorkommenden Peptide nach ihrer Spaltbarkeit läßt sich nicht durchführen. Die Bedeutung der gewonnenen Resultate wird auch nicht durch den Einwand entkräftet, daß eine qualitative Verschiedenheit zwischen dem Erepsin des Drüsengewebes selbst und dem ihres Sekretes zu berücksichtigen sei, so wie FISCHER und ABDERHALDEN selbst [2] gewisse Abweichungen in der Spezifität dieser beiden Enzympräparate [209] gedeutet haben. Aus einer Untersuchung des einen von uns mit A. SCHÄFFNER, die demnächst zur Veröffentlichung gelangen wird, geht nämlich hervor, daß das ereptische Enzym der Pankreasdrüse in qualitativer wie in quantitativer Spezifität mit dem Erepsin der Darmschleimhaut identisch gefunden wird; für die an sich wenig wahrscheinliche Annahme der Existenz eines zweiten ereptischen Enzyms in der Drüse, welches allein das Trypsin in das Sekret begleiten würde, läßt der quantitative Vergleich mit dem Darmerepsin keinen Raum. Die abweichenden Ergebnisse von FISCHER und ABDERHALDEN dürften vielmehr auf eine geringe, und vor allem auf eine ungleiche Wirksamkeit des verwendeten Enzymmaterials zurückzuführen sein, dessen ereptische Komponente nach unseren Erfahrungen, insbesondere bei der alkalischen Reaktion des Sekretes, viel unbeständiger ist; sie sind auch nicht in quantitativem Sinne zu verstehen. Die schwer verständliche Aussage, wonach der Organismus an ein und denselben Reaktionsort, in den Darm, zwei Enzyme mit der nämlichen Aufgabe, aber das eine davon mit nur unvollkommen entwickelter Affinität sezernieren sollte, erscheint heute in anderem Lichte: in Wirklichkeit sind die beiden Enzyme identisch.

Die Wirkung des Pankreaserepsins und gleicherweise die des Darmerepsins bezieht sich also lediglich auf die Hydrolyse einfacher Peptide; schon ein Pepton der Pepsinverdauung unterliegt, wie aus Tab. 2 hervorgeht und wie die Untersuchung von E. WALDSCHMIDT-LEITZ und A. SCHÄFFNER für das Darmerepsin belegen wird, seiner Einwirkung nicht mehr. Wenn daher O. COHNHEIM[1]) in seiner bekannten Untersuchung im Jahre 1901 über die Entdeckung des Darmerepsins berichten konnte, deren analytische Grundlage in der Hydrolyse von Pepton der Pepsinverdauung durch die Darmschleimhaut bestand, und zwar bis zum Verschwinden der Biuretreaktion, so dürfte diese Beobachtung nur deshalb möglich gewesen sein, weil das angewandte ereptische Enzym trypsinhaltig war; wie Versuche mit A. SCHÄFFNER[2]) erwiesen haben, sind die Lösungen [210] des Erepsins, die man aus der Darmschleimhaut gewinnt, stets durch Trypsin verunreinigt und es bedarf auch in diesem Falle der Anwendung adsorptiver Methoden, um das Enzym in einheitlichem Zustande zu erhalten. Die Angaben der Literatur[1]], daß durch ereptisches Enzym eine rasche Spaltung der Pepsinpeptone erfolge und daß die aufeinander folgende Hydrolyse der Proteine durch Pepsin und durch

---

[2] A. a. O., und zwar S. 55 [1905].

[1]) Diese Zs. Bd. 33, S. 451 [1901]. [2]) Noch unveröffentlicht.

[1]] Siehe dazu O. COHNHEIM, Diese Zs. Bd. 49, S. 64 [1906]; Bd. 51, S. 415 [1906]; E. ABDERHALDEN und P. RONA, Ebenda Bd. 57, S. 405 [1910]; E. ABDERHALDEN und FR. KRAMM, Ebenda Bd. 77, S. 425 [1912]; O. KESTNER, Chemie der Eiweißkörper, Braunschweig 1925, S. 94.

Erepsin so vollständig sei wie ihr Abbau durch siedende Säuren, sind zu streichen; die zugrunde liegenden Beobachtungen beziehen sich vielmehr auf die Einwirkung der drei proteolytischen Enzyme, von Pepsin, Trypsin und Erepsin. Die auf die Cohnheimsche Beobachtung aufgebauten älteren Verfahren zum qualitativen und quantitativen Nachweis des Erepsins, die die Literatur[2] empfiehlt, gestatten nicht, die Wirkung dieses Enzyms für sich allein zu bestimmen: für das reine Enzym würde man nämlich gar keine Wirkung wahrnehmen; die gewählten Substrate werden zweckmäßig durch einfache Peptide zu ersetzen sein[3].

Weiterhin bedürfen die zahlreichen Angaben der Literatur über die Hydrolyse von Protaminen[4], von Histon[5] und von Casein[6] durch Erepsin der Richtigstellung; auch diese Substrate werden, wie unsere Versuche zeigen, durch das Enzym gar nicht angegriffen, die angeführten Beobachtungen über ihre Hydrolyse sind also auf die Verunreinigung der angewandten Enzympräparate durch Trypsin zurückzuführen. Die Schlußfolgerungen von G. SCHAEFFER und E. TERROINE[7] endlich, die über die [211] Trennung der proteolytischen Enzyme des Pankreas aussagen, erweisen sich als unhaltbar und irreführend; die Wahl der für spezifisch gehaltenen Substrate zum Nachweis der beiden Enzyme hat bewirkt, daß die Messungen der beiden Autoren sich in allen Fällen nur auf die Wirkung des einen Enzyms, des Trypsins, bezogen haben; die beobachteten Wirkungsverschiebungen, die im Sinne einer Trennung gedeutet worden sind, sind, wie die zweite Mitteilung dieser Reihe belegt hat[1]), auf die Selbstaktivierung des Trypsins zurückzuführen.

Die neuen Erkenntnisse über die Spezifität der Pankreasenzyme führen zu einer scharfen Unterscheidung mehrerer Typen proteolytischer Enzyme. Zur ersten Gruppe, den Peptidasen, gehört das Erepsin, als dessen spezifische Substrate einfache Peptide, z. B. Di- oder Tripeptide, zu gelten haben; eine zweite Gruppe umfaßt die Enzyme vom Typus des nichtaktivierten Trypsins, dessen Wirkungen zwar nachgewiesen, aber noch nicht mit einem streng spezifischen Substrate gekennzeichnet werden können; für die dritte Gruppe spezifisch wirkender proteolytischer Individuen ist das aktivierte Trypsin, also das System Trypsin + Enterokinase als charakteristischer Vertreter anzusehen, für die vierte Gruppe endlich das Pepsin, deren spezifische Wirkungen noch nicht mit Sicherheit zu beschreiben, aber zu unterscheiden sind[2]); die Verschiedenheit ihrer Wirkungen läßt sich auch nicht, wie die weitgehend differenzierte Spaltbarkeit beispielsweise von Eieralbumin oder Globulin einerseits, von Gliadin,

---

[2] Vgl. J. WOHLGEMUTH, Grundriß der Fermentmethoden, Berlin 1913, S. 199ff.

[3] A. a. O., S. 202ff.

[4] O. COHNHEIM, Diese Zs. Bd. 35, S. 134, und zwar S. 140 [1902]; F. ROGOZINSKI, Ebenda Bd. 79, S. 398, und zwar S. 413 [1912]; A. CLEMENTI, Biochem. Zs. Bd. 136, S. 71 [1922/23].

[5] O. COHNHEIM, a. a. O.

[6] O. COHNHEIM, A. CLEMENTI, a. a. O.

[7] Jl. de Physiol. et Pathol. gen. Bd. 12, S. 905 [1910].

[1]) Diese Zs. Bd. 147, S. 286, und zwar S. 302 [1925] (*Abh. 109*).

[2]) Vgl. C. OPPENHEIMER, Die Fermente und ihre Wirkungen, 5. Aufl., Leipzig 1925, 2. Bd., S. 839.

Gelatine oder Histon andererseits erkennen läßt, allein auf einen verschiedenen Ionisierungszustand der Substrate zurückführen[3].

Der Einteilung der Proteasen, so wie sie oben gegeben wurde, entsprechen die Erfahrungen, die bei einem pflanzlichen Enzym, dem Papain, gewonnen worden sind. R. WILLSTÄTTER und W. GRASSMANN[4] haben gezeigt, daß dieses Enzym, das [212] keine Affinität zu einfachen Dipeptiden aufweist, für die Spaltung von Proteinabbauprodukten, beispielsweise von Pepton, der Gegenwart eines Hilfsstoffs, der Blausäure, bedarf, während die Hydrolyse höher molekularer Proteine durch das Enzym auch ohne diesen Aktivator erfolgt; danach wäre das Papain der dritten, seine Blausäureverbindung der zweiten Gruppe proteolytischer Enzyme zuzuordnen. Die bemerkenswerten Beziehungen, die zwischen der Spezifität des Trypsins und der des Papains und dem Einfluß der spezifischen Aktivatoren auf diese sich erkennen lassen, sind in der nachstehenden Tab. 3 in qualitativer Form veranschaulicht.

Tabelle 3.
Spezifität von Trypsin und Papain.
(Angaben bedeuten: — = keine nachweisbare, + = positive, + + = verstärkte Hydrolyse.)

Enzym	Substrat		
	Gelatine	Pepton	Dipeptid
Trypsin	—	+	—
Trypsin + Enterokinase .	+	+ +	—
Papain + Blausäure . .	+ +	+	—
Papain.	+	—	—

Die Tabelle erweist die Berechtigung der Gegenüberstellung von Papain mit Trypsin—Enterokinase einerseits und von Papain—Blausäure mit Trypsin anderseits; vielleicht wird die nähere Untersuchung der Spezifität, insbesondere die Erkenntnis der spezifischen Reaktionswege in einfachen Fällen, noch deutlichere Beziehungen zwischen den vier Enzymen ergeben.

Die ausgeprägte Spezifität der Enzyme aus den vier Gruppen der Proteasen führt zu Rückschlüssen auf konstitutionelle Unterschiede ihrer spezifischen Substrate. Die strukturelle Erforschung der Proteine, die durch die synthetischen Arbeiten EMIL FISCHERS, wenigstens für ihre niederen Abbauprodukte, so glücklich eingeleitet worden ist, wird andere, wieder destruktive Wege einschlagen müssen, um die strukturellen Beziehungen ihrer höheren Bausteine aufzuklären, Wege, zu [213] denen die fein auswählenden Methoden des enzymatischen Abbaus hinzuleiten berufen sind.

Die Hinweise, die sich aus den über die spezifische Einstellung der untersuchten Enzyme vorliegenden Beobachtungen auf strukturelle Besonderheiten ihrer Substrate zu ergeben scheinen, bilden nur einen vorläufigen Rahmen, er wird mit der Prüfung einer größeren Anzahl bekannter Substrate zu erweitern und vor allem durch die Untersuchung der spezifischen Reaktionsprodukte zu vertiefen sein. Die Natur der für den Angriff der Enzyme aus den drei letzten Gruppen von Proteasen spezifischen

[3] Vgl. J. H. NORTHROP, Naturwissenschaften Bd. 11, S. 713 [1923].
[4] Diese Zs. Bd. 138, S. 184, und zwar S. 204 [1924] (*Abh. 117*).

Strukturen ist noch nicht erkennbar; aber die Erfahrungen, die über die auswählende Wirkung dieser Enzyme vorliegen und die durch eigene Beobachtungen ergänzt werden, führen zu dem Schlusse, daß sie sowohl unter sich als von dem in den bisher von uns geprüften einfachen Peptiden vorliegenden Typus verschieden sein werden.

Die Hydrolyse der höher molekularen Proteine ist zufolge den Angaben der Literatur[1] durch keine der aus nur zwei Komponenten bestehenden möglichen Kombinationen von Pepsin, Trypsin und Erepsin vollständig; und in den einfachsten Fällen, für den Abbau der Protamine, erweist sich nur das Pepsin als entbehrlich[2]. Die Folgerung verschiedener Angriffspunkte und verschiedener Reaktionswege, die die Literatur[3] erhebt, ist mit der Feststellung zu ergänzen, daß für eine gegenseitige Vertretbarkeit der vier Enzymtypen — Pepsin, Trypsin–Enterokinase, Trypsin, Erepsin — bis heute keine Anhaltspunkte vorliegen und daß daher ihr Angriff auf spezifische Strukturen zu beziehen sein wird.

Die Ergebnisse unserer Untersuchungen über die Wirkungsweise der verschiedenen Proteasen zwingen zu einer strenger [214] chemischen Auffassung der Proteinstruktur. Nicht nur, daß die Wirkung des enzymatisch einheitlichen Trypsins, die in den Ausführungen von C. OPPENHEIMER[1)] als rein desaggregierende behandelt wird, durch den Zuwachs freier Carboxylgruppen, der sehr bedeutend ist, gemessen werden kann, und daß man, wie aus unseren Versuchen hervorgeht, dabei die Abspaltung einer sehr beträchtlichen Menge freier Aminosäuren beobachtet; es wird aus einer demnächst zu veröffentlichten Untersuchung des einen von uns mit E. SIMONS zu ersehen sein, daß auch die Wirkung des Pepsins, dem noch ausgesprochener depolymerisierende Funktionen zugesprochen werden[2)], in beträchtlichem Ausmaße in der Freilegung von Carboxyl- und Aminogruppen besteht.

Es ist noch nicht untersucht, ob die Bildung freier Aminosäuren durch Trypsin auf Grund ihrer Absprengung aus längeren Peptidketten oder aber aus einem anderen strukturellen Zusammenhange erfolgt, und es soll in der Fortsetzung dieser Arbeit mit dem Versuche begonnen werden, die Grenzen zwischen den spezifischen Wirkungen von Trypsin und von Erepsin deutlicher zu definieren; dabei wird es sich entscheiden, ob die Angreifbarkeit durch Erepsin bei einer bestimmten Länge der Peptidkette haltmacht und ob wirklich, wie man angenommen hat, die Peptone der Pepsineinwirkung, die durch Erepsin nicht zerlegbar sind, aus einem Gemisch von Polypeptiden bestehen. Es ist zu erwarten, daß die fraktionierte enzymatische Hydrolyse einfacher Proteine z. B. durch das einheitliche Trypsin oder Erepsin zu definierteren und gleichartigeren Reaktionsprodukten führen wird, als sie bisher erhalten wurden; sie soll die

[1] Vgl. E. FISCHER und E. ABDERHALDEN, Diese Zs. Bd. 39, S. 81; Bd. 40, S. 215 [1903]; V. HENRIQUES und J. K. GJALDBAEK, Ebenda Bd. 75, S. 363 [1911].

[2] M. TAKEMURA, Diese Zs. Bd. 63, S. 201 [1909]; F. ROGOZINSKI, Ebenda Bd. 79, S. 398 [1912].

[3] Siehe dazu V. HENRIQUES und J. K. GJALDBAEK, a. a. O.; ferner C. OPPENHEIMER, Die Fermente und ihre Wirkungen, 5. Aufl., Leipzig 1925, 2. Bd., S. 839.

[1)] A. a. O., S. 890. [2)] A. a. O., S. 811.

Aufgabe vorbereiten, Einblick in die feinere strukturelle Anordnung der Proteinbausteine zu gewinnen.

Versuche.

1. Zur Trennung von Trypsin und Erepsin.

Die glatte Durchführung der Trennung der beiden pankreatischen Enzyme, so wie sie in der zweiten Mitteilung dieser [215] Reihe[1] beschrieben wurde, ist in hohem Maße abhängig von der Beschaffenheit des verwendeten Drüsenmaterials und von der Natur der angewandten Adsorbentien. Es ist das Trypsin, das in gewissen Fällen, bei der Verarbeitung von anormaler oder unsorgfältig entwässerter Drüsensubstanz, eine gesteigerte Adsorbierbarkeit aufweist; sie ist auf die Assoziation mit Begleitstoffen zurückzuführen, die bei der beginnenden Autolyse der Drüse sich bilden oder in besonderen Fällen schon in ihr vorhanden sind.

Sodann hat es sich gezeigt, daß die Adsorbierbarkeit des tryptischen Enzyms, wie auch eine Untersuchung von R. WILLSTÄTTER, E. WALDSCHMIDT-LEITZ und S. DUNAITURRIA[2] erwiesen hat, als besonders empfindlicher Nachweis zur Unterscheidung von Adsorbentien dienen kann. Proben von Aluminiumhydroxyd der Sorte C[3], die nach Alter, Zusammensetzung und chemischem Verhalten und nach ihren Adsorptionsaffinitäten gegenüber anderen Enzymen wie Invertin oder auch Lipase nicht unterscheidbar waren, zeigten ein quantitativ stark abweichendes Verhalten bei der Adsorption des Trypsins. Es werden also die Angaben über die Trennung der pankreatischen Enzyme durch Adsorption mit der Beschreibung der dafür besonders tauglichen, aber noch nicht hinreichend charakterisierbaren Tonerdesorten zu ergänzen sein.

Wir führen nachstehend zwei charakteristische Beispiele für den Einfluß der Begleitstoffe und des Adsorbens an; die Messung der Enzyme folgte den in der zweiten Mitteilung[4] angegebenen Verfahren.

Versuch 1. Beispiel für den Einfluß der Drüsenbeschaffenheit. Je 22,5 ccm Glycerinauszug aus Pankreasdrüsen von Schweinen, und zwar a) von normaler Beschaffenheit (Pankreasprobe XXVIII), b) stark verfettet, von besonders gemästeten Tieren (Pankreasprobe XXIX), wurden nach dem Verdünnen mit dem gleichen Volumen Wasser bei $p_H = 4{,}7$ 4mal der Adsorption mit je 6,0 ccm Tonerdesuspension C (= 62,4 mg Al_2O_3) unterworfen; die Restlösung der Adsorption enthielt dann noch [216] a) 92, b) 7, und die aus dem Adsorbate mit verdünntem Ammoniak bereitete Elution a) 4 und b) 20% vom Trypsin der Ausgangslösung, während ihr Erepsingehalt in beiden Fällen ein normaler war.

Versuch 2. Beispiel für den Einfluß des Adsorptionsmittels. Die Adsorption von 30 ccm Glycerinextrakt aus normalem Drüsenmaterial (Pankreasprobe XXX) führte man, wie oben beschrieben, aus, a) mit insgesamt 32 ccm der in Versuch 1 verwandten Tonerdesuspension C (= 332,8 mg Al_2O_3), b) mit ebenso viel Adorbens der gleichen Sorte, aber von anderer Darstellung. Die aus dem Adsorbate gewonnene Elution wurde sodann a) noch 1mal, b) noch 2mal der Adsorption mit je 20,4 mg von den Adsorbentien, und zwar bei $p_H = 4{,}7$, unterworfen; die wiederum bereitete Elution enthielt nunmehr noch a) 0, b) 11% vom Trypsin der Ausgangslösung, aber

[1] Diese Zs. Bd. 147, S. 286, und zwar S. 301 [1925].
[2] Noch unveröffentlicht (*Abh. 103*).
[3] R. WILLSTÄTTER und H. KRAUT, Chem. Ber. Bd. 56, S. 1117 [1923] (*Abh. 17*).
[4] Diese Zs. Bd. 147, S. 286, und zwar S. 291 [1925].

eine einmalige Adsorption der Elution zu b) mit der zu a) angewandten Tonerde, und zwar mit 20,4 mg, bewirkte, daß nunmehr die gesamte, noch gemessene Trypsinmenge in der Adsorptionsmutterlauge zurückblieb.

2. Spezifität des Erepsins.

a) Peptide.

Die vergleichende Hydrolyse verschiedener Dipeptide durch Pankreaserepsin ist schon in der zweiten Mitteilung belegt worden[1], aber sie war noch nicht mit dem proteolytisch einheitlichen Enzym ausgeführt. Unsere Versuchsergebnisse mit diesem verzeichnen wir in der nachstehenden Tab. 4; man verwandte zu den Proben je 0,001 Mol. des Peptids (aber für Glycyl-tyrosin 0,00047 Mol.) und 0,00037 P.Er.-E.,

Tabelle 4.
Peptidhydrolyse durch Pankreaserepsin.
(Angaben bedeuten ccm 0,2n-KOH.)

Nr.	Angew. Peptid	Gemess. Spaltung
1	Alanyl-glycin . . .	2,28
2	Glycyl-tyrosin . .	0,39
3	Glycyl-glycin . . .	0,15
4	Glycyl-alanin . . .	0,45
5	Leucyl-glycin . .	1,07
6	Leucyl-alanin . .	0,12

deren [217] Einwirkung bei $p_H = 7{,}8$ (eingestellt durch 2,00 ccm n-Ammoniak-Ammonchloridpuffer von $p_H = 7{,}8$ (bei 30°) + 0,35 ccm n-NH_3) und 30° nach 2 Stunden gemessen wurde.

Die beobachteten Hydrolysen liegen in allen Fällen, auch bei den schwerer spaltbaren Substraten, außerhalb der Fehlergrenzen der Bestimmung. Der prinzipielle Unterschied, den der Vergleich der angeführten Ergebnisse mit den Angaben von E. FISCHER und E. ABDERHALDEN[1)] ergibt, ist nicht mit der Annahme verschiedener Enzymmengen in beiden Fällen zu erklären; die Spaltbarkeit der einzelnen Peptide, wie Tab. 4 sie veranschaulicht, steht in keiner einfachen Beziehung zu der von FISCHER und ABDERHALDEN mitgeteilten, qualitativ verstandenen Einteilung, nach welcher die beiden ersten, in der Tabelle angeführten Substrate zu den hydrolysierbaren, die vier letzten dagegen zu den nicht hydrolysierbaren gerechnet wurden. Offenbar war das von diesen Forschern verwendete Enzymmaterial, das von St. Petersburg bezogen war, ereptisch nur noch wenig wirksam und büßte dann im Verlaufe der Versuche seine Aktivität noch weiter ein; diese Annahme mag neben der noch unvollkommen entwickelten und ungleichmäßigen enzymatischen Methodik die bestehenden Abweichungen erklären.

b) Pepton, Proteine.

Die Prüfung der Spaltbarkeit von Pepton und einer Reihe von Proteinen nahm man in derselben Weise vor, wie es für die Hydrolyse der Peptide im vorhergehenden

[1] A. a. O., und zwar S. 308 [1925].

1) Diese Zs. Bd. 46, S. 52 [1905].

Abschnitt beschrieben wurde. Als Substrat dienten je 0,15 g Pepton (ex albumine, MERCK), ferner Casein, Fibrin, Gelatine, Gliadin und Zein, bzw. 0,10 g Clupeinsulfat[2], bzw. Histonsulfat (aus Thymusdrüsen gewonnen), gelöst in je 5,0 ccm Wasser; 0,00037 P.Er.-E. (in 2,0 ccm) ließen wir auf diese 2 Stunden bei 30° und $p_H = 7,8$ (eingestellt durch 2,00 ccm [218] n-Ammoniak-Ammonchloridpuffer von $p_H = 7,8$ (bei 30°) mit je nach dem Substrate wechselnden Mengen n-NH_3) einwirken; in keinem der angeführten Versuche war eine nachweisbare Aciditätszunahme eingetreten.

3. Spezifität des Trypsins.

a) Peptide.

Die Hydrolyse einfacher Peptide durch das enzymatisch einheitliche Trypsin bestimmten wir mit und ohne die vorherige Aktivierung des Enzyms durch Enterokinase; auch die Gegenwart des Aktivators bewirkte in keinem der untersuchten Fälle eine nachweisbare Spaltung.

Auf 0,001 Mol. a) Alanyl-glycin, b) Glycyl-glycin, c) Glycyl-alanin, d) Leucyl-glycin, e) Leucyl-alanin, bzw. f) 0,00047 Mol. Glycyl-tyrosin, bzw. g) 0,00032 Mol. Leucyl-glycyl-glycin ließ man a) bis e) 6,0, f) 7,4 und g) 4,0 T.-(e.), und zwar mit und ohne ½stündige Aktivierung durch 0,30 ccm Enterokinaselösung, während 2 Stunden bei 30° und $p_H = 8,9$ (eingestellt durch 2,00 ccm n-Ammoniak-Ammonchloridpuffer von $p_H = 8,9$ [bei 30°] + a) bis f) 3,00, g) 0,58 ccm n-NH_3) einwirken; ein Aciditätszuwachs war in keinem Falle nachzuweisen.

b) Pepton, Proteine.

Die Ergebnisse der Versuche über die Spaltung von Pepton und von einfachen und höher molekularen Proteinen durch Trypsin und ihre Abhängigkeit von der Gegenwart der Enterokinase sind in der folgenden Tab. 5 zusammengestellt. Die Prüfung von Substraten aus den nicht vertretenen Gruppen der Albumine und Globuline unterblieb, da ihre tryptische Hydrolyse nur sehr langsam erfolgt; Zusatz geringer Mengen von Albumin zu tryptischen Verdauungsgemischen bewirkt, wie ja bekannt ist und wie wir in der zweiten Mitteilung gleichfalls belegen konnten[1]), eine bedeutende Herabsetzung der Enzymwirkung zufolge der Beschlagnahme des Enzyms; für die Prüfung eines Globulins andererseits, für dessen Lösung es höherer Salzkonzentration bedarf, erwies sich diese als störend, da sie eine starke Hemmung der Enzymwirkung zur Folge [219] hatte. Es ist indessen nicht daran zu zweifeln, daß die Vertreter dieser beiden Gruppen von Proteinen, die nach den Erfahrungen der Literatur und nach eigenen nur langsam von aktiviertem Trypsin, und nur von diesem, angespalten werden, in diesem Sinne qualitativ den übrigen in der Tabelle angeführten höher molekularen Proteinen zuzuordnen sind.

Die spezielle Wirkungsweise des Trypsins, und zwar auf Casein, veranschaulicht Versuch 3; man bestimmte die Menge der bei der Hydrolyse freigelegten, auf Peptide und auf freie Aminosäuren entfallenden Carboxyle nach dem Verfahren von R. WILL-

[2] Für die Überlassung dieses Präparates sind wir Herrn Dr. K. FELIX von der Medizinischen Klinik hierselbst zu Dank verpflichtet.

[1]) Diese Zs. Bd. 147, S. 286, und zwar S. 300 [1925].

Tabelle 5.
Tryptische Hydrolyse von Pepton und Proteinen.
(30°; p_H = 8,9 [eingest. d. n-Ammoniak-Ammonchloridpuffer]; ½stündige Aktivierung mit 0,30 ccm Kinaselösung; Substrate in 5,0 ccm H_2O, bei Nr. 13 und 14 10% Alkohol enthaltend.)

Nr.	Substrat	Menge g	Angew. T.-(e.) nicht aktiv.	aktiv.	Dauer Std.	Acid.-Zuw. (ccm 0,2 n-KOH) nicht aktiv.	aktiv.
1	Pepton (ex. alb.) .	0,15	1,84	—	3	0,49	—
2	,, ,, ,, .	0,15	—	0,92	1	—	0,58
3	Clupeinsulfat . . .	0,10	1,84	—	3	0,58	—
4	,, . . .	0,10	—	0,92	1	—	0,56
5	Histonsulfat . . .	0,10	1,84	—	1	0,20	—
6	,, ...	0,10	1,84	—	3	0,47	—
7	,, ...	0,10	—	0,92	1	—	0,64
8	Casein	0,15	1,84	0,92	1	0,01	0,72
9	Fibrin	0,15	1,84	—	3	0,00	—
10	,, ...	0,15	—	0,92	1	—	0,35
11	Gelatine	0,40	1,84	—	3	0,02	—
12	,, ...	0,40	—	0,26	0,33	—	0,44
13	Gliadin.	0,15	1,84	0,92	1	0,00	0,29
14	Zein	0,15	1,84	0,92	1	0,00	0,25

STÄTTER und E. WALDSCHMIDT-LEITZ[1], nämlich durch Ermittlung des Aciditätszuwachses in 50- und in 90proz. Alkohol. Der Versuch erweist, daß die Mehrzahl der [220] gebildeten sauren Gruppen auf abgespaltene Aminosäuren entfiel; auch beobachteten wir bei der Hydrolyse des Caseins eine deutliche Abscheidung von Tyrosin, das als solches identifiziert wurde und dessen Menge in einem Vergleichsversuche von längerer Dauer noch zunahm. Die theoretischen Folgerungen, die aus diesen Befunden für den Mechanismus der Trypsinwirkung abzuleiten sind, sind bereits näher erörtert worden.

Versuch 3. Hydrolyse von Casein. 5,0 ccm einer enzymatisch einheitlichen Trypsinlösung (enth. 4,2 T.(-e.)), ½ Stunde mit 0,30 ccm Enterokinase bei 30° aktiviert, wirkten auf 5,0 ccm 12proz. Caseinlösung 20 Stunden bei 30° und p_H = 8,9 ein. Der gemessene Aciditätszuwachs entsprach dann 4,55 ccm 0,2 n-KOH in 50proz. alkoholischer Lösung und weiteren 2,90 ccm der Lauge nach dem Zusatz von Alkohol bis zu einem Gehalte von 90%; von der gesamten Aciditätszunahme von 7,45 ccm berechnet sich danach der auf freie Aminosäuren entfallende Anteil zu 4,00 ccm, d. i. 54%, während die restlichen 3,45 ccm auf die Bildung von Peptidcarboxylen zurückzuführen sind.

Bei der Hydrolyse der doppelten Menge Casein unter den nämlichen Versuchsbedingungen konnten wir nach Verlauf von 2½ Tagen eine krystallinische Abscheidung feststellen, die sich durch die mikroskopische Untersuchung und den positiven Ausfall der Millonschen Reaktion als Tyrosin identifizieren ließ; ihre Menge erfuhr nach einem weiteren Tage noch eine deutliche Zunahme.

Dem Japanausschuß der Notgemeinschaft der Deutschen Wissenschaft sind wir für die zur Verfügung gestellten Mittel zu Dank verpflichtet.

[1] Chem. Ber. Bd. 54, S. 2988, und zwar S. 2991 [1921] (*Abh. 11*).

Zeitschrift für physiologische Chemie **149**, S. 221 [1925].

111. ZUR KENNTNIS DER SPONTANEN AKTIVIERUNG DES TRYPSINS.

Von Ernst Waldschmidt-Leitz und Anna Harteneck.

Vierte Mitteilung[1] zur Spezifität tierischer Proteasen.

(Aus dem Chemischen Laboratorium der Bayerischen Akademie der Wissenschaften in München.)

(Der Redaktion zugegangen am 6. September 1925.)

Über eine spontane Aktivierung des Trypsins in der Pankreasdrüse und in ihren Auszügen ist zuerst im Jahre 1875 von R. Heidenhain[2] berichtet worden; man hat diese Erscheinung, die man auch bei der Aufbewahrung pankreatischer Sekrete beobachtete und die man von der Wirkung der Enterokinase unterschied, zumeist mit der Einwirkung von Bakterien oder von in der Drüse vorhandenen Kalksalzen und auch mit der Annahme einer enzymatischen Umwandlung des Trypsins aus einer Zymogenform zu erklären versucht. In einer Untersuchung des einen von uns „Über Enterokinase und die tryptische Wirkung der Pankreasdrüse"[3] ließ sich indessen der Nachweis führen, „daß es sich hierbei um die Bildung eines Aktivators aus der Drüsensubstanz handelt, der in seinem Verhalten", z. B. in seinem Adsorptionsverhalten, „mit der Enterokinase weitgehend übereinstimmt". Es war nämlich gelungen, spontan aktiviertem Trypsin auf dieselbe Weise, wie es bei der Verbindung von Trypsin und Enterokinase durchgeführt war, durch Adsorption mittels Tonerde, einen Teil des **[222]** Aktivators zu entziehen und es wiederum in inaktiver Form zu erhalten, während der Aktivator in der Elution der Tonerdeadsorbate nachweisbar war.

Die Annahme, „daß dieser bei Zersetzungsvorgängen aus der Drüse entstehende Aktivator identisch ist mit der Enterokinase"[1]), war mit der Erkenntnis übereinstimmender Adsorptionsaffinitäten und mit der qualitativen Beschreibung seiner Eignung als Aktivator des Trypsins noch nicht als bewiesen zu betrachten. Obgleich es sich in einer späteren Untersuchung ergeben hatte[2]), daß die Bildung eines Trypsinaktiva-

[1] Frühere Mitteilungen: Chem. Ber. Bd. 58, S. 1356 [1925]; Diese Zs. Bd. 147, S. 286 [1925], sowie die vorausgehende Abhandlung.

[2] Pflügers Arch. Bd. 10, S. 557, und zwar S. 587 [1875].

[3] E. Waldschmidt-Leitz, Diese Zs. Bd. 132, S. 181, und zwar S. 191 [1923/24] (*Abh. 92*).

[1]) A. a. O.

[2]) E. Waldschmidt-Leitz, Diese Zs. Bd. 142, S. 217, und zwar S. 222 [1924/25] (*Abh. 99*).

tors als spezifisch für die Pankreasdrüse zu gelten hat und daß sie bei der Autolyse anderer Organe nicht beobachtet wird, war die angenommene Identität der beiden Aktivatoren mit dem quantitativen Vergleich ihrer Aktivierungsleistung zu belegen, die bis heute das einzige bekannte, charakteristische Merkmal der Enterokinase geblieben ist.

Die exakte Bestimmung der Aktivierungsleistung wird für den aus der Drüse gebildeten Stoff durch den Umstand erschwert, daß sich sein Verhältnis zu dem tryptischen Enzym ohne eine quantitative Trennung nicht beliebig wählen und verändern läßt und daß zugleich mit seiner Freilegung aus der Drüsensubstanz, wie in der angeführten Untersuchung belegt wurde[3], die Bildung von Hemmungsstoffen einhergeht, „die, etwa durch Addition an die Kinase ähnlich dem Glycerin oder dem Glykol, deren Wirkung zu beeinträchtigen vermögen". Für die präparative Aufgabe, eine Abtrennung dieser Hemmungskörper, deren Bildung auf die Wirkung des aktivierten Trypsins selbst zurückzuführen sein wird, sowohl vom Enzym wie von dem Aktivator zu erreichen, bieten sich in ihrer analytischen Bestimmbarkeit keine ausreichenden Stützpunkte. Die Möglichkeit einer quantitativen Kennzeichnung des Aktivators und seines Vergleichs mit der Enterokinase war nur gegeben, wenn es gelang, ihn vor beginnender Freilegung, also in Form seiner **[223]** Vorstufe, der „Prokinase", von dem tryptischen Enzym zu trennen.

Eine solche Handhabe bot sich in der Anwendung des Verfahrens der fraktionierten Adsorption mittels Tonerde, und zwar bei saurer Reaktion, mittels dessen die Zerlegung des Trypsin-Kinasekomplexes gelungen war[1]) und das, unter ähnlichen Versuchsbedingungen, auch zu einer Trennung des Trypsins von dem ereptischen Drüsenenzym geführt hat[2]); die wenig ausgeprägten Adsorptionsaffinitäten des Trypsins zu dem verwendeten Adsorbens hatten bewirkt, daß das Enzym in beiden Fällen zum größten Teil in den Mutterlaugen der Adsorption verblieben war. Bei der Anwendung dieses Verfahrens für die Zwecke der Trennung von Trypsin und „Prokinase" hat es sich ergeben, daß in der trypsinhaltigen Adsorptionsmutterlauge, zum Beispiel wenn sie vom Erepsin befreit ist, die Erscheinung der spontanen Aktivierung, welche vor der Adsorption beobachtet wird, nun nicht mehr eintritt; sie kehrt indessen wieder, wenn man die aus dem Adsorbate bereitete, erepsinhaltige Elution mit dem Trypsin der Restlösung vereint aufbewahrt. Und weiter hat sich der Nachweis führen lassen, daß die Bildung des Aktivators in den beschriebenen Elutionen unabhängig von der Gegenwart des Trypsins sich vollzieht, sie enthalten nach einer gewissen Dauer der Aufbewahrung den fertigen Aktivator.

Die Bestimmung des Leistungsvermögens an der so erhaltenen trypsinfreien Lösung des Aktivators hat zu dem Ergebnis geführt, daß seine Leistung mit der der Enterokinase aus Darmschleimhaut, und zwar unter den für diese optimalen Bedingungen, hinsichtlich der erreichbaren Höchstaktivierung übereinstimmt; er ist also

[3] Diese Zs. Bd. 132, S. 181, und zwar S. 223 [1923/24].

[1]) A. a. O., und zwar S. 235 [1923/24].

[2]) E. WALDSCHMIDT-LEITZ und A. HARTENECK, Diese Zs. Bd. 147, S. 286, und zwar S. 301 [1925] (*Abh. 109*).

identisch mit Enterokinase. Es ist noch nicht untersucht, ob die Bildung der Enterokinase aus ihrer Vorstufe, die allmählich erfolgt und die man als einen enzymatischen Vorgang anzusehen hat, wie es wahrscheinlich ist, auf die Einwirkung des Erepsins, mit dem ja [224] die „Prokinase" vergesellschaftet bleibt, oder aber auf die eines anderen Drüsenenzyms zurückzuführen ist; aber es ist zu erwarten, daß die nähere Untersuchung der Kinasebildung wichtige Rückschlüsse erlauben wird auf die Natur des Aktivators selbst.

Der erbrachte Nachweis der Bildung von Enterokinase aus der Pankreasdrüse selbst führt zusammen mit der in der vorausgehenden Abhandlung angeführten Identifizierung des pankreatischen mit dem Darmerepsin zu bemerkenswerten physiologischen Schlußfolgerungen. Die Tatsache scheint schwer verständlich, daß der tierische Organismus in den Darm mittels zweier gesondert ausgebildeter Sekrete zugleich, durch das pankreatische und durch das intestinale, jeweils die nämlichen Bestandteile, Erepsin und Enterokinase, entsenden sollte, aber den Aktivator im einen Falle nur in unfertiger Form. Sie gewinnt an Anschaulichkeit, wenn man berücksichtigt, daß die Pankreasdrüse entwicklungsgeschichtlich aus der Darmschleimhaut hervorgegangen ist. Man hat einmal mit der Möglichkeit zu rechnen, daß die Sekretion von Erepsin wie von Enterokinase bzw. einer Vorstufe derselben durch das Pankreas als eine atavistische Erscheinung aufzufassen ist, wenn man nämlich eine Teilung der enzymbildenden Funktionen nach erfolgter Abtrennung der pankreatischen Drüsenzellen zwischen diesen und den Zellen der Darmschleimhaut voraussetzt; mit dieser Vorstellung ist indessen die Gegenwart einer Vorstufe des Aktivators in der Pankreasdrüse und deren Sekretion nicht zwanglos vereinbar.

Es ist jedoch viel wahrscheinlicher, daß mit der Absonderung des pankreatischen Gewebes von der Darmschleimhaut das erstere die gesamte Bildung enzymatischer Stoffe und ihre Sekretion übernommen hat und daß der Befund von Erepsin wie von Enterokinase in dem Sekrete der Schleimhaut auf einer sekundären Anhäufung dieser Stoffe in ihren Drüsenzellen beruht. Man gewinnt eine Vorstellung von dem Vorgang der Trypsinaktivierung im tierischen Organismus und eine Erklärung für die Anwesenheit der Enterokinase und des Erepsins in dem Darmsekrete, wenn man annimmt, daß die [225] Pankreasdrüse, die ja das Trypsin zum Schutze gegen die Selbstauflösung in nicht aktivierter Form ausbildet, mit diesem zugleich die gesamte, zu seiner Aktivierung nötige Menge der Enterokinase in unfertigem Zustand an das Sekret abgibt. Die Umwandlung der Aktivatorstufe in das fertige Produkt würde sich dann unter Mitwirkung des ereptischen Enzyms nach adsorptiver Aufnahme beider in den Zellen der Darmschleimhaut vollziehen und die beiden Stoffe, Erepsin und Enterokinase, die sich in der Schleimhaut angehäuft finden, könnten sie wiederum als Sekretionsprodukt verlassen, wenngleich sie ihre eigentliche Entstehung der Pankreasdrüse verdankten.

Es lassen sich der physiologischen Literatur manche Anhaltspunkte für diese Vorstellung entnehmen. So ist W. SAWITSCH[1] auf Grund einer eingehenden Unter-

[1] Soc. des Méd. russes St. Petersbourg 1900/01.

suchung zu der Feststellung gelangt, daß die Sekretion der Enterokinase durch die Darmschleimhaut von der Zufuhr pankreatischen Sekretes, und zwar des frischen, nicht des gekochten, zum Darm sich als abhängig erweist; bleibt diese aus, so findet man nach einiger Zeit im Darmsekrete keine Kinase mehr. Auch Foà [2] berichtet über das Fehlen von Kinase im Sekrete isolierter Darmabschnitte; und die Untersuchungen von K. Glaessner und A. Stauber [3] haben für das Erepsin die Folgerung erhoben, daß nach der Absperrung des pankreatischen Sekretes und nach Paraffininjektion in den Ausführungsgang der Drüse die Absonderung von Erepsin durch die Darmschleimhaut zum Stillstand komme, wenn auch ihre Messungen für dieses Enzym nicht mehr als einwandfrei gelten können.

Die Frage, „ob die Enterokinase bzw. ihr Stammkörper nur im Pankreas oder aber auch in den Drüsen der Darmschleimhaut gebildet werden kann“ [4] — und die gleiche Frage gilt für das ereptische Enzym —, läßt sich noch nicht mit [226] Sicherheit beantworten; aber die entwickelten Vorstellungen, die den neuen Erkenntnissen über die Identität des Erepsins und über die Bildungsweise des Aktivators entspringen, mögen als Arbeitshypothesen für künftige Untersuchungen Geltung besitzen.

Versuche.

1. Trennung von Trypsin und „Prokinase“.

Die spontane Aktivierung des Trypsins, die man beispielsweise in den wäßrigen oder den Glycerinauszügen der kinasefreien, frisch getrockneten Pankreasdrüsen beobachtet, ist gekennzeichnet durch einen allmählichen Verlauf; sie wird in den mit Wasser verdünnten Glycerinlösungen erst nach etwa 2 bis 3 Tagen deutlich, während rein wäßrige Drüsenextrakte, wie eine frühere Mitteilung belegt hat[1]), schon nach wenigen Stunden Aktivität erlangen; die Bildung der Kinase wird nämlich durch Glycerin gehemmt. Man verfolgt sie zweckmäßig an einem Substrate, das, wie z. B. Gelatine oder auch Casein, von dem nicht aktivierten Enzym nicht gespalten wird; so führen wir im nachstehenden Versuch 1 ein charakteristisches Beispiel für die spontane Aktivierung von Glycerinauszug an, dessen analytische Belege nach der in der zweiten Mitteilung[2]) dieser Reihe für die Bestimmung der tryptischen Wirkung angegebenen Methode erhalten wurden.

Versuch 1. 20 ccm Glycerinauszug (aus Pankreasprobe XXVIII) (0,35 ccm : 0,65 ccm 0,2 n-KOH: 0,74 T.-(e.)) wurden mit 50 ccm Wasser verdünnt und unter Toluol bei Zimmertemperatur sich selbst überlassen. 2,20 ccm der Lösung prüfte man auf ihren Aktivierungsgrad a) sofort, b) nach 3, c) nach 4 Tagen; er entsprach einer Aciditätszunahme von a) 0,00, b) 0,18, c) 0,27 ccm 0,2 n-KOH.

Die Trennung des Trypsins von der in dem Drüsenmaterial und in seinen Auszügen mit ihm vergesellschafteten Vorstufe des Aktivators erreichen wir durch mehr-

[2] Arch. di Fis. Bd. 5, S. 1 [1908]; Biochem. Zbl. Bd. 7, S. 2332 [1908].
[3] Biochem. Zs. Bd. 25, S. 204, und zwar S. 213 [1910].
[4] Diese Zs. Bd. 132, S. 181, und zwar S. 192 [1923/24].
[1]) A. a. O., und zwar S. 218 [1923/24].
[2]) Diese Zs. Bd. 147, S. 286, und zwar S. 291 [1925].

malige Adsorption der verdünnten Extrakte bei saurer Reaktion, z. B. $p_H = 4,7$, mittels Tonerde (Sorte C[3]), und zwar nach dem in der zweiten [227] Mitteilung für die „Trennung von Trypsin und Erepsin" angeführten Verfahren[1]); man adsorbierte bis zur vollständigen Abtrennung des Erepsins, wie dort beschrieben, und eluierte die Adsorbate mit 0,04 n-Ammoniak. Es erweist sich also, daß die Vorstufe des Aktivators, die „Prokinase", durch das nämliche Adsorptionsverhalten gegenüber der Tonerde gekennzeichnet ist wie der fertige Aktivator. Die Selbstaktivierung, die in der Ausgangslösung beobachtet wird, bleibt, wie aus Tab. 1 ersichtlich, in der vom Erepsin befreiten Adsorptionsmutterlauge aus, während die Mischung aliquoter Teile dieser Enzymlösung und der aus dem Adsorbate gewonnenen Elution wiederum die ursprüngliche Erscheinung spontaner Aktivierung ergibt. Die in der Tabelle verglichenen Lösungen entstammen zwei Versuchen: Nr. 1 und 2 enthielten in der Analysenprobe 1,32 bzw. 0,81, Nr. 3 (vom 2. Versuch) 1,56 T.-(e.). Der Glyceringehalt der Lösungen war vergleichbar, er betrug 10%; auch brachte man die bei Zimmertemperatur und unter Toluol aufbewahrten Lösungen auf den gleichen Salzgehalt, sie entsprachen nämlich 0,01 n-Ammonacetat.

Tabelle 1.
Spontane Aktivierung und Tonerdeadsorption.
(Angaben bedeuten die Wirkung aliquoter Teile in ccm 0,2 n-KOH.)

Nr.	Enzymlösung	Beobachtete Wirkung nach		
		0	2	3 Tagen
1	Glycerinauszug, verdünnt . . .	0,03	0,19	0,27
2	Adsorptionsrestlösung	0,00	0,02	0,01
3	Adsorptionsrestlösung + Elution	0,02	—	0,41

Mit dieser Erscheinung, daß das Trypsin in den Mutterlaugen der Tonerdeadsorption keine Selbstaktivierung mehr erleidet, hängt zusammen, daß man in ihnen das Enzym viel beständiger findet als in den ursprünglichen Extrakten, obgleich es reiner ist. Die Haltbarkeit des nicht aktivierten Trypsins ist viel größer als die seiner Verbindung mit [228] Enterokinase. So findet man, wie aus Tab. 2 hervorgeht, den Enzymgehalt der Adsorptionsrestlösungen tagelang fast unverändert, in manchen Fällen war sogar nach Wochen keine Aktivitätsabnahme nachweisbar; die ursprünglichen Auszüge dagegen, in denen die Aktivierung des Enzyms beginnt, weisen schon nach kurzem beträchtliche Enzymeinbußen auf; in dem Maße, wie die Kinasebildung sich vollzieht, setzt die Zerstörung des tryptischen Enzyms ein. Nr. 1 und 2 der Tabelle vergleichen die Beständigkeit des Enzyms in den schon in Tab. 1 angeführten Lösungen bei Zimmertemperatur, Nr. 3 gibt zum Vergleiche die Veränderung des Enzymgehaltes einer Adsorptionsmutterlauge von anderer Darstellung bei 0° und der höheren Glycerinkonzentration von 50% wieder.

[3] R. WILLSTÄTTER und H. KRAUT, Chem. Ber. Bd. 56, S. 1117 [1923].
[1]) A. a. O., und zwar S. 301 (1925).

Tabelle 2.
Beständigkeit des Trypsins und Tonerdeadsorption.
(Angaben beziehen sich auf aliquote Teile der Lösungen.)

Nr.	Enzymlösung	Acid.-Zuw. (ccm 0,2 n-KOH) nach 0 Tagen	1	2	3	Enzymgehalt (T.-(e.)) nach 0 Tagen	1	2	3
1	Glycerinextrakt, verdünnt	0,53	—	0,27	0,11	0,44	—	0,18	0,07
2	Adsorptionsrestlösung, daraus	0,39	—	0,37	0,34	0,26	—	0,24	0,22
3	„ and. Darstell.	0,44	0,43	0,44	—	0,30	0,29	0,30	—

2. Nachweis der Enterokinase.

Die Untersuchung der im vorhergehenden Abschnitt beschriebenen, vom Trypsin getrennten Lösung der „Prokinase", die in der Elution aus den Tonerdeadsorbaten anfällt, hat ergeben, daß die Bildung des für die spontane Aktivierung verantwortlichen Aktivators schon bei der Aufbewahrung dieser Lösung selbst, mithin unabhängig von der Anwesenheit des Trypsins vor sich geht. Man findet den Vorgang der Aktivatorbildung von ähnlicher Geschwindigkeit wie den der spontanen Aktivierung selbst, er wird nämlich, z. B. bei neutraler Reaktion, nach Verlauf von etwa zwei Tagen erkennbar und die Menge des Aktivators nimmt dann allmählich zu. Die Freilegung des [229] Aktivators ist als enzymatischer Prozeß anzusehen, dessen optimale Bedingungen und dessen Reaktionsverlauf noch nicht untersucht sind; auch ist noch nicht erkannt, ob dem Erepsin oder aber einem anderen, in den Tonerdeelutionen enthaltenen Enzym eine wesentliche Beteiligung an der Bildung des Aktivators zukommt.

Wir belegen den Nachweis des Aktivators in den geprüften Lösungen, deren Trypsinfreiheit sichergestellt war, nachstehend durch zwei Beispiele; ein dritter Versuch vergleicht die Geschwindigkeit der Aktivatorbildung in den Tonerdeelutionen bei neutraler und bei saurer Reaktion. Der Befund, daß im Gegensatz zu den für die Geschwindigkeit der spontanen Aktivierung geltenden Erfahrungen[1] die Freilegung des Aktivators selbst in neutralem Medium viel rascher verläuft, läßt erkennen, daß die früher beobachteten Unterschiede hinsichtlich der Abhängigkeit der Selbstaktivierung vom p_H durch eine verschiedene Beständigkeit des aktivierten Trypsins, die bei neutraler Reaktion viel größer ist, vorgetäuscht waren. Es wird zu prüfen sein, ob die nämlichen Umstände, die auf die Aktivatorbildung von Einfluß sind, sich auch gegenüber anderen Wirkungen des ereptischen oder eines der übrigen, in den Elutionen noch enthaltenen Enzyme geltend machen.

Versuch 2. 20 ccm einer ammoniakalischen, neutralisierten Elution aus Tonerdeadsorbat, welche das Erepsin, aber kein Trypsin enthielt (8,40 ccm: 0,00 ccm 0,2 n-KOH), verdünnte man mit 84 ccm H_2O zu einem Glyceringehalte von 4,5 % und überließ sie bei Zimmertemperatur und unter Toluol sich selbst. 8,40 ccm der verdünnten Elution bewirkten nach 1 stündiger Einwirkung auf 2,00 ccm der neutralisierten, das inaktive Trypsin enthaltenden Adsorptionsmutterlauge (2,00 ccm a) ohne Aktivierung: 0,00 ccm 0,2 n-KOH, b) nach Aktivierung mit 0,30 ccm Enterokinase: Aciditätszunahme entspr. 1,84 T.-(e.)), d. i. die äquivalente Menge, nach a) 0, b) 3, c) 6 Tagen Aktivierung entsprechend einer Aciditätszunahme von a) 0,00, b) 0,42, c) 0,47 ccm 0,2 n-KOH, gemessen unter den Bedingungen der Trypsinbestimmung.

[1] E. WALDSCHMIDT-LEITZ, Diese Zs. Bd. 132, S. 181, und zwar S. 222 [1923/24].

Versuch 3. 20 ccm einer ebenso bereiteten, neutralisierten Tonerdeelution brachte man durch Verdünnen mit 80 ccm H_2O auf einen Glyceringehalt von 4,5 %. Nach a) 0-, b) 2-, c) 4tägiger Aufbewahrung unter Toluol bei Zimmertemperatur und 1 stündiger Einwirkung auf [230] 1,50 ccm trypsinhaltige Adsorptionsrestlösung (mit 1,26 T.-(e.)), welche nicht aktiviert waren (1,50 ccm: 0,00 ccm 0,2 n-KOH), bewirkten 10,0 ccm der verdünnten, trypsinfreien Elution Aktivierung entsprechend einer Aciditätszunahme von a) 0,00, b) 0,13 und c) 0,30 ccm 0,2 n-KOH (gemessen nach 1 stündiger Einwirkung auf Gelatine unter den üblichen Bedingungen).

Versuch 4. 10 ccm einer anderen trypsinfreien Elution, mit 80 ccm H_2O zum Glyceringehalte von 2,3 % verdünnt, bewahrte man a) bei neutraler Reaktion, b) bei $p_H = 3,8$ (eingestellt durch Zusatz von 1,00 ccm n-Acetatpuffer) und bei Zimmertemperatur unter Toluol auf; ihre Aktivierungsleistung bei 1 stündiger Einwirkung auf 2,00 ccm inaktive Adsorptionsmutterlauge (0,72 T.-(e.) enth.) entsprach nach 0 bzw. 3 bzw. 4 Tagen einer Aciditätszunahme von a) 0,00 bzw. 0,50 bzw. 0,68 und b) 0,00 bzw. 0,16 bzw. 0,18 ccm 0,2 n-KOH (gemessen nach 1 stündiger Einwirkung auf Gelatine); die Bildung des Aktivators verlief also in neutralem Medium viel rascher.

Die Leistung des gebildeten Aktivators für die Aktivierung des Trypsins, die man mit der der Enterokinase aus der Darmschleimhaut verglich, erweist seine Identität mit dieser; die beobachtete Höchstaktivierung des tryptischen Enzyms stimmt mit der durch Enterokinase erreichbaren, wie aus dem nachstehenden Versuch 5 ersichtlich ist, innerhalb der Fehlergrenzen überein. Es wird für die Kennzeichnung der aus der Drüse entstehenden Enterokinase und für die nähere Untersuchung ihrer Bildung von Bedeutung sein, ihre Menge und ihr Verhältnis zu der Trypsinmenge in der Drüse durch das für die Enterokinase aufgestellte Maß genauer zu definieren und ihre Konzentration in der Drüse mit der in der Darmschleimhaut zu vergleichen.

Versuch 5. 0,70 ccm einer gegenüber Gelatine inaktiven Mutterlauge der Tonerdeadsorption überließ man während 1 Stunde bei 30° und bei neutraler Reaktion der Einwirkung von a) 22,0 ccm trypsinfreier Tonerdeelution (aus Versuch 4a), welche 4 Tage sich selbst überlassen war, b) 0,30 ccm Enterokinaselösung aus Darmschleimhaut, viel mehr, als zu voller Aktivierung erforderlich; die dann unter den Bedingungen der Trypsinbestimmung gemessene Aktivität entsprach einer Aciditätszunahme von a) 0,30, b) 0,35 ccm 0,2 n-KOH, d. i. 0,20 bzw. 0,24 T.-(e.) in der Analysenprobe, sie stimmte also innerhalb der Fehlergrenzen überein.

Dem Japanausschuß der Notgemeinschaft der Deutschen Wissenschaft danken wir für die erwiesene Unterstützung.

Zeitschrift für physiologische Chemie 151, S. 31 [1926].

112. ZUR KENNTNIS DES DARMEREPSINS.

Von ERNST WALDSCHMIDT-LEITZ und ANTON SCHÄFFNER.

Fünfte Mitteilung zur Spezifität tierischer Proteasen[1].

(Aus dem Chemischen Laboratorium der Bayerischen Akademie der Wissenschaften in München.)

Mit 1 Abbildung im Text.

(Der Redaktion zugegangen am 4. November 1925.)

Theoretischer Teil.

Das wichtige und oft untersuchte, zuerst von O. COHNHEIM[2] im Jahre 1901 beschriebene Erepsin der Darmschleimhaut hat als der einfachste Vertreter tierischer Proteasen zu gelten, als eine der wenigen, deren Wirkung sich auf Substrate bekannter Konstitution beziehen läßt; es ist zu erwarten, daß diesem Enzym, dessen spezifische Wirkungen am leichtesten zu beschreiben und abzugrenzen sind, bei der Erkennung und Lösung struktureller Fragen in der Proteinchemie eine hervorragende Rolle zufallen wird. Schon die grundlegenden Beobachtungen von COHNHEIM ließen erkennen, daß das Erepsin die Aufspaltung der niedrigeren Eiweißabbauprodukte, der Peptide, in die einfachsten Bausteine, die Aminosäuren, vollzieht. Seine besondere Existenz wurde des öfteren angezweifelt und seine Wirkungen sind nicht sicher genug von denen des [32] pankreatischen Trypsins unterschieden worden, zumal man für die Pankreasdrüse und ihre Sekrete vielfach die nämlichen enzymatischen Wirkungen wahrnahm. Später schrieb man diese einem besonderen ereptischen Enzym in der Drüse zu.

Die Unterscheidung der Literatur[1]) zwischen den spezifischen Substraten des Pankreastrypsins und des Pankreaserepsins, die man auf Grund der jeweiligen Aktivierbarkeit ihrer Spaltung durch den Trypsinaktivator Enterokinase vornahm, ist in vorausgehenden Abhandlungen[2]) mit der Trennung der beiden Enzyme und mit der Kennzeichnung ihrer Einzelwirkungen widerlegt und richtiggestellt worden. Aber auch

---

[1] Frühere Mitteilungen: Chem. Ber. Bd. 58, S. 1356 [1925]; Diese Zs. Bd. 147, S. 286 [1925]; Bd. 149, S. 203 u. 221 [1925].

[2] Diese Zs. Bd. 33, S. 451 [1901].

[1]) Vgl. G. SCHAEFFER und E. TERROINE, Jl. de Physiol. et Pathol. gén. Bd. 12, S. 905 [1910].

[2]) Diese Zs. Bd. 147, S. 286 [1925]; Bd. 149, S. 203 [1925].

die Angaben der Literatur über die besonderen Wirkungen des Darmerepsins, das man, z. B. in seinen Auszügen aus der Schleimhaut, als proteolytisch einheitlich ansah, haben sich als unzuverlässig erwiesen.

Wenn die Forschung unter den spezifischen Substraten des Darmerepsins die meisten synthetischen Polypeptide sowie die Peptone[3] und ferner Protamine[4], Histone[5] und Casein[6] zusammenfaßte, so ergaben sich aus dieser Zusammenstellung gewisse Hinweise auf gemeinsame strukturelle Besonderheiten dieser Körper; so hat man beispielsweise die Peptone der Pepsinverdauung als ein Gemisch von Polypeptiden angesehen oder man glaubte der Struktur der Protamine als einfacher gebauter Proteine polypeptidähnlichen Charakter zusprechen zu können. Die angeführten Beobachtungen über die Spaltung von Pepton und gewissen Proteinen durch Erepsin haben sich indessen als unzutreffend erwiesen, sie sind nämlich auf die [33] Uneinheitlichkeit der angewandten Enzympräparate zurückzuführen. Die Lösungen des ereptischen Enzyms, die man aus der Darmschleimhaut gewinnt, enthalten stets wechselnde, wenn auch oft geringe Beimengungen von pankreatischem Trypsin, dessen Gegenwart eine Angreifbarkeit besonders leicht spaltbarer Substrate durch das Erepsin selbst vorzutäuschen vermag. Die vorliegende Untersuchung, die das Erepsin hinsichtlich seiner Bestimmung, seiner Eigenschaften und seiner spezifischen Wirkungen beschreibt, gibt ein Verfahren der Darstellung des trypsinfreien, proteolytisch einheitlichen Enzyms, ein Verfahren, das die von E. WALDSCHMIDT-LEITZ und A. HARTENECK[1]) mitgeteilte Trennung von Pankreastrypsin und Pankreaserepsin zum Vorbilde nimmt und das wie diese auf der Anwendung der fraktionierten Adsorption mittels Tonerde beruht; das Verhalten des Darmerepsins gegenüber diesem Adsorbens stimmt nämlich mit dem des Pankreaserepsins überein.

Es hat sich ergeben, daß das enzymatisch einheitliche Erepsin spezifisch auf die Hydrolyse gewöhnlicher Peptide und nur auf diese eingestellt ist; weder ein Pepton der Pepsinverdauung noch ein Protamin oder Histon noch irgend ein anderes Protein wird durch das reine Enzym gespalten, die Aussagen der Literatur über die Angreifbarkeit solcher Substrate sind auf beigemengtes Trypsin zu beziehen. Als spezifische Substrate zum Nachweis und zur Bestimmung des Erepsins wird man entgegen vielen in der Literatur empfohlenen Verfahren[2]) nur einfache Peptide, z. B. Di- oder Tripeptide, anwenden dürfen.

Wir veranschaulichen die Ergebnisse unserer Versuche über die Spezifität des Darmerepsins qualitativ in nachstehender Tab. 1, welche sie mit der von WALDSCHMIDT-

---

[3] Vgl. O. COHNHEIM, a. a. O.; J. WOHLGEMUTH, Grundriß der Fermentmethoden, Berlin 1913, S. 199ff.

[4] Vgl. O. COHNHEIM, Diese Zs. Bd. 35, S. 134 [1902]; F. ROGOZINSKI, ebenda B. 79, S. 398, und zwar S. 413 [1912]; A. CLEMENTI, Biochem. Zs. Bd. 136, S. 71 [1922/23].

[5] Vgl. O. COHNHEIM, a. a. O.

[6] Vgl. O. COHNHEIM, a. a. O.; A. CLEMENTI, a. a. O.; siehe dagegen E. HÉDON und L. HÉDON, Soc. Biol. Bd. 88, S. 1062 [1923].

[1]) Diese Zs. Bd. 147, S. 286, und zwar S. 301 [1925] (*Abh. 109*).

[2]) Vgl. J. WOHLGEMUTH, Grundriß der Fermentmethoden, Berlin 1913, S. 192ff.

LEITZ und HARTENECK untersuchten Spezifität des Pankreaserepsins und des Pankreastrypsins zu vergleichen gestattet.

[34] Tabelle 1.

Spezifität von Darmerepsin, Pankreaserepsin und Pankreastrypsin.

(Angaben bedeuten: — = keine nachweisbare, + = positive Hydrolyse.)

Nr.	Substrat	Enzym		
		Darm-erepsin	Pankreas-erepsin	Pankreas-trypsin (akt.)
1	Alanyl-glycin	+	+	—
2	Glycyl-tyrosin	+	+	—
3	Glycyl-glycin	+	+	—
4	Leucyl-glycin	+	+	—
5	Leucyl-alanin	+	+	—
6	Pepton (ex albumine, Merck)	—	—	+
7	Clupein	—	—	+
8	Thymushiston	—	—	+
9	Casein	—	—	+
10	Fibrin	—	—	+
11	Gelatine	—	—	+
12	Gliadin	—	—	+
13	Zein	—	—	+
14	Eieralbumin	—	—	+
15	Ricinus-globulin	—	—	+

Der qualitative Vergleich der Spezifität des intestinalen und des pankreatischen Erepsins, den die Tabelle wiedergibt, beläßt für eine Verschiedenheit der beiden Enzyme, wie sie auf Grund der älteren Angaben von E. FISCHER und E. ABDERHALDEN [1] „Über das Verhalten verschiedener Polypeptide gegen Pankreassaft" anzunehmen war, keine Stütze; aber auch die quantitativen Belege, die im experimentellen Teil dieser Abhandlung für die Reihenfolge der Spaltbarkeit der verschiedenen Peptide und für das Verhältnis der jeweiligen Reaktionsgeschwindigkeiten angeführt werden, bieten keine Anhaltspunkte für eine solche Annahme, wenn sie auch noch durch den exakten Affinitätsvergleich zu ergänzen sein werden. Es kommt hinzu, daß sowohl das Adsorptionsverhalten der beiden Enzyme gegenüber Tonerde, wie schon erwähnt, wie auch die Abhängigkeit ihrer Aktivität von der Wasserstoffzahl, [35] die bereits in der zweiten Mitteilung dieser Reihe[1]) beschrieben wurde und die hier erneut belegt werden soll, übereinstimmend gefunden wird. Es ist daraus zu folgern, daß für eine Verschiedenheit der beiden Enzyme, des Darmerepsins und des Pankreaserepsins, nun keine Anhaltspunkte mehr vorliegen, daß sie vielmehr als identisch zu betrachten sind. An diese Schlußfolgerungen haben E. WALDSCHMIDT-LEITZ und A. HARTENECK[2]) eine weitergehende physiologische Fragestellung geknüpft und erörtert; es ist nämlich damit zu rechnen, daß die primäre Bildung auch des Darmerepsins sich in der Pankreasdrüse vollzieht, und daß seine Absonderung durch

[1] Diese Zs. Bd. 46, S. 52 [1905].

[1]) Diese Zs. Bd. 147, S. 286, und zwar S. 307 [1925].

[2]) Vierte Mitteilung, Diese Zs. Bd. 149, S. 221 [1925] (*Abh. III*).

die Darmschleimhaut auf eine sekundäre Anhäufung in deren Drüsenzellen zurückzuführen ist.

Der Vergleich der spezifischen Wirkungen von Erepsin und von Trypsin andererseits, den die Tabelle veranschaulicht, läßt erkennen, daß sie schärfer, als man bisher annahm, voneinander zu unterscheiden sind. Die Hinweise, die sich aus dieser Gegenüberstellung auf strukturelle Besonderheiten der spezifischen Substrate des Trypsins ergeben und die bereits in der dritten Mitteilung dieser Reihe erörtert worden sind, erlauben die Feststellung, daß die beispielsweise in den Peptonen der Pepsinverdauung, in den Protaminen und Histonen oder in anderen geprüften Proteinen vorliegenden strukturellen Gruppierungen vom Typus der für Erepsin spezifischen einfachen Peptidbindungen verschieden sein werden. Es ist noch nicht sicher zu beurteilen, ob die spezifische Wirkung des Trypsins sich auf die Abspaltung gewisser besonderer Proteinbausteine bezieht, vergleichbar etwa der streng ausgeprägten Spezifität von Erepsin und Histozym, oder ob sie sich erst gegenüber einer bestimmten Länge der Peptidkette oder gegenüber besonderen cyclischen Strukturen geltend macht. Die weitere Untersuchung der Spezifität von Trypsin wird sich ferner mit der Tatsache auseinanderzusetzen haben, daß, wie früher belegt wurde, auch das Trypsin erhebliche Mengen [36] freier Aminosäuren abspaltet. Mit der Annahme einfacher oder polymerer Diketopiperazine als Bausteine der Proteine, die vor allem durch R. O. HERZOG[1] sowie durch E. ABDERHALDEN[2] vertreten und in neuerer Zeit auch von M. BERGMANN[3] nahegelegt worden ist, ist dieser Befund nur schwer vereinbar; denn auch mit der Annahme eines Übergangs solcher polymerer Anhydride in höhere Peptide, etwa in Tetrapeptide, wie er von BERGMANN experimentell verwirklicht und als ein Teilvorgang des enzymatischen Abbaus diskutiert wurde, ergäbe sich bei der Resistenz einfacher Peptide gegenüber Trypsin keine Beziehung zu der beobachteten Freilegung von Aminosäuren. Die Frage nach den für Trypsin charakteristischen Strukturen ist noch nicht zu beantworten; aber es ist zu erwarten, daß die Isolierung seiner spezifischen, noch nicht erkannten Reaktionsprodukte wichtige Beiträge zur Konstitution der Proteine erbringen wird.

Experimenteller Teil.

I. Bestimmung des Erepsins.

1. Zur Messung der Enzymwirkung.

Für die Messung der Wirkung proteolytischer Enzyme, beispielsweise des Trypsins oder des Papains, hat sich das Verfahren der alkalimetrischen Titration der freigelegten Carboxyle in alkoholischer Lösung nach R. WILLSTÄTTER und E. WALDSCHMIDT-LEITZ[4] bewährt. Für die Bestimmung des Erepsins ergeben sich jedoch aus der un-

[1] Naturwiss. Bd. 11, S. 172 [1923]. [2] Naturwiss. Bd. 12, S. 716 [1924].

[3] M. BERGMANN, Naturwiss. Bd. 13, S. 799 [1925]; M. BERGMANN, A. MIEKELEY und E. KANN, Liebigs Ann. d. Chem. Bd. 445, S. 17 [1925].

[4] Chem. Ber. Bd. 54, S. 2988 [1921] (*Abh.* 11).

abgeänderten Übertragung dieses Verfahrens, der Titration z. B. in 90proz. Äthylalkohol, gewisse Störungen, die sich aus der Notwendigkeit herleiten, zur Einstellung und Aufrechterhaltung der für die Enzymwirkung günstigen Wasserstoffzahl Phosphatmischungen stärkerer [37] Konzentration anzuwenden; ihre Schwerlöslichkeit in dem angewandten Solvens beeinträchtigt nämlich die Genauigkeit der Titration. Es hat sich daher für die Messung des Erepsins als zweckmäßig erwiesen, die Enzymwirkung, die in der Zunahme der Acidität zum Ausdruck kommt, unter Anwendung von Methylalkohol, und zwar bei einem Gehalte von 80 bis 85%, alkalimetrisch zu bestimmen; bei dieser Konzentration an Methylalkohol, bei der unter unseren Versuchsbedingungen keine Ausfällung phosphorsauren Salzes wahrgenommen wird, lassen sich bei Anwendung von Thymolphthalein als Indicator die Carboxyle von Aminosäuren und Peptiden, wie nachstehende Beispiele erweisen, ebenfalls vollständig titrieren.

Alkalimetrische Bestimmung von Aminosäure und Peptid in 80proz. Methylalkohol.

a) Glykokoll. 0,2000 g Glykokoll löste man in 20 ccm H_2O; nach Zusatz von 80 ccm Methylalkohol + 1,0 ccm 0,5proz. alkoholischer Lösung von Thymolphthalein erforderten sie 13,38 ccm 0,2n. 90proz. alkoholischer Lauge statt ber. 13,15 ccm.

b) Glycyl-glycin. 0,0800 g Glycyl-glycin, in 20 ccm H_2O + 80 ccm Methylalkohol gelöst, titrierte man nach Zusatz von 1,0 ccm 0,5proz. Thymolphthalein; sie verbrauchten 3,12 ccm 0,2n-KOH (und ebensoviel in 90proz. äthylalkoholischer Lösung) statt ber. 3,03 ccm.

2. Abhängigkeit von der Wasserstoffzahl.

Das p_H-Optimum des Darmerepsins haben P. RONA und F. ARNHEIM[1], wenn auch an einem ungeeigneten, nicht für dieses Enzym spezifischen Substrate, sowie K. G. DERNBY[2] an einem einfachen Peptid, Glycyl-glycin, zu 7,8 gefunden; DERNBY hat auch auf die große Abhängigkeit der enzymatischen Aktivität von der Wasserstoffzahl sowie auf die Änderungen der Acidität unter dem Einfluß der enzymatischen Reaktionsprodukte aufmerksam gemacht. Seine Angaben haben sich in unseren Versuchen bestätigt. Der starke Einfluß der Acidität auf die Wirksamkeit des Enzyms macht es erforderlich, seine [38] Messungen entweder auf den ersten Bereich der Hydrolyse zu beschränken oder aber die Einhaltung konstanter Wasserstoffzahl durch Anwendung größerer Puffermengen zu sichern. Das Optimum der Wirkung fand man, wie aus Tab. 2 hervorgeht, für die Spaltung zweier untersuchter Dipeptide, von Glycylglycin wie von Leucyl-glycin, übereinstimmend und scharf bei $p_H = 7{,}8$.

Zu den in der Tabelle angeführten Versuchen verwandte man je 0,66 ccm Glycerinauszug aus Darmschleimhaut, auf 2,0 ccm mit Wasser verdünnt, 0,001 Mol Peptid sowie 5,0 ccm 0,2 mol.-Phosphatpuffer von $p_H = 7{,}8$ mit wechselnden Mengen 0,2n-NaOH, bzw. HCl in einem Gesamtvolumen von 10,0 ccm, die Bestimmung der Wasserstoffzahl erfolgte mittels der Indicatorenmethode.

Die für Darmerepsin optimale Wasserstoffzahl fällt mit der von E. WALDSCHMIDT-LEITZ und A. HARTENECK[1]) für das pankreatische Enzym ermittelten zusammen; auch

[1] Biochem. Zs. Bd. 57, S. 84 [1913]. [2] Biochem. Zs. Bd. 81, S. 107 [1916/17].

[1]) Diese Zs. Bd. 147, S. 286, und zwar S. 308 [1925].

Tabelle 2.
p_H-Abhängigkeit des Darmerepsins.
(1 Stunde; 30°; Angaben bedeuten Aciditätszuwachs in ccm 0,2n-KOH.)

p_H	Substrat	
	Glycyl-glycin	Leucyl-glycin
5,0	0,00	—
6,0	0,25	—
6,6	1,45	—
6,8	—	1,13
7,0	1,95	—
7,4	—	2,25
7,6	2,10	—
7,8	2,25	2,43
8,0	—	2,20
8,2	1,55	—

läßt der [39] Verlauf der Aktivitäts-p_H-Kurve, wie aus nachstehender Abbildung ersichtlich, keine deutlichen Unterschiede zwischen den beiden Enzymen erkennen.

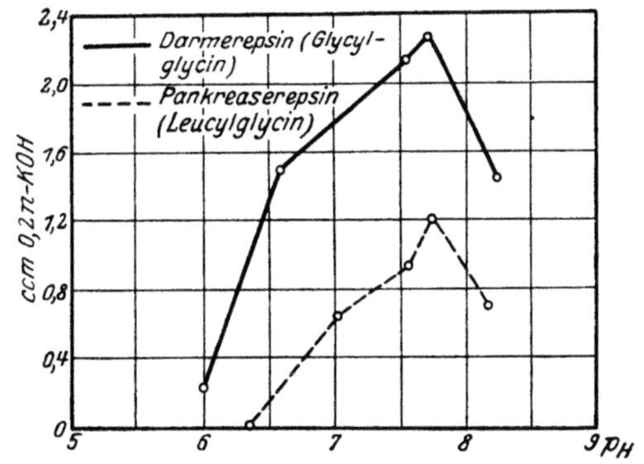

Aktivitäts-p_H-Kurve von Darm- und Pankreaserepsin.

3. Zur Kinetik.

Der Reaktionsverlauf enzymatischer Peptidspaltungen ist schon öfters, aber mit wechselnden Ergebnissen beschrieben worden. Während die Untersuchungen von H. v. Euler[1] sowie von K. G. Dernby[2] über die Hydrolyse von Glycyl-glycin durch tierisches Erepsin zur Aufstellung monomolekularer Reaktionsgleichungen führten, geben E. Abderhalden und A. Fodor[3] an, daß der zeitliche Verlauf der Peptidhydrolyse durch pflanzliches Enzym, aus Hefepreßsaft, in hohem Maße von der Wasserstoffzahl abhänge; die älteren Ergebnisse von E. Abderhalden und L. Michaelis[4] über die Hydrolyse durch Hefeenzym, nach welchen der Reaktionsverlauf durch die Summe einer logarithmischen und einer linearen Funktion des Umsatzes ausgedrückt wird, sowie die neueren Aussagen von Dernby über [40] die Giltigkeit der Gleichung erster Ordnung auch für pflanzliches Enzym erscheinen danach nur als Spezialfälle. Dieses Verhalten erinnert an die bei dem rohrzuckerspaltenden Enzym der Hefe beobachteten Erscheinungen wechselnder Kinetik, deren Abhängigkeit von der Acidität

[1] Diese Zs. Bd. 51, S. 213 [1907]. [2] Biochem. Zs. Bd. 81, S. 107 [1916/17].
[3] Fermentforschung Bd. 1, S. 533, und zwar S. 549 [1916].
[4] Diese Zs. Bd. 52, S. 326 [1907].

durch R. WILLSTÄTTER, J. GRASER und R. KUHN[1] beschrieben worden ist. Der Einfluß der Wasserstoffzahl scheint bei dem peptidspaltenden Enzym noch ausgeprägter zu sein; er gilt indessen nicht für die Wirkung des tierischen Enzyms. Die Ergebnisse unserer Versuche bestätigen die Angaben von v. EULER und von DERNBY über die Giltigkeit der Reaktionsgleichung erster Ordnung, und zwar für die Hydrolyse von Leucyl-glycin durch Darmerepsin, und sie erweitern sie mit der Feststellung, daß diese Beziehung unabhängig von der Wasserstoffzahl beobachtet wird. Es hat den Anschein, daß der Reaktionsmechanismus des tierischen und des pflanzlichen Enzyms sich unterscheidet oder daß die Affinität des Hefeerepsins zu seinen Substraten in stärkerem Maße von Begleitstoffen beeinflußt wird.

Wir stellen unsere Versuche in den folgenden Tab. 3 bis 5 zusammen, die den Reaktionsverlauf bei $p_H = 7{,}8$, $p_H = 7{,}0$ und $p_H = 6{,}6$ vergleichen; die angegebenen Konstanten der monomolekularen Reaktionsgleichung beziehen sich auf die in den Analysenproben enthaltenen Peptidmengen. Sie stimmen, wie aus den Tabellen hervorgeht, bis zu höheren Spaltungsgraden innerhalb der Fehlergrenzen überein; erst wenn der angewandte Puffer zur Aufrechterhaltung der Wasserstoffzahl nicht mehr ausreicht, nämlich bei Hydrolysen von mehr als 60%, sind Störungen im Reaktionsverlauf zu bemerken.

Entgegen den Angaben von E. ABDERHALDEN und A. FODOR[2] beobachtete K. G. DERNBY[3] für Hefe- wie für Darmerepsin direkte Proportionalität zwischen Enzymmenge und Reaktionsgeschwindigkeit; sie bestätigt sich auch unter unseren Versuchsbedingungen, und zwar in einem Bereiche der Enzymmengen wie 1 : 10.

[41]

Tabelle 3.

Reaktionsverlauf bei $p_H = 7{,}8$.

(1,320 g Glycyl-glycin, 16,0 ccm Glycerinauszug aus Schleimhaut im Gesamtvolumen von 100 ccm; p_H eingestellt durch 50,0 ccm 0,2 mol.-Phosphatpuffer von $p_H = 7{,}8 + 18{,}8$ ccm 0,2 n-NaOH; 30°; zur Analyse entnommen je 10,0 ccm.)

t Min.	Aciditätszunahme ccm 0,2 n-KOH	Spaltung %	$k = \frac{1}{t} \cdot \log_{10} \frac{a}{a-x}$
30	0,92	17	0,00270
60	1,65	30	0,00263
120	2,88	53	0,00276
240	3,82	71	0,00220

Tabelle 4.

Reaktionsverlauf bei $p_H = 7$.

(0,660 g Glycyl-glycin, 15,0 ccm Glycerinauszug, im Gesamtvolumen von 50,0 ccm; p_H eingestellt durch 25,0 ccm 0,2 mol.-Phosphatpuffer von $p_H = 7{,}8 + 4{,}5$ ccm 0,2 n-NaOH; 30°; zur Analyse entnommen je 10,0 ccm.)

t Min.	Aciditätszunahme ccm 0,2 n-KOH	Spaltung %	$k = \frac{1}{t} \cdot \log_{10} \frac{a}{a-x}$
38	1,28	23	0,00309
60	1,84	36	0,00290
120	3,02	56	0,00296

[1] Diese Zs. Bd. 123, S. 1, und zwar S. 63 [1922] (*Abh. 48*).
[2] Fermentforschung Bd. 1, S. 533, und zwar S. 579 [1916].
[3] Biochem. Zs. Bd. 81, S. 107, und zwar S. 185, 186 [1916/17].

Tabelle 5.
Reaktionsverlauf bei $p_H = 6{,}6$.
(0,660 g Glycyl-glycin, 15,0 ccm Glycerinauszug, im Gesamtvolumen von 50,0 ccm; p_H eingestellt durch 25,0 ccm 0,2 mol.-Phosphatpuffer von $p_H = 7{,}8$; 30°; zur Analyse entnommen je 10,0 ccm.)

t Min.	Aciditätszunahme ccm 0,2 n-KOH	Spaltung %	$k = \frac{1}{t} \cdot \log_{10} \frac{a}{a-x}$
60	1,25	23	0,00190
120	2,22	41	0,00192
180	2,99	55	0,00195

Nur bei der Wirkung sehr kleiner [42] Enzymmengen wird diese Beziehung nicht mehr beobachtet, hier findet man die Enzymwirkung verhältnismäßig geringer. Diese Abweichungen, die die Tab. 6 veranschaulicht, mögen auf den Einfluß der Enzymzerstörung zurückzuführen sein, zumal sich in diesem Falle zugleich eine frühzeitige, beträchtliche Abnahme der Reaktionskonstante bemerkbar macht.

Tabelle 6. Enzymmenge und Reaktionsgeschwindigkeit.

Enzymmenge	t Min.	Aciditätszunahme ccm 0,2 n-KOH	Spaltung %	$k = \frac{1}{t} \cdot \log_{10} \frac{a}{a-x}$
32,0 ccm Auszug I	15	0,42	15	0,0048
,, ,,	30	0,85	31	0,0053
,, ,,	60	1,40	51	0,0051
16,0 ccm ,,	30	0,40	15	0,0027
,, ,,	60	0,81	29	0,0025
,, ,,	120	1,45	52	0,0027
8,0 ccm Auszug II	60	0,62	11	0,00088
,, ,,	120	1,15	21	0,00087
,, ,,	240	2,04	38	0,00086
,, ,,	480	3,40	60	0,00086
4,0 ccm ,,	120	0,63	12	0,00045
,, ,,	240	1,19	22	0,00045
,, ,,	480	2,03	38	0,00043
,, ,,	960	2,93	54	0,00035
2,0 ccm ,,	240	0,55	10	0,00019
,, ,,	480	0,90	16	0,00016
,, ,,	960	1,30	24	0,00012
1,0 ccm ,,	480	0,20	4	0,00003
,, ,,	960	0,27	5	0,00002

4. Bestimmungsmethode.

Die Bestimmung des Darmerepsins führen wir aus bei der für seine Wirkung günstigsten Wasserstoffzahl von $p_H = 7{,}8$; ihr liegt die Einwirkung des Enzyms auf ein Dipeptid, Glycyl-glycin, zugrunde, dessen Hydrolyse wir durch die alkalimetrische Messung der freigelegten Carboxyle in 85proz. methylalkoholischer Lösung verfolgen. [43] Ausführung der Bestimmung. 0,1320 g Glycyl-glycin = 0,001 Mol lösen wir in 5,00 ccm 0,2 mol.-Phosphatpuffer von $p_H = 7{,}8$ auf und bringen die Lösung durch Zugabe von 0,2n-Natronlauge, deren Menge (gewöhnlich 1,80 ccm) in einem Vorversuch nach Zugabe des Enzyms ermittelt wird, auf das gewünschte p_H von 7,8. Nun setzt man die zu prüfende Enzymlösung hinzu und beläßt das auf 10,0 ccm mit Wasser verdünnte Reaktionsgemisch im Thermostaten von 30°. Nach Ablauf der

Versuchsdauer unterbrechen wir die Enzymwirkung durch Eintragen in 130 ccm Methylalkohol und titrieren das Verdauungsgemisch nach dem Zusatz von 1,0 ccm 0,5proz. Thymolphthalein + 20 ccm H_2O, also bei einem Methylalkoholgehalte von 85%, mit 0,2n- 90proz. alkoholischer Kalilauge bis zum Auftreten der ersten schwach blauen Indicatorfärbung; bei dieser Reaktion liegt das Phosphat der Pufferlösung als sekundäres Salz vor. Man hat zu jeder Bestimmung eine Leeranalyse auszuführen, deren Alkaliverbrauch von dem des Hauptversuchs in Abrechnung zu bringen ist; der verbleibende Aciditätszuwachs entspricht dann der entstandenen Menge Glykokoll.

Störungen der Bestimmung, wie sie zufolge den Angaben von K. G. DERNBY[1] durch die Anwesenheit gewisser anorganischer Salze, z. B. in den angewandten Enzymlösungen, zu erwarten wären, sind nicht in Betracht zu ziehen. Einmal haben die Beobachtungen DERNBYs über die Hemmung der Erepsinwirkung durch Salze sich nur zum Teil bestätigen lassen, nämlich nur für den Einfluß von Erdalkalisalz und von Phosphat, nicht dagegen für einfache Alkalisalze, auch nicht in größerer Konzentration; sodann wird die Gegenwart größerer Mengen Phosphats in der Bestimmungslösung, die die Enzymwirkung nach unseren Erfahrungen auf etwa $^1/_3$ herabsetzt, eine gewisse ausgleichende Hemmung bewirken, die den Einfluß anderer Salze auszuschalten vermag.

Die Enzymmenge ist für eine Bestimmung so zu wählen, daß die gemessene Reaktionskonstante zwischen 0,005 und 0,0005 liegt, und die Messung soll nicht über eine 60proz. [44] Hydrolyse des Peptids ausgedehnt werden; für höhere Spaltungsgrade erweist sich nämlich der angewandte Puffer als unzureichend.

Auf dem monomolekularen Verlauf der Peptidhydrolyse und auf den erkannten Beziehungen zwischen Enzymmenge und Reaktionsgeschwindigkeit beruhen die vorgeschlagenen Maße für Menge und Konzentration des Erepsins. Als „Erepsin-Einheit (Er.E.)" bezeichnen wir das Tausendfache derjenigen Enzymmenge, für welche sich unter den angewandten Bedingungen die Reaktionskonstante 0,001 ergibt; diese selbst drückt also die Anzahl der Erepsineinheiten in der analysierten Probe aus.

Als Maß der enzymatischen Konzentration dient der „Erepsin-Wert (Er.W.)", d. i. die Anzahl Erepsineinheiten in 1 g des Präparats.

Beispiel. 2,00 ccm eines mit Wasser verdünnten, rohen Glycerinauszugs der Darmschleimhaut bewirkten bei der Einwirkung auf 0,1320 g Glycyl-glycin unter den Bedingungen unserer Bestimmung in 1 Stunde Hydrolyse entsprechend einem Aciditätszuwachs von 1,31 ccm 0,2n-KOH; hieraus berechnet sich die Reaktionskonstante $k = 0{,}00205$, und dies ist die Anzahl der Er.E. in der angewandten Menge der Enzymlösung.

40,0 ccm der Lösung mit 0,0410 Er.E. hinterließen nach der Dialyse 0,2662 g Trockenrückstand, entsprechend dem Erepsinwert Er.W. = 0,154.

[1] Biochem. Zs. Bd. 81, S. 107, und zwar S. 194 [1916/17].

II. Darstellung und Verhalten des Erepsins.

1. Zur Gewinnung der Enzymlösungen.

Die geringe Beständigkeit des Erepsins läßt unter den für seine Darstellung in Betracht kommenden Methoden keine große Auswahl zu. So ist die direkte Trocknung der rohen Darmschleimhaut, beispielsweise mit organischen Lösungsmitteln, wie sie sich bei anderem enzymatischem Ausgangsmaterial bewährt hat, hier mit einer fast völligen Zerstörung des Enzyms verbunden, sie läßt sich also für seine Darstellung nicht verwenden.

[45] Versuch 1. 45 g gewaschene und fein zerriebene Darmschleimhaut von Schweinen, enthaltend 0,26 Er.E. [0,20 g: 2,68 ccm 0,2n-KOH (60 Minuten); $k = 0{,}0023$], trocknete man durch Anschütteln nach einander mit 100 ccm Aceton, Aceton, Aceton-Äther, Äther und Äther; die getrocknete Substanz (insgesamt 7 g) wies fast kein ereptische Wirkung mehr auf [0,050 g: 0,10 ccm 0,2n-KOH (120 Minuten)].

Als Verfahren zur Gewinnung wirksamer Enzymlösungen aus der Schleimhaut eignet sich nach unseren Erfahrungen in besonderem Maße die schon von H. v. Euler [1] empfohlene Extraktion mit Glycerin oder wasserhaltigem Glycerin, sie ist der in anderen Untersuchungen angewandten Extraktion mit wäßrigen Mitteln [2], z. B. mit verdünntem Alkali, weit überlegen; der nachstehende Versuch 2, der die Enzymausbeuten bei der Anwendung von wasserhaltigem Glycerin und von verdünnter Sodalösung für die Extraktion vergleicht, erweist, daß bei letzterem Verfahren sehr große Enzymverluste eintreten.

Versuch 2. 2,0 g frische Darmschleimhaut wurden mit a) 20 ccm 87 proz. Glycerin, b) 20 ccm 1 proz. Na_2CO_3 3 Stunden extrahiert; dann filtrierte man vom Ungelösten ab. 2,00 ccm des filtrierten Auszugs wiesen a) 0,0019 [2,01 ccm 0,2n-KOH (60 Minuten)], b) 0,00027 Er.E. [0,33 ccm 0,2n-KOH (60 Minuten)] auf, ihre Aktivität war also in der glycerinhaltigen Lösung viel höher.

Das in unseren Versuchen angewandte Verfahren der Glycerinextraktion, das auf der Abtrennung der in Glycerin suspendierten Schleimhaut mittels der Zentrifuge beruht, und zwar nach dem Verdünnen mit Wasser, ergibt günstige und nur wenig schwankende Ausbeuten an Enzym; wir beschreiben es nachstehend an einem charakteristischen Beispiel.

Versuch 3. 100 g frische Schleimhaut aus Schweinedärmen wurden in der Reibschale mit 500 ccm 87proz. Glycerin gut verrührt; 50 ccm dieser Aufschlämmung verdünnte man nach eintägigem Stehen bei Zimmertemperatur mit 150 ccm Wasser und schleuderte sie alsbald in der Zentrifuge ab (5 Minuten bei 4000 Umdrehungen), während die verbleibende Glycerinsuspension, in der das Enzym monatelang haltbar war, aufbewahrt wurde; 2,00 ccm der überstehenden, noch etwas getrübten Enzymlösung enthielten zufolge der Bestimmung 0,00205 Er.E. [1,31 ccm 0,2n-KOH (60 Minuten)] bei einem Gehalte an Trockengewicht entspr. 0,0133 g [46] (Er.W. = 0,154) und die gesamte Ausbeute in 150 ccm der Lösung belief sich auf 0,154 Er.E.

Die Haltbarkeit des Erepsins, auch in den mit Wasser verdünnten Glycerinlösungen, ist, verglichen mit der rein wäßriger Rohauszüge, beträchtlicher; das Enzym wird nämlich durch Glycerin stabilisiert.

Versuch 4. 2,00 ccm

a) von mit Wasser verdünnter Glycerinsuspension, b) von wäßrigem Auszug der Schleimhaut, deren Acidität zwischen $p_H = 6{,}0$ und $p_H = 6{,}6$ lag, bewirkten sofort nach der Darstellung,

[1] Diese Zs. Bd. 51, S. 213 [1907].

[2] Vgl. Fr. E. Rice, Jl. Amer. Chem. Soc. Bd. 37, S. 1319 [1915].

bzw. nach 18tägiger Aufbewahrung bei Zimmertemperatur Hydrolyse entsprechend einem Aciditätszuwachs von a) 1,75 bzw. 1,75 und b) 2,05 bzw. 1,85 ccm 0,2n-KOH oder a) 0,0025 bzw. 0,0025 und b) 0,0030 bzw. 0,0027 Er.E.; der wäßrige Auszug hatte also 10% an Aktivität eingebüßt.

2. Verhalten gegenüber Fällungsmitteln.

Zur Reinigung des Erepsins in seinen rohen Lösungen hat man in der Literatur vor allem die Anwendung einer Fällung mit verdünnter Säure[1] sowie die Ausfällung des Enzyms selbst mit Alkohol[2] oder auch seine Aussalzung, z. B. mit Ammonsulfat[3], empfohlen; aber die Beurteilung der dadurch erzielten Reinigungen wird erschwert durch den Mangel an Angaben über die quantitativen Ausbeuten bei diesen Operationen. Es hat sich in unseren Versuchen, die das Verhalten des Erepsins in den rohen, glycerinhaltigen Auszügen bei der Fällung mit verdünnter Essigsäure, durch Alkohol oder Aceton, ferner durch Schwermetallsalze und endlich bei der Aussalzung mit Ammonsulfat vergleichen, gezeigt, daß allein die Abtrennung von Fremdstoffen durch die Einwirkung verdünnter Säure eine geringfügige Konzentrationssteigerung des Enzyms erlaubt; in allen übrigen untersuchten Fällen, in welchen eine Ausfällung des Enzyms aus seinen Lösungen beobachtet wird, verhindert seine überaus große Empfindlichkeit gegenüber Formveränderungen und seine Unbeständigkeit eine präparative Auswertung; [47] die gemessenen bedeutenden Enzymverluste haben zur Folge, daß keine Steigerung des Reinheitsgrades festzustellen ist, wenn nicht sogar das Enzym, wie es für die Einwirkung von Quecksilbersalz zu gelten scheint, durch das Schwermetallion eine vollständige Inaktivierung erfährt.

Wir geben im folgenden eine kurze Beschreibung der erhaltenen Ergebnisse; nur die Vorreinigung der Enzymlösungen mit Essigsäure, die in Versuch 5 veranschaulicht wird und die auch der Einwirkung der übrigen geprüften Fällungsmittel vorausgeht, besitzt präparative Bedeutung.

Versuch 5. Fällung mit Essigsäure. 10,0 ccm Rohlösung (d. i. mittels Wasser geklärter Glycerinauszug aus Schleimhaut), enthaltend 0,0103 Er.E., wurden mit 1,0 ccm 0,1n-Essigsäure gefällt; die mittels der Zentrifuge abgetrennte Fällung wurde in 5,0 ccm 0,001n-Ammoniak (20% Glycerin enth.) gelöst; diese enthielten zufolge der Bestimmung 0,0024 Er.E. [0,79 ccm 0,2n-KOH (60 Minuten)], d. i. 23%, während in der Mutterlauge der Fällung (11,0 ccm) 0,0065 Er.E. [2,00 ccm: 0,80 ccm 0,2n-KOH (60 Minuten); $k = 0{,}00118$], d. i. 64% verblieben waren.

In einem anderen gleichartigen Versuche wurde die abgeschleuderte Essigsäurefällung mittels Alkohol und Äther getrocknet und gewogen; sie betrug 0,0348 g, ihr Erepsinwert war also 0,054. Aus dem für die Ausgangslösung ermittelten Gehalte an Trockensubstanz und dem Gewichte der abgetrennten Fällung errechnet sich das Trockengewicht von 11,0 ccm der Fällungsmutterlauge zu 0,0327 g und ihr Erepsinwert zu 0,20.

Versuch 6. Fällung mit Alkohol und Aceton. 5,0 ccm einer Mutterlauge der Essigsäurefällung (mit 0,0051 Er.E.) fällte man a) mit 50 ccm absolutem Alkohol, b) mit 50 ccm Aceton; den in der Zentrifuge abgeschleuderten Niederschlag von a) 0,0206, b) 0,0220 g, bestimmt durch Trocknung mit Alkohol und Äther, löste man in 5,0 ccm 10proz. Glycerin; die Lösung enthielt dann noch a) 0,0014 [0,90 ccm 0,2n-KOH (60 Minuten)], b) 0,00042 Er.E. [0,30 ccm 0,2n-KOH (60 Minuten)], die Enzymausbeute belief sich also auf a) 28, b) 8% der Ausgangslösung und die enzymatische Konzentration entsprach einem Erepsinwerte von a) 0,069 und b) 0,018.

[1] Vgl. S. KOBZARENKO, Biochem. Zs. Bd. 66, S. 344 [1914]; FR. E. RICE, Jl. Amer. Chem. Soc. Bd. 37, S. 1319 [1915].

[2] Vgl. H. v. EULER, Diese Zs. Bd. 51, S. 213 [1907].

[3] Vgl. S. KOBZARENKO, a. a. O.; FR. E. RICE, a. a. O.

Versuch 7. Fällung mit Quecksilber- und Bleisalz. 10,0 ccm Essigsäuremutterlauge (enth. 0,0078 Er.E.) wurden a) mit 1,5 ccm 1proz. Sublimat, b) mit 1,5 ccm 2proz. Bleiessig gefällt; die in der Zentrifuge abgetrennte Fällung eluierte man sodann durch Anreiben in den Zentrifugengläsern und Wiederabschleudern mittels 10,0 ccm 0,2 mol.-Phosphatpuffer von $p_H = 8{,}2$. In der Restlösung war in keinem Falle mehr ereptische Wirkung nachweisbar und die gewonnene Elution enthielt in [48] 10 ccm a) 0 und b) 38 %; durch Quecksilbersalz war also das Enzym vollständig vergiftet.

Versuch 8. Fällung mit Uransalz. Aus 40 ccm Essigsäuremutterlauge (mit 0,028 Er.E.) schlug man durch Zusatz von 6,0 ccm 2proz. Uranylacetat das Erepsin vollständig nieder (4,00 ccm der Restlösung: keine Aciditätszunahme); die in der Zentrifuge abgetrennte und mit 40 ccm 0,2 mol.-Phosphatpuffer von $p_H = 8{,}2$ eluierte Fällung gab an das Eluens insgesamt 0,017 Er.E. [4,00 ccm: 1,10 ccm 0,2 n-KOH (60 Minuten); $k = 0{,}0017$], d. i. 60 % der Ausgangslösung, ab.

20,0 ccm dieser Elution (enth. 0,0085 Er.E.) befreite man durch Zusatz von 20,0 ccm n-Ammoniak-Ammonchloridpuffer von $p_H = 9{,}2 + 7{,}8$ ccm 0,4 mol.-Magnesiumacetat unter Eiskühlung und darauffolgende Filtration vom Phosphat und neutralisierte sie mittels 20,4 ccm 0,1 n-Essigsäure; sie enthielten dann in 74 ccm noch insgesamt 0,0068 Er.-E. [10,0 ccm: 0,80 ccm 0,2 n-KOH (60 Minuten); $k = 0{,}00092$], der bei der Phosphatfällung eingetretene Verlust belief sich demnach auf 20 %.

40 ccm der phosphatfreien Lösung (mit 0,00368 Er.E.) wurden durch 7tägige Dialyse in einer sogen. Fischblase unter Toluol gegen fließendes destilliertes Wasser unter Rührung mit Stickstoff vom Glycerin und von Salzen befreit; sie hinterließen nach dem Abdampfen auf dem Wasserbad 0,1200 g Trockenrückstand entsprechend dem Erepsinwert 0,030, die enzymatische Konzentration war also durch die Uranfällung scheinbar erheblich gesunken.

Versuch 9. Aussalzung mit Ammonsulfat. 20,0 ccm einer Mutterlauge der Essigsäurefällung (enth. 0,014 Er.E.) wurden mit 0,1 n-NH_3 neutralisiert und durch Zusatz von 60 ccm gesättigter Ammonsulfatlösung unter Eiskühlung gefällt; den auf der Nutsche mittels Kieselgurhaut abgesaugten und mit ammonsulfathaltigem Glycerinwasser gewaschenen Niederschlag löste man sodann in 20 ccm 20proz. Glycerin wieder auf, er enthielt noch 0,0024 Er.E. [4,00 ccm: 0,42 ccm 0,2 n-KOH (60 Minuten); $k = 0{,}00048$], d. i. 17 % des Erepsins. Der Enzymgehalt der ausgesalzenen Mutterlauge ließ sich infolge des großen Salzgehaltes nicht bestimmen.

3. Adsorptionsverhalten.

Adsorption durch Tonerde. Das Adsorptionsverhalten des Darmerepsins ist bisher nur von Fr. E. Rice[1] untersucht worden, allein ohne sichere quantitative Bestimmungen. Die auffallende Aussage, daß das Enzym von Tonerde bei jeder Reaktion, und zwar quantitativ aufgenommen würde, mag in dem geringen Enzymgehalt der geprüften Lösungen und in [49] der Anwendung eines großen Überschusses an Adsorbens ihre Erklärung finden. Die Abhängigkeit der Adsorption durch Tonerde von der Wasserstoffzahl ist in Wirklichkeit viel ausgeprägter, sie gleicht der des Pankreaserepsins[1]): die Menge des adsorbierten Enzyms findet man bei saurer Reaktion am höchsten, während im alkalischen Gebiet fast gar keine Aufnahme zu beobachten ist. Tab. 7 veranschaulicht dieses Verhalten; man verwandte zur Adsorption je 10,0 ccm einer Mutterlauge der Essigsäurefällung mit 0,0075 Er.E. [2,00 ccm: 0,90 ccm 0,2 n-KOH (60 Minuten); $k = 0{,}0015$] und unterwarf sie nach Einstellung des gewünschten p_H mittels wechselnder Mengen 0,1 n-NH_3 der Einwirkung von 1,0 ccm Tonerdesuspension der Sorte C[2]) (enth. 7,5 mg Al_2O_3); die aufgenommene Enzymmenge wurde aus dem Gehalte der in der Zentrifuge abgetrennten Adsorptionsmutterlauge ermittelt.

---

[1] Jl. Amer. Chem. Soc. Bd. 37, S. 1319 [1915].

[1]) Siehe dazu E. Waldschmidt-Leitz und A. Harteneck, Diese Zs. Bd. 147, S. 286, und zwar S. 304 [1925].

[2]) Vgl. R. Willstätter und H. Kraut, Chem. Ber. Bd. 56, S. 1117 [1923].

Tabelle 7.
Tonerdeadsorption und p_H.
(Zur Analyse angewandt je 2,00 ccm Restlösung; 60 Minuten.)

Angew. p_H	Aciditätszunahme ccm 0,2n-KOH	Erhaltene Restlösung ccm	Gehalt der Restlösung Er.E.	Adsorbiert %	Adsorptionswert A.W.
4,7	0,26	11,0	0,0020	72	0,73
6,0	0,47	11,5	0,0039	48	0,48
7,0	0,71	11,5	0,0064	16	0,14
8,2	0,81	12,0	0,0073	3	0,026

Durch Zusatz von Alkohol wird die Adsorption, z. B. bei $p_H = 4{,}7$, wie besondere Versuche erwiesen haben, deutlich verstärkt; allein die Empfindlichkeit des Enzyms auch gegenüber geringeren Alkoholkonzentrationen läßt für eine präparative Anwendung dieses Mittels keine Vorteile erwarten. Auch durch eine zweimalige Voradsorption von insgesamt 56% des [50] Enzyms, die auf Grund einer aufgenommenen Adsorptionskurve aussichtsreich schien, wurde keine Steigerung des Adsorptionswertes erreicht.

Die Elution des Erepsins aus den Tonerdeadsorbaten gelingt in guter Ausbeute durch Einwirkung schwach alkalischer Phosphatlösungen, viel weniger gut mit verdünntem Alkali allein; dieses Verhalten, das das Darmerepsin von dem pankreatischen zu unterscheiden scheint, wird nicht auf eine Verschiedenheit der Enzyme oder ihrer Assoziation mit Fremdstoffen, sondern auf den höheren Reinheitsgrad des Darmerepsins zurückzuführen sein, das bei der Reaktion z. B. von 0,02n-NH_3 rascher Zerstörung unterliegt. In dem nachstehenden Versuch 10 ist die Elution eines Tonerdeadsorbates durch alkalisches Phosphat und durch verdünntes Ammoniak verglichen.

Versuch 10. 100 ccm Essigsäuremutterlauge (enth. 0,075 Er.E.) adsorbierte man bei $p_H = 4{,}7$ mittels 7,0 ccm Tonerdesuspension C (= 52,5 mg Al_2O_3); in der Restlösung der Adsorption (104 ccm) waren noch 0,019 Er.E. nachweisbar (2,00 ccm : 0,25 ccm 0,2 n-KOH [60 Minuten]; $k = 0{,}00037$), d. i. 25%.

Das in der Zentrifuge abgeschleuderte Adsorbat wurde zur Hälfte mit a) 50 ccm 0,02n-NH_3 (20% Glycerin enth.), b) 50 ccm 0,2m-Phosphatpuffer von $p_H = 8{,}2$ (20% Glycerin enth.) eluiert; die Elutionsausbeute entsprach a) 0,0075 (2,00 ccm : 0,29 ccm 0,2n-KOH [60 Minuten]; $k = 0{,}0003$), b) 0,0215 Er.E. (2,00 ccm: 0,58 ccm 0,2 n-KOH [60 Minuten]; $k = 0{,}00086\text{1}$) oder 27 bzw. 77% der adsorbierten Enzymmenge.

Die Anwendung der Tonerdeadsorption, so wie sie beschrieben wurde, bedeutet keine merkliche Konzentrationssteigerung des Enzyms; zwar gelingt es dabei, wie unten gezeigt werden wird, die tryptische Verunreinigung der Enzymlösungen vollständig abzutrennen, den Erepsinwert der Elutionen findet man indessen, wohl infolge der unvermeidlichen Verluste, die insbesondere die Ausfällung der Phosphorsäure begleiten, nicht höher als vor der Adsorptionsvornahme.

Versuch 11. Enzymatische Konzentration in der Tonerdeelution. 50 ccm einer mittels Phosphat, wie in Versuch 10, bereiteten Elution aus Tonerdeadsorbat (enth. 0,0215 Er.E.) befreite man durch Zusatz von 20,0 ccm n-Ammoniak-Ammonchloridgemisch von $p_H = 9{,}2$ + 21 ccm 0,4m-Magnesiumacetat unter Eiskühlung und Filtration von der [51] Phosphorsäure; in 90,5 ccm des phosphatfreien Filtrats waren noch 0,0141 Er.E. enthalten (10,0 ccm: 1,35 ccm 0,2n-KOH [60 Minuten]; $k = 0{,}00156$), der Verlust belief sich also auf 34%.

80 ccm der phosphatfreien Elution (mit 0,0125 Er.E.) dialysierte man 7 Tage lang in einer sogen. Fischblase und unter Toluol gegen fließendes destilliertes Wasser; sie wiesen noch 0,0684 g Trockengewicht auf entsprechend dem Erepsinwert 0,18.

Abtrennung von Trypsin. Die präparative und analytische Bedeutung der Adsorption mit Tonerde für die Beschreibung des Erepsins ist in der Abtrennung tryptischer Verunreinigungen zu sehen, die die rohen Lösungen des Enzyms, die man aus der Darmschleimhaut gewinnt, auch nach sorgfältiger Reinigung der Därme stets begleiten. Das Adsorptionsverhalten des Darmerepsins gegenüber Tonerde, das mit dem für pankreatisches Enzym beobachteten identisch gefunden wird, unterscheidet sich wie dieses von dem des Pankreastrypsins; das tryptische Enzym wird nämlich bei saurer Reaktion von dem Adsorbens nicht oder nur wenig aufgenommen[1]. Es ist sehr bemerkenswert, daß das verschiedene Adsorptionsverhalten von Pankreaserepsin und Darmerepsin einerseits und von Pankreastrypsin andererseits unabhängig von der Natur der begleitenden Stoffe, in den rohen Auszügen der Pankreasdrüsen wie in denen der Darmschleimhaut, zur Geltung kommt; es ist also nicht auf den Einfluß begleitender Stoffe, sondern auf eine verschiedene chemische Orientierung der enzymatischen Individuen selbst zurückzuführen.

Die präparative Abtrennung des Trypsins, die für die Erkenntnis der spezifischen ereptischen Wirkungen von Bedeutung ist, beschreiben wir an nachstehendem Beispiel; für die Prüfung auf Trypsin ist nicht die der früher angegebenen Trypsinbestimmung zugrunde liegende Gelatine, sondern das noch leichter spaltbare Casein als Substrat gewählt worden.

2,00 ccm einer Mutterlauge der Essigsäurefällung enthielten zufolge der Bestimmung 0,0013 Er.E. (0,89 ccm 0,2n-KOH [60 Minuten]).

4,00 ccm der Lösung wirkten bei $p_H = 7,8$ (eingestellt mit 0,2m-Phosphatpuffer) 5 Stunden bei 30° auf 5,0 ccm 3proz. Caseinlösung [52] ein; die gemessene Aciditätszunahme entsprach dann 0,67 ccm 0,2n-KOH, die Lösung enthielt also eine geringe, aber deutlich meßbare Menge Trypsin.

100 ccm der Lösung (0,065 Er.E. enth.) adsorbierte man bei $p_H = 4,7$ mit 20,0 ccm Tonerdesuspension C (= 150 mg Al_2O_3) und eluierte das Adsorbat mittels 50 ccm 0,2 m-Phosphatpuffer von $p_H = 8,2$ (20% Glycerin enth.).

In der gesamten Menge der Tonerdeelution fanden sich noch 0,0525 Er.E. (2,00 ccm: 1,47 ccm 0,2n-KOH [60 Minuten]; $k = 0,0042$), d. i. 80% der Ausgangslösung.

4,00 ccm der Elution ergaben nach 5stündiger Einwirkung auf Casein keine meßbare Aciditätszunahme, waren also frei von tryptischer Wirkung; 5,00 ccm der Adsorptionsmutterlauge bewirkten dagegen nach 5 Stunden einen Aciditätszuwachs entspr. 0,45 ccm 0,2n-KOH, die Hauptmenge des Trypsins war also nicht adsorbiert.

Adsorption durch Kaolin. Durch das elektronegative Kaolin wird das Erepsin, wie schon Fr. E. Rice[1]) angegeben hat, bei saurer Reaktion gut adsorbiert; auch gelingt seine Freilegung aus den Adsorbaten durch Einwirkung z. B. von alkalischem Phosphat in befriedigender Ausbeute. Aber auch die Adsorption durch Kaolin, die nicht näher untersucht wurde, scheint keine geeignete Handhabe zur Steigerung der enzymatischen Konzentration zu bieten, man findet den Erepsinwert in den Elutionen nur mäßig erhöht.

Versuch 12. Reinheitsgrad der Kaolinelution. 50 ccm einer Essigsäuremutterlauge mit 0,0375 Er.E. (2,00 ccm: 0,97 ccm 0,2n-KOH [60 Minuten]; $k = 0,0015$) adsorbierte man bei $p_H = 4,7$ (eingestellt durch Zusatz von 0,5 ccm n-Kaliumacetat) mit 25,0 ccm (= 1,938 g) einer Auf-

[1] Vgl. dazu E. Waldschmidt-Leitz und A. Harteneck, Diese Zs. Bd. 147, S. 286, und zwar S. 304 [1925].

[1]) A. a. O.

schlämmung von chinesischem Kaolin (mit Salzsäure ausgekocht, neutral reagierend) und eluierte das abzentrifugierte Adsorbat mit 50 ccm 0,2 m-Phosphatpuffer von p_H = 8,2 (20 % Glycerin enth.).

Die Mutterlauge der Adsorption enthielt in 70 ccm noch 0,0075 Er.E. (4,00 ccm: 0,36 ccm 0,2 n-KOH [60 Minuten]; k = 0,00043), es waren also 80 % des Enzyms adsorbiert; der Enzymgehalt der Elution belief sich auf insgesamt 0,0235 Er.E. (4,00 ccm: 1,39 ccm 0,2 n-KOH [60 Minuten]; k = 0,00188), entspr. 78 % der adsorbierten Enzymmenge.

40,0 ccm der Elution (mit 0,0188 Er.E.) befreite man durch 8 tägige Dialyse in einer sogen. Fischblase unter Toluol gegen fließendes destilliertes Wasser vom Phosphate und von Glycerin; sie hinterließen nach dam Abdampfen auf dem Wasserbade 0,0645 g Trockenrückstand; daraus berechnet sich der Erepsinwert 0,29.

[53

III. Zur Spezifität des Erepsins.

1. Peptide.

Die Spaltbarkeit einer Reihe einfacher Peptide durch Darmerepsin prüften wir mit dem reinen, trypsinfreien Enzym. Es ist bekannt, daß dieses Enzym alle bisher geprüften einfachen Peptide natürlich vorkommender Aminosäuren zu hydrolysieren vermag; die Untersuchung ihrer Spaltbarkeit, die wir vorgenommen haben, besitzt daher nur insofern Bedeutung, als sie die Reihenfolge der Angreifbarkeit der angewandte Peptide durch Darmerepsin mit der für das reine pankreatische Erepsin beobachteten zu vergleichen gestattet. Man findet das Verhältnis der Reaktionsgeschwindigkeiten, mit denen die Hydrolyse der einzelnen Peptide verläuft, innerhalb der Fehlergrenzen konstant, wie aus der nachstehenden Tab. 8 zu ersehen ist; die einzige Abweichung, die die Tabelle in einem Falle für das Verhältnis der Hydrolysengeschwindigkeiten von Glycylglycin durch die beiden Enzyme verzeichnet, dürfte auf einen Versuchsfehler zurückzuführen sein. Es ist vielmehr anzunehmen, daß auch die genauere Bestimmung der Affinitätsverhältnisse bei beiden Enzymen, nämlich unter Berücksichtigung der jeweiligen Konzentration der Enzym–Substratverbindung, ihre Identität bestätigen und vertiefen wird; damit würde eine exakte Grundlage gegeben sein für eine Identifizierung der für die Mengen der beiden Enzyme gewählten Maße, der Erepsineinheit (Er.E.) und der Pankreaserepsineinheit (P.Er.-E.)[1], wie für die einwandfreie Feststellung ihrer relativen Konzentration in der Pankreasdrüse und in der Darmschleimhaut bzw. in deren Sekreten.

Tabelle 8.
Peptidhydrolyse durch Darm- und Pankreaserepsin.

Substrat	Darmerepsin		Pankreaserepsin		$k_1 : k_2$
	Aciditätszunahme ccm 0,2 n-KOH	k_1 (monomolek.) ber.	Aciditätszunahme ccm 0,2 n-KOH	k_2 (monomolek.) ber.	
Alanyl-glycin	2,48	0,0048	2,28	0,00222	2,2 + 0,07
Leucyl-glycin	1,12	0,0018	1,07	0,00087	2,1 + 0,13
Glycyl-tyrosin	0,41	0,00061	0,39	0,00030	2,0 + 0,30
Glycyl-glycin	0,65	0,0010	0,15	0,00011	9,1
dgl.	0,84	0,00133	0,66	0,00051	2,6 ± 0,20
dgl.	0,90	0,00144	0,77	0,00061	2,4 + 0,16
Leucyl-alanin	0,15	0,00021	0,12	0,00009	2,3 + 1,0

[1] Vgl. die 2. Mitteilung dieser Reihe, Diese Zs. Bd. 147, S. 286, und zwar S. 295 [1925].

Das zu den in der Tabelle mitgeteilten Versuchen angewandte Verhältnis der Enzymmengen betrug, wie der Vergleich der Reaktionsgeschwindigkeiten erkennen läßt, etwa 2 : 1; man ließ 3,00 ccm Elution aus Tonerdeadsorbat, gewonnen aus Darmschleimhaut, bzw. 2,00 ccm Tonerdeelution, [54] bereitet aus frischer Pankreasdrüse, 1 bzw. 2 Stunden bei 30° und $p_H = 7{,}8$ (eingestellt durch 5,00 ccm 0,2 m-Phosphatpuffer von $p_H = 7{,}8 + 1{,}80$ ccm 0,2 n-NaOH) auf 0,001 Mol des Peptids einwirken.

2. Pepton, Proteine.

Die Prüfung der Spaltbarkeit von käuflichem Pepton, sowie von einfacher gebauten basischen Proteinen, Protamin und Histon, und endlich einer Reihe höher molekularer Eiweißkörper aus verschiedenen Klassen dieser Stoffe durch das proteolytisch einheitliche Darmerepsin ergab in keinem Falle eine die Fehlergrenzen übersteigende Aciditätszunahme; das intestinale Enzym stimmt also auch in dieser Beziehung mit dem pankreatischen überein[1].

Die Folgerungen, die sich aus der Resistenz beispielsweise von Pepton und Protamin ableiten lassen und die die bisherigen Anschauungen über die Struktur dieser Körper berichtigen, sind bereits im theoretischen Teil dieser Abhandlung erörtert worden; in nachstehender Tab. 9 stellen wir unsere experimentellen Ergebnisse zusammen.

[55]

Tabelle 9.

Hydrolyse von Pepton und Proteinen durch Darmerepsin.

(Elution aus Tonerdeadsorbat; 30°; $p_H = 7{,}8$, nur für Gliadin $p_H = 6{,}6$.)

Angew. Substrat	Menge g	Angew. Er.E.	Dauer Std.	Aciditätszunahme ccm 0,2 n-KOH
Pepton (ex album., Merck)	0,15	0,00130	2	0,06
Clupeinsulfat[1)]	0,10	0,00130	2	0,02
Thymushiston	0,10	0,00130	2	−0,02
Casein	0,15	0,00420	6	0,05
Fibrin	0,20	0,00270	5	0,03
Gliadin	0,15	0,00320	7	0,00
Zein	0,15	0,00270	5	0,03
Eieralbumin	0,15	0,00270	5	−0,02
Ricinusglobulin	0,15	0,00270	5	0,02

Dem Japanausschuß der Notgemeinschaft der Deutschen Wissenschaft sind wir für die gewährte Unterstützung zu Dank verpflichtet.

[1] Vgl. E. WALDSCHMIDT-LEITZ und A. HARTENECK, 3. Mitteilung, Diese Zs. Bd. 149, S. 203 [1925].

[1)] Wir verdankten das Präparat der Freundlichkeit des Herrn Dr. K. FELIX von der II. Medizinischen Klinik hierselbst.

Zeitschrift für physiologische Chemie 166, S. 227 [1927].

113. ÜBER STÖRUNGEN DER REAKTION ZWISCHEN TRYPSIN UND ENTEROKINASE.

Von Ernst Waldschmidt-Leitz und Kaj Linderström-Lang.

(Siebente Mitteilung* zur Spezifität tierischer Proteasen.)

(Aus dem Chemischen Laboratorium der Bayerischen Akademie der Wissenschaften in München.)

(Der Redaktion zugegangen am 8. März 1927.)

Die Reaktion zwischen Trypsin und seinem spezifischen Aktivator, der Enterokinase, ist nicht, wie man früher annahm, ein enzymatischer Prozeß, sie vollzieht sich vielmehr auf stöchiometrischer Grundlage[1]; aber sie ist doch kein einfacher Vorgang. Ihre zeitliche Bedingtheit, die sie von den Ionenreaktionen unterscheidet, macht es verständlich, daß vielfach Störungen der Aktivierung, sei es durch natürlich auftretende Hemmungskörper, sei es durch bestimmte Zusatzstoffe wie die aliphatischen Alkohole, beobachtet worden sind[2]. Eine exakte Bestimmung des Aktivators, unabhängig von Natur und Menge der gerade vorliegenden Begleiter, etwa auf der Grundlage einer ausgleichenden Hemmung seiner Wirkung, hat sich noch nicht durchführen lassen.

Es war für die Erkenntnis der Bindungsweise von Trypsin und Enterokinase von ausschlaggebender Bedeutung, als es gelang, die fertige Verbindung Trypsin–Kinase durch Einwirkung von Aluminiumhydroxyd wiederum in ihre Komponenten zu zerlegen; die Affinität der Kinase zu dem Adsorbens war **[228]** stark genug, um eine Störung des Gleichgewichtes zwischen Enzym und Aktivator zu bewirken. „Das Adsorptionsverhalten der Kinase unterscheidet sich“ nämlich . . . „wesentlich von dem . . . des Trypsins, ihre Adsorptionsaffinität ist viel stärker ausgeprägt“[1]). Auch die Bestimmbarkeit der Enterokinase, die ihre Reaktion mit Trypsin zur Grundlage hat, wird also durch solche Adsorbentien beeinträchtigt werden.

Allein nach den Erfahrungen, die der eine von uns inzwischen über das wechselnde Adsorptionsverhalten des Aktivators in Abhängigkeit vom Reinheitsgrade gesammelt

---

* *Die sechste Mitteilung dieser Reihe „Über die Wirkungsweise des Pepsins“ von E. Waldschmidt-Leitz und E. Simon erschien Diese Zs. Bd. 156, S. 114 [1926].*

[1] E. Waldschmidt-Leitz, Diese Zs. Bd. 132, S. 181, und zwar S. 186ff. [1923/24] (*Abh. 92*).

[2] A. a. O., und zwar S. 212ff. [1923/24].

[1]) A. a. O., und zwar S. 235 [1923/24].

hat [2], war damit zu rechnen, daß auch die Zerlegbarkeit des aktivierten enzymatischen Systems, so wie sie beschrieben wurde, nicht auf die Adsorptionsaffinitäten der reinen Komponenten, sondern auf gewisse und veränderliche Assoziationen mit begleitenden Stoffen zu beziehen war. Eine eingehendere Untersuchung über das Adsorptionsverhalten der drei an der Reaktion beteiligten Stoffe, Trypsin, Enterokinase und Trypsin–Kinase, gegenüber Tonerde, über die wir im folgenden berichten, sowie über ihre Eigenschaften in adsorbierter Form soll nun dazu dienen, einige Bedingungen der Trypsinaktivierung und gewisse Ursachen ihrer Störung zu erkennen.

Die Erfahrung, daß die Adsorptionsaffinität der Enterokinase in ungereinigtem Zustand zur Tonerde, auch zu der nun angewandten Modifikation C_γ, die des Trypsins beträchtlich übertrifft, wird in der vorliegenden Untersuchung bestätigt; der frisch bereiteten Mischung von Trypsin und Enterokinase läßt sich unabhängig von der Reaktion der Lösung auf Zusatz von Tonerde der Aktivator vollständig entziehen, während die Adsorption des Trypsins weniger bedeutend gefunden wird. Auch steht es in Übereinstimmung mit der früher beschriebenen dissoziationssteigernden Wirkung der Tonerde auf das System Trypsin–Kinase, daß die Enterokinase in den Adsorbaten an Tonerde nur zu einem ganz geringen Bruchteile bestimmbar ist, während andererseits bei der **[229]** Adsorption von Trypsin sowohl wie von Trypsin–Kinase für sich keine Beeinträchtigung der Aktivität dieser Enzyme zu bemerken ist; man findet sie quantitativ meßbar auch in adsorbierter Form.

Allein die Adsorption der Enterokinase, die unter Absättigung ihrer spezifischen trypsinbindenden Gruppe sich vollzieht, ist durch ihre Assoziation mit begleitenden Stoffen bedingt, die in den rohen Auszügen der Darmschleimhaut mit ihr vergesellschaftet sind. Eine Verarmung an Begleitstoffen, die für die Adsorption des Aktivators an Tonerde verantwortlich zu machen sind, ist schon in früheren Versuchen [1]) bei Reinigungsoperationen, so bei der Fällung saurer Kinaseauszüge mit Alkohol, beobachtet worden; diese führt nämlich „zur Abtrennung amphoterer Begleitstoffe, deren Gegenwart das Adsorptionsverhalten des Aktivators in hohem Maße beeinflußt", auch tritt dabei „eine Abnahme der Adsorbierbarkeit des Aktivators" ein, „die Adsorptionswerte der Tonerde sinken in der reineren Lösung". Nun läßt es sich zeigen, daß die Abtrennung dieser Stoffe aus den Kinaselösungen auch durch enzymatischen Abbau erreicht werden kann; die Adsorbierbarkeit des Aktivators an Tonerde, auch sehr großer Mengen, wird nämlich durch die enzymatische, zeitlich bedingte Wirkung ganz geringer Trypsinmengen aufgehoben. Die nähere Prüfung dieser Erscheinung, die im experimentellen Teil behandelt wird, hat ergeben, daß dieser Vorgang, der nach erfolgter Aktivierung des Trypsins zum Stillstande kommt, auf die selbständige Wirkung des nicht aktivierten Enzyms zu beziehen ist. Es wird also von dem Gehalte der Kinaselösungen an den adsorptionsvermittelnden Stoffen abhängen, ob es gelingt, die Ad-

[2] E. WALDSCHMIDT-LEITZ, Diese Zs. Bd. 142, S. 217, und zwar S. 231ff. [1924/25] (*Abh.* 99).

[1]) A. a. O., und zwar S. 233 [1924/25].

sorption der Enterokinase für sich allein aus dem System Trypsin–Kinase auch nach vollzogener Aktivierung durchzuführen.

Es ist bemerkenswert, daß auch für eine andere Hemmung der Kinasewirkung die nämlichen Begleitstoffe verantwortlich sind; sie sind nämlich verantwortlich für den [230] hemmenden Einfluß von Proteinen auf die Aktivierung; so läßt sich zeigen, daß die Bildung von Trypsin–Kinase aus Trypsin und Enterokinase, die bei Gegenwart von Proteinen wie Casein oder Gelatine unterbleibt oder nur sehr langsam verläuft, nach vorangegangener Einwirkung schon sehr kleiner Trypsinmengen auf die Lösungen des Aktivators durch die Gegenwart der Proteine nun nicht mehr beeinträchtigt wird.

Diese Erfahrungen insgesamt führen zu der Vorstellung, daß bestimmte Unterschiede in der Bindungsweise von Enterokinase einerseits und von Trypsin–Kinase andererseits, sei es an Tonerde, sei es an Substrate wie Casein, bestehen. Bei der freien Enterokinase, so wie sie in den Auszügen der Schleimhaut vorliegt, betrifft die Adsorption an Tonerde oder die Bindung an Casein, die durch Begleitstoffe vermittelt wird, die spezifische trypsinbindende Gruppe des Aktivators, er wird durch diese Vorgänge inaktiviert. Wenn andererseits, wie besondere Versuche belegen, das Adsorptionsverhalten von Trypsin und von Trypsin–Kinase gegenüber Tonerde in dem vorliegenden Falle auch quantitativ übereinstimmt, die Aufladung mit Enterokinase die Adsorption des Trypsins nicht beeinflußt, so ist daraus zu folgern, daß die Adsorption in beiden Fällen die nämliche Gruppe des Enzymmoleküls betrifft, daß also in den Tonerdeadsorbaten die Systeme $Al(OH)_3$–Trypsin, bzw. $Al(OH)_3$–Trypsin–Kinase vorliegen. So wird es verständlich, daß die Adsorption an Tonerde in keinem dieser Fälle eine Beeinflussung der spezifischen enzymatischen Affinität zur Folge hat; denn für die Bindung des Trypsins an genuine Proteine, die spezifischen Substrate von Trypsin–Kinase, wird man die Vermittlung der Enterokinase verantwortlich zu machen haben. Bei den Reaktionen der Enterokinase, beispielsweise mit Tonerde oder mit Casein, hat man also zu beachten, daß sie die spezifische trypsinbindende oder aber daß sie die proteinbindende Gruppe des Aktivators betreffen können.

[231]

Experimenteller Teil.

1. Adsorptionsverhalten von Trypsin und Trypsin–Kinase gegenüber Tonerde.

Das Adsorptionsverhalten des aktivierten Trypsins gegenüber Tonerde, z. B. der Sorte C_γ ist bereits in früheren Abhandlungen an einer Reihe von Beispielen umrissen worden[1]; so ergab sich die Feststellung, daß die Adsorption von Trypsin–Kinase

[1] E. Waldschmidt-Leitz und A. Harteneck, Diese Zs. Bd. 147, S. 286, und zwar S. 303; Bd. 149, S. 203, und zwar S. 215 [1925] (*Abh. 109 und 110*); R. Willstätter, E. Waldschmidt-Leitz, S. Duñaiturria und G. Künstner, ebenda Bd. 161, S. 191, und zwar S. 200ff. [1926] (*Abh. 103*).

„bei saurer Reaktion am geringsten, in neutraler Lösung dagegen viel erheblicher ist“[2]; die Trennung des tryptischen von dem ereptischen Enzym der Pankreasdrüse beruhte auf dieser Erkenntnis. Allein das Adsorptionsverhalten des aktivierten Trypsins gegenüber Tonerde ist noch nicht quantitativ verfolgt und es ist noch nicht mit dem des nichtaktivierten, kinasefreien Enzyms verglichen worden. Auf Grund der Beobachtung, daß es gelungen war[3], mit einem Tonerdepräparate der Sorte C das fertiggebildete System Trypsin–Kinase zu fraktionieren, war zu erwarten, daß das Adsorptionsverhalten von Trypsin und Trypsin–Kinase gegenüber gewissen Adsorbentien quantitativ unterschieden werden kann.

So hat der Versuch, die Adsorption von aktiviertem und von nichtaktiviertem Trypsin an wechselnde Mengen der Tonerdesorte C_γ quantitativ zu vergleichen, die Bedeutung, die Eignung dieses Adsorbens für eine Fraktionierung von Trypsin–Kinase zu ermitteln und zu prüfen, ob für die Adsorption an Tonerde, sei es des aktivierten, sei es des nichtaktivierten Enzyms, die nämlichen oder aber verschiedene chemische Affinitäten verantwortlich sind.

Die Adsorption der beiden Enzyme durch Tonerde C_γ bei neutraler Reaktion, die die nachstehende Tab. 1 **[232]** veranschaulicht, stimmt quantitativ nahezu überein;

Tabelle 1.
Tonerdeadsorption von Trypsin und Trypsin–Kinase bei neutraler Reaktion.
(0,60 ccm Glycerinauszug aus frisch getrocknetem Pankreas a) ohne, b) mit Aktivierung durch $^1/_2$stündige Einwirkung von 0,90 ccm Enterokinaselösung, mit wechselnden Mengen Tonerdesuspension C_γ (1 ccm = 17,8 mg Al_2O_3) und Wasser auf 9,0 ccm aufgefüllt und in der Zentrifuge abgeschleudert; Angaben vergleichen enzymatische Wirkung und Gehalt in aliquoten Teilen der Lösungen, 0,20 ccm Glycerinauszug, bzw. 3,0 ccm Adsorptionsrestlösung; Bestimmung des Trypsins vorgenommen nach Aktivierung mit Enterokinase.)
Adsorptionsrestlösung.

Angew. T.-(e.)	Angew. mg Al_2O_3	Aciditätszuw. (ccm 0,2 n-KOH)		Gehalt [T-(e.)]		Adsorbiert (%)	
		Trypsin	Trypsin–Kinase	Trypsin	Tryp-sinKinase	Trypsin	Trypsin–Kinase
0,73	0,28	0,72	0,73	0,62	0,63	15	14
0,73	0,56	0,61	0,63	0,52	0,54	29	26
0,73	1,12	0,43	0,54	0,35	0,45	52	39
0,73	2,23	0,28	—	0,23	—	69	—
0,70	4,45	0,21	0,28	0,17	0,23	76	67
0,70	8,90	0,24	0,23	0,19	0,18	73	74
0,70	17,80	0,21	0,21	0,17	0,17	76	76

man wird daraus schließen dürfen, daß sie in beiden Fällen die nämliche Gruppe des Trypsinmoleküls betrifft. Unter den angeführten Bedingungen ist also eine Fraktionierung des Systems Trypsin–Kinase nicht zu erwarten; sie wird auch nicht beobachtet (Tab. 2). Allein die verwendete Tonerdesorte scheint auch unter den früher gewählten Bedingungen, bei saurer Reaktion, für die Abtrennung der Enterokinase aus dem aktivierten System nicht tauglich zu sein; man findet in den Mutterlaugen der Tonerde-

[2] R. WILLSTÄTTER, E. WALDSCHMIDT-LEITZ, S. DUNAITURRIA und G. KÜNSTNER, a. a. O., und zwar S. 202 [1926].

[3] E. WALDSCHMIDT-LEITZ, ebenda Bd. 132, S. 181, und zwar S. 235 [1923/24].

adsorption das Trypsin auch in diesem Falle noch voll aktiviert (Versuch 1). Es steht damit in Einklang, daß die Bestimmung der Trypsin–Kinase, wie Tab. 3 belegt, ebenso wie die des Trypsins (Versuch 2) durch die Gegenwart von Tonerde C_γ nicht beeinträchtigt wird. Die weitere Untersuchung dieser Frage, die wir nur aus äußeren Gründen zu unterbrechen genötigt sind, wird die Bedingungen zu ermitteln

[233] Tabelle 2.

Aktivierbarkeit von Trypsin — Kinase nach Tonerdeeinwirkung bei neutraler Reaktion.

(6,0 ccm Trypsin—Kinaselösung, durch Aktivierung von Pankreasauszug gewonnen, enthaltend 2,19 T.-(e.); wechselnde Mengen Tonerdesuspension C_γ; Gesamtvolumen 9,0 ccm; $p_H = 6,5$; Angaben bedeuten enzymatische Wirkung in 3,0 ccm der in der Zentrifuge abgeschleuderten Adsorptionsrestlösung mit und ohne ½stündige Einwirkung von 0,30 ccm Kinaselösung.)

Angew. mg Al_2O_3	Aciditätszuwachs (ccm 0,2 n-KOH)	
	ohne Aktivierung	nach Aktivierung mit Kinase
0,84	0,77	0,73
1,68	0,62	0,64
3,36	0,53	0,48

Versuch 1. Aktivierbarkeit von Trypsin—Kinase nach Tonerdeeinwirkung bei saurer Reaktion. 1,20 ccm Glycerinauszug [enthaltend 4,2 T.-(e.)] wurden mit 1,8 ccm Kinaselösung ½ Stunde bei 30° aktiviert, sodann nach Zusatz von 4,0 ccm H_2O mit 2,0 ccm Tonerdesuspension C_γ (= 35,6 mg Al_2O_3) adsorbiert; der mit 2,7 ccm der in der Zentrifuge abgetrennten Mutterlauge unter den Bedingungen der Trypsinbestimmung gemessene Aciditätszuwachs belief sich nach ½stündiger Einwirkung von a) 0,30 ccm H_2O, b) 0,30 ccm Kinaselösung auf α) 0,48, b) 0,50 ccm 0,2 n-KOH.

Tabelle 3.

Bestimmung von Trypsin — Kinase nach Tonerdeeinwirkung bei wechselndem p_H.

(2,0 ccm Trypsin—Kinaselösung [enthaltend 0,70 T.-(e.)]; 1,0 ccm Tonerdesuspension C_γ (= 17,8 mg Al_2O_3); Bestimmung nach 30 Minuten.)

Reaktion des Ansatzes	Aciditätszuwachs (ccm 0,2 n-KOH)	T.-(e.)
1/15 n-essigsauer	0,77; 0,81	0,69
$p_H = 5,0$	0,80; 0,83	0,72
$p_H = 6,5$	0,75; 0,79; 0,77; 0,77	0,67

Versuch 2. Aktivität kinasefreien Trypsins nach Tonerdeeinwirkung. 2,0 ccm einer Lösung kinasefreien Trypsins [enthaltend 1,4 T.-(e.)] versetzte man mit a) 1,0 ccm H_2O, b) 1,0 ccm Tonerde C_γ (= 17,8 mg Al_2O_3); sie bewirkten nach Zusatz von 5,0 ccm 3proz. Pepton (ex albumine, Merck) + 2,00 ccm n-Ammoniak-Ammonchloridpuffer von $p_H = 8,6$ (bei 30°) nach 3 Stunden und bei 30° Aciditätszuwachs entspr. a) 0,32 und b) 0,30 ccm 0,2 n-KOH.

[234] und die Adsorbentien näher zu definieren haben, durch die die Trennung von Trypsin und Enterokinase bewirkt werden kann.

2. Tonerdeadsorption und Aktivität der Enterokinase.

Über die Adsorption von Enterokinase durch Tonerde hat der eine von uns[1] vor längerer Zeit berichtet. Die Erfahrung, daß das Adsorptionsverhalten des Aktivators weitgehend von Begleitstoffen beeinflußt wird, so daß seine Adsorbierbarkeit beispielsweise mit steigendem Reinheitsgrade mehr und mehr abnimmt, wird nun bestätigt und

[1] E. WALDSCHMIDT-LEITZ, Diese Zs. Bd. 142, S. 217, und zwar S. 231 ff. [1924/25].

erweitert durch die Beobachtung, daß es gelingt, die für die Adsorption des Aktivators verantwortlichen Begleitstoffe durch die Einwirkung geringer Trypsinmengen so zu verändern, daß nunmehr, wie Versuch 3 erweist, eine Aufnahme des Aktivators durch Tonerde nicht mehr zu bemerken ist.

Versuch 3. Einfluß der Trypsinwirkung auf die Tonerdeadsorption von Enterokinase. 1,80 ccm Enterokinaselösung aus Darmschleimhaut wurden mit a) 5,7, b) 5,64 ccm H_2O verdünnt und a) sogleich, b) nach $^1/_2$stündiger Einwirkung von 0,06 ccm kinasefreiem Glycerinauszug aus Pankreas [enth. 0,21 T.-(e.)] mit 1,50 ccm Tonerdesuspension C_γ (= 26,7 mg Al_2O_3) behandelt. 2,80 ccm (= ein Drittel) der in der Zentrifuge abgetrennten Adsorptionsmutterlauge ergaben nach $^1/_2$stündiger Einwirkung bei 30° auf a) 0,20 [enth. 0,70 T.-(e.)], b) 0,18 ccm Pankreasauszug [enth. 0,63 T.-(e.)], auf Trypsin—Kinasegehalt bestimmt, einen Aciditätszuwachs entspr. a) 0,06 und b) 0,58 ccm 0,2 n-KOH; die nach der Einwirkung von Trypsin gewonnene Restlösung enthielt also beträchtliche Mengen Enterokinase.

Es ist sehr bemerkenswert, daß die Enterokinase in den Tonerdeadsorbaten im Gegensatz zu Trypsin, wie auch zu Trypsin—Kinase nicht gemessen werden kann; die Adsorption, die die spezifische, mit Trypsin reagierende Gruppe des Aktivators betrifft, bewirkt, wie die Versuche der Tab. 4 belegen, daß man nach dem Zusatz steigender Mengen Adsorbens, und zwar in dem untersuchten p_H-Bereiche unabhängig von der Acidität, eine stetige Abnahme der Kinaseaktivität beobachtet. Daß diese In-

[235]

Tabelle 4.

Hemmung der Kinasewirkung im Tonerdeadsorbat.

(0,20 ccm kinasefreier Pankreasauszug mit 0,70 T.-(e.) (entspr. 0.80 ccm 0,2 n-KOH Aciditätszuwachs); Tonerdesuspension C_γ (1 ccm = 17,8 mg Al_2O_3); mit Pufferlösung auf 2,7 ccm aufgefüllt und mit 0,30 ccm Kinaselösung 30 Minuten bei 30° aktiviert; Angaben bedeuten tryptische Wirkung in ccm 0,2 n-KOH.)

Vers.-Nr.	Reaktion bei der Tonerdeeinwirkung	Angew. Al_2O_3 (mg)				
		0	2,23	4,45	8,90	17,80
1	p_H = 8,6 (eing. d. Ammon.-Puff.)	0,76	—	—	0,10	—
2	neutral	0,76	0,61	0,42; 0,40 0,38; 0,36	0,19; 0,17 0,19	0,09 0,06
3	p_H = 4,7 (eing. d. Acet.-Puff.)	0,76	—	—	—	0,08
4	$^1/_{15}$ n-essigsauer	0,75	—	—	0,17	—
5	p_H = 6,8 (eing. d. 0,02 n-Phosphat)	0,81	—	0,78	0,82	—

Tabelle 5.

Aktivität trypsinbehandelter Kinase bei Gegenwart von Tonerde.

(Wechselnde Mengen kinasefreier Glycerinauszug aus Pankreas [0,20 ccm enth. 0,70 T.-(e.)], mit 0,30 ccm Kinaselösung und Wasser (Gesamtvolumen = 2,0 ccm) wechselnde Zeit bei 30° angesetzt; 0,50 ccm Tonerdesuspension C_γ (= 8,9 mg Al_2O_3); nach Ergänzung der Trypsinmenge zu 0,20 ccm Pankreasauszug $^1/_2$ Stunde bei 30° belassen; Angaben bedeuten tryptische Wirkung in ccm 0,2 n-KOH.)

Angew. Trypsinmenge (ccm)		Dauer der Einwirkung auf Kinase (Minuten)					
ursprüngliche	ergänzte	0	10	15	30	60	90
0,0033	0,197	—	—	—	0,50	0,48	0,51
0,0167	0,183	—	—	—	0,67	—	—
0,0333	0,167	0,31	0,70	—	0,75	—	—
0,0667	0,133	—	—	0.71	0,80	—	—

aktivierung auf der Adsorption des Aktivators beruht, wird dadurch erwiesen, daß sie sowohl bei Gegenwart einer eluierend wirkenden Lösung unterbleibt (Nr. 5 der Tab. 4), als auch nach der Einwirkung geringer Trypsinmengen, die nach den oben mitgeteilten Beobachtungen die Adsorption des Aktivators durch Tonerde aufzuheben vermag (Tab. 5). Diese [236] Erscheinung führen wir auf eine enzymatische Wirkung des nicht aktivierten Trypsins zurück; die Störung der Kinaseadsorption, die in der Zunahme der Aktivierungsleistung zum Ausdruck kommt, nimmt nämlich, wie aus Tab. 5 hervorgeht, mit steigenden Trypsinmengen und mit wachsender Einwirkungsdauer zu; aber der enzymatische Vorgang, der ihr zugrunde liegt, ist ebenso wie die Aktivierung des Trypsins[1] nach 30 Minuten beendet.

Die Störung der Trypsinaktivierung, die in Gegenwart von Tonerde beobachtet wird und die auf der Adsorption der Enterokinase beruht, ist unabhängig davon, ob die Komponenten in der Reihenfolge Tonerde, Trypsin, Enterokinase, oder ob sie in der Reihenfolge Tonerde, Enterokinase, Trypsin gemischt werden (Versuch 4); den adsorbierten Anteil der Enterokinase findet man in beiden Fällen übereinstimmend. Auch läßt sich zeigen, daß die Hemmung der Enterokinase in den Tonerdeadsorbaten nicht die Geschwindigkeit ihrer Reaktion mit Trypsin betrifft; die Inaktivierung des Aktivators scheint vielmehr eine absolute zu sein, sie wird durch eine Erhöhung der Einwirkungszeit nicht behoben (Versuch 5).

Versuch 4. 1,0 ccm Tonerdesuspension C_γ (= 17,8 mg Al_2O_3 + 1,5 ccm H_2O) mischte man in der nachstehenden Reihenfolge mit a) 0,30 ccm Enterokinaselösung, dann 0,20 ccm Pankreasauszug [enth. 0,70 T.-(e.)], b) 0,20 ccm Auszug, darauf 0,30 ccm der Kinase und beließ die Ansätze zur Aktivierung 30 Minuten bei 30°; die Bestimmung der tryptischen Wirkung ergab dann einen Aciditätszuwachs entspr. a) 0,07 und b) 0,06 ccm 0,2n-KOH, die durch die Tonerde bewirkte Hemmung der Kinase war also in beiden Fällen identisch.

Versuch 5. 0,20 ccm Glycerinauszug aus Pankreas [enth. 0,70 T.-(e.)] wurden mit 2,25 ccm H_2O, 0,25 ccm Tonerdesuspension C_γ (= 4,45 mg Al_2O_3), sowie 0,30 ccm Kinaselösung a) 30, b) 60 und c) 90 Minuten bei 30° der Aktivierung überlassen; der gemessene Aciditätszuwachs belief sich auf a) 0,37, b) 0,40 und c) 0,36 ccm 0,2n-KOH, ein Einfluß der Einwirkungszeit war demnach nicht zu erkennen.

Die Adsorbierbarkeit der Enterokinase durch Tonerde nimmt nach früheren Beobachtungen des einen von uns[2] bei [237] der Reinigung mehr und mehr ab; sie ist bedingt durch die Gegenwart amphoterer Begleitstoffe, die, wie die Versuche der Tab. 5 belegt haben, auch durch tryptischen Abbau entfernt werden können. Die Erwartung, daß andererseits auch die hemmende Wirkung der Tonerde in reineren, an Begleitern verarmten Lösungen des Aktivators abgeschwächt wäre, hat sich bestätigt; der veränderten Adsorbierbarkeit der Kinase entspricht eine geringere Inaktivierung durch das Adsorbens (Versuch 6).

Versuch 6. Inaktivierbarkeit roher und gereinigter Enterokinase durch Tonerde. 0,20 ccm Pankreasauszug [enth. 0,79 T.-(e.)] versetzte man mit a) 1,50, b) 1,65 ccm H_2O und 1,0 ccm Tonerdesuspension C_γ (= 17,8 mg Al_2O_3) und ließ darauf a) 0,30 ccm rohen Kinaseauszug aus getrockneter Darmschleimhaut, b) 0,15 ccm, nämlich die äquivalente Menge, mittels Essigsäure- und Alkoholfällung gereinigte Enterokinaselösung[1)] 30 Minuten bei 30° einwirken. Die tryp-

[1] Vgl. E. WALDSCHMIDT-LEITZ, Diese Zs. Bd. 132, S. 181, und zwar S. 206ff. [1923/24].
[2] E. WALDSCHMIDT-LEITZ, Diese Zs. Bd. 142, S. 217, und zwar S. 233 [1924/25].
[1)] Nach E. WALDSCHMIDT-LEITZ, Diese Zs. Bd. 142, S. 217, und zwar S. 227ff. [1924/25].

tische Wirkung des Ansatzes entsprach dann einem Aciditätszuwachs von a) 0,06, b) 0,22 ccm 0,2 n-KOH, die Hemmung der gereinigten Kinase durch Tonerde war also viel schwächer; sie ließ sich auch hier, wie an früheren Beispielen für die rohen Lösungen belegt wurde, durch Einwirkung einer geringen Menge Trypsin beheben.

Tabelle 6.
Aktivierbarkeit von adsorbiertem und nichtadsorbiertem Trypsin.

(0,80 ccm Glycerinauszug aus Pankreas mit 2,8 T.-(e.) [0,20 ccm : 0,80 ccm 0,2 n-KOH : 0,70 T.-(e.)], und zwar in nichtaktivierter Form; wechselnde Mengen Tonerdesuspension C_γ (1 ccm = 17,8 mg Al_2O_3); 1,2 ccm Enterokinaselösung; Gesamtvolumen 12,0 ccm; 1/2 Stunde bei 30° der Aktivierung überlassen; Bestimmungen ausgeführt mit je 1/4 des Ansatzes (entspr. 0,20 ccm Auszug), und zwar a) Trypsin—Kinase in der Suspension, b) Trypsin und Trypsin—Kinase in der mittels der Zentrifuge abgetrennten Adsorptionsmutterlauge, nämlich mit und ohne vorherige Aktivierung durch Kinase; Angaben bedeuten Aciditätszuwachs in ccm 0,2 n-KOH.)

Angew. mg Al_2O_3	Tonerde-Aufschlämmung Trypsin—Kinase	Adsorptionsrestlösung	
		Trypsin—Kinase	Trypsin
8,9	0,61	0,06; 0,11	0,28; 0,30
17,8	0,40	0,02; 0,03	0,19; 0,23

[238] Es soll an dieser Stelle noch über die Erscheinung berichtet werden, daß die Enterokinase bei der Wirkung auf unvollständig an Tonerde adsorbiertes Trypsin die adsorbierten Trypsinanteile vorzuziehen scheint; so ist die Tatsache zu deuten, daß sich, wie aus Tab. 6 hervorgeht, nach Einwirkung des Aktivators auf die trypsinhaltigen Tonerdesuspensionen in den abgetrennten Adsorptionsmutterlaugen nur nichtaktivierte Trypsinanteile finden, während die in den Aufschlämmungen selbst gemessenen Aktivitäten einen beträchtlichen Gehalt an Trypsin—Kinase anzeigen.

3. Über den Einfluß von Casein und Pepton auf die Aktivität der Enterokinase.

Die Aktivierung des Trypsins durch Enterokinase wird durch die Gegenwart von Proteinen, beispielsweise von Gelatine oder Casein, unterbrochen oder doch stark gehemmt. Diese Erscheinung, auf die bereits ältere Beobachtungen des einen von uns[1] hingewiesen hatten und die wir bestätigen, beruht indessen, wie aus Versuch 7 hervorgeht, auf der Gegenwart durch Trypsin hydrolysierbarer Begleitstoffe, die sich in den rohen Enterokinaselösungen finden; sie sind gleichwie für die Adsorption des Aktivators an Tonerde auch für seine Bindung an das Protein verantwortlich. Die spezifische trypsinbindende Gruppe der Kinase ist auch in ihrer Verbindung mit dem Protein inaktiviert, aber ihre Anlagerung unterbleibt, wenn die sie vermittelnden Begleiter durch tryptische Einwirkung beseitigt sind.

Es ist bemerkenswert, daß die inaktivierende Wirkung, die man nach dem Zusatz von Proteinen wahrnimmt, für proteolytische Abbauprodukte wie Pepton nicht mehr zu beobachten ist: die Aktivierung des Trypsins durch rohe Enterokinase verläuft in Gegenwart von Peptonlösung mit unverminderter Geschwindigkeit (Versuch 8). Allein auch dieses Substrat, das für Trypsin—Kinase nicht mehr spezifisch ist, scheint mit dem [239] Aktivator in Reaktion zu treten; aus der Beobachtung, daß eine akti-

[1] E. WALDSCHMIDT-LEITZ, Diese Zs. Bd. 132, S. 181, und zwar S. 208 [1923/24].

vierungshemmende Wirkung von Tonerde bei Gegenwart von Peptonlösungen nicht mehr zu bemerken ist (Versuch 9), ist nämlich zu folgern, daß der Aktivator durch Pepton aus den Adsorbaten an Tonerde eluierbar ist. Aber die Vereinigung mit Pepton betrifft nicht die spezifische trypsinbindende Gruppe des Aktivators und sie scheint der Vermittlung von Begleitstoffen nicht zu bedürfen.

Versuch 7. Hemmung der Trypsinaktivierung durch Casein. a) 0,60 ccm Enterokinaseauszug aus Darmschleimhaut vermischte man mit 2,2 ccm H_2O + 5,0 ccm 6proz. Casein (HAMMARSTEN) + 2,00 ccm n-Ammoniak-Ammonchloridpuffer von $p_H = 8,6$ (bei 30°), dann mit 0,20 ccm Pankreasauszug [enth. 0,70 T.-(e.)] und beließ den Ansatz $^1/_2$ Stunde bei 30°; die Bestimmung auf Trypsin—Kinase ergab dann einen Aciditätszuwachs entspr. 0,06 ccm 0,2n-KOH, eine erkennbare Aktivierung des Trypsins war also nicht eingetreten.

b) Einfluß von Casein nach Trypsineinwirkung. 0,60 ccm der Kinaselösung versetzte man α) mit 0,02 ccm Pankreasauszug [enth. 0,07 T.-(e.)] + 0,88 ccm H_2O, β) mit 0,90 ccm H_2O und beließ sie 30 Minuten bei 30°; darauf vermischte man mit 5,0 ccm 6proz. Casein + 2,00 ccm n-Ammoniak-Ammonchloridpuffer und α) 1,32, β) 1,02 ccm H_2O, sodann weiterhin mit α) 0,18 ccm Pankreasauszug [enth. 0,63 T.-(e.)], β) 0,18 ccm Pankreasauszug + 0,30 ccm Trypsin—Kinaselösung [enth. 0,07 T.-(e.) in aktivierter Form] und bestimmte die Ansätze auf Trypsin—Kinase. Der gemessene Aciditätszuwachs entsprach α) 0,43 und β) 0,18 ccm 0,2 n-KOH, es war also nach der Einwirkung einer geringen Menge Trypsin auf die Aktivatorlösung nunmehr eine deutliche Aktivierung auch in Gegenwart von Casein zu bemerken.

Versuch 8. Einfluß von Pepton auf die Aktivität der Enterokinase. 0,40 ccm Pankreasauszug [enth. 1,4 T.-(e.)] beließ man nach dem Zusatz von a) 2,6 ccm H_2O, b) 2,0 ccm H_2O und c) 2,0 ccm H_2O + 0,60 ccm Kinaselösung 30 Minuten bei 30°; dann fügte man 2,00 ccm n-Ammoniak-Ammonchloridpuffer von $p_H = 8,6$ (bei 30°) sowie 5,0 ccm 3proz. Pepton (ex albumine, Merck) und im Ansatze zu b) noch 0,60 ccm Kinaselösung hinzu und bestimmte den Aciditätszuwachs nach 60 Minuten bei 30°; er betrug a) 0,10, b) 0,62 und c) 0,89 ccm 0,2n-KOH. Aus der geringen Differenz der in den Ansätzen zu b) und zu c) ermittelten Enzymwirkungen geht hervor, daß die Aktivierung des Trypsins durch die Gegenwart von Pepton [Ansatz zu b)] nicht beeinträchtigt wird.

Versuch 9. Einfluß von Pepton auf die Hemmung der Kinasewirkung durch Tonerde. 0,40 ccm Pankreasauszug [enth. 1,4 T.-(e.)] vermischte man mit a) 2,0 ccm H_2O, b) 1,0 ccm H_2O + 1,0 ccm **[240]** Tonerdesuspension C_γ (= 17,8 mg Al_2O_3) + 0,60 ccm Kinaseauszug und beließ die Ansätze während 30 Minuten bei 30°; dann fügte man 5,0 ccm 3proz. Pepton (ex albumine, Merck) + 2,00 ccm n-Ammoniak-Ammonchloridpuffer von $p_H = 8,6$ (bei 30°) sowie a) noch 0,60 ccm Kinaselösung hinzu und ermittelte den Aciditätszuwachs nach 60 Minuten bei 30°; er betrug a) 0,61 und 0,60, b) 0,62 und 0,62 ccm 0,2n-KOH, eine Hemmung der Trypsinaktivierung durch Tonerde war also in Gegenwart der Peptonlösung nicht zu beobachten und die gemessene tryptische Aktivität entsprach der in Versuch 8, b) für die nämlichen Wirkungsbedingungen beobachteten.

Der Notgemeinschaft der Deutschen Wissenschaft danken wir ergebenst für die zur Verfügung gestellten Mittel.

Zeitschrift für physiologische Chemie 166, S. 241 [1927].

114. DARSTELLUNG VON ENTEROKINASEFREIEM TRYPSIN.

Von ERNST WALDSCHMIDT-LEITZ und KAJ LINDERSTRÖM-LANG.

(Achte Mitteilung zur Spezifität tierischer Proteasen.)

(Aus dem Chemischen Laboratorium der Bayerischen Akademie der Wissenschaften in München.)

(Der Redaktion zugegangen am 8. März 1927.)

Für die Gewinnung kinasefreier Lösungen von Trypsin haben E. WALDSCHMIDT-LEITZ, A. SCHÄFFNER und W. GRASSMANN[1] ein Verfahren beschrieben, das „in der Zerlegung der" z. B. in den Glycerinauszügen aus der Pankreasdrüse „vorliegenden Gemische von Trypsin und Trypsin–Kinase auf Grund spezifischer enzymatischer Affinitäten" besteht. Man eluierte aus den Tonerdeadsorbaten der Enzymgemische mit Casein vorwiegend die aktivierte Komponente und gewann aus den Restadsorbaten dann das aktivatorfreie Trypsin durch die Einwirkung verdünnten Alkalis. Allein die Ausbeuten an diesem waren nur mäßige, das Verfahren zu verlustreich; es ist nun verbessert worden. Die Elution des aktivierten Enzymanteils mit einem spezifischen Substrate, Casein, wird ersetzt durch eine auswählende Adsorption an das Protein aus den ursprünglichen Enzymgemischen selbst.

Das abgeänderte Verfahren, das wir beschreiben, beruht auf der spezifischen Adsorption von Trypsin–Kinase an einen [242] in der Enzymlösung selbst gebildeten Niederschlag von Casein; ähnliche Wege haben schon M. BLEIBTREU und E. ATZLER[1]) zur Isolierung des Ferments der Blutgerinnung, L. AMBARD[2]) mit der Bindung von Amylase an Stärke eingeschlagen. Es ist von wesentlicher Bedeutung für den Adsorptionseffekt, daß die Ausfällung des Substrates in den Enzymlösungen selbst, am vorteilhaftesten in etwas gealterten Auszügen, vorgenommen wird; sie ist viel wirksamer als eine Behandlung mit ungelöstem Substrat, beispielsweise die Einwirkung von Fibrin. Auf diese besonders günstige Adsorptionswirkung in der Lösung selbstgebildeter Adsorbentien haben schon R. WILLSTÄTTER, K. SCHNEIDER und E. WENZEL[3]) aufmerksam

---

[1] Diese Zs. Bd. 156, S. 68, und zwar S. 84ff. [1926].

[1]) Pflügers Arch. Bd. 181, S. 340 [1920]; Bd. 194, S. 318 [1922].

[2]) Soc. Biol. Bd. 83, S. 1458; Bd. 84, S. 230 [1921].

[3]) Diese Zs. Bd. 151, S. 1, und zwar S. 4 [1925/26] (*Abh.* 57).

gemacht; es war ihnen nämlich auf diesem Wege, mit Lösungen der Hefesaccharase, gelungen, „das Enzym von dem Produkt seiner Inaktivierung zu trennen".

Die Bindung der Trypsin–Kinase an ihr aus den Enzymlösungen gefälltes Substrat Casein, über die unsere Versuche berichten, ist spezifisch; sie betrifft nur das aktivierte und gar nicht das nichtaktivierte Enzym. So beschränken sich die beobachteten Verluste an Trypsin bei dem neuen Verfahren auf die üblichen mechanischen Einbußen bei der präparativen Arbeit und es wird durch mehrmalige Anwendung der Fällung mit Casein, zweckmäßig bei $p_H = 5{,}2$, erreicht, daß das Trypsin in guter Ausbeute und frei von Trypsin–Kinase in den Mutterlaugen verbleibt. Um es in proteolytisch einheitlichem Zustande zu gewinnen, befreit man es dann nach den Angaben von E. WALDSCHMIDT-LEITZ und A. HARTENECK[4] noch von dem beigemengten ereptischen Enzym. Es ist nämlich vorteilhafter, zuerst von Trypsin–Kinase und dann vom Erepsin abzutrennen, da bei der Fraktionierung der rohen Enzymlösungen mit Tonerde bei saurer Reaktion eine Zunahme des relativen [243] Trypsin–Kinasegehaltes infolge spontaner Aktivierung einzutreten pflegt; sie ist nach vorangegangener Abtrennung der Trypsin–Kinase nicht mehr beobachtet worden.

Die Anschauung, die wir vertreten[1]), daß die spezifische Wirkung der Enterokinase auf Trypsin „nicht oder nicht allein in einer Steigerung der Zerfallstendenz der Enzym–Substratverbindung, sondern daß sie in der Vermittlung der Bindung des Trypsins an gewisse Substrate besteht", gewinnt an Sicherheit durch die Beobachtung, daß auch die Adsorption der Trypsin–Kinase an Casein, nicht nur ihre Elution aus Adsorbaten, eine spezifische ist. Man hat diese Tatsache bei der Beurteilung der von J. H. NORTHROP[2]) vertretenen Vorstellung zu berücksichtigen, wonach es fraglich erscheine, ob die enzymatische Hydrolyse der Eiweißkörper der intermediären Bildung einer Enzym-Substratverbindung zur Reaktionsvermittlung bedarf. Die vermittelnde Funktion der Enterokinase, die wir beobachten, erlaubt die Schlußfolgerung, daß man wie bei anderen enzymatischen Reaktionen auch bei der Wirkung der Proteasen die intermediäre Bildung von Enzym–Substratverbindungen anzunehmen hat.

Versuche.

Die Bestimmung des gesamten Trypsingehaltes der Lösungen folgte dem von R. WILLSTÄTTER, E. WALDSCHMIDT-LEITZ, S. DUÑAITURRIA und G. KÜNSTNER[3]) mit Casein beschriebenen Verfahren. Auch die Prüfung auf Trypsin–Kinase, also ohne besondere Aktivierung mit Enterokinase, nahmen wir nach diesem Verfahren vor, aber zur Steigerung der Empfindlichkeit unter Anwendung größerer Enzymmengen und der längeren Bestimmungsdauer von 2 Stunden.

---

[4] Diese Zs. Bd. 147, S. 286, und zwar S. 303 [1925]; Bd. 149, S. 203, und zwar S. 214 [1925] (*Abh. 109 und 110*); siehe dazu E. WALDSCHMIDT-LEITZ, A. SCHÄFFNER und W. GRASSMANN, Diese Zs. Bd. 156, S. 68, und zwar S. 82 [1926].

[1]) Vgl. E. WALDSCHMIDT-LEITZ, A. SCHÄFFNER und W. GRASSMANN, a. a. O., und zwar S. 85 [1926].

[2]) J. of gen. Physiol. Bd. 5, S. 263 [1922/23]; Die Naturwissenschaften Bd. 11, S. 713 [1923].

[3]) Diese Zs. Bd. 161, S. 191, und zwar S. 206 [1926] (*Abh. 103*).

[244]

Tabelle 1.

Fraktionierung von Trypsin und Trypsin—Kinase mit Casein und Fibrin bei $p_H = 4{,}7$.
(20 ccm Glycerinauszug aus Pankreas, enth. 140 T.-(e.), davon 1,88 T.-(e.), d. i. 1,2 % in aktivierter Form; 20 ccm H_2O; zugefügt a) 6proz. Casein (HAMMARSTEN), darauf gefällt durch Zusatz von n-Essigsäure ($p_H = 4{,}7$) und filtriert, bzw. Filtrat in gleicher Weise weiter fraktioniert, b) Fibrin (fest); Mutterlaugen bestimmt nach Filtration, bzw. Abschleudern in der Zentrifuge.)

Vers.-Nr.	Angew. Reagens	g	Ausbeute in der Mutterlauge (%)	
			Trypsin	Trypsin—Kinase
1	Casein	1,2	108	43
2	,,	2,4	100	36
3	,,	1,2	99	46
4	,,	1,2 + 0,6	101	30
5	Casein, 1. Einw.	0,6	91	50
	,, 2. ,,	0,3	94	45
	,, 3. ,,	0,3	102	38
6	Fibrin	1,0	93	98

Tabelle 2.

Fraktionierung von Trypsin und Trypsin—Kinase mit Casein bei $p_H = 5{,}2$.
(20 ccm Glycerinauszug, enth. 140 T.-(e.), davon 1,88 T.-(e.), d. i. 1,2 % in aktivierter Form; 20 ccm 6proz. Casein (HAMMARSTEN), gefällt durch Zusatz von 2,8 ccm n-Essigsäure ($p_H = 5{,}2$), filtriert; zum Filtrat zugefügt 10 ccm Caseinlösung + 1,2 ccm n-Essigsäure ($p_H = 5{,}2$), wiederum filtriert; Filtrat nochmals in gleicher Weise mit 10 ccm Caseinlösung + 1,2 ccm n-Essigsäure behandelt; Operationen ausgeführt unter Kühlung mit Kältemischung; Enzymausbeuten mit 0,30 (für Trypsin), bzw. 3,0 ccm (für Trypsin—Kinase) der letzten Mutterlauge bestimmt; Bestimmungsdauer 20, bzw. 120 Minuten.)

Vers.-Nr.	Aciditätszuwachs (ccm 0,2 n-KOH)				Ausbeute (%)	
	Beobachtet		Ber. f. 100 proz. Ausbeute			
	Trypsin	Trypsin—Kinase	Trypsin	Trypsin—Kinase	Trypsin	Trypsin—Kinase
1	0,47	0,03	0,50	0,42	94	0
2	0,53	0,05	0,55	0,46	95	0
3	0,48	0,04	0,54	0,46	88	0

[245]

Tabelle 3.

Fraktionierung mit Casein und spontane Aktivierung.
Glycerinauszug, durch dreimalige Behandlung mit Casein von Trypsin—Kinase befreit und neutralisiert bei Zimmertemperatur aufbewahrt; Vergleichslösung: Auszug, mit Ammonacetatlösung in gleicher Weise verdünnt; bestimmt mit je 3,0 ccm, 2 Stunden.)

Enzymlösung	Aciditätszuwachs (ccm 0,2 n-KOH) nach		
	0	3	20 Stdn.
Auszug, mit Ammonacetat verdünnt	0,31	0,66	1,14
Auszug, mit Casein behandelt . . .	0,03	0,02	0,30

Beispiel für die Darstellung von enterokinase- und erepsinfreiem Trypsin.

20 ccm Glycerinauszug aus Pankreas enth. 140 T.-(e.) [0,10 ccm : 0,80 ccm 0,2n-KOH, 0,70T.-(e.)], davon 1,88T.-(e.), d.i. 1,2 % in aktivierter Form (2,0 ccm, 2 Stunden: 0,66 ccm 0,2n-KOH), wurden mit 20 ccm 6proz. Caseinlösung (HAMMARSTEN) versetzt,

in Kältemischung abgekühlt und nach etwa 5 Minuten durch Zusatz von 2,8 ccm n-Essigsäure unter Umschütteln gefällt; 22 ccm der von der Fällung sogleich durch Filtration getrennten Mutterlauge fing man in 10 ccm 6proz., gekühlter Caseinlösung auf und fällte sie erneut durch sofortigen Zusatz von 1,2 ccm n-Essigsäure; 15 ccm der wiederum durch Filtration vom Niederschlage getrennten und mit 10 ccm 6proz., kalter Caseinlösung vermischten Mutterlauge befreite man durch Zusatz von 1,2 ccm n-Essigsäure und Filtration von den letzten Anteilen Trypsin–Kinase; sie enthielt dann in 25 ccm 35,8 T.-(e.) [0,30 ccm: 0,53 ccm 0,2 n-KOH, 0,43 T.-(e.)] neben 0,0136 P.Er.E. (1,00 ccm, 240 Minuten: 1,30 ccm 0,2 n-KOH (Leucylglycin); $k = 0{,}000545$), aber keine nachweisbare Menge Trypsin–Kinase mehr (3,0 ccm, 2 Stunden: 0,04 ccm 0,2 n-KOH). Die unter Berücksichtigung der erfolgten Verdünnung berechnete Ausbeute an Trypsin belief sich auf 95%.

13 ccm der kinasefreien Lösung behandelte man dreimal mit je 0,50 ccm Tonerdesuspension C_γ (= je 8,9 mg Al_2O_3) **[246]** und trennte in der Zentrifuge von den Adsorbaten; die erhaltene Adsorptionsmutterlauge (13 ccm) war frei von Trypsin–Kinase (3,0 ccm, 2 Stunden: 0,03 ccm 0,2 n-KOH) und von Erepsin [1,0 ccm, 270 Minuten: 0,07 ccm 0,2 n-KOH (Leucylglycin)] und sie enthielt noch insgesamt 11,4 T.-(e.) [0,40 ccm: 0,45 ccm 0,2 n-KOH, 0,36 T.-(e.)], d. i. 62% der vor der Abtrennung des Erepsins gemessenen Trypsinmenge.

Der Notgemeinschaft der Deutschen Wissenschaft danken wir ergebenst für die zur Verfügung gestellten Mittel.

Zeitschrift für physiologische Chemie 166, S. 247 [1927].

115. ÜBER DIE ENZYMATISCHEN WIRKUNGEN VON PANKREAS- UND DARMSEKRET.

Von ERNST WALDSCHMIDT-LEITZ und JOHANNA WALDSCHMIDT-GRASER.

(Neunte Mitteilung zur Spezifität tierischer Proteasen.)

(Aus dem Physiologischen Institut der Hamburgischen Universität [Direktor: Prof. Dr. O. KESTNER], Eppendorfer Krankenhaus, und dem Chemischen Laboratorium der Bayerischen Akademie der Wissenschaften in München.)

(Der Redaktion zugegangen am 8. März 1927.)

Herrn Prof. Dr. O. KESTNER, Hamburg, verdanken wir die Anregung, die gewonnenen Beobachtungen über die enzymatischen Wirkungen von Pankreasdrüse und Darmschleimhaut und ihren Auszügen an den natürlichen Sekreten dieser Organe nachzuprüfen; wir schulden ihm für die liebenswürdige Überlassung von Untersuchungsmaterial der frischen Sekrete von Fistelhunden, und von Arbeitsmöglichkeit in seinem Institute, in dem die Untersuchung ausgeführt wurde, sowie für sein großzügiges Entgegenkommen aufrichtigen Dank.

Die neuen Erkenntnisse über die Eigenschaften und die spezifischen Wirkungen der Pankreasproteasen, von denen E. WALDSCHMIDT-LEITZ und A. HARTENECK[1] vor einiger Zeit berichtet haben, sind an dem Enzymmaterial der getrockneten Drüse gewonnen worden; sie bedurften noch einer Einschränkung, nämlich hinsichtlich ihrer Übertragung auf das Sekret der Drüse selbst. Es war naheliegend, aber noch ungewiß, daß „im Pankreassaft die nämlichen Enzyme sich finden, die in den Auszügen der getrockneten Drüsensubstanz beobachtet werden"[2].
[248] Die Prüfung der enzymatischen Wirkungen von reinem pankreatischem Fistelsaft und ihre Spezifizierung, die wir vorgenommen haben, hat unsere Annahme bestätigt, daß qualitative Unterschiede zwischen den proteolytischen Wirkungen des Sekrets und denen der Drüsenauszüge nicht zu erkennen sind; diese Feststellung, die die älteren Angaben von E. FISCHER und E. ABDERHALDEN[1)] berichtigt, ist auch in

[1] Diese Zs. Bd. 147, S. 286; Bd. 149, S. 203 [1925] (*Abh. 109 und 110*).
[2] Diese Zs. Bd. 147, S. 286, und zwar S. 291 [1925].
[1)] Diese Zs. Bd. 46, S. 52 [1905].

neueren Ausführungen von E. ABDERHALDEN[2] „Über die Hydrolyse von Polypeptiden durch Fermente" anerkannt worden. Allein der Vergleich der enzymatischen Wirkungen in Pankreasdrüse und Pankreassekret, die qualitativ übereinstimmen, hat zu wichtigen und neuartigen Erkenntnissen über die Mengen- und über die Konzentrationsverhältnisse der pankreatischen Enzyme in den beiden Ausgangsmaterialien geführt. So ergibt sich aus unseren Versuchen, daß der Gehalt der normalen, z. B. auf hormonalen Reiz abgesonderten pankreatischen Sekrete an den vier wichtigsten Enzymen, Lipase, Amylase, Trypsin und Erepsin, nicht etwa, wie man anzunehmen geneigt wäre, höher, sondern daß er erheblich, z. B. 5 bis 10mal niedriger gefunden wird als der der rohen Glycerinauszüge aus getrockneter Drüsensubstanz. Aber das Pankreassekret ist auch nicht enzymatisch reiner als die Drüse selbst. Es geht aus unseren Belegen hervor, daß die enzymatische Konzentration, der Reinheitsgrad, im Pankreassaft nur für das tryptische Enzym die in der getrockneten Drüse des nämlichen Tieres gemessene übertrifft, daß sie dagegen für die drei anderen untersuchten Enzyme, Lipase, Amylase und Erepsin, teilweise erheblich geringer gefunden wird; die Drüse gibt also an das Sekret in diesen Fällen verhältnismäßig mehr nichtenzymatische als enzymatische Inhaltsstoffe ab. In der Eignung für analytische und präparative Untersuchungen sind die Enzymlösungen aus der getrockneten Drüsensubstanz den natürlichen pankreatischen Sekreten weit überlegen[3], zumal [249] die Beständigkeit der Enzyme in dem verdünnteren, wäßrig-alkalischen Sekret, vor allem die der proteolytischen, eine viel geringere ist; jene sind auch in ihrer Beschaffenheit unabhängig von dem wechselnden Zustande des lebenden Tiermaterials.

Die Anwendung von Auszügen aus der Drüse selbst für die Beschreibung der Pankreasenzyme ist auch unbedenklich, man läuft nicht Gefahr, daß Störungen durch die Beimengung sekretfremder Gewebsenzyme eintreten. Der Gehalt der Drüse an sezernierbaren Enzymen wird in jedem Falle so bedeutend sein, daß der Einfluß etwa vorhandener und unterscheidbarer, aber nichtsezernierter Zellenzyme zu vernachlässigen ist. So erbringen wir in der vorliegenden Abhandlung für das Erepsin in der Pankreasdrüse und im Pankreassaft den Nachweis, daß seine Aktivität gegenüber einer Reihe einfacher Peptide in Saft und Drüse sowohl wie mit der des Darmerepsins in der Schleimhaut und im natürlichen Darmsafte übereinstimmt. Die Annahme zweier verschiedener ereptischer Enzyme in der Pankreasdrüse, eines sezernierbaren und eines nichtsezernierten, die früher berechtigt schien, ist auszuschließen. Die Identität von Pankreas- und Darmerepsin andererseits, die E. WALDSCHMIDT-LEITZ und A. SCHÄFFNER[1]) aus

[2] Diese Zs. Bd. 151, S. 151 [1925/26].

[3] Die Verwendung von Auszügen aus getrocknetem Pankreas zur Beschreibung und Reinigung des lipatischen (R. WILLSTÄTTER und E. WALDSCHMIDT-LEITZ, Diese Zs. Bd. 125, S. 132 [1922/23] (*Abh. 89*)), des diastatischen (R. WILLSTÄTTER, E. WALDSCHMIDT-LEITZ und A. R. F. HESSE, Diese Zs. Bd. 126, S. 143 [1922/23], Bd. 142, S. 14 [1924/25] (*Abh. 90 und 98*)) und der proteolytischen Enzyme (E. WALDSCHMIDT-LEITZ und A. HARTENECK, Diese Zs. Bd. 147, S. 286; Bd. 149, S. 203 [1925] (*Abh. 109 und 110*)) wird dadurch gerechtfertigt.

[1]) Diese Zs. Bd. 151, S. 31, und zwar S. 34 [1925/26] (*Abh. 112*).

ihren Beobachtungen gefolgert haben, wird weiter gestützt durch die Feststellung, daß das Verhältnis der Reaktionsgeschwindigkeiten bei der Hydrolyse verschiedener Peptide auch durch das natürliche Pankreas- und Darmsekret übereinstimmt, so wie es früher für den Vergleich der Erepsinlösungen aus Pankreasdrüse und Darmschleimhaut belegt worden ist[2]. Wir haben mit dem Versuch begonnen, unsere Annahme über die beiden Enzyme durch vergleichende, exakte Affinitätsmessungen an einfachen Substraten, die gefordert werden müssen, noch zu erhärten.

[250] Weitere Beobachtungen, über die wir berichten, betreffen die enzymatischen Wirkungen des natürlichen, von der Darmschleimhaut abgegebenen Sekrets, wie man es bei der Spülung isolierter Darmschlingen gewinnt. Es hat sich gezeigt, daß das intestinale Sekret auch nach monatelanger Isolierung des geprüften Dünndarmabschnitts stets reichliche Mengen von Erepsin enthält, dessen Betrag nach der Art der zugeführten sekretionsanregenden Lösung in weiten Grenzen wechselt. Die Angaben von O. COHNHEIM[1]) über die besondere Existenz des Darmerepsins und über seine besondere Sekretion, die zuweilen bestritten worden sind[2]), bestätigen sich also. Allein es ist sehr bemerkenswert, daß das normale, von Fremdstoffen und Leukocyten freie Sekret der isolierten Darmschlinge unabhängig von der Art seiner Reizung, wie unsere Versuche belegen, nicht nur kein Trypsin, sondern auch keine Enterokinase mehr aufweist. Wir folgern daraus, daß der Gehalt der Darmschleimhaut an Enterokinase von der Zufuhr pankreatischen Sekretes abhängt, in welchem sich der Aktivator nach den Beobachtungen von E. WALDSCHMIDT-LEITZ und A. HARTENECK[3]) in Form einer unwirksamen Vorstufe findet. Die Vorstellung, die wir zur Erörterung stellten[4]) und der diese Feststellung entspricht, daß „der Befund . . . von Enterokinase in dem Sekrete der Schleimhaut auf einer sekundären Anhäufung . . . in deren Drüsenzellen beruht" und daß „die Umwandlung der" von der Pankreasdrüse ausgebildeten „Aktivatorvorstufe in das fertige Produkt . . . sich dann in den Zellen der Darmschleimhaut vollzieht", wird weiter gestützt durch die Beobachtung, daß auch der Kinasegehalt in der Darmschleimhaut selbst nach der Entfernung des Pankreas schon nach [251] einigen Tagen nur noch geringfügig ist[1]]. Während also das Darmerepsin trotz seiner Identität mit dem Pankreasenzym, die man anzunehmen hat, als echtes, primäres Sekretionsprodukt der Darmschleimhaut zu gelten hat, scheint die Enterokinase ihre eigentliche Entstehung der Pankreasdrüse zu verdanken; ihre Absonderung mit dem intestinalen Sekret ist bedingt durch die Zufuhr ihrer Vorstufe aus dem Pankreas.

---

[2] A. a. O., und zwar S. 54 [1925/26].

[1]) Diese Zs. Bd. 33, S. 451 [1901]; Bd. 35, S. 134; Bd. 36, S. 13 [1902]; Bd. 47, S. 286; Bd. 49, S. 64; Bd. 51, S. 415 [1906].

[2]) Siehe dazu FOÀ, Arch. di Fis. Bd. 5, S. 1 [1908]; C. GLAESSNER und A. STAUBER, Biochem. Zs. Bd. 25, S. 204 [1910]; siehe dagegen J. AMANTEA, Arch. di Farm. Bd. 27, S. 109 [1919]; Arch. ital. Biol. Bd. 71, S. 64 [1922].

[3]) Diese Zs. Bd. 149, S. 221 [1925].

[4]) A. a. O., und zwar S. 224ff. [1925].

[1]] Vgl. damit die Beobachtungen von W. SAWITSCH, Soc. des Méd. russes, St. Pétersbourg 1900/01 und von FOÀ, Arch. di Fis. Bd. 5, S. 1 [1908]; Biochem. Zbl. Bd. 7, S. 2332 [1908].

Versuche.

1. Vergleich der enzymatischen Aktivitäten von Pankreassaft und Pankreasdrüse.

Die Versuche, die den Vergleich des Enzymgehaltes von frischem Hundepankreassaft einerseits, von Hundetrockenpankreas bzw. Glycerinauszug aus getrocknetem Schweinepankreas andererseits betreffen und deren Ergebnisse wir im folgenden beschreiben, haben die Bedeutung, daß sie das Vorkommen der einzelnen, in den Präparaten aus der Pankreasdrüse selbst nachgewiesenen Enzyme im normalen Bauchspeichel bestätigen und daß sie wichtige Anhaltspunkte ergeben für die Eignung der verglichenen Präparate zur Anreicherung und Beschreibung ihrer enzymatischen Komponenten. Die frisch geprüften Pankreassekrete und Pankreasdrüsen entstammten verschiedenen Versuchstieren, man gewann das Sekret teils aus Duodenalfisteln am Pankreasausführungsgang nach der Eingabe verdünnter Salzsäure in den Darm, und zwar mit[2] und ohne Ableitung der Galle, teils durch unmittelbares Anschneiden des Pankreasgangs und nach der Injektion von Sekretin; es war in jedem Falle frei von Beimengungen aus dem Magen[3]. Bei der Bestimmung der einzelnen Enzyme

[252] Tabelle 1. Enzymgehalt von Pankreassekreten und Pankreasdrüsenpräparaten.

Versuchsdatum	Enzymmaterial	Versuchstier	Gehalt pro ccm, bzw. (b. Trockenpräparat) 0,10 g an				
			Trypsin— T.-(e.)	Trypsin-Kinase T.-(e)	Erepsin P.Er.-E.	Lipase L.E.	Amylase Am.E.
26. X. 1926	Saft aus Duodenalfisteln, gallenfrei, auf 0,1-n-HCl	Hund I	4,80	1,33	2,9	—	—
2. XI. 1926	do.	„ I	0,96	—	2,7	0,14	0,326
20. XI. 1926	do.	„ I	4,36	—	7,3	0,15	0,327
26. X. 1926	Saft aus Duodenalfisteln, gallenhaltig, auf 0,1-n-HCl	„ II	1,93	1,60	1,5	—	—
6. XI. 1926	Pankreassaft, direkt gew., auf Sekretin	„ III	4,44	0	0,9	—	0,530
11. XI. 1926	Pankreasdrüse getrocknet[1])	„ IV	5,50	0	9,0	0,28	0,808
21. X. 1926	Glycerinauszug 1 : 10 aus Trockenpankreas	Schwein	8,00	0,09	21	3,50	4,28

[252] folgt man den früher beschriebenen Methoden[1]], die Prüfung auf tryptische Wirkung wurde zur Bestimmung des Aktivierungsgrades mit und ohne vorherige Einwirkung von Enterokinaselösung aus Schweinedarm ausgeführt.

---

[2] Siehe dazu O. COHNHEIM und PH. KLEE, diese Zs. Bd. 78, S. 464 [1912].

[3] Eine Verunreinigung durch geringe Mengen Darmsekret war indessen nicht ausgeschlossen.

[1]) Nach dem von R. WILLSTÄTTER und E. WALDSCHMIDT-LEITZ angegebenen Verfahren, diese Zs. Bd. 125, S. 132, und zwar S. 148 [1922/23].

[1]] Siehe R. WILLSTÄTTER, E. WALDSCHMIDT-LEITZ, S. DUÑAITURRIA und G. KÜNSTNER, diese Zs. Bd. 161, S. 191, und zwar S. 206 [1925/26] (Trypsin); E. WALDSCHMIDT-LLEITZ und A. HARTENECK, diese Zs. Bd. 147, S. 286, und zwar S. 292 [1925] (Erepsin); R. WILLSTÄTTER, E. WALDSCHMIDT-LEITZ und FR. MEMMEN, diese Zs. Bd. 125, S. 91, und zwar S. 110 [1922/23] (Lipase); R. WILLSTÄTTER, E. WALDSCHMIDT-LEITZ und A. R. F. HESSE, diese Zs. Bd. 126, S. 143, und zwar S. 155 [1922/23] (Amylase).

Aus der Tabelle geht hervor, daß trotz der zum Teil beträchtlichen Schwankungen, die der Enzymgehalt des pankreatischen Sekretes, sei es verschiedener Tiere, sei es des nämlichen Tieres zu verschiedenen Zeiten aufweist, getrocknetes Drüsenmaterial oder Drüsenextrakt, mit den üblichen Mengen Extraktionsmittel bereitet, in allen Beispielen verhältnismäßig größere Enzymmengen enthält. Der quantitative Unterschied, der für den angeführten Vergleich von Hundesekret und Hundedrüse in allen Fällen deutlich genug ist, tritt besonders hervor bei der Gegenüberstellung mit dem Auszug aus getrocknetem Schweinepankreas, dessen Enzymgehalt, vor allem der lipatische und der amylatische, weitaus am günstigsten gefunden wird.

Tabelle 2.
Enzymgehalt und Reinheitsgrad in Pankreasdrüse und -sekret des nämlichen Hundes.
(Saft durch direktes Anschneiden des Ausführungsganges auf Injektion von Sekretin gewonnen und sogleich bestimmt; Drüse getrocknet mit Aceton und Äther.)

Enzym	Enzymmenge (Enzymeinheiten) in		Reinheitsgrad (Enzymwert) von	
	1,0 ccm Saft	0,10 g Trockendrüse	Saft	Trockendrüse
Trypsin . .	4,40	3,90	1,52	0,39
Erepsin . .	0,000055	0,0011	0,000019	0,00011
Lipase . .	0,26	1,34	0,113	0,134
Amylase .	1,75	14,5	0,607	1,45

[254] Der Vergleich der Enzymmengen in Sekret und Organ verschiedener Tiere, den die Tabelle veranschaulicht, könnte unsicher erscheinen, obgleich er durch eine Reihe gleichsinniger Beispiele belegt wird. Allein die Bestimmung von Enzymgehalt und von enzymatischer Konzentration in Saft und Drüse des nämlichen Individuums, die wir vorgenommen haben und die in Tab. 2 beschrieben wird, bestätigt die gewonnenen Erkenntnisse. Nur für Menge und Konzentration des trpytischen Enzyms, in dem untersuchten Beispiele unverhältnismäßig hoch, ergibt die Messung des pankreatischen Sekrets höhere Werte, während für die übrigen geprüften Enzyme, Erepsin, Lipase und Amylase, sowohl ihre Menge in vergleichbaren Anteilen der Präparate wie auch ihr Reinheitsgrad, der in den Enzymwerten zum Ausdruck kommt, in der Drüse selbst günstiger gefunden wird. Für die präparative und für die analytische Untersuchung irgend eines pankreatischen Enzyms werden also Auszüge, z. B. Glycerinauszüge aus der Drüsensubstanz selbst, die haltbarer und die leichter zu gewinnen und zu reproduzieren sind, den Drüsensekreten in den meisten Fällen vorzuziehen sein.

2. Über den Gehalt des Darmsafts an Erepsin und Enterokinase.

Die Angaben der Literatur über das Vorkommen von Erepsin im reinen Darmsekret sind widersprechend. Den Beobachtungen von O. COHNHEIM[1], die von J. AMANTEA[2] bestätigt worden sind, daß die Darmschleimhaut auch bei pankreaslosen Tieren

[1] Diese Zs. Bd. 36, S. 13 [1902]; Bd. 47, S. 286 [1906]; siehe dazu S. SALASKIN, Diese Zs. Bd. 35, S. 419 [1902].
[2] Arch. di Farm. Bd. 27, S. 109 [1919]; Arch. ital. Biol. Bd. 71, S. 64 [1922].

Erepsin enthalte, stehen Befunde von G. GLAESSNER und A. STAUBER [3] einerseits, von FOÀ [4] andererseits gegenüber, wonach in der Schleimhaut bzw. in ihrem Sekrete nach längerer Isolierung vom Pankreas kein Erepsin mehr nachzuweisen sei; man glaubte seinen Ursprung auf das [255] Pankreas zurückführen zu können. Ebenso wenig einheitlich sind die Aussagen der Literatur über Vorkommen und Produktion der Enterokinase in isolierten Darmabschnitten. Während W. SAWITSCH [1]) sowie FOÀ [2]) den Aktivator im Sekrete und in den Auszügen der vom Pankreassafte isolierten Schleimhaut vermissen, geben E. POZERSKI und S. KRONGOLD [3]) an, daß in verpflanzten Darmstücken die Enterokinasewirkung im Gegensatz zu enzymatischen Wirkungen der Schleimhaut erhalten bleibe.

Tabelle 3.
Enzymgehalt in normalem Darmsekret aus Vellaschlinge vom Hund.
(Injizierte Lösungen enthalten 0,9% NaCl; Gehalt an Enterokinase bestimmt durch Einwirkung auf 0,10 ccm inaktiven Glycerinauszug (1 : 10) aus Schweinetrockenpankreas, enthaltend 0,70 T.(e.), ausgedrückt durch die Anzahl vollaktivierter T.-(e.); Bestimmungen ausgeführt sogleich nach Gewinnung des Sekrets, Gehalte beziehen sich auf Gesamtmenge des Sekrets.)

Datum 1926	Injizierte Lösung		gew. Sekr.	Tryps.-Geh.		Erepsin-Geh.		Kinase-Geh.	
		ccm	ccm	ang. ccm	T.-(e.)	ang. ccm	Er.E.	ang. ccm	entspr. T.-(e.)
30. X.	0,01 n-HCl	40	28	2,7	0	5,0	0,0013	0,5	0
4. XI.	0,01 n-HCl	88	70	2,5	0	5,0	0,0060	1,0	0
30. X.	1% $NaHCO_3$	50	40	2,5	0	5,0	0,023	1,0	0
11. XI.	1% $NaHCO_3$	90	95	2,5	0	5,0	0,022	1,0	0
25. XI.	1% $NaHCO_3$	85	65	—	0	5,0	0,022	1,0	0
11. XI.	0,9% NaCl	88	30	2,5	0	5,0	0,00084	1,0	0

Den angeführten Beobachtungen liegen in keinem Falle exakte Aktivitätsmessungen an spezifischen Substraten zugrunde; sie bedurften der Nachprüfung mit verbesserter Methodik. Es hat sich ergeben, wie die in der nachfolgenden Tab. 3 mitgeteilten Belege erweisen, daß im Sekrete Vellascher Darmschlingen auch nach monatelanger Isolierung derselben vom übrigen Darm und vom Pankreas stets reichliche Mengen von Darmerepsin nachzuweisen sind, dessen Sekretion nach der [256] Einführung alkalischer Lösungen in das Darmlumen im Vergleich mit sauren Spülungen beträchtlich verstärkt ist. Dagegen war in keinem der untersuchten Beispiele in normalem, reinem Darmsekrete die Gegenwart von Trypsin oder von Enterokinase zu beobachten. Wenn in gewissen Fällen, wie wir gefunden haben, Enterokinase bei der Spülung des isolierten Darmabschnittes beobachtet wird, so ist sie auf die Beimengung von Leukocyten aus den Follikeln der Darmwand zurückzuführen, auf deren Kinasegehalt schon die Untersuchungen von C. DÉLEZENNE [1]] hingewiesen haben. Ihre Menge nimmt in solchen Fällen, bei der Spülung vereiterter Darmschlingen, bei wiederholter Injektion ab und verschwindet dann ganz, sie geht parallel mit dem Leukocytengehalt des Sekrets, während

[3] Biochem. Zs. Bd. 25, S. 204 [1910].
[4] Arch. di Fis. Bd. 5, S. 1 [1908]; Biochem. Zbl. Bd. 7, S. 2332 [1908].
[1]) Soc. des Méd. russes St. Pétersbourg 1900/01. [2]) A. a. O.
[3]) Soc. Biol. Bd. 77, S. 278 u. 330 [1914].
[1]] Soc. Biol. Bd. 54, S. 590, 691, 693 [1902]; Bd. 56, S. 166 [1904].

Tabelle 4.
Enzymgehalt in leukocytenhaltigem Darmsekret aus Vellaschlinge.
(Operationen und Bestimmungen ausgeführt, wie für Tab. 3 angegeben.)

Datum 1926	Injizierte Lösung		gew. Sekr.	Tryps.-Geh.		Erepsin-Geh.		Kinase-Geh.	
		ccm	ccm	ang. ccm	T.-(e.)	ang. ccm	Er.E.	ang. ccm	entspr. T.-(e.)
12. XI.	1 % $NaHCO_3$ 1. Injekt.	90	95	2,5	0	5,0	0,050	1,0	143
	1,5 % Na_2SO_4 2. Injekt.	90	95	2,5	0	5,0	0,045	1,0	52
	0,005 n-HCl 3. Injekt.	90	60	2,5	0	5,0	0,019	1,0	0
16. XI.	0,9 % NaCl 1. Injekt.	90	25	—	—	5,0	0,0078	1,0	24
	2. ,,	90	35	—	—	5,0	0,014	1,0	—
	3. ,, [2]	90	36	—	—	5,0	0,013	1,0	4,7
19. XI.	0,9 % NaCl 1. Injekt.	90	25	—	—	—	—	1,0	50
	2. ,, [3]	90	30	—	—	—	—	1,0	7,2
	3. ,, [4]	90	50	—	—	—	—	1,0	4,5

[257] Tabelle 5.
Enzymgehalt in frischer Darmschleimhaut.
(Schleimhaut präpariert durch Waschen mit Wasser und Abschaben; Bestimmungen ausgeführt, wie für Tab. 3 angegeben; Angaben beziehen sich auf 1,0 g frische Schleimhaut.)

Versuchstier	Gehalt an		
	Trypsin T.-(e.)	Erepsin Er.E.	Kinase entspr. T.-(e.)
Katze, normal	0,28	0,012	5,0
Hund, 8 Tage nach Entfernung der Pankreasdrüse	0,12	0,0045	0,14

die vergleichsweise bestimmte Menge des ereptischen Enzyms bei solchen Vornahmen keinen Rückgang erfährt (Tab. 4). Es ist daraus zu folgern, daß nur das Erepsin, nicht aber die Enterokinase als ursprüngliches Sekretionsprodukt der Darmschleimhaut zu gelten hat; der Aktivator scheint vielmehr von den Zellen der Darmschleimhaut dem pankreatischen Sekrete entnommen zu werden, mit welchem er in Form einer Vorstufe von der Pankreasdrüse abgesondert wird. Dieser Vorstellung entspricht die vergleichende Bestimmung des Kinasegehaltes normaler und pankreasloser Tiere im Darm, die wir in Tab. 5 beschreiben, und die erkennen läßt, daß nach der Entfernung der Pankreasdrüse die Menge des Aktivators, die in der Darmschleimhaut nachzuweisen ist, auf einen geringen Bruchteil zurückgeht.

3. Zur Spezifität von Pankreas- und Darmerepsin.

Spaltbarkeit von Peptonen. Die Feststellung, über die E. Waldschmidt-Leitz und A. Harteneck[1]) berichten konnten, daß „die Wirkung des Pankreaserepsins und gleicherweise die des Darmerepsins sich lediglich auf die Hydrolyse einfacher

[2] Nach Fütterung des Tieres mit Milch und Brot.
[3] Vorgenommen nach 1 Stunde. [4] Vorgenommen nach 2 Stunden.
[1]) Diese Zs. Bd. 149, S. 203, und zwar S. 209 [1925].

Peptide bezieht" ... und daß „schon ein Pepton der Pepsinverdauung seiner Einwirkung nicht mehr unterliegt", war aus der enzymatischen Spaltbarkeit käuflichen Peptons aus Eieralbumin abgeleitet. Sie hat sich auch in unseren Versuchen bestätigt. Allein es hat sich ergeben, daß die [258] verschiedenen „Peptone" der Pepsinverdauung in ihrer ereptischen Spaltbarkeit bedeutende Unterschiede aufweisen. Es ist nicht belanglos, ob die Verdauung durch Pepsin, wie es bei käuflichen Präparaten der Fall zu sein scheint, nur unvollkommen oder ob sie, sei es im Reagenzglasversuch, sei es bei der tierischen Verdauung selbst, bis zum Stillstand der enzymatischen Einwirkung geführt wird. So haben schon E. WALDSCHMIDT-LEITZ und E. SIMONS[1] am Beispiel der Caseinhydrolyse darauf hingewiesen, „daß unter der Wirkung des Pepsins", die

Tabelle 6.
Enzymatische Spaltung von Teleopepton aus Fleisch.
(30 ccm Peptonlösung, gewonnen nach Fütterung von ausgekochtem Fleisch aus Doudenalfistel und nach 10tägiger Aufbewahrung angesetzt (enth. 294 mg Stickstoff), neutralisiert mit 1,5 ccm 0,1 n-NaOH; 12,0 ccm n-Ammoniak-Ammonchloridpuffer von $p_H = 8,6$ (bei 30°); 6,0 ccm trypsinfreies Erepsin (enth. 0,0187 Er.E.), bzw. 10,0 ccm erepsinfreies Trypsin, mit Enterokinase aktiviert (mit 6,5 T.-[e.]), bzw. 6,0 ccm Erepsin (mit 0,0187 Er.E.) + 6,0 ccm Trypsin (mit 5,0 T.-[e.]), Gesamtvolumen 60 ccm; $p_H = 7,8$; 30°; zur Analyse entnommen 10,0 ccm; Angaben bedeuten ccm 0,2 n-KOH Aciditätszuwachs.)

Zeit	Erepsin	Trypsin—Kinase	Erepsin + Trypsin—Kinase
90 Minuten	1,22	—	—
150 „	1,40	—	—
20 Stunden	2,55	1,60	—
43 „	3,00	—	—
16 Tage	3,56	2,55	4,45
35 „	3,60[2]	2,87[3]	4,75[4]

bis zur Konstanz des Aciditätszuwachses geführt war, „geringe Mengen durch Erepsin zerlegbarer Produkte entstehen", und es geht aus den Ergebnissen der in vorstehender Tab. 6 wiedergegebenen Versuche hervor, daß entsprechend den älteren Beobachtungen von O. COHNHEIM[5] [259] auch die Produkte der vollständigen peptischen Hydrolyse von Eiweiß im tierischen Organismus durch Erepsin weitgehend spaltbar sind; die natürliche Verdauung der Proteine im Magen, durch große Mengen Sekret und durch die mechanische Anordnung des Magens[1)] befördert, führt zu tiefer abgebauten Produkten, als sie in vielen käuflichen Peptonpräparaten vorliegen. Auf Grund ihrer ereptischen Spaltbarkeit lassen sich verschiedene Produkte des peptischen Abbaues unterscheiden; man wird die Produkte unvollständiger peptischer Hydrolyse, darunter manche käuflichen Peptone, die von dem reinen Erepsin nicht angegriffen werden, viel mehr zu den Albumosen zu rechnen haben, während für die Kennzeichnung des Peptidgemisches, das bei der vollständig durchgeführten Pepsineinwirkung entsteht, die Bezeichnung

[1] Diese Zs. Bd. 156, S. 99, und zwar S. 103 [1926].
[2] Biuretreaktion negativ. [3] Biuretreaktion positiv (rotviolett).
[4] Biuretreaktion negativ.
[5] Diese Zs. Bd. 35, S. 134 [1902]; Bd. 49, S. 64; Bd. 51, S. 415 [1906]; O. COHNHEIM und L. TOBLER, Diese Zs. Bd. 45, S. 185 [1905].
[1)] Siehe dazu O. KESTNER, Pflüg. Arch. Bd. 205, S. 34 [1924].

„Teleopepton" vorgeschlagen wird. Es bedarf indessen der Nachprüfung, ob die enzymatische Spaltbarkeit der „Teleopeptone" aus verschiedenen Eiweißkörpern, z.B. die ereptische, übereinstimmt oder ob, wie es wahrscheinlicher ist, bei der peptischen Hydrolyse der einzelnen Proteine Produkte entstehen, die nach ihrer enzymatischen Angreifbarkeit auch qualitativ zu unterscheiden sind. Für die Kennzeichnung der Peptone, unter denen Gemische der verschiedenartigsten Zusammensetzung zusammengefaßt werden, und für ihre Fraktionierung in einheitliche Substanzen wird die enzymatische Analyse unentbehrlich sein. So ergibt die enzymatische Analyse des „Teleopeptons" aus Fleisch, die wir beschreiben, daß sein Abbau durch das trypsinfreie Erepsin, obwohl er in Bestätigung der Angaben von O. COHNHEIM[2] zu biuretfreien Produkten führt, nicht vollständig ist; die Aufspaltung unter Mitwirkung des Trypsins, an der Bildung titrierbarer Carboxyle, und zwar bis zur Konstanz der Werte gemessen, verläuft nicht nur rascher, sie führt auch weiter als die Hydrolyse durch Erepsin allein. Man wird diese Feststellung zu beobachten haben, um ein Urteil zu gewinnen über die Entbehrlichkeit des Trypsins für die Aufspaltung der [260] Proteine im tierischen Verdauungstrakt und für die Vollständigkeit der Resorption ihrer Spaltprodukte im Darm.

Für die Prüfung der Spaltbarkeit von „Teleopepton" durch Erepsin ist nicht das Enzym aus Pankreas- oder Darmsaft angewandt worden; die Menge des ereptischen Enzyms in den Verdauungssekreten ist verhältnismäßig zu geringfügig und es ist nicht beständig genug, um beispielsweise durch fraktionierte Adsorption mit Tonerde, wie für die Auszüge aus Pankreas oder Darmschleimhaut beschrieben[1]), das Erepsin in trypsinfreier Form und in ausreichender Ausbeute zu gewinnen, wenngleich das Adsorptionsverhalten von Trypsin und Erepsin im Drüsenauszug und im Sekret übereinstimmt. Wir haben daher zur Bereitung trypsinfreien Erepsins für die Versuche der Tab. 6 das Verfahren von E. WALDSCHMIDT-LEITZ und A. SCHÄFFNER[2]) aus Darmschleimhaut befolgt.

Vergleich von Pankreas- und Darmerepsin. Der Befund von E. WALDSCHMIDT-LEITZ und A. SCHÄFFNER[3]), der an Organauszügen erhoben war, wonach nämlich „das Verhältnis der Reaktionsgeschwindigkeiten, mit denen die Hydrolyse der einzelnen Peptide" durch Pankreas- und durch Darmerepsin „verläuft, konstant" gefunden wird, ist mit den Enzymen aus den natürlichen Sekreten nachgeprüft worden. Er hat sich bestätigt, auch für die Reihenfolge der Spaltbarkeit der angewandten Peptide. Diese Feststellung entspricht der Anschauung, daß die beiden Enzyme als identisch zu betrachten sind. Wir veranschaulichen unsere Versuche, die die vergleichende Hydrolyse dreier einfacher Dipeptide durch jeweils die nämliche Menge Pankreas-, bzw. Darmsaft betreffen, in der nachstehenden Tab. 7.

---

[2] Diese Zs. Bd. 33, S. 451 [1901]; Bd. 51, S. 415 [1906].

[1]) E. WALDSCHMIDT-LEITZ und A. HARTENECK, Diese Zs. Bd. 147, S. 286, und zwar S. 303 [1925]; E. WALDSCHMIDT-LEITZ, A. SCHÄFFNER und W. GRASSMANN, Diese Zs. Bd. 156, S. 68, und zwar S. 82 [1926] (Pankreas); E. WALDSCHMIDT-LEITZ und A. SCHÄFFNER, Diese Zs. Bd. 151, S. 31, und zwar S. 51 [1925/26] (Darm).

[2]) Diese Zs. Bd. 151, S. 31, und zwar S. 51 [1925/26]. [3]) A. a. O., und zwar S. 53 [1925/26].

[261] Tabelle 7.

Peptidhydrolyse durch Erepsin aus Pankreas- und Darmsaft.

(1,0 ccm Pankreassaft, gallenfrei, durch Eingabe von 0,1 n-HCl gewonnen, bzw. 2,0 ccm Darmsekret aus Vellaschlinge, auf Injektion von 1 proz. $NaHCO_3$ (0,9% NaCl enth.) gewonnen; 0,001 Mol Peptid, in 2,00 ccm n-Ammoniak-Ammonchloridpuffer (1 : 2) gelöst; Volumen des Bestimmungsansatzes 10,0 ccm; $p_H = 7,8$; 30°.)

Peptid	Darmerepsin			Pankreaserepsin			$k_1 : k_2$
	Dauer in Min.	Acid.-Zuw. in ccm 0,2 n-KOH	k_1 (monom.) ber.	Dauer in Min.	Acid.-Zuw. in ccm 0,2 n-KOH	k_2 (monom.) ber.	
Glycyl-glycin	240	0,47	0,00017	300	0,29	0,000086	2,0
Alanyl-glycin	120	0,74	0,00058	180	0,67	0,00035	1,7
Leucyl-glycin	120	0,44	0,00033	180	0,32	0,00016	2,0

Der Notgemeinschaft der Deutschen Wissenschaft danken wir ergebenst für die zur Verfügung gestellten Mittel.

Zeitschrift für physiologische Chemie 167, S. 285 [1927].

116. ÜBER DIE PROTEOLYTISCHEN ENZYME DER MILZ.

Von ERNST WALDSCHMIDT-LEITZ und WALTER DEUTSCH.

Zehnte Mitteilung zur Spezifität tierischer Proteasen.

(Aus dem Chemischen Laboratorium der Bayerischen Akademie der Wissenschaften zu München.)

Mit 3 Abbildungen im Text.

(Der Redaktion zugegangen am 10. April 1927.)

Nach den Untersuchungen von S. G. HEDIN[1], die große Beachtung verdienen[2], unterscheidet man in der Milz zwei für die Spaltung genuiner Proteine spezifische Proteasen, die α- und β-Lienoprotease, gekennzeichnet durch ein Reaktionsoptimum bei alkalischer bzw. saurer Reaktion, und daneben als drittes proteolytisches Enzym eine Peptidase vom Typus des Erepsins. Auch ist über Verfahren zur Fraktionierung dieser drei Enzyme berichtet worden, beispielsweise mit Adsorptionsmitteln oder durch auswählende Extraktion, wenngleich die erzielte Trennung nie vollständig war.

Aber ihre Unterscheidung an sich ist unsicher geworden. Zur Identifizierung und zur Unterscheidung von Enzymen genügt nicht ihr Reaktionsoptimum, das, wie bei den fettspaltenden Enzymen, durch Begleitstoffe entstellt oder vorgetäuscht werden kann; und bei den Proteasen scheint die p_H-Abhängigkeit auch der nämlichen Enzymlösung zufolge den [286] Beobachtungen von J. H. NORTHROP[1]) und von R. WILLSTÄTTER, W. GRASSMANN und O. AMBROS[2]) mit der Ionisierbarkeit des Substrates zu wechseln. Für die Beschreibung und Einteilung proteolytischer Enzyme ist ihre Spezifität viel maßgebender. So haben die neueren Untersuchungen über pankreatische Enzyme[3]) erwiesen, daß in den Auszügen und Sekreten der Pankreasdrüse zwei proteolytische

---

[1] S. G. HEDIN und S. ROWLAND, Diese Zs. Bd. 32, S. 341, 531 [1901]; S. G. HEDIN, Jl. of Physiol. Bd. 30, S. 155 [1904]; Biochem. Jl. Bd. 2, S. 112 [1906/07]; Jl. of Biol. Chem. Bd. 54, S. 177 [1922].

[2] Vgl. C. OPPENHEIMER, Die Fermente und ihre Wirkungen, 5. Aufl., Leipzig 1926, II. Bd., S. 1057; siehe auch B. WILLSTÄTTER und E. WALDSCHMIDT-LEITZ, Diese Zs. Bd. 125, S. 132, und zwar S. 137 [1922/23] (*Abh. 89*).

[1]) Naturw. Bd. 11, S. 713 [1923].

[2]) Diese Zs. Bd. 151, S. 307 [1925/26] (*Abh. 119*).

[3]) E. WALDSCHMIDT-LEITZ und A. HARTENECK, Diese Zs. Bd. 147, S. 286; Bd. 149, S. 203 [1925]; E. WALDSCHMIDT-LEITZ und J. WALDSCHMIDT-GRASER, Diese Zs. (im Druck, *Abh. 115*).

Enzyme enthalten sind, Trypsin und Erepsin, deren Beschreibung und Isolierung ihre exakte Messung mittels spezifischer Substrate zugrunde liegt; und am Beispiel der Hefe, deren proteolytischer Apparat nach unseren Beobachtungen dem der Milz zu entsprechen scheint, haben R. WILLSTÄTTER und W. GRASSMANN[4] den Nachweis geführt, daß der Pilz entgegen den Aussagen von K. G. DERNBY[5], die sich vornehmlich auf Verschiedenheiten im Reaktionsoptimum stützten, nur zwei, nicht drei proteolytische Enzyme ausbildet, eine Protease neben einem peptidspaltenden Enzym.

Für die Analyse von Enzymgemischen, wie sie in den Auszügen der meisten tierischen Organe vorliegen, hat man die Messung der enzymatischen Wirkungen, die man vergleicht, auf eine sichere Grundlage zu stellen und zu ermitteln, in welchem Grade jede einzelne Wirkung, die man im Ausgangsmaterial beobachtet, bei Reinigungsoperationen sich verändert und ob sie einem besonderen Enzyme zukommt oder aber nur auf das Zusammenwirken mehrerer Enzyme zurückzuführen ist. In den rohen Auszügen der Milz, z. B. den Glycerinauszügen der Rindermilz, beobachtet man eine deutliche, aber geringfügige Wirkung gegenüber Proteinen wie Casein oder Gelatine bei saurer, schwächer noch bei alkalischer Reaktion, und eine weit erheblichere gegenüber einfachen Peptiden: der Proteasegehalt des Organs ist gering, sein Gehalt an Peptidase **[287]** dagegen sehr beträchtlich. Die Verfahren zur quantitativen Bestimmung mit spezifischen Substraten von Protease einerseits, von Peptidase andererseits, die wir ausgearbeitet haben und die aus den ermittelten Beziehungen zwischen Enzymmenge und Umsatz sich ableiten, erlauben den Vergleich der Enzymmengen in verschiedenem Ausgangsmaterial und von verschiedenem Reinheitsgrad; sie kontrollieren den Erfolg der präparativen Vornahmen, die zur Fraktionierung des proteolytischen Systemes der Milz geführt und seine Zusammensetzung klargestellt haben.

Die Fragestellung, die sich aus den angeführten Beobachtungen über die proteolytischen Wirkungen der Milz und ihrer Auszüge ergibt, betrifft nicht die Unterscheidung von Peptidase neben Protease, die kaum zweifelhaft war und die den Erfahrungen über die Zusammensetzung und Spezifität anderer proteolytischer Systeme, aus Pankreas oder aus Hefe, entspricht; sie betrifft vielmehr die Vorstellung, die nach den Befunden von S. G. HEDIN berechtigt schien, daß die Milz zwei eigentliche Proteasen von ähnlicher Spezifität, aber verschiedener optimaler Reaktion enthalte. Die beachtenswert erscheinende Beobachtung, die diese Vorstellung zu stützen scheint, daß nämlich die p_H-Kurve der Proteasewirkung, z. B. der Gelatinespaltung, in den rohen Enzymlösungen zwei Scheitelpunkte aufweist, einen bei saurer ($p_H = 4$) und einen bei alkalischer Reaktion ($p_H = 8{,}0$), ist jedoch irreführend; sie wird nur vorgetäuscht durch die Gegenwart großer Mengen von ereptischem Enzym und sie gilt nicht mehr für die reineren Proteaselösungen. So gelingt es mit Adsorptionsmitteln, einerseits die Lösungen der Protease vom Erepsin und in anderen Beispielen das Erepsin von Protease zu befreien, und man beobachtet bei dieser Fraktionierung, daß mit der Abtrennung des Erepsins, schon mit einer Abnahme seiner Menge, die zuvor beobachtete Protease-

[4] Diese Zs. Bd. 153, S. 250 [1926]. [5] Biochem. Zs. Bd. 81, S. 107 [1917].

wirkung bei alkalischer Reaktion verschwindet, im sauren Gebiete aber erhalten bleibt.

Man hat danach in der Milz nur zwei proteolytische Enzyme zu unterscheiden, eine Protease vom Reaktionsoptimum $p_H = 4$, spezifisch für die Hydrolyse von Proteinen [288] und ohne Wirkung auf einfache Peptide, und daneben in überwiegender Menge ein peptidspaltendes Enzym, dessen optimale Reaktion von $p_H = 8{,}0$ der anderer bekannter Peptidasen entspricht. Diese Feststellung sollte nach gewissen Erfahrungen der neueren Literatur nicht überraschen. So hat M. MORSE [1] über die Beobachtung berichtet, daß die Autolyse der Milz nur bei saurer Reaktion von statten geht und daß, in Übereinstimmung mit späteren Befunden von K. G. DERNBY [2], die alkalisch wirkende α-Protease HEDINS, nach unseren Erfahrungen ein Gemisch von wenig β-Protease und von viel Peptidase, native Eiweißstoffe nicht zu zerlegen vermag. Diese Feststellungen, die unseren Beobachtungen entsprechen, begegnen auch dem Einwand, daß das Verschwinden der alkalischen Proteinspaltung, das wir mit der Abtrennung des Erepsins beobachten, auf andere Ursachen, etwa auf eine ungleiche Beständigkeit von α- und von β-Protease zurückzuführen sei; nur bei Gegenwart großer Erepsinmengen, wie sie in den rohen Organauszügen sich finden, ist nämlich die Zerlegung genuiner Proteine bei alkalischer Reaktion, eingeleitet durch eine geringe Aktivität der sauer optimal wirkenden Protease, bedeutend genug, um nachweisbar zu sein.

Am Beispiel der α- und β-Lienoprotease hat S. G. HEDIN [3] im Jahre 1904 zuerst Versuche mitgeteilt, die im Ergebnis eine Trennung dieser Enzyme durch Adsorptionsmittel zu bedeuten schienen. Sie erscheinen heute in anderem Lichte. Es ist nicht zweifelhaft, daß den mitgeteilten Beobachtungen eine gewisse Fraktionierung von Protease und von Erepsin zugrunde lag; aber die Beurteilung der erzielten Fraktionierung wird beeinträchtigt durch den Umstand, daß sie noch nicht durch quantitativ zureichende Messungen gestützt war und daß die eine der unterschiedenen enzymatischen Komponenten, die α-Protease, in Wirklichkeit nicht existiert. Die ihr zugeschriebene Wirkung ist nur auf das Zusammenwirken von β-Protease und von Erepsin zurückzuführen.

[289]

Versuche.

I. Quantitative Bestimmung.

1. Lieno-Erepsin.

Die Wirkung von Milzextrakten, und zwar von wäßrigen, auf ein einfaches Peptid, Glycyl-glycin, ist zuerst von K. G. DERNBY [1]) bei seinen Studien über die Autolyse tierischer Gewebe genauer untersucht worden; er gelangte zu der Erkenntnis, „that

[1] Jl. of Biol. Chem. Bd. 31, S. 303 [1917].

[2] Jl. of Biol. Chem. Bd. 35, S. 179, und zwar S. 195 [1918].

[3] Jl. of Physiol. Bd. 30, S. 155 [1904].

[1]) Jl. of Biol. Chem. Bd. 35, S. 179, und zwar S. 197 [1918].

there are ereptases present in the extrakt, and the optimum for their action seems to be about $p_H = 8$". Seine Beobachtungen bestätigen sich in unseren Versuchen der Spaltung von Leucyl-glycin mit Glycerinauszügen der Milz, die viel enzymreicher sind; das Optimum der Erepsinwirkung ergibt sich danach zu $p_H = 8{,}0$, in Übereinstimmung mit der optimalen Reaktion anderer Peptidasen, aus Darmschleimhaut[2], Pankreas[3] oder Hefe[4]. Man maß die Enzymwirkung durch Ermittlung des Aciditätszuwachses in 85proz. Methylalkohol nach E. WALDSCHMIDT-LEITZ und A. SCHÄFFNER[5].

Tabelle 1.
p_H-Abhängigkeit der Peptidasewirkung aus Milz.
(0,80 ccm Glycerinauszug aus frischer Milz (1 : 2); 10,0 ccm 0,1 mol.-Leucyl-glycin; 10,0 ccm 0,2 mol.-Phosphatpuffer; 1 Stunde, 30°.)

p_H	Aciditätszuwachs (ccm 0,2 n-KOH)
5,9	0,30
7,0	0,55
7,4	1,45
7,7	1,80
8,0	2,20
8,3	1,95
8,8	1,45

[290] Der Reaktionsverlauf der Peptidspaltung durch Milzerepsin unterscheidet sich in bemerkenswerter Weise von dem für Darm- und Pankreaserepsin beobachteten; während die Enzymwirkung in diesen Beispielen nach den Angaben der Literatur sowohl wie nach eigenen Erfahrungen[1]), auch unabhängig vom p_H, einer Gleichung erster Ordnung folgt, gilt für die Wirkung des Milzenzyms bis zu einer Hydrolyse von etwa 40%, wie Tab. 2 erweist, Proportionalität zwischen Umsatz und Zeit; es ist aber nicht untersucht, ob diese Beziehung, die bei optimaler Acidität beobachtet wird, eine allgemein giltige ist oder ob sie etwa, wie es in den Untersuchungen von E. ABDER-

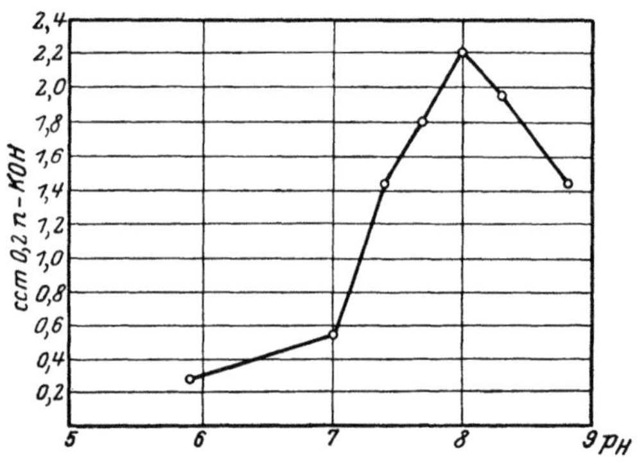

Abb. 1. Aktivitäts-p_H-Kurve des Lieno-Erepsins.

[2] K. G. DERNBY, Biochem. Zs. Bd. 81, S. 107 [1917]; E. WALDSCHMIDT-LEITZ und A. SCHÄFFNER, Diese Zs. Bd. 151, S. 31, und zwar S. 37ff. [1925/26]; H. v. EULER und K. JOSEPHSON, Chem. Ber. Bd. 59, S. 226 [1925/26].

[3] E. WALDSCHMIDT-LEITZ und A. HARTENECK, Diese Zs. Bd. 147, S. 286, und zwar S. 307 [1925].

[4] K. G. DERNBY, Biochem. Zs. Bd. 81, S. 107 [1017]; R. WILLSTÄTTER und W. GRASSMANN, Diese Zs. Bd. 153, S. 250, und zwar S. 263 [1926] (*Abh. 122*).

[5] Diese Zs. Bd. 151, S. 31, und zwar S. 43 [1925/26] (*Abh. 112*).

[1]) H. v. EULER, Arkiv f. Kemi Bd. 2, S. 31 [1906]; K. G. DERNBY, Biochem. Zs. Bd. 81, S. 107 [1917]; E. WALDSCHMIDT-LEITZ und A. SCHÄFFNER, Diese Zs. Bd. 151, S. 31, und zwar S. 41 [1925/26] (Darmerepsin); E. WALDSCHMIDT-LEITZ und A. HARTENECK, Diese Zs. Bd. 147, S. 286, und zwar S. 294 [1925] (Pankreaserepsin).

HALDEN und A. FODOR[2] für Hefepeptidase beschrieben wird, mit der Acidität sich ändert. Es erscheint für die Enzymforschung als reizvolle Aufgabe, die Kinetik und die Spezifität der Peptidasen aus den einzelnen tierischen Organen unter sich und mit denen pflanzlicher Enzyme zu vergleichen; denn es hat den Anschein, daß manche Peptidasen der tierischen Gewebe in dieser Hinsicht den entsprechenden Enzymen des [291] Pflanzenreiches ähnlicher sich verhalten als die der tierischen Verdauungssekrete.

Tabelle 2.
Reaktionsverlauf der Leucyl-glycin-spaltung durch Milzerepsin bei $p_H = 8{,}0$.
[1,882 g d,l-Leucyl-glycin; 50 ccm 0,2 mol.-Phosphatpuffer (9 T. sek., 1 T. prim.) + 3,2 ccm n-NH_3; wechselnde Mengen Glycerinauszug aus getrockneter Milz (1 : 5); Gesamtvolumen 100 ccm, enth. 35 % Glycerin; $p_H = 8{,}0$; 30°; zur Analyse entnommen 10,0 ccm.]

Enzymmenge ccm Auszug	Zeit in Min.	Acid.-Zuw. ccm 0,2 n-KOH	$\frac{x}{t}$	Enzymmenge ccm Auszug	Zeit in Min.	Acid.-Zuw. ccm 0,2 n-KOH	$\frac{x}{t} \cdot 100$
3,75	120	0,64	0,50	15,0	30	0,48	1,6
3,75	240	1,20	0,50	15,0	60	1,02	1,6
3,75	360	1,70	0,47	15,0	90	1,56	1,7
3,75	480	2,03	0,42	15,0	120	1,94	1,6
7,50	60	0,58	1,0	15,0	180	2,10	—
7,50	120	1,16	1,0	30,0	15	0,53	3,5
7,50	180	1,63	0,9	30,0	30	1,05	3,5
7,50	240	2,18	0,9	30,0	45	1,55	3,5
				30,0	60	2,05	3,4
				30,0	90	2,25	—
				30,0	120	2,44	—

Aus den ermittelten Beziehungen zwischen Enzymmenge und Umsatz leitet sich das für die Menge des Erepsins vorgeschlagene Maß, die „Lieno-Erepsin-Einheit (L.Er.-E.)", ab; sie ist gleich derjenigen Enzymmenge, für die sich unter den Bedingungen unserer Bestimmung der Quotient aus Umsatz (in ccm 0,2n-Lauge) und Zeit (in Minuten) = 1,0 ergibt; diese Enzymmenge läßt sich dadurch veranschaulichen, daß sie die zur Bestimmung angewandte Menge von 0,001 Mol. d,l-Leucyl-glycin in 1 Minute zu 20 % hydrolysiert, entsprechend einem Aciditätszuwachs von 1,0 ccm 0,2n-Lauge, und daß sie beispielsweise in 100 ccm eines normalen Glycerinauszuges aus frischer Milz (1 : 2) enthalten ist.

Als Maß für die Konzentration des Enzyms, für die die vorliegende Untersuchung noch kein Beispiel gibt, schlagen [292] wir den „Lieno-Erepsin-Wert (L.Er.-W.)" vor, nämlich die Anzahl Lieno-Erepsin-Einheiten in 1 g Präparat.

Ausführung der Bestimmung. Zu der Lösung von 0,1882 g d,l-Leucyl-glycin in 5,0 ccm 0,2 mol.-Phosphatpuffer (9 T. sek., 1 T. prim.) fügt man die zu bestimmende Enzymprobe hinzu, stellt darauf durch Zugabe von n-NH_3 auf $p_H = 8{,}0$ ein und füllt mit Glycerin bzw. Wasser zu einer Glycerinkonzentration von 35 % auf 10,0 ccm auf. Nach Ablauf der Bestimmungszeit unterbricht man die Enzymwirkung durch Eintragen in eine Mischung von 85 ccm Methylalkohol und 5 ccm H_2O und ermittelt die Acidität durch Titration mit 0,2n 90proz. alkoholischer Lauge nach Zusatz von 2,0 ccm

[2] Fermentforschung Bd. 1, S. 533 [1916].

0,5 proz. Thymolphthalein. Zu jeder Analyse ist eine Leerbestimmung auszuführen, deren Acidität von der des Hauptversuchs in Abrechnung gebracht wird. Die Enzymmenge ist zweckmäßig so zu wählen, daß sie zwischen 0,01 und 0,04 L.Er.-E. liegt, und die Reaktionszeit ist so zu bemessen, daß der gefundene Aciditätszuwachs einem Alkaliverbrauch von 0,50 bis 1,50 ccm 0,2 n-Lauge entspricht. also einer Hydrolyse des Peptids von 10 bis 30%. Die Anzahl der L.Er.-E. in der Analysenprobe ergibt sich dann aus der Beziehung:

$$\text{L.Er.-E.} = \frac{\text{Aciditätszuwachs (ccm 0,2 n)}}{\text{Zeit (Minuten)}}.$$

2. Lieno-Protease.

Für die Bestimmung der Proteasewirkung in Milzpräparaten, wenigstens in den rohen, sind Titrationsverfahren wegen der starken Eigenfarbe der Lösungen sehr ungeeignet. Wenn man es daher unternimmt, die ältere Methode der Messung nach S. G. HEDIN[1], die die durch Gerbsäure nicht mehr fällbaren Stickstoffmengen ermittelt, durch eine zuverlässigere Bestimmungsweise zu ersetzen, so bietet sich ein brauchbares Verfahren hierfür mit der Bestimmung der freigelegten NH_2-Gruppen nach VAN SLYKE, das durch gefärbte Begleitstoffe nicht gestört wird und dessen sich schon K. G. DERNBY[2] bei [293] seinen Versuchen über Milzautolyse bedient hat. Dies ist auch unbedenklich; denn nach den Erfahrungen, die der eine von uns[1]) über den Mechanismus der Hydrolyse verschiedener Proteine, so von Casein oder Gelatine, durch die meisten der bekannten Proteasen gewonnen hat, besteht ihre Wirkung in der Auflösung von Gruppen —NH—CO—, man findet die gebildeten Beträge der Carboxyle und der Aminogruppen äquivalent; die Bestimmung des freien Aminostickstoffs in den Hydrolysaten nach VAN SLYKE, die wir anwenden, wird also ein ebenso sicheres Maß der Enzymwirkung ergeben wie die Ermittlung der freigelegten Carboxyle.

Zur Erzielung sicherer Ausschläge bei der Hydrolyse von Proteinen, beispielsweise von Gelatine, durch Milzauszüge ist es erforderlich, viel längere Einwirkungszeiten zu wählen, als sie für die Bestimmung der meisten anderen tierischen Proteasen angewandt werden; der Proteasegehalt der Milz ist so gering, daß man in kurzen Zeiten, wie sie für die Messung des Erepsins Anwendung finden, auch mit großen Extraktmengen gar keine Hydrolyse wahrnehmen würde. Es ist daher verständlich, daß in den langen, zur Proteasebestimmung benötigten Zeiten die begleitenden, viel größeren Mengen des Erepsins, die die proteolytischen Reaktionsprodukte weiter zerlegen, zumal in den rohen Enzymlösungen gewisse Störungen des Reaktionsbildes bedingen können, am ausgesprochensten bei der für die Erepsinwirkung optimalen Reaktion. Die Erscheinung, die Tab. 3 sowie Abb. 2 veranschaulichen, daß die Aktivitäts-p_H-Kurve der Gelatinespaltung durch Milzauszug zwei Optima aufweist, ein stark ausgeprägtes bei saurer

[1] S. G. HEDIN und S. ROWLAND, Diese Zs. Bd. 32, S. 341 [1901].
[2] Jl. of Biol. Chem. Bd. 35, und zwar S. 195 [1918].
[1]) Vgl. E. WALDSCHMIDT-LEITZ und E. SIMONS, Diese Zs. Bd. 156, S. 99, 114 [1926]; E. WALDSCHMIDT-LEITZ, Chem. Ber. Bd. 59, S. 3000 [1926].

($p_H = 4$) und ein viel flacheres bei schwach alkalischer Reaktion ($p_H = 8$), ist so zu verstehen. Die Anschauung, die wir vertreten, daß nur das erstere der Proteasewirkung selbst zukommt und daß die Steigerung im alkalischen Gebiete auf die Addition der Erepsinwirkung zurückzuführen ist, wird gestützt durch die Feststellung, daß in den erepsinfreien Lösungen der Protease, [294] wie wir in Kap. III beschreiben, im alkalischen Gebiete keine Proteolyse mehr zu beobachten ist.

Tabelle 3.
p_H-Abhängigkeit der Proteasewirkung im Rohauszug.
[10,0 ccm Glycerinauszug aus frischer Milz (1 : 2); 5,0 ccm 8proz. Gelatine; p_H eingestellt durch Zusatz von 0,1 n-CH_3COOH, bzw. KOH; mit H_2O aufgefüllt auf 20,0 ccm; 24 Stunden, 30°; NH_2-Zuwachs bestimmt in 9,0 ccm des Ansatzes.]

p_H	NH_2-Zuwachs (ccm 0,2 n)
3	0,45
4	0,81
5	0,57
6	0,27
7	0,28
8	0,33
9	0,30

Für den Reaktionsverlauf der Proteinspaltung durch Milzenzym sind gleichwie bei der Wirkung anderer Proteasen bestimmte Gesetzmäßigkeiten nicht zu erwarten; sie sind auch nicht beobachtet worden. Der Bestimmungsmethode, die sich bewährt hat, liegt daher die Beziehung zwischen Enzymmenge und Umsatz in einer bestimmten Reaktionszeit, 24 Stunden, zugrunde; die Umsätze, die sich im Anfangsbereiche der Hydrolyse halten, sind unter den gewählten Bedingungen, wie aus Tab. 4 hervorgeht, den Enzymmengen proportional; es [295] empfiehlt sich aber nicht, kleinere als die angewandten Enzymmengen und in längeren Zeiten zu messen, da bei zu langer Versuchsdauer die Umsätze durch Enzymzerstörung beeinträchtigt werden.

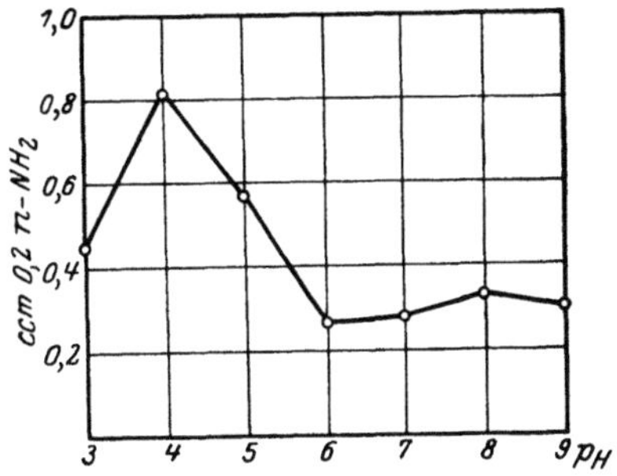

Abb. 2. p_H-Abhängigkeit der Proteasewirkung im Rohauszug.

Tabelle 4.
Enzymmenge und Umsatz.
[Glycerinauszug aus frischer Milz (1 : 2); 5,0 ccm 8proz. Gelatine; Gesamtvolumen 20,0 ccm, 26% Glycerin enth.; $p_H = 4,0$ (eingestellt durch n-Essigsäure); 24 Stunden, 30°; NH_2-Zuwachs gemessen in 9,0 ccm des Ansatzes.]

Enzymmenge ccm Auszug	NH_2-Zuwachs ccm 0,2 n
2,5	0,17
5,0	0,41
10,0	0,84

Auf den erkannten Beziehungen zwischen Enzymmenge und Umsatz beruht ein vorläufiges Maß für die Menge der Protease, das wir angewandt haben und das zur

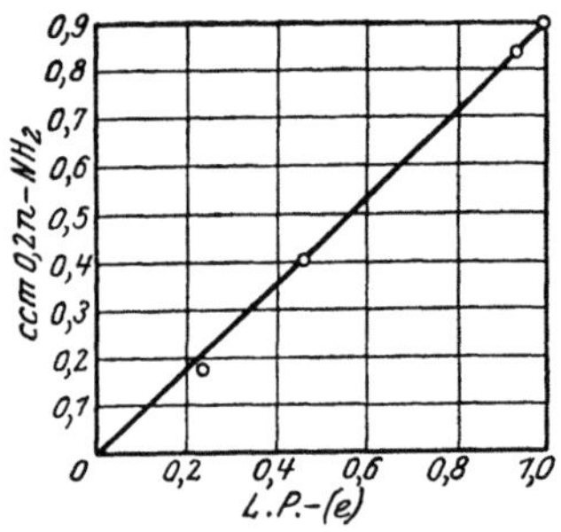

Abb. 3. Lieno-Proteasemenge und Spaltungsgrad.

Kontrolle ihres Verhaltens bei den präparativen Vornahmen sich als nützlich erwiesen hat, die „Lieno-Protease-Einheit [L.P.-(e.)]"; sie ist definiert als diejenige Enzymmenge, welche unter den unten angegebenen Bedingungen bei der Einwirkung auf 0,18 g Gelatine in 24 Stunden einen Zuwachs reaktionsfähiger NH_2-Gruppen, entsprechend 0,90 ccm 0,2n ergibt. Die Beziehungen zwischen dem gemessenen Umsatz und der Zahl der Lieno-Protease-Einheiten veranschaulicht nebenstehende Abb. 3; **[296]** 1 L.P.-(e.) ist in ungefähr 5 ccm unseres normalen Glycerinauszuges aus frischer Milz enthalten. Als vorläufiges Maß der enzymatischen Konzentration schlagen wir den „Lieno-Protease-Wert [L.P.-(w.)]" vor, nämlich die Anzahl L.P.-(e.) in 1 g Präparat.

Ausführung der Bestimmung. Die Enzymprobe (z. B. 10 ccm Glycerinauszug) wird mit 5,0 ccm 8proz. Gelatine vermischt, die Mischung sodann durch Zugabe von n-Essigsäure (z. B. 1,0 ccm) auf $p_H = 4,0$ eingestellt und durch Zugabe von Wasser, bzw. Glycerin auf 20,0 ccm und zu einem Glyceringehalte von etwa 25% aufgefüllt; zur Vergleichbarkeit der Messungen ist es erforderlich, den Gehalt der Ansätze an Glycerin, welches nach vorliegenden Beobachtungen die Enzymwirkung herabsetzt, konstant zu halten. Nun beläßt man den Ansatz während 24 Stunden bei 30°. Nach Ablauf der Versuchszeit mißt man die freien Aminogruppen in dem ganzen oder in einem bestimmten Teile des Ansatzes (gewöhnlich angewandt 9,0 ccm) durch 10 Minuten lange Einwirkung von salpetriger Säure nach VAN SLYKE. Der in der gleichzeitig auszuführenden Kontrollbestimmung, nämlich vor Beginn der Enzymwirkung, ermittelte Betrag an NH_2 ist von dem des Hauptversuchs in Abrechnung zu bringen.

II. Rohlösungen.

Für die Gewinnung proteolytisch wirksamer Auszüge aus Milz wird die Extraktion des Organs mit wäßrigen, besonders mit schwach sauren Mitteln empfohlen[1]; allein ein Vergleich mit anderen Extraktionsmitteln ist nicht ausgeführt worden und die Belege, die den Enzymgehalt der wäßrigen Auszüge beschreiben, sind quantitativ unzureichend. Diese sind auch nicht die günstigsten. Vergleicht man die Enzymausbeuten, sei es an Protease, sei es an Peptidase, in den wäßrigen, etwa nach den Angaben von S. G. HEDIN[2] vorgereinigten Auszügen der Milz beispielsweise mit denen von Glycerinextrakten, so **[297]** ergibt sich die Feststellung, daß die Glycerinlösungen aus der Drüse ganz bedeutend, nämlich in dem untersuchten Beispiele 20- bis 200mal größere Ausbeuten ergeben. Die Beständigkeit der Enzyme in den rein wäßrigen Mitteln ist zu gering, als daß diese, wenngleich sie die enzymatische Substanz dem Organ nicht weniger leicht als Glycerin entziehen mögen, für präparative Zwecke geeignet wären. Für die Isolierung und Beschreibung der Milzenzyme ist, wie bei anderen

[1] Vgl. S. G. HEDIN, Jl. of Biol. Chem. Bd. 54, S. 177, und zwar S. 190ff. [1922], sowie die älteren Arbeiten. [2] Biochem. Journ. Bd. 2, S. 112, und zwar S. 113 [1906].

tierischen Enzymen, ihre Extraktion mit Glycerin vorzuziehen, das stabilisiert und das auch auswählender wirkt.

Tab. 5 vergleicht Enzymgehalt und -ausbeute in einer wäßrigen, durch Auslaugen mit verdünnter Essigsäure, dann durch Fällung mit Ammonsulfat und Dialyse nach HEDIN bereiteten Lösung mit dem eines essigsauren Glycerinauszugs aus frischer Milz; man findet in jener nur einen Bruchteil der im Glycerinauszug nachweisbaren Enzymmengen. Es ist vorteilhaft, die Bereitung der Auszüge mit dem frischen Organ, nicht mit dem zuvor getrockneten vorzunehmen, wenngleich der Reinheitsgrad in den letzteren günstiger sein wird; die Ausbeute beispielsweise an Erepsin, die wir verglichen haben, ist in den Frischauszügen günstiger (Versuch 1); das Enzym, das nicht sehr beständig ist, wird bei der Trocknung schon teilweise zerstört. Das Verfahren zur Gewinnung roher Enzymauszüge aus Milz, das wir anwenden und für das wir nachstehend ein Beispiel geben, beruht daher auf der Behandlung des frischen, zerkleinerten Organs mit essigsäurehaltigem Glycerin; in den filtrierten Glycerinlösungen findet man schon nach kurzer Einwirkungsdauer die Hauptmenge der proteolytischen Enzyme.

Tabelle 5.
Enzymgehalt im Glycerinauszug und im wäßrigen, nach HEDIN vorgereinigten Extrakt.

a) 415 g frische, zerkleinerte Milz 4 Stunden bei 37° mit 830 ccm 87proz. Glycerin + 6,2 ccm 20proz. Essigsäure extrahiert, filtriert; b) 1830 g derselben Milz 48 Stunden bei 37° mit 4 Liter 0,1 proz. Essigsäure behandelt, Auszug abfiltriert, bei 20° im Vakuum auf 1230 ccm eingeengt und durch Zusatz von 645 g Ammonsulfat (= bis zur Sättigung) gefällt; Niederschlag in Pergamenthülsen gegen fließendes destilliertes Wasser [298] bis zum Verschwinden der Sulfatreaktion dialysiert; Lösung (1200 ccm) durch Abdampfen unter vermindertem Druck (bei 20°) auf 250 ccm eingeengt; zur Bestimmung angewandt 2,0 ccm (für Erepsin, 1 Stunde), bzw. 4,0 ccm Glycerinauszug (für Protease) und 1,0 ccm (für Erepsin, 3 Stunden), bzw. 1,5 ccm Lösung nach HEDIN (für Protease).

Präparat	Zuwachs (ccm 0,2 n.)		Geh. d. Best.-Probe an		Ges.-Ausbeute (100 g M)	
	Erept. Wirkung	Protease-Wirkung	L.Er.-E.	L.P.-(e.)	L.Er.-E.	L.P.-(e.)
Glycerinauszug . .	2,10	0,65	0,035	0,72	3,5	36
Lösung nach HEDIN.	0,40	0,23	0,0022	0,25	0,030	2,3

Versuch 1. Erepsinausbeute im Glycerinauszug aus frischer und getrockneter Milz. a) 450 g in der Fleischmaschine zerkleinerte Milz wurden mittels Aceton und Äther getrocknet[1], sie ergaben 93 g Trockenpulver; aus diesem bereitete man durch 4stündige Behandlung mit 1395 ccm 87proz. Glycerin (nämlich 3 ccm auf 1 g frische Milz) bei 30° und Filtration den Enzymauszug.

b) 500 g desselben Milzbreis vermischte man mit 1500 ccm 87proz. Glycerin (3 ccm auf 1 g) und filtrierte nach 4stündiger Aufbewahrung bei 30° vom Ungelösten.

2,0 ccm Auszug ergaben, auf Erepsingehalt bestimmt, in 1 Stunde Aciditätszuwachs, entspr. a) 1,00 und b) 2,05 ccm 0,2 n-KOH oder a) 0,017 und b) 0,034 L.Er.-E., die Ausbeute im Auszug des frischen Organs war also doppelt so hoch.

Beispiel für die Darstellung eines rohen Glycerinextraktes aus frischer Milz. 916 g frischen, in der Fleischmaschine zerkleinerten Milzbrei vermischte man mit 1832 ccm 87proz. Glycerin und 2,75 ccm Eisessig (entspr. einem Essigsäuregehalte von 0,15%) und schüttelte die Mischung 4 Stunden auf der Maschine; dann wurde vom Ungelösten durch Faltenfilter filtriert; die Filtration war nach 2 Tagen beendet (gewöhnlicher Auszug).

In manchen Fällen verwandte man nur die ersten, nach etwa 3 Stunden filtrierten Anteile eines Auszugs; in diesen Fällen war auch die Behandlung mit dem Solvens abgekürzt, sie betrug

[1] Nach R. WILLSTÄTTER und E. WALDSCHMIDT-LEITZ, Diese Zs. Bd. 125, S. 132, und zwar S. 150 [1922/23].

1 Stunde (Schnellauszug). Der Enzymgehalt solcher rasch bereiteter Auszüge war von dem der gewöhnlichen nicht wesentlich verschieden, ihre Zusammensetzung und ihr Adsorptionsverhalten indessen stark abweichend (vgl. Kap. III).

[299] III. Beispiele der Fraktionierung durch Adsorption.

Das Adsorptionsverhalten der proteolytischen Enzyme in den Auszügen der Milz wird weitgehend durch Begleitstoffe beeinflußt. Wenn S. G. HEDIN[1] über die Erfahrung berichten konnte, daß es gelinge, durch Einwirkung von Kieselgur auf wäßrige Auszüge bei neutraler Reaktion die beiden angenommenen Proteasen zu trennen, da „the rate of adsorption by kieselguhr is higher for the α-protease than for the β-protease", so gilt diese Angabe, die nach unseren Erfahrungen nicht auf das Adsorptionsverhalten einer α- und einer β-Protease zu beziehen ist, sondern auf Erepsin und Protease, nicht für die Enzyme selbst; die Adsorptionsaffinitäten der beiden Enzyme, die man beobachtet, sind veränderlich, sie wechseln mit der Zusammensetzung, beispielsweise dem Alter oder dem Reinheitsgrad der Enzymlösungen. Dies gilt sowohl für die Glycerinauszüge, in welchen die Adsorptionsaffinitäten der Enzyme durch das Alter der Auszüge, die Dauer ihrer Filtration nicht unwesentlich beeinflußt werden, wie auch für Präparate der wäßrigen Extraktion, nach Beispielen S. G. HEDINS[2] bereitet, in welchen das Adsorptionsverhalten der Enzyme z. B. gegenüber Kieselgur, so wie es HEDIN beschrieben hat, nach unseren Erfahrungen gleichfalls vertauscht sein kann. Das wahre Adsorptionsverhalten von Protease und Peptidase aus Milz, das in den vorliegenden Beispielen noch durch Begleitstoffe entstellt wird, ist noch nicht erkennbar.

So beschränkt sich unsere Untersuchung, die auf eine durchgreifende Reinigung der Milzproteasen verzichtet, auf die Anführung von Beispielen für die Adsorption der Enzyme aus den rohen Auszügen, die die Zusammensetzung des proteolytischen Systems der Milz erkennen lassen; sie gibt keine allgemein anwendbaren Vorschriften zur Auflösung der vorliegenden Enzymgemische.

Wir stellen eine charakteristische Auswahl unserer Ergebnisse über die Adsorption von Protease und Peptidase aus [300] Milz durch Tonerde, Kaolin und Kieselgur und bei verschiedener Acidität in der nachfolgenden Tab. 6 zusammen; sie vergleicht das Adsorptionsverhalten der Enzyme in den rohen, essigsauren Glycerinauszügen aus dem frischen Organ, und zwar nach länger dauernder und nach abgekürzter Extraktion, und in einem besonderen Beispiel in einem nach HEDIN durch Extraktion mit verdünnter Essigsäure und durch Fällung mittels Ammonsulfat sowie Dialyse bereiteten Präparate. Es geht daraus hervor, daß in den gewöhnlichen Auszügen bei der Einwirkung des basischen Adsorbens Tonerde die ereptische, bei der Behandlung mit elektronegativen Adsorbentien wie Kieselgur oder Kaolin aber vorwiegend die Proteasekomponente den Enzymgemischen entzogen wird, abweichend von den oben angeführten Beobachtungen HEDINS. In schnell bereiteten Auszügen der Milz, die reiner sind und deren Zusammensetzung verändert ist, beobachtete man indessen ein abweichendes Adsorptions-

[1] Biochemical. Jl. Bd. 2, S. 112, und zwar S. 115 [1906]. [2] A. a. O., und zwar S. 113 [1906].

verhalten der beiden Enzyme: saure Adsorbentien wie Kaolin entnehmen ihnen vorwiegend das Erepsin, in anderen Beispielen, bei der Einwirkung von Kieselgur, ist die Adsorption von Protease und Peptidase eine gleichmäßige.

Es ist nicht erreicht worden, die Protease aus ihren Adsorbaten, beispielsweise an Kieselgur oder an Kaolin, in wirksamer Form wieder freizulegen; das Enzym ist nicht beständig genug, seine Menge viel zu gering, während das Erepsin aus solchen Adsorbaten beispielsweise durch verdünnte Phosphatlösungen in befriedigender Ausbeute eluiert werden kann. Es ist also ein Leichtes, das Erepsin der Milz von der Protease zu befreien, aber es ist viel schwerer, erepsinfreie Lösungen der Protease zu gewinnen, deren Menge nur eine geringfügige ist. Da sichere Leitlinien für die Trennung der beiden Enzyme noch nicht zu erkennen sind, beschränken wir uns im folgenden auf die Anführung zweier Beispiele, welche einerseits die Darstellung proteasefreien Erepsins, andererseits die Gewinnung erepsinfreier Protease beschreiben, nämlich durch Einwirkung von Kaolin bei saurer Reaktion einmal auf einen gewöhnlichen, lange filtrierten, im anderen Beispiel auf einen schnell bereiteten Glycerinauszug (Versuche 2 und 3). Die Bedeutung [301] dieser Beispiele beruht auf dem Nachweis, daß in den proteolytisch einheitlichen Lösungen, sei es von Protease, sei es von Peptidase, eine meßbare Wirkung auf Proteine wie Gelatine bei alkalischer Reaktion nicht mehr zu bemerken ist.

Tabelle 6.

Adsorption von Milzauszügen mit Tonerde, Kaolin und Kieselgur.

[Angewandt je 30,0 ccm Glycerinauszug verschiedener Darstellung, mit dem gleichen Volumen Wasser verdünnt, bzw. 70 ccm einer nach HEDIN, wie in Tab. 5 beschrieben, bereiteten Enzymlösung: $p_H = 4$ eingestellt durch n-Essigsäure; 20 ccm Tonerdesuspension C_γ (= 0,228 g Al_2O_3); 5,0 g Kieselgur (Buchner u. Sohn), bzw. für Präparat nach HEDIN 3,0 g; 30 ccm Kaolinsuspension (enth. 2,225 g), durch Auskochen mit HCl und Auswaschen mit Wasser bereitet, neutral reagierend; Adsorbate eluiert mit 30 ccm Eluens (30% Glycerin enth.); Angaben bedeuten Ausbeute in % (als ideale berechnet) in der Adsorptionsrestlösung, bzw. Elution.]

Angewandte Enzymlösung	Angew. Adsorb.	Zahl d. Adsorpt.	p_H	Ads.-Restlösung		Angew. Eluens	Elution	
				Erepsin	Protease		Erepsin	Protease
Glycerinauszug, gewöhnlich	Tonerde	1	7	20	34	—	—	—
desgl.	,,	1	4	6	28	—	—	—
desgl.	Kieselgur	1	7	80	31	—	—	—
desgl.	,,	1	7	76	44	—	—	—
desgl.	,,	1	7	83	14	—	—	—
desgl.	,,	1	7	94	5	—	—	—
Glycerinauszug, rasch filtriert	Kieselgur	1	7	100	100	—	—	—
desgl.	,,	2	7	55	47	—	—	—
Präparat nach HEDIN	Kieselgur	1	7	100	60	—	—	—
Glycerinauszug, gewöhnlich	Kaolin	1	7	89	100	—	—	—
desgl.	,,	1	4	62	0	—	—	—
Glycerinauszug, rasch filtriert	Kaolin	1	4	23	70	n/50-NH_3	25	0
desgl.	,,	1	4	41	68	1 % Na_2HPO_4	24	0
desgl.	,,	2	4	0	55	,,	46	0

[302] Versuch 2. Beispiel der Darstellung von proteasefreiem Erepsin. 30 ccm essigsaurer Glycerinauszug aus frischer Milz, durch 4stündige Behandlung mit Glycerin und Filtration über Nacht bereitet, enthielten insgesamt 0,645 L.Er.-E. (1,0 ccm, 66 Minuten: 1,42 ccm 0,2 n-KOH; 0,0215 L.Er.-E.) und 6,13 L.P.-(e.) (2,25 ccm: 0,41 ccm 0,2n-NH_2; 0,46 L.P.-(e.)); man behandelte sie nach Zusatz von 0,15 ccm Eisessig ($p_H = 4$) mit 30 ccm Kaolinsuspension (= 2,225 g) und trennte vom Adsorbate mittels der Zentrifuge. Die Restlösung enthielt in 54 ccm noch 0,359 L.Er.-E. (2,0 ccm, 67 Minuten: 0,89 ccm 0,2 n-KOH; 0,0133 L.Er.-E.), d. i. 56%, aber keine Protease mehr (4,5 ccm: 0,00 ccm 0,2n-NH_2); auch bei alkalischer Reaktion ($p_H = 8,0$) war keine Proteasewirkung nachweisbar.

Versuch 3. Beispiel der Darstellung von erepsinfreier Protease. 30 ccm Glycerinauszug, durch 1stündige Behandlung von frischer Milz mit essigsäurehaltigem Glycerin und rasche Filtration (Filtrationsdauer 3 Stunden) gewonnen, enthielten 0,450 L.Er.-E. (1,0 ccm, 73 Minuten: 1,08 ccm 0,2n-KOH; 0,015 L.Er.-E.) neben 7,60 L.P.-(e.) (2,25 ccm: 0,51 ccm 0,2 n-NH_2; 0,57 L.P.-(e.)). Man adsorbierte sie nach Zusatz von 0,15 ccm Eisessig ($p_H = 4$) durch zweimalige Einwirkung von je 30 ccm Kaolin (= insgesamt 4,45 g) und trennte in der Zentrifuge von den Adsorbaten. Die Restlösung enthielt dann in 54 ccm noch 3,50 L.P.-(e.) (4,5 ccm: 0,26 ccm 0,2 n-NH_2; 0,29 L.P.-(e.)) oder 46% der angewandten Menge, aber kein Erepsin mehr (2,0 ccm, 69 Minuten: 0,04 ccm 0,2n-KOH); auch eine Wirkung auf Gelatine bei alkalischer Reaktion war nicht mehr nachzuweisen (10,0 ccm, 5,0 ccm 8proz. Gelatine, 48 Stunden: 0,03 ccm 0,2 n-NH_2).

Der Notgemeinschaft der Deutschen Wissenschaft danken wir ergebenst für die zur Verfügung gestellten Mittel.

Abschnitt X.

ÜBER PFLANZLICHE PROTEASEN.

Zeitschrift für physiologische Chemie **138**, S. 184 [1924].

117. ÜBER DIE AKTIVIERUNG DES PAPAINS DURCH BLAUSÄURE.

Von RICHARD WILLSTÄTTER und WOLFGANG GRASSMANN.

Erste Abhandlung über pflanzliche Proteasen.

(Mitteilung aus dem Chemischen Laboratorium der Bayerischen Akademie der Wissenschaften in München.)

Mit 3 Abbildungen im Text.

(Der Redaktion zugegangen am 21. Mai 1924.)

Einleitung.

Um die Mitte des 18. Jahrhunderts haben die naturgeschichtlichen Werke von GRIFFITH HUGHES[1] und PATRICK BROWNE[2] die Aufmerksamkeit der europäischen Gelehrten auf die merkwürdige eiweißverdauernde Wirkung des Milchsaftes von Carica Papaya L. gelenkt. Die erste chemische Untersuchung des Papains unternahmen A. WURTZ und E. BOUCHUT[3]. Sie wandten bei ihren Versuchen nach einem Gebrauch der französischen Physiologen als Antisepticum Blausäure an. Diese Arbeitsweise übernahm der englische Botaniker S. H. VINES, der anknüpfend an seine Untersuchung[4] über das peptische Enzym von Nepenthes eine **[185]** sorgfältige Arbeit[1]) über Papain in Angriff nahm und in einer Reihe eindringender und bedeutender Untersuchungen auf die proteolytischen Enzyme des Pflanzenreichs ausdehnte. Seitdem ist eine weitere Anzahl von Untersuchungen über Papain erschienen, darunter die von L. B. MENDEL und A. F. BLOOD[2]) und die von E. M. FRANKEL[3]), worin die Blausäure nicht mehr als desinfizierendes Mittel, sondern, klar erkannt, als Aktivator Anwendung fand.

Die ersten Beobachtungen von S. H. VINES über Papain und ähnliche Enzyme der Pflanzen standen nicht in guter Übereinstimmung mit den Ergebnissen einer um-

[1] Natural History of Barbados, London 1750, S. 181.

[2] Civil and Natural History of Jamaica, London 1756, S. 360.

[3] C. R. Bd. 89, S. 425 [1879]; ferner A. WURTZ, C. R. Bd. 91, S. 787 [1880] und Bd. 93, S. 1104 [1881].

[4] Annals of Botany Bd. 11, S. 563 [1897]; Bd. 12, S. 545 [1898]; Bd. 15, S. 563 [1901].

[1]) Annals of Botany Bd. 16, S. 1 [1902]; Bd. 17, S. 237 u. 597 [1907]; Bd. 18, S. 289 [1904]; Bd. 19 u. 171 [1905]; Bd. 20, S. 113 [1906]; Bd. 22, S. 103 [1908]; Bd. 23, S. 1 [1909]; Bd. 24, S. 213 [1910].

[2]) Jl. of Biol. Chem. Bd. 8, S. 177 [1910]. [3]) Jl. of Biol. Chem. Bd. 31, S. 201 [1917].

fassenden Arbeit von L. BUSCALIONI und CL. FERMI[4] über das Vorkommen proteolytischer Enzyme im Pflanzenreich. Es gelang VINES[5], die Abweichungen auf Unterschiede in den Versuchsbedingungen zurückzuführen, besonders auf die angewandten Antiseptica, Carbolsäure in den Versuchen der italienischen Forscher, Blausäure und Chloroform bei seinen eigenen. Aber in der Folge wurde VINES von der Aufmerksamkeit, die er der besonderen Wirkung der Blausäure zu schenken begonnen, abgelenkt und er sprach im Hinblick auf die vielen und verwickelten Unterschiede bei den Versuchen, die unter Zusatz von Blausäure, Natriumfluorid, Chloroform und anderen Mitteln vorgenommen waren, nur davon[6], daß von den verschiedenen Wirkungen des Enzyms, der fibrinverdauenden und der peptonabbauenden, die eine oder andere mehr oder weniger durch die Antiseptica gehemmt werde.

Auf die Wirkungsweise der Blausäure beziehen sich die nachfolgenden Versuche, mit denen wir einen bescheidenen Beitrag zur Kenntnis des Enzyms zu liefern beginnen, von [186] dem VINES schon 1905 bemerkt hat: „This material has been more fully investigated than any other in the vegetable kingdom.“

Es zeigt sich, daß die Wirkung der Blausäure auf Papain große Ähnlichkeit hat mit der Beziehung zwischen Enterokinase und Trypsin nach der Untersuchung von E. WALDSCHMIDT-LEITZ[1]), die kürzlich aus unserem Privatlaboratorium hervorgegangen ist. Auch die Aktivierung des Papains durch Blausäure erfordert Zeit wie die Wirkung der Enterokinase. Verfolgen wir den zeitlichen Verlauf, so finden wir das Reaktionsvermögen des sich mit Cyanwasserstoff verbindenden Enzyms etwa 1 Stunde lang ansteigend zu einem Höchstwert und dann in den nächsten Stunden ein wenig fallend zu einem konstanten Aktivierungswert. Die etwas komplizierte Erscheinung, daß dabei ein Maximum auftritt, soll nur im experimentellen Teil besprochen werden.

Papain allein und das mit Blausäure aktivierte verhalten sich wie zwei spezifische Enzyme aus verschiedenen Gruppen der proteolytisch wirkenden, das eine peptonisierend, das andere tryptisch, nämlich sowohl peptonbildend wie peptonspaltend. Die Aktivierung durch Blausäure bedeutet also nicht nur eine Geschwindigkeitssteigerung. Sondern es werden Peptone, käufliches und aus Gelatine mit Papain gewonnenes, von Papain selbst nicht angegriffen, aber sie werden in fortschreitender und weitgehender Reaktion durch Papain mit Blausäure gespalten. Auch die Aktivierung des Trypsins durch Enterokinase nimmt nach den Arbeiten von G. SCHAEFFER und E. F. TERROINE[2]), von E. ZUNZ[3]) sowie von E. WALDSCHMIDT-LEITZ[4]) „insofern eine besondere Stellung ein, als die Gegenwart des Aktivators nur für die Spaltung gewisser Substrate, nämlich der genuinen Proteine und ihrer höheren Abbauprodukte, nicht dagegen für die Hydrolyse der Polypeptide unentbehrlich ist“. Die Rolle der Enterokinase und

[4] Annuario del R. Instituto Botanico di Roma Bd. 7, S. 99 [1898].
[5] Annals of Botany Bd. 17, S. 597 [1903].
[6] Annals of Botany Bd. 19, S. 149, und zwar S. 157 [1905].
[1]) Diese Zs. Bd. 132, S. 181 [1923/24] (*Abh. 92*).
[2]) Journ. de Physiol. et Pathol. gén. Bd. 12, S. 884 u. 905 [1910].
[3]) Archives internat. de Physiol. Bd. 11, S. 191 [1912]. [4]) A. a. O., S. 189.

[187] Blausäure ist gleichartig, aber vertauscht ist die Spezifität der aktivierten Enzyme; sie erstreckt sich beim aktivierten Papain auf Peptone und Peptide, beim aktivierten Trypsin auf genuines Eiweiß. Während also die Wirkung des „gegenüber Proteinen inaktiven Pankreassaftes auf einfache Peptide, beispielsweise Alanylglycin, durch Enterokinase nicht verstärkt" wird, erfordert umgekehrt bei unserem pflanzlichen Enzym die Hydrolyse der Peptone und der Polypeptide die Ergänzung durch sein Koenzym Cyanwasserstoff.

Der zeitliche Verlauf der Blausäureaktivierung kann nur mit quantitativen Messungen gefunden werden. Natürlich gibt es Fortschritte in der Methode seit VINES. Zwischen 1902 bis 1910 und heute hat sich die Erkenntnis SÖRENSENS von der Bedeutung der Wasserstoffionenkonzentration für den Ablauf enzymatischer Reaktionen eingebürgert. Auch sind seitdem Verfahren für die quantitative Beobachtung proteolytischer Vorgänge geschaffen worden, die Formoltitration von S. P. L. SÖRENSEN und neuerdings die Titration der Aminosäuren und Peptide in alkoholischer Lösung. Die Methode von VINES zur Untersuchung der Proteolyse bestand in der gleichzeitigen Anwendung zweier Substrate, Fibrin und Pepton, um die Auflösung des ersteren und die sog. Tryptophanbildung am letzteren zu beobachten. Die Tryptophanreaktion freilich ist, wie VINES[1] selbst gelegentlich bemerkte, nicht zuverlässig genug für die Beurteilung der Peptolyse. Das Substratgemisch ersetzen wir zum Zwecke der fortlaufenden Messung durch ein einziges gelöstes Substrat, Gelatine. Allerdings kann man nicht auf eine spezifische fibrinlösende Wirkung bei diesem löslichen und nicht genuinen Protein prüfen. Eine Methode zur Papainbestimmung bei optimaler Acidität ($p_H = 5{,}0$) gründet sich auf die Anwendung des gelösten Substrates; auch die Abhängigkeit von der Wasserstoffzahl (mit und ohne Gegenwart von Blausäure) wurde so ermittelt. Die Form der p_H-Aktivitätskurve, steil abfallend nach dem alkalischen, noch steiler nach dem sauren Gebiet, gibt keinen Anhalt, an der [188] Einheitlichkeit des auf Gelatine und ihre Abbauprodukte wirkenden Enzyms zu zweifeln.

Hier begegnen wir der von S. H. VINES so gründlich behandelten Frage nach der Einheitlichkeit oder zusammengesetzten Natur der pflanzlichen Proteasen. Es ist kein Zweifel, daß viele der früheren Befunde, die zum Teil höchst kompliziert waren, heute andere Deutung erlauben. Jene anregenden Arbeiten wecken nicht selten die Frage, ob nicht besondere pflanzliche Kinasen mitwirken, durch welche die Spezifität der beschriebenen Enzyme wesentlich abgeändert würde, wie es gewiß zum Teil bei den sogenannten antiseptischen Mitteln zutrifft. Auch sind Zweifel berechtigt an der Eindeutigkeit der Proteolysenversuche, in denen die Acidität des Mediums variiert werden sollte. Wenn die peptonisierende Wirkung im alkalischen Medium überlegen gefunden wurde, so scheint uns beachtenswert, daß schon nach den Beobachtungen von A. WURTZ[1]) Fibrin und Casein das Papain aus seinen Lösungen zu adsorbieren vermögen. Im folgenden wird gezeigt, daß sich dieses Enzym aus schwach alkalischer

---

[1] Annals of Botany Bd. 19, S. 149, und zwar S. 152 [1905].

[1]) C. R. Bd. 91, S. 787 [1880] und Bd. 93, S. 1104 [1882].

Lösung viel leichter als aus saurer adsorbieren läßt. So kann auf dem Substrat in alkalischem Medium eine viel größere Konzentration des Enzyms hergestellt und die geringere Reaktionsgeschwindigkeit bei alkalischer Reaktion dadurch überdeckt sein.

Kommenden Arbeiten sollte daher die umfassende Erklärung nicht als abschließend gelten, in die VINES am Ende seine Erfahrungen einordnete. An die Stelle der älteren Erklärung eines vegetabilischen Trypsins trat die Einteilung der pflanzlichen Proteasen in zwei Gruppen, Ereptasen, die nur peptolytisch wirken und saures Medium fordern, und Peptasen, die nur native Proteine peptonisieren. Von den letzteren wurden zwei Arten unterschieden, Endopeptasen der pflanzlichen Gewebe, der Samen, Früchte, Milchsäfte, die im allgemeinen bei der geringen Acidität der Pflanzenextrakte günstig wirken, aber Fibrin besonders bei neutraler oder [189] alkalischer Reaktion zu verdauen vermögen, und die Ektopeptasen in Exkreten der Pflanzen, die, bei entschieden saurer Reaktion wirkend, dem tierischen Pepsin nahe stehen.

Es ist nach dem von den Botanikern gesammelten Tatsachenmaterial gewiß, daß die Pflanzen zahlreiche proteolytische Enzyme hervorbringen, die in ihrer Spezifität, ihrer Abhängigkeit von Aktivatoren und von der Reaktion des Mediums verschieden sind. Aber weder bei dem Enzym von Carica Papaya noch bei einem anderen ist die Zerlegung eines Gemisches von Proteasen in wohldefinierte Komponenten als gesichert zu betrachten.

Experimenteller Teil.

1. Die Papainwirkung unter verschiedenen Bedingungen.

Der eingetrocknete Milchsaft des Melonenbaumes (Carica Papaya L.), von E. MERCK bezogen, und ein Präparat aus Ceylon, das wir der Freundlichkeit des Herrn L. WALLERSTEIN in New-York verdankten, waren im Verhalten übereinstimmend. Der käufliche Succus Caricae, der im folgenden einfach Papain heißt, war frei von Pepsin, das manchen Handelspräparaten zugesetzt ist.

Substrat für die Messung der Hydrolyse war Gelatine, Bestimmungsmethode war die Titration der Peptide und Aminosäuren in alkoholischer Lösung nach R. WILLSTÄTTER und E. WALDSCHMITZ-LEITZ[1], die nach der Untersuchung von E. WALDSCHMIDT-LEITZ[2], „Über Enterokinase" „erst eine einfache und exakte Analyse proteolytischer Prozesse ermöglicht". Eine Probe von 5 bis 10 ccm der Versuchsflüssigkeit, enthaltend 0,2 bis 0,4 g Gelatine, wird auf einen Gehalt von 90% Alkohol gebracht. Solange die Gelatine unverändert ist, wie bei der erforderlichen Anfangstitration, und besonders bei Gegenwart von Citrat oder Phosphat bewirkt der Alkohol [190] statt einer scharf und rasch titrierbaren milchigen Fällung oder eines flockigen Niederschlages (aus Eieralbumin), der sich langsamer aber auch gut titrieren läßt, eine klumpige Ausscheidung, die sich am Boden zusammenballt und beim Titrieren unrichtige Werte gibt. Diese Schwierigkeit wird vermieden, indem man den absoluten

[1] Chem. Ber. Bd. 54, S. 2988 [1921] und R. WILLSTÄTTER, Abderhaldens Handb. d. biolog. Arbeitsmethoden, Abt. I, Teil 7, Heft 2, Lief. 73, S. 289 [1922] (*Abh. 11 und 12*).

[2] Die Naturwissensch. Bd. 12, S. 133, und zwar S. 134 [1924].

Alkohol (9 Vol.) 50° warm zufügt. Die Titration geschieht mit $^n/_5$-KOH, auch in 90proz. Alkohol gelöst, unter Anwendung von Thymolphthalein, das mit Citrat scharf, mit Phosphatpuffer unscharf umschlägt. Die Carboxyle der Reaktionsprodukte werden vollständig erfaßt. Der Farbumschlag kann Titrationsfehler bis zu ±0,04 ccm KOH, je nach der vorhandenen Peptidmenge, bedingen.

Zur Erzielung ausreichender Titrationswerte braucht man Substrat so reichlich, daß das Leistungsvermögen des Enzyms ausgenützt wird, und in hoher Konzentration, damit kleine Volumina zur Titration genügen. Beim Fehlen des Aktivators geben kleine Substratmengen zu geringfügige Spaltungsbeträge, auch als Endwerte, die dabei rasch erreicht werden.

Versuch bei 30°; Vol. 7 ccm, 1 ccm $^n/_1$-Acetatpuffer (p_H = 4,75).

Zeit 24 Stunden; Gel. g	0,150	0,300	0,450	0,600		1,20
Pap. 0,025 g; Spalt. (ccm $^n/_5$)	0,62	1,05	1,40	1,49	1,54	2,02

Gel. 0,15 g; Zeit	30 Min.	2 Std.	8 Std.	24 Std.
Pap. 0,10 g; Spalt.	0,45	0,56	0,59	0,65
Pap. 0,05 g; Spalt.	0,33	0,37	0,51	

Den zeitlichen Verlauf der Papainwirkung sowohl ohne Aktivator wie mit Zusatz von Blausäure zeigt eine Versuchsreihe (Tab. 1) mit größeren Substratmengen; 3,6 g

Tabelle 1.
Zeitlicher Verlauf der Papainwirkung, ohne und mit Blausäure.

Enzym	Stunden						Tage	
	1/2	1	2	4	8	24	4	8
0,1 g	0,08	0,20	0,32	0,40	0,52	0,81	1,21	—
0,2 g	0,20	0,32	0,45	0,58	0,78	1,00	1,32	—
0,4 g	0,21	0,33	0,49	0,62	0,80	1,02	1,35	—
0,2 + 10 mg KCN	0,62	0,91	1,32	1,75	2,19	2,80	—	4,08

Gelatine [191] mit 8 ccm Acetatpuffer (1 : 1) in 50 ccm, wovon nur je 5 ccm für eine Bestimmung dienten; 30°. Der Zusatz von Blausäure bedingte in der ganzen Zeitstrecke ungefähr Verdreifachung der Spaltung, während er sich bei geringen Substratmengen erst im späteren Abschnitt der Reaktion geltend macht.

Die Geschwindigkeit der Papainwirkung soll nach früheren Angaben[1] bei 80 bis 90° ihren Höhepunkt erreichen. Bei Gegenwart von Blausäure ist die Hitzeverdauung noch nicht geprüft. Sie führt so außerordentlich rasch zu weitgehender Peptonisierung. Aus den folgenden Versuchen (Tab. 2) geht aber hervor, daß das Enzym ohne und sogar mit Blausäure 90° auch bei Gegenwart von viel Substrat nicht mehr erträgt, 80° nur kurz; die hohe Spaltung in den Anfangszeiten ist der Wirkung vor Erreichung der Temperatur zuzuschreiben. Optimal ist die Wirkung bei 65 bis 70°. Die Geschwindigkeit im ersten Abschnitt der Spaltung steigt im Intervall von 30 bis 70° bei einer Temperatursteigerung von 10° auf etwa das Zweifache.

[1] C. DELEZENNE, H. MOUTON und E. POZERSKI, C. R. Bd. 142, S. 177 [1906]; D. JONESCU, Biochem. Zs. Bd. 2, S. 177 [1906].

Tabelle 2.
Reaktionsgeschwindigkeit bei verschiedenen Temperaturen.
(3,6 g Gelatine in 50 ccm; 0,2 g Papain; Titration von 5 ccm.)

	Minuten				
	5	10	30	60	120
70°	0,30	0,44	0,69	0,72	—
80°	—	0,56	0,57	0,57	—
90°	0,47	0,45	—	—	—
		Mit 10 mg KCN			
65°	—	1,15	2,24	2,77	3,15
70°	—	1,50	2,42	2,91	3,22
80°	—	1,78	2,47	2,69	—
90°	1,25	1,52	1,58	—	—

Die Salze verschiedener Puffermischungen haben keinen spezifischen Einfluß auf die Spaltung. Durch Citrat soll [192] allerdings nach H. B. Brill und R. E. Brown[1] die Papainwirkung erheblich gesteigert werden. Es ist aber zweifelhaft, ob die Änderung der Acidität und der Einfluß des Zusatzes auf die Bestimmung von unverändertem Eiweiß durch Kupferfällung berücksichtigt war. Wenn man durch Zusatz von 1 ccm $^{n}/_{1}$-Acetatpuffer (2 : 1) zum Spaltungsansatz die Reaktion annähernd ausgleicht, so bewirkt zwar $^{m}/_{5}$-Dinatriumcitrat eine geringe Steigerung, aber diese kann auch mit vermehrtem Natriumacetat annähernd erreicht werden. Bei Gegenwart von Blausäure und Natriumacetat ist der Zusatz von Citrat von sehr geringem Einfluß.

2 g Gelatine in 50 ccm, 50 mg Papain, 60 mg KCN, neutralisiert auf $p_H = 5{,}0$, 1 ccm $^{n}/_{1}$-Acetatpuffer (2 : 1), 40°, 2 Stunden.

Die Spaltung verbraucht a) 0,92 ccm (ohne Citrat), b) 1,10, 1,09, 1,12 (mit 1, 5 und 10 ccm Citrat).

2. Zeitlicher Verlauf der Aktivierung.

Der Cyanwasserstoff wirkt auf Papain mit meßbarer Geschwindigkeit ein. Dies ist nicht zu erkennen, wenn das Enzym mit der Blausäure und dem Substrat zugleich in Berührung gebracht wird, sondern wenn eine gewisse Zeit Blausäure auf das Enzym einwirkt, bevor dieses zum Substrat gebracht wird. Die Erscheinung wird erst bei nicht zu geringer Cyanidkonzentration deutlich; daher sind die im folgenden angewandten Blausäuremengen größer als sie oben bei gleichzeitigem Zusatz von Papain und Cyanid zum Substrat verwendet waren. In Versuchen (Nr. 5 der Tab. 3) mit geringer Papainmenge (2 mg für 0,4 g Gelatine) und verhältnismäßig viel Blausäure (5 mg) bewirkte die Vorbehandlung des Enzyms mit dem Cyanwasserstoff Verdoppelung des enzymatischen Umsatzes, in den Versuchen (Nr. 4 und 3) mit der doppelten bis vierfachen Papainmenge nur Steigerung des Umsatzes um etwa die Hälfte. Diese Ungleichheit dürfte so zu deuten sein, daß das Papain-cyanhydrin, wie das durch Blausäure aktivierte Papain kurz bezeichnet werden soll, in der ersten Phase des Proteinabbaues dem Papain selbst mehr überlegen ist als in [193] den nächsten Phasen. Im weiteren Verlauf der Proteolyse würden dann Hydrolysenfälle vorkommen, für welche

[1] Philippine Journ. of Sciences Bd. 20, S. 185 [1922].

die Cyanwasserstoffaktivierung weniger nützlich wäre, also Peptidgruppen zur Reaktion kommen, bei denen entweder der Wirkungsunterschied zwischen Papain und seinem Cyanhydrin kleiner wäre oder solche, die von Papain sogar rascher als von seinem Cyanhydrin gespalten würden. Die letztere Erklärungsweise würde bedeuten, daß in einem gewissen Spaltungsbereich das Nebeneinanderwirken von Papain und Cyanhydrin günstiger wäre als die Wirkung des letzteren (natürlich auch des Papains) allein.

Die Vorstellung, zu der die gefundene Ungleichheit des Effektes der Vorbehandlung mit Blausäure geführt hat, ist imstande, eine andere in den Versuchen der Tab. 3 angedeutete Erscheinung zu erklären, die zunächst rätselhaft ist. In den Versuchen Nr. 1, 2 und 3 der Tab. 3 und auch in zahlreichen anderen (vgl. die Versuche Nr. 2 und 4 der Tab. 4) wurde gefunden, daß der Effekt der Vorbehandlung mit Blausäure nicht gleichmäßig mit ihrer Dauer ansteigt. Er steigt vielmehr zu einem Maximum an (z. B. Spaltungsbetrag von 1,26, in einer Stunde Vorbehandlung ansteigend zu 1,98, dann in einer weiteren Stunde Vorbehandlung sinkend zu 1,82) und sinkt dann wieder, nicht eben stark, aber deutlich zu einem konstanten Wert. Es ist gewiß, daß diese Schwankungen außerhalb der Fehlergrenzen der Bestimmung liegen. Die Maxima bei mittlerer Dauer der Blausäurebehandlung können im Einklang mit der zuvor behandelten Erscheinung so gedeutet werden: es gibt auch Gruppen im Proteinmolekül, für deren Spaltung Papain selbst überlegen ist, während für die Mehrzahl der Gruppen das Cyanhydrin sich als wirksamer erweist. Ein gewisses Gemisch von Papain und Cyanhydrin, das bei unfertiger Blausäureeinwirkung erhalten wird, gibt unter genau gleichen Spaltungsbedingungen die größten Spaltungsbeträge. Die Versuche wurden so ausgeführt, daß man z. B. 10 ccm 3proz. Kaliumcyanidlösung, mit Salzsäure auf Methylrot neutralisiert, mit 225 mg Papain und 25 ccm $^{m}/_{5}$-Dinatriumcitrat auf 50 ccm bei 40° brachte. Davon wurden 10 ccm [194] sofort entnommen und mit 2 g Gelatine in 50 ccm bei 40° $1^1/_2$ Stunden in Reaktion gebracht; zur Titration dienten 10 ccm. Weitere Proben der bei 40° gehaltenen Blausäure-Papainlösung entnahmen wir nach 30, 60 usw. Minuten, um unter den nämlichen Bedingungen die Proteolyse zu messen.

Tabelle 3.
Hydrolyse von Gelatine bei 40° in 90 Minuten unter Aktivierung durch Blausäure (ccm n/5-KOH).

Nr.	Für jede einzelne Hydrolyse von 0,4 g Gelatine in 10 ccm angewandt		Dauer der Aktivierung vor dem Vermischen mit Substrat (Stunden)				
	Papain (mg)	Blausäure (mg)	0	$^1/_2$	1	2	längere Zeit
1	9,0	0,98	1,30	1,48	—	1,34	1,38 n. $3^1/_2$ Std.
2	9,0	24,4	1,28	1,91	2,00	1,91	—
3	9,0	4,8	1,26	1,76	1,98	1,82	1,83 n. 6 Std.
4	4,5	4,8	0,83	—	1,43	1,45	1,47 n. 19 ,,
5	2,25	4,8	0,53	—	0,79	1,03	1,07 n. 19 ,,

Das Cyanid kann seine aktivierende Wirkung, wie L. B. MENDEL und A. F. BLOOD[1] sorgfältig erörtert haben, durch Beseitigung bzw. Abschwächung von Hemmungs-

[1] Jl. of Biol. Chem. Bd. 8, S. 177 [1910].

körpern ausüben oder es kann sich als Koenzym mit dem Papain verbinden. Die Beseitigung der Blausäure aus der aktivierten Enzymlösung durch einen Luftstrom oder durch Dialyse hinterläßt nach MENDEL und BLOOD das Enzym in nicht aktiviertem, wieder aktivierbarem Zustand. Es war nun zu prüfen, ob nach Entfernung der Blausäure von dem einmal aktivierten Enzym und bei erneutem Versetzen mit Blausäure die Aktivierung denselben zeitlichen Verlauf aufweist, wie wir ihn oben beschrieben. Dies ist der Fall; man darf darin eine weitere Bestätigung für die angenommene Rolle des Aktivators erblicken, der mit dem Enzym eine dissoziierbare Verbindung bildet.

Zur Entfernung der Blausäure fanden wir am geeignetsten [195] das Eindampfen der Lösung im Vakuum auf etwa $^1/_3$, was in dem vor kurzem beschriebenen[1] Apparate bei Zimmertemperatur in weniger als $^1/_4$ Stunde gelingt. 450 mg Papain wurden mit 20 ccm neutralisiertem 3proz. Kaliumcyanid (250 mg HCN) und 50 ccm $^m/_5$-Citrat auf 100 ccm gebracht und 3 Stunden auf 40° erwärmt. Die enzymatische Wirksamkeit, gemessen mit 2 ccm dieser Lösung bei 40° in $1^1/_2$ Stunden durch Einwirkung auf 0,4 g Gelatine in 10 ccm, entsprach sofort nach Ansetzen mit Blausäure 1,18 ccm $^n/_5$-KOH, mit 3 Stunden Vorbehandlung 1,90 ccm. Nach dem Verjagen der Blausäure stellten wir durch erneuten Zusatz von Cyanid und Auffüllen annähernd die ursprünglichen Bedingungen wieder her. Den zeitlichen Verlauf, den Nr. 4 der Tab. 4 verzeichnet, drückt das Ansteigen des Spaltungsbetrages von 1,07 auf 1,73 bei 2 bis 3 Stunden Dauer aus. Auch die Eigentümlichkeit eines Maximums (1,81) bei einstündiger Aktivierung findet sich wieder.

Wenn man bei verschiedenen in einem folgenden Abschnitt näher beschriebenen Verfahren der Reinigung z. B. durch Adsorption mit Tonerde die Menge des aus den Lösungen in Adsorbate und Elutionen übergehenden Enzyms quantitativ verfolgt unter Aktivierung mit Blausäure, so stößt man auf keinerlei Unstimmigkeiten, die vorkommen müßten, wenn es Begleitstoffe des Papains wären, auf welche die Blausäure wirkt. Die gereinigten Präparate ergaben auch genau denselben zeitlichen Verlauf der Aktivierung wie der Succus Caricae Papayae.

Reinigung durch Alkoholfällung. Die Papainlösung (6 g in 400 ccm) wurde zunächst unter Zusatz von Blausäure (1,5 g wasserfrei) 3 Tage auf 40° erwärmt, um die im Rohprodukt enthaltenen Proteine tunlichst abzubauen. Die Menge des Enzyms blieb konstant. Aus einem Sechstel der Flüssigkeit fällten wir bei einer Alkoholkonzentration von 80% das Papain aus, um es nach dem Abzentrifugieren wieder in Wasser zu [196] lösen und im Vakuum von den Resten der Blausäure zu befreien. Die Lösung enthielt nun das Papain in 95% der angewandten Menge und fast $2^1/_2$fachem Reinheitsgrad. Eine Enzymmenge, die 450 mg Rohpapain entsprach, wurde auf die ursprüngliche Verdünnung gebracht und mit 50 ccm $^m/_5$-Citrat und 20 ccm neutralisiertem 3proz. Kaliumcyanid vermischt, um mit je 2 ccm bei 40° in $1^1/_2$ Stunden die Wirkung auf 0,4 g Gelatine in 10 ccm zu bestimmen. Die Abhängigkeit der Aktivierung von der Zeitdauer ist aus Tab. 4, Nr. 2 ersichtlich.

[1] R. WILLSTÄTTER, J. GRASER und R. KUHN, Diese Zs. Bd. 123 [1922], und zwar S. 30 (*Abh. 48*).

Reinigung durch Adsorption. Das Enzym (1 g) wurde mit Tonerde (0,5 g Al_2O_3) aus 250 ccm mit etwas Ammoniak genau neutralisierter und 45 % Alkohol enthaltender Lösung adsorbiert; 9 % vom Papain hinterblieben in der Restlösung. Aus dem Adsorbat wurde das Enzym sofort mit 250 ccm $^{n}/_{20}$-Essigsäure eluiert und zwar, um die Auflösung von Tonerde zu verhüten, unter Zusatz von 30 mg Ammonsulfat. Die Elutionsausbeute betrug 79 % vom angewandten, 87 % vom adsorbierten Enzym. Zur Messung des zeitlichen Verlaufes der Aktivierung (Tab. 4, Nr. 3) brachten wir das Enzym in gleiche Konzentration und Versuchsbedingungen wie in den früheren Beispielen.

Tabelle 4.
Aktivierungsverlauf mit Papain von verschiedener Reinheit und Vorbehandlung.
(Hydrolyse von 0,4 g Gelatine in 10 ccm bei 40° in $1^1/_2$ Stunden; etwa 9 mg Papain, 4,8 mg CNH.)

Nr.	Vorbehandlung	Dauer der Einwirkung vor dem Vermischen mit Substrat (Stunden)				
		1 Min.	$^1/_2$	1	2	längere Zeit
1	vgl. Versuch Nr. 3 von Tab. 3	1,26	1,77	1,98	1,82	1,83 n. 6 Stdn.
2	gereinigt durch Alkoholfällung	1,11	1,80	1,94	1,86	1,82 n. 4 ,,
3	gereinigt durch Tonerdeadsorption . . .	1,31	1,82	—	1,98	—
4	aktiv., von CNH befreit, wieder aktiviert	1,07	1,60	1,81	1,70	1,73 n. 18 ,,

[197] 3. Abhängigkeit von der Wasserstoffzahl.

Die Literaturangaben über das optimale Wirkungsgebiet des Papains sind widersprechend. Nach A. BAGINSKI[1] liegt das Optimum im neutralen Gebiet, nach O. EMMERLING[2] und nach J. E. RIPPETOE[3] im schwach alkalischen, nach H. T. GRABER[4] im sauren. Genauer und mit neueren Mitteln (Einstellung mit NaOH oder HCl und Prüfung mit Indicatoren, Formoltitration) hat E. M. FRANKEL[5] die Abhängigkeit von der Acidität geprüft, bei Gegenwart von Blausäure und ohne sie. Für Papain ohne Cyanwasserstoff ergab sich ein ausgesprochenes Optimum bei etwa $p_H = 5$ mit scharfem Abfall nach beiden Seiten, und zwar mit steilerem nach der saueren hin. Für Papain mit Blausäure zeigte dagegen die p_H-Aktivitätskurve nach der alkalischen Seite hin flachere Senkung und ihre Form schien von der Enzymmenge wesentlich abhängig zu sein.

Um für die Cyanidaktivierung mit längerer Dauer der Vorbehandlung, die sich aus unseren Versuchen als günstigste Anwendung des Enzyms ergeben hat, den Einfluß der Wasserstoffionenkonzentration zu ermitteln, stellten wir vergleichende Versuche an bei Abwesenheit von Blausäure und mit Blausäure unter zweistündiger Vorbehandlung. Das Ergebnis war einfach, vielleicht dank dem brauchbaren Verfahren der Peptidtitration. Im ersten Falle waren die Angaben von E. M. FRANKEL vollständig zu bestätigen. Für das Papaincyanhydrin wurde hingegen unter den gewählten Bedingungen eine ganz gleichlaufende p_H-Aktivitätskurve gefunden (Abb. 1).

[1] Diese Zs. Bd. 7, S. 211 [1883]. [2] Chem. Ber. Bd. 35, S. 695 [1902].
[3] Jl. of Ind. and Engin. Chemistry Bd. 4, S. 517 [1912].
[4] Jl. of Ind. and Engin. Chemistry Bd. 3, S. 919 [1911].
[5] Jl. of Biol. Chem. Bd. 8, S. 177 [1910].

Es ist bemerkenswert, daß das gefundene Optimum recht nahe mit dem isoelektrischen Punkt der Gelatine zusammenfällt, den neuerdings wieder S. C. RAWLING und W. CLARK[6] bei $p_H = 4,7$ gefunden haben. Es bleibt festzustellen, ob dieses [198] Zusammentreffen auch für andere Substrate Geltung hat. Die von J. H. NORTHROP[1]) und anderen Forschern vertretene Annahme, daß Pepsin vorwiegend mit positiven, Trypsin schneller mit negativen Proteinionen reagiert, wäre dann dahin zu ergänzen, daß das Papain und vielleicht noch einige andere pflanzliche Proteasen das undissoziierte Eiweißmolekül angreifen.

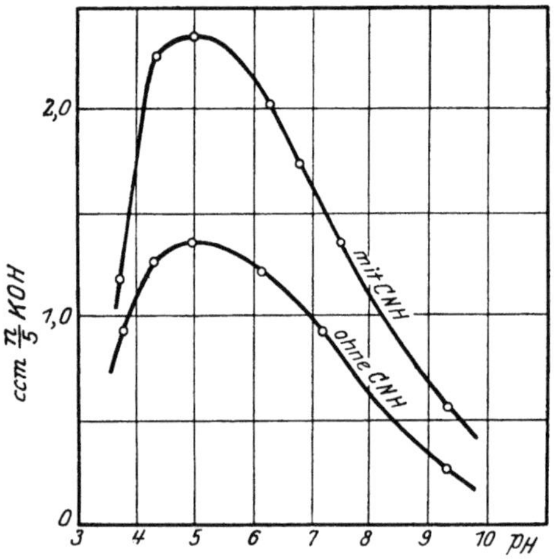

Abb. 1. p_H-Abhängigkeit der Papainwirkung mit Blausäure-Vorbehandlung und ohne Blausäure.

Die Wasserstoffzahl wurde mit den Citrat-, Phosphat- und Ammoniumpuffern nach S. P. L. SÖRENSEN und nach L. MICHAELIS eingestellt. Ihre zweckmäßig anzuwendende Konzentration reichte im stärker sauren oder alkalischen Gebiet nicht aus, um im Hydrolysenansatz das p_H des Puffers zu erhalten. Daher wurde die erreichte Wasserstoffzahl nach der Indicatorenmethode geprüft (mit einer Genauigkeit von $\pm 0,2$ Einheiten). Die Verschiebung während der Spaltung ist im Bereich von $p_H = 4$ bis 7 zu vernachlässigen, auf beiden Seiten von der isoelektrischen Zone der Gelatine beträgt sie bis zu 0,7 Einheiten. Als p_H der Mischung ist in den Tabellen 5 [199] und 6 der nach der halben Spaltungszeit gefundene Wert eingesetzt.

p_H-Abhängigkeit ohne Blausäure. 45 mg Papain brachten wir im Meßkolben mit den unten angegebenen Puffermischungen und mit 2 g Gelatine auf 50 ccm und ermittelten die bei 40° in 2 Stunden erreichten Spaltungen durch Titration von 10 ccm-Proben. Die in der Tab. 5 (und in Abb. 1) verzeichneten Werte zeigen das Optimum

Tabelle 5.
Papainwirkung bei verschiedenen p_H. (Ohne Blausäure.)
(0,4 g Gelatine in 10 ccm mit 9 mg Enzym; 40°, 2 Stunden.)

Zusammensetzung des Puffers	p_H des Puffers	p_H der Lösung	Spaltung (ccm n/5-KOH)
2 ccm m/5-Citrat: HCl = 1 : 9. . .	1,2	3,8	0,96
2 ccm m/5-Citrat: HCl = 1 : 1. . .	4,0	4,3	1,27
2 ccm m/5-Citrat.	5,0	5,0	1,37
2 ccm m/5-Citrat: NaOH = 5,4:4,6	6,4	6,2	1,24
2 ccm m/3-Phosphat: 8 : 2	7,4	7,2	0,93
2 ccm n/1-NH_4Cl: NH_3 = 1 : 8 . .	9,8	9,5	0,29

6 Jl. Chem. Soc. London Bd. 121, S. 2830 [1922].

1) Jl. Gen. Physiol. Bd. V, S. 263 [1922/23]. Ferner Naturw. Bd. 11, S. 713, und zwar S. 717 [1923].

bei $p_H = 5{,}0$ mit steilerem Abfall nach dem sauren Gebiet. Die steile Form der Kurve scheint für die Einheitlichkeit des Enzymmaterials zu sprechen, sie beweist das Fehlen von beigemischtem Pepsin.

p_H-Abhängigkeit nach zweistündiger Aktivierung mit Blausäure. Proben von Papain (je 45 mg) wurden mit 25 mg Blausäure im Volumen von 10 ccm angesetzt, und zwar mit gleichbleibendem Zusatz von 1 ccm $^m/_5$-Dinatriumcitrat, das wir für die Bereitung der Puffer zum Spaltungsansatz so weit als möglich berücksichtigten. Die Einwirkung der Blausäure bei 40° dauerte 2 Stunden. Dann fügten wir die einzelnen Puffergemische und 2 g gelöste Gelatine hinzu und füllten auf 50 ccm auf. In diesen Versuchen (Tab. 6) ermittelten wir die Spaltungsbeträge mit nur je 5 ccm der Lösung; aber die gefundenen Werte sind in die graphische Darstellung zum Vergleich mit der vorangehenden Versuchsreihe verdoppelt eingesetzt. Die Aktivitätskurve unterscheidet sich nicht merklich von der ohne Blausäure ermittelten.

[200] Tabelle 6.

Papainwirkung bei verschiedenen p_H. (Aktivierung mit 2,5 mg CNH in 2 Stunden.)
(0,2 g Gelatine in 5 ccm mit 4,5 mg Enzym; 40°, 2 Stunden.)

Zusammensetzung des Puffers	p_H des Puffers	p_H der Lösung	Spaltung (ccm n/5-KOH)
1 ccm m/5-Citrat: HCl = 1 : 9. . .	1,2	3,8	0,58
1 ccm m/5-Citrat: HCl = 1 : 1. . .	4,0	4,3	1,14
1 ccm m/5-Citrat.	5,0	5,0	1,18
1 ccm m/5-Citrat: NaOH = 5,4 : 4,6	6,4	6,3	1,02
1 ccm m/3-Phosphat = 8 : 2. . . .	7,4	6,8	0,87
1 ccm n/1-NH_4Cl: NH_3 = 4 : 6 . .	9,0	7,5	0,68
1 ccm n/1-NH_4Cl: NH_3 = 1 : 8 . .	9,8	9,3	0,29

4. Nachweis von Blausäure mit Hilfe des Papains.

Auf die Aktivierung des Papains, die in bedeutendem Maße schon von äußerst geringen Mengen Blausäure hervorgerufen wird, läßt sich ein empfindliches Verfahren des Cyanidnachweises gründen, das die bekannten Reaktionen auf Blausäure noch übertreffen dürfte[1]. Die untere Grenze, bis zu welcher die Anwesenheit von Cyanid bei der Eiweißspaltung des Papains noch zu einwandfreien Ausschlägen führt, war in unseren Versuchen bei etwa 0,0016 mg CNH im Volumen von 1 bis $2^1/_2$ ccm, die zur Messung der Hydrolyse mit Enzym und Substrat auf 5 ccm zu bringen waren. Bei solchen Spuren von Blausäure bot ihre längere Einwirkung auf das Enzym vor dem Vermischen mit Gelatine keinen Vorteil. Zu beachten ist, daß Schwefelwasserstoff gleichartig wie Blausäure zu aktivieren vermag und dieselbe Möglichkeit besteht auch für noch unbekannte Aktivatoren. (Mit negativem oder geringfügigem Resultat wurden geprüft Acetonitril, Benzonitril, Acetamid, Harnstoff, Guanidin, Phenylhydrazin, Hydroxylamin, Caffein, Amygdalin.)

[1] Wohl auch den Nachweis als Ferrirhodanat in der empfindlichen Ausführung von P. LAVIALLE und L. VARENNE, Jl. Pharm. et Chim. [7] Bd. 17, S. 97 [1918].

In zwei Meßkolben wurden je 50 mg käufliches Papain mit 2 g Gelatine und 5 ccm m/3-Dinatriumcitrat auf 50 ccm [201] gebracht und auf 40° erwärmt, einmal mit 0,04 mg KCN, im anderen Falle ohne diesen Zusatz. Den Verlauf der Spaltung verfolgten wir durch Titration von 5 ccm-Proben. Anfangs war das Überwiegen der Spaltung bei Anwesenheit des Cyanids gering, nach 4 Stunden aber betrug das Mehr schon 27, nach 8 Stunden 43%.

	Reaktionszeit in Stunden				
	1	$1^1/_2$	2	4	8
ohne Blausäure . .	0,37	0,44	0,50	0,56	0,65 ccm n/5-KOH
mit 0,0016 mg CNH	0,44	0,51	0,60	0,77	0,93 ccm n/5-KOH

Um auf eine Spur Blausäure in 1 bis 2 ccm Lösung zu prüfen, bringen wir diese also unter Zusatz von 0,2 g gelöster Gelatine und 0,5 ccm m/5-Dinatriumcitrat auf das Volumen von 5 ccm und machen einen Vergleichsversuch mit Papain ohne Aktivierung (oder zwei Vergleiche, ohne und mit Aktivierung durch 0,002 mg Blausäure). Die beiden Spaltungsansätze werden nach 8 Stunden langem Erwärmen auf 40° mit 50° warmem absolutem Alkohol aufs 10fache verdünnt und mit n/5-alkoholischer Kalilauge (Indicator Thymolphthalein[1]) titriert. Die Gegenwart von Blausäure verrät sich durch größeren Spaltungsbetrag, im angeführten Beispiel durch ein Mehr von 0,28 ccm n/5-KOH.

5. Papainmenge und Reaktionsgeschwindigkeit; Bestimmungsmethode.

Die Abhängigkeit des zeitlichen Verlaufs der Hydrolyse von der Enzymmenge wurde untersucht, um darauf eine Bestimmungsmethode für Papain zu gründen, welche verschiedene Ausgangsmaterialien zu vergleichen und bei den Adsorptionsversuchen oder anderen Reinigungsvornahmen die Ausbeuten zu verfolgen erlaubt. Um den Vorteil der Blausäureaktivierung auszunützen, vergleichen wir die Beziehung zwischen den Mengen Papaincyanhydrin und der Reaktionsgeschwindigkeit mit der [202] Aktivierungsdauer null und der zur Erreichung eines konstanten Aktivierungseffektes ausreichenden Vorbehandlungszeit von zwei Stunden. Die beiden Versuchsbedingungen ergaben keinen wesentlichen Unterschied, abgesehen von der größeren Geschwindigkeit nach Inkubation mit Blausäure. Daher ergaben uns quantitative Bestimmungen des Papains unter Blausäureaktivierung mit und ohne solche Vorbehandlung übereinstimmende Werte.

Die abgewogenen Papainmengen wurden mit 25 mg Blausäure in 20 ccm Volumen vereinigt, entweder so, daß man sofort die Gelatine zusetzte und auf 40° erwärmte oder daß man zuerst 2 Stunden lang bei 40° die Aktivierung bis zum Endwert verlaufen ließ. In beiden Fällen vermischten wir das Enzym, das auch mit 5 ccm m/5-Citrat und mit Toluol versetzt war, im 50 ccm-Meßkolben mit 2 g Gelatine (30 ccm 6,6proz. Lösung). Den Verlauf der Hydrolyse bei 40° ergab nach verschiedenen Zeiten die

[1] Zur Darstellung des Indicators siehe R. WILLSTÄTTER und E. WALDSCHMIDT-LEITZ, Chem. Ber. Bd. 56, S. 488, Fußnote [1922/23] (*Abh. 13*).

Titration von je 10 ccm in 90proz. alkoholischer Lösung mit ${}^{n}/_{5}$-KOH. Die ohne Blausäurevorbehandlung gefundenen Werte sind in der Tab. 7, die Ergebnisse mit Endwertaktivierung in der Tab. 8 und Abb. 2 verzeichnet. Man findet wohl bei den mittleren angewandten Papainmengen (5 bis 10 mg in 10 ccm Gelatinelösung) für einen gewissen Grad der Proteolyse das Produkt aus Enzymmenge und Reaktionszeit an-

Tabelle 7.
Zeitlicher Verlauf der Hydrolyse mit verschiedenen Papainmengen unter Aktivierung durch Blausäure (5 mg) und zwar ohne Vorbehandlung.
(Spaltung von 0,4 g Gelatine in 10 ccm bei 40° während 2 Stunden, Citratpuffer von $p_H = 5{,}0$; gemessen mit n/5-KOH.)

Enzymmenge (mg) für 0,4 g Gelatine in 10 ccm	Reaktionsdauer in Stunden			
	1/2	1	1 1/2	2
2	0,17	0,30	0,50	0,66
4	0,31	0,59	0,76	1,06
10	0,57	0,91	1,23	1,51
15	0,68	1,11	1,50	1,82
20	0,71	1,16	1,52	1,88

nähernd konstant, aber einerseits die ganz [203] kleinen, wie auch die größeren Enzymmengen bleiben in der Leistung zurück; nur in sehr langen Spaltungszeiten nähert sich auch in diesen Fällen das Produkt aus Enzymmenge und Reaktionszeit für einen bestimmten Spaltungsgrad annähernder Konstanz.

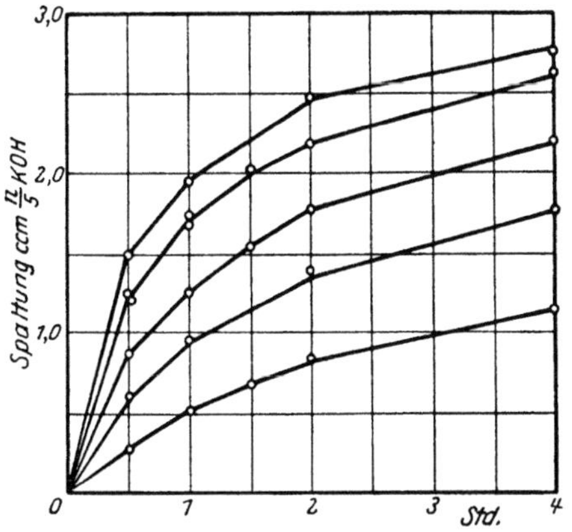

Abb. 2. Geschwindigkeit der Gelatinespaltung mit verschiedenen Papainmengen (unter Vorbehandlung mit CNH).

Tabelle 8.
Zeitlicher Verlauf der Hydrolyse mit verschiedenen Papainmengen unter Aktivierung durch Blausäure (5 mg) und zwar mit zweistündiger Vorbehandlung.
(Spaltung von 0,4 g Gelatine in 10 ccm bei 40° während 4 Stunden, Citratpuffer von $p_H = 5{,}0$; gemessen mit n/5-KOH.)

Enzymmenge (mg) für 0,4 g Gelatine in 10 ccm	Reaktionsdauer in Stunden				
	1/2	1	1 1/2	2	4
1,25	0,26	0,50	0,66	0,82	1,14
2,5	0,61	0,97	—	1,40	1,77
5	0,87	1,26	1,54	1,77	2,20
10	1,24; 1,22	1,77; 1,68	2,02	2,20	2,62
20	1,50	1,96	—	2,48	2,76

Auf die Messungen der Tab. 8 gründet sich die Bestimmungsmethode. Die in dieser Versuchsreihe in 1 Stunde durch Enzymmengen von 1 : 16 (1,25 bis 20 mg käufl. Succ. Caricae) erzielten Spaltungen stellen wir in Abb. 3 dar, um aus der [204] unter den gegebenen Bedingungen (0,4 g Gelatine in 10 ccm, 40°, 1 Stunde; $p_H = 5$, zweistündige Vorbehandlung mit 5 mg CNH) gefundenen Gelatinespaltung die Menge vorhandenen Papains abzuleiten. Diese Bestimmungsmethode ist freilich nicht allgemein und genau reproduzierbar und die in unserer und künftigen Arbeiten resultierenden Papainmengen werden sich nicht genau vergleichen lassen, zunächst weil die Gelatine kein Substrat von konstanter Zusammensetzung ist[1]. Auch ist es nicht ganz gewiß, daß die Aktivierung durch Blausäure andere Einflüsse, sei es der Aktivierung oder Hemmung, begleitender Stoffe völlig auszugleichen vermag. Daher läßt sich nicht ebenso gut eine Papaineinheit festsetzen wie etwa eine Lipaseeinheit für die Substrate Olivenöl, Methylbutyrat und Triacetin. Für unsere Untersuchung mag aber, da es einfach und zweckmäßig ist, mit den Papainmengen der Abb. 3, nämlich den Milligrammen des als Succ. Caricae Papayae von E. Merck bezogenen rohen Papains, als Papaineinheit gerechnet werden.

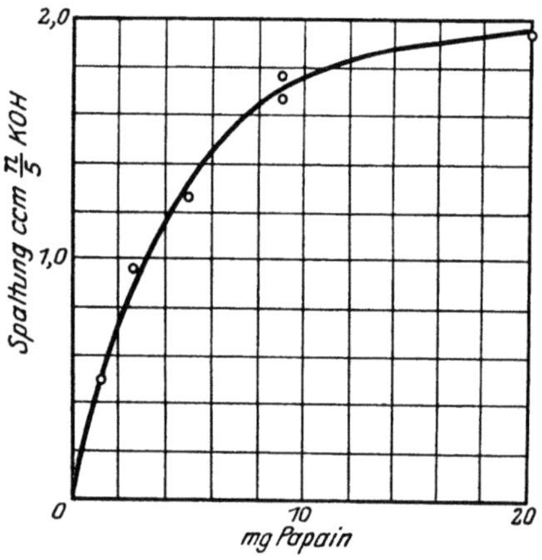

Abb. 3. Papainmenge und Grad der Hydrolyse (1 Stunde).

6. Spezifität des mit Blausäure aktivierten Papains.

Blausäure beeinflußt die Papainwirkung nicht einfach im Sinne einer Geschwindigkeitssteigerung, sondern das sogenannte [205] Cyanhydrin des Papains ist als proteolytisches Enzym spezifisch für gewisse Substrate. Schon im zweiten Abschnitt waren Beobachtungen über den zeitlichen Verlauf der Aktivierung im Sinne der Unterscheidung von Papain und Papaincyanhydrin als zweier spezifischer proteolytischer Enzyme gedeutet worden. Im folgenden soll an verschiedenen Fällen gezeigt werden, daß Substrate gegen Papain resistent sind und von blausäureaktiviertem Papain gespalten werden. Der im zweiten Abschnitt angedeutete umgekehrte Fall, daß Papain für gewisse Enzymkomplexe spezifisch wirksam, das Cyanhydrin unwirksam oder mindestens weniger wirksam wäre, bleibt noch aufzusuchen.

a) Hydrolyse von Pepton aus Albumin. In qualitativen Versuchen beobachteten L. B. Mendel und A. F. Blood[1]) bereits, daß für die Spaltung von Pepton Witte, übrigens auch für das Auftreten von Leucin und Tyrosin, bei der Spaltung von Eieralbumin die Anwesenheit von Cyanwasserstoff erforderlich ist.

[1] Angewandt wurde die beste Sorte der Deutschen Gelatinewerke A.-G. in Schweinfurt.
[1]) Jl. of Biol. Chem. Bd. 8, S. 177, und zwar S. 205 [1910].

Das käufliche Pepton ex albumine von E. MERCK, nach dem Merckschen Index durch Pepsinwirkung gewonnen, ist beständig gegen Papain ohne Blausäure. Pepsin und Papain sind hier in ihrem Abbauvermögen übereinstimmend. Man findet in der ersten Stunde der Einwirkung von Papain eine geringe Anfangsspaltung; sie nimmt in den folgenden Stunden und Tagen gar nicht zu. Es scheinen also im Pepton nur vereinzelte, für das nicht aktivierte Papain angreifbare Bindungen vorhanden zu sein, nach deren Lösung die Reaktion stillsteht. Papain mit Cyanwasserstoff bewirkt dagegen in fortdauernder Hydrolyse einen langsamen, aber tiefgehenden Abbau.

	Reaktionsdauer in Stunden			Reaktionsdauer in Tagen			
	1	2	4	1	2	4	8
Papain ohne CNH	0,16	—	0,16	0,14	—	—	0,17 im ganzen
Papain vorbeh. mit 2,5 mg CNH	0,22	0,31	0,41	0,71	0,94	1,09	1,19 im ganzen

[206] In dieser Versuchsreihe enthielt jede Probe zur Titration 0,2 g Pepton mit 4,5 mg Enzym und 1 ccm $^{m}/_{5}$-Citrat in 5 ccm.

b) Bei Peptonen aus Gelatine, die wir mit dem Papain selbst durch weitgehenden Abbau gewannen, war der Unterschied zwischen dem Enzym ohne und mit Blausäure noch schärfer.

Darstellung und Fraktionierung der Peptone. Das durch Papain gebildete Gemisch von Abbauprodukten zerlegten wir in 4 Fraktionen auf Grund der abgestuften Löslichkeit in 90proz. Methylalkohol, 90proz. Äthylalkohol und absolutem Alkohol.

100 g Gelatine (entsprechend 83 g wasserfreier Substanz) wurden in 800 ccm mit 2,4 g Succ. Caricae Papayae 3 Stunden bei 65° und über Nacht bei 30° behandelt unter Zusatz von 0,3 g KCN (neutralisiert) und 16 ccm n-Acetatpuffer 1 : 1. Nach dem Filtrieren vermischten wir die Flüssigkeit mit Methylalkohol zu einem Gehalt von 90 Vol.-%; dabei entstand der gut filtrierbare, aber hygroskopische Niederschlag I. Da Äthylalkohol vom gleichen Wassergehalt viel weniger von den Peptiden löst, dampften wir das Filtrat im Vakuum ein und verdünnten die auf 200 ccm gebrachte wäßrige Lösung bis zur Trübung mit Alkohol, um sie dann unter Rühren bei —7° in die für eine 90volumprozentige Mischung berechnete Menge Alkohol einzutragen. Der entstandene, sehr reichliche Niederschlag II war nur bei tiefer Temperatur gut filtrierbar. Darauf verdampfte man das Filtrat im Hochvakuum zur vollkommenen Trockne und zerlegte den Rückstand mit absolutem Alkohol in 2 Anteile, das in Alkohol Unlösliche III und das darin Lösliche IV.

In einem der analogen Versuche unterwarfen wir das Produkt der Proteolyse vor dem Fraktionieren einer Reinigung durch Elektrodialyse zur Beseitigung der Mineralbestandteile (7 Stunden bis herab zu annähernder Konstanz, weniger als $^{1}/_{10}$ der anfänglichen Stromstärke). Der Aschegehalt ging von etwa 4 auf 0,2% zurück, das ganze Substanzgewicht um 19%. Die Niederschläge fielen dann in weniger günstiger, kolloider Form aus, waren aber minder hygroskopisch.

[207] Alle Fraktionen geben die Biuret- und die Ninhydrinreaktion, auch alle die

Millonsche Reaktion, die löslichsten aber ziemlich schwach. Sie geben mit Phosphorwolframsäure und mit Tannin starke Fällungen, dagegen keine mit Ferrocyanwasserstoffsäure.

Diese verschiedenen Peptonanteile, deren Prozentbeträge und ungefähre Äquivalentgewichte in der Tab. 9 verzeichnet sind, zeigen bedeutende Differenzen zwischen der Titration in 50proz. und 97proz. alkoholischer Lösung unter Anwendung von Phenolphthalein oder in 50proz. Alkohol mit diesem und in 90proz. Alkohol[1] mit Thymolphthalein. Auf diesem Unterschied beruht der Vorschlag von R. WILLSTÄTTER und E. WALDSCHMIDT-LEITZ[2], Gemische von Aminosäuren und Peptiden zu beurteilen. Dies ist allerdings nicht eine genaue Bestimmungsmethode, es ist nur eine Schätzung, die infolge der verwickelten Zusammensetzung des proteolytischen Materials mit bedeutenden Fehlern behaftet sein muß. Aminodicarbonsäuren werden die Bestimmung stören, da das eine von ihren Carboxylen schon in 50proz. Alkohol voll titrierbar ist,

Tabelle 9. Peptidgemische aus Gelatine.

	Anteil in % der wasserfr. Gelatine	Löslichkeit	Äquiv. n. Titr. in 90 proz. Alkohol	Schätzung d. Titrat. in 50- u. 90 proz. Alkohol	
				Peptide	Amino-säuren
1. Vers. Frakt. I	23	unlösl. 90proz. Methylalkohol	500	80	20
„ II	41	„ 90proz. Äthylalkohol	425	77	23
„ III	6,5	„ absolut. Äthylalkohol	430	80	20
„ IV	12	lösl. „ „	470	78	22
2. Vers. „ I	11	unlösl. 90proz. Methylalkohol	610	—	—
„ II	39	„ 90proz. Äthyalkohol	360	86	14
„ III	10	„ absolut. Äthylalkohol	350	—	—
„ IV	5	lösl. „ „	395	—	—

[208] Peptide der Diaminosäuren werden entgegengesetzte Abweichungen verursachen, nämlich erst zusammen mit den Aminosäuren ganz erfaßt werden. Die in der Tab. 9 mitgeteilten Werte bieten daher nur einen vorläufigen Anhalt hinsichtlich der Entstehung von Aminosäuren beim Abbau.

Einwirkung des Papains auf die Gelatinepeptone.

Die Peptonfraktion II von zwei Darstellungen gab beim Behandeln mit Papain unter den üblichen Bedingungen (40°, Citratpuffer von $p_H = 5$), aber ohne Blausäure, keinen Aciditätszuwachs. Die folgenden Werte der Titration mit $^n/_5$-KOH beziehen sich auf 5-ccm-Proben, die 0,2 g Pepton mit 4,5 mg Enzym und 0,5 ccm $^m/_5$-Puffer enthalten, und bedeuten die Zunahme vom Versuchsbeginn an.

	Reaktionsdauer in Tagen			
	1	4	8	16
1. Präparat . . .	0,04	0,01	0,01	0,06
2. Präparat . . .	0,03	0,02	0,02	0,06

[1] Vgl. E. WALDSCHMIDT-LEITZ, Diese Zs. Bd. 132, S. 181, und zwar S. 195 [1923/24] (*Abh. 92*).
[2] Chem. Ber. Bd. 54, S. 2988 [1921].

Bei Einwirkung von blausäurevorbehandeltem Papain (Tab. 10) erlitten alle vier Fraktionen von Gelatinepepton weiteren Abbau, der monatelang fortschritt. Die durch Alkohol am leichtesten gefällten Peptone ergaben die größte Aciditätszunahme, die löslicheren, schon weiter abgebauten waren resistenter. Die Äquivalentgewichte sanken von etwa 500 (bei I) und 430 bis 420 (bei II bis IV) auf ungefähr 300. Vom Aciditäts-

Tabelle 10.
Abbau von Gelatinepeptonen durch Papain mit Blausäure (ccm n/5-KOH).
(0,2 g Pepton in 5 ccm, 4,5 mg Papain, 2,5 mg CNH, m/5-Dinatriumcitrat; 40°.)

Peptonfraktion	Reaktionsdauer in Tagen						
	1	2	4	8	16	32	48
I	0,55	0,70	0,89	1,16	1,31	1,43	1,49
II	0,27	0,45	0,58	0,72	0,98	1,04	1,10
III	0,31	0,46	0,54	0,72	0,93	0,98	—
IV	0,18	0,22	0,28	0,35	0,47	0,63	—

zuwachs entfielen schätzungsweise bei der I. Fraktion **[209]** 60% auf neugebildete Aminosäure, bei III etwa 50. Bei II erstreckte sich in den ersten acht Tagen der Aciditätszuwachs nur auf Peptide, in den späteren Wochen aber zu 40% auf Aminosäuren. Der Anteil der Aminosäuren in diesem Gemisch stieg auf etwa ein Drittel der Titrationsacidität.

Ähnliches Verhalten, jedoch zu Anfang raschere Spaltung (Bedingungen wie oben, Blausäureaktivierung) zeigte Gelatinepepton, das durch Trypsinwirkung gewonnen war.

1	4	8	32	48 Tage
0,85	1,13	1,25	1,50	1,68

Die Aminosäuren waren zu Beginn und am Ende des Versuches auf ein Drittel der titrierten Acidität zu schätzen. Das Äquivalentgewicht sank von 400 auf etwa 240, also tiefer durch die Kombination von Trypsin und Papain wie bei der Hydrolyse durch letzteres allein. Ebenso führte die Trypsinspaltung des mit Papain gewonnenen Peptidgemisches (Frakt. II) zu viel kleinerem Äquivalentgewicht (150) als sein mit Papaincyanhydrin (Tab. 10) fortgeführter Abbau. Vom Aciditätszuwachs entfielen hier etwa 85% auf Aminosäuren.

(0,2 g Pepton in 8 ccm, 30°, 0,4 ccm n/1-Ammonpuffer von $p_H = 8{,}9$; 26 mg Pankreaspräparat Nr. 4, mit Enterokinase ausreichend aktiviert.)

1	2	4	8	16	32 Tage
1,49	1,94	2,59	2,93	3,54	4,13 ccm n/5-KOH.

c) Einfache Peptide.

Nachdem O. Emmerling[1] sowie Fr. Kutscher und Lohmann[2] das schon von S. H. Martin[3] und von S. H. Vines[4] erkannte Auftreten von Aminosäuren bei der Papainverdauung der Fibrins beobachtet hatten, prüften zum ersten Male E. Abderhalden und Y. Terucchi[5] die Wirkung von Papain auf ein Dipeptid, Glycyl-l-tyrosin,

[1] Chem. Ber. Bd. 35, S. 695 [1902]. [2] Diese Zs. Bd. 46, S. 383 [1905].
[3] Jl. of Physiol. Bd. 5, S. 213 [1884] und Bd. 6, S. 336 [1885].
[4] Annals of Botany Bd. 16, S. 1 [1902]; Bd. 17, S. 237 u. 597 [1903]; Bd. 18, S. 289 [1904].
[5] Diese Zs. Bd. 49, S. 21 [1906].

und fanden es spaltbar bei Anwendung von sehr viel Enzym (1 g für [210] 1,5 g Peptid, 7 Tage). Dieser Beobachtung stehen die Versuche von E. M. FRANKEL[1] gegenüber, der mit Papain, auch mit blausäureaktiviertem, keines der Dipeptide Glycylglycin, Alanylglycin, Glycylalanin, Alanylalanin und Glycyltyrosin zu spalten vermochte. Um Papain und sein Cyanhydrin zu vergleichen, prüften wir ebenfalls Glycylglycin und das noch nicht untersuchte d,l-Leucylglycin, ein Präparat aus E. FISCHERS Besitz, das wir wie das unten erwähnte Tripeptid der Freundlichkeit des Herrn Dr. HERMANN FISCHER verdankten. Bei Versuchen mit Leucylglycin ohne Blausäure variierten wir die Wasserstoffzahl durch Anwendung von Acetatpuffer ($p_H = 4{,}7$) und Ammongemisch ($p_H = 8$); die Spaltungsversuche mit Blausäure fanden unter zweistündiger Vorbehandlung statt, und zwar mit dem üblichen Citratpuffer von $p_H = 5{,}0$. Es mag genügen, von den negativen Versuchen einige mit aktiviertem Papain auszuführen.

($^1/_{500}$ Mol. Peptid in 25 ccm mit 12,5 mg CNH, 2,5 ccm Citrat, 40°; titriert je 5 ccm.)

	Reaktionszeit in Stunden	
	18	72
Glycylglycin (0,336 g Chlorh.) . .	+ 0,01	— 0,01
Leucylglycin (0,376 g)	+ 0,00	— 0,01

Dagegen wird Leucyl-glycyl-leucin durch Papain mit Cyanwasserstoff angegriffen; nach der Zunahme der Titrationsacidität war ein Drittel in Dipeptid und Aminosäure gespalten.

(Subst. in 10 ccm mit 9 mg Papain, 5 mg CNH, 1 ccm m/5-Citrat.)
0,0308 g Tripeptid, 24 Stunden 40°. Spalt. entspr. 0,15 ccm n/5-KOH
0,0680 g ,, 48 ,, 40°. ,, ,, 0,37 ccm ,,

Einige der durch Papain nicht hydrolysierbaren Substrate wurden auf ihre hemmenden Wirkungen geprüft. Für Leucylglycin läßt sich mit Gelatine als Substrat Hemmung des Papains nachweisen. Gelatinepepton (dargestellt mit Papain, Fraktion IV) wirkt auch hemmend auf die Gelatinehydrolyse des Papains wie des Cyanhydrins, wenn auch nicht stark. [211] Beträchtlicher ist die Hemmung durch das weniger abgebaute käufliche Pepton aus Albumin. Sie macht sich ebenso gegenüber Papaincyanhydrin wie gegen Papain geltend.

0,4 g Gelatine in 10 ccm, 9 mg Papain, zuvor mit 0,2 g Pepton 1 Stunde bei 40° gehalten, 1 ccm m/5-Citrat; 40°, 2 Stunden.)

a) Ohne Blausäure.	Spaltung d. Gelatine ohne Pepton	1,05
	Spaltung d. Peptons ohne Gelatine	0,11
	Spaltung im Versuch	0,44
b) Mit Blausäure (5 mg)	Spaltung d. Gelatine ohne Pepton	2,03
(Vorbehandlung 2 Stunden).	Spaltung d. Peptons ohne Gelatine	0,14
	Spaltung im Versuch	1,25

7. Adsorptionsverhalten des Papains.

Eine erste Reinigung des Rohproduktes läßt sich durch Fällung mit Alkohol erzielen, am wirksamsten so, daß durch vorangehendes Digerieren mit etwas Blausäure

[1] Jl. of Biol. Chem. Bd. 31, S. 201, und zwar S. 213 [1917].

die beigemischten pflanzlichen Eiweißkörper teilweise abgebaut werden. Diese Behandlung war bei unserem Ausgangsmaterial wirksamer als die Fällung mit Bleiessig nach A. WURTZ, bei der wir das Enzym teils in den Niederschlag gehen, teils in der Mutterlauge zurückbleiben sahen. Bei einem Gehalt von 15 mg in 1 ccm begann das Enzym beim Vermischen mit etwas weniger als dem gleichen Volumen Alkohol auszufallen und die Fällung war ziemlich vollständig bei einer Alkoholkonzentration von 80%. Nach der dreitägigen Selbstverdauung bei 40° ist die Niederschlagsgrenze zu einem Alkoholgehalt von 55% verschoben und die Fällung bei 80% noch vollständiger. Die enzymatische Konzentration war nach diesem Umscheiden die doppelte bis dreifache.

Angewandt 135 Papain-Einheiten in 9 ccm, gefällt mit dem vierfachen Volumen Alkohol.
Vers. mit Rohprod. Im Niederschlag 113 Einh., Gew. 64,8 mg; Reinheitsgrad 1,7fach.
Nach CNH-Behandlung. Im Niederschlag 120 Einh., Gew. 45 mg; Reinheitsgrad 2,7fach.

Adsorption durch Kaolin (Tab. 11). Papain läßt sich aus wäßriger Lösung von Kaolin leicht adsorbieren, wovon je nach dem Adsorptionsgrad das zehn- bis zwanzigfache Gewicht erforderlich ist. Das Verhalten ist in neutralem und [212] angesäuertem, in wäßrigem und alkoholischem Medium übereinstimmend, etwas ungünstiger dagegen die Adsorption aus ammoniakalischer Lösung. Ganz verschieden davon ist das Verhalten gegen Tonerde.

Tabelle 11. Adsorption des Papains durch Kaolin.

Nr.	Enzymmenge, Papaineinh.	Verdünnung (ccm)	Angewandte Enzymlösung	Enzymmenge in der Restlösung, Papaineinh.	Kaolin g	Adsorptionsgrad	Adsorptionswert
1	45	13	ohne Zusatz	26	0,2	43	9,7
2	45	13	n/20-essigsauer	26	0,2	43	9,7
3	450	120	ohne Zusatz	267	2,0	41	9,3
4	450	120	33proz. Alkohol	272	2,0	39	8,7
5	135	15	ohne Zusatz	94	0,6	30	6,7
6	45	13	desgl.	14	0,5	69	6,2
7	45	13	desgl.	3	0,8	93	5,2
8	45	13	n/20-essigsauer	3	0,8	93	5,2
9	45	13	n/20-ammoniak.	10	0,8	77	4,3

Adsorption durch Tonerde (Tab. 12). Papain zeigt ein sehr charakteristisches Adsorptionsverhalten. Es wird aus saurer Lösung schlecht, aus neutraler besser, aus ammoniakalischer viel besser adsorbiert. Daher läßt es sich nicht mit Ammoniak eluieren, eluierbar ist es durch $^{n}/_{20}$-Essigsäure, auch schon durch Wasser. Die verschiedenen Tonerdepräparate wirken ungleich; Aluminiumhydroxyd C ist etwa dreifach wirksamer als das Hydrogel A. Glyceringehalt der sauren Lösung verhindert die Adsorption. Viel leichter adsorbiert wird das Papain aus alkoholhaltiger Lösung; der Einfluß des Alkohols ist schon weit unter der Konzentration der beginnenden Fällung bedeutend.

In diesem Verhalten ist Papain besonders ähnlich der Peroxydase[1], wenn auch noch in einigen anderen Fällen, bei [213] Saccharase und Amylase, Begünstigung der

[1] R. WILLSTÄTTER, Liebigs Ann. der Chem. Bd. 422, S. 47, und zwar S. 61 [1920] (*Abh. 36*).

Adsorption durch Zusatz organischer Lösungsmittel beobachtet wird. Das Papain oder richtiger sein Komplex mit enger verbundenen Begleitstoffen scheint in wäßriger Lösung basische Eigenschaften zu besitzen und in alkoholhaltiger Lösung sauren Charakter zu entwickeln[1].

Unter günstigen Bedingungen vermag 1 mg Al_2O_3 als Tonerdegel C die Papainmenge aufzunehmen, die in 2 bis 5 mg Rohprodukt enthalten ist. Dabei folgen aber so viele Begleitstoffe mit, daß das Verfahren in diesen vorläufigen Versuchen noch nicht zu günstigen Reinheitsgraden führte. Daß die Begleitstoffe einen starken Einfluß auf das Verhalten dieses Enzyms ausüben, läßt sich daraus erkennen, wie sehr sich der Adsorptionswert mit dem Adsorptionsgrad ändert. Das Verhalten soll im Sinne der Untersuchung von H. KRAUT und E. WENZEL[2]: „Über Enzymadsorption" mit Messungen an reineren Präparaten verfolgt werden.

In einem Beispiel wurden 450 mg Rohpapain (d. i. 450 Einheiten) in 50 ccm wäßriger Lösung mit etwas Ammoniak neutralisiert und mit einer wäßrig-alkoholischen Suspension von Tonerde C versetzt (15 ccm, 0,225 g Al_2O_3 enthaltend, mit 54 ccm Alkohol vermischt). Das in der Zentrifuge abgetrennte Adsorbat lieferte mit 120 ccm

[214]

Tabelle 12.
Adsorption des Papains durch Tonerde.

Nr.	Enzymmenge und Papaineinh.	Verdünnung (ccm)	Angewandte Enzymlösung	Enzymmenge in der Restlösung (Einheiten)	Tonerdesorte und Menge (g)	Adsorptionsgrad	Adsorptionswert (Einheit in 1 g Al_2O_3)	Eluiert durch Essigsäure, % der ads. Menge
1	450	200	n/20-essigsauer	290	C, 1,66	36	100	—
2	450	200	neutral	216	C, 1,66	52	140	50
3	450	200	n/20-ammoniakalisch	100	C, 1,66	78	210	55
4	45	20	n/20-essigsauer	35	A, 0,33	22	30	—
5	45	20	n/20-ammoniakalisch	15	A, 0,33	66	91	94
6	45	20	n/20-essigsauer, 15% Glycerin	45	C, 0,165	0	0	—
7	45	20	n/20-ammoniakalisch	14	C, 0,165	68	180	—
8	150	31	n/20-essigsauer, mit HCN 3 Tage vorbeh.	126	C, 0,254	16	95	—
9	150	66	n/20-ammoniak., ebenso vorbehandelt	33	C, 0,45	78	260	—
10	450	120	n/20-essigsauer, 30% Alkohol	180	C, 0,55	60	480	—
11	450	120	neutral, 30% Alkohol.	37	C, 0,55	92	740	60
12	450	120	n/20-ammoniak., 30% Alkohol	47	C, 0,55	90	730	61
13	450	120	neutral, 30% Alkohol	69	C, 0,37	85	1030	76
14	450	120	desgl.	176	C, 0,18	61	1520	100
15	450	120	neutral, 45% Alkohol.	20	C, 0,37	95	1160	58
16	450	120	desgl.	78	C, 0,18	83	2000	63
17	450	120	n/25-ammoniak., 33% Alkohol	28	A, 1,15	94	370	—
18	300	80	neutral, 25% Glycerin, 45% Alkohol .	44	C, 0,15	85	1700	67
19	75	16	neutral, mit HCN 3 Tage vorbeh., mit Alkohol gefällt, gelöst, 50% Alk. enth.	1	C, 0,038	98	1930	—
20	75	16	desgl.	8	C, 0,0127	90	5300	—

[1] Siehe hierzu die Betrachtungen über den Einfluß des Alkohols in der III. Abh. über Peroxydase, R. WILLSTÄTTER und A. POLLINGER, Liebigs Ann. der Chem. Bd. 430, S. 269, und zwar S. 275 [1922/23] (*Abh. 37*).

[2] Diese Zs. Bd. 133, S. 1 [1923/24] (*Abh. 51*).

$^{n}/_{20}$-Essigsäure eine Elution, die 340 Einheiten, d. i. 75% vom angewandten Enzym enthielt.

2 ccm Elution ergaben unter den Bedingungen der Bestimmungsmethode in 1 Stunde Gelatinespaltung entspr. 1,33 ccm $^{n}/_{5}$-KOH, enthielten daher 5,3 Einheiten. — 20 ccm Elution gaben 0,0324 g Trockengewicht mit 0,0031 g (90%) Asche, Reinheitsgrad 1,6fach.

Von der gewonnenen Elution unterwarfen wir 80 ccm (212 Einh.) erneuter Adsorption aus verdünnterer Lösung (140 ccm, 54 ccm Alkohol enth.) mit geringerer Tonerdemenge (75 mg), daher geringerem Adsorptionsgrade. In der Restlösung [215] hinterblieben diesmal 86 Einh., d. i. 40%. Das abzentrifugierte Adsorbat wurde mit 50proz. Alkohol gewaschen und mit reinem Wasser (140 ccm) eluiert. Die neue Elution enthielt 77 Einh., d. i. 61% vom adsorbierten Enzym.

2,6 ccm Elution ergaben unter den Bedingungen der Bestimmungsmethode in 1 Stunde Gelatinespaltung entspr. 0,59 ccm n/5-KOH, enth. daher 1,4 Einheiten. — 20 ccm gaben 0,0049 g Trockengewicht; Reinheitsgrad 2,25fach.

Zeitschrift für physiologische Chemie 151, S. 286 [1926].

118. BLAUSÄURE-AKTIVIERUNG UND -HEMMUNG PFLANZLICHER PROTEASEN.

Von RICHARD WILLSTÄTTER, WOLFGANG GRASSMANN und OTTO AMBROS.

Zweite Abhandlung über pflanzliche Proteasen.

(Mitteilung aus dem Chemischen Laboratorium der Bayerischen Akademie der Wissenschaften in München.)

Mit 1 Abbildung im Text.

(Der Redaktion zugegangen am 2. November 1925.)

Einleitung.

Für die Protease aus dem Milchsaft von Carica Papaya hat Cyanwasserstoff die Bedeutung einer Kinase, die, in zeitlichem Verlauf mit dem Enzym reagierend, seine Aktivität erhöht und zudem seinen Spezifitätsbereich erweitert. Das Papain wirkt peptonisierend, es vermag Gelatine zu hydrolysieren, indessen nicht tiefgreifend, aber es ist nicht imstande, Peptone abzubauen. Das Papaincyanhydrin hydrolisiert Gelatine weitgehend, es spaltet Peptone. Zu diesem Spezifitätsunterschied, von dem unsere erste Mitteilung[1] handelte, kommt ein weiterer hinzu; Papain selbst wirkt nicht auf genuines Eieralbumin, während es zusammen mit Blausäure dazu imstande ist. Papain ohne Aktivator kann wegen seiner engeren Spezifität mit Trypsin verglichen werden, andererseits sind die Systeme Papain + Blausäure und Trypsin + Enterokinase, insofern sie sowohl peptonbildend wie auch peptonspaltend sind, als Analoge zu betrachten. Unter Trypsin ist hier im Sinne der letzten [287] Ergebnisse von E. WALDSCHMIDT-LEITZ und A. HARTENECK[1]) das erepsinfreie Enzym verstanden. Die Aktivierung des Papains durch Cyanwasserstoff ist eine so ausgeprägte Erscheinung, daß sie sich zur Kennzeichnung der proteolytischen Enzyme der Pflanzen besonders eignet. Der Vergleich pflanzlicher Proteasen, den wir im folgenden beginnen, zeigt, daß es unter ihnen tryptische Enzyme gibt, die durch Blausäure aktiviert und solche, die durch sie gehemmt werden. Die verschiedenen Fälle haben also das gemeinsame, daß das Enzym durch die Verbindung mit dem Zusatzstoff Änderungen seines Reaktionsvermögens erleidet, sei es

[1] Diese Zs. Bd. 138, S. 184 [1924].

[1]) II. und III. Mitteilung zur Spezifität tierischer Proteasen, Diese Zs. Bd. 147, S. 286 [1925] und im Druck (*Abh. 109 und 110*).

im Sinne der Vermehrung oder Verminderung seiner Aktivität. Die Protease der Ananas, die in der Literatur Bromelin genannt wird, ist gleichartig mit Papain, die Protease der Kürbisfrucht ist von ihr scharf unterschieden.

Das proteolytische Enzym der Ananas haben am eingehendsten R. H. CHITTENDEN[2], S. H. VINES[3] und J. S. CALDWELL[4] untersucht. Besondere Aufmerksamkeit beansprucht die Angabe von VINES, daß Bromelin in entschiedenem Gegensatz zu Papain durch Cyanwasserstoff gehemmt werde. Dieser Befund des auf dem Gebiet der proteolytischen Enzyme so erfahrenen Botanikers stützt sich auf qualitative Beobachtungen, Verschwinden einer Fibrinflocke, Auftreten und Stärke der Tryptophanreaktion. Die Methodik ist seit jener Untersuchung dank der Berücksichtigung der Wasserstoffionenkonzentration und der Ausgestaltung quantitativer Bestimmungsweisen verbessert worden. Die früheren Angaben halten der Nachprüfung nicht durchwegs stand, ohne daß sich im einzelnen angeben läßt, durch welche Umstände die Abweichungen bedingt sind.

[288] Die Protease des Ananassaftes wird durch Cyanid ähnlich wie Papain aktiviert. Das sogenannte Bromelin bewirkt ohne Aktivierung gut die Spaltung von Gelatine, die durch Blausäure nur mäßig beschleunigt wird, z. B. um etwa 50 %, wenn die Papainwirkung um etwa 100 % gesteigert wird. Bromelin für sich allein ist zum Unterschied von Papain gegen Albuminpeptone nicht wirkungslos, aber es wirkt nur schlecht darauf ein. Durch Cyanwasserstoff wird die Reaktionsgeschwindigkeit bedeutend erhöht.

Für die Aktivierung der Ananasprotease erweist sich Schwefelwasserstoff gleichfalls als geeignet. Die Wirkung ist zwar in bezug auf Gelatine nur undeutlich, aber beim Substrat Pepton ebenso bedeutend wie die von Blausäure. Der Schwefelwasserstoff ist schon früher beim Papain von L. B. MENDEL und A. F. BLOOD[1]), die in schwachen Säuren Aktivatoren der Papainwirkung suchten, neben Borsäure zum Vergleich mit Cyanwasserstoff herangezogen worden. Von den beiden Aktivatoren finden wir den Schwefelwasserstoff in geringerem Maße geeignet, die Papainwirkung auf Gelatine zu steigern, dagegen ebenso gut wie die Blausäure die Peptonhydrolyse aktivierend.

Die Protease der Ananas steht dem Papain also sehr nahe. Sie könnte ein besonderes Enzym sein, das dem Papain sehr ähnlich wäre; aber die Erscheinungen sind auch vollständig so zu verstehen, daß die Ananasprotease und das Papain identisch sind und daß die beobachteten Unterschiede (Wirkung auf Peptone, wenn auch schwache; geringere Aktivitätssteigerung durch die Zusatzstoffe) durch Vergesellschaftung mit einem natürlichen Aktivator bedingt sind.

Über die Protease der Kürbisfrucht finden sich Beobachtungen bei CL. FERMI und L. BUSCAGLIONI[2]) und bei S. H. VINES[3]), aber sie ist noch nicht mit Blausäure kombiniert worden. Dieses Enzym wird durch Blausäure entschieden gehemmt, und noch

[2] Trans. Conn. Acad. Bd. 8, Dez. 1891; — Jl. of Physiol. Bd. 15, S. 249 [1894].
[3] Annals of Botany Bd. 17, S. 597 [1903]; Bd. 19, S. 149 [1905]. Hier besonders Bd. 17, S. 606.
[4] Bot. Gaz. Bd. 39, S. 409 [1905].
[1]) Jl. of Biol. Chem. Bd. 8, S. 177 [1910].
[2]) Zs. f. Bakt. Bd. 5, S. 24, und zwar S. 157 [1899].
[3]) Annals of Botany Bd. 17, S. 237, und zwar S. 244 [1903].

[289] mehr durch Schwefelwasserstoff. Auch hinsichtlich der geeigneten Aciditätsbedingungen ist das Kürbisenzym von Papain sehr verschieden, es wirkt nämlich auf Gelatine in schwach alkalischem Gebiet am günstigsten (Papain bei $p_H = 5$) und auf Pepton bei $p_H = 6{,}3$. Der Spezifitätsbereich der Kürbisprotease ist nicht enger als der von aktiviertem Papain, nur eignet sie sich verhältnismäßig besser als dieses für den Abbau von Peptonen, schlechter für die Spaltung von Gelatine. Auch im Adsorptionsverhalten weicht die Kürbisprotease vom Papain ab, indem sie sich aus schwach saurer Lösung durch Tonerde leicht adsorbieren läßt, Papain aber nur aus schwach ammoniakalischer Lösung. Mit dem Kürbisenzym wird also ein vom Papain wesentlich verschiedener Typ pflanzlicher Proteasen beschrieben.

Substrate tryptischer Enzyme, die zu den denaturierten, aber noch hochmolekularen Eiweißkörpern zählen, sind Fibrin, Gelatine und koaguliertes Eieralbumin. Die Kürbisprotease wirkt zwar schlecht auf Gelatine, aber mit verhältnismäßig großer Geschwindigkeit auf Fibrin, wodurch sie sich vom cyanidaktivierten Papain unterscheidet. Beide aber sind Analoge von Trypsin + Enterokinase.

Die mannigfachen Abstufungen im Wirkungsvermögen auf verschiedene Substrate sind zu berücksichtigen, wenn man versucht, die Proteasen auf Grund ihrer Spezifität in Gruppen einzuordnen. Vorläufige Einteilungen mögen auf die Gruppen von Proteinkörpern Bezug nehmen, die von den Enzymen gespalten werden, endgiltige Einteilungen werden von der Kenntnis spaltbarer Atomgruppen abhängen.

Aus den Spezifitätsunterschieden der Proteasen kann man auf Unterschiede in der chemischen Konstitution der Proteine schließen, die sich noch nicht definieren lassen. Ein beachtenswertes Beispiel dafür gibt die Spezifität des Papains. Dieses Enzym ohne Aktivator vermag denaturiertes Eieralbumin zu spalten, aber nicht genuines. Diese Begrenzung des Reaktionsbereiches ist nicht durch kolloidale Unterschiede der Substrate zu erklären, sondern nur durch Änderungen der chemischen Konstitution, die der Gerinnung vorauseilen oder mit ihr Hand in Hand gehen.

[290]

Experimenteller Teil.

I. Protease von Ananas sativus (Bromelin).

1. Das Enzymmaterial.

Bromelin ist im Handel nicht anzutreffen. Die Firma Parke, Davis & Co. verwendet es zwar nach den Angaben ihres Londoner Vertreters zur Bereitung eines „Meat Jelly", führt aber das Enzympräparat selbst nicht, weil sie es für zu schnell zersetzlich hält. Nach unseren Beobachtungen gibt es indessen ähnlich haltbare Trockenpräparate wie der Milchsaft von Carica Papaya.

Die in verschieden reifem Zustand verwendeten Ananasfrüchte waren zwischen Mai und Dezember importiert. Nach äußerlicher Reinigung wurden sie grob zerschnitten und in der Handpresse scharf abgepreßt. Man erhält etwa 70 % des Gewichtes an einem nach der Filtration klaren gelblichen Safte, der neben viel Zucker wenig koagulierbares

Eiweiß enthält und beträchtlich sauer reagiert. Der Preßrückstand gibt weder an Wasser, noch an verd. NH_3 oder an Essigsäure nennenswerte Mengen Enzym ab. Die enzymatische Wirksamkeit des Saftes bewegte sich bei zahlreichen Beispielen in den Grenzen der beiden folgenden Versuche.

2 ccm Saft, 0,4 g Gelatine, 1 ccm $^m/_5$-Dinatriumcitrat ($p_H = 5,0$) in 10 ccm Gesamtvolumen; 40°; Spaltung in ccm $^n/_5$-KOH.

Spaltungszeit (Stunden)	1	4	24	41
a) Ananas vom 16. 5. 24	0,68	1,00	1,80	2,04
b) Ananas vom 12. 11. 24	—	2,10	2,87	—
Kontrolle zu b) ohne Substrat . .	—	—	0,00	—

In den Versuchen dieser Arbeit wurde der durch die Hydrolyse bewirkte Zuwachs an Carboxylgruppen durch Titration in alkoholischer Lösung nach der Methode von R. WILLSTÄTTER und E. WALDSCHMIDT-LEITZ[1] ermittelt. Um klumpige Abscheidung des Substrats beim Alkoholzusatz zu vermeiden, verfuhren wir besser als früher in der Weise, daß man zunächst in wäßriger Lösung auf kräftiges Blau titrierte, den etwa 50° **[291]** warmen Alkohol bis zur Entfärbung zufügte, wieder auf Blau titrierte und so fortfuhr, bis bei einer Alkoholkonzentration von 90% eine eben deutliche Blaufärbung stehen blieb. Die Eiweißkörper scheiden sich bei dieser Arbeitsweise erst gegen Ende der Titration und in sehr feiner Verteilung ab, auch bei hoher Substratkonzentration, Phosphatpufferung usw.

Gemäß den Anfangsgeschwindigkeiten der Spaltung wirkt demnach 1 ccm Saft etwa gleich 1 bis 2,5 mg durch Blausäure aktivierten Papains. Der Saft enthielt durchschnittlich 10% Trockensubstanz, deren enzymatische Wirksamkeit ohne Aktivierung schätzungsweise 4 bis 15%, richtiger mit Blausäureaktivierungen beider Enzyme bestimmt etwa 1 bis 3% von der des Papains (nämlich eingetrockneter Carica-Papaya-Milch) betrug. Es war daher erwünscht. die Herstellung eines Trockenpräparates mit einer ersten Reinigung zu verbinden.

a) Alkoholfällung. Durch Fällung aus 80proz. Alkohol läßt sich das Enzym nahezu quantitativ niederschlagen, zusammen mit etwa der Hälfte der Begleitstoffe. So entsteht ein zuckerreicher Sirup, der sich nicht in trockene Form bringen läßt. Die durch Ammonsulfatfällung gereinigten Präparate lassen sich aus Alkohol ebenfalls ohne erheblichen Verlust, aber auch ohne beträchtliche Reinigung umfällen.

b) Aussalzen mit NaCl. Dieses Verfahren haben CHITTENDEN sowie CALDWELL zur Reinigung des Bromelins angewandt. CALDWELLS reinstes Präparat, durch Kochsalzsättigung, Dialyse, häufige Fällung mit Alkohol, dann mit Ammonsulfat und Trocknung bei 40° dargestellt, dürfte nur 1% der Ananastrockensubstanz enthalten haben, aber die Enzymausbeute ist schwer zu beurteilen. Nach unseren Versuchen wird von Kochsalz kaum die Hälfte des Enzyms gefällt und die Trocknung verursacht weiter große Verluste.

c) Aussalzen mit Ammonsulfat. Durch 3/4-Sättigung mit Ammonsulfat läßt sich das Enzym ohne Verlust 10- bis 20fach reiner ausfällen. Dabei ist es jedoch unerläß-

[1] Chem. Ber. Bd. 54, S. 2988 [1921]; vgl. ferner Diese Zs. Bd. 138, S. 189 [1924] (*Abh. 11 u. 117*).

lich, den Niederschlag sehr rasch von der Mutterlauge abzutrennen, was nur mit einer Zentrifuge von hoher Tourenzahl und bei Anwendung frischen Saftes gelingt; andernfalls sinkt die Ausbeute wesentlich.

[292] In einem Versuch wurden 800 ccm Ananassaft mit NH_3 neutralisiert und sofort im Hochvakuum auf 200 ccm eingeengt. 190 ccm des konzentrierten Saftes wurden mit 570 ccm gesättigter Ammonsulfatlösung gefällt, die Fällung abzentrifugiert, mit Alkohol auf ein Filter gespült, mit Äther nachgewaschen und im evakuierten Exsiccator getrocknet. Man erhielt 4,62 g schwach bräunliches Pulver, das mit Fehlingscher Lösung nicht, mit Millons Reagens kräftig reagierte.

Mit 2 ccm neutralisiertem Salz und der entsprechenden Menge Trockenpräparat (12,5 mg) ergaben sich mit 0,4 g Gelatine und 1 ccm $^m/_5$-Dinatriumcitrat in 10 ccm bei 40° folgende Spaltungen:

Spaltungszeit	4	24 Stunden
2 ccm Saft bzw. Spaltung entspr.	1,52	2,10 ccm $^n/_5$-KOH
12,5 mg Trockenpräp. ,, ,,	1,62	2,04 ccm $^n/_5$-KOH
0,6 ccm Restlösung Spaltungszeit	3,5 Tage	– 0,01 ccm $^n/_5$-KOH

Trockengewicht des Rohsaftes: 1 ccm = 0,1211 g; Reinheitsgrad des Trockenpräparats demnach etwa 20 fach.

Besser wird die Fällung im nicht konzentrierten Saft durch Zusatz von fein gepulvertem Ammonsulfat vorgenommen.

In 450 ccm frischen Ananassaft wurden nach Neutralisieren mit NH_3 unter kräftigem Rühren 195 g feingepulvertes Ammonsulfat (D.A.B.) eingetragen. Das Salz löst sich in wenigen Minuten auf, wobei sich die Lösung abkühlt. Der sofort abzentrifugierte Niederschlag wurde mit 80proz. Alkohol auf ein Filter gebracht, mit 80proz. und mit absolutem Alkohol, dann mit Äther gewaschen und im Vakuum getrocknet. Ausbeute 3,76 g rein weißes Pulver.

Die Enzymausbeute war in diesem Beispiel etwas geringer; wir bestimmten sie sowohl ohne Blausäure, wie auch richtiger mit Blausäure nach der unten beschriebenen analytischen Methode.

Enzym mit 0,4 g Gelatine und 1 ccm $^m/_5$-Dinatriumcitrat in einem Volumen von 10 ccm, und zwar a) ohne CNH, b) nach 2stündiger Vorbehandlung mit 5 mg CNH; 40°; Spaltung in ccm $^n/_5$-KOH.

	a)		b)	
Spaltungszeit	4	24	4	24 Stunden
2 ccm Rohsaft bew. Spalt. entspr.	2,12 / 2,09	2,87	2,47	3,45 ccm $^n/_5$-KOH
16,4 mg Trockenpräp. ,, ,,	1,72	2,22	2,08 / 2,17	3,26 ccm $^n/_5$-KOH
2 ccm Restlsg. nach Dialyse ,,	—	0,03	—	— ccm $^n/_5$-KOH

[293] Trockengewicht des Rohsaftes: 0,1040 g in 1 ccm; Reinigung demnach etwa 9,5-fach, Ausbeute 75%.

Solche Präparate sind haltbar. 10 mg der letzterwähnten Darstellung wie oben unter Blausäureaktivierung bestimmt, und zwar mit 4stündiger Spaltungszeit, ergaben

kurz nach der Gewinnung Spaltung entspr. .	1,74 ccm $^n/_5$-KOH
6 Monate später.	1,68 ccm $^n/_5$-KOH

2. Aktivierung durch Blausäure und durch Schwefelwasserstoff.

Die Protease aus Ananas erfährt in den verschiedenen Reinheitszuständen Aktivierung durch Cyanid; der Effekt ist gemäß den Versuchen der Tab. 1 immer deutlich, aber bei den einzelnen Präparaten ungleich. Mit Gelatine als Substrat wird ein geringeres Maß von Aktivierung als beim Papaya-Enzym gefunden. Die Wirkungssteigerung, zu Beginn der Spaltung nur gering, wächst im Verlaufe der Hydrolyse auf etwa 50% und bleibt weiterhin annähernd konstant. Bei einem anderen Substrat, käuflichem Pepton (E. MERCK) aus Albumin, ist die Steigerung durch Blausäure schon zu Beginn erheblich größer als bei Gelatine und ungefähr gleichmäßig im ganzen Reaktionsverlauf. Aber im Gegensatz zu Papain spaltet das Ananasenzym schon ohne Aktivator das Pepton, wenn auch nicht rasch, so doch deutlich.

Außer dem Cyanwasserstoff hat Schwefelwasserstoff eine spezifisch aktivierende Wirkung. Quantitativ ist sie, mit den beiden Substraten bestimmt, ungleich. Bei der Peptonspaltung durch Ananasprotease (wie durch Papain) ist der Schwefelwasserstoff der Blausäure gleichwertig oder etwas überlegen. Bei der Gelatinehydrolyse war die Aktivierung durch Schwefelwasserstoff wechselnd und gering. In einem Falle (Nr. 3 der Tab. 1) blieb sie aus, nur bei einem einzigen Präparat (Nr. 5 der Tab. 1), und zwar einem

[294] Tabelle 1.

Aktivierung der Ananasprotease durch CNH und H_2S, Substrat: Gelatine und Albuminpepton.

(Enzym mit und ohne Aktivator, 0,4 g Substrat, 1 ccm m/5-Dinatriumcitrat [$p_H = 5{,}0$] in 10 ccm Gesamtvolumen; 40°; Spaltung in ccm n/5-KOH.)

Versuchsnummer	Enzym	Einh. n. d. Pap.-Best.	Aktivator	Substrat	(ccm n/5-KOH) Spaltung nach Stunden					Aktivitätssteigerung in Proz.
					1	4	24	48	96	
1	konz. Saft 1 . .	1,7	—	Gelatine	0,76	1,16	1,61	1,94	2,40	—
2	,,	1,7	5 mg CNH	,,	0,84	1,48	2,38	2,86	3,58	10—50
3	,,	1,7	2,8 mg H_2S	,,	—	1,12	1,56	1,88	2,26	0
4	12,5 mg Trockenpräp. aus Saft 3	3	—	,,	0,56	1,13	1,93	—	—	—
5	,,	3	3,4 mg H_2S	,,	0,71	1,42	2,13	—	—	10—30
6	,,	3	—	Pepton	0,06	—	0,30 0,30	0,40 0,44	0,60	—
7	,,	3	5 mg CNH	,,	0,18	0,54	1,06	1,40	2,00	200—230
8	,,	3	3,4 mg H_2S	,,	—	—	1,38	—	2,18	260—300
9	2 ccm Rohsaft 4	6	—	Gelatine	—	2,09 2,12	2,74	3,20	—	—
10	,,	6	5 mg CNH	,,	—	2,47	3,45	—	—	18—26
11	,,	6	3,4 mg H_2S	,,	—	2,04	3,17	3,58	3,88	0—16
12	,,	6	—	Pepton	—	0,55 0,53	0,94 0,95	1,52	1,90	—
13	,,	6	5 mg CNH	,,	—	0,93	1,97	2,53	2,87	70
14	,,	6	3,4 mg H_2S	,,	—	1,13	2,15	275	3,05	80—130
15	16,5 mg Trockenpräp. aus Saft 4	4,3	—	Gelatine	—	1,72	2,22	2,40	2,82	—
16	,,	4,3	5 mg CNH	,,	0,76	2,08 2,17	3,26	3,80	4,19	20—50
17	,,	4,3	—	Pepton	—	0,08	0,49	0,71	1,09	—
18	,,	4,3	5 mg CNH	,,	—	0,80	1,55	1,99	2,40	120—900

ohne Aktivierung besonders ungünstig wirksamen, war die Schwefelwasserstoffaktivierung von Beginn der Hydrolyse an beträchtlich.

Im Verhalten gegen beide Aktivatoren stimmt also Ananasprotease qualitativ mit Papain überein, aber die Aktivierungseffekte sind quantitativ geringer.

Aus diesen Beobachtungen muß nicht gefolgert werden, daß Bromelin und Papain verschiedene Enzyme seien. Unter der Annahme ihrer Identität sind die Aktivierungserscheinungen so zu verstehen, daß der Ananasprotease ein aktivierend [295] wirkender Begleitstoff in wechselnder, im allgemeinen unzureichender Menge beigemischt ist.

Die Blausäureaktivierung nimmt auch bei dem neuen Enzymmaterial einen zeitlichen Verlauf. Die enzymatische Aktivität steigt während etwas weniger als einer Stunde nach Zusatz des Cyanids zum Höchstwert und sinkt dann in einigen Stunden ein wenig. Nach 30 Stunden war der Aktivitätsverlust bedeutend, vielleicht durch Enzymzerstörung, während beim Papain nach Überschreitung der maximalen Aktivität ein konstanter Wert erreicht wurde.

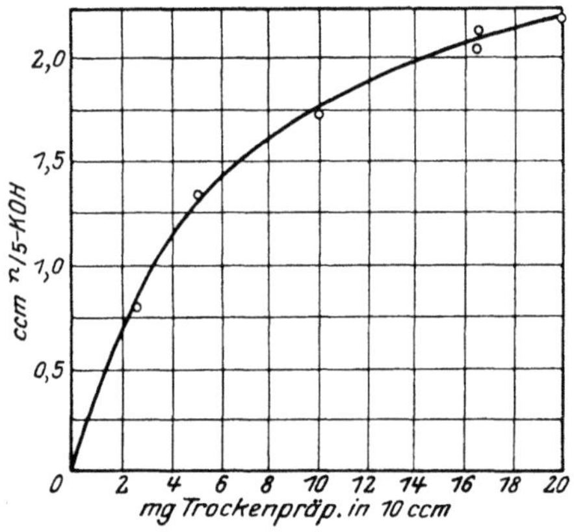

Menge der Ananasprotease und Grad der Proteolyse nach 4 Stunden.

Das Verhältnis der ohne Blausäure und mit Aktivierung gemessenen proteolytischen Wirkungen differiert noch mehr als beim Papain bei verschiedenen Präparaten der Ananasprotease, weil diese im natürlichen Zustand in wechselndem Maße partiell aktiviert ist. An der Peptonspaltung gemessen läuft die enzymatische Wirkung nur im Falle der Vollaktivierung durch Blausäure mit der Gelatinespaltung parallel. Für die Bestimmung der Ananasprotease ist daher, wie die folgenden Versuche und die Abbildung bestätigen, die in der ersten Abhandlung für Papain angegebene analytische Methode sehr geeignet. (Vgl. auch die folgende Mitteilung dieser Reihe.) So fanden wir 4 mg des mit Ammonsulfat gewonnenen Trockenpräparates aus Ananassaft gleichwertig mit 1 mg käuflichen Papains, also einer Papaineinheit.

[296] Gelatinespaltung und Enzymmenge nach 2stündiger Aktivierung mit CNH. (0,4 g Gelatine, 1 ccm m/5-Dinatriumcitrat $p_H = 5{,}0$, 5 mg CNH in 10 ccm Gesamtvolumen; Spaltungszeit 4 Stunden, 40°.)

Menge Trockenpräparat (mg in 10 ccm Vers.-Ansatz)	2,5	5,0	10	(16,5)	20
Spaltung (ccm n/5-KOH)	0,81	1,35	1,74	(2,08) (2,17)	2,20
Papaineinheiten (in 10 ccm)	0,625	1,25	2,5	4,1	5,0

3. Wirkung der Papaya- und Ananasproteasen auf die von beiden gebildeten Peptone (Tab. 2).

Durch Papainverdauung ohne Blausäure aus Gelatine gewonnene Peptone, die sich also von Papain ohne Blausäure nicht weiter hydrolysieren lassen, werden vom Ananasenzym angegriffen, weil dieses an sich der Aktivierung nicht ganz entbehrt.

Aber auch durch Papain mit Blausäure gewonnene, in diesem System nahezu resistente Peptidgemische werden von cyanidaktivierter Ananasprotease weiter gespalten, während sich andererseits die mit Ananasenzym + Blausäure erhaltenen Endpeptone gegen Papain + Cyanwasserstoff als unangreifbar erweisen. Die Hydrolyse der Gelatine durch aktivierte Ananasprotease führt daher zu Peptidgemischen von tieferen Äquivalentgewichten (235 gegenüber 300 nach der Papain–Cyanid-Verdauung). Das Ananasenzym hat also entweder dank seinem natürlichen Aktivator oder zusammen mit Blausäure die Fähigkeit, gewisse gegen Papain mit CNH beständige Bindungen zu lösen. Eine auf niedere Peptide reagierende ereptische Komponente ist zwar in frischen Ananassäften, aber in keinem der für diese Versuche angewandten Trockenpräparate nachweisbar.

Darstellung der angewandten Endpeptone.

a) mit Papain. Zu 100 g Gelatine in 1 l fügten wir eine ausreichende Menge Toluol, sowie 1,5 g Papain und nach 2tägiger Hydrolyse bei 40° nochmals ebensoviel. Nach einer Einwirkung von 3 Monaten bei Zimmertemperatur zeigte das Pepton ein durchschnittliches Äquivalentgewicht von 630 und war so gut wie unangreifbar für nicht aktiviertes Papain. Vorhandenes Enzym zerstörte man durch 15 Minuten dauerndes Erhitzen auf 95°.

[297] b) mit Papain + HCN. Die in der ersten Abhandlung (S. 208, Tab. 10) gewonnene II. Peptonfraktion diente nach 48tägiger Einwirkung von Papain mit Blausäure für die Versuche unserer Tab. 2;

c) mit Ananaspräparat. Auf 10 g Gelatine in 100 ccm wirkten 200 mg Trockenpräparat 3, entspr. 48 Papaineinheiten, 4 Monate lang bei 30 bis 40°. Dieser Abbau führte zu einem Gemisch vom mittleren Äquivalentwert 320, das durch weiteres Ananasenzym wie auch durch Papain nur noch sehr langsam angegriffen wurde;

d) mit Ananasprotease + HCN. Der Versuchsansatz unterschied sich vom vorigen durch die Zugabe von 75 mg HCN. Die Reaktion fand 14 Tage lang bei 40° statt, darauf unter Verdoppelung der Enzymmenge noch 1½ Monate bei 30 bis 40°. So entstand ein gegen diese durch HCN aktivierten Proteasen beständiges Peptidgemisch vom Äquivalentgewicht 235.

Tabelle 2.
Einwirkung von Ananas- und Papayaprotease auf Endpeptone.
(0,4 g Substrat, 1 ccm m/5-Dinatriumcitrat und angegebene Enzymmengen in 10 ccm; 40°.)

Substrat		Enzym	Aktivator	Spaltung (ccm n/5-KOH) nach Tagen		
Darstellung	Äquiv. Gew.			1	2	4
a) Papain-Pepton	630	Papain (10 Einh.)	—	—	0,04	0,08
		Ananaspr. (3 Einh.)	—	0,26	0,44	0,74
b) Papain + CNH-Endpepton	300	Papain (10 Einh.)	5 mg CNH	0,02	0,06	0,18
		Ananaspr. (3 Einh.)	5 mg CNH	0,30	0,68	0,70
c) Ananaspr.-Pepton	320	Papain (5 Einh.)	—	0,04	0,10	0,22
		Ananaspr. (5 Einh.)	—	0,05	0,09	0,22
d) Ananaspr.+CNH-Endpepton	235	Papain (5 Einh.)	5 mg CNH	—0,01	0,04	0,03
		Ananaspr. (5 Einh.)	5 mg CNH	—0,04	0,03	0,01

4. Verhalten der Ananasprotease beim Altern.

Bei Anwesenheit von Blausäure verlaufen die Gelatine- und die Peptonspaltung unter der Wirkung verschiedener Präparate von Ananasprotease nicht mit gleichem [298] Geschwindigkeitsverhältnis. Der Unterschied wird vergrößert bei der Alterung der Ananassäfte. Monate alte Enzymlösungen können zwar auf Albuminpepton noch unverändert wirken, auf Gelatine aber nur noch schwach. Vergleicht man die Hydrolyse beider Substrate in den Versuchen der Tab. 3 während längerer Alterungsdauer,

Tabelle 3.
Änderung der proteolytischen Wirkung auf Gelatine und Pepton beim Altern von Ananassaft.
(Enzym mit 0,4 g Substrat, 1 ccm m/5-Dinatriumcitrat in 10 ccm; 40°.)

Alterung		Angew Menge (ccm)	Aktivator	Peptonspaltung (ccm n/5-KOH) nach Stunden			Gelatinespaltung (ccm n/5-KOH) nach Stunden		
Dauer (Tage)	Temp. (°)			4	24	48	4	24	48
a) Versuche mit Preßsaft 5									
1	20	1	—	0,12	0,38	0,47	1,67	—	—
1	20	4	—	0,44	1,03	1,30	—	—	—
1	20	1	5 mg HCN	0,66	—	—	2,13	—	—
20	20	1	—	0,15	0,36	—	1,36	2,15	—
60	20	1	—	—	—	—	1,04	1,50	1,86
20	30—35	1	—	0,18	0,37	0,57	0,60	1,18	—
60	30—35	1	—	0,16	0,32	0,49	0,08	0,10	0,21
60	30—35	4	—	0,36	0,59	0,93	0,14	0,39	—
60	30—35	1	5 mg HCN	—	0,16	0,44	—	0,24	0,33
b) Versuche mit Preßsaft 3									
150	20	2	—	0,17	0,64	0,86	0,01	0,29	0,50
150	20	2	5 mg HCN	0,31	0,70	1,08	0,36	0,99	1,72

so findet man bei annähernder Konstanz der Wirkung auf Pepton fortdauernde Aktivitätsverminderung gegenüber Gelatine. Diese Erscheinung ist in der Hauptsache nicht durch Enzymzerstörung zu erklären, sie ist wahrscheinlich auf fortschreitende Bildung eines spezifischen Hemmungskörpers der Gelatinespaltung zurückzuführen. In der Tat wirkt gealterter Ananassaft auf die Hydrolyse der Gelatine durch ein Trockenpräparat der Protease kräftig hemmend.

Von einem Proteasepräparat wurden 50 mg a) in 5 ccm Wasser, b) in 5 ccm neutralisiertem 5 Monate altem Ananassaft gelöst und nach Zusatz von 2,5 ccm $^{m}/_{5}$-Dinatriumcitrat 3 Stunden bei 40° gehalten. Dann fügte man zu jeder Probe [299] 1 g Gelatine, füllte auf 25 ccm auf und bestimmte die Spaltung in 4 Stunden bei 40° durch Titration von 10 ccm-Proben.

a) Protease allein . . . . 1,14 ccm $^{n}/_{5}$-KOH
b) Protease mit gealtertem Saft. . 0,85 ccm $^{n}/_{5}$-KOH
c) gealterter Saft allein . . . . . 0,01 ccm $^{n}/_{5}$-KOH

Durch Cyanid war Ananasprotease nach 5 Monate dauernder Alterung (Zeile 10 u. 11 der Tab. 3) sehr wenig aktivierbar für die Peptonspaltung, stark aktivierbar für die Gelatinehydrolyse, das aktivierte Enzym ergab daher ungefähr das normale Verhältnis zwischen den Spaltungsgeschwindigkeiten in beiden Substraten. In einem anderen Beispiel war nach einer 60tägigen Alterung bei 35° das Ergebnis verwickelter; gemäß dem Rückgang der Wirkung auf Pepton ist anzunehmen, daß Enzym der Zerstörung anheimfiel. Die Gelatinespaltung war sehr gering geworden und auch dann noch deutlich aktivierbar zum Unterschied von der Peptonspaltung.

II. Zur Spezifität und Aktivierbarkeit des Papains.

1. Aktivierbarkeit durch Schwefelwasserstoff.

Cyanwasserstoff wird als Aktivator des Papains bei der Hydrolyse von Albuminpepton gleichwertig durch H_2S ersetzt (Tab. 4, Vers. 6 u. 10). Auch die Papainwirkung auf die höher molekularen Substrate, auf Eieralbumin (vgl. Abschn. 2 und Tab. 5), sowie auf Gelatine (Vers. 2 der Tab. 4) wird durch Schwefelwasserstoff aktiviert, aber bei diesen Substraten in geringerem Maße als durch Blausäure. In den Fällen, in welchen Papain allein wirkungslos ist (mit genuinem Eieralbumin und mit Pepton), ist also Schwefelwasserstoff ein geeignetes Co-Enzym, teils ebenso gut wie Cyanwasserstoff, teils weniger leistungsfähig. Schwefelwasserstoff allein wirkt ebenso wenig wie Blausäure auf die angewandten Substrate ein.

Unter den Bedingungen der Bestimmung wird Schwefelwasserstoff zum Teil mittitriert, sein Entweichen während der Spaltung führt daher zu Fehlern. Dieser Fehler ist indessen gemäß den Kontrollen erst bei Konzentrationen von über 5 mg H_2S in 10 ccm beträchtlich. Aber die Aktivierung durch [300] 0,5 mg in 10 ccm nähert sich schon dem Maximum; mit 5 mg wird dieses erreicht.

Tabelle 4.
Vergleich der Aktivierung durch Schwefelwasserstoff und Blausäure.
(0,4 g Substrat, 10 mg Papain, 1 ccm m/5-Dinatriumcitrat, [p_H 5,0] in 10 ccm; 40°.)

Substrat	Aktivator	Spaltung nach Stunden (ccm n/5-KOH) 1	2	4	24	Aktivitäts-Steigerung %
Gelatine	—	0,69	1,20	1,42	2,07	—
,,	3,4 mg H_2S	1,07	1,49	1,87	2,68	30—50
,,	5 mg CNH	1,26	1,77	2,20	3,63	50—80
,,	5 mg CNH	Kontr. ohne Enzym		3 Tage	0,02	—
Pepton	—	0,03	—	0,06	0,06	—
,,	0,5 mg H_2S	0,42	—	—	—	—
,,	5 mg H_2S	0,51	0,70	0,87	1,25	—
,,	5 mg H_2S	Kontr. ohne Enzym		−0,03	−0,08	—
,,	15 mg H_2S	—	0,40	—	—	—
,,	15 mg H_2S	Kontr. ohne Enzym	−0,31 −0,28	—	—	—
,,	5 mg CNH	0,44	0,62	0,82	1,42	—
,,	5 mg CNH	Kontr. ohne Enzym		3 Tage	0,03	—

Der zeitliche Verlauf der Aktivierung, den wir für Blausäure gut feststellen konnten, ließ sich mit Schwefelwasserstoff gar nicht beobachten. Die Reaktion des Papains mit diesem Aktivator scheint mit größerer Geschwindigkeit zu verlaufen, die auch im Verhältnis zum Gange der Hydrolyse sehr groß ist. Die Unterschiede bei den zwei Fällen der Aktivierung sind ähnlich den von H. v. EULER und K. JOSEPHSON[1] beobachteten Unterschieden im zeitlichen Verlauf von Enzymaktivierungen, nämlich der Inaktivierung von Saccharase durch Brom und Jod.

Von den Versuchen, die sich auf den zeitlichen Verlauf der Schwefelwasserstoffaktivierung beziehen, sei nur ein Beispiel angeführt.

0,45 g Papain wurden mit 0,16 g H_2S und mit 10 ccm $^m/_5$-Dinatriumcitrat auf 100 ccm gebracht. Davon entnahmen [301] wir sofort 10 ccm, um das Enzym auf 2 g Gelatine unter Zusatz von weiteren 4 ccm Citrat in 50 ccm bei 40° 90 Minuten einwirken zu lassen. Weitere Proben der bei 40° gehaltenen Papain–Schwefelwasserstofflösung wurden nach 15, 30, 60 Minuten entnommen, um die Gelatinespaltung unter gleichen Bedingungen zu messen. Die einzige Differenz war ein kleiner Rückgang der Wirksamkeit, der wohl auf Enzymzersetzung zurückzuführen ist.

Hydrolyse von 0,4 g Gelatine durch 9 Papaineinheiten, aktiviert durch 3,1 mg H_2S (40°, 90 Minuten).

Dauer der Behandlung mit H_2S vor Vermischung mit Substrat	1	15	30	60	120 Min.	21 Std.
Spaltung entspr.	1,31	1,25	1,20	1,21	1,17	1,22 ccm $^n/_5$-KOH

2. Wirkung des Papains auf genuines Eieralbumin.

Nach Versuchen von C. DELEZENNE, A. MOUTON und E. POZERSKI[1]), die von D. JONESCU[2]) und von F. SACHS[3]) bestätigt wurden, vermag Papain genuines Eieralbumin und Serumeiweiß bei Temperaturen bis 40° gar nicht anzugreifen, während zwischen 70 bis 90° rasche Hydrolyse einsetzt. Zu diesen Angaben scheinen unsere früher mitgeteilten Befunde hinsichtlich der Gelatinehydrolyse bei höheren Temperaturen in einem gewissen Gegensatz zu stehen. Bis etwa 70° waren sehr rasche Spaltungen erfolgt, wobei die Geschwindigkeit mit der Temperatur gleichmäßig anstieg. Indessen bestätigen unsere Bestimmungen durchaus die Beobachtungen jener Autoren, namentlich die Angabe von E. POZERSKI[4]) über die Widerstandsfähigkeit nativen Albumins in der Kälte. Dieses Substrat ist erst leicht angreifbar, wenn es zuvor denaturiert wurde, z. B. durch Erhitzen.

Das „Phänomen von Delezenne", der Unterschied im Verhalten des genuinen und des denaturierten Eiweißkörpers, den POZERSKI auf das nächstliegende, auf die größere [302] Temperaturbeständigkeit des Enzyms im Vergleich zu seinem Substrat zurückführt, beruht wohl im wesentlichen auf konstitutionellen Änderungen der Proteine, mit denen die Denaturierung verbunden ist. Man erkennt in dem Enzym ein feines Reagens auf die konstitutionelle Eigentümlichkeit des Substrates. Im Gegensatz zu Papain selbst hat Papain zusammen mit Cyanwasserstoff oder weniger gut mit Schwefelwasserstoff spezifische Wirkung auf natives Eieralbumin. Die Spaltung ist weitgehend.

---

[1] Diese Zs. Bd. 127, S. 99 [1922/23].

[1]) C. R. Bd. 142, S. 177 [1906].
[2]) Biochem. Zs. Bd. 2, S. 177 [1906].
[3]) Diese Zs. Bd. 51, S. 488 [1907].
[4]) Ann. Inst. Pasteur Bd. 23, S. 205 [1909].

Da käufliches Albumin je nach seinem Denaturierungsgrad auch ohne Aktivierung mehr oder weniger angegriffen wird, dienten für unsere Versuche Albuminlösungen, die aus dem Weiß frischer Eier übereinstimmend mit den Angaben von S. MATSUMURA [1] gewonnen waren. Nach Verdünnen mit Wasser auf das 5fache zur Ausfällung des Globulins wurde die Lösung filtriert und vorsichtig im Faust-Heimschen Trockenapparat bei 30 bis 35° auf die erforderliche Konzentration eingeengt. Solche Lösungen sind, mit Toluol versetzt, mehr als eine Woche unverändert haltbar. Zur Denaturierung

Tabelle 5.
Hydrolyse des genuinen Albumins (0,2 g) durch Papain (15 mg) mit Blausäure oder Schwefelwasserstoff.

a) Versuch bei 40°		Spaltung (ccm n/5-KOH) nach Reaktionsdauer in Stunden			
Substrat	Aktivator	2	4	24	72
Eieralbumin nativ . .	—	0,07	—	0,13	0,10
,, ,, . . .	5 mg HCN	0,31	0,42	1,57	3,12
,, ,, . . .	0,7 mg H_2S	0,19	0,28	0,65	1,01
Eieralbumin denaturiert	—	—	0,94	1,08	1,22
		Reaktionsdauer in Minuten			
b) Versuch bei 70°		10	30	60	120
Eieralbumin nativ. . .	—	0,13	0,26	0,31	0,32

erhitzten wir die einzelnen Proben 4 Minuten im Wasserbad, [303] wobei sich durch kräftiges Schütteln eine ganz feine Verteilung erreichen ließ.

In den Versuchen der Tab. 5 enthielt jede Titrationsprobe von 5 ccm auf 0,2 g Albumin 15 mg Papain und 0,5 ccm $^{m}/_{5}$-Dinatriumcitrat ($p_H = 5,0$). Die Aktivatoren ließen wir in Gegenwart des Puffers vor Substratzusatz 2 Stunden auf das Enzym bei 40° einwirken.

III. Protease aus Cucurbita Pepo.

1. Das Enzymmaterial.

Kürbisse geben Preßsäfte von sehr wechselnder Wirksamkeit, die immer z. B. im Vergleich zum Ananassafte verhältnismäßig gering ist. Ein mittlerer Kürbis von 6 kg Gewicht lieferte in der hydraulischen Presse 2,5 l trüben gelblichen Saft. Um bei der Analyse genügenden Aciditätszuwachs zu erzielen, war es nötig, den von Zellresten durch Filtration tunlichst befreiten Saft auf $^1/_7$ bis $^1/_{10}$ einzuengen, was im Hochvakuum bei gewöhnlicher Temperatur geschah. Die so erhaltenen Lösungen, die noch dünnflüssig waren, reagieren sehr schwach sauer. Ihre Trockensubstanz, die etwa 6% beträgt, entfällt überwiegend auf Kohlehydrate; proteolytischer Abbau findet in dem Saft nur in geringem Maße statt. Der Farbstoffgehalt ist am geringsten beim Verarbeiten grünhäutiger, netzartig gezeichneter Früchte mit farblosem Fleisch, die übrigens auch die proteolytisch wirksamsten zu sein scheinen. Entfärbung des Kürbis-

[1] Kolloidzs. Bd. 32, S. 176 (Fußnote) [1923].

saftes, wodurch die Beobachtung des Farbumschlages bei der Titration erleichtert wird, läßt sich nahezu ohne Enzymverlust durch Adsorption mit Tonerde C bei Gegenwart von ein wenig Ammoniak erreichen. Beim Aufbewahren unter Toluol nimmt die proteolytische Wirksamkeit der Lösung nur langsam ab, z. B. in 5 Monaten um 20%. Das Enzym ist aber zum Unterschied von Papain sehr unbeständig gegen Alkohol. Schon bei rasch ausgeführter Fällung des Kürbissaftes durch Alkohol geht viel, beim Trocknen mit Alkohol–Äther alle Protease verloren. Dagegen ist die Ausflockung mit Ammonsulfat nicht ungeeignet zur Reinigung. Der frische Saft gibt mit etwas mehr als seinem halben [304] Gewicht Ammonsulfat eine flockige eiweißhaltige Fällung, welche die gesamte Protease mitführt. Es gelingt aber nur mit bedeutendem Verlust (z. B. 50%) den in Wasser wieder gelösten Niederschlag durch Dialyse von Ammonsulfat ganz zu befreien; beim Eintrocknen des Dialysenrückstandes nimmt die enzymatische Wirksamkeit noch weiter ab.

Um den Enzymwert der hier untersuchten Pflanzenstoffe zu vergleichen, sind mindestens zwei Maße nötig, z.B. Gelatine, worauf Carica Papaya und Ananas günstiger wirken, und Pepton, wofür sich Kürbisprotease besser eignet[1]. Für diesen Vergleich soll jedes Enzym mit seinen günstigsten Aciditätsbedingungen wirken, im übrigen tunlichst unter den Bedingungen der Papainanalyse. Papaya und Ananas wirken also blausäureaktiviert, Kürbisprotease, für die man keinen Aktivator kennt, ohne jeden Zusatz. Einer Papaineinheit, d. i. 1 mg getrocknetem Papayamilchsaft, sind in der Wirkung auf Gelatine einerseits ungefähr 140 g Kürbisfrucht oder 500 mg Kürbissaft-Trockensubstanz, anderseits 0,5 bis 1,5 g Ananasfrucht und 33 bis 100 mg Ananassaft-Trockenrückstand äquivalent, während in der Wirkung auf Albuminpeptone 1 mg Papain-Merck schätzungsweise 11 g Kürbis oder 41 mg Kürbissaft-Trockengewicht, anderseits wiederum 0,5 bis 1,5 g Ananas oder etwa 60 mg Ananassaft-Trockensubstanz gleichwertig sind.

2. Verhalten gegen Cyanwasserstoff.

Der Einfluß des Cyanwasserstoffes wurde mit Kürbisprotease untersucht, die durch Ausfällung mit Ammonsulfat und Dialyse unter Verlust gereinigt war. Die optimalen Aciditätsverhältnisse, worüber die nächste Abhandlung dieser Reihe genauere Angaben mitteilt, sind etwas verschieden für [305] die Hydrolyse von Gelatine und Pepton und sehr verschieden von den Reaktionsbedingungen ($p_H = 5$) des Papains. Für Gelatine ist sehr schwach alkalisches Gebiet am besten geeignet, für Pepton ganz scharf $p_H = 6{,}3$. In den vergleichenden Versuchen der Tab. 6 wurden für die Gelatinehydrolyse annähernd neutrale Reaktion ($^m/_6$-Citrat–Phosphatpuffer 1 : 1 von $p_H = 6{,}8$), für Peptonspaltung das optimale Citrat–Phosphatgemisch angewandt.

[1] Noch ausgeprägter scheint der Spezifitätsunterschied bei der Protease von Cucumis sativus zu sein. Wir begegneten bei Preßsäften reifer Gurken beträchtlichen Wirkungen auf Albuminpepton, während die Säfte fast gar nicht auf Gelatine wirkten. Beispielsweise wurde mit 4 ccm Gurkensaft bei $p_H = 5$ mit 0,4 g Substrat in 20 Stunden Peptonspaltung beobachtet entspr. 0,90 ccm $^n/_5$-KOH, aber keine sichere Gelatinespaltung.

Auch die Kürbisprotease unterliegt deutlich der Wirkung von Blausäure, aber Aktivierung erfolgt nicht, sondern entschiedene Hemmung.

Tabelle 6.

Spaltung von Gelatine und Pepton durch Kürbisprotease mit und ohne Blausäure.

(0,5 g Substrat in 10 ccm, Protease aus 27 ccm Kürbissaft mit 1,2 ccm Citrat-Phosphatpuffer; 40°.)

Spaltungszeit Stunden	Substrat Gelatine		Substrat Pepton	
	ohne Zusatz	mit 10 mg HCN	ohne Zusatz	mit 10 mg HCN
20	0,8	0,2	2,6	1,7
28	1,2	0,4	4,0	3,2
96	2,1	1,2	5,3	4,6
17 Tage	3,1	2,4	5,6	5,5

Auch in Versuchen mit Schwefelwasserstoff trat Hemmung ein, die noch viel stärker war als mit Blausäure.

Unter gleichen Bedingungen (0,4 g Albuminpepton mit Protease aus 28 ccm Kürbissaft unter Zusatz von 5 mg H_2S, in 10 ccm bei 40°) erniedrigte bei zweitägiger Spaltung der Zusatz von Blausäure und von Schwefelwasserstoff den Alkaliverbrauch auf rund $^2/_3$ und $^1/_3$.

Versuchsdauer	1	2	8 Tage
ohne Zusatz	1,97	3,09	5,58 ccm n/5-KOH
mit HCN	1,30	1,91	5,50 ccm n/5-KOH
mit H_2S	1,04	1,14	2,99 ccm n/5-KOH

[306] 3. Unterschiede zwischen Kürbisprotease und Papain.

Zwischen den Proteasen aus Carica und Cucurbita gibt es weitere Unterschiede im Spaltungsvermögen und im Adsorptionsverhalten. Während Fibrin durch nichtaktiviertes Papain nur unvollständig peptonisiert wird, nämlich so, daß die Hydrolyse nach Auflösung von 70% des Substrates zum Stillstand kommt, läßt es sich durch die Wirkung der Kürbisprotease so gut wie quantitativ auflösen und zwar schon in verhältnismäßig kurzer Zeit. Es gibt wahrscheinlich im Fibrin wie in den Peptonen Bindungen, die gegen Papain ohne Aktivator aber nicht gegen Kürbisprotease resistent sind. In einem Versuch mit 0,6 g lufttrockenem Fibrin, 10 ccm Kürbissaft und 3 ccm Puffer von $p_H = 7{,}2$ bei 40° in 24 Stunden wurden 0,514 g von 0,538 g d. i. 95,4% gelöst.

Die auffallende Eigenschaft des Papains, das durch Tonerde „aus saurer Lösung schlecht, aus neutraler besser, aus ammoniakalischer viel besser adsorbiert" wird, findet sich bei der Kürbisprotease nicht wieder. Diese wird im Gegenteil aus essigsaurer Lösung leicht, aus ammoniakalischer schlechter adsorbiert. Adsorption aus alkoholischer Lösung scheitert an der Empfindlichkeit des Enzyms. Es dürfte also ein leichtes sein, ein Gemisch beider Proteasen mit Tonerde aufzulösen.

Da sich das Kürbisenzym durch starke und gut bestimmbare Wirkung auf Fibrin auszeichnet, wurde mit dieser Reaktion, deren quantitative Ausgestaltung die V. Abhandlung dieser Reihe beschreiben wird, das Adsorptionsverhalten verfolgt. Von einem Kürbissafte lösten 2 ccm in 1 Stunde 0,214 g Fibrin. Nach Adsorption in $^{n}/_{20}$-Essigsäure mit Tonerde C entspr. 0,162 g Al_2O_3 vermochte die Restlösung nur 0,156 g, nach Adsorption mit ebenso viel Tonerde aus $^{n}/_{20}$-NH_3 noch 0,199 g Fibrin zu lösen. In einem andern Beispiel verlief die Adsorption aus NH_3-haltiger Lösung noch ungünstiger: Die Restlösung löste noch 0,221 g Fibrin auf.

Zeitschrift für physiologische Chemie 151, S. 307 [1926].

119. SUBSTRAT UND AKTIVITÄTSOPTIMUM BEI EINIGEN PROTEOLYTISCHEN REAKTIONEN.

Von RICHARD WILLSTÄTTER, WOLFGANG GRASSMANN und OTTO AMBROS.

Dritte Abhandlung über pflanzliche Proteasen.

(Mitteilung aus dem Chemischen Laboratorium der Bayerischen Akademie der Wissenschaften in München.)

Mit 5 Abbildungen im Text.

(Der Redaktion zugegangen am 2. November 1925.)

Einleitung.

Nach einer bedeutsamen Untersuchung von J. H. NORTHROP[1] sollen für Pepsin, das nur mit Eiweißkationen, und für Trypsin, das mit Anionen reagiert, die Dissoziationskurven der Proteinsubstrate und die Aktivitäts-p_H-Kurven der darauf einwirkenden Enzyme übereinstimmen. Daraus leitet R. KUHN, indem er die elektrische Ladung der Reaktionszwischenprodukte für die Geschwindigkeit der Proteolysen als maßgebend erachtet, den Satz ab: „Bei den Proteasen wird die elektrochemische Natur der Ferment-Substratverbindung vor allem durch die elektrochemische Natur des Substrates bestimmt.“[2]

Der Eigenart der von J. H. NORTHROP behandelten Proteasen stellen wir einen Fall gegenüber, den unsere erste Mitteilung beschrieb. Die Caricaprotease ohne Aktivator oder zusammen mit Cyanwasserstoff zeigt das Optimum der Gelatinespaltung annähernd übereinstimmend mit dem isoelektrischen [308] Punkt des Substrates, nämlich bei $p_H = 5{,}0$. Es soll nun an einigen weiteren Substraten mit Papain geprüft werden, ob dieses Enzym auf die undissoziierten Eiweißstoffe, bzw. ihre Zwitterionen eingestellt ist[1]) und es sollen einige andere Pflanzenproteasen zum Vergleich herangezogen werden. Wir bestimmen die p_H-Aktivitätskurven für die Pepton- und Fibrin-

[1] Jl. Gen. Physiol. Bd. 5, S. 263 [1922/23]; ferner Naturw. Bd. 11, S. 713, und zwar S. 717 [1923].

[2] Physikalische Chemie und Kinetik der Fermentreaktionen, 4. Hauptteil der 5. Aufl. des Fermenthandbuches von OPPENHEIMER, Leipzig 1924, I. Bd. S. 203.

[1]) In der referierenden Literatur (R. KUHN, a. a. O. S. 204, und C. OPPENHEIMER, II. Bd. des Fermenthandbuches, S. 1050, Leipzig 1925) wird die Auffassung vertreten, ein ähnlicher Fall wie bei Papain liege nach einer Untersuchung von A. B. HERTZMAN und H. C. BRADLEY (Proc. Am. Soc. Biol. Chem. Bd. 18, S. 19 [1923] und Jl. Biol. Chem. Bd. 61, S. 275 [1924]) auch bei den

auflösung. Bei der Hydrolyse von Albuminpepton fällt die maximale Spaltung (bei $p_H = 5{,}0$ bis 5,2) auch in die Nähe des isoelektrischen Punktes des Substrates (4,8) und beim Blutfibrin gibt es ein scharfes Optimum der Wirkung von cyanidaktiviertem Papain bei $p_H = 7{,}1$ bis 7,3, also dem isoelektrischen Punkt (7,2) entsprechend. Die Spaltung des stark basischen Clupeins scheint sich auch einzufügen, da sie nach F. ROGOZINSKY[2] optimal bei alkalischer Reaktion erfolgt.

Es trifft also in weiterem Umfange zu, daß beim Papain die Reaktionsoptima mit den isoelektrischen Punkten der Substrate zusammenfallen. In dieser Hinsicht stimmt mit dem Carica-Enzym annähernd überein die in der zweiten Abhandlung dieser Reihe schon in anderen Eigenschaften verglichene und sehr ähnlich befundene Protease der Ananasfrucht, die von R. H. CHITTENDEN[3] Bromelin genannt wurde. Sie spaltet Gelatine optimal zwischen $p_H = 4{,}5$ und 5,0 und Albuminpepton bei $p_H = 5{,}0$.

Ein wesentlich abweichendes Verhalten, das sich weder der Eigentümlichkeit des Papains nähert, noch der NORTHROPschen Regel fügt, treffen wir bei dem proteolytischen Enzym [309] der Kürbisfrucht an, das auch im Verhalten gegen Blausäure und Schwefelwasserstoff, ferner in seiner Spezifität, im Adsorptionsverhalten und in der Empfindlichkeit gegen Alkohol vom Carica-Enzym sehr verschieden ist. Kürbisprotease gibt bei der Einwirkung auf Pepton eine p_H-Aktivitätskurve mit steilem Optimum bei $p_H = 6{,}3$, Gelatine wird im schwach alkalischen Bereiche maximal gespalten. Nur für die Hydrolyse des unlöslichen Substrates Fibrin, bei dem überhaupt durch Adsorptionsvorgänge die Enzymkonzentrationen an der Substratoberfläche geändert werden können, hat Kürbisprotease ungefähr denselben optimalen Bereich von $p_H = 7{,}2$ bis 7,4 wie Papain. Es ist nicht ausgeschlossen, daß Begleitstoffe, aktivierende oder hemmende, das Gesamtverhalten dieses Enzyms beeinflussen, aber einfacher und wahrscheinlicher ist die Annahme, daß die Kürbisprotease eine vom Papain abweichende, besondere Art pflanzlicher Proteasen vertritt.

Experimenteller Teil.

I. Reaktion des Papains.

1. Wirkung der Ananasprotease ohne Aktivator auf Gelatine.

Optimale Hydrolyse erfolgt nach den Versuchen der Tab. 1 und Abb. 1 im Bereich von $p_H = 4{,}5$ bis 5,0, der mit dem Maximum der Gelatinespaltung durch Papain (5,0) und dem isoelektrischen Punkt des Substrates (4,7) übereinstimmt. Der Abfall nach der sauren Seite ist ebenso steil wie beim Papain, in beiden Fällen ist die Hälfte der maximalen Wirksamkeit bei etwa $p_H = 3{,}5$ erreicht. Im alkalischen Gebiet ist

proteolytischen Enzymen der Leber vor. Allein soweit überhaupt die kleinen Ausschläge bei den dort beschriebenen Spaltungen einen Schluß zulassen, ist mit HERTZMAN und BRADLEY zu folgern, daß die Hydrolyse eines Substrates durch Leberprotease erst auf der sauren Seite vom isoelektrischen Punkt an in erheblichem Maße einsetzt, so daß also nur Eiweißkationen gespalten werden.

[2] Diese Zs. Bd. 79, S. 398 [1912].

[3] Trans. Conn. Acad. Bd. 8, Dez. 1891; Jl. of Physiol. Bd. 15, S. 249 [1894].

der Abfall unerheblich steiler bei der Ananasprotease (Hälfte der Maximalspaltung bei $p_H = 7{,}0$, dagegen 7,8 beim Papain). Noch ausgeprägter kehrt diese Erscheinung bei der Hydrolyse der Peptone wieder. Für das Vorkommen eines Enzymgemisches im Ananassafte geben die Beobachtungen keinen Anhaltspunkt.

Die Wasserstoffzahl stellten wir in diesem Falle mit dem von J. H. NORTHROP[1] empfohlenen Citrat-, Borat- und [310] Phosphatgemisch ein, dessen Wirkungsbreite wir durch Anwendung größerer Mengen von HCl und NaOH erweiterten. In anderen Fällen vermieden wir die Boratmischungen mit Rücksicht auf den Kohlehydratgehalt pflanzlicher Enzymmaterialien. Das hier angewandte Enzympräparat war nach Fällung durch Alkohol, Wiederauflösen und erneuter Fällung mit $^3/_4$-gesättigtem Ammonsulfat frei von Kohlehydraten.

Tabelle 1.
Gelatinespaltung durch Ananasprotease bei verschiedenen p_H.
(0,4 g Gelatine in 10 ccm mit 20 mg Präp. aus etwa 12 ccm Ananassaft; 40°, 5 Stunden.)

p_H des Puffers	p_H der Lösung		Spaltung (ccm n/5-KOH)
	Beginn	Ende	
—	2,5	2,6	0,18
2,6	3,6	3,8	1,05
3,8	4,5	4,5	1,55
4,3	4,9	4,9	1,49
5,2	5,2	5,2	1,48
5,8	5,9	5,9	1,38
7,8	7,2	7,2	0,74
9,3	7,8	7,7	0,35
10	8,6	8,4	0,26

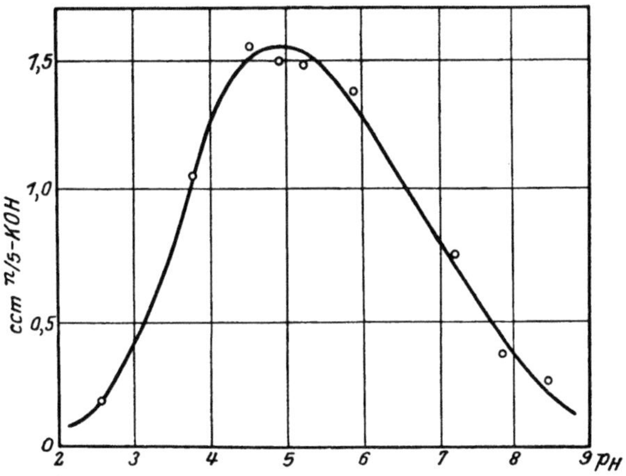

Abb. 1. p_H-Abhängigkeit der Gelatinespaltung durch Ananasprotease.

[311] 50 mg Enzym wurden mit 7,5 ccm Northropscher Mischung und 1 g Gelatine auf 25 ccm gebracht; die bei 40° in 5 Stunden erreichte Spaltung ermittelten wir durch Titration von 10 ccm-Proben. Die Wasserstoffzahl der Versuchsflüssigkeit bestimmten wir in sämtlichen Versuchsreihen colorimetrisch sowohl zu Beginn wie am Ende jedes Versuches (Tab. 1 u. Abb. 1).

[1] Jl. Gen. Physiol. Bd. 5, S. 263 [1920].

2. Spaltung von Albuminpepton durch Papain und durch Ananasprotease.

Wie schon S. H. VINES[1] beobachtete, wirkt Papain auf Pepton am besten bei schwach saurer Reaktion. Das Enzym ist dafür nur mit Blausäure anwendbar. Nach unseren Versuchen (Tab. 2 und Abb. 2) liegt das Optimum bei $p_H = 5{,}0$ bis 5,2, während der isoelektrische Punkt für das Ausgangsmaterial der Peptone, das Eieralbumin, bei $p_H = 4{,}8$ gefunden wird. Der Abfall der p_H-Abhängigkeit ist wie bei der früher beschriebenen[2] Gelatinehydrolyse steil nach der sauren Seite, nach der alkalischen aber flacher als dort. Die Abhängigkeit vom p_H ist aber so ähnlich, daß für die Annahme einer besonderen ereptischen Komponente kein Raum bleibt.

Um die Einflüsse verschiedenartiger Puffermischungen auszuschließen, verwenden wir von nun an immer im ganzen p_H-Bereich von 3,5 bis 7,5 Phosphate im Gemisch mit Citraten. Zur Herstellung der Puffer wurden in Anlehnung an die Arbeitsweise von J. H. NORTHROP

$^m/_6 = 29{,}7$ g $Na_2HPO_4 \cdot 2H_2O$ (zu Enzymstud. n. SÖRENSEN, Kahlbaum) und
$^m/_6 = 35{,}7$ g $C_6O_7H_8 \cdot H_2O$ (,, ,, ,, ,, ,,)

mit 175 ccm 3n-NaOH gelöst und auf 500 ccm aufgefüllt. Diese Stammlösung hat $[H^\cdot] = 10^{-9}$. Um die verschiedenen Aciditäten einzustellen, werden n ccm Stammlösung mit wechselnden Mengen (x ccm) n-HCl versetzt, wobei die Konzentration des Chlorions durch entsprechenden Zusatz $[(n - x)$ ccm$]$ von n-NaCl aufrecht erhalten wird. Die mit den verschiedenen Mischungsverhältnissen erreichte Wasserstoffionenkonzentration ist aus der folgenden Zusammenstellung ersichtlich. Zu 100 ccm Stammlösung werden zugefügt:

ccm $^n/_1$-HCl	0	5	10	20	25	50	100
ccm $^n/_1$-NaCl	100	95	90	80	75	50	0
p_H beträgt	8,5	7,5	7,3	6,9	6,6	5,6	3,75

[312] In einer Mischung mit dem Substrat läßt sich durch den Phosphat-Citratpuffer das Gebiet von p_H 4 bis 7 einstellen und konstant halten. Um stark saure oder alkalische Reaktion zu erreichen, wurden außerdem noch entsprechende Mengen von HCl bzw. NH_3 zugefügt. Auch dann blieb die Reaktion während der Hydrolyse nahezu konstant, da bei der hohen Peptonkonzentration im Verhältnis zu den vorhandenen Amino- und Carboxylmengen der Zuwachs gering ist.

Zur Aktivierung wurden 50 mg Papain mit 25 mg Blausäure unter gleichbleibendem Zusatz von 1 ccm $^m/_5$-Dinatriumcitrat bei 40° 2 Stunden lang angesetzt. Dann fügten wir 2 g gelöstes Pepton ex albumine (E. Merck) und 10 ccm Puffermischung hinzu und füllten auf 50 ccm auf. Die Hydrolyse in 4 Stunden bei 40° ergab sich aus der Titration von 10 ccm-Proben.

Tabelle 2.
Wirkung von Papain + HCN auf Pepton bei verschiedenen p_H.
(0,4 g Pepton, 10 mg Papain mit HCN vorbeh.; 40°, 4 Stunden.)

p_H des Puffers	p_H der Lösung		Spaltung (ccm n/5-KOH)
	Beginn	Ende	
< 3,0	3,0	3,0	0,45
3,1	4,1	4,2	0,94; 0,92
4,9	5,2	5,2	1,06
7,3	6,6	6,4	0,92; 0,95
> 7,3	7,1	7,0	0,87
> 9	9,2	9,1	0,53
Kontr. ohne Enzym	9,2	9,2	0,05

[1] Annals of Botany Bd. 19, S. 149 [1905].
[2] I. Abhandlung, und zwar S. 197.

Ananasprotease ohne Aktivator, die anders als Papain deutlich auf Peptone einwirkt, und das durch Cyanid aktivierte Enzym ergeben nach den Versuchen der Tab. 3 und der Abb. 3 vollkommen übereinstimmende und der p_H-Abhängigkeit des Papains ähnliche Aktivitätskurven. Die Proteasen beider Herkunft wirken annähernd bei $p_H = 5$ optimal auf Pepton. Die Wirksamkeit des Bromelins fällt aber auf der sauren Seite etwas steiler, auf der alkalischen bedeutend steiler ab, so daß die Hälfte der optimalen Wirkung im sauren Gebiet mit Papain bei $p_H = 3{,}3$, mit Bromelin bei etwa 3,8, im alkalischen [313] Gebiet mit Papain bei $p_H = 9$, mit Bromelin bei etwa 6,3 erreicht wird. Der raschere Abfall auf der alkalischen Seite bei der Ananasprotease kann dadurch mitbedingt sein, daß das Enzym, während es in kräftig saurem Medium noch recht beständig ist, schon in der Gegend des Neutralpunktes sehr zersetzlich zu sein scheint. Dies gilt aber nur für reinere Enzymlösungen, weniger für den Versuchsansatz mit Substrat, wie man aus den nach 4- und nach 24-stündiger Spaltung fast gleichlaufenden p_H-Kurven erkennt.

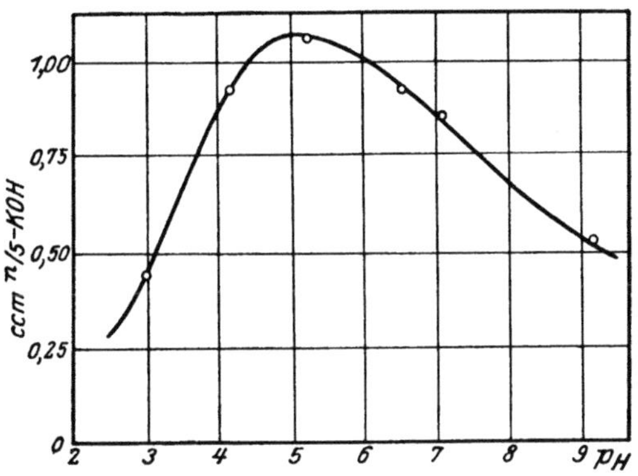

Abb. 2. p_H-Abhängigkeit der Peptonspaltung durch Papain + Blausäure.

Tabelle 3.

Ananasprotease ohne Aktivator und mit Blausäure bei verschiedenen p_H in der Reaktion auf Albuminpepton.

(0,4 g Pepton, Protease entspr. 10 Papain-Einheiten, 2 ccm Citrat-Phosphatpuffer in 10 ccm; 40°.)

p_H des Puffers	p_H der Lösung		a) ohne HCN Spaltung (ccm n/5-KOH) nach		b) mit 5 mg HCN Spaltung (ccm n/5-KOH) nach 4 Stunden
	Beginn	Ende	4 Stunden	24 Stunden	
< 3	3,4	3,5	0,07	0,20	0,34; 0,29
3,1	4,1	4,1	—	—	1,10
4,1	4,9	4,9	0,32	0,91	1,25; 1,25
4,9	5,5	5,4	—	—	1,20
7,3	6,6	6,5	0,10	0,23	0,37; 0,32

[314] Die Ananasprotease war ein Trockenpräparat, wovon 4 mg in der Wirkung auf Gelatine 1 mg Papain entsprachen. Die Versuche wurden genau wie mit Papain angesetzt, also mit der 10 Papain-Einheiten entsprechenden Menge von 40 mg Trocken-

präparat in der 10 ccm-Titrationsprobe. Während die Proteasen in bezug auf Gelatine äquivalent waren, wirkte Bromelin etwas besser auf Peptone als Papain.

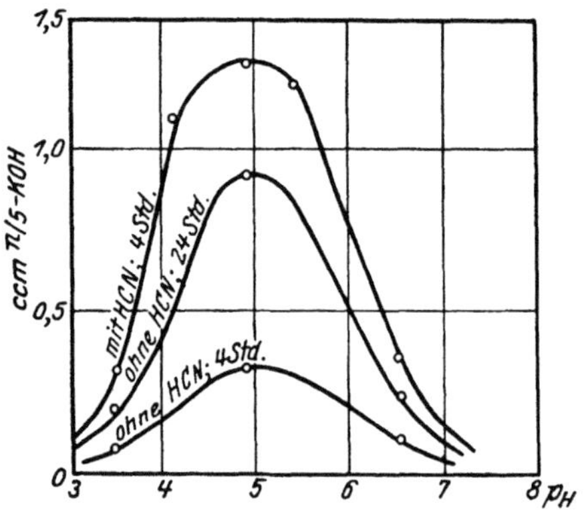

Abb. 3. Wirkung der Ananasprotease auf Pepton bei verschiedener [H˙] ohne und mit Blausäure.

3. Fibrinauflösung durch Papain mit Blausäure.

In der Literatur ist vielfach und im allgemeinen übereinstimmend erwähnt, daß das Enzym am besten bei neutraler und schwach alkalischer Reaktion Fibrin auflöst. Frühe Angaben darüber rühren von CL. FERMI [1], eingehendere von S. H. VINES [2] her. Nach unseren in der Tab. 4 und Abb. 4 verzeichneten Versuchen, bei denen die Unlöslichkeit des Substrates dank einer in der 5. Mitteilung dieser Reihe ausgearbeiteten Bestimmungsmethode keine geringere Genauigkeit zur Folge hatte, liegt das Optimum der Fibrinauflösung bei $p_H = 7,1$ bis 7,3, also übereinstimmend mit dem von I. N. KUGELMASS [3] bestimmten isoelektrischen Punkt (7,2) des Substrates.

[315] Tabelle 4.

Papain + Blausäure bei verschiedenen p_H mit Fibrin.

(0,3 g Fibrin mit 5 und 10 mg Papain, 2 Stunden vorbeh. mit 6 mg HCN; Vol. = 15 ccm, Spaltungszeit 2 Stunden; 40°.)

p_H des Puffers	p_H der Lösung		Fibrin gelöst durch	
	Beginn	Ende	5 mg Enzym (g)	10 mg Enzym (g)
5,0	5,1	5,2	—	0,054
6,8	6,8	6,8	0,053	0,093
7,1	7,1	7,1	0,064	—
7,3	7,3	7,3	0,063	0,114
7,9	7,8	7,5	—	0,106
8,0	7,9	7,7	0,049	0,089

[1] Arch. f. Hyg. Bd. 10, I, S. 1 [1890]; vgl. ferner CL. FERMI und L. BUSCAGLIONI, Z. f. Bakt. Bd. 5, S. 24, und zwar S. 155 [1899].

[2] Annals of Botany Bd. 19, S. 149 [1905] und a. a. O.

[3] Compt. rend. Soc. Biol. Bd. 87, S. 802 [1922].

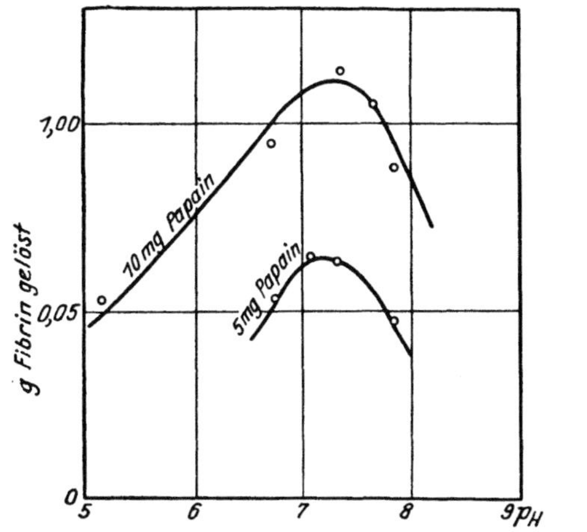

Abb. 4. p_H-Abhängigkeit der Fibrinauflösung durch Papain + Blausäure.

Die Enzymmengen von 5 bis 10 mg wurden mit 6 mg HCN und mit 3 ccm Puffermischung zunächst 2 Stunden bei 40° vorbehandelt, sodann zur Suspension von fein gepulvertem Fibrin (0,3 g lufttrocken) und weiteren 3 ccm Puffer zugefügt und auf 15 ccm aufgefüllt. Während der Versuchsdauer von 2 Stunden wurde im Thermostaten von 40° lebhaft geschüttelt.

II. Reaktionen der Kürbisprotease.

1. Wirkung auf Gelatine.

Die pflanzlichen Enzyme mit Pepsin und mit Trypsin vergleichend, beobachteten Cl. Fermi und L. Buscaglioni[1] die [316] Wirkung von 0,1 % Chlorwasserstoff auf die Gelatinespaltung. „Die Gegenwart dieser Säure steigert die verflüssigende Wirksamkeit des Enzyms von Ficus und Phytolacca abyssinica, während sie umgekehrt die Fermente von Hibiscus, Cucurbita, die unreifen Phaseolussamen und die jungen Stengel von Portulacca schwächt.“ Die quantitative Bestimmung bestätigt, daß die Wirkung der Kürbisprotease auf Gelatine im sauren Bereich schwächer als im neutralen ist. Wie die Versuche der Tab. 5 zeigen, liegt das Optimum auf der alkalischen Seite. Die Zunahme

Tabelle 5.
p_H-Abhängigkeit der Kürbisprotease mit Gelatine.
(0,417 g Gelatine, 5 ccm Citrat-Phosphatpuffer, Protease aus 40 ccm Kürbissaft in 10 ccm; 25 Stunden, 40°.)

p_H des Puffers	p_H der Lösung		Spaltung (ccm n/5-KOH)
	Beginn	Ende	
3,7	4,3	4,5	1,5
4,7	5,0	5,2	2,5
5,3	5,4	5,5	3,3
6,6	6,6	6,5	3,8
7,3	7,0	6,7	4,2
8,0	Kontrolle mit Kochsalz		0,3

[1] Zbl. f. Bakt. Bd. 5, S. 24, und zwar S. 157 [1899].

nach dem alkalischen Gebiet hin verfolgten wir, da die Pufferwirkung des Phosphat-Citratgemisches nachließ, nur bis zum Anfangs-p_H von 7,3. Ein Kontrollversuch mit erhitztem Kürbissaft und mit Puffer von $p_H = 8$ ergab nur geringfügige Wirkung auf das Substrat.

2. Wirkung auf Pepton.

Die Reaktion der Kürbisprotease auf Albuminpepton hat ein scharfes Optimum bei $p_H = 6,3$ mit sehr steilem Abfall der Aktivitätskurve nach beiden Seiten. Die Versuche der Tab. 6 und der Abb. 5 sind mit Phosphat-Citratpuffer ausgeführt und in einer anderen Versuchsreihe mit Phosphatgemisch bestätigt worden.

[317] Tabelle 6.
Spaltung von Albuminpepton durch Kürbisprotease bei verschiedenen p_H.
(0,5 g Pepton in 6 ccm Phosphat-Citratpuffer mit Protease aus 28 ccm Kürbissaft; 40°, 10 Stunden.)

p_H des Puffers	p_H der Lösung		Spaltung (ccm n/5-KOH)	
	Beginn	Ende	Saft A	Saft B
5,3	5,7	5,8	1,0	2,4
6,6	6,5	6,3	2,5	4,3
6,8	6,8	6,6	1,4	—
7,0	6,9	6,7	0,9	1,53
8,7	8,2	7,3	0,3	

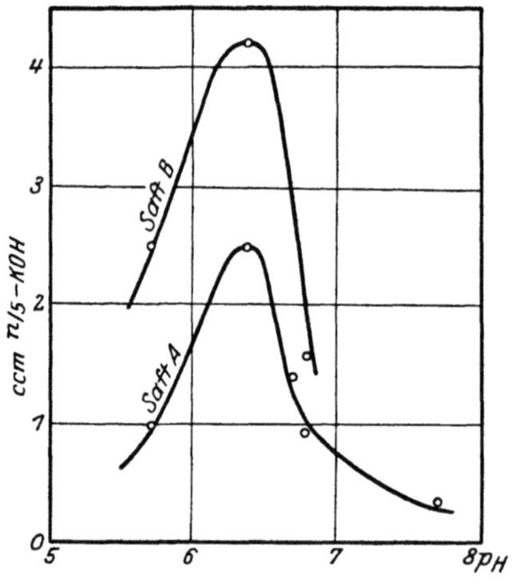

Abb. 5. p_H-Abhängigkeit der Kürbisprotease mit Pepton.

3. Auflösung des Fibrins.

Während die p_H-Aktivitätskurven von Papain und Kürbisprotease in den Fällen der Gelatine- und Peptonhydrolyse so verschieden sind, stimmen die optimalen Bereiche für die Auflösung von Blutfibrin überein. Das Optimum fällt nämlich auch für das Enzym von Cucurbita gemäß den Versuchen der Tab. 7 etwa mit dem isoelektrischen Punkte dieses Substrates [318] zusammen. Die Versuche wurden mit einem enzymreichen Kürbismaterial ausgeführt, so daß für die Probe von 0,6 g lufttrockenem Fibrin in 10 ccm Citrat-Phosphatpuffer + 4 ccm Thymolwasser vom 10fach konzentrierten Kürbissafte 1 ccm genügte, um in 30 Minuten bei 40° ein Viertel des Fibrins aufzulösen.

Tabelle 7.
p_H-Abhängigkeit der Fibrinauflösung durch Kürbisprotease.
(0,539 g getr. Fibrin mit Protease aus 55 g Kürbis, 30 Minuten bei 40° geschüttelt.)

p_H des Puffers	p_H der Lösung		Fibrin gelöst
	Beginn	Ende	(g)
6,8	6,8	6,8	0,115
7,2	7,2	7,2	0,151
7,9	7,7	7,5	0,150
9,0	8,0	7,5	0,142

Zeitschrift für physiologische Chemie 152, S. 160 [1926].

120. ÜBER DIE EREPTISCHE KOMPONENTE EINIGER PFLANZENPROTEASEN.

Von RICHARD WILLSTÄTTER, WOLFGANG GRASSMANN und OTTO AMBROS.

Vierte Abhandlung über pflanzliche Proteasen.

(Mitteilung aus dem Chemischen Laboratorium der Bayerischen Akademie der Wissenschaften in München.)

(Der Redaktion zugegangen am 20. November 1925.)

Während durch Arbeiten von E. ABDERHALDEN und A. SCHITTENHELM[1], H. v. EULER[2], S. L. IWANOW[3] und anderen Forschern in Pflanzensamen echte Ereptasen durch die Wirkung auf einfache Peptide nachgewiesen sind, werden auch oft in den Untersuchungen von Botanikern, besonders bei S. H. VINES[4], dann ereptische Enzyme angenommen, wenn es sich um den Abbau von Peptonen (Pepton Witte, Albuminpepton Merck) handelt. Zur Vereinfachung und Klärung der von S. H. VINES aufgeworfenen Frage, ob die in den Pflanzen verbreiteten Proteasen Gemische aus peptonbildenden und peptonspaltenden Enzymen sind, soll aber der Begriff Ereptase im Sinne der neuen Erkenntnisse über die „Spezifität tierischer Proteasen", wovon aus unserem Laboratorium E. WALDSCHMIDT-LEITZ und A. HARTENECK[5] berichten, streng beschränkt werden auf die niedrigste Peptide spaltenden Enzyme.

Bei der Analyse proteolytischer Enzyme der Pflanzen muß auf ihren möglichen Gehalt an einer ereptischen Komponente Rücksicht genommen werden. Die Bestimmung derjenigen [161] Proteasen, die höher molekulare Substrate angreifen, könnte sonst fehlerhaft werden, da sie den gesamten Zuwachs an Carboxylgruppen erfaßt.

Papain, den käuflichen eingetrockneten Milchsaft von Carica Papaya, prüften wir auf den Gehalt an Erepsin und fanden es unwirksam gegen die Substrate Glycylglycin, Glycinanhydrid[1]), d,l-Leucylglycin[2]) und Leucylalanin und zwar zwischen $p_H = 4{,}7$

---

[1] Diese Zs. Bd. 49, S. 26 [1906]. [2] Diese Zs. Bd. 51, S. 213 [1907].

[3] Beihefte Bot. Zbl., I. Abt., Bd. 29, S. 144 [1913].

[4] Annals of Botany Bd. 19, S. 171, und zwar S. 185 [1905].

[5] Diese Zs. Bd. 149, S. 203 [1925] (*Abh. 110*).

[1]) Vgl. unsere Angabe bei E. WALDSCHMIDT-LEITZ und A. SCHÄFFNER, Chem. Ber. Bd. 58, S. 1356, und zwar S. 1358 [1925].

[2]) Vgl. I. Mitteilung, und zwar S. 210.

und $p_H = 8$. Frisches Enzymmaterial aus dem botanischen Garten in Nymphenburg stand uns dank der Freundlichkeit des Herrn Geheimen Rates Professor von GOEBEL zur Verfügung, aber nur in Form von Blättern und Blattstengeln. Die aus den saftreichsten Teilen abgepreßte grünliche Flüssigkeit enthielt nach ihrer Wirkung auf Fibrin und auf Gelatine in 100 ccm 30 Papain-Einheiten. Die Prüfung mit Leucylglycin fiel negativ aus.

Bei der Protease der Kürbisfrucht, die in der zweiten und dritten Mitteilung dieser Reihe beschrieben wird, legt uns die verhältnismäßig ungünstige Wirkung auf Gelatine und günstige auf Peptone die Annahme eines Ereptasegehaltes nahe. Hier ist in der Tat eine ereptische Komponente nachweisbar, ihre Wirkung aber sehr schwach. Glycinanhydrid wird durch den Kürbissaft nicht gespalten, Glycylglycin nicht deutlich genug angegriffen. Anders Leucylglycin; hier finden wir mit jedem von drei Kürbissen, auch nach einmonatlichem Stehen eines Saftes in langen Spaltungszeiten kleine und differierende, aber zweifelfreie Ausschläge.

Im Versuchsansatz war d, l-Leucylglycin $^1/_{20}$-molar gelöst. Die Kürbisprotease bestand in 5- bis 10fach eingeengtem Saft, der das Enzym aus 570 g (Vers. 1), 400 g (Vers. 2) und 550 g (Vers. 3) Kürbis enthielt. Durch Phosphat-Citratpuffer (vgl. Abh. III) war im Versuch 1 $p_H = 6,6$, im Vers. 2. und 3. $p_H = 6,8$ eingestellt. Die Temperatur war stets 40°.

1. Vers. 0,47 g Leucylglycin, 20 ccm Kürbissaft, 10 ccm Puffer; Vol. 50 cm, wovon je 10 ccm Proben titriert wurden.

	24	48 Stunden
Spaltung entspr.	1,5	1,9 ccm $^n/_5$-KOH.

[162] In 2 Tagen waren 76% des racemischen Substrates gespalten.

2. Vers. 0,235 g Peptid, 10 ccm Kürbissaft, 5 ccm Puffer; Vol. 25 ccm, wovon je 5 ccm Proben titriert wurden.

	1	3	5 Tage
Spaltung entspr.	0,3	0,6	0,8 ccm $^n/_5$-KOH.

3. Vers. Versuchsverh. wie bei 2; Kürbissaft 1 Monat alt.

	3	7	12 Tage
Spaltung entspr.	0,3	0,8	0,9 ccm $^n/_5$-KOH.

Die ereptische Wirkung ist also im Verhältnis zu derjenigen anderer Proteasen gering. Wenn man berücksichtigt, daß die ereptische Komponente der Hefeprotease, wovon unsere VI. Mitteilung handeln wird, sich durch Unbeständigkeit auszeichnet, so erscheint es trotz des negativen Ergebnisses mit Caricablättern als möglich, daß Papain im frischen Milchsafte Ereptase enthält, und daß es sie bei der Darstellung von Trockenpräparaten und beim Aufbewahren verliert. Allerdings hat schon S. L. IWANOW (a. a. O.) frischen Saft der Früchte geprüft, ohne deutliche Erepsinwirkung zu finden. Auch unsere aus Ananas gewonnenen Trockenpräparate des papainähnlichen Bromelins[1] sind ohne Wirkung auf Glycylglycin, Leucylglycin und Alanylalanin. Dagegen gelang es uns, aus importierten Ananasfrüchten ereptisch wirkende Säfte auszupressen. In einem Versuch (Frucht mit welken Blättern) war das Ergebnis fast negativ, bei zwei anderen Früchten (mit frischen grünen Blättern) war sichere, wenn auch schwache ereptische Wirkung zu beobachten.

[1] Vgl. die II. Abhandlung dieser Reihe.

Im 25-ccm-Ansatz des Vers. 1 bestand die Protease in 10 ccm frischem Ananassaft, die nach der für Papain angegebenen Bestimmung mit Gelatine unter Aktivierung 19 Einheiten enthielten. Für Vers. 2 wurden im Ansatz von 35,2 ccm 15 ccm eines nach vorangegangenem leichtem Auspressen gewonnenen 2. Preßsaftes angewandt mit einem Gehalt von 26,5 Einheiten. Durch Phosphat-Citratpuffer stellten wir in einer Probe $p_H = 5$ ein, in einer anderen $p_H = 7{,}2$. Der ganz schwach alkalische Bereich war günstiger als der saure. Im Vers. 1 wirkte die Blausäure (12,5 mg) 2 Stunden auf das Enzym vor der Zugabe des Substrates ein. Im zweiten Versuch fiel die Vorbehandlung weg. Die Konzentration des Leucylglycins im Versuch war $^1/_{10}$-molar. Temperatur 40°. Die Titrationsproben betrugen 10 ccm.

[163] 1. Versuch. $p_H = 7{,}2$.

Spaltungszeit	16 Stunden.	Spaltung entspr.	0,76 ccm $^n/_5$-KOH.
Kontrollvers. ohne Substrat	16 ,,	,, ,,	0,20 ccm ,,

In 2 Tagen verlor der Ananassaft das ereptische Wirkungsvermögen, auch ein am 1. Tage mit Hilfe von Ammonsulfat bereitetes Trockenpräparat war normal wirksam auf Gelatine und Albuminpepton, wirkungslos auf Dipeptid.

2. Versuch. $p_H = 5{,}0$.

Spaltungszeit	4 Stunden.	Spaltung entspr.	0,12 ccm $^n/_5$-KOH.
	10 ,,	,, ,,	0,38 ccm ,,
$p_H = 7{,}2$.			
Spaltungszeit	4 Stunden.	Spaltung entspr.	0,32 ccm $^n/_5$-KOH.
	10 ,,	,, ,,	0,48 ccm ,,
Kontrollvers. ohne Substrat	20 ,,	,, ,,	0,04 ccm ,,

Wahrscheinlich wird man stärkere Erepsinwirkung bei frisch gepflückten Ananasfrüchten finden und es ist wünschenswert, auch die Analyse des Papains durch Wiederholung mit dem frischen Milchsaft aus unreifen Früchten zu verbessern.

Zeitschrift für physiologische Chemie 152, S. 164 [1926].

121. ÜBER DIE EINHEITLICHKEIT EINIGER PFLANZENPROTEASEN.

Von RICHARD WILLSTÄTTER, WOLFGANG GRASSMANN und OTTO AMBROS.

Fünfte Abhandlung über pflanzliche Proteasen.

(Mitteilung aus dem Chemischen Laboratorium der Bayerischen Akademie der Wissenschaften in München.)

Mit 3 Abbildungen im Text.

(Der Redaktion zugegangen am 20. November 1925.)

Einleitung.

Im Laufe ausgedehnter und gründlicher Untersuchungen über die eiweißabbauenden Enzyme der Pflanzen entwickelte S. H. VINES die Auffassung, Peptonbildung und Peptonspaltung seien verschiedenartigen Enzymen zuzuschreiben. Er unterschied zwei Gruppen am Eiweißabbau beteiligter Enzyme, wovon die einen auf höhere Proteine wie Fibrin und Albumin einwirken, sie unter Peptonbildung auflösend, die anderen ausschließlich auf einfachere Proteine wie Albumosen und Peptone eingestellt sind, die sie bis zu Aminosäuren hydrolysieren. Während VINES oft die Wirkung gegenüber Pepton ohne diejenige auf Fibrin antraf, beobachtete er die fibrinlösende Wirkung stets mit der weitergehenden Peptolyse verbunden. Das peptonspaltende Enzym, dessen Verbreitung in pflanzlichen Organen und Geweben viel bedeutender zu sein schien, sollte oft für sich allein vorkommen, das peptonbildende Enzym aber nur mit jenem vergesellschaftet. Diese Komponenten der Pflanzenproteasen unterschied VINES als Gruppen der Peptasen, die mit Pepsin, und der Ereptasen, die mit dem Erepsin von O. COHNHEIM[1] zu vergleichen waren.

[165] Nach den letzthin in unserem Laboratorium ausgeführten Untersuchungen von E. WALDSCHMIDT-LEITZ und A. HARTENECK[1]) über die Spezifität tierischer Proteasen vermag das reine Erepsin des Darmes nur einfache Peptide zu spalten. Die Bezeichnung Ereptase ist also bei VINES zu Unrecht für ein Enzym angewandt, dessen Wirkungsbereich sich eher mit dem von Trypsin deckt, so wie dieses nach E. WALDSCHMIDT-LEITZ und A. HARTENECK ohne Aktivierung durch Enterokinase wirkt. Wahres ereptisches

[1] Diese Zs. Bd. 33, S. 451 [1901].

[1]) Diese Zs. Bd. 147, S. 286, und Bd. 149, S. 203 [1925] (*Abh. 109 und 110*).

Enzym, das von dem peptonspaltenden nach VINES scharf zu unterscheiden ist, findet sich, was in der voranstehenden Mitteilung behandelt wurde, als Begleiter der von VINES untersuchten Enzyme. Die ereptische Wirkung, die mit einfachen Peptiden gemessen wird, ist in den untersuchten Präparaten aus höheren Pflanzen verhältnismäßig sehr schwach und ihr Träger von geringer Beständigkeit. Im Papain des Handels vermochten wir diese Komponente noch nicht nachzuweisen, dagegen in frischen Präparaten von Ananasprotease, die dem Papain sehr nahesteht, und von Kürbisprotease, Das wahre Analogon des reinen Darm- und Pankreaserepsins soll also hier außer Betracht bleiben. Es ist richtiger, im Sinne von VINES fibrinlösende oder peptonbildende Enzyme von den peptonspaltenden zu unterscheiden.

Eines der wichtigsten Ergebnisse von S. H. VINES, gestützt durch viele eingehende Beobachtungen, ist die von ihm angegebene Zerlegung des Proteasengemisches in die einzelnen Komponenten. VINES glaubte an den Proteasen von Cannabis sativa, von Carica Papaya und von anderer Herkunft den Nachweis zu führen, daß sich aus dem Enzymgemisch durch Behandlung mit 2 proz. Kochsalzlösung, worin die peptonspaltende Komponente leichter löslich sein sollte, ein Rückstand gewinnen lasse, der von dieser ganz frei sei. Bei weiterer Behandlung mit Kochsalzlösung liefere der Rückstand eine neue Lösung, die Fibrin zu verdauen vermöge, während ihr die Wirkung auf Pepton fehlen solle.

Um diesen wichtigen Untersuchungen die Anerkennung [166] zu verschaffen, daß sie wohl zum ersten Male zur Trennung einander nahestehender Enzyme geführt haben, unterzogen wir die Angaben von VINES namentlich am Papain der Nachprüfung und ersetzten dabei die qualitativen Beobachtungen und die Schätzungsmethoden der früheren Zeit durch quantitative Bestimmungen. Die fraktionierte Auflösung des Enzymmaterials durch Kochsalzlösung sowie aussichtsvolle Versuche der fraktionierten Adsorption mit Tonerde, mit Kaolin und mit Fibrin ergaben indessen in allen Fällen, daß keine Verschiebung der Wirkungsverhältnisse in bezug auf die Substrate Fibrin, Gelatine und Pepton erzielt werden kann. Würden die Quotienten der einzelnen enzymatischen Wirkungen sich im Laufe der angewandten Operationen verändern, so wäre kaum eine einfache und sichere Schlußfolgerung daraus möglich. Aber die Konstanz des Verhältnisses zwischen peptonbildender und peptonspaltender Wirkung vor und nach der Behandlung des Papains mit Kochsalz nach VINES und die gefundene Konstanz dieses Verhältnisses bei fraktionierten Adsorptionen läßt der Annahme keinen Raum, daß ein Gemisch von Proteasen zweier verschiedener Gruppen vorliege.

Die irrtümlichen Ergebnisse von VINES beruhen zum Teil auf der Unvollkommenheit der Methoden für den Enzymnachweis. Zum Teil ist für den Unterschied zwischen den älteren und den neuen Befunden verantwortlich, daß die von VINES angewandten Schätzungen für Fibrinauflösung und Peptonspaltung sehr ungleich empfindlich waren, die erstere nämlich viel empfindlicher. VINES pflegte für den Nachweis des fibrinlösenden Enzyms zu große Enzymmengen anzuwenden; er ließ beispielsweise auf 1 g feuchtes Fibrin bei 40° 18 Stunden lang 2 g Papain einwirken [1], d. i. tausende Male mehr als zum Nachweis erforderlich wäre. Vermindert sich im Laufe des Trennungsverfahrens mit Kochsalz die Enzymmenge zu einem Bruchteile, so reicht dieser noch für die Beobachtung der Fibrinauflösung, sogar ohne eine Abnahme anzuzeigen. Der Nachweis der Peptonspaltung durch das Auftreten der [167] Tryptophanreaktion versagt aber schon viel früher als die Beobachtung der Peptonisation.

Die Befunde von VINES schienen dadurch gestützt zu sein, daß für die Fibrinlösung schwach alkalisches Medium, für die Peptonspaltung dagegen saures optimal ist. Allein die Verschiedenheit der optimalen Wasserstoffionenkonzentrationen ist nicht immer ein Kennzeichen für die Funktion besonderer Enzyme. In der dritten Abhandlung dieser Reihe ist gezeigt worden, daß Papain und andere pflanzliche Proteasen auf verschiedene Substrate in deren isoelektrischen Bereichen optimal wirken. So hydrolysiert Papain z. B. Fibrin optimal bei $p_H = 7{,}2$ (isoelektrischer Punkt des Substrates 7,2), Gelatine bei $p_H = 5{,}0$ (isoelektrischer Punkt 4,8) und Albuminpepton bei $p_H = 5{,}0$ (isoelektrischer Punkt 4,8).

Die in unseren Versuchen durchgehends beobachtete Konstanz der Wirkungswerte proteolytischer Enzyme gegenüber verschiedenen Substraten hat noch eine besondere Bedeutung. Sie bestätigt die Brauchbarkeit der angewandten Bestimmungsmethoden. Diese erfassen bei Gelatine und bei Pepton den Carboxylzuwachs, der in alkoholischer Lösung alkalimetrisch gemessen wird, während wir die Fibrinauflösung gravimetrisch verfolgen. Für den Verlauf der Hydrolysen von Gelatine und Albuminpepton ist also der Carboxylzuwachs ein richtiges Maß, das dem wesentlichen Vorgang der Proteolyse entspricht. Diese Erfahrung ist bei der Beurteilung der Proteinstruktur zu berücksichtigen. Sie steht mit der älteren Anschauung in Einklang, derzufolge der Abbau der Eiweißkörper im wesentlichen in der Auflösung von Gruppen $\overset{}{\underset{|}{\mathrm{CO}}}\!-\!\underset{|}{\mathrm{NH}}$ besteht, und sie spricht gegen die seit kurzem in den Vordergrund tretende neue Annahme, wonach die Proteolyse in einem wesentlichen Teile ein Vorgang der Desaggregation polymerer Komplexe sein soll [1]).

[168]

Experimenteller Teil.

1. Bestimmung der Proteasen durch Fibrinauflösung.

Die Auflösung von Fibrin durch Proteasen hat nach E. BRÜCKE [1]] und E. v. GORUP-BESANEZ [2]] von späteren Forschern namentlich S. H. VINES [3]] in seinen zahlreichen Untersuchungen über Pflanzenenzyme qualitativ beobachtet. Ein früher Versuch zur

[1] Annals of Botany Bd. 17, S. 597, und zwar S. 609 [1903].

[1]) E. ABDERHALDEN, Naturw. Bd. 12, S. 716, und zwar S. 719 [1924]; C. OPPENHEIMER, „Die Fermente und ihre Wirkungen", 5. Aufl., Leipzig 1925, S. 778. Vgl. dazu M. BERGMANN, Liebigs Ann. d. Chem. Bd. 445, S. 1, und zwar S. 25 [1925].

[1]] Sitz.-Ber. d. Kais. Akad. d. Wissenschaften zu Wien, Bd. 37, S. 131 [1859]; Bd. 43, S. 601 [1861].

[2]] Chem. Ber. Bd. 7, S. 1478 [1874]; Bd. 8, S. 1510 [1875].

[3]] Annals of Botany Bd. 17, S. 237 u. 597 [1903]; Bd. 18, S. 289 [1904]; Bd. 19, S. 149 u. 171 [1905]; Bd. 20, S. 113 [1906]; Bd. 22, S. 103 [1908]; Bd. 23, S. 1 [1909]; Bd. 24, S. 213 [1910].

quantitativen Ausgestaltung der Methode war das colorimetrische Verfahren von P. GRÜTZNER [4] unter Anwendung von gefärbtem Fibrin. Vor kurzem hat dann auf refraktrometrischem Wege E. KUPPELWIESER [5] die Auflösung gewisser koagulierter Proteine quantitativ verfolgt. In unserer Arbeit wird ein gravimetrisches Verfahren vorgezogen, die Wägung des ungelösten Fibrinanteils.

Käufliches getrocknetes Fibrin eignet sich für die Bestimmung besser als frisch dargestelltes. Das frische Fibrin, durch Schlagen von Pferdeblut gewonnen, wurde sofort und gründlich mit fließendem Wasser, sodann mit 10proz. Kochsalzlösung und wieder mit Wasser rein weiß gewaschen, in der Maschine zum Brei zerteilt und in der Porzellankugelmühle während 24 Stunden bei Gegenwart von Thymolwasser in milchartige Suspension verwandelt. Beim Aufbewahren genügte aber Thymol als Antisepticum nicht; Toluol, das wirksamer war, hatte den Nachteil, daß es beim Schütteln das Fibrin teilweise umhüllen und so dem Angriff des Enzyms entziehen konnte. Sättigte man die wäßrige Flüssigkeit nur mit Toluol unter Vermeidung eines Überschusses, so verhütete es die Fäulnis, aber es fanden infolge der Wirkung von adsorbiertem Enzym autolytische Vorgänge statt.

Diese Schwierigkeit fiel bei Verwendung getrockneten Fibrins weg, das in vergleichenden Versuchen mindestens in demselben Maße wie frisches angegriffen wurde (z. B. wurden 0,146 g frisches und 0,153 g getrocknetes Fibrin in 2 Stunden bei 40° durch 50 mg Papain gelöst).

[169] Das Fibrin (von E. Merck) verwenden wir als feines Pulver; nach 24stündigem Mahlen in der Kugelmühle ließen wir es durch ein Sieb von 0,2 mm Maschenweite gehen. Die Geschwindigkeit der Auflösung ist natürlich von der Korngröße abhängig. Mit viel feinerem Mehle (Siebeinsatz 16 des Siebsatzes nach KNOP) erreichten wir um etwa 10 % raschere Auflösung des Fibrins. Dennoch ist es für die Bestimmung weniger geeignet, die Abtrennung des ungelösten Anteils durch Filtrieren oder Zentrifugieren ist bei dem aufgequollenen feinsten Fibrinmehl nicht rasch genug ausführbar. Das Fibrin wurde lufttrocken mit einem Gehalt von 8,1 bis 8,2 % Wasser angewandt, das bis 110° entweicht.

Vor dem Versuche ließ man das Pulver mit Wasser und einem Teil der Pufferlösung bei Zimmertemperatur quellen. Zur Suspension von zumeist 0,540 g lufttrockenem = 0,500 g trockenem Fibrin, das sich in einem gut verschließbaren Stöpselzylinder von etwa 25 ccm Inhalt befindet, fügen wir die Enzymlösung und 3 ccm Puffer und füllen aus der Pipette auf 15 ccm auf. Das Gemisch wird im Schüttelthermostaten bei 40° kräftig bewegt und am Ende der Versuchszeit rasch auf annähernd 0° abgekühlt, um sofort zentrifugiert zu werden. Den ungelösten Anteil führen wir, nachdem er mit Eiswasser, Alkohol und Äther gewaschen und leicht getrocknet worden ist, in ein Wägeglas über, trocknen bei 110° und wägen zur Gewichtskonstanz. Weniger genau fiel die Wägung des gelösten Anteils aus.

Papain.

Den zeitlichen Verlauf der Fibrinhydrolyse verglichen wir mit und ohne Blausäureaktivierung, und zwar am besten nach den Erfahrungen unserer dritten Mitteilung bei $p_H = 7{,}1$. Nach den Versuchen der Tab. 1 löst das nicht aktivierte Papain unter den angegebenen Bedingungen etwas über 60 %, dann schreitet die Auflösung nur sehr lang-

[4] Pflügers Arch. Bd. 8, S. 452 [1874] und Bd. 106, S. 463 [1905].
[5] Biochem. Zs. Bd. 131, S. 413 [1922].

sam weiter. Mit dem aktivierten Enzym verläuft hingegen die Hydrolyse gleichmäßig bis zur vollständigen Auflösung des Substrates. Die analytische Methode macht daher immer von der Aktivierung Gebrauch.

Der nach 12stündiger Einwirkung von Papain ohne Cyanid ungelöste Fibrinrest ist bei erneutem Ansetzen mit dem Enzym zwar nicht unangreifbar, aber viel schwieriger lösbar als das Ausgangsmaterial. Mit Papain + Blausäure wird dieser [170] Fibrinrückstand aber leicht gelöst. Der Fibrinrest enthält also Atomgruppen, die vom nicht

Tabelle 1.
Geschwindigkeit der Fibrinauflösung durch Papain mit und ohne Aktivierung.
(50 mg Papain, 0,276 g Fibrin (trocken), 3 ccm m/6-Citrat-Phosphatpuffer von $p_H = 6,8$; Vol. 15 ccm; 40°.)

	g Fibrin gelöst nach				
	1/2	1	2	4	24 Stunden
Ohne Aktivator	0,078 0,082	0,128 0,126	0,158	0,169	0,188
Enzym vorbehandelt mit 25 mg HCN	0,179	0,230	—	0,253	—

aktivierten Papain besonders schwer angegriffen werden. Es wäre zu untersuchen, ob das Fibrin ein Gemisch von leicht und schwer angreifbarem ist, oder ob im Rückstand teilweise abgebautes Protein vorliegt.

6 g Fibrin wurden der Einwirkung von 1 g Papain bei 40° während 12 Stunden überlassen. Dann isolierten wir den Fibrinrest, um ihn nach dem Auswaschen, Trocknen bei 30° und Pulverisieren von neuem mit Papain anzusetzen, nämlich 0,26 g getrockneten Fibrinrest mit 50 mg Papain und 3 ccm Puffer. Bei 40° gingen in 4 Stunden von neuem 0,049 g in Lösung, d. i. nur etwa 20% gegen 60% im Vergleichsversuch mit gewöhnlichem Fibrinpulver. Wenn man hingegen das Enzym mit 12 mg HCN aktivierte, so erfolgte unter denselben Versuchsverhältnissen Auflösung von 65%.

Die Dauer der Blausäureeinwirkung hatte keinen deutlichen Einfluß auf die Hydrolyse des Fibrins. In vergleichenden Versuchen mit 0,3 g lufttrockenem Fibrin betrugen nach 1 Stunde die Mengen des ungelösten Substrates

	0,088	0,082	0,081 g
nach Vorbehandlungszeit von	0	30	360 Minuten.

Die der Bestimmungsmethode zugrunde liegende Beziehung zwischen Enzymmenge und Umsatz geht am genauesten aus Versuchen (Tab. 2) mit verhältnismäßig viel Substrat und wenig Enzym hervor. So verläuft in einem weiten Bereich die Auflösung des Fibrins den Papainmengen annähernd proportional. Die Abb. 1 zeigt linearen Verlauf der Mengewirkungskurve bis [171] zur Auflösung von etwa 40% Fibrin. Analog der Bestimmungsmethode mit Gelatine[1] soll die Papainmenge in 1 mg des Succus Caricae Papayae von E. MERCK als „Papein-Einheit nach der Wirkung auf Fibrin" angenommen werden und durch die in der Figur dargestellten Leistungen bestimmt sein. Entsprechendes gilt für die nachfolgende Bestimmung mit Pepton.

[1] I. Mitteilung dieser Reihe S. 204.

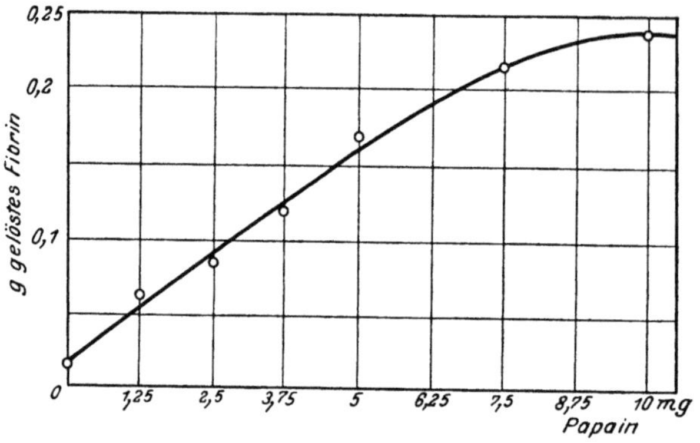

Abb. 1. Papainmenge und Geschwindigkeit der Fibrinauflösung.

Papainmengen von 1 bis 10 mg aktivieren wir mit 6 mg HCN unter Zusatz von 3 ccm Citrat–Phosphatpuffer[2] von $p_H = 7,2$ unter 2stündiger Vorbehandlung bei 40°. Dann wird das Enzym zur Suspension von 0,540 g lufttrockenem, d. i. 500 mg

Tabelle 2.
Verlauf der Fibrinauflösung mit verschiedenen Mengen von aktiviertem Papain.
(0,5 g Fibrin [getrocknet], 6 mg HCN, 6 ccm $^m/_6$-Citrat-Phosphatpuffer von $p_H = 7,2$ in 15 ccm; 1 Stunde bei 40°.)

Enzymmenge in mg	0	1,25	2,50	3,75	5,0	7,5	10,0
nicht angegriffen (g) .	0,485	0,436	0,419	0,383	0,330	0,284	0,262
gelöst (g)	0,015	0,064	0,081	0,117	0,170	0,216	0,238
gelöst (%)	2,8	12,8	16,2	23,4	34	43,2	47,6

[172] getrocknetem Fibrin in 3 ccm gleichen Puffers hinzugefügt und mit gesättigtem Thymolwasser auf ein Volumen von 15 ccm aufgefüllt. Die Hydrolyse führen wir im Schüttelthermostaten bei 40° mit der Versuchsdauer von 1 Stunde aus.

Kürbisprotease.

Die Abhängigkeit der Fibrinauflösung von der Enzymmenge wurde in den Versuchen der Tab. 3 und der Abb. 2 ermittelt. Diese Protease wirkt auf Fibrin stärker, verglichen mit anderen Substraten. Mit steigenden Enzymmengen schreitet aber die Fibrinauflösung in viel geringerem Maße fort als beim Papain, nur ein kleiner Anfangsbereich der Menge-Umsatzkurve ist annähernd linear.

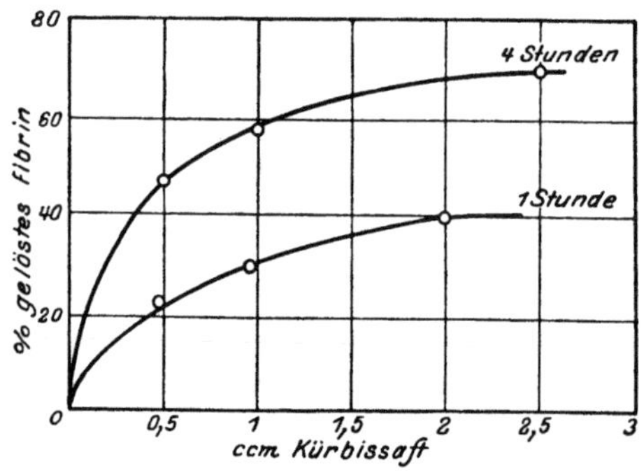

Abb. 2. Geschwindigkeit der Fibrinauflösung durch wechselnde Mengen Kürbisprotease.

Das Reaktionsoptimum liegt ebenso wie beim Papain bei $p_H = 7,2$[1]). Der Versuchsansatz enthielt in 15 ccm 0,600 g lufttrockenes Fibrin mit 5 ccm $^m/_6$-Phosphat–Citratpuffer und wechselnde Mengen des auf $^1/_{10}$ eingeengten Kürbissaftes. Gesättigtes Thymolwasser ergänzte das Volumen auf 15 ccm. Die Reaktion

[2] Vgl. III. Mitteilung dieser Reihe.

[1]) III. Mitteilung dieser Reihe.

verlief bei 40° unter Schütteln, man bestimmte den Umsatz nach 1 und 4 Stunden. Im Kontrollversuch mit Fibrin ohne Enzym fanden sich 0,539 ± 0,002 g ungelöst wieder.

[173] Tabelle 3.

Verlauf der Fibrinauflösung durch wechselnde Mengen Kürbisprotease.
(0,546 g Fibrin [trocken], 5 ccm Phosphat-Citratpuffer von $p_H = 7,2$; Vol. 15 ccm; 40°.)

Enzymmenge in ccm	0,5	1	2	2,5	5
gelöst nach 1 Std. in mg	126	159	213	—	—
gelöst nach 1 Std. in %	23	30	40	—	—
gelöst nach 4 Stdn. in mg	258	308	—	381	421
gelöst nach 4 Stdn. in %	48	57	—	71	78

2. Bestimmung der Proteasen durch Peptonhydrolyse.

Die Wirkung des Papains, auch des mit Blausäure aktivierten, auf Pepton ist verhältnismäßig schwach. Um die Frage zu entscheiden, ob das fibrinlösende Enzym auch Pepton weiter hydrolysiert, ist eine quantitative Bestimmung der Peptonspaltung unentbehrlich. Es ist nicht ausreichend, nach VINES das Auftreten der Tryptophanreaktion zu beobachten und ihre Stärke zu schätzen. Wie bei der Hydrolyse von Gelatine bestimmen wir den Carboxylzuwachs alkalimetrisch in alkoholischer Lösung nach R. WILLSTÄTTER und E. WALDSCHMIDT-LEITZ. Der Farbumschlag ist allerdings bei diesem Material nicht scharf, der Bestimmungsfehler daher größer als sonst (±0,05 ccm $^{n}/_{5}$-KOH).

Das p_H-Optimum liegt gemäß der dritten Mitteilung dieser Reihe zwischen 5,0 und 5,2; wir stellen es anstatt mit Phosphat–Citratpuffer, um schärferen Farbumschlag zu erzielen, allein mit Citrat von etwas geringerer Konzentration ein. Während des Versuches verschiebt sich die Acidität nur von etwa 5,0 bis 5,3.

Die Papainmengen bis zu 30 mg werden mit 25 mg HCN und 5 ccm $^{m}/_{5}$-Dinatriumcitrat bei 40° 2 Stunden lang vorbehandelt. Nach dem Vermischen mit 2 g Albuminpepton von E. Merck in 10proz. Lösung, die mit HCl auf etwa $p_H = 5,0$ eingestellt ist, wird sofort auf 50 ccm aufgefüllt. Die in 4 Stunden eintretende Hydrolyse ergibt sich aus der Titration von 10-ccm-Proben zu Beginn und am Ende der Versuchszeit.
[174] Die beobachteten Spaltungen sind in der Tab. 4 und in der Abb. 3 angegeben. Die Kurve ist nur sehr wenig gekrümmt bei Enzymmengen zwischen 1 und 6 mg in

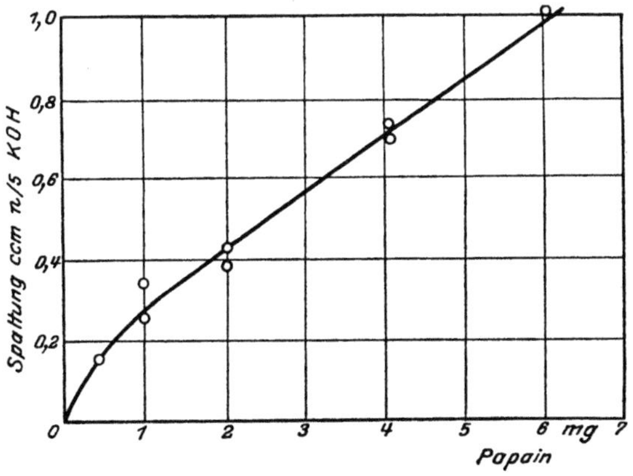

Abb. 3. Verlauf der Peptonspaltung durch verschiedene Mengen Papain.

der Versuchsprobe von 10 ccm, so daß in diesem Bereiche die Spaltung der Enzymmenge annähernd proportional ist. Von 6 mg an bewirkt vermehrte Enzymmenge nur sehr geringe Geschwindigkeitssteigerung.

Tabelle 4.
Peptonhydrolyse durch verschiedene Mengen von aktiviertem Papain.
(Enzym 2 Stunden vorbehandelt mit 5 mg HCN; 0,4 g Pepton, 1 ccm m/5-Citrat von $p_H = 5{,}0$, 4 Stunden, 40°; Vol. 10 ccm.)

Enzymmenge in mg	0,4	1,0	2,0	4,0	6,0	40
Spaltung (ccm n/5-KOH)	0,15	0,26 0,35	0,38 0,42	0,70 0,73	1,01	1,14

3. Partielle Lösung, Adsorption und Hemmung.

Fraktionierung nach Vines durch Kochsalz.

Von seinen verschiedenen Fraktionierungsweisen beschrieb S. H. VINES am besten die auf einander folgende Behandlung des proteasehaltigen Materials mit Kochsalzlösung und mit Wasser, wobei im Rückstand allein fibrinlösendes Enzym hinterbleiben [175] und alles peptonspaltende nach der Behandlung mit Kochsalzlösung und mit Wasser eluiert sein sollte. Dieses Verfahren führten wir mit großen Mengen von Papain in drei Beispielen durch, zwar mit einigen Varianten, aber möglichst dem Sinne der VINESschen Angaben entsprechend.

1. Versuch. 20 g Papain MERCK verrieben wir 1 Stunde lang in der Reibschale mit 50 ccm 2proz. Kochsalzlösung und trennten durch langes Zentrifugieren die gebildete Lösung ab. Sie wurde nach einer langwierigen und verlustbringenden Filtration mit dem 4fachen Volumen absoluten Alkohols gefällt und mit Alkohol-Äther rasch getrocknet (Ausbeute 10,4 g). Der Rückstand wurde in den Zentrifugengläsern nochmals mit weiteren 10 ccm 2proz. Kochsalzlösung und dann zweimal mit je 20 ccm Wasser nachgewaschen und schließlich zwischen Filtrierpapier und im Vakuumexsiccator getrocknet (1,71 g). Diese Fraktion war, da sich unlösliche Bestandteile des Succus Caricae wie Sand u. a. anreicherten, viel geringerwertig als das in Lösung gegangene und ausgefällte Enzym.

Die Enzymfraktionen sowohl aus der Kochsalzlösung wie im ungelösten Anteil analysierten wir durch ihre Wirkung auf die beiden Substrate Fibrin und Pepton. Nach der Tab. 5 waren in 1 mg Enzym der Kochsalzfraktion 0,89 Einheiten gemäß der Wirkung auf Fibrin, 0,81 Einheiten gemäß der Wirkung auf Pepton enthalten. Und das ungelöste Enzym enthielt in 1 mg 0,067 Einheiten mit Fibrin, 0,070 Einheiten mit Pepton gemessen.

Tabelle 5.
Wirkung der Papainfraktionen auf Fibrin und Pepton (Versuch 1).

	Trockenpräp. aus der Kochsalzlösung (10,4 g)			Ungelöster Anteil (1,71 g)						
	Fibrinauflösung (mg)	Hydrolyse v. Pepton (ccm n/5-KOH)		Fibrinauflösung (mg)				Hydrolyse von Pepton (ccm n/5-KOH)		
Zur Bestimmung angew. (mg)	10	3	6	20	30	60	120	12	16	30
Proteolytische Wirkung	233	0,49	0,83	63	79	107	218	0,22	0,28	0,49
Einheiten im ganzen	9250	8650	8300	132	126	89	114	114	108	142

[176] 2. Versuch. 20 g Papain MERCK wurden mit 80 ccm 2 proz. Kochsalzlösung $^1/_2$ Stunde lang in der Reibschale verrührt. Den durch Zentrifugieren gewonnenen Rückstand behandelten wir in der Zentrifuge nochmals mit 40 ccm Kochsalzlösung und zweimal mit je 20 ccm Wasser. Das ungelöste Material isolierte man für die Analyse in zwei Anteilen: Ein in den letzten Waschwässern suspendierter Anteil (B) ließ sich erst nach längerem Stehen durch weiteres Zentrifugieren gewinnen, während die Hauptmenge des Ungelösten (A) sich sofort am Boden der Zentrifugengläser gesammelt hatte. Das gelöste Enzym diente für die Analyse in Form der klar filtrierten Kochsalzlösung.

Sowohl im löslichen wie in den zwei ungelösten Anteilen ergaben (Tab. 6) die beiden Enzymmaße, Fibrinlösung und Peptonspaltung, gute Übereinstimmung. Es ist also kein Anzeichen von Fraktionierung zweier proteolytischer Enzyme zu finden.

Tabelle 6.
Wirkung der Papainfraktionen auf Fibrin und Pepton (Versuch 2).

	Enzym in der Kochsalzlösung (80 ccm)		Ungelöster Anteil A (2,00 g)			Ungelöster Anteil B (0,235 g)	
	Fibrinauflösung (mg)	Hydrolyse v. Pepton (ccm n/5-KOH)	Fibrinauflösung (mg)	Hydrolyse v. Pepton (ccm n/5-KOH)		Fibrinauflösung (mg)	Hydrolyse v. Pepton (ccm n/5-KOH)
Zur Bestimmung angew.	0,08 ccm	0,2 ccm	60 mg	6 mg	8 mg	100 mg	30 mg
Proteolytische Wirkung	259	0,93	230	0,27	0,38	107	0,28
Einheiten im ganzen . .	ca. 11 500	11200	33	37	44	64	67

Fraktionierte Adsorption.

Tonerde. Das Gemisch der pankreatischen Proteasen läßt sich nach E. WALDSCHMIDT-LEITZ und A. HARTENECK[1] durch Tonerdeadsorption zerlegen und nach einer später erscheinenden Arbeit unserer Reihe gleichfalls das Gemisch der Hefeproteasen. Im ersteren Falle wird die ereptische Komponente aus saurer Lösung durch Tonerde entfernt, im zweiten [177] Falle umgekehrt das tryptische Enzym aus sehr schwach saurer Lösung leichter adsorbiert. Man darf demnach beim Papain darauf rechnen, zumal es gegen Tonerde ein ungewöhnliches Verhalten zeigt, es durch fraktionierte Adsorption in Komponenten zu zerlegen, falls es überhaupt ein Enzymgemisch darstellt. Es ist nämlich aus saurer Lösung schlecht, viel besser aus ammoniakalischer und besonders aus alkoholhaltiger adsorbierbar[1]). Der Adsorptionswert eines Tonerdepräparates C war übrigens in unseren Versuchen bei Anwendung saurer Enzymlösungen günstiger als in den früheren Beispielen.

1 g Papain wurde aus 570 ccm abgekühlter essigsäurehaltiger Lösung durch Tonerde C, entsprechend 1,84 g Al_2O_3, adsorbiert. Die Restlösung zeigte keine Verschiebung des Verhältnisses zwischen Gelatinespaltung und Fibrinauflösung:

a) Bestimmung mit Gelatine. 2 ccm Restlösung wirkten unter den Bedingungen der Bestimmungsmethode 1 Stunde auf 0,4 g Gelatine. Die Hydrolyse entsprechend 1,50 ccm $^n/_5$-KOH ergab für die ganze Restlösung den Gehalt von 337 Einh.

b) Bestimmung mit Fibrin. 2,5 ccm Restlösung bewirkten in 1 Stunde die Auflösung von 0,153 g Fibrin, woraus sich ein Gehalt der Gesamtflüssigkeit an 349 Einh. ergab.

[1] Diese Zs. Bd. 147, S. 286 [1925]. [1]) Vgl. I. Abh. dieser Reihe, S. 212.

Sodann wurde das Enzym nach Einengen der Flüssigkeit auf 150 ccm und Vermischen mit ebensoviel Alkohol bei schwach ammoniakalischer Reaktion durch 0,5 g Aluminiumhydroxyd adsorbiert und aus der Tonerde mit 150 ccm $^{n}/_{50}$-Essigsäure unter Zusatz von 40 mg Ammonsulfat eluiert. In der Mutterlauge waren 97 Einh. hinterblieben. Die Elution enthielt:

a) nach der Gelatinemethode, wobei 5 ccm Elution mit 0,4 g Gelatine in 1 Stunde Hydrolyse entsprechend 1,26 ccm $^{n}/_{5}$-KOH ergaben, 240 Einh.;

b) nach der Bestimmung mit Fibrin 260 Einh., da 7,5 ccm Elution von 0,5 g Fibrin in 1 Stunde 0,237 g auflösten.

Für weitere Fraktionierungsversuche diente Papain, dessen Reinheitsgrad durch Altern bei Gegenwart von Blausäure und [178] darauffolgende Fällung mit Alkohol auf etwa das Doppelte (2,273 g enthielten 4320 Einh.) gestiegen war. Die Tab. 7 verzeichnet vier Beispiele, in denen das Papain aus ammoniakhaltiger wäßriger oder weingeistiger Lösung zum großen Teile adsorbiert wurde. Die sofort mit $^{n}/_{50}$-Essigsäure gewonnenen Elutionen ließen bei der vergleichenden Bestimmung mit Fibrin und Gelatine keine Verschiebung des Wirkungsverhältnisses erkennen. Auch bei der Enzymzerstörung, der solche Elutionen im Laufe einiger Tage oder Wochen anheimfielen, verminderte sich ihre Wirkung auf die verschiedenen Substrate gleichmäßig. In einigen solchen Fällen zogen wir die Peptonhydrolyse zum Vergleich heran; die Grenzen der Genauigkeit waren hier (vgl. Nr. 4 der Tab. 7) zwar etwas weiter, aber aus den verschiedenen proteolytischen Wirkungen gingen immer ungefähr übereinstimmende Enzymmengen hervor.

Tabelle 7.
Papainwirkung auf verschiedene Substrate nach der Adsorption aus amoniakalischer Lösung.

Nr.	Angewandt Papain-Einh.	Verdünnung (ccm)	Tonerde C (g)	Angewandte Lösung	Einh. in d. Restl. (Gelatine)	Einh. in der Elution best. nach der Wirkung auf		
						Fibrin	Gelatine	Pepton
1	900	400	3,32	n/20-ammon.	—	424	446	—
2	1000	250	0,50	schwach ammon.	—	612	620	—
3	600	128	0,102	schwach ammon. 50% alkoholisch	39	—	270	—
				bestimmt nach 2 Tagen	—	131	111	—
				,, ,, 3 ,,	—	102	91	—
4	900	192	0,152	schwach ammon., 50% alkoholisch	53	356	350	—
				bestimmt nach 2 Tagen	—	285	275	260 ± 20
				,, ,, 6 ,,	—	219	225	190 ± 30
				,, ,, 13 ,,	—	135	85	128 ± 30

Im Gegensatz zum Papain wird die Kürbisprotease, deren Adsorptionsverhalten wir in der zweiten Abhandlung dieser [179] Reihe beschrieben haben[1], aus saurer Lösung leicht, aus ammoniakalischer schlecht adsorbiert. In einem Versuche, bei dem wir 12 ccm eines konzentrierten Kürbissaftes in schwach ammoniakalischer Lösung mit 0,243 g

[1] Diese Zs. (im Druck).

Al_2O_3 behandelten, fanden wir das Wirkungsvermögen der Restlösung gegenüber den beiden Substraten Fibrin und Pepton unverändert. 2 ccm des angewandten Saftes lösten nämlich von 0,546 g Fibrin in 1 Stunde 0,214 g, das sind 40 %; die Adsorptionsrestlösung ergab dagegen eine Auflösung von 0,221 g, d. i. 41 %. Bei der Messung der Peptonhydrolyse (0,4 g Pepton, $p_H=6,3$; 20 Stunden) bewirkten 3,2 ccm des Saftes eine Hydrolyse entsprechend 2,00 ccm, die Restlösung ergab einen Aciditätszuwachs entsprechend 2,03 ccm $^n/_5$-KOH. Es besteht also auch hier kein Anlaß, die Spaltung der beiden Substrate auf die Wirkung verschiedener, durch ihr Adsorptionsverhalten in saurer Lösung unterscheidbarer Enzymkomponenten zurückzuführen.

Kaolin. Die Reaktion des Mediums hat auf die Adsorption des Papains in diesem Falle wenig Einfluß. Die Behandlung von 0,1196 g vorgereinigten Papains (225 Einh.) in 65 ccm neutraler Lösung mit 1 g Kaolin nahm über $^4/_5$ des Enzyms fort. Die Restlösung analysierten wir nach drei Methoden mit übereinstimmenden Ergebnissen.

a) Mit Gelatine. 4 ccm Restlösung bewirkten mit 0,4 g Gelatine in 1 Stunde eine mit 0,85 ccm $^n/_5$-KOH gemessene Spaltung. Hiernach betrug der Enzymwert der Restlösung 37 Einh.

b) Mit Pepton. 2 ccm Restlösung ergaben mit 0,4 g Pepton in 1 Stunde Spaltung entsprechend 0,32 ccm $^n/_5$-KOH. Demnach Enzymwert 40 Einh.

c) Mit Fibrin. 4 ccm Restlösung bewirkten in 1 Stunde die Auflösung von 0,087, d. i. 17 % Fibrin, entsprechend einem Gehalt der ganzen Flüssigkeit von 37 Einh.

Fibrin. Dieses vermag, was schon A. WURTZ[2] gefunden hat, Papain zu adsorbieren, wie sich auch Trypsin und Pepsin nach den späteren Beobachtungen von M. JACOBY[3] auf Fibrinflocken fixieren und ersteres durch Salzsäure, das letztere durch [180] Soda wieder ablösen läßt. Wenn der Succus Caricae Papayae ein Gemisch von Proteasen enthielte, so könnte die Adsorption an Fibrin wohl für das fibrinlösende Enzym auswählend sein, so daß sich in der Restlösung die gelatine- und peptonspaltende Komponente anreichern würde. Unsere Untersuchung hat dafür keine Anhaltspunkte erbracht.

Die Fibrinadsorption des Papains ist ähnlich von der Reaktion abhängig wie die Tonerdeadsorption. Der Adsorptionswert, das heißt die Zahl der von 1 g feinst gepulvertem Fibrin (Siebeinsatz 16) adsorbierten Papaineinheiten, ist, wie die Tab. 8 zeigt, bei Anwendung ammoniakalischer Lösungen höher (z. B. 278) als mit sauren (z. B. 104).

Tabelle 8.
Adsorption des Papains durch Fibrin.
(Angewandt 200 Einheiten, Gesamtvolumen bei der Adsorption 35 ccm.)

Nr.	Angewandte Enzymlösung	Fibrin (g)	Einh. i. d. Restlös. (best. n. d. Wirkung auf Gelatine)	Adsorptionsgrad %	Adsorptionswert
1	n/20-essigsauer	0,500	148	26	104
2	neutral	0,062	180	10	323
3	desgl.	0,250	127	36	290
4	desgl.	0,500	115	42	170
5	desgl.	2,000	62	69	69
6	neutral, 50 % alkoholisch	0,500	91	54	218
7	$n/20-NH_3$	0,500	61	70	278

[2] C. R. Bd. 91, S. 787 [1880]; Bd. 93, S. 1104 [1881]. [3] Biochem. Zs. Bd. 2, S. 144 u. 247 [1907].

Aus den Fibrinadsorbaten wird das Papain von sehr verdünnter Essigsäure eluiert, allerdings bei dem erforderlichen raschen Arbeiten in der Kälte nur mit schlechter Ausbeute. Beispielsweise adsorbierten 0,25 g Fibrin aus $^n/_{10}$-NH_3-Lösung des Papains ungefähr $^2/_3$ der angewandten 200 Einh. Darauf erfolgte die Elution durch 35 ccm $^n/_{20}$-Essigsäure während 5 Minuten bei 0°. Die neutralisierte Elution enthielt dann [181] a) gemäß der Gelatinespaltung 16 ± 3 Einheiten; 2 ccm Elution bewirkten in 1 Stunde Hydrolyse entsprechend 0,58 ccm $^n/_5$-KOH,

b) nach der Wirkung auf Fibrin 16,5 ± 1 Einheiten; 3 ccm Elution lösten nämlich in 1 Stunde 0,059 g, d. i. 12% Fibrin.

Auch die Restlösung wirkte auf die beiden Substrate etwa gleichmäßig. In einem Versuche (adsorbiert aus ammoniakalischer Lösung) differierten allerdings die beiden Bestimmungen beträchtlich (mit Gelatine gefunden 85 ± 8 Einh., mit Fibrin gefunden 56 ± 2 Einh.), in einem folgenden Versuch (Adsorption aus fast neutraler, eher schwach saurer Lösung) war die Übereinstimmung scharf:

a) nach der Gelatinemethode: 2 ccm Restlösung bewirkten in 1 Stunde Spaltung entsprechend 1,41 ccm $^n/_5$-KOH, demnach Gehalt der ganzen Lösung 105 Einheiten;

b) mit Fibrin bestimmt: 1 ccm Restlösung ergab in 1 Stunde Auflösung von 0,099 g, d. i. 20% Fibrin; daraus ergab sich ein Gehalt von 102 Einh.

Es ist möglich, daß durch die auch bei raschem Adsorbieren an Fibrin entstehenden Abbauprodukte, die in die Restlösung übergehen, die Auflösung des Fibrins bei der Analyse gehemmt wird, und zwar mehr als die Gelatinespaltung. Wir beobachteten in der Tat mit einer in 30 Minuten aus Fibrin gewonnenen Lösung, daß sie den Wert von 15 Papaineinheiten auf 12,5 herabdrückte bei der Gelatinemethode, aber auf 9,5 Einheiten bei der Analyse mit Fibrin.

Hemmung durch Natriumfluorid.

Nach den Angaben von S. H. VINES[1] sollen die von ihm angenommenen beiden Enzymkomponenten sich auch dadurch unterscheiden, daß nur die peptonspaltende, nicht aber die peptonbildende durch Fluorid gehemmt werde. Ein solcher Befund dürfte aber kaum hinreichen, um die Wirkung auf die beiden Substrate verschiedenen Enzymen zuzuschreiben. Nach [182] unseren Versuchsergebnissen wird jedoch die Peptonhydrolyse des Papains durch Fluorid überhaupt nicht beeinflußt. So fanden wir bei Anwesenheit von Blausäure gleiche Spaltungsbeträge in Gegenwart und in Abwesenheit von Fluorid (4 mg Papain ergaben mit 0,4 g Pepton und 5 mg Blausäure bei $p_H = 5{,}0$ in 4 Stunden bei 40° a) ohne Fluoridzusatz Spaltung entsprechend 0,71 ccm, b) mit 12 mg NaF Spaltung entsprechend 0,75 ccm $^n/_5$-KOH; ohne Blausäure ergab sich mit und ohne Fluorid keinerlei Spaltung). Die Fibrinauflösung durch Papain—Blausäure wurde jedoch bei Gegenwart von Fluorid merklich gehemmt: so lösten 6 mg Papain von 500 mg Fibrin bei Gegenwart von 6 mg HCN in 1 Stunde bei 40° a) ohne Zusatz: 0,185 g = 37%, b) mit 15 mg NaF: 0,147 g = 29%, c) mit 300 mg NaF: 0,140 g = 28%.

[1] Annals of Botany Bd. 17, S. 597, und zwar S. 602 [1903]; Bd. 19, S. 171, und zwar S. 174 [1905].

Zeitschrift für physiologische Chemie 153, S. 250 [1926].

122. ÜBER DIE PROTEASEN DER HEFE.

Von RICHARD WILLSTÄTTER und WOLFGANG GRASSMANN.

Sechste Abhandlung über pflanzliche Proteasen.

(Mitteilung aus dem Chemischen Laboratorium der Bayerischen Akademie der Wissenschaften in München.)

Mit 5 Abbildungen im Text.

(Der Redaktion zugegangen am 1. Januar 1926.)

Einleitung.

Unsere Untersuchung greift die Aufgabe an, die Proteasen der Hefe mit denen der höheren Pflanzen und der Tiere in bezug auf Spezifität, Wirkungsoptima und Adsorptionsverhalten zu vergleichen. Den Gehalt der Hefe an proteolytischen Enzymen und die Vorgänge bei der Hefeautolyse haben in grundlegenden Arbeiten zuerst M. HAHN und L. GERET[1], dann umfassend und eindringend K. G. DERNBY[2] untersucht und weiterhin sind die verwickelten Verhältnisse der proteolytischen Wirkungen in den Arbeiten von E. ABDERHALDEN und A. FODOR[3] behandelt worden. DERNBY berichtet ausführlich über die frühere Literatur und faßt seine Kritik in folgenden Sätzen zusammen: „Man hat nicht nachgeforscht, welche [251] proteolytischen Enzyme in der Hefe vorhanden sind und in welcher Beziehung diese zur Autolyse stehen. Man hat nicht den Zusammenhang zwischen Wasserstoffionenkonzentration und Autolysevorgang festgestellt." Indem DERNBY unter dem Einfluß der Erkenntnisse von S. P. L. SÖRENSEN und von L. MICHAELIS die Abhängigkeit der Enzymreaktion von der Wasserstoffzahl berücksichtigt, kommt er zu dem Ergebnis, daß in der Hefe, in ihren Preßsäften und Autolysaten ein Gemisch von folgenden drei Enzymen vorliege:

„Das Hefepepsin spaltet genuine Eiweißstoffe zu Peptonen, aber nicht weiter, und die optimale Wasserstoffionenkonzentration für diese Reaktion liegt bei $p_H = 4,5$.

Die Hefetryptase vermag weder Eieralbumin noch das Hefeeiweiß zu spalten, verdaut aber glatt Gelatine, Casein und Wittepepton. Das Enzym vermag jedoch nicht,

[1] Chem. Ber. Bd. 31, S. 200 u. 202 [1898]; Zs. Biol. Bd. 60, S. 117 [1900]; ferner in E. u. H. BUCHNER und M. HAHN, „Die Zymasegärung", München 1903, S. 287.

[2] Biochem. Zs. Bd. 81, S. 107 [1917].

[3] Fermentf. Bd. 1, S. 433 [1916]; Bd. 2, S. 74, 151, 211, 225 [1918—1919]; Bd. 3, S. 193 [1920]; Bd. 4, S. 191, 209 [1921].

diese Stoffe vollständig zu Aminosäuren abzubauen. Das Optimum der Wasserstoffionenkonzentration liegt bei $p_H = 7{,}0$.

Die Hefeereptase endlich ist dem Erepsin des Darmsaftes sehr ähnlich und spaltet rasch einfache Peptide zu Aminosäuren. Die optimale Wasserstoffkonzentration liegt bei $p_H = 7{,}8$."

Die untenstehende Figur nach DERNBY veranschaulicht die Abhängigkeit dieser drei einzelnen Enzymwirkungen von der Wasserstoffzahl und das Zusammenwirken der drei Komponenten bei der Autolyse.

Diese Auffassung schließt die Ergebnisse des englischen Botanikers S. H. VINES[1] ein, der ähnlich wie bei den Proteasen höherer Pflanzen auch bei der Hefe zwei Verdauungsvorgänge unterschied: die Auflösung von Fibrinflocken und die Spaltung von Wittepeptonen. VINES führte die beiden Hydrolysen auf zwei verschiedene Proteasen zurück, wovon die eine, peptonspaltend, in Wasser leicht löslich, die andere, peptonbildend, in 2proz. Kochsalzlösung leichter löslich sein sollte. Die Vinessche Lehre von der Zusammensetzung der [252] Pflanzenproteasen ist in der 5. Abhandlung dieser Reihe behandelt worden; sie hat der Nachprüfung mit besseren analytischen Methoden nicht standgehalten. Es wurde dort nachgewiesen, daß eine einzige pflanzliche Protease sowohl Fibrin zu peptonisieren wie Pepton weiter zu hydrolysieren vermag. Dasselbe trifft für das tryptische Enzym der Hefe zu. Hinsichtlich des Erepsins der Hefe,

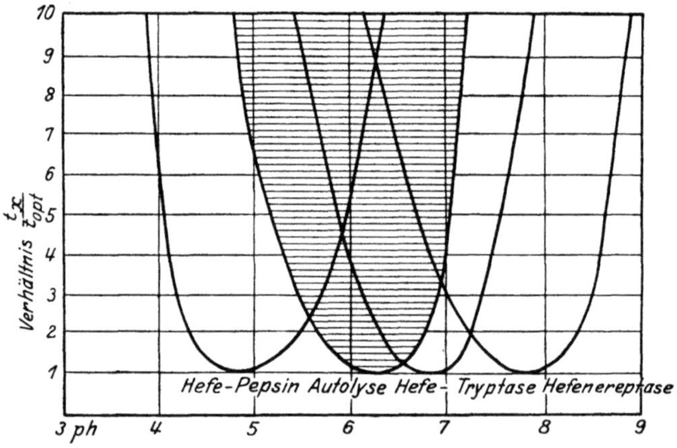

Abb. 1. Aktivitäts-p_H-Kurve der 3 Hefeproteasen nach DERNBY (Abb. 5 der Abhandl. von DERNBY, a. a. O. S. 132.)

das mit der peptonspaltenden sogenannten Ereptase von VINES nichts gemein hat und das dem Darm- und Pankreaserepsin ähnlich ist, stimmen unsere Beobachtungen mit den Annahmen von K. G. DERNBY überein, abweichend sind unsere Ergebnisse hinsichtlich der beiden anderen Proteasen.

Die an erepsinfreiem Material beobachteten Wirkungen auf Gelatine, Pepton und denaturiertes Eieralbumin sind auf ein einziges Enzym zurückzuführen, dessen Wirkungsoptimum, anders als bei tierischem Trypsin, bei $p_H = 5$ bis 6 liegt, vielleicht wie bei Papain mit den isoelektrischen Bereichen der Substrate wechselnd. Genuines Eier-

[1] Annals of Botany Bd. 17, S. 237 [1903]; Bd. 19, S. 171 [1905]; Bd. 23, S. 1 [1909].

albumin vermag es nicht zu spalten, wie auch den Angaben von DERNBY, welche die Analogie zum tierischen Pepsin zu sehr in den Vordergrund stellen, nur Beobachtungen mit Eieralbumin, das durch Säurewirkung verändert wird, zugrunde lagen; andererseits greift es [253] Dipeptide nicht an. Die Protease vermag in der Tat bei saurer Reaktion (optimal bei $p_H = 5$ bis 5,8) Peptone zu spalten, während nach DERNBY die in sauerer Lösung wirkende pepsinartige Komponente nicht imstande sein soll, über die Peptonstufe hinaus zu hydrolysieren. Der Wirkungsbereich des Hefetrypsins, der sich von denaturierten, hochmolekularen Substraten wie Fibrin und Gelatine über Albuminpepton hinaus erstreckt, entspricht also der Spezifität pflanzlicher Tryptasen, z. B. des aktivierten Papains. Der aktivierenden Wirkung des Cyanwasserstoffs unterliegt die Hefeprotease in den bisher geprüften Reinheitszuständen nicht.

Die abweichenden Befunde von DERNBY über die p_H-Optima versuchen wir im experimentellen Teil zu erklären. Es wird geprüft, ob nicht bei der Trypsinbestimmung durch Gelatineverflüssigung die Gegenwart des Erepsins von Einfluß sein kann, ob nicht ein zweites Optimum dadurch vorgetäuscht werden kann, und ferner, ob nicht auch an dem etwas zu weit im sauren Gebiet liegenden Optimum die Ausführung des Verfahrens der Gelatineverflüssigung die Schuld tragen kann.

Die genaue Bestimmung des Spezifitätsbereiches und der p_H-Abhängigkeit hängt davon ab, daß die einzelnen Komponenten eines Proteasengemisches von einander getrennt und enzymatisch einheitlich untersucht werden. Eine teilweise Trennung gelingt auf Grund des großen Unterschiedes in der Beständigkeit der Hefeproteasen. Beim Altern der Autolysate fällt nämlich das Erepsin der Zerstörung anheim, während das Trypsin erhalten bleibt. Vom Invertin der Hefe läßt sich die Protease durch ein im folgenden beschriebenes Verfahren der Adsorption an Hefeeiweiß abtrennen. Aber auch die Auflösung des Proteasengemisches läßt sich ohne Zerstörung der einen Komponente durch Tonerdeadsorption erzielen.

Die Adsorptionsmethode hat vor kurzem zu dem Erfolg geführt, daß sich auch einander so nahestehende Enzyme quantitativ scheiden lassen. Dies ist E. WALDSCHMIDT-LEITZ und A. HARTENECK[1] bei den pankreatischen Proteasen [254] geglückt, wovon die tryptische Komponente durch Tonerde bekanntlich sehr wenig, die ereptische hingegen leicht adsorbierbar ist. Die Kenntnis von der Spezifität dieser proteolytischen Enzyme ist durch ihre Trennung in entscheidender Weise gefördert worden. Ähnlich ist bei zuckerspaltenden Enzymen, den in Hefeautolysaten vorkommenden Gemischen von Saccharase und Maltase, die Trennung durch Tonerdeadsorption ausgeführt worden[1]). Auch bei den Proteasen der Hefe zeigen sich solche Unterschiede in der Adsorbierbarkeit, und zwar wird das Hefetrypsin im Gegensatz zum tierischen Trypsin durch Tonerde leichter adsorbiert, die ereptische Komponente dagegen schwieriger. Der quantitative Unterschied läßt sich zur vollständigen Trennung der beiden proteolytischen Enzyme ausnützen, von denen das eine in reinem Zustand ohne Wir-

[1] Diese Zs. Bd. 147, S. 286 [1925] und Bd. 149, S. 203 [1925] (*Abh. 109 und 110*).

[1]) R. WILLSTÄTTER und E. BAMANN, VII. Abh. über Maltase, Diese Zs. Bd. 151, S. 273 [1925/26].

kung auf Leucylglycin, das andere unwirksam gegen Gelatine ist. Das so Erreichte wird die Grundlage für eine vollkommenere Beschreibung der einzelnen Hefeproteasen bilden.

Experimenteller Teil.

I. p_H-Abhängigkeit der Hefeproteasen; Bestimmungsmethoden.

1. Die tryptische Wirkung auf Gelatine.

Die beiden Maxima der Gelatinespaltung nach DERNBY liegen bei $p_H = 4,5$ und 7,1, das erstere einem Pepsin, das zweite einem Trypsin zugeschrieben. Für die Bestimmung dieser Abhängigkeit diente das Verfahren der Gelatineverflüssigung von CL. FERMI[2] mit den Verbesserungen von S. PALITZSCH und L. WALBUM[3]. Eine Fehlerquelle bedeutet die Anwendung ereptisch wirksamen Enzymmaterials. Es ist möglich, daß eine indirekte Erepsinwirkung, Beseitigung hemmend wirkender Peptide, in der Nähe des Neutralpunktes die Gelatinespaltung unterstützt, so daß sich das Maximum bei $p_H = 7,1$ infolge der vereinigten Wirkung von gelatine- und peptidspaltendem Enzym ergibt. [255] Das andere Optimum könnte etwas zu weit im sauren Gebiet gefunden sein, weil DERNBY, abweichend von der Arbeitsweise von PALITZSCH und WALBUM die Neutralisation des Verdauungsgemisches vor der Prüfung auf Erstarrung unterließ. Nach den genauen Versuchen von J. LOEB[1]) steigt die Viscosität einer erwärmten und rasch auf 20° abgekühlten Gelatinelösung nur beim isoelektrischen Punkt rasch bis zur völligen Erstarrung an, bei stärker saurer Reaktion aber langsamer, ohne daß völlige Erstarrung erreicht wird. Die sauren Mischungen von DERNBY dürften also nach begonnener Verdauung, wenn auch nicht bei den Kontrollversuchen ohne Hydrolyse, hinsichtlich der Erstarrung etwas benachteiligt gewesen sein, so daß sich das Optimum etwas zu weit im sauren Gebiet zeigte.

Unsere den Carboxylzuwachs erfassende Bestimmungsweise hat die Abwesenheit von Erepsin zur notwendigen Voraussetzung, da sonst das Optimum zum alkalischen Gebiet hin verschoben wird. Wenn wir die p_H-Abhängigkeit zunächst bei einem frischen, also erepsinhaltigen Hefeautolysat untersuchen, so führt die Kombination von ereptischer mit tryptischer Wirkung zu einem scheinbaren Optimum nahe dem Neutralpunkt, bei etwa $p_H = 6,5$.

Das angewandte, einen Tag alte Autolysat enthielt gemäß der Bestimmung mit Leucylglycin in 1 ccm 0,81 Einheiten (0,8 ccm bewirkten in 1 Stunde Spaltung entsprechend 1,15 ccm $^n/_5$-KOH).

Wirkung von 2 ccm Autolysat auf 0,6 g Gelatine mit 1 ccm $^m/_3$-Monophosphat-Citronensäuremischung mit wechselndem Zusatz von NH_3; 40°; 24 Stunden.

Zusatz von 2,5 n-NH_3 (ccm)	p_H des Versuchsansatzes	Spaltung entsprechend ccm n/5-KOH
0,04	4,2	−0,01 (erstarrt völlig)
0,25	5,2	0,39
0,46	6,5	0,76
0,65	8,5	0,03 ,, ,,

[2] Arch. f. Hygiene Bd. 12, S. 240 [1891].

[3] Biochem. Zs. Bd. 47, S. 1, und zwar S. 5 [1912].

[1]) „Die Eiweißkörper und die Theorie der kolloidalen Erscheinungen", deutsche Ausgabe, Berlin 1924, S. 227.

[256] Für die folgenden in der Tab. 1 und Abb. 2 vereinigten Versuche dienten erstens ein Trockenpräparat von sehr schwacher ereptischer Wirksamkeit (etwa 200 mal schwächer als beim soeben erwähnten Autolysat), aus einem über einen Monat alten Neutralautolysat durch Aceton gefällt; zweitens ein fünf Monate altes, daher ebenfalls ereptisch wenig wirksames Neutralautolysat. Das Optimum liegt nach dem ersten Versuche bei $p_H = 5{,}2$, nach dem zweiten bei 5,9 bis 6,5. Außer dem Fehler, den schon geringe Beimischungen von Erepsin bedingen können, sind wahrscheinlich noch Einflüsse von Begleitstoffen, sei es, daß sie aktivierend oder hemmend wirken, in Betracht zu ziehen. Die p_H-Abhängigkeit wird sich erst nach der Reinigung des Enzyms mittels der Adsorptionsmethode genauer bestimmen lassen.

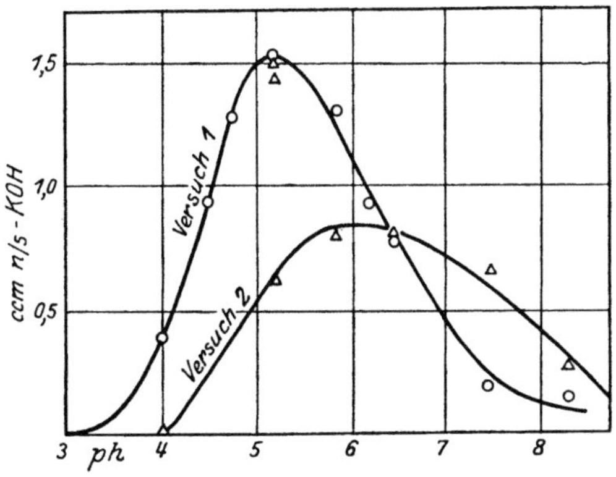

Abb. 2. p_H-Abhängigkeit der Gelatinespaltung durch sehr erepsinarmes, aber noch unreines Hefetrypsin.

Da die in unseren vorangegangenen Arbeiten verwendeten Phosphat-Citratpuffer für alkalische Reaktion nicht genügen, ersetzen wir das Alkali durch NH_3, um noch die Wirkung des Ammonsalz-Ammoniakgemisches auszunützen. Der Bereich unseres Ammonphosphat-Citratpuffers erstreckt sich von $p_H < 3$ bis über 10. Zur Herstellung eines solchen Puffers werden in 500 ccm gelöst:

$$m/6 = 22{,}6 \text{ g } KH_2PO_4 \text{ und}$$
$$m/6 = 35{,}7 \text{ g Citronensäure mit 1 Mol } H_2O.$$

Diese stark sauere Stammlösung wird mit wechselnden Mengen NH_3 auf die gewünschte Acidität eingestellt. Die durch die Zusätze [257] von 2,5 n-NH_3 auf 5 ccm Stammlösung erreichten Wasserstoffzahlen ergeben sich aus folgender Zusammenstellung:

ccm 2,5 n-NH_3 . . .	0,77	1,2	1,7	2,3	2,9	3,8
p_H	3,5	4,5	5,5	6,5	8,3	9,3

Tabelle 1.

Gelatinespaltung durch erepsinarme Hefeprotease bei wechselnden p_H.

(Angewandt 1. 60 mg, 2. 2 ccm Enzympräparat, 0,6 g Gelatine, 1 ccm m/3-Citronensäure-Phosphatmischung in 10 ccm; 24 Stunden, 40°.)

Zusatz (ccm 2,5 n-NH_3)	p_H des Versuchsansatzes		Spaltung (ccm n/5-KOH)	
	zu Beginn	am Ende	Versuch 1	Versuch 2
0,0	4,0	4,0	0,39	0,00
0,16	4,5	4,5	0,94	—
0,22	4,7	4,8	1,29	—
0,28	5,2	5,2	1,53	0,64
0,36	5,8	5,9	1,30	0,79
0,45	6,5	6,5	0,78	0,79
0,60	7,6	7,5	0,18	0,66
0,65	8,3	8,2	0,15	0,27
1,6 ccm m/5-Dinatriumcitrat allein	5,1	5,3	1,50; 1,41	0,53; 0,56

Die quantitative Bestimmung des gelatinespaltenden Enzyms gelegentlich der Darstellung und Verarbeitung von Hefeautolysaten beruht auf den Versuchen der

Tab. 2 und der Abb. 3 über den zeitlichen Verlauf der Gelatinespaltung mit wechselnden Enzymmengen im Bereich von 1 : 16. Die Enzymmengen und Umsatzzeiten für gleiche Spaltung erweisen sich innerhalb der Fehlergrenzen als umgekehrt proportional, wenigstens für größere und mittlere Spaltungsbeträge.

Die günstige Reaktion wird mit reinem Citratpuffer, der wegen des bedeutend schärferen Umschlags den Vorzug verdient, eingestellt, nämlich $p_H = 5$; sie verschiebt sich während der Spaltung auf $p_H = 5{,}3$. Der Verlauf der Hydrolyse wurde durch die in unserem Laboratorium übliche Titration in alkoholischer Lösung in Proben nach 3, 6 und 24 Stunden ermittelt; dagegen sind die in der Tabelle verzeichneten Werte [258] für 12 Stunden interpoliert, was bei dem fast linearen Reaktionsverlauf ohne großen Fehler möglich ist. Die angewandten Enzymmengen von 18,7 bis 300 mg Trockenpräparat (von Versuch 1 der Tab. 1) wurden mit dem Dinatriumcitrat und mit 30 ccm 1 proz. Gelatinelösung von 40° versetzt; nach Auffüllen auf 50 ccm beobachtete man im Thermostaten von 40° die Hydrolyse durch Titration von 10 ccm-Proben.

Tabelle 2.
Zeitlicher Verlauf der Gelatinehydrolyse durch verschiedene Mengen des erepsinarmen Hefetrypsins.
(0,6 g Gelatine, 1,6 ccm m/5-Dinatriumcitrat, $p_H = 5{,}0$ in 10 ccm; 40°.)

Spaltungszeit in Stunden	Spaltung (ccm n/5-KOH) bew. durch mg Enzympräp.				
	3,75	7,5	15,0	30,0	60,0
3	—	—	0,07	0,16	0,32
6	0,06	0,16	0,18	0,33	0,53
(12	0,13	0,21	0,31	0,52	0,87)
24	0,27	0,35	0,51	0,83	1,41; 1,50

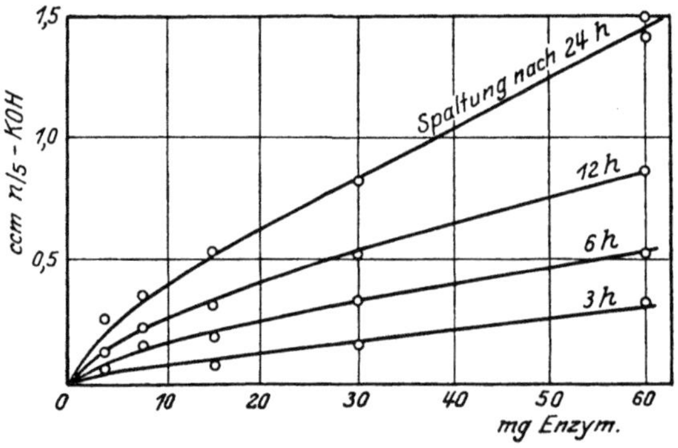

Abb. 3. Enzymmenge und Umsatz bei der Gelatinespaltung durch Hefetrypsin.

Die praktische Bestimmung des Enzyms, z. B. in präparativen Versuchen, geschieht zweckmäßig mit der Beobachtungszeit von 24 Stunden gemäß der in Abb. 3 dargestellten Beziehung zwischen Enzymmenge und Umsatz. Zur Erzielung [259] ansehnlicher Spaltungen (z. B. 1 ccm $^n/_5$-KOH für die 10 ccm-Probe) braucht man im allgemeinen große Mengen der Hefeauszüge; wir verwenden für den Ansatz von 50 ccm zwischen 4 und 12 ccm eines mit einem Teil Hefe und einem Teil Wasser gewonnenen Autolysates. Im frischen Autolysat ist während 24 Stunden die Selbstspaltung des proteinhaltigen Enzymmaterials schon beträchtlich, z. B. entsprechend 0,20 bis 0,25 ccm $^{n}/_{5}$-KOH. Dieser Wert ist im Kontrollversuch zu ermitteln und von der beobachteten Spaltung abzuziehen. Die gefundenen Enzymmengen sind, wie aus den Versuchen des vierten Abschnittes über Steigerung der proteolytischen Wirksamkeit beim Altern hervorgeht, nur scheinbare. Es ist dennoch von Nutzen, in vorläufiger Weise eine (scheinbare) Mengeneinheit des tryptischen Enzyms in bezug auf Gelatinespaltung einzuführen, nämlich 100 mg des der Abb. 2 und 3 zugrundeliegenden Trockenpräparates; 1 mg davon entspricht etwa 10 mg Hefetrockengewicht.

Außer auf Gelatine wirkt die beschriebene Protease auch auf Fibrin ein, aber nicht auf Eieralbumin, nicht einmal auf das schon getrocknete käufliche Material. Für die Albuminspaltung, die K. G. Dernby bei wechselndem p_H gemessen, war das Substrat ein stark verändertes, sogenanntes Acidalbumin. Für unsere Versuche diente Kahlbaumsches Präparat, das nur zu 70% in Wasser löslich war. Vom ungelösten Anteil wurde abfiltriert und der Gehalt der Lösung durch Trocknung bestimmt. Auf die Lösung von 1 g Albumin mit 5 ccm $^{m}/_{3}$-Phosphat- oder $^{m}/_{5}$-Citratpuffer ließen wir im Volumen von 50 ccm bei 40° 15 ccm Hefeneutralautolysat von normalem Spaltungsvermögen für Pepton einwirken. Die Titration von 5 ccm-Proben ergab keine oder kleine Ausschläge und kein Fortschreiten von 48 bis 96 Stunden. Bei $p_H = 3$, eingestellt mit Citrat–Salzsäuremischung, verwandelte sich die Lösung in eine Gallerte, die sich nicht mehr fehlerfrei titrieren ließ (gefunden nach 48 Stunden 0 ± 0,2 ccm).

Nach	16	48	96 Stunden
$p_H = 6{,}5$ (Phosph.) . .	0,01	0,17	0,14 ccm $^{n}/_{5}$-KOH
$p_H = 4{,}5$ (Citr.)	−0,02	−0,02	0,04; 0,05 ccm ,,

[260] 2. Die tryptische Wirkung auf Albuminpeptone.

Nach der Auffassung von K. G. Dernby sollen an der Peptonhydrolyse zwei Hefeenzyme beteiligt sein; ein tryptisches mit optimalem p_H von 7,0 und ein ereptisches mit optimalem p_H von 7,8. Danach wäre je nach dem Mischungsverhältnis solcher Komponenten des Enzymgemisches die maximale Peptonspaltung zwischen $p_H = 7$, und 7,8 zu erwarten. Damit stimmen indessen die Beobachtungen durchaus nicht überein. Schon die maximale Spaltung nach Dernby bei $p_H = 6{,}8$ bis 6,9 steht nicht gut im Einklang mit seiner Erklärung und unsere Versuche mit Hefeautolysaten, die ereptisch wirksam sind, weisen das Optimum noch weiter im sauren Gebiete auf, nämlich bei $p_H = 6{,}5$.

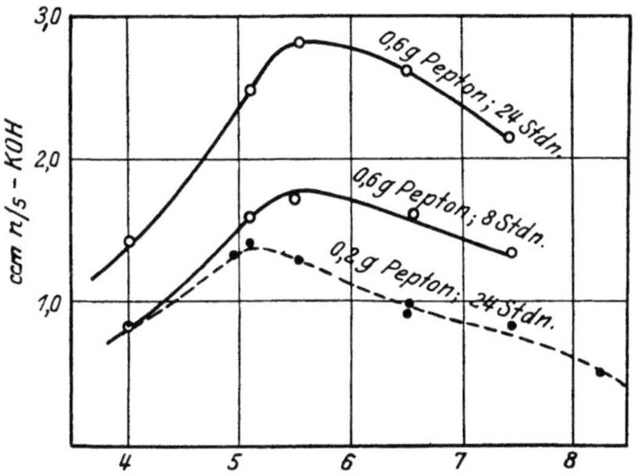

Abb. 4. p_H-Abhängigkeit der Peptonspaltung durch erepsinarmes Hefetrypsin.

Die Bestimmungen mit fast erepsinfreiem Enzymmaterial, die in der folgenden Tab. 3 und in der Abb. 4 wiedergegeben sind, erweisen nun das Optimum der

Spaltung bei $p_H = 5{,}2$ in 2proz. und bei 5,5 in 6proz. Peptonlösungen. Die p_H-Abhängigkeitskurve fällt nach der saueren Seite ziemlich steil ab, nach der alkalischen flach, besonders bei höheren Substratkonzentrationen. Der Verlauf der Kurve ist unabhängig von der Spaltungsdauer (8 bis 24 Stunden). Das auf Pepton im saueren Gebiet wirkende tryptische Hefeenzym ist gewissen Pflanzenproteasen wie dem Papain ähnlich. In der dritten Abhandlung dieser Reihe beschrieben wir hinsichtlich der Abhängigkeit jener Proteasen [261] von der Wasserstoffzahl den Fall, daß die Hydrolysenoptima mit den isoelektrischen Bereichen der Substrate zusammenfallen. Die Proteasen aus Carica Papaya und aus Ananas spalten nämlich Albuminpepton optimal bei $p_H = 5{,}0$; das Ananasenzym ist am Neutralpunkt schon nahezu unwirksam, während beim Papain der Abfall nach der alkalischen Seite flach ist. In dieser Hinsicht steht das Hefetrypsin dem Papain nahe, nämlich dem durch Blausäure aktivierten.

Die Peptonhydrolyse bei optimalem p_H der Trypsinbestimmung zugrunde zu legen, zögerten wir noch, weil es zwar nach dem Vergleich mit tierischem Erepsin wahrscheinlich, aber noch nicht erwiesen ist, daß die ereptische Komponente nicht ebenfalls auf Pepton einwirkt. Deshalb ziehen wir die Gelatinespaltung für die Analyse vor, obwohl die Ausschläge geringer sind und die Titration schwieriger. Ehe aber die Existenz eines besonderen Erepsins erwiesen war, waren allerdings viele Autolysate durch ihre Wirkung auf Pepton analysiert worden, und zwar auf Grund der Bestimmung der optimalen Wasserstoffzahl mit noch erepsinhaltigem Enzymmaterial bei $p_H = 6{,}5$. Unter diesen Umständen wirkt das Hefetrypsin um etwa 20% schwächer als beim Optimum. Die Bestimmung beruht auf der folgenden, mit einem 7 Monate alten, daher praktisch erepsinfreien Autolysate ermittelten Beziehung zwischen Enzymmenge und Spaltungsgrad. Als vorläufige Einheit nach der Wirkung auf Pepton wird unten gelegentlich diejenige Enzymmenge bezeichnet, die unter den Bedingungen dieses Versuches einem Kubikzentimeter des hier angewandten Autolysates in der Wirkung gleichkommt; wir beabsichtigen aber nicht, diese Einheit weiterhin zu verwenden.

0,2 g Pepton mit 1 ccm $^m/_3$-Phosphat von $p_H = 6{,}5$ in 10 ccm; 40°, 24 Stunden.

Enzymmenge (ccm Autolysat)	0,50	1,0	2,0	4,0
Spaltung entsprechend ccm.	2,66	3,20	4,18	4,48

Bei der geringen Acidität könnte sich beigemischtes Erepsin stärker geltend machen als in dem für das Trypsin günstigeren, stärker saueren Bereiche. Aber der mögliche Fehler hat sich bei der Untersuchung der Autolysate kaum [262] bemerkbar gemacht. Eine größere Zahl von ihnen wies nämlich in der Wirkung auf Pepton nur geringe Schwankungen auf, während im ereptischen Wirkungsvermögen sehr große Unterschiede vorkamen.

Der Vergleich mit den vor kurzem untersuchten Pflanzenproteasen fordert die Prüfung des Hefetrypsins hinsichtlich seiner Aktivierbarkeit durch Blausäure.

40 mg Enzymtrockenpräparat mit 0,6 g Substrat und 1,6 ccm $^m/_5$-Dinatriumcitrat in 10 ccm; 40°.

	Spaltungszeit	3	6	24 Stunden
Versuche mit Gelatine	ohne Zusatz	0,22	0,40	1,04 ccm $^n/_5$-KOH
	mit 5 mg HCN	0,23	0,55	1,14 ccm ,,
Versuche mit Pepton	ohne Zusatz	0,88	—	2,26 ccm ,,
	mit 5 mg HCN	0,88; 0,91	—	2,32; 2,32 ccm ,,

Tabelle 3.

Peptonspaltung durch erepsinarme Hefeprotease bei verschiedenen p_H.
(60 mg Trockenpräparat von Vers. 1 der Tab. 1; 10 ccm-Titrationsprobe enthält 1 ccm m/3-Phosphat-Citronensäurepuffer; 40°.)

Zusatz	p_H der Mischung		Spaltung (ccm n/5-KOH) nach	
	Beginn	Ende	8 Stunden	24 Stunden
a) Versuch mit 0,2 g Albuminpepton (Merck)				
0,14 ccm 2,5 n-NH_3	4,0	4,0	—	0,34
0,26 ,, 2,5 ,,	5,0	4,9	—	1,34
0,28 ,, 2,5 ,,	5,0	5,2	—	1,42
0,59 ,, n-KOH	5,0	5,1	—	1,34
0,32 ,, 2,5 n-NH_3	5,5	5,5	—	1,28
0,46 ,, 2,5 ,,	6,5	6,5	—	0,99; 1,01
0,60 ,, 2,5 ,,	7,5	7,4	—	0,86
0,64 ,, 2,5 ,,	8,3	8,2	—	0,50
1 ccm m/3-KH_2PO_4 allein, Pepton mit HCl auf $p_H = 5,0$ eingestellt . . .	5,0	5,2	—	1,39
b) Versuch mit 0,6 g Pepton				
0,00 ccm 2,5 n-NH_3	4,0	4,0	0,85	1,43
0,24 ,, 2,5 ,,	5,1	5,1	1,60	2,51
0,31 ,, 2,5 ,,	5,5	5,5	1,75	2,81
0,46 ,, 2,5 ,,	6,6	6,5	1,62	2,65
0,66 ,, 2,5 ,,	7,5	7,4	1,35	2,18

[263] In dem geringen Reinheitsgrad, den das Enzym in seinen Autolysaten hat, ist also die Erscheinung der Aktivierbarkeit nicht oder nicht deutlich zu beobachten. Während die Hefeprotease in bezug auf die p_H-Abhängigkeit ihrer Wirkung dem Papain ähnlich ist, weicht sie im Verhalten gegen Blausäure davon ab. In der Spezifität steht sie der Kürbisprotease näher als dem Papain: verhältnismäßig stark auf Peptone, schwächer auf Gelatine wirkend.

3. Die ereptische Wirkung.

Obschon ausführliche Untersuchungen von E. Abderhalden und seinen Mitarbeitern, namentlich von E. Abderhalden und A. Fodor über die Spaltung einer Anzahl einfacher Peptide durch Hefemacerationssäfte vorliegen, erfordert der Zweck einer praktischen Erepsinbestimmung, die Wirkung auf Leucylglycin im Folgenden mehrmals zu behandeln. Ungefähr übereinstimmend mit E. Abderhalden und A. Fodor [1], die für die Spaltung von l-Leucylglycin das p_H-Optimum 7,5 bis 7,56 angeben, finden wir (Tab. 4) $p_H = 7,8$ am günstigsten. Dieses p_H-Optimum stimmt genau überein mit dem des tierischen Erepsins [2].

[1] Fermentf. Bd. 1, S. 533, und zwar S. 557 u. 591 [1916].

[2] Vgl. E. Waldschmidt-Leitz und A. Harteneck, 2. u. 3. Mitteilung zur Spezifität tierischer Proteasen, Diese Zs. Bd. 147, S. 286, und zwar S. 307 [1925] und Bd. 149, S. 203, und zwar S. 216 [1925].

Tabelle 4.
Abhängigkeit der Hydrolyse des Leucylglycins von der Wasserstoffzahl.
(1 ccm Enzymlösung, 75 mg (= $^2/_{5000}$ Mol) Peptid, 1 ccm m/3-Phosphat-Citrat mit wechselndem Zusatz von NH_3; Vol. 10 ccm, Spaltungszeit 40 Minuten, 40°.)

Zusatz (ccm 2,5 n-NH_3)	p_H der Mischung		Spaltung (ccm n/5-KOH)
	Beginn	Ende	
0,30	5,3	5,3	−0,03
0,39	6,5	6,5	0,00
0,54	7,4	7,4	0,54
0,59	7,8	7,8	0,75
0,66	8,3	8,3	0,62
1,22	9,1	9,1	0,07

[264] Für die Versuche der Tab. 4 diente ein zwei Tage altes, unter Neutralisieren gewonnenes Hefeautolysat, und zwar für die einzelne Bestimmung 1 ccm davon mit 75 mg d,l-Leucylglycin (= $^2/_{5000}$ Mol); der 50proz. Spaltung des Substrates, der vollständigen der l-Form, entspricht 1 ccm $^n/_5$-KOH.

Den zeitlichen Verlauf der Hydrolyse dieses Dipeptids mit Enzymmengen im Bereiche von 1 : 16 geben die Tab. 5 und die Abb. 5 wieder; das Substrat wurde dank

Tabelle 5.
Zeitlicher Verlauf der Spaltung von Leucylglycin durch verschiedene Enzymmengen.
(Enzym mit 1 ccm m/3-Primärphosphat-Ammoniakmischung von p_H = 7,8; 0,225 [$^6/_5$ Millimol] Peptid; Enzym und Substrat mit NH_3 vorher auf p_H = 7,8 eingestellt; Vol. 10 ccm, Spaltung in ccm n/5-KOH.)

Zeit in Minuten	Enzymmenge (ccm Autolysat in 10 ccm der Mischung)									
	0,25		0,50		1,0		2,0		4,0	
	gef.	ber.	gef.	ber.	gef.	ber.	gef.	ber.	gef.	ber.
15	—	0,04	—	0,08	0,23	0,17	0,40	0,33	0,49	0,63
30	—	0,08	0,16	0,17	0,43	0,33	0,63	0,63	0,99	1,12
60	0,17	0,17	0,32	0,33	0,63	0,63	1,09	1,12	1,67	1,83
120	0,28	0,33	—	—	—	—	—	—	—	—

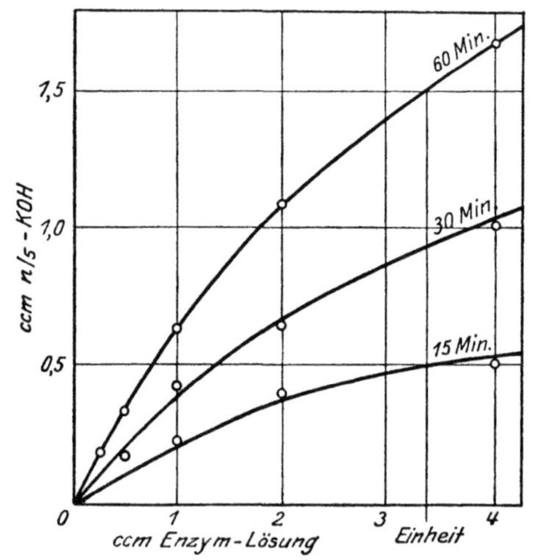

Abb. 5. Wirkung des Hefeerepsins auf Leucylglycin, Enzymmenge und Umsatz.

seiner [265] Löslichkeit im Ammoniak des Phosphatpuffers dreimal konzentrierter als oben angewandt. Bei geringer Enzymkonzentration entspricht der Verlauf annähernd dem Gesetz der monomolekularen Reaktion, während bei größeren Enzymmengen die Abweichungen bedeutend sind. Die Tabelle verzeichnet die so berechneten Werte neben den gefundenen.

Die Enzymmenge, die unter den Bedingungen dieses Versuches die vorhandene l-Peptidmenge in 1 Stunde zur Hälfte spaltet, soll als Erepsineinheit bezeichnet werden. Sie ist beispielsweise in 3,4 ccm des hier verwendeten Autolysates (aus 0,4 g Hefetrockengewicht) enthalten. Es handelt sich auch hier um eine scheinbare Enzymmenge, denn die gemessene enzymatische Wirkung ist von Begleitstoffen in wechselndem Maße beeinflußt.

4. Änderung der proteolytischen Wirksamkeit beim Altern der Autolysate.

Die Änderungen des proteolytischen Wirkungsvermögens von Hefeauszügen, die spontane Zunahme beim Stehen (auch die unter dem Einfluß von Zusätzen erfolgende) und die darauffolgende Abnahme, sowie gewisse Änderungen der Reaktionskinetik sind sehr eingehend von E. ABDERHALDEN gemeinsam mit A. FODOR[1] und mit E. WERTHEIMER[2] untersucht worden. Das Verhalten der Proteaselösungen ist so kompliziert, daß E. ABDERHALDEN und A. FODOR es nicht vorwiegend auf die Einflüsse von Hemmungskörpern zurückzuführen vermochten, daß sie vielmehr den veränderlichen Dispersitätsgrad der Enzyme (auch „die Bedeutung der Zähflüssigkeit der Lösung") für ihre ungleiche Wirksamkeit verantwortlich machten. Diese Vorstellung ist von A. FODOR weiter entwickelt worden, indem er die Abnahme der enzymatischen Aktivität zurückführte[3] auf „eine kolloidchemische Veränderung, die in einer molekularen Verfestigung bzw. Aggregation zu suchen ist". „Auf Grund der bisherigen Versuche darf somit [266] das Protein als Hauptträger der Fermentwirkung angesprochen werden, mit der Betonung, daß die Lipoide der Zellen die Suspendierbarkeit und die Verteilung des Fermentkolloids in große Oberflächen durch ihre, eine Aggregation und molekulare Verfestigung hindernden Eigenschaften begünstigen." Da unsere Untersuchung von der Annahme ausgeht, daß den enzymatischen Wirkungen bestimmte Mengen enzymatisch wirksamer Stoffe zugrunde liegen, und da diese Annahme auch in der vorliegenden Arbeit Bestätigung findet durch Beobachtungen über die mit Dispersitätsänderungen verbundenen Adsorptionsvorgänge, die keinen Einfluß auf die Wirksamkeit der Enzyme haben, und durch die Trennung des Enzymgemisches in seine Komponenten, so müssen wir auch auf das eigentümliche Verhalten der Hefeauszüge beim Altern in Kürze eingehen, um dafür eine mit unserer Vorstellung verträgliche Erklärung anzustreben. Die Aktivitätszunahme und die Änderung der Kinetik sind kaum allein mit der Annahme zu verstehen, daß Hemmungskörper in den Hefeauszügen vorhanden

[1] Vgl. Anm. 3, S. 250 der Einleitung. [2] Fermentf. Bd. 6, S. 1 [1922].
[3] Fermentf. Bd. 6, S. 269, und zwar S. 282 u. 283 [1923].

sind und allmählich abgebaut werden. Es ist wahrscheinlicher, daß diese Erscheinung noch von der im analogen Falle des Pankreastrypsins erwiesenen Bildung von Aktivatoren der Enzyme überlagert wird. In der langsam erfolgenden Abnahme der proteolytischen Wirkung sehen wir aber keine andere Erscheinung als die bei vielen Enzymen beobachtete irreversible Inaktivierung. Das Hefeerepsin unterscheidet sich vom Trypsin durch die geringere Beständigkeit, so wie sich z. B. Maltase von der Saccharase unterscheidet. In den Autolysaten verschwindet das Erepsin quantitativ, während das Trypsin in derselben Zeit noch fast in seiner ganzen Wirkung erhalten bleibt.

Zunächst sollen die Versuche der Tab. 6 die Wirksamkeitssteigerung veranschaulichen, die sowohl die tryptische Komponente, mit Gelatine gemessen, wie die ereptische, mit Leucylglycin bestimmt, in den Autolysaten während der ersten Woche nach ihrer Bildung beim Stehen im Eisschrank erfahren. Die anfangs vorhandenen scheinbaren Mengen des Trypsins vermehren sich um etwa 100, die des Erepsins um etwa 66%. Bei diesem kann die Aktivitätssteigerung von [267] Inaktivierung des Enzyms überdeckt sein, wie dies bei Maltase beobachtet wird, wenn man sie bei höherer Temperatur als 0° aufbewahrt[1]. Das Material war durch rasche fraktionierte Freilegung gewonnen. 300 g Hefe wurden mit Essigester abgetötet und ganz verflüssigt, darauf mit ebenso viel Wasser versetzt und während einer Stunde durch vorsichtigen Zusatz von Ammoniak neutral gehalten. Darauf wurde die Hefemasse von der ersten Autolysatfraktion abgetrennt, die weder tryptische noch ereptische Wirkung aufwies, und mit Wasser wieder auf 600 ccm gebracht. Dann ließen wir die Freilegung des Enzyms nur 5 Stunden lang weitergehen und gewannen in dieser Zeit einen Auszug, der etwa die Hälfte des isolierbaren Erepsins, weniger als die Hälfte des Trypsins enthielt.

Tabelle 6.
Aktivitätszunahme von Hefetrypsin und -erepsin im Autolysate.
(Versuchsbedingungen wie in Tab. 2 und 5.)

	Bestimmt am	1.	4.	6.	7.
		Tage nach der Verflüssigung			
Substrat Leucylglycin	ccm n/5-KOH	0,89	0,93	1,08	1,24
(0,8 ccm Autolysat)	scheinb. Einheiten	0,44	0,46	0,59	0,73
	Zunahme %	—	4	34	66
Substrat Gelatine	ccm n/5-KOH	0,54	0,74	0,78	0,87
(2,0 ccm Autolysat)	scheinb. Einheiten	0,16	0,25	0,28	0,32
	Zunahme %	—	56	75	100

Mit einem anderen ohne Fraktionierung gewonnenen Neutralautolysate ist die Steigerung der tryptischen Aktivität gegen Pepton während der ersten Alterungswochen verfolgt worden. Die scheinbaren Trypsineinheiten nahmen auf mehr als das Doppelte zu. Die Steigerung tritt rascher ein bei länger dauernder als bei kurzer Enzymfreilegung. In den Versuchen der Tab. 7 trennte man nach 8, 24, 48, 96 Stunden Proben der entstandenen Enzymlösung von den Heferückständen ab, um in jeder die Wirkungs-

[1] Vgl. R. WILLSTÄTTER und E. BAMANN, 6. Mitt. über Hefemaltase, Diese Zs. Bd. 151, S. 242 [1925/26].

zunahme zu verfolgen. Sie war nach 8stündiger Autolyse noch nicht nach 14 Tagen beendet, [268] nach 48stündiger Autolyse, die natürlich eine bessere Ausbeute lieferte, schon in einem einzigen weiteren Tag. Hieraus ergab sich ein praktisches Verfahren für die Gewinnung der Proteasenlösung.

Tabelle 7.
Zunahme der Wirkung auf Pepton in Autolysaten von verschiedener Freilegungsdauer.
(0,1 g Pepton, 1,5 ccm Autolysat, 0,5 ccm m/3-Phosphat von $p_H = 6,5$ in 5 ccm; 24 Stunden, 40°.)

Dauer der Freilegung (Stunden)	Alter des Autolysates bei der Bestimmung (vom Beginn der Freilegung an)						
	8 Stunden	1	2	3	4	7	14 Tage
8	0,60	0,66	0,80	—	0,83	1,01	1,16
24	—	1,37	1,23	1,44	1,64	1,86	1,82
48	—	—	1,50	1,88	1,82	1,88	—
96	—	—	—	—	1,92	2,01	2,00

Durch Erhitzen inaktivierte Autolysate wirken durchwegs hemmend auf die tryptische Peptonspaltung, aber ausgleichende Hemmung wird nicht erreicht. Im Gegenteil zeigen die Versuche der Tab. 8, daß ein frisches, noch wenig aktiviertes Autolysat verhältnismäßig mehr der Hemmung unterliegt als ein 8 Tage altes, schon voll aktiviertes. Mit dem Alter eines Autolysates nimmt die Hemmungswirkung ab, die es nach dem Erhitzen ausübt.

Tabelle 8.
Hemmung des Peptonspaltungsvermögens verschieden alter Enzymlösungen durch inaktivierte Autolysate.
(0,1 g Pepton, 1 ccm Autolysat; $p_H = 6,5$ eingestellt durch Phosphat; Vol. = 5 ccm, 24 Stunden, 40°.)

Alter der Enzymlösung	Spaltung entspricht (ccm n/5-KOH)			
	ohne Zusatz	in Gegenwart von 1 ccm Kochsaft aus		
		a)	b)	c)
a) 24 Stunden .	1,34	0,90	1,02	1,08
b) 8 Tage . .	1,55	1,33	1,38	1,39
c) 8 Monate .	1,89	1,48	1,54	1,62

[269] In ähnlichem Maße wird die Reaktion des Hefetrypsins auch von käuflichem Eieralbumin (1,3% der Bestimmungsflüssigkeit) gehemmt. Der Verflüssigungssaft, den wir bei fraktionierter Enzymfreilegung abtrennen, enthält gleichfalls Hemmungskörper. Wir fanden, daß er die Dipeptidspaltung herabdrückt, z. B. entsprechend einem Fünftel der scheinbaren Erepsineinheiten.

Bei etwas längerem Stehen der Autolysate, namentlich bei Zimmertemperatur, verschwindet das Erepsin. Eine durch Autolyse mit Chloroform unter Neutralisieren gewonnene Enzymlösung war nach 5 Tagen gut wirksam gegen Leucylglycin (1 ccm spaltete von 75 mg Peptid in 10 ccm bei $p_H = 7,8$ in einer Stunde bei 40° 81% der l-Form), nach 2 Monaten wirkungslos (2 ccm bewirkten wie oben in $1^1/_2$ Stunden keine meßbare Spaltung). In derselben Zeit erlitt die tryptische Wirkung nur einen Rückgang entsprechend dem Verbrauch von 3,19 ccm $^n/_5$-KOH (frisch) und 2,27 ccm (gealtert) bei der Hydrolyse von 0,2 g Pepton in 24 Stunden bei $p_H = 6{,}5$. In einem anderen Beispiele ging die ereptische Wirkung vom 2. bis zum 10. Tage von 0,83 ccm $^n/_5$-KOH-

Tabelle 9.
Beispiele der tryptischen Wirkung von Autolysaten nach längerem Aufbewahren bei Zimmertemperatur.
(0,2 g Pepton, 1 ccm m/3-Phosphat von $p_H = 6{,}5$ in 10 ccm; 24 Stunden, 40°.)

Autolysat	z. Best. angewandt		Spaltung (ccm n/5-KOH)	Einheiten	
	ccm	entsprech. g Hefe		in der Bestimmung	ber. auf 1 g Hefe
sauer, 9 Monate alt	0,4	0,20	2,30	0,40	2,0
dass., 19 ,, ,,	0,4	0,20	1,38	0,18	0,90
sauer, 36 ,, ,,	0,4	0,20	0,56	0,08	0,40
,, 15 ,, ,,	0,4	0,20	2,26	0,38	1,90
neutral, 4 Tage alt	2,0	0,82	3,32	1,05	1,29
dass., 22 ,, ,,	2,0	0,82	3,10	0,85	1,04
neutral, 5 ,, ,,	1,0	0,51	2,70	0,57	1,10
dass., 34 ,, ,,	1,0	0,51	1,85	0,25	0,49

Verbrauch auf 0,06 ccm zurück. Allen länger gealterten Autolysaten fehlt **[270]** daher das Spaltungsvermögen gegen einfache Peptide, dagegen geht die Wirkung auf Peptone auch in saueren Autolysaten in der Zeit von Monaten oft nur langsam zurück (Tab. 9). Die Angabe DERNBYS (a. a. O. S. 139) von der völligen Unbeständigkeit aller proteolytischen Hefeenzyme in saurer Lösung — DERNBY spricht von p_H 5 bis 6 — bestätigt sich nicht.

Der geringeren Beständigkeit des Erepsins in den Autolysaten entspricht auch seine größere Empfindlichkeit gegen H˙ und OH′. Nach den Versuchen der Tab. 10 wird das peptidspaltende Enzym in einer Stunde bei $p_H = 4$ und 9,3 größtenteils zerstört, während das peptonspaltende 3 Stunden Verweilen bei $p_H = 3{,}8$ und 9,5 überdauert.

Tabelle 10.
Vergleich der Beständigkeit beider Hefeproteasen in sauren und alkalischen Lösungen.

	A) Tryptische Wirkung: 1,5 ccm Neutralautolysat bestimmt mit Pepton wie in Tab. 7		B) Ereptische Wirkung: 0,8 ccm Neutralautolysat best. mit Leucylglycin wie in Tab. 5	
Wirk. ohne Vorbeh.	1,62 ccm n/5-KOH		1,30 ccm n/5-KOH	
Einwirkung von	Dauer der Vorbeh. (Stunden)	Wirkung n. der Vorbeh. entspr. ccm n/5-KOH	Dauer der Vorbeh. (Stunden)	Wirkung n. der Vorbeh. entspr. ccm n/5-KOH
Essigsäure bei p_H 5,0	—	—	1	1,26
,, ,, ,, 4,0	3	1,46	1	0,15; 0,16
HCl ,, ,, 2,8	3	0,22	—	—
NH_3 ,, ,, 8,5	3	1,40	—	—
NH_3 ,, ,, 9,5	3	1,32	1	0,23
NH_3 ,, ,, 10—11	—	—	1	0,00

II. Darstellung der Hefeproteasen.

1. Proteasegehalte.

Wie es eine bewährte und fruchtbare Methodik gibt, die Gehalte der Hefen an ihren zuckerspaltenden Enzymen zu bestimmen, so ist Analoges für ihre Ausstattung mit [271] proteolytischen Enzymen anzustreben. Namentlich sollte die Analyse der Maltase[1] für die Proteasenbestimmung vorbildlich sein. Aber es sind dafür nur Anfänge erreicht. Die Schwierigkeiten sind größer als bei den Carbohydrasen wegen der mannigfaltigen Einflüsse hemmender und aktivierender Stoffe, worauf frühere Erfahrungen und die im vorigen Abschnitt erwähnten hinweisen. Die quantitative Bestimmung eines Hefeenzyms ist auf folgenden Wegen gelungen:

I. In der unversehrten lebenden Hefe (also bei Ausschluß von Zellgift); im Falle eines zuckerspaltenden Enzyms dann, wenn die Gärung neben der Hydrolyse keine Rolle spielt (Invertin in invertinreichsten Hefen).

2. In der noch lebenden Hefe bei Anwesenheit von Zellgift, das zunächst die Gärung unterdrückt (übliche Invertinbestimmung).

3. In der abgetöteten verflüssigten Hefe (Maltasebestimmung).

4. In Autolysaten, die das Enzym in maximaler Ausbeute enthalten.

Um das Erepsin nach der Abtötung der Zelle aufzusuchen, wird die Hefe mit Essigester vergiftet. Nach erfolgter Verflüssigung verdünnen wir und neutralisieren vorsichtig während einer Stunde den ausgetretenen Verflüssigungssaft. Sogleich danach zeigt die Bestimmung gute ereptische Wirkung an. (Kontrollen ohne Peptidzusatz ergeben bei der kurzen Versuchsdauer und der geringen Hefemenge nur einen sehr geringen Aciditätszuwachs.) Aber sie beträgt nur etwa 20 bis 40% von derjenigen der Autolysate, die ebenso, aber mit längerer Dauer gebildet werden, und zwar bezieht sich der Bruchteil auf die Wirkung vor der allmählich erfolgenden Aktivitätssteigerung. Die Versuche der Tab. 11 geben einen Vergleich der direkt gefundenen Erepsinwirkungen mit den Werten, die man in der nach 6 bis 9 Stunden gebildeten ersten Enzymlösung und nach ihrer Abtrennung in einer durch erneutes 1 bis 2 Tage langes [273] Digerieren der Heferückstände mit Wasser gewonnenen zweiten Autolysatfraktion erzielt.

Die durch Abtötung der Hefe mit Chloroform und Neutralisieren eingeleitete Autolyse ist, wie die vergleichenden Versuche zeigen, ungeeignet; sie ergibt geringe, manchmal (wie in den Beispielen der Tab. 11) sehr schwache ereptische Wirkung. Dies ist mit geringen Abänderungen das auch von K. G. DERNBY angewandte Verfahren einer übrigens genauen und verdienstvollen Arbeit „Über die Darstellung des polypeptolytischen Fermentes der Hefe" von A. H. KOELKER[1]). Der Nachteil, welcher der Vergiftung durch Chloroform eigen ist, erstreckt sich gar nicht auf die Trypsinfreilegung. Essigester und Toluol sind die geeigneten Zellgifte zur Gewinnung der gesamten Proteasen.

---

[1] 4. und 6. Mitteilung „Zur Kenntnis der Hefemaltase", Diese Zs. Bd. 115, S. 211 [1921] und Bd. 151, S. 242 [1925/26] (*Abh. 63 und 65*).

[1]) Diese Zs. Bd. 67, S. 297 [1910].

[272]

Tabelle 11.

Erepsinwirkung von abgetöteten Hefen und Autolysaten.

(Enzym mit 0,226 g d, l-Leucylglycin (1,2 Millimol) bei $p_H = 7,8$; Phosphatpuffer; 1 Stunde bei 40° in 10 ccm.)

Hefe vom	Art der Bestimmung	Dauer der Freilegung (Std.)	Zur Best. angew.		Spaltung nach		Entspr. Einh.	
			ccm	entspr. g Hefetrockengewicht	1 Std.	20 Std.	in der Bestimmung	ber. auf 1 g Hefetrockengewicht
9. 7.	Direkt	—	—	0,125	1,66	—		
					−0,18			
					1,48		0,97	7,75
9. 7.	$CHCl_3$-Neutralautol.	24	1,0	0,125	0,08	—	0,035	0,28
15. 6.	Direkt	—	—	0,05	0,59			
					−0,01			
					0,58	—	0,26	5,0
15. 6.	$CHCl_3$-Neutralautol.	10	0,8	0,10	−0,03	0,43	0,0094	0,092
15. 6.	Toluol-Neutralautol.							
	Fraktion 1 . . .	6	0,4	0,05	0,70			
					−0,00			
					0,70	—	0,34	6,8
	Fraktion 2 . . .	46	0,4	0,05	0,54			
					−0,00			
					0,54	—	0,25	5,0
14. 7.	Direkt	—	—	0,075	0,79			
					−0,04			
					0,75	—	0,35	4,8
14. 7.	Toluol-Neutralautol.							
	Fraktion 1 . . .	9	1,0	0,125	1,70			
					−0,00			
					1,70	—	1,23	9,6
	Fraktion 2 . . .	48	0,4	0,05	1,08			
					−0,00			
					1,08	—	0,59	11,7
	Fraktion 3 . . .	120	4,0	0,50	0,50	—	0,22	0,44

Der Gehalt der Hefe an Trypsin läßt sich infolge seiner großen Beständigkeit widerspruchsfrei in den nach unseren Erfahrungen mit vollständiger Ausbeute gewonnenen Autolysaten bestimmen. Läßt man die Enzymfreilegung bei der Autolyse mit einem der genannten Zellgifte 48 Stunden andauern und die Proteasenlösung noch ebenso lange stehen, so ergibt die tryptische Wirkung auf Pepton oder Gelatine gut reproduzierbare maximale Werte. Beispiele der Peptonspaltung, noch bei $p_H = 6,5$ bestimmt, verzeichnet die Tab. 12. Die Schwankungen lagen im allgemeinen in engen Grenzen. Die Erfahrungen werden im Abschnitt 3 durch Bestimmung des Trypsins mit Gelatine nach dem schonenderen Verfahren der fraktionierten Freilegung mit Toluol ergänzt.

So läßt sich der Proteasengehalt der Hefen in vorläufiger Weise schätzen. Man kann damit beurteilen, daß unter den Bedingungen der Invertinvermehrung in der Hefe auf das 15- bis 20fache nach R. WILLSTÄTTER, CH. D. LOWRY und K. SCHNEIDER[2]

[2] 9. Abh. über Invertin, Diese Zs. Bd. 146, S. 158 [1925].

durch Gärführung bei niedriger Zuckerkonzentration der Proteasegehalt keinen nennenswerten Zuwachs erfährt[3], während andererseits bei der Invertinverminderung [274] in

Tabelle 12.
Trypsinwirkung von Hefeautolysaten auf Pepton.
(Enzym mit 0,2 g Pepton und 1 ccm m/3-Phosphat von $p_H = 6,5$ in 10 ccm; 24 Stunden, 40°.)

Hefe vom	Dauer der Freilegung (Std.)	dann noch aufbewahrt (Std.)	Angewandt		Spaltung ccm n/5-KOH	Einh. (ber. auf 1 g Hefetrockengew.)	
			ccm	entspr. g Hefetrockengewicht		best. a. d. Peptonhydrolyse	umger. a. Einh. d. Gelatinemeth.
30. 1. 24	96	—	3	0,30	3,42	3,75	2,68
5. 2. 24	52	96	3	0,20	3,24	3,16	2,25
13. 2. 24	48	48	2	0,20	3,32	5,18	3,68
13. 2. 24	48	48	3	0,30	3,60	4,51	3,22
18. 2. 24	48	25	3	0,30	3,76	5,18	3,68
20. 2. 24	44	6 Tage	2	0,20	3,08	4,40	3,14
28. 2. 24	52	48	2	0,20	2,92	3,44	2,46
1. 1. 25	50	4 Tage	2	0,25	3,20	3,60	2,58
21. 1. 25	120	8 Tage	2	0,25	3,32	4,08	2,91
27. 2. 25	70	—	1	0,13	3,19	7,05	5,02
7. 5. 25	53	48	1	0,13	3,11	6,60	4,70
20. 5. 25	72	48	1	0,13	2,70	4,40	3,15

der lebenden Hefe durch Einwirkung sehr verdünnter Säuren oder Alkalien nach R. WILLSTÄTTER und CH. D. LOWRY[1]) mit der carbohydratischen Wirkung zugleich die proteolytische[2]) leidet, allerdings in geringerem Maße.

2. Darstellung des Hefetrypsins; Trennung von Invertin.

Trockenpräparate des Hefetrypsins, wie sie für die Versuche der ersten Abschnitte unserer Arbeit gedient haben, gewannen wir aus den von Anfang an wenig ereptisch wirksamen Chloroform–Neutralautolysaten nach längerem Altern durch Fällung mit gleichem Volumen Aceton. Der mit der Zentrifuge abgetrennte zähe Niederschlag verwandelte sich bei [275] wiederholtem Verreiben mit Aceton in eine körnige Masse, die noch mit Äther angerührt und im Vakuum getrocknet wurde. Die Ausbeute betrug 12 g aus 1 l Autolysat (entsprechend 125 g Hefetrockengewicht).

Während von einem angewandten Autolysate 1 ccm bei der Bestimmung mit Pepton ($p_H = 6,5$) eine Spaltung entsprechend 1,85 ccm $^n/_5$-KOH bewirkte, ergab der entsprechende Anteil des Trockenpräparates Spaltung entsprechend 1,37 ccm; das zugehörige Volumen der Mutterlauge rief keine Peptonspaltung hervor.

Erepsinwirkung ließ sich nur mit 5 mal größeren Mengen und längeren Spaltungszeiten feststellen.

60 mg gaben unter den Bedingungen der Erepsinbestimmung in 1 Stunde Spaltung entsprechend 0,05, in 24 Stunden 0,63 ccm $^n/_5$-KOH. Unter der für kürzere Bestimmungsdauer geltenden Voraussetzung, daß Enzymmenge und Spaltungszeit für gleichen Umsatz umgekehrt proportional sind, ergibt sich aus der zweiten Zahl für die 60 mg ein Gehalt von 0,012 Erepsineinheiten, aus der ersten Zahl 0,024 ± 0,015 E.

---

[3] A. a. O. S. 178.

[1]) 11. Abh. über Invertin, Diese Zs. Bd. 150, S. 287 [1925].

[2]) A. a. O., S. 295.

1 g des Trockenpräparates enthält 0,2 scheinbare Erepsineinheiten neben 10 scheinbaren Trypsineinheiten (in bezug auf die Gelatinespaltung); in den erepsinreichsten Autolysaten (vgl. Tab. 13, Zeile 1) finden sich dagegen neben derselben Trypsinmenge 400 Erepsineinheiten.

Solche Präparate der Proteasen enthalten natürlich Invertin. Die Trennung des proteolytischen vom rohrzuckerspaltenden Enzym haben schon M. HAHN und L. GERET[1] angestrebt, aber „es gelang bisher nur einmal, eine sehr geringe Menge einer gut verdauenden und nicht invertierenden hygroskopischen Substanz zu erhalten, als die Alkoholfällung mit der von HAMMARSTEN zur Trennung des Labfermentes und Pepsins benutzten fraktionierten Bleiacetatfällung kombiniert wurde". Die Trennung in der anderen Richtung, Darstellung von Invertin, das gegen Pepton fast ganz unwirksam ist, läßt sich durch Adsorption des Invertins an Kaolin aus stark essigsäurehaltigen Autolysaten ausführen. Die für die Zwecke dieser Arbeit wichtigere Entfernung des Invertins von [276] den Proteasen gründen wir auf folgende Beobachtung: aus den bei neutraler Reaktion rasch gebildeten frischen Hefeautolysaten wird durch Ansäuern Hefeeiweiß in annähernd nativem Zustand ausgefällt[1]), den größten Teil der Proteasen enthaltend, zusammen mit wenigen Prozenten von Invertin. Durch Wiederholen der Fällung, oder viel besser, durch Auswaschen mit sehr verdünnter Essigsäure läßt sich das mitadsorbierte Invertin bis auf Spuren beseitigen. Der Eiweißniederschlag gibt die Protease gar nicht an Wasser ab. Man muß ihn in Wasser suspendieren und vorsichtig mit sehr verdünntem Ammoniak bis zur beginnenden alkalischen Reaktion versetzen, um das Trypsin in Lösung zu bringen, leider zugleich mit einem großen Teil des Proteins. Die Trypsinausbeute bewegte sich in sechs Beispielen zwischen 45 und 70%.

Von einem in 2 Tagen gebildeten und 2 Tage gealterten Autolysate (nach dem Verfahren von Abschn. IA der 8. Abh. über Invertin) versetzten wir 300 ccm mit der nach Vorversuchen zur Fällung eben ausreichenden Menge 2n-H_2SO_4, nämlich 12 ccm. Der Eiweißniederschlag wurde abzentrifugiert und unter Anrühren in den Zentrifugenbechern mit 300 ccm $^n/_{100}$-Essigsäure ausgewaschen. Zum Wiederlösen suspendierten wir ihn in 100 ccm Wasser und fügten verdünntes Ammoniak bis zur eben erkennbaren alkalischen Reaktion hinzu. Ein Teil vom Eiweiß blieb ungelöst, das Filtrat ergänzten wir auf 150 ccm. Die proteolytische Wirksamkeit ist durch folgende Beträge der Peptonspaltung (nach Abschn. I, 2, bei $p_H = 6{,}5$) bestimmt.

1 ccm Autolysat spaltete entspr.	1,46 ccm $^n/_5$-KOH
0,5 ccm Proteaselösung spaltete entspr.	1,20 ccm $^n/_5$-KOH
1,04 ccm von Eiweiß befreites Autolysat entspr.	0,75 ccm $^n/_5$-KOH

Dieses Autolysat aus gewöhnlicher Bierhefe enthielt 1,5 Saccharaseeinheiten, die Proteaselösung 0,01 Saccharaseeinheiten, also 0,7%.

In einem anderen Falle der Verarbeitung von 300 ccm Autolysat mit einem Gehalt von 1,35 S.E. betrug nach Wiederauflösen des Proteins und erneutem Ausfällen mit 4,5 ccm n-Essigsäure der Saccharasegehalt der Trypsinlösung 0,02 Einheiten.

Diese unter Chloroformvergiftung der Hefe gewonnenen Autolysate enthalten im allgemeinen wenig Erepsin. Ein solches stark tryptisch wirkendes, aber auch mehr als

---

[1] In „Die Zymasegärung", von E. BUCHNER, H. BUCHNER und M. HAHN, 1903, S. 324.

[1]) R. WILLSTÄTTER und K. SCHNEIDER, 8. Abh. über Invertin, Diese Zs. Bd. 142, S. 257, und zwar S. 268 [1924/25].

sonst [277] erepsinhaltiges Material war geeignet, auch die zweite Protease auf dem beschriebenen Wege zu verfolgen. Nur etwa 10% des Erepsins begleiteten das Trypsin, die Hauptmenge scheint zerstört worden zu sein.

5,4 l in 2 Tagen gebildetes und ebenso lang gealtertes Neutralautolysat fällten wir mit 174 ccm 2 n-H_2SO_4 und lösten den mit 3 l $^n/_{100}$-Essigsäure gewaschenen Niederschlag unter Ammoniakzusatz in 2 l Wasser auf.

1 ccm Autolysat spaltet Pepton (wie oben) entsprechend 3,11 ccm $^n/_5$-KOH.

Die äquivalente Menge (0,37 ccm) der gereinigten Enzymlösung spaltete entsprechend 2,11 ccm $^n/_5$-KOH.

1,04 ccm eiweißfreies Autolysat spalteten entsprechend 1,32 ccm $^n/_5$-KOH.

Vom angewandten Autolysate spaltete 1 ccm in 30 Minuten 75 mg Leucylglycin (in 10 ccm, $p_H = 7{,}8$) zu 27% der l-Form, der entsprechende Anteil der gewonnenen Protease in 4,5 Stunden nur zu 24%. Im eiweißfreien Autolysat fehlte Erepsin gänzlich.

Bedeutender Steigerung des enzymatischen Reinheitsgrades sind wir bei nochmaliger Fällung des Trypsins nach längerem Altern seiner eiweißhaltigen Lösung begegnet. Die Fällung des Hefeautolysates (750 ccm) und die Auflösung des Protein–Proteaseniederschlags in Wasser mit möglichst wenig Ammoniak zum Volumen von 375 ccm geschah wie oben. Während 1 ccm vom Ausgangsmaterial Peptonhydrolyse entsprechend 3,19 ccm $^n/_5$-KOH bewirkte, entsprach die Wirkung der äquivalenten Menge gereinigter Lösung 2,36 ccm, was eine Ausbeute von fast der Hälfte anzeigte. Nach zwei Monate langem Stehen bei Zimmertemperatur entsprach die Peptonspaltung fast unverändert 2,20 und 2,29 ccm KOH. Aus 80 ccm der gealterten Lösung fiel beim Versetzen mit 20 ccm n-Essigsäure ein auffallend geringer Niederschlag aus. Er enthielt gemäß folgenden Bestimmungen nahezu $^3/_5$ vom Trypsin.

0,75 ccm gealterte Trypsinlösung spalteten Pepton entsprechend 2,66 ccm $^n/_5$-KOH.

Die äquivalente Menge Fällung (0,48 mg) spaltete Pepton entsprechend 1,88 ccm $^n/_5$-KOH.

Die äquivalente Menge Mutterlauge (0,94 ccm) spaltete Pepton entsprechend 0,58 ccm $^n/_5$-KOH.

Das Trockengewicht des Autolysates (46,3 g) war bei der Herstellung der ersten Trypsinlösung auf $^1/_5$ (9,4 g) [278] zurückgegangen. Die nach dem Altern gewonnene zweite Fällung (50,8 mg aus 80 ccm, enth. 2 g Trockensubstanz) hatte $^1/_{40}$ vom Trockengewicht, aber mehr als die halbe Wirksamkeit der ersten vorgereinigten Lösung.

3. Darstellung beider Hefeproteasen.

Für das beste Verfahren zur Gewinnung der Hefeproteasen halten wir die rasche Vergiftung der unverdünnten Hefe durch Essigester (oder Toluol, wobei die Verflüssigung mehr Zeit beansprucht) und sehr kurz dauernde Autolyse unter Neutralisieren. Dieses Freilegungsverfahren ist aus den Arbeiten unseres Laboratoriums über Invertin (Abh. 10, Abschn. II und Abh. 12, Abschn. I; ferner Abh. 6, Abschn. V, über Maltase) herübergenommen. Es wird zur Darstellung der proteolytischen Enzyme so gehandhabt, daß nach vollständiger Verflüssigung, die mit Essigester kaum 10 Minuten dauert, die gleiche Menge Wasser zugefügt und die auftretende Säure während einer Stunde durch oftmaligen Zusatz von Ammoniak neutralisiert wird. Wie beim Invertin trennten wir nach einiger Zeit — hier etwa 1 bis $1^1/_2$ Stunden nach Beginn der Vergiftung — eine

Vorfraktion des Autolysates ab, die keine oder sehr wenig Protease enthält. Der Gang der darauffolgenden Freilegung der beiden Proteasen ist etwas ungleich. Das Erepsin wird rascher freigelegt, so daß meistens schon in 5 Stunden (vom Beginn der Behandlung mit Essigester an) bei Zimmertemperatur die Hälfte dieses Enzyms in Lösung übergegangen ist. Der begleitende Anteil des Trypsins war in mehreren Versuchen merklich geringer. Es genügte, 24 Stunden lang die Autolyse vor sich gehen zu lassen. Die Tab. 13 verzeichnet einige Beispiele, in denen der Gang der Freilegung durch Analyse von Fraktionen beobachtet wurde; eines davon soll beschrieben werden. Für die präparativen Zwecke verzichtet man auf diese Trennung und isoliert die proteolytisch wirkende Lösung nach 1 bis 2 Tagen.

Beispiel. 300 g frische Bierhefe wurden mit 15 ccm Essigester rasch verflüssigt und darauf nach Verdünnen mit 300 ccm Wasser [279] fortlaufend mit Ammoniak neutralisiert. 1 Stunde nach Beginn trennten wir den sogenannten Verflüssigungssaft in der Zentrifuge ab.

0,4 ccm der Vorfraktion gaben, auch nach eintägigem Altern, unter den üblichen Bedingungen keine Peptidspaltung und 2,4 ccm bewirkten in 24 Stunden keine merkliche Gelatinespaltung.

Die Hefemasse suspendierten wir sofort von neuem in Wasser zum Volumen von 600 ccm und gewannen in weiteren 4 Stunden die erste Enzymfraktion.

0,8 ccm Proteaselösung bewirkten unter den Bedingungen der Erepsinbestimmung Spaltung gemäß 0,89 ccm $^n/_5$-KOH entsprechend 0,45 Einh., d. i. 341 Einh. der ganzen Lösung.

2 ccm derselben Lösung erforderten mit Gelatine unter den festgesetzten Bedingungen (nach Abzug einer geringen Selbstspaltung im Kontrollversuch ohne Gelatine) 0,54 ccm $^n/_5$-KOH entsprechend 0,17 Einh., also 51 Einh. insgesamt.

Die Heferückstände wurden nochmals mit ebenso viel Wasser 16 Stunden der Autolyse überlassen; die zweite Enzymfraktion enthielt 300 Einh. Erepsin und 86 Einh. Trypsin.

0,4 ccm Enzymlösung bewirkten Spaltung des Leucylglycins entsprechend 0,44 ccm $^n/_5$-KOH, d. i. 0,20 Einh.

2 ccm derselben Lösung ergaben Gelatinespaltung entspr. 0,80 ccm $^n/_5$-KOH, d. i. 0,28 Einh.

Tabelle 13.
Freilegung des Erepsins und Trypsins durch rasche Autolyse unter Neutralisation.

Beschreibung des Versuches	Fraktion	Zeit der Abtrennung nach Beginn der Vergiftung (Stdn.)	Erepsin-einh.	Trypsin-einh. (m. Gelatine gemessen)	Verh. d. Ereps.-Einh. z. d. Tryps.-Einh.
			berechnet auf 100 g frische Hefe		
900 g Hefe verfl. mit Toluol	Fraktion 1	4	240	6	40
	,, 2	48	293	46	6,4
	,, 3	120	11,5	3,2	3,6
300 g Hefe verfl. mit Essigester	Vorfraktion	1	0	0	—
	Fraktion 1	5	114	17	6,7
	,, 2	21	100	28	3,5
	,, 3	49	16	0	—
300 g Hefe verfl. mit Essigester	Vorfraktion	1	—	—	—
	Fraktion 1	5	113	19	5,9
	,, 2	21	110	33	3,3

[280] III. Trennung der tryptischen und der ereptischen Komponente durch auswählende Adsorption.

Hefetrypsin wird zum Unterschied vom Pankreastrypsin durch Tonerde gut adsorbiert und im Gegensatz zum Papain viel besser aus saurer als aus ammoniakalischer Lösung. Es wird daher aus den Adsorbaten von sehr verdünntem Ammoniak eluiert, allerdings in mäßiger Ausbeute. In den frisch dargestellten Neutralautolysaten steigt während der Alterung von einigen Tagen die Adsorbierbarkeit der Hefeproteasen an.

Hefeerepsin ist aus saurer Lösung in geringerem Maße durch Tonerde adsorbierbar als das Trypsin, neben dem es vorkommt. Aus ammoniakalischer Lösung wird es kaum besser adsorbiert, diese Bedingungen sind aber für das leicht zersetzliche Enzym gefährlich. Aus Adsorbaten, die nach den Analysen der Restlösungen einen Teil des Erepsins enthalten sollten, eluiert Ammoniak nichts davon. Wenn nun die für Trypsin notwendige Menge Tonerde in mehreren Anteilen angewandt wird, bleibt ein Teil des Erepsins enzymatisch einheitlich (gegen Gelatine unwirksam) zurück. Andererseits liefert das Adsorbat beim Eluieren einheitliches, gegen Dipeptid unwirksames Trypsin.

Auf Grund der quantitativ verschiedenen Adsorbierbarkeit läßt sich eine glatte, wenn auch mit Verlust verbundene Trennung durch Aluminiumhydroxyd ausführen, wodurch beide Hefeproteasen in homogenem Zustand zugänglich werden. Hierauf beruht die genaue Bestimmung ihrer Spezifitäten.

Die Tab. 14 verzeichnet Beispiele für die abstufende Adsorptionswirkung der Tonerde auf das Proteasengemisch. In den Versuchen Nr. 4 und 5 hinterblieben 60 % vom Erepsin in der Restlösung, während 80 bis 90 % des Trypsins wegadsorbiert waren. Die Vervollständigung der Trennung zeigt das nachfolgende Beispiel.

Beispiel: Ausgangsmaterial waren 60 ccm 7 Tage im Eisschrank aufbewahrtes Essigester–Neutralautolysat, die 47 Erepsineinheiten und 9,3 Trypsineinheiten (nach der Gelatinemethode) enthielten. Die Adsorption wurde bei 0° vorgenommen, indem man mit 2 ccm Essigsäure ansäuerte und mit der Suspension [281] von lang gealterter

Tabelle 14.
Quantitativ verschiedene Adsorption der beiden Proteasen an Tonerde.
(Angewandt Fraktion 1 aus Vers. 2 der Tab. 13. — Tonerde C.)

Nr.	Alter d. Autol. (Tage)	Angewandt: Erepsin-Einh.	Angewandt: Tryps.-Einh. n. d. Gel.-Meth.	Reaktion	Al_2O_3 (mg)	Vol. (ccm)	Adsorbiert: Erepsin Einh.	Adsorbiert: Erepsin %	Adsorbiert: Trypsin Einh.	Adsorbiert: Trypsin %
1	4	18	3,9	n/20-NH_3	75	50	9,7(?)	54(?)	0,4	10
2	4	18	3,9	n/10-Essigs.	75	50	—	—	2,4	62
3	4	18	3,9	n/50- ,,	300	50	18	100	3,9	100
4	4	18	3,9	n/50- ,,	75	50	6,8	38	3,06	78
5	6	43,5	8,4	n/50- ,,	114	100	17,2	39	7,5	89
6	7	47	9,3	n/50- ,,	100	100	25	53	8,0	86

Tonerde C, enthaltend 0,1 g Al_2O_3, versetzte. Die auf 100 ccm verdünnte Lösung trennten wir mittels der Zentrifuge vom ersten Adsorbate.

Die Dipeptidspaltung durch 1,33 ccm Restlösung entsprach 0,63 ccm $^n/_5$-KOH, woraus sich 0,30 Einheiten berechnen. Die Gesamtlösung enthielt demnach 22,5 Einheiten, also waren 24,5 Einheiten Erepsin adsorbiert. A.-W. der Tonerde 245.

Die Gelatinespaltung durch 2,4 ccm Restlösung entsprach 0,10 ccm $^n/_5$-KOH, d. i. 0,032 Einheiten. Die ganze Restlösung enthielt also noch 1,3 Einheiten. Somit waren 8 Einheiten Trypsin adsorbiert; A.W. der Tonerde 80.

60 ccm der Restlösung (aus der Gesamtmenge von 100 ccm) vermochten wir durch nochmalige Adsorption mit 0,032 g Al_2O_3 vom Trypsin vollends zu befreien.

Gelatinespaltung wurde durch 2,4 ccm der neuen Restlösung in 24 Stunden nicht hervorgerufen. Nach Beendigung des Spaltungsversuches erstarrte die Lösung bei kurzem Abkühlen mit Brunnenwasser vollständig.

Dipeptidspaltung durch 2 ccm der letzten Restlösung in 1 Stunde entsprach 0,57 ccm $^n/_5$-KOH, also 0,26 Einheiten. **[282]** Im ganzen Volumen waren daher noch 8,1 Einheiten Erepsin enthalten. Berücksichtigt man, daß nur $^3/_5$ der ersten Mutterlauge weiter verarbeitet wurden, so ergibt sich eine Ausbeute von 29 % der angewandten, 60 % der in der ersten Restlösung noch vorhandenen Menge.

Das oben erwähnte Adsorbat eluieren wir nach Waschen mit sehr verdünnter Essigsäure durch 50 ccm $^n/_{20}$-NH_3. Die Elution wurde neutralisiert und auf 60 ccm aufgefüllt. Auf Leucylglycin wirkte sie gar nicht ein (geprüft mit 0,8 ccm unter den Bedingungen der Erepsinbestimmung).

Die Gelatinespaltung durch 2 ccm entsprach 0,39 ccm $^n/_5$-KOH, ergab also 0,11 Einheiten Trypsin. Daher belief sich die Ausbeute in der ganzen Elution auf 3,3 Einheiten, von der ursprünglichen Menge 35 %, von der adsorbierten 41 %.

Zeitschrift für physiologische Chemie 164, S. 10 [1927].

123. ZUR KENNTNIS DES PAPAINS.

Von HEINRICH KRAUT und ERWIN BAUER.

Dritte Abhandlung über Enzymadsorption, zugleich siebente Abhandlung über pflanzliche Proteasen in der von R. WILLSTÄTTER und MITARBEITERN begonnenen Reihe.

(Aus dem Chemischen Laboratorium der Bayerischen Akademie der Wissenschaften in München.)

Mit 5 Abbildungen im Text.

(Der Redaktion zugegangen am 18. November 1926.)

Mit dem Studium der enzymatischen Wirkungsweise des Papains aus dem Milchsaft des Melonenbaumes haben R. WILLSTÄTTER und W. GRASSMANN[1] eine Untersuchungsreihe über pflanzliche Proteasen eröffnet. Sie bestätigten die Aktivierbarkeit dieses Enzyms durch Blausäure und stellten Unterschiede in der Spezifität des aktivierten und des nichtaktivierten Fermentes fest (I. und II. Abhandlung). Der Vergleich mit anderen pflanzlichen Proteasen ergab, daß die Enzyme des [11] Melonenbaumes und der Ananasfrucht (II. Abhandlung) nahe verwandt oder identisch, aber wesentlich verschieden von denen des Kürbisses und der Hefe (VI. Abhandlung) sind. Zur Entscheidung der wichtigen Frage nach der Einheitlichkeit dieser Proteasen (V. Abhandlung) prüften die Forscher ihre Wirkung gegen verschiedene Substrate mit den rohen und mit gereinigten Enzymlösungen, in der Absicht, das Vorliegen eines Gemisches durch quantitative Unterschiede der Wirkung auf die Substrate im Verlauf von Reinigungsprozessen zu konstatieren. Unter den Reaktionen, welche die Einheitlichkeit des proteolytischen Fermentes im Succus Caricae Papayae erwiesen, fand auch die Adsorption an Aluminiumhydroxyd Verwendung.

[1] I. Abhandlung: R. WILLSTÄTTER und W. GRASSMANN, Über die Aktivierung des Papains durch Blausäure, Diese Zs. Bd. 138, S. 184 [1924]. — II. Abhandlung: R. WILLSTÄTTER, W. GRASSMANN und O. AMBROS, Blausäure-Aktivierung und -Hemmung pflanzlicher Proteasen, und III. Abhandlung: R. WILLSTÄTTER, W. GRASSMANN und O. AMBROS, Substrat und Aktivitätsoptimum bei einigen proteolytischen Reaktionen, Diese Zs. Bd. 151, S. 268 u. 307 [1926]. — IV. Abhandlung: R. WILLSTÄTTER, W. GRASSMANN und O. AMBROS, Über die ereptische Komponente einiger Pflanzenproteasen, und V. Abhandlung: R. WILLSTÄTTER, W. GRASSMANN und O. AMBROS, Über die Einheitlichkeit einiger Pflanzenproteasen, Diese Zs. Bd. 152, S. 160 u. 164 [1926]. — VI. Abhandlung: R. WILLSTÄTTER und W. GRASSMANN, Über die Proteasen der Hefe, Diese Zs. Bd. 153, S. 250 [1926].

Die Adsorption hat sich bei vielen Enzymen als bestes Reinigungsverfahren bewährt, beim Papain brachte sie keinen oder fast keinen Reinigungserfolg. Während das p_H-Optimum der Adsorption an Tonerde bei allen näher untersuchten Enzymen in saurem oder neutralem Gebiet liegt, wird das Papain an Tonerde maximal aus schwach alkalischer Lösung gebunden (I. Abhandlung). Diese beiden Eigentümlichkeiten lassen es als Gegenstück zum Invertin erscheinen, durch dessen Adsorption R. WILLSTÄTTER bekanntlich die größten Reinigungserfolge erzielte, und an dessen Beispiel wir das Adsorptionsverhalten der Enzyme eingehend studiert haben[1]. Unsere Untersuchung beschäftigt sich nun mit der Frage, weshalb die Adsorption des Papains an Tonerde und seine Freilegung aus dem Adsorbat von so geringem Reinigungserfolg begleitet war, und durch welche Mittel diese Methode trotzdem zur Reinigung des Papains nutzbar gemacht werden kann.

Beim Studium der Invertinadsorption haben wir den Zusammenhang aufgesucht, der zwischen dem Erfolg der Reinigungsmaßnahmen und der Form der Adsorptionskurven des Invertins an Tonerde besteht (wobei die Kurven die Beziehung zwischen der Konzentration in der Restlösung und im Adsorbat [12] ausdrücken). Wir haben gefunden, daß sich die Gegenwart weiterer adsorbierbarer Stoffe neben dem Enzym in einer Abweichung seiner Adsorptionskurve von der normalen Adsorptionsisotherme kenntlich macht, und daß man aus der Art dieser Abweichung Schlüsse auf die einzuschlagenden Reinigungsoperationen ziehen kann. Zwischen den Adsorptionskurven des Papains aus Succuslösungen und denen des Invertins, z. B. aus einem Hefeautolysat, besteht ein grundlegender Unterschied (siehe Abb. 1). Die Kurve des Invertins (3) ist konkav gegen die Abszisse, die des Papains (2) aber konvex. Von den kleinsten Zusätzen des Adsorptionsmittels wird relativ viel Papain, aber wenig Invertin aufgenommen; bei weiterem Adsorbenszusatz steigen die Adsorptionswerte des Invertins, die des Papains fallen. Es zeigt sich, daß Lösungen, die dem Beispiel des Invertins folgen, der Reinigung durch Adsorption zugänglich sind, die anderen sehr viel weniger. Da wir als die Ursache dieses Unterschiedes eine Differenz der für die Adsorption wirksamen Konzentrationen zwischen den Enzymen und ihren Begleitern erkannt haben, so bezeichnen wir in den beiden Beispielen das Invertin als einen Stoff in begünstigter, das Papain als einen in benachteiligter Konzentration. Um auch das Papain der Reinigung durch Adsorption zugänglich zu machen, lassen sich danach zwei Wege einschlagen, die Herstellung möglichst konzentrierter Lösungen, um die Unterschiede im Adsorptionsverhalten des Enzyms und seiner Begleitstoffe auszugleichen, und die Entfernung eines Teils der Begleitstoffe vor der Adsorption, so daß das Enzym in ein begünstigtes Konzentrationsverhältnis zu seinen Begleitern gerät. Für die von uns aufgestellte Theorie der Adsorption von Gemischen ist es eine starke Stütze, daß beide Wege sich als gangbar erwiesen haben; allerdings ist der Erfolg der Konzentrationserhöhung für die präparative Reinigung durch Adsorption noch zu gering.

---

[1] Über Enzymadsorption I und II von H. KRAUT und E. WENZEL (VI. und VII. Abhandlung Zur Kenntnis des Invertins von R. WILLSTÄTTER und Mitarbeitern), Diese Zs. Bd. 133, S. 1 [1924] und Bd. 142, S. 71 [1925] (*Abh. 51 und 52*).

Durch diese Erkenntnis ist die Abtrennung des Papains von seinen unwirksamen Begleitern nur um ein kleines Stück gefördert worden. Es gelang, die durch Ferrocyankalium und Essigsäure fällbaren Eiweißkörper abzutrennen und durch [13] Behandlung mit Erepsin den Nachweis zu führen, daß einfache Peptide kein integrierender Bestandteil des Papains sein können. Peptone und Polypeptide von dem Enzym zu trennen ist noch nicht gelungen.

Zwei Schwierigkeiten sind es besonders, die sich der Reinigung des Papains entgegenstellen: die Ungenauigkeit der Bestimmungsmethode, die eine richtige Beurteilung des Erfolges oder Mißerfolges von Reinigungsmaßnahmen vereitelt, und die Unbeständigkeit reiner Enzymlösungen, welche die Entfernung gewisser Begleitstoffe verbietet.

Als Maß des Papains verwenden wir die von ihm nach Aktivierung durch Blausäure in bestimmten Zeiträumen aus Gelatine freigelegten Carboxylgruppen, die durch Titration in alkoholischer Lösung nach der Methode von R. WILLSTÄTTER und E. WALDSCHMIDT-LEITZ[1] mit hinreichender Genauigkeit feststellbar sind. Trotzdem sind zahlreiche Widersprüche in bezug auf die Ausbeuten aufgetreten, und häufig die Erwartungen, die in eine Reinigungsmaßnahme gesetzt wurden, enttäuscht worden. Beim Vergleich einer größeren Reihe von Präparaten ergab sich schließlich, daß bei einem Drittel in irgend einem Stadium der Reinigung Ausbeuten über 100% auftraten, ja daß man durch einfache Operationen die im Succus bestimmbare Wirkung bis auf das $1^1/_2$fache erhöhen kann. Wir haben aus diesen Beobachtungen geschlossen, daß das Papain im Succus von einem Hemmungskörper seiner Wirkung begleitet ist, dessen Abtrennung oder Anreicherung, Erhaltung oder Zerstörung die Verantwortung für die Ungenauigkeit der Bestimmungsmethode trägt. Die Erhöhung der Papainwirkung durch Verdauung mit Erepsin lehrt, daß der Hemmungskörper zur Klasse der Peptide gehört. Da es nicht gelang, eine sichere Methode für seine Abtrennung zu finden, sind alle Bestimmungen mit einer großen Unsicherheit behaftet. Häufig läßt es sich nicht entscheiden, ob gute Ausbeuten und große Reinigungserfolge nicht durch Entfernung [14] des Hemmungskörpers, schlechte durch seine Anreicherung vorgetäuscht sind.

Das Papain erinnert in dieser Beziehung sehr an ein anderes pflanzliches Enzym, die Peroxydase, deren Hemmung durch einen Begleitstoff von R. WILLSTÄTTER und A. POLLINGER aufgefunden wurde[1]). Die Schilderung vieler ihrer Beobachtungen an der Peroxydase läßt sich fast wörtlich auf das Papain übertragen. Die beiden Enzyme unterscheiden sich nur insofern von einander, als die Gegenwart eines Hemmungskörpers sich bei der Peroxydase erst in höheren Reinheitsstadien bemerkbar macht, während die Hemmung des Papains schon in seiner Handelsform, dem Succus Caricae Papayae,

[1] Chem. Ber. Bd. 54, S. 2988 [1921].

[1]) III. Abhandlung über Peroxydase, Liebigs Ann. der Chem. Bd. 430, S. 269 [1923]. Auch bei der Tonerdeadsorption des Trypsins aus Pankreasdrüsen beobachteten R. WILLSTÄTTER und H. PERSIEL Steigerungen der Wirksamkeit, die sie auf die Entfernung eines Hemmungskörpers zurückführten. (Diese Zs. Bd. 142, S. 245 [1925] *Abh. 100.*)

feststellbar ist. Das Papain besitzt überhaupt in den Succuslösungen Eigenschaften, die wir sonst erst bei reineren Enzymen anzutreffen gewohnt sind. Bringt man es nur auf wenig höhere Reinheitsgrade, z. B. auf das Fünffache, so verliert es bei weiteren Reinigungsversuchen seine Beständigkeit so sehr, daß der Erfolg dadurch völlig kompensiert wird. Bei anderen Enzymen sind wir gewohnt, Steigerungen der Reinheit auf das Fünffache als unbedeutend anzusehen, und selbst solche auf das 100fache sind häufig noch nicht als wesentliche Änderungen des Systems zu betrachten. Das Papain scheint in der Tat in besonders konzentriertem Zustand im Milchsaft des Melonenbaumes vorzukommen. Nimmt man die Identität des Papains und des Bromelins der Ananas als erwiesen an, so ist das Enzym in den besten Präparaten aus dieser Frucht, die durch Fällung mit Ammonsulfat gewonnen sind und den 10- bis 20fachen Reinheitsgrad des Preßsaftes besitzen, immer noch viermal unreiner als das Ausgangsmaterial unserer Untersuchung, der Succus Caricae Papayae. Wichtig für die Erklärung der Unbeständigkeit erscheint aber auch die Einheitlichkeit der das Papain begleitenden Stoffe. Im Succus fanden wir nämlich [15] trotz seiner pflanzlichen Herkunft gar keine Kohlehydrate, sondern neben wenig Harzen oder Sterinen, die schon bei den ersten Schritten der Reinigung zurückbleiben, nur Eiweißkörper und ihre Abbauprodukte. Bei den bekannten Schwierigkeiten ihrer Trennung ist es einleuchtend, daß man entweder keinen Reinigungserfolg erzielt oder aber so viel von den Begleitstoffen entfernt, daß dem Enzym auch die zu seiner Beständigkeit notwendigen genommen werden.

Die Begleitstoffe spielen aber nicht nur die Rolle von Stabilisatoren, sondern auch diejenige von Koadsorbentien; reineres Papain ist nämlich noch weniger adsorbierbar. Da an der Unbeständigkeit des Enzyms eine weitere Reinigung scheitert, haben wir versucht, den Nachweis, ob die natürlichen Begleiter des Papains aus bekannten Körperklassen für seine Wirkung notwendig sind oder nicht, auf andere Weise zu führen. Wir haben dem Papain als Stabilisator und Koadsorbens Hefegummi zugesetzt, dem eine ähnliche Rolle als Begleiter des Invertins zukommt. Diesen Hefegummi kann man selbst in kleinen Mengen leicht quantitativ bestimmen und so die Reinheit des neben ihm vorhandenen Papains auch ohne seine Abtrennung feststellen. Die Entfernung der Eiweißabbauprodukte ist noch nicht beendet. Immerhin sind wir auf diesem Wege zu den bisher reinsten Papainpräparaten gelangt, die neben Hefegummi nur noch den zehnten Teil der im Succus vorhandenen Stoffe enthalten.

I. Zur Bestimmung des Papains.

Als Bestimmungsmethode unseres Enzyms diente die von R. Willstätter und W. Grassmann ausgearbeitete Titration der nach Aktivierung des Papains mit Blausäure aus Gelatine freigelegten Carboxylgruppen[1]. Die Genauigkeit der Bestimmung ist gegeben durch die Erkennungsgrenze des Umschlagspunktes bei der Titration in 90proz. Alkohol mittels Thymolphthalein als Indicator, die von R. Willstätter und

[1] Diese Zs. Bd. 138, S. 184, und zwar S. 201 [1924].

W. GRASSMANN auf ± 0,04 ccm $^{n}/_{5}$-KOH angegeben wird. Im optimalen [16] Bestimmungsbereich von 20 bis 40 P.E. bedeutet diese Menge einen Fehler von 12 bis 15 % des angewandten Enzyms. Wir beobachteten aber so zahlreiche Abweichungen, die weit außerhalb der Grenze der Versuchsfehler liegen, daß wir zu dem Schluß gezwungen sind, die Aktivierung des Enzyms durch Blausäure überwinde keineswegs alle anderen Einflüsse auf den Reaktionsverlauf [1]. Es muß vielmehr zum mindesten ein spezifischer Hemmungskörper der Papainwirkung im Succus Caricae Papayae vorhanden sein.

Bekanntlich gilt als Einheit der Papainmenge (P.E.) die Wirksamkeit von 1 mg des trockenen Succus Caricae Papayae (MERCK). Den Reinheitsgrad des Papains bezeichnen wir nach der Vorschrift von R. WILLSTÄTTER und R. KUHN [2] als Papainwert (P.W.), definiert durch die Zahl von Papaineinheiten in 1 mg Präparat. Allein die Wirksamkeit des Papains läßt sich durch einfache Operationen beträchtlich steigern, z. B. durch Filtrieren der Succuslösungen mit Kieselgur (0,1 bis 1 mg auf 1 P.E.). Die Aktivitätssteigerung betrug hier im Maximum 45 %, gewöhnlich um 20 % der scheinbaren Einheiten. Dasselbe bewirkt oft schon die Extraktion des Succus mit Chloroform, vor allem bei Gegenwart einer Spur Ammoniak oder Natronlauge. Ebenso erhöht Zusatz von Ammoniak zur Alkoholfällung der Succuslösungen (auch der mit Chloroform extrahierten) die Ausbeuten, die dadurch gelegentlich über 100 und bis zu 150 % betragen. Sogar der einfache Ammoniakzusatz zu Succuslösungen kann Aktivitätszunahmen bis zu 44 % bewirken. Die größte Steigerung wies ein Präparat auf, das eine Extraktion mit Chloroform unter Ammoniakzusatz, eine Alkoholfällung unter Ammoniakzusatz und eine 90 stündige Dialyse durchgemacht hatte. Seine Wirksamkeit übertraf diejenige des angewandten Succus um 75 % der scheinbaren Einheiten.

Diese Ausbeutesteigerungen sind manchmal Zeitreaktionen; so fanden wir in einer mit Bleiessig und Alkoholfällung gereinigten Lösung nach 4 Wochen 55 %, nach 9 Wochen 73 % [17] vom Papaingehalt des angewandten Succus, in einem mit Chloroform extrahierten, trocken aufbewahrten Succus 5 Wochen nach der Herstellung 2 % Abnahme, nach 13 Wochen 52 % Zunahme.

Adsorbiert man gesättigte Succuslösungen mit Tonerde, so findet man in der Hälfte der Restlösungen mehr Papaineinheiten, als zum Versuch verwendet waren. Dazu lassen sich aus den Adsorbaten noch beträchtliche Papainmengen, meist 10 bis 30 % der angewandten, eluieren. Auch in den Tonerdeadsorptionen aus reineren Lösungen beobachtet man diese Erscheinung. Ein Adsorbat aus durch Selbstverdauung gereinigter Lösung gab eine Elutionsausbeute von 179 % der Papainmenge, die nach dem Gehalt der Restlösung als adsorbiert berechnet worden war. In anderen Fällen fanden wir 104, 106, 142 % des zur Adsorption angewandten Papains in den Restlösungen und konnten doch in den entsprechenden Versuchen 50, 25 und 15 % aus den Adsorbaten eluieren. Man kann den Übergang des Hemmungskörpers in das Adsorbat

[1] Siehe die entsprechende Vermutung von WILLSTÄTTER und GRASSMANN auf S. 204 der zitierten Abhandlung.

[2] Chem. Ber. Bd. 56, S. 509 [1923] (*Abh. 6*).

und in die Elution nachweisen; zu einem Adsorptionsversuch aus gesättigter Succuslösung wurden 8900 P.E. und 1140 mg Al_2O_3 in 60 ccm angewandt. Die Restlösung enthielt 10500 P.E. Das Adsorbat wurde mit 25proz. Alkohol gewaschen und dann mit $^n/_{50}$-Essigsäure eluiert. In der Elution fanden sich 1120 P.E. vor. Wir adsorbierten sowohl die Restlösung, als auch die Elution nochmals an Tonerde und fanden die Adsorption der Restlösung normal, dagegen bei der Adsorption von 87 P.E. der Elution mit 62 mg Al_2O_3 in 25 ccm wiederum 110 P.E. in der neuen Restlösung.

Während bei Extraktionen, Fällungen und Adsorptionen die Entfernung des Hemmungskörpers als hinreichender Grund der Aktivitätssteigerung erscheint, stößt die Erklärung der Steigerung durch Ammoniakzusatz auf größere Schwierigkeiten. An eine p_H-Verschiebung ist nicht zu denken, da die Bestimmung unter Pufferzusatz ausgeführt wird, und das p_H-Maximum der Enzymwirkung aus der Untersuchung von R. WILLSTÄTTER und W. GRASSMANN genau bekannt ist ($p_H = 5,0$). Man kann vielleicht annehmen, daß die Verbindung Enzym–Hemmungskörper durch Ammoniak zerlegt wird.

[18] Zusammenstellung von Belegen für die Anwesenheit des Hemmungskörpers.

Verfahren	Vorher best. P.E.	Nachher best. P.E.	Zunahme in Proz.
1. Succus — Extraktion mit Chloroform	3600	4140 nach 5 Wochen	15
		6380 „ 13 „	77
		5130 „ 15 „	43
2. Succus — Extraktion mit Chloroform — Fällung mit Bleiessig — Fällung mit Alkohol (getrocknet) . . .	383	508 „ 9 „	32
3. Succus — Extraktion mit ammoniakhalt. Alkohol — „ „ „ Chloroform	2000	2560	28
		1160 „ 2 Tagen	—32
4. Succus — Extraktion mit Choroform — Fällung mit Bleiessig	504	700 „ Alkoholfällg.	38
5. Succuslösung + Ammoniak (0,1%) . . . . . . a)	23	21	—8
b)	46	33	15
c)	26	33	27
d)	20	29	45
6. Succus — Extraktion mit natronlaugehaltigem Chloroform	1000	1390	39
7. Succus — Selbstverdauung — Alkoholfällung . . .	2900	3900 nach 3 Tagen	34
		4200 „ 4 „	45
8. Succuslösung mit Kieselgur filtriert . . . . . a)	1000	1000	0
b)	1000	1200	20
c)	1000	1220	22
d)	1000	1450	45
9. Gesättigte Succuslös. — 1. Fällung mit Bleiphosphat	5400	6300	16
— 2. „ „ „		3400	—37
10. „ „ — 5. „ „ „	2450	2940	20
11. Tonerdeadsorption eines Präparates von P.W. 2,4 .	500	113 adsorbiert	89
		213 daraus eluiert	
12. „ einer gesättigten Succuslösung .	2332	3320 in der Restlösung	42
		840 in der Elution	

[19] Es ist weder gelungen, eine sichere Methode zur Abtrennung des Hemmungskörpers aufzufinden, noch auch die maximale Wirksamkeit des hemmungskörperfreien

Papains zu bestimmen. Der Grund liegt in der geringen Beständigkeit des Enzyms, die nicht erlaubt, mehrere Reinigungsoperationen nach einander ohne Abnahme der Wirksamkeit durchzuführen, und die häufig das Resultat der Abtrennung des Hemmungskörpers fälscht. Es scheint sogar, daß die Gegenwart des Hemmungskörpers mit der Beständigkeit des Enzyms in einem gewissen Zusammenhang steht, denn wir beobachteten gelegentlich gerade nach hohen Aktivitätssteigerungen besonders raschen Wirksamkeitsverlust, fast bis zu völliger Inaktivierung. Man wird annehmen können, daß das günstigste Resultat der Aktivitätssteigerung auf 175% der im Succus bestimmten Enzymmenge eher noch einen zu niedrigen Wert für die Wirksamkeit des hemmungskörperfreien Papains darstellt. Für die Reinigung des Papains ist die nicht genau bestimmbare Gegenwart des Hemmungskörpers eine Erschwerung. Da man Enzymmengen und Reinheitsgrade durch die enzymatische Wirksamkeit mißt, so verschleiert die Anreicherung oder Entfernung des Hemmungskörpers häufig den wirklichen Erfolg einer Reinigungsoperation.

Über die Natur des Hemmungskörpers haben wir durch einen indirekten Versuch Aufklärung erhalten. Wir versetzten ein Papainpräparat vom P.W. 5,2 (Bleiphosphatrestlösung, siehe Abschnitt: Reinigung des Papains) mit Erepsin (0,0076 Einheiten; insgesamt 40 ccm; neutrale Reaktion), in der Absicht, niedere Eiweißspaltprodukte vollends zu Aminosäuren abzubauen. In 5 Tagen erreichten wir einen Aciditätszuwachs der angewandten 222 mg Substanz von 0,47 ccm $^{n}/_{5}$-Säure. Eine Bestimmung des Erepsins mit Leucyl-glycin ergab seine vollständige Zerstörung. Trotzdem war die Wirksamkeit des Papains 12% höher als vor dem Versuch. Diese Erhöhung fällt zwar noch in die Fehlergrenzen der Bestimmung, aber bei einem Präparat dieses Reinheitsgrades wäre schon die Erhaltung der ursprünglichen Wirkung in 5 Tagen nur durch Erhöhung der Wirksamkeit des noch vorhandenen Enzyms zu erklären. Wir schließen daher, daß der [20] Hemmungskörper durch Erepsin zerstört wird, also zur Klasse der Peptide gehört. Damit stimmt auch seine Entfernung durch Alkoholfällung und durch Dialyse überein.

II. Zur Methodik der Enzymreinigung durch Adsorption.

In zwei Untersuchungen über Enzymadsorption[1] haben wir versucht, die Gesetzmäßigkeiten aufzufinden, die der Adsorption der Enzyme zugrunde liegen, und einen sicheren Anhalt dafür zu gewinnen, welche der zahlreichen Variationen der Adsorptionsmethodik in jedem einzelnen Falle zur Reinigung eines Enzyms anzuwenden sei. Die Grundlage dieser Betrachtungen, nämlich eine Theorie über die Adsorption von Gemischen, ist inzwischen weiter entwickelt worden[2].

Der quantitative Verlauf der Adsorption eines einzelnen Stoffes wird bekanntlich, hinreichend verdünnte Lösungen und hinreichenden Abstand vom Ursprung der Kurve und vom Sättigungszustand vorausgesetzt, durch die FREUNDLICHsche Adsorptions-

[1] A. a. O.
[2] Habilitationsschrift H. KRAUT, München 1925, S. 37ff.

isotherme dargestellt (A.W. = $\alpha \cdot c^{1/n}$ [3], siehe Abb. 1, Kurve 1). Charakteristisch für den quantitativen Verlauf der Adsorption eines einzelnen gelösten Stoffes ist es, daß seine Adsorptionswerte mit steigender Konzentration der Restlösung erst rasch, dann immer langsamer einem Maximum zustreben, das sich auch bei größter Konzentrationssteigerung nicht mehr verändert. Diejenige Restlösungskonzentration, bei der der Adsorptionswert das Maximum erreicht (bei der das Adsorbens also mit dem Adsorbendum gesättigt ist), wollen wir als die Sättigungskonzentration bezeichnen.

Vielleicht wird auch die Adsorption eines Gemisches, wenn man stets die gesamten adsorbierten Mole feststellt, ungefähr das Bild der Adsorptionsisotherme ergeben. Aber [21] für die Adsorption eines einzelnen Stoffes aus diesem Gemisch erhält man Kurven von ganz beliebigem, von der normalen Isotherme völlig verschiedenem Verlauf. Der Teil des Adsorptionsmittels, den jeder einzelne Stoff eines Gemisches bei einem bestimmten Adsorptionsversuch einnimmt, soll als Teilungsfaktor des Stoffes bezeichnet werden. Zur Deutung der Adsorptionskurve eines einzelnen Stoffes des Gemisches ist es also notwendig, die Änderungen dieses Teilungsfaktors bei Zusatz verschiedener Adsorbensmengen festzustellen. Wir machen die Annahme, daß dieser Teilungsfaktor relativ um so größer wird, je größer der Adsorptionswert des Stoffes bei Adsorption aus seiner reinen Lösung wäre, d. h. je mehr seine Konzentration im Gemisch an die Sättigungskonzentration der reinen Lösung herankommt. Befindet sich ein Stoff des Gemisches in geringerer Konzentration, als dem maximalen Adsorptionswert aus seiner reinen Lösung entspricht, so wird er auch im Gemisch mit einem geringeren Faktor in die Teilung des Adsorbens eingehen. Nach dieser Theorie ist es für den quantitativen Verlauf der Adsorption bestimmend, daß durch die Anwendung verschiedener Adsorbensmengen sich die Konzentrationen aller Stoffe des Gemisches in den Restlösungen verändern.

Betrachtet man die Adsorptionskurve, welche man durch Bestimmung der Adsorptionswerte eines einzelnen Stoffes aus einem Gemisch (z. B. des zu reinigenden Enzyms) bei Zusatz steigender Adsorbensmengen erhält, so kann man nach dieser Theorie aus dem Verlauf der Kurve die Änderung des Teilungsverhältnisses dieses Stoffes zu den übrigen entnehmen[1]):

[22] Befindet sich in der Lösung der untersuchte Stoff weiter unterhalb der Sättigungskonzentration als seine Begleiter, so ist sein Anspruch auf das Adsorbens bei Zu-

---

[3] Als Adsorptionswert (A.W.) bezeichnen wir wie in den früheren Abhandlungen die von 1 g des Adsorbens aufgenommene Menge des adsorbierten Stoffes, während FREUNDLICH die Konstante α als Adsorptionswert bezeichnet. c ist die Konzentration des adsorbierten Stoffes in der Lösung nach erfolgter Adsorption.

[1]) Alle Adsorptionskurven nehmen wir in der Weise auf, daß wir die Enzymlösung zusammen mit verschiedenen Adsorbensmengen auf dasselbe Volumen (berechnet auf die angewandte Enzymmenge) bringen, abzentrifugieren und den Enzymgehalt der Restlösung bestimmen. Die Gründe für dieses Verfahren sind in der I. Abhandlung über Enzymadsorption auseinandergesetzt. Beim Zusatz der geringsten Adsorbensmengen befindet man sich also am rechten Ende der Kurven, nämlich bei den höchsten Restlösungskonzentrationen. Mit steigendem Adsorbenszusatz nähert man sich mehr und mehr dem Kurvenursprung, bewegt sich also auf den Kurven von rechts nach links.

satz der geringsten Adsorbensmenge noch relativ am größten. Je mehr Adsorbens man zusetzt, desto geringer wird der Anspruch dieses Stoffes auf das Adsorbens, während bei den anderen Stoffen, die sich näher an der Sättigungskonzentration ihrer Restlösungen befinden, die Teilungsfaktoren sich gar nicht oder zum mindesten weniger verändern. Der Adsorptionsverlauf dieses Stoffes wird durch Kurve 2 der Abb. 1 dargestellt und ist charakterisiert durch den anfangs sehr allmählichen, dann immer steiler werdenden Anstieg der Adsorptionswerte mit steigender Konzentration der Restlösung.

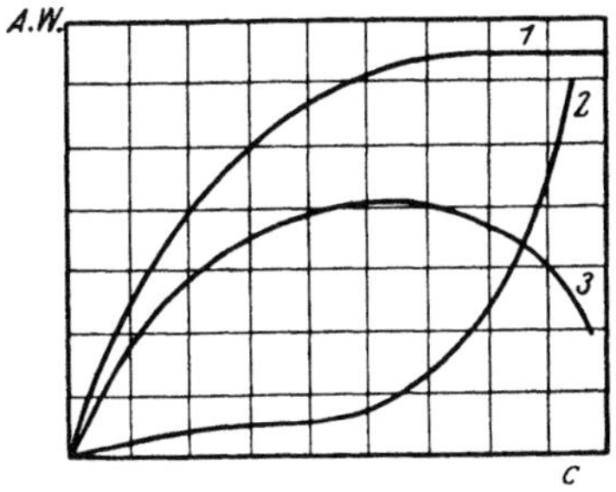

Abb. 1. Verschiedene Formen von Adsorptionsisothermen.
1. Normale Isotherme. 2. Isotherme eines Stoffes in benachteiligter Konzentration.
3. Isotherme eines Stoffes in bevorzugter Konzentration.

Ist aber die Mehrzahl der Begleiter weiter von der Sättigungskonzentration entfernt als der untersuchte Stoff, so bleibt bei Zusatz steigender Adsorbensmengen sein Teilungsfaktor eher erhalten, als diejenigen seiner Begleiter. Der geringste Zusatz von Adsorbens nimmt darum von dem untersuchten Stoff relativ wenig auf, während mit steigenden Adsorbensmengen sein Adsorptionswert ansteigt, bis auch er durch fortschreitende Adsorption genügenden Abstand von seiner Sättigungskonzentration erreicht hat. Den Adsorptionsverlauf dieses Stoffes stellt Kurve 3 in Abb. 1 dar. Er ist ausgezeichnet durch ein Maximum der Adsorptionswerte bei mittleren und ein Absinken bei höheren Restlösungskonzentrationen.

[23] Wir haben nun vorgeschlagen[1], je nach dem Konzentrationsverhältnis von gesuchtem Stoff und seinen Begleitern, von Stoffen in bevorzugter oder in benachteiligter Konzentration zu reden. Stoffe in bevorzugter Konzentration sind solche, die sich näher am oder weiter im Gebiet der Sättigungskonzentration ihrer Adsorptionsisotherme befinden, als ihre Begleiter. Umgekehrt ist ein Stoff dann in benachteiligter Konzentration, wenn er weiter von der Sättigungskonzentration seiner Adsorptionsisotherme entfernt ist als seine Begleiter von den ihrigen.

In der I. und II. Abhandlung über Enzymadsorption wurde, um denselben Gedankengang auszudrücken, nicht ganz eindeutig von besser oder schlechter adsorbierbaren Stoffen gesprochen und von einem Abfall der Adsorbierbarkeit bei Entfernung vom Gebiet der Sättigungskonzentration. Diese Ausdrucksweise kann zu Mißverständnissen führen, da unter Adsorbierbarkeit offenbar meist der gesamte Verlauf einer

[1] Habilitationsschrift H. Kraut, München 1925, S. 48.

Adsorptionsisotherme, nicht aber deren einzelne Punkte bei verschiedenen Restlösungskonzentrationen verstanden werden.

Auf Grund der entwickelten Vorstellungen lassen sich einfache Anhaltspunkte für die Zweckmäßigkeit der verschiedenen Variationen der Adsorptionsmethode gewinnen [2]. Im allgemeinen können nur solche Enzyme durch Adsorption leicht auf höhere Reinheitsgrade gebracht werden, die sich gegenüber ihren Begleitern in bevorzugter Konzentration befinden. Häufig lassen sich dann die Gegensätze durch Verdünnen der Lösungen noch steigern, so daß die Adsorption sich auswählender gestaltet. Ebenso gelingt es in diesem Falle meist, durch Vorwegadsorbieren eines unreineren Anteils das Enzym in noch bevorzugtere Konzentration gegenüber seinen Begleitern zu versetzen. Wenn sich aber das Enzym in benachteiligter Konzentration gegenüber seinen Begleitern befindet, so darf man, um die Adsorption auswählend zu gestalten, nur einen Bruchteil des Enzyms an das Adsorbens binden. Während man im vorigen Falle durch [24] Verdünnen die Gegensätze vermehrt hat, wird man hier versuchen, durch Herstellen möglichst konzentrierter Lösungen das Enzym näher an seine Sättigungskonzentration heranzurücken. Die Reinigung kann durch Wiederholung der Adsorption weitere Fortschritte dann machen, wenn es mit den ersten Operationen gelang, das Enzym aus dem Verhältnis der benachteiligten Konzentration gegenüber seinen Begleitern in das der bevorzugten zu versetzen. Andernfalls hat die weitere Anwendung der Adsorption, wenigstens mit demselben Adsorbens, keinen Erfolg mehr, ebenso nicht, wenn die Adsorptionskurve durch die Reinigungsoperation die Form der Adsorptionsisotherme annimmt.

III. Reinigung des Papains.

In der Untersuchung von R. WILLSTÄTTER und W. GRASSMANN über die Aktivierung des Papains durch Blausäure [1]) sind einige Versuche zur Anreicherung des Enzyms unternommen worden. Dabei fällt auf, daß die Adsorption an Tonerde, die bei so zahlreichen anderen Enzymen den Reinheitsgrad weitgehend steigert, hier selbst durch wiederholte Anwendung wenig mehr als die Hälfte der vorhandenen Begleitstoffe abtrennte. Etwas besser wird der Reinheitsgrad des Papains, wenn man die wäßrige Lösung des Succus Caricae Papayae unter Zusatz von Blausäure einem Eiweißabbau unterwirft und das Produkt dieser Selbstverdauung mit dem 4- bis 5fachen Volumen an Alkohol fällt. Übereinstimmend mit WILLSTÄTTER und GRASSMANN haben wir nach dieser Methode Papainwerte von 2 bis 3 erhalten.

So vorgereinigte Lösungen unterwarfen wir der Adsorption an Tonerde mit dem überraschenden Ergebnis, daß der Reinheitsgrad des Papains z. B. bei Adsorption von 50% des vorhandenen Enzyms in den Elutionen und in den Restlösungen völlig unverändert blieb. Der Adsorptionsverlauf zeigt in unseren, wie in den Versuchen von WILLSTÄTTER und GRASSMANN, in dem anfangs sehr allmählichen, später immer steiler

[2] Siehe die II. Abhandlung über Enzymadsorption und Habilitationsschrift Kap. IV.
[1]) Diese Zs. Bd. 138, S. 184 [1924].

werdenden Anstieg der Adsorptionswerte bei steigender [25] Restlösungskonzentration das typische Bild der Adsorption eines Stoffes in benachteiligter Konzentration (siehe Kurve 1 der Abb. 2).

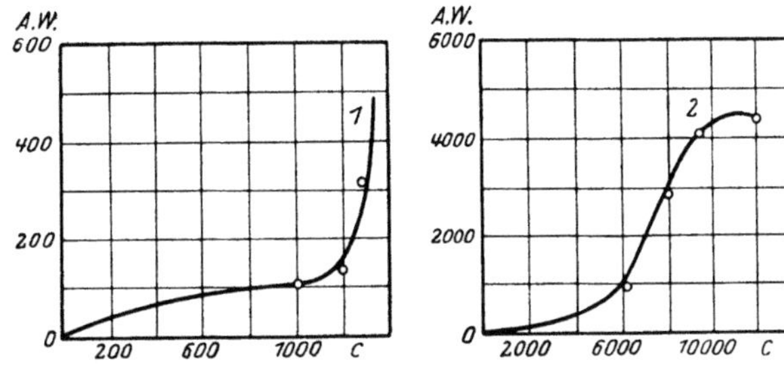

Abb. 2. Adsorptionskurven von Papainlösungen an Tonerde in verschiedenen Anfangskonzentrationen.

Wäßriger Auszug des Succus Caricae Papayae, gereinigt durch Selbstverdauung, Dialyse und Alkoholfällung (P.W. 2,8).

	Angewandte Mengen		Vol.	c_A*	Adsorbierte P.E.	A.W.	c*
	P.E.	g Al_2O_3	ccm				
Kurve 1	37	0,016	25	1480	5	312	1280
	37	0,060	25	1480	7	117	1200
	37	0,120	25	1480	12	100	1000
Kurve 2	370	0,016	25	14800	70	4380	12000
	370	0,032	25	14800	133	4150	9480
	370	0,060	25	14800	170	2840	8000
	370	0,240	25	14800	214	892	6240

* c_A ist die Anfangskonzentration, c die Restlösungskonzentration (P.E. in 1 l).

Der geringste Zusatz von Aluminiumhydroxyd nimmt relativ am meisten Papain auf und man erhält durch Adsorption von nur 10% des vorhandenen Enzyms und darauffolgende Elution mit $^n/_{50}$-Essigsäure eine Lösung von P.W. 7, also einen recht hohen Reinheitsgrad, bei einer Ausbeute von 7% des angewandten Enzyms. Für präparative Zwecke ist ein derartiges Verfahren ungeeignet. Ist die Deutung der ersten Kurve der Abb. 2 richtig, so muß die Erhöhung der Konzentration den Gegensatz des Papains zu seinen Begleitern mildern, die Adsorptionskurve also der Adsorptionsisotherme ähnlicher werden. Dies ist der Fall, wenn man die Anfangskonzentration auf das [26] 10fache erhöht, nämlich von 1480 P.E. pro Liter in Kurve 1 auf 14800 in Kurve 2. Man erhält den ausgeprägten Wendepunkt dann schon bei der Adsorption von 50% des vorhandenen Papains. Während dieses Resultat eine starke Stütze unserer Erklärung für den Adsorptionsverlauf des Papains bildet, trägt es nur in geringem Maße zur Reinigung bei. In einem größeren Versuch (P.W. der vorgereinigten Lösung 2,4) lieferte die Adsorption von 50% des Papains eine Elution vom P.W. 3,0, während der P.W. der Restlösung auf 2,1 sank. Auch die maximale Steigerung der Konzentration durch Herstellung einer gesättigten Lösung aus dem Succus ergab kein besseres Resultat. Eine Elution besaß den P.W. 3,5, eine andere allerdings 5,3, aber dieses Präparat lieferte nur 12% Elutionsausbeute.

Unsere Versuche der Adsorption an Tonerde sind alle mit dem Polyaluminiumhydroxyd A ausgeführt[1]. R. WILLSTÄTTER und W. GRASSMANN haben auf Grund zweier Stichproben, in denen gealtertes Orthoaluminiumhydroxyd[2] dreimal mehr Enzym aufgenommen hatte als Sorte A, jenem den Vorzug gegeben. Stichproben sind aber zur Entscheidung über die Auswahl eines Adsorbens unzulänglich. Für die reinigende Wirkung von Adsorbentien ist nicht so sehr die Höhe der Adsortionswerte, als vielmehr die Auswahl zwischen dem Enzym und seinen Begleitstoffen maßgebend. Zwei Vergleichskurven mit Ortho- und mit Polyhydroxyd (Abb. 3) lassen uns das letztere zur Reinigung geeigneter erscheinen, da hier der Anstieg der Adsorptionswerte schon bei wesentlich niedrigeren Restlösungskonzentrationen erfolgt.

Um den Reinigungserfolg von Adsorptionsversuchen zu ermitteln, entfernt man die zur Elution zugesetzten Stoffe vor der Trockengewichtsbestimmung durch Dialyse. Wir stellten fest, daß weder durch Fischblase noch durch Pergamentpapier bestimmbare Mengen von Papain durchtreten. Abnahmen der [27] Wirksamkeit während der Dialyse sind danach nicht durch mechanischen Verlust, sondern durch Enzymzerstörung zu erklären.

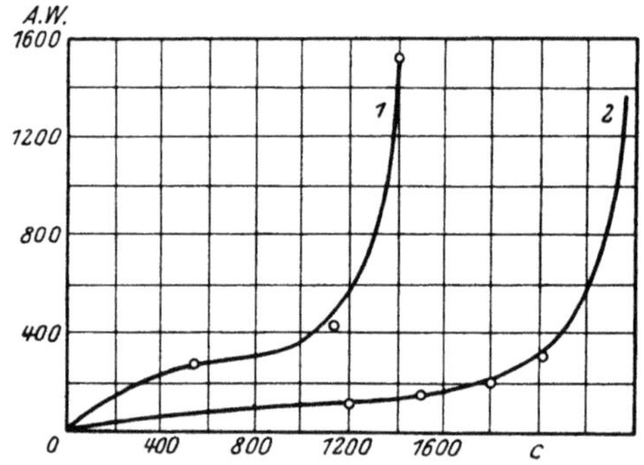

Abb. 3. Vergleich verschiedener Tonerdesorten.
Adsorption von durch Alkoholfällung gereinigtem Succus an Polyaluminiumhydroxyd A (Kurve 1) und an Orthoaluminiumhydroxyd (Kurve 2).

	Angewandte Mengen P.E.	Angewandte Mengen g Al_2O_3	Vol. ccm	c_A	Adsorbierte P.E.	A.W.	c
Kurve 1	139	0,049	50	2780	74	1510	1300
	139	0,200	50	2780	82	410	1140
	139	0,400	50	2780	112	280	540
Kurve 2	105	0,050	50	2600	15	300	1800
	105	0,100	50	2600	20	200	1700
	105	0,200	50	2600	30	150	1500
	105	0,400	50	2600	45	110	1200

Das Papain scheint gegen die Entfernung der dialysierbaren Stoffe wenig empfindlich, solange es noch geringe Reinheitsgrade besitzt. Eine durch Selbstverdauung vorgereinigte Succuslösung wurde $2^1/_2$ Tage durch Fischblasenmembran dialysiert, wobei

[1] R. WILLSTÄTTER und H. KRAUT, Chem. Ber. Bd. 57, S. 1082 [1924] (*Abh. 20*).
[2] R. WILLSTÄTTER, H. KRAUT und O. ERBACHER, Chem. Ber. Bd. 58, S. 2448 [1925] (*Abh. 22*).

17 % zerstört wurden. Der P.W. stieg durch die Dialyse von 1,4 auf 2,1. Diese Beständigkeit kann allerdings auch durch Entfernung des Hemmungskörpers vorgetäuscht werden. Sie verschwindet mit fortschreitender Reinigung. Ein Präparat vom P.W. 4,7 verlor schon bei 15stündiger Dialyse 65 % seiner Wirksamkeit. Wir berechnen [28] daher, wie es bei Enzymen, die nicht dialysenbeständig sind, unvermeidlich ist, den P.W. aus der Wirksamkeit vor und aus dem Trockengewicht nach der Dialyse.

Wegen des allzu geringen Erfolges der Konzentrationssteigerung haben wir versucht, vor der Adsorption auf anderem Wege so viel von den Begleitstoffen zu entfernen, daß ihr Verhältnis zum Enzym sich umkehrt.

Eine starke Anreicherung des Enzyms gelang durch Fällung eines Teils der Eiweißkörper mit Ferrocyankalium und Essigsäure, am besten aus Enzymlösungen, die durch Fällung des Succus mit Alkohol unter Zusatz von Ammoniak bereitet waren (P.W. etwa 2,5). Das Ferrocyankalium (1proz.) setzten wir zur essigsauren Lösung so lange zu, als noch eine Fällung entstand (z. B. 33 ccm auf 5 g angewandten Succus in 100 ccm $^{n}/_{6}$-Essigsäure). Dann vermischten wir mit Kieselgur und saugten rasch ab. Ein gutes Präparat gab den P.W. 5,1 bei 32 % Ausbeute, ein anderes sogar P.W. 8,1 bei 66 % Ausbeute. Solche Ausbeuten sind indessen selten. Für die weitere Reinigung haben wir uns daher lieber des im folgenden beschriebenen Verfahrens der anteilweisen Fällung mit Bleiphosphat bedient, das R. Willstätter, K. Schneider und E. Wenzel[1] bei der schwierigen Abtrennung des Invertins von seinen inaktiven Begleitern als zweckmäßig erprobt haben.

Man versetzt die auf 0° abgekühlte Lösung mit der beabsichtigten Menge Diammonphosphat und läßt dazu unter stetem Umschütteln tropfenweise die berechnete Menge Bleiacetat fließen (1 ccm einer Lösung von 132,1 g Diammonphosphat fällt 2 ccm einer Lösung von 284,4 g Bleiacetat, je in 1 l Wasser). Der entstandene Niederschlag wird möglichst rasch abzentrifugiert und die klare Lösung mit Ammoniak neutralisiert.

Ein Vorversuch ergab, daß es zweckmäßig ist, die Bleiphosphatfällung in möglichst konzentrierter Lösung vorzunehmen. Wir haben deshalb aus dem Succus gesättigte Papainlösungen bereitet, die meist einen P.W. von 1,4 bis 1,8 besitzen. Sie sind für die Bleiphosphatfällung um so geeigneter, je mehr [29] Papaineinheiten sie enthalten. Um sie besser filtrierbar zu machen, ist es zweckmäßig, vor der Auflösung in Wasser etwa 10 % der Trockenbestandteile des Succus durch Extraktion mit Chloroform (50 ccm auf 10 g Succus) zu entfernen. Ist alles Chloroform durch kurzes Verweilen im Vakuum verdampft, so läßt sich das fein zerriebene Pulver in kleinen Portionen durch Schütteln mit Glasperlen gleichmäßig mit Wasser von 40° anfeuchten und nach Zusatz der gesamten Wassermenge (25 ccm auf 10 g Succus) und darauffolgendem Vermischen mit Kieselgur (1 g auf 10 g Succus) durch ein Rapidfilter absaugen. Geringe Trübungen setzen sich über Nacht zu Boden und können nach Abgießen der klaren Lösung durch Filtration mittels Rapidfilter leicht vollends entfernt werden.

[1] XII. Abhandl. zur Kenntnis des Invertins, Diese Zs. Bd. 151, S. 1, und zwar S. 16 [1925].

Es ist der Vorzug des anteilweise entstehenden Bleiphosphates, daß es ganz besonders auswählend adsorbiert. Man muß daher genau den günstigsten Punkt ermitteln, an dem mit möglichst viel ausgefälltem Eiweiß die geringste Menge Papain entfernt wird. Kleine Mengen von Bleiphosphat schlagen schon etwas Papain nieder. Z. B. nahmen 0,06 mg Bleiphosphat auf 1 P.E. 30% des Enzyms mit sich. Als wir aber die erhaltene Restlösung nochmals mit 0,06 mg pro Einheit fällten, fanden wir den Papaingehalt gegenüber der ersten Restlösung um 20% erhöht. Daraus geht mit Sicherheit hervor, daß dieses Verfahren den Hemmungskörper der Proteolyse entfernt, aber anscheinend erst, nachdem eine gewisse Menge anderer Stoffe zugleich mit etwas Enzym niedergeschlagen wurde. Einige der später beschriebenen Versuche lehren jedoch, daß die Entfernung des Hemmungskörpers nicht immer vollständig ist.

Wirkung verschiedener Mengen Bleiphosphat[1].

Bleiphosphat pro Einheit in mg	In der Restlösung bestimmte Enzymmenge	P.W. der Restlösung
0,1	84%	4,6
0,2	100%	5,4
0,3	68%	7,5
0,4	96%	5,6
0,5	76%	4,8

[30] Danach ist es am besten, 0,2 bis 0,4 mg Bleiphosphat pro 1 P.E. entstehen zu lassen. Normaler Weise erhält man P.W. 5 bis 6, gelegentlich mißlingt aber auch eine derartige Reinigung (P.W. 2,5 bis 4).

Gut geglückte Restlösungen der Bleiphosphatfällung haben uns zum Studium der Adsorption an Tonerde gedient. Der Zweck der Bleiphosphatfällung sollte sein, den Enzymlösungen so viel an Begleitstoffen zu entziehen, daß das Papain gegenüber seinen Begleitern in bevorzugte Konzentration geriet. Das ist in der Tat gelungen. Die Adsorptionskurve des Papains aus der Restlösung mit dem P.W. 7,5 hat einen völlig anderen Charakter als die früheren. Der steile Anstieg der Kurven bei hohen Restlösungskonzentrationen hat einem allmählichen Absinken Platz gemacht. Die Adsorptionskurve 1 der Abb. 4 ist die eines Stoffes in bevorzugter Konzentration. Aber die Adsorption aus Bleiphosphatrestlösungen an Tonerde hat noch weitere Ergebnisse gebracht. In Kurve 1 der Abb. 4 finden wir wesentlich niedrigere Adsorptionswerte als in den Abb. 2 und 3. Die Adsorbierbarkeit des Enzyms hat also durch die Reinigung eine Abnahme erfahren. Wie bei vielen anderen Enzymen, so finden wir auch beim Papain, daß seine Adsorption nicht ihm selbst, sondern den begleitenden Koadsorbentien zuzuschreiben ist, und es scheint, daß durch die Bleiphosphatfällung ein für die Tonerdeadsorption wirksameres Koadsorbens entfernt wurde. Das zweite Ergebnis ist, daß die neuen Adsorbate im Gegensatz zu den früheren sich nicht mehr glatt zerlegen lassen. Während man aus Tonerdeadsorbaten des Succus und der durch Selbstverdauung gereinigten Lösungen leicht Elutionsausbeuten von 80 bis 100% mit verdünnter Essig-

[1] An verschiedenen Succuslösungen bestimmt.

säure erhält, sind wir nun nicht mehr in der Lage, mehr als höchstens 30 % des adsorbierten Enzyms herauszuholen, wobei so viel Begleitstoffe in Lösung gehen, daß der Reinigungserfolg illusorisch wird.

Da die Tonerdeadsorption somit zu weiterer Reinigung unbrauchbar ist, wechselten wir das Adsorbens. Eine mit Ferrihydroxyd aufgenommene Kurve (Nr. 2 der Abb. 4) versprach guten Reinigungserfolg. Aber die Elution aus dem Versuch mit dem Adsorptionsgrad von 80 % besaß nur noch die Hälfte [31] der Wirksamkeit des adsorbierten Enzyms und dabei so viel Begleitsubstanz, daß der P.W. wieder 5,3 war.

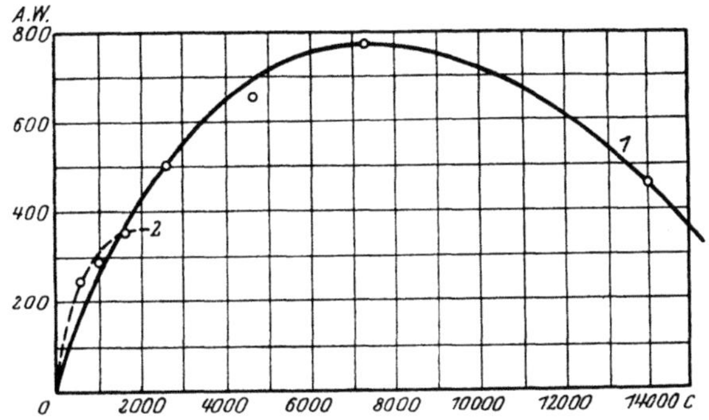

Abb. 4. Adsorptionsverhalten von Bleiphosphatrestlösungen.
Kurve 1: Adsorptionskurve einer Bleiphosphatrestlösung an Tonerde. Kurve 2: an Ferrihydroxyd.

	Angewandte Mengen		Vol.	c_A	Adsorbierte P.E.	A.W.	c
	P.E.	g Al_2O_3	ccm				
Kurve 1	1685	0,620	100	16850	285	460	14000
	1685	1,240	100	16850	953	768	7320
	1685	1,860	100	16850	1220	656	4650
	1685	2,790	100	16850	1418	507	2670
Kurve 2:		g Fe_2O_3					
	125	0,225	25	5000	82	366	1700
	125	0,338	25	5000	100	295	1000
	125	0,450	25	5000	111	247	560

Zur Erklärung dieses Verhaltens gibt es zwei Möglichkeiten. Entweder ist das Papain in den Bleiphosphatrestlösungen mit einem Koadsorbens verkettet, das sich mit den üblichen Mitteln nicht mehr von der Tonerde und vom Ferrihydroxyd lösen läßt oder es hat, was wahrscheinlicher ist, das Papain diejenigen Begleitstoffe zum großen Teil verloren, die für seine Beständigkeit unentbehrlich sind. Diese Schwierigkeit hat bisher den meisten Reinigungsversuchen von Enzymen eine Grenze [32] gesetzt, und es ist auch uns noch nicht gelungen, sie zu überwinden. Wir glauben aber den folgenden Versuch wenigstens als einen ersten Schritt in dieser Richtung bewerten zu können.

Von dem Gedanken ausgehend, daß das Enzym selbst der Adsorption nur durch Vermittlung seiner Koadsorbentien zugänglich ist, und daß seine Beständigkeit ebenfalls von den Begleitstoffen abhängt, haben wir dem Papain ein unter seinen Begleitern nicht vorkommendes, leicht quantitativ bestimmbares Koadsorbens geboten. Als solches erscheint der Hefegummi geeignet, da er aus den WILLSTÄTTERschen Arbeiten als ein durch Tonerdeadsorption schwer zu entfernender Begleiter des Invertins bekannt ist und seine Bestimmung durch Fällung mit Fehlingscher Lösung leicht und mit hinreichender Genauigkeit ausgeführt werden kann. Man löst dazu seine Kupferverbindung in möglichst wenig verdünnter Salzsäure, fällt mit dem fünffachen Volumen absolutem Alkohol, löst den Niederschlag in Wasser und bestimmt den Gehalt an Hefegummi durch Polarisation ($[\alpha]_D = +88{,}8°$).

Von einem Präparat, das nach der Bleiphosphatfällung den P.W. 4,4 besaß, vermischten wir 10 ccm, enthaltend 920 P.E., mit 5 ccm einer 4proz. Hefegummilösung, wodurch der P.W. auf 2,25 sank. Dazu gaben wir 10 ccm Wasser, enthaltend 175 mg Tonerde, zentrifugierten und bestimmten in der Restlösung den Enzymgehalt zu 1050 P.E., das Trockengewicht zu 281 mg und den Hefegummi zu 175 mg. Wir bewerten diesen Versuch folgendermaßen: Die Tonerde nahm Reste des Hemmungskörpers auf und daneben noch so viel Begleitstoffe, daß der P.W. von 2,2 auf 3,7 stieg. Ziehen wir vom Trockengewicht der Restlösung den noch vorhandenen Hefegummi ab, so berechnet sich der P.W. zu 9,8. Ein zweiter, sonst analoger Versuch, enthielt im selben Volumen 350 mg Tonerde. Danach ließen sich in der Restlösung neben 238 mg Trockengewicht noch 700 P.E. und 167 mg Hefegummi bestimmen. Der Reinheitsgrad der Restlösung ist 2,5. Wenn man aber vom Trockengewicht den noch vorhandenen Hefegummi abzieht, so kommt man zum höchsten bisher erreichten P.W. 10,0.

[33] IV. Chemisches Verhalten und Beständigkeit der Präparate.

Der käufliche Succus Caricae Papayae ist der eingetrocknete Milchsaft des Melonenbaumes. Er enthält, unbeschadet seiner pflanzlichen Herkunft, keine Kohlehydrate, dagegen in der Hauptsache Eiweiß und seine Abbauprodukte.

Mit Chloroform lassen sich, wie erwähnt, 10 % des Trockengewichtes aus dem Succus herauslösen. Beim Eindunsten hinterläßt das Chloroform eine gelbe, wachsartige, wasserunlösliche Masse, welche die Liebermannsche und die Machsche Reaktion gibt. In reineren Präparaten sind diese Reaktionen nicht mehr zu konstatieren.

Weder wäßrige Succuslösungen, noch solche, die mit 20proz. Salzsäure einige Minuten gekocht werden, geben die geringste Fehlingsche Reaktion. Die schwach positive Reaktion von Molisch ist also nicht von Kohlehydraten verursacht.

Größeres Interesse beanspruchen die Eiweißreaktionen, welche mit den Succuslösungen alle positiv ausfallen. Im Vordergrund stehen die Millonsche Reaktion mit dem stärksten Ausfall und die sehr umfangreiche Fällung mit Ferrocyankali und Essigsäure. Auch schon beim Versetzen mit Essigsäure oder mit wenig Ammoniak entstehen Niederschläge. Die Biuretreaktion ist deutlich, ebenso die Fällung mit Ammonsulfatlösung und die Ninhydrinreaktion. Auf der beherrschenden Stellung der Eiweißsubstanzen unter den Begleitern des Papains beruhen hauptsächlich die Schwierigkeiten, die sich der Abtrennung enzymatisch unwirksamer Stoffe entgegenstellen.

Die Millonsche Reaktion hat sich im Verlauf der Reinigung eher verstärkt. Wir führen sie, wie alle anderen Proben, stets mit 50 P.E. aus. Während die Succuslösungen beim Erhitzen des mit dem Reagens entstehenden Niederschlages eine braune Masse liefern, erhält man aus den mit Bleiphosphat gereinigten Lösungen die typischen roten Flocken, während sich die Lösung rosa anfärbt.

Gleichmäßig bleiben die Molisch- und die Ninhydrinreaktion, nur nach der Selbstverdauung ist letztere verstärkt.

[34] Der Reinigungserfolg der Bleiphosphatfällung zeigt sich an der Abnahme der Fällung mit Ferrocyankali und Essigsäure und an dem Rückgang der Biuretreaktion, deren Färbung zugleich von Violett sich in Rot verändert. Die Belanglosigkeit der das Papain begleitenden höheren Eiweißkörper zeigt deutlicher die präparative Fällung mit Ferrocyankali und Essigsäure, die sich quantitativ durchführen läßt, so daß sie in den erhaltenen Papainlösungen sich nicht wiederholt. Diese Reinigungsoperation bringt zugleich die Fällung mit Ammoniak vollständig, die mit Ammonsulfat bis auf minimale Reste zum Verschwinden.

Da ihr positiver Ausfall für höhere Eiweißkörper charakteristisch ist und man durch Dialyse zum Teil mit sehr geringem Enzymverlust die Aminosäuren entfernen kann, so sind die Begleiter des Papains in reineren Präparaten Peptone und Peptide. Die Anwesenheit von einfachen Peptiden in den Restlösungen der Bleiphosphatfällung beweist der erwähnte Versuch einer Verdauung mit Erepsin, der von deutlichem Aciditätszuwachs begleitet war. Da durch ihn die enzymatische Wirksamkeit nicht aufgehoben, sondern sogar verstärkt wurde, haben wir angenommen, daß der Hemmungskörper der Proteolyse zur Gruppe der Peptide gehört. Es bleiben somit als noch nicht abtrennbare Begleiter des Papains aus bekannten Körperklassen Peptone und Polypeptide übrig. Ob sie mit der enzymatischen Wirksamkeit notwendig verbunden sind oder, wie bei zahlreichen anderen Enzymen, als unwesentliche Begleiter der wirksamen Substanz betrachtet werden können, soll durch die weitere Untersuchung geprüft werden.

Es ist noch nicht möglich, die Veränderungen in der Haltbarkeit des Papains mit der Abtrennung bestimmter Begleitstoffe in ursächlichen Zusammenhang zu bringen. Zur Verwirrung der Verhältnisse trägt besonders die wechselnde Menge vorhandenen oder entstehenden Hemmungskörpers bei. Man kann oft nicht entscheiden, ob Abnahmen der enzymatischen Wirksamkeit auf die Entstehung von Hemmungskörper oder auf Zerstörung des Enzyms selbst zurückzuführen sind, und [35] wie weit Beständigkeit durch die vermehrte Wirksamkeit infolge Entfernung des Hemmungskörpers vorgetäuscht ist.

Im allgemeinen nimmt die Wirksamkeit von Succuslösungen in den ersten Tagen etwas zu, z. B. in 3 Tagen auf 120% bei einer verdünnten, auf 104% bei der 12fach konzentrierten Lösung. Nach 8 Tagen ist meist schon eine geringe Verminderung der Wirksamkeit festzustellen, in den nächsten 8 Tagen eine stärkere, dann aber mit der Zeit immer geringer werdende Abnahme. Z. B. fanden wir nach 8 Tagen noch 89%, nach 14 Tagen 71% der Wirksamkeit des frischen Succus. In Wirklichkeit ist wohl die Inaktivierung in den ersten Tagen am stärksten und nimmt mit der Anhäufung von inaktivem Enzym ständig ab. Sie wird aber im Anfang überkompensiert durch die raschere Zerstörung des Hemmungskörpers.

Eine gewisse Abhängigkeit von der Konzentration der Succuslösungen ist nicht zu verkennen; verdünnte Lösungen zeigen in den ersten Tagen einen stärkeren Zuwachs, dann aber auch eine stärkere Abnahme als konzentrierte.

Deutlich ist der Einfluß der Wasserstoffionenkonzentration auf die Beständigkeit, den die Abb. 5 veranschaulicht. Ein nicht sehr scharfes Maximum der Beständigkeit liegt sowohl in verdünnten, wie in konzentrierten, sowohl bei Succuslösungen, wie auch bei reineren Präparaten im Gebiete von p_H 5 bis 6. Das p_H-Optimum der Beständigkeit fällt also annähernd zusammen mit dem Maximum der enzymatischen Wirksamkeit bei p_H 5.[1]

Die starken Verluste bei den Dialysen reinerer Präparate hatten wir anfangs auf die Bildung von Säure zurückgeführt, doch ist nach der Abb. 5 der niederste p_H von 4,4, den wir nach einer Elektrodialyse maßen, noch nicht ausreichend, um die Zerstörung zu erklären. Trotzdem ist der Zusammenhang mit dem Auftreten von Säure sicher, denn alle Dialysen, die geringe Enzymverluste brachten, zeigten zugleich geringe oder keine Zunahme der Wasserstoffionenkonzentration. Man muß [36] annehmen, daß die Dialyse einen spezifischen Stabilisator, vielleicht mit Puffereigenschaften, entfernt. Pufferzusatz bewirkt eine geringe Vermehrung der Beständigkeit.

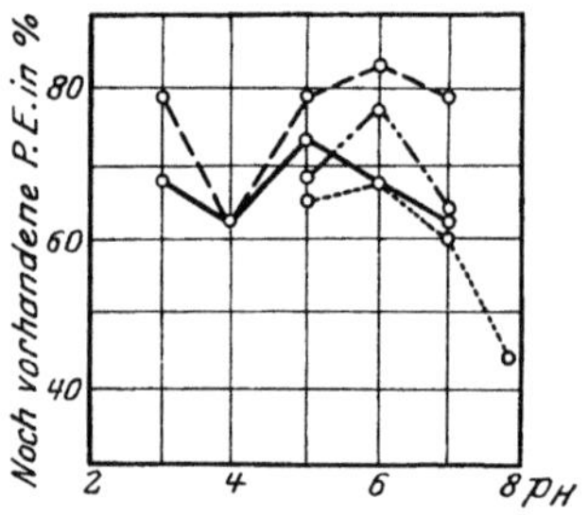

Abb. 5. Abhängigkeit der Beständigkeit von der Wasserstoffionenkonzentration.
—— Beständigkeitskurve einer Succuslösung (c = 1920) nach 13 Tagen.
— — — Beständigkeitskurve einer Succuslösung (c = 24000) nach 13 Tagen.
······· Beständigkeitskurve einer Lösung vom P.W. 2,8 (Selbstverdauung — Dialyse — Alkoholfällung) (c = 3080) nach 8 Tagen.
··-··-·· Beständigkeitskurve einer Bleiphosphatrestlösung, P.W. = 3,0 (c = 8700) nach 7 Tagen.

Der Notgemeinschaft der deutschen Wissenschaft und ihrem Japanausschuß danken wir auch an dieser Stelle für das Forschungsstipendium, das die Durchführung unserer Untersuchung ermöglichte.

[1] Diese Zs. Bd. 138, S. 184, und zwar S. 198, Abb. 1 [1924].

Zeitschrift für physiologische Chemie 167, S. 188 [1927].

124. ADSORPTIONSVERHALTEN UND TRENNUNG DER HEFEPROTEASEN.

Von WOLFGANG GRASSMANN und WALTHER HAAG.

Achte Abhandlung über Pflanzenproteasen in der von R. WILLSTÄTTER und MITARBEITERN begonnenen Untersuchungsreihe.

(Aus dem Chemischen Laboratorium der Bayerischen Akademie der Wissenschaften in München.)

(Der Redaktion zugegangen am 29. März 1927.)

Die Trennung des dipeptidspaltenden und des tryptischen Enzyms der Hefe gelingt nach den Befunden von R. WILLSTÄTTER und W. GRASSMANN[1] auf Grund der verhältnismäßig geringfügigen quantitativen Unterschiede, welche die beiden Proteasen bei der Adsorption an Tonerde aufweisen. In schwach saurer Lösung wird nämlich das tryptische Enzym leicht, das ereptische erheblich schwerer von Aluminiumhydroxyd aufgenommen und bei wiederholter Adsorption gelingt es, einen Teil des peptidspaltenden Enzyms in der Restlösung frei von tryptischer Wirkung zurückzubehalten, während das Hefetrypsin aus den Adsorbaten durch Ammoniak völlig oder doch nahezu unwirksam gegen Leucylglcyin erhalten werden kann. Der Erfolg dieses Trennungsverfahrens ist indessen von der richtigen Bemessung der Tonerdemengen, von den Reaktionsbedingungen und von dem Zustand der Enzymlösung entscheidend abhängig. Für die Zwecke der Spezifitätsuntersuchung, über deren Ergebnis die folgende Mitteilung berichtet, schien es daher notwendig, die Darstellung der einheitlichen Proteasen auf eine [189] ausführlichere Untersuchung ihres Adsorptionsverhaltens zu gründen.

Die Wirkung der ereptischen Enzymkomponente, die wir unter den von WILLSTÄTTER und GRASSMANN angegebenen Bedingungen mit Leucylglycin als Substrat verfolgen, ist, wie aus der folgenden Untersuchung hervorgehen wird, auf die Spaltung einfacher Dipeptide beschränkt; das Enzym ist daher nunmehr richtiger als „Hefe-Dipeptidase" zu bezeichnen. Dagegen soll für das tryptische Enzym, das hier noch ausschließlich nach seinem Spaltungsvermögen gegenüber Gelatine gemessen wird, die Bezeichnung „Hefetrypsin" zunächst beibehalten werden, obwohl sein Wirkungsbereich sich bis zu niederen, synthetisch zugänglichen Peptiden zu erstrecken scheint.

[1] R. WILLSTÄTTER und W. GRASSMANN, 6. Abhandlung über Pflanzenproteasen, Diese Zs. Bd. 153, S. 250 [1926].

Die für die adsorptive Trennung der beiden Proteasen günstigsten Verhältnisse — maximale Adsorbierbarkeit des Trypsins bei geringer Adsorption der Dipeptidase — finden wir bei der Verwendung ganz frischer Autolysate und bei der Adsorption aus möglichst saurer und aus verdünnter Lösung. Eine besondere Rolle kommt dabei den in den Lösungen anwesenden Beimengungen der Enzyme zu. Aus dem Adsorptionsverhalten der Dipeptidase, besonders aus der Diskussion der Adsorptionsisotherme, muß der Schluß gezogen werden, daß die geringe Adsorbierbarkeit dieses Enzyms, die dem Trennungsverfahren zugrunde liegt, keine Eigenschaft des Fermentes selbst darstellt. Sie ist vielmehr im wesentlichen der Wirkung von Begleitstoffen zuzuschreiben, die das Enzym von der adsorbierenden Oberfläche zu verdrängen vermögen. Eine Modifikation des Trennungsverfahrens, die diesem Umstande Rechnung trägt, gestattet es, Mindestausbeuten von 30 %, optimale von 60 bis 70 % der angewandten Dipeptidase frei von tryptischer Wirkung zu gewinnen.

Dagegen haben sich Unterschiede im auswählenden Adsorptionsvermögen verschiedener Tonerdesorten, wie sie besonders im Falle der Pankreasproteasen beobachtet worden sind[1], [190] bei den Hefeenzymen bisher nicht ergeben. Tonerdeproben der Sorte A und C_γ [1]) verhalten sich den Hefeproteasen gegenüber übereinstimmend und sind zur Trennung in gleicher Weise geeignet. Auch von Kaolin werden die beiden Proteasen zwar mit erheblich geringeren Adsorptionswerten, aber in einem ähnlichen gegenseitigen Mengenverhältnis aufgenommen.

Aus den Tonerdeadsorbaten läßt sich das tryptische Enzym durch Einwirkung von verdünntem Ammoniak in Freiheit setzen. Es ist jedoch trotz mehrfacher Veränderung der Versuchsbedingungen bisher nicht gelungen, erheblich über die früher erzielte Ausbeute von etwa 40 % der adsorbierten Menge hinauszukommen. Viel vollständiger, aber nicht ganz frei von beigemengter Dipeptidase, wird das Hefetrypsin durch Elution mit Diammonphosphat gewonnen. Zur Darstellung der einheitlichen Tryptase adsorbieren wir die so gewonnenen Elutionen zum zweiten Male an Tonerde und eluieren nunmehr das Enzym mit Ammoniak. Die Endausbeute ist nach diesem Verfahren etwas geringer als nach dem früher mitgeteilten direkten, aber die vollständige Entfernung der Dipeptidase wird mit viel größerer Sicherheit erreicht.

1. Zur Darstellung und Bestimmung der Hefeproteasen.

Das am meisten geeignete Verfahren zur Freilegung der beiden Proteasen, nach dem alle in dieser Arbeit verwendeten Enzymlösungen gewonnen sind, besteht nach den früheren Befunden[2]) in der raschen Abtötung der unverdünnten frischen Hefe mit Essigester und kurzdauernder Freilegung des Enzyms bei neutraler Reaktion. Etwa

[1] E. WALDSCHMIDT-LEITZ und A. HARTENECK, Diese Zs. Bd. 149, S. 203, und zwar S. 215 [1925]; E. WALDSCHMIDT-LEITZ, A. SCHÄFFNER und W. GRASSMANN, Diese Zs. Bd. 156, S. 68, und zwar S. 82 [1926].

[1]) R. WILLSTÄTTER und H. KRAUT, Chem. Ber. Bd. 56, S. 1117 [1923]; R. WILLSTÄTTER, H. KRAUT und O. ERBACHER, Chem. Ber. Bd. 58, S. 2448, und zwar S. 2455 [1925] (*Abh. 17 u. 22*).

[2]) R. WILLSTÄTTER und W. GRASSMANN, a. a. O. S. 278.

$1^1/_2$ Stunden nach Versuchsbeginn trennt man eine Vorfraktion des Autolysates ab, die etwa 25% des Hefetrockengewichtes, aber noch keine nachweisbaren Mengen der Proteasen enthält. Nach 24 bis 30 Stunden — die Reaktion soll möglichst zwischen $p_H = 6{,}5$ und 7 **[191]** gehalten werden — ist die Freilegung der Enzyme beendet. Das Verfahren hat in den nun vorliegenden zahlreichen Versuchen gute und reproduzierbare Ausbeuten an beiden Enzymen ergeben.

So erhielt man im Mittel von rund 40 Versuchen aus je 1 g frischer Hefe (mit einem Trockengewicht von 22—25%) etwa 0,6 (höchstens 0,8 und mindestens 0,3) Trypsineinheiten und 7,0 (höchstens 12 und mindestens 4) Einheiten der Dipeptidase. Die Trypsineinheit war dabei im Mittel in 95, bestenfalls in 58 mg, die Einheit der Dipeptidase im Mittel in 6,2, im besten Falle in 3,7 mg Trockensubstanz der Enzymlösung enthalten. Die Einheit der Dipeptidase, d. h. diejenige Enzymmenge, welche unter den früher festgesetzten Bedingungen 225 mg d,l-Leucylglycin in 1 Stunde zur Hälfte spaltet, ist demnach aus durchschnittlich 33 mg Hefetrockensubstanz gewinnbar.

Die Bestimmung der tryptischen und der ereptischen Enzymkomponente erfolgte unter den früher angegebenen Bedingungen mit Gelatine bzw. Leucylglycin als Substrat. Wenn auch der Einfluß aktivierender und hemmender Begleitstoffe bei der Mengenbestimmung der beiden Enzyme, wie gezeigt worden ist, nicht völlig ausgeschaltet werden kann, so hat ihre Anwendung innerhalb der präparativen Versuche doch nie zu beträchtlichen Widersprüchen geführt. Im Falle des peptidspaltenden Enzyms sind allerdings bei reineren Enzymlösungen vielfach Abweichungen von der monomolekularen Kinetik beobachtet worden, die noch untersucht werden sollen.

Das Ergebnis der den Carboxylzuwachs erfassenden Bestimmungsmethode des tryptischen Enzyms haben wir qualitativ durch die Beobachtung des Verflüssigungsvermögens gegenüber Gelatine (vgl. S. PALITZSCH und L. E. WALBUM[1], K. G. DERNBY[2]) kontrolliert und stets gute Übereinstimmung gefunden: alle Hydrolysenmischungen, in denen die unter den Bedingungen der Bestimmungsmethode gemessene Aciditätszunahme weniger als 0,07 ccm $^n/_5$-KOH betrug, erstarrten beim Abkühlen mit Brunnenwasser vollständig innerhalb weniger Minuten; die Erstarrung erfolgte mehr oder weniger langsam und unvollständig, wenn die gemessene Spaltung zwischen etwa 0,07 und 0,20 ccm lag und sie unterblieb vollkommen, wenn ein höherer Aciditätszuwachs gemessen war. Auch im Falle der Hefeproteasen liegt demnach kein Grund für **[192]** die Annahme eines gesonderten, auf die Zerlegung hochmolekularer Substrate eingestellten Enzyms vor, das sich dem Nachweis durch Bestimmung chemisch faßbarer Gruppen entziehen würde.

Im Gegensatz zu den ohne Abtrennung einer Vorfraktion gewonnenen Chloroform-Neutralautolysaten [vgl. R. WILLSTÄTTER und K. SCHNEIDER[1])] und zu den nach dem Verfahren von A. v. LEBEDEW[2]) erhaltenen Macerationssäften aus Trockenhefe [vgl. E. ABDERHALDEN und A. FODOR[3])] geben die von uns benutzten Enzymlösungen beim Ansäuern keine Eiweißfällung, sondern kaum eine sichtbare Trübung. Zur Bewertung der in saurer Lösung vorgenommenen Adsorptionsversuche, besonders aber auch im Hinblick auf die Annahme von A. FODOR[4]), wonach enge Beziehungen

[1] Biochem. Zs. Bd. 47, S. 1 [1912]. [2] Biochem. Zs. Bd. 81, S. 107 [1917].

[1]) R. WILLSTÄTTER und K. SCHNEIDER, 8. Abhandl. über Invertin, Diese Zs. Bd. 142, S. 257, und zwar S. 268 [1924/25].

[2]) Diese Zs. Bd. 73, S. 447 [1911]; C. R. Bd. 152, S. 49, 1129 [1911]; Ann. Inst. Pasteur Bd. 26, S. 8 [1912].

[3]) Fermentforsch. Bd. 1, S. 533 [1916].

[4]) Fermentforsch. Bd. 3, S. 193 [1921]; Bd. 4, S. 209 [1921]; Bd. 6, S. 238 [1922]; Kolloid-Zs. Bd. 26, S. 232 [1921]; Bd. 28, S. 293 [1921]; Bd. 29, S. 28 [1922]; Bd. 31, S. 279 [1922].

zwischen diesem „Säurekoagulum“ und der Peptidasewirkung bestehen sollten, war die Frage zu prüfen, ob der beim Ansäuern ausfallende Niederschlag nennenswerte Mengen der beiden Proteasen mitzureißen vermag. Das ist in unseren Enzymlösungen nicht der Fall. In einem Beispiele, wo die etwas beträchtlichere Menge der Fällung eine glatte Abtrennung des Eiweißniederschlages in der Zentrifuge ermöglichte, fanden sich 96% des tryptischen und 85% des dipeptidspaltenden Enzyms in der klaren sauren Restlösung wieder, während der sofort in wenig Diammonphosphat gelöste Niederschlag gemäß den ausgeführten Bestimmungen nur 2 bzw. 1% der ursprünglichen Enzymmenge enthielt.

2. Adsorptionsverhalten der Proteasen.

Mit Rücksicht auf die hohe Empfindlichkeit der Hefedipeptidase, die nach den Befunden von WILLSTÄTTER und GRASSMANN schon bei $p_H = 4$ und bei $p_H = 9{,}3$ innerhalb einer Stunde fast vollkommen zerstört wird, waren die das [193] Adsorptionsverhalten der beiden Proteasen betreffenden Versuche innerhalb eines verhältnismäßig engen Bereiches der Wasserstoffionenkonzentration durchzuführen. Die Adsorbierbarkeit der beiden Hefeproteasen steigt mit steigender $H^{\cdot}$-Konzentration an, aber der Einfluß der Acidität ist, wie aus den Versuchen der Tab. 1 hervorgeht, sehr ungleich. So wurde von der Tryptase bei $p_H = 6{,}8$ nur 14%, bei $p_H = 4{,}9$ aber 89% adsorbiert, während die Adsorption der Dipeptidase nur von 40 auf 65% vermehrt worden ist (Zeile 1 und 2). Das Maximum der Adsorbierbarkeit ist für das ereptische Enzym, nicht aber für das tryptische bei $p_H = 4{,}8$ erreicht (Zeile 4 bis 6). Zur praktischen Trennung der Enzyme haben wir uns im allgemeinen mit dieser Reaktion begnügt, obwohl bei sehr rascher Durchführung der Versuche möglicherweise in einem stärker sauren Medium noch bessere Ergebnisse hätten erzielt werden können. Die Adsorbierbarkeit beider Proteasen steigt ferner mit der Verdünnung (Zeile 2 und 3) und, wie schon früher hervorgehoben wurde, mit dem Alter (Zeile 5 und 2) der Enzymlösung beträchtlich an, und zwar wird von dem ersten Einfluß besonders das tryptische, von dem zweiten viel mehr das ereptische Enzym betroffen. Man wird demnach die Trennung der Proteasen in frischen Autolysaten bei starker (z. B. 4facher) Verdünnung und bei $p_H = 4{,}5$ bis $5{,}0$ vorzunehmen haben.

Tabelle 1.
Adsorption der Hefeproteasen bei verschiedener Acidität und Verdünnung.
(Adsorbens 63 mg Tonerde A.)

Nr.	Alter der Enzymlösung (Tage)	Angewandt		p_H	Vol.	Adsorbiert			
		Dipeptidase (Einh.)	Trypsin (Einh.)		ccm	Dipeptidase Einh.	Dipeptidase %	Trypsin Einh.	Trypsin %
1	7	105	10,6	6,8	120	42	40	1,5	14
2	7	105	10,6	4,9	120	68	65	9,4	89
3	7	105	10,6	4,9	35	55	52	5,8	54
4	2	99	11,2	5,4	120	18	18	6,2	55
5	2	99	11,2	4,8	120	33	33	8,3	74
6	2	99	11,2	4,5	120	30	30	10,2	91

[194] Zu den Versuchen der Tab. 1 dienten je 30 ccm desselben Autolysates. Um eine Enzymzerstörung während des Versuches nach Möglichkeit zu vermeiden, wurden hier, wie in den folgenden Versuchen, alle Adsorptionen bei annähernd 0° und möglichst rasch ausgeführt. Die gewünschte Acidität wurde mit Essigsäure eingestellt und colorimetrisch in der Restlösung kontrolliert.

Bei Variation der Tonerdemengen ergeben sich charakteristische Unterschiede zwischen den beiden Proteasen hinsichtlich ihrer Verteilung zwischen der adsorbierenden Oberfläche und der Lösung. Wenn man (Tab. 2) Proben einer bestimmten Enyzmlösung unter gleichen Bedingungen der Acidität und des Endvolumens mit steigenden Mengen von Aluminiumhydroxyd behandelt, so findet man, daß durch die ersten Anteile des Adsorbens nur wenig von der Dipeptidase und mit geringen Adsorptionswerten aufgenommen wird. Mit steigenden Tonerdemengen wächst indessen die Adsorbierbarkeit des Enzyms; die berechneten Adsorptionswerte (adsorbierte Einheiten pro 1 g Adsorbens) gehen durch ein Maximum, wenn etwa zwei Drittel des Enzyms wegadsorbiert sind. Ganz anders verhält sich das tryptische Enzym: es wird von den ersten Anteilen des Adsorptionsmittels sehr stark aufgenommen und die Adsorptionswerte zeigen ein stetiges und erhebliches Abfallen mit steigendem Adsorptionsgrad. Das

Tabelle 2.
Adsorption der beiden Proteasen an steigende Mengen von Tonerde.
(Angewandt 12 ccm Enzymlösung [2 Tage alt] mit 31 Erepsineinheiten und 2,3 Trypsineinheiten. Vol. = 50 ccm; p_H = 5,0, eingestellt durch $^n/_{75}$-Acetatpuffer; 0°. Adsorbens: Tonerde A,)

Al_2O_3 (mg)	Dipeptidase			Trypsin		
	Einh. in der Restlösung	absorb. %	Adsorpt.-Wert	Einh. in der Restlösung	absorb. %	Adsorpt.-Wert
5,9	—	—	—	1,5	35	133
11,7	24,1	22	590	1,1	52	104
23,5	13,4	57	760	0,3	87	87
47,0	1,6	95	620	0,0	100	49
94,0	1,0	97	320	—	—	—

ereptische [195] Enzym steht in diesem Verhalten dem Invertin der rohen Hefeauszüge (vgl. besonders H. KRAUT und E. WENZEL[1]), das tryptische z. B. dem Papain[2] nahe. Das Verhalten der Dipeptidase wird man wie im Falle der Saccharase durch die Annahme zu deuten haben, daß das Enzym um die adsorbierende Oberfläche mit Begleitstoffen — wohl proteinartiger Natur — zu konkurrieren hat und daß seine Adsorption erst dann in erheblichem Maße einsetzt, wenn der größere Teil der die Adsorption hemmenden Beimengungen wegadsorbiert worden ist. Das starke Ansteigen der Adsorbierbarkeit beim Altern der Enzymlösungen (Tab. 1) dürfte danach auf den allmählichen Abbau der anwesenden Proteine zurückzuführen sein. Demgegenüber wird offenbar die Tryptase in ihrem Adsorptionsverhalten viel weniger von den Begleitstoffen beeinflußt.

Der Einfluß der in den Enzymlösungen enthaltenen Beimengungen läßt sich auch unmittelbar nachweisen. Es genügt, wie aus drei Versuchen der Tab. 3 hervorgeht, den

[1] H. KRAUT und E. WENZEL, Diese Zs. Bd. 133, S. 1 [1924]; Bd. 142, S. 71 [1925] (*Abh. 51 u. 52*).
[2] Vgl. R. WILLSTÄTTER und W. GRASSMANN, Diese Zs. Bd. 138, S. 184 [1924]; H. KRAUT und E. BAUER, Diese Zs. Bd. 164, S. 10 [1927] (*Abh. 117 u. 123*).

Enzymlösungen einen Teil der bei der Darstellung abgetrennten unwirksamen Vorfraktion wieder zuzusetzen, um die Adsorbierbarkeit der Dipeptidase erheblich herabzudrücken, während die Adsorption des Trypsins nicht verändert, oder sogar (Zeile 1 und 2) gesteigert wird. Die bei der Enzymfreilegung angewandte Fraktionierung ist demnach wohl für die Reinheit des Enzymmaterials, nicht aber für die beabsichtigte Trennung von Vorteil gewesen. Da aber offenbar die der Adsorption der Dipeptidase entgegenwirkenden Begleitstoffe ihrerseits selbst von der Tonerde aufgenommen werden, kann man ihre Wirkung nutzen, ohne die Enzymlösung durch die Hauptmenge der unwirksamen Vorfraktion zu verunreinigen. Man verfährt ebenso gut so, daß man das für den Trennungsversuch bestimmte Aluminiumhydroxyd zuerst mit dem Verflüssigungssaft vorbehandelt und so seine Oberfläche mit den die Adsorption hemmenden Stoffen belädt. So vorbereitete Tonerden [197] adsorbieren (Tab. 3, Zeile 5 und 7, 8 und 9) die Dipeptidase in der Tat viel weniger, während das tryptische Enzym völlig oder doch nahezu unvermindert von ihnen aufgenommen wird.

Tabelle 3.
[196] Adsorption der Hefeproteasen; Einfluß von Adsorbens und Begleitstoffen.
(Endvolumen = 50 ccm; p_H = 5,0, eingestellt durch n/75-Acetatpuffer; etwa 0°.)

Nr.	Angewandt		Adsorbens	mg	Zusatz	Adsorbiert			
	Dipeptidase (Einh.)	Trypsin (Einh.)				Dipeptidase (Einh.)	Dipeptidase %	Trypsin (Einh.)	Trypsin %
1	19,4	1,4	Tonerde A, gewöhnlich	25	—	12,4	64	1,24	89
2	19,4	1,4	desgl.	25	4 ccm Verflüssigungssaft	9,3	48	1,40	100
3	44,5	2,9	desgl.	70	—	42,1	95	2,9	100
4	44,5	2,9	desgl.	70	10 ccm Verflüssigungssaft	32,9	74	2,9	100
5	24,9	2,4	desgl.	15	—	15,2	61	1,9	81
6	24,9	2,4	desgl.	15	10 ccm Verflüssigungssaft	14,0	56	1,9	81
7	24,9	2,4	Tonerde A, vorbehandelt	15	—	10,8	44	1,65	70
8	42,2	2,9	Tonerde A, gewöhnlich	70	—	39,8	94	2,9	100
9	42,2	2,9	Tonerde A, vorbehandelt	70	—	23,1	55	2,8	97
10	48,5	2,9	Tonerde A, gewöhnlich	35	—	33,3	69	2,7	93
11	48,5	2,9	Tonerde Cγ, gewöhnlich	35	—	33,7	70	2,8	96
12	48,5	2,9	Kaolin	525	—	7,5	15	1,6	55

Weit stärker macht sich der Einfluß einer solchen Aufladung der Tonerde bei mehreren aufeinanderfolgenden Adsorptionen geltend. Es ist nach dem Vorausgehenden zu erwarten und wird durch den Versuch bestätigt, daß in den nach partieller Adsorption erhaltenen und an Begleitstoffen verarmten Restlösungen die Adsorbierbarkeit der Dipeptidase stark gesteigert ist, und es muß demnach gerade die Entfernung der letzten Reste des tryptischen Enzyms mit starken Verlusten an der Dipeptidase erkauft werden.

In einem Beispiel wurden 146 Dipeptidaseeinheiten und 22,7 Trypsineinheiten bei p_H = 5 mit 210 mg Tonerde A im Volumen von 250 ccm behandelt. Nach der Analyse der Restlösung waren 26 % der Dipeptidase mit einem Adsorptionswert von 180 und 60 % des Trypsins mit einem A.W. von 65 % adsorbiert worden. Als man die erhaltene Restlösung neuerdings mit 87 mg Tonerde versetzte, gingen 51 % der noch vorhandenen Dipeptidase mit einem A.W. von 630 und 94 % des Trypsins mit einem A.W. von 97 in das Adsorbat über. Gegenüber der ersten Adsorption ist also die Adsorbierbarkeit der Dipeptidase auf das $3^1/_2$fache, die der Tryptase nur unwesentlich gesteigert worden.

Dagegen beobachtet man bei Verwendung der vorbehandelten Tonerde in aufeinanderfolgenden Adsorptionen keine Steigerung, sondern meist ein geringes Abfallen der Adsorbierbarkeit des peptidspaltenden Enzyms.

Es ist bisher nicht gelungen, die Tonerdesorte A, mit der die meisten unserer Versuche ausgeführt worden sind, durch schärfer auswählende Adsorbentien zu ersetzen. Mehrere Proben der Sorte C_γ verhielten sich, wie durch ein Beispiel der Tab. 3 belegt wird, vollkommen übereinstimmend mit dem Aluminiumhydroxyd A. Auch Niederschläge von Casein, in der Enzymlösung selbst durch Ansäuern erzeugt, sowie Suspensionen von Fibrin adsorbierten neben dem Trypsin erhebliche Mengen der Dipeptidase.

Die Adsorption der Hefepeptidase an Kaolin haben schon A. FODOR, A. BERNFELD und R. SCHÖNFELD[1] eingehend [198] untersucht und maximale Adsorption im schwach sauren Gebiet gefunden. Bei dieser Acidität werden beide Enzyme vom Kaolin aufgenommen, wenngleich mit rund 40mal kleineren Absorptionswerten als im Falle der Tonerde. Auch hier zeigt sich das Trypsin leichter adsorbierbar als das dipeptidspaltende Enzym, neben dem es vorkommt (Tab. 3, Zeile 10 und 12). Die Kaolinadsorbate sind durch Diammonphosphat eluierbar.

3. Darstellung der einheitlichen Dipeptidase.

Zwar gelingt es bei Anwendung geeigneter Mengen von Tonerde bisweilen, wie Beispiele der Tab. 3 zeigen, nach einmaliger Adsorption brauchbare Ausbeuten der Dipeptidase frei von tryptischer Wirkung in den Restlösungen zurückzubehalten. Sicherer ist es indessen, die Entfernung des Trypsins durch mehrmalige Einwirkung kleiner Mengen von Tonerde zu bewirken und das Adsorbens mit der bei der Darstellung der Enzymlösung abgetrennten inaktiven Vorfraktion zu behandeln. Die Tonerdemenge bemessen wir so, daß eine einmalige Adsorption 10, höchstens 15 % der Dipeptidase entfernt, und wiederholen die Einwirkung 4- bis 5mal. Auch bei dieser Arbeitsweise schwanken die Ausbeuten der Dipeptidase noch recht erheblich, nämlich zwischen etwa 30 und 65 % der angewandten Menge. Als trypsinfrei betrachten wir eine Lösung, wenn eine Probe, die nicht weniger als eine Dipeptidaseeinheit enthalten soll, bei der Einwirkung auf 0,6 g Gelatine unter den Bedingungen der Bestimmungsmethode innerhalb 24 Stunden keine alkalimetrisch meßbare, noch an der Herabsetzung der Erstarrungsfähigkeit erkennbare Hydrolyse hervorruft.

Beispiel: 500 g frische Bierhefe wurden mit 50 ccm Essigester unter Umrühren rasch verflüssigt, mit Wasser zu einem Volumen von 1 l verdünnt und die auftretende Säure fortlaufend mit Ammoniak unter Vermeidung jeden Alkaliüberschusses neutralisiert. Der nach $1^1/_2$ Stunden in der Zentrifuge abgetrennte Verflüssigungssaft war gegen Gelatine und Peptid wirkungslos.

Der Heferückstand wurde mit etwa 2 l Wasser gewaschen, von neuem in Wasser zu einem Volumen von 1 l unter Zusatz von Toluol suspendiert und die Enzymlösung nach 22 Stunden (vom Versuchsbeginn an) isoliert. Sie enthielt im Kubikzentimeter 3,54 Einheiten der Dipeptidase und 0,31 Einheiten des Trypsins:

[1] Kolloid-Zs. Bd. 37, S. 32, 159 [1925]; A. FODOR und R. SCHÖNFELD, Bd. 39, S. 240 [1926].

[199] 0,24 ccm ergaben, unter den üblichen Bedingungen bestimmt, nach 1 Stunde eine Peptidspaltung entsprechend 1,39 ccm $^n/_5$-KOH, enthielten demnach 0,85 Einheiten. — 1,20 ccm bewirkten, nach Abzug einer geringen Selbstspaltung, eine Gelatinehydrolyse entsprechend 0,97 ccm, was 0,37 Einheiten anzeigt.

400 ccm des erhaltenen Verflüssigungssaftes brachte man mit Essigsäure auf annähernd $p_H = 5{,}0$, fügte 80 ccm $^n/_2$-Acetatpuffer von gleicher Reaktion hinzu, versetzte mit einer Suspension von 700 mg Tonerde A und ergänzte das Volumen zu 1600 ccm. Das abzentrifugierte, verlustlos gesammelte Tonerdegel wurde im Meßkolben zu einem Volumen von 50 ccm suspendiert (1 ccm = 14 mg Al_2O_3).

70 ccm der Enzymlösung (248 Einheiten der Dipeptidase und 21,6 Trypsineinheiten enthaltend) brachte man mit 0,60 ccm $^n/_1$-Essigsäure auf annähernd $p_H = 5{,}0$, fügte 6,6 ccm $^n/_2$-Acetatpuffer gleicher Reaktion und etwa 170 ccm Wasser hinzu. Nach Zugabe von 6,4 ccm der erhaltenen Tonerdesuspension (90 mg Al_2O_3) wurde das Volumen zu 250 ccm ergänzt. Nachdem das Adsorbat in der Zentrifuge abgetrennt war, wiederholte man die Behandlung mit einer gleichen Menge Tonerde noch viermal (rasch und möglichst in der Kälte). Die letzte Restlösung hatte ein Volumen von 275 ccm; sie war frei von Trypsin und enthielt 105 Einheiten, d. i. 42 % der angewandten Dipeptidase:

2,5 ccm bewirkten unter den üblichen Bedingungen in 24 Stunden keine meßbare Gelatinespaltung. Nach Beendigung der Bestimmung erstarrte die Probe sofort beim Abkühlen mit Brunnenwasser.

1,4 ccm bewirkten in 1 Stunde Peptidspaltung entsprechend 0,98 ccm $^n/_5$-KOH; sie enthielten demnach 0,53 Einheiten der Dipeptidase.

4. Elution der Tonerdeadsorbate; Darstellung des Hefetrypsins.

Durch Einwirkung von Ammoniak läßt sich, wie früher gezeigt worden ist, das Trypsin in mäßigen Ausbeuten aus seinen Adsorbaten eluieren. Es ist dabei ziemlich gleichgiltig, ob man Ammoniak nur bis zur eben deutlichen alkalischen Reaktion (Curcuma) oder in höherer Konzentration, z. B. $^1/_5$-normal zusetzt. Eine wesentliche Steigerung der Ausbeute ist nicht gelungen; sie betrug im Mittel aus 7 Versuchen 47 % der adsorbierten Menge.

Erheblich bessere Ergebnisse liefert die Elution mit Diammonphosphat, wovon das 6- bis 8fache Gewicht der angewandten Tonerde zu verwenden ist. 10 Versuche ergaben eine mittlere Ausbeute von 77 % und nur in einem Beispiele weniger als 60 % der adsorbierten Trypsineinheiten. Aus den mit [200] Ammoniak behandelten Adsorbaten können daher durch Nachelution mit Phosphat noch erhebliche Mengen des Enzyms gewonnen werden.

30 ccm einer Enzymlösung, 16 Trypsineinheiten enthaltend, versetzte man in $^n/_{50}$-essigsaurer Lösung und in einem Volumen von 120 ccm mit einer Suspension von 63 mg Tonerde A. Die Suspension wurde in zwei gleiche Teile geteilt und abzentrifugiert. Auf Grund der Analyse der Restlösung waren 8,5 Einheiten in das Adsorbat übergegangen.

Die eine Hälfte des Adsorbates versetzte man mit Ammoniak bis zur eben deutlichen alkalischen Reaktion und füllte auf 15 ccm auf. Von der durch Zentrifugieren erhaltenen Lösung bewirkten 1,6 ccm eine Gelatinespaltung entsprechend 0,70 ccm $^n/_5$-KOH, was 0,24 Einheiten in der Bestimmungsprobe oder 2,25 Einheiten in 15 ccm, d. i. 53 % der adsorbierten Menge anzeigte.

Den Rückstand behandelte man mit 0,22 g Diammonphosphat in einem Volumen von 15 ccm. Die resultierende Lösung enthielt weitere 0,87 Einheiten, d. i. 21 % der adsorbierten Menge.

Die andere Hälfte des Versuches wurde sofort mit 0,22 g Diammonphosphat in 15 ccm eluiert. 1,2 ccm der Elution hydrolysierten Gelatine entsprechend einem Aciditätszuwachs von 0,92 ccm. Trypsingehalt in der Bestimmungsprobe demnach 0,34 Einheiten, im ganzen 4,25 Einheiten, d. i. 100 % der adsorbierten Menge.

Während Ammoniak von der in die Adsorbate mit übergehenden Dipeptidase nichts, oder doch nur verschwindende Mengen in Lösung bringt, geht in die Phosphatelutionen ein zwar geringer und wechselnder, aber die Darstellung des einheitlichen Trypsins empfindlich störender Anteil davon über (meist 10 bis 30% der adsorbierten Menge). Selbst eine dreimalige Wiederholung der Adsorption und der folgenden Phosphatelution reichte nicht aus, um das Trypsin von den letzten Spuren dieser Beimengung zu befreien. Der Versuch, durch Änderung der Wasserstoffionenkonzentration eine strenger auswählende Elution zu erreichen, hatte nicht den gewünschten Erfolg. Gemische aus gleichen Teilen primären und sekundären Phosphats eluieren beide Enzyme erheblich schlechter und Primärphosphat allein ist ohne Wirkung auf die Adsorbate. Dagegen gelangt man zu dipeptidasefreien und auf etwa das Achtfache gereinigten Lösungen des Trypsins, wenn man die erste Phosphatelution nochmals aus saurer Lösung adsorbiert und das Adsorbat nunmehr mit Ammoniak eluiert.

[201] Beispiel. 1100 ccm einer Enzymlösung (1690 Einheiten der Dipeptidase und 211 Trypsineinheiten enthaltend) behandelte man bei $p_H = 5$ ($^n/_{60}$-Acetatpuffer) in einem Volumen von 2800 ccm mit 1 g Tonerde A, die wie oben vorbehandelt worden war. 90% der Dipeptidase und 33% des Trypsins blieben in der Restlösung zurück.

Das Adsorbat eluierten wir mit 6 g Diammonphosphat in 260 ccm. Die erhaltene Lösung, deren Volumen nach der Neutralisation 271 ccm betrug, enthielt 38 Dipeptidaseeinheiten, d. i. 2,2% der ursprünglichen Menge und 90 Trypsineinheiten, d. i. 43% der angewandten, 64% der adsorbierten Menge:

1,0 ccm bewirkte Peptidspaltung entsprechend 0,31 ccm, enthielt also 0,14 Dipeptidaseeinheiten. — 0,4 ccm bewirkten Gelatinespaltung entsprechend 0,46 ccm, enthielten also 0,13 Trypsineinheiten.

Die Elution wurde durch Zusatz von 38 ccm $^n/_1$-Essigsäure wieder auf $p_H = 5{,}0$ gebracht und erneut in einer Verdünnung von 1200 ccm mit 0,32 g der vorbehandelten Tonerde versetzt. Gemäß der Analyse der Restlösung waren 50% des Trypsins und etwa 10% der zuletzt vorhandenen Dipeptidase in das Adsorbat übergegangen.

Die Elution erfolgte durch 270 ccm $^n/_{50}$-NH_3. Die erhaltene Lösung (Volumen nach der Neutralisation 275 ccm) enthielt 27 Trypsineinheiten (60% der adsorbierten Menge) und war frei von Dipeptidase.

1,0 ccm bewirkte eine Gelatinehydrolyse von 0,39 ccm, entsprechend 0,10 Trypsineinheiten. — 3,0 ccm ergaben unter den Bedingungen der Dipeptidasebestimmung keine meßbare Peptidspaltung.

Trockengewicht der Ausgangslösung 1 ccm = 15,8 mg; Trypsinwert (Einheiten/mg) = 0,013. — Trockengewicht der zweiten Elution: 1 ccm = 0,98 mg. Trypsinwert = 0,10. Reinigung also etwa achtfach.

In den späteren Versuchen haben wir es vorgezogen, das zweite Adsorbat mit stärkerem, z. B. $^1/_{10}$ n-Ammoniak zu eluieren. Bei dieser Arbeitsweise, die ungefähr dieselben Trypsinausbeuten liefert, werden etwa vorhandene Spuren der Dipeptidase durch die Einwirkung von Alkali zerstört. So gewonnene Enzymlösungen bewirken gegenüber Leucylglycin auch bei Anwendung sehr großer Enzymmengen und langer (z. B. 24stündiger) Einwirkung keine meßbare Hydrolyse.

Der Notgemeinschaft der Deutschen Wissenschaft danken wir ergebenst für die zur Verfügung gestellten Mittel.

Zeitschrift für physiologische Chemie 167, S. 202 [1927].

125. ÜBER DIE DIPEPTIDASE UND DIE POLYPEPTIDASE DER HEFE.

Von WOLFGANG GRASSMANN.

Neunte Abhandlung über Pflanzenproteasen in der von R. WILLSTÄTTER und MITARBEITERN begonnenen Untersuchungsreihe.

(Aus dem Chemischen Laboratorium der Bayerischen Akademie der Wissenschaften in München.)

Mit 1 Abbildung im Text.

(Der Redaktion zugegangen am 29. März 1927.)

Theoretischer Teil.

Die Spezifitätsprüfung der am Eiweißabbau beteiligten Enzyme, die durch die Darstellung enzymatisch einheitlicher Proteasen ermöglicht worden ist (E. WALDSCHMIDT-LEITZ und A. HARTENECK[1], E. WALDSCHMIDT-LEITZ und A. SCHÄFFNER[2], R. WILLSTÄTTER und W. GRASSMANN[3]), konnte zunächst zu der Auffassung führen, daß den auf den Abbau einfacher Peptide eingestellten, gegenüber allen natürlichen Eiweißkörpern aber unwirksamen Peptidasen vom Typus des Darmerepsins die Enzyme von der Art des Trypsins und Pepsins als scharf gesonderte Gruppe gegenüber zu stellen seien. Der Gedanke war naheliegend, daß die für den Angriff der Enzyme aus den letzteren Gruppen spezifischen Strukturen des Eiweißmoleküls „sowohl unter sich als von dem in den ... einfachen Peptiden vorliegenden Typus verschieden sein" würden (E. WALDSCHMIDT-LEITZ und A. HARTENECK[4]). Diese Schlußfolgerung ergab sich aus dem Befund, daß alle untersuchten Di- und [203] Tripeptide vom Pankreaserepsin hydrolysiert werden, keines dagegen von dem tryptischen Enzym; sie wurde gestützt durch die Feststellung, daß weder für eine Verschiedenheit der beiden tierischen Erepsine, des Darm- und des Pankreaserepsins, noch für eine gegenseitige Vertretbarkeit des Trypsins und des ereptischen Enzyms Anhaltspunkte vorlagen.

Einer so scharfen Unterscheidung zwischen den Funktionen der eigentlichen Proteasen und der Peptidasen, wie sie in anderem Sinne auch in den von E. ABDER-

[1] Diese Zs. Bd. 147, S. 286 [1925]; Bd. 149, S. 203 [1925] (*Abh. 109 und 110*).
[2] Diese Zs. Bd. 151, S. 31 [1925/26] (*Abh. 112*).
[3] Diese Zs. Bd. 153, S. 250 [1926] (*Abh. 122*).
[4] Diese Zs. Bd. 149, S. 203, und zwar S. 213 [1925].

HALDEN[1], M. BERGMANN[2] und C. OPPENHEIMER[3] angeregten oder entwickelten spezielleren Theorien der Proteasespezifität zum Ausdruck kommt, ist indessen der Boden entzogen worden durch den am Beispiel des Pepsins[4], Trypsins[5] und Papains[5, 6] geführten Nachweis, daß auch bei diesen Enzymen „der gesamte Prozeß der hydrolytischen Aufspaltung . . . in der Lösung von Peptidbindungen besteht" (WALDSCHMIDT-LEITZ, SCHÄFFNER und GRASSMANN, a. a. O. S. 80) und daß auch hier „der Carboxylzuwachs ein richtiges Maß" darstellt, „das dem wesentlichen Vorgang der Proteolyse entspricht" (WILLSTÄTTER, GRASSMANN und AMBROS, a. a. O. S. 167). Die von WALDSCHMIDT-LEITZ und Mitarbeitern[5] in Angriff genommenen Versuche, durch fraktionierte Hydrolyse einfacher Eiweißkörper, wie der Protamine, Aufschlüsse über die spezifischen Funktionen der einzelnen enzymatischen Individuen zu erlangen, führten weiterhin zu der Erkenntnis, daß ein und dieselbe Peptidbindung des Proteinmoleküls im Laufe der enzymatischen Proteolyse je nach dem eingeschlagenen Wege sowohl dem Angriff des Trypsins [204] wie dem des Erepsins zufallen kann. Es war die Annahme zu machen, daß für die spezifische Angreifbarkeit einer Bindung nicht allein die Natur der chemischen Bindung selbst und der unmittelbar beteiligten Aminosäuren, sondern „vielmehr außerdem die Natur und die Anzahl der benachbarten Aminosäure- und Peptidkomplexe ausschlaggebend" sein müßten.

Nachdem die Identität der beiden tierischen Erepsine durch qualitative Beobachtungen als gesichert gelten konnte, war in der wichtigsten pflanzlichen Peptidase, dem Hefeerepsin, kaum ein anderer Fermenttypus zu erwarten, zumal das Enzym gemäß den übereinstimmenden Befunden von K. G. DERNBY[1]) und von WILLSTÄTTER und GRASSMANN (a. a. O.) in wichtigen Eigentümlichkeiten, so in der p_H-Abhängigkeit seiner Wirkung, keinerlei Unterschiede mit den beiden anderen Enzymen erkennen ließ. Schwer vereinbar damit waren allerdings die bemerkenswerten Beobachtungen von E. ABDERHALDEN und seinen Mitarbeitern[2]), die auf eine verschiedene Angriffsweise der einzelnen Peptidasen bei der Hydrolyse von Tri- und Tetrapeptiden hinzuweisen scheinen, sowie der auffällige Befund ABDERHALDENS und A. FODORS[3]), wonach das p_H-Optimum des Hefeenzyms bei der Spaltung höherer synthetischer Peptide sehr erheblich nach der sauren Seite verschoben ist. In neueren Arbeiten aus dem Münchener Laboratorium hat es sich nun ergeben, daß eine Reihe von Substraten

---

[1] Naturwissensch. Bd. 12, S. 716, und zwar S. 719 [1924].

[2] Liebigs Ann. der Chem. Bd. 445, S. 1, und zwar S. 25 [1925].

[3] Die Fermente und ihre Wirkungen, Bd. 2, Leipzig 1925. Vgl. dagegen Biochem. Zs. Bd. 179, S. 261 [1926].

[4] E. WALDSCHMIDT-LEITZ und E. SIMONS, Diese Zs. Bd. 156, S. 114 [1926]; vgl. dagegen H. STEUDEL, J. ELLINGHAUS, A. GOTTSCHALK, Diese Zs. Bd. 154, S. 21 u. 198 [1926].

[5] E. WALDSCHMIDT-LEITZ, A. SCHÄFFNER und W. GRASSMANN, Diese Zs. Bd. 156, S. 68 [1926].

[6] Vgl. auch R. WILLSTÄTTER, W. GRASSMANN und O. AMBROS, Diese Zs. Bd. 152, S. 164 [1925/26] (*Abh. 121*).

[1]) Biochem. Zs. Bd. 81, S. 107 [1917].

[2]) Diese Zs. Bd. 54, S. 363 [1907]; Bd. 55, S. 417 [1908].

[3]) Fermentforschung Bd. 1, S. 533 [1916]; Bd. 4, S. 191 [1921].

durch das Darmerepsin rasch und weitgehend, nicht aber durch das Hefeerepsin angegriffen werden, so gewisse Zwischenprodukte des enzymatischen Abbaues der Protamine (WALDSCHMIDT-LIETZ, SCHÄFFNER und GRASSMANN, a. a. O.), ferner einfache und aliphatisch oder aromatisch substituierte Amide der Aminosäuren. (WALDSCHMIDT-LEITZ, GRASSMANN und SCHÄFFNER[4]).

Die vorliegende Arbeit, in welcher das Verhalten der Hefeenzyme gegenüber Dipeptiden, Polypeptiden und Proteinen **[205]** untersucht wird, hat zu dem Ergebnis geführt, daß die Abgrenzung des Spezifitätsbereiches der den Eiweißabbau vermittelnden Enzyme im Falle des Hefepilzes eine wesentlich andere ist, als bei den Proteasen des tierischen Verdauungstraktes. Zwar erweist sich das dipeptidspaltende Enzym, wie aus der qualitativen Übersicht der Befunde (Tab. 1) hervorgeht, auch hier als vollkommen wirkungslos gegenüber einer größeren Anzahl untersuchter Proteine. Auf der anderen Seite spaltet es alle geprüften Dipeptide, und zwar mit ähnlichen Geschwindigkeitsunterschieden, wie sie im Falle der tierischen Verdauungsenzyme angetroffen werden. Aber das Enzym vermag schon die drei untersuchten Tripeptide und ein Tetrapeptid nicht mehr anzugreifen. Es steht damit in scharfem Gegensatz zum Darm- und Pankreaserepsin, das, wie unten gezeigt wird, mit großer Geschwindigkeit Diglycylglycin, ferner Leucyl-glycylylycin [E. WALDSCHMIDT-LEITZ und HARTENECK[1])] und nach E. ABDERHALDEN[2]) sogar ein aus 19 Aminosäuren aufgebautes Polypeptid hydrolysiert.

Das dipeptidspaltende Enzym der Hefe, daß gemäß seinem engeren Spezifitätsbereich richtiger als „Hefe-Dipeptidase" bezeichnet wird, dürfte in Kombination mit dem Darmerepsin ein brauchbares analytisches Hilfsmittel bei der Beurteilung von Eiweißabbaugemischen darstellen. So wird der Befund von WALDSCHMIDT-LEITZ, SCHÄFFNER und GRASSMANN (a. a. O.), wonach ein durch die Wirkung des (kinasefreien) Trypsins aus Clupein gebildetes Abbauprodukt zwar durch Darmerepsin, nicht aber durch Hefeerepsin weiter zerlegt wird, nunmehr so zu deuten sein, daß in dem abgespaltenen Erepsinsubstrat kein Dipeptid, sondern ein höheres Peptid vorliegt.

Das Spaltungsvermögen der Hefeautolysate für Tri- und Tetrapeptide, das lange bekannt und recht beträchtlich ist, findet sich bei dem angewandten adsorptiven Trennungsverfahren in dem leichter adsorbierbaren und in die Elutionen übergehenden Anteil des Enzymmaterials, der — völlig wirkungslos **[206]** gegen alle untersuchten Dipeptide — die auf natürliche Proteine einwirkende, als „Hefe-Trypsin" bezeichnete Enzymkomponente enthält. In mehreren Fraktionen der Tonerdeadsorption läßt sich keine Verschiebung des Wirkungsverhältnisses gegenüber Tripeptiden und gegenüber Gelatine erkennen. Auch ein früher[1]] aus länger gealterter Enzymlösung dargestelltes und gegen Leucylglycin praktisch unwirksames Trockenpräparat des tryptischen Enzyms zeigte eine beträchtliche, wenn auch nicht ganz die seiner tryptischen Wirksam-

[4] Chem. Ber. Bd. 60, S. 359 [1927].

[1]) Diese Zs. Bd. 149, S. 203, und zwar S. 208 [1925].

[2]) Diese Zs. Bd. 151, S. 151 [1926].

[1]] R. WILLSTÄTTER und W. GRASSMANN, a. a. O. S. 274.

Tabelle 1. Spezifität der Hefeproteasen.

Substrat	Dipeptidase	Polypeptidase (Hefetrypsin)
Alanylglycin	+	—
Glycylleucin	+	—
Leucylglycin	+	—
Glycylglycin	+	—
Leucylalanin	+	—
Alanyl-glycylglycin	—	+
Leucyl-glycylglycin	—	+
Diglycylglycin	—	+
Leucyl-diglycylglycin	—	+
Clupeinsulfat	—	+
Histonsulfat	—	+
Casein	—	+
Gelatine	—	+
Fibrin	—	+
Eieralbumin nativ	—	—
Eieralbumin denaturiert	—	+
Serumalbumin denaturiert	—	+

keit entsprechende Aktivität gegenüber Leucyl-glycylglycin. Indessen wird sich erst an einem umfangreicheren und methodisch vollkommeneren Versuchsmaterial die Frage entscheiden lassen, ob das tryptische und das polypeptidspaltende Enzym der Hefe identisch sind. In diesem Fall wäre die bisher übliche [207] grundsätzliche Scheidung zwischen Peptidasen und eigentlichen Proteasen überhaupt aufzugeben.

Die von der dipeptidspaltenden Komponente befreite Polypeptidase entfaltet ihre optimale Wirksamkeit gegenüber Alanylglycylglycin zwischen $p_H = 6{,}7$ und 7,0. Der Abfall der Aktivität ist steil nach beiden Seiten, besonders nach der alkalischen. Bei $p_H = 7{,}8$ beträgt die Spaltungsgeschwindigkeit nur mehr etwa die Hälfte der optimalen. Das Enzym unterscheidet sich also auch in dieser Hinsicht erheblich von der Dipeptidase; es steht dem Hefetrypsin näher, dessen Optimum für verschiedene Substrate zwischen $p_H = 5$ und 6 gefunden worden ist[1]. Die in den Versuchen von ABDERHALDEN und FODOR (a. a. O.) bei der Hydrolyse mittlerer Polypeptide beobachteten Spaltungsoptima von $p_H = 6{,}64$ bis 7,3 dürften, entsprechend der von K. G. DERNBY[2] in Betracht gezogenen Möglichkeit, durch Überlagerung der Polypeptidase- und der Dipeptidasewirkung zustande gekommen sein.

Es ist zu erwarten und durch gesonderte Versuche an Leucyl-glycylglycin und an Alanyl-glycylglycin bestätigt worden, daß die durch die Polypeptidase eingeleitete Hydrolyse der Tripeptide scharf zum Stillstand kommt, wenn eine Peptidbindung gelöst ist. Die in Angriff genommene präparative Aufarbeitung der Spaltstücke wird die für die systematische Stellung der Protease wichtige Frage zu entscheiden haben, welche der beiden endständigen Aminosäuren dabei abgespalten wird. Der Angriffspunkt der Peptidase wird sich damit direkter und sicherer ermitteln lassen, als dies durch

[1] Vgl. R. WILLSTÄTTER und GRASSMANN, a. a. O.; K. G. DERNBY, a. a. O.

[2] A. a. O., und zwar S. 200.

Beobachtung des Drehungsvermögens während der Proteolyse nach ABDERHALDEN und Mitarbeitern[3] bisher möglich gewesen ist. Wenn, wie gezeigt werden wird, die Spaltbarkeit der drei Tripeptide [208] Alanyl-glycylglycin, Leucyl-glycylglycin und Diglycylglycin in derselben Reihenfolge abnimmt wie die Spaltungsgeschwindigkeit der entsprechenden um einen Glycinrest ärmeren Dipeptide im Falle der Dipeptidase, so wird dies leichter mit der Annahme zu vereinen sein, daß die die freie Aminogruppe tragende Aminosäure des Polypeptides durch die Polypeptidase in Freiheit gesetzt wird.

Auch bei der Aufspaltung eines Tetrapeptides, Leucyl-diglycylglycin, vermag die Polypeptidase nur eine einzige Peptidbindung zu hydrolysieren. Da die beiden als Spaltstücke in Frage kommenden Tripeptide ihrerseits durch das Enzym weiter zerlegt werden würden, ergibt sich, daß eine Zerlegung in zwei Dipeptidmoleküle erfolgt ist. Gemäß den Ergebnissen der stufenweisen Titration nach R. WILLSTÄTTER und E. WALDSCHMIDT-LEITZ[1]) hat in der Tat die Hydrolyse nicht zur Bildung freier Aminosäuren geführt.

Die beschriebenen Wirkungen der Hefepolypeptidase lassen sich in vorläufiger Weise am einfachsten so kennzeichnen, daß das Enzym Peptidketten, von einem der freien Enden beginnend, unter Abspaltung von Dipeptidmolekülen zerlegt. Die richtige räumliche Lage einer Peptidbindung zu dem die Anlagerung des Enzyms zunächst vermittelnden freien Ende der Kette könnte möglicherweise die notwendige Voraussetzung für den enzymatischen Angriff darstellen. Diese Auffassung, welche sich an die von H. v. EULER[2]) entwickelten Vorstellungen über den Wirkungsmechanismus der Glucosidasen und Peptidasen anlehnt, stellt dem Enzym das Darmerepsin gegenüber, das auf die Abspaltung von Aminosäuren aus ihrer amidartigen Verknüpfung eingestellt ist. Sie läßt die Existenz weiterer Peptidasen als möglich vorhersehen, durch deren Wirkung aus den Peptidketten noch längere Bruchstücke abgesprengt werden.

[209] Die fraktionierte Hydrolyse einfacher Polypeptide, die durch die Kombination der beiden Hefepeptidasen ermöglicht wird, stellt einen einfachen Modellversuch zu den von WALDSCHMIDT-LEITZ und Mitarbeitern mit Hilfe tryptischer und ereptischer Enzyme durchgeführten fraktionierten Hydrolysen natürlicher Proteine dar. Wenn auch in den bisher ausgeführten, zunächst auf die Peptide der wichtigsten Monoaminosäuren beschränkten Versuchen die Länge der Peptidkette als der ausschlaggebende Faktor erscheint, so ist es doch wenig wahrscheinlich, daß die Spezifitätsunterschiede der Proteasen allein von diesem Gesichtspunkt aus werden erklärt werden können. Eine wichtige und noch zu wenig untersuchte Rolle dürfte vielmehr den Eigen-

[3] E. ABDERHALDEN und A. H. KOELKER, Diese Zs. Bd. 54, S. 363 [1907/08]; E. ABDERHALDEN, A. H. KOELKER und F. MEDIGRECEANU, Diese Zs. Bd. 62, S. 145 [1909]; E. ABDERHALDEN und L. PINCUSSOHN, Diese Zs. Bd. 66, S. 277 [1910] und a. a. O.

[1]) Chem. Ber. Bd. 54, S. 2988 [1921]; R. WILLSTÄTTER, Abderhaldens Handb. der biol. Arbeitsmeth. Abt. 1, Teil 7, S. 289 [1923].

[2]) Diese Zs. Bd. 143, S. 79 [1924/25] und a. a. O. Vgl. dazu R. KUHN und H. MÜNCH, Diese Zs. Bd. 163, S. 1 [1926/27]; H. v. EULER und K. JOSEPHSON, Diese Zs. Bd. 157, S. 122 [1926]; Bd. 162, S. 85 [1926].

tümlichkeiten der an der Peptidbildung beteiligten Aminosäuren zukommen. Der Befund von E. WALDSCHMIDT-LEITZ und TH. KOLLMANN[1], wonach zwischen dem Prolingehalt von Protaminen und ihrer Angreifbarkeit durch Trypsin beachtenswerte Beziehungen bestehen, dürfte als ein erster Anhaltspunkt in dieser Richtung zu bewerten sein.

Experimenteller Teil.

1. Verhalten der Hefeproteasen gegen Dipeptide.

Die fünf untersuchten, aus einfachen Aminosäuren aufgebauten Dipeptide werden, wie aus den Versuchen der Tab. 2 hervorgeht, ausnahmslos durch die Hefedipeptidase gespalten, keines von ihnen dagegen durch das Hefetrypsin, auch nicht in langen Versuchszeiten. Die Geschwindigkeiten, mit denen die einzelnen Peptide zerlegt werden, nehmen in der gleichen Reihenfolge und sehr annähernd im gleichen Verhältnis ab wie im Falle des Darm- und Pankreaserepsins (vgl. E. WALDSCHMIDT-LEITZ und A. SCHÄFFNER[2]). Am leichtesten, nämlich mehr als doppelt so rasch wie Leucylglycin, ist das Alanylglycin spaltbar, und mit erheblichem Abstand folgen Glycylglycin und das besonders schwer angreifbare d,l-Leucyl-d,l-Alanin. Diese Tatsache, die ein Gegenstück in den Verhältnissen bei den entsprechenden Tripeptiden findet, wird nicht als Argument [210] für die Annahme der Identität des tierischen Erepsins und

Tabelle 2.
Verhalten von Dipeptiden gegen die Dipeptidase und die Polypeptidase der Hefe.
(0,5 Millimol der racemischen oder 0,25 Millimol der optisch einheitlichen Peptide; $p_H = 7{,}8$, eingestellt durch n/25-Ammonchlorid-Ammoniakpuffer; Spaltung gemessen in ccm n/20-KOH [100% Spaltung = 5,00 ccm Lauge]; Vol. 5 ccm; 40°.)

Peptid	Dipeptidase (Einheiten)	Trypsin (Polypeptidase) (Einheiten)	Spaltung nach Stunden (ccm n/20-KOH)				
			1/2	1	2	4	16
d, l-Alanylglycin	0,50	0,002 ± 0,002	3,85	4,70	4,85	—	—
Glycyl-l-leucin	0,50	0,002 ± 0,002	2,40	3,15	—	—	—
d, l-Leucylglycin	0,50	0,002 ± 0,002	1,20	2,40	4,20	—	—
Glycylglycin	0,50	0,002 ± 0,002	—	0,73	1,07	— 1,48	—
d,l-Leucyl-d,l-Alanin (0,050 g)	0,50	0,002 ± 0,002	—	0,17	0,30	0,58	—
d,l-Alanylglycin	0,001 ± 0,001	0,27	—	—	0,02	—	—
Glycyl-l-leucin	0,001 ± 0,001	0,27	—	—	0,001	0,01	0,01
d,l-Leucylglycin	0,001 ± 0,001	0,20	—	—	— 0,01	— 0,02	— 0,02
Glycylglycin	0,001 ± 0,001	0,26	—	—	0,00	0,02	0,04
d,l-Leucyl-d,l-Alanin (0,050 g)	0,001 ± 0,001	0,27	—	—	0,01	—	— 0,02

der Hefedipeptidase auszuwerten sein. Es ist wahrscheinlicher, daß die Festigkeit der Peptidbindung selbst für die beobachteten Unterschiede verantwortlich zu machen ist. Indessen scheint die von P. A. LEVENE, H. S. SIMMS und M. H. PFALTZ[1]) aus-

[1] Diese Zs. (im Druck).
[2] Diese Zs. Bd. 151, S. 31, und zwar S. 54 [1926] (*Abh. 112*).
[1]) Jl. of Biol. Chem. Bd. 61, S. 445 [1924]; P. A. LEVENE und H. S. SIMMS, Jl. of Biol. Chem. Bd. 62, S. 711 [1924/25]; LEVENE, SIMMS und PFALTZ, Jl. of Biol. Chem. Bd. 70, S. 253 [1926].

gesprochene und begründete Hypothese, wonach die Festigkeit der Peptidbindung durch die Dissoziationskonstanten der beteiligten Amino- und Carboxylgruppe bestimmt wäre, zur Deutung der experimentellen Befunde noch nicht auszureichen. Auf Grund der von K. WINKELBLECH[2] bei Glykokoll, Alanin und Leucin ermittelten Werte für K_b, die neuerdings durch L. J. HARRIS[3] im wesentlichen bestätigt [211] wurden, kann wohl eine leichtere Spaltbarkeit der Alanylpeptide vorhergesehen werden. Aber die Dissoziationskonstanten des Glykokolls und des Leucins unterscheiden sich nur sehr wenig, und zwar liegt der Unterschied entgegengesetzt dem zu erwartenden.

In den Versuchen der Tab. 2 und 3 enthielt die Titrationsprobe von je 5 ccm je $^1/_4$ Millimol der optisch einheitlichen, bzw. $^1/_2$ Millimol der racemischen Peptide. Die Titration erfolgte in alkoholischer Lösung mit $^n/_{20}$-KOH und Thymolphthalein als Indicator. Der vollständigen Aufspaltung einer Peptidbindung entspricht demnach ein Aciditätszuwachs von 5,00 ccm. In Gegenwart von Ammonchlorid-Ammoniakpuffer konnten auch mit der verdünnteren Lauge noch vollkommen scharfe Farbumschläge erzielt werden. (Maximaler Fehler der Einzeltitration $\pm$ 0,05 ccm.) Enzym- und Substratlösung wurden vor dem Versuch durch Zugabe von Ammoniak auf $p_H = 7{,}8$ gebracht. Gemäß den ausgeführten Kontrollen ist ein p_H-Bereich von 7,8 bis 8,1 nicht überschritten worden.

Von der Berechnung von Reaktionskonstanten wurde abgesehen, da die Abweichungen von der monomolekularen Kinetik teilweise recht erheblich sind.

2. Verhalten der Hefeproteasen gegen Tri- und Tetrapeptide.

Die gegenüber Dipeptiden vollkommen unwirksamen Elutionen des tryptischen Enzyms spalten die drei untersuchten Tripeptide und das Tetrapeptid Leucyl-diglycylglycin rasch und weitgehend. Die Polypeptidspaltungen der Tab. 3 sind noch nicht bei optimaler Acidität, sondern wie im Falle der Dipeptidase bei $p_H = 7{,}8$ ausgeführt. Trotzdem werden die geprüften synthetischen Substrate, wie aus einem Vergleich mit den Angaben der Tab. 4 hervorgeht, von den Enzymlösungen um ein vielfaches rascher hydrolysiert als die untersuchten Proteine:

Während 0,6 g Gelatine durch 0,6 Trypsineinheiten in 24 Stunden entsprechend einem Aciditätszuwachs von 1,45 ccm $^n/_5$-KOH zerlegt werden (Tab. 4, Zeile 5), spalten im Versuch 2 der Tab. 3, der zum Vergleich auf doppelten Ansatz umgerechnet wird, 0,50 Trypsineinheiten 245 mg (1 Millimol) d,l-Leucyl-glycylglycin schon in 2 Stunden entsprechend einem Aciditätszuwachs von 6,36 ccm $^n/_{20}$- oder 1,59 ccm $^n/_5$-KOH.

Wenn die von nachweisbarer tryptischer Wirkung befreiten Lösungen der Dipeptidase nur gegenüber dem Diglycylglycin sich als völlig unwirksam erwiesen, während sie für die leichter [212] spaltbaren Polypeptide noch eine sehr geringe, aber außerhalb der Fehlergrenze liegende Spaltungsfähigkeit zeigten, so ist dies lediglich der größeren Empfindlichkeit zuzuschreiben, mit welcher die letzten Spuren des der Dipeptidase noch beigemengten Enzyms an ihrer Wirkung auf diese Substrate erkannt werden können. Das Trennungsverfahren wird hier, entsprechend der verfeinerten Möglichkeit des Nachweises, noch zu verbessern sein.

Es war auf Grund der beschriebenen Spezifitätsverhältnisse nahezu mit Sicherheit zu erwarten, daß die Tripeptide durch die einheitliche Polypeptidese nicht über die

[2] Zs. physikal. Chem. Bd. 36, S. 546 [1901].
[3] Proc. of the Roy. Soc. B, Bd. 95, S. 440 [1923]

Tabelle 3.
Verhalten der Hefeproteasen gegen Tri- und Tetrapeptide.
(Versuchsbedingungen wie Tab. 2.)

Peptid	Polypeptidase (Trypsin) (Einheiten)	Dipeptidase (Einheiten)	Spaltung nach Stunden (ccm n/20-KOH)			
			$^1/_2$	1	2	4
d,l-Alanyl-glycylglycin . .	0,28	0,001 ± 0,001	2,25	3,22	—	—
d,l-Leucyl-glycylglycin . .	0,25	0,001 ± 0,001	—	1,90	3,18	—
Diglycylglycin	0,20	0,001 ± 0,001	—	0,62	1,11	1,65
d,l-Leucyl-diglycylglycin .	0,27	0,001 ± 0,001	—	—	3,70	—
d,l-Alanyl-glycylglycin . .	0,002 ± 0,002	0,50	—	0,08	0,17	—
d,l-Leucyl-glycylglycin . .	0,002 ± 0,002	0,50	—	−0,04	0,09	—
Diglycylglycin	0,002 ± 0,002	0,50	—	−0,02	−0,02	0,00
d,l-Leucyl-diglycylglycin .	0,002 ± 0,002	0,50	—	—	0,12	—

Dipeptidstufe hinaus abgebaut werden würden, und es ist mehr eine Bestätigung der bisherigen Ergebnisse, wenn an zwei Beispielen gezeigt wird, daß in der Tat die Hydrolyse scharf an dem Punkte zum Stillstand kommt, der einem Zerfall des Peptids, bzw. seiner spaltbaren l-Form, in ein Molekül Aminosäure und ein Dipeptid entspricht.

Versuch 1: Partielle Hydrolyse von Leucyl-glycylglycin.

122 mg d,l-Peptid (= $^1/_4$ Millimol l-Peptid), 0,30 Trypsineinheiten, durch Zusatz von 0,11 ccm 2,5 n-NH_3 auf $p_H = 7{,}8$ gebracht, 0,4 ccm $^n/_2$-Ammoniak-Ammonchloridpuffer von $p_H = 7{,}8$. Vol. = 5,0 ccm; 40°. Der Zerlegung in Dipeptid und Aminosäure entspricht ein Aciditätszuwachs von 5,00 ccm $^n/_{20}$-KOH.

[213]

Spaltungszeit (Stunden)	1	$2^1/_4$	17
Spaltung (ccm $^n/_{20}$-KOH)	2,40	4,90	4,96

Nach Zugabe von 1,2 Dipeptidaseeinheiten schreitet die Spaltung fort, und zwar innerhalb weiterer 2 Stunden entsprechend einem Aciditätszuwachs von 0,69 ccm.

Versuch 2: Partielle Hydrolyse von Alanyl-glycylglycin.

40,6 mg d,l-Peptid (krystallwasserfrei) (= $^1/_{10}$ Millimol l(+)-Peptid), 0,10 Trypsineinheiten, 0,04 ccm 2,5 n-NH_3, 0,16 ccm $^n/_2$-NH_4Cl, 0,10 ccm $^n/_1$-Essigsäure; p_H der Mischung 7,0; Vol. = 2,0 ccm; 40°. Der Zerlegung in Dipeptid und Aminosäure entspricht ein Aciditätszuwachs von 2,00 ccm $^n/_{20}$-KOH.

Spaltungszeit (Stunden)	1	$1^1/_2$	$3^1/_4$	$5^1/_2$
Spaltung (ccm $^n/_{20}$-KOH)	1,56	1,78	1,97	2,00

Aus dem analytischen Ergebnis ist nicht zu entnehmen, an welcher Stelle des Tripeptidmoleküls der Angriff erfolgt ist; diese Frage wird noch durch die Isolierung der Spaltstücke zu klären sein. Doch scheint aus den Versuchen der Tab. 3, obwohl sie nicht durchwegs mit derselben Enzymlösung und nicht mit völlig gleichen Enzymmengen ausgeführt sind, hervorzugehen, daß die Spaltbarkeit der drei Tripeptide Alanyl-glycylglycin, Leucyl-glycylglycin und Diglycylglycin wie im Falle der entsprechenden Dipeptide von der Alanyl- zur Glycylverbindung abnimmt. Diese Tatsache macht es einigermaßen wahrscheinlich, daß die Hydrolyse der Tripeptide an der entsprechenden Stelle, d. h. zwischen der ersten und zweiten Aminosäure stattfindet.

Im Falle des Tetrapeptides Leucyl-diglycylglycin waren zwei Fälle als möglich vorauszusehen. Wenn die Hydrolyse mit der Abspaltung einer Aminosäure einsetzte, so mußte das entstehende Tripeptid durch das Enzym weiter zum Dipeptid abgebaut werden. Bei symmetrischer Spaltung sollten dagegen die beiden gebildeten Dipeptide intakt bleiben. Die erste Möglichkeit verlangt einen Zuwachs von zwei, die zweite einen solchen von einer Carboxylgruppe auf ein Mol des gespaltenen Peptids. Der Versuch entscheidet zugunsten der symmetrischen Spaltung; es wird nur eine Peptidbindung gelöst. Daß in der Tat keine freien Aminosäuren bei der Spaltung gebildet worden sind, ergibt sich auch aus der befriedigenden Übereinstimmung [214] des in 90proz. und in 50proz. Alkohol ermittelten Aciditätszuwachses.

Versuch 3: Partielle Hydrolyse von Leucyl-diglycylglycin.

60,4 mg d,l-Peptid (= $^1/_{10}$ Millimol l(+)-Peptid), 0,13 Trypsineinheiten, 0,04 ccm 2,5 n-NH_3, 0,16 ccm $^n/_2$-Ammonchlorid-Ammoniakpuffer von $p_H = 7{,}8$, Vol. = 2,0 ccm; 40°. Der Zerlegung des l-Peptids in 2 Moleküle Dipeptid entspricht ein Aciditätszuwachs von 2,00 ccm $^n/_{20}$-KOH.

Spaltungszeit (Stunden)	$3^1/_2$	$6^1/_2$	9	12
Aciditätszuwachs, gem. in 90proz. Alkohol	1,70	1,94	2,00	2,04 ccm $^n/_{20}$-KOH
,, ,, ,, 50proz. ,,	—	1,86	—	— ,, ,,

Ganz anders liegen die Verhältnisse im Falle des Darmerepsins. Die von tryptischer Wirkung befreite einheitliche Peptidase leistet die gesamte Hydrolyse des Tripeptids, wenn auch in zwei deutlich erkennbaren Stufen. Die Zerlegung zur Dipeptidstufe verläuft außerordentlich rasch, erheblich rascher als die vergleichsweise gemessene Hydrolyse des Leucylglycins. Erwartungsgemäß mit erheblich geringerer Geschwindigkeit folgt dann die Hydrolyse des gebildeten Glycylglycins. Dieser Befund steht in Übereinstimmung mit dem Ergebnis von P. A. LEVENE, H. S. SIMMS und M. PFALTZ (a. a. O.), wonach Tripeptide durch das Darmerepsin etwa zehnmal rascher zerlegt werden, als die analog gebauten Dipeptide.

Je 1 ccm Darmerepsinlösung mit a) 47,1 mg ($^1/_4$ Millimol) Diglycylglycin, b) 94,0 mg d,l-Leucyl-glycin ($^1/_4$ Millimol l(+)-Peptid), $p_H = 8{,}0$, Vol. = 5,0 ccm; Ausführung entsprechend Tab. 2 und 3. Der Aufspaltung einer Peptidbindung entspricht ein Aciditätszuwachs von 5,00 ccm.

Spaltungszeit (Stunden)	1	2
a) Diglycyl-glycin: Spaltung entspr.	4,88	5,44 ccm $^n/_{20}$-KOH
b) d,l-Leucylglycin: ,, ,,	3,68	4,37 ,, ,,

3. Verhalten der Hefeproteasen gegen Proteine.

Alle untersuchten Proteine werden bei $p_H = 5{,}0$ vom Hefetrypsin hydrolysiert, wenn auch nicht sehr rasch (Tab. 4). Lediglich das native Eieralbumin findet man resistent, was den früher mit rohen Enzymlösungen erhaltenen Befunden entspricht. Auch im denaturierten Zustand erwies sich dieses Protein als recht schwer angreifbar, obwohl es in feiner [215] Verteilung zur Anwendung kam. Die verhältnismäßig hohe Spaltbarkeit des Albuminpeptons steht mit den Erfahrungen von WILLSTÄTTER und GRASSMANN (a. a. O.) im Einklang.

Tabelle 4.

Spaltung von Proteinen durch das Hefetrypsin (Polypeptidase).

(p_H = 5,0, eingestellt durch Dinatriumcitrat; Spaltung gemessen in ccm n/5-KOH; Vol. 10 ccm; 40°.)

Substrat	g	Trypsin (Einheiten)	Spaltung nach Stunden (ccm n/5-KOH)			
			2	4	24	48
Eieralbumin nativ	0,20	0,75	—	0,02	0,02	0,00
Eieralbumin denaturiert .	0,20	0,75	0,09	—	0,18	0,35
Serumalbumin denaturiert	0,08	0,51	—	—	0,52	—
Fibrin (Merck)	0,20	1,2	—	—	1,04	—
Gelatine	0,60	0,60	0,23	0,40	1,45	—
Casein [1]	0,40	0,80	0,19	0,26	0,52	—
Histonsulfat.	0,20	0,96	0,24	0,42	1,03	—
Clupeinsulfat	0,20	0,55	0,23	—	—	—
Albuminpepton (Merck) .	0,40	0,55	0,34	0,62	2,02	2,67

Die Dipeptidase vermag auch in langen Versuchszeiten und bei Anwendung großer Enzymmengen keinen der geprüften Eiweißkörper zu spalten (Tab. 5). Dagegen erweist sich das Enzym in seiner vorläufig erreichbaren Reinheit nicht als wirkungslos gegenüber dem Merckschen Albuminpepton. Dieser Befund steht in einem gewissen Gegensatz zu den Ergebnissen der von WALDSCHMIDT-LEITZ und Mitarbeitern mit Darm- und Pankreaserepsin angestellten Versuche, die allerdings mit geringerer Substratkonzentration und mit erheblich (3 bis 5mal) geringerer Enzymmenge bei einer Spaltungsdauer von nur 2 Stunden durchgeführt sind[2]. Es bleibt abzuwarten, ob die Spaltungsfähigkeit des Hefeenzyms für dieses Substrat [216] gleichzeitig mit der Entfernung der letzten Spuren der Polypeptidase (vgl. oben, Abschnitt 2) verschwinden wird.

Tabelle 5.

Verhalten der Hefedipeptidase zu Proteinen.

(p_H = 7,8, eingestellt durch m/30-Phosphatgemisch; Vol. 10 ccm; 40°. Spaltung gemessen in ccm n/5-KOH.)

Substrat	g	Dipeptidase (Einheiten)	Spaltung nach Stunden (ccm n/5-KOH)		
			4	24	48
Eieralbumin nativ	0,20	1,5	0,04	0,00	0,04
Eieralbumin denaturiert .	0,20	1,5	0,03	0,01	—0,03
Fibrin (Merck)	0,20	1,5	—	—	0,03
Gelatine	0,20	1,1	—	0,05	—
Casein	0,40	0,7	0,03	0,01	0,05
Histonsulfat.	0,20	1,5	—	0,05	—
Albuminpepton (Merck) .	0,40	0,7	0,27	1,24	1,80

4. p_H-Abhängigkeit der Polypeptidase.

Die p_H-Abhängigkeit der Spaltung von Alanyl-glycylglycin, mit dipeptidasefreiem Enzymmaterial ermittelt, ergibt sich aus den Werten der Tab. 6 und der Figur.

[1] Versuch ausgeführt bei p_H = 7,2, eingestellt durch m/30-Phosphatgemisch.

[2] E. WALDSCHMIDT-LEITZ und A. HARTENECK, Diese Zs. Bd. 149, S. 203, und zwar S. 217 [1925]; E. WALDSCHMIDT-LEITZ und A. SCHÄFFNER, Diese Zs. Bd. 151, S. 31, und zwar S. 55 [1925/26].

Die höchste Spaltungsgeschwindigkeit ist bei $p_H = 7{,}0$ gemessen worden. Aber auch bei $p_H = 6{,}4$ findet man die Wirksamkeit noch wenig vermindert. Unter Berücksichtigung des gesamten Kurvenverlaufes dürfte das Spaltungsoptimum eher ein wenig auf der sauren Seite des Neutralpunktes, zwischen etwa $p_H = 6{,}7$ und 7,0 anzusetzen sein. Der Abfall der Aktivität nach der alkalischen Seite ist steil, und bei $p_H = 7{,}8$, dem Optimum der Dipeptidase, beträgt die Wirkung nur noch die Hälfte der maximalen. Es bleibt zu untersuchen, ob die elektrochemische Natur des Substrates für den Verlauf der Kurve von Bedeutung ist.

Nach vorläufigen Versuchen, deren Durcharbeitung noch nicht abgeschlossen ist, wird die Wirksamkeit der Hefepolypeptidase in Gegenwart von Phosphatpuffer sehr erheblich geringer gefunden, als mit Ammonchlorid-Ammoniakmischungen gleicher Reaktion. Um derartige Einflüsse verschiedener Puffermischungen zu vermeiden und die [217] Bedingungen der übrigen Versuche nach Möglichkeit beizubehalten, verfuhr man so, daß man die ammonsalzhaltigen Hydrolysenmischungen, deren Zusammensetzung im übrigen den Versuchen der Tab. 2 und 3 entsprach, durch Zugabe geeigneter Mengen von Essigsäure auf die gewünschte Acidität brachte. In dem eingehaltenen Bereich war, wie aus den nach dem colorimetrischen Verfahren durchgeführten Bestimmungen hervorgeht, die Konstanz der Wasserstoffionenkonzentration trotzdem eine recht gute.

Tabelle 6.

p_H-Abhängigkeit der Hefepolypeptidase.

(Substrat Alanyl-glycylglycin.)

1,01 mg d,l-Alanyl-glycylglycin, krystallwasserfrei (= 1/4 Millimol l(+)-Peptid), 0,25 Trypsineinheiten, 0,10 ccm 2,5n-NH_3, 0,40 ccm n/2-Ammonchlorid mit wechselnden Mengen von n/1-Essigsäure; Vol. = 5,0 ccm; 40°; Spaltungszeit 1 Stunde. Aciditätszuwachs gemessen mit n/20-KOH.

Zusatz an n/1-Essigsäure (ccm)	p_H der Versuchsmischung Beginn	Ende	Spaltung (ccm n/20-KOH)
0,36	5,5	5,4	1,21
0,29	6,4	6,4	3,47
0,22	7,0	7,1	3,89
0,17	7,4	7,5	3,22
0,00	7,9	7,9	1,60

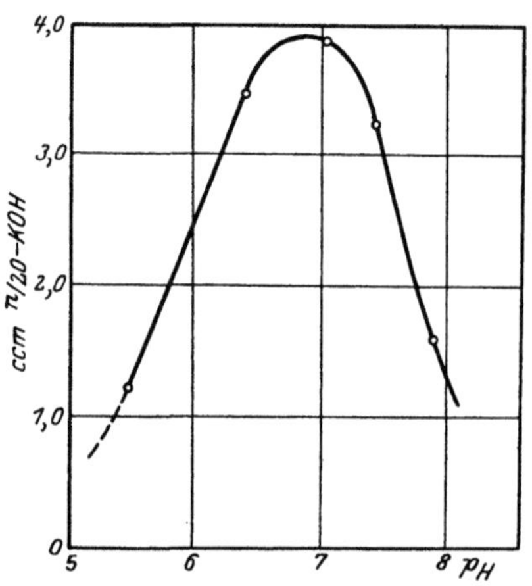

p_H-Abhängigkeit der Hefepolypeptidase.

[218] 5. Zur Beziehung zwischen der Polypeptidase und dem tryptischen Enzym der Hefe.

Aus den Versuchen des zweiten und dritten Abschnittes ergibt sich, daß in den Restlösungen der Tonerdeadsorption die Wirksamkeit gegen Tri- und Tetrapeptide ungefähr gleichzeitig mit der tryptischen Wirkung verschwindet und daß sie in den Elutionen zusammen mit dem Trypsin angetroffen wird. Es war zu prüfen, ob auch in den bei unvollkommener Scheidung der Enzyme erhaltenen Fraktionen die Wirkung auf Polypeptide mit der tryptischen parallel gehen würde. Es wird allerdings erst die Ausarbeitung einer Bestimmungsmethode der Polypeptidase bei optimalem p_H und die Untersuchung der in Betracht kommenden aktivierenden und hemmenden Einflüsse notwendig sein, ehe exakt entschieden werden kann, ob die Träger der beiden Enzymwirkungen identisch sind. Die vorläufig unternommenen, rein orientierenden Versuche geben keinen sicheren Anhaltspunkt für die Annahme einer Verschiedenheit des polypeptidspaltenden und des tryptischen Enzyms.

Zu den Versuchen der Tab. 7, in welcher die Spaltungsfähigkeit für Leucylglycin und für Diglycyl-glycin mit der an der Gelatinehydrolyse gemessenen tryptischen Wirkung verglichen wurde, diente

A. ein frisches Rohautolysat,

B. eine aus A. erhaltene Phosphatelution aus Tonerdeadsorbat, die dank der Anwendung einer reichlichen Tonerdemenge noch 14% der Dipeptidase neben 40% des ursprünglichen Trypsins enthielt,

C. eine durch zweimalige Adsorption (gemäß Abschnitt 4 der vorausgehenden Arbeit) erhaltene Elution des tryptischen Enzyms, in der sich bei langer Spaltungszeit noch geringfügige Spuren der Dipeptidase nachweisen lassen,

D. eine trypsinfreie Restlösung der Dipeptidase.

Als Maß der gegenüber den Peptiden wirksamen Enzymmenge gilt hier vorläufig der reziproke Wert derjenigen Zeit t, die zur Erzielung einer Spaltung von 10% des Substrates (Aciditätszuwachs 0,50 ccm) benötigt wird; sie ist durch [219] Interpolation ermittelt. Der Quotient aus der Spaltungsfähigkeit gegenüber Diglycylglycin $1/t_D$

Tabelle 7.
Vergleich des Spaltungsvermögens für Gelatine, Diglycylglycin und Leucylglycin in Fraktionen der Tonerdeadsorption.

Versuch	Enzymlösung	Substrat	Trypsineinheiten (Gelatine) E	Spaltung nach Stunden (ccm n/20-KOH) 1	2	4	24	$t_{10\%}$ (Min.)	$Q=\frac{1}{E\cdot t_{10\%}}$
A	Rohautolysat	Leucylglycin	0,028	3,01	4,61	4,95	—	9	4,0
		Diglycylglycin	0,028	0,04	—	0,29	1,57	445	0,08
B	1. Elution	Leucylglycin	0,06	2,99	4,55	4,90	—	10	1,7
		Diglycylglycin	0,06	0,22	0,44	0,80	2,40	135	0,12
C	2. Elution	Leucylglycin	0,19	0,00	—	0,11	0,63	1200	0,004
		Diglycylglycin	0,19	0,62	1,16	1,50	3,20	40	0,13
D	Restlösung	Leucylglycin	0,00	2,40	4,20	4,90	—	12	∞
		Diglycylglycin	0,00	0,00	0,00	—	0,04	∞	—

und aus der Anzahl E der nach der Gelatinemethode ermittelten Trypsineinheiten, $Q = \frac{1}{t_D \cdot E}$, sollte annähernd konstant bleiben, wenn die Wirkung auf das Protein und auf das Tripeptid von dem gleichen Enzym ausgehen.

In den angegebenen und einigen weiteren Beispielen ergeben sich nur geringfügige und kaum außerhalb der beträchtlichen Fehlergrenzen der Methode liegende Verschiebungen dieses Verhältnisses, während gleichzeitig der Quotient aus dem Wirkungsvermögen gegenüber Leucylglycin und aus der Anzahl der Trypsineinheiten in weitesten Grenzen variiert.

Im ausgesprochenen Gegensatz zum dipeptidspaltenden Enzym büßt die Polypeptidase beim Altern an Wirksamkeit nicht erheblich ein; sie ist ebenso haltbar wie das tryptische Enzym. In einer nach dem üblichen Verfahren gewonnenen dipeptidasefreien Elution war bei längerem Aufbewahren im Eisschrank keine Veränderung im Wirkungsvermögen gegen die beiden Substrate zu beobachten.

Alter der Enzymlösung	4	20	37 Tage
Wirkung auf Gelatine (4 ccm Enzymlösung, Bedingungen der Bestimmungsmethode)	1,32	1,37	— ccm $^n/_5$-KOH
Wirkung auf Leucyl-glycylglycin (2 ccm Enzymlösung, 2 Stunden, Bedingungen wie Tab. 3)	3,17	3,20	3,10 ccm $^n/_{20}$-KOH

[220] Auch ein früher nach anderem Freilegungsverfahren gewonnenes und nach zweimonatlicher Alterung durch Acetonfällung isoliertes Trockenpräparat des Hefetrypsins (praktisch frei von Dipeptidase[1]), dessen tryptische Wirksamkeit nach fast zweijähriger Aufbewahrung nicht gelitten hatte, zeigte eine beträchtliche Wirksamkeit gegen Leucyl-glycylglycin. Aber sie betrug doch nur ungefähr $^1/_3$ von derjenigen, die man nach der tryptischen Wirksamkeit gemäß den Versuchen der Tab. 3 hätte erwarten dürfen. Es ist noch nicht zu entscheiden, ob hier eine Verschiebung im Mengenverhältnis der Enzyme wirklich vorliegt, oder ob sie durch den Einfluß aktivierender und hemmender Begleitstoffe vorgetäuscht wird.

20 mg Trockenpräparat (0,20 Trypsineinheiten) hydrolysierten $^1/_2$ Millimol d,l-Leucyl-glycylglycin bei $p_H = 7{,}8$ und unter den Bedingungen der Tab. 3 a) in einer, b) in 4 Stunden, entsprechend einem Aciditätszuwachs von a) 0,78, b) 2,12 ccm $^n/_{20}$-KOH.

Herrn cand. chem. H. DYCKERHOFF danke ich für experimentelle Mithilfe bei der Darstellung der benötigten Peptide.

Es ist mir eine angenehme Pflicht, der Notgemeinschaft der Deutschen Wissenschaft für die zur Verfügung gestellten Mittel ergebenst zu danken.

[1] R. WILLSTÄTTER und W. GRASSMANN, a. a. O., S. 174.

Zeitschrift für physiologische Chemie 175, S. 18 [1928].

126. ÜBER DIE WIRKUNGSWEISE DER HEFEPOLYPEPTIDASE.

Von WOLFGANG GRASSMANN und HANNS DYCKERHOFF.

Zehnte Abhandlung über Pflanzenproteasen in der von R. WILLSTÄTTER und MITARBEITERN begonnenen Untersuchungsreihe.

(Aus dem Chemischen Laboratorium der Bayerischen Akademie der Wissenschaften in München.)

(Der Redaktion zugegangen am 12. Januar 1928.)

Theoretischer Teil.

Die peptidspaltenden Enzyme der Hefe lassen sich, wie vor kurzem gezeigt werden konnte[1], durch fraktionierte Adsorption an Tonerde in zwei Komponenten zerlegen, von denen die eine („Hefe-Dipeptidase") in ihrer Wirkung auf die Hydrolyse von Dipeptiden beschränkt ist, während die andere („Hefe-Polypeptidase") Tri- und Tetrapeptide angreift und bis zur Dipeptidstufe, aber nicht darüber hinaus zerlegt. Dieses Ergebnis, das in dem neuerdings beobachteten unterschiedlichen Verhalten tyrosinhaltiger Dipeptide und Polypeptide gegenüber dem Pankreastrypsin eine bemerkenswerte Analogie gefunden hat (E. WALDSCHMIDT-LEITZ, W. GRASSMANN und H. SCHLATTER[2]; WALDSCHMIDT-LEITZ und Mitarbeiter[3]) weist innerhalb der Gesamtheit der Peptide den Dipeptiden eine Sonderstellung hinsichtlich der enzymchemischen Angreifbarkeit zu, eine Sonderstellung, die übrigens auch in einzelnen ihrer chemischen Eigenschaften zum Ausdruck zu [19] kommen scheint. Ob außerdem auch im Bereich höherer und hoher Peptide Unterschiede der enzymatischen Angreifbarkeit vorkommen, die allein durch die Anzahl der Bausteine des Peptidmoleküls bedingt sind, scheint gegenwärtig noch nicht genügend geklärt. Die Frage, ob für den Spezifitätsbereich der Hefepolypeptidase eine obere Grenze existiert und ob sie insbesondere mit dem tryptischen Enzym der Hefe identisch ist, haben wir einer eingehenden Prüfung vorbehalten, über deren Ergebnis wir demnächst berichten werden. Es soll indessen hervorgehoben werden, daß wir im Verhältnis der tryptischen und der Polypeptidasewirkung verschiedener Polypeptidasepräparate schon jetzt erhebliche Verschiebungen angetroffen haben, die mit der Annahme einer

[1] Diese Zs. Bd. 167, S. 202 [1927] (*Abh. 125*). [2] Chem. Ber. Bd. 60, S. 1906 [1927].
[3] Chem. Ber. Bd. 61, S. 299 [1927/28].

Identität der tryptischen und der polypeptidspaltenden Komponente kaum zu vereinigen sind.

Es ist der Zweck der vorliegenden Untersuchung, die Polypeptidase hinsichtlich ihrer Angriffsweise bei der Hydrolyse einfacher Tri- und Tetrapeptide zu kennzeichnen, und ihre Verwendbarkeit für die stufenweise Hydrolyse einfacher Polypeptide darzutun, eine Aufgabe, für die bisher nur wenige, in ihrer Anwendbarkeit beschränkte chemische[1] und enzymchemische[2] Methoden bekannt geworden sind.

Die durch die dipeptidasefreie Polypeptidase eingeleitete Hydrolyse von Tripeptiden kommt, wie früher für den Fall des Alanyl-glycyl-glycins und des Leucyl-glycyl-glycins gezeigt wurde, und wie wir unten an einem weiteren Beispiel (Glycyl-glycyl-leucin) belegen, nach der Zerlegung in ein Mol Aminosäure und ein Mol Dipeptid scharf zum Stillstand. Aber es war noch die Frage zu klären, welche der beiden endständigen Aminosäuren dabei in Freiheit gesetzt wird.

Hier begegnet unsere Untersuchung einer Fragestellung, die in einer vor nunmehr 20 Jahren von E. ABDERHALDEN [20] und Mitarbeitern[1]) in Angriff genommenen Untersuchungsreihe eingehend und sorgfältig behandelt worden ist. ABDERHALDEN verfolgte die Änderungen, die das optische Drehungsvermögen im Laufe der Hydrolyse aktiver Tri- und Tetrapeptide erfährt. Aus der optischen Beobachtung kann auf die Art der bei der Hydrolyse durchlaufenen Zwischenprodukte geschlossen werden, vorausgesetzt, daß die Drehwerte der in Frage kommenden Spaltstücke bekannt und untereinander genügend verschieden sind. Die optische Methode ist ohne Zweifel ein außerordentlich wichtiges und verhältnismäßig bequemes Hilfsmittel für die Aufklärung des Verlaufes der fermentativen Polypeptidspaltung. Aber sie führt, wie das auch von E. ABDERHALDEN[2]) hervorgehoben wird, nicht in allen Fällen zu eindeutigen Ergebnissen.

Dies gilt besonders für den Fall, daß die als Zwischenprodukte gebildeten Dipeptide verhältnismäßig rasch weiter zerlegt werden. Wenn z. B. bei der Hydrolyse von l(+)-Alanyl-glycyl-glycin, das 31,4° nach rechts dreht, ein anfänglicher Anstieg der Drehung beobachtet wird, so kann dies — von einer möglichen Verschiebung der Wasserstoffionenkonzentration abgesehen — nur durch die Bildung des hochdrehenden l(+)-Alanyl-glycins($[\alpha]_D = 50°$) erklärt werden. Aber der umgekehrte optische Effekt, rascher und kontinuierlicher Abfall der Drehung von Anfang an, braucht nicht unbedingt auf der Zerlegung in Glycyl-glycin und das wenig drehende l(+)-Alanin ($[\alpha]_D = 2,7°$) zu beruhen. Man würde dasselbe Verhalten beobachten, wenn l(+)-Alanyl-glycin primär gebildet, aber im Vergleich zum Tripeptid rasch weitergespalten und daher niemals in nennenswerter Menge angehäuft würde.

Vom Standpunkt der weiter entwickelten enzymatischen Methodik kann außerdem heute gegenüber jenen Untersuchungen eine Reihe von Bedenken geltend gemacht werden; die wichtigsten beziehen sich auf die Nichtbeachtung der Wasser-

[1] Vgl. dazu P. SCHLACK und W. KUMPF, Diese Zs. Bd. 154, S. 125 [1926]; E. ABDERHALDEN und W. KÖPPEL, Diese Zs. Bd. 170, S. 226 [1927].

[2] Vgl. E. WALDSCHMIDT-LEITZ und Mitarbeiter, a. a. O.

[1]) Diese Zs. Bd. 54, S. 363 [1907/08], Bd. 55, S. 416 [1908], Bd. 57, S. 342 [1908], Bd. 62, S. 145 [1909], Bd. 66, S. 277 [1910], Bd. 81, S. 1 [1912].

[2]) Vgl. z. B. E. ABDERHALDEN und A. FODOR, Diese Zs. Bd. 81, S. 1, und zwar S. 7 u. 12 [1912].

stoffionenkonzentration, sowie auf die Verwendung ungenügend charakterisierter und nur mäßig wirksamer, dabei aber teilweise an stark drehenden Verunreinigungen reicher [21] Enzymmaterialien. So scheint es uns besonders nicht als genügend gesichert, daß die Hydrolyse einfacher Tripeptide durch Darm- und Pankreassaft bei einzelnen Peptiden mit der Abspaltung der am Carboxylende, bei anderen mit der Abspaltung der am Aminoende stehenden Aminosäure einsetzen soll, eine Vorstellung, die nur schwer mit den über die Wirkung des Darmerepsins kürzlich entwickelten Ansichten[1] zu vereinbaren wäre. In allen Fällen läßt schließlich die optische Analyse die Frage offen, ob die enzymatische Hydrolyse eines Polypeptides ausschließlich an einer einzigen Stelle des Moleküls einsetzt, oder ob sie gleichzeitig an mehreren Peptidbindungen, wenn auch mit stark verschiedener Geschwindigkeit, erfolgt. Im Falle der Hefepeptidasen, wo die Polypeptidhydrolyse nunmehr in zwei scharf getrennte Einzelprozesse zerlegt werden kann, hat sich diese Frage durch die präparative Isolierung der gebildeten Zwischenprodukte mit Sicherheit lösen lassen.

Die Isolierung der unter dem Einfluß der Polypeptidase aus Tripeptiden gebildeten Abbauprodukte haben wir bisher an zwei Beispielen, Leucyl-glycyl-glycin und Glycyl-glycyl-leucin, durchgeführt. In beiden Fällen wurde die die freie Aminogruppe tragende Aminosäure abgespalten. Dieser Befund steht in Übereinstimmung mit den Erfahrungen, die E. ABDERHALDEN bei der Hydrolyse zahlreicher anderer Tripeptide durch Hefemacerationssaft gewonnen hat; er entspricht der von dem einen von uns[2] geäußerten Vermutung, die auf den Vergleich der Hydrolysengeschwindigkeit bei ähnlich gebauten Peptiden gestützt war. In beiden Fällen konnte sowohl das intakte Dipeptid, als auch die abgespaltene Aminosäure in guter, zum Teil quantitativer Ausbeute isoliert werden. Die zweite Peptidbindung der beiden Tripeptide ist auch nicht spurenweise angegriffen worden. Das ergibt sich im Falle des Leucyl-glycyl-glycins aus der Isolierung einer quantitativen [22] Ausbeute an Glycyl-glycin (als Esterchlorhydrat), im Falle des Glycyl-glycyl-leucins aus der völlig sichergestellten Abwesenheit von freiem Leucin. Der streng spezifisch verlaufenden Wirkung des Enzyms steht der unspezifische Verlauf der Alkalihydrolyse gegenüber. So haben E. ABDERHALDEN und G. BROCKMANN[1]) kürzlich bei der unvollständigen Alkalihydrolyse von l-Leucyl-glycyl-d-alanin die Bildung von Leucyl-glycin, wie auch von Glycyl-alanin nachgewiesen.

Es entspricht der geschilderten Angriffsweise, daß Peptidderivate mit substituierter Aminogruppe von dem Enzym nicht angegriffen werden. Die Hefepolypeptidase spaltet weder Benzoyl-diglycyl-glycin noch β-Naphthalinsulfo-glycyl-tyrosin, das nach den kürzlich mitgeteilten Befunden von WALDSCHMIDT-LEITZ und Mitarbeitern (a. a. O.) als Substrat des Pankreastrypsins zu gelten hat.

[1] H. v. EULER und K. JOSEPHSON, Diese Zs. Bd. 157, S. 122 [1926], Bd. 166, 294 [1927], Bd. 162, S. 85 [1926]; Chem. Ber. Bd. 60, S. 1341 [1927]; E. WALDSCHMIDT-LEITZ und Mitarbeiter, a. a. O.; E. WALDSCHMIDT-LEITZ und W. KLEIN, Chem. Ber. Bd. 61, im Erscheinen.

[2] Diese Zs. Bd. 167, S. 202 [1927], und zwar S. 207 u. 213.

[1]) Diese Zs. Bd. 170, S. 147, und zwar S. 148 u. 155 [1927].

Die enzymatische Hydrolyse der zwei geprüften Tetrapeptide, Leucyl-diglycyl-glycin und Triglycyl-glycin erfolgt vollkommen entsprechend, nämlich unter Abspaltung der endständigen Aminosäure, Leucin bzw. Glykokoll. Die Feststellung, daß die Hydrolyse des Leucyl-diglycyl-glycins recht scharf nach der Auflösung einer Peptidbindung zum Stillstand kommt, hatte in der vorausgehenden Mitteilung zu der Annahme geführt, daß das Tetrapeptid in zwei Moleküle Dipeptid zerlegt werde; denn etwa gebildetes Diglycyl-glycin hätte von dem angewandten Enzymmaterial weitergespalten werden sollen. Der mitgeteilte experimentelle Befund ist an sich zu bestätigen: Die Reaktion steht in der Tat so gut wie vollständig, wenn eine Carboxylgruppe in Freiheit gesetzt ist. Aber die Deutung ist eine andere. Der beobachtete annähernde Reaktionsstillstand beruht nicht auf der Abwesenheit spaltbaren Substrates, sondern auf der hemmenden Wirkung des gebildeten l-Leucins. Die Spaltung des an sich nur schwer angreifbaren Tripeptids Diglycyl-glycin wird nämlich, wie besondere Versuche ergeben haben, von Leucin in der in Frage kommenden Konzentration so stark gehemmt, daß sie [23] innerhalb der damals eingehaltenen Versuchszeit nicht mehr sicher zur Beobachtung kommen konnte. Dieser Befund ergänzt die Erfahrungen von H. H. WEBER und H. GESENIUS[1], die kürzlich über eine fast vollkommene Hemmung der enzymatischen Eiweißhydrolyse durch verhältnismäßig hochmolekulare Spaltprodukte berichteten, um ein Beispiel aus dem Gebiet einfacher, niedermolekularer Substanzen. Man wird bei der Beurteilung der beim fraktionierten enzymatischen Eiweißabbau gefundenen enzymatischen Einzelleistungen sorgfältig zu prüfen haben, wie weit die beobachteten Reaktionsstillstände durch die hemmende Wirkung von Abbauprodukten vorgetäuscht sein können.

Es ist bemerkenswert, daß die Hydrolyse des Leucyl-glycyl-glycins und des Leucyl-diglycyl-glycins in scharfem Gegensatz zu derjenigen des Diglycyl-glycins durch Leucin in gleicher Konzentration nicht oder nur sehr wenig beeinflußt wird. Wenn, wie wir annehmen, die hemmende Wirkung des Leucins auf Affinität zum freien Enzym im Sinne von L. MICHAELIS[2] und R. KUHN[3] beruht, so ist unsere Beobachtung, die noch durch systematische Affinitätsmessungen an einer größeren Anzahl von Aminosäuren und Peptiden zu erweitern sein wird, dahin zu verstehen, daß die Affinität des Enzyms zum Diglycyl-glycin weit geringer ist, als diejenige zu den geprüften leucinhaltigen Peptiden. Wir halten es für wahrscheinlich, daß geringe Enzymaffinität als eine allgemeine Eigenschaft der ausschließlich aus Glycinresten aufgebauten Peptide gelten kann, während die Zerfallsgeschwindigkeit ihrer Enzym-Substratkomplexe durchaus nicht gering zu sein braucht. Diese Annahme scheint den Befund von E. ABDERHALDEN und Mitarbeitern[4], wonach die ausschließlich glycinhaltigen

[1] Biochem. Zs. Bd. 187, S. 410 [1927].
[2] Biochem. Zs. Bd. 49, S. 333 [1913], Bd. 60, S. 62, 79 [1914].
[3] Diese Zs. Bd. 125, S. 1 [1922/23], a. a. O.
[4] Diese Zs. Bd. 170, S. 134, S. 146, S. 226 [1927].

Peptide von Alkali besonders leicht hydrolysiert werden, zwanglos zu vereinigen mit den Befunden der Enzymchemie, aus denen eine besonders schwere, enzymatische Angreifbarkeit dieser Peptide hervorgeht.

[24] Experimenteller Teil.

1. Das Enzymmaterial.

Ein einfaches Verfahren zur Gewinnung dipeptidasefreier Präparate der Hefepolypeptidase, das die Anwendung von Adsorptionsmethoden entbehrlich macht, gründen wir auf die Beobachtung, daß das polypeptidspaltende Enzym im Gegensatz zur Dipeptidase durch ziemlich hohe Beständigkeit gegenüber Ammoniak ausgezeichnet ist (vgl. dazu 6. Abhandlung dieser Reihe, S. 270; 8. Abhandlung, S. 201). Schon die vorübergehende Einstellung ganz schwach alkalischer Reaktion bei der Durchführung der Neutralautolyse genügt, um die Ausbeute an dipeptidspaltendem Enzym empfindlich herabzusetzen. Vollkommen dipeptidasefreie Lösungen des tryptischen und des poypeptidspaltenden Enzyms werden erhalten, wenn man die Autolyse in Gegenwart von Chloroform von Anfang an bei deutlich alkalischer Reaktion vor sich gehen läßt (vgl. dazu 6. Mitteilung dieser Reihe, S. 273.) Die Trypsinausbeuten finden wir dabei kaum geringer als bei dem früher beschriebenen Verfahren der raschen fraktionierten Autolyse in Gegenwart von Essigester (R. Willstätter und W. Grassmann[1]; vgl. dazu auch W. Grassmann und W. Haag[2]). Aber das Enzym ist in den erhaltenen Lösungen von erheblich größeren Mengen von Beimischungen begleitet. Dieser Nachteil läßt sich indessen mit Hilfe eines einfachen Verfahrens der Reinigung durch enzymatischen Abbau der Begleitstoffe überwinden, das an früher mitgeteilte Versuche (vgl. 6. Abhandlung dieser Reihe, und zwar S. 277) zur Reinigung des Hefetrypsins anknüpft und einer kürzlich von R. Willstätter und E. Bamann[3] ausgearbeiteten, leistungsfähigen Reinigungsmethode für Magenlipase nahesteht. Aus den bei neutraler und bei alkalischer Reaktion ohne Fraktionierung gewonnenen Hefeautolysaten kann nämlich das tryptische und das polypeptidspaltende Enzym durch Ansäuern, zusammen mit [25] einer großen Menge von Proteinsubstanzen, niedergeschlagen werden. Einen raschen und ziemlich weitgehenden Abbau der beigemengten Eiweißstoffe und die gleichzeitige Entfernung der Abbauprodukte erzielt man am einfachsten bei kurzer (z. B. 24stündiger) Dialyse der in wenig Ammoniak gelösten Fällung gegen rasch fließendes Wasser. Die enzymatische Konzentration steigt dabei auf das 10- bis 20fache von derjenigen der Ausgangslösungen.

Beispiel: 1 kg frische Bierhefe der Löwenbrauerei in München wurde mit 100 ccm Chloroform verflüssigt, mit 1 l Wasser und mit etwas Toluol versetzt, durch Zugabe von 10proz. Ammoniak auf deutlich alkalische Reaktion gebracht und durch fortlaufenden Zusatz alkalisch erhalten. Die benötigte Ammoniakmenge ist

[1] Diese Zs. Bd. 153, S. 250, und zwar S. 278 [1926] (*Abh. 122*).
[2] Diese Zs. Bd. 167, S. 788, und zwar S. 191 [1927] (*Abh. 124*).
[3] Diese Zs. Bd. 173, S. 17 [1927/28] (*Abh. 104*).

nur zu Beginn beträchtlich, später läßt die Säurebildung rasch nach und insgesamt ist eher weniger Ammoniak erforderlich, als bei neutraler Autolyse (z. B. auf 1 kg abgepreßte Hefe 30 ccm 10proz. Ammoniak, wovon der größte Teil zu Beginn des Versuches zugesetzt wird). Nach 48 Stunden wurde die Enzymlösung von den Heferückständen abgetrennt (Volumen 890 ccm). Sie war frei von Dipeptidase und enthielt im ganzen 200 Trypsineinheiten.

1,2 ccm ergaben unter den Bedingungen der Dipeptidasebestimmung in einer Stunde keine meßbare Spaltung. — Unter den Bedingungen der Trypsinbestimmung bewirkten 1,2 ccm eine Gelatinespaltung von 0,75 ccm $^{n}/_{5}$-KOH, was 0,27 T.-E. in der Bestimmungsprobe, 300 T.E. im ganzen anzeigt. — 0,2 ccm spalten unter den unten bezeichneten Bedingungen 49 mg d,l-Leucyl-glycyl-glycin in einer Stunde zu 40% der l-Form (Aciditätszuwachs 0,80 ccm $^{n}/_{20}$-KOH).

880 ccm der Lösung wurden mit der zur vollständigen Fällung ausreichenden Menge von 2,5n-Essigsäure, nämlich mit 146 ccm, versetzt. Den entstandenen Niederschlag trennte man in der Zentrifuge ab, suspendierte ihn in wenig Wasser und fügte verdünntes Ammoniak bis zur deutlich alkalischen Reaktion hinzu, wobei das tryptische und das polypeptidspaltende Enzym, zusammen mit dem größten Teil des Proteinniederschlages, in Lösung geht. Die vom Ungelösten abzentrifugierte Flüssigkeit, deren Volumen nach der Neutralisation 68 ccm betrug, enthielt über 80% des Trypsins.

[26] 0,4 ccm bewirkten Gelatinespaltung entsprechend 2,30 (Wiederholung 2,35) ccm $^{n}/_{5}$-KOH, was mindestens 1,0 Trypsineinheiten in der Bestimmungsprobe, 170 Einheiten im ganzen anzeigt. — 0,08 ccm spalten unter den üblichen Bedingungen d,l-Leucyl-glycyl-glycin in 1 Stunde zu 68% der l-Form (Aciditätszuwachs: 1,36 ccm $^{n}/_{20}$-KOH).

Die Lösung wurde nun in einer Fischblase zunächst 68 Stunden gegen Leitungswasser, dann weitere 40 Stunden gegen fließendes destilliertes Wasser dialysiert. Das Volumen der Lösung stieg dabei auf 108 ccm an, die Wirksamkeit gegenüber Leucyl-glycyl-glycin verminderte sich um etwa 40%, während die tryptische Aktivität annähernd erhalten blieb.

0,4 ccm bewirkten eine Gelatinehydrolyse entsprechend 1,50 ccm (Wiederholung 1,50 ccm) $^{n}/_{5}$-KOH. Die Bestimmungsprobe enthielt demnach 0,63 T.E., die Gesamtmenge (108 ccm) 170 T.-E. — 0,13 ccm spalteten Leucyl-glycyl-glycin in 1 Stunde zu 41% (Aciditätszuwachs: 0,82 ccm $^{n}/_{20}$-KOH). — 0,64 ccm bewirkten unter den Bedingungen der Dipeptidasebestimmung in 1 Stunde keine meßbare Hydrolyse von Leucyl-glycin.

Das Trockengewicht von 1 ccm betrug 8,3 mg. Der Trypsinwert (Einheiten/mg) demnach 0,19. Das tryptische Enzym ist also in der Lösung fast 20mal reiner enthalten als in dem früher (6. Abhandlung, S. 274) beschriebenen, durch Acetonfällung aus wenig gealterten Autolysaten gewonnenen Trockenpräparaten (Trypsinwert z. B. 0,01), 70- bis 80mal reiner als in der verwendeten Hefe, die gemäß den Ausbeuten bei der Autolyse im Mittel 0,25 T.E. in 100 mg Trockengewicht enthalten (vgl. 8. Abhandlung, S. 191).

In den durch Dialyse gereinigten Enzymlösungen ist die Haltbarkeit des tryptischen und polypeptidspaltenden Enzyms geringer als in den nach der Adsorptionsmethode gewonnenen. $2^{1}/_{2}$ Wochen nach der Darstellung war die Wirksamkeit der bei Zimmertemperatur aufbewahrten Lösung gegenüber beiden Substraten auf etwa ein Fünftel des ursprünglichen Wertes zurückgegangen.

Das Ergebnis des beschriebenen Versuches kann bei vorsichtiger Bemessung des zur Autolyse zugesetzten Ammoniaks und bei Einhaltung einer kürzeren Dialysendauer sowohl bezüglich der Ausbeuten wie hinsichtlich der erreichten enzymatischen Konzentration leicht übertroffen werden. So haben wir in einem anderen Versuche, bei dem allerdings schon das Ausgangsmaterial durch ungewöhnlich hohe proteolytische Wirksamkeit ausgezeichnet war, aus 1,5 kg frischer Hefe in analoger Weise 400 ccm einer durch Säurefällung und nur [27] 20stündige Dialyse gereinigten Enzymlösung erhalten, von der 0,04 ccm (mit einem Trockengewicht von 0,36 mg) 49 mg Leucyl-glycyl-glycin in 1 Stunde unter den üblichen Bedingungen zu 75% spalteten.

Die Darstellung von Trockenpräparaten durch Acetonfällung ist sowohl bei diesen Lösungen, wie bei den nach der Adsorptionsmethode gewonnenen im allgemeinen mit großen Aktivitätsverlusten verbunden. Wir sind dabei wiederholt dem Fall begegnet, daß die Polypeptidasewirkung im Trockenpräparat auf einen Bruchteil vermindert war, während die tryptische Wirksamkeit zum größten Teil erhalten blieb. Gut wirksame Polypeptidasetrockenpräparate können dagegen gewonnen werden, wenn man die stark eingeengten Lösungen in einen großen Überschuß von Aceton, das auf —15 bis —20° vorgekühlt ist, eingießt, und den sofort abzentrifugierten Niederschlag mit Aceton und Äther trocknet.

0,80 mg eines so gewonnenen Präparates spalteten unter den üblichen Bedingungen 49 mg d,l-Leucyl-glycyl-glycin in 1 Stunde zu 60% (Aciditätszuwachs 1,20 ccm $^{n}/_{20}$-KOH), während 0,05 ccm (entsprechend 0,62 mg Trockensubstanz) der angewandten dialysierten Enzymlösung unter den gleichen Bedingungen einen Aciditätszuwachs von 1,13 ccm $^{n}/_{20}$-KOH bewirkt hatten. Die Aktivität des Präparates, das für die Mehrzahl der unten beschriebenen Versuche gedient hat, war nach $1^{1}/_{2}$ Monate langem Aufbewahren unverändert.

Auf die Anwesenheit von dipeptidspaltendem Enzym haben wir nochmals, empfindlicher als in den früher beschriebenen Versuchen, geprüft:

1. 10 mg Trockenpräparat bewirkten bei der Einwirkung auf 225 mg dl-Leucyl-glycin (bei $p_H = 7{,}8$; Bedingungen der Bestimmungsmethode) nach a) 1 Stunde, b) 18 Stunden, c) 48 Stunden einen Aciditätszuwachs von a) 0,02, b) 0,00, c) 0,04 ccm $^{n}/_{5}$-KOH.

2. Die Einwirkung auf Glycyl-dl-leucin prüfte man außerdem unter den Bedingungen der unten beschriebenen präparativen Versuche, nämlich bei $p_H = 7{,}0$ und in Abwesenheit von Phosphatpuffer: 10 mg Trockenpräparat wirkten auf 188 mg Peptid bei 40° a) 3 Stunden, b) 48 Stunden, c) 96 Stunden; Aciditätszuwachs bei a) 0,01, b) — 0,02, c) 0,00 ccm $^{n}/_{5}$-KOH.

2. Abhängigkeit von der Wasserstoffzahl.

In den Versuchen dieser Arbeit erfolgte die quantitative Bestimmung des Trypsins und der Dipeptidase unter den [28] früher mitgeteilten Bedingungen mit Gelatine und d,l-Leucyl-glycin als Substrat (vgl. 6. Abhandlung dieser Reihe, S. 257 und 264). Von der Polypeptidase wird zwar unter den bisher geprüften Peptiden Alanyl-glycyl-glycin am raschesten angegriffen. Da aber der Krystallwassergehalt dieses Peptids stört, haben wir es vorgezogen, die Hydrolyse von d,l-Leucyl-glycyl-glycin, das nicht erheblich langsamer gespalten wird, der vorläufigen Bestimmung des Enzyms zugrunde zu legen. Die Abhängigkeit der Wirkung von der Wasserstoffzahl finden wir dabei mit der früher bei Alanyl-glycyl-glycin ermittelten (9. Abhandlung, S. 216) übereinstimmend.

0,122 g d,l-Leucyl-glycyl-glycin (= 0,25 Millimol l(+)-Peptid), 0,5 ccm m/3-Phosphatpuffer, 0,85 ccm Enzymlösung im Gesamtvolumen von 5 ccm; p_H eingestellt durch Zusatz von Ammoniak. 1 Stunde bei 40°:

p_H der Versuchsmischung		Spaltung (ccm n/20-KOH)
Beginn	Ende	
6,8	6,8	1,88; 1,88
7,0	7,0	2,25; 2,20
7,2	7,2	1,61
7,9	7,9	0,62; 0,60

Zur vorläufigen Kennzeichnung der Polypeptidasewirkung unserer Enzympräparate bestimmen wir daher die Hydrolyse von 49,0 mg d,l-Leucyl-glycyl-glycin (= $^1/_{10000}$-Mol l-Peptid) in einem Volumen von 2,0 ccm bei 40° und bei $p_H = 7{,}0$, und zwar in Gegenwart von $^m/_{30}$-Phosphatpuffer und $^m/_{25}$-Ammonchlorid. Die Titration erfolgte mit $^n/_{20}$-KOH in alkoholischer Lösung mit einer Genauigkeit von ±0,03 ccm. Unter den gewählten Bedingungen entspricht der Aufspaltung des anwesenden l-Peptids in 1 Mol. Aminosäure und 1 Mol. Dipeptid ein Aciditätszuwachs von 2,00 ccm $^n/_{20}$-Lauge.

3. Spaltungsversuche mit Tripeptiden.

a) Hydrolyse von d,l-Leucyl-glycyl-glycin.

2,45 g d,l-Leucyl-glycyl-glycin (= $^1/_{100}$ Mol d,l-Peptid) wurden mit 46 ccm $^n/_{25}$-NaOH und mit 15 ccm der oben [29] beschriebenen dialysierten Enzymlösung zu einem Volumen von 100 ccm aufgefüllt. Das p_H der Mischung lag während des ganzen Versuches gemäß den ausgeführten colorimetrischen Kontrollen zwischen 6,9 und 7,0. Die Hydrolyse verfolgte man durch Entnahme von 2 ccm-Proben und Titration mit $^n/_{20}$-KOH. Übereinstimmend mit dem früher mitgeteilten Versuche steht die Reaktion nach der Auflösung einer Peptidbindung im l-Peptid (Aciditätszuwachs 2,00 ccm $^n/_{20}$-KOH):

Anfangsacidität: 3,90 (3,92) ccm:

Zuwachs nach	1	6,5	19 Stunden
	1,10	1,82	1,92 ccm $^n/_{20}$-KOH.

Nach 19 Stunden wurde die Mischung mit Salzsäure auf $p_H = 5{,}0$ gebracht, mit Tierkohle aufgekocht, filtriert und im Vakuum zu einem Volumen von etwa 50 ccm eingeengt. Von den Spaltstücken gibt nur das Leucin ein schwerlösliches Kupfersalz. Zu seiner Isolierung verfuhren wir, etwas abweichend von dem üblichen Verfahren so, daß wir die Lösung mit 16 ccm doppelt molarer Lösung von Kupferchlorid versetzten und $^n/_1$-NaOH bis zur eben deutlichen alkalischen Reaktion (Curcuma) zufügten.

Der aus einer Mischung von Kupferhydroxyd und l-Leucinkupfer bestehende Niederschlag wurde in der Zentrifuge abgetrennt und zweimal mit Wasser gewaschen, dann in möglichst wenig 5n-HCl gelöst und mit Schwefelwasserstoff zersetzt. Die von Schwefelwasserstoff befreite Lösung enthielt, wie die Titration einer Probe ergab, das gesamte l-Leucin des angewandten Peptids. Zur Identifizierung wurde es in üblicher Weise in die Benzolsulfoverbindung übergeführt. Man erhielt 0,94 g, d. i. 77 % der Theorie an fast reinem Benzolsulfo-l-leucin, das nach einmaligem Umkrystallisieren, wobei die Ausbeute auf 0,79 g zurückging, den richtigen Schmelzp. (110° unkorr.) und die richtige Drehung zeigte.

Eine Lösung von 0,500 g der Substanz und 2 ccm $^{n}/_{1}$-Natronlauge im Volumen von 5 ccm drehte im 2 dm-Rohr 7,82° nach links. Daraus berechnet sich $[\alpha]_D$ zu —39,1°, während E. FISCHER für reines Benzolsulfo-l-leucin unter denselben Bedingungen den Wert —39,9° findet[1].

[30] Ein Benzolsulfoleucin vom Schmelzp. 86° hat S. G. HEDIN[1]) schon vor E. FISCHER beschrieben. E. FISCHER (a. a. O.) vermutet, daß der abweichende Befund von HEDIN auf Beimengung von Racemverbindung zurückzuführen sei. Das ist nicht der Fall. Alle aus Wasser krystallisierten Präparate der Verbindung zeigen nach unserer Erfahrung den Schmelzp. 86 bis 87° und erst nach scharfem Trocknen (z. B. nach 8stündigem Verweilen in gutem Vakuum über frischem Ätzkali) findet man den von E. FISCHER angegebenen Wert. Nach einigem Liegen an der Luft schmilzt die Substanz wieder bei 86°. Dieser Schmelzpunkt dürfte demnach einem Hydrat des Benzolsulfo-l-leucins zugehören.

Das Filtrat von der Kupferfällung wurde mit Salzsäure angesäuert, mit Schwefelwasserstoff zerlegt, im Vakuum zur Trockne verdampft, in Alkohol suspendiert und in üblicher Weise verestert. Von dem ungelösten Kochsalz wurde in der Hitze abfiltriert. Nach dem Abkühlen schied die Lösung 0,73 g Glycyl-glycin-esterchlorhydrat ab, die sofort rein waren (Schmelzpunkt 182°). Aus der Mutterlauge wurden weitere 0,14 g vom gleichen Schmelzpunkt erhalten. Die Gesamtausbeute beträgt demnach über 98 % der Theorie.

Die Mutterlauge enthält nun noch das unzersetzte d-Leucyl-glycyl-glycin als Esterchlorhydrat. Da es schwer zur Krystallisation zu bringen ist, haben wir uns darauf beschränkt, die Verbindung mit konzentrierter Salzsäure zu hydrolysieren und die Bausteine d-Leucin und Glykokoll als Benzolsulfoverbindung bzw. als Esterchlorhydrat zu isolieren.

Dagegen ist das Esterchlorhydrat des racemischen Leucyl-glycyl-glycins aus Alkohol, worin es ziemlich leicht löslich ist, ohne Schwierigkeit in krystallisierter Form zu erhalten. Es schmilzt bei 222° (korr.).

60 mg verbrauchten bei der Titration in alkoholischer Lösung 3,90 ccm $^{n}/_{20}$-KOH, statt berechnet 3,87 ccm.

b) Hydrolyse von Glycyl-glycyl-l-leucin.

0,8133 g des Peptids wurden in 25 ccm $^{n}/_{25}$-NaOH gelöst, mit einer Lösung von 70 mg des oben beschriebenen Trockenpräparates versetzt und das Volumen der Mischung zu 100 ccm ergänzt. Die Reaktion des Versuchsansatzes entsprach $p_H = 7{,}0$ zu Beginn und $p_H = 7{,}4$ zu Ende der Hydrolyse, die man [31] durch Entnahme von 1 ccm-Proben und Titration mit $^{n}/_{20}$-KOH verfolgte. Auch hier steht die Reaktion nach der Auflösung einer Peptidbindung still. Der Aciditätszuwachs entsprach nämlich nach 4 Stunden 1,08 ccm $^{n}/_{20}$-KOH, nach 16,5 Stunden 1,26 ccm $^{n}/_{20}$-KOH, während theoretisch 1,30 ccm zu erwarten wären. Dieser Wert ist auch in einer Probe der Versuchsmischung, in der die Hydrolyse noch weitere 4 Tage fortgesetzt wurde, nicht überschritten worden.

---

[1] Chem. Ber. Bd. 34, S. 433 [1901]. [1]) Chem. Ber. Bd. 23, S. 3197 [1890].

In einem Vorversuche, der hinsichtlich der Konzentrationsverhältnisse und hinsichtlich des Hydrolysenverlaufes mit dem beschriebenen übereinstimmte, prüften wir auf die Anwesenheit von freiem Leucin, indem wir wie oben in die Kupfersalze verwandelten, die Kupferfällung mit Schwefelwasserstoff zerlegten und mit Benzolsulfochlorid umsetzten. Wir erhielten nur eine verschwindende Menge eines Öles, das nicht zur Krystallisation gebracht werden konnte. (Auch Benzolsulfo-glycyl-l-leucin, das wir zum Vergleich darstellten, ist nur als Öl erhalten worden.) Aus einem anderen Teile der Kupferfällung konnten wir Glycyl-l-leucin in mäßiger Ausbeute isolieren und durch Schmelzpunkt, Mischschmelzpunkt und Titration identifizieren. Das Peptid ist also offenbar in Glykokoll und Glycyl-leucin gespalten worden.

Zur glatten Trennung von Glykokoll und Glycyl-leucin sind indessen die Kupfersalze nicht geeignet. Auch die von E. FISCHER[1] beschriebene außerordentlich schwer lösliche Kupfer*sulfat*verbindung des Glycyl-leucins $C_8H_{16}O_3N_2 \cdot CuSO_4$ war für unsere Zwecke nicht geeignet. Eine schwer lösliche Kupferverbindung entsteht nämlich, wie man sich durch einen eindrucksvollen Reagenzglasversuch überzeugen kann, unter den von E. FISCHER angegebenen Bedingungen nur mit dem Racemat, keineswegs mit der l-Form.

Die Versuchsmischung wurde daher, nachdem sie mit Tierkohle behandelt worden war, zur Trockne gebracht und in [32] üblicher Weise verestert. Nachdem vom ungelösten Kochsalz abfiltriert worden war, wurde die alkoholische Lösung eingedampft, wobei praktisch die gesamte Menge in Form krystallisierter Esterchlorhydrate gewonnen wurde. Einen Teil des Produktes verwandten wir zu dem Versuch, die beiden Esterchlorhydrate durch Fraktionierung aus Alkohol bzw. Alkohol-Äther zu trennen. Das gelingt nicht, obwohl das Glycyl-l-leucin-esterchlorhydrat (Schmelzp. 161°), das wir zum Vergleich herstellten, für sich allein in Alkohol erheblich leichter löslich ist als das Glykokoll-esterchlorhydrat. Wir haben daher, trotz der geringen Substanzmengen, die zur Verfügung standen, die Trennung durch Destillation des freien Esters in Angriff genommen.

Zu diesem Zwecke wurden aus dem Rest des Esterchlorhydratgemisches, 0,60 g, in üblicher Weise die Ester in Freiheit gesetzt und durch 4maliges Ausziehen mit Chloroform isoliert. Der Chloroformauszug wurde mit Natriumsulfat kurz getrocknet, und das Lösungsmittel zusammen mit einem Teil des Glykokollesters bei vermindertem Druck abdestilliert. Schließlich wurde die Hauptmenge des Glycinesters bei gutem Vakuum und bei einer Badtemperatur von 60° überdestilliert. Aus der übergegangenen Chloroform-Glycinestermischung erhielten wir durch Einleiten von Salzsäure und Ätherzusatz 163 mg Glykokollesterchlorhydrat, d. i. 76% der Theorie, die sofort rein waren (Schmelzp. und Mischschmelzp. 144°), aus dem in Chloroform gelösten Destillationsrückstand in analoger Weise 273 mg (71% der Theorie, bezogen auf das angewandte Gemisch der Esterchlorhydrate) nahezu reines Glycyl-l-leucin-esterchlorhydrat,

[1] E. FISCHER und O. WARBURG, Liebigs Ann. der Chem. Bd. 340, S. 158 [1905]; E. FISCHER und W. SCHRAUTH, Liebigs Ann. der Chem. Bd. 354, S. 24 [1907].

das nach einmaligem Umkrystallisieren den verlangten Schmelzp. (161 bis 162°) und das richtige Äquivalentgewicht zeigte.

44,2 mg Substanz verbrauchten in alkoholischer Lösung 3,50 (ber. 3,50) ccm n/20-KOH.

4. Spaltungsversuche mit Tetrapeptiden.

a) Hydrolyse von Leucyl-diglycyl-glycin.

Eine Lösung von 1,510 g d,l-Leucyl-diglycyl-glycin (= 1/200-Mol d,l-Peptid) wurde durch Zugabe von 2,00 ccm [33] 0,25n-NaOH auf $p_H = 7{,}0$ gebracht und nach Zusatz von 0,18 g eines Polypeptidase-Trockenpräparates zu 50 ccm aufgefüllt. Die Spaltung verfolgte man durch Titration von je 1 ccm mit n/20-KOH.

Anfangsacidität 2,10 ccm (wiederholt 2,10):

Zuwachs nach	2,4	7,7	23 Stunden
	0,70	1,03	1,18 ccm n/20-KOH.

Nach 23 Stunden wurde die Hydrolyse durch Kochen bei schwach saurer Reaktion ($p_H = 5$) abgebrochen und ein Teil der aus dem Enzympräparate stammenden Proteinsubstanzen durch Kochen mit Tierkohle entfernt. Da nach den früheren Erfahrungen mit der Möglichkeit einer Spaltung in 2 Moleküle Dipeptid zu rechnen war, haben wir die Reaktionsprodukte zunächst verestert. Die alkoholische Lösung der Esterchlorhydrate wurde im Vakuum zur Trockne verdampft und das Abdampfen mit Alkohol noch mehrmals wiederholt. Als man den hinterbleibenden Sirup schließlich in wenig heißem Alkohol aufnahm, erfolgte beim Abkühlen reichliche Krystallisation. Gewonnen wurden 0,46 g rohes Esterchlorhydrat vom Schmelzpunkt 206°, der nach einmaligem Umkrystallisieren auf 214° (korr.) anstieg.

4,802 mg Substanz ergaben 6,640 mg CO_2, 2,75 mg H_2O.
4,128 mg „ „ 0,576 mg Cl.

$C_8H_{16}O_4N_3Cl$	Ber.	C 37,86%	H 6,36%	Cl 13,98%
	Gef.	C 37,56	H 6,32	Cl 13,95.

Es liegt demnach Diglycyl-glycin-esterchlorhydrat (Schmelzp. 214°[1]) vor, das in einer Ausbeute von 90% der Theorie — im Rohprodukt vielleicht verunreinigt durch kleine Mengen von Glykokollesterchlorhydrat — erhalten wurde.

Um aus der Mutterlauge, welche die leicht löslichen und schwer krystallisierenden Esterchlorhydrate von l-Leucin und von d-Leucyl-diglycyl-glycin enthielt, das l-Leucin zu gewinnen, haben wir die Lösung zur Trockne verdampft und zur Verseifung der Ester mit 10 ccm n-Natronlauge etwa 1 Stunde bei Zimmertemperatur geschüttelt. Zur alkalischen Lösung fügte man 15 ccm doppelt-molarer Kupferchloridlösung und [34] dann nochmals weitere n/1-NaOH bis zur eben deutlich alkalischen Reaktion. Das als Kupfersalz abgeschiedene l-Leucin identifizierten wir wieder als Benzolsulfoverbindung. Die Ausbeute daran war 0,52 g, d.i. 80% der Theorie vom Schmelzp. 119° (unkorr.).

[1] E. Fischer, Chem. Ber. Bd. 36, S. 2982, und zwar S. 2984 [1903].

b) Hydrolyse von Triglycyl-glycin.

Das Tetrapeptid ist, wie alle ausschließlich aus Glycinresten aufgebauten Peptide, enzymatisch recht schwer spaltbar. Es sind daher große Enzymmengen und verhältnismäßig lange Spaltungszeiten nötig, um die Hydrolyse bis zur Auflösung einer Peptidbindung zu führen; darüber hinaus erfolgt die Spaltung noch erheblich langsamer.

Falls eine Zerlegung in 2 Moleküle Dipeptid stattgefunden hätte, wäre das gebildete Glycyl-glycin als Esterchlorhydrat leicht zu isolieren und zu identifizieren gewesen. Die Aufarbeitung der Esterchlorhydrate, die übrigens durch die verhältnismäßig große Menge von Proteinsubstanzen aus dem Enzymmaterial erschwert worden sein dürfte, führte indessen niemals zu einheitlichen Produkten. Die Schmelzpunkte der erhaltenen Krystallisationen lagen zwar zum Teil nicht weit von demjenigen des Glycyl-glycin-esterchlorhydrats (182°), aber in allen Fällen ergab der Mischschmelzpunkt mit dem salzsauren Dipeptidester sehr erhebliche Depressionen. Es dürften also Gemische aus Glykokoll-esterchlorhydrat (Schmelzp. 144°) und dem Tripeptid-esterchlorhydrat (Schmelzp. 214°) vorgelegen haben. Da eine Zerlegung dieses Gemisches bei den geringen Peptidmengen, die uns zur Verfügung standen, nicht leicht erreichbar schien, haben wir uns darauf beschränkt, durch Titration in 50- und 90proz. Alkohol zu entscheiden, ob der bei der Spaltung beobachtete Aciditätszuwachs auf Peptid oder Aminosäure entfällt.

Wie aus den Belegen der Tab. 1 hervorgeht, sind bei der Reaktion überwiegend Carboxyle von Aminosäuren in Freiheit gesetzt worden. Die in 50proz. Alkohol ermittelten Titrationswerte liegen aber etwas höher, als sie gemäß den Befunden von R. WILLSTÄTTER und E. WALDSCHMIDT-LEITZ [35] sein sollten, wenn die Hydrolyse ausschließlich unter Abspaltung von freiem Glykokoll verläuft. Da die von uns angewandte Peptidkonzentration erheblich geringer ist als in den Versuchen von WILLSTÄTTER und WALDSCHMIDT, und da außerdem bei der Titration in 50proz. Alkohol die Beurteilung des naturgemäß unscharfen Farbumschlages schwierig ist, haben wir zum Vergleich die in Frage kommenden Peptide und Aminosäuren erneut

Tabelle 1.
Hydrolyse von Triglycyl-glycin; Titration in 90- und 50proz. Alkohol.
24,6 mg Peptid (= 1/10000 Mol), 5,5 mg Polypeptidase-Trockenpräparat aus Abschnitt 1; 0,11 ccm 0,25 n-NH_3 in 2 ccm; 40°. Titration mit n/20-KOH.

Zeit (Stdn.)	I. 90proz. Alkohol (Indicator Phenolphthalein)		II. 50proz. Alkohol (Indicator Thymolphthalein)			p_H
	Acidität (ccm)	Zuwachs (ccm)	Acidität (ccm)	Zuwachs (ccm)	Zuwachs % von I.	
0	2,35, 2,37	0,00	2,13, 2,15	0,00	—	6,5
4	2,87	0,51	2,34	0,20	40	↓
23	4,25	1,89	3,00	0,86	45	
28	4,30	1,94	3,02	0,88	45	
45	4,70	2,35	—	—	—	
93	5,10	2,74	—	—	—	7,0

titriert, und zwar unter Bedingungen, die hinsichtlich der Konzentration und hinsichtlich der Beurteilung des Titrationsendpunktes den Verhältnissen unseres Hauptversuches möglichst genau nachgebildet waren. Triglycyl-glycin und Diglycyl-glycin, deren Verhalten bei der Titration in 50proz. Alkohol noch nicht untersucht worden ist, zeigten das normale Verhalten der Peptide: Der gefundene Alkaliverbrauch entspricht 98 bzw. 97% des theoretisch zu erwartenden. Dagegen wurden bei der Titration von Glykokoll wie auch von Leucin durchwegs etwas höhere Werte als in den Versuchen von WILLSTÄTTER und WALDSCHMIDT-LEITZ erhalten, nämlich 46 bzw. 41% des theoretischen Alkaliverbrauches, was mit den Ergebnissen unseres Hauptversuches befriedigend übereinstimmt. Es ist demnach zu folgern, daß [36] auch dieses Tetrapeptid ausschließlich unter Abspaltung der endständigen Aminosäure zerlegt worden ist.

0,0338 g Glykokoll verbrauchten 4,18 ccm $^n/_{20}$-KOH, d. i. 46% d. Th.
0,0318 g Leucin ,, 2,01 ccm ,, d. i. 41% d. Th.
(Gesamtvolumen beim Titrationsendpunkt 20 bis 25 ccm.)

4. Hemmung durch Spaltprodukte.

Die Spaltung des Tetrapeptids Leucyl-diglycyl-glycin kommt, wie in den vorausgehenden Versuchen gezeigt wurde, nach der Zerlegung in Leucin und Diglycyl-glycin nahezu vollständig zum Stillstand, obwohl das gebildete Tripeptid durch das angewandte Enzym weiter zerlegt werden sollte, wenn auch erheblich langsamer als das Tetrapeptid selbst. Die Versuche der Tab. 2 sind zur Prüfung der Frage unternommen worden, ob die hemmende Wirkung des gebildeten l-Leucins für den vorzeitigen Reaktionsstillstand verantwortlich gemacht werden kann. Die Hydrolyse des an sich schwer spaltbaren Diglycyl-glycins wird in der Tat durch die Anwesenheit einer äquimolekularen Menge der Aminosäure so stark verlangsamt, daß erst innerhalb

Tabelle 2.
Hemmung der Polypeptidhydrolyse durch l-Leucin.
($^1/_{10000}$ Mol optisch einheitliches bzw. $^2/_{10000}$ Mol racemisches Peptid, 0,8 mg Trockenpräparat aus Abschnitt 1, m/30-Phosphat vom $p_H = 7,0$; Vol. = 2 ccm; 40°. Peptide und Zusätze wurden vorher mit NaOH auf $p_H = 7,0$ gebracht).

	Spaltung nach Stunden (ccm n/20-KOH)					p_H	
	$^1/_2$	1	$2^1/_2$	19	44	Beginn	Ende
Diglycyl-glycin	0,09	—	0,20	0,50	0,90	7,0	7,0
Diglycyl-glycin + l-Leucin ($^1/_{10}$ Millimol)	0,04	—	0,10	0,12	0,22	7,1	7,2
d,l-Leucyl-glycyl-glycin	0,33	0,51	1,16	2,00	—	7,0	7,1
d,l-Leucyl-glycyl-glycin + l-Leucin ($^1/_{10}$ Millimol)	0,36	0,51	1,06	—	—	7,0	7,1
d,l-Leucyl-diglycyl-glycin	0,54	0,94	1,67	—	—	7,0	7,0
d,l-Leucyl-diglycyl-glycin + l-Leucin ($^1/_{10}$ Millimol)	0,50	0,95	1,58	—	—	7,0	7,0

sehr langer Versuchszeiten nennenswerte [37] Hydrolysenbeträge erzielt werden. Dagegen wird die Hydrolyse des Di- und des Tetrapeptids mit freiem Leucylrest durch l-Leucin in gleicher Konzentration nur wenig oder gar nicht gehemmt. Das unterschiedliche Verhalten dürfte, wie im theoretischen Teil erörtert wurde, auf die geringe Affinität des Enzyms zu den nur aus Glycingruppen aufgebauten Peptiden zurückzuführen sein.

5. Verhalten der Hefepolypeptidase gegen Benzoyl-diglycyl-glycin und Naphthalinsulfo-glycyl-tyrosin.

Der bei den Dipeptiden und Tripeptiden beobachtete Spaltungsverlauf scheint die Vorstellung zu stützen, daß die Bindung der Hefepolypeptidase wie diejenige des Darmerepsins[1] durch die freie Aminogruppe des Substrates vermittelt wird. Damit steht in Übereinstimmung, daß Benzoyl-diglycyl-glycin und Benzoyl-glycyl-glycin durch das Enzym nicht angegriffen werden. Auch das β-Naphthalin-sulfo-glycyl-l-tyrosin, das als Substrat des Pankreastrypsins zu gelten hat, wird von der Hefepolypeptidase nicht hydrolysiert.

1. 73 mg Benzoyl-diglycyl-glycin mit NH_3 auf $p_H = 7{,}0$ gebracht, 0,5 ccm Enzymlösung (0,12 T.E.), 0,5 ccm $^m/_3$-Phosphat vom $p_H = 7{,}0$ im Gesamtvolumen von 5 ccm. Aciditätszuwachs nach a) 1 Stunde, b) 2,5, c) 48 Stunden.; a) 0,03, b) −0,04, c) 0,00 ccm $^n/_{20}$-KOH.

2. 59 mg Benzoyl-glycyl-glycin, Bedingungen wie Versuch 1. Aciditätszuwachs nach 24 Stunden −0,06 ccm $^n/_{20}$-KOH.

Im Vergleichsversuch wurde d,l-Leucyl-glycyl-glycin von derselben Enzymmenge in 1 Stunde zu 76% gespalten.

3. 56 mg β-Naphthalinsulfo-glycyl-l-tyrosin mit NaOH auf $p_H = 7{,}0$ gebracht, 3 mg Polypeptidase-Trockenpräparat aus Abschnitt 1, 0,3 ccm $^m/_3$-Phosphat um $p_H = 7{,}0$ im Gesamtvolumen von 3 ccm. Amino-N nach VAN SLYKE a) zu Beginn 0,06 mg, b) nach 24 Stunden 0,02 mg.

Der Notgemeinschaft der Deutschen Wissenschaft danken wir ergebenst für die zur Verfügung gestellten Mittel.

---

[1] H. v. EULER und K. JOSEPHSON, a. a. O.; E. WALDSCHMIDT-LEITZ und Mitarbeiter, a. a. O.

Berichte der Deutschen Chemischen Gesellschaft **61**, S. 656 [1928].

127. ÜBER DIE SPEZIFITÄT DER HEFE-PEPTIDASEN.

Von WOLFGANG GRASSMANN und HANNS DYCKERHOFF.

Elfte Abhandlung über Pflanzen-Proteasen in der von R. WILLSTÄTTER und MITARBEITERN begonnenen Untersuchungsreihe.

(Aus dem Chemischen Laboratorium der Bayerischen Akademie der Wissenschaften in München.)

(Eingegangen am 15. Februar 1928.)

Theoretischer Teil.

Die proteolytischen Wirkungen der Hefe und ihrer Auszüge werden in einer wichtigen Untersuchung von K. G. DERNBY[1] zurückgeführt auf ein System aus drei Einzelkomponenten, nämlich: 1. dem „Hefepepsin", das bei schwach saurer Reaktion (Optimum $p_H = 4,5$) Eiweißstoffe bis zur Peptonstufe, aber nicht darüber hinaus, hydrolysieren soll; 2. dem „Hefetrypsin", das die Spaltung von Proteinen bei neutraler Reaktion (Optimum $p_H = 7$) vollzieht, und 3. dem „Hefeerepsin", dessen spezifische Wirkungsweise und p_H-Abhängigkeit der des Darmerepsins entsprechen soll.

K. G. DERNBY hat natürlich keines der Einzelenzyme in proteolytisch einheitlichem Zustande untersuchen können. Seine Ansichten ergeben sich vielmehr lediglich aus Beobachtungen über die p_H-Abhängigkeit der tryptischen und der ereptischen Wirkung, die an rohen Präparaten des Proteasengemisches gewonnen waren. In einer Untersuchung von R. WILLSTÄTTER und W. GRASSMANN[2] ist es zum ersten Male gelungen, die dipeptidspaltende Komponente („Hefeerepsin") von der eiweißspaltenden, die im folgenden kurz als „Hefeprotease" bezeichnet werden soll, abzutrennen. Hinsichtlich des Hefeerepsins stehen die Beobachtungen WILLSTÄTTERS mit den Annahmen DERNBYS in Übereinstimmung. Dagegen wird die Proteinspaltung auf [657] die Wirkung eines einzigen Enzyms zurückgeführt, das, abweichend sowohl vom Pepsin wie vom tierischen Trypsin, Eiweißkörper und Peptone bei schwach saurer Reaktion (Optimum bei etwa $p_H = 5$) angreift und am ehesten mit gewissen pflanzlichen Tryptasen, z. B. dem aktivierten Papain oder auch mit der Protease der Milz (S. G. HEDIN[3], E. WALDSCHMIDT-LEITZ und W. DEUTSCH[4]), verglichen

[1] Biochem. Ztschr. **81**, 107 [1917]. [2] Ztschr. physiol. Chem. **153**, 250 [1926] (*Abh. 122*).

[3] Ztschr. physiol. Chem. **32**, 341, 531 [1901]; Journ. Physiol. **30**, 155 [1904]; Biochem. Journ. **2**, 112 [1906/07]; Journ. biol. Chem. **54**, 117 [1922].

[4] Ztschr. physiol. Chem. **167**, 285 [1927] (*Abh. 116*).

werden kann. Die Existenz eines dritten proteolytischen Enzyms, des „Hefetrypsins“ von Dernby, fanden Willstätter und Grassmann nicht bestätigt; sie schien in den Untersuchungen Dernbys durch das Zusammenwirken der beiden anderen Komponenten in den rohen Enzymlösungen vorgetäuscht zu sein.

Aber auch in bezug auf die dipeptidspaltende Komponente, das Hefeerepsin, war in der Folge die Auffassung Dernbys einer Revision zu unterziehen. Die Spezifität dieses Enzyms stimmt nämlich durchaus nicht mit derjenigen des Darmerepsins überein. Erste Befunde in dieser Richtung haben sich in einer Untersuchung von E. Waldschmidt-Leitz, A. Schäffner und W. Grassmann[5] ergeben: Es zeigte sich, daß beim fraktionierten enzymatischen Abbau von Eiweißkörpern Zwischenprodukte erhalten werden können, die rasch und weitgehend durch Darmerepsin, aber keineswegs durch das dipeptidspaltende Hefeenzym zerlegt werden. Ebenso findet man eine Reihe einfacher oder aliphatisch und aromatisch substituierter Amide der Aminosäuren spaltbar für Darmerepsin, aber nicht für das ereptische Enzym der Hefe (Waldschmidt-Leitz, Grassmann und Schäffner[6]). Ein grundlegender Unterschied zwischen den beiden Peptidasen ist wenig später von dem einen von uns[7] aufgefunden worden: Der Spezifitätsbereich des ereptischen Hefeenzyms ist, in scharfem Gegensatz zu demjenigen des Darmerepsins, auf die Spaltung von Dipeptiden beschränkt; eine Anzahl untersuchter Tri- und Tetrapeptide hat sich ausnahmslos als resistent gegenüber dem Enzym erwiesen. Das Spaltungsvermögen der Hefeautolysate für die Tri- und Tetrapeptide findet sich dagegen bei dem angewandten adsorptiven Trennungsverfahren in dem leichter adsorbierbaren und in die Elutionen übergehenden Anteil des Enzymmaterials, der — völlig wirkungslos gegen alle untersuchten Dipeptide — die auf natürliche Proteine einwirkende Komponente, die eigentliche Protease der Hefe, enthält. Die in mehreren Enzympräparaten festgestellte annähernde Konstanz des Verhältnisses zwischen Protease- und Polypeptidasewirkung ließ es zunächst wahrscheinlich erscheinen, daß die Wirkungen gegen beide Klassen von Substraten auf ein einziges Enzymindividuum zurückzuführen seien. „Indessen wird sich erst an einem umfangreicheren und methodisch vollkommeneren Versuchsmaterial die Frage entscheiden lassen, ob das tryptische und das polypeptidspaltende Enzym der Hefe identisch sind[8].“

In der Tat können, wie wir vor kurzem mitgeteilt haben[9], im Verhältnis der proteolytischen und der Polypeptidasewirkung erhebliche Verschiebungen angetroffen werden, „die mit der Annahme einer Identität [658] der tryptischen und der polypeptidspaltenden Komponente nicht ohne besondere Hilfsannahmen zu vereinigen sind“. Neuere Ergebnisse machen es uns überzeugend, daß man die Wirkung auf die beiden Klassen von Substraten scharf zu unterscheiden hat. Vor kurzem[10]

[5] Ztschr. physiol. Chem. **156**, 68 [1926]. [6] B. **60**, 359 [1927].
[7] Ztschr. physiol. Chem. **167**, 202 [1927] (*Abh. 125*).
[8] W. Grassmann, a. a. O., S. 206.
[9] Ztschr. physiol. Chem. (im Druck) (*Abh. 126*).
[10] W. Grassmann und H. Dyckerhoff, a. a. O.

ist über ein Verfahren zur Gewinnung dipeptidasefreier und ziemlich weitgehend gereinigter Trockenpräparate der Protease und der Polypeptidase berichtet worden, dessen wesentliche Schritte in der kurzen Autolyse der Hefe bei alkalischer Reaktion, der Abscheidung des Enzyms durch Adsorption an säurefällbare Proteinbestandteile des Hefeauszuges, kurzer und energischer Selbstverdauung unter Dialyse und Fällung mit Aceton bestehen. Geringfügige und in ihrer Bedeutung noch nicht völlig geklärte Abweichungen von dem erprobten Arbeitsverfahren, z. B. längere Dauer der Dialyse und energischere Einwirkung des Acetons, führen nicht selten zu Präparaten, die bei normalem tryptischem Leistungsvermögen in ihrer Polypeptidasewirksamkeit stark geschädigt erscheinen. Unter zahlreichen Trockenpräparaten der beschriebenen Art fand sich — in einer für die Durchführung der unten angeführten Versuche mehr als ausreichenden Menge — eines, in dem wir auch bei langer Versuchszeit und mit großen Enzymmengen keine Polypeptidase mehr nachzuweisen vermögen.

So spalten 0,4 mg eines normalen, gut gelungenen Polypeptidase-Trockenpräparates 49 mg Leucyl-glycyl-glycin in 1 Stunde zu 62 %; von dem erwähnten polypeptidasefreien Präparat dagegen bewirkten 4 mg in 54 Stunden unter denselben Bedingungen keine sicher meßbare Hydrolyse. Dabei war die proteolytische Wirksamkeit des zweiten Präparates eher ein wenig höher: 2,8 mg ergaben nämlich unter den Bedingungen der Hefetrypsin-Bestimmung einen Acidititätszuwachs von 0,64 ccm $^{n}/_{5}$-KOH im Falle des zweiten, von 0,50 ccm im Falle des ersten Präparates.

Dieser Befund, der durch die Ausarbeitung sicher reproduzierbarer Verfahren zur Gewinnung polypeptidasefreier Proteasepräparate und umgekehrt durch Versuche zur Darstellung der proteasefreien Hefe-Polypeptidase noch zu ergänzen sein wird, stellt das polypeptidspaltende Enzym als dritten Bestandteil des Gemisches neben das proteinspaltende und das dipeptidspaltende. Für das proteinspaltende Enzym der Hefe sind synthetische Substrate gegenwärtig nicht mit Sicherheit bekannt. Die Präparate der Hefeprotease sind, ebenso wie diejenigen des Papains, unwirksam gegen acylierte Dipeptide vom Typus des Naphthalinsulfonyl-glycyl-tyrosins[11], die nach den letzten Befunden von WALDSCHMIDT-LEITZ und Mitarbeitern[12] zu den Substraten des Pankreastrypsins zu zählen sind. Die Wirkungen polypeptidasehaltiger Präparate der Hefeprotease gegenüber einer Reihe untersuchter Tri- bis Oktapeptide sind ausschließlich auf ihren Gehalt an Polypeptidase, nicht auf die Protease, zurückzuführen. Dasselbe gilt hinsichtlich der Spaltung der untersuchten Peptid- und Aminosäurederivate. Es erscheint uns nicht sehr wahrscheinlich, daß die Abgrenzung zwischen den Spezifitätsbereichen der Hefepolypeptidase und der Protease durch eine bestimmte Anzahl der Aminosäure-Bausteine gegeben sein wird; eher wird man Beziehungen zu bestimmten Aminosäure-Typen, etwa zu den Dicarbonsäuren oder den Diaminosäuren, vermuten können, deren Polypeptide hinsichtlich ihrer enzymatischen Angreifbarkeit noch nicht ausreichend untersucht worden sind.

---

[11] W. GRASSMANN und H. DYCKERHOFF, a. a. O.

[12] B. 61, 299 [1928].

[659] Hinsichtlich der Abgrenzung des Spezifitätsbereiches zwischen Dipeptidase und Polypeptidase hat sich ein spezifischer Einfluß bestimmter Aminosäure-Bausteine bisher nicht auffinden lassen. Neue Versuche, über deren qualitatives Ergebnis die Tab. 1 berichtet, bestätigen und erweitern die bisherigen Erfahrungen an einigen Beispielen, die neben höheren Polypeptiden einige Dipeptide des Serins, Tyrosins und der Glutaminsäure betreffen. In allen Fällen erweisen sich die Dipeptide ausschließlich als Substrate der Dipeptidase, während höhere Peptide ausnahmslos von der Polypeptidase gespalten werden.

Trotzdem läßt sich leicht der Nachweis führen, daß nicht eigentlich die Anzahl der Aminosäure-Bausteine, die „Größe" des Peptidmoleküls, für die spezifische Angreifbarkeit einer bestimmten Peptidbindung durch Dipeptidase oder Polypeptidase maßgebend ist. H. v. EULER und K. JOSEPHSON[13] haben als erste eine Hypothese ausgesprochen, wonach der Angriff der Peptidasen vom Typus des Darmerepsins durch die primäre Anlagerung des Enzyms an die freie Aminogruppe des Substrates zustande kommen soll. Eine Anzahl scheinbar entgegenstehender Befunde der Literatur, auf die WALDSCHMIDT-LEITZ und Mitarbeiter[14] hingewiesen haben, ist inzwischen, wie aus einer gleichzeitig erscheinenden Mitteilung von E. WALDSCHMIDT-LEITZ und W. KLEIN[15] hervorgeht, in anderem Sinne aufgeklärt worden. Der Übertragung einer solchen Auffassung auf den Fall der Hefe-Peptidase steht ein Befund von WALDSCHMIDT-LEITZ, GRASSMANN und SCHÄFFNER (a. a. O.) entgegen, wonach Acetyl-[phenyl-alanyl]-alanin durch Hefe-Dipeptidase zwar langsam, aber deutlich zerlegt wird. Dieser Befund ist vereinzelt geblieben. In einer gemeinsam mit E. WALDSCHMIDT-LEITZ und W. KLEIN durchgeführten Versuchsserie ist gegenüber einer größeren Anzahl anders acylierter Dipeptide keine sicher nachweisbare Wirkung der Hefe-Dipeptidase gefunden worden.

Tabelle 1.
Spezifität der Hefe-Peptidasen.
(Angaben bedeuten: + = positive Hydrolyse, — = keine nachweisbare Hydrolyse, o = nicht untersucht.)

	Dipeptidase	Polypeptidase	Protease
a) Dipeptide:			
Glycyl-glycin	+ [16]	— [16]	— [16]
Glycyl-leucin	+ [16]	— [16]	— [16]
Alanyl-glycin	+ [16]	— [16]	— [16]
Leucyl-glycin	+ [16]	— [16]	— [16]
Glycyl-tyrosin	o	—	—
Alanyl-tyrosin	+	o	o
Alanyl-serin	+	—	—
l-Leucyl-d-glutaminsäure	+	—	—
Alanyl-[β-amino-buttersäure]	—	—	—
Glycyl-[ε-amino-capronsäure]	—	—	—

[13] Ztschr. physiol. Chem. **157**, 122 [1926], **162**, 85 [1926], **166**, 294 [1927]; B. **60**, 1341 [1927].
[14] B. **60**, 359 [1927]. [15] B. **61**, 640 [1928].
[16] Vgl. W. GRASSMANN, Ztschr. physiol. Chem. **167**, 202, und zwar S. 210 u. 212 [1927].

[660] Tabelle 1. (Fortsetzung.)

	Dipeptidase	Polypeptidase	Protease
b) Tripeptide:			
Diglycyl-glycin	—[16]	+[16]	—
d, l-Alanyl-glycyl-glycin	—[16]	+[16]	—
d, l-Leucyl-glycyl-glycin	—[16]	+[16]	—
Diglycyl-l-leucin	o	+[17]	o
Glycyl-d, l-leucyl-glycin	o	+[17]	o
l-Leucyl-glycyl-l-leucin	o	+	—
Glycyl-d-alanyl-glycin	o	+	—
Glycyl-tyrosyl-glycin	o	o	—
c) höhere Polypeptide:			
Triglycyl-glycin	—	+	—
d, l-Alanyl-diglycyl-glycin	—	+	—
l-Leucyl-diglycyl-glycin	—[16]	+[16]	—
l-Leucyl-triglycyl-l-leucin	—	+	—
Leucyl-heptaglycin	o	+	—
d) Peptidester (Peptidbindung):			
Glycyl-glycin-ester	nicht untersuchbar	+	—
Leucyl-glycin-ester	,,	+	—
Glycyl-d, l-leucin-ester	,,	+	o
Glycyl-d, l-alanin-ester	,,	+	—
Leucyl-glycyl-glycin-ester	—	+	—
Diglycyl-glycin-ester	—	+	—
e) Peptid- und Aminosäureamide:			
Glycyl-leucin-amid	—	+	—
decarboxylierte Dipeptide, z. B. Glycyl-decarboxy-leucin	—[18]	+	—
Glycin-amid	—[18]	+	—
d, l-Leucin-amid	—[18]	+	—
f) acylierte Peptide:			
Benzoyl-glycyl-glycin	—	—[19]	—[19]
Glycyl-glycin-carbonsäure	—	o	o
Carbäthoxy-glycyl-d, l-leucin	—	o	o
Acetyl-[phenyl-alanyl]-alanin	±	o	o
Naphthalinsulfonyl-glycyl-l-tyrosin	—	—[19]	—[19]
Benzoyl-diglycyl-glycin	—	—[19]	—[19]

Für den Angriff der Hefe-Dipeptidase ist aber, anders als im Falle des Darmerepsins, auch die gleichzeitige Nachbarschaft einer freien Carboxylgruppe in der für die normalen Dipeptide charakteristischen Position zur Peptidbindung Voraussetzung. Es sind vier Klassen von Peptidderivaten, an denen dies anschaulich gemacht werden kann: die Ester der Dipeptide, die Amide der Dipeptide, zu denen auch die Tripeptide und die höheren [661] Polypeptide zu zählen sind, die decarboxylierten Dipeptide, aus denen durch Entalkylierung die gewöhnlichen Aminosäureamide hervorgehen, und schließlich die Dipeptide vom Typus der Glycyl-[β-

[17] Vgl. W. GRASSMANN und H. DYCKERHOFF, Ztschr. physiol. Chem. (im Druck).
[18] Vgl. E. WALDSCHMIDT-LEITZ, W. GRASSMANN und A. SCHÄFFNER, B. 60, 359 [1927].
[19] Vgl. W. GRASSMANN und H. DYCKERHOFF, a. a. O.

aminobuttersäure], in denen die Carboxylgruppe zwar erhalten, aber hinsichtlich ihrer Stellung zur Peptidbindung verändert ist. Die bisher von uns geprüften Dipeptidester finden wir beim Wirkungsoptimum der Dipeptidase so wenig beständig, daß sie für die Untersuchung ausscheiden. Dagegen erweisen sich die untersuchten Vertreter der drei anderen Klassen gegenüber der proteolytisch einheitlichen Hefe-Dipeptidase ausnahmslos als resistent, während vom Darmerepsin sowohl die decarboxylierten als auch die amidierten Dipeptide (einschließlich der höheren Polypeptide) rasch zerlegt werden.

Auch der Angriff der Hefe-Polypeptidase scheint durch die Anwesenheit einer freien Aminogruppe im Substrat vermittelt zu werden. Wie wir in der voranstehenden Abhandlung dieser Reihe an einer Anzahl von Beispielen durch Isolierung der Spaltstücke nachgewiesen haben, erfolgt die Spaltung der Tri- und Tetrapeptide durch das Enzym immer und ausschließlich in der Weise, daß die dem Aminoende der Peptidkette benachbarte Peptidbindung der Hydrolyse anheimfällt. Übereinstimmend damit konnten wir bei einem acylierten Tripeptid, dem Benzoyl-diglycyl-glycin, keine Spaltung durch Polypeptidase beobachten.

Bei der Untersuchung der Angriffsweise der Hefe-Polypeptidase ist bisher niemals, weder in den älteren Untersuchungen von E. ABDERHALDEN und Mitarbeitern[20], noch in unseren eigenen, der Fall beschrieben worden, daß der Angriff des Enzyms auf ein Polypeptid an der dem Carboxylende benachbarten Peptidbindung eingesetzt hätte. Es konnte also erwartet werden, daß die Anwesenheit einer freien Carboxylgruppe für den Angriff des Enzyms nicht erforderlich sein würde. In der Tat haben schon H. v. EULER und K. JOSEPHSON (a. a. O.) gezeigt, daß rohe Hefeauszüge — also Mischungen der beiden Hefepeptidasen — den Äthylester des Triglycyl-glycins, die „Biuretbase" von CURTIUS, zu spalten vermögen. Dieser Befund ist indessen aus dem Grunde nicht überzeugend, weil alle Präparate der Hefe-Polypeptidase, die wir bisher untersuchen konnten, auch gegenüber einfachen Aminosäureestern — nicht dagegen gegenüber niederen Fettsäureestern oder Fetten — ein recht deutliches Spaltungsvermögen aufweisen. Die Angabe von EULER und JOSEPHSON[21] ist indessen zu bestätigen. Durch vergleichende Bestimmung des Zuwachses an Carboxyl- und an Aminogruppen läßt sich leicht zeigen, daß die Hydrolyse von Tripeptidestern so gut wie ausschließlich an der Peptidbindung erfolgt, und daß erst zu Ende der Reaktion die Verseifung der Estergruppe einen beträchtlicheren Umfang annimmt.

Die Bedeutung, die der freien Carboxylgruppe für den enzymatischen Angriff zukommt, ist indessen mit dieser Feststellung nicht erschöpft. Überraschender Weise findet man nämlich auch die Ester der Dipeptide spaltbar für die Hefe-Polypeptidase. Die Hydrolyse dieser Substrate erfolgt nicht langsamer als diejenige ähnlich gebauter Tripeptide und betrifft vorwiegend — zu Beginn der Reaktion so gut wie

---

[20] Ztschr. physiol. Chem. **54**, 363 [1907/08], **55**, 416 [1908], **57**, 342 [1908], **62**, 145 [1909], **66**, 277 [1910], **81**, 1 [1912].

[21] B. **60**, 1341 [1927].

ausschließlich — die Peptidbindung. [662] Dasselbe gilt von den Dipeptidamiden, die durch unsere Polypeptidasepräparate außerordentlich rasch und, wie sich leicht zeigen läßt, gleichfalls primär an der Peptidbindung, gespalten werden, während sie gegenüber der Dipeptidase resistent sind.

Es gibt also drei, die Carboxylgruppe betreffende Veränderungen eines Dipeptidmoleküls, die das Dipeptid aus einem Substrat der Dipeptidase in ein solches der Polypeptidase umwandeln: die Veresterung, die Amidierung und die Verlängerung der Peptidkette an der Carboxylgruppe, d. h. die Überführung in das Tripeptid. Diese Feststellung macht uns den Satz überzeugend: Die Nachbarstellung einer freien Carboxylgruppe zur Peptidbindung verhindert den Angriff der Polypeptidase.

Diese Auffasung wird weiter gestützt durch den Befund, daß auch die decarboxylierten Dipeptide und die noch um einen Alkylrest ärmeren einfachen Aminosäureamide von allen unseren Polypeptidasepräparaten — nicht dagegen von der Hefe-Dipeptidase[22] und der polypeptidasefreien Hefeprotease — zum Teil mit sehr beträchtlicher Geschwindigkeit angegriffen werden. Es scheint also, als ob Glycin-amid und Leucin-amid als die einfachsten Substrate der Hefe-„Polypeptidase“ zu betrachten seien.

Die über die Spezifität der beiden Hefepeptidasen bisher vorliegenden Befunde lassen sich, wie es scheint, in das folgende einfache Schema einordnen, dem man versuchsweise auch die Spezifitätsbefunde am Darmerepsin angliedern kann:

	Nachbarstellung einer freien	
	NH_2-Gruppe	COOH-Gruppe
Hefe-Dipeptidase	nötig	nötig
Hefe-Polypeptidase . . .	nötig	hindert
Darmerepsin	nötig	entbehrlich und gleichgiltig.

Unsere Untersuchung hat zu dem Ergebnis geführt, daß eine Reihe derjenigen Wirkungen des Darmerepsins, die bei der Hefe-Dipeptidase vermißt werden, so die Spaltung der Polypeptide und ihrer Ester, der decarboxylierten Peptide und der Aminosäure- und Peptidamide, im Falle der Hefeenzyme von der Polypeptidase übernommen werden. Damit erklärt es sich zwanglos, daß H. v. Euler und K. Josephson[23], die ihre Versuche mit Gemischen der beiden Hefepeptidasen durchgeführt haben, einen Unterschied zwischen Hefe- und Darm-Peptidase nicht aufzufinden vermochten. Es ist denkbar, daß die beiden Enzymindividuen der Hefe, zwischen denen die Funktionen des Darmerepsins aufgeteilt erscheinen, gemäß dem angeführten Schema sowohl unter einander wie auch vom Darmerepsin verschieden sind. Aber die

[22] Die geringfügige Spaltung von d,l-Leucin-amid, über die Waldschmidt-Leitz, Grassmann und Schäffner (a. a. O.) früher berichtet haben, beruht ohne Zweifel auf einer Verunreinigung der benutzten Enzymmaterialien durch geringe Beimengungen an Polypeptidase, die sich, wie inzwischen festgestellt worden ist, aus den Dipeptidaselösungen weit schwerer als die Protease vollständig entfernen lassen.

[23] B. 60, 1341 [1927].

experimentellen Befunde wären auch mit der Annahme vereinbar, daß in dem trypsinfreien Darmerepsin ein Gemisch aus zwei Komponenten von der Art der Hefe-Peptidasen enthalten ist, das — ähnlich wie das Gemisch der Hefe-Polypeptidase und der [663] Hefeprotease — bei der Adsorption an Tonerde nicht aufgeteilt wird. Zu dieser Frage scheint uns gegenwärtig noch kein entscheidendes experimentelles Material vorzuliegen.

Beschreibung der Versuche.

1. Das Enzymmaterial.

Die in dieser Arbeit benutzten Präparate der Hefe-Dipeptidase waren Enzymlösungen, die nach dem Verfahren der 8. Abhandlung[24] von Protease und Polypeptidase befreit worden waren. Durch sehr häufig wiederholte Adsorption an kleine Mengen von Tonerde C_γ ist es uns gelungen, die Lösungen von jeder nachweisbaren Beimengung an Polypeptidase zu befreien.

Zu den Versuchen mit Protease und Polypeptidase kamen ausschließlich Trockenpräparate zur Anwendung, die von Dipeptidase befreit und ziemlich weitgehend gereinigt worden waren:

Protease- und Polypeptidasepräparat A: Das Präparat war nach dem in der 10. Abhandlung[25] beschriebenen Verfahren der Autolyse bei alkalischer Reaktion in dipeptidasefreiem Zustande gewonnen und durch Säurefällung und 20stündige Dialyse gereinigt worden. Die Fällung mit Aceton erfolgte wie früher bei etwa —10°, jedoch in erheblich größerer Verdünnung, wobei zur Erzielung einer zentrifugierbaren Abscheidung ein Zusatz von etwas Essigsäure erforderlich war.

0,4 mg des Präparates spalten 49 mg d,l-Leucyl-glycyl-glycin in 1 Stunde ($^m/_{30}$-Phosphat, $p_H = 7{,}0$; Vol. = 2 ccm; t = 40°) zu 62% (Aciditätszuwachs 1,23 ccm $^n/_{20}$-KOH). — 2,8 mg spalten unter den Bedingungen der Hefe-Trypsin-Bestimmung ($p_H = 5{,}0$, $^m/_{32}$-Dinatriumcitrat; 40°) 0,60 g Gelatine in 24 Stunden entsprechend einem Aciditätszuwachs von 0,50 ccm $^n/_5$-KOH.

Protease- und Polypeptidasepräparat B: Das Präparat war durch 2malige Adsorption an Tonerde C_γ und Elution mit Diammoniumphosphat bzw. Ammoniak von Dipeptidase praktisch frei erhalten und durch Abdunsten bei Zimmertemperatur im Faust-Heimschen Apparat in trockne Form gebracht worden.

0,8 mg spalten 49 mg d,l-Leucin-glycyl-glycin in 1 Stunde zu 72% (Aciditätszuwachs 1,44 ccm $^n/_{20}$-KOH). — 4 mg spalten 0,60 g Gelatine in 24 Stunden, entsprechend einem Aciditätszuwachs von 0,42 ccm $^n/_5$-KOH. — 8 mg ergeben unter den Bedingungen der Dipeptidasebestimmung in $6^1/_2$ Stunden einen Aciditätszuwachs von 0,06 ccm $^n/_5$-KOH.

Proteasepräparat C, polypeptidasefrei: Das Präparat war nämlich wie A gewonnen, jedoch durch Dialyse von 4tägiger Dauer und durch Acetonfällung bei Zimmertemperatur gereinigt.

2,8 mg spalten 0,6 g Gelatine unter den üblichen Bedingungen entsprechend einem Aciditätszuwachs von 0,70 (wiederholt 0,70; 10 Monate später wiederholt 0,64) ccm $^n/_5$-KOH. — 4 mg spalten 49 mg d,l-Leucyl-glycyl-glycin a) in 22 Stunden, b) in 54 Stunden entsprechend einem Aciditätszuwachs von a) 0,00 (wiederholt —0,01), b) 0,02 ccm $^n/_{20}$-KOH.

2. Versuche mit Peptiden.

Für die Versuche dieser Art stand uns unter anderem eine Anzahl von Peptidpräparaten aus der Sammlung E. FISCHERS zur Verfügung, für deren Überlassung wir Herrn Dr. HERMANN O. L. FISCHER, Berlin sowie auch Herrn Prof. Dr. WALDSCHMIDT-LEITZ zu großem Danke verpflichtet sind.

---

[24] Ztschr. physiol. Chem. **167**, 188, und zwar S. 198 [1927].

[25] Ztschr. physiol. Chem. (im Druck).

[664] Tabelle 2.

Einwirkung von polypeptidasehaltigen und polypeptidasefreien Präparaten der Hefeprotease auf Peptide.

(In der Titrationsprobe von 2 ccm sind enthalten: 1,2 mg Trockenpräparat A bzw. C (0,07 bzw. 0,10 Hefetrypsin-Einheiten enthaltend), 0,16 ccm m/3-Phosphat, $p_H = 7{,}0$; 2 Stunden bei 40°.)

Substrat	angew. Milli-mol[26]	Präparat A (polypeptidasehaltig) Hydrolyse		Präparat C (polypeptidasefrei) Hydrolyse	
		ccm n/20-KOH	%[27]	ccm n/20-KOH	%
Glycyl-l-tyrosin	0,10	0,00	0	—	—
d, l-Alanyl-serin	0,10	− 0,01	0	—	—
l-Leucyl-d-glutaminsäure	0,10	− 0,03	0	—	—
[d, l-Phenyl-alanyl]-d-glutaminsäure	0,10	− 0,02	0	—	—
d-Alanyl-[β-amino-n-buttersäure]	0,10	− 0,01	0	—	—
Glycyl-[ε-amino-capronsäure]	0,10	− 0,01	0	—	—
Glycyl-l-tyrosyl-glycin	0,015	—	—	0,00	0
Glycyl-d-alanyl-glycin	0,10	0,72	36	− 0,02	0
d, l-Alanyl-glycyl-glycin	0,10	+[28]	+[28]	− 0,02	0
l-Leucyl-glycyl-l-leucin	0,10	1,23	61	—	—
Diglycyl-glycin	0,10	+[28]	+[28]	− 0,01	0
d, l-Alanyl-diglycyl-glycin	0,10	2,13	106	0,00	0
Triglycyl-glycin	0,10	+[29]	+[29]	0,02	0
l-Leucyl-diglycyl-glycin	0,10	+[28]	+[28]	0,01	0
l-Leucyl-triglycyl-l-leucin	0,05	1,14	114	0,01	0
d, l-Leucyl-heptaglycin	0,035	0,13	19	—	—

Tabelle 3.

Einwirkung von Hefe-Dipeptidase auf Peptide.

(0,10 Millimol Peptid; 0,2 Dipeptidase-Einheiten; Vol. = 2 ccm; $p_H = 7{,}8$, eingestellt mit n/25-Ammoniumchlorid-Ammoniak-Mischung. Spaltung gemessen in ccm n/20-KOH; der Abspaltung einer Carboxylgruppe entspricht ein Aciditätszuwachs von 2,00 ccm.)

Substrat	Spaltung nach 3 Stdn.	Spaltung nach 24 Stdn.
d, l-Alanyl-serin	0,65	—
d-Alanyl-l-tyrosin	1,28	—
l-Leucyl-d-glutaminsäure	1,80	—
d,l-Alanyl-[β-amino-n-buttersäure]	0,00	—
Glycyl-[ε-amino-capronsäure]	− 0,01	—
Triglycyl-glycin	0,00	0,01
d, l-Alanyl-diglycyl-glycin	− 0,01	0,00

[665] 3. Versuche mit Aminosäure- und Peptidestern.

a) Beständigkeit von Aminosäure- und Peptidestern in wäßriger Lösung.

In wäßrigen, insbesondere schwach alkalischen Lösungen unterliegen die Ester der Aminosäuren und der Peptide zwei Arten von Umwandlungen: der Verseifung der Estergruppe und der Kondensation zwischen Ester- und Aminogruppe, die in erster

[26] Bei Racematen bezieht sich die Angabe auf die anwesende Menge des spaltbaren Peptids der l-Reihe.

[27] Bezogen auf die Hydrolyse einer Peptidbindung pro Mol.

[28] Vgl. 9. Abhandlung dieser Reihe, S. 212.

[29] Vgl. 10. Abhandlung dieser Reihe.

Linie zum Übergang in das Diketopiperazin führt. Die für Peptidester mögliche dritte Reaktion, die Hydrolyse der Peptidbindung kommt bei den Aciditätsbedingungen und Reaktionszeiten unserer Versuche nicht wesentlich in Frage.

Bei der Titration in alkoholischer Lösung wird der Übergang zum Diketopiperazin nicht erfaßt. Weder die freien Aminosäure- und Peptidester, noch die daraus gebildeten Peptidanhydride verbrauchen in alkoholischer Lösung meßbare Mengen von Alkali. Um ein vollständiges Bild von der Beständigkeit der Aminosäure- und Peptidester zu gewinnen, ist es daher notwendig, die Bestimmung der durch Verseifung entstehenden freien Carboxylgruppen zu ergänzen durch ein zweites Verfahren, das die verschwindenden basischen Gruppen erfaßt. Für diesen Zweck steht zunächst die gasometrische Methode von VAN SLYKE zur Verfügung. Da aber die Aminosäureester keine amphoteren Substanzen, sondern starke Basen sind, genügt es in diesem Falle, den vorhandenen Aminosäureester, ähnlich wie etwa Ammoniak, durch Titration mit Säure in wäßriger Lösung unter Anwendung eines im schwach sauren Gebiet umschlagenden Indicators zu bestimmen. Für den vorliegenden Zweck, wo es sich teilweise um die Verfolgung sehr rasch verlaufender Reaktionen handelte, war ein solches Verfahren vorzuziehen. Als Indicator diente mit Rücksicht auf die Anwesenheit von Phosphat Bromphenol-Blau. Anwesende Aminosäuren stören die Titration nicht, Peptide nicht wesentlich, da sie keine in Betracht kommenden Mengen von Säure verbrauchen, wenn man die Titration beim ersten erkennbaren Umschlag des Indicators beendet (vgl. dazu auch L. J. HARRIS[30]).

Aus den Versuchen der Tab. 4 und 5, in denen einerseits die verschwundene Estermenge (Abnahme des Titers gegen Bromphenol-Blau), andererseits der durch Titration in alkoholischer Lösung ermittelte Zuwachs freier Carboxylgruppen verzeichnet ist, geht hervor, daß sowohl der Glykokoll-äthylester als auch der Glycyl-glycin-äthylester in dem Bereich von etwa $p_H = 5$ bis etwa $p_H = 6,4$ praktisch beständig ist. Mit steigender Hydroxyl-Ionen-Konzentration beobachtet man im Falle des Glykokollesters in zunehmendem Maße das Verschwinden des basischen Esters, das unter den eingehaltenen Konzentrationsbedingungen zum Teil auf Verseifung und zum Teil auf die Anhydridbildung entfällt. Wesentlich anders ist das Verhalten des Dipeptidesters. Die Zerstörung des Esters ist in außerordentlich hohem Maße von der Hydroxyl-Ionen-Konzentration abhängig: Während man bei $p_H = 7$ innerhalb einer Stunde 12% der vorhandenen Estermenge umgesetzt findet, genügen bei $p_H = 9,4$ schon wenige Minuten, um mehr als die Hälfte des anwesenden Dipeptidesters in Reaktion zu bringen. Die Reaktion verläuft in scharfem Gegensatz zu den Verhältnissen beim Glykokollester praktisch ohne Bildung freier Carboxylgruppen, führt also so gut wie ausschließlich zum Peptidanhydrid. Die Beständigkeit eines Tripeptidesters, Leucyl-glycyl-glycin-ester, finden wir erheblich größer: nach 1 Stunde waren bei $p_H = 8,3$ erst 4%, bei [666] $p_H = 9,2$ 12% des Esters verschwunden, und zwar ausschließlich unter Verseifung.

[30] Proceed. Roy. Soc. London B 95, 500 [1923].

Tabelle 4.

Beständigkeit des Glykokollesters in wäßriger Lösung.

(Die Titrationsprobe von 5 ccm enthielt 34,7 mg Glykokoll-äthylester-Chlorhydrat [= 0,25 Millimol] und 1 ccm m/3-Phosphatpuffer. Berstimmung der verschwundenen Estermenge durch Titration in wäßriger Lösung mit n/20-HCl [Indicator Bromphenol-Blau]; Bestimmung der gebildeten Carboxyle durch Titration in alkoholischer Lösung mit n/20-KOH [Indicator Thymolphthalein]).

Vers.-Nr.		Reaktionszeit in Stunden				
		1	2	4	24	48
1	p_H	5,3	—	5,1	—	—
	Ester verschwunden %	0	—	0	—	2
	Carboxyl gebildet % .	0	—	0	—	1
2	p_H	6,4	6,4	6,4	—	—
	Carboxyl gebildet % .	—	0	0	1	—
3	p_H	6,9	6,9	6,9	—	6,3
	Ester verschwunden %	5	11	18	58	69
	Carboxyl gebildet % .	2	4	10	—	61
4	p_H	8,0	8,0	8,0	—	7,5
	Ester verschwunden %	16	26	50	—	97
	Carboxyl gebildet % .	7	—	35	—	75
5	p_H	9,3	9,3	9,2	9,1	—
	Ester verschwunden %	41	64	84	96	—
	Carboxyl gebildet % .	47	70	92	102	—

Tabelle 5.

Verhalten von Glycyl-glycin-ester in wäßriger Lösung.

(Die Titrationsprobe von 5 ccm enthält 0,25 Millimol Ester-Chlorhydrat, mit Ammoniak auf das gewünschte p_H gebracht, neben 1 ccm m/3-Phosphat. Titration wie in Tab. 4.)

Vers.-Nr.		Reaktionszeit							
		Minuten				Stunden			
		3	5	10	20	1	2	4	24
1	p_H	5,3	—	—	—	5,3	—	5,3	5,3
	Ester verschwunden %	—	—	—	—	0	—	0	0
	Carboxyl gebildet % .	—	—	—	—	0	—	0	1
2	p_H	6,4	—	—	—	—	6,4	6,3	6,1
	Ester verschwunden %	—	—	—	—	—	2	4	12
3	p_H	7,0	—	—	—	6,9	6,8	6,6	6,3
	Ester verschwunden %	—	—	—	—	12	20	28	43
	Carboxyl gebildet % .	—	—	—	—	1	—	1	2
4	p_H	—	6,7	—	7,4	—	7,2	—	—
	Ester verschwunden %	—	8	16	28	46	58	—	—
	Carboxyl gebildet . %	—	—	—	—	1	—	1	—
5	p_H	8,4	—	—	—	8,2	—	—	—
	Ester verschwunden %	—	38	60	76	93	—	—	—
6	p_H	—	9,4	—	9,4	9,3	—	—	—
	Ester verschwunden %	52	69	88	91	—	—	—	—
	Carboxyl gbildet % . .	—	—	0	1	—	4	—	46

[667] *b) Spaltungs-Versuche.*

Hefe-Autolysate sowie alle von uns geprüften Präparate der Hefe-Polypeptidase zeigen, wie aus den Beispielen der Tab. 6 hervorgeht, eine recht deutliche, wenngleich nicht sehr erhebliche, verseifende Wirkung gegenüber Aminosäureestern. Eine Wirkung auf Methylbutyrat oder auf Olivenöl konnte dagegen in einer Anzahl von Versuchen, für deren Durchführung wir Hrn. Dr. E. BAMANN zu großem Danke verpflichtet sind, unter mehrfach geänderten Bedingungen niemals festgestellt werden.

Wir belegen dies an einem Versuch mit Methylbutyrat:

0,179 g Methylbutyrat, 6 mg Trockenpräparat A, 2 ccm m/3-Phosphat, $p_H = 7,0$ im Volumen von 20 ccm.

Reaktionszeit in Stunden. . .	2	4	24
Spaltung (ccm n/20-KOH) . .	0,02	0,01	0,03

(Der vollständigen Hydrolyse des angewandten Esters hätte ein Zuwachs von 8,8 ccm Lauge entsprochen.)

Die Wirkung auf Aminosäureester fehlt in den polypeptidasefreien Präparaten der Hefe-Dipeptidase und der Protease. Man wird unter diesen Umständen die Möglichkeit zu prüfen haben, ob die Spaltung der Aminosäureester nicht von der Polypeptidase selbst katalysiert werden kann. Eine solche Annahme, die mit den im theoretischen Teil entwickelten Vorstellungen über die Spezifität des polypeptidspaltenden Fermentes nicht völlig unvereinbar erscheint, entspricht einer Auffassung, die vor längerer Zeit durch O. WARBURG[31] in Bezug auf die Natur

Tabelle 6.

Einwirkung von Enzympräparaten aus Hefe auf Aminosäureester.

(Die Titrationsprobe von 2 ccm enthält 0,10 Millimol Ester; m/30-Phosphatmischung; 40°. Titration mit n/20-KOH in alkoholischer Lösung; 100% Spaltung = 2,00 ccm Lauge.)

Enzym	Präparat und Menge	Ester	p_H		Spaltung nach Stdn.		
			Beginn	Ende	1	2	4
Rohlösung.	0,8 ccm	Glycinester	5,3	5,2	—	0,45	—
Polypeptidase . . .	1,2 mg A	,,	6,4	6,2	0,15	0,22	0,28
,, . . .	1,2 mg A	Alaninester	6,4	6,3	0,10	0,17	0,21
,, . . .	1,2 mg A	l-Leucinester	6,4	5,4	0,28	0,41	0,54
Kontrolle ohne Enzym	—	,,	6,4	6,2	—	0,04	0,10
Dipeptidase	0,2 Einh.	Glycinester	7,0	6,9	0,01	0,04	0,22
Kontrolle ohne Enzym	—	,,	6,9	6,9	0,04	0,08	0,20
Dipeptidase	0,2 Einh.	l-Leucinester	7,0	7,0	0,00	0,09	—
Protease.	1,2 mg C	Glycinester	6,4	6,4	—	0,01	0,00
,, ...	1,2 mg C	l-Leucinester	6,3	6,1	—	0,00	0,10

des Leucinester spaltenden Enzyms der Pankreasdrüse vertreten, in der späteren Literatur aber verlassen **[668]** worden ist (vergl. dazu E. ABDERHALDEN[32], R. WILLSTÄTTER und P. MEMMEN[33]).

[31] B. **38**, 187 [1905]; Ztschr. physiol. Chem. **48**, 205 [1906].

[32] Lehrbuch d. physiol. Chemie, 5. Aufl., II. Teil, S. 295 [1923]. — E. ABDERHALDEN, H. SICKEL und H. UEDA, Fermentforsch. **7**, 91 [1923].

[33] Ztschr. physiol. Chem. **138**, 216, und zwar S. 222 [1924] (*Abh. 96*).

In den Versuchen der Tab. 7, die sich auf die enzymatische Angreifbarkeit der Peptidbindung in Dipeptid- und Tripeptidestern beziehen, wurde mit Rücksicht auf die Möglichkeit einer primären Verseifung der Estergruppe die Hydrolyse sowohl durch Bestimmung des Carboxylzuwachses als auch durch Ermittlung der Aminogruppen nach VAN SLYKE verfolgt. Die Hydrolyse entfällt, wenigstens zu Beginn der Reaktion, fast ausschließlich auf die Auflösung von Peptidbindungen. Die nach der Methode von VAN SLYKE ermittelten Werte liegen zum Teil sogar deutlich höher als die Carboxylzahlen. Dies beruht auf einer Eigentümlichkeit der Peptide mit endständigem Glycylrest, die bei der van Slyke-Bestimmung durchwegs etwas zu hohe Werte liefern (vgl. dazu E. ABDERHALDEN und D. D. VAN SLYKE[34]).

Tabelle 7.
Einwirkung von Enzympräparaten aus Hefe auf Peptidester.
(Versuchsbedingungen wie Tab. 6; m/15-Phosphat. Die Ergebnisse der van Slyke-Bestimmungen sind auf ccm n/20-Lösung umgerechnet. Der Auflösung einer Peptidbindung pro Mol entspricht ein Zuwachs von 2,00 ccm.)

Ester	Enzym-Präparat und Menge	p_H		Zuwachs an	Reaktionszeit (Stdn.)			
		Beginn	Ende		1	2	6	24
a) Versuche mit Polypeptidase:								
Glycyl-glycin-ester	1,7 mg B	6,4	6,2	COOH	0,16	0,28	0,70	1,64
				NH_2	—	0,22	0,58	1,28
Glycyl-d, l-alanin-ester	1,7 mg A	6,4	6,2	COOH	—	—	1,82	—
				NH_2	—	—	1,06	—
Glycyl-d, l-leucin-ester	1,7 mg A	6,4	6,2	COOH	—	—	2,44	—
				NH_2	—	—	1,12	—
d, l-Leucyl-glycin-ester	1,7 mg A	6,4	—	COOH	1,70	1,97	—	—
				NH_2	1,80	1,76	—	—
Diglycyl-glycin-ester	1,2 mg A	6,2	5,5	COOH	0,83	1,48	3,00	3,70
				NH_2	1,06	1,62	2,84	3,50
d, l-Leucyl-glycyl-glycin-ester	1,2 mg A	6,4	6,1	COOH	1,97	2,38	3,58	4,85
				NH_2	2,16	—	—	4,10
b) Versuche mit Protease (polypeptidasefrei):								
Glycyl-glycin-ester	1,8 mg C	6,4	6,4	COOH	—	0,01	0,01	0,01
Leucyl-glycin-ester	1,2 mg C	6,4	6,4	COOH	0,01	0,00	—	—
Glycyl-d, l-alanin-ester	1,8 mg C	6,4	6,4	COOH	—	0,00	0,00	0,03
Diglycyl-glycin-ester	1,2 mg C	6,2	6,2	COOH	0,02	—	0,02	—
d, l-Leucyl-glycyl-glycin-ester	1,2 mg C	6,4	6,4	COOH	—	0,06	—	0,05
c) Versuch mit Dipeptidase:								
d, l-Leucyl-glycyl-glycin-ester	0,2 Einh.	7,0	7,0	COOH	0,01	—	—	—

[669] Auch die Spaltung der Tripeptidester erfolgt, entsprechend den bei der Hydrolyse der Tripeptide selbst festgestellten Verhältnissen, stets in der Weise, daß zunächst die am Aminoende stehende Aminosäure abgespalten wird. Dies ergibt sich mit Sicherheit daraus, daß die Hydrolyse zur Auflösung der beiden Peptidbindungen

[34] Ztschr. physiol. Chem. 74, 505 [1911].

führt. Denn etwa gebildetes freies Dipeptid würde von dem angewandten dipeptidasefreien Material nicht weiter zerlegt werden.

Zu den Versuchen der Tab. 7 dienten die Lösungen der krystallisierten Ester-Chlorhydrate, die durch Zusatz von NaOH auf das gewünschte p_H eingestellt waren. Nur im Falle des Leucyl-glycin-esters waren wir gezwungen, das Ester-Chlorhydrat, das durch wiederholtes Abdampfen im Vakuum vom Überschuß an Alkohol und HCl nach Möglichkeit befreit worden war, in sirupöser Form zu verwenden.

4. Versuche mit Aminosäure- und Peptid-amiden.

Die geprüften einfachen und substituierten Aminosäure- und Peptidamide erweisen sich ausnahmslos als Substrate der Polypeptidase. Von polypeptidasefreien Präparaten der Dipeptidase[35] und der Protease wird keines von ihnen gespalten. Die beim d,l-Leucin-amid gefundene Endspaltung weist auf asymmetrischen Verlauf der Hydrolyse hin. Die Spaltung des Glycyl-leucin-amids durch Hefe-Polypeptidase führt gemäß dem gefundenen Aciditätszuwachs, ähnlich wie im Falle der Ester, zur Hydrolyse der Peptidbindung und der Amidbindung.

Tabelle 8.

Einwirkung von Enzympräparaten aus Hefe auf Aminosäure- und Peptidamide. (Die Titrationsprobe von 2 ccm enthält 0,10 Millimol optisch einheitliches bzw. 0,20 Millimol racemisches Peptid. $p_H = 7{,}0$, m/30-Phosphatpuffer. Der Abspaltung einer Carboxylgruppe entspricht ein Aciditätszuwachs von 2,00 ccm n/20-KOH.)

Amid	Enzympräparat und Menge	Spaltung nach Stdn. (ccm n/20-KOH)		
		3	6	24
a) Versuche mit Polypeptidase:				
Glycin-amid, HCl.	1,2 mg A	0,14	—	0,22
d,l-Leucin-amid, HBr	1,2 mg A	1,22	1,59	2,02
Glycyl-d,l-leucin-amid, HCl .	1,2 mg A	1,63	2,19	3,05
Glycyl-decarboxy-leucin . . .	1,2 mg A	0,18	—	—
	3,0 mg B	0,11	0,20	0,28
Diglycyl-[p-amino-benzoesäure]	0,6 mg A	0,04	0,18	0,30
b) Versuche mit polypeptidasefreier Hefeprotease:				
Glycin-amid, HCl.	1,2 mg C	0,02	0,02	0,02
d,l-Leucin-amid, HBr	1,2 mg C	—0,02	—0,01	0,00
Glycyl-d,l-leucin-amid, HCl .	1,2 mg C	0,04	—	0,08
Glycyl-decarboxy-leucin . . .	1,2 mg C	0,00	0,00	0,02
c) Dipeptidase:				
Glycyl-leucin-amid, HCl. . .	0,2 Einh.	0,00	0,00	—

[670] 5. Verhalten der Hefe-Dipeptidase gegenüber acylierten Peptiden.

(Nach Versuchen mit E. WALDSCHMIDT-LEITZ und W. KLEIN.)

Trotz der Anwendung großer Enzymmengen und langer Spaltungszeiten ergab sich bei keinem der neu geprüften Substrate ein sicher außerhalb der Fehlergrenze

[35] Vgl. E. WALDSCHMIDT-LEITZ, W. GRASSMANN und A. SCHÄFFNER, a. a. O.

gelegener Aciditätszuwachs. Dagegen ist die früher mitgeteilte[35] Beobachtung zu bestätigen, wonach Acetyl-[phenyl-alanyl]-alanin von Hefe-Dipeptidase-Präparaten, wenngleich sehr langsam, hydrolysiert wird.

Tabelle 9.
Einwirkung der Hefe-Dipeptidase auf acylierte Peptide.
(Die Titrationsprobe von 10 ccm enthält 1 Dip.-Einh.; $p_H = 7{,}8$; 18 Stunden bei 30°; Titration mit n/20-KOH.)

Substrat	angew. g	Spaltung	
		ccm n/20-KOH	%
Benzoyl-glycyl-glycin	0,128	0,00	0
Glycyl-glycin-carbonsäure . . .	0,1030	0,10	2
Carbäthoxyl-glycyl-d, l-leucin . .	0,0901	0,09	3
Naphthalinsulfonyl-glycyl-tyrosin	0,0839	0,04	3
Acetyl-[phenyl-alanyl]-alanin . .	0,1290	0,23	6
Benzoyl-diglycyl-glycin	0,147	0,00	0

Der Notgemeinschaft der Deutschen Wissenschaft danken wir ergebenst für die Förderung unserer Arbeit durch die zur Verfügung gestellten Mittel.

Noch unveröffentlicht.

128. ÜBER DIE WIRKUNGEN VON PROTEASEN PFLANZLICHER MILCHSÄFTE.

Von **Otto Ambros** und **Anna Harteneck***.

Zwölfte Abhandlung über Pflanzenproteasen in der von R. Willstätter und Mitarbeitern begonnenen Reihe.

(Aus dem Ammoniaklaboratorium des Werkes Oppau der I. G. Farbenindustrie A. G.**)

(Vorläufige Mitteilung.)

(Abgeschlossen am 1. Juli 1928.)

Inhaltsübersicht.

Die Blausäureaktivierung, welche sich enzymchemisch in einer Wirkungssteigerung und Spezifitätserweiterung äußert, ist ein Charakteristicum einer großen Reihe pflanzlicher Proteasen. Wegen der Bedeutung, den eine derartige Beeinflussung einer Enzymreaktion für physiologische Vorgänge haben muß, wurden die Aktivierungsversuche an verschiedenen frischen pflanzlichen Milchsäften durchgeführt und gefunden, daß die Pflanze selbst einen Milchsaft mit wechselnd aktivierter Protease bilden kann. Demnach muß im pflanzlichen Organismus die Entstehung eines Aktivators getrennt neben der inaktiven Protease vor sich gehen. An der Frucht der Carica Papaya konnte ein charakteristisch inaktiver, d. h. peptolytisch unwirksamer Milchsaft isoliert werden, der durch einen proteolytisch unwirksamen, aber stark aktivierenden inneren Zellsaft zu der vollen Wirkung des mit Blausäure aktivierten Papains gebracht werden konnte. Ein derartiger Aktivator ist auch in Milchsäften anderer Früchte wirksam und hat die Natur einer Kinase. Der Aktivierungsvorgang steht mit den physiologischen Veränderungen in der Pflanze, wie z. B. der Reife der Früchte. in Beziehung, indem die Kinase regulierend in den Stoffwechsel des pflanzlichen Organismus eingreift.

---

* *Die vorliegende Untersuchung beabsichtigt Herr Dr. O. Ambros auf der Versammlung Deutscher Naturforscher und Ärzte in Hamburg, September 1928, in der Abteilung Chemie vorzutragen.*

** *Den Herren Direktoren Dr. W. Gaus und Dr. A. Mittasch des Werkes Oppau der I. G. Farbenindustrie A. G. und seines Ammoniaklaboratoriums sei aufrichtig gedankt für die Erlaubnis, diese Untersuchung zu veröffentlichen und sie in der vorliegenden Sammlung erscheinen zu lassen.*

Über die Wirkungen der Proteasen pflanzlicher Milchsäfte.

In Untersuchungen über die Spezifität proteolytischer Fermente wurde gezeigt[1], wie weitgehend Zusätze durch ihre aktivierende oder hemmende Wirkung die Reaktionskinetik eines einheitlichen Enzyms beeinflussen können. Eine besondere Beachtung fanden die Erkenntnisse über die Aktivierung des Trypsins durch die Enterokinase[2] und des Papains durch die Blausäure[3].

Der Wirkungsbereich des Trypsins, des peptolytischen Grundfermentes, wird durch die Verbindung mit der Enterokinase auch auf höhere Eiweißkörper ausgedehnt. Das Papain, das ohne Aktivator nur höhere Eiweißkörper spaltet, kann nach der Blausäureaktivierung auch peptolytisch wirken. So ist im Falle des Trypsins die Enterokinase ein biologischer Regulator für die Fermentreaktionen der Verdauung. Beim Papain kennt man bisher keine analoge organische Kinase; dagegen ist bekannt, daß einfache chemische Verbindungen, wie HCN, H_2S, ebenso wie Kinasen wirken können, indem sie neben der Aktivierung auch den Wirkungsbereich der Protease erweitern.

Vom physiologischen Standpunkt aus ist die Rolle der Blausäure, da sie eines der stärksten Zellgifte ist und andere Fermente, wie z. B. Katalase, bereits in Spuren vergiftet[4], schwer verständlich. Andererseits schien es wahrscheinlich, daß auch der pflanzlichen Zelle die Möglichkeit gegeben ist, ihre Fermentvorgänge zu steuern, also ähnlich wie im tierischen Organismus in den Stoffwechsel regulierend einzugreifen. Zur Erforschung solcher physiologischer Vorgänge in der pflanzlichen Zelle war es notwendig, die Untersuchung der enzymatischen Reaktionen der Eiweißhydrolyse durch die Fermente der frischen Pflanze durchzuführen, um aus der Kinetik derselben auf die Einflüsse von Aktivatoren schließen zu können.

In Anlehnung an die Methodik früherer Untersuchungen[3] wurden die proteolytischen Wirkungen des frischen Milchsaftes der Carica Papaya geprüft und diese Arbeiten auch auf andere milchsaftführende Pflanzen, wie verschiedene Ficus-Arten, und die Bromelia sativa erweitert. Die Untersuchungen über die enzymchemischen Wirkungen dieser Milchsäfte zeigten, wie verschieden ihre Proteasen auf den Aktivator HCN reagieren und wie der Milchsaft der Carica Papaya aus verschieden entwickelten Früchten und zu verschiedenen Zeiten einen verschiedenen Wirkungsgrad gegenüber bestimmten Substraten zeigt. Daraus entwickelte sich eine Vorstellung von der Anwesenheit eines Aktivators in der Pflanze selbst, welcher je nach dem Grad der Entwicklung, der Wachstumsperiode und anderen pflanzenphysiologischen Momenten gleich einer Kinase regulierend in den Eiweißstoffwechsel eingreift.

In der Frucht der Carica Papaya konnte dieser Aktivator gefunden und von dem Enzym getrennt als Kinase charakterisiert werden. Auf seine Anwesenheit ist der wechselnde Aktivierungszustand der Proteasen zurückzuführen, und es wird eine größere Aufgabe sein, die Rolle und die Verteilung der Kinasen im Pflanzenreich zu studieren.

I. Die Reaktionen der Protease aus dem frischen Milchsaft der Carica Papaya.

Die Chemie der Enzyme charakterisiert die verschiedenen Fermenttypen auf Grund ihrer spezifischen Reaktionswirkungen gegenüber verschiedenen Substraten. In diesem Sinne liegt auch die Einteilung der Proteasen nach ihrem Wirkungsvermögen gegenüber den bekannten Gruppen von Proteinkörpern. Wenn aber, wie bei der vorliegenden Fragestellung, auch den Begleitstoffen eines Enzyms besondere Aufgaben zufallen, so erweitert sich eine derartige Untersuchung dahin, daß auch die neue Verbindung: Enzym-Kinase in ihrer Reaktionskinetik untersucht wird.

So wurde in der vorliegenden Untersuchung auch die Wirkung des frischen Milchsaftes aus den Früchten der Carica Papaya gegenüber Gelatine, Pepton und, wegen ihres pflanzenphysiologischen Interesses, den eigentlichen pflanzlichen Eiweißkörpern verfolgt. Bereits in früheren Arbeiten wurden die Proteasen des frischen Milchsaftes untersucht. L. B. MENDEL und A. F. BLOOD verwendeten den Saft grüner Papayafrüchte, welche aus Jamaica stammten[5]. Durch Anritzen erhielten sie kleine Latextropfen, welche aber sofort auf der Fruchtschale gerannen. Die enzymchemische Prüfung gegenüber Pepton und Eiereiweiß gab auch mit diesem ungetrockneten Papayasaft den Effekt der Blausäureaktivierung: „The fresh latex of papaw shows the same pecularities as the dried material.“

Die Versuchstechnik der vorliegenden Arbeit unterschied sich von der Methodik früherer Forscher dadurch, daß hier der frische Milchsaft durch Anritzen der noch am Baum hängenden grünen Früchte gewonnen und sofort in den Reaktionsansatz hineingespült wird. Die Reaktion der Eiweißhydrolyse wird so durchgeführt, daß der Milchsaft möglichst noch in unverändertem Zustand, wie er in der lebenden Zelle vorkommt, zur Prüfung gelangt.

Gelatinespaltung.

Von früheren Versuchen über die proteolytische Wirkung des Papains ist bekannt, daß die Gelatinsepaltung durch HCN-Zusatz nahezu verdreifacht wird[6]. Bei Anwendung des frischen Milchsaftes, gleichviel mit welcher Gelatinesorte, ist der Unterschied der Wirkung zwischen Frischpapain mit und ohne HCN-Zusatz viel geringer, in manchen Fällen sogar verschwunden, wie die folgende Tabelle zeigt.

Tabelle 1.
Gelatinehydrolyse, gemessen durch den Aciditätszuwachs nach WILLSTÄTTER und WALDSCHMIDT-LEITZ[7].

Spaltung entspr. Aciditätszuwachs, ccm n/5-KOH	ohne HCN	mit HCN
1. durch Handelspapain	0,45	1,32
2. durch frischen Milchsaft I . .	1,86	2,70
II . .	1,66	2,07
III . .	1,46	1,89
	1,52	1,92
IV . .	1,21	1,28
V . .	1,52	1,45

Auf pflanzliche Proteine hat das inaktive Papain überhaupt keine Wirkung; nur bei Zusatz von Blausäure können sie gespalten werden. Die Prüfung mit frischem Milchsaft zeigte bei Edestin die gleichen Spaltungswerte, ob HCN zugesetzt ist oder nicht, d. h. der Saft ist bereits in aktiviertem Zustand vorhanden.

Edestin: ohne HCN 0,62 ccm $^n/_5$KOH, mit HCN 0,65 ccm $^n/_5$-KOH.

Noch schärfer drückt sich die Eigenart eines wechselnden Aktivierungsgrades des Enzyms in dem frischen Milchsaft bei der Pepton- und Protaminspaltung aus, welche die Spezifitätsgrenze für das Handelspapain charakterisieren.

Nach den Untersuchungen von WILLSTÄTTER und GRASSMANN[8] kann das Handelspapain nur als Cyanhydrin die Bindungen in den Pepton- und Protaminmolekülen[9] lösen, dagegen hat das Enzym des frischen Milchsaftes bisweilen dieselben Wirkungen wie das Papaincyanhydrin.

Tabelle 2.
Hydrolyse von Pepton und Protamin.

Spaltung entspr. Aciditätszuwachs ccm n/5-KOH	ohne HCN	mit HCN
a) Pepton (I. G. Oppau).		
1. durch Handelspapain	0,00	0,90
2. durch frischen Milchsaft I	0,10	1,15
II	0,33	1,00
III	0,70	1,35
IV	1,30	1,80
V	0,75	1,00
VI	0,80	0,80
b) Protamin.		
1. durch Handelspapain	0,00	0,94
2. durch frischen Milchsaft	0,10	1,95

II. Die Reaktionen der Protease aus dem frischen Milchsaft von Ficus-Arten.

Bei einer anderen milchsaftführenden Frucht, der Ficus Carica, der gewöhnlichen Feige, wurde der Milchsaft in der Weise isoliert, daß die grünen Früchte etwas unterhalb des Stiels durchschnitten wurden, wobei Milchsaft hervorbricht, der starke proteolytische Wirkung zeigt.

Die enzymanalytische Untersuchung und besonders die Prüfung der Blausäureaktivierung ergab gegenüber den Substraten Gelatine und Pepton folgendes Bild:

Tabelle 3.

	Gelatinespaltung ccm n/5-KOH		Peptonspaltung ccm n/5-KOH	
	ohne HCN	mit HCN	ohne HCN	mit HCN
Feigen-Milchsaft I	2,24	2,40	1,70	2,40
,, II	2,04	2,20	0,68	1,30
,, III	1,66	2,55	0,60	1,32

Demnach wird die Aktivität der Protease des Feigensaftes durch die Blausäurezugabe wohl etwas gesteigert, besonders in ihrer peptonspaltenden Wirkung, jedoch gaben die bisherigen Analysenzahlen keine Unterlagen für eine typische Spezifitätserweiterung, wie sie im ersten Beispiel beim Papain nachweisbar war.

Von sogenannten richtigen Latexpflanzen haben wir verschiedene Ficus-Arten untersucht und gefunden, daß alle Milchsäfte starke proteolytische Wirkung haben. Um in der vorliegenden Untersuchung auch ein vergleichbares Versuchsmaterial zu haben, war es wichtig, stets einen Milchsaft aus der Frucht zu isolieren.

Bei der Ficus rostrata wurde aus den grünen kugeligen Früchten durch Anritzen der Fruchtschale ein Milchsaft gesammelt und wie üblich geprüft.

Gelatinespaltung in ccm n/5-KOH	
ohne HCN	mit HCN
1,80 bzw. 1,20	2,30 bzw. 2,20.

Die peptonspaltende Wirkung war erst durch den Blausäurezusatz eingetreten, d. h. der Latex allein ist wie in einigen Fällen des Papayamilchsaftes gegenüber Peptonen nahezu inaktiv.

Peptonspaltung in ccm n/5-KOH	
ohne HCN	mit HCN
0,20 bzw. 0,00	0,95 bzw. 0,60.

Bei dem Vergleich der Wirkungswerte der Protease verschiedener Milchsäfte und Papayafrüchte fällt der starke Wechsel des Aktivierungszustandes auf. Auch die Proteasen der untersuchten Ficus-Arten zeigten denselben Effekt.

III. Die Reaktionen der Protease aus der Bromelia sativa.

Außer den Milchsaftfermenten wurde auch das bekannte Bromelin aus verschiedenen Ananasfrüchten in ähnlicher Weise auf seine Aktivierbarkeit durch Blausäure und seinen Wirkungsbereich gegenüber Gelatine und Pepton geprüft.

In einer Untersuchung von WILLSTÄTTER, GRASSMANN und AMBROS[10] hatte sich ergeben, daß das Bromelin in seinem Verhalten qualitativ mit dem Papain übereinstimmt, daß aber die Aktivierungseffekte quantitativ geringer sind, und es wurde deshalb vermutet, daß ein aktivierend wirkender Begleitstoff in wechselnder, im allgemeinen unzureichender Menge beigemischt ist. Und da die Aktivierungseffekte bei verschiedenen Präparaten der Ananasprotease differieren, so nahmen die Verfasser an, daß „die Protease im natürlichen Zustand in wechselndem Maße partiell aktiviert ist".

Es wird im folgenden diese Annahme auch belegt durch Versuche über die Blausäureaktivierung, die mit der Protease aus verschieden reifen Ananasfrüchten gegenüber Gelatine und Pepton durchgeführt wurden. Die Früchte wurden geschält und der Preßsaft des Fruchtfleisches direkt verwendet. Folgende Tabelle veranschaulicht den wechselnden Aktivierungsgrad verschiedener Früchte.

Tabelle 4.

Ananassaft	Gelatinespaltung ohne HCN	Gelatinespaltung mit HCN	Peptonspaltung ohne HCN	Peptonspaltung mit HCN
	ccm n/5-KOH		ccm n/5-KOH	
I (grüne Frucht)	0,60	1,15	0,00	0,30
II (grüne Frucht)	0,85	1,40	0,00	0,35
III (halbreife Frucht)	1,40	2,55	0,55	1,10
IV (reife Früchte)	1,30	1,85	0,35	0,40
V (goldgelb nachgereifte Frucht)	1,25	1,30	0,50	0,52

Es zeigt sich also, wie in verschiedenen Früchten ein verschiedener Aktivierungsgrad der Protease besteht, und es lag nahe, den Zusammenhang zwischen der Entwicklung einer Frucht und den physiologischen Aufgaben des Enzyms zu suchen. Nach obigen Versuchen nimmt mit zunehmender Reife der Früchte der Wirkungsbereich des Enzyms auch gegen das Pepton zu. Darnach muß die Pflanze einen Aktivator besitzen, den sie in verschieden großen Mengen erzeugen kann und somit ist ihr die Möglichkeit gegeben, regulierend in den Stoffwechsel einzugreifen. Für die reizvolle Aufgabe der Erfassung dieses Aktivators wurden die Früchte der Carica Papaya und Bromelia sativa gewählt.

IV. Die Aktivierung der Protease im Milchsaft der Carica Papaya.

Bei Arbeiten mit der Papayafrucht liegt noch ein versuchstechnischer Vorteil darin, daß ihr starkes Milchröhrensystem direkt unter der Epidermis liegt und daß durch vorsichtiges Anritzen ein verhältnismäßig reiner, enzymatisch hochaktiver Milchsaft gewonnen wird, der frei von Zellbestandteilen ist, die dem Fruchtfleisch entstammen.

Auf der Suche nach dem hypothetischen pflanzlichen Aktivator wurde zunächst die Verteilung der Protease in der Pflanze enzymanalytisch geprüft. Die frisch geernteten Früchte werden solange angeritzt, bis sie keinen Milchsaft mehr abgeben, dann fein geschält und in fließendem Wasser abgespült. Aus dem fast farblosen Fruchtfleisch wird ein dünner Zellsaft abgepreßt, der selbst nur geringe proteolytische Wirkungen äußert. In dem Hohlkörper der Melonenfrucht ist die Anlage der Samen, welche auch kleine proteolytische Wirkungen haben.

Auch in der übrigen Pflanze, wie z. B. in den Blättern, Stengeln und unter der Stammrinde ist der proteolytisch wirkende Milchsaft verteilt, aber er ist daraus schwieriger zu gewinnen als aus den Früchten.

Die Untersuchung bekam dadurch eine entscheidende Wendung, als beobachtet wurde, daß peptolytisch inaktiver Milchsaft mit proteolytisch nahezu unwirksamem Zellsaft versetzt auch die Bindungen im Peptonmolekül spalten kann. Demnach ersetzt in der Pflanze dieser Zellsaft den bekannten Aktivator Blausäure. Im Sinne der Natur eines echten Aktivators liegt es, daß nicht allein der peptolytisch inaktive Milchsaft durch seinen zelleigenen Fruchtsaft aktiviert wird, sondern auch das gewöhnliche Papain des Handels, das nur in seiner Cyanhydrinbindung peptolytisch wirken kann.

Diese scharfe Trennung zwischen peptolytisch unwirksamer Protease im Milchsaft und dem proteolytisch unwirksamen, aber stark aktivierenden Zellsaft ist am ausgeprägtesten bei den fast reifen Früchten. Die ganz ausgereiften goldgelben Früchte produzieren überhaupt keinen Milchsaft mehr; die unreifen haben dagegen einen Zellsaft, der viel Protease enthält, die aber noch aktivierbar ist.

Da die Wirkung des Zellsaftes analog der Blausäure ist, so muß auch die Methodik der Aktivierung übereinstimmen. Der reine Milchsaft wurde einheitlich ca. 1 Stunde mit dem Zellsaft aktiviert.

Die folgende Tabelle enthält eine große Reihe von Versuchen mit Früchten von verschiedenem Reifegrad. Es sind gegenübergestellt:

1. der Wirkungswert des frischen Milchsaftes gegen Gelatine und Pepton mit und ohne HCN, um seinen Aktivierungszustand zu charakterisieren;

2. der Wirkungswert des Zellsaftes unter den gleichen Bedingungen und mit demselben Ziel;

3. zur Messung der Aktivierungskraft des Zellsaftes der Wirkungswert der Mischung: Milchsaft + Zellsaft gegenüber den obigen Substraten;

In einzelnen Beispielen wurde auch der Zellsaft in seiner Aktivierungskraft gegenüber Handelspapain geprüft;

4. der Wirkungswert von Preßsaft aus dem Samen.

Tabelle 5.

Carica Papaya-Protease aus	Spaltung von Gelatine ohne HCN (ccm n/5-KOH)	Gelatine mit HCN (ccm n/5-KOH)	Pepton ohne HCN (ccm n/5-KOH)	Pepton mit HCN (ccm n/5-KOH)
1. Preßsaft aus einer völlig ausgereiften Frucht (I)	3,50	3,30	2,00	1,65
2. Fast reife Frucht:				
a) Milchsaft	0,95	2,25	0,10	0,60
b) Zellsaft	0,20	0,15	0,00	0,00
c) a + b	1,85	2,15	0,85	0,95
d) Samenpreßsaft	0,25	0,40	0,20	0,20
e) a + d	2,00	1,97	0,75	0,80
3. Grüne voll entwickelte Frucht:				
a) Milchsaft	1,10	1,20	0,30	0,60
b) Zellsaft	0,60	0,50	0,15	0,20
c) a + b	1,50	1,40	0,53	0,57
d) Papain (Merck)	1,05	1,65	0,00	0,70
e) b + d	1,25	1,22	0,54	0,52
4. Kleine unreife Frucht:				
a) Milchsaft	1,45	3,00	0,20	0,90
b) Zellsaft	0,55	1,00	0,00	0,45
c) a + b	1,54	3,30	0,10	0,85
d) Samenpreßsaft	0,83	0,82	0,70	0,74

Die Tab. 5 zeigt, daß der Zellsaft mit zunehmender Fruchtreife an Protease verarmt, dagegen seine aktivierende Wirkung zunimmt. Dazwischen liegen die entsprechenden Übergangsstadien. Im Preßsaft des Samens liegt die Protease stets im voll aktivierten Zustand vor. Der Milchsaft selbst schwankt in seinem Aktivitätszustand von nahezu inaktivem Verhalten, wie in Beispiel 2, bis zur vollen Aktivität, wie in Tab. 1 und 2 gezeigt wurde. Diese Schwankungen sind sicher durch die natürliche Anwesenheit wechselnder Mengen des Aktivators aus dem Zellsaft bedingt. Bei der unreifen Frucht (Beispiel 4) fehlt mit dem aktivierenden Zellsaft auch die Aktivität des reinen Milchsaftes, während bei Beispiel 3 mit dem aktivierenden Zellsaft auch der Milchsaft selbst eine bedeutende Aktivität zeigt.

V. Über den Aktivator des Zellsaftes.

Der Vergleich dieses pflanzlichen Aktivators mit der Enterokinase lehrt auch die Untersuchung der enzymähnlichen Natur dieses neuen pflanzlichen Aktivators, den wir in folgendem „Phytokinase" nennen.

In dem nächsten Versuch zeigt sich die Temperaturlabilität der Kinase[11], beim Kochen verliert sie ihre aktivierende Wirkung.

Tabelle 6.

	Gegen Gelatine ohne HCN	Gegen Gelatine mit HCN	Gegen Pepton ohne HCN	Gegen Pepton mit HCN
	ccm n/5-KOH		ccm n/5-KOH	
Papain (Merck)	1,60	2,16	0,00	0,70
+ Zellsaft	2,05	1,95	0,30	0,60
+ Zellsaft, gekocht . . .	1,05	2,26	0,00	0,60

Andere typische Eigenschaften eines organischen Aktivators, wie z. B. seine spezifische Adsorptionsfähigkeit an selektiv wirkende Adsorbentien, werden noch geprüft.

Gemeinsam mit der Blausäure hat die Phytokinase auch den Effekt der zeitlichen Aktivierung[12]. Sowohl die Gelatine- wie die Peptonspaltung erreichen ihren höchsten Aktivierungswert nach ca. 1 Stunde, wie die folgende Prüfung an inaktivem Papain (Merck) ergab:

Tabelle 7.

Aktivierungsdauer in Minuten:	0	30	60	120
Spaltungswert gegen Gelatine	1,05	1,25	1,40	1,24
„ „ Pepton	0,16	0,27	0,40	0,32
in ccm n/5-KOH				

Die Abhängigkeit von der Aktivatormenge zeigt die folgende Reihe, in der steigende Gaben der Kinase zu einer Lösung von Handelspapain zugesetzt werden und die Wirkung der Aktivierung auf den Spaltungswert durch das Papaincyanhydrin bezogen wird.

Tabelle 8.

Zellsaft ccm	Spaltung (ccm n/5-KOH) Gelatine ohne HCN	Gelatine mit HCN	Pepton ohne HCN	Pepton mit HCN
0	0,65	2,03	0,00	0,98
2	0,45	2,20	0,45	0,95
5	0,59	1,85	0,50	0,77
10	1,72	1,88	0,50	0,70
20	2,45	2,17	—	—
10 ccm Kinase spalten ohne Papain	0,30	0,70	0,20	0,45

Auch in der Abhängigkeit der proteolytischen Wirkung von der Wasserstoffionenkonzentration zeigt die mit Zellsaft aktivierte Protease der Carica Papaya dieselben Optima (Gelatine p_H 5,0[13], Pepton p_H 5,0) wie das gewöhnliche Papain und das Papaincyanhydrin.

Die Untersuchung von nahezu reifen Früchten zweier Ficus-Arten: Ficus rostrata und Ficus bengalensis ergab, daß der Preßsaft aus der ganzen Frucht sich durch seinen höheren Aktivierungszustand von dem reinen Milchsaft unterschied, also muß auch hier im Zellsaft der Früchte ein besonderer Aktivator gebildet sein.

VI. Die Aktivierung der Protease in der Bromelia sativa.

Wie bei der Melonenfrucht der Carica Papaya gelang es auch bei der Ananas in verschiedenen Teilen der gleichen Frucht die Protease in verschiedenen Aktivierungszuständen zu isolieren, und zwar hängt dieser Aktivierungsgrad eng mit der Reife der Frucht zusammen. Wegen ihres besonderen anatomischen Baues ist es bei der Ananas, welche aus mehreren Teilfrüchten zusammengesetzt ist, experimentell schwieriger, den Saft der Außenschicht von dem Zellsaft des Fruchtfleisches zu trennen. Die Säfte des Gewebes der Außenschale und des Fruchtfleisches enthalten die Protease in wechselndem Aktivierungszustand, wie folgende Tabelle zeigt.

Tabelle 9.

Ananasfrucht	Gelatine ccm n/5-KOH		Pepton ccm n/5-KOH	
	ohne HCN	mit HCN	ohne HCN	mit HCN
I. Grün:				
a) Schalensaft . .	1,10	1,20	0,90	1,00
b) Fruchtsaft . . .	0,55	1,15	0,75	1,65
II. Halbreif:				
a) Schalensaft . .	0,75	0,85	0,25	0,75
b) Fruchtsaft . . .	0,90	1,00	0,30	0,75
III. Reif:				
a) Schalensaft . .	1,00	1,90	0,52	1,30
b) Fruchtsaft . . .	1,30	1,25	0,52	0,50
IV. Ganz reif:				
a) Schalensaft . .	0,20	1,30	0,15	0,60
b) Fruchtsaft . . .	1,40	1,65	0,35	0,40

Bei der grünen Frucht zeigt also der Saft aus dem Schalengewebe volle Aktivierung und der Fruchtsaft ist inaktiv, dagegen dreht sich das Verhältnis bei der reifen gelben Ananasfrucht um.

Mit dieser Auffindung und Charakterisierung der Phytokinase in den beiden Früchten scheint auch eine andere offene Frage ihrer Lösung näher gebracht zu werden. In der Untersuchung über Blausäureaktivierung und -hemmung pflanzlicher Proteasen von WILLSTÄTTER, GRASSMANN und AMBROS wird die Annahme ausgesprochen, daß Papain und Bromelin identisch seien und die Verschiedenheiten ihrer Spezifität nur durch die Vergesellschaftung mit einem natürlichen Aktivator bedingt sei. Die obigen Ergebnisse stützen diese Annahme und lassen vermuten, daß alle pflanzlichen Proteasen, die heute durch die Erscheinung der HCN-Aktivierbarkeit als besondere Gruppe zusammengefaßt werden, sich auf ein Enzym zurückführen lassen, dessen charakteristische Spezifität nur durch die wechselnde Anwesenheit der Kinase bedingt ist.

Die Fortsetzung der vorliegenden Untersuchung liegt darin, die Phytokinase auch in anderen Pflanzen zu suchen und auch jene Fälle in die Untersuchung einzubeziehen, für welche die bekannten anorganischen Aktivatoren, wie z. B. HCN bei der Kürbisprotease, einen Hemmungskörper bedeuten[15].

Literatur.

[1] R. WILLSTÄTTER, Chem. Ber. **59**, S. 1 [1926].
[2] E. WALDSCHMIDT-LEITZ, H. **132**, S. 181 [1923/24]; **142**, S. 217 [1924/25].
[3] R. WILLSTÄTTER und W. GRASSMANN, H. **138**, S. 184 [1924].
[4] G. SENTER, Zs. f. physikal. Chem. **44**, S. 257 [1903]; **51**, S. 673 [1905].
[5] L. B. MENDEL und A. F. BLOOD, Jl. of biol. Chemistry **8**, S. 205 [1905].
[6] R. WILLSTÄTTER und W. GRASSMANN, H. **138**, 190 [1924].
[7] R. WILLSTÄTTER und E. WALDSCHMIDT-LEITZ, Chem. Ber. **54**, S. 2988 [1921].
[8] R. WILLSTÄTTER und W. GRASSMANN, H. **138**, S. 204 [1924].
[9] E. WALDSCHMIDT-LEITZ und TH. KOLLMANN, H. **166**, S. 262 [1927].
[10] R. WILLSTÄTTER, W. GRASSMANN und O. AMBROS, H. **151**, S. 294 [1926].
[11] N. P. SCHEPOWALNIKOFF, Inaug.-Diss. Petersburg 1899.
[12] l.c. 3, und zwar S. 192.
[13] l. c. 3, und zwar S. 198.
[14] l. c. 10, und zwar S. 288.
[15] l. c. 10, und zwar S. 304.

Bisher unveröffentlicht; die Veröffentlichung in der Zeitschrift für physiologische Chemie ist beabsichtigt.

129. ÜBER DIE PROTEINASE[1] UND DIE POLYPEPTIDASE DER HEFE.

Von **Wolfgang Grassmann** und **Hanns Dyckerhoff.**

Dreizehnte[2] Abhandlung über Pflanzenproteasen in der von R. Willstätter und Mitarbeitern begonnenen Untersuchungsreihe.

(Aus dem Chemischen Laboratorium der Bayerischen Akademie der Wissenschaften in München.)

Mit 5 Abbildungen im Text.

(Abgeschlossen am 17. August 1928.)

Theoretischer Teil.

Die proteolytische Wirksamkeit des nach dem Verfahren von E. Buchner und M. Hahn[3] gewonnenen Hefepreßsaftes haben als erste M. Hahn und L. Geret[4] beobachtet und in grundlegenden Arbeiten untersucht. Nach der Auffassung dieser Autoren stellt das proteolytische Enzym der Hefe, die „Hefeendotryptase", „einen neuen Typus der Verdauungsenzyme insofern dar, als es bezüglich der nötigen Reak-

[1] Bemerkung zur Nomenklatur proteolytischer Enzyme. In unserer vorausgehenden (*Nr. 127*) Abhandlung (Ber. Chem. Ges. Bd. 61, S. 656 [1928]) haben wir das auf die Spaltung intakter Eiweißkörper eingestellte Ferment als „Hefe-Protease" bezeichnet. Da aber das Wort „Proteasen" schon als Gruppenbezeichnung für die Gesamtheit der am Eiweißabbau beteiligten Enzyme eingeführt und in Gebrauch ist, schlagen wir vor, diejenigen Enzyme, welche natürliche und vollständige Eiweißkörper anzugreifen vermögen, also die von C. Oppenheimer in seinem Fermenthandbuch (5. Aufl. 1925) als „Proteasen im engeren Sinne", „primäre Proteasen", „eigentliche Proteasen" u. dgl. benannten Fermente, in Übereinstimmung mit den Grundsätzen der Fermentnomenklatur als „Proteinasen" zu bezeichnen. Obwohl sehr wahrscheinlich alle am Eiweißabbau beteiligten Enzyme lediglich die Hydrolyse von -CO-NH-Bindungen bewirken, dürfte doch die Benennung „Peptidasen" zunächst auf diejenigen proteolytischen Fermente zu beschränken sein, von denen Wirkungen auf strukturchemisch bekannte Peptidsubstrate beschrieben sind. Mit der fortschreitenden Erkenntnis von der Spezifität eiweißspaltender Enzyme wird es künftig möglich sein, auch den „Proteinasen" ihren Platz innerhalb einer Systematik spezifisch eingestellter Peptidasen zuzuweisen.

[2] Die 12. Abhandlung dieser Reihe ist die im folgenden zitierte Untersuchung von O. Ambros und A. Hartenck, „Über die Wirkung von Proteasen pflanzlicher Milchsäfte", die in der Sammlung „Untersuchungen über Enzyme" von R. Willstätter und Mitarbeitern als Nr. 128 erscheinen wird.

[3] Chem. Ber. Bd. 30, S. 117 [1897]. E. Buchner, H. Buchner und M. Hahn, „Die Zymasegärung", München 1903.

[4] Chem. Ber. Bd. 31, S. 200 und 202 [1898]; Zs. Biol. Bd. 60, S. 117 [1900]; ferner in E. und H. Buchner und M. Hahn, „Die Zymasegärung", München 1093, S. 287.

tion den peptischen, in bezug auf die Verdauungsprodukte den tryptischen Enzymen entspricht, in seinem Verhalten gegen die Peptone aber mit keinem der bekannten Enzyme übereinstimmt". Als erster hat S. H. VINES[5], gestützt auf seine umfangreichen Beobachtungen aus dem Gebiete eiweißspaltender Pflanzenenzyme, die Meinung verfochten, daß die proteolytische Wirkung der Hefe und vieler anderer pflanzlicher Proteasematerialien auf ein System aus zwei Komponenten zurückzuführen sei, von denen die eine („Peptase") Eiweißkörper unter Peptonbildung auflösen, die andere („Ereptase") die gebildeten Peptone bis zur Stufe der Aminosäuren hydrolysieren sollte. Die Untersuchungen von VINES sind noch ohne Einhaltung einer definierten Wasserstoffionenkonzentration und mit rein qualitativen Methoden zur Beurteilung der Enzymwirkung durchgeführt worden. Die von ihm angegebenen Verfahren zur Zerlegung der angenommenen Gemische haben der Nachprüfung mit besseren analytischen Methoden nicht standgehalten (WILLSTÄTTER, GRASSMANN und O. AMBROS[6], vgl. dazu auch K. G. DERNBY[7]), obwohl der Vinesschen Lehre von der Zusammensetzung pflanzlicher Proteasen in vielen Fällen beachtenswerte, sorgfältige Beobachtungen zugrunde gelegen haben.

Mit moderner Methodik hat es K. G. DERNBY (a. a. O.) unternommen, die Wirksamkeit von Hefeauszügen gegenüber verschiedenartigen Eiweißkörpern und Eiweißabbauprodukten in ihrer Abhängigkeit von der Wasserstoffionenkonzentration zu prüfen und die Eigentümlichkeiten des proteolytischen Fermentsystems der Hefe mit denjenigen der schon besser bekannten eiweißspaltenden Enzyme pflanzlicher Herkunft zu vergleichen. Nach DERNBY sollen in der Hefe drei am Eiweißabbau beteiligte Einzelenzyme vorliegen: das „Hefepepsin", das bei deutlich saurer Reaktion genuine Eiweißkörper angreift und bis zur Peptonstufe, aber nicht darüber hinaus abbaut; das „Hefetrypsin", das Gelatine, Casein und Pepton tiefgehend, wenn auch nicht vollständig bis zu den Aminosäuren aufspalten und am besten bei $p_H = 7{,}0$ wirken soll, und schließlich das „Hefeerepsin", dessen Spezifität und p_H-Abhängigkeit mit derjenigen des Darmerepsins übereinstimmend gefunden wird. Der Versuch, die angenommenen Einzelenzyme auf präparativem Wege zu trennen, den DERNBY nicht unternommen hat, wäre, wie unsere letzten Erfahrungen zeigen, auch ohne die Anwendung der Adsorptionsmethode nicht aussichtslos gewesen.

Die Adsorptionsmethode ist zuerst von WILLSTÄTTER und Mitarbeitern[8] für die Trennung verschiedenartiger Enzyme, in der Folge zuerst von E. WALDSCHMIDT-LEITZ und A. HARTENECK[9] zur Scheidung nahe verwandter Fermente, nämlich zur Zer-

[5] Annals of Botany Bd. 17, S. 237 [1903]; Bd. 19, S. 171 [1905]; Bd. 23, S. 1 [1909].

[6] Zs. f. physiol. Ch. Bd. 152, S. 164 [1925/26] (*Abh. 121*).

[7] Biochem. Zs. Bd. 81, S. 107 [1917], und zwar S. 138.

[8] R. WILLSTÄTTER und E. WALDSCHMIDT-LEITZ, Zs. f. physiolog. Ch. Bd. 125, S. 132 [1923]; Dieselben mit A. F. HESSE, Zs. f. physiol. Ch. Bd. 126, S. 143 [1923] (*Abh. 89 und 90*).

[9] Zs. f. physiol. Ch. Bd. 147, S. 286 [1925]; Bd. 149, S. 203 [1925]. Vgl. dazu auch E. WALDSCHMIDT-LEITZ, A. SCHÄFFNER und W. GRASSMANN, Dieselbe Zs. Bd. 156, S. 68 [1926], sowie R. WILLSTÄTTER, E. WALDSCHMIDT-LEITZ, S. DUNAITURRIA und G. KÜNSTNER, Dieselbe Zs. Bd. 161, S. 191 [1926] (*Abh. 109, 110, 113*).

legung des Gemisches der Pankreasproteasen nutzbar gemacht worden. Erst die Trennung der beiden pankreatischen Verdauungsenzyme, des Erepsins und des Trypsins, hat den Weg zu einer gesicherten Abgrenzung ihrer Spezifität freigelegt. Im Verlaufe der von WILLSTÄTTER und GRASSMANN[10] in Angriff genommenen Untersuchung der proteolytischen Hefeenzyme ist es wenig später gelungen, auch dieses Gemisch durch fraktionierte Adsorption an Tonerde in eine tryptische und in eine ereptische Komponente aufzuteilen[11], die hinsichtlich ihrer spezifischen Wirkungsweise als Analoge der tierischen Verdauungsfermente gelten konnten. Die Übereinstimmung ist aber nur eine scheinbare. Der Spezifitätsbereich des durch Adsorption gereinigten „Hefeerepsins" deckt sich durchaus nicht mit demjenigen des Darmerepsins, er ist viel enger umgrenzt als dieser. Die Wirkung des Hefeerepsins beschränkt sich auf die Hydrolyse von Dipeptiden, im scharfen Gegensatz zum Darmerepsin vermag es weder Tripeptide noch irgend welche höhere Peptide anzugreifen (W. GRASSMANN[12]). Andererseits erweist sich die nach dem Adsorptionsverfahren gewonnene eiweißspaltende Komponente, das sogenannte „Hefetrypsin", wieder im Gegensatz zum Pankreastrypsin, auch als hochwirksam gegenüber allen höheren Polypeptiden, während ihr jede Wirkung gegen Dipeptide mangelt. Allein die Meinung, „daß die spezifische Reichweite von Hefeerepsin und von Hefetrypsin ... bedingt ist durch die Länge der Peptidkette" (WALDSCHMIDT-LEITZ und Mitarbeiter[13]), eine Meinung, die auch für die Aufsuchung synthetischer Peptidsubstrate des Pankreastrypsins zunächst wegleitend war, hat in der Folge keine Stütze gefunden. Die Spezifitätsgrenze zwischen dem dipeptidspaltenden und dem polypeptidspaltenden Hefeenzym ist vielmehr, wie wir ausführlich in der vorausgehenden Abhandlung[14] belegt haben, durch einfache und genau definierbare Beziehungen zu den basischen und sauren Gruppen der Substrate gegeben. Es hat sich nämlich ergeben, daß die Dipeptidase nur solche –CO–NH-Bindungen zerlegt, denen gleichzeitig eine freie NH_2-Gruppe und eine freie COOH-Gruppe benachbart ist — eine Bedingung, der nur das Dipeptidmolekül genügt —, die Polypeptidase dagegen solche, denen eine freie NH_2-Gruppe, aber keine freie COOH-Gruppe benachbart ist. Es gehören also auch Ester und Amide der Dipeptide, sowie decarboxylierte Peptide und Aminosäureamide in den Spezifitätsbereich der Polypeptidase.

Aber die so gekennzeichnete Spezifitätsgrenze ist gar nicht die Grenze zwischen der Dipeptidase und der Proteinase der Hefe. Das nach dem Adsorptionsverfahren gewonnene „Hefetrypsin" ist nämlich nicht einheitlich, es ist ein Gemisch einer polypeptidspaltenden und einer proteinspaltenden Komponente. In unserer letzten Mitteilung haben wir über ein einzelnes Präparat der Hefeproteinase berichtet, dem jede Wirkung gegenüber den geprüften synthetischen Peptiden fehlt. Die systematischen Versuche zur Scheidung des proteinspaltenden und des polypeptidspaltenden

[10] Zs. f. physiol. Ch. Bd. 153, S. 250 [1926] (*Abh. 122*).
[11] Siehe dazu Fußnote [50] im experimentellen Teil.
[12] Zs. f. physiol. Ch. Bd. 167, S. 202 [1927] (*Abh. 125*).
[13] Chem. Ber. Bd. 60, S. 1907 [1926]. [14] Chem. Ber. Bd. 61, S. 656 [1928].

Enzyms, die wir inzwischen unternommen haben, haben hinsichtlich der bei der Darstellung dieses vereinzelten Präparates wesentlichen Faktoren keine volle Klarheit gebracht; aber sie haben zur Auffindung einfacher und sicher reproduzierbarer Verfahren geführt, die sowohl die polypeptidspaltende wie die proteinspaltende Komponente frei von den beiden anderen Bestandteilen des proteolytischen Komplexes zu gewinnen erlauben.

Da die Anwendung der Adsorptionsmethode für die Scheidung der Polypeptidase und der Proteinase nicht sehr aussichtsreich erschien, haben wir versucht, durch eine besondere Ausgestaltung der bei der Freilegung der Hefeenzyme angewandten Verfahren zu Ausgangslösungen zu gelangen, welche die eine oder die andere Komponente des Gemisches in besonders günstigem Verhältnis gegenüber den Begleitenzymen enthalten sollten. Die Gewinnung des Invertins — und, wie wir glauben, auch der anderen Hefefermente — beruht, wie WILLSTÄTTER und Mitarbeiter[15] an einem ausführlichen Versuchsmaterial dargetan haben, „auf der Freilegung des ... Enzyms durch einen enzymatischen Abbau, und zwar durch einen von der allgemeinen Autolyse der Hefe unterschiedenen enzymatischen Vorgang" (WILLSTÄTTER[16]). „Die Kunst der Darstellung von Enzymlösungen besteht darin, den besonderen Vorgang der Freilegung ... von anderen Abbauvorgängen bei der Hefeautolyse zu trennen und ihn allein so zu fördern, daß das Enzym vollständig in Lösung übergeht mit möglichst wenig Ballast von Begleitstoffen" (WILLSTÄTTER[17]). Man kennt schon einige Beispiele für den Fall, daß durch besondere Bedingungen der Autolyse ein Hefeenzym in Lösung gewonnen, ein anderes zerstört oder auch in der Hefe zurückgelassen wird. So geht aus der mit Chloroform vergifteten Hefe, wie man lange weiß (vgl. z. B. C. J. LINTNER[18], E. FISCHER[19]), zwar Invertin in Lösung über, aber Maltase schien nicht in Lösung zu gehen, falls man die Autolyse bei der stark sauren Reaktion vor sich gehen läßt, die sich in Gegenwart des Zellgiftes von selbst einstellt. Umgekehrt enthalten z. B., wie wir kürzlich zeigen konnten[20], die bei schwach alkalischer Reaktion gebildeten Autolysate zwar Polypeptidase und Proteinase, aber keine Dipeptidase, sei es daß diese nicht freigelegt oder zerstört wurde. Die wichtigsten Faktoren, welche die Freilegung der einzelnen Enzyme in vielfach ganz spezifischer Weise beeinflussen, sind die Art des Zellgiftes, die Reaktion, Temperatur und Verdünnung während der Autolyse, deren Dauer und wohl auch der Zustand der

---

[15] R. WILLSTÄTTER und F. RACKE, Ann. Chem. Bd. 425, S. 1 [1920/21]; Bd. 427, S. 111 [1921/22]; R. WILLSTÄTTER, K. SCHNEIDER und E. BAMANN, Zs. f. physiol. Ch. Bd. 147, S. 248 [1925]; R. WILLSTÄTTER, K. SCHNEIDER und E. WENZEL, Zs. f. physiol. Ch. Bd. 151, S. 1 [1925/26]; R. WILLSTÄTTER und E. BAMANN, Zs. f. physiol. Ch. Bd. 151, S. 242 [1926], und zwar S. 264ff; R. WILLSTÄTTER und W. GRASSMANN, „Zur Freilegung des Invertins aus der Hefe" in „Untersuchungen über Enzyme", S. 850 (*Abh.* 45, 55, 57, 65, 58).

[16] Ber. Chem. Ges. Bd. 55, S. 3601 [1922], und zwar S. 3603 (*Abh.* 2).

[17] Naturw. Bd. 14, S. 937, [1926] und zwar S. 938 (*Abh.* 4).

[18] Zs. f. d. ges. Brauwesen. Jg. 1894, S. 414; C. J. LINTNER und E. KRÖBER, Ber. Chem. Ges. Bd. 28, S. 1050, 1053 [1895].

[19] Ber. Chem. Ges. Bd. 26, S. 60 [1898].

[20] Zs. f. physiol. Ch. Bd. 175, S. 18, [1928] und zwar S. 24 (*Abh.* 126).

Hefe. Die Gewinnung enzymatisch einheitlicher Hefefermente durch selektive Freilegung ist bisher nicht systematisch versucht worden. Im folgenden geben wir einige erste Beispiele solcher Verfahren, die einer ziemlich allgemeinen Anwendung fähig zu sein scheinen.

Die Freilegung der Hefe-Polypeptidase erfolgt bei schwach alkalischer Reaktion in Gegenwart von Chloroform mit gleichmäßiger, aber sehr geringer Geschwindigkeit; die Auflösung des Enzyms ist nach Ablauf einer Woche noch nicht vollkommen beendet. Ganz anders verhält sich die Proteinase: Prüft man die nach etwa 15stündiger oder kürzerer Autolysendauer gebildete Lösung, so enthält sie wenig, bisweilen auch gar kein proteolytisches Enzym. In den folgenden Stunden setzt aber die Freilegung der Proteinase kräftig ein, und schon nach 24, sicher nach 48 Stunden ist sie vollständig beendet. Wenn man nach 48stündiger Autolyse den Heferückstand von der enzymhaltigen Lösung abtrennt, wäscht und erneut mit Wasser und Zellgift der Selbstverdauung überläßt, so findet man die in den folgenden Tagen gebildete Lösung, die noch über 30% der insgesamt gewinnbaren Polypeptidase enthält, frei von jeder Wirkung gegenüber Proteinen. Auf der anderen Seite enthält die zwischen der 16. und der 24. Stunde gebildete Fraktion die Proteinase im günstigsten Verhältnis gegenüber den Begleitenzymen. Zur Gewinnung der Proteinase läßt sich das Verhältnis noch verbessern, wenn man diesen Teil der Autolyse bei deutlich saurer Reaktion (p_H = 4,8 bis 5,0) vor sich gehen läßt. Bei hoher Acidität wird nämlich die Auflösung der beiden Peptidasen so gut wie vollständig unterdrückt, diejenige der Proteinase nur erheblich herabgesetzt. Die so gewonnenen Lösungen der Proteinase, die durch Adsorption an Tonerde weiter gereinigt und konzentriert werden können, enthalten gewöhnlich keine nachweisbaren Mengen, ausnahmsweise Spuren des polypeptidspaltenden und des dipeptidspaltenden Fermentes.

Zahlreiche Dipeptide, Tripeptide und höhere Polypeptide und ihre Derivate, deren wichtigste Vertreter wir in der Übersichtstabelle 1 nochmals anführen, sind in den vorausgehenden Untersuchungen (W. GRASSMANN[21], W. GRASSMANN und H. DYCKERHOFF[22]) auf ihre Angreifbarkeit durch die Hefeproteinase geprüft worden. In keinem Falle haben wir dabei eine Spaltung feststellen können. Ein synthetisches Substrat der Hefeproteinase ist einstweilen nicht sicher bekannt. Die zur Beurteilung der DERNBYschen Auffassung wichtigere Frage ist die umgekehrte, nämlich ob die bei neutraler Reaktion optimal wirkende Polypeptidase nicht auch gleichzeitig Proteine zu spalten vermag. In diesem Falle hätte man es in der Hefe tatsächlich mit zwei verschiedenartigen echten Proteinasen zu tun, die in ihren Eigenschaften und Wirkungen dem Pepsin und dem Trypsin von DERNBY annähernd entsprechen würden. Die Frage läßt sich nunmehr entscheiden: Die Hefe-Polypeptidase ist vollkommen unwirksam gegenüber allen Proteinen tierischer und pflanzlicher Herkunft, es existiert nur eine einzige Proteinase in der Hefe. Dagegen spaltete die Poly-

[21] Zs. f. physiol. Ch. Bd. 167, S. 202 [1927] (*Abh. 125*).
[22] Ber. Chem. Ges. Bd. 61, S. 656 [1928] (*Abh. 127*).

peptidase erwartungsgemäß Peptone, und zwar sowohl solche, die durch Vorverdauung mit Pepsin wie auch mit Papain, Papain-Blausäure oder Hefeproteinase gebildet sind.

Die bemerkenswerten Beobachtungen, die über den Einfluß von Blausäure und Schwefelwasserstoff bei der enzymatischen Eiweißspaltung gesammelt worden sind[23], regen dazu an, auch das nunmehr von der Proteinase befreite polypeptidspaltende Enzym in seinem Verhalten gegenüber den beiden Stoffen zu prüfen. Es ergibt sich, daß das Enzym durch die Zusätze stark gehemmt wird, und zwar durch Schwefelwasserstoff stärker als durch HCN. Genau dasselbe Verhalten haben WILLSTÄTTER und Mitarbeiter[24] bei der Untersuchung des proteolytischen Wirkungsvermögens des Kürbissaftes angetroffen. Das damals untersuchte Enzymmaterial war gegenüber Dipeptiden nur wenig wirksam; aber es wäre zu prüfen, ob der Kürbissaft nicht eine kräftig wirkende Polypeptidase enthält. Auch die Dipeptidase wird übrigens, wie wir in Übereinstimmung mit älteren Beobachtungen[25] finden, durch Cyanwasserstoff und Schwefelwasserstoff außerordentlich stark gehemmt. Die beiden Hefepeptidasen stimmen in dieser Eigenschaft mit dem Darmerepsin überein (vgl. H. v. EULER und K. JOSEPHSON[26]). Wenn der Angriff dieser drei Enzyme durch eine Reaktion zwischen einer NH_2-Gruppe des Substrates und einer Carbonylgruppe des Fermentmoleküls eingeleitet wird, wie dies von mehreren Seiten angenommen wird[27], dann erscheint ein solches Verhalten nicht unverständlich.

Bei dem von der dipeptidspaltenden Komponente befreiten proteolytischen Hefeenzym hatten WILLSTÄTTER und GRASSMANN (a. a. O.) eine Aktivierung durch Blausäure nicht angetroffen. Aber dieser Befund, der an polypeptidasehaltiger Hefeprotease gewonnen war, ist nicht beweisend. Eine Aktivierung der Proteinase könnte duich die gleichzeitige Hemmung der beigemengten Polypeptidase verdeckt sein. Noch ein anderer Umstand ist zu beachten: Das dem Papain außerordentlich nahestehende proteolytische Enzym der Ananasfrucht spaltet Peptone im Gegensatz zum Merckschen Papainpräparat schon ohne Blausäurezusatz, und seine Wirksamkeit wird durch den Aktivator in geringerem Maße gesteigert als beim Papain. WILLSTÄTTER und Mitarbeiter[28] nehmen an, daß das unterschiedliche Verhalten der Ananasprotease „durch Vergesellschaftung mit einem natürlichen Aktivator bedingt" ist, der die Blausäure in ihrer Wirkung zu ersetzen vermag. Aus einer wichtigen Untersuchung von O. AMBROS und A. HARTENECK[29], die demnächst erscheinen wird, geht nun hervor, daß das Vorkommen eines solchen Aktivators in proteasehaltigen

[23] R. WILLSTÄTTER und W. GRASSMANN, Zs. f. physiol. Ch. Bd. 138, S. 184 [1924] R. WILLSTÄTTER, W. GRASSMANN und O. AMBROS, Zs. f. physiol. Ch. Bd. 151, S. 286 [1925/26] (*Abh. 117 und 118*).

[24] Zs. f. physiol. Ch. Bd. 151, S. 286 [1925/26].

[25] K. G. DERNBY, Biochem. Zs. Bd. 81, S. 107 [1917], und zwar S. 193.

[26] Zs. f. physiol. Ch. Bd. 162, S. 85 [1926], und zwar S. 93.

[27] H. v. EULER und K. JOSEPHSON, Zs. f. physiol. Ch. Bd. 157, S. 123 [1926]. E. WALDSCHMIDT-LEITZ und G. RAUCHALLES, Ber. Chem. Ges. Bd. 61, S. 645 [1928].

[28] Zs. f. physiol. Ch. Bd. 151, S. 286 [1925/26], und zwar S. 288 (*Abh. 118*).

[29] Nach einer Mitteilung des Forschungslaboratoriums der I. G. Farbenindustrie, Werk Oppau.

Pflanzen außerordentlich weit verbreitet ist. Die Protease der Carica Papaya und vieler anderer milchsaftführender Pflanzen ist nämlich schon in ihrem natürlichen Vorkommen normalerweise begleitet von einer pflanzlichen Kinase mit blausäureähnlicher Wirkung, deren Menge je nach dem Grade der Entwicklung, der Wachstumsperiode und anderen pflanzenphysiologischen Momenten wechselt, und es ist möglich, diesen natürlichen Aktivator frei von der Protease zu gewinnen. Das Verhalten des Merckschen Papainpräparates, wie es WILLSTÄTTER und GRASSMANN [30] beschrieben haben, stellt einen Grenzfall dar. Ihm steht gegenüber das von der natürlichen Phytokinase vollaktivierte Papain gewisser ausgereifter Ananas- und Papayafrüchte, dessen Wirksamkeit durch Blausäure nicht mehr gesteigert wird, und das in seiner spezifischen Wirkung nicht vom Papaincyanhydrin unterschieden werden kann. Zwischen beiden Extremen gibt es alle Übergänge.

Unsere an dem polypeptidasefreien Enzymmaterial durchgeführten Versuche ergeben nun mit Sicherheit, daß auch die Hefeproteinase der Aktivierung durch Blausäure und Schwefelwasserstoff unterliegt, und sie zeigen zugleich, daß beim Stehen der Proteaselösung ein natürlicher Aktivator gebildet wird, dessen Wirkung derjenigen der Blausäure analog ist. Aber zugleich ergeben sich eigentümliche Unterschiede gegenüber den Verhältnissen beim Papain.

Die nach dem geschilderten Verfahren gewonnenen Proteinaselösungen und die durch Adsorption an Tonerde sofort daraus bereiteten reineren Enzympräparate sind in frischem Zustande unwirksam gegenüber allen geprüften Proteinen, wie Gelatine, Casein, Fibrin, Histon usw. (Tab. 1), aber sie spalten diese Substrate rasch und weitgehend in Gegenwart von Blausäure oder Schwefelwasserstoff [31]. Nach mehrtägigem Stehen bei neutraler Reaktion gewinnen aber die Lösungen die Fähigkeit, Proteine schon ohne HCN-Zusatz zu spalten und im gleichen Maße sinkt ihre Aktivierbarkeit durch die zugefügten Aktivatoren. Man hat es also offenbar auch hier, ähnlich wie beim Reifen der Papaya- und Ananasfrucht, mit der Neubildung eines Aktivators zu tun, der die Blausäure in ihrer Wirkung ersetzt und entbehrlich macht. Es ist lange bekannt, daß Hefeauszüge beim Stehen eine Zunahme ihres proteolytischen Wirkungsvermögens erfahren (vgl. dazu E. ABDERHALDEN und A. FODOR [32], R. WILLSTÄTTER und W. GRASSMANN [33]). Nach der von WILLSTÄTTER und GRASSMANN vertretenen Auffassung ist die Aktivitätssteigerung „kaum allein mit der Annahme zu verstehen, daß Hemmungskörper in den Hefeauszügen vorhanden sind und allmählich abgebaut werden. Es ist wahrscheinlicher, daß diese Erscheinung noch von der im analogen Falle des Pankreastrypsins erwiesenen Neubildung von Aktivatoren der

[30] Zs. f. physiol. Ch. Bd. 138, S. 184 [1924].

[31] Mit Rücksicht auf eine Bemerkung von W. E. RINGER und B. W. GRUTTERINK (Zs. f. physiol. Ch. Bd. 164 S. 112 [1926/27], und zwar S. 133 u. 138) sei hervorgehoben, daß Kalium- oder Ammoniumchlorid sowohl beim Papain wie bei der Hefeproteinase die Blausäureaktivierung in keiner Weise zu ersetzen vermögen. Für das Eintreten des Aktivierungseffektes ist es gleichgültig, ob mit Salzsäure neutralysiertes Cyankalium oder Lösungen reiner Blausäure angewendet werden.

[32] Fermentf. Bd. 1, S. 433 [1916] und a. a. O.

[33] Zs. f. physiol. Ch. Bd. 153, S. 250 [1926], und zwar S. 265 ff. (*Abh. 122*).

Enzyme überlagert wird." Unsere Befunde bilden eine starke Stütze für die letztere der beiden Möglichkeiten. Aber man wird auch hier die Gewinnung des von der Proteinase befreiten Aktivators anzustreben haben, die im Falle der Trypsinkinase und der Papainkinase schon gelungen ist. Übrigens ist es umgekehrt nicht schwer, die einmal selbstaktivierte Proteinase wieder in die inaktive, durch Blausäure aktivierbare Form zurückzuverwandeln. Es gelingt dies durch Aufbewahren der aktivierten Elutionen bei saurer Reaktion ($p_H = 5{,}0$). Bei dieser Reaktion ist, wie die Konstanz der in Gegenwart von HCN gemessenen Wirkung erweist, die Proteinase an sich völlig beständig, aber ihr Aktivator scheint zerstört zu werden.

Völlig anders ist das Verhalten der inaktiven oder der aktivierten Proteinase gegenüber Peptonen. Albuminpepton Merck, ebenso ein durch erschöpfende Verdauung mit nicht aktiviertem Papain gewonnenes Pepton aus Gelatine werden schon von dem frischen Enzym und ohne Aktivatorzusatz gespalten. Aber die Blausäure steigert auch in diesem Falle die Hydrolysengeschwindigkeit. Bemerkenswerter Weise ist aber ein durch erschöpfende Verdauung mit Papain-HCN gewonnenes Gelatinepepton sowohl für die aktivierte wie für die inaktive Hefeproteinase vollkommen unangreifbar. Dieser Befund, der noch an einer größeren Zahl von Substraten zu erweitern sein wird, bedeutet, daß das aktivierte Papain die Hefeproteinase in ihrer spezifischen Wirkung bei der Gelatinehydrolyse vollkommen zu ersetzen vermag. Allerdings ist diese Beziehung nicht umkehrbar. Die durch erschöpfende Verdauung mit aktivierter Hefeproteinase gebildeten Peptone werden sowohl von Papain wie von Papain-HCN noch weiter hydrolysiert. Das Verhältnis zwischen der Hefeproteinase und dem Papain scheint ähnlich zu sein demjenigen zwischen einer Amylase mit niederer und mit hoher Endverzuckerungsgrenze; der Unterschied könnte wie dort auf die verschiedene Substrataffinität des Enzyms in den beiden Vorkommnissen zurückzuführen sein (vgl. dazu R. KUHN[34]).

Wesentlicher und überraschend ist aber der scharfe Spezifitätsunterschied zwischen den nicht aktivierten Formen der beiden Enzyme. Für das nicht aktivierte Papain, wie es in unserem Merckschen Präparat vorliegt, ist die Anwesenheit der Blausäure (oder der Phytokinase von AMBROS und HARTENECK) notwendig zur Hydrolyse der beiden Peptone (Albuminpepton Merck, Papain-Gelatinepepton), förderlich, aber entbehrlich für die Spaltung von Proteinen. Bei der Hefeproteinase unserer frischen Enzymlösungen — ebenso auch beim Pankreastrypsin — ist umgekehrt der Dazutritt des biologischen oder des zellfremden Aktivators notwendig für die Proteinspaltung, entbehrlich für die Hydrolyse der Peptone. Die folgende Arbeitshypothese scheint uns zur Deutung der Verhältnisse am besten geeignet: Die Pflanzenprotease ist an sich gegenüber beiden Klassen von Substraten unwirksam, sie bedarf für die verschiedenen Bereiche ihrer Spezifität mehrerer spezifisch eingestellter natürlicher Aktivatoren. Der weniger spezifische Aktivator Blausäure (oder Schwefelwasserstoff) vermag jeden der natürlichen Aktivatoren zu ersetzen und

[34] Liebigs Ann. Chem. **443**, 1 [1925], und zwar S. 6, 31ff.

den vollen Spezifitätsbereich des Enzyms zu entwickeln. Es ist wahrscheinlich, daß schon das inaktive Papain (Mercksches Präparat) sein Wirkungsvermögen gegen Proteine der Anwesenheit eines natürlichen Aktivators verdankt[35]. In den Präparaten der Hefeproteinase würde dagegen ein solcher Aktivator erst bei der Alterung

Tabelle 1.
Spezifität der Hefeproteasen.

	Dipeptidase	Poly-peptidase	Proteinase (inaktiv)	Proteinase (aktiv)
a) Dipeptide, z. B.:				
Glycyl-glycin, Alanyl-glycin	+[36,37]	—[37]	—[37]	—[37]
Glycyl-leucin	+[37]	—[37]	—[37]	—[37]
Glycyl-tyrosin, Alanyl-tyrosin	+[38]	—[37]	—[37]	—[37]
Alanyl-serin	+[38]	—[37]	—[37]	—[37]
Leucyl-glutaminsäure	+[38]	—[37]	—[37]	—[37]
b) Tripeptide, z. B.:				
Leucyl-glycyl-glycin, Glycyl-alanyl-glycin, Leucyl-glycyl-leucin	—[37,38]	+[37,38]	—[38]	—[38]
c) Höhere Polypeptide, z. B.:				
Alanyl-diglycyl-glycin, Leucyl-triglycyl-leucin, Leucyl-heptaglycin	—[38]	+[37,38]	—[38]	—[38]
d) Amide und Ester, z. B.:				
Glycyl-leucinamid	—[38]	+[38]	—[38]	—[38]
Glycyl-alanin-ester usw.	o	+[38]	—[38]	—[38]
Glycyl-decarboxy-leucin	—[38]	+[38]	—[38]	—[38]
Glycin-amid, Leucin-amid	—[39]	+[38]	—[38]	—[38]
e) Acylierte Peptide, z. B.:				
Benzoyl-glycyl-glycin, Benzoyl-diglycyl-glycin, Naphthalinsulfo-glycyl-tyrosin	—[38]	—[40]	—[40]	—[40]
f) Peptone:				
Pepsinpepton aus Albumin (Merck)	o	+	+	+ +
Papain-Endpepton aus Gelatine	o	+	+	+ +
Papain-HCN-Endpepton aus Gelatine	o	+	—	—
Hefeprotease-HCN-Endpepton aus Gelatine . . .	o	+	—	—
g) Proteine:				
Salminsulfat, Clupeinsulfat	—[37]	—	—	+
Histonsulfat	—[37]	—	—	+
Casein	—[37]	—	—	+
Gelatine	—[37]	—	—	+
Fibrin	—[37]	—	—	+
Edestin	o	—	—	+
Hordein	o	—	—	+
Eieralbumin	[37]—	—	—	+

[35] Nach einer Beobachtung von M. JACOBI (Biochem. Zs. Bd. 175, S. 79 [1926]) scheint es auch Papainpräparate zu geben, denen bei Abwesenheit von Blausäure auch die Wirkung gegenüber Gelatine fehlt.

[36] — bedeutet: wird nicht gespalten; + bedeutet: Spaltung; + + bedeutet: Spaltung verstärkt; o bedeutet: nicht untersucht.

[37] Nach W. GRASSMANN, Zs. f. physiol. Ch. Bd. 167, S. 202 [1927] (*Abh. 125*).

[38] Nach W. GRASSMANN und H. DYCKERHOFF, Ber. Chem. Ges. Bd. 61, S. 656 [1928] (*Abh. 127*).

[39] Nach E. WALDSCHMIDT-LEITZ, W. GRASSMANN und A. SCHÄFFNER, Ber. Chem. Ges. Bd. 60, S. 359 [1927].

[40] Nach W. GRASSMANN und H. DYCKERHOFF, Zs. f. physiol. Ch. Bd. 175, S. 18 [1928] (*Abh. 126*).

auftreten, während ein Aktivator für die Peptonspaltung schon von Anfang an vorhanden wäre.

Diese Vorstellung, die übrigens auch in dem von AMBROS und HARTENECK veröffentlichten Zahlenmaterial einige Stützen zu finden scheint, ist vielleicht geeignet, auf eine frühere Beobachtung von WILLSTÄTTER und Mitarbeitern Licht zu werden, für die bisher eine befriedigende Erklärung gefehlt hat. Der für die Gelatinespaltung verantwortliche Aktivator ist, wie aus unserer oben erwähnten Beobachtung hervorgeht, im Gegensatz zur Proteinase durch geringe Beständigkeit bei sauren Reaktion ausgezeichnet. Dasselbe scheint aber auch im Falle der Ananasprotease zu gelten. Bewahrt man nämlich Ananassäfte bei ihrer natürlichen, ziemlich stark sauren Reaktion (p_H = ca. 4,5) auf, „so findet man bei annähernder Konstanz der Wirkung auf Pepton fortdauernde Aktivitätsverminderung gegenüber Gelatine". „Monate alte Enzymlösungen können zwar auf Albuminpepton noch unverändert wirken, auf Gelatine aber nur noch schwach." „Durch Cyanid war Ananasprotease nach 5 Monate dauernder Alterung sehr wenig aktivierbar für die Peptonspaltung, stark aktivierbar für die Gelatinehydrolyse, das aktivierte Enzym ergab daher ungefähr das normale Verhältnis zwischen den Spaltungsgeschwindigkeiten in beiden Substraten" (WILLSTÄTTER und Mitarbeiter a. a. O.). Diese Erscheinungen sind zwanglos zu erklären mit dem Verschwinden eines Aktivators für die Gelatinespaltung, der sich durch seine geringere Beständigkeit von dem Aktivator der Peptonspaltung unterscheiden würde. Die Spezifitätseigenschaften der Protease aus lange gealterten Ananassäften scheinen in der Tat mit denjenigen der inaktiven oder wenig aktivierten Hefeproteinase übereinzustimmen.

Der Vergleich der Hefeproteinase mit dem Papain und verwandten proteolytischen Pflanzenenzymen hat sich noch auf eine andere charakteristische und, soweit wir wissen, von der Anwesenheit natürlicher oder zellfremder Aktivatoren unabhängige Eigenschaft (vgl. dazu WILLSTÄTTER und Mitarbeiter[41]; AMBROS und HARTENECK a. a. O.) dieser Fermente zu erstrecken, die eigentümliche p_H-Abhängigkeit ihrer Wirkung. Die maximale Geschwindigkeit der Gelatinehydrolyse war in früheren Versuchen[42] mit der noch polypeptidasehaltigen Hefeproteinase zwischen $p_H = 5{,}2$ und 6,5 gefunden worden, wobei die Lage des Optimums von einem Präparat zum anderen schwankte. Versuche mit Albuminpepton hatten das Optimum bei $p_H = 5{,}5$ bis 6,0 ergeben; sie zeigten einen sehr flachen Abfall der Wirksamkeit nach der alkalischen Seite. Das Gebiet optimaler Wirksamkeit, das beim Papain für beide Substrate bei $p_H = 5{,}0$ gefunden wird, erschien also bei der Hefeproteinase mehr oder minder stark nach der alkalischen Seite verschoben oder verbreitert. Bei Verwendung des einheitlichen Enzyms fällt dieser Unterschied fort; das Optimum ergibt sich nun in beiden Fällen bei $p_H = 5{,}0$, der Abfall der Aktivität ist steil auch nach der alkalischen Seite. Daß die früher beobachtete p_H-Abhängigkeit tatsächlich durch Überlagerung

[41] Zs. f. physiol. Ch. Bd. 138, S. 184 [1924]; Bd. 151, S. 307 [1925/26].

[42] WILLSTÄTTER und GRASSMANN, Zs. f. physiol. Ch. Bd. 153, S. 250 [1926].

der Polypeptidasewirkung verfälscht war, läßt sich am besten am Beispiel des Albuminpeptons anschaulich machen, das auch vom polypeptidspaltenden Ferment angegriffen wird. Die Polypeptidase spaltet das Pepton, wie auch die bisher geprüften Tripeptide[43], mit maximaler Geschwindigkeit bei $p_H = 7{,}0$, mit ganz geringfügiger bei $p_H = 5$.

Wie beim Papain, ist aber auch hier die Gestalt der Aktivitäts-p_H-Kurve in erster Linie von der elektrochemischen Natur des Substrates bedingt. Im Gegensatz zu den bisher genannten Eiweißkörpern, deren isoelektrische Punkte nahe bei $p_H = 5$ liegen, werden nämlich Fibrin und Edestin von der Hefeproteinase wie auch vom Papain am raschesten beim Neutralpunkt gespalten[44]. Unterschiede in der Art und der Konzentration der angewandten Puffermischungen, auf deren Einfluß W. E. RINGER und B. W. GRUTTERINK[45] hinweisen, können für die beobachteten Verschiedenheiten nicht verantwortlich gemacht werden. Auch die Löslichkeit der Substrate scheint nicht von erheblicher Bedeutung zu sein; dies zeigt am besten das Beispiel des Caseins, das bei $p_H = 5$, obwohl es hier völlig unlöslich ist, viel rascher hydrolysiert wird als beim Neutralpunkt. Vielmehr stützen unsere Versuche die von WILLSTÄTTER und Mitarbeitern[46] entwickelte Vorstellung, daß bei der Hefeprotease, wie auch „beim Papain die Reaktionsoptima mit dem isoelektrischen Punkt der Substrate zusammenfallen". Der isoelektrische Punkt des Fibrins wird nämlich bei $p_H = 7{,}2$ (J. N. KUGELMASS[47]), der des Edestins bei $p_H = 6{,}9$ (P. RONA und L. MICHAELIS[48]) angegeben.

Die Zusammensetzung des proteolytischen Fermentsystems der Hefe scheint uns mit der vorliegenden Untersuchung im wesentlichen geklärt zu sein. Die Hefe enthält, wie wir in Übereinstimmung mit der Auffassung WILLSTÄTTERS und im Gegensatz zu der von DERNBY vertretenen Meinung annehmen müssen, nur ein einziges, auf die Spaltung intakter Eiweißkörper eingestelltes Enzym, das in seinen wesentlichen Eigenschaften mit dem Papain übereinstimmt, und wie dieses durch Blausäure und Schwefelwasserstoff, sowie durch noch unbekannte biologische Aktivatoren, in seiner Spezifität beeinflußt wird. Der Wirkungsbereich der aktivierten Hefeproteinase, „der sich von denaturierten hochmolekularen Substraten wie Fibrin und Gelatine über Albuminpepton hinaus erstreckt, entspricht also der Spezifität pflanzlicher Tryptasen, z. B. des aktivierten Papains" (WILLSTÄTTER und GRASSMANN[49]). Das

[43] Vgl. unsere früheren Mitteilungen, Zs. f. physiol. Ch. Bd. 167, S. 202 [1927], und zwar S. 216; Bd. 175, S. 18 [1928], und zwar S. 28.

[44] Bezüglich der von W. E. RINGER und B. W. GRUTTERINK (Zs. f. physiol. Ch. Bd. 156, S. 275 [1926]) aufgefundenen steilen und schmalen Optima im äußersten sauren und alkalischen Gebiet ($p_H = 2{,}4$ und $p_H = 11$), die beim Papain und bei anderen Proteasen, aber nur mit Fibrin als Substrat angetroffen werden, schließen wir uns der Auffassung von E. KRÜGER und E. GRAETZ (Zs. f. physiol. Ch. Bd. 166, S. 128 [1927], und zwar S. 130ff.) an, wonach diese Optima mindestens teilweise durch die angewandte Methodik vorgetäuscht und jedenfalls ohne physiologische Bedeutung sind.

[45] Zs. f. physiol. Ch. Bd. 156, S. 275 [1926]; Bd. 164, S. 112 [1927].

[46] Zs. f. physiol. Ch. Bd. 138, S. 184 [1924], und zwar S. 196; Bd. 151, S. 307 [1925/26]; Bd. 153, S. 250, und zwar S. 252 [1926] (*Abh. 117, 119, 122*). [47] C. R. Soc. Biol. Bd. 87, S. 802 [1922].

[48] Biochem. Zs. Bd. 28, S. 193 [1910].

[49] Zs. f. physiol. Ch. Bd. 153, S. 250 [1926], und zwar S. 253.

proteolytische Fermentsystem der Hefe besteht aber trotzdem aus drei Einzelkomponenten, denn die für das Pankreas- und Darmerepsin charakteristischen Funktionen sind im Falle des Hefepilzes aufgeteilt zwischen zwei verschiedenen Peptidasen, die wir als Hefe-Dipeptidase und Hefe-Polypeptidase bezeichnet und hinsichtlich ihrer spezifischen Wirkungsweise in den vorausgehenden Abhandlungen gekennzeichnet haben. Die Bezeichnung „Hefetrypsin", die sich auf ein Gemisch aus Proteinase und Polypeptidase bezogen hat, sollte aufgegeben werden, ebenso die Bezeichnungen „Hefepepsin" und „Hefeerepsin", für die ein unrichtiges oder unvollständiges Bild von den Eigenschaften und der Spezifität dieser Enzyme maßgebend war. Es könnte zunächst scheinen, daß die spezifische Einstellung der drei Einzelenzyme Proteinase, Polypeptidase und Dipeptidase durch die Molekulargröße der Substrate gegeben sei. In der vorausgehenden Mitteilung ist gezeigt worden, daß dies für die Dipeptidase und die Polypeptidase nicht zutrifft, sondern daß für die Angreifbarkeit einer Peptidbindung einfache Beziehungen zu den freien Amino- und Carboxylgruppen der Substrate entscheidend sind. Auch für den Angriff der Proteinase dürfte wohl weniger die Molekulargröße maßgebend sein, als vielmehr bestimmte, innerhalb des peptidartigen Aufbauprinzips mögliche strukturchemische Eigenschaften der Proteine, die in den bisher geprüften synthetischen Substraten nicht verwirklicht sind. Daß auch die Hefeproteinase wie das Papain und die übrigen bisher untersuchten proteolytischen Enzyme auf die Hydrolyse von –CO–NH-Bindungen eingestellt ist, ergibt sich aus der Bildung äquivalenter Mengen von COOH- und NH_2-Gruppen, die wir bei der Hydrolyse stets beobachtet haben.

Den angeführten Enzymen reiht sich als ein weiteres, auf die Hydrolyse von Amidbindungen eingestelltes Enzym die Hefe-Asparaginase an, über deren Spezifität wir demnächst einige Angaben machen werden. Dieses Enzym ist mit keinem der beschriebenen Fermente zu identifzieren; aber es bleibt noch zu untersuchen, welche Rolle ihm beim enzymatischen Auf- und Abbau der Eiweißkörper zukommt.

Experimenteller Teil.

I. Trennung der Polypeptidase und der Proteinase[50] durch fraktionierte Freilegung.

1. Gang der Freilegung bei verschiedener [H˙].

Die Freilegung der Polypeptidase und der Proteinase erfolgt gemäß den Belegen der Tab. 2 am raschesten und mit den höchsten Ausbeuten bei neutraler Reaktion. Bei $p_H = 5$ findet man die Menge der in Lösung gegangenen Proteinase erheblich vermindert, die Polypeptidase aber fehlt so gut wie vollständig. Dieser Unterschied der beiden Enzyme wird, wie die folgenden Versuche zeigen, viel deutlicher nach einer

[50] Zur Trennung der Hefeproteasen vgl. außerdem die früheren Mitteilungen: R. WILLSTÄTTER und W. GRASSMANN, Zs. f. physiol. Ch. Bd. 153, S. 250 [1926], und zwar S. 254, 269, 273, 275, 280. W. GRASSMANN und W. HAAG, Zs. f. physiol. Ch. Bd. 167, S. 188 [1927]. W. GRASSMANN, Zs. f. physiol. Ch. Bd. 167, S. 202 [1927], und zwar 218. W. GRASSMANN und H. DYCKERHOFF, Zs. f. physiol. Ch. Bd. 175, S. 18 [1928], und zwar S. 24. Ber. Chem. Ges. Bd. 61, S. 656 [1928], und zwar S. 658, 663 (*Abh. 122, 124, 125, 126, 127*).

Vorautolyse bei schwach alkalischer Reaktion. Die Aufrechterhaltung einer stark alkalischen Reaktion ($p_H = 8$ bis 8,2) erwies sich als ungeeignet für die Gewinnung der beiden Enzyme, wenigstens bei erhöhter Temperatur. Der Versuch der Tab. 2 wurde bei Zimmertemperatur durchgeführt, die jedoch in der fraglichen Zeit ungewöhnlich hoch, nämlich um 30°, lag.

1½ kg frische, abgepreßte Hefe (mit rund 330 g Trockengewicht) wurden mit Chloroform verflüssigt, mit 1½ Liter Wasser verdünnt und sofort neutralisiert. Die erhaltene Suspension teilte man in vier gleiche Portionen, die mit Essigsäure oder Ammoniak auf die gewünschte Acidität eingestellt und bei dieser erhalten wurden. Die in Lösung gegangene Enzymmenge wurde jeweils in abfiltrierten Proben bestimmt. Nur die bei $p_H = 6$ gebildete Lösung enthielt geringfügige Mengen von Dipeptidase, die übrigen waren praktisch frei davon. Dies entspricht der früher mitgeteilten Erfahrung[51], wonach die Autolyse in Gegenwart von Chloroform nur Lösungen von geringer, manchmal sehr schwacher Dipeptidasewirkung ergibt, besonders bei alkalischer und stärker saurer Reaktion und, wie es scheint, bei erhöhter Temperatur.

Tabelle 2.

a) Freilegung der Hefe-Polypeptidase.

(Wirkung von 0,2 ccm Enzymlösung, gemessen unter den Bedingungen der Bestimmungsmethode [vgl. Tab. 5]).

Dauer der Autolyse (Stunden)	p_H während der Autolyse			
	5,0	6,0	7,0	8,0—8,3
	Aciditätszuwachs ccm (n/20-KOH)			
6	0,00	0,13	0,20	0,32
24	0,02	0,24	0,30	0,08
48	0,04	0,50	1,00	0,08
96	0,15	0,70	1,50	0,10

b) Freilegung der Hefe-Proteinase.

(Wirkung von 2 ccm Enzymlösung, gemessen a) unter den Bedingungen der Proteinasebestimmung[52], b) ebenso, aber in Gegenwart von 5 mg HCN.)

Dauer der Autolyse (Stunden)	p_H während der Autolyse							
	5,0		6,0		7,0		8,0—8,3	
	Aciditätszuwachs (ccm n/5-KOH)							
	a	*b*	*a*	*b*	*a*	*b*	*a*	*b*
6	0,02	0,09	0,01	0,16	0,11	0,25	0,00	0,05
24	0,21	0,19	0,35	0,37	1,26	1,25	0,02	0,04
48	0,19	0,19	0,41	0,47	1,36	1,30	0,02	0,01
96	0,22	0,18	0,44	0,46	1,31	1,27	0,03	0,04

2. Fraktionierte Autolyse bei schwach alkalischer Reaktion; Darstellung der Polypeptidase.

Die Freilegung der Hefe-Polypeptidase erfolgt bei nicht zu stark saurer oder alkalischer Reaktion mit geringer, aber gleichmäßiger Geschwindigkeit im Laufe von einer Woche oder mehr. Die Proteinase dagegen ist schon nach 24, spätestens nach 48 Stunden völlig in Lösung gegangen. Zur Gewinnung der proteinasefreien Hefe-

[51] R. WILLSTÄTTER und W. GRASSMANN, Zs. f. physiol. Ch. Bd. 153, S. 250 [1926], und zwar S. 273. Vgl. auch unsere Angaben, Zs. f. physiol. Ch. Bd. 175, S. 18 [1928], und zwar S. 24.

[52] Siehe Zs. f. physiol. Ch. Bd. 153, S. 250 [1926], und zwar S. 258 (*Abh. 122*).

Polypeptidase ist es nur nötig, nach Ablauf dieser Zeit den Heferückstand von der Lösung abzutrennen und nach gutem Waschen erneut mit Wasser und Zellgift der Selbstverdauung zu überlassen. Man erhält dann im Laufe der folgenden Tage noch erhebliche Mengen des polypeptidspaltenden Enzyms, meist über 30% der Gesamtmenge, frei von jeder proteolytischen Wirkung. Der Gang der Freilegung der beiden Enzyme und ihre enzymatische Konzentration in den einzelnen Fraktionen ergibt sich am besten aus dem Versuch der Tab. 3, bei dem die Fraktionierung erheblich häufiger vorgenommen worden ist. Wir beschränken uns darauf, die analytischen Belege im einzelnen nur für das aus der letzten Fraktion in üblicher Weise dargestellte Polypeptidase-Trockenpräparat wiederzugeben.

Tabelle 3.
Fraktionierte Freilegung der Polypeptidase und der Protease bei schwach alkalischer Reaktion.

Dauer der Autolyse	Lösung				Trockenpräparat			
	Pr.-E.[53] (im ganzen)	Po.-E. (im ganzen)	Po.-E. pro mg Trockengewicht	$Q=\frac{\text{Pr.-E.}}{\text{Po.-E.}}$	Pr.-E. (im ganzen)	Po.-E. (im Ganzen)	Po.-E. pro mg	$Q=\frac{\text{Pr.-E.}}{\text{Po.-E.}}$
1.—20. Stunde	231	293	0,0036	0,79	53	265	0,100	0,20
20.—47. „	65	970	0,060	0,067	—	—	—	—
47.—67. „	ca. 1	332	0,040	0,003	ca. 0,5	80	0,36	ca. 0,006
67.—92. „	0,0	188	0,062	0,000	0,0	73	0,33	0,000
92.—192. „	0,0	325	—	0,000	0,0	352	0,16	0,000

2 mg ergeben bei der Einwirkung auf 49 mg dl-Leucyl-glycyl-glycin unter den Bedingungen der Bestimmungsmethode (Tab. 5) in einer Stunde einen Aciditätszuwachs von 1,40 ccm $^{n}/_{20}$-KOH (entsprechend 70% Spaltung); 1 mg entspricht demnach 0,16 Po.-E. Die Aktivität blieb während einer Beobachtungszeit von drei Monaten unverändert. — 12 mg ergeben bei der Einwirkung auf 0,6 g Gelatine unter den Bedingungen der Proteinasebestimmung nach 48 und nach 200 Stunden keinen meßbaren Aciditätszuwachs (0,01 bzw. 0,00 ccm $^{n}/_{5}$-KOH); nach Beendigung des Versuches erstarrte die mit Leitungswasser gekühlte Gelatinelösung rasch und vollständig. — Ebensowenig erfolgte eine Hydrolyse der Gelatine in Gegenwart von HCN unter sonst gleichen Bedingungen.

3. Gewinnung der Proteinase durch fraktionierte Autolyse.

Die Freilegung der Hefeproteinase erfolgt mit einem völlig anderen zeitlichen Verlauf als diejenige der Polypeptidase. Trennt man die bei der Autolyse in Gegenwart von Chloroform gebildete Lösung etwa 15 Stunden nach Versuchsbeginn oder früher von den Rückständen ab, so findet man in der Lösung wenig, mitunter auch gar kein proteolytisches Enzym. Aber in den folgenden Stunden setzt die Freilegung der Proteinase kräftig ein, und schon nach etwa 24 Stunden ist sie so gut wie beendet. Als Beleg für diese eigenartige Erscheinung, die übrigens auch aus dem Versuch der Tab. 2 erkennbar ist, sei im folgenden eines aus einer Reihe gleichartiger Beispiele angeführt:

[53] Die früher (Zs. f. physiol. Ch. Bd. 153, S. 250 [1926], und zwar S. 257) festgelegte, auf die Gelatinespaltung bezogene „Einheit des Hefetrypsins" (T.-E.) bezeichnen wir nunmehr sinngemäß als „Einheit der Hefeproteinase" (Pr.-E.).

1½ kg Hefe wurden in üblicher Weise mit Chloroform verflüssigt und mit 1½ Liter 0,3proz. Ammoniak versetzt. Man bestimmte die in Lösung gegangene Menge der Proteinase in abfiltrierten Proben. In je 1 ccm der gewonnenen Lösungen waren enthalten:

nach einer Autolysenzeit von	16	18	21	23	Stunden
	0,013	0,10	0,12	0,13	Pr.-E.

Der zwischen der 16. und der 24. Stunde gebildete Anteil der Enzymlösung enthält also die Proteinase im günstigsten Verhältnis gegenüber dem polypeptidspaltenden Enzym. Dieses Verhältnis läßt sich aber gemäß den Erfahrungen des vorausgehenden Abschnittes (Tab. 2) noch erheblich verbessern, wenn man diesen Teil der Freilegung bei $p_H = 5$ vor sich gehen läßt. Allerdings vermindert sich dabei die Proteinaseausbeute beträchtlich, nämlich auf etwa ein Drittel bis ein Viertel des normalen Wertes; aber zugleich sinkt die Menge des in Lösung gehenden dipeptidspaltenden und des polypeptidspaltenden Fermentes auf nicht oder kaum nachweisbare Spuren herab. Das in dieser Arbeit angewandte Verfahren zur Gewinnung der proteolytisch einheitlichen Hefeproteinase besteht also in einer etwa 16stündigen Vorautolyse bei schwach alkalischer Reaktion und darauffolgender rascher Freilegung der Proteinase bei $p_H = 4{,}8$ bis 5,0. Die so gewonnenen Enzymlösungen lassen sich durch Adsorption an Tonerde und Elution mit Diammonphosphat in bekannter Weise konzentrieren und reinigen.

Beispiel. 1½ kg frische Hefe wurden mit Chloroform verflüssigt und in 1½ Liter 0,3proz. Ammoniak suspendiert. Nach 17stündiger Autolyse wurde der Heferückstand in der Zentrifuge abgetrennt, gründlich gewaschen und erneut in 800 ccm Wasser suspendiert; die Suspension brachte man mit Essigsäure auf $p_H = 5{,}0$ und überließ sie weitere 5 Stunden der Autolyse unter Toluolzusatz. Dann trennte man in der Zentrifuge vom Rückstand ab und brachte die Lösung zur Ausfällung der aus der Hefe aufgenommenen unlöslichen anorganischen Phosphate mit Ammoniak kurze Zeit auf alkalische Reaktion ($p_H = 8{,}5$). Die nach dem Abfiltrieren des Niederschlages erhaltene klare Lösung wurde neutralisiert; sie war frei von Dipeptidase und von Polypeptidase und enthielt gemäß den Belegen der Tab. 4 beträchtliche Mengen an inaktiver Proteinase.

Einwirkung auf Leucyl-glycyl-glycin: 0,8 ccm bewirkten unter den Bedingungen der Polypeptidasebestimmung in 40 Stunden keine meßbare Hydrolyse (gef. 0,00 ccm $n/_{20}$-KOH). —

Tabelle 4.
Einwirkung gereinigter und ungereinigter Proteinaselösung auf Gelatine.
(Bedingungen der Proteinasebestimmung.)

Enzymlösung	Angewandt	Aktivator	Spaltung nach Stunden (ccm n/5 KOH)		Bemerkung
	ccm		24	44	
Rohlösung, frisch . . .	2,0	—	0,02	0,00	Gelatine erstarrt
	2,0	5 mg HCN	0,56	1,08	„ bleibt flüssig
Dieselbe, durch Adsorption gereinigt. . . .	0,8	—	0,03	0,02	„ erstarrt
	0,8	5 mg HCN	0,68	1,06	„ bleibt flüssig
Rohlösung, 6 Tage bei $p_H = 7{,}0$ aufbewahrt.	2,0	—	0,34	—	„ „ „
Rohlösung, 10 Tage bei $p_H = 7$ aufbewahrt .	2,0	—	0,48	0,72	„ „ „
	2,0	5 mg HCN	0,58	0,98	„ „ „
Dieselbe, durch Adsorption gereinigt. . . .	0,8	—	0,64	0,84	„ „ „
	0,8	5 mg HCN	0,66	1,20	„ „ „

Einwirkung von 4 ccm Lösung auf 225 mg Leucyl-glycin, Bedingungen der Dipeptidasebestimmung; Aciditätszuwachs in 40 Stunden: 0,00 ccm $^{n}/_{5}$-KOH.

Zur Reinigung adsorbierte man die eine Hälfte der Lösung sofort an Tonerde, die andere, nachdem bei 10tägigem Aufbewahren im Eisschrank ($p_H = 7,0$) Selbstaktivierung erfolgt war:

Je 400 ccm der Lösung wurden mit Essigsäure auf $p_H = 5,0$ gebracht und in Gegenwart von $^{m}/_{50}$-Essigsäure-Acetatgemisch der gleichen Reaktion mit einer Suspension von 290 mg Tonerde C_γ behandelt. Die Adsorbate eluierte man mit je 44 ccm 5proz. Diammonphosphatlösung. Die erhaltenen Elutionen waren frei von Dipeptidase und von Polypeptidase; ihre proteolytische Wirkung ergibt sich aus den Belegen der Tab. 4.

Einwirkung auf Leucyl-glycyl-glycin: Angewandt 0,4 ccm Enzymlösung, Bedingungen der Bestimmungsmethode, 18 Stunden. Aciditätszuwachs a) mit Elution aus frischer Lösung: 0,03, b) mit Elution aus gealterter Lösung: 0,04 ccm $^{n}/_{20}$-KOH. — Einwirkung auf Leucylglycin: Angewandt 4 ccm Enzymlösung, Bedingungen der Dipeptidasebestimmung, 40 Stunden. Aciditätszuwachs a) 0,00, b) 0,01 ccm $^{n}/_{5}$-KOH.

II. Zur Kenntnis der Hefe-Polypeptidase.

1. Bestimmungsmethode und Einheit.

Das Wirkungsoptimum der Polypeptidase liegt, wie wir früher für die Spaltung des Leucyl-glycyl-glycins und des Alanyl-glycyl-glycins angegeben haben, und wie wir unten für die Hydrolyse des Merckschen Albuminpeptons belegen, bei $p_H = 7,0$. Zum Zwecke der quantitativen Bestimmung messen wir die Einwirkung des Enzyms auf 49 mg dl-Leucyl-glycyl-glycin ($^{1}/_{10}$-Millimol l-Peptid) in einem Volumen von 2,0 ccm bei 40° und bei $p_H = 7,0$, und zwar in Gegenwart von $^{m}/_{30}$-Phosphatpuffer und $^{m}/_{25}$-Ammonchlorid. Die Ermittlung der Polypeptidase-Einheiten erfolgt auf Grund der in Tab. 5 und Abb. 1 wiedergegebenen Beziehung zwischen Enzymmenge

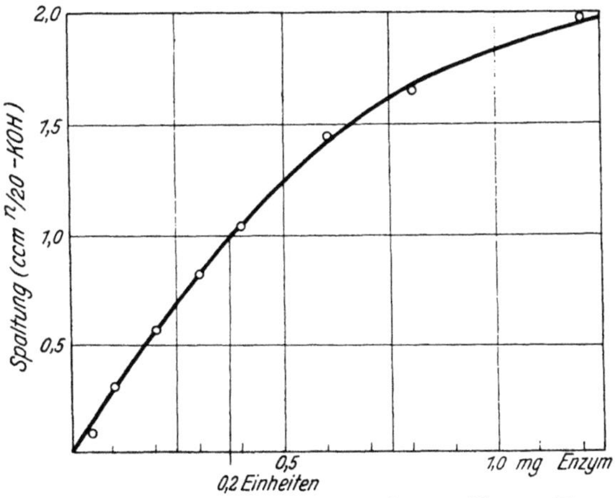

Abb. 1. Hydrolyse von Leucyl-glycyl-glycin durch Polypeptidase; Enzymmenge durch Umsatz.

und Umsatz bei einer Spaltungszeit von einer Stunde. Wir bezeichnen als „Einheit der Hefe-Polypeptidase“ (Po.-E.) das Fünffache derjenigen Enzymmenge, die unter den Bedingungen des Versuches die Hälfte der vorhandenen l-Peptidmenge in Leucin und Glycyl-glycin zerlegt. Die so festgesetzte Einheit entspricht sehr annähernd der früher definierten Dipeptidase-Einheit. In Gegenwart großer Mengen von Dipeptidase ist die Bestimmungsmethode nicht streng anwendbar, da das gebildete Glycyl-glycin weiter zerlegt wird, wenngleich nicht sehr rasch; die Werte werden dadurch nach oben gefälscht.

Tabelle 5.
Hydrolyse von dl-Leucyl-glycyl-glycin durch dipeptidasefreie Hefe-Polypeptidase; Enzymmenge und Umsatz.
(49 mg dl-Leucyl-glycyl-glycin, 0,2 ccm m/3-Phosphat von $p_H = 7{,}0$; 0,2 ccm 0,4n-Ammoniak-Ammonchloridpuffer von $p_H = 7{,}0$. Vol. = 2 ccm. Substrat und Enzym vorher mit NH_3 auf $p_H = 7{,}0$ eingestellt. 40°; Spaltungszeit 1 Stunde.

Enzymmenge	0,05	0,10	0,20	0,30	0,40	0,60	0,80	1,20 mg
Spaltung (ccm n/20-KOH) .	0,10	0,32	0,59	0,83	1,05	1,45	1,65	1,99
Spaltung %	5	16	30	41	52	72	83	100

2. Verhalten gegen Proteine und Peptone.

Die einheitliche Hefe-Polypeptidase ist gegenüber allen geprüften Proteinen einschließlich der Protamine und des Histons vollkommen unwirksam. Die beiden Pflanzenglobuline Edestin und Glycinin konnten nur im abgekochten Zustand auf ihre Spaltbarkeit untersucht werden, da die uns zur Verfügung stehenden Präparate dieser Proteine, besonders des Glycinins, eine aktive Protease enthalten, die eine

Tabelle 6.
Einwirkung der Polypeptidase auf Proteine und Peptone.
(2,65 mg Polypeptidase-Trockenpräparat aus Tab. 3, Fraktion 5 [= 0,4 Einheiten], 40 mg Substrat, $p_H = 7{,}0$. Vol. = 2 ccm. Titration mit n/20-KOH.)

Substrat	Spaltung nach Stunden (ccm n/20-KOH)			
	4	24	48	70
Eieralbumin, nativ	—	0,01	0,00	0,01
Eieralbumin, denaturiert.	—	0,00	0,01	0,01
Fibrin	—	0,02	0,00	—
Gelatine	—	−0,01	0,01	0,00
Casein	—	0,02	0,01	0,00
Histonsulfat	—	0,01	0,02	0,02
Salminsulfat	0,03	0,00	−0,01	—
Clupeinsulfat	−0,01	0,01	−0,02	—
Glycinin[54], ungekocht	—	1,84	2,22	2,80
Glycinin, Kontrolle ohne Enzym	—	0,85	2,25	—
Glycinin, gekocht	—	0,00	−0,01	−0,01
Edestin[54], ungekocht	—	0,12	—	0,38
Edestin[54], gekocht	—	0,00	0,01	0,01
Hordein[54]	—	0,01	—	0,00
Lysalbinsäure aus Ei[54]	0,00	−0,02	−0,02	—
Lysalbinsäure aus Casein[54].	−0,02	0,01	0,02	—
Protalbinsäure aus Ei[54]	0,00	−0,02	−0,02	—
Protalbinsäure aus Casein[54]	0,01	0,01	0,00	—
Albuminpepton Merck.	0,54	1,37	1,60	—
Gelatine, mit Papain vorverdaut[54]	0,10	0,32	0,60	—
Gelatine, mit Papain-HCN vorverdaut	—	0,34	0,63	—
Gelatine mit Hefeprotease-HCN vorverdaut . .	0,28	0,67	0,80	—

[54] Wir verdanken diese Präparate dem Forschungslaboratorium der I. G. Farbenindustrie A. G., Werk Oppau, dem wir für die Überlassung auch an dieser Stelle bestens danken.

Spaltbarkeit vortäuscht; die abgekochten Globuline waren wie alle übrigen Proteine für die Hefe-Polypeptidase unangreifbar. Auch die durch Alkaliwirkung aus Albumin und Casein gebildeten ersten Abbauprodukte, die sogenannte Lysalbinsäure und Protalbinsäure[55], widerstehen der Einwirkung des Enzyms. Dagegen werden die durch enzymatischen Abbau mit Pepsin, Papain, Papain-HCN oder Hefeproteinase erhaltenen Peptone von der Polypeptidase weiterhydrolysiert.

3. Hemmbarkeit durch Blausäure und Schwefelwasserstoff.

Im scharfen Gegensatz zur Proteinase wird die Hefe-Polypeptidase sowohl durch Blausäure wie durch Schwefelwasserstoff stark gehemmt. Noch kräftiger ist die hemmende Wirkung dieser Reagenzien im Falle der Dipeptidase; die in unserem Versuch angewandte Konzentration genügte hier zur vollkommenen Hemmung.

Tabelle 7.
Hemmung der Polypeptidase durch Blausäure und Schwefelwasserstoff.
(Volumen der Versuchsprobe 2 ccm; 40°.)

Enzym	Substrat	Zusatz	p_H	Spaltung nach Stunden (ccm n/20-KOH)			
				1	2	3	20
0,32 Po.-E.	49 mg Leucyl-glycyl-glycin	—	7,0	1,41	1,98	—	2,00
		1 mg HCN	7,0	0,27	0,44	—	1,11
		1,3 mg H_2S	7,0	0,03	0,07	—	0,22
0,2 Di.-E.	45 mg Leucyl-glycin	—	7,8	1,22	2,00	2,30	—
		1 mg HCN	7,8	0,00	0,01	−0,01	—
		1,3 mg H_2S	7,8	0,00	0,02	0,01	—

III. Zur Kenntnis der Hefeproteinase.

1. Aktivierung durch Blausäure und Schwefelwasserstoff; Selbstaktivierung.

Die Angaben der Tab. 8, die sich sämtlich auf Enzymlösungen aus der gleichen Hefeprobe beziehen, zeigen zunächst in Übereinstimmung mit den Versuchen der Tab. 4 und 15, daß die nach dem Verfahren des ersten Kapitels frisch dargestellten Proteinaselösungen gegenüber Gelatine auch bei langen Versuchszeiten völlig unwirksam sind (Versuch 1 und 8) und daß sie ein beträchtliches Spaltungsvermögen für Gelatine durch Zusatz von Blausäure (Versuch 2 und 9) oder durch mehrtägiges Aufbewahren bei neutraler Reaktion (Versuch 3, 5, 11) gewinnen. Die Blausäure kann durch Schwefelwasserstoff ersetzt werden (Versuch 10 und 18). Die durch Aufbewahren bei $p_H = 7$ aktiv gewordenen Lösungen können durch Blausäure nicht oder doch nicht wesentlich in ihrer Wirksamkeit gesteigert werden (Versuch 3 und 4, 11 und 12). Bei saurer Reaktion ($p_H = 5{,}0$) findet eine Selbstaktivierung nicht statt (Versuch 15 und 18). Daher beobachtet man auch in den bei $p_H = 5$ durchgeführten Spaltungsversuchen selbst während langer Hydrolysenzeiten kein Anzeichen einer Selbst-

[55] Vgl. C. PAAL, Ber. Chem. Ges. Bd. 35, S. 2195 [1902].

aktivierung (Versuch 1, 8, 15). Umgekehrt lassen sich sogar die einmal voll aktivierten Elutionen durch Aufbewahren bei saurer Reaktion wieder annähernd in die inaktive, durch Blausäure aktivierbare Form zurückverwandeln (Versuch 11 und 12, 13 und 14), ohne daß dabei Verlust an Enzym eintritt (Versuch 12 und 14). In den rohen Lösungen scheint dagegen bei saurer Reaktion auch das Enzym selbst zerstört zu werden (Versuch 3 und 4, 6 und 7). Mit der Unbeständigkeit des natürlichen Aktivators in saurer Lösung hängt es wohl zusammen, daß auch Lösungen, die sich im maximalen Aktivierungszustand befinden, bei langen Spaltungszeiten in ihrer Leistung zurückbleiben gegenüber den mit Blausäure aktivierten Vergleichsversuchen (Versuch 11 und 12). Kalium- und Ammoniumchlorid, die nach den Angaben von RINGER und GRUTTERINK (a. a. O.) die Auflösung unlöslicher Substrate durch Papain begünstigen sollen, erweisen sich in unseren Versuchen als vollkommen unwirksam (Versuch 16 und 17). Dasselbe gilt gemäß dem folgenden Versuch hinsichtlich der Peptonspaltung durch Papain.

Substrat: Pepton aus Gelatine, durch erschöpfende Verdauung mit nicht aktiviertem Papain gewonnen.

6 mg Succus Caricae Papayae, Merck, 0,40 g Pepton, m/25-Dinatriumcitrat $p_H = 5{,}0$ Vol. = 10 ccm. 24 Stunden; 40°. Versuch a) ohne Zusatz, b) mit 5 mg HCN, c) mit 13,8 mg KCl. Hydrolyse entspricht bei a) 0,08, b) 1,19, c) 0,01 ccm n/5-KOH.

Tabelle 8.
Selbstaktivierung und Aktivierbarkeit durch HCN und H_2S.
(Bedingungen der Proteinasebestimmung; Substrat Gelatine.)

Vers.-Nr.	Enzym	Alterung	Angewandt ccm	Zusatz	Spaltung (ccm n/5-KOH) 24	48	70 Stunden
1.	Rohlösung	—	2,0	—	0,00	0,01	0,00
2.	,,	—	2,0	5 mg HCN	0,63	0,98	1,04
3.	,,	7 Tage bei $p_H = 7$	2,0	—	0,42	0,69	—
4.	,,	7 ,, ,, ,,	2,0	5 mg HCN	0,47	0,95	—
5.	,,	21 Tage bei $p_H = 7$	2,0	—	0,40	0,60	—
6.	,,	7 Tage bei $p_H = 7$, dann	2,0	—	0,05	0,12	—
7.	,,	5 Tage bei $p_H = 5$	2,0	5 mg HCN	0,03	0,12	—
8.	Elution a. Tonerdeadsorbat	—	0,8	—	0,00	0,01	—
9.	,,	—	0,8	5 mg HCN	0,50	1,04	—
10.	,,	—	0,8	6,5 mg H_2S	0,46	0,70	—
11.	,,	10 Tage bei $p_H = 7$	0,8	—	0,60	0,84	—
12.	,,	10 ,, ,, ,,	0,8	5 mg HCN	0,60	1,20	—
13.	,,	10 Tage bei $p_H = 7$, dann	0,8	—	0,18	0,24	—
14.	,,	8 Tage bei $p_H = 5$	0,8	5 mg HCN	0,66	1,08	—
15.	,,	6 Tage bei $p_H = 5$	0,8	—	0,01	—	0,02
16.	,,	,, ,, ,,	0,8	9,8 mg NH_4Cl	0,02	—	0,02
17.	,,	,, ,, ,,	0,8	13,8 mg KCl	0,01	—	0,00
18.	,,	,, ,, ,,	0,8	6,5 mg H_2S	0,49	—	0,98

2. Abhängigkeit von der Wasserstoffionenkonzentration.

Gelatine wird von der polypeptidasefreien, mit Blausäure aktivierten Hefeproteinase optimal bei $p_H = 5{,}0$ gespalten, während früher mit polypeptidasehaltigem

Enzymmaterial das Optimum bei $p_H = 5{,}2$, in einem anderen Beispiel bei $p_H = 5{,}9$ bis $p_H = 6{,}5$ gefunden worden war. Der Verlauf der Aktivitäts-p_H-Kurve, der durch steilen Abfall nach der sauren, weniger steilen nach der alkalischen ausgezeichnet ist, ist dem bei Papain und Bromelin ermittelten außerordentlich ähnlich, doch ist der Abfall nach beiden Seiten noch etwas steiler als im Falle der beiden anderen Proteasematerialien (Tab. 9 und Abb. 2).

Das gleiche Optimum und einen sehr ähnlichen Verlauf der p_H-Kurve finden wir bei der Spaltung des durch Pepsinverdauung gewonnenen Merckschen Albuminpeptons. Das Optimum stimmt mit dem für das Papain ermittelten überein; jedoch ist der Abfall auch hier nach beiden Seiten steiler als dort, aber nicht so steil als beim Bromelin. Diese Verschiedenheiten können durch die verschiedene Beständigkeit der Enzyme, unter Umständen auch durch ihre wechselnde Substrataffinität bedingt sein. Dagegen zeigt die Hefe-Polypeptidase bei der Spaltung von Pepton, wie bei der Hydrolyse der früher geprüften einfachen Peptide ein ausgesprochenes Optimum bei $p_H = 7$; ihre Wirkung ist bei $p_H = 5$ nur mehr gering. Die Gegenüberstellung dieser beiden p_H-Kurven und der früher mit dem „Hefetrypsin", also dem Gemisch aus Polypeptidase und Proteinase, ermittelten läßt klar ersehen, daß der früher beobachtete Verlauf durch Überlagerung der beiden Enzymwirkungen zustande gekommen ist (Tab. 10 und 11; Abb. 3).

Tabelle 9.
Gelatinespaltung durch blausäureaktivierte Hefeproteinase bei wechselnder Wasserstoffionenkonzentration.
(0,8 ccm Hefeproteinase, durch Tonerdeadsorption gereinigt, 5 mg HCN, 0,6 g Gelatine in 10 ccm; p_H eingestellt mit m/30-Diammonphosphat-Essigsäuregemisch. 40°.)

p_H		Hydrolyse (ccm n/5-KOH)	
Beginn	Ende	24 Stdn.	48 Stdn.
3,8	3,9	0,03	0,04
5,0	5,0	0,48	1,08
6,0	5,9	0,28	0,74
7,0	6,9	0,16	0,35

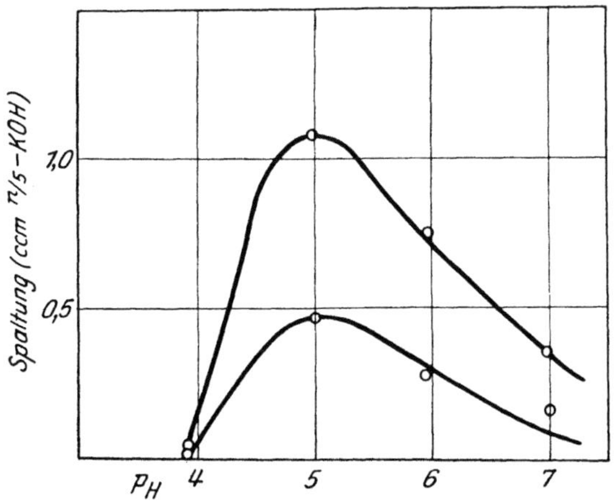

Abb. 2. p_H-Abhängigkeit blausäureaktivierter Hefeproteinase; Substrat Gelatine.

Tabelle 10.

Hydrolyse von Albuminpepton durch nicht aktivierte Hefeproteinase bei wechselnder Wasserstoffionenkonzentration.

(1,0 ccm Proteinaselösung, nicht gealtert, durch Tonerdeadsorption gereinigt; 0,4 g Albuminpepton [Merck] in 10 ccm; p_H eingestellt durch m/25-Diammonphosphat-Essigsäuremischung.)

p_H		Spaltung nach 20 Stunden (ccm n/5-KOH)
Beginn	Ende	
3,8	3,8	0,00
5,0	5,0	0,88
6,0	6,0	0,70
7,0	7,0	0,44

Tabelle 11.

Hydrolyse von Albuminpepton durch Hefe-Polypeptidase bei wechselnder [H·].

(13,3 mg Polypeptidase-Trockenpräparat (= 2,0 Po.-E.); 0,4 g Albuminpepton; Vol. = 10 ccm.)

p_H		Spaltung nach 20 Stunden (ccm n/5-KOH)
Beginn	Ende	
5,0	5,0	0,17
6,0	6,0	2,10
6,5	6,4	2,53
7,2	7,1	2,70
7,6	7,5	1,94
8,0	8,0	1,40

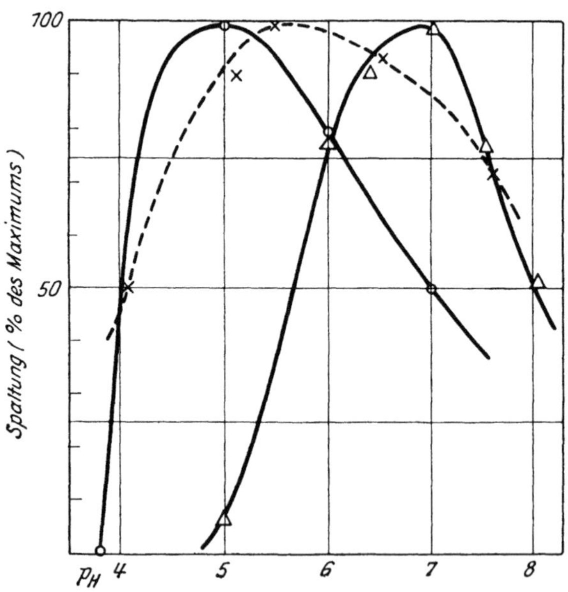

Abb. 3. Hydrolyse von Albuminpepton Merck:

a) durch Hefeproteinase (—o—o—),

b) durch Hefe-Polypeptidase (—△—△—),

c) durch ein Gemisch beider Enzyme (nach WILLSTÄTTER und GRASSMANN, a. a. O.) (— — — × — — — × — —).

Spaltungen in Proz. der Maximalwerte.

Bei den Substraten Fibrin und Edestin dagegen ergab sich das Optimum recht scharf beim Neutralpunkt, die Wirkung bei $p_H = 5$ fanden wir nur geringfügig. Um zu prüfen, ob etwa die höhere Phosphatkonzentration, die wir in diesen Versuchen angewandt haben, für die beobachteten Unterschiede verantwortlich zu machen ist, wie dies nach den Mitteilungen von RINGER und GRUTTERINK (a. a. O.) im Falle des Papains anzunehmen wäre, haben wir einige Versuche mit Edestin auch ohne jeden Pufferzusatz ausgeführt. Die Hydrolysenmischung wurde lediglich durch geringe Mengen von Essigsäure oder Ammoniak auf die gewünschte Acidität gebracht. Auch in diesem Falle finden wir die Spaltung bei $p_H = 7$ erheblich, nämlich etwa zwei- bis dreimal rascher als bei $p_H = 5$. Es ist nach den Versuchen von RINGER wohl möglich, daß Art und Konzentration der Puffermischungen den Verlauf der p_H-Kurve modifizieren können; aber dieser Einfluß dürfte, wenigstens bei den in unseren Versuchen üblichen Pufferkonzentrationen, zurücktreten gegenüber dem wesentlicheren Einflusse des Substrates, der durch dessen elektrochemische Natur gegeben ist. Auch einige Versuche der Tab. 15 zeigen den Einfluß dieses Faktors. Casein (isoelektrischer Punkt = 4,8) wird bei $p_H = 5$ — obwohl es hier unlöslich ist — weit besser gespalten als bei $p_H = 7$, das basische Histon verhält sich umgekehrt.

Hydrolyse von Edestin ohne Pufferzusatz: 4 ccm selbstaktivierte Proteinase-Rohlösung, 0,2 g Edestin in 10 ccm; p_H eingestellt mit Essigsäure bzw. Ammoniak.

Hydrolyse nach	20	42 Stunden
bei $p_H = 5$	0,12	0,40 ccm n/5-KOH
bei $p_H = 7$	0,34	0,77 ccm n/5-KOH.

Tabelle 12.

Fibrinspaltung durch blausäureaktivierte Hefeproteinase bei wechselnder Wasserstoffionenkonzentration.

(2 ccm Hefeproteinase, durch Tonerdeadsorption gereinigt, 2 Tage alt; 5 mg HCN; 0,4 g Fibrin in 10 ccm; p_H eingestellt mit m/12-Diammonphosphat-Essigsäuremischung.)

p_H Beginn	p_H Ende	Spaltung nach 25 Stunden (ccm n/5-KOH)
5,0	5,0	0,08
6,0	5,8	0,35
7,1	7,0	0,60
8,0	7,9	0,35

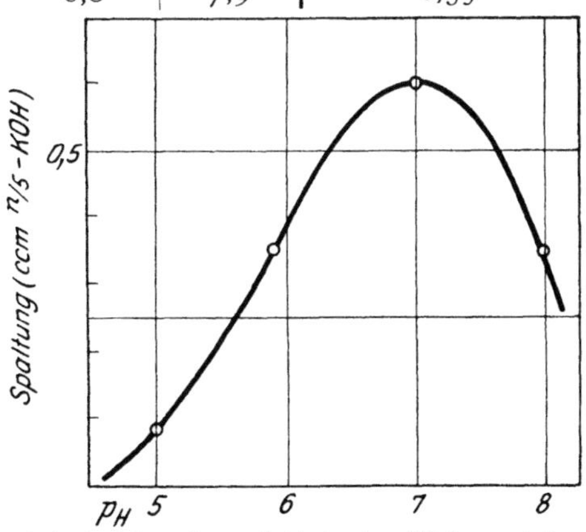

Abb. 4. p_H-Abhängigkeit blausäureaktivierter Hefeproteinase; Substrat Fibrin.

Tabelle 13.
Hydrolyse von Edestin durch blausäureaktivierte Hefeproteinase bei wechselnder [H·].
(0,3 g Edestin, sonst wie Tab. 12.)

p_H		Spaltung (ccm n/5-KOH)	
Beginn	Ende	24 Stunden	48 Stunden
5,0	5,0	0,05	0,25
6,0	5,9	0,30	0,55
7,0	7,0	0,62	0,88
8,0	8,0	0,37	0,52

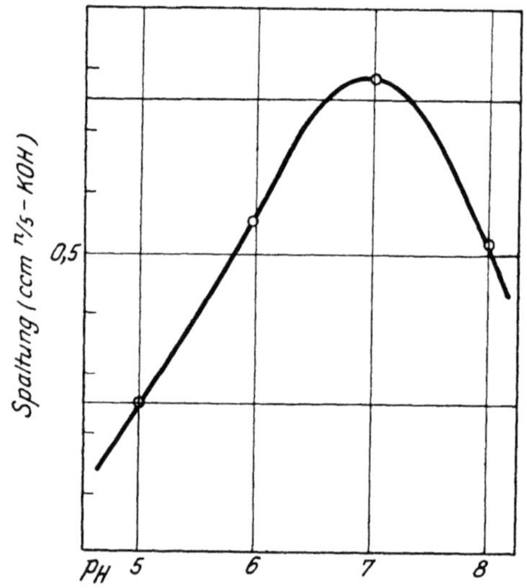

Abb. 5. p_H-Abhängigkeit blausäureaktivierter Hefeproteinase; Substrat Edestin.

Für die Fibrinhydrolyse durch blausäureaktiviertes Papain haben WILLSTÄTTER und Mitarbeiter (a. a. O.) das Optimum bei $p_H = 7{,}2$ gefunden; unser Befund an der Hefeproteinase stimmt damit annähernd überein. Im Falle des Edestins war jedoch zum Zwecke des Vergleiches die p_H-Abhängigkeit der Papainhydrolyse noch zu ermitteln. Gemäß den Angaben der Tab. 14 ist der Verlauf der Aktivitäts-p_H-Kurve in diesem Falle etwas flacher; das Optimum liegt aber auch hier in der Nähe des Neutralpunktes, jedenfalls zwischen $p_H = 6{,}0$ und 7,4.

Tabelle 14.
Hydrolyse von Edestin durch Papain-HCN bei wechselnder [H·].
(0,3 g Edestin, 6 mg Papain, 5 mg HCN; alle übrigen Bedingungen entsprechend Tab. 12.)

p_H		Spaltung (ccm n/5-KOH)	
Beginn	Ende	3 Stunden	4,5 Stunden
5,0	5,0	0,46	0,62
6,0	6,0	0,61	0,75
6,6	6,8	0,71	0,76
7,4	7,4	0,69	0,73
9,3	9,3	0,37	0,38

3. Zur Spezifität der Hefeproteinase.

In den vorausgehenden Abhandlungen[56] sind zahlreiche Dipeptide und Polypeptide und deren Derivate hinsichtlich ihres Verhaltens gegenüber der Hefeproteinase geprüft worden. Das Ergebnis war, daß das Enzym, falls es frei von den beiden Peptidasen vorliegt, keines der untersuchten synthetischen Substrate zu spalten vermag. Dies gilt auch hinsichtlich solcher Peptide und Peptidderivate, die vom Pankreastrypsin hydrolysiert werden. Die Versuche der vorliegenden Arbeit (Tab. 15) gelten dem Verhalten des Enzyms gegenüber Proteinen und Peptonen. Die Feststellung, daß sämtliche geprüfte Proteine einschließlich der Protamine von dem aktivierten Enzym, nicht aber von der inaktiven Form gespalten werden, bedeutet nur eine Erweiterung der weiter oben mitgeteilten Ergebnisse am Substrat Gelatine. Wichtiger aber ist im Hinblick auf die analogen Verhältnisse bei anderen Proteasen die Tatsache, daß auch das inaktive Enzym noch gewisse spezifisch enger umgrenzte Leistungen auszuüben vermag. So hydrolysiert die nicht aktivierte Proteinase sowohl Albuminpepton wie auch das durch Verdauung mit Papain aus Gelatine gebildete Pepton, aber die Spaltung dieser Substrate wird durch die Aktivierung mit Blausäure befördert. Völlig abweichend verhält sich dagegen das durch erschöpfende Verdauung mit Papain-HCN gebildete Gelatinepepton. Es wird weder von aktivierter noch von inaktiver Hefeproteinase weitergespalten. Die Hefeproteinase kann also in ihrer spezifischen Wirkung bei der Gelatinehydrolyse durch Papain-HCN, aber nicht durch Papain allein oder durch Pepsin vollkommen ersetzt werden. Umgekehrt wird das durch erschöpfende Verdauung mit Hefeproteinase-Blausäure gebildete Pepton durch Papain und durch Papain-HCN weitergespalten; dieser Befund ist im theoretischen Teil diskutiert worden.

6 g Gelatine wurden mit 66 mg eines polypeptidasefreien Trockenpräparates der Hefeproteinase in Gegenwart von 50 mg HCN und m/30-Dinatriumcitrat im Volumen von 100 ccm 12 Tage bei 40° verdaut. Die Hydrolyse, durch Titration von 2-ccm-Proben verfolgt, stand

Tabelle 15.
Einwirkung von Hefeproteinase mit und ohne Aktivatoren auf Proteine und Peptone.
(Enzym mit 0,4 g Protein in 10 ccm; 40°.)

Enzym	Substrat	Zusatz	p_H	Spaltung (ccm n/5-KOH)	
				20 Stunden	44 Stunden
2 ccm frische Elution	Gelatine	—	5,0	0,01	0,02
,, ,, ,,	,,	5 mg HCN	5,0	0,50	0,98
,, ,, ,,	Casein	—	5,0	0,01	0,04
,, ,, ,,	,,	5 mg HCN	5,0	0,70	1,03
,, ,, ,,	Histon	—	5,0	0,02	0,93
,, ,, ,,	,,	5 mg HCN	5,0	0,12	0,26
,, ,, ,,	,,	—	7,0	0,03	0,01
,, ,, ,,	,,	5 g HCN m	7,0	0,40	0,56
,, ,, ,,	Eieralbumin	—	5,0	0,00	0,01
,, ,, ,,	,,	5 mg HCN	5,0	0,12	0,21

[56] Zs. f. physiol. Ch. Bd. 167, S. 202 [1927]; Ber. Chem. Ges. Bd. 61, S. 656 [1928] (*Abh. 125 u. 127*).

Tabelle 15. (Fortsetzung.)

Enzym	Substrat	Zusatz	p_H	Spaltung (ccm n/5-KOH)		
				20 Stunden	44 Stunden	62 Stunden
2 ccm frische Elution	Edestin	—	7,0	0,01	0,01	
,, ,, ,,	,,	5 mg HCN	7,0	0,62	0,88	
,, ,, ,,	Fibrin	—	7,0	0,05	—	
,, ,, ,,	,,	5 mg HCN	7,0	0,60	—	
,, ,, ,,	Salmin	—	7,0	0,03	0,02	
,, ,, ,,	,,	5 mg HCN	7,0	0,56	0,76	
,, ,, ,,	Clupein (0,2 g)	—	7,0	0,03	0,05	
,, ,, ,,	,,	5 mg HCN	7,0	0,31	0,40	
0,8 ccm Elution aus gealterter Lösung . . .	Gelatine	—	5,0	0,48	0,82	
Desgl.	Casein	—	5,0	0,88	1,36	
Desgl.	,,	—	7,0	0,02	0,12	
Desgl.	Histon	—	7,0	0,82	1,25	
Desgl.	Eieralbumin	—	5,0	0,16	0,16	
Desgl.	Fibrin	—	7,0	0,70	—	
Desgl.	Edestin	—	7,0	0,75	1,20	
Desgl.	Salmin	—	7,0	0,88	1,11	
Desgl.	Hordein	—	7,0	0,15	0,25	
1 ccm frische Elution	Albuminpepton (Merck)	—	5,0	0,88	1,26	—
,, ,, ,,	desgl.	5 mg HCN	5,0	1,56	2,16	—
2 ccm ,, ,,	Papainendpepton aus Gelatine	—	5,0	0,16	0,50	0,77
,, ,, ,,	desgl.	5 mg HCN	5,0	0,50	0,94	1,25
,, ,, ,,	Papain-HCN-Endpepton aus Gelatine	—	5,0	0,02	0,04	—
,, ,, ,,	desgl.	5 mg HCN	5,0	0,01	0,02	—
2 ccm Elution aus gealterter Lösung . . .	Albuminpepton (Merck)	—	5,0	0,87	1,31	—
Desgl.	Papain-Endpepton aus Gelatine	—	5,0	0,62	1,00	—
Desgl.	desgl.	5 mg HCN	5,0	0,71	1,05	—
Desgl.	Papain-HCN-Endpepton aus Gelatine	—	5,0	0,00	0,02	—
Desgl.	desgl.	5 mg HCN	5,0	0,01	0,01	—

bei einem Aciditätszuwachs entsprechend 1,40 ccm $^n/_{20}$-KOH. Erneute Zugabe von 40 mg Enzym bewirkte in 2 Tagen keine weitere Hydrolyse. Durch sechsmaliges Abdampfen im Vakuum wurde die Blausäure vollständig entfernt. Das gewonnene Pepton ist durch Papain, besser durch Papain-HCN spaltbar:

80 mg Pepton, 2 mg Papain, $p_H = 5,0$

Spaltungszeit	5	22	48 Stunden
Hydrolyse ohne HCN	0,37	0,95	1,10 ccm $^n/_{20}$-KOH
Hydrolyse in Gegenwart von 5 mg HCN	1,15	1,80	2,15 ccm $^n/_{20}$-KOH.

Anhang.

Nachtrag zum Abschnitt IX.

Berichte der Deutschen Chemischen Gesellschaft **61**, S. 886 [1928].

130. ÜBER ASYMMETRISCHE ESTER-HYDROLYSE DURCH ENZYME.

Von RICHARD WILLSTÄTTER, RICHARD KUHN und EUGEN BAMANN*.

Erste Mitteilung.

(Aus dem Chemischen Laboratorium der Bayerischen Akademie der Wissenschaften in München.)

(Eingegangen am 22. März 1928.)

Wird rac. Mandelsäure-äthylester durch Leber-Esterase (vom Schwein) gespalten, so findet man bei Unterbrechung der Hydrolyse rechtsdrehende Mandelsäure neben linksdrehendem Ester im Reaktionsgemisch[1]. Es liegt nahe zu schließen, daß der (+)-Ester[2] vom asymmetrischen Enzym rascher als der (—)-Ester angegriffen wird. Prüft man diese Folgerung, **[887]** indem man unter gleichen Bedingungen Rechts- und Links-Ester einzeln als Substrate verwendet, so findet man entgegen aller Erwartung, daß das Enzym den (—)-Ester bevorzugt (Abb. 1 und 2).

Diese Feststellung hat Hr. F. MEMMEN mit uns schon im Sommersemester 1924 gemacht[3]. Etwa gleichzeitig haben P. RONA und R. AMMON[4] dieselbe Erscheinung beobachtet und folgende Erklärungsmöglichkeiten angeführt[5]: „Diese merkwürdige Tatsache liegt vielleicht in dem eigentümlichen Wesen des Racemates begründet. Es könnte aber auch die Affinität des Ferments zu den beiden optisch aktiven Formen des Substrats verschieden sein und ferner nicht parallel gehen mit den Zerfallsgeschwindigkeiten der d- bzw. l-Substrat-Ferment-Verbindung. (Fußnote: Auf diese Möglichkeit hat uns Hr. H. H. WEBER aufmerksam gemacht.)"

* *In dieser Überschrift hätte der Name meines Freundes Richard Kuhn voranstehen sollen; ich hatte es so gewünscht, da es besser seinem Anteil an der vorliegenden Arbeit entspräche. Die Fertigstellung der Abhandlung und ihre Korrektur ist aber in Zürich erfolgt.*

[1] H. D. DAKIN, Proceed. Chem. Soc. London **19**, 161 [1903]; Journ. Physiol. **30**, 253 [1904], **32**, 199 [1905].

[2] In den früheren Untersuchungen auf diesem Gebiete bedeuten d- und l- den Drehungssinn von Ester und Säure. Da nach K. FREUDENBERG, F. BRAUNS und H. SIEGEL, B. **56**, 193 [1923], die Rechts-Mandelsäure der l-Reihe angehört, die absolute Konfiguration bei unseren Betrachtungen aber vorerst keine Rolle spielt, sollen von nun an die Symbole (+) und (—), und zwar für das Vorzeichen des Drehungsvermögens, Verwendung finden.

[3] Entsprechende Versuche mit Pankreas-Lipase wurden erstmals beschrieben von R. WILLSTÄTTER und F. MEMMEN, Ztschr. physiol. Chem. **138**, 216 [1924], und zwar S. 252 (*Abh. 96*). Durch Pankreasenzym wird sowohl einzeln als auch im Gemisch der Links-Ester schneller als der Antipode gespalten.

[4] Biochem. Ztschr. **181**, 49 [1926/27].

[5] A. a. O., S. 70.

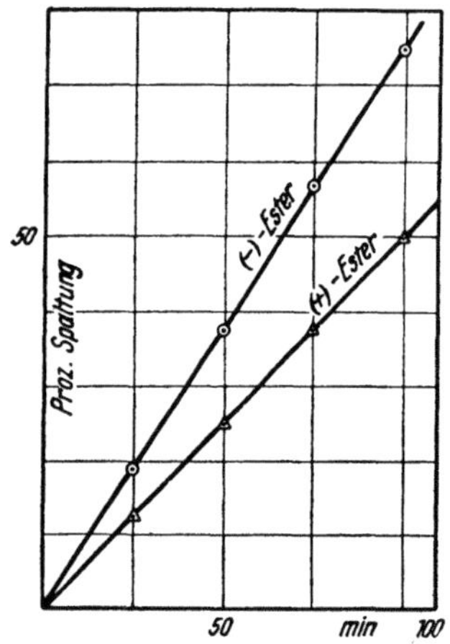

Abb. 1. Einzeln wird der (—)-Ester rascher gespalten.

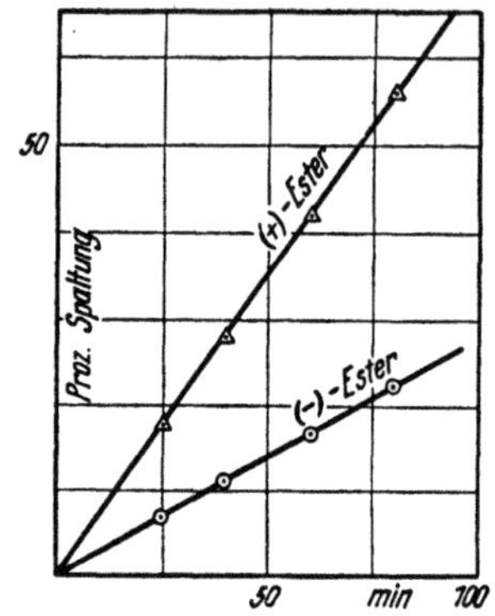

Abb. 2. Im Gemisch eilt die Hydrolyse des (+)-Esters voran. Die Kurven sind aus dem spez. Drehungsvermögen der isolierten (+)-Mandelsäure errechnet.

Bei uns stand von Anfang an die zweite Erklärungsmöglichkeit im Vordergrund, zumal sie den auf L. MICHAELIS und M. L. MENTEN[6] fußenden allgemeinen Betrachtungen R. KUHNS[7] über die Spezifität von Enzymen entspringt. Demgemäß wird das Verhältnis der Geschwindigkeiten, mit denen (+)- und (—)-Mandelsäureester im Gemisch (Racemat) gespalten werden, bedingt sein: 1. durch das Verhältnis der Affinitäten, welche die Esterase [888] gegenüber (+)- und (—)-Ester betätigt, 2. durch das Verhältnis der Geschwindigkeiten, mit denen die Esterase-(+)-Ester- und Esterase-(—)-Ester-Verbindung hydrolytisch zerfällt.

Was bisher unter „optischer Spezifität" von Esterasen verstanden wurde, ist eine komplexe Erscheinung, in der die beiden genannten Einflüsse gleichzeitig zur Geltung kommen.

Die relative Spezifität der Saccharase gegenüber Rohrzucker und Raffinose wurde quantitativ abgeleitet aus den Dissoziationskonstanten und den spezifischen Zerfallsgeschwindigkeiten der Verbindungen, die das Enzym mit dem Di- und Trisaccharid eingeht[8]. In der vorliegenden Abhandlung, deren Vollendung durch äußere Umstände lange verzögert wurde, wird die optische Spezifität der Leber-Esterase in entsprechender Weise aus den Dissoziationskonstanten und Hydrolysengeschwindigkeiten der Reaktions-Zwischenprodukte erklärt. „Die Zerlegung

[6] Biochem. Ztschr. **49**, 333 [1913].

[7] Ztschr. physiol. Chem. **125**, 1 und 28 [1922/23] (*Abh. 80 und 81*); Naturwiss. **1923**, 732 (*Abh. 7*); C. OPPENHEIMER, R. KUHN, Die Fermente, 5. Aufl., I., Leipzig 1925, S. 193ff. Überlegungen ähnlicher Art hatte schon K. FAJANS angestellt (Dissertat., Heidelberg 1910; Ztschr. physikal. Chem. **75**, 232 [1910]), um die Synthese von optisch aktivem Benzaldehyd-cyanhydrin durch Emulsin zu erklären.

[8] Gleichartige Untersuchungen über α- und β-Glucosidasen liegen vor von R. WILLSTÄTTER, R. KUHN und H. SOBOTKA, Ztschr. physiol. Chem. **129**, 33 [1923], **134**, 224 [1923/24] (*Abh. 83 und 86*).

in Glieder, von denen jedes für sich nur die Zusammensetzung oder Konzentration, die Bildungs- oder Zerfallsgeschwindigkeit der Reaktions-Zwischenprodukte betrifft, das ist es, was wir von einer rationellen Dynamik der Ferment-Reaktionen in der nächsten Zukunft erhoffen.“[9]

In den Untersuchungen über Carbohydrasen, die unter diesem Gesichtspunkt durchgeführt wurden, ergab sich, daß aus dem Substrat mit größerer Affinität in der Regel auch die Enzym-Substrat-Verbindung mit größerer Zerfallsgeschwindigkeit gebildet wird. Abweichungen von der Parallelität dieser an sich durchaus unabhängigen Größen, wie sie bei der Spaltung von Maltose und α-Methyl-glucosid durch Hefeauszüge zur Beobachtung gelangten[10], waren zu erwarten. Sie boten aber dort wenig Interesse. Bei den Esterasen erlangen sie entscheidende Bedeutung.

Wir finden nämlich, wenn (+)- und (—)-Ester einzeln als Substrat benutzt werden, nur im Gebiete verhältnismäßig hoher Esterkonzentrationen die linksdrehende Verbindung von der Esterase bevorzugt. Bei einer Konzentration von 0,001 Mol. Mandelsäureester im Liter ist die Geschwindigkeit für beide Antipoden annähernd gleich, und in noch verdünnteren Lösungen kehrt sich das Verhältnis um: In 0,0001 n-Lösung wird der (+)-Ester 1,7mal rascher verseift als der (—)-Ester, während in 0,025 n-Lösung der (—)-Ester 1,6mal rascher reagiert. In Abb. 3, die zu Tab. 3 gehört, sind die in gleichen Zeiten gebildeten Mandelsäure-Mengen als Funktion des Logarithmus der reziproken Substrat-Konzentration (—log [S]) aufgetragen. Sie stellen ein direktes Maß der Reaktionsgeschwindigkeiten dar, da der zeitliche Verlauf der Hydrolysen bis zu sehr hohen Spaltungsgraden genau linear ist (Abb. 1). Aus Abb. 3 läßt sich der Quotient:

$$Q = \frac{\text{Geschw. der } (-)\text{-Ester-Spaltung}}{\text{Geschw. der } (+)\text{-Ester-Spaltung}}$$

als Funktion von —log [S] ableiten. Es ergibt sich das in Abb. 4 dargestellte Bild. Man erkennt, daß im Bereich sehr niedriger Ester-Konzentrationen [889] $Q < 1$ ist,

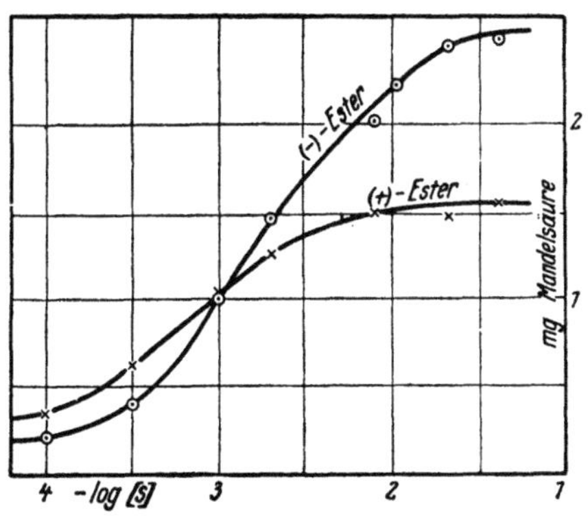

Abb. 3. Aktivitäts-p_S-Kurven.

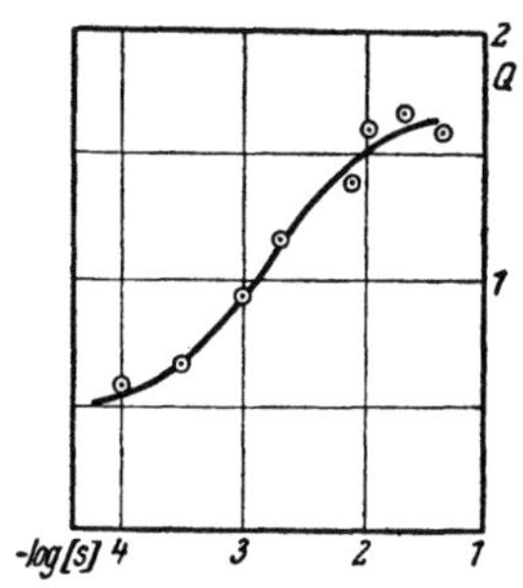

Abb. 4. Einfluß der Substrat-Konzentration auf das Verhältnis der Hydrolysengeschwindigkeiten.

[9] C. OPPENHEIMER-R. KUHN, Die Fermente, 5. Aufl., I., Leipzig 1925, S. 177.

[10] R. WILLSTÄTTER, R. KUHN und H. SOBOTKA, Ztschr. physiol. Chem. **134**, 224 [1923/24].

entsprechend der größeren Verseifungsgeschwindigkeit des (+)-Esters, daß aber mit steigender Substrat-Konzentration $Q > 1$ wird und dann der (—)-Ester bevorzugt wird. Der Maximalwert von Q beträgt 1,6. Bei noch höheren Esterkonzentrationen nimmt Q wieder ab. Diese Werte, die schon in das Sättigungsgebiet der Ester-Lösungen fallen, glauben wir bei der quantitativen Auswertung vernachlässigen zu müssen.

Die Dissoziationskonstanten:

$$K_{(+)} = \frac{[\text{Esterase}] \times [(+)\text{-Mandelsäure-ester}]}{[\text{Esterase-}(+)\text{-Ester-Verbindung}]}$$

$$\text{und } K_{(-)} = \frac{[\text{Esterase}] \times [(-)\text{-Mandelsäure-ester}]}{[\text{Esterase-}(-)\text{-Ester-Verbindung}]}$$

entsprechen den Wendepunkten der p_S-Kurven in Abb. 3, welche auf halber Höhe der maximalen Reaktionsgeschwindigkeiten liegen[6]. Letztere ergeben sich durch Extrapolieren auf sehr hohe Substrat-Konzentration für den (—)-Ester zu 2,6 mg, für den (+)-Ester zu 1,6 mg Mandelsäure, die durch 2,0* L.'-E.[11] bei $p_H = 7$ und 25° in 25 Minuten gebildet werden. Daraus folgt:

$$-\log K_{(+)} = 3{,}3$$

$$\text{und } -\log K_{(-)} = 2{,}8.$$

Die Affinität der Esterase zum (+)-Ester ist also 3,2 mal größer als zum (—)-Ester.

Umgekehrt zerfällt aber die Esterase-(—)-Ester-Verbindung 1,6 mal rascher als die Esterase-(+)-Ester-Verbindung. Das Verhältnis:

$$k_{(-)} : k_{(+)} = 1{,}6 : 1$$

ergibt sich unmittelbar aus den für sehr hohe Substrat-Konzentrationen extrapolierten Geschwindigkeiten.

Aus dem Verhältnis der Affinitäten und dem der Zerfallsgeschwindigkeiten folgt die Erklärung des anscheinenden Widerspruchs (Abb. 1 und Abb. 2), **[890]** der zwischen dem Verhalten des Racemats und dem der optischen Komponenten besteht: Obwohl der Links-Ester allein schneller gespalten wird als der Rechts-Ester, wird bei der Hydrolyse des Gemisches der Rechts-Ester bevorzugt, weil seine Affinität zur Esterase diejenige des Antipoden 3,2fach übertrifft, während das Verhältnis der Hydrolysengeschwindigkeiten nur 1,6 : 1 zugunsten der Esterase-Linksester-Verbindung beträgt.

Bei relativ hoher Substrat-Konzentration, die hier schon in 0,01 n-Lösung vorliegt, wird sich das Enzym gemäß dem Verhältnis seiner Affinitäten $1/K$ auf (+)- und (—)-Ester verteilen, so daß das Verhältnis der Reaktionsgeschwindigkeiten bei Anwendung des Gemisches:

$$v(^+)/v(^-) = k(^+)/k(^-) \cdot K(^-)/K(^+) = 1/1{,}6 \cdot 3{,}2/1 = 2{,}0$$

zugunsten des (+)-Esters liegen wird. Die Zahl 2,0 ist zu vergleichen mit dem Verhältnis $v(^+) : v(^-)$, das aus dem spezifischen Drehungsvermögen der Mandelsäure folgt, die bei Unterbrechung der Racemat-Spaltung erhalten wird.

* *In der Originalabh. stand irrtümlich 0,4; entsprechende Änderungen finden sich in den Angaben zu Tab. 2 und 3.*

[11] Diese Lipase-Einheiten (Substrat: Buttersäure-methylester) haben R. WILLSTÄTTER und F. MEMMEN, Ztschr. physiol. Chem. **138**, 216 [1924], und zwar S. 227, vorgeschlagen (*Abh. 93*).

Wir haben gefunden, daß innerhalb der untersuchten Grenzen ($p_H = 6{,}0$ bis $p_H = 8{,}0$) die optische Aktivierung des rac. Mandelsäure-Esters von der Wasserstoff-Ionen-Konzentration sowie von der Menge des angewandten Enzyms (1 : 3) unabhängig ist (Abb. 5), und daß für das spez. Drehungsvermögen der entstehenden Mandelsäure nur der erzielte Spaltungsgrad bestimmend ist. Mit Rücksicht auf den linearen zeitlichen Verlauf des Umsatzes sollte das in den allerersten Reaktionsstadien zu beobachtende $[\alpha]_D$ der Mandelsäure längere Zeit konstant bleiben und erst absinken, wenn die Hauptmenge des (+)-Esters verbraucht ist. Der Anstieg der $[\alpha]_D$-Kurve in Abb. 5 bei kleinen Spaltungsgraden bedarf noch einer Erklärung[12]. Die höchsten $[\alpha]_D$-Werte betragen $+70°$.

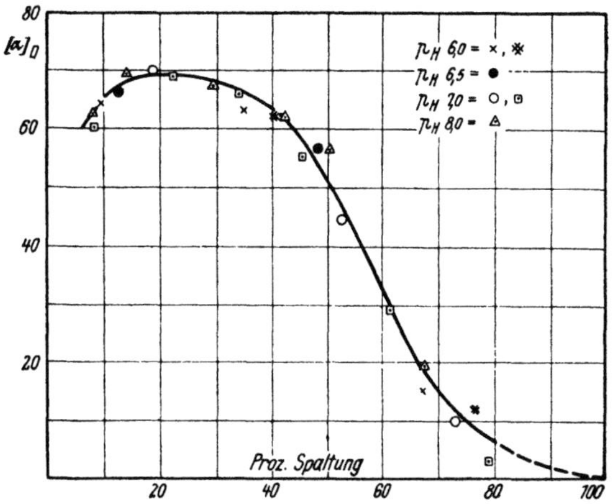

Abb. 5. Das spezifische Drehungsvermögen der Mandelsäure als Funktion des Spaltungsgrades bei verschiedenen p_H.

Daraus berechnet sich, daß zu Beginn der Reaktion neben je 1 Mol. (—)-Ester [891] 2,6 Mol. (+)-Ester zerfallen. Das Verhältnis $v(^+) : v(^-)$ für die Hydrolyse des Gemisches beträgt nämlich auf Grund der optischen Daten:

$$v(^+) : v(^-) = (155 + 70) : (155 - 70) = 2{,}6_{\max},$$

worin 155 das $[\alpha]_D$ der reinen Mandelsäure bedeutet[13].

Aus der befriedigenden Übereinstimmung dieser Zahl mit der oben auf theoretischem Wege abgeleiteten (2,0) ist zu schließen, daß im Gebiete sehr verdünnter Lösungen die Beziehungen zwischen der Leber-Esterase und den aktiven Mandelsäureestern sehr annähernd durch das Massenwirkungsgesetz geregelt werden. Es ist möglich, aus Titrationsversuchen allein die polarimetrischen Befunde bei der Racemat-Spaltung mit großer Annäherung vorauszusagen.

Der Notgemeinschaft der Deutschen Wissenschaft drücken wir unseren aufrichtigen Dank aus für die Förderung dieser Arbeit durch ein (Herrn E. Bamann gewährtes) Forschungs-Stipendium.

Beschreibung der Versuche.

1. Substrate.

rac. Mandelsäure-äthylester wurde mehrfach aus Petroläther umkrystallisiert. Selbst dreimaliges vorsichtiges Umkrystallisieren gibt noch keine Gewähr für die

[12] Die Ursache vermuten wir in dem Abfall der Q-Kurve (Abb. 4) bei höheren Substratkonzentrationen. Wenn, wie für die Versuche der Tab. 1 (Abb. 5), Esterlösungen verwendet werden, die mehr als 0,02 Mol/Liter enthalten, so muß bei fortschreitender Spaltung $v(^+) : v(^-)$ anfangs etwas zunehmen.

[13] Extrapoliert man die $[\alpha]_D$-Kurve (Abb. 5) auf 0% Spaltung unter Berücksichtigung der Konzentrationsabhängigkeit von Q (Abb. 4), so ergibt sich $[\alpha]_D$ zu etwa $+50°$ ($t = 0$). Daraus folgt:

$$v(^+) : v(^-) = (155 + 50) : (155 - 50) = 2{,}0 \text{ extrapol.}$$

Erzielung eines „induktionsfreien" Präparates[14]. Wir empfehlen — auch für die Antipoden — sehr viel Lösungsmittel anzuwenden.

(+)-Mandelsäure-äthylester: Das Cinchonin-Salz der (+)-Mandelsäure[15] wurde dreimal aus Wasser umkrystallisiert und die daraus in Freiheit gesetzte Säure (40% d. Th.) aus Benzol umkrystallisiert, wobei sie in optisch reiner Form erhalten wurde:

$$[\alpha]_D^{18} = (+2{,}19^\circ \times 100) : (2 \times 0{,}6997) = +156{,}5^\circ \text{ (in Wasser).}$$

Der Ester wurde nach R. WILLSTÄTTER und F. MEMMEN[16] aus dem Silbersalz mit Jodäthyl erhalten. Nach zweimaliger Krystallisation aus Petroläther fanden wir:

$$[\alpha]_D^{20} = (+2{,}80^\circ \times 100) : (2 \times 0{,}6825) = +205{,}1^\circ \text{ (in } CS_2).$$

Der Schmp. lag bei 31,3°[17].

(—)-Mandelsäure-äthylester: Die Bereitung des Morphin-Salzes geschah nach A. MC KENZIE[18], übereinstimmend mit den **[892]** zusammenfassenden Angaben von P. RONA und R. AMMON. Die Ausbeute an optisch reiner (—)-Säure betrug 40% d. Th.

$$[\alpha]_D^{18} = (-2{,}03^\circ \times 100) : (2 \times 0{,}6464) = -157{,}1^\circ \text{ (in Wasser).}$$

Der aus dem Silbersalz mit Jodäthyl gewonnene Ester schmolz nach zweimaliger Krystallisation aus viel Petroläther bei 31,3°.

2. Enzym-Material.

Nach dem neuen vereinfachten Verfahren von R. WILLSTÄTTER, E. BAMANN und J. WALDSCHMIDT-GRASER[19] wurde Leberpulver vom Schwein mit der 50fachen Menge $^n/_{40}$-Ammoniak etwa 1 Stunde ausgezogen und das Filtrat mit Essigsäure vorsichtig angesäuert. Die vom ausfallenden Niederschlag abzentrifugierte Enzym-Lösung wurde 4 Tage der Dialyse in Hammel-Blinddärmen gegen fließendes destilliertes Wasser unterworfen. Die filtrierte, schwach bräunlich gefärbte, klare Lösung diente für die Versuche. Die Wirksamkeit, die wir vor Beginn jeder Versuchsreihe erneut bestimmten, blieb viele Monate völlig konstant, wobei wir die Lösung, mit Toluol überschichtet, im Eisschrank aufbewahrten. Der Reinheitsgrad des dialysierten Auszuges war E.W. = 2,6 gegenüber 0,3 für das angewandte Leber-Pulver, entsprechend einer mehr als 8fachen Verbesserung.

3. Methodik und Messungs-Ergebnisse.
p_H-Abhängigkeit der optischen Spezifität.

Will man die auswählende Wirkung der Esterase gegenüber den spiegelbildlichen Estern im Racemat bei wechselnden Aciditäten vergleichen, so muß berücksichtigt

[14] Über die Erscheinung der „Induktion" vgl. R. WILLSTÄTTER, R. KUHN, O. LIND und F. MEMMEN, Ztschr. physiol. Chem. **167**, 303 [1927] (*Abh. 108*).

[15] B. **16**, 1568 [1883], **32** 2385 [1899]; Journ. chem. Soc. London **75**, 964 [1899].

[16] Ztschr. physiol. Chem. **138**, 216 [1924], und zwar S. 253.

[17] Herausragender Faden = 8° = 4,16 cm; Außentemp. = 20°.

[18] Journ. chem. Soc. London **75**, 964 [1899].

[19] Ztschr. physiol. Chem. **173**, 155 [1927/28], und zwar S. 160 (*Abh. 105*).

werden, daß das spezifische Drehungsvermögen der gebildeten Säure sowie dasjenige des noch unverseiften Esters vom erzielten Spaltungsgrad abhängt. Wir stellen aus diesem Grunde in Abb. 5 das $[\alpha]_D$ der bei verschiedenem p_H isolierten Mandelsäure als Funktion des titrimetrisch ermittelten Spaltungsgrades dar.

Die betreffenden Messungen (Tab. 1) wurden in starken Phosphatpuffern bei 25° ausgeführt. Die Phosphat-Konzentration (2 g auf 50 ccm) war so hoch bemessen, daß bei vollständiger Hydrolyse des Esters (0,25 g rac. Mandelsäure-äthylester auf 50 ccm) die p_H-Verschiebung nicht mehr als 0,1 betragen konnte. Nach den in der Tabelle verzeichneten Zeiten wurden je 50 ccm der Versuchslösung abpipettiert, schwach soda-alkalisch gemacht und ausgeäthert. Die vom unverseiften Ester befreite Lösung säuerten wir mit Phosphorsäure stark an, um ihr nach Sättigung mit Ammoniumsulfat die Mandelsäure durch Ausäthern zu entziehen. Die nach dem Verdampfen der getrockneten Äther-Auszüge hinterbleibende Säure wurde in 10 ccm Wasser gelöst, im 2-dm-Rohr polarisiert und mit $^n/_{10}$-Kalilauge titriert. Der Reinheitsgrad des angewandten Enzyms entsprach L.W. = 2,2. Die Zahl der Lipase-Einheiten (L_1'-E.) ist bei jedem Versuch in der Tabelle verzeichnet.

[893]

Tabelle 1.
Analyse der Mandelsäure, die bei wechselndem p_H aus dem rac. Ester gebildet wird.

p_H	Ester	Enzym-Menge L_1'-E.	Reaktionsdauer (Stunden)	Drehungswinkel	Spaltung (%)	$[\alpha]_D$ der Mandelsäure
6,0	I	1,25	10,5	+ 0,25°	9,2	+ 64,4°
6,0	I	1,25	24	+ 0,93°	35,0	+ 62,9°
6,0	I	1,25	60	+ 0,42°	67,1	+ 14,8°
6,0	II	2,50	8,5	+ 1,06°	40,2	+ 62,2°
6,0	II	2,50	18,8	+ 0,40°	77,0	+ 12,2°
6,5	I	1,25	10,5	+ 0,35°	12,6	+ 65,8°
6,5	I	1,25	24	+ 1,17°	48,8	+ 56,9°
7,0	I	1,25	10,5	+ 0,56°	18,9	+ 70,0°
7,0	I	1,25	24	+ 0,98°	52,5	+ 44,2°
7,0	I	1,25	36	+ 0,30°	72,9	+ 9,7°
7,0	II	3,75	1	+ 0,22°	8,6	+ 60,1°
7,0	II	3,75	2,5	+ 0,65°	22,4	+ 68,9°
7,0	II	3,75	3,5	+ 0,95°	34,0	+ 66,2°
7,0	II	3,75	5	+ 1,05°	45,5	+ 54,7°
7,0	II	3,75	7	+ 0,75°	61,4	+ 29,0°
7,0	II	3,75	9	+ 0,10°	79,5	+ 3,0°
8,0	II	2,50	1	+ 0,20°	7,6	+ 62,4°
8,0	II	2,50	2	+ 0,40°	13,7	+ 69,0°
8,0	II	2,50	4,25	+ 0,83°	29,5	+ 66,8°
8,0	II	2,50	6,25	+ 1,10°	42,2	+ 61,7°
8,0	II	2,50	7,50	+ 1,20°	50,5	+ 56,2°
8,0	II	2,50	10,25	+ 0,54°	67,2	+ 19,0°

Bei p_H = 8,0 waren für die hydrolysierende Wirkung des Phosphat-Puffers Korrekturen anzubringen, die in Kontrollversuchen bestimmt wurden und in obiger Tabelle bereits berücksichtigt sind. Da der ursprünglich verwendete Ester (I) nicht ganz frei von Benzoyl-ameisensäure-ester war und Induktion zeigte, wurde eine weitere Versuchsreihe mit sehr sorgfältig gereinigtem, induktionsfreiem Ester (II) durchgeführt. Die Ergebnisse stimmen, wie aus Abb. 5 hervorgeht, gut überein.

Affinitäts-Bestimmungen.

Der Einfluß der Substrat-Konzentration auf die Hydrolyse von (+)- und (—)-Mandelsäure-ester wurde titrimetrisch in pufferfreien Lösungen bei konstantem $p_H = 7{,}0$ bis $7{,}1$ nach R. WILLSTÄTTER, R. KUHN, O. LIND und F. MEMMEN bestimmt. Zu 50 ccm Reaktionsgemisch gaben wir 5 Tropfen einer 1proz. Lösung von Bromthymolblau in Alkohol und ließen aus einer Bürette tropfenweise die zur Aufrechterhaltung des Farbtones erforderliche Menge Kalilauge zufließen. Der Farbton wurde dauernd mit dem einer Lösung von konstantem p_H, die sich im selben Thermostaten (25°) befand, gegen einen weißen Hintergrund bei guter Beleuchtung verglichen.

Da sich die Versuche bis zu sehr niedrigen Esterkonzentrationen erstrecken mußten, benutzten wir Radiumbüretten und stuften den Titer der Maßlösung, den Ester-Konzentrationen entsprechend, bis auf 0,005 n ab. Die große Genauigkeit der so erhältlichen Resultate geht aus den folgenden Tabellen und Figuren hervor.

[894]

Tabelle 2.

Vergleich der Hydrolysen von Rechts-, Links- und rac. Mandelsäure-äthylester bei relativ hoher Substrat-Konzentration.

(Auf je 50 ccm Ester-Lösung wirkten bei 25° und $p_H = 7$ in allen Fällen 50 L_1'-E. Bei den höchsten Ester-Konzentrationen war die Sättigungsgrenze noch nicht erreicht. Die Zahlen bedeuten Minuten, die zur Spaltung von 10%, 20% usw. erforderlich waren.)

Substrat	Links-Ester				Rechts-Ester				racem. Ester			
g Ester in 50 ccm	0,0938	0,188	0,375	0,75	0,0938	0,188	0,375	0,75	0,0938	0,188	0,375	0,75
Normalität der Lauge	0,05	0,1	0,2	0,4	0,05	0,1	0,2	0,4	0,05	0,1	0,2	0,4
10%	2	4	11	33	6	11	20	40	7	12	21	47
20%	7	13	26	67	11,5	22	40,5	80	13,5	24	41	95
30%	10,5	19	40	101	17,5	33	61	120	20,5	35,5	61	143
40%	14	26	53	135	23	44	71	165	27	47	81,5	191
50%	17,5	32	66,5	169	29	54,5	102	213	34	59	101,5	239
60%	21	38,5	80	203	43,5	65	122	260	40,5	70,5	122	287
70%	25	45	93,5	237	40	77	143	309	47	82	142	337
80%	28,5	53	108	276	46	90	163	358	54	94	162	387
90%	34	61	124	318	52	102	185	410	61	106	183	437

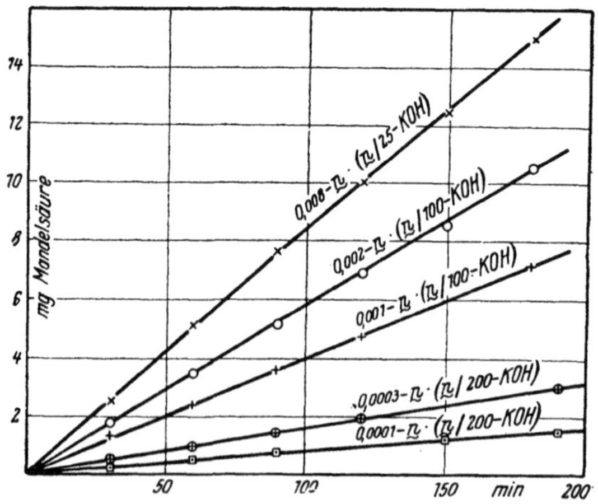

Abb. 6. Links-Mandelsäure-ester.

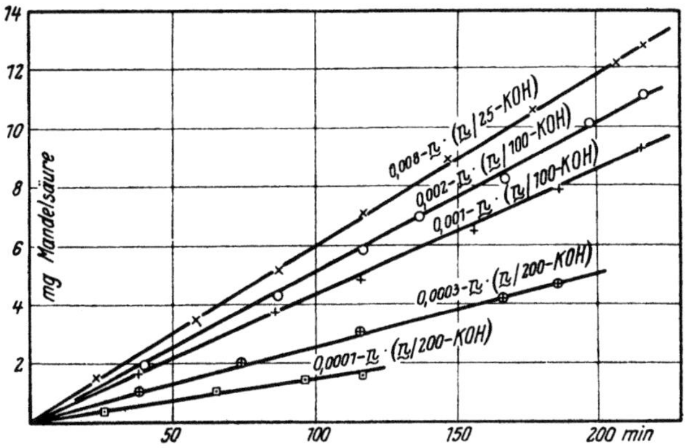

Abb. 7. Rechts-Mandelsäure-ester.

Die Versuche mit relativ niedrigen Substrat-Konzentrationen, aus denen die Affinitäten des Enzyms zu Rechts- und Links-Ester berechnet wurden, sind in den Abb. 6 bis 8 wiedergegeben.

[895]. Aus diesen Abbildungen und aus Tab. 2 sind die Aktivitäts-p_S-Kurven konstruiert worden (Abb. 3). In Tab. 3 wird zusammenfassend das Ergebnis der Affinitätsmessungen mitgeteilt.

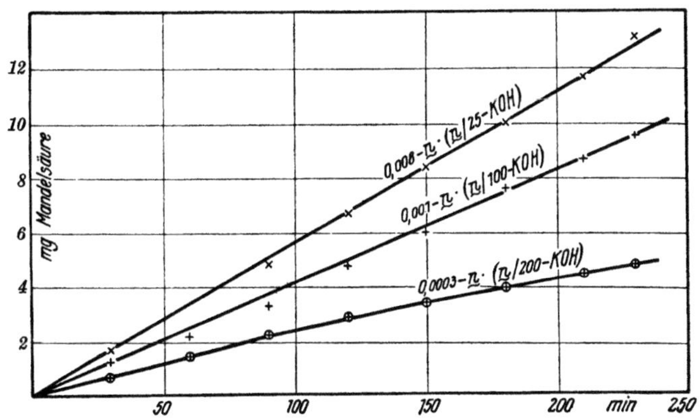

Abb. 8. Racem. Mandelsäure-ester.

Tabelle 3.
Einfluß der Substrat-Konzentration [S] auf die Hydrolyse von (+)- und (—)-Mandelsäure-äthylester.
(Auf 100 ccm Esterlösung je 2,0 L_1'-E. bei $p_H = 7$ und 25°.)

$-\log [S]$	In 25 Min. gebildete Mandelsäure (mg) aus		$-\log [S]$	In 25 Min. gebildete Mandelsäure (mg) aus	
	(−)-Ester	(+)-Ester		(−)-Ester	(+)-Ester
[0,779]	[2,29]	[1,77]	2,10	2,08	1,49
[1,080]	[1,90]	[1,58]	2,70	1,45	1,25
1,381	2,47	1,55	3,00	1,00	1,06
1,682	2,44	1,46	3,50	0,40	0,63
1,983	2,21	1,37	4,00	0,21	0,36

Die Werte in eckiger Klammer, die in der Nähe des Sättigungszustandes der Ester-Lösungen liegen, sind in Abb. 3 unberücksichtigt geblieben.

Nachtrag zum Abschnitt III.

Bisher unveröffentlicht; diese Abhandlung soll, durch einen Abschnitt „Potentiometrische Titration" ergänzt, in den Berichten d. D. chem. Ges. veröffentlicht werden.

131. ÜBER DIE EINFACHSTEN KIESELSÄUREN; MIT BEMERKUNGEN ÜBER ALUMINIUMHYDROXYDE.

Von RICHARD WILLSTÄTTER, HEINRICH KRAUT und KARL LOBINGER.

Elfte Mitteilung[1] über Hydrate und Hydrogele.

(Aus dem Chemischen Laboratorium der Bayerischen Akademie der Wissenschaften in München.)

(Abgeschlossen am 21. August 1928.)

Durch Hydrolyse von Siliciumchlorid mit Wasser entsteht nach den Beobachtungen unserer vorigen Mitteilung und nach den der Vergessenheit entrissenen älteren Befunden von F. MYLIUS und E. GROSCHUFF[2] molekular gelöste Kieselsäure. Sie konnte durch Entfernung des entbundenen Chlorwasserstoffs mit Silberoxyd zum ersten Mal rein dargestellt werden. Wenn die Operationen vorsichtig und rasch ausgeführt werden, dann finden wir an zahlreichen Beispielen durch Molekulargewichtsbestimmung nach der kryoskopischen Methode Werte von etwa 120, auf SiO_2 bezogen. Sie entsprechen also der Dikieselsäure (ber. 120), und es läßt sich zeigen, daß es sich nicht um Gemische von Monokieselsäure und höheren Kieselsäuren handelt, sondern daß in der Hauptmenge Dikieselsäure vorliegt. Dies bedeutet einen Fortschritt gegenüber den Ergebnissen von F. MYLIUS und E. GROSCHUFF, die in ihrer kochsalzhaltigen Lösung von Kieselsäure M = 155 (auf SiO_2 bezogen) fanden, also einen Wert, der etwa gleichen Teilen von Di- und Trikieselsäure entspricht.

Die Gefrierpunktserniedrigungen unserer Kieselsäurelösungen sinken in einigen Tagen bis zur Grenze der Bestimmbarkeit z. B. in 6 Tagen auf $< 0{,}01°$, entsprechend Molekulargewichten von über 1000. Diese Kondensation der Kieselsäure zu hochmolekularen Verbindungen finden wir von der Wasserstoffionenkonzentration der Lösung abhängig. Die Beständigkeit ist nämlich am größten bei $p_H = 2$ bis 3, sie ist viel geringer in stärker sauerem und in schwächer sauerem Medium. Daraus läßt sich erkennen, wieso durch die vorsichtige Zersetzung des Siliciumchlorids und darauffolgende Abscheidung des Chlorwasserstoffs nicht die einfachste Kieselsäure erhalten wurde. Während des Verlaufs der Hydrolyse ist die Lösung zu stark sauer, nach der Bindung

[1] Fortsetzung der IX. Mitteilung, B. **58**, 2462 [1925] (*Abh. 24 des III. Abschnitts*).
[2] B. **39**, 116 [1906].

der Salzsäure mit Silberoxyd zu schwach sauer für das Bestehen von Monokieselsäure. Es war eine einfache Folge dieser Erkenntnis, daß wir nur während des Einblasens von Siliciumchloriddampf in Wasser von 0° den entstehenden Chlorwasserstoff durch Eintragen von Silberoxyd zu binden brauchten, unter Einhaltung von konstantem $p_H = 2$ bis 2,5, um die einfachste Kieselsäure zu gewinnen. Unsere noch zu verbessernden ersten Versuche, die im folgenden beschrieben werden, ergaben Lösungen vom Molekulargewicht 75 und 72. Ihr Gehalt an Monokieselsäure betrug also 75 bis 80% unter der dafür ungünstigsten Annahme, daß außer der Monokieselsäure nur Dikieselsäure vorhanden ist.

Die Beziehung zwischen der Beständigkeit einer Kieselsäure und der Acidität ihrer Lösung scheint darauf hinzudeuten, daß das Reaktionsvermögen, mithin die Feinstruktur einer anorganischen Verbindung vom p_H der Lösung abhängt, ähnlich wie vor kurzem das Verhalten einer organischen Säure bei der Reduktion so zu erklären war[3], daß ihre Feinstruktur, „von der unsere Konstitutionsformeln noch kein Bild geben, je nach den Bedingungen verschieden ist, sogar schon bei etwas verschiedener Wasserstoffzahl der Lösung".

Die Gefrierpunktserniedrigung der Lösungen, ihre Dialysierbarkeit und ihr Verhalten gegen Eiweiß gewähren Einblick in den Molekularbau der Kieselsäuren, aber es fehlt bei ihnen die Möglichkeit, analytisch die Zusammensetzung, nämlich die Wassergehalte zu ermitteln. Denn sie sind mit Wasser mischbar und auch nicht durch organische Lösungsmittel wie Aceton fällbar. Dies unterscheidet die Reihe der Kieselsäuren von den Aluminiumhydroxyden und Stannihydroxyden, deren Natur durch Wasserbestimmung und durch chemische Reaktionen, die Abstufung ihrer saueren und basischen Eigenschaften, klargelegt werden konnte. Umgekehrt ist es bei den Aluminium-, Ferri- und Stannihydroxyden nicht möglich, Molekulargewichtsbestimmungen auszuführen, da die bekannten Anfangsglieder der verschiedenen Reihen von Metallhydroxyden unlöslich sind.

Aus dem Vergleich mit den Aluminiumhydroxyden und mit Borsäure und den Phosphorsäuren ergibt sich für die Kondensationsvorgänge bei den Kieselsäuren als wahrscheinliche Deutung, daß sich zwei Moleküle der amphoteren Verbindung unter Wasseraustritt, also unter äußerer Anhydridbildung verbinden. Gemäß den kryoskopischen Bestimmungen verwandelt sich Monokieselsäure rasch in Dikieselsäure:

und diese merklich langsamer, nämlich bei günstigem p_H in einigen Tagen, in weitere Oligokieselsäuren, wahrscheinlich in Tetra- und Hexa- und in Polykieselsäuren. Die Dikieselsäure geht noch rasch und quantitativ durch die Membran des Dialysators,

[3] R. WILLSTÄTTER, F. SEITZ und E. BUMM, B. 61, 871 [1928], und zwar S. 874.

wenn während des Versuchs die günstige Acidität eingehalten wird. Die folgenden, molekular gelösten Glieder der Kieselsäurereihe dialysieren ebenfalls, natürlich mit abnehmender Geschwindigkeit. Wenn nun die Kolloidnatur einer Kieselsäurelösung, wie es bei R. ZSIGMONDY[4] und sonst in der Literatur geschieht, daraus gefolgert wird, daß sie der Dialyse unterworfen war, so ist diese Bedingung unzureichend. War die Dialyse zu Ende geführt, so daß die Außenflüssigkeit keinen Trockenrückstand mehr lieferte? Sonst sind mittlere und höhere Kieselsäuren, molekular gelöst, in den Hydrosolen zurückgehalten. Aber selbst nach sehr lang dauernder, praktisch vollständiger Dialyse können noch hohe Glieder, Polykieselsäuren, molekularlöslich zurückgehalten sein. Auch die Kieselsäuregele enthalten leicht infolge von Adsorption molekularlösliche Säuren.

Die durch Alterung kondensierten Kieselsäuren reagieren mit Eiweiß. Die Fällung beginnt erst jenseits der Stufe von Hexakieselsäure. Wenn das Molekulargewicht diese Grenze überschritten hat, beobachtet man schwache, dann deutliche Trübung mit Eieralbuminlösung. Es ist wahrscheinlich, daß die MYLIUSsche Reaktion der β-Kieselsäuren dadurch zustande kommt, daß sich den molekular gelösten Kieselsäuren eine kleine und dann zunehmende Menge von Kieselsäuresol beimischt. Wenn die Kondensation der Polykieselsäuren durch intermolekulare Anhydrisierung weiter fortgeschritten ist, dann sind erst die chemischen Voraussetzungen für die Bildung der Primärteilchen dieses Kolloids erfüllt.

Bei den Aluminiumhydroxyden, die wir aufgefunden haben, erschien es unbedenklich, einfache Formeln wie $Al(OH)_3$ und AlO_2H anzuwenden, die nicht Molekulargewichte ausdrücken sollen. Hingegen ist es bei den Kieselsäuren nicht recht zweckmäßig, mit R. SCHWARZ und E. MENNER[5] die aus Silicaten durch Einwirkung starker Schwefelsäure gewonnenen amorphen Pulver z. B. als Metakieselsäure (H_2SiO_3 oder $12\ SiO_2 + 12\ H_2O$) und Dikieselsäure ($H_2Si_2O_5$ oder $12\ SiO_2 + 6\ H_2O$?) zu bezeichnen. Dies sind Polykieselsäuren, über deren natürlich unbekannte Molekulargröße die Bezeichnungen nichts aussagen wollen.

Die begonnene Untersuchung der molekularlöslichen Kieselsäure wird zur Erklärung der großartigen Verkieselungsvorgänge beitragen, die Geologie und Paläontologie erforscht haben. Die Verkieselungen können wohl nur auf der Durchdringung pflanzlicher und tierischer Membrane durch wahre Lösungen beruhen, also durch Lösungen der einfachsten Kieselsäuren, die bis jetzt als nicht existenzfähig galten.

In der Medizin haben verschiedene Anwendungen von Kieselsäure, und zwar von kolloiden Präparaten Beachtung gefunden. Es erscheint uns aber als wenig aussichtsreich, für therapeutische Zwecke Hydrosole der Kieselsäure anzuwenden, die leicht ausflocken und geringe Wanderungsfähigkeit in Geweben besitzen. Es bietet sich jetzt die Möglichkeit, die bisher zugänglichen Kieselsole durch wahre, bei günstigem p_H für den Versuch genügend beständige Lösungen von Kieselsäure zu ersetzen.

---

[4] Kolloidchemie, 5. Aufl., II. Spez. Teil, Leipzig 1927, S. 67.

[5] B. **57**, 1477 [1924]; **58**, 73 [1925]. — R. SCHWARZ und H. RICHTER, B. **60**, 1111 u. 2265 [1927].

Zur Konstitution der Aluminiumhydroxyde.

In einer Abhandlung „Zur Aufklärung der Tonerdehydrate nach dem Ammoniakextraktionsverfahren“ erbringen W. BILTZ und G. A. LEHRER[6] wichtige Bestätigungen für die Zusammensetzung der Aluminiumhydroxyde, die wir auf Grund der Acetontrocknung und anderer Trocknungsweisen angegeben hatten. Ihre Ergebnisse drücken diese Forscher ohne Hilfe besonderer Annahmen durch eine sehr einfache Formulierung aus, indem sie die Schreibweise der Komplexchemie bevorzugen.

Die Umwandlung des α-Aluminiumhydroxyds in γ- und in Metahydroxyd wird z. B. durch folgende Formeln ausgedrückt:

$$\underset{C_\alpha\text{-Präparat}}{[Al_2O_3 \cdot H_2O]\,2\,H_2O} = \underset{\text{Metahydroxyd}}{[Al_2O_3 \cdot H_2O]} + 2\,H_2O \quad \text{und}$$

$$\underset{C_\alpha\text{-Präparat}}{[Al_2O_3 \cdot H_2O]\,2\,H_2O} \xrightarrow[\text{I}]{} C_\beta \xrightarrow[\text{II}]{} \underset{\text{Hydrargillit}}{[Al_2O_3 \cdot 3\,H_2O]} \text{ bzw. } 2\,Al(OH)_3$$

Diese Formeln erscheinen uns darin nicht befriedigend, daß sie zwischen dem Orthohydroxyd α und anderen, z. B. dem Metahydroxyd, einfache Beziehungen aufstellen, die nicht wirklich existieren. Sie tragen nicht den chemischen Eigenschaften Rechnung, unseren Beobachtungen über die gänzlich verschiedenen basischen und saueren Eigenschaften der Hydroxyde, über solche Unterschiede wie die Löslichkeit des α-Gels in kalter 0,1proz. Salzsäure und 0,4proz. Natronlauge, die Unlöslichkeit des Meta-Gels selbst in konz. Salzsäure und in 4proz. Natronlauge.

Für das α-Hydroxyd, die Base der Tonerdesalze, wird die Formel $Al(OH)_3$ vorzuziehen sein. Dann wird die Formel für die Tonerde γ

$$[Al_2O_3 \cdot 3\,H_2O],$$

die uns durchaus nicht gleichbedeutend mit $2\,Al(OH)_3$ erscheint, den großen Unterschieden zwischen α- und γ-Tonerde gerecht. Mit der Formel von BILTZ und LEHRER für die Metaverbindung

$$[Al_2O_3 \cdot H_2O]$$

tritt nach den Erfahrungen an den Kieselsäuren eine andere Auffassung in Wettbewerb. Das Metahydroxyd dürfte als ein Polyaluminiumhydroxyd

$$\left(\begin{array}{l} | \\ O \\ | \\ Al-OH \\ | \end{array}\right)_n$$

zu erklären sein. Auch die Tonerdegele A und B verstehen wir als Poly-aluminiumhydroxyde, nämlich A als Ketten zwischen den Grenzen $4\,Al(OH)_3 - 3\,H_2O$ und $8\,Al(OH)_3 - 7\,H_2O$ und B als ihre Hydrate von höherem Wassergehalt, als es selbst die einfachste Kettenformel erlaubt (gef. 39 bis 43% H_2O). Die Formeln für A und B nach W. BILTZ und G. A. LEHRER

$$A\colon\ [Al_2O_3 \cdot H_2O]\,0{,}5\,H_2O,$$
$$B\colon\ [Al_2O_3 \cdot H_2O]\,H_2O,$$

[6] Z. f. anorg. Chem. **172**, 292 [1928].

von denen die letztere indessen nicht den gefundenen Wassergehalten genügt, lassen die besondere Beständigkeit des kolloiden Zustands dieser Tonerdegele unerklärt.

Experimenteller Teil.

Darstellung von Monokieselsäurelösungen.

Der Darstellung molekular gelöster Kieselsäure war in unserer vorigen Arbeit das Verfahren von E. EBLER und M. FELLNER[7], die Hydrolyse von dampfförmigem Siliciumtetrachlorid mit Wasser, zugrunde gelegt. Dieses Verfahren wird z. B. in H. FREUNDLICHS[8] Kapillarchemie als einwandfreie Methode zur „Darstellung kolloidaler Kieselsäure" angesehen. Es ist indessen ein Übelstand dabei, daß man die Hauptmenge der Substanz durch die Membran des Dialysators ins fließende Wasser fortlaufen läßt und sich mit einer geringen, übrigens unbekannten Ausbeute begnügt. Man erhält so nämlich zunächst gar keine kolloidale Kieselsäure (wenn man nicht die Lösungen, abweichend von der Vorschrift, vor der Dialyse lange Zeit stehen läßt), sondern molekular gelöste, leicht diffundierende. Dieses Verfahren wird für die Darstellung von Dikieselsäure und weiterhin für daraus hervorgehende kolloide Kieselsäure dadurch geeignet, daß man nach unseren Angaben die Salzsäure mit Silberoxyd entfernt und dann die Lösung stehen läßt.

Die Gewinnung der Monokieselsäure beruht, abgesehen von einigen kleinen Verbesserungen, auf einer einzigen wesentlichen Abänderung, nämlich dem ständigen Neutralisieren des Chlorwasserstoffs während seiner Entstehung. Während sonst bei der Hydrolyse des Siliciumchlorids unter unseren Bedingungen der freiwerdende Chlorwasserstoff eine 0,3 bis 0,5n-Salzsäure, also ein für die einfachsten Kieselsäuren sehr ungünstiges p_H von 0,5 bis 0,3 erzeugt, stellen wir schon während der Dauer des Versuches, die übrigens dadurch stark abgekürzt wird, mit Hilfe von gefälltem Silberoxyd ein p_H von etwa 2 ein und bringen nach beendeter Darstellung auf $^n/_{100}$- bis $^n/_{1000}$-Salzsäuregehalt.

Das Siliciumtetrachlorid (12,5 g) befindet sich in einem birnenförmigen Verdampfungsgefäß, das oben zu einem dickwandigen, englumigen (0,75 mm) Rohre ausgezogen ist, und in das durch eine eingeschmolzene, bis fast zum Boden führende Glasröhre der Gasstrom eintritt, und in das ferner durch einen Tubus die Substanz eingeführt werden kann. Das enge Rohr taucht etwa 5 cm tief in ein Becherglas mit Wasser und Eis (zusammen 750 g) ein. Die Birne ist in ein Bad von 60 bis 65° eingesenkt, wodurch das Chlorid auf nahezu Siedetemperatur gehalten wird. Durch einen sehr kräftigen Strom von scharf getrocknetem Stickstoff (oder Luft) wird das Siliciumchlorid in 20 bis 30 Minuten verflüchtigt, ohne daß sich Tropfen im Einleitungsrohr verdichten. Der Quecksilberverschluß der Einleitungsröhre nach EBLER und FELLNER wird weggelassen, da er die Gleichmäßigkeit des Gasstroms stört. Das Wasser wird von außen zeitweise mit Sole gekühlt, damit die Temperatur nach dem Schmelzen des Eises nicht über den Nullpunkt steigt. In das Becherglas mit dem Wasser taucht außer einem Thermometer ein stark wirkender Rührer ein, der den Gasstrom und dann das Silberoxyd fein verteilt.

Zugleich mit der Einführung des Siliciumchloriddampfes beginnt man mit dem Eintragen des aus der berechneten Menge von 50 g Silbernitrat gefällten, durch Dekantieren ausgewaschenen, feuchten Silberoxyds. Anfangs gingen wir mit dem Eintragen des Silberoxyds vorsichtig vor, um einen zeitweisen Überschuß sorgfältig

[7] B. 44, 1915 [1911]. [8] 3. Aufl., Leipzig 1923, S. 858.

zu vermeiden. Wir titrierten entnommene Proben von 1 ccm, die nicht mehr als 0,1 ccm 0,1n-Natronlauge zur Neutralisation brauchen sollten, und fanden sie stets etwas mehr Salzsäure enthaltend. Auch gingen Beobachtungen mit Indicatorfolien nach WULFF nebenher, die ein p_H von < 2 ergaben. Es zeigte sich aber, daß es viel besser ist, auf die zeitraubenden Proben zu verzichten und die berechnete Menge Silberoxyd in raschem Tempo einzutragen. Es ist nicht ungünstig, daß während der Operation zeitweise beträchtlicher Überschuß von Silberoxyd vorhanden ist. Auch wenn die Suspension braun erschien, sank während des ständigen Einströmens von Siliciumchlorid der Chlorwasserstoffgehalt nicht unter $^n/_{100}$, da das Oxyd mit den letzten Prozenten der Salzsäure nicht so rasch reagierte.

Am Ende des Versuchs, also nach weniger wie einer halben Stunde, verschwand die Farbe des Silberoxyds. Die Menge desselben ist infolge der kleinen Verluste beim Auswaschen nicht zur vollständigen Bindung des Chlorwasserstoffs, die ja unerwünscht wäre, ausreichend. Die Acidität wird jetzt kontrolliert und gegebenenfalls mit bereitgestelltem überschüssigen Silberoxyd zu einem Gehalt von $^n/_{100}$-HCl korrigiert. In einem Versuche waren zur Titration für 1 ccm erforderlich 0,09, in einem anderen 0,05 ccm 0,1n-Lauge entsprechend $^n/_{100}$- und $^n/_{200}$-HCl. Während solche Salzsäuren $p_H = 2$ bzw. 2,3 ergeben sollten, ist hier infolge der Gegenwart der Kieselsäure $p_H = 2{,}5$ bis 2,8.

Die Flüssigkeit ist eine dünne Milch, und sie ist, noch chlorwasserstoffhaltig, leicht filtrierbar. Wir saugten dann, wofür wieder 20 bis 30 Minuten erforderlich sind, die Lösung auf der Nutsche durch ein doppeltes quantitatives Filter ab, das mit einer feinen Haut von Tierkohle bedeckt war (durch Anschütteln von Tierkohle mit Wasser im Reagierglas und Absaugen auf dem Nutschenfilter hergestellt). Das völlig klare Filtrat, 800 ccm (Volumvermehrung durch das Wasser der Silberoxydpaste), enthielt nach Bestimmung mit 10-ccm-Proben Kieselsäure entsprechend 3,67 bis 3,78 g SiO_2, d. i. über 80% der theoretischen Ausbeute.

Für diesen Zustand der Lösung, $1^1/_2$ Stunden nach Versuchsbeginn, bei $p_H = 2{,}5$ am Ende, ergab die Molekulargewichtsbestimmung (Kieselsäure als SiO_2 berechnet) $M = 75$, in einem anderen Versuche, bei dem das Silberoxyd rascher eingetragen worden (p_H schließlich $= 2{,}8$) den etwas günstigeren Wert $M = 72$. Der Gehalt der Lösungen an Monokieselsäure betrug 75 und 80%, wenn der Rest der Kieselsäure in der Form von Dikieselsäure gelöst war.

Für künftige Beobachtungen wird es vorzuziehen sein, nur die Hälfte der angegebenen Charge zu verarbeiten, also das Chlorid in 10 Minuten zu verdampfen, und vom Filtrat in wenigen Minuten die ersten 10 bis 20 ccm abzutrennen. Unter solchen Umständen wird der Gehalt an Monokieselsäure, schon etwa 15 bis 20 Minuten nach Versuchsbeginn bestimmbar, natürlich ein noch höherer sein.

Die Kieselsäurelösungen enthalten, wie angegeben, noch Chlorwasserstoff entsprechend der für ihre Beständigkeit günstigsten Acidität von 1 HCl auf 10 bis 20 SiO_2. Den Berechnungen der Molekulargewichte, worüber unten genauere Angaben folgen, liegt die ungünstigste Annahme zugrunde, daß der gesamte Chlorwasserstoff frei und in Ionen dissoziiert vorhanden sei. Dies ist indessen nicht der Fall. Ein Teil des Chlorwasserstoffs ist mit dem Siliciumhydroxyd zu einem basischen Chlorid verbunden, etwa

$$\mathrm{Si}\begin{cases}\mathrm{OH}\\ \mathrm{OH}\\ \mathrm{OH}\\ \mathrm{Cl}\end{cases},$$

das mit freier Kieselsäure + Chlorwasserstoff im Gleichgewicht steht. Bei der Titration der salzsäurehaltigen Lösungen beobachtet man gegen das Ende hin langsame Neutralisation, allmählichen Umschlag des Indicators. Wenn z. B. mit Methylrot der Umschlag in Gelb stattgefunden hat, so kehrt in $^1/_4$ bis $^1/_2$ Minute die rote Farbe zurück, und diese Erscheinung wiederholt sich, langsamer werdend, mehrmals, bis das gesamte Cl-Ion erfaßt ist.

Die Wasserstoffionenkonzentration verdünnter Salzsäuren wird durch ihren Gehalt an den amphoteren Kieselsäuren beträchtlich vermindert[9]. In potentiometrischen Messungen wurden chlorwasserstoffhaltige Dikieselsäurelösungen mit einem Gehalt von 0,5% SiO_2 mit reinen Salzsäuren bei 20° verglichen.

	p_H von Chlorwasserstoffsäure in reiner Lösung	mit 0,5% SiO_2
$^n/_{50}$	1,7	2,1
$^n/_{100}$	2,0	2,5
$^n/_{500}$	2,7	3,3
$^n/_{3000}$	3,5	4,1

Molekulargewichtsbestimmung. Für jede Bestimmung wurde der Gefrierpunkt des für die Hydrolyse des Siliciumchlorids angewandten Wassers gemessen. Den Gehalt der Lösungen an SiO_2 bestimmten wir durch Verdampfen von 10 ccm und Verglühen des Rückstands. In einer weiteren 10-ccm-Probe wurde die Salzsäure durch Titration bestimmt. Daraus ergab sich unter Voraussetzung vollständiger elektrolytischer Dissoziation der auf den Chlorwasserstoff entfallende Anteil der Depression.

Im Beispiel 1 war das Silberoxyd noch ganz langsam eingetragen worden, so daß die Acidität ständig die günstige weit übertraf. Die frische Lösung ergab M = 96, nach 6 Tagen M = 400.

Im Beispiel 2 besaß die Lösung am Ende des Versuches $^n/_{100}$-HCl-Gehalt und ergab frisch M = 75, nach weiteren 45 Minuten M = 83, nach 24 Stunden M = 160, nach 4 Tagen M = 320.

Im Beispiel 3 war die Lösung am Ende des Versuchs $^n/_{200}$-salzsauer. Die frische Lösung ergab M = 72, nach weiteren 30 Minuten M = 80, nach 11 Tagen M = 372.

[9] Eine Untersuchung von O. LÖSENBECK (Kolloidchem. Beihefte **16**, 27 [1922]) behandelte die Herabsetzung der Leitfähigkeit von Chlorwasserstoff durch Kieselsäuresole. Es erscheint uns zweifelhaft, ob nicht die angewandten Hydrosole noch molekulargelöste Kieselsäure enthalten haben, wie überhaupt viele Untersuchungen über kolloide Kieselsäure mit Mischungen von Solen und molekularen Lösungen der Kieselsäure ausgeführt zu sein scheinen.

Für eine dieser Bestimmungen, z. B. die letzte, seien die gefundenen Zahlen angegeben.

In 10 ccm waren enthalten 45,9 mg SiO_2 und HCl entsprechend 0,53 ccm $^n/_{10}$-NaOH. Δ a) $1^1/_2$ Stunde nach Versuchsbeginn 0,138°, b) nach weiteren 30 Minuten 0,127°, c) nach 11 Tagen 0,043°. Auf den Chlorwasserstoff allein entfällt $\Delta = 0{,}020°$.

Darstellung von Dikieselsäure.

Um Lösungen darzustellen, die nach ihren Gefrierpunktserniedrigungen der Dikieselsäure entsprechen, verfährt man wie im vorigen Abschnitt angegeben, nimmt aber die Entfernung des Chlorwasserstoffs entsprechend der Vorschrift unserer ersten Arbeit erst nach beendetem Einblasen des Siliciumchlorids vor. Das wasserklare Reaktionsprodukt[10] wird zur Gewinnung einigermaßen haltbarer Lösungen mit Silberoxyd behandelt zu einem Restgehalt von $^n/_{100}$ bis $^n/_{1000}$-HCl, oder man entfernt die Salzsäure quantitativ zur Herstellung chlorwasserstoffreier, allerdings viel unbeständigerer Lösungen. Während des Neutralisierens wird dauernd gekühlt und gerührt. Die vollständige Entfernung der Salzsäure, für die man einen Überschuß von Silberoxydpaste braucht, ist langwierig, da die letzten Anteile des Chlorwasserstoffs träge reagieren, und da dann oft auch Silberoxyd von der Kieselsäure aufgelöst wird. Die salzsäurefreien Lösungen sind vom kolloiden Chlorsilber schwer klar zu filtrieren. Zur Klärung eignet sich am besten reine Tierkohle.

In einer Reihe von Beispielen (siehe unten) erhielten wir Lösungen, die, in 2 bis 3 Stunden bereitet, Molekulargewichte (als SiO_2 berechnet) von etwa 120 bis 130 (anstatt ber. 120) aufwiesen. Nach diesen Bestimmungen können die Lösungen entweder hauptsächlich Dikieselsäure oder Gemische von Monokieselsäure mit Oligokieselsäuren enthalten. Für erstere Möglichkeit sprechen die Ergebnisse der Dialyse; aus den beschriebenen Lösungen diffundiert die Kieselsäure rasch und vollständig durch die sog. Fischblasenmembran. Auch spricht die beobachtete Unbeständigkeit der einfachsten Kieselsäuren bei ungünstiger Wasserstoffzahl entschieden dagegen, daß ein beträchtlicher Anteil an Monokieselsäure in den während der Darstellung zu stark saueren und nach Entfernung des Chlorwasserstoffs zu schwach saueren Lösungen erhalten geblieben ist.

Die Dikieselsäure zeigt zufolge den Molekulargewichtsbestimmungen bei verschiedenen p_H eine immerhin stundenlange Haltbarkeit. Ihre weitere Kondensation verläuft langsamer als die der Monokieselsäure. In 24 Stunden wurde ein Ansteigen des Molekulargewichts in $^n/_{100}$-salzsaurer Lösung, 0,5proz. an SiO_2, von 75 um 113%, dagegen von den Anfangswerten 127 und 133 bei derselben Acidität und dem gleichen Siliciumgehalt um 23 und 22% beobachtet. Auch aus diesen Erscheinungen kann

[10] Wie R. ZSIGMONDY (Kolloidchemie V, 5. Aufl., II. Spezieller Teil, Leipzig 1927, S. 66), so bezeichnen auch neuerdings W. BILTZ und E. RAHLFS (Z. f. anorg. Chem. **172**, 273 [1928], und zwar S. 285) dieses Reaktionsprodukt als ein Kieselsol.

man den Schluß ziehen, daß in den Dikieselsäurelösungen vom Molekulargewicht ca. 120 kein großer Betrag an Monokieselsäure (neben Trikieselsäure) enthalten sein kann.

Veränderlichkeit der Dikieselsäure bei verschiedenen Aciditäten. Die Molekulargewichtsbestimmungen wurden ebenso wie bei Monokieselsäure ausgeführt, die bemerkenswerteren sind in der folgenden Tabelle zusammengestellt. Da es sich bei den alternden Lösungen um sehr geringe Gefrierpunktserniedrigungen handelte, war besondere Vorsicht nötig, um genügende Genauigkeit der Bestimmungen zu erzielen. Das Thermometer, unter einer Anzahl weniger tauglicher ausgewählt, ergab mit 0,5% Lösungen von Harnstoff u. a. immer Einstellungen, die auf ± 0,0015° übereinstimmten. Die Rührung mittels eines Metronomen, dessen Kontakte auch auf lange Dauer zuverlässig funktionierten, erfolgte gleichmäßig mit 14 Hüben in 10 Sekunden. Die Unterkühlung betrug stets gleichmäßig 0,500° ± 0,003°. Die Genauigkeit der Messungen dürfte ± 0,002° betragen haben. Die Anfangswerte sind daher auf ± 1%, die mittleren Werte auf ± 10%, die Endwerte (um 1000) auf etwa ± 20% genau.

Einige Werte verbesserten sich im Laufe des ersten Tages (z. B. 131 nach 134, 112 nach 133, 127 nach 129). Dies dürfte darauf zurückzuführen sein, daß anfangs etwas mehr Chlorwasserstoff an Siliciumhydroxyd gebunden war, der allmählich entsprechend dem Gleichgewicht bei der niedriger eingestellten Acidität der Lösung frei wurde.

Molekulargewichtsbestimmungen beim Altern salzsäurehaltiger Dikieselsäurelösungen.

Nr.	HCl-Gehalt	frisch	6—8 Stunden später	1	2	6	12	17 Tage alt
1	n/10	249		730		730		845
2	n/30	123						
3	n/50	134	131	200		430?		>1000
4	n/100	133	112	150				
5	n/100	127		150		380		
6	n/170	140		200			700	
7	n/200	157		220		420		500
8	n/500	133		240			1000	
9	n/1000	176[11]	169		200		340	
10	n/1000	114	169					
11	n/1800	122	143					>1000
12	n/3000	129	127	280		>1000		
13	neutral	170				>1000		
14	neutral	310				>1000		
15	neutral	608				>1000		

Darstellung molekular gelöster Oligokieselsäuren.

Die schon während der Entstehung auf $^{n}/_{70}$- bis $^{n}/_{200}$-HCl eingestellten Lösungen der Monokieselsäure scheinen nach 4- bis 6tägigem Altern zufolge den Molekulargewichtsbestimmungen Gemische von Tetra- bis Hexakieselsäure zu enthalten; bei weiterem Stehen wird die Stufe der Hexakieselsäure nur langsam überschritten. Ähnlich zusammengesetzte Oligokieselsäuren gehen aus den beschriebenen Lösungen von Dikieselsäure hervor, wenn sie auf einen HCl-Gehalt von $^{n}/_{100}$ gebracht und eine bis zwei Wochen sich überlassen bleiben.

Es kam vor, daß solche aufbewahrte Lösungen bei mittleren Molekulargewichten noch nicht die Myliussche Eiweißreaktion der β-Kieselsäure zeigten. Zum Beispiel

[11] In diesem Falle war die Darstellung langsamer, die Einwirkung höherer Acidität einige Stunden länger.

lieferte Dikieselsäure beim Stehen im Eisschrank in 7 Tagen eine Lösung, die nach dem Molekulargewicht schon die Kondensationsstufe der Tetrakieselsäure überschritten hatte, und die mit der 2proz. Eiweißlösung nur eine kaum merkliche Trübung zeigte. Andere Lösungen wurden beobachtet, die aus Dikieselsäure hervorgegangen und bei genau neutraler Reaktion 4 Tage bei 5 bis 8° aufbewahrt oder 12 Tage an einem kühlen Ort gestanden, mit Eieralbuminlösung noch vollkommen klar blieben. In diesen Lösungen müssen die Molekulargewichte (im letzgenannten Beispiel M = 340 bestimmt) die Werte der Anfangsglieder (Tetrakieselsäure) schon übertroffen haben. Lösungen, die durch Alterung die Grenze der Hexakieselsäure überschritten hatten, gaben schon Trübung mit Eiweiß.

Die Reihe der molekular gelösten Oligokieselsäuren, die keine Kolloidreaktionen geben, reicht nach diesen Erfahrungen über Tetrakieselsäure hinaus, und die Grenze zwischen α- und β-Kieselsäuren scheint sogar jenseits der Hexakieselsäure zu liegen.

Zur Dialyse der Kieselsäure.

Die Diffusionsgeschwindigkeit der Kieselsäure hängt, wie in der vorigen Mitteilung angegeben, von ihrem Alter ab. Mit der Zunahme des Molekulargewichts, worauf außer der Temperatur namentlich die Acidität der Lösung von Einfluß ist, geht beim Altern die Abnahme der Dialysierbarkeit Hand in Hand.

Für einen Versuch diente eine bis auf $^{n}/_{1800}$-HCl-Gehalt neutralisierte Lösung. Von 100 ccm, die 0,449 g SiO_2 enthielten, diffundierten durch die sog. Fischblase in 4 Stunden 0,090 g = 18%.

Nach achttägigem Stehen im Eisschrank trübte die Lösung noch nicht Eiweiß, aber die Reaktion trat bald nachher ein. Aus der 8 Tage alten Lösung wanderten in 4 Stunden nur noch 0,0120 g = 2,5% in die Außenflüssigkeit des Dialysators.

In einem anderen Versuch war die Kieselsäure $^{n}/_{1000}$-salzsauer. Von dieser Lösung, M = 176, 100 ccm 0,4360 g SiO_2 enthaltend, dialysierten durch die Fischblase in 4 Stunden 0,1510 g SiO_2 = 34%.

Nach viertägigem Stehen bei 5 bis 8° war M erst auf 300 gestiegen. Nun dialysierten noch in 4 Stunden 0,0900 g = 21%.

Vollständige Dialyse gelingt leicht, sobald man günstige Acidität einstellt. Eine Dikieselsäure vom Molekulargewicht 127, das während des Versuchs in 24 Stunden auf 140 anstieg, wurde unter Rühren mittels eines Luftstroms aus dem Hammelblinddarm dialysiert. Angewandt waren 200 ccm $^{n}/_{100}$-HCl-Lösung, 0,940 g SiO_2 enthaltend. Die Außenflüssigkeit war fließende $^{n}/_{200}$-Salzsäure. In 24 Stunden diffundierten durch den Dialysator 93, in 48 Stunden 99,6% der Kieselsäure. Die Innenflüssigkeit, 170 ccm, enthielt nämlich nur noch 3,4 mg. Der Dialysator wurde am Versuchsende dicht befunden. Dieses Ergebnis widerlegt die Annahme, daß in den Präparaten von M = etwa 120 Gemische von niedrigen und hohen Kieselsäuren vorliegen.

Wenn im grundlegenden Versuche von TH. GRAHAM[12] von der aus Wasserglas mit großem Überschuß von Salzsäure erhaltenen Kieselsäure in 24 Stunden durch die Pergamentpapierscheidewand 5% (neben 86% der Salzsäure) diffundierten und dann nichts mehr, so muß die Hauptmenge der Kieselsäure in der zu stark saueren Lösung weitgehende Kondensation erlitten haben.

Zur Flüchtigkeit der Kieselsäure.

Bei der Destillation von Kieselsäurelösungen unter niedrigem Druck hatten wir beobachtet, daß sich mit dem Wasserdampf geringe Mengen, Bruchteile eines mg bis zu einigen mg, Kieselsäure verflüchtigten. Die Wiederholung dieses Versuchs hat in den letzten Jahren zu vielen ähnlichen Beobachtungen geführt. Aber es gelang nicht, die verflüchtigten Mengen in reproduzierbarer Weise über diese Angaben hinaus zu steigern, und es ist auch in einer Anzahl von Beispielen vorgekommen, daß nichts oder fast nichts im Destillat enthalten war. Dann hat die vorliegende Untersuchung zu dem Ergebnis geführt, daß die aus Siliciumchlorid gewonnenen Lösungen vom Molekulargewicht ca. 120 nur sehr wenig Monokieselsäure enthalten, der allein die Eigenschaft der Flüchtigkeit zugeschrieben werden konnte. Die Versuche zur Steigerung der veıflüchtigten Mengen waren es, die zur Auffindung der Monokieselsäure geführt haben. Dadurch ist erst jetzt eine bessere Grundlage für die Fortsetzung der Versuche über die Flüchtigkeit gewonnen worden.

Über die Kieselgele.

Die Kondensation der Kieselsäure kann entweder auf dem Wege von Mono-, Di-, Oligo- zu Polykieselsäure durch fortschreitende Verkettung mehrerer Moleküle unter Wasseraustritt (äußere Anhydridbildung) oder durch intramolekularen Wasseraustritt und Polymerisation der wasserärmeren, niedrigen Kieselsäuren zustande kommen. Im ersteren Falle werden noch Abstufungen im Wassergehalt durch innere Anhydrisierung hinzukommen.

Einfache Formeln der pulvrigen Kieselsäuren und der Gele mögen ähnlich zu verstehen sein, wie z. B. die Zusammensetzung der Stärke $C_6H_{10}O_5$. Die pulvrige Dikieselsäure von R. SCHWARZ und E. MENNER und ebenso zusammengesetzte Gallerten müssen also nicht sein $(Si_2O_5H_2)_n$, sie können auch sein $(SiO_3H_2)_n - (n-1)H_2O$.

Durch die Fällung von Siliciumchlorid mit konz. Salzsäure, andererseits bei schwach alkalischer Reaktion mit Ammoniak-Ammonchlorid hatten wir[13] Kieselgele erhalten, die nach unserer Acetontrocknungsmethode ungefähr die Zusammensetzung $2SiO_2 \cdot H_2O$ aufwiesen. Dies ist dieselbe Zusammensetzung, wie sie das Acetontrocknungsverfahren auch in den Händen von R. SCHWARZ und H. RICHTER[14] für die Kieselsäuregele ergibt. Es wäre aber nicht erlaubt, anzunehmen, daß dies die

[12] Ann. d. Chem. **121**, 1 [1862], und zwar S. 37.
[13] Vgl. unsere älteren Angaben B. **58**, 2462 [1925], und zwar S. 2464.
[14] B. **60**, 2263 [1927], und zwar S. 2267.

Zusammensetzung aller Kieselgele sei; es gibt wasserreichere und wasserärmere, aber die den Wassergehalt bestimmenden Einflüsse sind noch nicht genügend erforscht. Nur einige Beispiele von Gelen mit verschiedenem Wassergehalt seien angeführt. Alle wurden mit Aceton und Petroläther ebenso wie früher die Tonerden getrocknet[15].

$3\,SiO_2 \cdot 2\,H_2O$ ber. H_2O 19,9%
$2\,SiO_2 \cdot H_2O$ ber. H_2O 14,9%
$3\,SiO_2 \cdot H_2O$ ber. H_2O 9,9%.

1. Versuch. Zur Zersetzung von 50 g $SiCl_4$ diente 1 l konz. Salzsäure bei 3°. So nimmt die Hydrolyse sehr gelinden Verlauf, langsam scheidet sich die Gallerte aus, die das ganze Volumen erfüllt. Eine Stunde nach Verdünnen Auswaschen mittels Zentrifuge. a) Gef. 15,0% H_2O; b) nach 15 tägigem Stehen unter Wasser gef. 15,7% H_2O.

2. Versuch. Die Zersetzung von 50 g $SiCl_4$ erfolgte mit 2,5 l Wasser, enthaltend 26,6 g NH_3 + 67,0 g NH_4Cl, d. i. auf 1 $SiCl_4$: 5 NH_3 + 4 NH_4Cl, also schwach alkalisch. Nach rascher Isolierung gef. H_2O 15,58%. Wiederholung des Versuches gef. H_2O 15,57%.

3. Versuch. Das in der Zentrifuge gründlich gewaschene Präparat des vorigen Versuchs ergab nach 100 tägigem Stehen mit Wasser nur 11,45% H_2O. Der Anhydrisierungsvorgang war wahrscheinlich noch nicht beendet.

4. Versuch. Die Hydrolyse geschah bei etwas stärker alkalischer Reaktion, nämlich mit 10 NH_3 + 8 NH_4Cl auf 1 $SiCl_4$. Das schnell ausgewaschene Gel enthielt 21,8% H_2O.

Der Notgemeinschaft der Deutschen Wissenschaft drücken wir unseren aufrichtigen Dank aus für die Förderung dieser Arbeit durch ein (Herrn K. Lobinger gewährtes) Forschungsstipendium.

[15] R. Willstätter und H. Kraut, B. 57, 1082 [1924].

Nachtrag zum Abschnitt IX.

Bisher unveröffentlicht; die Veröffentlichung in der Zeitschrift für physiologische Chemie ist beabsichtigt.

132. ÜBER DIE PROTEASEN DER MAGENSCHLEIMHAUT.

Von RICHARD WILLSTÄTTER und EUGEN BAMANN.

Erste Abhandlung über die Enzyme der Leukocyten.

(Aus dem Chemischen Laboratorium der Bayerischen Akademie der Wissenschaften in München.)

Mit 1 Abbildung im Text.

(Abgeschlossen am 28. September 1928.)

Einleitung.

Es ist bekannt, daß die Magenschleimhaut außer dem Pepsin auch anderes proteolytisches Enzym enthält. P. BERGMAN[1] sowie O. COHNHEIM[2] fanden im Extrakt der Schleimhaut, hauptsächlich des Antrum pylori, Erepsin, das nicht sezerniert wird[3]. Eine eingehendere Untersuchung, die anregend gewirkt hat, verdanken wir K. G. DERNBY[4]. Er beobachtete in den Mucosa-Auszügen nur Pepsin; der Brei der Schleimhaut bewirkte aber bei alkalischer Reaktion (Optimum bei $p_H = 7{,}6$) deutliche Hydrolyse von Wittepepton, die einem Enzym vom Trypsintypus zugeschrieben wurde[5].

Unsere Beobachtungen über die Magenschleimhaut ergeben, daß sie in allen Teilen viel Erepsin enthält, und sie zeigen außerdem das Vorkommen einer bei schwach sauerer Reaktion wirkenden Protease an, die Gelatine, Eieralbumin und Clupein spaltet. Nach dem Vorschlag, den W. GRASSMANN und H. DYCKERHOFF[6] in der 13. Abhandlung

[1] Skand. Arch. f. Physiol. Bd. **18**, S. 143 [1906].

[2] Münch. med. Wochenschr. Bd. **54**, S. 2581 [1907].

[3] Hierauf wird eine von Herrn Prof. O. KESTNER gemeinsam mit uns demnächst zu veröffentlichende Mitteilung eingehen.

[4] A Study on Autolysis of Animal Tissues. Journ. of Biolog. Chem., Baltimore, Bd. **35**, S. 179 [1918].

[5] In einer Arbeit über die Reinigung der Magenlipase (Ztschr. f. physiol. Chem. Bd. **173**, S. 17 [1927/28], *Abh. 104*) machten wir vor kurzem ähnliche Beobachtungen wie DERNBY, aber an Auszügen aus der Magenschleimhaut, und wir suchten sie ebenso zu deuten wie DERNBY. Diese Beobachtungen über Selbstverdauung in den Mucosa-Auszügen (sie sind ähnlich wie die gleichzeitigen Versuche von H. LÜERS u. J. BADER, Biochem. Ztschr. Bd. **190**, S. 122 [1927] bei der Reinigung von Chymosin) bei neutraler oder schwach alkalischer Reaktion, die einen Gehalt an Trypsin anzudeuten schienen, haben uns zu den genaueren Versuchen veranlaßt, die hier mitgeteilt werden.

[6] Ztschr. f. physiol. Chem. (im Druck), (*Abh. 129*).

über pflanzliche Proteasen machen, ist dieses Enzym als eine. Proteinase zu bezeichnen. Ihr Wirkungsoptimum liegt bei $p_H = 3{,}5$ bis 4 (für Clupein bei 5). Beide Enzyme, die Proteinase und die Peptidase, sind schwerer extrahierbar als Pepsin.

Die genauere Beschreibung der Magenschleimhautenzyme stellt Übereinstimmung her zwischen diesem Gewebe und vielen anderen, in denen namentlich die Untersuchungen von S. G. HEDIN[7] und von K. G. DERNBY[8] Gemische von Proteasen nachgewiesen haben. Dies sind die als wenig spezifisch geltenden und nicht genau definierten Träger der Organ- und Gewebsautolysen. DERNBY hat in der Leber, in der Milz und im Pankreas bei saurer Reaktion wirkende Pepsinasen und bei alkalischer Reaktion wirkende Tryptasen gefunden, und HEDIN hat in der Milz, in der Niere und in den Lymphdrüsen Gemische verschiedener Proteasen beobachtet.

Das Bild dieser Organ- und Gewebsproteasen wird sich wesentlich vereinfachen. So wie E. WALDSCHMIDT-LEITZ und W. DEUTSCH[9] an den Lienoproteasen gezeigt haben, so scheint es allgemeiner zuzutreffen, daß nur eine im schwach sauren Gebiet wirkende Proteinase und eine bei schwach alkalischer Reaktion wirkende Peptidase für die beobachteten Spaltungen verantwortlich sind und daß auf ihr Zusammenwirken auch scheinbare tryptische Effekte zurückzuführen sind.

Es bedarf analytischer Einzeluntersuchungen von der Art wie die Identifizierung des Darmerepsins mit dem Pankreaserepsin durch E. WALDSCHMIDT-LEITZ und A. SCHÄFFNER[10], um die zweite Proteinase der Magenschleimhaut mit der in schwach sauerem Gebiet wirkenden Proteinase der Pankreasdrüse[11] (in der Darmschleimhaut scheint sie noch nicht beobachtet worden zu sein, aber man muß sie darin aufsuchen) und der Speicheldrüse und der Milz (Lienoprotease) und anderer Organe hinsichtlich ihrer Spezifität zu identifizieren und um ferner mit dem Darmerepsin zu identifizieren die Peptidase der Magenschleimhaut, der Speicheldrüse, der Milz und anderer Organe und um die Einheitlichkeit dieses Erepsins, die es von den Hefepeptidasen unterscheiden würde, noch genauer nachzuprüfen.

Der Nachweis der in schwach saurem Gebiete wirkenden Proteinase der Magenschleimhaut regt dazu an, ihre Entstehung und Funktion und die des Erepsins genauer zu prüfen. Es ist heute üblich, die Eiweißverdauung auf die Wirkung von Pepsin, Trypsin und Erepsin zurückzuführen, und es wird zumeist angenommen, daß das letztere als ein Darmsekret auftrete, wie die beiden anderen von Drüsen sezerniert werden. Die Beobachtungen an den nicht sezernierten, sondern, wie wenn sie Zellbestandteile wären, in der Schleimhaut enthaltenen beiden Enzyme der Magenmucosa deuten auf einen größeren Unterschied hin zwischen den Sekreten Pepsin und Trypsin einerseits

[7] S. G. HEDIN und S. ROWLAND, Ztschr. f. physiol. Chem. Bd. **32**, S. 341 u. 531 [1901]; S. G. HEDIN, Journ. of Physiol. Bd. **30**, S. 155 [1904]; Bioch. Journ. Bd. **2**, S. 112 [1906/07]; Journ. of Biolog. Chem. Bd. **54**, S. 177 [1922]; Ztschr. f. physiol. Chem. Bd. **122**, S. 307 [1922]; Ztschr. f. physiol. Chem. Bd. **125**, S. 289 [1923].

[8] Biochem. Ztschr. Bd. **81**, S. 107 [1917]; Journ. of Biolog. Chem. Bd. **35**, S. 179 [1918].

[9] Ztschr. f. physiol. Chem. Bd. **167**, S. 285 [1927] (*Abh. 116*).

[10] Ztschr. f. physiol. Chem. Bd. **151**, S. 31 [1926] (*Abh. 112*).

[11] K. G. DERNBY, Journ. of Biolog. Chem. Bd. **35**, S. 179 [1918], und zwar S. 213.

und den in den Geweben wirkenden Enzymen (Proteinase und Peptidase) andererseits, hinsichtlich ihrer Bildungsweise und der Art ihrer Beteiligung an der Eiweißumformung. Es scheint nur eine von ihren Funktionen in den Schleimhäuten des ganzen Verdauungstraktes zu sein, die Resorption der Proteine und ihrer Abbauprodukte zu vermitteln.

Mit einer einfachen Annahme, die als Arbeitshypothese für die nächsten analytischen Versuche wegleitend sein soll, lassen sich alle an den proteolytischen Enzymen des Verdauungstraktes und anderer Organe gesammelten Beobachtungen einheitlich verstehen. Diese Annahme geht dahin, daß außer Pepsin und Trypsin zwei nicht (in Form wahrer Lösungen) sezernierte proteolytische Enzyme in den Organen der höheren Tiere wirken, und daß sie die Proteasen der farblosen Blutzellen sind. Es ist wohlbekannt[12], daß die granulierten Leukocyten proteolytische Enzyme enthalten. Sie sollen mit den heutigen Methoden genauer untersucht und mit der schwach sauer wirksamen Proteinase und mit dem Erepsin verschiedenen Vorkommens verglichen werden. Es wird weiter zu untersuchen sein, ob dieselben farblosen Blutzellen die beiden Enzyme enthalten oder ob mit der morphologischen Differenzierung eine enzymatische verbunden ist.

Es läßt sich kaum umgehen, für die bei schwach sauerer Reaktion wirkende Proteinase (Magenschleimhaut-Proteinase, wahrscheinlich gleich Lienoprotease) einen besonderen Namen einzuführen; wir schlagen dafür die Bezeichnung Kathepsin vor (von καθέψειν = verdauen). Sind Kathepsin und Erepsin ubiquitär, weil sie die proteolytische Ausrüstung der von allen Bindegeweben gebildeten Leukocyten darstellen? Der leukocytäre Apparat der Darmzotten, der Magenmucosa und Submucosa, überhaupt aller Schleimhäute des Verdauungstraktes scheint mit diesen beiden Enzymen die von den Sekreten (Pepsin und Trypsin) eingeleitete Spaltung der Eiweißkörper zu vollenden und ihre Resorption zu bewirken.

Es bedarf also weiterer Untersuchungen, um zu entscheiden, ob nicht Pepsin und Trypsin allein in wahren Lösungen sezerniert werden, Kathepsin und Erepsin hingegen in Form von Granula und ihren Suspensionen auftreten. Der Abstand zwischen beiden Möglichkeiten wird dadurch überbrückt, daß auch Drüsen ihre in Form von Granula gespeicherten Enzymvorräte nach Bedarf autolytisch aus den granulierten Zellen freilegen könnten. Die oft geprüfte Frage verdient also erneut behandelt zu werden, ob wirklich Enzyme von der Dünndarmschleimhaut in homogener Lösung sezerniert werden, ob nicht doch das Erepsin des Darms und das Erepsin der Pankreasdrüse wie das Kathepsin der letzteren leukocytär gebunden auftreten. Auch wenn diese Enzyme von leukoytärer Herkunft sind und von den Wanderzellen transportiert werden, ist es immerhin möglich, daß sie an gewissen Stellen durch die Autolyse der Blutzellen auch freigelegt und dann sezerniert vorkommen. E. WALDSCHMIDT-LEITZ und J. WALD-

[12] ST. MANCINI, Biochem. Ztschr. Bd. **26**, S. 140 [1910]; M. TSCHERNORUZKI, Ztschr. f. physiol. Chem. Bd. **75**, S. 216 [1911].; J. T. PARKER and E. FRANKE, Journ. Med. Research Bd. **37**, S. 345 [1917]; K. G. DERNBY, Journ. of Biolog. Chem. Bd. **35**, S. 179 [1918] und zwar S. 204; N. FIESSINGER, Les ferments des leucocytes en physiologie, pathol. et thér. génér., Paris [1923].

SCHMIDT-GRASER[13] haben allerdings ihre letzten Beobachtungen an Darmsaft so deuten müssen, daß die Enterokinase aus Leukocyten stamme, aber nicht das Darmerepsin. Wenn mit der Beseitigung gewisser Leukocyten die Kinase zum Verschwinden gebracht wird, aber nicht zugleich das Erepsin, so ist es dennoch möglich, daß Leukocyten von verschiedener Art und Bildung als Träger der Kinase und des Erepsins in Betracht kommen[14].

Unsere Annahme, daß Kathepsin und Erepsin als Leukocytenenzyme in den Schleimhäuten des Magens und des Dünndarms vorkommen und wirken, stimmt gut zu den histologischen Beobachtungen über die Anhäufung der Leukocyten an diesen Stellen. Sie stimmt auch gut zu der Erscheinung der „Leukopedesis gastrica", die von M. LOEPER und G. MARCHAL[15] eingehend untersucht und als durchaus normales Phänomen betrachtet wurde. Das Auftreten der Leukocyten, welche nach LOEPER und MARCHAL die Pepsinverdauung unterstützen sollen, wird durch sehr verschiedene Substanzen ausgelöst, die in den Magen eingeführt werden. Es ist daher nötig, die Verdauungssäfte (Speichel, Magensaft und Darmsaft) vor der Untersuchung auf gelöste Enzyme sorgfältig von Zellen, und zwar unter Hintanhaltung ihrer Autolyse, zu befreien.

Experimenteller Teil.

I. Nachweis der in schwach sauerem Gebiet wirkenden Proteinase (Kathepsin).

Die Untersuchungen über die p_H-Abhängigkeit der Pepsinwirkung sind von S. P. L. SÖRENSEN[16], von L. MICHAELIS und A. MENDELSSOHN[17], von P. RONA und H. KLEINMANN[18] und von J. H. NORTHROP[19] stets mit käuflichen Präparaten von Pepsin ausgeführt worden, also nicht mit einheitlichem Enzym, das noch nicht zugänglich ist, oder wenigstens mit reinem Magensaft. Die proteolytische Einheitlichkeit des Handelspepsins ist aber schon wiederholt bezweifelt worden, zuerst von E. ABDERHALDEN und P. RONA[20]. M. TAKEMURA[21] fand im Kosselschen Institut, daß käufliches Pepsin in einzelnen Fällen eine Wirkung auf Clupein ausübte, die auf eine Beimischung von β-Protease hindeutete[22].

[13] Ztschr. f. physiol. Chem. Bd. **166**, S. 247 [1927] (*Abh. 115*).

[14] E. WALDSCHMIDT-LEITZ und J. WALDSCHMIDT-GRASER begegneten in reinem normalem Darmsekret nur dem Erepsin. Wenn in gewissen Fällen Enterokinase bei der Spülung einer isolierten Darmschlinge gefunden wurde, so war sie auf Beimischung von Leukocyten aus den Follikeln der Darmwand zurückzuführen. In solchen Fällen nahm die Menge der Kinase bei der Spülung vereiterter Darmschlingen ab und verschwand, sie ging mit dem Leukocytengehalt des Sekrets parallel, während zu gleicher Zeit das Erepsin sich nicht verminderte. Aber muß dann wirklich Erepsin als ursprüngliches Sekretionsprodukt der Darmschleimhaut gelten, können nicht andere Blutzellen als die kinaseführenden Eiterzellen das Erepsin hervorbringen?

[15] Compt. rend. des séances de la soc. de biol. Bd. **87**, S. 640 und 1083 [1922].

[16] Biochem. Ztschr. Bd. **21**, S. 131 [1909], und zwar S. 288.

[17] Biochem. Ztschr. Bd. **65**, S. 1 [1914].

[18] Biochem. Ztschr. Bd. **150**, S. 444 [1924]; Bd. **155**, S. 34 [1925]; Bd. **159**, S. 146 [1925].

[19] Journ. of Gen. Physiol. Bd. **5**, S. 263 [1922]; Bd. **7**, S. 603 [1925].

[20] Ztschr. f. physiol. Chem. Bd. **47**, S. 359 [1906].

[21] Ztschr. f. physiol. Chem. Bd. **63**, S. 201 [1909], und zwar S. 206; vgl. auch: K. HIRAYAMA, Ztschr. f. physiol. Chem. Bd. **65**, S. 290 [1910].

[22] Die gleichartige Wirkung eines Magenfistelsaftes erlaubt keine Schlußfolgerung. Der Saft war gewiß nicht zentrifugiert, er kann Leukocyten enthalten haben.

Für unsere ersten Versuche diente Pepsin von E. Merck, und zwar Pepsin. pulv. solub. Pharm. Brit. 1914 („löst 2500 Teile koaguliertes Eiweiß in 6 Stunden" [nach Mercks Index, V. Aufl., 1927]) und Pepsin. „absol. zur Anwendung nach Prof. PAYR". Diese Handelspräparate sind etwa viermal schwächer als unsere rohen ammoniakalischen Auszüge aus getrockneter Schleimhaut.

Gelatine. Angewandt 0,300 g Pepsin und 1,0 g Gelatine; die p_H-Einstellung geschah mit 5 ccm 0,2 m Citratpuffer unter Zusatz von 0,5 ccm 0,2 n-Salzsäure für $p_H = 5$, 2,5 ccm für $p_H = 4$, 5 ccm für $p_H = 3$, 8 ccm für $p_H = 2$. Während des Versuchs blieb p_H konstant. Volumen 50 ccm, 30°. Die Bestimmung des Aciditätszuwachses führten wir nach WILLSTÄTTER, WALDSCHMIDT-LEITZ, DUÑAITURRIA und KÜNSTNER[23] aus. Die Hydrolyse (Tab. 1) ergab von $p_H = 2$ bis 4 ungefähr gleiche Werte, und noch bei $p_H = 5$ war die Aciditätszunahme etwa $^2/_3$ der maximalen.

Tabelle 1.
Wirkung des Pepsins (Merck) auf Gelatine und Eieralbumin bei verschiedenen p_H.
(Die Angaben bedeuten Aciditätszunahme, ccm 0,2 n-alkohol. KOH, in 10 ccm des Versuchsansatzes.)

p_H	Vers. mit Gelatine		Vers. mit Eieralbumin	
	mit Pepsin Ph. Br.	mit Pepsin nach PAYR	mit Pepsin Ph. Br.	
	Dauer: 52 Std.	Dauer: 43 Std.	Dauer: 2 Std.	Dauer: 18 Std.
2	0,35	0,34	0,35	0,80
3	0,32	0,35	0,25	0,65
4	0,34	0,31	0,05	0,20
5	0,25	0,21	0,0	0,20
6	0,09	0,10	0,0	0,08
7	0,07	—	—	—

Eieralbumin. Angewandt 0,150 g Pepsin Pharm. Brit., 1,0 g Eieralbumin (Kahlbaum) in 50 ccm Lösung bei 30°. Zur p_H-Einstellung waren außer 5 ccm Citratpuffer noch erforderlich für $p_H = 6, = 5, = 4, = 3, = 2$: 0,10, 0,20, 1,30, 2,90, 5,00 ccm n-Salzsäure. Die Spaltungsbeträge (Tab. 1) sind mit diesem Substrat größer. In den ersten Stunden liegt das p_H-Optimum, nach der weniger saueren Seite scharf abfallend, in dem für Pepsin bekannten Bereich, allmählich kommt aber daneben die Wirkung bei $p_H = 3$ bis 5 zur Geltung.

Clupein. Angewandt 0,300 g Pepsin Pharm. Brit. und 10 ccm 5 proz. Lösung von Clupeinsulfat, deren p_H etwa 3,5 ist und mit 1,5 ccm n-Salzsäure auf $p_H = 2$ gebracht wurde; für die Versuche bei $p_H = 6$ und 7,5 neutralisierten wir die Clupeinlösung mit verdünntem Ammoniak. Der Versuchsansatz enthielt 5 ccm 0,2 m-Citratpuffer und betrug 25 ccm. Die Beobachtungen zeigen, daß die optimale Wirkung bei diesem Substrat im schwächer saueren Gebiet ($p_H = 5$) liegt (Tab. 2).

Tabelle 2.
Wirkung von Pepsin (Merck) auf Clupein bei verschiedenen p_H (30°, 48 Std.).
(Die Angaben bedeuten Aciditätszunahme, ccm 0,05 n-alkohol. KOH in 5 ccm des Versuchsansatzes.)

$p_H =$	2	4	5	6	7,5
	0,20	0,30	0,55	0,25	0,0

[23] Ztschr. f. physiol. Chem. Bd. **161**, S. 191 [1926] (*Abh. 103*).

Mit dem käuflichen Pepsin sollen nun frisch bereitete Auszüge aus getrockneter Mucosa verglichen werden.

Die Magenschleimhaut von 16 einjährigen Schweinen, die gemäß der Schlachtungsart entblutet waren, wurde so gut wie möglich in Cardia-, Fundus- und Pylorusregion zerlegt. Nach dem Zerkleinern entfetteten und trockneten wir den Brei durch zweimalige $^1/_2$stündige Behandlung mit der zehnfachen Menge Aceton und durch zweimalige Einwirkung der fünffachen Menge Äther während 5 bis 10 Minuten. Die Ausbeute in Form eines groben Pulvers von schwach grau-gelblicher Farbe betrug 55 g Cardia-, 170 g Fundus-, 55 g Pylorusschleimhaut. Zur Kennzeichnung dieser Anteile sei ihre lipatische Wirksamkeit angeführt.

Je 1 g Cardiaschleimhaut enthält 350, Fundusregion 11, Pylorusanteil 20 Einheiten der Tributyrinspaltung (B.$_2$-E.)[24].

Hinsichtlich der Pepsinwirkung ist die Fundusregion die günstigste, aber die Unterschiede sind lange nicht so groß wie bei der Lipase. Mit Glycerinauszügen aus je 0,58 g und mit 0,1 n-Salzsäureauszug aus je 0,40 g Schleimhaut im Versuchsansatz von 25 ccm, der 6,25 ccm 6proz. Caseinlösung und 10 ccm 0,2 n-Salzsäure enthielt, ermittelten wir in 48 Stunden bei 30° die Aciditätszunahme in 10 ccm.

	ccm 0,2 n-alkohol. KOH		
	Fundus	Cardia	Pylorus
Mit Glycerinauszug	1,10	0,45	0,65
Mit Salzsäureauszug	0,95	0,35	0,40

Für einen Teil der Versuche diente die Mucosa des Hundemagens. Die Tiere wurden bei der Tötung nicht entblutet; daher war die Magenschleimhaut blutreich, die Trockenpräparate behielten dunklere rötlich-braune Farbe.

Die Trockenpräparate der Mucosa lieferten mit der 10- bis 20-fachen Menge 0,1 n-Salzsäure oder 0,025 n-Ammoniak in $^1/_2$stündiger Einwirkung Auszüge, die bei gleichem Trockenrückstand die käuflichen Präparate weit übertrafen. Bei der Messung mit Gelatine zeigte die salzsaure Lösung (Tab. 3 und Abb.) von $p_H = 2$ bis 3 einen Rückgang der Spaltung auf etwa die Hälfte und dann einen flachen Verlauf der p_H-Abhängigkeitskurve bis $p_H = 5$. Die ammoniakalische Lösung ist verhältnismäßig wirksamer im schwach saueren Gebiete, und zwar ist die Wirkung bei $p_H = 4$ sogar etwas größer als bei $p_H = 2$. Die Freilegung der zweiten Proteinase wird also bei schwach alkalischer Reaktion begünstigt. Die Aciditätszunahmen in fast neutralem Medium sind gewiß von Erepsin beeinflußt, dagegen ist es ausgeschlossen, die Hydrolyse in schwach sauerem Gebiete auf Zusammenwirken von Pepsin und Erepsin zurückzuführen. Erepsin ist nämlich (vgl. die Beobachtungen über seine p_H-Abhängigkeit im folgenden) schon bei $p_H = 5$ wirkungslos und es ist in saurer Lösung sehr unbeständig.

Die Versuchsanordnung ist dieselbe wie bei Tab. 1; nur war zur p_H-Einstellung für den ammoniakalischen Auszug mehr 0,2 n-Salzsäure nötig, nämlich für $p_H = 6$, $= 5$, $= 4$, $= 3$, $= 2$: 0,5, 1,5, 4,5, 8,0, 13,0 ccm.

[24] Vgl. R. Willstätter, F. Haurowitz und F. Memmen, Ztschr. f. physiol. Chem. Bd. **140**, S. 203 [1924], und zwar S. 208; R. Willstätter und E. Bamann, Ztschr. f. physiol. Chem. Bd. **173**, S. 17 [1928], und zwar S. 21 und 24 (*Abh. 97 u. 104*).

Tabelle 3.
Wirkung von Auszügen der getrockneten Magenschleimhaut auf Gelatine bei verschiedenen p_H; 66 Stunden; 30°.
(Die Angaben bedeuten Aciditätszuwachs, ccm 0,2n-KOH in 10 ccm Versuchsansatz.)

p_H	Salzsaurer Auszug aus 0,45 g Trockenmucosa	Ammoniakalischer Auszug aus 1,5 g Trockenmucosa
2,0	0,25	0,45
3,0	0,12	0,39
4,0	0,10	0,50
5,0	0,09	0,23
6,0	0,04	0,20
7,0	0,0	0,15
8,5	0,0	0,10

Um Auszüge wie die hier angewandten mit unseren Handelspräparaten von Pepsin zu vergleichen, prüften wir sie unter den Bedingungen der Tab. 1 mit Eieralbumin bei $p_H = 2$ während 2 Stunden. Von den Enzymlösungen (25 ccm) aus 0,5 g gesamter Schleimhaut bewirkte a) die salzsaure (0,025 n) 0,40, b) die ammoniakalische (0,025 n) 0,60 ccm 0,2n-KOH Aciditätszunahme gegenüber c) 0,35 ccm beim Versuch mit käuflichem Pepsin. Die zugehörigen Trockengewichte sind: a) 65, b) 105, c) 150 mg.

Deutlicher als die käuflichen Enzympräparate zeigen Auszüge aus frischer Magenschleimhaut, die zweckmäßig mit Glycerin bereitet werden, mit Gelatine als Substrat neben der Pepsinwirkung eine sogar noch stärkere proteolytische Wirkung im schwächer saueren Gebiet. (Tab. 4 und Abb.) Es ist ein wesentlicher Umstand, daß die Glycerinauszüge in sehr langer Dauer (etwa 8 Wochen) bereitet waren. Das Wirkungsoptimum lag in einem Versuch bei $p_H = 3{,}5$, in zwei Versuchen (Mucosa von Schwein und Hund) bei $p_H = 4$. Der Glycerinauszug aus Hundemagenschleimhaut wies die Wirkung im schwach saueren im Vergleich zum stark saueren Gebiet in überragender Weise auf. Die hier verhältnismäßig stärkere Wirkung der schwach saueres Medium erfordernden Proteinase ist vielleicht durch den Blutgehalt der Schleimhaut (siehe oben) bedingt. Die noch bei ungefähr neutraler Reaktion nicht unerhebliche Gelatinespaltung ist

Tabelle 4.
Wirkung von Glycerinauszügen aus frischer Magenschleimhaut auf Gelatine bei verschiedenen p_H; 30°.
(Die Angaben bedeuten Aciditätszuwachs, ccm 0,2n-alkohol. KOH, in 10 ccm des Versuchsansatzes.)

p_H	Magen des Schweines Angew. Mucosa entspr. Trockengew.		Magen des Hundes Angew. Mucosa entspr. Trockengew.
	0,36 g 65 Std.	1,80 g 20 Std.	1,80 g 24 Std.
2,0	0,55	0,70	0,39
3,0	0,50	—	0,55
3,5	—	0,90	—
4,0	0,60	0,52	0,72
5,0	0,25	0,21	0,43
6,0	0,18	0,17	0,22
7,0	0,20	0,16	0,14
8,3	0,15	0,02	0,10
9,0	0,05	0,05	0,08

nicht allein der Proteinase zuzuschreiben, sondern zu ihrer Wirkung dürfte sich hier die des Erepsins gesellen.

Die Versuchsanordnung war die gleiche wie bei den Messungen der Tab. 1; nur in der ersten Versuchsreihe (mit 0,36 g Trockensubstanz) war die Substratmenge verdoppelt (2 g in 50 ccm), daher war auch die zur p_H-Einstellung nötige Menge 0,2 n-Salzsäure zu verdoppeln.

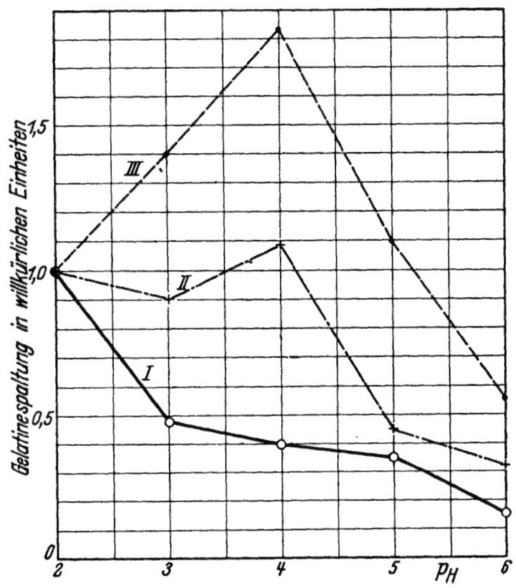

p_H-Abhängigkeit der proteolytischen Gelatinespaltung durch Magenschleimhautauszüge.
I. Salzsaur. Ausz. der getrockn. Schleimhaut (Schwein) 0,45 g, 66 Std. (Tab. 3).
II. Glycerinausz. der frischen Schleimhaut (Schwein) 0,36 g Trockengew., 65 Std. (Tab. 4).
III. Glycerinausz. der frischen Schleimhaut (Hund) 1,80 g Trockengew., 24 Std. (Tab. 4).

Die beobachteten Werte von ccm 0,2 n-KOH sind derart umgerechnet, daß die bei $p_H = 2$ gefundenen als Einheit dienen.

II. Prüfung auf Trypsinwirkung.

K. G. Dernby glaubte in der Magenschleimhaut, nicht in ihren Auszügen, Enzyme vom Trypsintypus nachzuweisen, die ein ausgesprochenes p_H-Optimum von 7,6 erkennen ließen. Als Substrat diente Wittepepton. Da wir an Gelatine keine tryptische Wirkung beobachten können, wird die von Dernby im schwach alkalischen Gebiet gefundene Spaltung auf ereptische Hydrolyse von Peptiden in dem angewandten Substrat zurückgeführt werden müssen.

Gemäß der Trypsinbestimmung nach Willstätter, Waldschmidt-Leitz, Duñaiturria und Künstner prüften wir die Glycerinauszüge aus frischer Mucosa (Schwein und Hund) mit und ohne Aktivierung durch Enterokinase. Die Aciditätszunahmen nach 24 Stunden entsprachen 0,10 bis 0,12, nach 48 Stunden 0,18 ccm 0,2 n-alkohol. KOH, während der parallele Leerversuch 0,13 ccm erforderte. Das ist ein gänzlich negatives Ergebnis. Wenn eine spurenweise Spaltung erfolgte, so ist sie der im schwach saueren Gebiet wirkenden Proteinase zuzuschreiben.

Bestimmungen mit ammoniakalischen Auszügen aus getrockneter Mucosa, ebenfalls unter Aktivierung mit Enterokinase, führten zu demselben Resultat. In Versuchen mit Cardia-, Fundus- und Pylorusanteil der Mucosa fanden wir mit 1,30 g Trockengewicht im Versuchsansatz von 50 ccm in Titrationsproben von 10 ccm (enth. 0,30 g Casein) Aciditätszunahme in 40 Stunden von 0,20 ccm gegen 0,10 ccm im Leerversuch.

III. Bestimmung der ereptischen Wirkung.

Die Prüfung der (Monate alten) Glycerinauszüge aus frischer Magenschleimhaut mit Leucylglycin (Tab. 5) ergab, daß darin ein bei p_H = ungefähr 8 optimal wirkendes ereptisches Enzym reichlich enthalten ist, das in sauerem Gebiet von $p_H = 5$ an gänzlich wirkungslos ist. Besonders die Versuche mit 20 Stunden Dauer zeigen, daß nicht Peptonbildung durch Pepsin und Peptidspaltung durch Erepsin zusammen Kathepsinwirkung vortäuschen.

Unsere Beobachtung des p_H-Optimums ist keine sehr genaue. Sie stimmt mit der Literatur genügend überein, denn E. WALDSCHMIDT-LEITZ und A. HARTENECK[25] haben für Pankreaserepsin $p_H = 7{,}8$, E. WALDSCHMIDT-LEITZ und A. SCHÄFFNER[26] für Darmerepsin $p_H = 7{,}8$, H. VON EULER und K. JOSEPHSON[27] für dasselbe $p_H = 8{,}0$ als Optimum ermittelt.

Für unsere Bestimmung der p_H-Abhängigkeit diente ein Versuchsansatz mit 12,5 ccm Lösung von 0,4705 g d-l-Leucylglycin, 2 ccm Glycerinauszug, entsprechend 0,144 g Mucosatrockengewicht, und meistens mit 0,2 m-Citratpuffer in 50 ccm, wovon je 10 ccm titriert wurden.

Tabelle 5.
Hydrolyse von d-l-Leucylglycin durch Glycerinauszug der Magenschleimhaut bei verschiedenen p_H (30°).
(Die Angaben bedeuten ccm 0,2 n-alkohol. KOH für Titr. von 10 ccm Vers.-Ans. mit 0,0941 g = 0,0005 Mol Peptid.)

p_H	Magen des Schweines Angew. Mucosa entspr. 0,029 g Trockengew.		Magen des Hundes Angew. Mucosa entspr. 0,029 g Trockengew.	
	1 Std.	20 Std.	1 Std.	20 Std.
8,6	0,82	—	0,84	—
8,0	1,00	—	—	—
7,8	—	—	0,93	—
7,5	0,83	—	—	—
7,0	0,06	1,25	0,09	—
6,0	0,03	0,25	—	—
5,0	0,0	0,0	0,0	0,0
3,5	0,0	0,0	0,0	0,0
2,0	0,0	0,0	—	—

[25] Ztschr. f. physiol. Chem. Bd. **147**, S. 286 [1925], und zwar S. 307 (*Abh. 109*).
[26] Ztschr. f. physiol. Chem. Bd. **151**, S. 31 [1925/26], und zwar S. 37 (*Abh. 112*).
[27] Ber. Chem. Ges. Bd. **59**, S. 226 [1926]; H. VON EULER, Chemie d. Enzyme, II. Teil, S. 409, München [1927].

Hinsichtlich der Beständigkeit, die natürlich von dem wechselnden Schutz durch Begleitstoffe abhängt, gleicht das Magenerepsin viel mehr dem Pankreaserepsin nach den Beobachtungen von E. WALDSCHMIDT-LEITZ und A. HARTENECK[28] als dem Darmerepsin, das sich nach E. WALDSCHMIDT-LEITZ und A. SCHÄFFNER[29] ganz anders verhält. Mit der Trocknung der Darmschleimhaut schien so gut wie vollständige Zerstörung des Erepsins verbunden zu sein. Dagegen lieferte die mit organischen Lösungsmitteln unter gewissen Vorsichtsmaßregeln getrocknete und monatelang aufbewahrte Magenmucosa beim Extrahieren ähnliche Ausbeuten an Erepsin wie die frische. In wäßriger Lösung ist das Magenenzym bei sauerer Reaktion ganz unbeständig und auch bei alkalischer Reaktion noch weniger beständig als bei neutraler; durch Zusatz von Glycerin zur neutralen Lösung wird es vollkommen haltbar. Mit Salzsäure, z. B. 0,025 n in 30 Minuten, lassen sich daher keine ereptisch wirksamen Mucosa-Auszüge herstellen. Dadurch erklärt es sich, daß das von uns geprüfte Pepsin des Handels erepsinfrei ist.

Die vergleichenden Versuche wurden mit einem 0,025 n-ammoniakalischen Auszug (150 ccm) der getrockneten Mucosa (5 g) ausgeführt, der nach Neutralisieren auf 200 ccm gebracht war. Je 50 ccm Auszug versetzten wir a) mit 25 ccm Wasser, b) 25 ccm 0,1 m-Dinatriumcitratlösung, c) 25 ccm 0,1m-Dinatriumphosphatlösung, d) 25 ccm 86 proz. Glycerin. Zur Bestimmung dienten 0,4705 g d-l-Leucylglycin und $NH_3 \cdot NH_4Cl$-Puffer im Volumen von 25 ccm bei 30° während 2 Stunden, bei $p_H = 7{,}8$; Titrationsprobe 10 ccm.

a) Die neutrale Lösung	ergab	frisch bereitet	Peptidspalt.	entspr.	0,80 ccm 0,2 n-KOH
,, ,, ,,	,,	nach 24 Std. bei 20°	,,	,,	0,30 ,, ,, ,,
b) ,, sauere	,,(p_H=5,5),,	,, 3 ,, ,, ,,	,,	,,	0,0 ,, ,, ,,
					also völlige Zerstörung.
c) ,, alkal.	,,(p_H=8,0),,	,, 3 ,, ,, ,,	,,	,,	0,20 ccm 0,2 n-KOH
d) ,, glycerinhalt.	,, ,,	,, 3 ,, ,, ,,	,,	,,	0,92 ,, ,, ,,
,, ,, ,,	,,	,, 24 ,, ,, ,,	,,	,,	0,94 ,, ,, ,,
					also völlige Beständigkeit.

Wenn eine solche wäßrige Enzymlösung beim Stehen allmählich Aktivität einbüßt, so kann die Prüfung mit verschiedenen Substraten, nämlich Di-, Tri- und Polypeptiden, unter Umständen einen Anhalt dafür bieten, ob in dem Enzym ein Gemisch von Dipeptidase und Polypeptidase vorliegt. Bei dem Erepsin der Magenschleimhaut zeigte sich ungefähr gleichmäßige Abnahme der Dipeptid- und Tripeptidhydrolyse.

	Spaltung entsprechend ccm		
	anfangs	nach 1 Std. Stehen bei $p_H = 4{,}2$	nach 1 Std. Stehen bei $p_H = 7{,}9$
Leucylglycin	0,55	0,0	0,38
Leucylglycyl-glycin . . .	0,75	0,0	0,53

Das Vorkommen des Erepsins ist ein fast gleichmäßiges in den einzelnen Regionen der Magenschleimhaut. Der Vergleich der ammoniakalischen Auszüge aus den Anteilen der getrockneten Mucosa ergab nur etwas niedrigere Werte für die Pars pylorica; aber nach der zuverlässigeren Analyse der frischen Schleimhaut durch Extrahieren mit

[28] Ztschr. f. physiol. Chem. Bd. **147**, S. 286 [1925] und zwar S. 296.
[29] Ztschr. f. physiol. Chem. Bd. **151**, S. 31 [1926] und zwar S. 44.

Glycerin ist sogar die Pylorusregion ein wenig reicher an Erepsin als Fundus- und Cardiateil. Den kleinen Unterschieden ist also wenig Bedeutung zuzuschreiben.

Spaltung von 0,001 Mol d-l-Leucylglycin im Vol. von 10 ccm; $p_H = 7{,}8$, eingest. mit NH_3-NH_4 Cl-Puffer. Dauer 6 Stunden bei Versuch I, 1 Stunde bei Vers. II, III, IV. (Die Angaben bedeuten ccm 0,2n-alkohol. KOH.)

		Fundus	Cardia	Pylorus
I.	Ammoniakauszug (1/2 Stunde von 0,08 g tr. Muc.) (Schwein) . . .	1,47	1,40	1,20
II.	Glycerinauszug (2 Wochen, frisch. Muc. = 0,056 g trocken) (Schwein)	1,04	1,00	1,20
III.	,, (6 ,, ,, ,, = 0,056 ,, ,,) ,,	1,40	—	—
IV.	,, (2 ,, ,, ,, = 0,056 ,, ,,) (Hund)	1,00	—	—

Das Erepsin ist schwierig aus der Schleimhaut in Lösung überzuführen, schwerer als Pepsin. Bei dreimaligem je einstündigem Extrahieren getrockneter Magenschleimhaut mit 0,025n-Ammoniak (je 2 g Fundusregion mit 50 ccm) gewannen wir Enzymlösungen, in denen die Pepsinwirkung von einem zum nächsten Auszug einen bedeutenderen Rückgang zeigte als die ereptische.

Erepsinbestimmung. Spaltung von 0,001 Mol d-l-Leucylglycin im Vol. von 10 ccm bei $p_H = 7{,}8$ durch Auszug aus 0,08 g Mucosatrockengewicht.

Pepsinbestimmung. Spaltung von 0,15 g Casein im Vol. von 10 ccm bei $p_H = 2$ durch denselben Auszug.

	Pepsinwirkung	Erepsinwirkung
I. Auszug	0,50 ccm, best. in 24 Std.	0,55 ccm, best. in 2 Std.
II. ,,	0,40 ,, ,, ,, 24 ,,	1,10 ,, ,, ,, 5 ,,
III. ,,	0,25 ,, ,, ,, 24 ,,	0,90 ,, ,, ,, 5 ,,

Beobachtungen an Magensäften.

Die Beschaffung von Magensäften wurde uns ermöglicht durch die freundliche Unterstützung des Herrn Dr. ALBRECHT SCHMIDT-OTT, Assistenten der II. Inneren Klinik im Krankenhaus l. d. Isar, dem wir für seine Hilfe unseren besten Dank ausdrücken.

In (drei) normalen Magensäften von sauerer Reaktion fanden wir, auch wenn sie sofort nach dem Aushebern neutralisiert wurden, keine Spur von Erepsin. Wenn ein wenig von diesem Enzym vorhanden war, so genügte die Acidität der Säfte zu seiner Zerstörung; die negativen Beobachtungen erlauben daher keine Folgerungen.

Neutral reagierende Magensäfte von Kranken übten in allen geprüften Fällen (vier Nüchternsäfte, zwei Nachsekrete nach Probefrühstück) beträchtliche Erepsinwirkung aus (gefunden bei Hydrolyse von 0,0470 g Leucylglycin in 5 ccm durch 2,5 ccm Saft in 48 Stunden Aciditätszunahmen von: 0,60, 0,70 [d. i. mehr als die für einen Antipoden berechnete Menge], 0,48, 0,45, 0,27, 0,50 ccm 0,2n-alkohol. KOH). Für den Erepsingehalt kann in allen diesen Fällen, obwohl die Säfte klar und gallenfrei erschienen, außer in den Magen gelangtem Speichel sowohl Darmsaft wie auch ein Gehalt an Zellen verantwortlich sein. Diese anormalen Magensäfte zeigten schwache Pepsinwirkung, aber starke Trypsinwirkung (gefunden z. B. Spaltung von 0,15 g Casein in 10 ccm während 48 Stunden durch 2 ccm Saft entsprechend 1,25 und 1,90 ccm 0,2n-alkohol. KOH).

Der Notgemeinschaft der Deutschen Wissenschaft sprechen wir unseren aufrichtigen Dank aus für die Förderung unserer Arbeit durch ein (Herrn E. BAMANN) gewährtes Forschungsstipendium.

Verzeichnisse.

VERZEICHNIS DER VERFASSER.

VERZEICHNIS DER ENZYM-MASSE.

VERZEICHNIS DER BEHANDELTEN FRAGEN UND DER WICHTIGSTEN STICHWÖRTER.

GPSR Compliance

The European Union's (EU) General Product Safety Regulation (GPSR) is a set of rules that requires consumer products to be safe and our obligations to ensure this.

If you have any concerns about our products, you can contact us on ProductSafety@springernature.com

In case Publisher is established outside the EU, the EU authorized representative is:

Springer Nature Customer Service Center GmbH
Europaplatz 3
69115 Heidelberg, Germany

Batch number: 10684808

Printed by Printforce, the Netherlands